AF608552

Mathematisches Institut
der Universität
Professor Dr. W. Maak

Göttingen, den 30. April 1964
Bunsenstraße 3/5
Telefon 59364

An den
Springer-Verlag
69 Heidelberg 1
Postfach 3027

Betr.: Grundlehren der Math. Wissenschaften, Band 4, Neuauflage

Sehr geehrte Herren!

Bei Durchsicht des mir als Mitherausgeber übersandten Werkes von Herrn Madelung sind mir einige Fehler aufgefallen, welche meiner Meinung nach sehr störend wirken. In Anbetracht des hohen Alters des Verfassers wende ich mich nicht an diesen, überlasse es viel mehr Ihnen, wie Sie meine Hinweise passend verwerten wollen. Es handelt sich um folgende Stellen:

Seite 250 Man sollte erwähnen, daß man den Mittelwert in der angegebenen Weise nur bei kompakten Gruppen bilden kann.

Seite 251 Die Definition von "reduzibel" und damit auch die Definition von "irreduzibel" ist unrichtig.

Seite 251 Kriterium α) ist unrichtig, wenn die unrichtige Definition von reduzibel benutzt wird.

Seite 252 Die Behauptung ist falsch, z.B. besitzt die Lorentzgruppe keine unitären Darstellungen, wohl aber Darstellungen.

Mit besten Grüßen

Herrn Professor Dr. W. M a a k
34 G ö t t i n g e n, Ewaldstrasse 69

Betr.: Grundlehren Band 4, MADELUNG, 7.Auflage

Sehr geehrter Herr Professor Maak!

Für die uns mit Ihrem freundlichen Schreiben vom 30.v.M. gemachten Hinweise auf die Seiten 250, 251 und 252 der 7.Auflage der "Mathematischen Hilfsmittel des Physikers" danken wir Ihnen sehr.
Wir haben den Sohn von Herrn Professor Erwin Madelung, Herrn Professor Dr.Otfried Madelung, Marburg, Institut für theoretische Festkörperphysik, auf Ihre Hinweise aufmerksam gemacht.

Mit den besten Empfehlungen
Ihr sehr ergebener
SPRINGER-VERLAG OHG
i.Vollm.:

Heidelberg
5.Mai 1964
Frk

Herrn Professor
Dr. Otfried M a d e l u n g

355 M a r b u r g Lahn
Mainzergasse 33
Institut für theoretische
Festkörperphysik

5.Mai 1964 Frk

Betr.: Grundlehren Bd.4, E.MADELUNG "Mathematische Hilfsmittel des Physikers" 7.Auflage

Sehr geehrter Herr Professor Madelung!

Mit seinem Schreiben vom 30.4.64 an uns machte uns Herr Professor Dr.W. M a a k, Göttingen, Mathem.Institut der Universität, auf nachstehende Stellen in der soeben fertiggestellten 7.Auflage des von Ihrem Herrn Vater verfassten Grundlehren-Bandes aufmerksam:

Seite 250: Man sollte erwähnen, dass man den Mittelwert in der angegebenen Weise nur bei kompakten Gruppen bilden kann

Seite 251: Die Definition von "reduzibel" und damit auch die Definition von "irreduzibel" ist unrichtig

Seite 251: Kriterium $\aleph$) ist unrichtig, wenn die unrichtige Definition von reduzibel benutzt wird

Seite 252 d): Die Behauptung ist falsch, z.B. besitzt die Lorentzgruppe keine unitären Darstellungen, wohl aber Darstellungen.

Wir gestatten uns diese Hinweise an Sie weiterzugeben. Herrn Professor MAAK haben wir hiervon unterrichtet.

Mit den besten Empfehlungen

Ihr sehr ergebener

SPRINGER-VERLAG OHG

i.Vollm.:

DIE GRUNDLEHREN DER

MATHEMATISCHEN WISSENSCHAFTEN

IN EINZELDARSTELLUNGEN MIT BESONDERER BERÜCKSICHTIGUNG DER ANWENDUNGSGEBIETE

BAND 4

SIEBENTE AUFLAGE

SPRINGER-VERLAG BERLIN HEIDELBERG GMBH

DIE MATHEMATISCHEN HILFSMITTEL DES PHYSIKERS

VON

DR. ERWIN MADELUNG
ORD. PROFESSOR DER THEORETISCHEN PHYSIK
AN DER UNIVERSITÄT FRANKFURT A. M.

SIEBENTE AUFLAGE

MIT 29 TEXTABBILDUNGEN

SPRINGER-VERLAG BERLIN HEIDELBERG GMBH

Geschäftsführende Herausgeber:

Prof. Dr. B. Eckmann,
Eidgenössische Technische Hochschule Zürich

Prof. Dr. B. L. van der Waerden,
Mathematisches Institut der Universität Zürich

ISBN 978-3-540-71729-4 ISBN 978-3-540-71730-0 (eBook)
DOI 10.1007/978-3-540-71730-0

Ursprünglich erschienen bei Springer-Verlag OHG / Berlin · Göttingen · Heidelberg 1964
Softcover reprint of the hardcover 7th edition 1964
Library of Congress Catalog Card Number 64-16177

Meiner lieben Frau GERTRUD,
der treuen Hüterin meiner Arbeitsruhe,
in Dankbarkeit gewidmet

Vorwort zur vierten Auflage.

Die dritte Auflage dieses Buches erschien im Jahre 1935. Bereits 1942 forderte mich der Verlag auf, eine Neuauflage des inzwischen vergriffenen Buches vorzubereiten. Die hierfür nötigen Arbeiten haben sich fast 6 Jahre hingezogen. Zwar zeigte mir die freundliche Aufnahme, die das bisher Vorliegende in den Kreisen der Physiker gefunden hatte, sowie die Tatsache, daß es als willkommene Kriegsbeute im Ausland nachgedruckt wurde, daß mein Buch, so wie es war, nützliche Dienste leisten konnte. Ich habe mich aber, nachdem ich die Überarbeitung begonnen hatte, doch nicht entschließen können, mich mit kleineren Verbesserungen zu begnügen. Je mehr ich mich mit der Aufgabe beschäftigte, um so mehr empfand ich das Bedürfnis, hinzuzufügen und zu ändern. Der Zwang kurz und doch klar zu sein ließ mich überall nach einer strafferen Ordnung suchen. Ich selbst habe dabei viel gelernt. Das hat viel Mühe gekostet, die, wenn sie auch nachträglich nicht mehr sichtbar ist, doch hoffentlich anderen zugute kommen wird.

Leider haben die Verhältnisse es nicht möglich gemacht, daß ich mich wieder, wie bei der dritten Auflage, der Hilfe meiner damaligen bewährten Mitarbeiter, der Herren K. BOEHLE und S. FLÜGGE, bedienen konnte. Ich muß daher diesmal wieder die Verantwortung ganz auf die eigenen Schultern nehmen, wenn ich auch das, was die anderen seinerzeit beisteuerten, größtenteils wieder verwenden konnte, so daß ihr Verdienst unverändert weiter bestehen bleibt.

In der neuen Auflage hat das Buch seinen alten Charakter bewahrt. Allerdings ist in ihm mehr als in den früheren meine persönliche Stellung zu den Dingen zum Ausdruck gebracht. Daß es etwas umfangreicher geworden ist, ist durch die vielen Zusätze begründet, mit denen ich seinen Wert steigern wollte. An einigen Stellen waren auch Kürzungen möglich. Im physikalischen Teil habe ich mich weiter bemüht, das Grundsätzliche, d. h. die Verknüpfung des mathematischen und physikalischen Gedankens recht deutlich herauszuarbeiten.

Ich weiß, daß mein Buch in vielen Punkten nicht die Zustimmung aller Mathematiker findet. Sie tadeln die Leichtfertigkeit, mit der ich mit ihrem geheiligten Besitz umgehe. Aber vieles, was jenen besonders wichtig und interessant erscheint, ist für uns ohne Bedeutung

Wir sind auch oft gezwungen, die Gefahren des Leichtsinns auf uns zu nehmen und können die Maschine, mit der wir arbeiten wollen, nicht mit gar zu vielen Sicherungen und Warnungsschildern umgeben, ohne uns empfindlich zu behindern. Gegenüber dem Mathematiker ist der Physiker immer ein Praktiker.

Ich möchte hier nochmals darauf hinweisen, daß das Buch kein eigentliches Lehrbuch sein soll, aber doch mehr als ein einfaches Nachschlagebuch oder nur eine Formelsammlung. Es sind in ihm mancherlei Gedanken ausgesprochen, die bisher nicht Allgemeingut sind und die für mich ein Programm bedeuten. Sie in aller Breite auszuführen, war hier nicht am Platz. Sapienti sat! Daß es mancherlei Einzelheiten enthält, die ich selbst gefunden habe, wird jeder Sachverständige erkennen. Sie besonders zu kennzeichnen, schien mir überflüssig.

Im einzelnen ist folgendes zu bemerken. Ich habe ein erstes Kapitel über „Zahlen, Funktionen und Operatoren" neu hinzugefügt. In ihm haben viele Dinge ihren Platz gefunden, die erst in den letzten Jahrzehnten für den Physiker unentbehrlich geworden sind. Andere Zusätze von geringerem Umfang sind über das ganze Buch verstreut und wesentlich nach methodischen Gesichtspunkten eingeordnet worden. Einige Abschnitte, so die über Relativitätstheorie, Quantentheorie und Thermodynamik sind ganz neu verfaßt.

Ich danke an dieser Stelle allen, die mich durch Hinweise auf Mängel in der vorigen Auflage zu Verbesserungen angeregt haben. Besonderen Dank aber schulde ich meinem treuen Helfer und Freund, Herrn Dr. B. Mrowka. Seiner unermüdlichen Gewissenhaftigkeit ist es sehr wesentlich zu verdanken, wenn das Buch die Zuverlässigkeit auch in Kleinigkeiten erhalten hat, die man von ihm verlangen muß. Seiner Feder entstammt auch die eingehende Darstellung der Störungstheorie (S. 313 ff.). Ich habe ferner Herrn Prof. C. Hermann, Marburg, für die Liste der Kristallsymmetrien (S. 259) zu danken.

Mein Dank gilt auch dem Springer-Verlag, mit dem zu arbeiten mir immer eine Freude gewesen ist, sowie der Universitätsdruckerei H. Stürtz, Würzburg, für ihre gewissenhafte und sachverständige Arbeit, durch die die Korrektur außerordentlich erleichtert wurde.

So übergebe ich dieses Resultat langjähriger Bemühungen der Öffentlichkeit. Es ist mit mir gewachsen und hat sich mit mir gewandelt. Ich kenne seine wie meine Schwächen. Aber ich habe die Hoffnung, daß es doch ein Weniges dazu beitragen kann, anderen zu helfen, die Wissenschaft und damit unsere Kultur weiter zu fördern.

Frankfurt a. M., Dezember 1949.

ERWIN MADELUNG.

Aus dem Vorwort zur ersten Auflage.

Die Veranlassung zur Niederschrift dieses Buches entsprang einem persönlichen Bedürfnis. Ursprünglich war das Material für den eigenen Gebrauch bei Untersuchungen und Vorlesungen gesammelt, um das dauernde Nachschlagen in den verschiedensten Lehrbüchern zu ersparen. Als ich mich dann auf das Zureden befreundeter Fachkollegen hin entschloß, das Vorhandene nach Möglichkeit zu ergänzen und in die Form eines Buches zu bringen, glaubte ich, daß das von mir Gesammelte auch für andere nützlich sein könnte. Es schwebte mir dabei das Ideal vor, ein Buch zu verfassen, das als theoretisches Analogon zu dem bekannten Buche von KOHLRAUSCH aufgefaßt werden könnte. Je weiter ich mit der Bearbeitung des Materials fortschritt, um so deutlicher wurde mir freilich, daß sich dieses Ideal zunächst nicht würde erreichen lassen, und daß es in mancher Richtung besser gewesen wäre, wenn dieses Buch nicht von einem, sondern von mehreren Physikern und Mathematikern geschrieben würde. So verlockend es gewesen wäre auf diese Weise etwas Vollkommenes in die Wege zu leiten, so habe ich doch endgültig davon abgesehen die Aufgabe zu teilen, in der Erwägung, daß ein Buch, das für den praktischen Gebrauch der Physiker bestimmt ist, auch wenn es wesentlich Mathematik enthält, nur von einem Physiker verfaßt sein darf, und daß bei einer Verteilung der Aufgabe auf mehrere Mitarbeiter die Homogenität zu sehr gelitten hätte. Ich hege die Hoffnung, daß, nachdem das Buch einmal in einem bestimmten Charakter geschrieben vorliegt, zu einer späteren Zeit durch die Mitarbeit von mehreren Fachkollegen die vorhandenen Mängel ausgeglichen werden.

Frankfurt a. M., September 1922.

ERWIN MADELUNG.

Inhaltsverzeichnis.

Seite

Einleitung XIX

Erster Teil.

Mathematik.

Das Begriffssystem der Mathematik 3

Erster Abschnitt: **Zahlen, Funktionen und Operatoren** 4

A. Zahlen 5

1. Die natürlichen Zahlen S. 5. — 2. Die rationalen Zahlen S. 6. — 3. Die irrationalen Zahlen S. 6. — 4. Operationen S. 7. — 5. Funktionen S. 7. — 6. Grenzwerte S. 8.

B. Mehrdimensionale Zahlen 8

1. Zahlenräume und Mannigfaltigkeiten S. 8. — 2. Mehrdimensionale Algebra S. 10. — 3. Die komplexen Zahlen S. 10. — 4. Die Quaternionen S. 10. — 5. Hyperkomplexe Zahlen höherer Ordnung S. 11. — 6. CLIFFORDsche Zahlen S. 12.

C. Zahlenfolgen und Funktionen 13

1. Einfache und mehrfache Folgen S. 13. — 2. Summen und Mittelwerte S. 14. — 3. Aufbau und Zerlegung von Vektoren und Funktionen S. 15.

D. Operatoren 17

1. Der Operatorbegriff S. 17. — 2. Der Einheitsoperator E und die Deltafunktion S. 18. — 3. Assoziierte Operatoren S. 21. — 4. Operatoren-Algebra S. 22. — 5. Algebraischer Aufbau von Operatoren S. 22. — 6. Spezielle elementare lineare Operatoren S. 23. — 7. Differentialoperatoren S. 27. — 8. Transformationen S. 27. — 9. Eigenwerte und Eigenlösungen S. 28. — 10. Operatorgleichungen S. 29. — 11. Darstellung von Operatoren durch Matrizen S. 30. — 12. Mehrparametrige Operatoren S. 31. — 13. Symmetrieoperatoren S. 32.

Zweiter Abschnitt: **Differential- und Integralrechnung** 33

A. Definitionen und Bezeichnungen 33

B. Differentiationsregeln 34

1. Produkte und Quotienten S. 34. — 2. Funktionen von Funktionen S. 35. — 3. Umkehrfunktionen S. 35. — 4. Implizite Funktionen S. 36. — 5. Funktionen eines Parameters S. 36. — 6. Totales Differential S. 36. — 7. Einführung neuer Variablen S. 36. — 8. Ganze rationale Funktionen S. 37. — 9. Differentiation von Integralen S. 38.

C. Differentiations- und Integrations-Tabelle 39

D. Integrationsmethoden 41

1. Allgemeines S. 41. — 2. Rationale Funktionen, Zerlegung in Partialbrüche S. 41.

Seite

E. Bestimmte Integrale 43

1. Berechnungsmethoden S. 43. — 2. Abschätzung S. 44. — 3. Annäherung durch Summen S. 45. — 4. Formelschatz S. 45. — 5. Uneigentliche Funktionen S. 48. — 6. Elliptische Integrale S. 49.

F. Differenzenrechnung 51

Dritter Abschnitt: **Reihen und Reihenentwicklungen** 55

A. Reihen 55

1. Allgemeines S. 55. — 2. Konvergenzkriterien S. 56. — 3. Summation von Reihen S. 56.

B. Reihenentwicklungen 58

1. Darstellung beliebig gegebener Funktionen durch bekannte Funktionen S. 58. — 2. Entwicklung in Potenzreihen S. 60. — 3. Orthogonale Funktionssysteme S. 63. — 4. Entwicklung nach Orthogonalsystemen S. 66. — 5. Spezielle orthogonale Entwicklungen S. 68.

Vierter Abschnitt: **Funktionen** 71

A. Allgemeine Funktionentheorie 71

1. Bezeichnungen S. 71. — 2. Komplexe Funktionen S. 72. — 3. Analytische Funktionen S. 73. — 4. Kurvenintegrale S. 75. — 5. Potenzreihenentwicklung der analytischen Funktionen S. 76. — 6. Methodisches zur Integration im Komplexen S. 80. — 7. Abbildung durch komplexe Funktionen S. 82. — 8. Veranschaulichung komplexer Funktionen S. 83.

B. Spezielle Funktionen 85

1. Definition der Funktionen S. 85. — 2. Klassifikation der Funktionen S. 86. — 3. Algebraische Funktionen S. 86. — 4. Elementare transzendente Funktionen S. 90. — 5. Funktionen vom hypergeometrischen Typus S. 99. — a) Die allgemeinen hypergeometrischen Funktionen S. 99. — b) Die Kugelfunktionen P_n und Q_n S. 102. — c) Die zugeordneten Kugelfunktionen P_n^m S. 106. — d) Die allgemeinen Kugelfunktionen Y_n S. 107. — e) Die Tschebyscheffschen Funktionen T_n und U_n S. 108. — 6. Die konfluenten hypergeometrischen Funktionen S. 109. — a) Allgemeine Formen S. 109. — b) Laguerresche Funktionen L_n S. 112. — c) Die verallgemeinerten Laguerreschen Funktionen L_n^k S. 113. — d) Hermitesche Funktionen H_n S. 114. e) Zylinderfunktionen Z_n S. 116. — 7. Die Fakultät $\Pi(x)$ und die Gammafunktion $\Gamma(x)$ S. 121. — 8. Die Mathieuschen (und Hillschen) Funktionen S. 124. — 9. Elliptische Integrale und Funktionen S. 125.

Fünfter Abschnitt: **Algebra** 130

A. Lineare Gleichungen 130

1. Definitionen S. 130. — 2. Lösbarkeit und Lösungen S. 130. — 3. Zweite Normalform S. 132. — 4. Lineare Gleichungen mit unendlichvielen Unbekannten S. 134.

B. Matrizen 134

1. Definitionen, Bezeichnungen S. 134. — 2. Rechnen mit (endlichen) Matrizen S. 135. — 3. Determinanten, Rang, Spur S. 137. —

Seite

4. Besondere Matrizen S. 137. — 5. Matrizen mit Symmetrieeigenschaften S. 138. — 6. Transformation der Matrizen S. 140. — 7. Unendliche Matrizen S. 143.

C. Determinanten 144

1. Definitionen S. 144. — 2. Determinantensätze S. 145. — 3. Multiplikation, Differentiation S. 145. — 4. Abschätzung und Ränderung von Determinanten S. 146. — 5. Spezielle Determinanten S. 146. 6. Unendliche Determinanten S. 147. — 7. Praktische Berechnung S. 147.

D. Kombinatorik 148

1. Permutationen S. 148. — 2. Kombinationen, Variationen S. 149. 3. Binomialkoeffizienten S. 149.

Sechster Abschnitt: **Transformationen** 150

A. Allgemeine Transformationen 150

1. Allgemeines S. 150. — 2. Geometrische Bedeutung S. 151. — 3. Invarianten S. 152.

B. Lineare Transformationen 152

1. Lineare Räume S. 152. — 2. Allgemeine lineare Transformationen S. 153. — 3. Unitäre und orthogonale Transformationen S. 154. — 4. Transformation quadratischer und hermitischer Formen S. 158.

C. Berührungstransformation (Kontakttransformation) 159

1. Im Zweidimensionalen S. 159. — 2. Im Mehrdimensionalen S. 164.

Siebenter Abschnitt: **Vektoranalysis** 166

A. Vektoren im dreidimensionalen euklidischen Raum 166

1. Definitionen S. 166. — 2. Vektoralgebra S. 167. — 3. Algebraische Vektorgleichungen S. 169. — 4. Integral- und Differentialausdrücke S. 169. — 5. Umformung von abgeleiteten Größen S. 171. — 6. Der Ortsvektor $\mathfrak{r}$ S. 173. — 7. Umformung von Integralgrößen S. 176. — 8. Spezielle Vektorfelder S. 180. — 9. Unstetige Vektorfelder S. 181. — 10. Vektorgesamtheiten S. 183. — 11. Punktgitter S. 185. — 12. Wellenfelder S. 187. — 13. Fourier-Darstellung periodischer und unperiodischer Felder S. 191. — 14. Komplexe Vektoren S. 197. — 15. Quaternionen in Vektorsymbolik S. 199. — 16. Hyperkomplexe Vektoren S. 199. — 17. Duale Vektoren S. 201. — 18. Transformation auf bewegtes Bezugssystem S. 202. — 19. Zeitabhängiger Integrationsbereich S. 203.

B. Tensoren im Dreidimensionalen 203

1. Lineare Feldfunktionen S. 203. — 2. Der Tensorbegriff S. 204. — 3. Spezielle Tensoren S. 205. — 4. Abgeleitete Skalare S. 206. — 5. Eigenwerte und Eigenvektoren S. 206. — 6. Geometrische Veranschaulichung eines Tensors S. 207. — 7. Vektordarstellung von Tensoren S. 208. — 8. Tensorfelder S. 209. — 9. Zeitabhängige Tensoren S. 209. — 10. Aus Vektorfeldern abgeleitete Tensorfelder S. 210. — 11. Tensoren höheren Grades S. 211.

Seite

C. Vektoren und Tensoren in beliebig-dimensionalen Räumen 212

1. Vektorsysteme S. 212. — 2. Koordinatensysteme S. 213. — 3. Vektorkomponenten S. 214. — 4. Tensorkomponenten S. 214. — 5. Transformationen S. 215. — 6. Erweiterung und Verjüngung S. 216. — 7. Nichteuklidische Räume S. 218. — 8. Zeitabhängige (bewegte) Koordinatensysteme S. 219. — 9. Orthogonale Koordinaten S. 220.

Achter Abschnitt: **Spezielle Koordinatensysteme** 223

A. Zweidimensionale Systeme 223

1. Kartesisches Koordinatensystem S. 223. — 2. Allgemeine Koordinatensysteme S. 224. — 3. Allgemeine orthogonale Koordinatensysteme S. 225. — 4. Polarkoordinaten S. 226. — 5. Parabolische Koordinaten S. 227. — 6. Elliptische Koordinaten S. 227. — 7. Bipolarkoordinaten S. 228.

B. Dreidimensionale Systeme 229

1. Kartesisches Koordinatensystem S. 229. — 2. Allgemeine Zylinderkoordinaten S. 230. — 3. Rotationssymmetrische Koordinaten S. 232. — α) Kugelkoordinaten S. 233. — β) Rotationsparabolische Koordinaten S. 234. — γ) Koordinaten des verlängerten Rotationsellipsoids S. 235. — δ) Koordinaten des abgeplatteten Rotationsellipsoids S. 236. — ε) Ringkoordinaten S. 237. — ζ) Räumliche Bipolarkoordinaten S. 238. — 4. Kegelkoordinaten S. 240. — 5. Allgemeine elliptische Koordinaten S. 240.

C. N-dimensionale Polarkoordinaten 243

Neunter Abschnitt: **Gruppentheorie** 246

A. Allgemeine Definitionen und Sätze 246

1. Gruppen S. 246. — 2. Untergruppen S. 247. — 3. Transformation, Normalteiler S. 248.

B. Kontinuierliche Gruppen 249

C. Darstellungstheorie 250

1. Allgemeines über die Darstellungen einer Gruppe S. 250. — 2. Hauptsätze über die Darstellungen S. 252.

D. Spezielle Gruppen 254

1. Drehungsgruppen und ihre Darstellungen S. 254. — 2. Darstellungen und Charaktere der Permutationsgruppen S. 255. — 3. Symmetriegruppen (Kristalle) S. 257.

Zehnter Abschnitt: **Differentialgleichungen** 264

A. Allgemeines über Differentialgleichungen 264

1. Einteilung der Differentialgleichungen S. 264. — 2. Lösungen von Differentialgleichungen S. 265. — 3. Lineare Probleme S. 267.

B. Gewöhnliche Differentialgleichungen 268

1. Differentialgleichungen erster Ordnung S. 268. — 2. Besondere Formen von Differentialgleichungen höherer Ordnung S. 271. — 3. Lineare Differentialgleichungen S. 274. — 4. Systeme von Differentialgleichungen (simultane Differentialgleichungen) S. 286. — 5. Totale Differentialgleichungen (Pfaffsche Gleichungen) S. 289.

Seite

C. Partielle Differentialgleichungen 291

1. Partielle Differentialgleichungen erster Ordnung S. 291. — 2. Partielle Differentialgleichungen zweiter Ordnung S. 293.

D. Lineare Probleme 302

1. Allgemeines S. 302. — 2. Homogene Probleme zweiter Ordnung S. 304. — 3. Randwertprobleme elliptischer Gleichungen S. 308. — 4. Anfangswertprobleme hyperbolischer Gleichungen S. 311.

E. Störungstheorie 313

1. Eigenwertprobleme S. 314. — 2. Methode der Variation der Konstanten S. 321. — 3. Weitere Methoden S. 322.

Elfter Abschnitt: **Integralgleichungen** 326

A. Integralgleichungen zweiter Art 326

1. Allgemeiner Sachverhalt S. 326. — 2. Symmetrischer Kern, homogene Gleichung S. 328. — 3. Symmetrischer Kern, inhomogene Gleichung S. 329. — 4. Unsymmetrischer Kern S. 331.

B. Integralgleichungen erster Art 331

Zwölfter Abschnitt: **Variationsrechnung** 332

A. Zurückführung auf Differentialgleichungen 333

1. Variation ohne Nebenbedingungen S. 333. — 2. Variation mit Nebenbedingungen S. 336.

B. Direkte Lösungsmethoden 337

1. Das Ritzsche Verfahren S. 337. — 2. Zurückführung auf ein Problem von unendlich vielen Veränderlichen S. 338. — 3. Approximation durch gebrochene Linienzüge S. 339.

Dreizehnter Abschnitt: **Statistik (Wahrscheinlichkeitsrechnung)** 339

A. Grundbegriffe 339

1. Die Darstellungsform S. 339. — 2. Relative Häufigkeiten S. 340. — 3. Die Wahrscheinlichkeit S. 342. — 4. Die elementaren Grundregeln S. 343. — 5. Mittelwerte S. 343.

B. Statistik der Serien 344

1. Allgemeine Regeln S. 344. — 2. Schwankungen S. 344. — 3. Besonderheiten S. 346. — 4. Korrelation S. 347.

C. Ausgleichungsrechnung 348

1. Fehlertheorie S. 348. — 2. Ausgleichung S. 349. — 3. Ausgleichung vermittelnder Beobachtungen S. 349.

Zweiter Teil:

Physik.

Das Begriffssystem der theoretischen Physik 353

Erster Abschnitt: **Mechanik** 356

A. Die Grundlagen der Punktmechanik 356

B. Problemstellungen 358

Seite

C. Mechanik des einzelnen Massenpunktes 359

1. Allgemeines S. 359. — 2. Sonderfälle S. 360. — 3. Bewegungsgleichungen in beliebigen Koordinaten S. 362. — 4. Sogenannte Prinzipien der Mechanik S. 366.

D. Systeme von Massenpunkten 367

1. Allgemeines S. 367. — 2. Formale Zurückführung auf die Dynamik eines Massenpunktes S. 369. — 3. Schwingungen um Gleichgewichtslagen S. 369. — 4. Mechanik des starren Körpers S. 371.

E. Mechanik der Kontinua 374

1. Grundbegriffe und Kinematik S. 375. — 2. Kräfte S. 377. — 3. Elastizitätstheorie S. 378. — 4. Übergang zur Hydrodynamik S. 382. — 5. Hydrodynamik S. 383.

Zweiter Abschnitt. **Elektrodynamik** (einschließlich Optik) 385

A. Allgemeine Theorie 385

1. Elektrostatik S. 386. — 2. Magnetostatik S. 389. — 3. Elektrokinetik S. 390. — 4. Elektromagnetik S. 392. — 5. Elektrodynamik S. 393. — 6. Kräfte S. 394. — 7. Energie S. 397. — 8. Elektrische Maßsysteme S. 399.

B. Spezielle Fälle 401

1. Elektrodynamik quasistationärer Ströme S. 401. — 2. Elektrodynamik im homogenen Material S. 402. — 3. Elektrodynamik periodischer Felder im homogenen Material S. 404. — 4. Mechanik der Massenpunktladungen S. 406. — 5. Grundlagen der Optik S. 410. — 6. Wellen in anisotropen Medien (Kristalloptik) S. 411.

Dritter Abschnitt: **Relativitätstheorie** 414

A. Spezielle Relativitätstheorie 414

1. Zeiträumliche Bezugssysteme S. 414. — 2. Der vierdimensionale Darstellungsraum S. 416. — 3. Spezielle Lorentz-Transformation von Vektoren und Tensoren S. 417. — 4. Kinematik S. 417. — 5. Elektrodynamik S. 419. — 6. Elektrodynamik in bewegten Medien S. 420. — 7. Grundgleichungen der Kontinuumsmechanik S. 420. — 8. Punktmechanik S. 421. — 9. Allgemeine Feldtheorie S. 423. — 10. Praktische Bedeutung der Relativitätstheorie S. 424. — 11. Relativistische Invarianten S. 426.

B. Allgemeine Relativitätstheorie 427

1. Grundlagen S. 427. — 2. Das Gravititationsfeld S. 427. — 3. Erzeugung der Gravitation durch Materie S. 428.

Vierter Abschnitt: **Quantentheorie** 429

A. Ältere Theorie 429

1. Mechanik S. 429. — 2. Elektrodynamik S. 431.

B. Neuere Theorie (Wellenmechanik) 432

I. Unrelativistische Punktmechanik 433

1. Die Darstellungsmittel S. 433. — 2. Die Schrödinger-Gleichung S. 434. — 3. Darstellung durch Operatoren S. 437. — 4. Problemstellungen S. 439. — 5. Allgemeine Lösungsformen der

Seite

SCHRÖDINGER-Gleichung S. 440. — 6. Klassifikation der Eigenlösungen S. 442. — 7. Matrizenmethode S. 443. — 8. Begriffliche Auswertung der Lösungsformen S. 445. — 9. Unschärferelation S. 448. — 10. Teilsysteme und Wechselwirkung S. 449. — 11. PAULI-Prinzip S. 451. — 12. Vielkörperprobleme gleichartiger Teilchen S. 452. — 13. HAMILTON-Operatoren mit Symmetrien S. 453.

II. Relativistische Punktmechanik 455

1. Grundgleichungen S. 455. — 2. Anwendung der DIRAC-Gleichungen S. 459.

III. Strahlungstheorie 460

1. Korrespondenzmäßige Theorie der Strahlung S. 460. — 2. Quantentheorie der Strahlung S. 461. — a) Das ladungsfreie Strahlungsfeld S. 461. — b) Wechselwirkung von Strahlung mit Materie S. 462. — c) Einfache Wechselwirkungsprozesse S. 464.

Fünfter Abschnitt: **Thermodynamik** 467

1. Grundlegende Begriffe 467
2. Prozesse und Gleichgewichte 468
3. Energie 469
4. Temperatur und Entropie 470
5. Primäre und sekundäre Zustandsvariable 471
6. Koeffizienten und Differentialquotienten 472
7. Zustandsgleichungen und ideale Gase 474
8. Prozesse in homogenen Systemen 475
9. Prozesse in abgeschlossenen Systemen 476
10. Gleichgewicht in abgeschlossenen Systemen 477
11. Gleichgewicht in nicht abgeschlossenen Systemen 478
12. Phasentheorie 479
13. Der dritte Hauptsatz 480
14. Ideale Gasgemische 480
15. Reelle Gase 481
16. Verallgemeinerungen 482
17. Hohlraumstrahlung 483
18. Relativistische Thermodynamik 483

Sechster Abschnitt: **Statistische Methoden** 484

A. Diskrete Zustände 484

1. Allgemeines S. 484. — 2. Thermodynamisches Gleichgewicht S. 486.

B. Statistische Mechanik 488

1. Klassische Mechanik S. 488. — 2. Zelleneinteilung des Phasenraums S. 489. — 3. Das kinetische Modell des idealen Gases S. 490.

C. FERMI- und BOSE-Statistik 494

Anhang.

Seite

1. Spezieller FOURIER-Integrale 497
2. Potenzreihenentwicklung 498
3. FOURIER-Transformation 498
4. Harmonischer Oszillator in kanonischen Variablen 501
5. Planetenbewegung in kanonischen Variablen 501
6. Erzwungene Schwingung 502
7. Beispiel zur Gruppentheorie 504
8. Beispiel zum RITZschen Verfahren 506
9. KEPLER-Bewegung 508
10. Magnetischer Kreis 510
11. Atombau 511
12. Elektronengas 513
13. Beispiel zur Eigenwertaufspaltung 513
14. BROWNsche Bewegung 515
15. Schwankungen makroskopischer Größen 516
16. Binomialkoeffizienten 517
17. Reihenkoeffizienten 518
18. Elektrizitätsmengeneinheiten 519
19. Energieeinheiten 519
20. Längeneinheiten 520
21. Universelle Konstanten 520

Literaturverzeichnis 521

Sachverzeichnis 526

Ergänzung zu S. 279 (s. Fußnote dort) 536

Einleitung.

Die Physik stellt sich zwei Aufgaben, erstens aus der Erfahrung Theoreme über die Welt und ihr Geschehen zu gewinnen und zweitens, aus diesen Theoremen Folgerungen zu ziehen, die der Erfahrung zugänglich sind. Die diesen zwei Zielen entsprechenden Wege heißen: *Induktion* und *Deduktion*.

Auf dem Wege der Induktion schreitet die Physik von speziellen Erfahrungen ausgehend durch Idealisierung und Generalisierung (Extrapolation) zur Aufstellung von Theoremen immer größerer Allgemeinheit fort. Ihr Ziel ist es, alle in speziellen Fällen erkannten Regelmäßigkeiten in einer Mindestzahl von *Grundgesetzen* zusammenzufassen. Hierbei löst sich die Lehre von der Erfahrung los, sie überschreitet die Grenzen des empirisch gesicherten Bodens und schwebt von Hypothesen getragen im Leeren, wenn es ihr nicht gelingt, auf dem Wege der Deduktion spezialisierend neuen Boden zu finden, indem sie wieder bei Erfahrungen anlangt. So entsteht eine *Theorie*, die sich über den Abgrund des der Erfahrung Unzugänglichen spannt wie ein Gewölbe, das die Grundgesetze als Schlußsteine in sich trägt.

Experimentelle und mathematische Physik unterscheiden sich nur durch die Methode, nicht durch den Gegenstand ihrer Betrachtung. Beide zusammen bilden ein Ganzes, nur ihr Zusammenwirken vermag das Gewölbe zu spannen. Die Experimentalphysik ist ohne die Hilfe des Theoretikers genau so machtlos wie der Theoretiker ohne die Unterstützung des Experimentalphysikers.

Die Methode der *mathematischen Physik* ist die Benutzung der von der Mathematik gelieferten Erkenntnisse. Sie verwendet das mathematische Schema als Modell, zu dem sie die Welt in Analogie setzt. Die mathematische Form ist ihr ein Bild der Welt, in dem das geistige Auge Dinge sieht, die dem leiblichen verschlossen sind. Die großen Erfolge, die diese Methode bisher gehabt hat, indem sie immer wieder ins sichere Land der Erfahrung zurückführte, gibt dem Physiker das feste Vertrauen zu ihrer Anwendbarkeit. Dabei bleibt sie ihm aber doch nur Hilfsmittel, nur Werkzeug und Gerüst. Die mathematische Form, den Formalismus, zu überschätzen, wäre ebenso falsch wie ihn zu verachten.

Was der Physiker hier vor allem nötig hat, ist:

1. Eine sichere und gewandte Beherrschung der Methodik, die freilich nicht allein aus Büchern gewonnen werden kann, sondern daneben unentwegte Übung erfordert.

2. Ein Überblick über das gesamte Gebiet der mathematischen Formen, besonders der linearen und ihrer vielfachen Zusammenhänge.

3. Eine Kenntnis des großen fertig vorliegenden Rüstzeugs.

Leider ist der traditionelle mathematische Unterricht, der kritische Betrachtungen in den Vordergrund schiebt, dem Bedürfnis des Physikers nur unvollkommen angepaßt.

Der *erste* Teil dieses Buches ist der Bereitstellung des mathematischen Materials gewidmet. Bei der stets wechselnden Art seiner Anwendung ist in jedem Falle ein gewisses Zurichten nicht zu umgehen. Neben das vermittelte Wissen muß das selbständige Können treten.

Der *zweite* Teil enthält die physikalischen Grundgesetze und einige sich daran anschließende Theoreme in einem solchen Umfange, daß die ganze Theorie in ihren Umrissen erkennbar wird. Das Axiomatische und Methodische steht hierbei durchaus im Vordergrunde. Im wesentlichen wird deshalb die mathematische Form der Theorie gegeben, vorbereitet für ihre weitere mathematische Behandlung, sowie die Regeln, nach denen die Abbildung aus dem Physikalischen ins Mathematische (und umgekehrt) erfolgen soll. Dieses Übersetzen aus der einen in die andere Sprache mit Berücksichtigung der jeder eigenen Ausdrucksfähigkeit bleibt immer, zumal für den Anfänger, der schwierigste Teil der Arbeit, der nur durch genaue Kenntnis der beiden Wissenschaften zu überwinden ist. Eine eingehende Kritik und die Klärung der Frage, inwieweit diese Übersetzung mit Erhaltung des Sinnes gelungen ist, ist in jedem Falle unerläßlich.

Im Vertrauen auf ein physikalisches Gesetz im Bereiche einer Theorie fortschreiten, heißt sich im *theoretisch Möglichen* bewegen. Ob man auf diese Weise zu etwas *Realisierbarem*, wirklich Möglichem gelangt, ist damit noch nicht entschieden. Man muß das spezifische Empfinden und die Erfahrungen eines Physikers besitzen, um oft mehr zu fühlen als zu erkennen, ob eine Rechnung noch einen greifbaren Sinn hat.

Ein *Problem* behandeln heißt den durch die *Problemstellung* eingeengten Bereich des Möglichen erfassen und darstellen. Diese Darstellung heißt die *Lösung* des Problems. Mit ihrer Auffindung kommt der Physiker an die Grenze seines selbst abgegrenzten Aufgabenkreises. Er bietet die Lösungen als die Früchte seiner Arbeit den Nachbarn an. Dabei darf er nie vergessen, daß diese Früchte zum Genusse erst dann geeignet sind, wenn sie reif sind, d. h. wenn sie dem Bedürfnis des Benutzers entsprechen. Eine „Lösung" z. B., die zu ihrer Auswertung eine übermäßige Arbeit erfordert, ist praktisch wertlos. Der Physiker muß sich daher immer dessen bewußt sein, daß er nur ein Glied ist in der Kette der vielen, die einander die Fackel weiterreichen.

Erster Teil.

Mathematik.

Das Begriffssystem der Mathematik.

Die *Gegenstände*, mit denen sich die Mathematik befaßt, sind rein *fiktiver* Natur. Sie haben an sich nichts mit den Gegenständen der sinnlichen Wahrnehmung zu tun. Da sie aber geschaffen sind und abhängig bleiben vom menschlichen Geist, der nur sinnlich Erfaßtes verarbeiten und seine natürlichen Grenzen nicht überschreiten kann, so ist einerseits ihre Erfassung in Gedanken und Worten nur mit Bezugnahme auf Realitäten (Objekte oder Geschehnisse) durch Idealisierung oder Abstraktion möglich, anderseits unterliegen sie den Gesetzen menschlichen Denkens *(Logik)*. Hierdurch ist die Verwendbarkeit mathematischer Erkenntnisse in der Welt des Realen begründet.

Zwei wichtige Gegenstände der Mathematik sind der *Punkt* und die *Zahl*. Die *Geometrie* (im weiteren Sinne) beschäftigt sich mit Punkten in endlichen oder unendlichen *Punktmannigfaltigkeiten*. Die *Analysis* beschäftigt sich mit Zahlen in *Zahlenmannigfaltigkeiten*. Diesen aus Punkten oder Zahlen bestehenden mathematischen Gebilden stehen als selbständige Gegenstände die mathematischen *Operationen* gegenüber. Die einfachste Operation der Geometrie ist die *Verschiebung*. Sie führt einen Punkt in einen anderen über, bzw. eine Verschiebungsmannigfaltigkeit führt Punktmannigfaltigkeiten in andere über *(Abbildung)*. In der Analysis entspricht dem die Zuordnung von Zahlen bzw. Zahlenmannigfaltigkeiten zueinander *(Funktion* oder *Transformation)*. Dieses wechselseitige Sichentsprechen *(Isomorphie)* von Geometrie und Analysis gestattet es, jedes Gebilde der einen in das formale Gewand der andern zu kleiden, oder auch sie als verschiedene Darstellungen derselben abstrakten Gegenständlichkeit zu betrachten. Hierdurch ist die Gleichwertigkeit geometrischer und analytischer Formalismen für die Anwendung begründet.

Die mathematischen Gegenstände sind definierbar:

1. *deskriptiv*, durch Beschreibung ihrer Eigenart (Vorhandensein oder Nichtvorhandensein bestimmter Eigenschaften, innere Gesetzlichkeiten u. dgl.) oder

2. *konstruktiv*, durch Angabe der Methode, wie sie aus *Elementen* aufgebaut werden können.

Die Elemente sind nur deskriptiv definierbar.

Nicht jeder deskriptiv definierte Gegenstand ist konstruierbar. Nichtkonstruierbare Gegenstände heißen, sofern sie nicht als Elemente zugelassen sind, *nicht* existent (Existenzbeweise).

Die Mathematik hat eine eigene *Symbolschrift* entwickelt. Sowohl Größen wie Operationen werden zumeist durch einzelne Buchstaben angedeutet, Operationen auch oft durch besondere Zeichen, Wortkürzungen u. dgl. Von festen Regeln, nach denen man Größen und Operatoren aus der Symbolschrift unterscheiden könnte, sind wir weit entfernt. Man erkennt, daß ein mathematisches Symbolensystem oft in verschiedenem Sinne gelesen und sein Sinn erst aus dem Zusammenhang (Begleittext!) entnommen werden kann[1].

Ein *mathematisches System* (z.B. Algebra, Funktionentheorie, Gruppentheorie) beschäftigt sich mit einem System von Größen und Operationen, die aus gewissen ausgewählten Elementen konstruierbar sind. Es stellt eine Anzahl von *Axiomen* (Spielregeln) auf, nach denen man kombinieren darf und welche festsetzen, wann solche Kombinationen als „gleich" zu betrachten sind. Symbolisch schreiben sich diese Axiome in der Form von *Gleichungen*. Damit ist der Ausgangspunkt für ein *Rechenverfahren* (Kalkül) gegeben.

Erster Abschnitt.

Zahlen, Funktionen und Operatoren.

Dieser Abschnitt enthält im wesentlichen Begriffsdefinitionen und Symbolerklärungen. Er gibt eine allgemeine Übersicht über ein größeres Gebiet der Mathematik, ohne überall auf spezielle Formen näher einzugehen. Es sollen dabei besonders die weitgehenden Zusammenhänge und Analogien dargestellt werden, die die lineare Mathematik in dem ganzen Bereich von den diskret endlichen bis zu den dichten unendlichen Mannigfaltigkeiten beherrschen.

Die vielen grundlegenden Betrachtungen, die zur Klärung der Grundbegriffe wie: konvergent, unendlich, kontinuierlich, stetig, Grenzübergang usw. im Sinne der strengen Mathematik erforderlich sind, sind hier nur gestreift. In diesem Sinne sind die Ausführungen ganz unkritisch gehalten und alle speziellen Fragen, Methoden und Lehrsätze den späteren Abschnitten vorbehalten.

---

[1] In neuerer Zeit hat die Tendenz zur Verwendung einer nur einem kleinen Kreis verständlichen Symbolstenographie in beunruhigender Weise zugenommen. Man ist oft auf ein schwieriges Rätselraten angewiesen, weil unterlassen wird, anzugeben, wo man eine Erklärung der verwendeten „Sigel" finden kann.

A. Zahlen.

1. Die natürlichen Zahlen.

Auf Grund der Anschauung bilden wir folgende hier nicht genauer definierte Begriffe:

einer *Menge* von Elementen (Individuen), zerlegbar und aufbaubar aus Teilmengen;

der *Äquivalenz* zweier Mengen gleicher *Mächtigkeit*, deren Elemente sich einander eineindeutig paarweise *zuordnen* lassen;

der individuellen *Bezeichnung* ihrer Elemente durch Zuordnung zu einer äquivalenten Menge von verschiedenen Symbolen;

des *Vergleichs* der Mächtigkeit einer Menge mit der einer andern als größer, gleich oder kleiner;

der *Anordnung* ihrer Elemente zu einer *Folge*;

der *Ordnung* einer Folge nach einer andern durch Zuordnung.

Der Begriff Mächtigkeit, durch Abstraktion isoliert von allen andern Qualitäten einer Menge, ergibt den Begriff einer *natürlichen Zahl*. Die Gesamtheit aller möglichen verschiedenen solchen Zahlen ist nach ihrer Größe in eine unbegrenzt fortsetzbare Folge zu ordnen. Durch Zuordnung zu einer Folge von Symbolen, Zahlworten und Zahlzeichen sind ihre Elemente zu bezeichnen.

Diese Zahlen, bzw. ihre Symbole dienen:

zur Bezeichnung der Mächtigkeit einer Menge, der Anzahl ihrer Elemente als *Kardinalzahlen*;

zur Bezeichnung und Ordnung ihrer Elemente durch Zuordnung, Numerierung oder *Indizierung* als *Ordinalzahlen*.

Der Zusammensetzung von Mengen aus Teilmengen enspricht die *Verknüpfung* von Zahlen durch *Addition* zu *Summen*.

Der Anschauung entnehmen wir für solche additive Verknüpfung natürlicher Zahlen die symbolisch formulierten Regeln:

$$a + b = b + a \quad \textit{kommutatives} \text{ Gesetz der Addition,}$$
$$(a + b) + c = a + (b + c) \quad \textit{assoziatives} \text{ Gesetz der Addition.}$$

Durch mehrfache Addition gleicher Zahlen kommen wir zum Begriff der Vervielfachung oder *Multiplikation* einer Zahl a um einen *Zahlenfaktor* b zu einem *Produkt* $b\,a$. Hier gelten die Regeln:

$$a\,b = b\,a \quad \text{kommutatives Gesetz der Multiplikation,}$$
$$(a\,b)\,c = a\,(b\,c) \quad \text{assoziatives Gesetz der Multiplikation.}$$

Für die Kombination von Addition und Multiplikation gilt

$$\left.\begin{aligned} a(b + c) &= ab + ac \\ (b + c)a &= ba + ca \end{aligned}\right\} \textit{distributive} \text{ Gesetze.}$$

Aus solchen Verknüpfungsmöglichkeiten folgt eine Methodik, um jede Zahl, als aus einer kleinen Menge von geeignet gewählten Grundzahlen aufgebaut, symbolisch zu bezeichnen *(Zahlensysteme)*. *Zahlenrechnen* heißt ein Aufbauverfahren durch ein anderes ersetzen. Hierfür verwendet man, neben den oben formulierten Rechenregeln und weiteren, die aus ihnen folgen, entweder *Tabellen*, die man für die einfachsten Fälle auswendig weiß, oder geeignete *Rechengeräte*. Aus solcher Rechnung entnimmt man die Gleichheit in verschiedener Weise aufgebauter Zahlen (z.B. $3 \cdot 7 \cdot 8 = 8 + 6 \cdot 10 + 100 = 168$).

2. Die rationalen Zahlen.

Neben der *konstruktiven* Definition einer Zahl c durch Aufbau $a + b = c$ aus gegebenen a und b ist auch ihre *deskriptive* Definition möglich durch die Forderung $c + d = e$ bei gegebenen d und e, formuliert durch: $c = e - d$. Diese Verknüpfung zweier Zahlen e und d heißt *Subtraktion*, die zur *Differenz* c führt. Um eine solche Forderung allgemein durchführen zu können, muß man das System der natürlichen Zahlen durch die *Null* und die *negativen Zahlen* zu dem der *ganzen Zahlen* erweitern.

In analoger Weise gelangt man von der Forderung $cd = e$ zur *Division* $c = e/d$, die zum *Quotienten* führt und eine Erweiterung des Systems durch die *Brüche* veranlaßt. Durch die beiden Erweiterungen gelangt man zu dem System der *rationalen Zahlen*. Die Division durch Null ist dabei als sinnlos auszuschließen.

Um in diesem System alle obigen Verknüpfungen eindeutig und widerspruchslos zu definieren, genügt es, die Gültigkeit der allgemeinen für die natürlichen Zahlen evidenten Verknüpfungsregeln für alle rationalen zu *fordern*. Das Resultat ist dann immer wieder eine rationale Zahl. Diese bilden einen *Zahlenkörper*.

Damit ergibt sich auch die Möglichkeit, beliebige Mengen rationaler Zahlen eindeutig nach ihrer Größe zu ordnen.

Die Bezeichnung beliebiger rationaler Zahlen durch additiven Aufbau setzt ein erweitertes System von rationalen Grundzahlen voraus.

Die rationalen Zahlen bilden in ihrer Gesamtheit eine *dichte* Folge[1], d.h. in jedem Intervall zwischen zweien mit beliebig kleiner Differenz sind beliebig viele weitere einzuordnen.

3. Die irrationalen Zahlen.

Durch weiter gehende Forderungen läßt sich noch eine unbegrenzte Menge weiterer Zahlen definieren, die sich, wenn man die allgemeinen Verknüpfungsregeln für sie fordert, zwischen die rationalen einordnen,

[1] meist genauer bezeichnet als „eine in sich dichte geordnete Menge".

ohne als solche darstellbar zu sein. Sie heißen *irrationale* Zahlen. Mit ihnen wird das System zu dem der *reellen Zahlen* erweitert, deren Folge *kontinuierlich* genannt wird.

Die Unterscheidung der irrationalen Zahlen von den rationalen, ihre exakte Definition, ihre Klassifikation in verschiedene *Rationalitätsbereiche* und Abtrennung der extrem irrationalen *transzendenten* Zahlen, sowie das Studium ihrer Aufbaumöglichkeit durch nur ideal durchführbare Prozesse, ist von rein mathematischem Standpunkt von allergrößtem Interesse, aber ohne wesentliche Bedeutung vom Standpunkt der Anwendung auf die Physik.

4. Operationen.

Addition und Multiplikation sind die einfachsten Operationen, die durch Vermehrung um einen Summanden bzw. Vervielfachung um einen Faktor einer Zahl a eine andere b zuordnen. Subtraktion und Division heißen die zugehörigen *inversen Operationen*, der Verminderung bzw. Teilung, die von b eindeutig zu a zurückführen.

Indem man diese 4 Arten von elementaren Operationen kombiniert, kommt man zu den allgemeinen *linearen* Zuordnungen von b zu a. Sie lassen sich alle in die Form:

$$b = \frac{\alpha + \beta a}{\gamma + \delta a}$$

bringen mit den Koeffizienten α, β, γ, δ. Die inverse Operation ist:

$$a = \frac{-\alpha + \gamma b}{\beta - \delta b}.$$

Weitere Zuordnungen erhält man durch Hinzunehmen der Operation der *Potenzierung*: $b = a^n$. Sie ist für beliebige rationale Exponenten n definiert durch:

$$a^n \cdot a^m = a^{n+m} \qquad \text{und} \qquad a^1 = a.$$

Ihre Inverse ist die *Radizierung*: $a = \sqrt[n]{b} = b^{1/n}$.

Die Potenzierung ist nur für ganze positive Exponenten allgemein eindeutig im Bereich der reellen Zahlen ausführbar. Sie führt im allgemeinen in den Bereich der irrationalen bzw. der komplexen Zahlen (s. S. 10).

5. Funktionen.

Insofern bei einer Zuordnung $a \to b$ a verschiedene oder auch beliebige Zahlen bedeuten kann, heißt a eine *Variable*; insofern b durch die Wahl von a bedingt ist, heißt b eine von a *abhängige Variable*, die in funktioneller Abhängigkeit von a steht oder eine *Funktion* von a ist. Um diese Abhängigkeit anzudeuten, ist die Schreibung: $b = f(a)$ oder, um a und b deutlicher als Variable zu bezeichnen, die Schreibung: $y = f(x)$ oder auch $y = y(x)$ gebräuchlich.

Die Definition einer bestimmten Funktion einer oder mehrerer Variablen erfolgt *explizite* durch eine symbolisch geschriebene Rechenvorschrift (Erklärung, Formel). Andere Definitionsmöglichkeiten heißen *implizit*. Eine explizite Rechenvorschrift kann eine begrenzte (endliche) oder unbegrenzte (unendliche) Anzahl von auszuführenden Operationen verlangen. Im zweiten Falle ist sie nicht wirklich durchführbar und hat nur dann einen Sinn, wenn man sich mit einer begrenzten Anzahl dem Ziel beliebig annähern kann. Sie heißt dann *konvergent* und das Ziel ihr zu berechnender *Grenzwert*.

Die *reziproke* oder *inverse* Funktion f^{-1} führt von $f(x)$ zu x zurück, d.h. aus $y=f(x)$ folgt $f^{-1}(y)=x$. Diese Zuordnung ist nur bei linearen Funktionen eindeutig, d. h. die Forderung $y=f(x)$ ist bei gegebenem y im allgemeinen für mehr als einen Wert erfüllbar, wenn man auch komplexes x zuläßt. f^{-1} heißt dann eine *mehrdeutige* Funktion.

6. Grenzwerte.

Eine Zahl wird als *unendlich groß* und durch das Symbol ∞ bezeichnet, um auszudrücken, daß sie größer sei als jede beliebig angebbare. Mit dieser Bezeichnung ist sie nicht als Individuum festgelegt und es ist nicht zulässig, auf ∞ die Rechenregeln anzuwenden.

Eine solche Zahl ergibt sich als Grenzwert einer Funktion $f(x)$ für gewisse Werte x_0 der Variablen *(Singularitäten)*. Das wird formuliert durch: $\lim\limits_{x \to x_0} f(x)=\infty$ oder kürzer $f(x_0)=\infty$. Für ihre Inverse $f^{-1}(x)$ schreibt man dann: $\lim\limits_{x \to \infty} f^{-1}(x)=x_0$ oder $f^{-1}(\infty)=x_0$. Das bedeutet: $f^{-1}(x)$ nähert sich, wenn x unbegrenzt wächst, dem Grenzwert x_0 beliebig an.

Als *unendlich klein* wird eine Zahl bezeichnet, um auszudrücken, daß ihr absoluter Betrag kleiner sei als jede beliebig angebbare (positive) Zahl. Ein Symbol hierfür ist entbehrlich und ersetzbar durch Schreibungen der Form:

$$\lim_{x \to \infty}\left(\frac{1}{x}\right)=0 \qquad \text{oder} \qquad \lim_{x \to 0}\left(\frac{1}{x}\right)=\infty .$$

Gelegentlich wird das Symbol ε verwendet $\left(\text{z. B.} \frac{f(x+\varepsilon)-f(x)}{\varepsilon}=f'(x)\right)$.

B. Mehrdimensionale Zahlen.

1. Zahlenräume und Mannigfaltigkeiten.

Die Gesamtheit der reellen Zahlen bildet das *Zahlenkontinuum* oder den eindimensionalen *Zahlenraum*, in dem jede Zahl als *Koordinate* die Lage eines *Punktes* bezeichnet.

Faßt man n reelle Zahlen z_i ($i = 1, 2, \ldots, n$) zu einem Begriff als eine *n-dimensionale Zahl* $\{z_n\}$ zusammen, so bildet deren Gesamtheit einen n-dimensionalen *Zahlenraum*. Jede seiner Zahlen bezeichnet wieder einen Punkt, der durch n Koordinaten festgelegt ist.

Lassen wir den Punkt durch den Raum wandern, so beschreibt er eine *Linie* oder *Kurve* und die Wertesysteme seiner Koordinaten bilden eine eindimensionale *Mannigfaltigkeit* und damit einen neuen eindimensionalen Raum, der dem n-dimensionalen Zahlenraum *eingebettet* ist. Die Punkte dieser Kurve lassen sich eindeutig denen des eindimensionalen Zahlenraumes zuordnen. Die einfachen reellen Zahlen können daher zur Bezeichnung der Punkte der Kurve dienen. Man nennt sie die Werte eines *Kurvenparameters* q_1 oder Koordinaten auf der Kurve.

Verschieben wir die Kurve kontinuierlich im Raum, so entsteht eine *Kurvenschar*, die eine *Fläche* oder zweidimensionale Mannigfaltigkeit bildet. Indem man zur Bezeichnung der Kurven einen *Scharparameter* q_2 einführt, erhält man eine Bezeichnung der Punkte der Fläche durch zwei Zahlen q_1 und q_2 und somit Koordinaten auf der Fläche.

In analoger Weise kann man zu k-dimensionalen Mannigfaltigkeiten, sog. *Unterräumen* gelangen, die dem Zahlenraum von $n \geq k$ Dimensionen eingebettet sind, und in denen jeder Punkt einerseits durch n Koordinaten z_i im Zahlenraum, andererseits durch k Koordinaten q_l in der Mannigfaltigkeit zu bezeichnen ist. Jedes z_i ist durch die q_l bestimmt. Zwischen den z_i bestehen $n - k$ Beziehungen.

Eine bestimmte Mannigfaltigkeit kann in verschiedener Weise erzeugt und die Zuordnungen zum sie enthaltenden Zahlenraum verschieden vorgenommen werden. Damit erhält man auch verschiedene Bezeichnungen derselben Punkte durch Koordinaten in ihr. Dieser Wechsel heißt eine *Koordinaten-Transformation*, die die Mannigfaltigkeit *in sich überführt*.

Innerhalb einer Mannigfaltigkeit kann man eine *Geometrie* konstruieren, indem man eine *Metrik* einführt (RIEMANN) durch die Festsetzung, was unter dem Abstand ds zweier Punkte zu verstehen ist, deren Koordinaten q_l sich um infinitesimale Beträge dq_l unterscheiden. Man pflegt diese Festsetzung in die Form: $ds^2 = \sum_{ik} g_{ik}\, dq_i\, dq_k$ zu kleiden (s. S. 213), wo die g_{ik} Funktionen der q_l sind. Für die Metrik im Zahlenraum ist die Definition: $ds^2 = \sum_{i=1}^{n} dz_i^2$ (kartesische Metrik) üblich.

In Erweiterung der Bezeichnung einer Fläche als Produkt von zwei Längen kann man einen n-dimensionalen Raum als Produkt der in ihm enthaltenen Unterräume mit nicht gemeinsamen q_l auffassen.

2. Mehrdimensionale Algebra.

Mit mehrdimensionalen Zahlen kann man wie mit reellen (eindimensionalen) rechnen, wenn man zuvor durch Definition festlegt, was man unter Summe und Produkt zweier solcher Zahlen zu verstehen hat. Damit entsteht für jeden Fall eine besondere *Algebra* mit Rechenregeln, die denen der einfachen Zahlenalgebra mehr oder weniger gleichen. Vollständige Übereinstimmung ist nur noch im Zweidimensionalen bei den *komplexen* Zahlen durch geeignete Festsetzungen zu erreichen.

3. Komplexe Zahlen.

Als komplexe Zahlen bezeichnet man zweidimensionale Zahlen (Zahlenpaare): $A = (a_1, a_2)$, $B = (b_1, b_2)$, usw., für die festgesetzt wird:

$$A + B = C \text{ bedeute: } a_1 + b_1 = c_1; \quad a_2 + b_2 = c_2,$$
$$AB = C \text{ bedeute: } a_1 b_1 - a_2 b_2 = c_1; \quad a_1 b_2 + a_2 b_1 = c_2.$$

Multiplikation mit einer reellen Zahl α bedeutet dann:

$$\alpha A = (\alpha a_1, \alpha a_2).$$

Führt man die speziellen Paare: $E = (1, 0)$ und $I = (0, 1)$ ein, so gilt:

$$A = a_1 E + a_2 I,$$

sowie

$$EE = E, \; EA = AE = A, \; II = -E, \; IA = AI.$$

E und I verhalten sich also wie einfache Zahlen und zwar E wie die Zahl 1, I wie eine Zahl i, deren Quadrat gleich -1 ist. Man kann daher unter Beachtung der Regel: $i^2 = -1$ und der Schreibweise $E = 1$, $I = i$, also: $A = a_1 + i\,a_2$; $B = b_1 + i\,b_2$; usw., wie mit einfachen Zahlen rechnen.

Die Algebra der komplexen Zahlen ist in allen Punkten gleich der der reellen Zahlen und kann als deren natürliche Erweiterung gelten. Der zweidimensionale Zahlenraum a_1, a_2 heißt die GAUSS*sche Zahlenebene.* In ihr ist jede komplexe Zahl als Punkt darstellbar. a_1 heißt der *Realteil* von A: $a_1 = Re\,A$, a_2 der *Imaginärteil*: $a_2 = Im\,A$.

$\sqrt{a_1^2 + a_2^2} = |A|$ heißt der *absolute Betrag* von A.

$A^* = a_1 - i\,a_2$ heißt die zu A *komplex-konjugierte*[1] Zahl. Es gilt dann:

$$a_1 = \frac{A + A^*}{2}, \quad a_2 = \frac{A - A^*}{2i}, \quad |A| = \sqrt{A^* A}.$$

4. Quaternionen.

Als Quaternionen bezeichnet man vierdimensionale Zahlen:

$$A = (a_1\, a_2\, a_3\, a_4); \quad B = (b_1\, b_2\, b_3\, b_4) \text{ usw.},$$

[1] oder konjugiert komplexe.

für die festgesetzt wird:

$A + B = C$ bedeute: $a_1 + b_1 = c_1$; $a_2 + b_2 = c_2$; usw.

Die nicht-kommutative Produktbildung definieren wir wie folgt:

Wir führen die speziellen Quaternionen:

$L = (1,0,0,0)$; $M = (0,1,0,0)$; $N = (0,0,1,0)$; $E = (0,0,0,1)$

ein und setzen fest:

$$L^2 = M^2 = N^2 = -E^2 = -E;$$
$$LE = EL = L; \quad ME = EM = M; \quad NE = EN = N;$$
$$LM = N = -ML; \quad MN = L = -NM; \quad NL = M = -LN.$$

Mit diesen ist: $A = a_1 L + a_2 M + a_3 N + a_4 E$ und es ergibt sich:

$$AB = (a_1 b_4 + a_4 b_1 + a_2 b_3 - a_3 b_2) L + (a_2 b_4 + a_4 b_2 + a_3 b_1 - a_1 b_3) M +$$
$$+ (a_3 b_4 + a_4 b_3 + a_1 b_2 - a_2 b_1) N +$$
$$+ (-a_1 b_1 - a_2 b_2 - a_3 b_3 + a_4 b_4) E \qquad (\neq BA!),$$

$$A^{-1} = \frac{-a_1 L - a_2 M - a_3 N + a_4 E}{a_1^2 + a_2^2 + a_3^2 + a_4^2}$$

existiert nur, falls der Nenner ungleich Null ist.

Die vier Zahlen a_1, a_2, a_3, a_4 (die auch komplex sein können) heißen die *Komponenten*. a_1, a_2, a_3 bilden den „*vektoriellen*", a_4 den „*skalaren*" Anteil. In der Quaternionenalgebra ist die dreidimensionale Vektoralgebra enthalten (s. S. 199).

Ordnet man einer Quaternion A die Matrix (s. S. 134)

$$(A) = \begin{pmatrix} a_4 + i a_1 & -a_3 + i a_2 \\ a_3 + i a_2 & a_4 - i a_1 \end{pmatrix}$$

zu, so wird im Sinne der Matrizenalgebra: $(A) + (B) = (A + B)$; $(A)(B) = (AB)$. Die beiden Algebren sind somit „*isomorph*" (s. S. 247). Bezüglich einer anderen Darstellung s. S. 250.

5. Hyperkomplexe Zahlen höherer Ordnung.

In Analogie zum Obigen konstruiert man eine Algebra für 2^n-dimensionale Zahlen:

$$A = \sum_{l=1}^{2^n} a_l C_l,$$

indem man für die speziellen C_l folgendes festsetzt:

Es gebe:

1. ein Element E, für das $E C_l = C_l E = C_l$ (für jedes l) wird.
2. n Elemente C_α, antikommutierend untereinander, d. h.:

$$C_\alpha C_\beta = -C_\beta C_\alpha \quad \text{für} \quad \alpha \neq \beta, \quad \text{aber}$$

$C_\alpha^2 = -E$ (oder auch $= E$, indem man alle C_l durch $i C_l$ ersetzt).

3. $\frac{n(n-1)}{2}$ Elemente: $C_{\alpha\beta} \equiv C_\alpha C_\beta = -C_{\beta\alpha}$, und allgemein

4. weitere je $\binom{n}{l}$ Elemente: $C_{\alpha\beta\gamma} \equiv C_\alpha C_\beta C_\gamma$, usw.

Das ergibt im ganzen 2^n verschiedene Elemente C_l. Durch obige Festsetzungen ist die Algebra derartiger hyperkomplexer Zahlen vollständig gegeben. Die a_l können auch komplex gewählt werden.

Nach diesem Prinzip erhält man

für $n = 1$ die komplexen Zahlen,

für $n = 2$ die Quaternionen,

für $n = 3$ die *Biquaternionen*,

für $n = 4$ die CLIFFORD*schen Zahlen.*

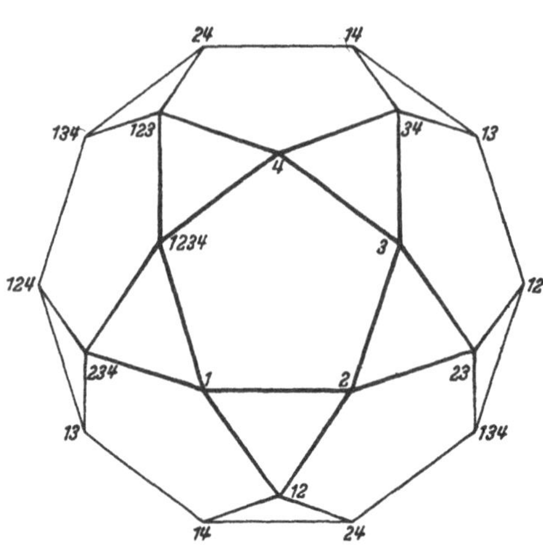

Abb. 1. CLIFFORDsche Zahlen.

6. CLIFFORDsche Zahlen.

Die 4 Elemente C_α werden in der Physik zumeist durch γ_α bezeichnet und durch $\gamma_\alpha^2 = +1$ normiert. Die 16 Elemente C_l bilden 60 kommutierende und 60 antikommutierende Paare. Es gibt 6 „Pentaden" von je 5 gegenseitig antikommutierenden Elementen, sowie 20 „Triaden" von je 3 solchen.

Jedes Element gehört 2 Pentaden an und hat 8 mit ihm antikommutierende Partner. In der Abb. 1 sind es diejenigen, die mit ihm ein Fünfeck gemein haben, d. h. zu einer Pentade gehören.

Die CLIFFORDschen Zahlen bilden eine Gruppe (s. S. 246). Sie sind durch 4-zeilige Matrizen darstellbar, z. B. durch:

$$\gamma_1 = \begin{pmatrix} 0 & 0 & 0 & -i \\ 0 & 0 & -i & 0 \\ 0 & i & 0 & 0 \\ i & 0 & 0 & 0 \end{pmatrix}; \quad \gamma_2 = \begin{pmatrix} 0 & 0 & 0 & -1 \\ 0 & 0 & 1 & 0 \\ 0 & 1 & 0 & 0 \\ -1 & 0 & 0 & 0 \end{pmatrix};$$

$$\gamma_3 = \begin{pmatrix} 0 & 0 & -i & 0 \\ 0 & 0 & 0 & i \\ i & 0 & 0 & 0 \\ 0 & -i & 0 & 0 \end{pmatrix}; \quad \gamma_4 = \begin{pmatrix} 1 & 0 & 0 & 0 \\ 0 & 1 & 0 & 0 \\ 0 & 0 & -1 & 0 \\ 0 & 0 & 0 & -1 \end{pmatrix} \text{ usw.}$$

Sie lassen sich auch als Operatoren auffassen (s. S. 25).

C. Zahlenfolgen und Funktionen.

1. Einfache und mehrfache Folgen.

Ordnet man n Dinge den n Zahlen m bis $m+n-1$ zu, so erhält man eine nach diesen geordnete Folge, deren Elemente durch die zugeordneten Zahlen, ihre *Indizes* gekennzeichnet oder *indiziert* sind.

Sind diese Dinge n reelle oder komplexe Zahlen: $a_m, a_{m+1}, a_{m+2}, \ldots, a_{m+n-1}$, so schreiben wir für die Folge das Symbol $\{a_k\}$ mit dem Index $k = m, m+1, \ldots, m+n-1$. Sie heißt je nach dem Zusammenhang:

1. eine *einzeilige Matrix* mit den Elementen a_k,

2. eine durch die Zuordnung definierte *Funktion* des ganzzahligen Parameters k (auf der Basis der Zahlen m bis $m+n-1$) mit den *Funktionswerten* a_k,

3. ein *Vektor* $\mathfrak{a}$ im n-dimensionalen mit den *Komponenten* a_k.

Ist es möglich, auf Grund einer Bildungsvorschrift die Folge beliebig weiter fortzusetzen, so entsteht eine *unendliche Folge*. Sie heißt *diskret* oder *dicht*, je nachdem ihre Elemente in endlichen oder unendlich kleinen Abständen (Differenzen) einander folgen. Die Menge ihrer Elemente ist *abzählbar*, d. h. diese lassen sich eindeutig denen der diskreten Folge aller ganzen Zahlen $\geq m$ zuordnen und mit ihnen indizieren.

Die Elemente einer dichten Folge ordnet man besser denen einer dichten Folge von rationalen Zahlen zwischen zwei Grenzen α und β zu. Der Indexparameter wird dann zu einer Variablen, die diesen Bereich durchläuft, und die Folge stellt, so weit sie dicht ist, eine *stetige* Funktion dieser Variablen dar.

Man erkennt, daß eine Funktion als Grenzfall ($n \to \infty$) einer einzeiligen Matrix oder als Vektor im unendlich-dimensionalen „*Funktionenraum*" (Hilbertraum) aufgefaßt werden kann, und daß daher weitgehende Analogien zwischen Matrizen, Funktionen und Vektoren bestehen.

Bildet man Folgen, deren Elemente selbst Folgen sind, so erhält man zweifache Folgen, in denen jedes Element durch zwei Indizes zu bezeichnen ist: $\{a_{ik}\}$.

Sind diese Elemente Zahlen, so heißt ein solches Gebilde:

1. eine zweidimensionale Matrix mit den Elementen a_{ik} oder
2. eine Funktion zweier Parameter i und k (auf dem Zahlengitter $[i, k]$) mit den Funktionswerten a_{ik} oder
3. ein Tensor zweiten Grades mit den Komponenten a_{ik}.

Der Übergang zu unendlichen Folgen ergibt viele verschiedene Fälle. Besonders wichtig sind die einer unendlichen diskreten Folge von Funktionen einer Variablen, sowie einer dichten Folge solcher Funktionen, die zu einer Funktion zweier Variablen führt. Sie sind als Grenzfälle von Matrizen aufzufassen.

Bildungen höherer Art, z. B. Folgen von zweidimensionalen Matrizen und deren Grenzfälle, sind leicht zu konstruieren.

2. Summen und Mittelwerte.

Aus einer Folge $\{a_k\}$ kann man die Folge ihrer *Teilsummen*:

$$\left\{\sum_{k=m}^{m+l-1} a_k\right\} = \{s_l\}$$

ableiten, sowie die der *Teilmittelwerte*: $\left\{\frac{s_l}{l}\right\} = \{\overline{s_l}\}$.

Sind die a_k beschränkt, so sind es auch die Mittelwerte, selbst wenn man zu $l \to \infty$ übergeht. Sie bilden eine konvergente Folge.

Ist die Folge der a_k dicht und durch eine Funktion $f(x)$ der von α bis β laufenden Variablen x dargestellt, so schreibt man statt:

$$(x-\alpha)\,\overline{s_l} = \frac{(x-\alpha)}{l}\,s_l:$$

$$(x-\alpha)\,\overline{f(x)} = \int_\alpha^x f(x)\,dx = F(x)$$

mit $dx = \frac{x-\alpha}{l}$ und nennt diese unendliche Summe das über den Bereich α bis x erstreckte *Integral* der Funktion $f(x)$. Es ist selbst eine Funktion $F(x)$ der gleichen Variablen[1].

Es ist also: Integral = Mittelwert mal Bereich, im Gegensatz zu
Summe = Mittelwert mal Anzahl.

Aus $F(x)$ ist $f(x)$ eindeutig wieder ableitbar. $f(x)$ heißt die *Ableitung* oder der *Differentialquotient* von $F(x)$; geschrieben: $f(x) = F'(x) = \frac{dF(x)}{dx}$

Diese Operationen der *Integration* und der *Differentiation* sind wiederholt ausführbar und führen zu Bildungen höherer Ordnung, z. B.

$$\frac{d}{dx}F'(x) = F''(x) = \frac{d^2}{dx^2}F(x) \quad \text{(s. S. 33)}.$$

Als *Summe* zweier Folgen, die nach dem gleichen Parameter geordnet sind, $\{a_k\}$ und $\{b_k\}$, bezeichnet man die Folge: $\{a_k + b_k\}$, als *Produkt* dagegen die Zahl *(Bilinearform)*:

$$(a, b) = \sum_{k=m}^{m+l-1} a_k b_k.$$

[1] Besser ist die Schreibung: $F(x) = \int_\alpha^x f(s)\,ds$ mit Benutzung einer *Integrationsvariablens*, um anzudeuten, daß das Integral nur Funktion seiner oberen Grenze x ist.

Diese Summe ist für unendliche Folgen im allgemeinen divergent. Man ersetzt sie daher hier durch den Mittelwert:

$$(a, b) = \lim_{l\to\infty} \frac{1}{l} \sum_{k=m}^{m+l-1} a_k b_k \qquad \text{(Produktmittelwert)}.$$

Für Funktionen pflegt man

$$(a, b) = \int_\alpha^\beta a(x)\, b(x)\, dx \qquad \text{(Produktintegral)}$$

zu definieren.

Man nennt zwei Folgen (Matrizen, Funktionen oder Vektoren) zueinander *orthogonal*, wenn ihr Produkt verschwindet.

Als ihre *Norm* bezeichnet man:

$$N = (a, a)$$

bzw. wenn die a_k komplexe Zahlen sind: $N = (a^*, a)$. Ist $N = 1$, so heißen die Folgen auf 1 normiert.

Man beachte, daß die Definition des Produktes und der Norm für endliche, unendliche und dichte Folgen verschieden ist.

In allen Fällen gilt die SCHWARZ*sche Ungleichung*:

$$(a, b)^2 \leq (a, a)\,(b, b)$$

bzw. für komplexe Folgen:

$$|(a^* b)|^2 \leq (a^* a)\,(b^* b).$$

Da

$$|(a^* b)|^2 = \left\{\frac{(a^* b) + (b^* a)}{2}\right\}^2 + \left\{\frac{(a^* b) - (b^* a)}{2i}\right\}^2$$

ist, wird auch $(a^* a)\,(b^* b)$ größer bzw. gleich jedem der beiden reellen positiven Summanden[1].

3. Aufbau und Zerlegung von Vektoren und Funktionen.

Die Analogie zwischen Vektoren und Funktionen zeigt sich deutlich bei der folgenden Gegenüberstellung (bezüglich der Vektorsymbolik s. S. 166):

Ein Vektor $\mathfrak{a}$ im n-dimensionalen Raum	Eine Funktion $f(x)$ im Bereich $\alpha \to \beta$
kann als *lineare Kombination* von	
n Grundvektoren $\mathfrak{e}_i$	∞-vielen Grundfunktionen $\varphi_i(x)$

[1] $(a^* b)$ heißt auch „hermitisches" Produkt. Es wird oft ohne den Stern geschrieben. Unser $(a\, b)$ muß dann aber durch $(a^* b)$ bezeichnet werden, was nicht sachgemäß erscheint.

aufgebaut bzw. zerlegt *(entwickelt)* werden in der Form:

$$\mathfrak{a} = \sum_{i=1}^{n} a_i \mathfrak{e}_i \qquad\Big|\qquad f(x) = \sum_{i=1}^{\infty} a_i \varphi_i(x).$$

Die Grundvektoren bzw. -funktionen müssen dabei *linear-unabhängig* sein, d. h. es darf keine Beziehung zwischen ihnen der Form

$$\sum_{i=1}^{n} \alpha_i \mathfrak{e}_i = 0 \qquad\Big|\qquad \sum_{i=1}^{\infty} \alpha_i \varphi_i(x) = 0$$

existieren, mit nicht-verschwindenden α_i.

Die Berechnung der Koeffizienten (Komponenten) a_i wird besonders einfach, wenn die $\mathfrak{e}_i$ bzw. $\varphi_i(x)$ normiert und zueinander orthogonal sind, d. h. wenn

$$(\mathfrak{e}_i^* \mathfrak{e}_k) = 1 \quad \text{für} \quad i = k, \qquad = 0 \quad \text{für} \quad i \neq k \qquad\Big|\qquad (\varphi_i^* \varphi_k) = \int_\alpha^\beta \varphi_i^*(x) \varphi_k(x)\, dx = \begin{cases} 1 & \text{für } i = k \\ 0 & \text{für } i \neq k \end{cases}$$

ist. Dann wird nämlich:

$$a_i = (\mathfrak{e}_i^* \mathfrak{a}) \qquad\Big|\qquad a_i = (\varphi_i^* f) = \int_\alpha^\beta \varphi_i^*(x) f(x)\, dx$$

und

$$(\mathfrak{a}^* \mathfrak{a}) = \sum_{i=1}^{n} |a_i|^2 \qquad\Big|\qquad (f^* f) = \int_\alpha^\beta f^*(x) f(x)\, dx = \sum_{i=1}^{\infty} |a_i|^2.$$

Die letzte Formel heißt die *Vollständigkeitsrelation*. Sie ist ein Kriterium dafür, daß die gewählten $\varphi_i(x)$ (Entwicklungsfunktionen) ein *vollständiges System* für die Entwicklung aller in Betracht gezogenen Funktionen bilden.

Wenn der Bereich $\alpha \to \beta$ unendlich ist, ist im allgemeinen Vollständigkeit nur mit einer dichten Folge von Entwicklungsfunktionen zu erreichen. Der Indexparameter i wird zu einer Variablen s und statt $\varphi_i(x)$ ist eine zweiparametrige Funktion $\varphi(s, x)$ zu wählen. Die Entwicklung hat dann die Form:

$$f(x) = \int_{-\infty}^{+\infty} a(s)\, \varphi(s, x)\, ds$$

und für

$$\int_\alpha^\beta \varphi^*(s, x)\, \varphi(s', x)\, dx = \begin{cases} 1 & \text{für } s = s' \\ 0 & \text{für } s \neq s' \end{cases}$$

wird

$$a(s) = \int_\alpha^\beta \varphi^*(s, x)\, f(x)\, dx.$$

$a(s)$ heißt die *Spektralfunktion der Darstellung*.

Die Vollständigkeitsrelation lautet hier:

$$\int_{-\infty}^{+\infty} |a(s)|^2 ds = \int_{\alpha}^{\beta} |f(x)|^2 dx.$$

D. Operatoren.

1. Der Operatorbegriff.

Ein Operator ordnet durch eine Rechenvorschrift einer Folge von Zahlen $\{a_k\}$ eine andere Folge $\{b_k\}$ gleicher Mächtigkeit n zu, geschrieben $\{b_k\} = T\{a_k\}$ oder einfacher $b = Ta$. Hierbei soll im allgemeinen jedes b_k von *allen* a_k abhängen. Wir haben also n Gleichungen der Form: $b_k = f_k(a_1, a_2, a_3, \ldots, a_n)$, d. h. eine allgemeine *Transformation*. In diesem Begriff sind viele Spezialfälle enthalten.

Wir interessieren uns hier nur für

Lineare Operatoren,

bei denen die b_k lineare Funktionen der a_k sind: $b_k = \sum_{l=1}^{n} T_{kl}\, a_l$. Die Koeffizienten T_{kl} bilden eine quadratische Matrix. Der Operator heißt ein *Tensor*, wenn die $\{a_k\}$ und $\{b_k\}$ als Vektoren aufgefaßt werden, geschrieben $\mathfrak{b} = \mathfrak{T}\,\mathfrak{a}$ (s. S. 204).

Für lineare Operatoren gilt:

Aus $b_1 = T a_1$ und $b_2 = T a_2$ folgt:

$(b_1 + b_2) = T(a_1 + a_2)$ und daher auch $T(\alpha a) = \alpha T a$ für eine Zahl α.

Der Übergang zu $n \to \infty$ ergibt vier Spezialformen von linearen Zuordnungen:

1. $b_k = \sum_{l=1}^{\infty} T_{kl}\, a_l$ diskreter Folge zu diskreter Folge.

2. $b(x) = \int_{\alpha}^{\beta} T(x, t)\, a(t)\, dt$ dichter Folge zu dichter Folge.

3. $b_k = \int_{\alpha}^{\beta} T_k(x)\, a(x)\, dx$ diskreter Folge zu dichter Folge.

4. $b(x) = \sum_{l=1}^{\infty} T_l(x)\, a_l$ dichter Folge zu diskreter Folge.

Obwohl diese vier Formen nur verschiedene Grenzfälle desselben Zusammenhanges sind, werden im allgemeinen nur 1. und 2. als Zuordnungen durch einen Operator bezeichnet, 3. und 4. dagegen unter anderem Gesichtspunkt betrachtet. Unsere weiteren Ausführungen beziehen sich dementsprechend auch nur auf diese ersten beiden Formen: 1. eines *Matrixoperators* und 2. eines *Integraloperators* mit dem *Kern* $T(x, t)$. Die T_{kl} bzw. $T(x, t)$ können noch weitere Parameter z. B. des Ortes und Zeit enthalten. Das führt dann auf den Begriff eines orts- und zeitabhängigen Operators.

2. Der Einheitsoperator E und die Deltafunktion.

Der Einheitsoperator ist definiert durch:

$$E\,a = a,$$

d. h. als Matrixoperator durch:

$$\sum_k E_{ik}\, a_k = a_i$$

und als Integraloperator durch:

$$\int_\alpha^\beta E(x, t)\, a(t)\, dt = a(x).$$

Die *Einheitsmatrix* E_{ik} wird zumeist: $\delta_{ik} = \delta_{ki}$ (KRONECKERsches *Symbol*) geschrieben. Es ist $\delta_{ik} = 1$ für $i = k$ und $= 0$ für $i \neq k$.

Der *Einheitskern* $E(x, t)$ wird: $\delta(x - t) = \delta(t - x)$ *(Deltafunktion)* geschrieben. Es ist $\delta(x - t) = 0$ außer für $x = t$. Hier wird die Funktion unendlich und zwar so, daß $\int_\alpha^\beta \delta(x - t)\, dt = 1$ sei.

$\delta(x - t)$ läßt sich in vielfacher Weise als ein Grenzfall darstellen, z. B. durch folgende Formen:

$$\delta(x - t) = \frac{1}{\sqrt{\pi}} \lim_{\varepsilon \to 0} \left(\frac{1}{\sqrt{\varepsilon}}\, e^{-\frac{(x-t)^2}{\varepsilon}} \right)$$

$$= \frac{1}{\pi} \lim_{\varepsilon \to 0} \left(\frac{\varepsilon}{\varepsilon^2 + (x - t)^2} \right) = \frac{1}{2\pi i} \lim_{\varepsilon \to 0} \left(\frac{1}{(x - t) - i\varepsilon} - \frac{1}{(x - t) + i\varepsilon} \right)$$

$$= \begin{cases} \dfrac{1}{\sqrt{\pi}} \lim\limits_{n \to \infty} \left\{ \sqrt{n}\,(1 - (x - t)^2)^n \right\}, & \text{für } |x - t| < 2 \quad \text{und} \\ 0 \quad \text{für } |x - t| \geq 2. \end{cases}$$

Formal gilt auch:

$$\delta(x - t) = \frac{1}{2} \frac{\partial^2}{\partial x^2} |x - t|.$$

Auch die folgenden Darstellungen sind brauchbar:

$$\delta(x-t) = \frac{1}{\pi} \lim_{n\to\infty} \left(\frac{\sin n(x-t)}{x-t}\right)$$

$$= \frac{1}{\pi} \lim_{n\to\infty} \left(\frac{1-\cos n(x-t)}{n(x-t)^2}\right)$$

$$= \frac{1}{\pi} \lim_{n\to\infty} \left(\frac{(\sin^2 n(x-t)}{n(x-t)^2}\right)$$

$$= \frac{1}{i\pi} \lim_{n\to\infty} \left(\frac{e^{in(x-t)}}{x-t}\right)$$

$$= \lim_{a\to\infty} \int_{-a}^{+a} ds\, e^{2\pi i s(x-t)} \qquad \text{(Fourier-Darstellung)}$$

$$= \frac{1}{\pi^2(x-t)} \lim_{\varepsilon\to 0} \int_{(x-t)-\varepsilon}^{(x-t)+\varepsilon} \frac{ds}{s}$$

$$= \lim_{N\to\infty} \sum_{n=0}^{N} \varphi_n^*(x)\, \varphi_n(t),$$

wenn die φ_n ein vollständiges normiertes Orthogonalsystem bilden.

Beim Einsetzen in die Operatorgleichung muß aber das limes-Symbol vor das Integralzeichen gezogen werden.

Schreibt man $x-t=z$, so hat $\delta(z)$, als Funktion im Komplexen betrachtet, zwei Pole erster Ordnung in $+i\varepsilon$ und $-i\varepsilon$ mit den Residuen $+\frac{1}{2\pi i}$ bzw. $-\frac{1}{2\pi i}$. Die Integration ist zwischen diesen Polen hindurchzuführen.

Man kann $\delta(z)$ in zwei Funktionen zerlegen mit je nur einem Pol:

$$\delta(z) = \delta_+(z) + \delta_-(z)$$

mit:

$$\delta_+(z) = -\frac{1}{2\pi i} \lim_{\varepsilon\to 0} \left(\frac{1}{z+i\varepsilon}\right); \qquad \delta_-(z) = +\frac{1}{2\pi i} \lim_{\varepsilon\to 0} \left(\frac{1}{z-i\varepsilon}\right).$$

Daher ist:

$$\delta_+(z) - \delta_-(z) = -\frac{1}{2\pi i} \lim_{\varepsilon\to 0} \frac{2z}{z^2+\varepsilon^2} = -\frac{1}{i\pi z},$$

also:

$$\delta_+(z) = \frac{1}{2}\delta(z) - \frac{1}{2\pi i z} = \delta_-(-z) = \delta_-^*(z) = (\delta_-(z^*))^*$$

$$\delta_-(z) = \frac{1}{2}\delta(z) + \frac{1}{2\pi i z} = \delta_+(-z) = \delta_+^*(z) = (\delta_+(z^*))^*.$$

Sie sind auch darstellbar durch:

$$\delta_+(z) = \int_0^\infty e^{2\pi i z s}\,ds; \qquad \delta_-(z) = \int_0^\infty e^{-2\pi i z s}\,ds = \int_{-\infty}^0 e^{2\pi i z s}\,ds.$$

Bei Integrationen mit $\delta_+(z)$ bzw. $\delta_-(z)$ hat man die Integration über bzw. unter dem Punkt $z = 0$ durchzuführen und kann dabei:

$$\delta_+(z) = -\frac{1}{2\pi i z} \quad \text{bzw.} \quad \delta_-(z) = \frac{1}{2\pi i z}$$

schreiben.

Bildet man die Funktion:

$$E_{\alpha,\beta}(x,t) = \int_\alpha^\beta \delta(x-s)\,\delta(s-t)\,ds,$$

so ist:

$$\int_{-\infty}^{+\infty} E_{\alpha,\beta}(x,t)\,f(t)\,dt = \begin{cases} f(x) & \text{für } \alpha < x < \beta \\ 0 & \text{für } x < \alpha \text{ oder } x > \beta. \end{cases}$$

Der mit $E_{\alpha,\beta}(x,t)$ als Kern gebildete Integraloperator „siebt" aus $f(x)$ das Stück zwischen α und β heraus (Sieboperator).

Spezielle Eigenschaften. Für die Deltafunktion sowie für δ_+ und δ_- folgen aus den obigen Definitionen die Formeln:

1. $\delta(-x) = \delta(x) = \delta^*(x) \qquad \delta(a x) = \frac{1}{a}\delta(x)$

$\delta(f(x)) = \sum_n \frac{\delta(x-x_n)}{|f'(x_n)|}$, wenn $f(x)$ nur einfache Nullstellen x_n hat.

$x\,\delta(x) = 0; \qquad f(x)\,\delta(x) = f(0)\,\delta(x), \qquad f(a \pm x)\,\delta(x) = f(a)\,\delta(x)$

$$\int_{-\infty}^{+\infty} f(t)\,\delta(x-t)\,dt = f(x)$$

$$\int_{-\infty}^{+\infty} \delta(x-t)\,\delta(s-t)\,dt = \delta(x-s).$$

2. $\delta'(x) = -\frac{1}{x}\delta(x) = -\delta'(-x) = -\frac{1}{2\pi i}\int_{-\infty}^{+\infty} s\,e^{isx}\,ds$

$\int_{-\infty}^{+\infty} f(t)\,\delta'(x-t)\,dt = f'(x)$, wenn $f'(t)$ an der Stelle $t = x$ stetig ist.

$$\int_{-\infty}^{+\infty} \delta'(x-t)\,\delta(s-t)\,dt = \delta'(x-s)$$

$$\delta''(x) = \frac{2}{x^2}\delta(x)$$

$$\frac{d^n}{dx^n}\delta(x) = (-1)^n \frac{n!}{x^n}\delta(x)$$

$\int_{-\infty}^{+\infty} f(t)\frac{\partial^n}{\partial x^n}\delta(t-x)\,dt = (-1)^n \frac{d^n}{dx^n} f(x)$, wenn $f^{(n)}(t)$ bei $t = x$ stetig ist.

3. $x\delta_\pm(x) = \mp \frac{1}{2\pi i}$

$$(\delta_\pm(a) + \delta_\pm(b))\,\delta(a+b) = \delta(a+b)\,\delta(b) = \delta(a+b)\,\delta(a) = \delta(a)\,\delta(b)$$

$$(\delta_\pm(a) + \delta_\pm(b))\,\delta_\pm(a+b) = \delta_\pm(a)\,\delta_\pm(b) + \tfrac{1}{4}\delta(a)\,\delta(b)\,.$$

3. Assoziierte Operatoren.

Zu einem gegebenen Operator T sind folgende andere Operatoren assoziiert, d. h. durch seine Definition mitbestimmt und aus ihm ableitbar. Wir definieren sie (implizit) unter Verwendung der willkürlichen a und b durch:

$(a\,T\,b)^* \equiv (a^*\,T^*\,b^*)$; T^* heißt der zu T *komplex konjugierte* Operator,
$(a\,T\,b) \equiv (b\,\widetilde{T}\,a)$; $\widetilde{T}$ heißt der zu T *transponierte* Operator,
$T^\dagger \equiv \widetilde{T}^*$; $T^\dagger$ heißt der zu T *adjungierte* Operator,

oder (explizit) durch ihre Matrizen bzw. Kerne:

$$T^*_{ik} = (T_{ik})^*; \qquad K^*(x,t) = (K(x,t))^*$$
$$\widetilde{T}_{ik} = T_{ki}; \qquad \widetilde{K}(x,t) = K(t,x)$$
$$T^\dagger_{ik} = T^*_{ki}; \qquad K^\dagger(x,t) = K^*(t,x)\ [1].$$

Ist $T^\dagger = T$, so heißt der Operator *selbstadjungiert* oder *hermitisch.* Es ist dann: $(a^*\,T\,b) = (b^*\,T\,a)^*$ und $(a^*\,T\,a)$ ist reell. Ist T reell, also $T^* = T$, dann ist $\widetilde{T} = T^\dagger$ und heißt dann *symmetrisch.*

Der Operator T^{-1}, der bei gegebenem T die Gleichung $b = T\,a$ durch $a = T^{-1}\,b$ auflöst, heißt der zu T *reziproke* oder *inverse* Operator.

Es gilt dann: $a = T^{-1}(T\,a)$ für beliebige a, oder $T^{-1}\,T = E$. In Matrizenform wird: $a_i = \sum_{kl} T^{-1}_{ik}\,T_{kl}\,a_l$, also $\sum_k T^{-1}_{ik}\,T_{kl} = \delta_{il}$. Das sind n^2 lineare Gleichungen zur Bestimmung der T^{-1}_{ik}. Wenn die Determinante $|T_{kl}|$ verschwindet, ist die Lösung unmöglich. T heißt dann *singulär* und hat kein Reziprokes. Dasselbe gilt, wenn es ein $a \neq 0$ gibt, für das $T\,a = 0$ ist.

Für $n \to \infty$ bzw. für Integraloperatoren ist man zur Auffindung von T^{-1} auf nichtalgebraische Methoden angewiesen.

Ein Operator heißt *unitär*, wenn für ihn $T^{-1} = T^\dagger$ oder $T\,T^\dagger = E$ ist.

Durch $T^2 a = T(T\,a)$ ist der *iterierte* Operator T^2 definiert. Analog definiert man höhere *Potenzen* T^3, T^4, ... zu T.

[1] Für $\widetilde{T}\,a$ wird auch die Schreibung $a\,T$ gebraucht, wo T „nach links" wirkt: $\left((\widetilde{T}\,a)_i = \sum_k T_{ki}\,a_k = \sum_k a_k\,T_{ki} = (a\,T)_i\right)$ und $(T\,a)^* = a^*\,T^\dagger$.

4. Operatoren-Algebra.

Ist $b = T_1 a$ und $c = T_2 a$, so definiert: $b \pm c = (T_1 \pm T_2) a$ einen neuen Operator $T_1 \pm T_2$ als *Summe* bzw. *Differenz* von T_1 und T_2.

Ist $c = T_1 b$ und $b = T_2 a$, so definiert: $c = T_1 T_2 a$ einen neuen Operator $T_1 T_2$ als *Produkt* von T_1 und T_2.

$T_1 T_2$ ist im allgemeinen ungleich $T_2 T_1$. Ist $T_1 T_2 = T_2 T_1$, so heißen die Operatoren *vertauschbar*. $T_1 T_2 - T_2 T_1$ heißt der *Kommutator* zu T_1 und T_2, häufig geschrieben als: $[T_1 T_2]$. Ist $T_1 T_2 = - T_2 T_1$, so heißen T_1 und T_2 *antikommutierend*[1].

Damit ist eine *Operatoren-Algebra* definiert. Bei ihren Umformungen ist zu beachten,

daß das kommutative Gesetz der Multiplikation im allgemeinen nicht gilt,

daß ein Reziprokes nicht immer existiert,

daß daher aus $T_1 T_2 = 0$ *nicht* notwendig folgt, daß T_1 oder $T_2 = 0$ sei *(Nullteiler)*, sowie

daß aus $T = T^2$ nicht folgt, daß $T = E$ sei *(idempotente Operatoren)*.

Der zu $T_1 T_2$ reziproke Operator ist $T_2^{-1} T_1^{-1}$,

der zu $T_1 T_2$ adjungierte Operator ist $T_2^\dagger T_1^\dagger$.

Das Produkt zweier selbstadjungierter Operatoren T_1 und T_2 ist im allgemeinen nicht selbstadjungiert: $(T_1 T_2)^\dagger \neq T_1 T_2$, wohl aber die aus ihnen gebildeten *symmetrisierten* Produkte:

$$\frac{T_1 T_2 + T_2 T_1}{2} \cdot \quad \text{und} \quad \frac{T_1 T_2 - T_2 T_1}{2i} = \frac{1}{2i} [T_1 T_2] \,.$$

Es ist:

$$(T_1^* a^* T_2 b) = (a^* T_1^\dagger T_2 b)\,.$$

Für selbstadjungierte Operatoren folgt aus der SCHWARZschen Ungleichung (s. S. 15):

$$(a^* T_1^2 a)\,(a^* T_2^2 a) \geq (a^* T_1 T_2 a)\,(a^* T_2 T_1 a) =$$

$$= \left(a^* \frac{T_1 T_2 + T_2 T_1}{2} a\right)^2 + \left(a^* \frac{T_1 T_2 - T_2 T_1}{2i} a\right)^2.$$

5. Algebraischer Aufbau von Operatoren.

Durch algebraische Kombination kann man aus einer geringen Zahl von elementaren Operatoren beliebig kompliziertere aufbauen. Hierbei kann man auch unendliche Aufbauvorschriften (Reihen) benutzen,

[1] $T_1 T_2 + T_2 T_1$ wird neuerdings gelegentlich als $[T_1 T_2]_+$ geschrieben *(Antikommutator)*.

wobei natürlich die Konvergenz zu untersuchen ist. Derartig aufgebaute Operatoren werden als Funktionen der sie aufbauenden Operatoren bezeichnet: $T = f(A, B, C, \ldots)$.

Beispiele hierfür sind Bildungen wie:

$$T = c_0 E + c_1 A + c_2 A^2 + \cdots c_n A^n \qquad \text{(Polynom in } A\text{)}$$

$$T = e^{\alpha A} = \sum_{n=0}^{\infty} \frac{\alpha^n}{n!} A^n \quad \text{u. a. m.}$$

$$T = e^A B e^{-A} = B + [AB] + \frac{1}{2}[A[AB]] + \frac{1}{3!}[A[A[AB]]] + \cdots.$$

6. Spezielle elementare lineare Operatoren.

a) Endliche Matrix-Operatoren T.

Sie wirken auf Funktionen eines Parameters s, der N verschiedener Werte fähig ist.

1. $N = 2$, z. B. s indiziert mit 1 und 2.

$$T f(1) = \alpha f(1) + \beta f(2); \qquad (T_{ik}) = \begin{pmatrix} \alpha & \beta \\ \gamma & \delta \end{pmatrix}$$
$$T f(2) = \gamma f(1) + \delta f(2):$$

Eigenwerte:

$$\lambda = \frac{\alpha + \delta}{2} \pm \sqrt{\frac{(\alpha - \delta)^2}{4} + \beta\gamma},$$

Eigenfunktionen:

$$\varphi(1) = C\beta, \quad \varphi(2) = C(\lambda - \alpha); \qquad C = \frac{1}{\sqrt{\beta^2 + (\lambda - \alpha)^2}}$$

oder (anders geschrieben):

$$\varphi(1) = D(\lambda - \delta), \quad \varphi(2) = D\gamma; \quad D = \frac{1}{\sqrt{\gamma^2 + (\lambda - \delta)^2}}.$$

T^{-1} hat die Matrix:

$$(T_{ik}^{-1}) = \frac{1}{\alpha\delta - \beta\gamma} \begin{pmatrix} \delta & -\beta \\ -\gamma & \alpha \end{pmatrix}.$$

Spezialfälle. Als „*Spin-Operatoren*" bezeichnet man die Operatoren ξ, η, ζ, definiert durch die Matrizen:

$$(\xi_{ik}) = \begin{pmatrix} 0 & 1 \\ 1 & 0 \end{pmatrix}, \quad (\eta_{ik}) = \begin{pmatrix} 0 & -i \\ i & 0 \end{pmatrix}, \quad (\zeta_{ik}) = \begin{pmatrix} 1 & 0 \\ 0 & -1 \end{pmatrix}$$

oder mit der Indizierung: $s = +1$ und -1, durch:

$$\xi f(s) = f(-s); \quad \eta f(s) = -i s f(-s); \quad \zeta f(s) = s f(s).$$

Sie sind hermitisch und haben die Eigenwerte ± 1. Es gilt:

$$\xi\eta = i\zeta = -\eta\xi, \quad \eta\zeta = i\xi = -\zeta\eta, \quad \zeta\xi = i\eta = -\xi\zeta, \quad \xi^2 = \eta^2 = \zeta^2 = 1,$$

woraus ihre Beziehung zu den Quaternionen (s. S. 10) ersichtlich ist.

Jeder hermitische Operator mit $N = 2$ ist aufbaubar durch:

$$T = \alpha\xi + \beta\eta + \gamma\zeta + \delta$$

mit reellen $\alpha, \beta, \gamma, \delta$. Seine Eigenwerte sind: $\lambda = \delta \pm \sqrt{\alpha^2 + \beta^2 + \gamma^2}$.

Mit der Schreibung:

$$u = f(1), \quad v = f(-1),$$

kann man durch:

$$\begin{aligned} a_x &= \quad u^* v + v^* u \ = \sum_s f^*(s)\,\xi f(s) \\ a_y &= -i\,(u^* v - v^* u) = \sum_s f^*(s)\,\eta f(s) \\ a_z &= \quad u^* u - v^* v \ = \sum_s f^*(s)\,\zeta f(s) \end{aligned}$$

einen reellen achsialen Vektor $\mathfrak{a}$ im dreidimensionalen vom Betrag

$$a = |\mathfrak{a}| = u^* u + v^* v = \sum_s f^*(s) f(s)$$

darstellen. Es ist dabei (unter Verwendung von Polarkoordinaten ϑ, φ)

$$u = \sqrt{a}\cos\frac{\vartheta}{2}\, e^{-i\frac{\varphi}{2}}, \quad v = \sqrt{a}\sin\frac{\vartheta}{2}\, e^{i\frac{\varphi}{2}}$$

bis auf einen gemeinsamen Faktor vom Betrage 1.

Eine orthogonale Transformation (Drehung) von $\mathfrak{a}$ wird durch eine unitäre Transformation S (mit $S^\dagger = \tilde{S}^* = S^{-1}$) im komplexen u, v-Raum erzeugt:

$$a_x = \sum_s S^* f^*(s)\,\xi\, S f(s) = \sum_s f^*(s)\, S^{-1} \xi\, S f(s) \quad \text{usw.}$$

2. $N = 4$: Statt s von 1 bis 4 zu indizieren, kann man auch zwei Parameter s und $\bar{s}$ einführen, die je nur der zwei Werte $+1$ und -1 fähig sind, und den Operator auf Funktionen $f(s, \bar{s})$ wirken lassen.

Spezielle „*Spinor-Operatoren*" erhält man als Produkte zweier Spin-Operatoren, deren einer auf s, der andere auf $\bar{s}$ wirkt. So erhält man die 16 Operatoren:

$$1,\ \xi,\ \eta,\ \zeta,\ \bar{\xi},\ \bar{\eta},\ \bar{\zeta},\ \xi\bar{\xi},\ \xi\bar{\eta},\ \xi\bar{\zeta},\ \eta\bar{\xi},\ \eta\bar{\eta},\ \eta\bar{\zeta},\ \zeta\bar{\xi},\ \zeta\bar{\eta},\ \zeta\bar{\zeta}.$$

Zum Beispiel:

$$(\xi\bar{\eta})\,f(s,\bar{s}) = -i\,\bar{s}\,f(-s,-\bar{s}).$$

Sie sind alle hermitisch und aus ihnen ist jeder hermitische Operator mit $N=4$ aufbaubar.

Diese Operatoren sind eine spezielle Darstellung der CLIFFORDschen Zahlen (s. S. 12). Als antikommutative Grundelemente $\gamma_1, \gamma_2, \gamma_3, \gamma_4$ kann man z. B. vier Elemente von $\xi,\ \zeta,\ \eta\,\bar{\xi},\ \eta\,\bar{\eta},\ \eta\bar{\zeta}$ wählen.

Indiziert man nach *einem* Index, bzw. nennt man:

$$f(1,1)=\psi_1, \qquad f(1,-1)=\psi_2, \qquad f(-1,1)=\psi_3, \qquad f(-1,-1)=\psi_4,$$

so transformieren diese Operatoren nach folgender Tabelle:

CLIFFORDsche Zahlen	Matrixdarstellung				Spinor-Operatoren	Bezeichnung bei		Hyperkomplexe Vektoren (s. S. 199)
						DIRAC	MADELUNG 3. Aufl.	
1	ψ_1	ψ_2	ψ_3	ψ_4	1	1	1	
γ_1	$-i\psi_4$	$-i\psi_3$	$i\psi_2$	$i\psi_1$	$\eta\bar{\xi}$			h_x
γ_2	$-\psi_4$	ψ_3	ψ_2	$-\psi_1$	$\eta\bar{\eta}$			h_y
γ_3	$-i\psi_3$	$i\psi_4$	$i\psi_1$	$-i\psi_2$	$\eta\bar{\zeta}$			h_z
γ_4	ψ_1	ψ_2	$-\psi_3$	$-\psi_4$	ζ	$\beta=\alpha_4=\varrho_3$	α_0	
γ_{23}	$i\psi_2$	$i\psi_1$	$i\psi_4$	$i\psi_3$	$i\bar{\xi}$	$i\sigma_1$		is_x
γ_{31}	ψ_2	$-\psi_1$	ψ_4	$-\psi_3$	$i\bar{\eta}$	$i\sigma_2$		is_y
γ_{12}	$i\psi_1$	$-i\psi_2$	$i\psi_3$	$-i\psi_4$	$i\bar{\zeta}$	$i\sigma_3$		is_z
γ_{14}	$i\psi_4$	$i\psi_3$	$i\psi_2$	$i\psi_1$	$i\xi\bar{\xi}$	$i\alpha_1$	$i\alpha_1$	
γ_{24}	ψ_4	$-\psi_3$	ψ_2	$-\psi_1$	$i\xi\bar{\eta}$	$i\alpha_2$	$i\alpha_2$	
γ_{34}	$i\psi_3$	$-i\psi_4$	$i\psi_1$	$-i\psi_2$	$i\xi\bar{\zeta}$	$i\alpha_3$	$i\alpha_3$	
γ_{234}	$i\psi_2$	$i\psi_1$	$-i\psi_4$	$-i\psi_3$	$i\zeta\bar{\xi}$			
γ_{314}	ψ_2	$-\psi_1$	$-\psi_4$	ψ_3	$i\zeta\bar{\eta}$			
γ_{124}	$i\psi_1$	$-i\psi_2$	$-i\psi_3$	$i\psi_4$	$i\zeta\bar{\zeta}$			
γ_{123}	ψ_3	ψ_4	$-\psi_1$	$-\psi_2$	$i\eta$	$i\varrho_2$		τ
γ_{1234}	$-\psi_3$	$-\psi_4$	$-\psi_1$	$-\psi_2$	$-\xi$	$-\varrho_1$		

Selbstadjungiert sind nur: $\gamma_1, \gamma_2, \gamma_3, \gamma_4, \gamma_{1234}$; die andern erst nach Multiplikation mit i.

b) Übersicht über weitere elementare lineare Operatoren.

Beschrieben durch:	Zugehörige gegebene	Bemerkungen:
$b_i = \sum_{k=1}^{n} T_{ik} a_k$	Matrix: T_{ik}	für diskrete Folgen a und b
$b(x) = \int_\alpha^\beta T(x,t)\, a(t)\, dt$	Kern: $T(x,t)$	für dichte Folgen a und b
1. Einheitsoperator E $b_i = a_i$ $b(x) = a(x)$	$E_{ik} = \delta_{ik}$ $E(x,t) = \delta(x-t)$	
2. Multiplikationsoperator M $b_i = m_i a_i$ $b(x) = m(x)\, a(x)$	$M_{ik} = m_i \delta_{ik}$ $M(x,t) = m(x)\, \delta(x-t)$	$M_{ik} = M_{ki}$, Diagonalmatrix $M(x,t) = M(t,x)$
3. Verschiebungsoperator V $b_i = a_{i+s}$ $b(x) = a(x+\sigma)$	$V_{ik} = \delta_{i+s,k}$ $V(x,t) = \delta(x+\sigma-t)$	Ohne Randbedingungen noch undefiniert für $i+s>n$ oder <1 bzw. für $x+\sigma>\beta$ oder $<\alpha$ (s. S. 27)
4. Differentiationsoperator D $b_i = a_i - a_{i-1}$ $b(x) = \frac{d\,a(x)}{dx}$	$D_{ik} = \delta_{ik} - \delta_{i-1,k}$ $D(x,t) = \delta'(x-t)$	Ohne Randbedingungen noch undefiniert für $i=1$ $D(x,t) = \frac{\partial}{\partial x}\delta(x-t)$ $= -\frac{\partial}{\partial t}\delta(x-t)$
5. Integrationsoperator I $b_i = \sum_{k=1}^{i} a_k$ $b(x) = \int_\alpha^x a(t)\, dt$	$I_{ik} = \begin{cases} 1 & \text{für } k \leq i \\ 0 & \text{für } k > i \end{cases}$ $I(x,t) = \begin{cases} 1 & \text{für } t \leq x \\ 0 & \text{für } t > x \end{cases}$	
6. Projektionsoperator P $b_i = \alpha_i \sum_{k=1}^{n} \beta_k a_k$ $b(x) = \alpha(x) \int_\alpha^\beta \beta(t)\, a(t)\, dt$	$P_{ik} = \alpha_i \beta_k$ $P(x,t) = \alpha(x)\, \beta(t)$	Singulär $P^2 = (\alpha\,\beta)\, P$ idempotent für $(\alpha\,\beta) = 1$
7. Permutationsoperator Π	Π_{ik} enthält in jeder Zeile und Spalte eine 1, sonst nur 0	Nur für endliches n definiert
8. Unitärer Operator S $S^\dagger = S^{-1}$	$\sum_i S^*_{ik} S_{il} = \delta_{kl}$ $\int S^*(t,x')\, S(t,x'')\, dt = \delta(x'-x'')$	Konstruierbar durch $S = e^{iA}$ mit $A = A^\dagger$
9. FOURIER-Operator F $F^\dagger = F^{-1}$	$F_{kl} = \frac{1}{\sqrt{n}} e^{2\pi i \frac{kl}{n}}$ $F(x,t) = e^{2\pi i x t}$	Spezialfall zu 8, komplexer Operator (vgl. S. 158 und Anhang 3)
10. Infinitesimaler Operator O $O = E + \varepsilon A$ mit $\varepsilon \ll 1$	$O_{ik} = \delta_{ik} + \varepsilon A_{ik}$ $O(x,t) = \delta(x-t) + \varepsilon A(x,t)$	Unitär für $A = -A^\dagger$

7. Differentialoperatoren.

Verschiebungs- und Differentiationsoperatoren bedürfen zu ihrer vollständigen Definition neben der formalen Beschreibung ihrer Matrix bzw. ihres Kernes noch weiterer Angaben darüber, wie die Folge der a_k bzw. $a(x)$ über die Grenzen ihres Bereichs: $1 \to n$, bzw. $\alpha \to \beta$ fortgesetzt zu denken ist. Ohne solche Festsetzung ist z. B. die Definition ihrer Reziproken unmöglich.

Beispiele hierfür sind unter vielen Möglichkeiten:

1. $a_{n+l} = c_1, \quad a_{1-l} = c_2$ (z. B. $c_1 = c_2 = 0$),
2. $a_{n+l} = a_n + l\,c_1, \quad a_{1-l} = a_1 - l\,c_2$,
3. $a_{n+l} = a_l$ (Periodizität oder Zyklizität),
4. $a_{n+l} = a_{n-l}$ (Spiegelung).

Analoge Forderungen muß man auch bei dichten Folgen aufstellen. Man spricht dann von *Randbedingungen* für die Werte von $a(x)$ und seiner Differentialquotienten an den Grenzen des Bereichs.

Der Differentialoperator $D = d/dx$ verlangt *eine* Randbedingung (s. S. 34), $D^2 = d^2/dx^2$ *zwei* solche usw. D ist antimetrisch: $\tilde{D} = -D$; daher ist D^2 sowie $i\,D$ selbstadjungiert.

Der Verschiebungsoperator V (s. S. 26) kann durch $V = e^{\alpha D}$ als Differentialoperator dargestellt werden, d. h.:

$$f(x+\alpha) = e^{\alpha D} f(x) = \left\{1 + \alpha D + \frac{\alpha^2}{2!} D^2 + \cdots\right\} f(x) =$$
$$= f(x) + a\,\frac{d f(x)}{d x} + \frac{\alpha^2}{2!}\,\frac{d^2 f(x)}{d x^2} + \cdots$$

in Gestalt einer TAYLOR-Entwicklung.

8. Transformationen.

Eine Gleichung der Form $a' = S\,a$ kann als eine lineare Transformation aufgefaßt werden, d. h. als eine solche Zuordnung von Vektoren bzw. Funktionen a zu entsprechenden andern a', daß dabei alle *linearen* Beziehungen innerhalb eines Systems ungeändert bleiben. Zum Beispiel folgt aus: $a + b = c$ das entsprechende: $a' + b' = c'$. Eine durch: $b = T\,a$ bezeichnete lineare Beziehung lautet transformiert: $b' = T'\,a'$ mit $T' = S\,T\,S^{-1}$.

Sollen auch Beziehungen höheren Grades ungeändert (invariant) bleiben, z. B. $(a^{*\prime}\,b') = 1$ aus $(a^*\,b) = 1$ folgen, so muß:

$$(S^*\,a^*\,S\,b) = (a^*\,\tilde{S}^*\,S\,b) = (a^*\,b) \text{ sein,} \quad \text{also } S^\dagger S = E.$$

Eine solche Transformation heißt *unitär*, im Reellen auch *orthogonal*. Man kann sie mit einem beliebigen selbstadjungierten Operator $A = A^\dagger$

formal bilden durch

$$S = e^{iA} = E + iA - \frac{A^2}{2!} - i\frac{A^3}{3!} + \cdots,$$

$$S^\dagger = e^{-iA^\dagger} = e^{-iA} = S^{-1}.$$

Durch eine unitäre Transformation geht ein normiertes Orthogonalsystem wieder in ein solches über.

9. Eigenwerte und Eigenlösungen.

Die Aufgabe, Vektoren bzw. Funktionen u zu finden, die die Gleichung:

$$T u = \lambda u$$

bei gegebenem T erfüllen, heißt ein „*Eigenwertproblem*". Sie ist nur für gewisse $\lambda = \lambda_j$ lösbar, die „*Eigenwerte*" zu T. Die Lösungen u_j zu:

$$T u_j = \lambda_j u_j$$

heißen *Eigenlösungen* (-vektoren bzw. -funktionen) zu λ_j. Sie bilden eine ν_j-dimensionale Gesamtheit, d. h. einen Unterraum des n-dimensionalen Vektor- bzw. Funktionenraums, den *Eigenraum* zu λ_j. λ_j heißt dann: ν_j-fach, oder: $(\nu_j - 1)$-fach *entartet*. Es ist $\sum_j \nu_j = n$.

In jedem Eigenraum kann man ν_j linear unabhängige u_{jr} $(r = 1, 2, \ldots, \nu_j)$ auswählen und mit ihnen jedes u_j durch: $u_j = \sum_r c_{jr} u_{jr}$ darstellen. Man wählt diese u_{jr} am vorteilhaftesten als normiertes Orthogonalsystem $(u_{jr}^* u_{jr'}) = \delta_{rr'}$.

Ist T selbstadjungiert, so sind die λ_j alle reell und die Eigenräume zueinander orthogonal $(u_j^* u_{j'}) = 0$ für $j \neq j'$. Dann bilden die sämtlichen u_{jr} ein vollständiges normiertes Orthogonalsystem $(u_{jr}^* u_{j'r'}) = \delta_{jj'} \delta_{rr'}$. Man kann sie auch durchlaufend als u_k mit *einem* Index k indizieren $(k = 1, 2, \ldots, n)$, $(u_k^* u_{k'}) = \delta_{kk'}$ mit teilweise gleichen λ_k.

Durch sein vollständiges System von Eigenwerten und Eigenlösungen ist ein Operator T vollständig bestimmt. Ist wenigstens ein λ_j gleich Null, so ist er singulär.

Es gilt die Darstellung: (für $T^\dagger = T$)

$$T a = \sum_k \lambda_k u_k (u_k^* a)$$

sowie allgemein:

$$T^m a = \sum_k \lambda_k^m u_k (u_k^* a),$$

so daß auch:

$$T^{-1} a = \sum_k \frac{u_k (u_k^* a)}{\lambda_k}.$$

Für den Kern eines selbstadjungierten Integraloperators gilt:

$$T(x,t) = \sum_k \lambda_k u_k(x) u_k^*(t) \qquad (\textit{Bilinearformel})$$

sowie speziell:

$$E(x,t) = \delta(x-t) = \sum_k u_k(x) u_k^*(t) .$$

Ein Operator T', der durch die Transformation $T' = S\,T\,S^{-1}$ aus T gebildet wird, hat die gleichen λ_j wie T. Die Eigenwerte sind daher Invarianten einer solchen Transformation.

Zwei Operatoren, die dieselben Eigenlösungen haben, sind vertauschbar. Für zwei vertauschbare Operatoren kann man durch geeignete Wahl (s. o.) die gleichen Eigenlösungssysteme bilden. Die Auffindung eines mit T vertauschbaren Operators T' mit bekannten Eigenlösungen erleichtert daher die Findung der Eigenlösungen zu T, weil dann in jedem ν'-dimensionalen Eigenraum zu T' auch ν' Eigenlösungen zu T liegen müssen. Damit ergibt sich auch eine *Klassifikation* der Eigenlösungen von T nach den Eigenwerten von T'.

10. Operatorgleichungen.

Es tritt häufig das Problem auf, einen Vektor bzw. eine Funktion u aus einer Gleichung: $T u = f$ zu finden. Die formale Lösung lautet: $u = T^{-1} f$.

Ist T ein Differentialoperator D, so heißt die Gleichung $D u = f$ eine inhomogene lineare Differentialgleichung. Ist D^{-1} (bei gegebenen Randbedingungen!) darstellbar als Integraloperator I, also $u = I f$, so heißt der Kern von I die zugehörige GREEN*sche Funktion.*

In Hinsicht auf Lösungsmethoden benutzt man vielfach bei selbstadjungierten Operatoren D bzw. I die folgenden Normalformen mit dem Parameter λ:

$$D u - \lambda u = g \quad \text{für Differentialgleichungen,}$$
$$u - \lambda I u = f \quad \text{für Integralgleichungen.}$$

Sie sind äquivalent, wenn $I = D^{-1}$ und $g = D \cdot f$ ist. Ihre formalen Lösungen sind:

$$u = -\left\{\frac{g}{\lambda} + \frac{D g}{\lambda^2} + \frac{D^2 g}{\lambda^3} + \cdots\right\}$$
$$u = f + \lambda I f + \lambda^2 I^2 f + \cdots \qquad (\text{NEUMANN}\textit{sche Reihe}).$$

Diese Lösungen sind brauchbar, wenn die Reihen konvergieren oder abbrechen.

Sind die Eigenwerte λ_l und Eigenlösungen u_l zu $D = I^{-1}$ bekannt, dann hat man die Lösungen auch in den Formen:

$$u = \sum_l \frac{u_l(g u_l^*)}{\lambda_l - \lambda}$$

bzw.

$$u = \sum_l \frac{u_l \lambda_l (f u_l^*)}{\lambda_l - \lambda} = f + \lambda \sum_l \frac{u_l (f u_l^*)}{\lambda_l - \lambda}.$$

Die Formeln versagen, wenn λ gleich einem λ_i ist, falls nicht $(g\, u_i^*)$ bzw. $(f\, u_i^*) = 0$ ist. Dann bleibt aber der Faktor zu u_i unbestimmt.

11. Darstellung von Operatoren durch Matrizen.

Wenn zwei Funktionen $a(x)$ und $b(x)$, die durch $b = Ta$ verknüpft sind, entwickelt nach einem Orthogonalsystem φ_i vorliegen:

$$a(x) = \sum_i a_i \varphi_i(x); \qquad b(x) = \sum_i b_i \varphi_i(x),$$

dann wird

$$b_i = \int_\alpha^\beta \varphi_i^*(x)\, T \Big(\sum_k a_k \varphi_k(x)\Big) dx = \sum_k \int_\alpha^\beta \varphi_i^*(x)\, T \varphi_k(x)\, dx \cdot a_k = \sum_k T_{ik} a_k$$

mit der Schreibung:

$$T_{ik} = \int_\alpha^\beta \varphi_i^*(x)\, T \varphi_k(x)\, dx.$$

Die T_{ik} bilden eine Matrix, die den Operator T im System der φ_i darstellt. Sie ist von dessen Wahl abhängig.

Die Algebra der darstellenden Matrizen ist der ihrer Operatoren isomorph.

Wählt man zur Darstellung eines Operators T das System seiner Eigenfunktionen, dann wird mit den Eigenwerten λ_i die Matrix:

$$T_{ik} = \lambda_i \delta_{ik}, \quad \text{d. h. eine } \textit{Diagonalmatrix.}$$

Zu dem Kern $T(x, t)$ des Operators bestehen die Beziehungen:

$$T_{ik} = \int\int \varphi_i^*(x)\, T(x, t)\, \varphi_k(t)\, dx\, dt$$

und

$$T(x, t) = \sum_{ik} \varphi_i(x)\, T_{ik}\, \varphi_k^*(t).$$

Geht man durch eine unitäre Transformation: $\varphi_i' = S \varphi_i$ zu einer anderen Darstellung über, so erhält man die Matrix:

$$T_{ik}' = \int \varphi_i^*(x)\, S^\dagger T S \varphi_k(x)\, dx = (S^\dagger T S)_{ik}.$$

Wählt man zur Darstellung ein kontinuierliches Orthogonalsystem $\varphi(s,x)$ mit $\int \varphi^*(s,x)\,\varphi(s,x')\,ds = \delta(x-x')$, so erhält man wieder einen Integraloperator:

$$a(x) = \int \alpha(s)\,\varphi(s,x)\,ds, \qquad b(x) = \int \beta(s)\,\varphi(s,x)\,ds,$$

$$\beta(s) = \int \alpha(s')\,T(s,s')\,ds' \quad \text{mit} \quad T(s,s') = \int \varphi^*(s,x)\,T\varphi(s',x)\,dx.$$

Andrerseits wird

$$b(x) = \int T(x,x')\,a(x')\,dx' \quad \text{mit} \quad T(x,x') = \int \varphi^*(s,x')\,T\,\varphi(s,x)\,ds,$$

wobei T nur auf x, nicht auf s wirkt.

Nimmt man speziell: $\varphi(s,x) = \delta(s-x)$, so folgt die evidente Beziehung:

$$T(x,x') = \int \delta(s-x')\,T\,\delta(s-x)\,ds = T\,\delta(x'-x).$$

12. Mehrparametrige Operatoren.

Die lineare Zuordnung $b = Ta$ einer zweiparametrigen Folge $\{b_{ik}\}$ zu einer andern $\{a_{ik}\}$ stellt sich in Matrizenform durch:

$$b_{ik} = \sum_{l,r} T_{ik,lr}\,a_{lr}$$

dar.

Für $n \to \infty$ haben wir auch Integraldarstellungen der Form:

$$b(x,y) = \int\int ds\,dt\,T(xy,st)\,a(s,t)$$

sowie gemischte Formen:

$$b_i(x) = \int \sum_k T_{ik}(x,t)\,a_k(t)\,dt.$$

Diese Operatoren können in ein Produkt zweier Operatoren zerlegbar sein, deren jeder nur auf einen Parameter wirkt, z. B.

$$b_{ik} = \sum_{l,r} T'_{il}\,T''_{kr}\,a_{lr}$$

oder

$$b_i(x) = \int \sum_k T'_{ik}\,T''(x,t)\,a_k(t)\,dt$$

u. dgl. Die größere Kompliziertheit dieser Konstruktionen erfordert eine sorgfältig ausgearbeitete und erklärte Symbolik.

Die analogen Bildungen können für $N > 2$ Dimensionen leicht konstruiert werden. Hier kann man die N Variablen x_k, auf die die Operatoren wirken, zu einem Vektor $\mathfrak{x}$ zusammenfassen und

$$b(\mathfrak{x}) = T\,a(\mathfrak{x})$$

schreiben, d. h.

$$b(\mathfrak{x}) = \int T(\mathfrak{x},\mathfrak{x}')\,a(\mathfrak{x}')\,d\mathfrak{x}' \qquad \text{(Integral im } \mathfrak{x}\text{-Raum).}$$

Beispiele hierfür sind:

1. Der Einheitsoperator E, darstellbar als Integraloperator mit dem Kern:

$$E(\mathfrak{x},\mathfrak{x}') = \delta(\mathfrak{x}-\mathfrak{x}') = \prod_k \delta(x_k - x_k').$$

Im zweidimensionalen gilt auch die Darstellung:

$$\delta(\mathfrak{x}-\mathfrak{x}') = \frac{1}{2\pi}\lim_{\varepsilon\to 0}\left(\frac{\varepsilon}{\sqrt{(\mathfrak{x}-\mathfrak{x}')^2+\varepsilon^2}^3}\right) = \frac{1}{2\pi}\left(\frac{\partial^2}{\partial x^2}+\frac{\partial^2}{\partial y^2}\right)\ln|\mathfrak{x}-\mathfrak{x}'|$$

sowie im dreidimensionalen:

$$\delta(\mathfrak{x}-\mathfrak{x}') = \int d v_k\, e^{2\pi i(\mathfrak{x}-\mathfrak{x}',\mathfrak{k})} = -\frac{1}{4\pi}\Delta\frac{1}{|\mathfrak{x}-\mathfrak{x}'|} \quad (\Delta = \operatorname{div}\operatorname{grad}).$$

2. Tensoroperationen der Vektorrechnung (s. S. 204).

3. Differentialoperatoren (mit Randbedingungen) z. B.

$$T = \sum_k \frac{\partial^2}{\partial x_k^2}.$$

4. Vektorielle Operatoren mit Komponenten T_k z. B. der Differentialoperator „Gradient“:

$$T_k = \frac{\partial}{\partial x_k}.$$

13. Symmetrieoperatoren.

Hat ein Operator T zu einem Eigenwert λ mehrere Eigenfunktionen $\varphi(\mathfrak{x})$ und kennt man eine nicht-singuläre Transformation: $\mathfrak{x}' = \mathfrak{A}\,\mathfrak{x}$ derart, daß für jede Eigenfunktion zu λ:

$$T\varphi(\mathfrak{x}) = \lambda\,\varphi(\mathfrak{x})$$

auch $\varphi(\mathfrak{x}') = \varphi(\mathfrak{A}\,\mathfrak{x})$ Eigenfunktion ist:

$$T\varphi(\mathfrak{A}\,\mathfrak{x}) = \lambda\,\varphi(\mathfrak{A}\,\mathfrak{x}),$$

dann existiert ein linearer Operator Λ_A, definiert durch:

$$\Lambda_A f(\mathfrak{x}) = f(\mathfrak{A}\,\mathfrak{x}) = \int f(\mathfrak{x}'')\,\delta(\mathfrak{x}''-\mathfrak{A}\,\mathfrak{x})\,d\mathfrak{x}'';$$

d. h.

$$\Lambda_A = e^{(\mathfrak{A}\,\mathfrak{x}-\mathfrak{x},\,\mathrm{grad})},$$

gültig für beliebige Funktionen $f(\mathfrak{x})$, die den Oberflächenbedingungen zu T genügen. Λ_A heißt ein *Symmetrieoperator* zu T.

Es gilt dann:

$$(T\Lambda_A - \Lambda_A T)\,\varphi(\mathfrak{x}) = 0,$$

d. h. Λ_A und T haben den Eigenraum zum Eigenwert λ gemeinsam. (Λ_A und T sind nur in *diesem* Eigenraum, aber *nicht allgemein* vertauschbare Operatoren.)

Ist λ ein h-facher Eigenwert zu T und bilden $\varphi_1, \varphi_2, \ldots, \varphi_h$ das vollständige System der zugehörigen Eigenfunktionen, dann ist Λ_A durch eine Matrix a_{ik} darstellbar mit:

$$\Lambda_A\, \varphi_k(\mathfrak{x}) = \sum_{i=1}^{h} a_{ik}\, \varphi_i(\mathfrak{x}).$$

Diese Matrix a_{ik} heißt eine „h-dimensionale Darstellung" von Λ_A (s. S. 250).

Zweiter Abschnitt.

Differential- und Integralrechnung.

A. Definitionen und Bezeichnungen.

Die *Ableitung* $y' = f'(x)$ einer Funktion $y = f(x)$ nach ihrem Parameter x oder ihr *Differentialquotient* ist eine Funktion von x, definiert durch:

$$y' \equiv f'(x) \equiv \frac{d f(x)}{d x} = \lim_{h \to 0} \left(\frac{f(x+h) - f(x)}{h} \right).$$

Die *Integralfunktion* $F(x)$ zu $f(x)$ oder ihr *unbestimmtes Integral*, definiert durch: $\frac{dF(x)}{dx} = f(x)$, wird geschrieben:

$$F(x) = \int f(x)\, dx + C$$

mit der unbestimmten Konstanten C.

Das *bestimmte Integral* von $f(x)$ über den Bereich zwischen den Grenzen α und β ist definiert und bezeichnet durch:

$$\int_{\alpha}^{\beta} f(x)\, dx = \lim_{n \to \infty} \left(\frac{\beta - \alpha}{n} \sum_{k=0}^{n-1} f\left(\alpha + k\, \frac{(\beta - \alpha)}{n} \right) \right) = F(\beta) - F(\alpha).$$

Es ist somit:

$$F(x) = \int_{\alpha}^{x} f(s)\, ds + F(\alpha) = -\int_{x}^{\beta} f(s)\, ds + F(\beta),$$

d. h. Funktion der oberen oder unteren Grenze des bestimmten Integrals mit einer von x verschiedenen *Integrationsvariablen* s.

Die iterierte Operation der Differentiation d/dx führt zu höheren Ableitungen, bezeichnet durch: $f'', f''', \ldots, f^{(n)}$ oder durch:

$$\frac{d^2 f}{d x^2}, \ \frac{d^3 f}{d x^3}, \ \ldots, \ \frac{d^n f}{d x^n}.$$

Für die iterierte Integration ist kein entsprechendes Symbol üblich, doch kann man hier $f^{(-n)}(x)$ schreiben.

Die Differentiation einer *mehrparametrigen* Funktion nach einem ihrer Parameter unter Festhaltung der andern ergibt *partielle* Ableitungen, bezeichnet durch:

$$\frac{\partial}{\partial x} f(x, y, z, \ldots) \quad \text{usw.}$$

Wenn die Parameter nicht hingeschrieben sind, ist es oft nötig zu bezeichnen, was festgehalten werden soll. Hierfür gibt es Schreibungen wie:

$$\left(\frac{\partial f}{\partial x}\right)_{y,z} \quad \text{oder} \quad \left.\frac{\partial f}{\partial x}\right|_{y,z}.$$

Differentiations- und Integrations-Operatoren.

Differentiation und Integration kann man als Operationen durch lineare Operatoren D und I darstellen: $Df(x) = \frac{d}{dx} f(x)$, $If(x) = \int\limits_{\alpha}^{x} f(t)\,dt$. D ist singulär und hat kein eindeutiges reziprokes D^{-1}. Erst bei Festsetzung einer Randbedingung: $f(\alpha) = 0$ wird es definierbar als $D^{-1} = I$, also $DI = ID = 1$.

$I^n = D^{-n}$ ist darstellbar durch:

$$I^n f(x) = \int\limits_{\alpha}^{x} \frac{(x-t)^{n-1}}{(n-1)!} f(t)\,dt = \frac{d}{dx} \int\limits_{\alpha}^{x} \frac{(x-t)^n}{n!} f(t)\,dt$$

als Integraloperator mit einem Kern, der für $t < \alpha$ und $t > x$ verschwindet. Diese Formel gestattet, I^n auch für *nichtganze* n in rationeller Weise zu definieren; z. B. wird:

$$I^{-\frac{1}{2}} f(x) = D^{\frac{1}{2}} f(x) = \int\limits_{\alpha}^{x} \frac{(x-t)^{-\frac{3}{2}}}{\Pi(-\frac{3}{2})} f(t)\,dt = \frac{1}{\sqrt{\pi}} \frac{d}{dx} \int\limits_{\alpha}^{x} \frac{f(t)}{\sqrt{x-t}}\,dt.$$

B. Differentiationsregeln.

1. Produkte und Quotienten.

$$u = u(x), \qquad v = v(x),$$

d. h. u und v seien Funktionen einer Variablen x. Der Akzent bedeute die Ableitung: $u' = du/dx$. Dann gelten folgende Regeln:

$$(u \cdot v)' = v u' + u v'; \quad \left(\frac{1}{v}\right)' = \frac{-v'}{v^2}; \quad \left(\frac{u}{v}\right)' = \frac{vu' - uv'}{v^2} = \frac{u}{v}\left(\frac{u'}{u} - \frac{v'}{v}\right);$$

$$(u \cdot v)'' = u'' v + 2u' v' + u v'';$$

$$(u \cdot v)^{(n)} = u^{(n)} v + \binom{n}{1} u^{(n-1)} v' + \cdots + u \cdot v^{(n)}.$$

Logarithmische Differentiation: $\frac{d(\ln y)}{dx} = \frac{y'}{y}$ (logarithmische Ableitung).

$$y = \frac{u \cdot v \cdot \cdots}{w \cdot \cdots}; \quad y' = y \cdot \frac{d(\ln y)}{dx} = y\left(\frac{u'}{u} + \frac{v'}{v} + \cdots - \frac{w'}{w} - \cdots\right);$$

$$y = u^v; \quad \frac{d}{dx}(u^v) = u^v \cdot (v \cdot \ln u)' = u^v\left(v\frac{u'}{u} + v' \cdot \ln u\right).$$

2. Funktionen von Funktionen.

a) $y = y(u), \quad u = u(x).$

$$\frac{dy}{dx} = \frac{dy}{du} \cdot \frac{du}{dx} \quad \text{(Kettenregel)};$$

$$\frac{d^2y}{dx^2} = \frac{d^2y}{du^2} \cdot \left(\frac{du}{dx}\right)^2 + \frac{dy}{du} \cdot \frac{d^2u}{dx^2};$$

$$\frac{d^3y}{dx^3} = \frac{d^3y}{du^3} \cdot \left(\frac{du}{dx}\right)^3 + \frac{d^2y}{du^2} \cdot 3 \cdot \frac{du}{dx}\frac{d^2u}{dx^2} + \frac{dy}{du} \cdot \frac{d^3u}{dx^3}.$$

b) $u = u(x_1, x_2, x_3, \ldots), \quad y = y(u) = y(x_1, x_2, x_3, \ldots).$

$$\frac{\partial y}{\partial x_i} = \frac{dy}{du} \cdot \frac{\partial u}{\partial x_i};$$

$$\frac{\partial y}{\partial x_i} \cdot \frac{\partial u}{\partial x_k} - \frac{\partial y}{\partial x_k} \cdot \frac{\partial u}{\partial x_i} = \frac{\partial(y, u)}{\partial(x_i, x_k)} = 0 \quad \text{für alle } i, k.$$

Das Verschwinden aller dieser Determinanten ist umgekehrt Bedingung dafür, daß y eine Funktion von u ist.

3. Umkehrfunktionen.

a) $y = y(x), \quad x = x(y), \quad \frac{dx}{dy} \neq 0.$

$$\frac{dy}{dx} = \frac{1}{\frac{dx}{dy}}; \quad \frac{d^2y}{dx^2} = \frac{-\frac{d^2x}{dy^2}}{\left(\frac{dx}{dy}\right)^3}; \quad \frac{d^3y}{dx^3} = \frac{3\left(\frac{d^2x}{dy^2}\right)^2 - \frac{dx}{dy} \cdot \frac{d^3x}{dy^3}}{\left(\frac{dx}{dy}\right)^5}.$$

b) $u = u(x, y), \quad v = v(x, y); \quad \frac{\partial u}{\partial x} = u_x, \quad \frac{\partial u}{\partial y} = u_y, \ldots; \quad D \neq 0.$

$$\frac{\partial x}{\partial u} = \frac{v_y}{D}; \quad \frac{\partial x}{\partial v} = \frac{-u_y}{D};$$

$$\frac{\partial y}{\partial u} = \frac{-v_x}{D}; \quad \frac{\partial y}{\partial v} = \frac{u_x}{D};$$

$$D = \frac{\partial(u, v)}{\partial(x, y)} = \begin{vmatrix} u_x & u_y \\ v_x & v_y \end{vmatrix} = \frac{1}{\frac{\partial(x, y)}{\partial(u, v)}}.$$

4. Implizite Funktionen.

$$f(x, y, z, \ldots) = 0, \qquad f_y = \frac{\partial f}{\partial y} \neq 0.$$

$$\frac{\partial y}{\partial x} = \frac{-f_x}{f_y};$$

$$\frac{\partial^2 y}{\partial x^2} = -\frac{f_{xx} f_y^2 - 2 f_{xy} f_x f_y + f_{yy} f_x^2}{f_y^3}.$$

5. Funktionen eines Parameters.

$$x = \varphi(t), \qquad y = \psi(t), \qquad \frac{d\varphi}{dt} = \varphi' \neq 0.$$

$$\frac{dy}{dx} = \frac{\psi'}{\varphi'};$$

$$\frac{d^2 y}{dx^2} = \frac{\varphi' \psi'' - \varphi'' \psi'}{\varphi'^3};$$

$$\frac{d^3 y}{dx^3} = \frac{\varphi'^2 \psi''' - 3\varphi' \varphi'' \psi'' + 3\psi' \varphi''^2 - \varphi' \psi' \varphi'''}{\varphi'^5}$$

Ist hier t gleich einer Kurvenlänge s, d. h. $ds^2 = dx^2 + dy^2$, so wird:

$$\frac{dx}{ds} = \frac{1}{\sqrt{1 + y'^2}}; \qquad \frac{dy}{ds} = \frac{y'}{\sqrt{1 + y'^2}};$$

$$\frac{d^2 x}{ds^2} = -\frac{y' y''}{(1 + y'^2)^2}; \qquad \frac{d^2 y}{ds^2} = \frac{y''}{(1 + y'^2)^2}.$$

6. Totales Differential.

$\varphi = \varphi(x_1, x_2, x_3, \ldots)$,

$d\varphi = \sum\limits_i \frac{\partial \varphi}{\partial x_i} dx_i$ heißt totales Differential von φ.

Ein Ausdruck $d\varphi = \sum\limits_i f_i(x_1, x_2, x_3, \ldots)\, dx_i$ ist dann und nur dann ein *totales Differential* einer Funktion $\varphi = \varphi(x_1, x_2, x_3, \ldots)$ und somit $f_i = \frac{\partial \varphi}{\partial x_i}$, wenn $\frac{\partial f_i}{\partial x_k} = \frac{\partial f_k}{\partial x_i}$ für alle i, k ist.

7. Einführung neuer Variablen.

a) $\varphi = \varphi(x, y)$; statt y soll die neue Variable $z = z(x, y)$ eingeführt werden.

$\varphi(x, y)$ geht dabei in $\varphi(x, y) = \Phi(x, z(x, y))$ über:

$$\frac{\partial \varphi}{\partial x} = \frac{\partial \Phi}{\partial x} + \frac{\partial \Phi}{\partial z} \cdot \frac{\partial z}{\partial x}; \qquad \frac{\partial \varphi}{\partial y} = \frac{\partial \Phi}{\partial z} \cdot \frac{\partial z}{\partial y}.$$

b) $\varphi = \varphi(x, y)$; neue Variablen: $u = u(x, y)$, $v = v(x, y)$.
$\varphi(x, y)$ geht dabei in $\Phi(u(x, y), v(x, y))$ über:

$$\frac{\partial \varphi}{\partial x} = \frac{\partial \Phi}{\partial u} \cdot \frac{\partial u}{\partial x} + \frac{\partial \Phi}{\partial v} \cdot \frac{\partial v}{\partial x}; \qquad \frac{\partial \varphi}{\partial y} = \frac{\partial \Phi}{\partial u} \cdot \frac{\partial u}{\partial y} + \frac{\partial \Phi}{\partial v} \cdot \frac{\partial v}{\partial y}.$$

c) $\varphi = \varphi(x_1, x_2, \ldots, x_n)$; $x_i = x_i(y_1, y_2, \ldots, y_n)$; $i, k = 1, 2, \ldots, n$.
$\varphi(x_1, x_2, \ldots, x_n)$ geht in $\Phi(y_1, y_2, \ldots, y_n)$ über.

Dann ist $\qquad d\varphi = \sum_i \frac{\partial \varphi}{\partial x_i} \cdot d x_i; \qquad d x_i = \sum_k \frac{\partial x_i}{\partial y_k} \cdot d y_k,$

also $\qquad d\Phi = \sum_i \sum_k \frac{\partial \varphi}{\partial x_i} \cdot \frac{\partial x_i}{\partial y_k} \cdot d y_k = \sum_k \frac{\partial \Phi}{\partial y_k} \cdot d y_k,$

mithin $\qquad \frac{\partial \Phi}{\partial y_k} = \sum_i \frac{\partial \varphi}{\partial x_i} \cdot \frac{\partial x_i}{\partial y_k}$ bzw. $\frac{\partial \varphi}{\partial x_i} = \sum_k \frac{\partial \Phi}{\partial y_k} \cdot \frac{\partial y_k}{\partial x_i}.$

In anderer Schreibweise lauten die Formeln für die Fälle a) und b):

$$\left.\frac{\partial \varphi}{\partial x}\right|_y = \left.\frac{\partial \varphi}{\partial x}\right|_z + \left.\frac{\partial \varphi}{\partial z}\right|_x \cdot \left.\frac{\partial z}{\partial x}\right|_y; \qquad \left.\frac{\partial \varphi}{\partial y}\right|_x = \left.\frac{\partial \varphi}{\partial z}\right|_x \cdot \left.\frac{\partial z}{\partial y}\right|_x,$$

bzw.:

$$\left.\frac{\partial \varphi}{\partial x}\right|_y = \left.\frac{\partial \varphi}{\partial u}\right|_v \cdot \left.\frac{\partial u}{\partial x}\right|_y + \left.\frac{\partial \varphi}{\partial v}\right|_u \cdot \left.\frac{\partial v}{\partial x}\right|_y; \qquad \left.\frac{\partial \varphi}{\partial y}\right|_x = \left.\frac{\partial \varphi}{\partial u}\right|_v \cdot \left.\frac{\partial u}{\partial y}\right|_x + \left.\frac{\partial \varphi}{\partial v}\right|_u \cdot \left.\frac{\partial v}{\partial y}\right|_x.$$

Indem man die Größen φ, x, y, u, v als gleichwertig auffaßt, nämlich jede als Funktion zweier der andern, und sie in beliebiger Folge mit α, β, γ, δ, ε bezeichnet, erhält man folgende allgemeine Formeln:

$$\left.\frac{\partial \alpha}{\partial \beta}\right|_\gamma \cdot \left.\frac{\partial \beta}{\partial \alpha}\right|_\gamma = 1; \qquad \left.\frac{\partial \alpha}{\partial \beta}\right|_\gamma \cdot \left.\frac{\partial \beta}{\partial \gamma}\right|_\alpha \cdot \left.\frac{\partial \gamma}{\partial \alpha}\right|_\beta = -1,$$

$$\frac{\left.\frac{\partial \alpha}{\partial \beta}\right|_\delta}{\left.\frac{\partial \alpha}{\partial \gamma}\right|_\delta} = \left.\frac{\partial \gamma}{\partial \beta}\right|_\delta = -\frac{\left.\frac{\partial \delta}{\partial \beta}\right|_\gamma}{\left.\frac{\partial \delta}{\partial \gamma}\right|_\beta}.$$

8. Ganze rationale Funktionen r-ten Grades in n Variablen.

$$\varphi = \varphi(x_1, x_2, x_3, \ldots, x_n) = \sum_{i,k,l,\ldots} \alpha_{ikl\ldots} x_i x_k x_l \ldots$$

mit r Indizes $i, k, l, \ldots$, deren jeder von 1 bis n läuft, r Faktoren $x_i, x_k, x_l, \ldots$ und n^r Koeffizienten $\alpha_{ikl\ldots}$.

Zum Beispiel für $r = 3$:

$$\varphi = \alpha_{111} x_1^3 + \alpha_{112} x_1^2 x_2 + \cdots + \alpha_{123} x_1 x_2 x_3 + \cdots.$$

Differentiation nach einer der Variablen:

$r = 1$: $\qquad \frac{\partial}{\partial x_s} \sum_i \alpha_i x_i = \alpha_s,$

$$r=2: \qquad \frac{\partial}{\partial x_s}\sum_{i,k}\alpha_{ik}x_i x_k=\sum_i(\alpha_{si}+\alpha_{is})x_i,$$

$$r=3: \qquad \frac{\partial}{\partial x_s}\sum_{i,k,l}\alpha_{ikl}x_i x_k x_l=\sum_{i,k}(\alpha_{sik}+\alpha_{isk}+\alpha_{iks})x_i x_k$$

und analog für größeres r.

Es gilt hier der EULER*sche Satz*:

$$\sum_s x_s\frac{\partial\varphi}{\partial x_s}=r\varphi.$$

Er gilt allgemein für beliebige homogene Funktionen, d. h. wenn $\varphi(k x_1, k x_2, k x_3, \ldots)=k^r\varphi(x_1, x_2, x_3, \ldots)$ ist, auch dann, wenn r nicht ganzzahlig positiv ist.

9. Differentiation von Integralen.

a) Nach einer Integrationsgrenze:

$$\frac{d}{dx}\int_a^x f(t)\,dt=-\frac{d}{dx}\int_x^a f(t)\,dt=f(x).$$

b) Nach einem Parameter: Für jedes Intervall $\alpha\leq x\leq\beta$, in welchem $f(x,t)$ für $a\leq t\leq b$ stetig nach x differenzierbar ist, gilt

$$\frac{d}{dx}\int_a^b f(x,t)\,dt=\int_a^b\frac{\partial}{\partial x}f(x,t)\,dt.$$

Bei uneigentlichem Integral müssen außerdem $\int_a^b f(x,t)\,dt$ und $\int_a^b\frac{\partial}{\partial x}f(x,t)\,dt$ im Intervall $\alpha\leq x\leq\beta$ gleichmäßig konvergent sein.

c) Nach Integrationsgrenze und Parameter [Voraussetzungen s. u. b)]

$$\frac{d}{dx}\int_a^x f(x,t)\,dt=f(x,x)+\int_a^x\frac{\partial}{\partial x}f(x,t)\,dt$$

allgemeiner

$$\frac{d}{dx}\int_{\varphi(x)}^{\psi(x)} f(x,t)\,dt=\psi'(x)\,f(x,\psi(x))-\varphi'(x)\,f(x,\varphi(x))+\int_{\varphi(x)}^{\psi(x)}\frac{\partial}{\partial x}f(x,t)\,dt.$$

Besitzt $f(x,t)$ an der oberen Grenze eine Singularität, so führt man statt t oft mit Vorteil eine neue Variable ein derart, daß die Integrationsgrenzen konstant werden (Fall b). Mit Hilfe von $s=\frac{t-a}{x-a}$, $0\leq s\leq 1$ gewinnt man die nützliche Formel:

$$\frac{d}{dx}\int_a^x f(x,t)\,dt=\frac{1}{x-a}\int_a^x\left((x-a)\frac{\partial f}{\partial x}+(t-a)\frac{\partial f}{\partial t}+f\right)dt.$$

C. Differentiations- und Integrationstabelle.

Vgl. auch die Formeln für arc cos, arc ctg usw. S. 94.

$\frac{dF}{dx} = f(x)$	$F(x) = \int^x f(t)\,dt$	$\frac{dF}{dx} = f(x)$	$F(x) = \int^x f(t)\,dt$
a^x	$\frac{a^x}{\ln a}$	$\operatorname{arc\,sin} x$	$x \operatorname{arc\,sin} x + \sqrt{1 - x^2}$
$\ln x$	$x \ln x - x$	$\operatorname{arc\,tg} x$	$x \operatorname{arc\,tg} x - \frac{1}{2} \ln (1 + x^2)$
$\sin x$	$-\cos x$	$\sin^2 x$	$\frac{1}{2} x - \frac{1}{2} \sin x \cos x$
$\cos x$	$\sin x$	$\frac{1}{\sin^2 x}$	$-\operatorname{ctg} x$
$\operatorname{tg} x$	$-\ln \cos x$		
$\operatorname{ctg} x$	$\ln \sin x$	$\frac{1}{\cos^2 x}$	$\operatorname{tg} x$
$\mathfrak{Sin}\, x$	$\mathfrak{Cof}\, x$	$\frac{1}{\sin x} = \operatorname{cosec} x$	$\ln \operatorname{tg} \frac{x}{2}$
$\mathfrak{Cof}\, x$	$\mathfrak{Sin}\, x$	$\frac{1}{\cos x} = \sec x$	$\ln \operatorname{tg} \left(\frac{x}{2} + \frac{\pi}{4}\right)$
$\mathfrak{Tg}\, x$	$\ln \mathfrak{Cof}\, x$		
$\mathfrak{Ctg}\, x$	$\ln \mathfrak{Sin}\, x$	$\frac{1}{\sin x \cos x}$	$\ln \operatorname{tg} x$
$\frac{1}{x + a}$	$\ln (x + a)$	$(x + a)^b$	$\frac{1}{b+1} (x + a)^{b+1}$ für $b \neq -1$
$\frac{1}{\sqrt{a^2 - x^2}}$	$\operatorname{arc\,sin} \frac{x}{a} = -\operatorname{arc\,cos} \frac{x}{a} + \frac{\pi}{2}$	$\frac{1}{\sqrt{x^2 + a^2}}$	$\mathfrak{Ar\,Sin}\, \frac{x}{a} = \pm \ln \left(\pm \frac{x}{a} + \sqrt{1 + \frac{x^2}{a^2}}\right)$
$\frac{a}{x^2 + a^2}$	$\operatorname{arc\,tg} \frac{x}{a} = -\operatorname{arc\,ctg} \frac{x}{a} + \frac{\pi}{2}$	$\frac{1}{\sqrt{x^2 - a^2}}$	$\mathfrak{Ar\,Cof}\, \frac{x}{a} = \pm \ln \left(\frac{x}{a} \pm \sqrt{\frac{x^2}{a^2} - 1}\right)$
		$\frac{a}{x \sqrt{x^2 - a^2}}$	$\operatorname{arc\,sec} \frac{x}{a} = \operatorname{arc\,cos} \frac{a}{x}$

$\frac{dF}{dx} = f(x)$	$F(x) = \int^x f(t)\,dt$
$\frac{a}{a^2 - x^2}$	$\mathfrak{Ar\,Tg}\, \frac{x}{a} = \frac{1}{2} \ln \frac{a + x}{a - x}$ reell für $\lvert x \rvert < a$, x reell $\mathfrak{Ar\,Ctg}\, \frac{x}{a} = \frac{1}{2} \ln \frac{x + a}{x - a}$ reell für $\lvert x \rvert > a > 0$, x reell
$\sqrt{x^2 + a^2}$	$\frac{1}{2} a^2 \mathfrak{Ar\,Sin}\, \frac{x}{a} + \frac{x}{2} \sqrt{x^2 + a^2}$
$\sqrt{x^2 - a^2}$	$-\frac{1}{2} a^2 \mathfrak{Ar\,Cof}\, \frac{x}{a} + \frac{x}{2} \sqrt{x^2 - a^2}$

$\dfrac{dF}{dx} = f(x)$	$F(x) = \int^{x} f(t)\,dt$
$\sqrt{a^2 - x^2}$	$-\dfrac{1}{2} a^2 \arccos \dfrac{x}{a} + \dfrac{x}{2} \sqrt{a^2 - x^2}$
$\dfrac{1}{x^2 + 2bx + c}$	$\dfrac{1}{2\sqrt{b^2 - c}} \cdot \ln \dfrac{x + b - \sqrt{b^2 - c}}{x + b + \sqrt{b^2 - c}}$ für $c < b^2$ $\dfrac{1}{\sqrt{c - b^2}} \operatorname{arc\,tg} \left(\dfrac{x + b}{\sqrt{c - b^2}} \right)$ für $c > b^2$
$\dfrac{Ax + B}{(x - x_1)(x - x_2)}$	$\dfrac{1}{x_1 - x_2} \{(A x_1 + B) \ln (x - x_1) - (A x_2 + B) \ln (x - x_2)\}$
$\dfrac{Ax + B}{(x^2 + 2bx + c)^n}$	$\dfrac{-A}{2(n-1)(x^2 + 2bx + c)^{n-1}} - \dfrac{Ab - B}{(c - b^2)^{n - \frac{1}{2}}} \displaystyle\int \dfrac{du}{(1 + u^2)^n}$ $u = \dfrac{x + b}{\sqrt{c - b^2}}, \quad c > b^2$
$\dfrac{1}{(1 + x^2)^n}$	$\dfrac{x}{2(n-1)(1 + x^2)^{n-1}} + \dfrac{2n - 3}{2n - 2} \displaystyle\int \dfrac{dx}{(1 + x^2)^{n-1}}$ für $n \neq 1$
$\dfrac{1}{\sqrt{a^2 + x^2}^3}$	$\dfrac{x}{a^2 \sqrt{a^2 + x^2}}$
$\dfrac{1}{\sqrt{a x^2 + 2bx + c}}$	$\dfrac{1}{\sqrt{a}} \ln \left(b + ax + \sqrt{a} \sqrt{a x^2 + 2bx + c}\right)$ für $a > 0;\ b^2 - ac \neq 0$
$\dfrac{1}{\sqrt{-a x^2 + 2bx + c}}$	$\dfrac{1}{\sqrt{a}} \arcsin \dfrac{ax - b}{\sqrt{b^2 + ac}}$ für $a > 0;\ b^2 + ac \neq 0$
$\sin^m x \quad (m \neq 0)$	$-\dfrac{1}{m} \sin^{m-1} x \cdot \cos x + \dfrac{m - 1}{m} \displaystyle\int \sin^{m-2} x\,dx$
$\cos^m x \quad (m \neq 0)$	$\dfrac{1}{m} \cos^{m-1} x \cdot \sin x + \dfrac{m - 1}{m} \displaystyle\int \cos^{m-2} x\,dx$
$\operatorname{tg}^m x \quad (m \neq 1)$	$\dfrac{1}{m - 1} \operatorname{tg}^{m-1} x - \displaystyle\int \operatorname{tg}^{m-2} x\,dx$
$\operatorname{ctg}^m x \quad (m \neq 1)$	$-\dfrac{1}{m - 1} \operatorname{ctg}^{m-1} x - \displaystyle\int \operatorname{ctg}^{m-2} x\,dx$
$\sin^m x \cos^n x$ $(m + n \neq 0)$	$-\dfrac{\sin^{m-1} x \cos^{n+1} x}{m + n} + \dfrac{m - 1}{m + n} \displaystyle\int \sin^{m-2} x \cos^n x\,dx =$ $= \dfrac{\sin^{m+1} x \cos^{n-1} x}{m + n} + \dfrac{n - 1}{m + n} \displaystyle\int \sin^m x \cos^{n-2} x\,dx$
$\dfrac{1}{\sin^n x} \quad (n \neq 1)$	$-\dfrac{\cos x}{(n-1) \sin^{n-1} x} + \dfrac{n - 2}{n - 1} \displaystyle\int \dfrac{dx}{\sin^{n-2} x}$
$\dfrac{1}{\cos^n x} \quad (n \neq 1)$	$\dfrac{\sin x}{(n-1) \cos^{n-1} x} + \dfrac{n - 2}{n - 1} \displaystyle\int \dfrac{dx}{\cos^{n-2} x}$
$\dfrac{\sin^m x}{\cos^n x} \quad (n \neq 1)$	$\dfrac{\sin^{m+1} x}{(n-1) \cos^{n-1} x} - \dfrac{m - n + 2}{n - 1} \displaystyle\int \dfrac{\sin^m x\,dx}{\cos^{n-2} x}$
$\dfrac{\cos^m x}{\sin^n x} \quad (n \neq 1)$	$-\dfrac{\cos^{m+1} x}{(n-1) \sin^{n-1} x} - \dfrac{m - n + 2}{n - 1} \displaystyle\int \dfrac{\cos^m x\,dx}{\sin^{n-2} x}$

D. Integrationsmethoden.

1. Allgemeines.

Liegen zu Integranden $f_i(x)$ die Integrale $F_i(x)$ aus obiger Tabelle vor, so kann man zu andern f die zugehörigen F finden, entsprechend folgender Gegenüberstellung:

Integrand $f(x)$	Integral $F(x) = \int^x f(t)\,dt$
$f_1 + f_2$	$F_1 + F_2$ (Additionstheorem)
αf	αF
f'	$F' = f$
$f(u) \cdot u'$	$F(u)$ $(u = u(x))$ (s. Kettenregel)
$f(\alpha x)$	$\frac{1}{\alpha} F(\alpha x)$
$f_1 F_2 + f_2 F_1$	$F_1 F_2$
$f_1 F_2$	$F_1 F_2 - \int f_2 F_1\,dx$ (Partielle Integration) (gilt nur für stetiges F_2!)
f	$xf - \int x f'\,dx$
$f(x)$	$\int f(x(u)) \cdot h(u)\,du$ Substitution: $x = x(u)$, $u = u(x)$ $dx/du = h(u)$
$f(\varphi(x))$	$\int f(\psi(u))\,h(u)\,du$ $\varphi(x) = \psi(u)$ $dx/du = h(u)$

Die Substitutionsmethode ist mit Vorteil anwendbar auf rationale Funktionen $R(\varphi(x))$ eines nicht-rationalen $\varphi(x)$. Hier kann oft durch ein geeignet gewähltes $u(x)$ das Integral $F(x)$ auf ein solches über einen rationalen Integranden zurückgeführt werden, z. B.

$$\int R(\sin x)\,dx = \int R\left(\frac{2u}{1+u^2}\right)\frac{2du}{1+u^2} \quad \text{mit} \quad u = \operatorname{tg}\frac{x}{2}$$

oder

$$\int \frac{R(x)\,dx}{\sqrt{\alpha x^2 + 2\beta x + \gamma}} = \int R\left(\frac{u^2-\gamma}{2(u\sqrt{\alpha}+\beta)}\right) \cdot \frac{du}{a\sqrt{\alpha}+\beta} \quad \text{mit} \quad x = \frac{u^2-\gamma}{2(u\sqrt{\alpha}+\beta)}.$$

Eine Übersicht über verschiedene Möglichkeiten gibt die Tabelle S. 42.

2. Rationale Funktionen, Zerlegung in Partialbrüche.

Jede rationale Funktion $R(x)$ (s. S. 86) läßt sich zerlegen: $R(x) = F(x) + \frac{\varphi(x)}{f(x)}$, wobei $F(x)$, $\varphi(x)$ und $f(x)$ ganze rationale Funktionen sind, $f(x)$ von höherem Grad als $\varphi(x)$. Der Ausdruck $\frac{\varphi(x)}{f(x)}$ läßt sich immer in eine Summe von Partialbrüchen zerlegen, die sich ohne weiteres integrieren lassen.

a) Hat $f(x) = (x - x_1)(x - x_2) \ldots (x - x_n) = 0$ lauter verschiedene Wurzeln, so wird

$$\frac{\varphi(x)}{f(x)} = \frac{A_1}{x - x_1} + \frac{A_2}{x - x_2} + \cdots + \frac{A_n}{x - x_n}, \quad \text{mit} \quad A_i = \frac{\varphi(x_i)}{f'(x_i)}.$$

Spezielle Substitutionen.

Integrand	$u(x)$	$\varphi(x) = \psi(u)$	$h(u) = dx/du$
$R(\sin x,\ \cos x,\ \operatorname{tg} x)$	$\operatorname{tg}\frac{x}{2}$	$\sin x = \frac{2u}{1+u^2},\ \cos x = \frac{1-u^2}{1+u^2},\ \operatorname{tg} x = \frac{2u}{1-u^2}$	$\frac{2}{1+u^2}$
$R(\mathfrak{Sin}\, x,\ \mathfrak{Cof}\, x,\ \mathfrak{Tg}\, x)$	$\mathfrak{Tg}\frac{x}{2}$	$\mathfrak{Sin}\, x = \frac{2u}{1-u^2},\ \mathfrak{Cof}\, x = \frac{1+u^2}{1-u^2},\ \mathfrak{Tg}\, x = \frac{2u}{1+u^2}$	$\frac{2}{1-u^2}$
$R(\sin^2 x,\ \cos^2 x,\ \sin x \cos x,\ \operatorname{tg} x)$	$\operatorname{tg} x$	$\sin^2 x = \frac{u^2}{1+u^2},\ \cos^2 x = \frac{1}{1+u^2},\ \sin x \cos x = \frac{u}{1+u^2}$	$\frac{1}{1+u^2}$
$R(\mathfrak{Sin}^2 x,\ \mathfrak{Cof}^2 x,\ \mathfrak{Sin}\, x\, \mathfrak{Cof}\, x,\ \mathfrak{Tg}\, x)$	$\mathfrak{Tg}\, x$	$\mathfrak{Sin}^2 x = \frac{u^2}{1-u^2},\ \mathfrak{Cof}^2 x = \frac{1}{1-u^2},\ \mathfrak{Sin}\, x\, \mathfrak{Cof}\, x = \frac{u}{1-u^2}$	$\frac{1}{1-u^2}$
$R\left(x,\ \sqrt{ax+b},\ \sqrt{cx+d}\right)$	$\sqrt{cx+d}$	$x = \frac{u^2-d}{c}$	$\frac{2u}{c}$
$R\left(x,\ \sqrt{1+x^2}\right)$	$x + \sqrt{x^2+1}$	$x = \frac{u^2-1}{2u},\quad \sqrt{1+x^2} = \frac{1+u^2}{2u}$	$\frac{1+u^2}{2u^2}$
$R\left(x,\ \sqrt{1-x^2}\right)$	$\sqrt{\frac{1-x}{1+x}}$	$x = \frac{1-u^2}{1+u^2},\quad \sqrt{1-x^2} = \frac{2u}{1+u^2}$	$\frac{-4u}{(1+u^2)^2}$
$R\left(x,\ \sqrt{x^2-1}\right)$	$\sqrt{\frac{x-1}{x+1}}$	$x = \frac{1+u^2}{1-u^2},\quad \sqrt{x^2-1} = \frac{2u}{1+u^2}$	$\frac{4u}{(1-u^2)^2}$
$R\left(x,\ \sqrt[n]{\frac{ax+b}{cx+d}}\right)$	$\sqrt[n]{\frac{ax+b}{cx+d}}$	$x = -\frac{d \cdot u^n - b}{c \cdot u^n - a}$	$\frac{n(ad-bc)}{(cu^n-a)^2} \cdot u^{n-1}$
$R\left(x,\ \sqrt{ax^2+2bx+c}\right)$	$\frac{ax+b}{\sqrt{\lvert ac-b^2 \rvert}}$	$x = \frac{u\sqrt{\lvert ac-b^2\rvert} - b}{a},\quad \sqrt{ax^2+2bx+c} = \sqrt{u^2+1}\sqrt{\frac{\lvert ac-b^2\rvert}{a}}$	$\frac{\sqrt{\lvert ac-b^2\rvert}}{a}$

b) Hat $f(x)=0$ mehrfache Wurzeln, und zwar α Wurzeln x_1, β Wurzeln x_2 usw., so hat die Partialbruchzerlegung die Form:

$$\frac{\varphi(x)}{f(x)} \equiv \frac{A_1}{(x-x_1)^\alpha} + \frac{A_2}{(x-x_1)^{\alpha-1}} + \cdots + \frac{A_\alpha}{(x-x_1)} + \\ + \frac{B_1}{(x-x_2)^\beta} + \frac{B_2}{(x-x_2)^{\beta-1}} + \cdots$$

A_i, B_i, C_i, ... findet man durch Koeffizientenvergleichung:

Ist z.B. $f(x) \equiv (x-x_1)^\alpha f_1(x)$, so hat man zur Bestimmung der A_i die α Gleichungen:

$$\begin{aligned} \varphi(x_1) &= A_1 f_1(x_1), \\ \varphi'(x_1) &= A_1 f_1'(x_1) + A_2 f_1(x_1), \\ \varphi''(x_1) &= A_1 f_1''(x_1) + 2A_2 f_1'(x_1) + 2A_3 f_1(x_1), \\ &\ldots\ldots\ldots\ldots \end{aligned}$$

allgemein:

$$\varphi^{(k)}(x_1) = \sum_{\nu=0}^{k} \frac{k!}{(k-\nu)!} A_{\nu+1} f_1^{(k-\nu)}(x_1), \qquad k = 0, 1, \ldots, \alpha-1.$$

Sind $f(x)$ und $\varphi(x)$ für reelle x reell, so kann man die zu komplexen Wurzeln von $f(x)=0$ gehörenden Partialbrüche stets paarweise zu je einem reellen Gliede zusammenziehen. Ist z. B. $x_1 = u_1 + iv_1$; $x_2 = x_1^* = u_1 - iv_1$, so ist

$$\frac{A}{x-x_1} + \frac{A^*}{x-x_2} = \frac{Px+Q}{(x-u_1)^2+v_1^2}.$$

E. Bestimmte Integrale.

1. Berechnungsmethoden.

Die Berechnung erfolgt unter anderem

1. aus bekannten unbestimmten Integralen $F(x)$ zu $f(x)$:

$$\int_a^b f(x)\,dx = F(b) - F(a),$$

2. durch Umformung (Substitution):

$$\int_a^b f(\varphi(x))\,dx = \int_{\varphi(a)}^{\varphi(b)} f(u)\,h'(u)\,du, \qquad u=\varphi(x), \qquad x = h(u),$$

Spezialfälle:

$$\int_a^b f(\alpha x)\,dx = \frac{1}{\alpha}\int_{\alpha a}^{\alpha b} f(u)\,du$$

$$\int_a^b f(x)\,dx = \frac{b-a}{d-c}\int_c^d f\left(\frac{(ad-bc)+u(b-a)}{d-c}\right)du$$

(Verschiebung der Grenzen),

3. durch Integration „im Komplexen“ (s. S. 80),
4. als Funktionen der Grenzen und evtl. Parameter:

$$\int_a^b f(x,t)\,dx = g(a,b,t),$$

z. B. aus einer Differentialgleichung für g nach einer der Variablen: $a, b, t, \ldots$,

5. durch Entwicklung des Integranden und gliedweise Integration, wenn beide Integrationsgrenzen innerhalb des Konvergenzbereichs liegen.

Bei Doppelintegralen der Form:

$$\int_a^b dx \int_c^d dy\, f(x,y)$$

berechnet man zunächst das innere Integral: $\int_c^d dy\, f(x,y) = g(x,c,d)$, indem man in ihm x als konstanten Parameter behandelt; c und d können auch Funktionen von x sein. Sodann integriert man nach x. Analog verfährt man bei mehrfachen Integralen (z. B. Volumintegralen).

Bei konstanten Grenzen ist oft eine Vertauschung der Integrationsfolge nützlich. Im besonderen gilt auch die spezielle, aber verallgemeinerungsfähige Formel:

$$\int_a^b dx \int_a^x dy\, f(x,y) = \int_a^b dy \int_y^b dx\, f(x,y).$$

Es empfiehlt sich hier auch häufig eine Transformation:

$$x_i = x_i(x_1', x_2', x_3', \ldots, x_n').$$

Dann wird:

$$\iiint_G \ldots f(x_1, x_2, \ldots, x_n)\,dx_1\,dx_2 \ldots dx_n$$

$$= \iiint_{G'} \ldots f(x_1', x_2', \ldots, x_n') \frac{\partial(x_1, x_2, \ldots, x_n)}{\partial(x_1', x_2', \ldots, x_n')}\,dx_1'\,dx_2' \ldots dx_n',$$

die letztere Integration erstreckt über das Gebiet G', das aus dem gegebenen G durch die Transformation entsteht (Abbildung) unter Hinzufügung der Transformationsdeterminante:

$$\frac{\partial(x_1, x_2, \ldots, x_n)}{\partial(x_1', x_2', \ldots, x_n')} \qquad \text{(s. S. 150).}$$

2. Abschätzung.

Aus $f(x) < g(x)$ im Intervall $a < x < b$ folgt:

$$\int_a^b f(x)\,dx < \int_a^b g(x)\,dx.$$

Ist $|f(x)| < M$ im Intervall $a < x < b$ (bzw. auf dem komplexen Integrationsweg C von der Länge L), so gilt:

$$\left|\int_a^b f(x)\,dx\right| < M(b-a) \quad \text{bzw.} \quad \left|\int_C f(z)\,dz\right| \leq ML.$$

Auch die SCHWARZsche Ungleichung (s. S. 15) kann zur Abschätzung verwendet werden.

3. Annäherung durch Summen (vgl. auch S. 53 u. 57).

Das Intervall $a \leq x \leq b$ sei in n gleiche Teile der Länge h zerlegt: $b - a = nh$; es sei $f(a + kh) = y_k$, $k = 0, 1, \ldots, n$, und es bedeute ξ einen Zwischenwert $a < \xi < b$. Dann gilt:

Trapezformel:

$$\int_a^b f(x)\,dx = \frac{h}{2}(y_0 + 2y_1 + \cdots + 2y_{n-1} + y_n) - R_n,$$

$$R_n = \frac{nh^3}{12} f''(\xi).$$

Simpsonformel (n gerade):

$$\int_a^b f(x)\,dx = \frac{h}{3}(y_0 + 4y_1 + 2y_2 + 4y_3 + \cdots + 2y_{n-2} + 4y_{n-1} + y_n) - R_n,$$

$$R_n = \frac{nh^5}{90} f^{(4)}(\xi).$$

Bei einseitiger Krümmung der Kurve $y = f(x)$ ist der Fehler

$$D \leq h(y_0 - 2y_1 + 2y_2 - 2y_3 + \cdots - 2y_{n-1} + y_n).$$

4. Formelschatz[1].

a) Integrale mit konstanten Parametern, d.h. *Konstanten*, die durch bestimmte Integrale definiert sind:

$$\int_0^{\pi/2} \cos^{2n} t\,dt = \int_0^{\pi/2} \sin^{2n} t\,dt = \frac{\pi}{2} \cdot \frac{1 \cdot 3 \cdot 5 \ldots (2n-1)}{2 \cdot 4 \cdot 6 \cdot \cdots \cdot 2n} = \frac{\pi}{2}\binom{-\frac{1}{2}}{n}(-1)^n$$

$$\int_0^{\pi/2} \cos^{2n+1} t\,dt = \int_0^{\pi/2} \sin^{2n+1} t\,dt = \frac{2 \cdot 4 \cdot 6 \cdot \cdots \cdot 2n}{1 \cdot 3 \cdot 5 \cdot \cdots \cdot (2n+1)}$$

$$\int_0^\infty \frac{\sin at}{t}\,dt = \frac{1}{a}\int_0^\infty \frac{1-\cos at}{t^2}\,dt = \int_0^\infty \left(\frac{\sin\left(\frac{at}{2}\right)}{\left(\frac{at}{2}\right)}\right)^2 d\left(\frac{at}{2}\right) = \begin{cases} +\frac{\pi}{2} \text{ für } a > 0 \\ 0 \text{ für } a = 0 \\ -\frac{\pi}{2} \text{ für } a < 0 \end{cases}$$

[1] Eine große Sammlung bestimmter Integrale findet man bei: D. BIERENS DE HAAN, Nouvelles tables d'intégrales définies. Leiden 1867.

$$\int_0^\infty \frac{\cos a t}{t}\,dt = \infty$$

$$\int_0^\pi \cos m t \cos n t\,dt = \int_0^\pi \sin m t \sin n t\,dt = \begin{cases} 0 \text{ für } m \neq n & (m, n = 0, \pm 1 \ldots) \\ \dfrac{\pi}{2} \quad \text{für } m = n \end{cases}$$

$$\int_0^\infty e^{-t^2}\,dt = \tfrac{1}{2}\sqrt{\pi}$$

$$\int_0^\infty e^{-t^n}\,dt = \frac{1}{n}\Gamma\left(\frac{1}{n}\right)$$

$$\int_0^{\pi/2} \sin^{\frac{3}{2}} t\,dt = \int_0^{\pi/2} \cos^{\frac{3}{2}} t\,dt = \frac{1}{6\sqrt{2\pi}}\Gamma^2\left(\frac{1}{4}\right)$$

$$\int_0^1 \frac{dt}{\sqrt{1-t^3}} = \frac{2}{3}\int_0^{\pi/2} \sin^{-\frac{1}{3}} t\,dt = \frac{1}{2\pi\sqrt{3}\sqrt[3]{2}}\Gamma^3\left(\frac{1}{3}\right)$$

$$\int_0^1 \frac{t\,dt}{\sqrt{1-t^3}} = \frac{2}{3}\int_0^{\pi/2} \sin^{\frac{1}{3}} t\,dt = \frac{\sqrt{3}}{\pi\sqrt[3]{4}}\Gamma^3\left(\frac{2}{3}\right)$$

$$\int_0^1 \frac{dt}{\sqrt{1-t^4}} = \frac{1}{2}\int_0^{\pi/2} \cos^{-\frac{1}{2}} t\,dt = \frac{1}{4\sqrt{2\pi}}\Gamma^2\left(\frac{1}{4}\right).$$

b) Integrale mit variablen Parametern, d. h. *Funktionen,* die durch bestimmte Integrale definiert werden. (Wenn die Funktionsparameter x, y komplexe Werte haben sollen, berücksichtige man die Hinweise auf spätere Kapitel):

$$\int_0^\infty t^x e^{-yt}\,dt = \frac{1}{y^{x+1}}\Gamma(x+1) = \frac{1}{y^{x+1}}\Pi(x), \quad \text{für } Re\,x > -1.$$

(Für $y = 1$: Gammafunktion bzw. EULERsches Integral, vgl. S. 122).

$$\int_0^\infty t^n e^{-yt}\,dt = \frac{1}{y^{n+1}}\cdot n!, \quad \text{für ganzzahliges } n \geq 0$$

$$\int_0^\infty t^y e^{-xt^2}\,dt = \frac{1}{2}x^{-\frac{y+1}{2}}\Gamma\left(\frac{y+1}{2}\right) = \frac{1}{2}x^{-\frac{y+1}{2}}\Pi\left(\frac{y-1}{2}\right),$$

$$\text{für } Re\,x > 0, \quad Re\,y > -1$$

$$\left.\begin{aligned}\int_0^\infty t^{2n} e^{-xt^2}\,dt &= \frac{1\cdot 3\cdot\cdots\cdot(2n-1)\sqrt{\pi}}{2^{n+1}\,x^{n+\frac{1}{2}}}\\ \int_0^\infty t^{2n+1} e^{-xt^2}\,dt &= \frac{n!}{2x^{n+1}}\end{aligned}\right\}\quad \begin{array}{l}\text{für } x>0 \text{ und ganzzahliges } n\geqq 0\\ \text{(vgl. Fehlerintegral, S. 61)}\end{array}$$

$$\int_0^\infty e^{-x^2t^2-\frac{y^2}{t^2}}\,dt = \frac{\sqrt{\pi}}{2x}\,e^{-2xy} \qquad (x,\ y>0)$$

$$\int_0^1 t^x(1-t)^y\,dt = \int_0^\infty e^{-(x+1)t}(1-e^{-t})^y\,dt = 2\int_0^1 t^{2x+1}(1-t^2)^y\,dt$$

$$= 2\int_0^{\pi/2} \sin^{2x+1} t\cos^{2y+1} t\,dt = B(x,y) = \frac{\Pi(x)\,\Pi(y)}{\Pi(x+y+1)},$$

für $Re\,x>-1, \quad Re\,y>-1$

(EULERsche Formel; man bezeichnet $B(x,y)$ auch als Betafunktion)

$$\int_0^\infty \frac{t^{x-1}}{(1+t)^{y+1}}\,dt = \frac{\Pi(x-1)\,\Pi(y-x)}{\Pi(y)}\quad \left\{\begin{array}{l}\text{für } Re\,x>0, \quad Re\,y>-1\\ \text{und } Re(y-x)>-1\end{array}\right.$$

$$\int_0^\infty \frac{t^{x-1}}{1+t}\,dt = \Pi(x-1)\,\Pi(-x) = \frac{\pi}{\sin(\pi x)}, \qquad \text{für } 0<Re\,x<1$$

$$\int_0^\infty \frac{\sin xt}{1+t^2}\,dt = \frac{1}{2}\{e^{-x}\,\mathrm{Ei}(x) - e^x\,\mathrm{Ei}(-x)\} \qquad \text{(s. S. 62)}$$

$$\int_0^\infty \frac{\cos xt}{1+t^2}\,dt = \frac{\pi}{2}\,e^{-|x|}$$

$$\int_0^{2\pi} \frac{dt}{1+x\cos t} = \frac{2\pi}{\sqrt{1-x^2}} \qquad (|x|<1) \quad \text{(Vgl. S. 48)}$$

$$\int_0^1 \frac{1-t^x}{1-t}\,dt = \int_0^\infty \frac{1-e^{-xt}}{e^t-1}\,dt = C+\Psi(x) = \sum_{m=1}^\infty\left(\frac{1}{m}-\frac{1}{x+m}\right) \quad (Re\,x>0).$$

Hier bezeichnet $C = 0{,}577216$ die EULERsche Konstante (s. S. 62) und es ist:

$$\Psi(x) = \frac{d}{dx}(\ln \Pi(x))$$

$$\int_0^\infty \frac{t^n}{e^t - 1}\,dt = n!\sum_{k=1}^\infty \frac{1}{k^{n+1}} = n!\,\zeta(n+1) \qquad (n \text{ ganzzahlig} > 0),$$

$\zeta(z)$ ist die RIEMANNsche Zetafunktion.

$$\int_0^\infty \frac{t^n}{e^t + 1}\,dt = n!\,(1 - 2^{-n})\,\zeta(n+1) = 1 - \frac{1}{2^{n+1}} + \frac{1}{3^{n+1}} - \frac{1}{4^{n+1}} + \cdots$$

$(n$ ganzzahlig $> 0)$

$$\int_0^{2\pi} \frac{dt}{(1 + x\cos t)^n} = G_n(x) \qquad (|x| < 1),$$

wobei

$$G_1(x) = \frac{2\pi}{\sqrt{1 - x^2}} \quad \text{und} \quad G_n(x) = G_{n-1}(x) + \frac{x}{n-1}\,G'_{n-1}(x), \quad \text{für} \quad n > 1$$

$$\int_0^{2\pi} \ln(1 + x\cos t)\,dt = 2\pi \ln\left(\frac{1 + \sqrt{1 - x^2}}{2}\right) \qquad (|x| < 1).$$

Weitere bestimmte Integrale, die zur Definition von Funktionen dienen, finden sich bei diesen auf S. 104 (LEGENDREsche Polynome), S. 106 (zugeordnete Kugelfunktionen), S. 118 (Zylinderfunktionen), S. 122 (Gammafunktion).

Ein wichtiges Hilfsmittel zur Auswertung bestimmter Integrale ist der CAUCHYsche Integralsatz der Funktionentheorie, vgl. S. 75.

5. Uneigentliche Funktionen,

die durch bestimmte Integrale definiert werden:

a) die „*Deltafunktion*": $\delta(x - t)$ (s. S. 18),

b) die DIRICHLETsche *Funktion*:

$$\Delta(x, y) = \int_0^\infty \frac{\sin xt \cos yt}{t}\,dt.$$

Längs der Geraden $y = \pm x$ ist $\Delta(x, y) = \pm\frac{\pi}{4}$, sonst gleich 0 oder $\pm\pi/2$. Die Funktionswerte für die verschiedenen Oktanten der xy-Ebene sind in Abb. 2 angegeben.

Für $y = 0$ ergibt sich speziell die Funktion

$$\Delta(x) = \int_0^\infty \frac{\sin xt}{t}\,dt.$$

Zwischen dieser Funktion und der δ-Funktion besteht der Zusammenhang:

$$\Delta(x) = \pi \int_{-\infty}^{x} \delta(t)\, dt - \frac{\pi}{2}$$

oder (rein formal!):

$$\frac{d}{dx}\Delta(x) = \pi\,\delta(x).$$

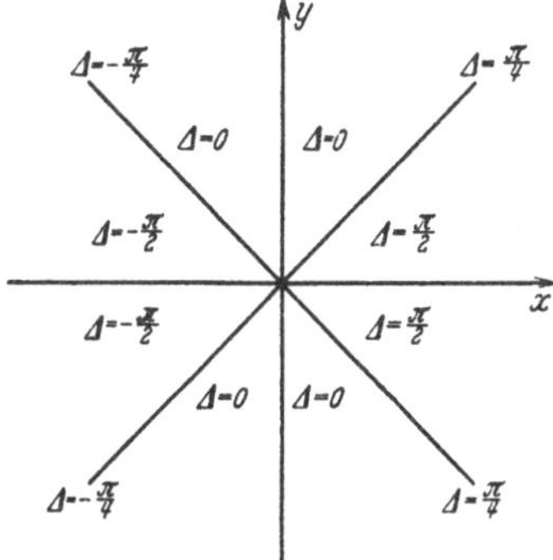

Abb. 2. Die DIRICHLETsche Funktion.

6. Elliptische Integrale.

Die Integrale der Form

$$V = \int R\left(t, \sqrt{a_0 t^4 + a_1 t^3 + \cdots + a_4}\right) dt$$

heißen, wenn R eine rationale Funktion ist und die Gleichung

$$a_0 x^4 + a_1 x^3 + \cdots + a_4 = 0$$

keine mehrfachen Wurzeln hat, *elliptische Integrale*. Sie lassen sich durch reelle Transformationen auf gewisse Normalintegrale zurückführen.

Man beseitigt zunächst die ungeraden Potenzen der Variablen:

a) Durch eine reelle lineare Substitution $t = \frac{au + b}{u + 1}$ (a, b reell) verlegt man die reellen bzw. komplexen Nullstellen des Integranden symmetrisch zum Nullpunkt auf die reelle bzw. imaginäre Achse und erhält mit reellen p und q:

$$V = \int R_1\left(u, \sqrt{\pm (u^2 - p)(u^2 - q)}\right) du = \int R_1(u, W)\, du.$$

b) $R_1(u, W)$ schreibt man in der Form

$$\frac{M_1(u^2, W) + u N_1(u^2, W)}{M(u^2, W) + u N(u^2, W)}$$

W^2 $(\lambda^2 < \mu^2)$	$k^2 < 1$	$\lvert A \rvert$	u^2	u^2 an der Stelle $x^2 = 0$	$x^2 = 1$	$\frac{du}{dx}$
$+(u^2-\lambda^2)(u^2-\mu^2)$	$\frac{\lambda^2}{\mu^2}$	$\frac{1}{\mu}$	$\frac{\mu^2}{x^2}$	∞	μ^2	$-\frac{\mu}{x^2}$
			$\lambda^2 x^2$	0	λ^2	λ
			$\frac{\mu^2-\lambda^2 x^2}{1-x^2}$	μ^2	∞	$\frac{x(\mu^2-\lambda^2)}{\sqrt{(\mu^2-\lambda^2 x^2)(1-x^2)^3}}$
			$\frac{\lambda^2\mu^2(1-x^2)}{\mu^2-\lambda^2 x^2}$	λ^2	0	$-\frac{\lambda\mu(\mu^2-\lambda^2)x}{\sqrt{(1-x^2)(\mu^2-\lambda^2 x^2)^3}}$
$+(u^2-\lambda^2)(u^2+\mu^2)$	$\frac{\mu^2}{\mu^2+\lambda^2}$	$\frac{1}{\sqrt{\mu^2+\lambda^2}}$	$\frac{\lambda^2}{1-x^2}$	λ^2	∞	$\frac{\lambda x}{\sqrt{(1-x^2)^3}}$
			$\frac{(\mu^2+\lambda^2)-\mu^2 x^2}{x^2}$	∞	λ^2	$\frac{-(\mu^2+\lambda^2)}{x^2\sqrt{\mu^2+\lambda^2-\mu^2 x^2}}$
$+(u^2+\lambda^2)(u^2-\mu^2)$	$\frac{\lambda^2}{\mu^2+\lambda^2}$	$\frac{1}{\sqrt{\mu^2+\lambda^2}}$	$\frac{\mu^2}{1-x^2}$	μ^2	∞	$\frac{\mu x}{\sqrt{(1-x^2)^3}}$
			$\frac{(\mu^2+\lambda^2)-\lambda^2 x^2}{x^2}$	∞	μ^2	$\frac{-(\mu^2+\lambda^2)}{x^2\sqrt{\mu^2+\lambda^2-\lambda^2 x^2}}$
$+(u^2+\lambda^2)(u^2+\mu^2)$	$\frac{\mu^2-\lambda^2}{\mu^2}$	$\frac{1}{\mu}$	$\frac{\mu^2(1-x^2)}{x^2}$	∞	0	$\frac{-\mu}{x^2\sqrt{1-x^2}}$
			$\frac{\lambda^2 x^2}{1-x^2}$	0	∞	$\frac{\lambda}{\sqrt{(1-x^2)^3}}$
$-(u^2-\lambda^2)(u^2-\mu^2)$	$\frac{\mu^2-\lambda^2}{\mu^2}$	$\frac{1}{\mu}$	$\frac{\lambda^2\mu^2}{\mu^2-(\mu^2-\lambda^2)x^2}$	λ^2	μ^2	$\frac{\lambda\mu(\mu^2-\lambda^2)x}{\sqrt{\mu^2-(\mu^2-\lambda^2)x^2}^3}$
			$\mu^2-(\mu^2-\lambda^2)x^2$	μ^2	λ^2	$\frac{-(\mu^2-\lambda^2)x}{\sqrt{\mu^2-(\mu^2-\lambda^2)x^2}}$
$-(u^2-\lambda^2)(u^2+\mu^2)$	$\frac{\lambda^2}{\mu^2+\lambda^2}$	$\frac{1}{\sqrt{\mu^2+\lambda^2}}$	$\lambda^2(1-x^2)$	λ^2	0	$\frac{-\lambda x}{\sqrt{1-x^2}}$
			$\frac{\lambda^2\mu^2 x^2}{(\mu^2+\lambda^2)-\lambda^2 x^2}$	0	λ^2	$\frac{\lambda\mu(\mu^2+\lambda^2)}{\sqrt{(\mu^2+\lambda^2)-\lambda^2 x^2}^3}$
$-(u^2+\lambda^2)(u^2-\mu^2)$	$\frac{\mu^2}{\mu^2+\lambda^2}$	$\frac{1}{\sqrt{\mu^2+\lambda^2}}$	$\mu^2(1-x^2)$	μ^2	0	$\frac{-\mu x}{\sqrt{1-x^2}}$
			$\frac{\mu^2\lambda^2 x^2}{(\mu^2+\lambda^2)-\mu^2 x^2}$	0	μ^2	$\frac{\lambda\mu(\mu^2+\lambda^2)}{\sqrt{(\mu^2+\lambda^2)-\mu^2 x^2}^3}$

und durch Erweitern mit $(M - uN)$ in der Form $P(u^2, W) + u \cdot Q(u^2, W)$, wo M_1, N_1, M, N ganze, P und Q allgemeine rationale Funktionen sind. $\int Q(u^2, W)\, u\, du$ wird durch $u^2 = v$ elementar integrierbar, während sich $P(u^2, W)$, weil W^2 rational ist, wie oben umformen läßt in:

$$P(u^2,W)=\frac{K_1(u^2)+W\cdot L_1(u^2)}{K(u^2)+W\cdot L(u^2)}=\Phi_1(u^2)+W\cdot\Phi_2(u^2)=\Phi_1(u^2)+\frac{\Phi(u^2)}{W},$$

wo Φ_1, Φ_2, Φ rationale Funktionen sind. $\int\Phi_1(u^2)\,du$ ist elementar integrierbar.

Das Integral $\int\frac{\Phi(u^2)}{W}du$ bringt man durch Substitution einer neuen Variablen x statt u auf die Form

$$A\int\frac{\Phi(u^2)\,dx}{\sqrt{(1-x^2)(1-k^2x^2)}}\qquad(k^2<1).$$

Die Substitution wird je nach der Gestalt von W verschieden gewählt; die im Reellen möglichen Fälle sind in der Tabelle von S. 50 zusammengestellt. Da eine reelle Transformation nur für $x^2<1$ auftritt, sind in verschiedenen Bereichen der Variablen u ebenfalls verschiedene Substitutionen durchzuführen.

k $(k^2<1,\lambda^2<\mu^2)$ heißt LEGENDREscher Modul. Partialbruchzerlegung der rationalen Funktion $A\cdot\Phi(u^2)=\Omega(x^2)$ führt auf die Integrale $\int\frac{x^{2n}\,dx}{X}$ und $\int\frac{dx}{(x^2+c)^m X}$, wobei $X=\sqrt{(1-x^2)(1-k^2x^2)}$ ist.

$\int\frac{x^{2n}\,dx}{X}$ läßt sich durch die Rekursionsformel

$$k^2(2n-1)\int\frac{x^{2n}\,dx}{X}-(2n-2)(1+k^2)\int\frac{x^{2n-2}\,dx}{X}+$$
$$+(2n-3)\int\frac{x^{2n-4}\,dx}{X}=x^{2n-3}X$$

auf die LEGENDREschen Normalintegrale 1. und 2. Gattung, $\int\frac{dx}{(x^2+c)^m X}$ durch ähnliche Rekursionen auf die Normalintegrale 1. und 3. Gattung zurückführen (vgl. Abschnitt Funktionen, S. 125).

F. Differenzenrechnung.

Von einer Funktion $f(x)$ bilde man für einen gegebenen Wert von x folgende Ausdrücke:

1. $\frac{1}{h}\bar{\Delta}f(x)=\frac{f(x+h)-f(x)}{h}$,

2. $\frac{1}{h}\underline{\Delta}f(x)=\frac{f(x)-f(x-h)}{h}$,

3. $\frac{1}{h}\Delta f(x)=\frac{f(x+h)-f(x-h)}{2h}$, $\left(\Delta=\frac{1}{2}(\bar{\Delta}+\underline{\Delta})\right)$.

Man bezeichnet diese Größen als *vordere, hintere* und *mittlere Differenzenquotienten*, gebildet mit der Differenz h der Variablen. Beim Grenzübergang $h \to 0$ gehen diese Ausdrücke für differenzierbare Funktionen in den Differentialquotienten $\frac{df(x)}{dx}$ über.

Analog definieren wir einen zweiten Differenzenquotienten durch:

$$\frac{1}{h^2}\Delta^2 f(x) = \frac{f(x+h) - 2f(x) + f(x-h)}{h^2}, \qquad (\Delta^2 = \bar{\Delta} - \underline{\Delta}).$$

Die Bildung höherer Differenzenquotienten erfolgt ganz analog.

Liegt eine Funktion $f(x)$ in konstanten Intervallen h tabuliert vor, so berechnet man die mit den entsprechenden Potenzen von h multiplizierten Differenzenquotienten (also die Δ^n) durch Subtraktion nach folgendem Schema:

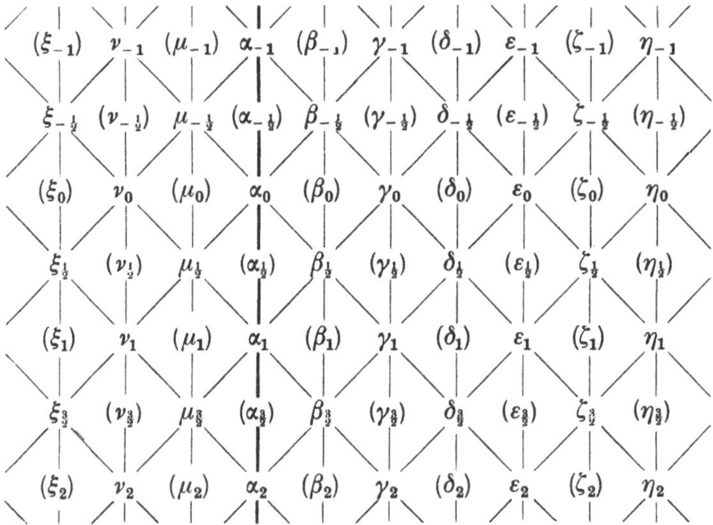

In dieses Schema tragen wir an die Stellen α_n (n ganzzahlig) die Funktionswerte von $f(x + nh)$ ein. Sodann schreibt man an die Stellen $\beta_{n+\frac{1}{2}}$ die Differenz der links oberhalb und links unterhalb stehenden α_{n+1} und α_n, d. h. $\beta_{n+\frac{1}{2}} = \alpha_{n+1} - \alpha_n$. Analog berechnet man die γ_n aus: $\gamma_n = \beta_{n+\frac{1}{2}} - \beta_{n-\frac{1}{2}}$ und verfährt entsprechend für die δ, ε usw. Schließlich findet man die noch ausstehenden, durch Einklammerung bezeichneten $\alpha_{n+\frac{1}{2}}$, β_n, $\gamma_{n+\frac{1}{2}}$, ... durch Mittelwertsbildung aus den beiden jeweils oberhalb und unterhalb stehenden Zahlen, z. B. $\beta_n = \frac{1}{2}(\beta_{n+\frac{1}{2}} + \beta_{n-\frac{1}{2}})$. Die (mittleren) Differenzenquotienten an der Stelle $x + nh$ sind dann bis auf die entsprechende Potenz von h die rechts neben α_n stehenden β_n, γ_n usw.

Wir können das Schema auch nach links weiter ausfüllen, indem wir zunächst an einer Stelle $\mu_{n+\frac{1}{2}}$ eine beliebige Zahl, z. B. 0, eintragen und nunmehr die weiteren $\mu_{n+\frac{1}{2}}$ so berechnen, daß $\mu_{n+\frac{1}{2}} - \mu_{n-\frac{1}{2}} = \alpha_n$ wird, also durch Addition der jeweils rechts unterhalb stehenden Zahl das folgende μ finden. Ebenso verfahren wir mit der Reihe für ν, ξ usw. Die eingeklammerten Werte findet man wieder wie oben durch Mittelwertsbildung. Die links stehenden Zahlen μ, ν, ξ ..., bezeichnet man als erste, zweite ... *Summenwerte.*

Zusammenhang zwischen Differenzenquotienten und Differentialquotienten.

Die TAYLORsche Reihenformel (s. S. 60) liefert unmittelbar die Möglichkeit, die Differenzenquotienten als lineare Funktionen der Differentialquotienten auszurechnen. Diese Berechnung hat aber nur untergeordnete Bedeutung gegenüber dem umgekehrten Problem, aus den gegebenenen Differenzenquotienten die Differentialquotienten zu berechnen. Die Auflösung des linearen Gleichungssystems liefert:

$$h \frac{d}{dx} f(x + nh) = \beta_n - \frac{1}{6}\delta_n + \frac{1}{30}\zeta_n - \cdots$$

$$h^2 \frac{d^2}{dx^2} f(x + nh) = \gamma_n - \frac{1}{12}\varepsilon_n + \frac{1}{90}\eta_n - \cdots$$

bzw.

$$h \frac{d}{dx} f\left(x + \left(n + \frac{1}{2}\right)h\right) = \beta_{n+\frac{1}{2}} - \frac{1}{24}\delta_{n+\frac{1}{2}} + \frac{3}{640}\zeta_{n+\frac{1}{2}} - \cdots$$

$$h^2 \frac{d^2}{dx^2} f\left(x + \left(n + \frac{1}{2}\right)h\right) = \gamma_{n+\frac{1}{2}} - \frac{5}{24}\varepsilon_{n+\frac{1}{2}} + \frac{259}{5760}\eta_{n+\frac{1}{2}} - \cdots.$$

Diese Formeln gestatten also die „*numerische Differentiation*" einer tabuliert vorliegenden Funktion. In entsprechender Weise kann man einen linearen

Zusammenhang zwischen Summenwerten und Integralen

durch folgende Formeln geben, (vgl. auch die EULERsche Summenformel S. 57):

$$\frac{1}{h}\int\limits_{x+n_1 h}^{x+n_2 h} f(x)\,dx = \left[\mu_n - \frac{1}{12}\beta_n + \frac{11}{720}\delta_n - \frac{191}{60480}\zeta_n + \cdots\right]_{n_1}^{n_2}$$

$$\frac{1}{h^2}\int\limits_{x+n_1 h}^{x+n_2 h} dx \int\limits_{x+n_1 h}^{x+n_2 h} f(x)\,dx = \left[\nu_n + \frac{1}{12}\alpha_n - \frac{1}{240}\gamma_n + \frac{31}{60480}\varepsilon_n - \cdots\right]_{n_1}^{n_2}$$

$$\frac{1}{h^3}\int\limits_{x+n_1 h}^{x+n_2 h} dx \int\limits_{x+n_1 h}^{x+n_2 h} dx \int\limits_{x+n_1 h}^{x+n_2 h} f(x)\,dx = \left[\xi_n + \frac{1}{240}\beta_n - \frac{31}{30240}\delta_n + \cdots\right]_{n_1}^{n_2}.$$

Diese Formeln sind nützlich für das praktisch häufig vorkommende Problem der „*numerischen Integration*".

Auch zur

Interpolation

ist das Differenzenschema mit Vorteil zu benutzen. Gesucht sei der Wert von $f(x+(n+t)h)$, $(0<t<1)$.

Man berechne zunächst die Größen:

$A=t,\quad B=\frac{1}{2}(t-1),\quad C=\frac{1}{3}(t+1),\quad D=\frac{1}{4}(t-2),\quad E=\frac{1}{5}(t+2)\ldots,$

dann ist:

$$f(x+(n+t)h)=\alpha_n+AI,\qquad \begin{aligned} I&=\beta_{n+\frac{1}{2}}+B\,II\\ II&=\gamma_n+C\,III\\ III&=\delta_{n+\frac{1}{2}}+D\,IV\\ IV&=\varepsilon_n+E\,V\\ &\ldots\ldots\ldots\ldots \end{aligned}$$

$$f(x+(n-t)h)=\alpha_n-AI,\qquad \begin{aligned} I&=\beta_{n-\frac{1}{2}}-B\,II\\ II&=\gamma_n-C\,III\\ III&=\delta_{n-\frac{1}{2}}-D\,IV\\ IV&=\varepsilon_n-E\,V\\ &\ldots\ldots\ldots\ldots \end{aligned}$$

Verengerung einer Tabelle

1. auf halbe Intervalle: $(t=\frac{1}{2})$

$$f\left(x+\left(n+\frac{1}{2}\right)h\right)=\alpha_{n+\frac{1}{2}}-\frac{1}{8}\gamma_{n+\frac{1}{2}}+\frac{3}{128}\varepsilon_{n+\frac{1}{2}}-\frac{5}{1024}\eta_{n+\frac{1}{2}}+\cdots,$$

2. auf fünftel Intervalle $(t=k/5)$

$$f\left(x+\left(n+\frac{k}{5}\right)h\right)=\alpha_{n+\frac{1}{2}}+B_k\beta_{n+\frac{1}{2}}+C_k\gamma_{n+\frac{1}{2}}+\cdots$$

	B	C	D	E	F
$k=1$	$-0{,}3$	$-0{,}08$	$+0{,}008$	$0{,}0224$	$+0{,}008\,64\ldots$
2	$-0{,}1$	$-0{,}12$	$+0{,}004$	$0{,}0144$	$+0{,}004\,48\ldots$
3	$+0{,}1$	$-0{,}12$	$-0{,}004$	$0{,}0144$	$-0{,}004\,48\ldots$
4	$+0{,}3$	$-0{,}08$	$-0{,}008$	$0{,}0224$	$-0{,}008\,64\ldots$

3. auf zehntel Intervalle $(t=k/10)$:

Hier empfiehlt es sich, für jedes Intervall ein engeres Differenzenschema zu berechnen mit den Ausgangswerten:

$$\begin{aligned} \alpha_0'&=\alpha_0\\ \beta_{\frac{1}{2}}'&=0{,}1\,\beta_{\frac{1}{2}}-0{,}045\,\gamma_{\frac{1}{2}}+0{,}006\,\delta_{\frac{1}{2}}-\cdots\\ \gamma_1'&=0{,}01\,\gamma_{\frac{1}{2}}-0{,}004\,\delta_{\frac{1}{2}}+\cdots\\ \delta_{\frac{3}{2}}'&=0{,}001\,\delta_{\frac{1}{2}}-\cdots, \end{aligned}$$

so daß $\alpha_{10}'=\alpha_1$ wird.

Wieviele von diesen Gliedern man zu berücksichtigen hat, richtet sich nach der gewünschten Genauigkeit. Wegen weiterer Einzelheiten vgl. die einschlägigen Lehrbücher der praktischen Analysis.

Dritter Abschnitt.

Reihen und Reihenentwicklungen.

A. Reihen.

1. Allgemeines.

Die formal gebildete Summe $S = u_1 + u_2 + \cdots = \sum_{h=1}^{\infty} u_h$ unendlich vieler reeller oder komplexer Zahlen $u_1, u_2, \ldots$ (oder Funktionen $u_1(z)$, $u_2(z), \ldots$) heißt *Reihe*. Hat $s_n = \sum_{h=1}^{n} u_h = u_1 + u_2 + \cdots + u_n$ (n-te Partialsumme) für $n \to \infty$ einen Grenzwert s, so heißt die Reihe S *konvergent*, andernfalls *divergent*. s heißt die *Summe* der Reihe, $s - s_n = r_n$ der (n-te) Rest der Reihe.

Konvergenz. Notwendig und hinreichend für die Konvergenz der Reihe S ist, daß es zu jeder (beliebig klein wählbaren) positiven Zahl ε stets eine Schranke $N(\varepsilon)$ gibt, so daß gilt:

$$|r_n| = |s - s_n| < \varepsilon \quad \text{für jedes} \quad n > N(\varepsilon) \tag{1}$$

oder

$$|s_m - s_n| < \varepsilon \quad \text{für jedes Paar } m, n \quad \text{mit} \quad m > N(\varepsilon), \quad n > N(\varepsilon). \tag{2}$$

Konvergiert die Reihe der absoluten Beträge, so heißt S *absolut konvergent*, andernfalls *bedingt konvergent*: nur bei absoluter Konvergenz ist die Summe s der Reihe S von der Anordnung der Glieder unabhängig.

Funktionenreihen. Die Funktionenreihe $S(z) = \sum_{h=1}^{\infty} u_h(z)$ heißt *gleichmäßig konvergent* im abgeschlossenen Gebiet G der z-Ebene (bzw. im reellen Intervall $a \leq z \leq b$), wenn es eine *von z unabhängige* Schranke $N(\varepsilon)$ gibt, so daß (1) oder (2) für alle z in G gleichmäßig gilt.

Eine im abgeschlossenen Gebiet G *gleichmäßig konvergente* Reihe

α) stetiger bzw. analytischer Funktionen von z ist in G stetig bzw. analytisch,

β) integrierbarer Funktionen ist in G gliedweise integrierbar:

$$\int_G \left\{ \sum_{h=1}^{\infty} u_h(t) \right\} dt = \sum_{h=1}^{\infty} \int_G u_h(t)\, dt,$$

γ) in G regulärer analytischer Funktionen ist beliebig oft gliedweise differenzierbar:

$$\frac{d^k}{dz^k} \sum_{h=1}^{\infty} f_h(z) = \sum_{h=1}^{\infty} \frac{d^k}{dz^k} f_h(z), \qquad k = 1, 2, \ldots,$$

2. Konvergenzkriterien.

Für die Konvergenz einer Reihe ist die Abänderung endlich vieler Glieder belanglos.

a) Die Reihe $S = \sum_{h=1}^{\infty} u_h$ konvergiert *absolut*, wenn eine positive Zahl $a < 1$ existiert, so daß gilt:

$$\left.\begin{aligned} &\left|\frac{u_{h+1}}{u_h}\right| \leq a < 1 \\ \text{oder}\quad &\sqrt[h]{|u_h|} \leq a < 1 \end{aligned}\right\} \quad \text{für alle großen } h, \text{ d.h. für alle } h > H \ (H \text{ eine positive Zahl}). \qquad \begin{aligned}(3)\\(4)\end{aligned}$$

Allgemein: $\sum_{h=1}^{\infty} u_h$ konvergiert absolut, wenn es eine konvergente Reihe positiver Zahlen a_h gibt mit

$$a_h \geq |u_h| \quad \text{für alle } h > H \ (H \text{ positive Zahl}). \tag{5}$$

b) Die Funktionenreihe $S(z) = \sum_{h=1}^{\infty} u_h(z)$ ist *gleichmäßig konvergent* in jedem abgeschlossenen Gebiet G, in welchem (3), (4) oder (5) mit von z unabhängigem H gilt.

c) Eine Reihe aus abwechselnd positiven und negativen Gliedern konvergiert, wenn die Beträge ihrer Glieder mit $h \to \infty$ monoton $\to 0$ konvergieren. Es gilt stets für den Rest: $|r_h| \leq |u_{h+1}|$.

d) Durch Vergleich mit Integralen läßt sich oft die Konvergenz bzw. Divergenz einer Reihe feststellen: Ist z. B. $|f(x)|$ monoton fallend für $x > m$, so gilt:

$$\left|\sum_{h=m+1}^{n} f(h)\right| \leq \sum_{h=m+1}^{n} |f(h)| \leq \int_m^n |f(t)|\,dt \quad \text{für jedes } n > m$$

und es konvergiert $\sum_{h=1}^{\infty} f(h)$ sicher absolut, wenn $\int_m^{\infty} |f(t)|\,dt$ existiert.

3. Summation von Reihen.

Es ist praktisch von großer Bedeutung, den Summenwert einer Reihe entweder durch leicht berechenbare oder durch tabulierte Funktionen darzustellen, vgl. auch S. 59 und die Zusammenstellung S. 60.

a) Die im folgenden auftretenden Bernoullischen *Zahlen* B_k sind die Koeffizienten der Potenzreihe $\dfrac{x}{e^x - 1} = \sum_{h=0}^{\infty} \dfrac{B_h x^h}{h!}$; es ist:

$B_0 = 1$, $B_1 = -\frac{1}{2}$, $B_2 = \frac{1}{6}$, $B_{2k+1} = 0$, für $k = 1, 2, \ldots$, $B_4 = \frac{-1}{30}$,

$$B_6 = \frac{1}{42}, \quad B_8 = \frac{-1}{30}, \quad B_{10} = \frac{5}{66}, \quad B_{12} = \frac{-691}{2730}, \quad B_{14} = \frac{7}{6}, \quad B_{16} = \frac{-3617}{510}, \ldots$$

(B_{2k} wird oft auch mit B_k bezeichnet). Zur Abschätzung s. Gl. (7) u. (8).

b) Endliche Reihen.

$$1 + x + x^2 + \cdots + x^n = \frac{x^{n+1} - 1}{x - 1} \quad \text{für } x \neq 1 \quad \textit{(Geometrische Reihe)}$$

$$1^p + 2^p + 3^p + \cdots + n^p = \frac{(n - B)^{p+1} + (-1)^p B^{p+1}}{p + 1} \quad \text{für } p = 1, 2, 3, \ldots$$

Diese Formel soll symbolisch die Rechenvorschrift andeuten: Man entwickle nach dem binomischen Satz (S. 60) und ersetze alle B^k durch die BERNOULLIschen Zahlen B_k. Auf diese Weise erhält man insbesondere:

$$\begin{aligned} 1 + 2 + 3 + \cdots + n &= \tfrac{1}{2} n (n + 1) \\ 1^2 + 2^2 + 3^2 + \cdots + n^2 &= \tfrac{1}{6} n (n + 1)(2n + 1) \\ 1^3 + 2^3 + 3^3 + \cdots + n^3 &= \tfrac{1}{4} n^2 (n + 1)^2. \end{aligned}$$

Ist $f(x)$ samt allen auftretenden Ableitungen bis $f^{(n)}(x)$ stetig, so gilt die EULER*sche Summenformel*:

$$\left.\begin{aligned} \sum_{k=0}^{m} f(k) &= \int_0^m f(t)\,dt + \frac{1}{2}(f(0) + f(m)) + \\ &+ \sum_{k=1}^{n} \frac{B_{2k}}{(2k)!}\left[f^{(2k-1)}(m) - f^{(2k-1)}(0)\right] + \frac{m B_{2n+2}}{(2n+2)!} f^{(2m+2)}(\vartheta m) \\ &\text{mit } m, n = 1, 2, \ldots \text{ und } 0 < \vartheta < 1. \end{aligned}\right\} \quad (6)$$

Hängt $f^{(k)}$ noch von einem stetig veränderlichen Parameter x ab, so liefert (6) im allgemeinen eine halbkonvergente Entwicklung (vgl. S. 59).

c) Unendliche Reihen.

$$1 + x + x^2 + \cdots = \sum_{k=0}^{\infty} x^k = \frac{1}{1 - x} \quad \text{für} \quad |x| < 1.$$

$$1 + \frac{1}{2^x} + \frac{1}{3^x} + \cdots = \sum_{k=1}^{\infty} \frac{1}{k^x} = \zeta(x) \tag{7}$$

wird als RIEMANN*sche ζ-Funktion* bezeichnet. Für geradzahliges $x = 2n$ hängt diese Reihe mit den BERNOULLIschen Zahlen zusammen:

$$\zeta(2n) = \frac{(-1)^{n+1} (2\pi)^{2n} B_{2n}}{2(2n)!} \quad \text{für} \quad n = 1, 2, 3, \ldots. \tag{8}$$

Daher wird insbesondere

$$\zeta(2) = \frac{\pi^2}{6}, \quad \zeta(4) = \frac{\pi^4}{90}, \quad \zeta(6) = \frac{\pi^6}{945}, \quad \zeta(8) = \frac{\pi^8}{9450} \quad \text{usw.}$$

Allgemein können unendliche Reihen der Form $\sum\limits_{k=1}^{\infty} f(k)$ oft mit Hilfe der EULERschen Summenformel (6) für $m \to \infty$ summiert oder wenigstens angenähert berechnet werden.

d) Manche Reihen lassen sich auffassen als Aufbau einer Funktion aus ihren Singularitäten, z. B.

$$\pi \operatorname{ctg} \pi x = \sum_{k=-\infty}^{+\infty} \frac{1}{x-k} = \frac{1}{x} + \sum_{k=1}^{\infty} \left(\frac{1}{x-k} + \frac{1}{x+k} \right) = \frac{1}{x} + 2x \sum_{k=1}^{\infty} \frac{1}{x^2-k^2},$$

also auch

$$\sum_{k=1}^{\infty} \frac{1}{x^2-k^2} = \frac{\pi}{2x} \operatorname{ctg} \pi x - \frac{1}{2x^2}.$$

B. Reihenentwicklungen.

Vorbemerkung: Die in 1—4 für eine Variable dargestellten Tatsachen bleiben richtig, wenn x jeweils durch $x_1, x_2, \ldots, x_n$, t durch $t_1, t_2, \ldots, t_n$, dt durch $dt_1 \cdot dt_2 \cdot \cdots \cdot dt_n$ ersetzt wird und das Grundgebiet G ein gewisses Gebiet des $x_1 \ldots x_n$-Raumes bedeutet.

1. Darstellung beliebig gegebener Funktionen durch bekannte Funktionen.

a) Die Aufgabe, eine für alle x eines Gebietes G (z.B.: $a \leq x \leq b$) gegebene Funktion $f(x)$ durch eine lineare Kombination von bekannten Funktionen $\varphi_1(x), \varphi_2(x), \ldots$ „*möglichst gut*" darzustellen, läßt sich lösen:

1. Als *Approximation* mit n irgendwie ausgewählten φ_ν in der Form: $F_n(x) = \sum\limits_{\nu=1}^{n} c_\nu \varphi_\nu(x)$; die Koeffizienten c_ν werden so bestimmt, daß $F_n(x)$ von $f(x)$ in G möglichst wenig abweicht (vgl. b).

2. Durch *Reihenentwicklung* nach einem *geordneten* System unendlich vieler Funktionen: $\varphi_1(x), \varphi_2(x), \ldots$; es wird ein System von Koeffizienten $c_1, c_2, \ldots$ so bestimmt, daß die Partialsummen $S_n(x) = \sum\limits_{k=1}^{n} c_k \varphi_k(x)$, gebildet mit den n *ersten* Funktionen, für hinreichend großes n in G von $f(x)$ beliebig wenig abweichen (vgl. b).

b) Das „*Wenig Abweichen*" der Näherung von $f(x)$ wird im allgemeinen auf eine der folgenden Arten präzisiert:

1. (im Sinne der Methode der kleinsten Quadrate): Es soll

$$\int\limits_G \left| f(t) - \sum_{\nu=1}^{n} c_\nu \varphi_\nu(t) \right|^2 dt$$

jeweils möglichst klein werden *(mittlere Approximation bzw. Konvergenz)*,

2. (im „TSCHEBYSCHEFFschen Sinne“): Es soll das

$$\underset{\text{für } x \text{ in } G}{\text{Maximum}} \left| f(x) - \sum_{\nu=1}^{n} c_\nu \varphi_\nu(x) \right|$$

möglichst klein werden *(gleichmäßige Approximation bzw. Konvergenz)*,

3. (bei Reihen):

$$\lim_{n\to\infty} \left(f(x) - \sum_{\nu=1}^{n} c_\nu \varphi_\nu(x) \right) = 0$$

für alle x in G (gewöhnliche *Konvergenz* der Reihe).

Bei endlichem Gebiet G enthält die Möglichkeit der gleichmäßigen Approximation die der mittleren Approximation. Es genügt, ganz im Endlichen gelegene Gebiete zu betrachten, da ins Unendliche reichende Gebiete in ganz im Endlichen liegende transformiert werden können.

c) Vollständigkeit. Das System der Funktionen $\varphi_1(x)$, $\varphi_2(x)$, ... heißt *vollständig* für das Gebiet G, wenn sich jede in G stetige Funktion im Mittel beliebig genau approximieren läßt, d. h. wenn n für jedes positive ε so gewählt werden kann, daß

$$\int\limits_G \left| f(t) - \sum_{\nu=1}^{n} c_\nu \varphi_\nu(t) \right|^2 dt < \varepsilon$$

wird.

d) Zur Darstellung werden vorzugsweise, aber nicht ausschließlich benutzt:

α) Die *Potenzen* $1, x, x^2, x^3, \ldots$, bzw. $1, (x-a), (x-a)^2, (x-a)^3, \ldots$, bzw. $1, \frac{1}{x}, \frac{1}{x^2}, \frac{1}{x^3}, \ldots$ usw. (Bei mehreren Variablen $x_1^{k_1}, x_2^{k_2}, \cdots, x_n^{k_n}$, $k_\nu = 1, 2, \ldots$ usw.)

β) Vollständige Systeme *orthogonaler* Funktionen.

e) Nur zu *angenäherter Berechnung von Funktionswerten* dienende Reihenentwicklungen brauchen nicht zu konvergieren; es genügt, wenn das Restglied $R_n(x)$ zu *einer* Partialsumme $F_n(x)$ der Entwicklung genügend klein wird. Nimmt $|R_n(x)|$ bei festem x mit wachsendem n zunächst ab, ehe es $\to \infty$ geht, so heißt die Entwicklung *halb-* oder *semikonvergent*. Die erreichbare Genauigkeit ist beschränkt, aber häufig ausreichend, und kann wertvoller sein als die konvergenter Reihen. Speziell die Reihen mit $\lim\limits_{x\to\infty} (x^n R_n(x)) = 0$ für alle n heißen *asymptotische Reihen* und dienen zur Berechnung von Funktionswerten großen Arguments [vgl. S. 57 (6)].

2. Entwicklung in Potenzreihen.

a) TAYLOR-Reihe. Besitzt $f(z)$ im Gebiete G der komplexen z-Ebene, dem die Stelle $z = a$ angehört, stetige Ableitungen bis einschließlich $f^{(n+1)}(z)$, so gilt

$$f(z) = f(a) + \frac{z-a}{1!} f'(a) + \frac{(z-a)^2}{2!} f''(a) + \cdots + \frac{(z-a)^n}{n!} f^{(n)}(a) + R_n,$$

wobei das Restglied

$$R_n = \frac{(z-a)^{n+1}}{(n+1)!} f^{(n+1)}(a + \vartheta(z-a)) \quad \text{mit} \quad 0 < \vartheta < 1$$

ist. Insbesondere ergibt sich für $a = 0$ die MACLAURINsche Reihe

$$f(z) = f(0) + \frac{z}{1!} f'(0) + \frac{z^2}{2!} f''(0) + \cdots + \frac{z^n}{n!} f^{(n)}(0) + \frac{z^{n+1}}{(n+1)!} f^{(n+1)}(\vartheta z).$$

Das Konvergenzgebiet der Potenzreihenentwicklungen wird festgelegt durch die Singularitäten der Funktion, (vgl. S. 74).

b) Reihenentwicklungen spezieller elementarer Funktionen. Hinter jeder Entwicklung ist in Klammern der Konvergenzbereich angegeben.

$$(1+x)^p = 1 + \binom{p}{1} x + \binom{p}{2} x^2 + \cdots = \sum_{k=0}^{\infty} \binom{p}{k} x^k \qquad (|x| < 1)$$

p beliebig, auch komplex.

Diese Formel heißt der *binomische* Satz. Über die Entwicklungskoeffizienten $\binom{p}{k}$ vgl. S. 149 und Anhang 16. Ein wichtiger Spezialfall ist die geometrische Reihe (vgl. S. 57):

$$\frac{1}{1-x} = 1 + x + x^2 + \cdots + x^n + \frac{x^{n+1}}{1-x} \qquad (x \neq 1).$$

Exponentialfunktion und verwandte Funktionen:

$$e^x = 1 + \frac{x}{1!} + \frac{x^2}{2!} + \cdots + \frac{x^n}{n!} + R_n \qquad (\text{für alle endlichen } x);$$

das Restglied $|R_n| \leq \frac{|x|^n}{n!}$ für $|x| \leq \frac{n+1}{2}$. Insbesondere:

$$e = 1 + \frac{1}{1!} + \frac{1}{2!} + \frac{1}{3!} + \cdots = \lim_{n\to\infty} \left(1 + \frac{1}{n}\right)^n = 2{,}718\,281\,828\ldots$$

$$a^x = e^{x \ln a} = 1 + \frac{x \ln a}{1!} + \frac{(x \ln a)^2}{2!} + \cdots \qquad (\text{für alle endlichen } x)$$

$$\sin x = x - \frac{x^3}{3!} + \frac{x^5}{5!} - + \cdots, \qquad \mathfrak{Sin}\, x = x + \frac{x^3}{3!} + \frac{x^5}{5!} + \cdots$$

(für alle endlichen x)

$$\cos x = 1 - \frac{x^2}{2!} + \frac{x^4}{4!} - + \cdots, \qquad \mathfrak{Cof}\, x = 1 + \frac{x^2}{2!} + \frac{x^4}{4!} + \cdots$$

(für alle endlichen x)

$$\operatorname{tg} x = x + \frac{1}{3}x^3 + \frac{2}{15}x^5 + \frac{17}{315}x^7 + \cdots$$

$$= \sum_{n=1}^{\infty} \frac{2^{2n}(2^{2n}-1)(-1)^{n-1}B_{2n}}{(2n)!}x^{2n-1} \qquad \left(|x| < \frac{\pi}{2}\right)$$

$$\mathfrak{Tg}\, x = x - \frac{1}{3}x^3 + \frac{2}{15}x^5 - \frac{17}{315}x^7 \pm \cdots$$

$$= \sum_{n=1}^{\infty} \frac{2^{2n}(2^{2n}-1)B_{2n}}{(2n)!}x^{2n-1} \qquad \left(|x| < \frac{\pi}{2}\right)$$

$$x \operatorname{ctg} x = 1 - \frac{1}{3}x^2 - \frac{1}{45}x^4 - \frac{2}{945}x^6 - \cdots = \sum_{n=0}^{\infty}(-1)^n \frac{2^{2n}B_{2n}}{(2n)!}x^{2n}$$

$$(|x| < \pi)$$

$$x\, \mathfrak{Ctg}\, x = 1 + \frac{1}{3}x^2 - \frac{1}{45}x^4 + \frac{2}{945}x^6 \ldots = \sum_{n=0}^{\infty} \frac{2^{2n}B_{2n}}{(2n)!}x^{2n} \qquad (|x| < \pi)$$

$$\ln(1+x) = \frac{x}{1} - \frac{x^2}{2} + \frac{x^3}{3} - \frac{x^4}{4} + - \cdots \qquad (|x| \leq 1;\ x \neq -1)$$

$$\mathfrak{Ar}\,\mathfrak{Tg}\, x = \mathfrak{Ar}\,\mathfrak{Ctg}\,\frac{1}{x} = \frac{1}{2}\ln\frac{1+x}{1-x} = \frac{x}{1} + \frac{x^3}{3} + \frac{x^5}{5} + \cdots \quad (|x| \leq 1;\ x \neq \pm 1)$$

$$\arcsin x = x + \frac{1}{2}\cdot\frac{x^3}{3} + \frac{1\cdot 3}{2\cdot 4}\cdot\frac{x^5}{5} + \frac{1\cdot 3\cdot 5}{2\cdot 4\cdot 6}\cdot\frac{x^7}{7} + \cdots \qquad (|x| \leq 1;\ x \neq \pm 1)$$

$$\operatorname{arc\,tg} x = x - \frac{x^3}{3} + \frac{x^5}{5} - + \cdots \qquad (|x| \leq 1;\ x \neq \pm i).$$

c) Reihenentwicklungen höherer Funktionen. Die nachfolgenden Entwicklungen können innerhalb ihrer Konvergenzbereiche zur Definition der betreffenden Funktionen herangezogen werden. Andere Definitionen finden sich auf den S. 85 ff.; soweit die Funktionen dort nicht eingehend besprochen werden, sind sie hier mit aufgeführt.

GAUSSsches *Fehlerintegral und verwandte Funktionen* (S. 47):

$$\int_0^x e^{-t^2}\,dt = \frac{\sqrt{\pi}}{2}\Phi(x) = \frac{x}{1} - \frac{x^3}{1!\cdot 3} + \frac{x^5}{2!\cdot 5} - \frac{x^7}{3!\cdot 7} + - \cdots \qquad (\text{für alle } x)$$

$$\left.\begin{aligned}\frac{1}{2\sqrt{x}}\int_0^x \frac{\sin t}{\sqrt{t}}\,dt &= \frac{1}{\sqrt{x}}\int_0^{\sqrt{x}} \sin(t^2)\,dt = S(x) = \frac{x}{1!\cdot 3} - \frac{x^3}{3!\cdot 7} + \frac{x^5}{5!\cdot 11} - + \cdots \\ \frac{1}{2\sqrt{x}}\int_0^x \frac{\cos t}{\sqrt{t}}\,dt &= \frac{1}{\sqrt{x}}\int_0^{\sqrt{x}} \cos(t^2)\,dt = C(x) = 1 - \frac{x^2}{2!\cdot 5} + \frac{x^4}{4!\cdot 9} - \frac{x^6}{6!\cdot 13} + - \cdots\end{aligned}\right\}$$

(für alle x) FRESNELsche Integrale

$$\frac{\sqrt{2\pi x}}{2e^{-\frac{x}{2}}}\left(1-\Phi\left(\sqrt{\frac{x}{2}}\right)\right) = 1 - \frac{1}{x} + \frac{1\cdot 3}{x^2} - + \cdots + \frac{1\cdot 3\cdot\cdots\cdot(2n-1)}{(-1)^n x^n} + R_n$$

mit $|R_n| < \frac{1}{|x|^{n+1}}$ (semikonvergent, brauchbar für große x, vgl. 1e).

Exponentialintegral und verwandte Funktionen:

$$\mathrm{Ei}(x) = \int_{\infty}^{-x} \frac{e^{-t}}{t}\,dt = C + \ln x + \frac{x}{1\cdot 1!} + \frac{x^2}{2\cdot 2!} + \cdots \quad (\text{für alle } x \neq 0)$$

Exponentialintegral

mit $C = \lim\limits_{n\to\infty}\left(1 + \frac{1}{2} + \frac{1}{3} + \cdots + \frac{1}{n} - \ln n\right) = 0{,}577216\ldots$ (EULERsche Konstante). (Vgl. S. 123.)

$$\mathrm{Si}(x) = \int_0^x \frac{\sin t}{t}\,dt = x - \frac{x^3}{3\cdot 3!} + \frac{x^5}{5\cdot 5!} + \cdots \quad (\text{für alle } x) \quad \text{Integralsinus.}$$

$$\mathrm{Ci}(x) = -\int_x^{\infty} \frac{\cos t}{t}\,dt = C + \ln x - \frac{x^2}{2\cdot 2!} + \frac{x^4}{4\cdot 4!} - + \cdots \quad (\text{für alle } x \neq 0)$$

Integralcosinus.

Kugelfunktionen s. S. 103.
TSCHEBYSCHEFF*sche Funktionen* s. S. 108.
LAGUERRE*sche Funktionen* s. S. 112.
HERMITE*sche Funktionen* s. S. 115.
Zylinderfunktionen s. S. 116.
Gammafunktion s. S. 123.
Elliptische Funktionen (S. 126): Definition von k vgl. S. 125.

$$\mathrm{sn}\,x = x - (1+k^2)\frac{x^3}{3!} + (1 + 14k^2 + k^4)\frac{x^5}{5!} - \\ - (1 + 135k^2 + 135k^4 + k^6)\frac{x^7}{7!} + - \cdots$$

$$\operatorname{cn} x = 1 - \frac{x^2}{2!} + (1 + 4k^2)\frac{x^4}{4!} - (1 + 44k^2 + 16k^4)\frac{x^6}{6!} + - \cdots$$

$$\operatorname{dn} x = 1 - k^2 \frac{x^2}{2!} + k^2(4 + k^2)\frac{x^4}{4!} - k^2(16 + 44k^2 + k^4)\frac{x^6}{6!} + - \cdots.$$

In der *Quantenstatistik* treten folgende Integrale auf:

$$\frac{2}{\sqrt{\pi}} \int_0^\infty \frac{\sqrt{t}\,dt}{e^{x+t} \pm 1} = e^{-x} + (\mp 1)\frac{e^{-2x}}{2^{\frac{3}{2}}} + \cdots = \sum_{k=1}^{\infty} (\mp 1)^{k-1} \frac{e^{-kx}}{k^{\frac{3}{2}}}$$

(für $Re\, x > 0$)

$$\frac{4}{3\sqrt{\pi}} \int_0^\infty \frac{t^{\frac{3}{2}}\,dt}{e^{x+t} \pm 1} = e^{-x} + (\mp 1)\frac{e^{-2x}}{2^{\frac{5}{2}}} + \cdots = \sum_{k=1}^{\infty} (\mp 1)^{k-1} \frac{e^{-kx}}{k^{\frac{5}{2}}}$$

(für $Re\, x > 0$)

$$\frac{1}{\Pi(p)} \int_0^\infty \frac{t^p\,dt}{e^{-x+t} + 1} = x^{p+1} \left\{ \frac{1}{\Pi(p+1)} + 2 \sum_{k=1}^{\infty} \frac{c_{2k}}{\Pi(p-2k+1)\,x^{2k}} \right\} + R(x, p),$$

wobei $|R(x, p)| \leq e^{-x}$ und $c_{2k} = \sum_{n=0}^{\infty} \frac{(-1)^n}{(n+1)^{2k}}$

$$= \frac{(2^{2k-1} - 1)\,\pi^{2k} B_{2k} \cdot (-1)^{k+1}}{(2k)!} = (1 - 2^{1-2k})\,\zeta(2k).$$

Speziell wird $c_2 = \pi^2/12$. B_{2k} sind die BERNOULLIschen Zahlen, vgl. S. 56; $\zeta(2k)$ ist die RIEMANNsche Zetafunktion, vgl. S. 57.

3. Orthogonale Funktionensysteme.

a) Definitionen. Eine Funktion $\Phi(x)$ genügt der *Bedingung A*, wenn $\Phi(x)$ in G bis auf endlich viele Stellen stetig ist (bei mehreren Veränderlichen in jeder Veränderlichen für beliebige in G gelegene feste Werte der andern) und wenn $\int_G |\Phi(t)|\,dt$ und $\int_G |\Phi(t)|^2 dt$ existieren.

Zwei dieser Bedingung A genügende Funktionen $f(x)$ und $g(x)$ heißen in G *zueinander orthogonal* (s. S. 15), wenn ihr Produktintegral verschwindet:

$$(f^*, g) = \int f^*(t)\, g(t)\, dt = 0.$$

Eine Folge von solchen Funktionen $\varphi_1(x), \varphi_2(x), \ldots,$ deren jede zu jeder anderen orthogonal ist, heißt *orthogonales Funktionensystem*, kurz *Orthogonalsystem* zu G. Gilt stets $(\varphi_m^*, \varphi_m) = 1$, so heißt das Orthogonalsystem *normiert*. Das System $\psi_m(x) = \frac{\varphi_m(x)}{\sqrt{(\varphi_m^*, \varphi_m)}}$ ist normiert.

Wichtige orthogonale Polynome.

Name	Symbol	$\varrho(x)$	$a \to b$	Normierung	Bemerkungen
Jakobische Polynome	$J_n(p, q, x)$	$x^{q-1}(1-x)^{p-q}$	$0 \quad 1$	$J_n(p, q, 0) = 1$	Spezialfall zur hypergeometrischen Funktion $= F(-n, p+n, q, x)$ s. S. 99
Legendresche Polynome	$P_n(x)$	1	$-1 \quad +1$	$P_n(1) = 1$	$= J_n\left(1, 1, \frac{1-x}{2}\right) =$ Kugelfunktionen s. S. 102
Tschebyscheffsche Polynome	$T_n(x)$	$\frac{1}{\sqrt{1-x^2}}$	$-1 \quad +1$	$N_n = \frac{\pi}{2}$	$= \cos(n \operatorname{arc} \cos x)$; $T_n(\cos\vartheta) = \cos(n\vartheta)$
	$Q_n(x)$	$\sqrt{1-x^2}$	$-1 \quad +1$	$N_n = \frac{\pi}{2}$	$U_n(x) = \sqrt{1-x^2}\, Q_{n-1}(x) = \sin(n \operatorname{arc} \cos x)$
Laguerresche Polynome	$L_n(x)$	e^{-x}	$0 \quad +\infty$	$N_n = (n!)^2$	s. S. 112
Verallgemeinerte Laguerresche Polynome	$L_n^k(x)$	$e^{-x} x^k$	$0 \quad +\infty$	$N_n^k = \frac{(n!)^3}{(n-k)!}$	$L_n^k(x) = \frac{d^k}{dx^k} L_n(x)$
Hermitesche Polynome	$H_n(x)$	e^{-x^2}	$-\infty \quad +\infty$	$N_n = 2^n n! \sqrt{\pi}$	s. S. 114

Gilt für ein System $\chi_1(x)$, $\chi_2(x), \ldots$ bei reellem $\varrho(x)$, $\varrho(x) \geq 0$ in G,

$$\int_G \varrho(t)\, \chi_m^*(t)\, \chi_n(t)\, dt = 0 \quad \text{für } m \neq n,$$

so bildet es ein *Orthogonalsystem zur Belegungsfunktion* $\varrho(x)$. Die Funktionen $\sqrt{\varrho(x)} \cdot \chi_n(x)$ mit $n = 1, 2, \ldots$ bilden dann ein gewöhnliches Orthogonalsystem. Wird G unendlich, so ist die Normierung oft nicht möglich.

b) Lineare Abhängigkeit. k Funktionen $f_1(x), \ldots, f_k(x)$ heißen in G voneinander *linear unabhängig*, wenn nur für $c_1 = c_2 = \cdots = c_k = 0$ eine Gleichung $\sum_{\nu=1}^{k} c_\nu f_\nu(x) = 0$ für alle x in G besteht; andernfalls heißen $f_1(x), \ldots, f_k(x)$ in G *linear abhängig*. Die Funktionen eines Orthogonalsystems sind stets sämtlich voneinander linear unabhängig.

c) Orthogonalisierung. Sind in einem System von k Funktionen $f_1(x), \ldots, f_k(x)$ l voneinander linear unabhängig, so lassen sich daraus l zueinander orthogonale Funktionen bilden ($k, l = 1, 2, \ldots$).

Man setze

$$\varphi_1(x) = c_{11} f_1(x),$$

$$\varphi_2(x) = c_{21}\varphi_1(x) + c_{22} f_2(x),$$

allgemein

$$\varphi_h(x) = c_{h1}\varphi_1(x) + \cdots + c_{h\,h-1}\varphi_{h-1}(x) + c_{hh} f_h(x),$$

$h = 1, 2, \ldots$ und bestimme für jedes $h = 1, 2, \ldots$ die Koeffizienten $c_{h1}, \ldots, c_{hh}$ so, daß nicht alle $= 0$ sind und daß $\varphi_h(x)$ zu $\varphi_1(x), \ldots, \varphi_{h-1}(x)$ orthogonal ist, d. h. aus den Gleichungen

$$(\varphi_h, \varphi_k) = c_{h1}(\varphi_1, \varphi_k) + \cdots + c_{h\,h-1}(\varphi_{h-1}, \varphi_k) + c_{hh}(f_h, \varphi_k) = 0$$

$k = 1, 2, \ldots, h-1$. Identisch verschwindende Funktionen lasse man weg. Verlangt man noch $(\varphi_h, \varphi_h) = 1$, so sind die c_{hk} im wesentlichen eindeutig bestimmt und $\varphi_1, \ldots, \varphi_l$ bilden dann ein normiertes Orthogonalsystem.

d) Aus vollständigen Orthogonalsystemen in *einer* Veränderlichen lassen sich folgendermaßen solche in *mehreren* Veränderlichen bilden: Ist $\varphi_{11}(x_1), \varphi_{12}(x_1), \ldots$ ein solches zu $a_1 \leq x_1 \leq b_1$, ferner $\varphi_{21}(x_2), \varphi_{22}(x_2), \ldots$ ein solches zu $a_2 \leq x_2 \leq b_2$ usw., so bildet $\varphi_{1h_1}(x_1) \cdot \varphi_{2h_2}(x_2) \cdot \cdots \cdot \varphi_{nh_n}(x_n)$ mit $h_1, h_2, \ldots, h_n = 1, 2, \ldots$ ein solches für das Grundgebiet $a_k \leq x_k \leq b_k$, $k = 1, \ldots, n$.

e) Die das Orthogonalsystem aufbauenden Funktionen $\varphi_n(x)$ können eine dichte Folge bilden. Der Laufindex n wird zu einer Variablen s in $\varphi(s, x)$.

Orthogonalität und Normierung werden dann definiert durch:

$$(\varphi^*(s), \varphi(s')) = \int_G \varphi^*(s, x)\varphi(s', x)\,dx = \delta(s - s').$$

Spezielle Orthogonalsysteme.

a) Systeme orthogonaler Polynome. Sie sind dargestellt durch:

$F_n(x) = \sum_{k=0}^{n} c_{nk}\, x^k;\quad n = 0, 1, 2, 3, \ldots, \infty$ und als Orthogonalsysteme durch:

$$\int_a^b F_n(x)\, F_{n'}(x) \cdot \varrho(x)\, dx = \delta_{nn'} N_n$$

mit vorgegebener Belegungsfunktion $\varrho(x)$, den Grenzen a, b und den Normierungsfaktoren N_n definiert.

Statt N_n zu geben, fordert man auch häufig spezielle Werte für $F_n(0) = c_{n0}$ oder $F_n(1) = \sum_k c_{nk}$. Hiermit sind die c_{nk} festgelegt und berechenbar.

Die solche Systeme aufbauenden Funktionen $F_n(x)$ sind in allen praktisch wichtigen Fällen auch anderweitig bekannt, unter anderem als Entwicklungskoeffizienten einer „erzeugenden Funktion" (s. S. 77):

$$f(x, t) = \sum_{n=0}^{\infty} F_n(x) \cdot t^n;\qquad \int_a^b f(x, t)^2 \varrho(x)\, dx = \sum_{n=0}^{\infty} N_n t^{2n}$$

oder als polynomische Lösungen einer Differentialgleichung, abbrechende Reihenentwicklungen oder bestimmte Integrale z.B. aus $f(x, t)$ in der Form $F_n(x) = \frac{1}{2\pi i}\oint \frac{dt}{t^{n+1}} f(x, t)$ als geschlossenes komplexes Integral (s. S. 77). Sie sind oft mit Hilfe von Rekursionsformeln leicht zu berechnen.

b) Systeme orthogonaler Transzendenter. Sie sind meist als Eigenlösungen einer Differentialgleichung mit homogenen Randbedingungen definiert (s. S. 307).

4. Entwicklung nach Orthogonalsystemen.

a) Reihe. Zu jeder beliebigen, A (s. 3a) genügenden Funktion $f(x)$ läßt sich (zumindest formal) die Reihe von $f(x)$ nach dem Orthogonalsystem $\varphi_1(x), \varphi_2(x), \ldots$ bilden:

$$F(x) = \sum_{h=1}^{\infty} c_h \varphi_h(x) \quad \text{mit} \quad c_h = \frac{(\varphi_h^*, f)}{(\varphi_h^*, \varphi_h)}, \quad h = 1, 2, \ldots. \tag{9}$$

Die c_h heißen *Entwicklungskoeffizienten*, auch FOURIER-Koeffizienten von $f(x)$ nach dem System der $\varphi_h(x)$. Es gilt die BESSEL*sche Ungleichung*

$$\sum_{h=1}^{\infty} |c_h|^2 (\varphi_h^*, \varphi_h) \leq (f^*, f). \tag{10}$$

Die gliedweise Integration von (9) liefert stets eine in G gleichmäßig konvergente Reihe für $\int^x f(t)\,dt$.

Ist $\{\chi_h(x)\}$ ein vollständiges Orthogonalsystem zu der reellen Belegungsfunktion $\varrho(x)$, so gilt entsprechend:

$$F(x) = \sum_{h=1}^{\infty} b_h \chi_h(x) \quad \text{mit} \quad b_h = \frac{\int_G \varrho(t) f(t) \chi_h^*(t)\,dt}{\int_G \varrho(t) |\chi_h(t)|^2\,dt}.$$

b) Approximation. Unter allen Linearkombinationen $\sum_{h=1}^{n} a_h \varphi_h(x)$ liefern die Partialsummen $F_h(x)$ von $F(x)$ die beste mittlere Approximation von f in G: es ist $\int_G \left| f(t) - \sum_{h=1}^{n} a_h \varphi_h(t) \right|^2 dt$ am kleinsten, wenn $a_h = c_h$ [Gl. (9)] für $h = 1, \ldots, n$ gilt.

c) Vollständigkeit. Ist das Orthogonalsystem $\varphi_1(x), \varphi_2(x), \ldots$ *vollständig* (vgl. 1c), so geht (10) in die *Vollständigkeitsrelation* (PARSEVALsche Gleichung)

$$\sum_{h=1}^{\infty} |c_h|^2 \cdot (\varphi_h^*, \varphi_h) = (f^*, f)$$

über. Allgemein gilt für das Produktintegral zweier Funktionen f und g mit den Entwicklungskoeffizienten c_k und d_k:

$$(f^*, g) = \sum_k c_k^* d_k (\varphi_k^*, \varphi_k) = \sum_k \frac{(f^*, \varphi_h)(\varphi_k^*, g)}{(\varphi_k^*, \varphi_h)}.$$

Es läßt sich dann jedes der Bedingung A (vgl. 3a) genügende $f(x)$ durch die Partialsummen $F_n(x)$ im Mittel beliebig genau approximieren und kein solches $f(x)$ ist zu allen $\varphi_h(x)$, $h = 1, 2, \ldots$ orthogonal, außer $f \equiv 0$ (*Abgeschlossenheit* des Orthogonalsystems). Jede in G der Bedingung A genügende Funktion $f(x)$ ist durch die Entwicklungskoeffizienten nach einem vollständigen Orthogonalsystem eindeutig bestimmt. Ist die Folge der φ_k überall oder stückweise dicht, dann sind die Summen sinngemäß durch Integrale zu ersetzen und die Normierung dem anzupassen (s. S. 16).

d) Darstellung. Nicht jede stückweise stetige Funktion $f(x)$ wird durch die Reihe $F(x)$ nach einem Orthogonalsystem *dargestellt* [d. h. $F(x)$ konvergiert und ist $= f(x)$]; dazu ist zunächst die Vollständigkeit des benutzten Orthogonalsystems *notwendig* (aber *nicht hinreichend!*). Allgemein gilt $F(x) = f(x)$:

α) in jedem in G gelegenen abgeschlossenen Gebiet G' (etwa $\alpha \leq x \leq \beta$), in welchem die Reihe $F(x)$ gleichmäßig konvergiert und $f(x)$ stetig ist;

β) wenn $\varphi_1(x)$, $\varphi_2(x), \ldots$ die Eigenfunktionen einer Integralgleichung zweiter Art mit dem Grundgebiet G und dem symmetrischen Kern $K(x, y)$ (vgl. Bilinearformel S. 329) sind und $f(x)$ durch $f(x) = \int_G K(x, t)\, g(t)\, dt$ mit A genügendem $g(x)$ „quellenmäßig" darstellbar ist (vgl. auch S. 331). Das umfaßt

γ) wenn $\varphi_1(x), \varphi_2(x), \ldots$ die Eigenfunktionen einer selbstadjungierten Differentialgleichung der Form $p y'' + p' y' + q y + \lambda \varrho y = 0$ mit stetigem p, p', q und $p \geq 0$ in G (bzw. bei mehreren Variablen $p \Delta y + p_{x_1} y_{x_1} + p_{x_2} y_{x_2} + \cdots + p_{x_n} y_{x_n} + q y + \lambda \varrho y = 0$) zu geeigneten Randbedingungen sind und $f'(x)$ und $f''(x)$ existieren und in G stückweise stetig sind.

In den Fällen β) und γ) konvergiert $F(x)$ in G gleichmäßig und absolut.

e) Bedingungen für die Darstellbarkeit einer Funktion, auf die im folgenden häufig zurückgegriffen wird.

Bedingungen B: Das Gebiet sei in endlich viele Teilgebiete zerlegbar, die von stückweise differenzierbaren Kurven begrenzt sind und in deren Innerem f mit seinen ersten Ableitungen stetig ist; ferner sei f in G mit seinen ersten Ableitungen absolut genommen integrierbar.

Bedingungen D (sog. DIRICHLETsche Bedingungen): Das Intervall $I: a \leq x \leq b$ sei in endlich viele Teilintervalle so zerlegbar, daß f in jedem solchen durchweg monoton ist: f sei bis auf endlich viele Stellen in I stetig, es existiere $\int_a^b |f(t)|\,dt$ und $\int_a^b |f'(t)|\,dt$.

f) Unter gewissen Voraussetzungen (s. 5) gilt:

$$F(x) = f(x), \quad \text{wenn } f \text{ in } x \text{ stetig ist.}$$

Allgemein: $F(x) = \lim_{h\to 0} \frac{1}{2}\left(f(x+h) + f(x-h)\right) = \frac{1}{2}\left(f(x+0) + f(x-0)\right)$, wenn die Grenzwerte $f(x+0)$ und $f(x-0)$ beschränkt sind [bei mehreren Veränderlichen: $F(x)$ = dem arithmetischen Mittel der Grenzwerte von f beiderseits der Unstetigkeitsstellen, sofern die Grenzwerte beschränkt und vom Annäherungsweg unabhängig sind].

Die Reihe F konvergiert *gleichmäßig* in jedem abgeschlossenen Stetigkeitsgebiet von f.

5. Spezielle orthogonale Entwicklungen.

a) FOURIER-Entwicklungen.

α) Grundgebiet: $a \leq x \leq a + l$ (FOURIER-*Reihen*).

$$F(x) = \frac{a_0}{2} + \sum_{h=1}^{\infty}\left\{a_h \cos\frac{2\pi h x}{l} + b_h \sin\frac{2\pi h x}{l}\right\} = \sum_{h=-\infty}^{+\infty} \alpha_h e^{\frac{2\pi i h x}{l}}$$

mit: $$a_h = \frac{2}{l}\int_a^{a+l} f(t)\cos\frac{2\pi h t}{l}\,dt; \qquad b_h = \frac{2}{l}\int_a^{a+l} f(t)\sin\frac{2\pi h t}{l}\,dt;$$

$$\alpha_h = \frac{1}{l}\int_a^{a+l} f(t)\,e^{-\frac{2\pi i h t}{l}}\,dt.$$

Ist $f(x)$ mit l periodisch, d. h. $f(x) = f(x+l)$, so ist die Entwicklung $F(x)$ auch außerhalb des Grundgebietes gültig. Ist $f(x)$ reell, so muß $\alpha_h^* = \alpha_{-h}$ sein.

β) Grundgebiet: $-\infty < x < +\infty$.

Durch Grenzübergang findet man aus α) die FOURIER-*Integrale*:

$$F(x) = \frac{1}{\sqrt{\beta}}\int_{-\infty}^{+\infty}\left\{a(t)\cos\frac{2\pi t x}{\beta} + b(t)\sin\frac{2\pi t x}{\beta}\right\}dt = \frac{1}{\sqrt{\beta}}\int_{-\infty}^{+\infty}\alpha(t)\,e^{\frac{2\pi i t x}{\beta}}\,dt$$

mit: $$a(t) = \frac{1}{\sqrt{\beta}}\int_{-\infty}^{+\infty} f(s)\cos\frac{2\pi s t}{\beta}\,ds; \qquad b(t) = \frac{1}{\sqrt{\beta}}\int_{-\infty}^{+\infty} f(s)\sin\frac{2\pi s t}{\beta}\,ds;$$

$$\alpha(t) = \frac{1}{\sqrt{\beta}}\int_{-\infty}^{+\infty} f(s)\,e^{-\frac{2\pi i s t}{\beta}}\,ds$$

und beliebigem reellem β (z. B. $\beta = 2\pi$).

Diese Entwicklung ist gültig für (unperiodische) Funktionen $f(x)$, die für $x \to \pm\infty$ so verschwinden, daß die Integrale konvergieren. Für reelles $f(x)$ ist $\alpha^*(t) = \alpha(-t)$.

Ist eine periodische Funktion $g(x)$ durch Überlagerung aus unperiodischen $f(x)$ in der Form:

$$g(x) = \sum_{h=-\infty}^{+\infty} f(x + h l) = g(x + n l); \qquad n = 0, \pm 1, \pm 2, \ldots$$

aufgebaut, so gilt mit

$$g(x) = \sum_{h=-\infty}^{+\infty} \alpha_h e^{\frac{2\pi i h x}{l}} \quad \text{und} \quad f(x) = \int_{-\infty}^{+\infty} \alpha(t)\, e^{2\pi i t x}\, dt:$$

$$\alpha_h = \frac{1}{l}\,\alpha\left(\frac{h}{l}\right)$$

d. h. eine Beziehung zwischen den Koeffizienten α_h und den Werten der Spektralfunktion $\alpha(t)$ an den Stellen: $t = h/l$.

Es gilt also allgemein:

$$\sum_{h=-\infty}^{+\infty} f(x + h l) = \frac{1}{l} \sum_{h=-\infty}^{+\infty} e^{\frac{2\pi i h x}{l}} \int_{-\infty}^{+\infty} dx' f(x')\, e^{-\frac{2\pi i h x'}{l}}$$

Dies ist die verallgemeinerte POISSON*sche Summationsformel.* Die bekanntere spezielle folgt daraus mit $x = 0$, $l = 2\pi$.

γ) Mehrdimensionale FOURIER-Entwicklungen.

Grundgebiet für die Variablen x_ν: $0 \leq x_\nu \leq l_\nu$

$$F(x_1, x_2, \ldots, x_\nu, \ldots) = \sum_{h_1 h_2 \ldots h_\nu \ldots} \alpha(h_1, h_2, \ldots, h_\nu, \ldots)\, e^{2\pi i \left(\frac{h_1 x_1}{l_1} + \frac{h_2 x_2}{l_2} + \cdots\right)}$$

mit $\alpha(h_1, h_2, \ldots, h_\nu, \ldots) =$

$$= \frac{1}{l_1 l_2 \ldots l_\nu \ldots} \int_0^{l_1}\int_0^{l_2} \ldots \int_0^{l_\nu} \ldots f(t_1, t_2, \ldots, t_\nu, \ldots)\, e^{-2\pi i \left(\frac{h_1 t_1}{l_1} + \frac{h_2 t_2}{l_2} + \cdots\right)}\, dt_1\, dt_2 \ldots dt_\nu \ldots.$$

Wird das Grundgebiet in einigen Variablen x_ν auf $-\infty$ bis $+\infty$ ausgedehnt, so sind die betreffenden Summierungen durch Integrationen zu ersetzen. Dabei sind die h_ν durch Variable s_ν zu ersetzen und die l_ν zu streichen.

b) Entwicklung nach Kugelfunktionen (s. S. 102).

α) Grundgebiet: $-1 \leq x \leq +1$ (LEGENDRE*sche Reihe*).

$$F(x) = \sum_{h=0}^{\infty} c_h P_h(x) \quad \text{mit} \quad c_h = \frac{2h+1}{2} \int_{-1}^{+1} f(t)\, P_h(t)\, dt.$$

Verallgemeinerung mit zugeordneten Kugelfunktionen (s. S. 106):

$$F(x) = \sum_{h=m}^{\infty} c_h P_h^m(x) \quad \text{mit} \quad c_h = \frac{(2h+1)}{2} \frac{(h-m)!}{(h+m)!} \int_{-1}^{+1} f(t) P_h^m(t)\, dt.$$

β) Grundgebiet: $0 \leq \varphi \leq 2\pi$; $0 \leq \vartheta \leq \pi$ (Kugelfläche).

$$F(\vartheta, \varphi) = \sum_{h=0}^{\infty} \sum_{m=-h}^{+h} c_{hm} e^{im\varphi} P_h^m(\cos\vartheta)$$

mit $$c_{hm} = \frac{(2h+1)}{4\pi} \frac{(h-m)!}{(h+m)!} \int_0^{\pi} \int_0^{2\pi} f(\vartheta', \varphi') e^{-im\varphi'} P_h^m(\cos\vartheta') \sin\vartheta'\, d\vartheta'\, d\varphi'.$$

Beispiele:

$$e^{2\pi i \alpha x} = \sum_{h=0}^{\infty} \frac{2h+1}{2} \cdot \frac{i^h}{\sqrt{\alpha}} \cdot I_{h+\frac{1}{2}}(2\pi\alpha) P_h(x);$$

($I_{h+\frac{1}{2}}$ = BESSELsche Funktion)

$$x^m = m! \sum_{h=0}^{[m/2]} \frac{(2m+1-4h)}{1 \cdot 3 \cdot 5 \cdot \cdots (2m+1-2h) \cdot 2^h h!} P_{m-2h}(x).$$

c) Entwicklung nach BESSEL-Funktionen (s. S. 116).

α) Grundgebiet: $0 \leq x < \infty$.

$$F(x) = \int_0^{\infty} a(t) I_n(tx)\, dt \quad \text{mit} \quad a(t) = t \int_0^{\infty} f(s)\, s\, I_n(st)\, ds;$$

$$n = 0, \pm 1, \pm 2, \ldots$$

Beispiel:

$$\frac{e^{ikx}}{x} = \int_0^{\infty} \frac{t\, dt}{\sqrt{t^2 - k^2}} I_0(tx).$$

β) Grundgebiet: $0 \leq x \leq 1$.

$$F(x) = \sum_{h=1}^{\infty} c_h I_n(\alpha_h x) \quad \text{mit} \quad c_h = N \int_0^1 f(t)\, t\, I_n(\alpha_h t)\, dt.$$

Hierin bedeutet: α_h die h-te Wurzel der Gleichung $I_n(\alpha_h) = 0$ und

$$N = \frac{2}{(I_n'(\alpha_h))^2} = \frac{2}{(I_{n+1}(\alpha_h))^2}.$$

d) Entwicklung nach LAGUERREschen Polynomen (s. S. 112).

Grundgebiet: $0 \leq x < \infty$.

$$F(x) = \sum_{h=0}^{\infty} c_h L_h(x) \quad \text{mit} \quad c_h = \frac{1}{(h!)^2} \int_0^{\infty} f(t) e^{-t} L_h(t)\, dt.$$

e) Entwicklung nach HERMITEschen Polynomen (s. S. 114).

Grundgebiet: $-\infty < x < +\infty$.

$$F(x) = \sum_{k=0}^{\infty} c_k H_k(x) \quad \text{mit} \quad c_k = \frac{1}{2^k k!} \int_{-\infty}^{+\infty} f(t)\, e^{-t^2} H_k(t)\, dt.$$

f) Entwicklung nach TSCHEBYSCHEFFschen Polynomen (s. S. 108).

Grundgebiet: $-1 \leq x \leq +1$.

$$F(x) = \frac{a_0}{2} + \sum_{k=1}^{\infty} \{a_k T_k(x) + b_k U_k(x)\}$$

mit

$$a_k = \frac{2}{\pi} \int_{-1}^{+1} \frac{f(t)\, T_k(t)}{\sqrt{1-t^2}}\, dt; \qquad b_k = \frac{2}{\pi} \int_{-1}^{+1} \frac{f(t)\, U_k(t)}{\sqrt{1-t^2}}\, dt.$$

Vierter Abschnitt.

Funktionen.

A. Allgemeine Funktionentheorie.

1. Bezeichnungen.

Eine *eindeutige Funktion* f ($f(x)$ bzw. $f(x_1, \ldots, x_n)$) ordnet jedem *Punkte* x eines *Gebietes* (d. h. jedem Wert x eines *Intervalles* bzw. Wertsystem $x_1, \ldots, x_n$ eines *Gebietes*) einen Funktionswert zu. Enthält das Intervall bzw. Gebiet alle seine Randpunkte, so heißt es *abgeschlossen* (sonst: *offen*); dann gehört der Grenzpunkt jeder konvergenten Folge von Punkten des Gebietes stets auch zum Gebiet.

Eine Funktion f heißt

stetig im Punkt ξ, wenn $f(\xi)$ endlich ist und für jede nach ξ konvergente Folge gilt: $\lim\limits_{x \to \xi} f(x) = f(\xi)$; dabei kann eine Funktion $f(x) = f(x_1, \ldots, x_n)$ von mindestens zwei Variablen in einem Punkte $\xi = (\xi_1, \ldots, \xi_n)$ in jeder der Variablen für sich stetig sein (d. h. bei Festhalten aller übrigen), ohne *im Punkte* ξ *stetig* zu sein (d. h. als Funktion aller Variablen);

stetig im Gebiet G, wenn f in jedem Punkt von G stetig ist;

stückweise oder *abteilungsweise stetig* im Gebiet G, wenn es eine Zerlegung von G in endlich viele Teilgebiete gibt, so daß f in deren Innerem stetig ist und sich bei beliebiger Annäherung an den Rand (von innen) *bestimmten endlichen* Grenzwerten nähert;

differenzierbar im Punkte ξ, wenn für jede nach ξ konvergente Folge $\lim \frac{f(x) - f(\xi)}{x - \xi}$ existiert (also auch endlich ist);

stückweise glatt, wenn f und seine ersten Ableitungen stückweise stetig sind;

absolut integrierbar im Gebiet G, wenn $\int\limits_G |f|\, dx$ existiert.

Jede differenzierbare Funktion ist stetig, jede stetige ist integrierbar. Eine reelle Funktion $f(x)$ einer reellen Variablen x heißt im Intervall I:

monoton wachsend, wenn in I für $x > \xi$ stets $f(x) \geq f(\xi)$ gilt,

monoton fallend, wenn für $x > \xi$ stets $f(x) \leq f(\xi)$ gilt.

Eine mehrparametrige Funktion $f(x_1, \ldots, x_n)$ heißt *homogen* vom Grade α (s. S. 38), wenn

$$f(t x_1, \ldots, t x_n) = t^\alpha f(x_1, \ldots, x_n).$$

Für differenzierbare homogene Funktionen gilt die EULERsche *Relation*:

$$\sum_{i=1}^{n} x_i \frac{\partial f}{\partial x_i} = \alpha f.$$

2. Komplexe Funktionen.

Komplex heißt jede Funktion einer oder mehrerer reeller Variablen, die neben diesen die imaginäre Zahl i als Parameter enthält. Sie ist erklärt, wenn sie durch Umformung auf die Form:

$$f(x, y, \ldots; i) = u(x, y, \ldots) + i\, v(x, y, \ldots)$$

gebracht werden kann (Zerlegung in Real- und Imaginärteil).

Eine komplexe Funktion ordnet jedem Punkt ihres Definitionsbereichs ein Zahlenpaar (u, v) zu. Im Falle zweier Variablen (x, y) kann man diese Zuordnung als Abbildung einer x, y-Ebene auf eine u, v-Ebene auffassen.

In diesem Begriff ist der einer „*analytischen*" Funktion $f(z)$ der komplexen Variablen $z = x + i\, y$ als besonders wichtiger Spezialfall enthalten, mit dem sich die sog. *Funktionentheorie* eingehend beschäftigt.

Die Zerlegung in Realteil u und Imaginärteil v kann oft erreicht werden durch Entwicklung nach Potenzen von i, weil i^n für ganzzahliges n erklärt ist. Häufig gelingt die Zerlegung auch auf anderem Wege. Hierbei benutzt man vorzugsweise Exponentialfunktionen, sowie Kreis- und Hyperbelfunktionen mit reellen Parametern. Eine Zusammenstellung der wichtigsten Regeln gibt die folgende Übersicht:

Wenn man $x = r\cos\varphi$, $y = r\sin\varphi$ setzt,

d. h. $\quad r = \sqrt{x^2 + y^2}, \quad \varphi = \operatorname{arc\,tg} \frac{y}{x} \pm 2\pi n \;$ (n = ganze Zahl), so gilt:

1. $(x+iy)^\alpha = r^\alpha e^{i\alpha\varphi} = r^\alpha(\cos\alpha\varphi + i\sin\alpha\varphi)$ (MOIVRE)

$$(x+iy)^{-\alpha} = r^{-\alpha}(\cos\alpha\varphi - i\sin\alpha\varphi) = \left(\frac{x-iy}{x^2+y^2}\right)^\alpha$$

$$i^\alpha = e^{i\alpha\frac{\pi}{2}} = \cos\frac{\alpha\pi}{2} + i\sin\frac{\alpha\pi}{2}; \qquad \sqrt{i} = \pm\frac{1+i}{\sqrt{2}},$$

2. $\ln(x+iy) = \ln r + i(\varphi + 2\pi n)$

$$\ln(-x) = \ln x + i(2n+1)\pi$$

$$\ln ix = \ln x + i(2n+\tfrac{1}{2})\pi,$$

3. $e^{ix} = \cos x + i\sin x$ (EULER)

$$x^i = \cos\ln x + i\sin\ln x,$$

4. $\sin(x+iy) = \sin x\,\mathfrak{Cof}\,y + i\cos x\,\mathfrak{Sin}\,y$

$$\cos(x+iy) = \cos x\,\mathfrak{Cof}\,y - i\sin x\,\mathfrak{Sin}\,y$$

$$\operatorname{tg}(x+iy) = \frac{\sin 2x + i\,\mathfrak{Sin}\,2y}{\cos 2x + \mathfrak{Cof}\,2y}$$

$$\operatorname{ctg}(x+iy) = \frac{\sin 2x - i\,\mathfrak{Sin}\,2y}{-\cos 2x + \mathfrak{Cof}\,2y},$$

5. $\mathfrak{Sin}(x+iy) = \mathfrak{Sin}\,x\cos y + i\,\mathfrak{Cof}\,x\sin y$

$$\mathfrak{Cof}(x+iy) = \mathfrak{Cof}\,x\cos y + i\,\mathfrak{Sin}\,x\sin y$$

$$\mathfrak{Tg}(x+iy) = \frac{\mathfrak{Sin}\,2x + i\sin 2y}{\mathfrak{Cof}\,2x + \cos 2y}$$

$$\mathfrak{Ctg}(x+iy) = \frac{\mathfrak{Sin}\,2x - i\sin 2y}{\mathfrak{Cof}\,2x - \cos 2y}.$$

3. Analytische Funktionen.

Eine Funktion $f(z) = u + iv$ der komplexen Variablen $z = x + iy$ heißt im Punkt $z = x + iy$ *regulär*, wenn

[1. Definition:] $$\frac{df(z)}{dz} = \lim_{h,k\to 0}\frac{f(x+h+i(y+k)) - f(x+iy)}{h+ik}$$

einen von der Art des Grenzüberganges (dem Wege, auf dem h und k gegen Null gehen) unabhängigen Wert hat;

[2. Definition:] $$\frac{\partial u}{\partial x} = \frac{\partial v}{\partial y}; \qquad \frac{\partial u}{\partial y} = -\frac{\partial v}{\partial x}$$

(CAUCHY-RIEMANNsche Gleichungen)

oder anders geschrieben:

$$\left(\frac{\partial}{\partial x} + i\frac{\partial}{\partial y}\right)(u+iv) = 0$$

ist und diese Differentialquotienten stetige Funktionen von x und y sind.

Die beiden Definitionen sind gleichwertig. Es ist daher:

$$\frac{df(z)}{dz} = \frac{\partial}{\partial x}(u + i v) = -i\frac{\partial}{\partial y}(u + i v) = \left(\frac{\partial}{\partial x} - i\frac{\partial}{\partial y}\right)u = i\left(\frac{\partial}{\partial x} - i\frac{\partial}{\partial y}\right)v.$$

Eine Funktion, die in einem Gebiete G nur für höchstens abzählbar unendlich viele Werte von z nicht regulär ist, heißt *analytisch* in G. Die Punkte von G, in denen die Funktion nicht regulär ist, heißen *singuläre Punkte* oder *singuläre Stellen* der Funktion, und zwar *außerwesentlich singulär*, wenn es ein positives n gibt, so daß $(z - z_0)^n f(z)$ an der singulären Stelle $z = z_0$ beschränkt ist, andernfalls *wesentlich singulär*.

Eine analytische Funktion einer analytischen Funktion ist wieder eine solche. Auch die zu $f(z)$ inverse Funktion $\varphi(z)$ [definiert durch $\varphi(f(z)) = f(\varphi(z)) = z$] ist eine analytische.

Durch eine analytische Funktion $f(z) = u + iv$ werden u und v als Funktionen von x und y festgelegt:

$$u = f_1(x, y), \qquad v = f_2(x, y).$$

Man findet diese, indem man $f(x + iy)$ in die Form $f_1(x, y) + i f_2(x, y)$ bringt.

f_1 und f_2 heißen zueinander konjugierte *Potentialfunktionen*. Wo $f(z)$ regulär ist, gilt:

$$\Delta f_1 = \Delta f_2 = 0, \quad \text{wo} \quad \Delta = \frac{\partial^2}{\partial x^2} + \frac{\partial^2}{\partial y^2}. \qquad \text{(LAPLACEsche Gleichungen.)}$$

Jede beliebige analytische Funktion f liefert daher zwei partikuläre Lösungen der Gleichung $\Delta\varphi = 0$ (im Zweidimensionalen).

Ist die analytische Funktion $f(z) = u + iv$ für reelles z reell, so gilt

$$f(z^*) = u - iv \qquad \text{(Spiegelungsprinzip)}$$

und daher

$$u = \frac{f(z) + f(z^*)}{2}; \qquad v = \frac{f(z) - f(z^*)}{2i}.$$

Eine analytische Funktion $f(z)$ vermittelt eine *konforme* Abbildung der x, y-Ebene auf die u, v-Ebene (vgl. S. 82).

Mehrdeutige Funktionen. Die Definition einer Funktion kann zu Mehrdeutigkeit führen, z. B. wenn $w = f(z)$ definiert ist als Lösung einer nichtlinearen Gleichung mit von z abhängigen Koeffizienten. Besonders einfache Fälle sind: $w^n = z$, $\sum_k w^k f_k(z) = 0$, $F(w) = z$ (Umkehrfunktion) u. a. m. Die verschiedenen Lösungen heißen die verschiedenen „*Zweige*“ der Funktion. Fallen n von ihnen für $z = a$ zusammen, so heißt a ein „*Verzweigungspunkt*“ $n-1$-ter Ordnung. Die

n-Zweige hängen hier zusammen, so daß man stetig von einem in den andern übergehen kann. Faßt man $z = x + iy$ als flächenartigen Bereich auf, so spricht man auch von verschiedenen „*Blättern*", auf denen sich die eine Funktion w jeweils eindeutig darstellen läßt.

Ein einzelner Zweig enthält eine durch seine Festlegung bedingte Kurve, in der die Funktion unstetig ist. Diese entspringt und endigt in Verzweigungspunkten und heißt „*Verzweigungsschnitt*". Zum Beispiel hat die durch: $w^2 = z$ definierte Funktion $w = \sqrt{z}$ die zwei Zweige: $w_1 = \sqrt{\varrho}\, e^{\frac{i\varphi}{2}}$ und $w_2 = \sqrt{\varrho}\, e^{i\left(\pi + \frac{\varphi}{2}\right)} = -\sqrt{\varrho}\, e^{\frac{i\varphi}{2}}$, wenn $z = \varrho\, e^{i\varphi}$ gesetzt wird (mit reellen $0 \leq \varrho < \infty$; $-\pi < \varphi \leq +\pi$). Beide sind bei $\varphi = \pi$, d. h. z negativ reell, unstetig. Hier geht w_1 in w_2 sowie w_2 in w_1 stetig über. Man kann die längs der Verzweigungsschnitte aufgeschnittenen einzelnen Blätter so zu einer „RIEMANN*schen Fläche*" zusammenheften, daß die Unstetigkeiten verschwinden. Der Verzweigungspunkt bleibt aber ein singulärer Punkt.

$z = \infty$ ist ein Verzweigungspunkt, wenn $f(1/z)$ einen solchen in $z = 0$ hat.

4. Kurvenintegrale.

Unter dem Integral $\int_a^b f(z)\, dz$ versteht man:

$$\int_a^b f(z)\, dz = \int_a^b (u + iv)\,(dx + i\,dy) = \int_a^b (u\,dx - v\,dy) + i\int_a^b (v\,dx + u\,dy).$$

Die Integrale sind längs einer bestimmten Kurve zwischen den Punkten $z = a$ und $z = b$ zu erstrecken, etwa indem man x und y und damit auch u und v als Funktionen eines Kurvenparameters s darstellt und über s integriert.

Wegen der zweiten Definitionsgleichung der analytischen Funktionen sind sowohl $(u\,dx - v\,dy)$ wie $(v\,dx + u\,dy)$ *totale Differentiale* (vgl. S. 36).

CAUCHYs Integralsatz. $\int_a^b f(z)\, dz$ bleibt für analytische $f(z)$ unverändert, wenn man unter Festhalten von a und b den Integrationsweg verschiebt, falls nicht diese Verschiebung über singuläre Punkte von $f(z)$ hinweg geschieht.

Erfolgt die Integration über eine geschlossene Kurve (Zeichen $\oint$), d. h. ist $a = b$, so ist $\oint f(z)\, dz = 0$, wenn die Kurve keinen singulären Punkt von $f(z)$ einschließt.

CAUCHYs Integralformel.

$$f(\zeta) = \frac{1}{2\pi i} \oint \frac{f(z)}{z - \zeta}\, dz$$

gestattet die Berechnung von $f(z)$ für den Wert $z = \zeta$, wenn $f(z)$ auf dem Umfang einer den Punkt ζ umschließenden Kurve gegeben ist, welche keinen singulären Punkt von $f(z)$ einschließt. Dabei ist die Kurve im *positiven* Sinne (der auf dem Einheitskreise von $+1$ über $+i$ nach -1 führt) zu durchlaufen.

Analog berechnet sich die n-te Ableitung einer analytischen Funktion in $z=\zeta$ durch

$$f^{(n)}(\zeta)=\frac{n!}{2\pi i}\oint\frac{f(z)}{(z-\zeta)^{n+1}}\,dz$$

und es gilt die wichtige Formel:

$$\frac{1}{2\pi i}\oint\frac{dz}{(z-\zeta)^{n+1}}=\begin{cases}1 & \text{für } n=0\\ 0 & \text{für } n\neq 0.\end{cases}$$

Mittelwertsatz. Ist die Kurve ein Kreis und ist u_0+iv_0 der Wert von $f(z)$ im Mittelpunkt, $u+iv$ der Wert auf dem Umfang (dargestellt als Funktion des Winkels ϑ), so ist

$$u_0=\frac{1}{2\pi}\int_0^{2\pi}u\,d\vartheta;\qquad v_0=\frac{1}{2\pi}\int_0^{2\pi}v\,d\vartheta,$$

also u_0 bzw. v_0 der Mittelwert der u bzw. v auf dem Umfang des Kreises.

5. Potenzreihenentwicklung der analytischen Funktionen.

a) Entwicklung in der Umgebung regulärer Punkte.

α) Ist $f(z)$ in der Umgebung des Punktes $z=z_0$ regulär, so läßt sich $f(z)$ in die (Taylorsche) Reihe entwickeln:

$$f(z)=\sum_{k=0}^{\infty}a_k(z-z_0)^k=a_0+a_1(z-z_0)+a_2(z-z_0)^2+\cdots$$

mit
$$a_k=\frac{1}{2\pi i}\oint_C\frac{f(t)\,dt}{(t-z_0)^{k+1}}=\frac{1}{k!}f^{(k)}(z_0);\qquad \left(f^{(n)}=\frac{d^nf}{dz^n}\right).$$

Der Integrationsweg C ist eine einfach geschlossene Kurve, die z_0 einmal, aber keine singulären Punkte von f umschließt und im positiven Sinne durchlaufen ist.

Konvergenz. Die Taylorsche Reihe konvergiert absolut und gleichmäßig in jedem Kreis: $|z-z_0|\leq r$, in und auf welchem $f(z)$ regulär ist. Es gibt stets ein $R>r$ (den *Konvergenzradius*), so daß sie

konvergiert, wenn $|z-z_0|<R$ ist,

divergiert, wenn $|z-z_0|>R$ ist.

Das Verhalten auf dem *Konvergenzkreis* $|z - z_0| = R$ hängt von $f(z)$ ab. Der Konvergenzkreis geht durch den z_0 am nächsten liegenden singulären Punkt von $f(z)$.

Verschwinden die n Koeffizienten $a_0, a_1, \ldots, a_{n-1}$ und ist $a_n \neq 0$, so heißt der Punkt z_0: *Nullstelle n-ter Ordnung von* $f(z)$.

β) Ist $f(z)$ im *Unendlichen* $\left(\text{d. h. } f\left(\frac{1}{z'}\right) \text{ für } z' = 0\right)$ regulär, so liefert die Entwicklung von $f\left(\frac{1}{z'}\right)$ bei $z' = 0$ die Entwicklung von $f(z)$ bei $z = \infty$:

$$f(z) = a_0 + \frac{a_{-1}}{z} + \frac{a_{-2}}{z^2} + \cdots \quad \text{mit} \quad a_{-n} = \frac{1}{2\pi i} \oint_C f(\zeta)\, \zeta^{n-1}\, d\zeta,$$

wobei C eine einfach geschlossene Kurve ist, die alle im Endlichen gelegenen singulären Punkte von $f(z)$ umschließt. Die Reihe konvergiert außerhalb des Kreises um $z = 0$, der durch die von $z = 0$ entfernteste Singularität von f geht. Sie konvergiert gleichmäßig und absolut auf und außerhalb jedes größeren Kreises um $z = 0$.

Praktisch wesentlich an diesen Entwicklungsmöglichkeiten ist, daß die Funktion innerhalb des Konvergenzbereiches durch eine Reihe von beschränkter Gliederzahl mit einer gewissen Näherung dargestellt wird und der Fehler dieser Näherung mit wachsender Gliederzahl beliebig klein wird (Beispiel vgl. Anhang, 2).

Man kann diese Formeln auch benutzen, um die Entwicklungskoeffizienten einer Potenzreihe durch komplexe Integrale darzustellen, z. B.

$$e^z = \sum_{n=0}^{\infty} \frac{z^n}{n!}, \quad \text{also} \quad \frac{1}{n!} = \frac{1}{2\pi i} \oint \frac{e^z\, dz}{z^{n+1}} = \frac{e^{in\pi}}{2\pi i} \oint \frac{e^{-z}\, dz}{z^{n+1}}.$$

Wenn eine Folge von Funktionen $F_n(z)$ definiert ist durch eine *erzeugende* Funktion (s. S. 65):

$$f(t, z) = \sum_{n=0}^{\infty} F_n(t)\, z^n,$$

so folgt:

$$F_n(t) = \frac{1}{2\pi i} \oint \frac{f(t, z)}{z^{n+1}}\, dz.$$

γ) **Analytische Fortsetzung.** Definieren wir ein $f(z)$ durch seine Entwicklung in der Umgebung von z_0, so ist die Funktion zunächst nur innerhalb des Konvergenzkreises bestimmt. Geht man zu der Entwicklung um einen Punkt $z_0' = z_0 + c$ innerhalb dieses Kreises über, so erhält man die Entwicklung

$$f(z) = a_0 + a_1 (z - z_0' + c) + a_2 (z - z_0' + c)^2 + \cdots.$$

Löst man die einzelnen Klammerpotenzen $(z - z_0 + c)^n$ nach dem binomischen Lehrsatz und ordnet nach Potenzen von $(z - z_0')$, so erhält man eine Entwicklung der Form

$$f(z) = b_0 + b_1(z - z_0') + b_2(z - z_0')^2 + \cdots$$

die in einem Kreise um z_0' konvergiert, der möglicherweise über den alten Kreis hinausragt. In dem den beiden Kreisen gemeinsamen Gebiete liefern beide Entwicklungen dieselben Werte. Die zweite Entwicklung liefert daher, soweit sie außerhalb des Konvergenzkreises der ersten konvergiert, eine *analytische Fortsetzung* der ersten. Durch Wiederholung dieses Verfahrens ist es möglich, die durch die Potenzreihe definierte Funktion über einen weiteren Bereich, eventuell über die gesamte Ebene fortzusetzen. Es gibt Fälle, in denen eine Fortsetzung über eine bestimmte Grenze nicht möglich ist.

b) LAURENTsche Entwicklung eindeutiger Funktionen.

In jedem *ringförmigen* Gebiet $\mathfrak{R}$ (zwischen den konzentrischen Kreisen K_1 und K_2): $r_1 \leq |z - z_0| \leq r_2$, in welchem $f(z)$ eindeutig und regulär ist, gilt die dort absolut und gleichmäßig konvergente Entwicklung:

$$f(z) = \sum_{k=-\infty}^{+\infty} a_k (z - z_0)^k = \cdots + \frac{a_{-2}}{(z - z_0)^2} + \frac{a_{-1}}{(z - z_0)} + a_0 + a_1(z - z_0) + \cdots$$

mit $$a_k = \frac{1}{2\pi i} \int_K \frac{f(t)\,dt}{(t - z_0)^{k+1}}, \qquad k = 0, \pm 1, \pm 2, \ldots,$$

wobei der Integrationsweg K ein Kreis in $\mathfrak{R}$ ist: $|z - z_0| = \varrho$; $r_1 \leq \varrho \leq r_2$.

Die LAURENT-Reihe zerlegt $f(z)$ in zwei Funktionen: $f(z) = f_1(z) + f_2(z)$ $\left(f_1 = \sum_{k=-\infty}^{-1}, f_2 = \sum_{k=0}^{\infty}\right)$, wo $f_1(z)$ überall außerhalb des Kreises K_1 regulär ist (vgl. a, β), und $f_2(z)$ überall in K_2 (vgl. a, α). Dementsprechend konvergiert die LAURENT-Reihe im ganzen Ringgebiet zwischen den Kreisen, die durch die zu $\mathfrak{R}$ nach innen und außen nächstgelegenen Singularitäten von $f(z)$ gehen.

c) Entwicklung in der Umgebung isolierter singulärer Punkte.

α) Analytische Funktionen, die in der Umgebung eines singulären Punktes z_0 eindeutig sind, lassen sich in die LAURENTsche Reihe entwickeln, die für $0 < |z - z_0| < R$ konvergiert, wo der Kreis $|z - z_0| = R$ durch die zu z_0 nächstgelegene Singularität von f geht.

Entweder kommen nur *endlich viele negative Potenzen* vor; dann gibt es ein positives ganzes m so, daß $(z - z_0)^m f(z)$, nicht aber $(z - z_0)^{m-1} f(z)$ in $z = z_0$ regulär ist. $f(z)$ hat dann in $z = z_0$ einen *m-fachen Pol*:

$$f(z) = \frac{a_{-m}}{(z - z_0)^m} + \cdots + \frac{a_{-1}}{z - z_0} + a_0 + a_1(z - z_0) + a_2(z - z_0)^2 + \cdots.$$

Oder es kommen ***unendlich viele negative Potenzen*** vor; dann ist $z = z_0$ eine ***wesentlich singuläre Stelle*** von $f(z)$.

β) In *jeder* Umgebung von $z = z_0$ ***mehrdeutige*** analytische Funktionen haben in $z = z_0$ einen *Verzweigungspunkt.* Gibt es ein positives ganzes m so, daß $f(z_0 + t^m)$ in der Umgebung von $t = 0$ eindeutig wird, so gilt die Entwicklung:

$$f(z_0 + t^m) = f(z) = \sum_{k=-\infty}^{+\infty} a_k t^k = \sum_{k=-\infty}^{+\infty} a_k (z - z_0)^{k/m}.$$

Ist dabei m kleinst gewählt, so hat $f(z)$ bei $z = z_0$ einen *Verzweigungspunkt $(m-1)$-ter Ordnung.* Dabei kommen keine, endlich viele oder unendlich viele negative Potenzen vor, je nachdem $f(z_0 + t^m)$ in $t = 0$ regulär ist, einen Pol hat oder wesentlich singulär ist.

Ist die Funktion $f(z)$ bei $z = z_0$ unendlich vieldeutig *(Verzweigungspunkt unendlich hoher Ordnung)*, so gibt es keine Entwicklung nach irgendwelchen Potenzen von $(z - z_0)$ *(wesentlich singuläre Stelle)*.

Auch hier wird der Charakter der Funktion $f(z)$ im ***unendlichfernen Punkt*** $(z = \infty)$ durch den von $f\left(\frac{1}{z'}\right)$ in $z' = 0$ gekennzeichnet und die zugehörige Entwicklung durch die von $f\left(\frac{1}{z'}\right)$ in $z' = 0$ geliefert.

d) Residuum, Residuensatz.

Der Koeffizient a_{-1} in der LAURENTschen Reihe von $f(z)$ an einer singulären Stelle $z = z_0$ heißt ***Residuum von $f(z)$ bei $z = z_0$***:

$$a_{-1} = \operatorname*{Res}_{z=z_0} f(z) = \frac{1}{2\pi i} \int_C f(z)\, dz.$$

Der Integrationsweg C schließt dabei keine singuläre Stelle außer $z = z_0$ ein. Die praktische Bedeutung dieser Formel liegt darin, daß sie gestattet, die Berechnung des Integrals $\int_C f(z)\, dz$ zurückzuführen auf die Entwicklung der Funktion in der Umgebung eines Poles.

Ist bei z_0 ein Pol n-ter Ordnung, so ist das Residuum:

$$a_{-1} = \frac{1}{(n-1)!} \left(\frac{d^{n-1}}{dz^{n-1}} \left((z - z_0)^n f(z) \right) \right)_{z = z_0}$$

z. B. für $n = 1$: $a_{-1} = \left((z - z_0)\, f(z) \right)_{z = z_0}$

für $n = 2$: $a_{-1} = \left(\frac{d}{dz} \left((z - z_0)^2 f(z) \right) \right)_{z = z_0}$.

Als Residuum des unendlich fernen Punktes bezeichnet man den Koeffizienten $-a_1$ der in der Umgebung dieses Punktes gültigen Entwicklung

$$f(z) = a_{-m} z^m + a_{-m+1} z^{m-1} + \cdots + a_{-1} z + a_0 + \frac{a_1}{z} + \frac{a_2}{z^2} + \cdots.$$

Ist $f(z)$ in einem von einer oder mehreren stetigen Kurven berandeten Gebiet überall eindeutig und bis auf endlich viele singuläre Stellen im Innern regulär, so ist $\frac{1}{2\pi i}\oint f(z)\,dz$ erstreckt über die Berandung des Gebietes gleich der Summe der Residuen der singulären Stellen dieses Gebietes. Ist $f(z)$ überall eindeutig und bis auf endlich viele singuläre Stellen regulär, so ist die Summe der zu den Polen und zum unendlich fernen Punkt gehörigen Residuen gleich Null *(Residuensatz)*.

6. Methodisches zur Integration im Komplexen.

Gegeben sei ein Integral $I = \int\limits_a^b f(z)\,dz$ einer analytischen Funktion $f(z)$ zwischen den reellen oder komplexen Grenzen a und b längs einer bestimmten Kurve. Die allgemeine Methode zu seiner Auswertung durch bekannte Funktionen besteht in einer solchen Verschiebung des Integrationsweges bei festgehaltenen Grenzen ohne Überstreichung von Singularitäten, daß das Integral in eine Summe von leichter auswertbaren Teilintegralen zerfällt.

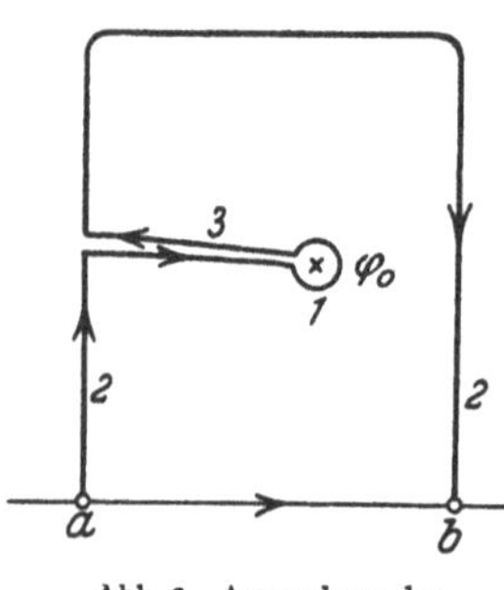

Abb. 3. Anwendung des Residuensatzes.

Solche Teilintegrationswege sind im Besonderen (Abb. 3):

1. Geschlossene Wege um Pole: Integral gleich $2\pi i$-faches Residuum.

2. Wegstücke im Unendlichen ($|z| \to \infty$), auf denen $f(z) = 0$ ist.

3. Hin- und Rückweg auf derselben Kurve: Integrale heben sich gegenseitig auf.

Durch Einführung einer neuen geeigneten Variablen $\varphi(z)$ statt z (Abbildung von der z-Ebene auf eine φ-Ebene) kann oft eine weitere Vereinfachung erzielt werden, besonders dann, wenn die neue Variable zu einem geschlossenen Integrationsweg führt.

Gelegentlich kann man den Integrationsweg so legen, daß nur kleine Stücke des Weges wesentliche Beiträge zum Gesamtwert I liefern, und zwar Stücke, wo der Integrand (näherungsweise) in einfacher Form geschrieben werden kann. In diesem Sinne benutzt man die

Methode der Sattelpunkte.

Sie ist anwendbar, wenn $|f(z)|$ auf dem Integrationsweg klein ist außer in der Nähe eines (oder mehrerer) Punkte z_s, wo $|f(z)|$ durch ein scharfes Maximum geht. Hier liegt ein sogenannter „Sattelpunkt" (s. S. 84). Er ist bestimmt durch $f'(z) = 0$ für $z = z_s$. Man kann von hier aus $f(z)$ entwickeln in der Form:

$$f(z) = f(z_s) + \frac{(z - z_s)^2}{2} f''(z_s) + \cdots.$$

Mit der Bezeichnung: $A = f(z_s)$, $B = f''(z_s)$, ... wird:

$$I = A \int \left(1 + \frac{(z - z_s)^2}{2} \frac{B}{A} + \cdots\right) dz.$$

Dies approximiert man durch:

$$I \simeq A \int e^{\frac{(z - z_s)^2}{2} \frac{B}{A}} dz.$$

Jetzt legt man den Integrationsweg so, daß $\frac{(z - z_s)^2}{2} \frac{B}{A} = - s^2$ mit reellem s wird: Differential des Weges $ds = \pm dz \cdot \sqrt{\frac{-B}{2A}}$, also:

$$I \simeq \mp A \sqrt{\frac{2A}{-B}} \int e^{-s^2} ds.$$

Die Grenzen des Integrals können nun wegen der Schärfe des Maximums ins Unendliche gelegt werden. Das ergibt

$$I \simeq \mp \sqrt{\frac{2\pi A^3}{-B}}.$$

Das noch unbestimmte Vorzeichen ist leicht zu finden. Diese Approximation erfordert, wie jede solche, eine kritische Betrachtung ihrer Genauigkeit.

Beispiel:

$$I = \Pi(x) = \int_0^\infty e^{-z} z^x dz;$$

$$f(z) = e^{-z} z^x, \qquad f'(z) = \left(-1 + \frac{x}{z}\right) f(z), \qquad f''(z) = -\frac{x}{z^2} f + \left(\frac{x}{z} - 1\right)^2 f$$

also:

$$z_s = x, \qquad A = e^{-x} x^x, \qquad B = -\frac{1}{x} A$$

$$\Pi(x) \simeq \sqrt{2\pi x A^2} = \sqrt{2\pi x}\, x^x e^{-x} \qquad \text{(Stirlingsche Formel)}$$

brauchbar für große x (s. S. 124 und 150).

Die Methode ist auch anwendbar auf reelle Integrale, z. B. indem man den Integranden als Realteil einer analytischen Funktion auffaßt.

Ist der Integrand eine mehrdeutige Funktion, so muß der Zweig bezeichnet werden, in dem integriert werden soll. Man darf den Integrationsweg nicht über die Unstetigkeit eines Verzweigungsschnittes führen, ohne diese zu berücksichtigen.

Es kommt häufig vor, daß geschlossene Integrale der Form:

$$I = \oint (z-a)^{\alpha}(z-b)^{\beta} f(z)\,dz$$

bei nicht-ganzzahligem α und β auf einem Integrationsweg zu bilden sind, der die Punkte $z = a$ und $z = b$, aber keine eventuelle Singularität von $f(z)$ umschlingt. Eine solche „Schleife" ist nur dann in *einem* Blatte durchzuführen, wenn $\alpha + \beta$ eine ganze Zahl ist. Der Wert dieses Schleifenintegrals ist dann:

$$I = (1 - e^{2\pi i\alpha}) \int_a^b (z-a)^{\alpha}(z-b)^{\beta} f(z)\,dz,$$

wo $\int_a^b$ das nicht-geschlossene Integral zwischen a und b bedeutet.

Die Geschlossenheit läßt sich allgemein erzwingen durch eine „*Doppelschleife*", d. h. einen Integrationsweg, der die beiden Punkte zunächst rechtsläufig und sodann in derselben Reihenfolge linksläufig umschlingt, ehe er in sich zurückkehrt. Man erhält dann:

$$I = (1 - e^{2\pi i\alpha})(1 - e^{2\pi i\beta}) \int_a^b (z-a)^{\alpha}(z-b)^{\beta} f(z)\,dz.$$

I wird Null, wenn α oder β eine ganze Zahl ist, weil dann der eine Verzweigungspunkt verschwindet.

7. Abbildung durch komplexe Funktionen.

Jede stetige komplexe Funktion $w = f(z) = u + iv$ der komplexen Veränderlichen $z = x + iy$ liefert eine stetige *Abbildung* eines Gebietes der komplexen z-Ebene (xy-Ebene) auf ein Gebiet der komplexen w-Ebene (uv-Ebene) und umgekehrt.

Konforme Abbildung. Hat das Verhältnis des Abstandes zweier Punkte P_1 und P der xy-Ebene zum Abstand der Bildpunkte Q_1 und Q der uv-Ebene, wenn P_1 auf stetiger Kurve nach P rückt, einen Grenzwert, der nur von P abhängt, also für alle durch P gehenden stetigen Kurven derselbe ist, so heißt die Abbildung *konform* im Punkte P. (Diese Definition der Konformität gilt allgemein für Abbildungen n-dimensionaler Gebiete.) Die *konforme Abbildung* ist *winkeltreu* (im weiteren Sinn): die Winkel der Tangenten differenzierbarer Kurven durch P sind gleichgroß den Winkeln der Tangenten ihrer Bildkurven im Bildpunkt von P; der Drehsinn kann entgegengesetzt sein. Kleine Dreiecke werden in nahezu ähnliche kleine Dreiecke abgebildet: die konforme Abbildung ist *in kleinsten Teilen ähnlich.*

Jede *analytische Funktion* liefert eine in jedem Gebiet, in welchem $f(z)$ regulär und $f'(z) \neq 0$ ist, *konforme Abbildung* eines z-Gebietes auf ein w-Gebiet und umgekehrt; die Abbildung ist winkeltreu im engeren Sinn: sie erhält auch den Drehsinn. Die von der konjugiert-komplexen

Funktion $w = f^*(z)$ gelieferte konforme Abbildung kehrt den Winkeldrehsinn um. Jede konforme Abbildung entspringt einer analytischen Funktion (oder deren konjugiert-komplexem Wert).

RIEMANNsche Fläche. Eine komplexe Funktion $w = f(z)$ ist im allgemeinen nicht eindeutig; einem z-Wert entsprechen im allgemeinen mehrere w-Werte. Zerspaltet man die z-Ebene in den Mehrdeutigkeitsgebieten in mehrere übereinanderliegende *Blätter*, die man geeignet untereinander verbindet, so läßt sich Eindeutigkeit erreichen: jedem z-Gebiet dieser Blättergesamtheit [der *RIEMANNschen Fläche* zu $f(z)$] entspricht dann ein w-Gebiet. Man konstruiert diese RIEMANNsche Fläche durch analytische Fortsetzung (vgl. 5a, γ) von $f(z)$ auf allen möglichen von einem regulären Punkt ausgehenden Wegen; in allen z-Punkten, in deren Umgebung eine Fortsetzung mit einer früher erhaltenen übereinstimmt, vereinigt man sie mit dieser, in allen anderen führt man sie in ein neues darüberliegendes Blatt. Die einzelnen Blätter der RIEMANNschen Fläche hängen in den *Verzweigungspunkten* der Funktion, den *Windungspunkten* der RIEMANNschen Fläche zusammen. Ein Verzweigungspunkt (Windungspunkt) hat die Ordnung $n - 1$ bzw. ∞, wenn in ihm n bzw. unendlichviele Blätter zusammenhängen.

Ersetzt man entsprechend die w-Ebene durch die RIEMANNsche Fläche der Umkehrfunktion (Inversen) zu $f(z)$, so werden die beiden Flächen durch $w = f(z)$ umkehrbar eindeutig aufeinander bezogen.

8. Veranschaulichung komplexer Funktionen.

Zur Veranschaulichung einer komplexen Funktion $w = f(z) = f(x + iy) = u(x, y) + iv(x, y)$ benutzt man die durch sie gegebene Abbildung. Diese stellt man dar, indem man in der xy-Ebene bzw. der RIEMANNschen Fläche von $f(z)$ diejenigen Kurven einträgt, die auf gewisse Standardkurven der uv-Ebene abgebildet werden.

a) Man wähle als Standardkurven die Kurven konstanten Real- und Imaginärteils von w, etwa $u(x, y) = m\alpha$, $v(x, y) = n\alpha$, α eine Konstante, $m, n = 0, \pm 1, \pm 2, \ldots$. Überall, wo $f(z)$ regulär und $f'(z) \neq 0$ ist, durchsetzen beide Kurvenscharen einander senkrecht: zwei Kurven derselben Schar schneiden sich nicht, d. h. nicht im selben Blatt der RIEMANNschen Fläche zu $f(z)$.

Erste Deutung. Man kann stets eine Schar (gleichgültig welche) als *Höhenschichtlinien* (Isohypsen), die andere als *Fallinien* (Gradientenlinien) einer Raumfläche über der z-Ebene auffassen. Dabei liegen ebensoviel Flächenteile wie Blätter der RIEMANNschen Fläche über einem z-Gebiet.

Die Fläche hat überall *negative* Krümmung, hat also *keine Maxima* („Gipfel") oder *Minima* („Gruben").

Jede Fallinie fällt monoton von $+\infty$ bis $-\infty$; jede Höhenlinie trennt ein höheres von einem tieferen Gebiet. Keine der Scharkurven ist geschlossen: reicht sie nicht doppelpunktfrei bis ins Unendliche, so zertrennt sie entweder ein singulärer Punkt, oder sie gehört verschiedenen Blättern der RIEMANNschen Fläche an.

Zweite Deutung. Man kann die eine Kurvenschar (etwa $u = \text{const}$) auffassen als *Stromlinien* einer zweidimensionalen *Strömung* einer inkompressiblen Flüssigkeit, dann gibt die andere Schar ($v = \text{const}$) die *Kurven gleichen Potentials.* Der Strömungsvektor $\mathfrak{v}\left(\frac{\partial v}{\partial x}, \frac{\partial v}{\partial y}\right)$, ein Tangentenvektor von $u = \text{const}$, ist quellen- und wirbelfrei: $\operatorname{div} \mathfrak{v} = 0$, $\operatorname{rot} \mathfrak{v} = 0$ an allen regulären Stellen von $f(z)$. Die singulären Punkte sind dagegen Quell- oder Wirbelpunkte.

Nullstellen und Singularitäten. Nullstellen von f sind die Schnittpunkte von $u = 0$ mit $v = 0$. n-fache Nullstellen von f sind $(n-1)$-fache der Ableitung f'. Diese werden dargestellt durch *Sattelpunkte* der Fläche (in denen ein „Paß" aus einem „Tal" in ein anderes führt) bzw. als *Kreuzungs- oder Staupunkte* der Flüssigkeitsströmung. Es treffen dort n Täler bzw. Strömungen aufeinander. Jeweils $2n$ Kurven jeder Schar (mit demselben Parameter, d. h. derselben Konstante) treffen sich in diesem Punkt unter dem Winkel π/n, der von den Kurven der anderen Schar durch diesen Punkt halbiert wird. Die Abbildung ist dort nicht mehr konform, die beiden Scharen nicht zueinander orthogonal (vgl. dazu Abb. 5, die einen Kreuzungspunkt erster Ordnung zeigt).

Ein *einfacher Pol* (Unendlichkeitsstelle) ergibt eine unendlichhohe „Spitze" unendlich dicht bei einem unendlichtiefen „Loch", bzw. eine *Doppelquelle (Quellsenke)*. Dem einfachen Pol entspringen von jeder Schar je ein Bündel Kurven aller Parameterwerte in einer Richtung, die von der entgegengesetzten Richtung wieder einmünden (vgl. hierzu Abb. 21, die Darstellung eines einfachen Poles). *n-fache Pole* ergeben entsprechend n Spitzen und n Löcher (n Quellen und n Senken gleicher unendlichgroßer Ergiebigkeit) in unendlich enger, symmetrischer, abwechselnder Anordnung. Ihnen entspringen n Kurvenbündel jeder Schar (vgl. hierzu Abb. 7, die Darstellung eines Poles zweiter Ordnung).

In der Umgebung einer *regulären* Stelle ist $f(z)$ beschränkt: die Umgebung eines *Poles* läßt sich für beliebig großes festes $G > 0$ so einengen, daß dort überall $|f(z)| > G$ wird. In jeder noch so kleinen Umgebung eines *wesentlich singulären* Punktes kommt $f(z)$ jedem beliebigen Wert beliebig nahe. Daher kommt man bei Annäherung an eine solche Stelle von verschiedenen Richtungen zu verschiedenen Grenzwerten, z. B. bei $f(z) = e^{1/z}$ für $z = 0$: auf der negativen reellen Achse kommend erhält man $e^{-\infty} = 0$, auf der positiven $e^{+\infty} = \infty$. Einfache Quellen und

Senken im Strömungsbild sind stets wesentlich singuläre Stellen (z. B. $z = \ln w$ für $w = 0$, Abb. 9).

b) Auch die *Darstellung der Umkehrfunktion* gibt Aufschlüsse über die Funktion selbst. *Verzweigungspunkte* stellen sich als Sattelpunkte (vgl. oben) dar; das m in (5c, β) ist gleich der Anzahl der zusammenlaufenden Täler.

c) Eine Übersicht über die Funktionswerte erhält man auch, wenn man als Standardkurven die *Kurven konstanten Absolutbetrages* und *Argumentes* wählt: $r(x, y) = |w| = m\alpha$, $\varphi(x, y) = \operatorname{arc} \operatorname{tg} \frac{v}{u} = n\beta$, α, β Konstante, $m, n = 0, \pm 1, \pm 2, \ldots$.

Die beiden Kurvenscharen sind in den Punkten, in denen $f(z)$ und seine Umkehrfunktion regulär ist, orthogonal. Die erste Schar stellt die Höhenlinien der „*Betragsfläche*" $r(x, y)$ von $f(z)$ dar, die andere Schar liefert die Fallinien. Diese gehen von den Polen strahlenförmig aus, um in den Nullpunkten ebenso zusammenzulaufen. Die Höhenlinien umschlingen Pole und Nullstellen als im allgemeinen doppelpunktfreie, in der RIEMANNschen Fläche geschlossene Kurven: die Anzahl der Umschlingungen eines Verzweigungspunktes ist daher gleich der Anzahl der dort zusammenhängenden Blätter.

Die Pole werden durch unendlichhohe Spitzen, die Nullstellen durch trichterförmige Gruben dargestellt; die $(n-1)$-fachen Nullstellen der Ableitung f' ergeben, wenn $f(z) \neq 0$ ist, Sattelpunkte mit n Tälern[1].

d) Eine Darstellung, welche die Sonderstellung von $z = \infty$ aufhebt, erhält man durch die *stereographische Projektion* der xy- bzw. uv-Ebene auf eine Kugel, welche die Ebene in einem Punkte, z. B. dem Nullpunkte, berührt (RIEMANN). Von dem zum Berührungspunkt diametralen Punkt auf der Kugel zieht man Strahlen, deren Schnittpunkte mit der Kugel und der Ebene dann eine eindeutige Zuordnung aller Punkte der Ebene zu denen der Kugel liefern. Der Punkt $z = \infty$ entspricht dann dem Projektionszentrum. Die Abbildung ist konform.

Projiziert man ebenso die Kugel auf eine andere berührende Ebene, so wird die dadurch gegebene konforme Abbildung beider Ebenen aufeinander direkt durch gewisse (gebrochene) lineare Funktionen geliefert.

B Spezielle Funktionen.

1. Definition der Funktionen.

Die Definition einer speziellen Funktion kann erfolgen

a) durch Angabe gewisser Eigenschaften, z. B. der *Singularitäten* bei sonst regulärem Verhalten (RIEMANN) oder der *inneren Gesetzlichkeit* in Form von *Funktionalgleichungen* (z. B. Periodizitätsforderungen,

[1] Darstellungsweise in JAHNKE-EMDE, Funktionentafeln, 2. Aufl. z. B. S. 322.

Differential- oder Integralgleichungen) oder ihrer *Extremaleigenschaften* (Variationsforderung);

b) durch Vorschriften zur Berechnung, zur Konstruktion der Funktionswerte, z. B. mit Hilfe algebraischer Gleichungen, von Differentiationen oder Integrationen oder durch Angabe von Reihenentwicklungen nach schon bekannten Funktionen.

Nicht durch jedes System geforderter Eigenschaften ist eine Funktion definiert: zu a) gehört daher stets noch ein Existenznachweis; in vielen Fällen wird dieser durch Angabe einer konstruktiven Definition b) geführt.

2. Klassifikation der Funktionen.

$w = az + b$ heißt *ganze lineare* Funktion.

$w = \frac{az+b}{cz+d}$ heißt (*gebrochene*) *lineare* Funktion.

$w = a_0 z^n + a_1 z^{n-1} + \cdots + a_{n-1} z + a_n$ heißt *ganze rationale* Funktion n-ten Grades, oder kurz *Polynom*.

$w = \frac{a_0 z^n + a_1 z^{n-1} + \cdots + a_{n-1} z + a_n}{b_0 z^m + b_1 z^{m-1} + \cdots + b_{m-1} z + b_m}$ heißt (*gebrochene*) *rationale* Funktion.

Ist w Wurzel einer algebraischen Gleichung $w^n + r_1(z)\, w^{n-1} + \cdots + r_n(z) = 0$, deren Koeffizienten $r_k(z)$ ganze rationale Funktionen sind, so heißt w eine *algebraische* Funktion.

Eine nicht algebraische heißt eine *transzendente Funktion.*

Eine Funktion, die im Endlichen überall regulär ist, deren Potenzreihe $\sum\limits_{k=0}^{\infty} a_k z^k$ also für jedes endliche z (d. h. beständig) konvergiert, heißt *ganz*: ganz rational, ganz algebraisch, ganz transzendent.

Eine Funktion, die im Endlichen nur Pole hat, heißt *meromorph.* Sie ist als Quotient zweier ganzer Funktionen darstellbar und in die Summe einer ganzen Funktion und von Partialbrüchen zerlegbar. Die rationalen Funktionen sind ein Spezialfall der meromorphen.

3. Algebraische Funktionen.

Hat eine endlich vieldeutige analytische Funktion $w = f(z)$ nirgends, auch nicht bei $z = \infty$, wesentliche Singularitäten, so ist sie eine algebraische Funktion (s. 2.); als Singularitäten kommen nur Pole (ein- und mehrfache) und Verzweigungspunkte vor. Die zugehörige RIEMANNsche Fläche besteht aus n Blättern, wo n der Grad der algebraischen Gleichung für w ist; über jeder Stelle z, die nicht Verzweigungspunkt ist, liegen genau n Blätter.

a) Rationale Funktionen.

(= eindeutige algebraische Funktionen.)

α) Ganze lineare Funktionen. $w = az + b$;

Umkehrfunktion: $z = \frac{w - b}{a}$ (ebenfalls ganz linear);

Abbildung: z-Ebene und w-Ebene werden konform aufeinander abgebildet durch eine Drehstreckung, d. h. eine Verschiebung, Drehung und Maßstabänderung (Ähnlichkeitstransformation).

β) Gebrochene (allgemeinste) lineare Funktionen. $w = \frac{az + b}{cz + d}$;

Umkehrfunktion: $z = \frac{-dw + b}{cw - a}$ (ebenfalls linear);

Singularität: Einfacher Pol bei $z = -d/c$, sonst regulär;

Nullstelle: $z = -b/a$.

Abbildung: Geraden (ebenso Kreise) gehen in Kreise oder Geraden über. Jede umkehrbar eindeutige konforme Abbildung der vollen z-Ebene (d. h. mit $z = \infty$) auf die volle w-Ebene wird durch eine lineare Funktion gegeben.

Die lineare Funktion läßt sich, für $c \neq 0$ zusammensetzen aus:

$$cz + d = z'; \qquad \frac{1}{z'} = z''; \qquad \frac{bc - ad}{c} z'' + \frac{a}{c} = w;$$

also die entsprechende Abbildung aus Drehstreckungen (s. α) und der durch $w = \frac{1}{z} = \frac{1}{\varrho} e^{-i\omega}$ mit $z = \varrho e^{i\omega}$ gegebenen Abbildung nach reziproken Radien (Spiegelung am Einheitskreis).

Vgl. auch das Beispiel $w = \frac{1}{1 - z}$ im Anhang 2.

γ) Ganze rationale Funktion n-ten Grades (Polynom) und Umkehrung.

$$w = a_0 z^n + a_1 z^{n-1} + \cdots + a_{n-1} z + a_n.$$

Die inverse Funktion ist nicht rational.

Nach dem Fundamentalsatz der Algebra ist

$$w = a_0 (z - z_1)(z - z_2) \ldots (z - z_n)$$

darstellbar. An den Stellen $z_1, z_2, \ldots, z_n$ hat die Funktion Nullstellen. Ist $z_1 = z_2$, so liegt dort eine zweifache Nullstelle usw. Der unendlich ferne Punkt ist die einzige singuläre Stelle (Pol n-ter Ordnung).

Die spezielle Funktion

$$w = z^n, \qquad z = \sqrt[n]{w}$$

läßt sich besonders leicht veranschaulichen, wenn man die Kurven $r =$ constans, $\varphi =$ constans, bzw. $\varrho =$ constans, $\psi =$ constans zeichnet mit

$$z = r \cdot e^{i\varphi} \qquad w = \varrho \cdot e^{i\psi}.$$

Man erhält

$$\varrho = r^n, \quad \psi = n\varphi \quad \text{und} \quad r = \sqrt[n]{\varrho}, \quad \varphi = \psi/n.$$

Kreise um den Punkt $w = 0$ in der w-Ebene entsprechen Kreisen und Radien in Sektoren vom Öffnungswinkel $2\pi/n$ in der z-Ebene. Die w-Ebene kann daher nicht eindeutig auf die z-Ebene abgebildet werden,

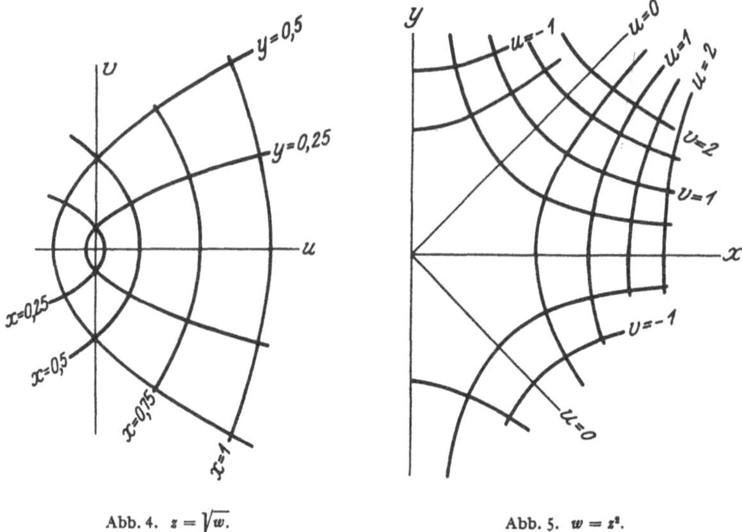

Abb. 4. $z = \sqrt{w}$. Abb. 5. $w = z^2$.

wohl aber eine n-blättrige RIEMANNsche w-Fläche mit Verzweigungspunkten bei $w = 0$ und $w = \infty$.

Im Falle $n = 2$ läßt sich die Funktion

$$W = f(Z) = aZ^2 + bZ + c$$

zusammensetzen aus den linearen Transformationen

$$w = W - c + \frac{b^2}{4a}, \qquad z = \sqrt{a}Z + \frac{b}{2\sqrt{a}}$$

und der speziellen Funktion

$$w = z^2 \quad \text{mit der Umkehrung} \quad z = \sqrt{w}.$$

Die schlichte z-Ebene wird auf die doppelt überdeckte w-Ebene abgebildet. Um Eindeutigkeit der inversen Funktion zu erzielen, muß man die w-Ebene durch zwei RIEMANNsche Blätter ersetzen. Bei $z = 0$ hat die Darstellung in der z-Ebene einen Sattelpunkt (doppelte Nullstelle).

Es gelten die Formeln:

$$+u + \sqrt{u^2 + v^2} = 2x^2 \qquad x^2 - y^2 = u$$

$$-u + \sqrt{u^2 + v^2} = 2y^2 \qquad 2xy = v.$$

Die Kurven $x =$ constans, $y =$ constans in der w-Ebene sind daher eine Schar konfokaler Parabeln mit $w = 0$ als Brennpunkt (Abb. 4). Die Kurven $u =$ constans, $v =$ constans sind eine Schar gleichseitiger Hyperbeln in der Halbebene $x > 0$ (Abb. 5).

δ) Gebrochene rationale Funktionen und Umkehrung. Auch hier gehört die Umkehrung nicht dem gleichen Typ an. Wir betrachten den Fall

$$w = \frac{1}{z^2} \qquad \text{mit der Umkehrung} \qquad z = \frac{1}{\sqrt{w}}\,.$$

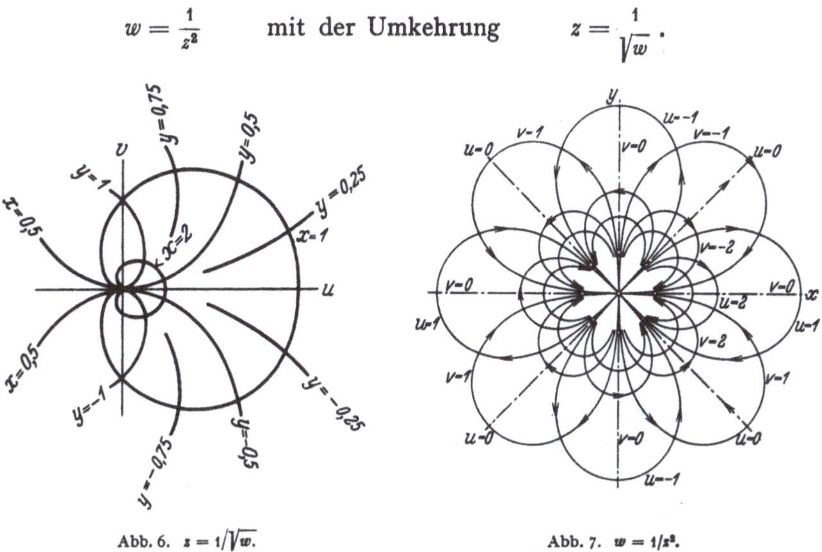

Abb. 6. $z = 1/\sqrt{w}$.

Abb. 7. $w = 1/z^2$.

Es gelten die Gleichungen

$$\left\{\begin{aligned} &\frac{1}{u^2+v^2}\left(+u+\sqrt{u^2+v^2}\right) = 2x^2 \\ &\frac{1}{u^2+v^2}\left(-u+\sqrt{u^2+v^2}\right) = 2y^2 \end{aligned}\right.$$

$$\left\{\begin{aligned} &\frac{x^2-y^2}{(x^2+y^2)^2} = u \\ &\frac{-2xy}{(x^2+y^2)^2} = v \end{aligned}\right.$$

und die Kurvenbilder Abb. 6 und 7. Die Stelle $z = 0$ ist ein Pol zweiter Ordnung; es treten dort zwei Kurvenbündel der Schar $u =$ constans und zwei der Schar $v =$ constans aus.

b) Nichtrationale algebraische Funktionen.

Wir betrachten nur den speziellen Fall

$$w = \sqrt{1-z^2} \quad \text{mit der inversen Funktion} \quad z = \sqrt{1-w^2}\,.$$

Die Abb. 8 zeigt die Darstellung eines Zweiges der Funktion w in der z-Ebene; in der w-Ebene ergibt sich bei diesem Beispiel genau das gleiche Bild. Zu jedem Wert von z gehören zwei Werte von w. Die Stellen $z = +1$ und $z = -1$ sind Verzweigungspunkte. Wir haben also zwei Zweige auf zwei Blättern, die längs des Verzweigungsschnittes von -1 bis $+1$ zusammenhängen. $z = \infty$ $(w = \infty)$ ist ein einfacher Pol.

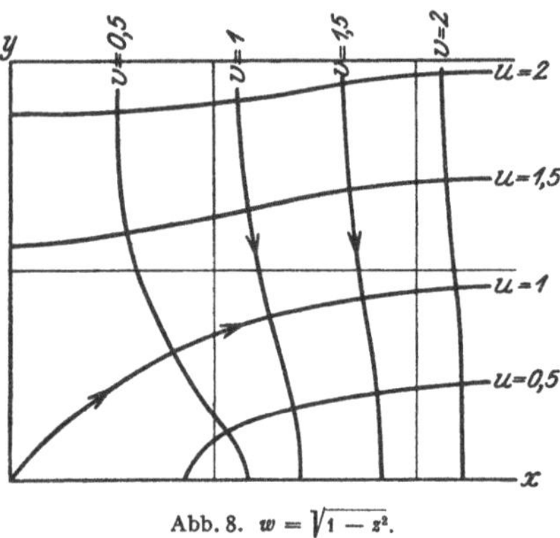

Abb. 8. $w = \sqrt{1 - z^2}$.

4. Elementare transzendente Funktionen.

a) Die Exponentialfunktion $\exp(x) = e^x$.

Sie ist die einfachste ganze Transzendente, ohne Pole oder Nullstellen im Endlichen. Wir definieren sie als die Lösung der

Differentialgleichung: $\quad y' - y = 0,$

normiert durch: $\quad y(0) = 1.$

Sie ist darstellbar durch die

Reihenentwicklung:

$$\exp(x) = 1 + \frac{x}{1!} + \frac{x^2}{2!} + \frac{x^3}{3!} + \cdots, \qquad \text{sowie als}$$

Grenzwert: $\exp(x) = \lim\limits_{n\to\infty}\left(1 + \frac{x}{n}\right)^n = \lim\limits_{n\to\infty}\left(1 + \frac{1}{n}\right)^{nx} = \lim\limits_{n\to\infty}\frac{1}{\left(1 - \frac{x}{n}\right)^n}.$

Ihr spezieller Wert:

$$\exp(1) = 1 + \frac{1}{1!} + \frac{1}{2!} + \frac{1}{3!} + \cdots = \lim_{n\to\infty}\left(1 + \frac{1}{n}\right)^n$$

ist die Zahl $\quad e = 2{,}718282\ldots.$

Daher schreibt man meist: $\exp(x) = e^x$.

Andere spezielle Werte sind u. a.:

$e^{\pm 2\pi i} = 1; \quad e^{\pm \pi i} = -1; \quad e^{\pm \frac{\pi i}{2}} = \pm i \quad$ mit $\quad \pi = 3{,}141593\ldots.$

e^x ist periodisch mit $2\pi i$: $\quad e^{x + n 2\pi i} = e^x.$

Es gilt das

Additionstheorem: $e^{x+\alpha} = e^x \cdot e^\alpha$.

Zerlegt man e^x in eine gerade und eine ungerade Funktion, so kommt man zu den ganztranszendenten

b) Hyperbelfunktionen $\mathfrak{Cos}\, x$ und $\mathfrak{Sin}\, x$.

$$\mathfrak{Cos}\, x = \frac{e^x + e^{-x}}{2}, \qquad \mathfrak{Sin}\, x = \frac{e^x - e^{-x}}{2}$$

$$e^x = \mathfrak{Cos}\, x + \mathfrak{Sin}\, x, \qquad e^{-x} = \mathfrak{Cos}\, x - \mathfrak{Sin}\, x.$$

Sie sind verknüpft durch:

$$\mathfrak{Cos}^2 x - \mathfrak{Sin}^2 x = 1, \qquad \mathfrak{Cos}\left(x + \frac{i\pi}{2}\right) = i\, \mathfrak{Sin}\, x,$$

$$\mathfrak{Sin}\left(x + \frac{i\pi}{2}\right) = i\, \mathfrak{Cos}\, x, \qquad \frac{d}{dx}\mathfrak{Cos}\, x = \mathfrak{Sin}\, x, \qquad \frac{d}{dx}\mathfrak{Sin}\, x = \mathfrak{Cos}\, x.$$

Beide sind Lösungen der

Differentialgleichung: $y'' - y = 0$.

Sie sind darstellbar durch die

Reihenentwicklungen:

$$\mathfrak{Cos}\, x = 1 + \frac{x^2}{2!} + \frac{x^4}{4!} + \cdots, \qquad \mathfrak{Sin}\, x = x + \frac{x^3}{3!} + \frac{x^5}{5!} + \cdots.$$

Sie sind periodisch mit $2\pi i$ wie e^x, haben aber Nullstellen bei $(n + \frac{1}{2})\,\pi i$ bzw. $n\pi i$.

Daneben werden die meromorphen Funktionen $\mathfrak{Tg}\, x$ und $\mathfrak{Ctg}\, x$ definiert durch:

$$\mathfrak{Tg}\, x = \frac{\mathfrak{Sin}\, x}{\mathfrak{Cos}\, x} = \frac{1}{\mathfrak{Ctg}\, x}.$$

Sie sind periodisch mit πi, haben Nullstellen bei $n\pi i$ und Pole erster Ordnung bei $(n + \frac{1}{2})\,\pi i$ bzw. umgekehrt.

$\mathfrak{Tg}\, x$ ist auch darstellbar durch die Reihenentwicklung:

$$\mathfrak{Tg}\, x = x - \frac{x^3}{3} + \frac{2}{15}x^5 - \frac{17}{315}x^7 + \cdots \quad \text{(s. S. 61).}$$

Durch Zerlegung von e^{ix} in eine gerade und eine ungerade Funktion kommt man zu den ganztranszendenten

c) trigonometrischen oder Kreisfunktionen $\cos x$ und $\sin x$.

$$\cos x = \frac{e^{ix} + e^{-ix}}{2} = \mathfrak{Cos}\, i x, \qquad \sin x = \frac{e^{ix} - e^{-ix}}{2i} = -i\, \mathfrak{Sin}\, i x$$

$$e^{ix} = \cos x + i \sin x, \qquad e^{-ix} = \cos x - i \sin x.$$

Sie sind verknüpft durch:

$$\cos^2 x + \sin^2 x = 1, \qquad \cos\left(x + \frac{\pi}{2}\right) = -\sin x,$$

$$\sin\left(x + \frac{\pi}{2}\right) = \cos x, \qquad \frac{d}{dx}\cos x = -\sin x, \qquad \frac{d}{dx}\sin x = \cos x.$$

Beide sind Lösungen der

Differentialgleichung: $\qquad y'' + y = 0.$

Sie sind darstellbar durch die

Reihenentwicklungen:

$$\cos x = 1 - \frac{x^2}{2!} + \frac{x^4}{4!} - \cdots, \qquad \sin x = x - \frac{x^3}{3!} + \frac{x^5}{5!} - + \cdots.$$

Sie sind periodisch mit 2π und haben Nullstellen bei $(n + \frac{1}{2})\pi$ bzw. $n\pi$. Es gilt auch die

Produktdarstellung: $\qquad \sin \pi x = \pi x \prod_{k=1}^{\infty} \left(1 - \frac{x^2}{k^2}\right).$

Daneben werden die meromorphen Funktionen $\operatorname{tg} x$ und $\operatorname{ctg} x$ definiert durch:

$$\operatorname{tg} x = \frac{\sin x}{\cos x} = \frac{1}{\operatorname{ctg} x} = -i\,\mathfrak{Tg}\,i\,x = \frac{-i}{\mathfrak{Ctg}\,i\,x}.$$

Sie sind periodisch mit π und haben Nullstellen bei $n\pi$ sowie Pole erster Ordnung bei $(n + \frac{1}{2})\pi$ bzw. umgekehrt.

$\operatorname{tg} x$ ist auch darstellbar durch die Reihenentwicklung:

$$\operatorname{tg} x = x + \frac{x^3}{3} + \frac{2}{15}x^5 + \frac{17}{315}x^7 + \cdots \quad \text{(s. S. 61).}$$

Wenig benutzt werden die Funktionen:

$$\sec x = \frac{1}{\cos x}, \qquad \operatorname{cosec} x = \frac{1}{\sin x}, \qquad \sin\operatorname{vers} x = 1 - \cos x,$$

$$\operatorname{sem} x = \frac{1 - \cos x}{2} = \sin^2 \frac{x}{2}.$$

Zu den hier gegebenen werden folgende *Umkehrfunktionen* (inverse Funktionen) oft gebraucht:

d) Der natürliche Logarithmus $\ln x$ (logarithmus naturalis).

Er ist definiert durch:

$$e^{\ln x} = \ln e^x = x, \quad \text{darstellbar durch die}$$

Integraldarstellung: $\qquad \ln x = \int_1^x \frac{dt}{t},$ sowie durch den

Grenzwert: $\qquad \ln x = \lim_{\varepsilon \to 0} \frac{x^\varepsilon - 1}{\varepsilon}.$ Es gilt die

Funktionalgleichung: $\ln a x = \ln x + \ln a.$

$\ln x$ hat bei 0 und ∞ wesentliche Singularitäten (Verzweigungspunkte unendlicher Ordnung) und ist daher unendlich-deutig. Die Funktionswerte in den einzelnen Zweigen unterscheiden sich um Vielfache von

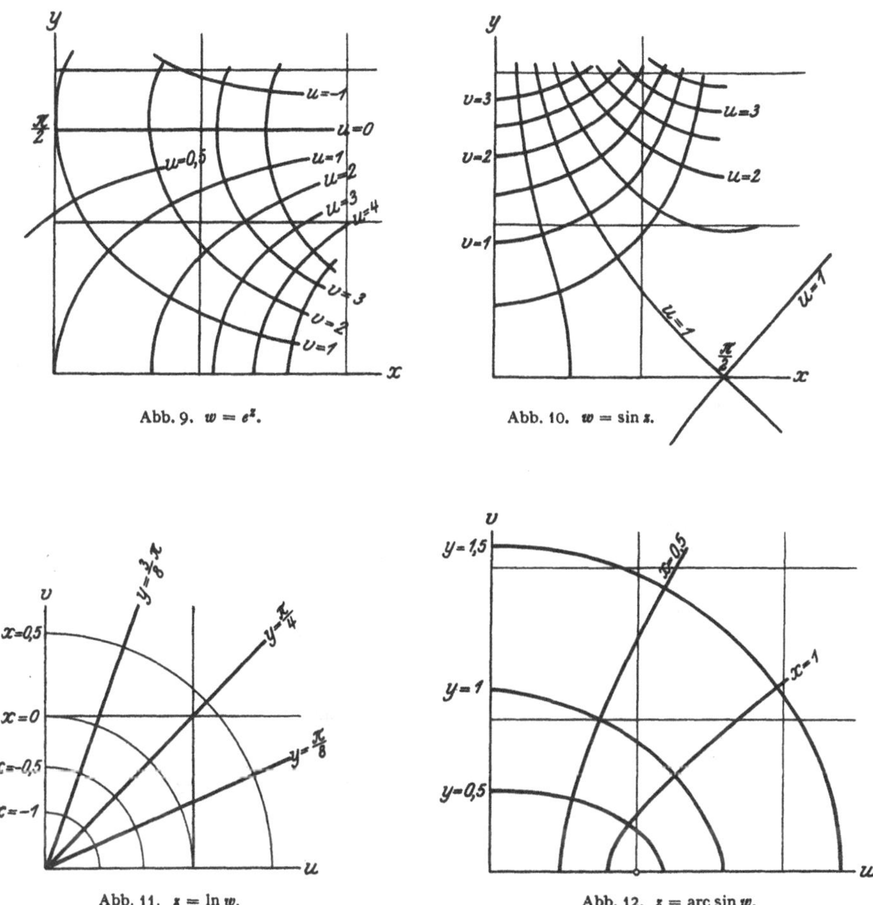

Abb. 9. $w = e^z$.

Abb. 10. $w = \sin z$.

Abb. 11. $z = \ln w$.

Abb. 12. $z = \arcsin w$.

$2\pi i$. $\ln x$ ist daher bei $x = 0$ nicht entwickelbar, wohl aber an jeder anderen Stelle im Endlichen. Es ist:

$$\ln(a + x) = \ln a + \frac{x}{a} - \frac{x^2}{2a^2} + \frac{x^3}{3a^3} - \frac{x^4}{4a^4} + \cdots.$$

In der rechnerischen Praxis wird statt des natürlichen Logarithmus fast ausschließlich der BRIGGS*sche Logarithmus* log zur „Basis" 10 gebraucht. Es ist: $10^{\log x} = x$, daher: $\log x = \frac{\ln x}{\ln 10} = 0{,}434295\ldots\ln x$.

e) Die cyklometrischen Funktionen arc sin x, arc cos x, $\mathfrak{Ar\,Sin}\,x$, $\mathfrak{Ar\,Cof}\,x$ usw.

Sie sind als Umkehrfunktionen definiert durch:

$$\sin(\operatorname{arc}\sin x) = \operatorname{arc}\sin(\sin x) = x$$

und analog für die andern. Sie lassen sich darstellen durch Logarithmen:

$$\operatorname{arc}\sin x = -i\ln\left(i x + \sqrt{1-x^2}\right); \qquad \operatorname{arc}\cos x = -i\ln\left(x + i\sqrt{1-x^2}\right)$$

$$\mathfrak{Ar\,Sin}\,x = \ln\left(x + \sqrt{x^2+1}\right); \qquad \mathfrak{Ar\,Cof}\,x = \ln\left(x + \sqrt{x^2-1}\right)$$

$$\operatorname{arc}\operatorname{tg} x = \frac{-i}{2}\ln\frac{1+ix}{1-ix}; \qquad \operatorname{arc}\operatorname{ctg} x = \frac{-i}{2}\ln\frac{ix-1}{ix+1}$$

$$\mathfrak{Ar\,Tg}\,x = \frac{1}{2}\ln\frac{1+x}{1-x}; \qquad \mathfrak{Ar\,Ctg}\,x = \frac{1}{2}\ln\frac{x+1}{x-1}.$$

Diese Funktionen sind unendlich-deutig. In jedem Zweig (Blatt) liegen zwei Verzweigungspunkte erster Ordnung, von denen Verzweigungsschnitte nach ∞ laufen.

In den Abb. 9—12 sind die Funktionen e^{x+iy} und $\sin(x+iy)$ sowie ihre Umkehrfunktionen schematisch dargestellt.

Weitere nützliche Formeln:

1. Beziehungen der Kreisfunktionen untereinander:

$$\cos x = \sqrt{1-\sin^2 x} = \frac{1}{\sqrt{1+\operatorname{tg}^2 x}} = \frac{\operatorname{ctg} x}{\sqrt{1+\operatorname{ctg}^2 x}}$$

$$\sqrt{1-\cos^2 x} = \sin x = \frac{\operatorname{tg} x}{\sqrt{1+\operatorname{tg}^2 x}} = \frac{1}{\sqrt{1+\operatorname{ctg}^2 x}}$$

$$\frac{\sqrt{1-\cos^2 x}}{\cos x} = \frac{\sin x}{\sqrt{1-\sin^2 x}} = \operatorname{tg} x = \frac{1}{\operatorname{ctg} x}$$

$$\frac{\cos x}{\sqrt{1-\cos^2 x}} = \frac{\sqrt{1-\sin^2 x}}{\sin x} = \frac{1}{\operatorname{tg} x} = \operatorname{ctg} x.$$

2. Beziehungen der Hyperbelfunktionen untereinander:

$$\mathfrak{Cof}\,x = \sqrt{1+\mathfrak{Sin}^2 x} = \frac{1}{\sqrt{1-\mathfrak{Tg}^2 x}} = \frac{\mathfrak{Ctg}\,x}{\sqrt{\mathfrak{Ctg}^2 x - 1}}$$

$$\sqrt{\mathfrak{Cof}^2 x - 1} = \mathfrak{Sin}\,x = \frac{\mathfrak{Tg}\,x}{\sqrt{1-\mathfrak{Tg}^2 x}} = \frac{1}{\sqrt{\mathfrak{Ctg}^2 x - 1}}$$

$$\frac{\sqrt{\mathfrak{Cof}^2 x - 1}}{\mathfrak{Cof}\,x} = \frac{\mathfrak{Sin}\,x}{\sqrt{1+\mathfrak{Sin}^2 x}} = \mathfrak{Tg}\,x = \frac{1}{\mathfrak{Ctg}\,x}$$

$$\frac{\mathfrak{Cof}\,x}{\sqrt{\mathfrak{Cof}^2 x - 1}} = \frac{\sqrt{1+\mathfrak{Sin}^2 x}}{\mathfrak{Sin}\,x} = \frac{1}{\mathfrak{Tg}\,x} = \mathfrak{Ctg}\,x.$$

3. Additionstheorem:

$$\cos(x \pm y) = \cos x \cos y \mp \sin x \sin y \qquad \mathfrak{Cof}\,(x \pm y) = \mathfrak{Cof}\,x\,\mathfrak{Cof}\,y \pm \mathfrak{Sin}\,x\,\mathfrak{Sin}\,y$$

$$\sin(x \pm y) = \sin x \cos y \pm \cos x \sin y \qquad \mathfrak{Sin}\,(x \pm y) = \mathfrak{Sin}\,x\,\mathfrak{Cof}\,y \pm \mathfrak{Cof}\,x\,\mathfrak{Sin}\,y$$

$$\operatorname{tg}(x \pm y) = \frac{\operatorname{tg} x \pm \operatorname{tg} y}{1 \mp \operatorname{tg} x \operatorname{tg} y} \qquad \mathfrak{Tg}\,(x \pm y) = \frac{\mathfrak{Tg}\,x \pm \mathfrak{Tg}\,y}{1 \pm \mathfrak{Tg}\,x\,\mathfrak{Tg}\,y}$$

$$\operatorname{ctg}(x \pm y) = \frac{\operatorname{ctg} x \operatorname{ctg} y \mp 1}{\operatorname{ctg} y \pm \operatorname{ctg} x} \qquad \mathfrak{Ctg}\,(x \pm y) = \frac{\mathfrak{Ctg}\,x\,\mathfrak{Ctg}\,v \pm 1}{\mathfrak{Ctg}\,y \pm \mathfrak{Ctg}\,x}.$$

4. Funktionen des doppelten Arguments:

$$\cos 2x = \cos^2 x - \sin^2 x = \frac{1 - \operatorname{tg}^2 x}{1 + \operatorname{tg}^2 x} \qquad \mathfrak{Cof}\,2x = \mathfrak{Cof}^2 x + \mathfrak{Sin}^2 x$$

$$\sin 2x = 2 \cos x \sin x = \frac{2 \operatorname{tg} x}{1 + \operatorname{tg}^2 x} \qquad \mathfrak{Sin}\,2x = 2\,\mathfrak{Cof}\,x\,\mathfrak{Sin}\,x$$

$$\operatorname{tg} 2x = \frac{2 \operatorname{tg} x}{1 - \operatorname{tg}^2 x} \qquad \mathfrak{Tg}\,2x = \frac{2\,\mathfrak{Tg}\,x}{1 + \mathfrak{Tg}^2 x}$$

$$\operatorname{ctg} 2x = \frac{\operatorname{ctg}^2 x - 1}{2 \operatorname{ctg} x} \qquad \mathfrak{Ctg}\,2x = \frac{\mathfrak{Ctg}^2 x + 1}{2\,\mathfrak{Ctg}\,x}.$$

5. Funktionen des n-fachen Arguments:

$$\cos n x = \cos^n x - \binom{n}{2} \sin^2 x \cos^{n-2} x + \binom{n}{4} \sin^4 x \cos^{n-4} x - \cdots$$

$$\sin n x = n \sin x \cos^{n-1} x - \binom{n}{3} \sin^3 x \cos^{n-3} x + \binom{n}{5} \sin^5 x \cos^{n-5} x - \cdots$$

$$\cos n x + i \sin n x = (\cos x + i \sin x)^n.$$

6. Potenzen der Funktionen (FOURIER-Reihen):

Wenn n ungerade:

$$\sin^n x = \left(\frac{1}{2i}\right)^{n-1} \Bigg[\sin n x - \binom{n}{1} \sin(n-2)\,x + \binom{n}{2} \sin(n-4)\,x - \\ - \binom{n}{3} \sin(n-6)\,x + \cdots (-1)^{\frac{n-1}{2}} \binom{n}{\frac{n-1}{2}} \sin x\Bigg]$$

$$\cos^n x = \left(\frac{1}{2}\right)^{n-1} \Bigg[\cos n x + \binom{n}{1} \cos(n-2)\,x + \binom{n}{2} \cos(n-4)\,x + \cdots \\ + \binom{n}{\frac{n-1}{2}} \cos x\Bigg]$$

wenn n gerade:

$$\sin^n x = \frac{(-1)^{n/2}}{2^{n-1}} \Bigg[\cos n x - \binom{n}{1} \cos(n-2)\,x + \binom{n}{2} \cos(n-4)\,x - \cdots \\ + (-1)^{\frac{n-2}{2}} \binom{n}{\frac{n-2}{2}} \cos 2x\Bigg] + \binom{n}{\frac{n}{2}} \frac{1}{2^n}$$

$$\cos^n x = \left(\frac{1}{2}\right)^{n-1}\left[\cos n x + \binom{n}{1}\cos(n-2)x + \binom{n}{2}\cos(n-4)x + \cdots + \binom{n}{\frac{n-2}{2}}\cos 2x\right] + \binom{n}{\frac{n}{2}}\frac{1}{2^n}.$$

7. Funktionen des halben Arguments:

$$\cos\frac{x}{2} = \sqrt{\frac{1+\cos x}{2}} \qquad \mathfrak{Cof}\frac{x}{2} = \sqrt{\frac{\mathfrak{Cof}\,x+1}{2}}$$

$$\sin\frac{x}{2} = \sqrt{\frac{1-\cos x}{2}} \qquad \mathfrak{Sin}\frac{x}{2} = \sqrt{\frac{\mathfrak{Cof}\,x-1}{2}}$$

$$\operatorname{tg}\frac{x}{2} = \frac{\sin x}{1+\cos x} = \frac{1-\cos x}{\sin x} \qquad \mathfrak{Tg}\frac{x}{2} = \frac{\mathfrak{Sin}\,x}{\mathfrak{Cof}\,x+1} = \frac{\mathfrak{Cof}\,x-1}{\mathfrak{Sin}\,x}$$

$$\operatorname{ctg}\frac{x}{2} = \frac{\sin x}{1-\cos x} = \frac{1+\cos x}{\sin x} \qquad \mathfrak{Ctg}\frac{x}{2} = \frac{\mathfrak{Sin}\,x}{\mathfrak{Cof}\,x-1} = \frac{\mathfrak{Cof}\,x+1}{\mathfrak{Sin}\,x}$$

8. Summe und Differenz der Funktionen:

$$\cos x + \cos y = 2\cos\frac{x+y}{2}\cos\frac{x-y}{2} \qquad \mathfrak{Cof}\,x + \mathfrak{Cof}\,y = 2\,\mathfrak{Cof}\frac{x+y}{2}\mathfrak{Cof}\frac{x-y}{2}$$

$$\cos x - \cos y = -2\sin\frac{x+y}{2}\sin\frac{x-y}{2} \qquad \mathfrak{Cof}\,x - \mathfrak{Cof}\,y = 2\,\mathfrak{Sin}\frac{x+y}{2}\mathfrak{Sin}\frac{x-y}{2}$$

$$\sin x \pm \sin y = 2\sin\frac{x\pm y}{2}\cos\frac{x\mp y}{2} \qquad \mathfrak{Sin}\,x \pm \mathfrak{Sin}\,y = 2\,\mathfrak{Sin}\frac{x\pm y}{2}\mathfrak{Cof}\frac{x\mp y}{2}$$

$$\operatorname{tg} x \pm \operatorname{tg} y = \frac{\sin(x\pm y)}{\cos x\cos y} \qquad \mathfrak{Tg}\,x \pm \mathfrak{Tg}\,y = \frac{\mathfrak{Sin}(x\pm y)}{\mathfrak{Cof}\,x\,\mathfrak{Cof}\,y}$$

$$\operatorname{ctg} x \pm \operatorname{ctg} y = \frac{\sin(y\pm x)}{\sin x\sin y} \qquad \mathfrak{Ctg}\,x \pm \mathfrak{Ctg}\,y = \frac{\mathfrak{Sin}(y\pm x)}{\mathfrak{Sin}\,x\,\mathfrak{Sin}\,y}.$$

9. Produktauflösung:

$$2\cos nx\cos mx = \cos(n-m)x + \cos(n+m)x \qquad 2\,\mathfrak{Cof}\,nx\,\mathfrak{Cof}\,mx = \mathfrak{Cof}(n+m)x + \mathfrak{Cof}(n-m)x$$

$$2\sin nx\sin mx = \cos(n-m)x - \cos(n+m)x \qquad 2\,\mathfrak{Sin}\,nx\,\mathfrak{Sin}\,mx = \mathfrak{Cof}(n+m)x - \mathfrak{Cof}(n-m)x$$

$$2\sin nx\cos mx = \sin(n-m)x + \sin(n+m)x \qquad 2\,\mathfrak{Sin}\,nx\,\mathfrak{Cof}\,mx = \mathfrak{Sin}(n+m)x + \mathfrak{Sin}(n-m)x.$$

10. Summe und Differenz der inversen Funktionen:

$$\operatorname{arc}\cos x \pm \operatorname{arc}\cos y = \operatorname{arc}\cos\left(xy \mp \sqrt{1-x^2}\sqrt{1-y^2}\right) = \operatorname{arc}\sin\left(y\sqrt{1-x^2} \pm x\sqrt{1-y^2}\right)$$

$$\mathfrak{Ar}\,\mathfrak{Cof}\,x \pm \mathfrak{Ar}\,\mathfrak{Cof}\,y = \mathfrak{Ar}\,\mathfrak{Cof}\left(xy \pm \sqrt{x^2-1}\sqrt{y^2-1}\right) = \mathfrak{Ar}\,\mathfrak{Sin}\left(y\sqrt{x^2-1} \pm x\sqrt{y^2-1}\right)$$

$$\begin{aligned}&\arcsin x \pm \arcsin y\\ &\quad = \arcsin\left(x\sqrt{1-y^2} \pm y\sqrt{1-x^2}\right)\\ &\quad = \arccos\left(\sqrt{1-x^2}\sqrt{1-y^2} \mp xy\right)\end{aligned}$$

$$\begin{aligned}&\mathfrak{Ar}\,\mathfrak{Sin}\, x \pm \mathfrak{Ar}\,\mathfrak{Sin}\, y\\ &\quad = \mathfrak{Ar}\,\mathfrak{Sin}\left(x\sqrt{y^2+1} \pm y\sqrt{x^2+1}\right)\\ &\quad = \mathfrak{Ar}\,\mathfrak{Cof}\left(\sqrt{x^2+1}\sqrt{y^2+1} \pm xy\right)\end{aligned}$$

$$\begin{aligned}&\operatorname{arc\,tg} x \pm \operatorname{arc\,tg} y\\ &\quad = \operatorname{arc\,tg}\frac{x \pm y}{1 \mp xy}\end{aligned}$$

$$\begin{aligned}&\mathfrak{Ar}\,\mathfrak{Tg}\, x \pm \mathfrak{Ar}\,\mathfrak{Tg}\, y\\ &\quad = \mathfrak{Ar}\,\mathfrak{Tg}\,\frac{x \pm y}{1 \pm xy}.\end{aligned}$$

Praktische Verwendung von Logarithmen und trigonometrischen Funktionen. Die Verwendung von Logarithmen, besonders der BRIGGSschen: $\log x = 0{,}434\,295\ldots \cdot \ln x$ zur Berechnung rein multiplikativ aufgebauter Funktionen ist allgemein bekannt. Zur Berechnung einiger anderer Funktionen mit Zuhilfenahme logarithmisch-trigonometrischer Tabellen sind folgende Formeln mit einem Hilfswinkel φ nützlich:

$$\left.\begin{aligned} a+b &= \frac{a}{\cos^2\varphi} && \text{mit } \operatorname{tg}\varphi = \sqrt{\frac{b}{a}}\\ a-b &= a\cos^2\varphi && \text{mit } \sin\varphi = \sqrt{\frac{b}{a}}\end{aligned}\right\}$$

(Methode der *Additions-* und *Subtraktionslogarithmen*)

$$\sqrt{\frac{a-b}{a+b}} = \operatorname{tg}\frac{\varphi}{2} \qquad \text{mit } \cos\varphi = \frac{b}{a}$$

$$\frac{a-b}{a+b} = \operatorname{tg}\left(\frac{\pi}{4}-\varphi\right) \qquad \text{mit } \operatorname{tg}\varphi = \frac{b}{a}$$

$$\sqrt{a^2+b^2} = \frac{a}{\cos\varphi} = \frac{b}{\sin\varphi} \qquad \text{mit } \operatorname{tg}\varphi = \frac{b}{a}$$

$$\sqrt{a^2-b^2} = a\sin\varphi = b\operatorname{tg}\varphi \qquad \text{mit } \cos\varphi = \frac{b}{a}$$

$$\sqrt{a^2+b^2-2ab\cos\gamma} = (a+b)\cos\varphi \qquad \text{mit } \sin\varphi = \frac{2\sqrt{ab}}{(a+b)}\cdot\cos\frac{\gamma}{2}$$

$$\begin{aligned}\cos a\cos b + \sin a\sin b\cos\gamma &= \frac{\cos a\cos(b-\varphi)}{\cos\varphi} && \text{mit } \operatorname{tg}\varphi = \operatorname{tg} a\cdot\cos\gamma\\ &= \frac{\cos a\sin(b+\varphi)}{\sin\varphi} && \text{mit } \operatorname{ctg}\varphi = \operatorname{tg} a\cdot\cos\gamma.\end{aligned}$$

Lösung von Gleichungen:

$$x^2-2ax-b^2=0;\quad x_1 = b\operatorname{tg}\varphi,\quad x_2 = -b\operatorname{ctg}\varphi \quad \text{mit } \operatorname{tg}2\varphi = \frac{b}{a}$$

$$x^2-2ax+b^2=0;\quad x_1 = b\operatorname{tg}\varphi,\quad x_2 = b\operatorname{ctg}\varphi \quad \text{mit } \sin 2\varphi = \frac{b}{a}$$

(für $b < a$)

bzw. $$x_{1,2} = b(\cos\varphi \pm i\sin\varphi) \quad \text{mit} \quad \cos\varphi = \frac{a}{b}$$
(für $b > a$)

$$a\cos x + b\sin x = c; \quad x = \varphi + \psi \text{ mit } \operatorname{tg}\varphi = \frac{b}{a},$$
$$\cos\psi = \frac{c}{a}\cos\varphi = \frac{c}{b}\sin\varphi$$

$$x^3 - 3ax^2 + 3bx - c = 0; \quad x_n = a + 2\sqrt{a^2 - b}\cos\left(\frac{\varphi + 2\pi n}{3}\right) \quad (n = 0, 1, 2)$$

$$\text{mit } \cos\varphi = \frac{a^3 - \frac{3}{2}ab + \frac{c}{2}}{(a^2 - b)^{\frac{3}{2}}} \quad (\text{für } a^2 \neq b).$$
$$\left(\text{Für } a^2 = b \text{ ist } x = a + \sqrt[3]{c - a^3}.\right)$$

Trigonometrie. Durch trigonometrische Funktionen darstellbare Beziehungen zwischen den Seiten a, b, c und ihren Gegenwinkeln α, β, γ im

1. *ebenen Dreieck* $(\alpha + \beta + \gamma = \pi)$

$\sin\alpha : \sin\beta : \sin\gamma = a : b : c$ (Sinussatz)

$a^2 = b^2 + c^2 - 2bc\cos\alpha$ (verallgemeinerter Pythagoras)

$$\left.\begin{aligned}(b + c)\sin\frac{\alpha}{2} &= a\cos\frac{\beta - \gamma}{2}\\ (b - c)\cos\frac{\alpha}{2} &= a\sin\frac{\beta - \gamma}{2}\end{aligned}\right\} \quad \text{(Gleichungen von Mollweide)}$$

$$\frac{b - c}{b + c} = \operatorname{tg}\frac{\beta - \gamma}{2}\cdot\operatorname{tg}\frac{\alpha}{2} = \frac{\operatorname{tg}\frac{\beta - \gamma}{2}}{\operatorname{tg}\frac{\beta + \gamma}{2}} \quad \text{(Napiersche Gleichung)}$$

$$\operatorname{tg}\frac{\alpha}{2} = \sqrt{\frac{(s - b)(s - c)}{s(s - a)}} \quad \text{mit} \quad s = \frac{a + b + c}{2}$$

Flächeninhalt: $I = \frac{ab}{2}\sin\gamma = \sqrt{s(s - a)(s - b)(s - c)}$,

2. *sphärischen Dreieck* $(\alpha + \beta + \gamma = \pi + \varepsilon;\ \varepsilon =$ sphärischer Exzeß

$\sin\alpha : \sin\beta : \sin\gamma = \sin a : \sin b : \sin c$ (Sinussatz)

$$\left.\begin{aligned}\cos a &= \cos b\cos c + \sin b\sin c\cos\alpha\\ \cos\alpha &= -\cos\beta\cos\gamma + \sin\beta\sin\gamma\cos a\end{aligned}\right\} \quad \text{(Cosinussätze)}$$

$$\left.\begin{aligned}\sin\frac{\alpha}{2}\sin\frac{b + c}{2} &= \sin\frac{a}{2}\cos\frac{\beta - \gamma}{2}\\ \sin\frac{\alpha}{2}\cos\frac{b + c}{2} &= \cos\frac{a}{2}\cos\frac{\beta + \gamma}{2}\\ \cos\frac{\alpha}{2}\sin\frac{b - c}{2} &= \sin\frac{a}{2}\sin\frac{\beta - \gamma}{2}\\ \cos\frac{\alpha}{2}\cos\frac{b - c}{2} &= \cos\frac{a}{2}\sin\frac{\beta + \gamma}{2}\end{aligned}\right\} \quad \begin{matrix}\text{Gleichungen von}\\ \text{Mollweide, Gauss, Delambre}\end{matrix}$$

$$\operatorname{tg}\frac{\alpha}{2}=\sqrt{\frac{\sin(s-b)\sin(s-c)}{\sin s\sin(s-a)}}\qquad s=\frac{a+b+c}{2}<\frac{\pi}{2}$$

$$\operatorname{tg}\frac{a}{2}=\sqrt{\frac{-\cos\sigma\cos(\sigma-\alpha)}{\cos(\sigma-\beta)\cos(\sigma-\gamma)}}\qquad \sigma=\frac{\alpha+\beta+\gamma}{2}>\frac{\pi}{2}$$

Flächeninhalt: $I=R^2\,\varepsilon$ (d. h. ε in Bogenmaß gemessen, $R=$ Kugelradius)

$$\operatorname{tg}\frac{\varepsilon}{4}=\sqrt{\operatorname{tg}\frac{s}{2}\operatorname{tg}\frac{(s-a)}{2}\operatorname{tg}\frac{(s-b)}{2}\operatorname{tg}\frac{(s-c)}{2}}\,.$$

Die Benutzung eines Hilfswinkels (s. S. 97) ist bei logarithmischen Rechnungen hier oft nützlich, z. B. im ebenen Dreieck:

$$c=(a+b)\cos\varphi\quad\text{mit}\quad\sin\varphi=\frac{2\sqrt{ab}}{a+b}\cos\frac{\gamma}{2}\quad\text{für } c \text{ aus } a,\ b,\ \gamma$$

$$\text{bzw. }\cos\frac{\gamma}{2}=\frac{a+b}{2\sqrt{ab}}\sin\varphi\quad\text{mit}\quad\cos\varphi=\frac{c}{a+b}\quad\text{für } \gamma \text{ aus } a,\ b,\ c,$$

sowie im sphärischen Dreieck:

$$\left.\begin{aligned}\cos c&=\frac{\cos(b-\varphi)}{\cos\varphi}\cos a\\ \cos(b-\varphi)&=\frac{\cos c}{\cos a}\cos\varphi\\ \operatorname{tg}\alpha&=\operatorname{tg}\gamma\frac{\sin\varphi}{\sin(b-\varphi)}\end{aligned}\right\}\ \text{mit}\ \operatorname{tg}\varphi=\operatorname{tg}a\cdot\cos\gamma\ \left\{\begin{aligned}&\text{für } c \text{ aus } a,\ b,\ \gamma\\ &\text{für } b \text{ aus } a,\ c,\ \gamma\\ &\text{für } \alpha \text{ aus } a,\ b,\ \gamma.\end{aligned}\right.$$

5. Funktionen vom hypergeometrischen Typus.

a) Die allgemeinen hypergeometrischen Funktionen.

Sie sind definiert als die Lösungen der

GAUSSschen Differentialgleichung:

$$x(1-x)\,y''+(\gamma-(\alpha+\beta+1)\,x)\,y'-\alpha\beta\,y=0. \tag{1}$$

Diese ist lösbar durch die

Reihenentwicklung:

$$y=x^{\delta}u(x,\delta)=x^{\delta}\sum_{k=0}^{\infty}c_k x^k\quad\text{mit}\quad c_{k+1}=c_k\frac{(\alpha+\delta+k)(\beta+\delta+k)}{(\gamma+\delta+k)(1+\delta+k)}.$$

Die charakteristische Gleichung (s. S. 283) für δ lautet hier:

$$\delta(\delta+\gamma-1)=0.$$

Man hat also zwei linear unabhängige Lösungen, falls γ keine ganze Zahl ist:

$$\left.\begin{aligned}y_1=F(\alpha,\beta,\gamma,x)=1+\frac{\alpha\beta}{\gamma}x+\frac{\alpha(\alpha+1)\beta(\beta+1)}{\gamma(\gamma+1)}\frac{x^2}{2!}+\\ +\frac{\alpha(\alpha+1)(\alpha+2)\beta(\beta+1)(\beta+2)}{\gamma(\gamma+1)(\gamma+2)}\frac{x^3}{3!}+\cdots,\end{aligned}\right\} \tag{2}$$

sowie
$$y_2 = x^{1-\gamma}\left(1 + \frac{(\alpha-\gamma+1)(\beta-\gamma+1)}{2-\gamma}x + \cdots\right), \tag{3}$$
die man auch darstellen kann durch:
$$y_2 = x^{1-\gamma}F(\alpha-\gamma+1,\ \beta-\gamma+1, 2-\gamma, x). \tag{3'}$$
Es genügt daher im wesentlichen das Studium der einen speziellen Funktion $F(\alpha, \beta, \gamma, x)$ in ihrer Abhängigkeit vom Argument x und ihren Parametern α, β, γ. Sie ist als Lösung von (1) durch $y(0) = 1$, $y'(0) = \frac{\alpha\beta}{\gamma}$ festgelegt.

Die beiden Reihen (2) und (3) konvergieren unbedingt für $|x| < 1$, außer wenn γ ganzzahlig ist. In letzterem Falle findet man nur *eine* Lösung, weil für $\gamma = 1$ beide Reihen identisch werden und sonst eine von ihnen divergiert. Als zweite Lösung (neben einer ersten $y^{(1)}$) hat man dann einen Ausdruck der Form: $y^{(2)} = y^{(1)} \ln x + z$ zu nehmen, wo z entweder nach dem allgemeinen Verfahren von S. 276 oder durch Reihenentwicklung als eine Lösung der inhomogenen Gleichung zu finden ist, wenn man (bei bekanntem $y^{(1)}$) mit $y^{(2)}$ in die Differentialgleichung (1) eingeht.

Für $\gamma = 1$ ist auch:
$$y_2 = F(\alpha, \beta, 1, x)\cdot \ln x + \left(\frac{\partial F}{\partial \alpha} + \frac{\partial F}{\partial \beta} + 2\frac{\partial F}{\partial \gamma}\right)_{\gamma=1}.$$
Für negativ ganzes α oder β bricht eine der Reihen ab und liefert ein Polynom (JACOBIsche Polynome S. 64).

Die GAUSSsche Differentialgleichung ist auch lösbar durch die **Integraldarstellung:**
$$y = C\int t^{\alpha-1}(1-t)^{\gamma-\alpha-1}(1-xt)^{-\beta}\,dt.$$
Der Integrationsweg ist zu nehmen entweder

a) zwischen zwei Punkten, in denen $t^{\alpha}(1-t)^{\gamma-\alpha}(1-xt)^{-\beta-1}$ verschwindet oder

b) in einer geschlossenen Schleife um zwei singuläre Stellen des Integranden oder

c) in einer Doppelschleife (s. S. 82), die die zwei Singularitäten je zweimal in entgegengesetztem Sinne umfaßt.

Um speziell $F(\alpha, \beta, \gamma, x)$ darzustellen, hat man die Punkte 0 und 1 zu nehmen und $t = 1/x$ auszuschließen. Der Normierungsfaktor C ist durch $y(0) = 1$ festgelegt. Das gelingt für

a) mit $C_a = \dfrac{\Pi(\gamma-1)}{\Pi(\alpha-1)\,\Pi(\gamma-\alpha-1)}$, $\begin{cases}\text{falls } \Re\alpha > 0\\ \text{und } \Re(\gamma-\alpha) > 0 \text{ ist,}\end{cases}$

b) mit $C_b = \dfrac{1}{1-e^{2\pi i\alpha}}C_a$, falls γ ganzzahlig ist,

c) mit $C_c = \dfrac{1}{1-e^{2\pi i(\gamma-\alpha)}}C_b$.

Damit findet man auch den speziellen Wert:

$$F(\alpha, \beta, \gamma, 1) = \frac{\Pi(\gamma-1)\,\Pi(\gamma-\alpha-\beta-1)}{\Pi(\gamma-\alpha-1)\,\Pi(\gamma-\beta-1)}.$$

Es bestehen eine Anzahl von identischen Beziehungen, deren wichtigste unter anderen sind:

$$\begin{aligned} F(\alpha, \beta, \gamma, x) &\equiv F(\beta, \alpha, \gamma, x) \\ &\equiv (1-x)^{\gamma-\alpha-\beta} F(\gamma-\alpha, \gamma-\beta, \gamma, x) \\ &\equiv \frac{\Pi(\beta-\alpha-1)\,\Pi(\gamma-1)}{\Pi(\beta-1)\,\Pi(\gamma-\alpha-1)}(-x)^{-\alpha} F\left(\alpha, \alpha-\gamma+1, \alpha-\beta+1, \frac{1}{x}\right) + \\ &\quad + \frac{\Pi(\alpha-\beta-1)\,\Pi(\gamma-1)}{\Pi(\alpha-1)\,\Pi(\gamma-\beta-1)}(-x)^{-\beta} F\left(\beta, \beta-\gamma+1, \beta-\alpha+1, \frac{1}{x}\right). \end{aligned}$$

Man kann diese letztere benutzen, um asymptotische (semikonvergente) Reihen für $|x|>1$ zu erhalten.

Es gilt ferner:

$$\frac{d}{dx} F(\alpha, \beta, \gamma, x) = \frac{\alpha\beta}{\gamma} F(\alpha+1, \beta+1, \gamma+1, x).$$

Die GAUSSsche Differentialgleichung ist charakterisiert durch ihre drei regulären Singularitäten (s. S. 283) bei 0, 1 und ∞ mit den Exponenten: 0 und $1-\gamma$, 0 und $\gamma-\alpha-\beta$, sowie α und β. Die Summe dieser Exponenten ist gleich 1.

Durch eine lineare Transformation der unabhängigen Variabeln kann man die Singularitäten in beliebig wählbare Punkte a, b, c verlegen, sowie durch eine Transformation der abhängigen Variabeln den Exponenten beliebige Werte $\alpha\alpha'\ \beta\beta'\ \gamma\gamma'$ erteilen, deren Summe ungeändert $= 1$ bleibt. Das führt zu einer Verallgemeinerung in Gestalt der

RIEMANNschen Differentialgleichung

$$\begin{aligned} y'' &+ \left\{\frac{1-\alpha-\alpha'}{x-a} + \frac{1-\beta-\beta'}{x-b} + \frac{1-\gamma-\gamma'}{x-c}\right\} y' + \\ &+ \left\{\frac{\dfrac{\alpha\alpha'(a-b)(a-c)}{x-a} + \dfrac{\beta\beta'(b-c)(b-a)}{x-b} + \dfrac{\gamma\gamma'(c-a)(c-b)}{x-c}}{(x-a)(x-b)(x-c)}\right\} y = 0. \end{aligned}$$

Ihre Lösungen sind durch hypergeometrische Funktionen darstellbar. Ihre spezielle Lösung:

$$y = \left(\frac{x-a}{x-b}\right)^{\alpha} \left(\frac{x-c}{x-b}\right)^{\gamma} F\left(\alpha+\beta+\gamma,\ \alpha+\beta'+\gamma,\ 1+\alpha-\alpha',\ \frac{(x-a)(c-b)}{(x-b)(c-a)}\right)$$

wird durch das Symbol:

$$y = P\begin{Bmatrix} a & b & c & \\ \alpha & \beta & \gamma & x \\ \alpha' & \beta' & \gamma' & \end{Bmatrix} \text{ bezeichnet.}$$

Andere Lösungen erhält man durch Vertauschung der Spalten dieses Schemas, sowie solche der gestrichenen mit den ungestrichenen Exponenten. (Sie sind aber identisch, wenn man nur die 2. und 3. Spalte vertauscht, sowie deren Exponenten.)

Durch Spezialisierung erhält man neben:

$$F(\alpha, \beta, \gamma, x) = P\begin{Bmatrix} 0 & \infty & 1 & \\ 0 & \alpha & 0 & x \\ 1-\gamma & \beta & \gamma-\alpha-\beta & \end{Bmatrix}$$

andere zum gleichen Typus gehörige Differentialgleichungen und ihre Lösungen.

Mit $a = 1$, $b = \infty$, $c = -1$ wird

$$y_1 = C\,(1-x)^{\alpha}(1+x)^{\gamma} F\left(\alpha+\beta+\gamma, \alpha+\beta'+\gamma, 1+\alpha-\alpha', \frac{1-x}{2}\right),$$

und weiter mit $\alpha = \gamma = -\alpha' = -\gamma' = \frac{m}{2}$, $\beta = -n$, $\beta' = 1+n$

$$y_1 = (1-x^2)^{m/2} F\left(-n+m, n+1+m, 1+m, \frac{1-x}{2}\right) =$$

$$= P_n^m(x) = P\begin{Bmatrix} 1 & 0 & -1 & \\ \frac{m}{2} & -n & -\frac{m}{2} & x \\ \frac{m}{2} & 1+n & -\frac{m}{2} & \end{Bmatrix},$$

d. h. eine zugeordnete Kugelfunktion und deren Gleichung (s. S. 106), ebenso wird mit:

$$\alpha = \gamma = 0, \qquad \alpha' = \gamma' = \tfrac{1}{2}, \qquad \beta = -\beta' = n$$

$$y_1 = F\left(-n, n, \frac{1}{2}, \frac{1-x}{2}\right) = T_n(x) = P\begin{Bmatrix} 1 & 0 & -1 & \\ 0 & n & 0 & x \\ \frac{1}{2} & -n & \frac{1}{2} & \end{Bmatrix},$$

d. h. eine TSCHEBYSCHEFFsche Funktion (s. S. 108).

b) Die Kugelfunktionen $P_n(x)$ und $Q_n(x)$.

Sie sind die Lösungen der LEGENDREschen

Differentialgleichung: $\qquad (1-x^2)\,y'' - 2x\,y' + n(n+1)\,y = 0,$

d. h. spezielle hypergeometrische Funktionen des Arguments $\frac{1-x}{2}$ $\left(\text{oder } \frac{1+x}{2}\right)$ darstellbar durch die

Reihenentwicklungen:

$$y=\sum_{k=0}^{\infty} c_k x^k \quad \text{mit} \quad c_{k+2}=c_k\frac{(k-n)(k+n-1)}{(k+1)(k+2)}, \quad \text{also:}$$

$$y=A\left(1-\frac{n(n+1)}{2!}x^2+\frac{n(n-2)(n+1)(n+3)}{4!}x^4-\cdots\right)+$$
$$+B\left(x-\frac{(n-1)(n+2)}{3!}x^3+\frac{(n-1)(n-3)(n+2)(n+4)}{5!}x^5-\cdots\right)$$

mit beliebigen A und B.

Die für

ganzzahliges $n \geq 0$

abbrechenden Reihen sind die LEGENDREschen Kugelfunktionen bzw. Polynome n-ten Grades: $P_n(x)$ (s. S. 64), die jeweiligen anderen die Kugelfunktionen „zweiter Art": $Q_n(x)=P_{-(n+1)}(x)$ (Abb. 13). Für ganzzahliges n gelten auch die Entwicklungen nach fallenden Potenzen:

$$y=C\cdot x^n\left(1-\frac{n(n-1)}{2(2n-1)}\frac{1}{x^2}+\frac{n(n-1)(n-2)(n-3)}{2\cdot 4\cdot(2n-1)(2n-3)}\frac{1}{x^4}-\cdots\right)+$$
$$+D\frac{1}{x^{n+1}}\left(1+\frac{(n+1)(n+2)}{2(2n+3)}\frac{1}{x^2}+\right.$$
$$\left.+\frac{(n+1)(n+2)(n+3)(n+4)}{2\cdot 4\cdot(2n+3)(2n+5)}\frac{1}{x^4}+\cdots\right) \qquad (|x|>1)$$

mit beliebigen C und D.

Im Speziellen ist in üblicher Normierung: $P_n(1)=1$:

$P_0(x)=1, \quad P_1(x)=x, \quad P_2(x)=\frac{1}{2}(3x^2-1), \quad P_3(x)=\frac{1}{2}(5x^3-3x),$

$P_4(x)=\frac{1}{8}(35x^4-30x^2+3), \quad P_5(x)=\frac{1}{8}(63x^5-70x^3+15x), \ldots$

Die $Q_n(x)$ sind darstellbar durch:

$$Q_n(x)=P_n(x)\cdot\ln\sqrt{\frac{1+x}{1-x}}+\text{Polynom } (n-1)\text{-ten Grades (s. S. 283).}$$

Im Speziellen ist:

$$Q_0(x)=\ln\sqrt{\frac{1+x}{1-x}}=x+\frac{x^3}{3}+\frac{x^5}{5}+\frac{x^7}{7}+\cdots=\mathfrak{Ar}\,\mathfrak{Tg}\,x$$

$$Q_1(x)=x\ln\sqrt{\frac{1+x}{1-x}}-1=-1+x^2+\frac{x^4}{3}+\frac{x^6}{5}+\cdots=x\,\mathfrak{Ar}\,\mathfrak{Tg}\,x-1.$$

Für $|x|>1$ ist

$$\ln\sqrt{\frac{1+x}{1-x}}=\ln\sqrt{\frac{x+1}{x-1}}\pm\frac{i\pi}{2}=\frac{1}{x}+\frac{1}{3x^3}+\frac{1}{5x^5}+\cdots\pm\frac{i\pi}{2}.$$

Weitere $P_n(x)$ und $Q_n(x)$ findet man durch Rekursion (s. u.). Die $P_n(x)$ haben die

erzeugende Funktion:

$$\frac{1}{\sqrt{1-2xt+t^2}} = \sum_{n=0}^{\infty} P_n(x)\, t^n \quad \text{für} \quad |t| < 1,$$

bzw.

$$= \sum_{n=0}^{\infty} P_n(x)\, t^{-(n+1)} \quad \text{für} \quad |t| > 1$$

und lassen sich auch darstellen durch:

$$P_n(x) = \frac{1}{2^n\, n!} \frac{d^n}{dx^n} (x^2-1)^n,$$

sowie durch die

Integraldarstellungen:

$$P_n(x) = \frac{1}{2\pi i} \oint \frac{(t^2-1)^n}{2^n\,(t-x)^{n+1}}\, dt, \quad \text{geschlossen um } t = x, \text{ oder reell.}$$

$$P_n(x) = \frac{1}{\pi} \int_0^{\pi} \left(x \pm (\cos t)\sqrt{x^2-1}\right)^n dt = \frac{1}{\pi} \int_0^{\pi} x \pm (\cos t)\sqrt{x^2-1}\Big)^{-(n+1)} dt.$$

Die $Q_n(x)$ sind darstellbar durch:

$$Q_n(x) = \frac{1}{2} \int_{-1}^{+1} P_n(t) \left(\frac{1}{x-t} \pm i\pi\,\delta(x-t)\right) dt = i\pi \int_{-1}^{+1} P_n(t)\, \delta_-(x-t)\, dt =$$

$$= -i\pi \int_{-1}^{+1} P_n(t)\, \delta_+(x-t)\, dt \qquad \text{(vgl. S. 19).}$$

Sie haben eine

erzeugende Funktion: $$\frac{1}{x-t} = \sum_{n=0}^{\infty} (2n+1)\, P_n(t)\, Q_n(x).$$

Für $P_n(x)$ und $Q_n(x)$ gelten gleichlautend die

Rekursionsformeln:

$$P_{n+1}(x) = \frac{2n+1}{n+1}\, x P_n(x) - \frac{n}{n+1} P_{n-1}(x) \qquad (n \geq 0)$$

$$\left.\begin{aligned} \frac{dP_n(x)}{dx} &= P_n'(x) = \frac{n\,(x P_n(x) - P_{n-1}(x))}{x^2-1} = \frac{1}{x}\left(n P_n(x) + P_{n-1}'(x)\right) \\ P_{n+1}'(x) &= P_{n-1}'(x) + (2n+1)\, P_n(x) \end{aligned}\right\} (n \geq 1).$$

Es besteht die

Orthogonalitätsrelation: $\int\limits_{-1}^{+1} P_n(x)\,P_{n'}(x)\,dx = \frac{2}{2n+1}\,\delta_{n\,n'}$

$$\int\limits_{-1}^{+1} x^n P_{n-2\alpha}(x)\,dx = \begin{cases} = \dfrac{2\cdot n!}{1\cdot 3\cdot 5\ldots(2n-2\alpha+1)}\cdot\dfrac{1}{2\cdot 4\ldots 2\alpha} \\ = 0 \quad \text{für negatives oder halbzahliges } \alpha. \end{cases}$$

Aus Abb. 13 ist die Abhängigkeit der Funktion $P_n(x)$ von x und n qualitativ erkennbar.

Kugelflächenfunktionen. Setzt man $x = \cos\vartheta$ und faßt man ϑ als die eine der drei räumlichen Polarkoordinaten r, ϑ, φ auf, so bedeutet $P_n(\cos\vartheta)$ eine Funktion auf einer Kugelfläche, eine „Kugelflächenfunktion", die bei ganzzahligem positivem n dort überall mit allen Ableitungen endlich und stetig ist. $y = P_n(\cos\vartheta)$ erfüllt, als Funktion von ϑ betrachtet, die

Differentialgleichung:

$$\frac{d^2 y}{d\vartheta^2} + \operatorname{ctg}\vartheta\,\frac{dy}{d\vartheta} + n(n+1)\,y = 0.$$

Es ist dann $P_n(\cos\vartheta)$ als FOURIER-Reihe darstellbar. Im Speziellen ist:

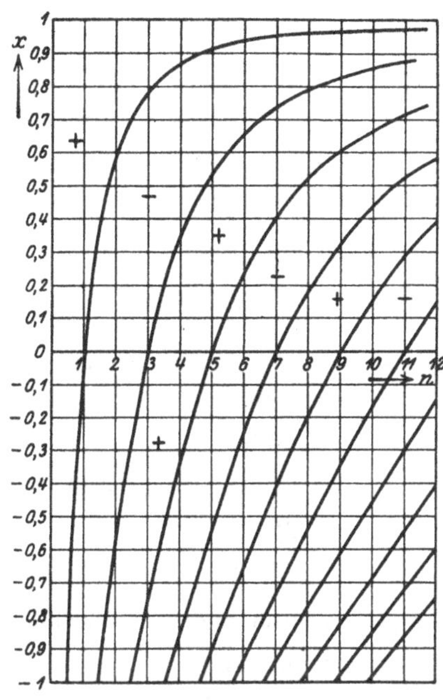

Abb. 13. Kurven: $P_n(x) = 0$.

$$P_0(\cos\vartheta) = 1, \quad P_1(\cos\vartheta) = \cos\vartheta, \quad P_2(\cos\vartheta) = \frac{1}{4}(3\cos 2\vartheta + 1),$$

$$P_3(\cos\vartheta) = \frac{1}{8}(5\cos 3\vartheta + 3\cos\vartheta),$$

$$P_4(\cos\vartheta) = \frac{1}{64}(35\cos 4\vartheta + 20\cos 2\vartheta + 9), \ldots$$

$$Q_0(\cos\vartheta) = -\ln\operatorname{tg}\frac{\vartheta}{2}, \qquad Q_1(\cos\vartheta) = -1 - \cos\vartheta\ln\operatorname{tg}\frac{\vartheta}{2}, \ldots$$

Für sehr **große** n

konvergiert $P_n(\cos\vartheta)$ gegen die Grenzfunktion:

$$P_n^{(g)}(\cos\vartheta) = \sqrt{\frac{2}{n\pi\sin\vartheta}}\cdot\sin\left(\left(n+\frac{1}{2}\right)\vartheta + \frac{\pi}{4}\right), \quad \text{d. h.} \lim_{n\to\infty}\left(\frac{P_n^{(g)}}{P_n}\right) = 1.$$

Die räumlichen Funktionen $r^n P_n(\cos\vartheta)$ und $\frac{1}{r^{n+1}} P_n(\cos\vartheta)$ erfüllen die Gleichung $\Delta\varphi = 0$.

Führt man die kartesische Koordinate $z = r\cos\vartheta$ ein, so ist auch:

$$P_n(\cos\vartheta) = \frac{(-1)^n}{n!} r^{n+1} \frac{\partial^n}{\partial z^n}\left(\frac{1}{r}\right).$$

Es besteht die

Orthogonalitätsrelation: $\int\limits_0^\pi P_n(\cos\vartheta) P_{n'}(\cos\vartheta) \sin\vartheta \, d\vartheta = \frac{2}{2n+1} \cdot \delta_{n n'}$.

c) Die zugeordneten Kugelfunktionen $P_n^m(x)$.

Sie sind die Lösungen der

Differentialgleichung: $(1-x^2) y'' - 2xy' + \left(n(n+1) - \frac{m^2}{1-x^2}\right) y = 0$.

Man findet sie leicht für ganzes n und m durch:

$$P_n^m(x) = P_n^{-m}(x) = \sqrt{1-x^2}^{\,m} \frac{d^m}{dx^m} P_n(x).$$

Sie verschwinden hier für $|m| > n$.

Im Speziellen ist: $P_n^0(x) = P_n(x)$ und:

$$P_1^1(x) = \sqrt{1-x^2}$$
$$P_2^1(x) = 3x\sqrt{1-x^2}, \quad P_2^2(x) = 3(1-x^2)$$
$$P_3^1(x) = \tfrac{3}{2}(5x^2-1)\sqrt{1-x^2}, \quad P_3^2(x) = 15(x-x^3),$$
$$P_3^3(x) = 15(1-x^2)\sqrt{1-x^2}.$$

Es gelten unter anderem folgende

Rekursionsformeln:

$$(2n+1)\, x P_n^m(x) = (n-m+1) P_{n+1}^m(x) + (n+m) P_{n-1}^m(x)$$

$$\frac{d}{dx} P_n^m(x) = \frac{(n+1)\, x P_n^m(x) - (n-m+1) P_{n+1}^m(x)}{1-x^2}.$$

Setzt man: $x = \cos\vartheta$, so ist $P_n^m(\cos\vartheta)$ als Funktion von ϑ Lösung von:

$$\frac{d^2}{d\vartheta^2} y + \operatorname{ctg}\vartheta \frac{dy}{d\vartheta} + \left(n(n+1) - \frac{m^2}{\sin^2\vartheta}\right) y = 0.$$

Die $P_n^m(\cos\vartheta)$ sind dann [wie die $P_n(\cos\vartheta)$] in FOURIER-Reihen darstellbar:

$$P_1^1(\cos\vartheta) = \sin\vartheta$$
$$P_2^1(\cos\vartheta) = \frac{3}{2}\sin 2\vartheta, \quad P_2^2(\cos\vartheta) = \frac{3}{2}(1-\cos 2\vartheta)$$
$$P_3^1(\cos\vartheta) = \frac{3}{8}(\sin\vartheta + 5\sin 3\vartheta), \quad P_3^2(\cos\vartheta) = \frac{15}{4}(\cos\vartheta - \cos 3\vartheta),$$
$$P_3^3(\cos\vartheta) = \frac{15}{4}(3\sin\vartheta - \sin 3\vartheta).$$

Es besteht die

Orthogonalitätsrelation:

$$\int_{-1}^{+1} P_n^m(x)\, P_{n'}^m(x)\, d x = \int_0^{\pi} P_n^m(\cos\vartheta)\, P_{n'}^m(\cos\vartheta) \sin\vartheta\, d\vartheta$$

$$= \frac{2(n+m)!}{(2n+1)(n-m)!}\,\delta_{n n'}.$$

Setzt man: $\cos\gamma = \cos\vartheta\cos\vartheta' + \sin\vartheta\sin\vartheta'\cos(\varphi-\varphi')$, so gilt das sog. **Additionstheorem:**

$$P_n(\cos\gamma) = \sum_{k=-n}^{+n} \frac{(n-|k|)!}{(n+|k|)!} P_n^k(\cos\vartheta)\, P_n^k(\cos\vartheta')\, e^{i k(\varphi-\varphi')}\,.$$

d) Die allgemeinen Kugelfunktionen $Y_n(\vartheta, \varphi)$.

Sie sind die Lösungen der partiellen

Differentialgleichung:

$$\frac{\partial^2 y}{\partial\vartheta^2} + \operatorname{ctg}\vartheta\frac{\partial y}{\partial\vartheta} + \frac{1}{\sin^2\vartheta}\frac{\partial^2 y}{\partial\varphi^2} + n(n+1)\, y = 0\,,$$

darstellbar durch:

$$Y_n(\vartheta, \varphi) = \sum_m C_{n m} Y_n^m(\vartheta, \varphi)$$

mit

$$Y_n^m = P_n^m(\cos\vartheta)\, e^{i m\varphi}$$

und willkürlichen (komplexen) Konstanten $C_{n m}$.

Auf der Kugelfläche eindeutige und stetige Funktionen erhält man für ganzzahlige n und m, $n \geq 0$, $n \geq m \geq -n$. Man hat hier $2n+1$ verfügbare Konstanten.

Führt man kartesische Koordinaten x, y, z ein:

$$x = r\sin\vartheta\cos\varphi, \qquad y = r\sin\vartheta\sin\varphi, \qquad z = r\cos\vartheta,$$

dann ist jede lineare Kombination von Ausdrücken der Form:

$$r^{n+1}\frac{\partial^n}{\partial x^\alpha\,\partial y^\beta\,\partial z^\gamma}\left(\frac{1}{r}\right) \quad \text{mit} \quad \alpha+\beta+\gamma = n,$$

wieder, dargestellt durch ϑ und φ, ein mögliches $Y_n(\vartheta, \varphi)$. Jede homogene Funktion $F_n(x, y, z)$ n-ten Grades, für die $\Delta F_n = 0$ ist, ist darstellbar durch: $F_n(x, y, z) = r^n Y_n(\vartheta, \varphi)$.

Eine physikalisch anschauliche Deutung von $Y_n(\vartheta, \varphi)$ ist die des Potentials auf einer Kugel $r = 1$, in deren Zentrum ein System von Multipolen n-ter Ordnung liegt. Bei Rotationssymmetrie um z ist $Y_n(\vartheta, \varphi) = C_{n0} P_n(\cos\vartheta)$.

Es besteht die

Orthogonalitätsrelation:

$$\int_0^{2\pi}\int_0^{\pi} d\varphi\, d\vartheta \sin\vartheta\, Y_n^{(1)*}(\vartheta,\varphi)\, Y_{n'}^{(2)}(\vartheta,\varphi)$$

$$= \delta_{nn'} \sum_m C_{nm}^{(1)*} C_{nm}^{(2)} \frac{4\pi(n+m)!}{(2n+1)(n-m)!}$$

e) Die Tschebyscheffschen Funktionen $T_n(x)$ und $U_n(x)$.

Sie sind die Lösungen der

Differentialgleichung: $(1-x^2)y'' - xy' + n^2 y = 0$

und somit hypergeometrische Funktionen: $\alpha = -\beta = n$, $\gamma = \frac{1}{2}$ vom Argument $\frac{1-x}{2}$ oder $\frac{1+x}{2}$, darstellbar als

Reihenentwicklung:

$$y = \sum_{k=0}^{\infty} c_k x^k \quad \text{mit} \quad c_{k+2} = \frac{(k+n)(k-n)}{(k+1)(k+2)} c_k$$

$$y = A\left(1 - \frac{n^2}{2!}x^2 + \frac{n^2(n^2-4)}{4!}x^4 - \frac{n^2(n^2-4)(n^2-16)}{6!}x^6 + \cdots\right) +$$

$$+ B\left(x - \frac{(n^2-1)}{3!}x^3 + \frac{(n^2-1)(n^2-9)}{5!}x^5 - + \cdots\right)$$

mit beliebigen A und B.

Die für

ganzzahliges n

abbrechenden Reihen sind die Funktionen bzw. *Polynome* $T_n(x)$, normiert so, daß $T_n(1) = 1$, d. h. der Faktor von x^n gleich 2^{n-1} wird. Es ist also:

$$T_0(x) = 1, \quad T_1(x) = x, \quad T_2(x) = 2x^2 - 1, \quad T_3(x) = 4x^3 - 3x,$$

$$T_4(x) = 8x^4 - 8x^2 + 1, \ldots .$$

Sie haben eine

erzeugende Funktion: $$\frac{1-tx}{1-2tx+t^2} = \sum_{n=0}^{\infty} T_n(x)\, t^n \qquad (|t| < 1).$$

Sie sind darstellbar als Integrale:

$$y = C\int \frac{(1-tx)\,t^{-n-1}}{1-2tx+t^2}\, dt,$$

der Integrationsweg führt von $+\infty$ um die eine oder andere Wurzel des Nenners im Integranden nach $+\infty$ zurück, ohne andere Singularitäten zu umfassen. Sie lassen sich auch berechnen aus:

$$T_n(x) = \frac{(-2)^n n!}{(2n)!} \sqrt{1-x^2} \frac{d^n}{dx^n} \sqrt{1-x^2}^{2n-1}$$

und sind mit trigonometrischen Funktionen darstellbar durch:

$$T_n(x) = \cos(n \arccos x) \qquad \text{oder} \qquad T_n(\cos\vartheta) = \cos n\vartheta.$$

Die andern für ganze n nichtabbrechenden Funktionen werden mit $U_n(x)$ bezeichnet. Sie sind Produkte von $\sqrt{1-x^2}$ und den *Polynomen* $Q_{n-1}(x)$.

$$U_n(x) = \sqrt{1-x^2}\, Q_{n-1}(x) \quad \text{außer} \quad U_0(x) = \arcsin x$$

$$Q_0(x) = 1, \quad Q_1(x) = 2x, \quad Q_2(x) = 4x^2 - 1, \quad Q_3(x) = 8x^3 - 4x,$$
$$Q_4(x) = 16x^4 - 12x^2 + 1, \ldots.$$

Hierbei gilt:

$$Q_n(x) = \frac{1}{n+1} T'_{n+1}(x),$$

sowie allgemein:

$$U_n(x) = \frac{1}{n}\sqrt{1-x^2}\, T'_n(x), \qquad T_n(x) = -\frac{1}{n}\sqrt{1-x^2}\, U'_n(x)$$

Die $Q_n(x)$ haben eine

erzeugende Funktion: $\dfrac{1}{1-2xt+t^2} = \sum_{n=0}^{\infty} Q_n(x)\, t^n.$

Die $U_n(x)$ sind auch darstellbar durch:

$$U_n(x) = \sin(n \arccos x), \qquad \text{d. h.} \qquad U_n(\cos\vartheta) = \sin(n\vartheta).$$

6. Die konfluenten hypergeometrischen Funktionen.

a) Allgemeine Formen.

Sie entstehen aus den allgemeinen hypergeometrischen Funktionen durch Grenzübergang mit $\beta \to \infty$, $x \to 0$ so, daß βx endlich bleibt. Schreiben wir jetzt x für βx, so sind sie Lösungen der

Differentialgleichung: $x y'' + (\gamma - x) y' - \alpha y = 0.$ (1)

Diese ist lösbar durch die

Reihenentwicklung:

$$y = x^\delta u(x, \delta) = x^\delta \sum_{k=0}^{\infty} c_k x^k \quad \text{mit} \quad c_{k+1} = c_k \frac{(\alpha + \delta + k)}{(\gamma + \delta + k)(1 + \delta + k)}.$$

Die charakteristische Gleichung ist wieder: $\delta(\delta + \gamma - 1) = 0$, so daß man die Lösungen erhält:

$$y_1 \equiv F(\alpha, \gamma, x) = 1 + \frac{\alpha}{\gamma} x + \frac{\alpha(\alpha+1)}{\gamma(\gamma+1)} \frac{x^2}{2!} + \frac{\alpha(\alpha+1)(\alpha+2)}{\gamma(\gamma+1)(\gamma+2)} \frac{x^3}{3!} + \cdots$$

sowie die zweite Lösung:

$y_2 = x^{1-\gamma} F(\alpha - \gamma + 1, 2 - \gamma, x)$, falls γ keine ganze Zahl ist, bzw.
$= y_1 \ln x +$ Potenzreihe für ganzzahliges γ.

Es gilt

$$F(\alpha, \gamma, x) = e^x F(\gamma - \alpha, \gamma, -x).$$

Für die Konvergenz und das eventuelle Abbrechen der Reihen, sowie die Wahl der zweiten Lösung gilt im wesentlichen das für die nicht konfluenten Funktionen Gesagte.

Die **Integraldarstellung**

geschieht durch:

$$y = C \int t^{\alpha-1} (1-t)^{\gamma-\alpha-1} e^{xt} dt.$$

Der Integrationsweg sowie der Normierungsfaktor ist für $F(\alpha, \gamma, x)$ wie bei $F(\alpha, \beta, \gamma, x)$ zu nehmen.

$F(\alpha, \gamma, x)$ ist identisch mit $C \cdot L^{\gamma-1}_{\gamma-\alpha-1}(x)$, einer verallgemeinerten LAGUERREschen Funktion (s. S. 112), mit $C = (\gamma - \alpha - 1)! \binom{\alpha - 1}{\gamma - 1}$.

Wichtig ist noch der Grenzübergang:

$$\lim_{\gamma \to \infty} F(\alpha, \beta, \gamma, \gamma x) \equiv G(\alpha, \beta, x) = G(\beta, \alpha, x) =$$
$$= 1 + \alpha\beta x + \alpha(\alpha+1)\beta(\beta+1) \frac{x^2}{2!} + \cdots$$

für die **Asymptotische Darstellung:**

$$F(\alpha, \gamma, x) = \frac{\Pi(\gamma-1)}{\Pi(\gamma-\alpha-1)} (-x)^{-\alpha} G\left(\alpha, \alpha - \gamma + 1, -\frac{1}{x}\right) +$$
$$+ \frac{\Pi(\gamma-1)}{\Pi(\alpha-1)} x^{\alpha-\gamma} e^x G\left(1-\alpha, \gamma-\alpha, \frac{1}{x}\right).$$

Verwandte Differentialgleichungen.

Durch Transformation der Variablen gelangt man unter anderen zu folgenden Verallgemeinerungen. Nennen wir die *allgemeine* Lösung von (1) $F_a(\alpha, \gamma, x)$, so genügt:

1. $z = x^\delta e^{\beta x} F_a(\alpha, \gamma, \varepsilon x)$ der Differentialgleichung:

$$z'' - \left(\varepsilon + 2\beta - \frac{\gamma - 2\delta}{x}\right) z' +$$
$$+ \left(\beta(\beta+\varepsilon) - \frac{\varepsilon(\alpha-\delta) + \beta(\gamma - 2\delta)}{x} + \frac{\delta(\delta+1-\gamma)}{x^2}\right) z = 0.$$

Wir spezialisieren diese Form in verschiedener Weise:

1a. $\beta = -\frac{\varepsilon}{2}$:

$$z'' + \frac{\gamma - 2\delta}{x} z' + \left(-\frac{\varepsilon^2}{4} - \frac{\varepsilon\left(\alpha - \frac{\gamma}{2}\right)}{x} + \frac{\delta(\delta + 1 - \gamma)}{x^2}\right) z = 0,$$

1b. $\beta = -\frac{\varepsilon}{2}, \quad \delta = \frac{\gamma - 1}{2}$:

$$z'' + \frac{1}{x} z' + \left(-\frac{\varepsilon^2}{4} - \frac{\varepsilon\left(\alpha - \frac{\gamma}{2}\right)}{x} - \frac{(1-\gamma)^2}{4x^2}\right) z = 0,$$

1c. $\beta = -\frac{\varepsilon}{2}, \quad \delta = \frac{\gamma}{2}$:

$$z'' + \left(-\frac{\varepsilon^2}{4} - \frac{\varepsilon\left(\alpha - \frac{\gamma}{2}\right)}{x} + \frac{\gamma(2-\gamma)}{4x^2}\right) z = 0.$$

1b führt mit $\varepsilon = 2i, \quad \alpha = \frac{\gamma}{2}, \quad \frac{1-\gamma}{2} = -n$ auf:

$$z'' + \frac{1}{x} z' + \left(1 - \frac{n^2}{x^2}\right) z = 0;$$

$$z = C Z_n(x) = x^n e^{-ix} F_a\left(n + \frac{1}{2}, 2n + 1, 2ix\right),$$

d. h. auf eine Darstellung der Zylinderfunktionen (s. S. 116).

2. $z = x^\delta e^{\frac{-\beta x^2}{2}} F_a(\alpha, \gamma, \varepsilon x^2)$ genügt der Differentialgleichung:

$$z'' + \left(2(\beta - \varepsilon)x + \frac{2(\gamma - \delta) - 1}{x}\right) z' +$$

$$+ \left((\beta^2 - 2\beta\varepsilon)x^2 + 2(\beta - \varepsilon)(\gamma - \delta) + 2\varepsilon(\gamma - 2\alpha) + \frac{\delta(2 + \delta - 2\gamma)}{x^2}\right) z = 0.$$

Wir spezialisieren mit $\beta = 0$:

2a. $\delta = 0$: $\quad z'' - \left(2\varepsilon x - \frac{2\gamma - 1}{x}\right) z' - 4\varepsilon\alpha z = 0.$

Das führt mit $\gamma = \frac{1}{2}, \quad \varepsilon = 1, \quad \alpha = -\frac{n}{2}$ auf:

$$z'' - 2xz' + 2nz = 0; \qquad z = C H_n(x) = F_a\left(-\frac{n}{2}, \frac{1}{2}, x^2\right),$$

d. h. auf eine Darstellung der Hermiteschen Funktionen (s. S. 114).

2b. $\delta = 1, \quad \gamma = \frac{3}{2}$: $\quad z'' - 2\varepsilon x z' + 2\varepsilon(1-2\alpha) z = 0$

also mit

$$\varepsilon = 1, \quad \alpha = \frac{1-n}{2}: \quad z = C H_n(x) = x F_a\left(\frac{1-n}{2}, \frac{3}{2}, x^2\right),$$

d. h. auf eine zweite Darstellung der HERMITEschen Funktionen. Setzt man hier $\alpha = \frac{1}{2}$, $\varepsilon = -1$, so kommt man zu:

$$z'' + 2xz' = 0, \quad \text{d. h.} \quad z' = C_1 e^{-x^2} \quad \text{und} \quad z = C_2 + C_1 \int_0^x e^{-t^2} dt.$$

Das führt auf eine Darstellung des „*Fehlerintegrals*“ $\Phi(x) = \frac{2}{\sqrt{\pi}} \int_0^x e^{-t^2} dt$ durch:

$$\Phi(x) = \frac{2x}{\sqrt{\pi}} F_a\left(\frac{1}{2}, \frac{3}{2}, -x^2\right).$$

b) LAGUERREsche Funktionen $L_n(x)$.

Sie sind die Lösungen der

Differentialgleichung: $x y'' + (1-x) y' + n y = 0$,

d. h. konfluente hypergeometrische Funktionen mit $\alpha = -n$, $\gamma = 1$

$$y = C \int e^{tx} (1-t)^n t^{-n-1} dt.$$

Ihre bei ganzzahligem positivem n bei $x = 0$ regulären und dort auf $n!$ normierten Lösungen sind die LAGUERRE*schen Polynome* (s. S. 64). Diese sind entwickelbar in der Form:

$$y = \sum_{k=0}^{\infty} c_k x^k \quad \text{mit} \quad c_{k+1} = -c_k \frac{(n-k)}{(k+1)},$$

also in üblicher Normierung:

$$L_n(x) = n!\left(1 - nx + \frac{n(n-1)}{(2!)^2} x^2 - \frac{n(n-1)(n-2)}{(3!)^2} x^3 + \cdots + \frac{x^n}{n!}\right),$$

so daß im Speziellen:

$$L_0(x) = 1, \quad L_1(x) = 1 - x, \quad L_2(x) = 2 - 4x + x^2,$$
$$L_3(x) = 6 - 18x + 9x^2 - x^3,$$
$$L_4(x) = 24 - 96x + 72x^2 - 16x^3 + x^4, \ldots .$$

Sie haben eine

erzeugende Funktion: $\quad \dfrac{e^{-\frac{xt}{1-t}}}{1-t} = \displaystyle\sum_{n=0}^{\infty} \frac{L_n(x)\, t^n}{n!} \quad (|t| < 1)$

und lassen sich auch darstellen durch:

$$L_n(x) = e^x \frac{d^n}{d x^n} (x^n \cdot e^{-x}).$$

Die *allgemeinen Lösungen* der LAGUERREschen Differentialgleichung ergeben sich aus den entsprechenden Lösungen der hypergeometrischen Im Speziellen ist eine zweite bei $x = 0$ nichtreguläre Lösung:

$$y_2 = L_n(x) \ln x + (1 + 2n) x + \frac{(1 + n - 3n^2)}{4} x^2 + \\ + \frac{(2 + 4n - 24n^2 - 11n^3)}{108} x^3 + \cdots .$$

Ferner gelten die für großes x brauchbaren Entwicklungen:

$$y_1 = (-x)^n \left(1 - \frac{n^2}{x} + \frac{n^2 (n-1)^2}{2!\, x^2} - \frac{n^2 (n-1)^2 (n-2)^2}{3!\, x^3} + \cdots\right)$$

$$y_2 = e^x \cdot x^{-n-1} \left(1 + \frac{(n+1)^2}{x} + \frac{(n+1)^2 (n+2)^2}{2!\, x^2} + \cdots\right).$$

Allgemein gelten die

Rekursionsformeln:

$$L_{n+1}(x) = (2n + 1 - x) L_n(x) - n^2 L_{n-1}(x)$$

$$L'_{n+1}(x) = -(n+1)\,(L_n(x) - L'_n(x)).$$

Orthogonalitätsrelation für ganzzahliges positives n:

$$\int_0^\infty e^{-x} L_n(x) L_{n'}(x)\, dx = (n!)^2 \delta_{n n'}.$$

c) Die verallgemeinerten LAGUERREschen Funktionen $L_n^k(x)$.

Sie sind die Lösungen der

Differentialgleichung: $x y'' + (k + 1 - x) y' + (n - k) y = 0,$

d. h. konfluente hypergeometrische Funktionen $F(\alpha, \gamma, x)$ mit $\alpha = k - n$, $\gamma = k + 1$

$$y = C \oint t^{k-n-1} (1 - t)^n e^{xt} dt.$$

Ihre bei ganzzahligem positivem n und $n - k$ bei $x = 0$ regulären und dort auf $\frac{(-1)^k (n!)^2}{k!\,(n-k)!}$ normierten Lösungen sind die verallgemeinerten LAGUERREschen *Polynome* (s. S. 64), entwickelbar als:

$$y = \sum c_l x^l \qquad \text{mit} \qquad c_{l+1} = -\frac{c_l (n - k - l)}{(l+1)(l+1+k)},$$

also

$$L_n^k(x) = \frac{(-1)^k (n!)^2}{k!\,(n-k)!}\left(1 - \frac{(n-k)\,x}{(k+1)} + \frac{(n-k)(n-k-1)}{(k+1)(k+2)\,2!}\,x^2 - \cdots\right)$$

$$= n! \sum_{m=0}^{n-k} (-1)^{n-m} \binom{n}{m} \frac{x^{n-k-m}}{(n-k-m)!}\,.$$

Sie haben die

erzeugende Funktion: $e^{-xt}(1+t)^n = \frac{1}{n!} \sum_{m=0}^{\infty} (-1)^{n-m} L_n^{n-m}(x)\, v^m.$

Die Beziehung:

$$L_n^k(x) = \frac{d^k}{d x^k} L_n^0(x)$$

gestattet, diese Funktionen auf die einfachen LAGUERREschen Funktionen $L_n(x) = L_n^0(x)$ zurückzuführen.

Es gilt die

Orthogonalitätsrelation: $\int\limits_0^\infty x^k e^{-x} L_n^k(x)\, L_{n'}^k(x)\, dx = \frac{(n!)^3}{(n-k)!}\,\delta_{nn'}.$

Verwandte Differentialgleichungen.

$$y'' - \left(1 + 2\beta - \frac{(k+1-2\alpha)}{x}\right) y' +$$

$$+ \left\{\beta(\beta+1) + \frac{(n + (\alpha-k)(1+2\beta) + \beta(k-1))}{x} + \frac{\alpha(\alpha-k)}{x^2}\right\} y = 0$$

Lösung: $y(x) = x^\alpha e^{\beta x} L_n^k(x)$,

$$y'' + \frac{(k+1-2\alpha)}{x}\, y' + \left(-\frac{1}{4} + \frac{\left(n + \frac{1-k}{2}\right)}{x} + \frac{\alpha(\alpha-k)}{x^2}\right) y = 0$$

Lösung: $y(x) = x^\alpha e^{-\frac{x}{2}} L_n^k(x)$.

d) HERMITEsche Funktionen $H_n(x)$.

Sie sind die Lösungen der

Differentialgleichung: $y'' - 2x\,y' + 2n\,y = 0$,

also spezielle konfluente hypergeometrische Funktionen mit $\alpha = -\frac{n}{2}$, $\gamma = \frac{1}{2}$, vom Argument x^2.

Als Potenzreihe entwickelt ist:

$$y = \sum_{k=0}^{\infty} c_k x^k \quad \text{mit} \quad c_{k+2} = c_k \frac{2(n-k)}{(n+1)(n+2)},$$

also:

$$y = A\left(1 - \frac{2n}{2!}x^2 + \frac{2^2 n(n-2)}{4!}x^4 - \frac{2^3 n(n-2)(n-4)}{6!}x^6 + \cdots\right) +$$

$$+ B\left(x - \frac{2(n-1)}{3!}x^3 + \frac{2^2(n-1)(n-3)}{5!}x^5 - \frac{2^3(n-1)(n-3)(n-5)}{7!}x^7 + \cdots\right).$$

Die für

ganzzahliges n

abbrechenden Lösungen sind die HERMITE*schen Polynome* (s. S. 64). Sie sind so normiert, daß die höchste Potenz x^n den Faktor 2^n hat (also keine Zahlennenner auftreten).

$$H_0(x) = 1, \quad H_1(x) = 2x, \quad H_2(x) = 4x^2 - 2, \quad H_3(x) = 8x^3 - 12x,$$

$$H_4(x) = 16x^4 - 48x^2 + 12, \quad H_5(x) = 32x^5 - 160x^3 + 120x, \ldots.$$

Ihre **Integraldarstellung** ist:

$$y = C \int e^{-t^2 + 2xt} t^{-(n+1)} dt.$$

Der Integrationsweg führt von $+\infty$ nach $-\infty$, für y_1 und y_2 oberhalb bzw. unterhalb des Punktes $t = 0$ vorbei.

Sie haben eine

erzeugende Funktion: $e^{-t^2+2tx} = \sum_{n=0}^{\infty} H_n(x) \frac{t^n}{n!}$

und lassen sich auch darstellen durch:

$$H_n(x) = (-1)^n e^{x^2} \frac{d^n}{dx^n}(e^{-x^2}).$$

Allgemein gelten die

Rekursionsformeln:

$$H_{n+1}(x) = 2x H_n(x) - 2n H_{n-1}(x)$$

$$H_n'(x) = 2n H_{n-1}(x).$$

Orthogonalitätsrelation für ganze positive n

$$\int_{-\infty}^{\infty} e^{-x^2} H_n(x) H_{n'}(x) = 2^n n! \sqrt{\pi}\, \delta_{nn'}.$$

Verwandte Differentialgleichungen.

$$y'' - 2x(1+2\varepsilon)\,y' + \big(2n - 2\varepsilon + 4x^2\varepsilon(\varepsilon+1)\big)\,y = 0,$$

Lösung: $y = e^{\varepsilon x^2} H_n(x)$.

$$y'' + (2n+1-x^2)\,y = 0,$$

Lösung: $y = e^{-\frac{x^2}{2}} H_n(x)$.

e) Zylinderfunktionen $Z_n(x)$.

Sie sind definiert als Lösungen der BESSEL*schen* Differentialgleichung:

$$y'' + \frac{1}{x}y' + \left(1 - \frac{n^2}{x^2}\right) y = 0.$$

Diese ist lösbar durch die

Reihenentwicklung:

$$y = \sum c_k x^k \quad \text{mit} \quad c_{k+2} = \frac{-c_k}{(k+n+2)(k-n+2)},$$

also:

$$y = A\,x^n\left(1 - \frac{x^2}{2(2n+2)} + \frac{x^4}{2\cdot 4(2n+2)(2n+4)} - \frac{x^6}{2\cdot 4\cdot 6(2n+2)(2n+4)(2n+6)} + \cdots\right) +$$
$$+ B\,x^{-n}\left(1 + \frac{x^2}{2(2n-2)} + \frac{x^4}{2\cdot 4(2n-2)(2n-4)} + \cdots\right).$$

Man normiert die beiden Reihen durch die gemeinsame Form:

$$I_n(x) = \sum_{k=0}^{\infty} \frac{(-1)^k (x/2)^{n+2k}}{k!\,\Pi(n+k)}; \qquad y = C_1 I_n(x) + C_2 I_{-n}(x) = Z_n(x).$$

Die $I_n(x)$ heißen „BESSEL*sche Funktionen*" mit positivem bzw. negativem Parameter n.

Für

ganzzahliges n

wird $I_n(x)$ ganz-transzendent, d. h. im Endlichen überall regulär. Im Speziellen ist:

$$I_0(x) = 1 - \frac{(x/2)^2}{(1!)^2} + \frac{(x/2)^4}{(2!)^2} - \frac{(x/2)^6}{(3!)^2} + \cdots$$

$$I_1(x) = -I_{-1}(x) = -\frac{d}{dx} I_0(x) = \frac{x}{2}\left(1 - \frac{(x/2)^2}{1\cdot 2!} + \frac{(x/2)^4}{2!\,3!} - \cdots\right).$$

$I_{-n}(x) = (-1)^n I_n(x)$ ist dann aber keine zweite Lösung. Es bleibt aber die „NEUMANN*sche Funktion*":

$$N_n(x) = \frac{I_n(x)\cos n\pi - I_{-n}(x)}{\sin n\pi}$$

eine brauchbare zweite Lösung neben $I_n(x)$. Im Speziellen ist

$$N_0(x) = \frac{2}{\pi}\left\{\left(\ln\frac{x}{2} + C\right) I_0(x) + \left(\frac{x}{2}\right)^2 - \frac{(1+\frac{1}{2})(x/2)^4}{(2!)^2} + \frac{(1+\frac{1}{2}+\frac{1}{3})(x/2)^6}{(3!)^2} - \cdots\right\}$$
$$= \frac{2}{\pi}\left\{\left(\ln\frac{x}{2} + C\right) I_0(x) + 2I_2(x) - \frac{2}{2} I_4(x) + \frac{2}{3} I_6(x) - \cdots\right\}$$

mit $C = 0{,}57722$ (s. S. 123).

$$N_1(x) = -N_{-1}(x) = -\frac{d}{dx} N_0(x) =$$
$$= \frac{2}{\pi}\left\{\left(\ln\frac{x}{2} + C\right) I_1(x) - \frac{1}{x} - \frac{1}{2} I_1(x) + \frac{9}{4} I_3(x) - \cdots\right\}.$$

Weitere $I_n(x)$ und $N_n(x)$ findet man für ganzes n durch Rekursion (s. u.). Andere Lösungsformen sind die „HANKEL*schen Funktionen*“:

$$H_n^{(1)}(x) = I_n(x) + iN_n(x) \quad \text{und} \quad H_n^{(2)}(x) = I_n(x) - iN_n(x)$$
$$I_n(x) = \frac{H_n^{(1)}(x) + H_n^{(2)}(x)}{2}, \qquad N_n(x) = \frac{H_n^{(1)}(x) - H_n^{(2)}(x)}{2i}.$$

Dieser Zusammenhang ist analog zu

$$\cos x = \frac{e^{ix} + e^{-ix}}{2}, \qquad \sin x = \frac{e^{ix} - e^{-ix}}{2i}.$$

$I_n(x)$ hat die

erzeugende Funktionen:

$$e^{\frac{x}{2}\left(t - \frac{1}{t}\right)} = \sum_{n=-\infty}^{+\infty} I_n(x)\, t^n$$

sowie:

$$e^{iz\cos t} = I_0(z) + 2\sum_{n=1}^{\infty} i^n I_n(z)\cos(nt) \quad \text{(FOURIER-Reihe)}.$$

Für

halbganze $n = \cdots \frac{5}{2}, \frac{3}{2}, \frac{1}{2}, -\frac{1}{2}, -\frac{3}{2}, \ldots$

sind alle $Z_n(x)$ mit trigonometrischen Funktionen endlich algebraisch darstellbar, z. B.:

$$I_{\frac{1}{2}}(x) = \sqrt{\frac{2}{\pi x}}\sin x, \qquad I_{-\frac{1}{2}}(x) = \sqrt{\frac{2}{\pi x}}\cos x$$
$$N_{\frac{1}{2}}(x) = -\sqrt{\frac{2}{\pi x}}\cos x, \qquad N_{-\frac{1}{2}}(x) = \sqrt{\frac{2}{\pi x}}\sin x, \ldots,$$

sowie in der Form:

$$\int_{-1}^{+1} e^{ixt} P_n(t)\, dt = i^n \sqrt{\frac{2\pi}{x}}\, I_{n+\frac{1}{2}}(x).$$

Weitere findet man durch Rekursion (s. u.).

Für

$x \gg 1$ und zugleich $x \gg n$ wird:

$$H_n^{(1)}(x) \to \sqrt{\frac{2}{\pi x}}\, e^{ix} i^{-(n+\frac{1}{2})}$$

$$H_n^{(2)}(x) \to \sqrt{\frac{2}{\pi x}}\, e^{-ix} i^{(n+\frac{1}{2})}, \quad \text{also:}$$

$$I_n(x) \to \sqrt{\frac{2}{\pi x}} \cos\left(x - \frac{\pi}{4}\right) \quad \text{für gerades } n$$

$$I_n(x) \to \sqrt{\frac{2}{\pi x}} \sin\left(x - \frac{\pi}{4}\right) \quad \text{für ungerades } n.$$

Für

komplexes x

sind die $Z_n(x)$ im allgemeinen komplex (s. Abb. 14 und 15). Dagegen werden: $i^n I_n(ix)$, $i^{n+1} H_n^{(1)}(ix)$ und $i^{n+1} H_n^{(2)}(ix)$ für ganzes n und reelles x reelle monotone Funktionen. $N_n(ix)$ ist komplex.

Die Zylinderfunktionen gestatten die

Integraldarstellungen:

$$Z_n(x) = \frac{1}{\pi} \int e^{ix\cos t} e^{in\left(t - \frac{\pi}{2}\right)} dt \qquad (\text{Sommerfeld}),$$

sowie:

$$Z_n(x) = \frac{2}{\sqrt{\pi}} \frac{(x/2)^n}{\Pi(n-\frac{1}{2})} \int e^{ixt} (1-t^2)^{n-\frac{1}{2}} dt \qquad (\text{Poisson}).$$

Die Integrale sind zwischen je zweien der drei Punkte zu erstrecken, in denen die Integranden verschwinden und liefern dann $2I_n(x)$, $H_n^{(1)}(x)$ und $H_n^{(2)}(x)$. Ferner gelten für ganzes n die (reellen) Integrale:

$$I_n(x) = \frac{(-i)^n}{\pi} \int_0^\pi e^{ix\cos t} \cos nt \, dt \qquad (\text{Hansen}),$$

sowie:

$$I_n(x) = \frac{1}{\pi} \int_0^\pi \cos(x \sin t - nt)\, dt \qquad (\text{Bessel}).$$

Für alle Zylinderfunktionen gelten die

Rekursionsformeln:

$$Z_{n+1}(x) = \frac{2n}{x} Z_n(x) - Z_{n-1}(x) = \frac{n}{x} Z_n(x) - \frac{d}{dx} Z_n(x) = -x^n \frac{d}{dx}\left(x^{-n} Z_n(x)\right)$$

$$Z_{n-1}(x) = \frac{2n}{x} Z_n(x) - Z_{n+1}(x) = \frac{n}{x} Z_n(x) + \frac{d}{dx} Z_n(x) = x^{-n} \frac{d}{dx}\left(x^n Z_n(x)\right).$$

Hiermit kann man aus $Z_0(x)$ und $Z_1(x) = -\frac{d}{dx} Z_0(x)$ bzw. aus $Z_{\frac{1}{2}}(x)$ und $Z_{-\frac{1}{2}}(x)$ alle andern $Z_n(x)$ und ihre Ableitungen für ganzes bzw. halbganzes n leicht berechnen.

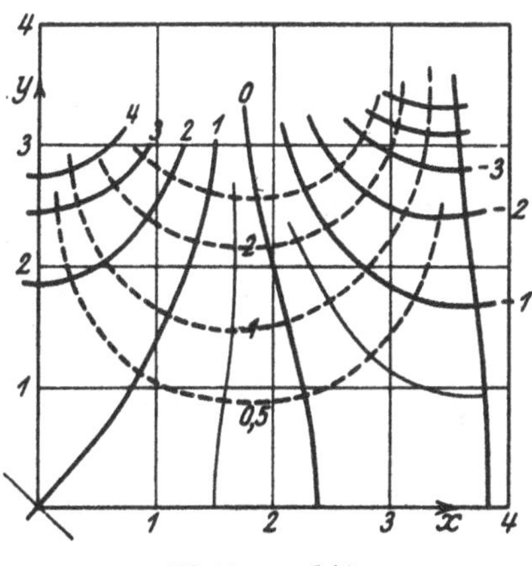

Abb. 14. $w = I_0(z)$.

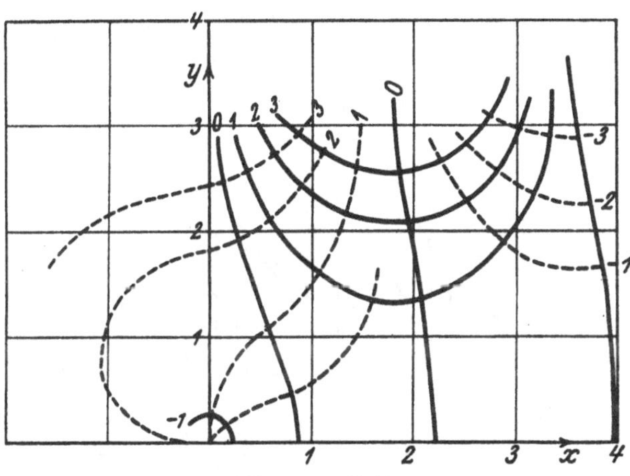

Abb. 15. $w = N_0(z)$.

Es gelten die

Orthogonalitätsrelationen:

Bestimmt man Zahlen α_m so, daß $I_n(\alpha_m) = 0$ ist, dann wird:

$$\begin{aligned}\int_0^1 I_n(\alpha_m x)\, I_n(\alpha_{m'} x) \cdot x\, dx &= 0 \quad \text{für} \quad m \neq m' \\ &= \tfrac{1}{2}[I_n'(\alpha_m)]^2 \quad \text{für} \quad m = m'.\end{aligned}$$

Durch Grenzübergang findet man daraus:

$$\alpha \int_0^\infty I_n(\alpha\, x)\, I_n(\beta\, x)\, x\, d x = \delta(\alpha - \beta).$$

Ferner ist:

$$\int_0^\infty I_0(\alpha\, x)\, e^{\pm i \beta x}\, d x = \frac{1}{\sqrt{\alpha^2 - \beta^2}}.$$

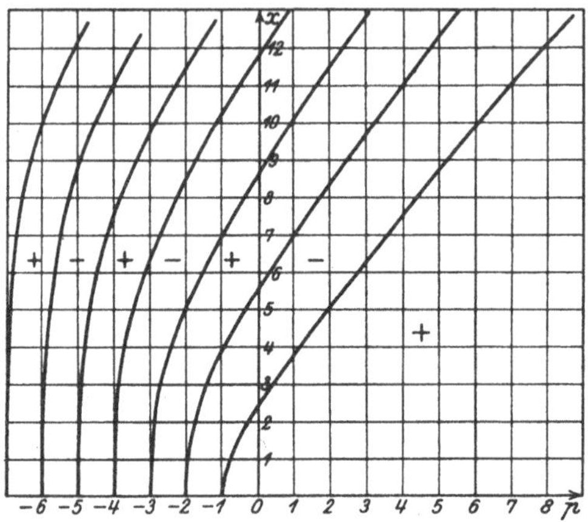

Abb. 16. Kurven: $I_p(x) = 0$.

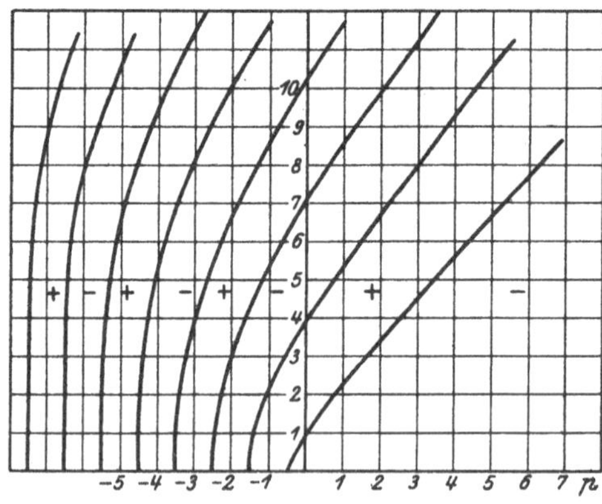

Abb. 17. Kurven: $N_p(x) = 0$.

In den Abb. 14 und 15 sind die Funktionen $I_0(x + i\, y)$ und $N_0(x + i\, y)$ schematisch dargestellt.

Aus den Abb. 16 und 17 ist die Abhängigkeit der Funktionen $I_p(x)$ und $N_p(x)$ von x und p qualitativ ersichtlich.

Verwandte Differentialgleichungen.

$$y'' + \frac{1-2\alpha}{x}y' + \left[(\beta\gamma x^{\gamma-1})^2 + \frac{\alpha^2 - n^2\gamma^2}{x^2}\right]y = 0$$

mit der Lösung: $y = x^\alpha Z_n(\beta x^\gamma)$.

Daraus folgen unter anderen die Spezialfälle:

$y'' + \left[(\beta\gamma x^{\gamma-1})^2 - \frac{4n^2\gamma^2 - 1}{4x^2}\right]y = 0;$ $\quad y = \sqrt{x}\,Z_n(\beta x^\gamma)$,

$y'' + \left(\beta^2 - \frac{n(n+1)}{x^2}\right)y = 0;$ $\quad y = \sqrt{x}\,Z_{n+\frac{1}{2}}(\beta x)$,

$y'' + b^2 x^m y = 0;$ $\quad y = \sqrt{x}\,Z_{\frac{1}{m+2}}\left(\frac{2b}{m+2}x^{\frac{m+2}{2}}\right)$, wobei $m \neq -2$,

aber

$y'' - \frac{n^2 - \frac{1}{4}}{x^2}y = 0;$ $\quad y = \sqrt{x}\cdot x^{\pm n}$ (für $n = 0$ ist $y = \sqrt{x}(A + B\ln x)$),

$y'' + \left(1 - \frac{a^2}{x^2}\right)y = 0;$ $\quad y = \sqrt{x}\,Z_n(x)$ mit $n^2 = \frac{1}{4} + a^2$,

$y'' + \left[1 - \frac{n(n+1)}{x^2}\right]y = 0;$ $\quad y = \sqrt{x}\,Z_{n+\frac{1}{2}}(x)$,

$y'' + \frac{1-\alpha}{x}y' + \frac{\beta^2}{4x}y = 0;$ $\quad y = x^{\alpha/2} Z_\alpha(\beta\sqrt{x})$,

ferner

$y'' + a y' + \frac{\frac{1}{4} - n^2}{x^2}y = 0;$ $\quad y = \sqrt{x}\,e^{-ax} Z_n(i a x)$.

7. Die Fakultät $\Pi(x)$ und die Gammafunktion $\Gamma(x)$.

Sie sind definiert als **Grenzwerte:**

$$\Pi(x) \equiv \Gamma(x+1) = \lim_{k\to\infty} \frac{1\cdot 2\cdot 3\cdot \cdots \cdot k\cdot k^x}{(x+1)(x+2)\cdot \cdots \cdot (x+k)}.$$

Eine der beiden Funktionen $\Gamma(x)$ (LEGENDRE) oder $\Pi(x)$ (GAUSS) ist somit entbehrlich. Wir benutzen zumeist $\Pi(x)$.

Für ganze positive $x = n$ ist $\Pi(n) = 1\cdot 2\cdot 3 \ldots n = n!$ (n-Fakultät) sowie $\Pi(0) = 1, \quad \Pi(-n) = \infty$.

$\Pi(x)$ ist meromorph, $\frac{1}{\Pi(x)}$ ist ganztranszendent (s. Abb. 18).

Es gelten folgende

Integraldarstellungen:

$$\Pi(x) = \int_0^\infty e^{-t} t^x \, dt \quad \text{für} \quad \Re x > -1 \text{ (EULER)},$$

sowie allgemein

$$\frac{1}{\Pi(x)} = \frac{e^{i x \pi}}{2 i \pi} \int \frac{e^{-t}}{t^{x+1}} \, dt.$$

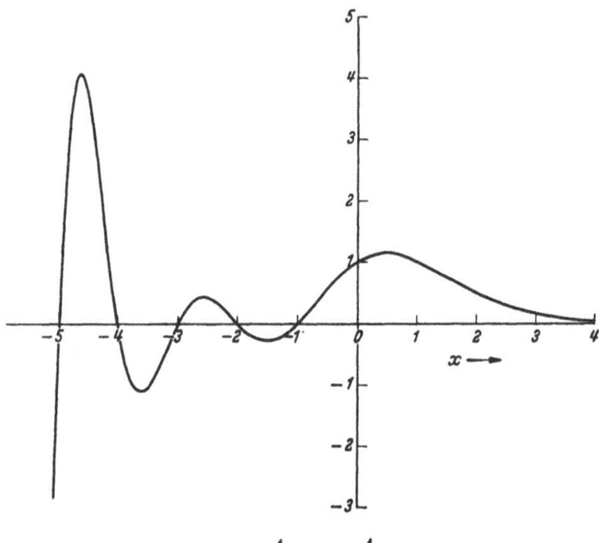

Abb. 18. $\frac{1}{\Pi(x)} = \frac{1}{\Gamma(x+1)}$.

Der Integrationsweg führt von $+\infty$ um $t=0$ zurück nach $+\infty$. Es gelten auch die

Produktdarstellung:

$$\frac{1}{\Pi(x-1)} = \frac{1}{\Gamma(x)} = x \cdot e^{Cx} \prod_{k=1}^{\infty} \left(1 + \frac{x}{k}\right) e^{-\frac{x}{k}}, \quad C = 0{,}57722 \quad (\text{s. S. } 123),$$

sowie die

Funktionalgleichungen:

$$\Pi(x+1) = (x+1)\,\Pi(x); \qquad \Pi(x-1) = \frac{1}{x}\,\Pi(x)$$

und

$$\Pi(x-1)\,\Pi(-x) = \frac{\pi}{\sin \pi x}; \qquad \frac{1}{\Pi(-x)} = \Pi(x) \frac{\sin \pi x}{\pi x}.$$

Damit wird für ganze positive $x = n > 0$:

$$\Pi\left(n-\frac{1}{2}\right) = \frac{1\cdot 3\cdot 5\ldots(2n-1)}{2^n}\sqrt{\pi}, \qquad \Pi\left(-\frac{1}{2}\right) = \sqrt{\pi}$$

$$\Pi\left(-n-\frac{1}{2}\right) = \frac{2^n}{1\cdot 3\cdot 5\ldots(2n-1)}(-1)^n\sqrt{\pi},$$

sowie

$$\frac{d}{dx}\left(\frac{1}{\Pi(x)}\right)_{x=-n} = (-1)^{n-1}(n-1)!$$

Man definiert ferner die

Ψ-Funktion: $\Psi(x) = \frac{d}{dx}\ln\Pi(x) = \lim_{n\to\infty}\left(\ln n - \sum_{k=1}^{n}\frac{1}{x+k}\right).$

Mit $C = \lim_{n\to\infty}\left(\sum_{k=1}^{n}\frac{1}{k} - \ln n\right) = 0{,}577216\ldots$, der Eulerschen Konstanten,

wird

$$\Psi(x) = \sum_{k=1}^{\infty}\left(\frac{1}{k} - \frac{1}{x+k}\right) - C.$$

Daraus folgt im Speziellen:

$$\Psi(0) = -C, \quad \Psi(1) = 1 - C, \quad \Psi(2) = 1 + \tfrac{1}{2} - C,$$
$$\Psi(3) = 1 + \tfrac{1}{2} + \tfrac{1}{3} - C, \ldots$$

und allgemein:

$$\Psi(x+1) = \Psi(x) + \frac{1}{x+1}.$$

$\Psi(x)$ gestattet die

Integraldarstellung:

$$\Psi(x) = \int_1^{\infty}\frac{1-t^{-x}}{t(t-1)}\,dt - C = \int_0^1\frac{1-t^x}{1-t}\,dt - C = \int_0^{\infty}\frac{1-e^{-xt}}{e^t-1}\,dt - C,$$

sowie die **Entwicklung:**

$$\Psi(x+1) = 1 - C + \sum_{k=2}^{\infty}(-1)^k x^{k-1}(s_k - 1);$$

$$s_n = \sum_{k=1}^{\infty}\frac{1}{k^n} = \frac{1}{\Pi(n-1)}\int_0^{\infty}\frac{t^{n-1}}{e^t-1}\,dt \qquad \text{(s. S. 57)}.$$

Daraus folgt durch Integration:

$$\ln\Pi(x+1) = x(1-C) + \sum_{k=2}^{\infty}(-1)^k x^k\frac{(s_k-1)}{k}; \qquad 1 - C = \sum_{k=2}^{\infty}\frac{s_k-1}{k}.$$

Für

große x

ist folgende Darstellung brauchbar:

$$\ln \Pi(x) = \left(x + \frac{1}{2}\right) \ln x - x + \ln \sqrt{2\pi} + \frac{1}{12x} - \frac{1}{360x^2} + \cdots$$

oder die STIRLING*sche Formel:*

$$\Pi(x) = x^x e^{-x} \sqrt{2\pi x}\,(1 + r(x)) \qquad \text{mit} \qquad 0 < r(x) < \frac{1}{12x} + \frac{1}{288x^2}$$

8. Die MATHIEUschen (und HILLschen) Funktionen.

Sie sind definiert als die periodischen Lösungen der

MATHIEU*schen Differentialgleichung:* $y'' + (\lambda - 2h^2 \cos 2x)\, y = 0$

bzw. der allgemeineren HILLschen: $y'' + (\lambda + \gamma\, \Phi(x))\, y = 0,$

wo $\Phi(x)$ eine mit 2π periodische Funktion vom Mittelwert 0 sei.

Die allgemeine Lösung kann man in der Form:

$$y = A\, e^{\mu x} f_1(x) + B\, e^{-\mu x} f_2(x)$$

darstellen (FLOQUET). Aus ihr folgen die reellen periodischen Lösungen, wenn μ rein imaginär von der Form: $\mu = \frac{i\,a}{b}$ ist, wo a und b ganze Zahlen seien. Die Periodenlänge ist dann $2\pi b$.

μ ist bei gegebenem $\Phi(x)$ eine Funktion von λ und γ. Die Kurven $\mu = i\frac{a}{b}$ erfüllen in der λ, γ-Ebene Streifen dicht zwischen je zwei Grenzkurven: $\mu = i n$ und $\mu = i(n + \frac{1}{2})$ (n = ganze Zahl). Zwischen diesen Streifen liegen nur μ-Werte für unperiodische Lösungen, die für $x \to \pm\infty$ nicht beschränkt bleiben.

Um zu gegebenen Parameterwerten λ, γ- bzw. h^2-Lösungen zu finden, ist zunächst μ zu ermitteln. Man setzt die $f(x)$ als FOURIER-Reihen an und erhält als Lösungsbedingung das Verschwinden der unendlichen HILLschen Determinante: $\Delta(\mu, \lambda, \gamma) = 0$, die durch Approximation gelöst werden kann. Sie kann auf $\Delta(0, \lambda, \gamma) = \frac{\sin^2 i\pi\mu}{\sin^2 \pi\sqrt{\lambda}}$ zurückgeführt werden. Ist μ bekannt, so folgen die Lösungen durch Reihenentwicklung.

Im Falle der spezielleren MATHIEUschen Gleichung ist $f_2(x) = f_1(-x)$. Die MATHIEU-Funktionen erster Art $C_n(x)$ und $S_n(x)$ sind gerade bzw. ungerade Lösungen mit der Periode 2π ($b = 1$, $\mu = i n$). Sie sind als FOURIER-Summen darstellbar, beginnend mit $\cos n x$ bzw. $\sin n x$. Sie bilden ein vollständiges Orthogonalsystem für den Bereich $0 \to 2\pi$ ($\varrho = 1$). Analoge Funktionen sind für $\mu = i(n + \frac{1}{2})$ zu bilden.

Als MATHIEU-Funktionen zweiter Art hat man die Lösungen:

$$C_n^{(2)} = C_n \int_0^x \frac{dx}{C_n^2} \quad \text{bzw.} \quad S_n^{(2)} = S_n \int_0^x \frac{dx}{S_n^2}$$

zu bilden. Sie sind im allgemeinen nicht periodisch.

9. Elliptische Integrale und Funktionen.

a) Elliptische Integrale.

Über die Reduktion des allgemeinen elliptischen Integrals vgl. S. 49 (Abschn. Int.-R.).

LEGENDREsche *Normalform:* Das allgemeine elliptische Integral läßt sich reduzieren auf die drei Normalintegrale ($0 < k^2 < 1$, $x = \sin\varphi$)

$$\int_0^x \frac{dt}{\sqrt{(1-t^2)(1-k^2t^2)}} = \int_0^\varphi \frac{d\psi}{\sqrt{1-k^2\sin^2\psi}} = F(k,\varphi)$$

$$\int_0^x \frac{\sqrt{1-k^2t^2}}{\sqrt{1-t^2}}\,dt = \int_0^\varphi \sqrt{1-k^2\sin^2\psi}\,d\psi = E(k,\varphi)$$

$$\int_0^x \frac{dt}{(t^2-a^2)\sqrt{(1-t^2)(1-k^2t^2)}}.$$

Sie heißen *unvollständige* elliptische Integrale 1., 2. und 3. Gattung. Das Integral

$$\int_0^{\pi/2} \frac{d\psi}{\sqrt{1-k^2\sin^2\psi}} = F\left(k,\frac{\pi}{2}\right) = K(k)$$

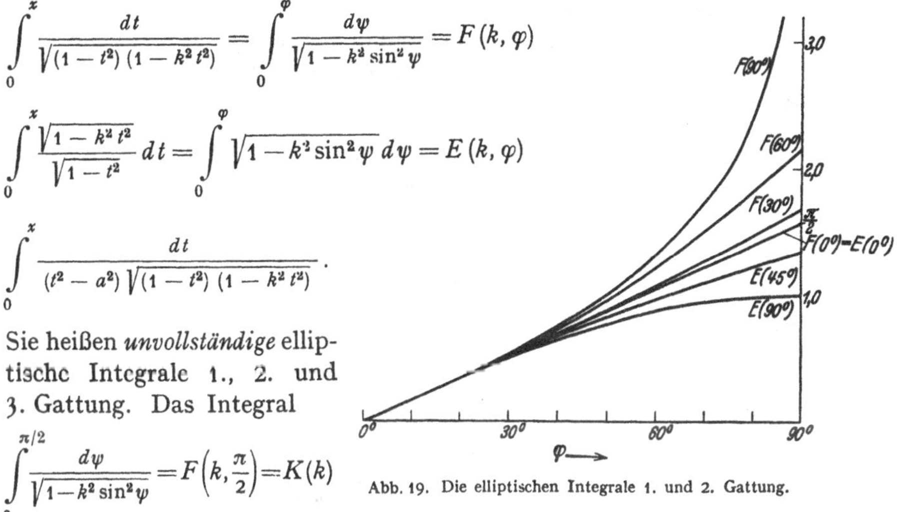

Abb. 19. Die elliptischen Integrale 1. und 2. Gattung.

heißt *vollständiges* elliptisches Integral 1. Gattung. Die Funktionen E, F, K sind tabuliert. In Abb. 19 sind $F(k,\varphi)$ und $E(k,\varphi)$ als Funktionen von φ für verschiedene Werte des Parameters $k = \sin\vartheta$ dargestellt.

Als WEIERSTRASSsches *Normalintegral* 1. Gattung bezeichnet man

$$z = \int_u^\infty \frac{dt}{\sqrt{4t^3 - g_2 t - g_3}}.$$

b) Allgemeines über elliptische Funktionen.

Die elliptischen Funktionen sind Umkehrfunktionen oder algebraische Funktionen von Umkehrfunktionen elliptischer Integrale. Sie sind doppeltperiodische Funktionen ihres komplexen Arguments z mit zwei komplexen Perioden ω_1 und ω_2, so daß

$$f(z) = f(z + m_1 \omega_1 + m_2 \omega_2) \qquad (m_1, m_2 = 0, \pm 1, \pm 2, \ldots)$$

wird. Im Endlichen haben sie keine wesentlichen Singularitäten. Das Verhältnis ω_1/ω_2 ist stets nicht reell, d. h. die komplexe z-Ebene kann von einem beliebigen Punkt z_0 ausgehend in Parallelogramme eingeteilt werden, deren Eckpunkte ein Gitter $z_0 + m_1 \omega_1 + m_2 \omega_2$ bilden, derart, daß $f(z)$ in entsprechenden Punkten verschiedener Parallelogramme den gleichen Wert hat („Periodenparallelogramme").

LIOUVILLE*sche Sätze:*

1. Es gibt keine nichtkonstante elliptische Funktion, die im Periodenparallelogramm überall endlich ist.
2. Die Summe der Residuen im Periodenparallelogramm ist Null.
3. Eine elliptische Funktion nimmt im Periodenparallelogramm jeden Wert an ebensoviel Stellen (der Vielfachheit nach gezählt) an wie den Wert ∞.

c) Die JACOBIschen elliptischen Funktionen.

Definition: Die Umkehrfunktion zu

$$z = F(k, \varphi) = \int_0^{\varphi} \frac{d\psi}{\sqrt{1 - k^2 \sin^2 \psi}} \qquad (0 < k^2 < 1) \tag{1}$$

heißt die „Amplitude" von z:

$$\varphi = \operatorname{am} z. \tag{2}$$

Führt man $x = \sin\varphi$ ein, so geht (1) über in

$$z = \int_0^x \frac{dt}{\sqrt{(1 - t^2)(1 - k^2 t^2)}}$$

und (2) in

$$x = \sin(\operatorname{am} z).$$

Hierfür schreibt man kürzer

$$x = \operatorname{sn} z \quad \text{(sinus amplitudinis)}.$$

Man führt weiter die Funktionen ein

$$\sqrt{1 - x^2} = \cos(\operatorname{am} z) = \operatorname{cn} z \quad \text{(cosinus amplitudinis)}$$
$$\sqrt{1 - k^2 x^2} = \Delta \operatorname{am} z = \operatorname{dn} z \quad \text{(delta amplitudinis)}.$$

sn, cn, dn sind die JACOBIschen elliptischen Funktionen.

Allgemeine Eigenschaften: sn z ist eine ungerade, cn z und dn z sind gerade Funktionen von z. Insbesondere ist

$$\operatorname{sn} 0 = 0, \quad \operatorname{cn} 0 = 1, \quad \operatorname{dn} 0 = 1.$$

Die Funktionen sind *doppeltperiodisch*, und zwar hat

$$\begin{aligned} &\operatorname{sn} z \text{ die Perioden } \omega_1 = 4K, \quad \omega_2 = 2iK', \\ &\operatorname{cn} z \text{ die Perioden } \omega_1 = 4K, \quad \omega_2 = 2K + 2iK', \\ &\operatorname{dn} z \text{ die Perioden } \omega_1 = 2K, \quad \omega_2 = 4iK', \end{aligned}$$

wobei $K = F\left(k, \frac{\pi}{2}\right)$, $K' = F\left(k', \frac{\pi}{2}\right)$ und $k'^2 = 1 - k^2$.

Die JACOBIschen Funktionen haben die *Nullstellen*

$$\operatorname{sn}(2mK + 2niK') = 0 \qquad \operatorname{cn}((2m+1)K + 2niK') = 0$$
$$\operatorname{dn}((2m+1)K + (2n+1)iK') = 0$$

und die *Pole erster Ordnung*

$$z = 2mK + (2n+1)iK' \qquad (m, n = 0, \pm 1, \pm 2, \ldots).$$

Ferner gelten die Beziehungen:

$$\operatorname{sn}(z+K) = \frac{\operatorname{cn} z}{\operatorname{dn} z}, \qquad \operatorname{cn}(z+K) = -k' \frac{\operatorname{sn} z}{\operatorname{dn} z}, \qquad \operatorname{dn}(z+K) = \frac{k'}{\operatorname{dn} z},$$

$$\operatorname{sn}(z+iK') = \frac{1}{k \operatorname{sn} z}, \quad \operatorname{cn}(z+iK') = -\frac{i}{k}\frac{\operatorname{dn} z}{\operatorname{sn} z}, \quad \operatorname{dn}(z+iK') = -i\frac{\operatorname{cn} z}{\operatorname{sn} z},$$

$$\operatorname{sn}(z+K+iK') = \frac{1}{k}\frac{\operatorname{dn} z}{\operatorname{cn} z}, \qquad \operatorname{cn}(z+K+iK') = -\frac{ik'}{k \operatorname{cn} z},$$

$$\operatorname{dn}(z+K+iK') = ik' \frac{\operatorname{sn} z}{\operatorname{cn} z}.$$

Differentialformeln:

$$\frac{d \operatorname{sn} z}{dz} = \operatorname{cn} z \cdot \operatorname{dn} z, \qquad \frac{d \operatorname{cn} z}{dz} = -\operatorname{sn} z \cdot \operatorname{dn} z, \qquad \frac{d \operatorname{dn} z}{dz} = -k^2 \operatorname{sn} z \cdot \operatorname{cn} z.$$

Reihenentwicklungen vgl. Abschn. Reihen, S. 62.

d) Die WEIERSTRASSsche ℘-Funktion.

Definition: Die Umkehrfunktion zu

$$z = \int_u^\infty \frac{dt}{\sqrt{4t^3 - g_2 t - g_3}}$$

heißt die WEIERSTRASSsche ℘-Funktion zu den Invarianten g_2 und g_3:

$$u = \wp(z) \qquad \text{oder} \qquad u = \wp(z; g_2, g_3).$$

Sie genügt der Differentialgleichung

$$\wp'^2 = \left(\frac{d\wp}{dz}\right)^2 = 4\wp^3 - g_2\wp - g_3.$$

Allgemeine Eigenschaften: $\wp(z)$ ist eine doppeltperiodische Funktion Es ist

$$\wp(0) = \wp(\omega_1) = \wp(\omega_2) = \infty.$$

An diesen Stellen hat $\wp$ Pole zweiter Ordnung. Setzt man

$$4t^3 - g_2 t - g_3 = 4(t-e_1)(t-e_2)(t-e_3)$$

mit

$$e_1 + e_2 + e_3 = 0,$$

so wird

$$\wp\left(\frac{\omega_1}{2}\right) = e_1, \quad \wp\left(\frac{\omega_2}{2}\right) = e_2, \quad \wp\left(\frac{\omega_1+\omega_2}{2}\right) = e_3.$$

Entwicklung: Bedeutet $w = m_1\omega_1 + m_2\omega_2$, so gelten die Entwicklungen:

$$\wp(z) = \frac{1}{z^2} + \sum_{m_1, m_2}{}' \left(\frac{1}{(z-w)^2} - \frac{1}{w^2}\right)$$

$$\wp'(z) = -2\sum_{m_1, m_2}{}' \frac{1}{(z-w)^3}.$$

Die Summen sind über alle $m_1, m_2 = 0, \pm 1, \pm 2, \ldots$ zu erstrecken mit Ausschluß von $m_1 = m_2 = 0$. Die Entwicklung von $\wp$ kann auch geschrieben werden:

$$\wp(z) = \frac{1}{z^2} + \frac{g_2}{20}z^2 + \frac{g_3}{28}z^4 + \frac{g_2^2}{1200}z^6 + \frac{3g_2g_3}{6160}z^8 + \cdots.$$

Zwischen den Invarianten und den Perioden bestehen die Beziehungen:

$$g_2 = \left(\frac{2\pi}{\omega_2}\right)^4 \left[\frac{1}{12} + 20\sum_{n=1}^{\infty} \frac{n^3 q^{2n}}{1-q^{2n}}\right]$$

$$g_3 = \left(\frac{2\pi}{\omega_2}\right)^6 \left[\frac{1}{216} - \frac{7}{3}\sum_{n=1}^{\infty} \frac{n^5 q^{2n}}{1-q^{2n}}\right]$$

mit $$q = e^{i\pi\frac{\omega_1}{\omega_2}}.$$

Reduktion: Die $\wp$-Funktion mit den Invarianten g_2, g_3 kann stets auf eine $\wp$-Funktion mit nur einer („absoluten") Invariante j reduziert werden nach der Formel

$$\wp(z; g_2, g_3) = m^2 \cdot \wp\left(mz; \frac{g_2}{m^4}, \frac{g_3}{m^6}\right),$$

wenn man $m = \sqrt{\frac{g_3}{g_2}}$ setzt. Man erhält dann speziell

$$\wp(z; g_2, g_3) = \frac{g_3}{g_2} \cdot \wp\left(\sqrt{\frac{g_3}{g_2}}\, z; j, j\right) \quad \text{mit} \quad j = \frac{g_2^3}{g_3^2}.$$

Darstellung: Jede doppeltperiodische Funktion $f(z; \omega_1, \omega_2)$ kann als rationale Funktion der beiden elliptischen Funktionen $\wp(z; \omega_1, \omega_2)$ und $\wp'(z; \omega_1, \omega_2)$ dargestellt werden.

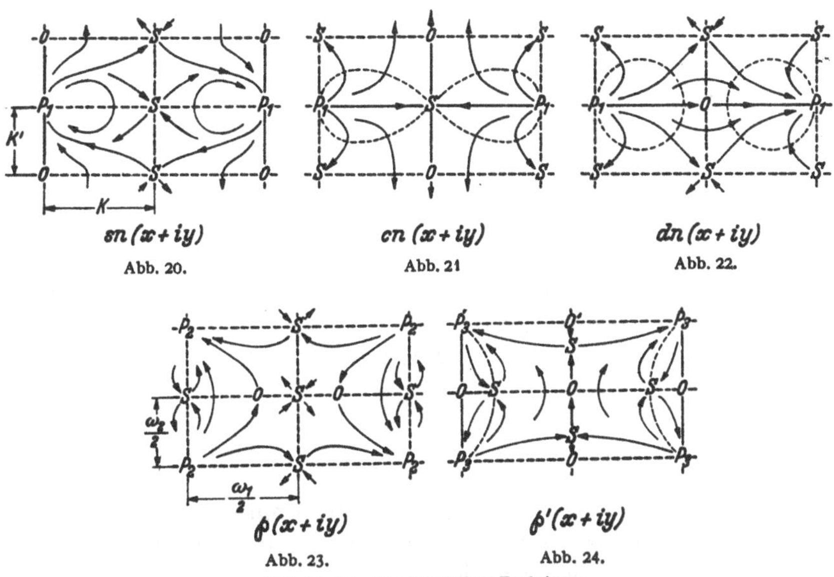

sn (x + iy) Abb. 20. cn (x + iy) Abb. 21 dn (x + iy) Abb. 22.

℘ (x + iy) Abb. 23. ℘′ (x + iy) Abb. 24.

Abb. 20—24. Die elliptischen Funktionen.

In den Abb. 20—24 sind die komplexen Funktionen sn, cn, dn, $\wp$ und $\wp'$ für ein reelles k qualitativ dargestellt. Pole n-ter Ordnung sind durch P_n, Sattelpunkte durch S und Nullpunkte durch 0 bezeichnet.

e) Zusammenhang zwischen den JACOBIschen und der $\wp$-Funktion.

$$\operatorname{sn} u = \sqrt{\frac{e_1 - e_3}{\wp(z) - e_3}} \qquad \operatorname{cn} u = \sqrt{\frac{\wp(z) - e_1}{\wp(z) - e_3}} \qquad \operatorname{dn} u = \sqrt{\frac{\wp(z) - e_2}{\wp(z) - e_3}}$$

mit

$$u = z\sqrt{e_1 - e_3} \quad \text{und} \quad k^2 = \frac{e_2 - e_3}{e_1 - e_3}.$$

Umkehrung:

$$\wp(z) = e_1 + (e_1 - e_3)\frac{\operatorname{cn}^2 u}{\operatorname{sn}^2 u} = e_2 + (e_1 - e_3)\frac{\operatorname{dn}^2 u}{\operatorname{sn}^2 u} = e_3 + \frac{e_1 - e_3}{\operatorname{sn}^2 u}.$$

Fünfter Abschnitt.

Algebra.

A. Lineare Gleichungen.

1. Definitionen.

a) Die allgemeine Form (erste Normalform) für m lineare Gleichungen mit n Unbekannten ist:

$$\left.\begin{array}{l} a_{11}x_1 + a_{12}x_2 + \cdots + a_{1n}x_n = b_1 \\ a_{21}x_1 + a_{22}x_2 + \cdots + a_{2n}x_n = b_2 \\ \dots\dots\dots\dots\dots\dots\dots\dots \\ a_{m1}x_1 + a_{m2}x_2 + \cdots + a_{mn}x_n = b_m \end{array}\right\} \qquad (1)$$

oder abgekürzt geschrieben:

$$\sum_{k=1}^{n} a_{ik}x_k = b_i \qquad (i = 1, 2, \ldots, m).$$

b) $m = n$. Deutet man die Größen b_i als Komponenten eines n-dimensionalen Vektors $\mathfrak{b}$, die x_i als Komponenten eines ebensolchen Vektors $\mathfrak{x}$, so wird die Beziehung (1) geschrieben:

$$\mathfrak{A}\,\mathfrak{x} = \mathfrak{b}.$$

Dabei bedeutet $\mathfrak{A}$ den Tensor (Operator), der dem Vektor $\mathfrak{x}$ den Vektor $\mathfrak{b}$ zuordnet (vgl. S. 204).

Die Lösung der Gl. (1) ist gleichbedeutend mit der Umkehrung des Tensors (bzw. der Matrix) $\mathfrak{A}$, d. h. mit der Bestimmung eines Tensors (einer Matrix) $\mathfrak{A}^{-1}$ mit der Eigenschaft

$$\mathfrak{x} = \mathfrak{A}^{-1}\,\mathfrak{b}.$$

Geometrisch ist sie äquivalent den Aufgaben, entweder

1. den Schnittpunkt von n Ebenen $(\mathfrak{a}_i\mathfrak{x}) = b_i$ zu finden, oder
2. einen Vektor $\mathfrak{b}$ als Linearkombination von n Vektoren $\mathfrak{a}_k$ darzustellen: $\mathfrak{b} = \sum\limits_k x_k\,\mathfrak{a}_k$.

2. Lösbarkeit und Lösungen $(m = n)$[1].

a) Rang.

Die Lösbarkeit des linearen Gleichungssystems (1) und die Mannigfaltigkeit seiner Lösungen hängt ab von dem *Rang* r des Gleichungssystems (bzw. seiner Matrix (a_{ik})), das ist die Höchstzahl linear unabhängiger unter den linearen Formen $\sum\limits_k a_{ik}x_k$ $(i = 1, \ldots, n)$. Es gibt

[1] Für $m \neq n$ siehe etwa: BÔCHER, Höhere Algebra.

dann mindestens eine nichtverschwindende r-reihige, aber keine nichtverschwindende $(r+1)$-reihige Unterdeterminante (vgl. S. 144). $d = n - r$ heißt *Defekt* des Gleichungssystems.

Lineare Unabhängigkeit. m lineare Funktionen $f_i = \sum_{k=1}^{n} a_{ik} x_k$ (oder m Systeme $\mathfrak{a}_i$ von n Zahlen a_{ik}) $(i = 1, \ldots, m,\ k = 1, \ldots, n)$ heißen *linear unabhängig*, wenn es *nicht* möglich ist, m feste Zahlen $c_1, \ldots, c_m$ (nicht alle Null) so zu bestimmen, daß $\sum c_i f_i = 0$ identisch in $x_1, \ldots, x_n$ (Vorbedingung: $m \leq n$). (Vgl. GRAMsche Determinante S. 147.) Ist $m > n$, so existieren stets lineare Abhängigkeiten $\sum c_i f_i = 0$ bzw. $\sum c_i \mathfrak{a}_i = 0$, wobei die c_i nicht alle Null sind.

Geometrisch: m linear unabhängige Vektoren $\mathfrak{a}_i$ $(i = 1, \ldots, m)$ mit den Komponenten $(a_{i1}, \ldots, a_{in})$ liegen nicht alle in einer $(m-1)$-dimensionalen, aber in einer m-dimensionalen Hyperebene.

b) Homogene Gleichungen.

Sind alle $b_i = 0$, so heißt das Gleichungssystem (1) *homogen*.

α) Rang $r = n$, Defekt $d = 0$, also Determinante $\det(a_{ik}) \neq 0$. Es gibt *nur* die *triviale* Lösung $x_1 = x_2 = \cdots = x_n = 0$.

β) Rang $r < n$, Defekt $d > 0$, also $\det(a_{ik}) = 0$. Es gibt $d = n - r$ linear unabhängige Lösungssysteme:

$$x_i = \xi_i^{(h)} \qquad (h = 1, 2, \ldots, d; \quad i = 1, 2, \ldots, n).$$

Alle linearen Kombinationen dieser Systeme mit beliebigen Koeffizienten c_h sind wieder Lösungssysteme:

$$x_i = \sum_{h=1}^{d} c_h \xi_i^{(h)} \qquad (i = 1, \ldots, n) \text{ sog. } \textit{allgemeine} \text{ Lösung.} \tag{2}$$

Im Falle $r = n - 1$ $(d = 1)$ ist das Lösungssystem durch:

$$\xi_1 : \xi_2 : \ldots : \xi_n = A_{i1} : A_{i2} : \ldots : A_{in} \qquad (i \text{ beliebig gewählt})$$

(bis auf einen Proportionalitätsfaktor) bestimmt. A_{ik} ist der Minor zu a_{ik} (s. S. 144).

Das *transponierte* Gleichungssystem (entstanden durch Ersetzen von a_{ik} durch a_{ki}) hat stets den gleichen Rang und Defekt, also ebenfalls $d = n - r$ linear unabhängige Lösungssysteme $\tilde{\xi}_i^{(h)}$ $(h = 1, \ldots, d)$.

c) Inhomogene Gleichungen.

Das Gleichungssystem (1) heißt *inhomogen*, wenn mindestens ein $b_i \neq 0$ ist.

α) Rang $r = n$, Defekt $d = 0$, also $\det(a_{ik}) \neq 0$. Das zugehörige homogene System hat keine nichttriviale Lösung. Dann hat das inhomogene lineare Gleichungssystem genau eine Lösung:

$$x_k = \frac{1}{\det(a_{ik})}(b_1 A_{1k} + \cdots + b_n A_{nk}). \tag{3}$$

$\frac{A_{ki}}{\det(a_{ik})}$ sind also die n^2 Komponenten des zu $\mathfrak{A}$ reziproken Tensors (bzw. der Matrix) $\mathfrak{A}^{-1}$ mit $\mathfrak{x} = \mathfrak{A}^{-1}\mathfrak{b}$.

Praktische Lösung. Die Lösung (3) ist zur praktischen Durchführung meist wenig geeignet. Die Berechnung der Determinanten erfordert im allgemeinen mehr Arbeit als die folgende Lösung durch schrittweise Elimination: Durch das gleiche Verfahren, das in C 7 für Determinanten geschildert ist, reduziert man die Unbekanntenzahl des Systems schrittweise um eins, bis man eine Unbekannte bestimmt hat; die anderen werden dann durch schrittweise wieder rückwärts gehendes Einsetzen der gefundenen Werte nacheinander bestimmt.

β) Rang $r < n$, Defekt $d > 0$, $\det(a_{ik}) = 0$. Es bestehen zwischen den linken Seiten $\sum_k a_{ik} x_k$ $(i = 1, \ldots, n)$ $d = n - r$ lineare Abhängigkeiten (gegeben durch die Lösungen des zugehörigen transponierten homogenen Systems). Die Gl. (1) sind daher nur dann *miteinander verträglich*, also lösbar, wenn die

Lösbarkeitsbedingungen: $\sum_i b_i \tilde{\xi}_i^{(h)} = 0$ für alle $h = 1, \ldots, d$ (4)

gelten. Die Gesamtheit der Lösungssysteme (die allgemeine Lösung) ist darstellbar als Summe *eines* beliebigen Lösungssystems der inhomogenen Gleichungen und der allgemeinen Lösung der homogenen Gleichungen [s. (2)].

Bestimmung einer Lösung. Man sucht eine r-reihige nichtverschwindende Unterdeterminante und setzt in den entsprechenden r inhomogenen Gleichungen die $n - r$ nicht zugehörigen Variablen Null. Die Lösung des so entstandenen inhomogenen Gleichungssystems für r Variable liefert, zusammen mit den nullgesetzten $n - r$ Variablen, eine Lösung des Systems in n Variablen.

3. Zweite Normalform.

Man gewinnt sie durch Abspalten eines Parameters λ aus den Diagonalgliedern der Matrix der ersten Normalform in der Form:

$$\left.\begin{array}{l}
(a_{11} - \lambda) x_1 + a_{12} x_2 + \cdots + a_{1n} x_n = b_1 \\
a_{21} x_1 + (a_{22} - \lambda) x_2 + \cdots + a_{2n} x_n = b_2 \\
\cdots\cdots\cdots\cdots\cdots\cdots\cdots\cdots\cdots \\
a_{n1} x_1 + a_{n2} x_2 + \cdots + (a_{nn} - \lambda) x_n = b_n
\end{array}\right\} \tag{5}$$

abgekürzt geschrieben:

$$\sum_{k=1}^{n} a_{ik} x_k - \lambda x_i = b_i \qquad (i = 1, \ldots, n)$$

bzw. in Vektorsymbolik: $\mathfrak{A}\mathfrak{x} - \lambda\mathfrak{x} = \mathfrak{b}$.

Die Lösbarkeitsbedingungen werden dann durch Forderungen für λ ausgedrückt. Das zugehörige *homogene* System ($b_i = 0$) hat nur Lösungen, wenn λ eine der n Wurzeln λ_j ($j = 1, \ldots, n$) der *Säkulargleichung* $\det(\mathfrak{A} - \lambda\mathfrak{E}) = 0$ (vgl. S. 206) ist. Diese n *Eigenwerte* sind sämtlich reell, wenn die Matrix (a_{ik}) hermitisch ($a_{ik} = a^*_{ki}$ für alle i, k), bei reellen a_{ik} also symmetrisch ist ($a_{ik} = a_{ki}$).

Die zu den Eigenwerten λ_j gehörigen Lösungen $\xi_{1j}, \xi_{2j}, \ldots, \xi_{nj}$ des homogenen Systems heißen *Eigenlösungen*. Für sie gilt

$$\lambda_j \xi_{ij} = \sum_\nu a_{i\nu} \xi_{\nu j} \; (i, j = 1; \ldots, n) \quad \text{oder} \quad \lambda_j \mathfrak{a}_j = \mathfrak{A}\mathfrak{a}_j; \;\; \mathfrak{a}_j = \{\xi_{ij}\}.$$

Sie sind bis auf einen gemeinsamen Faktor bestimmt, wenn λ_j eine einfache Wurzel ist; er wird durch die *Normierungsgleichungen*

$$\xi_{1j}^2 + \xi_{2j}^2 + \cdots + \xi_{nj}^2 = \sum_{\nu=1}^{n} \xi_{\nu j}^2 = (\mathfrak{a}_j^2) = 1 \qquad (j = 1, \ldots, n)$$

festgelegt. Dagegen gilt stets, wenn $\lambda_k \neq \lambda_j$ ist,

$$\xi_{1k}\xi_{1j} + \xi_{2k}\xi_{2j} + \cdots + \xi_{nk}\xi_{nj} = \sum_{\nu=1}^{n} \xi_{\nu k}\xi_{\nu j} = (\mathfrak{a}_k, \mathfrak{a}_j) = 0.$$

Die Vektoren $\mathfrak{a}_j$ bilden also ein normiertes Orthogonalsystem. Führt man statt x_k und b_k neue Größen x'_k und b'_k ein durch die (orthogonale) Transformation (*Hauptachsentransformation*, Entwicklung nach *Eigenlösungen*)

$$x_i = \sum_\nu \xi_{i\nu} x'_\nu \quad \text{und} \quad b_i = \sum_\nu \xi_{i\nu} b'_\nu,$$

aufgelöst

$$x'_k = \sum_\nu \xi_{\nu k} x_\nu \quad \text{und} \quad b'_k = \sum_\nu \xi_{\nu k} b_\nu,$$

so wird

$$\sum_k x_k^2 = \sum_k x_k'^2, \qquad \sum_i \sum_k a_{ik} x_i x_k = \sum_j \lambda_j x_j'^2.$$

Das *inhomogene* System (5) erhält dann die Form:

$$(\lambda_k - \lambda)\, x'_k = b'_k.$$

Durch Einsetzen erhält man die Lösung:

$$x_i = \sum_k \frac{\xi_{ik}}{\lambda_k - \lambda} \sum_l \xi_{lk} b_l.$$

Mit Vektoren geschrieben wird dasselbe formuliert durch:

$$x'_k = (\mathfrak{a}_k, \mathfrak{x}); \qquad \mathfrak{x} = \sum_k \mathfrak{a}_k (\mathfrak{a}_k, \mathfrak{x}),$$

$$(\mathfrak{a}_k, \mathfrak{A}\mathfrak{x}) = (\mathfrak{x}, \mathfrak{A}\mathfrak{a}_k) = \lambda_k (\mathfrak{x}, \mathfrak{a}_k) = (\mathfrak{a}_k, \mathfrak{b}) + \lambda (\mathfrak{a}_k, \mathfrak{x}),$$

$$(\mathfrak{a}_k, \mathfrak{x}) = \frac{(\mathfrak{a}_k, \mathfrak{b})}{\lambda_k - \lambda},$$

$$\mathfrak{x} = \sum_k \frac{\mathfrak{a}_k (\mathfrak{a}_k, \mathfrak{b})}{\lambda_k - \lambda}.$$

Man hat also keine (endliche) Lösung, wenn λ gleich einem λ_k ist, außer wenn auch $(\mathfrak{a}_k\, \mathfrak{b}) = 0$ ist. Dann bleibt aber $\mathfrak{x}$ um ein beliebiges Vielfaches von $\mathfrak{a}_k$ unbestimmt.

4. Lineare Gleichungen mit unendlichvielen Unbekannten schreibt man zweckmäßig in der Form:

$$x_i + \sum_{k=1}^{\infty} c_{ik} x_k = b_i \qquad (i = 1, 2, \ldots), \tag{6}$$

d. h. man setzt für $\mathfrak{A}$ in (1) $\mathfrak{E} + \mathfrak{C}$ ($\mathfrak{E}$ = Einheitsmatrix; vgl. S. 18). „*Transponiert*" nennt man *hier* das System mit $\mathfrak{E} + \tilde{\mathfrak{C}}$. Unter gewissen Voraussetzungen (z. B. der, daß die Doppelsumme $\sum_{\mu,\nu=1}^{\infty} |c_{\mu\nu}|^2$ konvergiert, die Matrix also von $\mathfrak{E}$ nicht sehr abweicht), gelten die entsprechenden Sätze wie bei endlichvielen Unbekannten. (Die unendliche Determinante hat kaum Bedeutung.) Entweder hat (6) — und dann auch das dazu „transponierte" System — für beliebige b_i mit konvergenter Summe $\sum_{i=1}^{\infty} |b_i|^2$ eine eindeutig bestimmte Lösung $x_i = b_i + \sum_{k=1}^{\infty} d_{ik} b_k$ $(i = 1, 2, \ldots)$, mit $\sum |x_i|^2$ konvergent, oder das homogene System (alle $b_i = 0$) sowie das „transponierte" homogene System hat $d > 0$ linear unabhängige Lösungen mit $\sum |x_i|^2$ konvergent. Das inhomogene System besitzt dann nur Lösungen, wenn die (4) entsprechenden d Bedingungen erfüllt sind.

Für allgemeinere Gleichungssysteme gelten diese Sätze im allgemeinen nicht mehr (vgl. S. 143).

B. Matrizen.

1. Definition, Bezeichnungen.

a) Ein System von $m \cdot n$ Zahlen (oder auch sonstigen Rechengrößen) a_{ik} $(i = 1, \ldots, m;\ k = 1, \ldots, n)$, den *Elementen*, die in einem rechteckigen Schema von m *Zeilen* (= Horizontalreihen) und n *Spalten* oder

Kolonnen (= Vertikalreihen) angeordnet sind, heißt (endliche) *Matrix*, ausführlich geschrieben:

$$\begin{pmatrix} a_{11} & a_{12} & \dots & a_{1n} \\ a_{21} & a_{22} & \dots & a_{2n} \\ \dots & \dots & \dots & \dots \\ a_{m1} & a_{m2} & \dots & a_{mn} \end{pmatrix} \quad \text{oder} \quad \begin{Vmatrix} a_{11} & a_{12} & \dots & a_{1n} \\ a_{21} & a_{22} & \dots & a_{2n} \\ \dots & \dots & \dots & \dots \\ a_{m1} & a_{m2} & \dots & a_{mn} \end{Vmatrix},$$

kürzer (a_{ik}), $\|a_{ik}\|$ oder gegebenenfalls deutlicher $(a_{ik})_{(m,n)}$. Meist werden Matrizen mit großen deutschen Buchstaben bezeichnet: $\mathfrak{A} = (a_{ik})$, $\mathfrak{B} = (b_{ik})$. i ist stets Zeilenindex, k Spaltenindex; $(a_{ki})_{(n,m)}$ bezeichnet daher die *transponierte* Matrix zu $(a_{ik})_{(m,n)}$, die man durch Vertauschen von Zeilen mit Spalten erhält. Ist $m = n$, so heißt die Matrix *quadratisch*.

b) Einspaltige Matrizen ($n = 1$) werden mit kleinen deutschen Buchstaben $\mathfrak{a}, \dots, \mathfrak{x}, \dots$ bezeichnet und zur Darstellung von Vektoren benutzt (s. S. 13).

Die Elemente einer Matrix können verschiedene Bedeutung haben: Sie können die Koeffizienten bzw. Komponenten von Reihenentwicklungen, linearen Gleichungen oder Transformationen, Bilinearformen, quadratischen Formen, Determinanten, Tensoren usw., aber auch selbst wieder Matrizen sein. Matrizen von Matrizen heißen *Übermatrizen*.

2. Rechnen mit (endlichen) Matrizen.

a) Zwei Matrizen gleicher Zeilenzahl m und Spaltenzahl n heißen *gleichartig*. Mit gleichartigen Matrizen läßt sich folgendermaßen rechnen:

Gleichheit. Zwei gleichartige Matrizen sind dann und nur dann gleich: $(a_{ik}) = (b_{ik})$, wenn $a_{ik} = b_{ik}$ für alle i, k ist. Eine Gleichung zwischen Matrizen faßt also $m \cdot n$ Gleichungen zwischen ihren Elementen zusammen.

Summe. Die Summe $\mathfrak{A} + \mathfrak{B}$ der gleichartigen Matrizen $\mathfrak{A}$ und $\mathfrak{B}$ ist die aus der Summe entsprechender Elemente gebildete Matrix:

$$\mathfrak{A} + \mathfrak{B} = (a_{ik}) + (b_{ik}) = (a_{ik} + b_{ik}). \tag{1}$$

Es gilt

$$\mathfrak{A} + \mathfrak{B} = \mathfrak{B} + \mathfrak{A} \quad \text{(kommutatives Gesetz)}$$

und

$$(\mathfrak{A} + \mathfrak{B}) + \mathfrak{C} = \mathfrak{A} + (\mathfrak{B} + \mathfrak{C}) = \mathfrak{A} + \mathfrak{B} + \mathfrak{C} \quad \text{(assoziatives Gesetz).}$$

Multiplikation mit Skalaren. Eine Matrix $\mathfrak{A} = (a_{ik})$ wird mit einer beliebigen komplexen Zahl ϱ (einem Skalar) multipliziert, indem man jedes Element mit ϱ multipliziert:

$$\mathfrak{A}\varrho = \varrho\mathfrak{A} = (\varrho a_{ik}). \tag{2}$$

Hinsichtlich der Addition und der skalaren Multiplikation verhalten sich daher die Matrizen wie ihre Elemente.

b) Produkt quadratischer Matrizen. Das Produkt $\mathfrak{A}\mathfrak{B}$ der gleichartigen quadratischen Matrizen $\mathfrak{A}$ und $\mathfrak{B}$ ist erklärt durch

$$\mathfrak{A}\mathfrak{B} = (a_{ik})(b_{ik}) = \left(\sum_{\nu=1}^{n} a_{i\nu} b_{\nu k}\right) = (c_{ik}), \qquad (3)$$

d. h. das der i-ten Zeile und der k-ten Spalte gemeinsame Element c_{ik} ist das innere Produkt des i-ten Zeilenvektors von $\mathfrak{A}$ und des k-ten Spaltenvektors von $\mathfrak{B}$: $c_{ik} = a_{i1} b_{1k} + a_{i2} b_{2k} + \cdots + a_{in} b_{nk}$, z. B.:

$$\begin{pmatrix} a & b \\ c & d \end{pmatrix} \begin{pmatrix} \alpha & \beta \\ \gamma & \delta \end{pmatrix} = \begin{pmatrix} a\alpha + b\gamma & a\beta + b\delta \\ c\alpha + d\gamma & c\beta + d\delta \end{pmatrix}.$$

Es gelten stets:

$$(\mathfrak{A}\mathfrak{B})\mathfrak{C} = \mathfrak{A}(\mathfrak{B}\mathfrak{C}) = \mathfrak{A}\mathfrak{B}\mathfrak{C} \quad \text{(assoziatives Gesetz d. Mult.)} \qquad (4)$$

$$\left.\begin{aligned} (\mathfrak{A} + \mathfrak{B})\mathfrak{C} &= \mathfrak{A}\mathfrak{C} + \mathfrak{B}\mathfrak{C} \\ \mathfrak{A}(\mathfrak{B} + \mathfrak{C}) &= \mathfrak{A}\mathfrak{B} + \mathfrak{A}\mathfrak{C} \end{aligned}\right\} \quad \text{(distributive Gesetze).} \quad \begin{cases} (5) \\ (6) \end{cases}$$

Vertauschbarkeit. Im allgemeinen ist

$$\left(\sum_{\nu=1}^{n} a_{i\nu} b_{\nu k}\right) = \mathfrak{A}\mathfrak{B} \neq \mathfrak{B}\mathfrak{A} = \left(\sum_{\nu=1}^{n} b_{i\nu} a_{\nu k}\right), \qquad (7)$$

d. h. das kommutative Gesetz der Multiplikation ist nicht erfüllt. Daher heißen zwei Matrizen $\mathfrak{A}$ und $\mathfrak{B}$, für die $\mathfrak{A}\mathfrak{B} = \mathfrak{B}\mathfrak{A}$ gilt, *miteinander vertauschbar*. Zum Beispiel ist $\varrho\mathfrak{E}$ (ϱ beliebige komplexe Zahl, $\mathfrak{E}$ = Einheitsmatrix) mit jeder Matrix vertauschbar. Ein Maß für die Nicht-Vertauschbarkeit zweier beliebigen Matrizen $\mathfrak{A}$ und $\mathfrak{B}$ ist die *Kommutatormatrix*

$$(\mathfrak{A}\mathfrak{B} - \mathfrak{B}\mathfrak{A}) \equiv [\mathfrak{A}, \mathfrak{B}].$$

c) Produkt rechteckiger Matrizen. Sind $\mathfrak{A}$ und $\mathfrak{B}$ rechteckige Matrizen (Zeilenzahlen m_1, n_1 bzw. m_2, n_2), so existiert das Produkt $\mathfrak{A}\mathfrak{B}$ entsprechend (3), wenn $n_1 = m_2$ gilt; $\mathfrak{A}\mathfrak{B}$ ist dann eine (m_1, n_2)-Matrix. Analog existiert die (m_2, n_1)-Matrix $\mathfrak{B}\mathfrak{A}$, wenn $m_1 = n_2$ ist. Mitunter wird das zur Darstellung linearer Gleichungssysteme verwandt: Ist $\mathfrak{b}$ die $(m, 1)$-Matrix (b_i), $(i = 1, \ldots, m)$ und $\mathfrak{x}$ die $(n, 1)$-Matrix (x_i), $(i = 1, \ldots, n)$, so stellt $\mathfrak{A}\mathfrak{x} = \mathfrak{b}$ das zur (m, n)-Matrix $\mathfrak{A}$ gehörige lineare Gleichungssystem dar (vgl. S. 130).

d) Differentiation. Sind die Elemente der Matrix (a_{ik}) Funktionen eines Parameters t, so heißt Ableitung der Matrix nach t die Matrix der Ableitungen

$$\frac{d}{dt}\mathfrak{A}(t) = \frac{d}{dt}(a_{ik}(t)) = \left(\frac{d}{dt} a_{ik}(t)\right).$$

e) Als **direktes Produkt** der (m, n)-Matrix $\mathfrak{A} = (a_{ik})$ mit der (m', n')-Matrix $\mathfrak{A}' = (a'_{ik})$ bezeichnet man die (mm', nn')-Matrix

$$(c_{ii', kk'}) = \mathfrak{A} \times \mathfrak{A}' \quad \text{mit} \quad c_{ii', kk'} = a_{ik} a'_{i'k'}.$$

Jeder Kombination ii' entspricht eine Zeile, jeder Kombination kk' eine Spalte der Produktmatrix.

Beispiel:

$$(a_1\, a_2) \times \begin{pmatrix} b_{11} & b_{12} \\ b_{21} & b_{22} \end{pmatrix} = \begin{pmatrix} a_1 b_{11} & a_1 b_{12} & a_2 b_{11} & a_2 b_{12} \\ a_1 b_{21} & a_1 b_{22} & a_2 b_{21} & a_2 b_{22} \end{pmatrix}.$$

Es gilt allgemein

$$(\mathfrak{A} \times \mathfrak{A}')(\mathfrak{B} \times \mathfrak{B}') = \mathfrak{A}\mathfrak{B} \times \mathfrak{A}'\mathfrak{B}'.$$

3. Determinanten, Rang, Spur.

a) Die *Determinante* mit der *endlichen quadratischen* Matrix $\mathfrak{A}$ heißt Determinante zu $\mathfrak{A}$, geschrieben: $\det \mathfrak{A}$ (Definition S. 144). Es gilt:

$$\det \mathfrak{A}\mathfrak{B} = \det \mathfrak{A} \cdot \det \mathfrak{B} \qquad (\text{vgl. S. } 145).$$

b) Der Rang r der endlichen (nicht notwendig quadratischen) Matrix $\mathfrak{A}$ ist die größte der Gradzahlen der nichtverschwindenden Unterdeterminanten (vgl. S. 144). Bei quadratischen Matrizen der Reihenzahl n heißt $n - r = d$ der *Defekt* (nullity) der Matrix. Es gilt: Der Defekt des Produkts zweier Matrizen ist mindestens gleich dem Defekt eines jeden Faktors und höchstens gleich der Summe der Defekte beider Faktoren.

c) Eine quadratische Matrix $\mathfrak{A}$ heißt

entartet (singulär), wenn $\det \mathfrak{A} = 0$, also der Rang $r < n$ ist,
nichtentartet (regulär), wenn $\det \mathfrak{A} \neq 0$, also der Rang $r = n$ ist.

Eine nichtentartete Matrix heißt auch *umkehrbar* (vgl. 4c).

d) Die *Spur* einer quadratischen Matrix $\mathfrak{A} = (a_{ik})$ ist die Summe ihrer Diagonalelemente:

$$\operatorname{spur} \mathfrak{A} = \sum_{i=1}^{n} a_{ii}.$$

Es gilt
$$\operatorname{spur}(\mathfrak{A} + \mathfrak{B}) = \operatorname{spur} \mathfrak{A} + \operatorname{spur} \mathfrak{B}$$
und
$$\operatorname{spur}(\mathfrak{A}\mathfrak{B}) = \operatorname{spur}(\mathfrak{B}\mathfrak{A}) \quad \text{oder} \quad \operatorname{spur}[\mathfrak{A}, \mathfrak{B}] = 0.$$

4. Besondere Matrizen.

a) **Nullmatrix.** Die Matrix, deren Elemente sämtlich null sind, heißt *Nullmatrix*; sie wird mit $\mathfrak{N}$ oder einfach mit 0 bezeichnet. Es ist $\det \mathfrak{N} = 0$ und es gilt:

$$\mathfrak{A} + 0 = 0 + \mathfrak{A} = \mathfrak{A} \qquad \mathfrak{A}\,0 = 0\,\mathfrak{A} = 0.$$

Im Gegensatz zu den gewöhnlichen Zahlen folgt aus $\mathfrak{A}\mathfrak{B} = 0$ im allgemeinen nicht $\mathfrak{A} = 0$ oder $\mathfrak{B} = 0$ oder $\mathfrak{B}\mathfrak{A} = 0$. Zum Beispiel ist

$$\begin{pmatrix} a & 0 \\ b & 0 \end{pmatrix}\begin{pmatrix} 0 & 0 \\ c & d \end{pmatrix} = \begin{pmatrix} 0 & 0 \\ 0 & 0 \end{pmatrix} = \mathfrak{N} \text{ mit beliebigen } a,\ b,\ c,\ d.$$

Die beiden links stehenden Matrizen heißen *Nullteiler*. Es ist aber:

$$\begin{pmatrix} 0 & 0 \\ c & d \end{pmatrix}\begin{pmatrix} a & 0 \\ b & 0 \end{pmatrix} = \begin{pmatrix} 0 & 0 \\ ac + bd & 0 \end{pmatrix} \neq \mathfrak{N}.$$

b) Einheitsmatrix. Die Einheitsmatrix ist durch

$$\mathfrak{E} = (\delta_{ik}) \quad \text{mit} \quad \delta_{ik} = \begin{cases} 0 & \text{für } i \neq k \\ 1 & \text{für } i = k \end{cases}$$

gegeben. Die Elemente der *Diagonale*: $a_{11}, a_{22}, \ldots, a_{nn}$ sind alle $= 1$, alle anderen Elemente sind Null. Es ist

$$\mathfrak{A}\mathfrak{E} = \mathfrak{E}\mathfrak{A} = \mathfrak{A}; \qquad \det \mathfrak{E} = 1.$$

Man schreibt auch 1 statt $\mathfrak{E}$.

c) Reziproke. Zu jeder *nichtentarteten* endlichen Matrix $\mathfrak{A}$ ($\det \mathfrak{A} \neq 0$) gibt es eine eindeutig bestimmte reziproke Matrix $\mathfrak{A}^{-1}$, die *Reziproke (Inverse)* mit

$$\mathfrak{A}^{-1}\mathfrak{A} = \mathfrak{A}\mathfrak{A}^{-1} = \mathfrak{E}, \qquad (\mathfrak{A}^{-1})^{-1} = \mathfrak{A}$$

$$(\mathfrak{A}\mathfrak{B})^{-1} = \mathfrak{B}^{-1}\mathfrak{A}^{-1}, \qquad \det \mathfrak{A}^{-1} = (\det \mathfrak{A})^{-1}.$$

Die *entarteten* endlichen Matrizen ($\det \mathfrak{A} = 0$) besitzen keinerlei Reziproke. Existiert $\mathfrak{A}^{-1}$, so heißt $\mathfrak{A}$ auch *umkehrbar*.

Die Bestimmung von $\mathfrak{A}^{-1}$ ist gleichbedeutend mit der Auflösung des linearen Gleichungssystems $\mathfrak{y} = \mathfrak{A}\mathfrak{x}$ oder $\mathfrak{y} = \tilde{\mathfrak{A}}\mathfrak{x}$ nach $\mathfrak{x}$.

d) Potenzen, Polynome. Die Potenzen $\mathfrak{A}\mathfrak{A} = \mathfrak{A}^2$, $\mathfrak{A}\mathfrak{A}\mathfrak{A} = \mathfrak{A}^3$ usw. heißen *iterierte* Matrizen; entsprechend $\mathfrak{A}^{-1}\mathfrak{A}^{-1} = \mathfrak{A}^{-2}$ usw. und $\mathfrak{E} = \mathfrak{A}^0$. Ausdrücke der Form

$$F(\mathfrak{A}) = \varrho_0 \mathfrak{A}^h + \varrho_1 \mathfrak{A}^{h-1} + \cdots + \varrho_{h-1}\mathfrak{A} + \varrho_h \mathfrak{E}$$

heißen *Polynome* von $\mathfrak{A}$.

5. Matrizen mit Symmetrieeigenschaften.

a) Kanonisch heißt eine quadratische Matrix $\mathfrak{K}$, bei der $a_{ik} = 0$ ist für $i < k$ oder $i > k$, d. h. die Elemente über bzw. unter der Diagonale verschwinden sämtlich. $\mathfrak{E}$ ist also kanonisch. Es gilt

$$\det \mathfrak{K} = a_{11} \cdot a_{22} \ldots a_{nn}.$$

Verschwinden *alle* Elemente außerhalb der Diagonale, d. h. hat die Matrix die Form $\mathfrak{D} = (d_k \delta_{ik})$, so heißt sie *Diagonalmatrix*. Es ist

$$\det \mathfrak{D} = d_1 \cdot d_2 \ldots d_n .$$

Wegen der Übersichtlichkeit der Diagonalmatrizen bemüht man sich, andere Matrizen durch gleichwertige Diagonalmatrizen zu ersetzen. Diagonalmatrizen sind stets untereinander vertauschbar. Speziell sind die Matrizen $\varrho\mathfrak{E}$ (welche die Zahlen ϱ repräsentieren) mit allen Matrizen vertauschbar [vgl. (2)]. Haben die Diagonalelemente einer Diagonalmatrix den Betrag 1, so heißt sie *Phasenmatrix* $(e^{i\varphi_k}\delta_{ik})$. Sind die Elemente einer Diagonalmatrix selbst Matrizen, so heißt sie *Stufenmatrix*

b) Transponierte, Konjugiert-Komplexe, Adjungierte, Kontragrediente. Der Matrix $\mathfrak{A}$ entsprechen[1]:

die *transponierte* Matrix:	$\tilde{\mathfrak{A}} = (a_{ki})$,
die *konjugiert-komplexe* Matrix:	$\mathfrak{A}^* = (a_{ik}^*)$,
die *adjungierte* Matrix:	$\mathfrak{A}^\dagger = (a_{ki}^*) = \tilde{\mathfrak{A}}^*$.

$(\mathfrak{A}^\dagger)^{-1}$ heißt auch *kontragrediente* Matrix. Es gelten die Formeln:

$$\widetilde{(\mathfrak{A}+\mathfrak{B})} = \tilde{\mathfrak{A}} + \tilde{\mathfrak{B}}; \qquad (\mathfrak{A}+\mathfrak{B})^* = \mathfrak{A}^* + \mathfrak{B}^*; \qquad (\mathfrak{A}+\mathfrak{B})^\dagger = \mathfrak{A}^\dagger + \mathfrak{B}^\dagger;$$

$$\widetilde{(\mathfrak{A}\mathfrak{B})} = \tilde{\mathfrak{B}}\tilde{\mathfrak{A}}; \qquad (\mathfrak{A}\mathfrak{B})^* = \mathfrak{A}^*\mathfrak{B}^*; \qquad (\mathfrak{A}\mathfrak{B})^\dagger = \mathfrak{B}^\dagger\mathfrak{A}^\dagger;$$

$$\widetilde{\mathfrak{A}^{-1}} = (\tilde{\mathfrak{A}})^{-1}; \qquad (\mathfrak{A}^{-1})^* = (\mathfrak{A}^*)^{-1}; \qquad (\mathfrak{A}^{-1})^\dagger = (\mathfrak{A}^\dagger)^{-1};$$

$$\det\tilde{\mathfrak{A}} = \det\mathfrak{A}; \qquad \det\mathfrak{A}^* = (\det\mathfrak{A})^*; \qquad \det\mathfrak{A}^\dagger = (\det\mathfrak{A})^*;$$

$$\tilde{\tilde{\mathfrak{A}}} = \mathfrak{A}; \qquad \mathfrak{A}^{**} = \mathfrak{A}; \qquad \mathfrak{A}^{\dagger\dagger} = \mathfrak{A}.$$

c) Symmetrische, hermitische, schiefsymmetrische, alternierende Matrizen. Ist $\mathfrak{A}$ gleich seiner Transponierten: $\mathfrak{A} = \tilde{\mathfrak{A}}$, $a_{ik} = a_{ki}$, für alle i, k, so heißt die Matrix *symmetrisch*. Ist $\mathfrak{A}$ gleich seiner Adjungierten, $\mathfrak{A} = \mathfrak{A}^\dagger$, $a_{ik} = a_{ki}^*$, so heißt *A hermitisch* oder *selbstadjungiert*. Die Diagonalelemente sind reell, ebenso die Determinante. Eine reelle hermitische Matrix ist symmetrisch. Die folgenden Formeln gelten auch für beliebige symmetrische Matrizen (~ statt †). Aus $\mathfrak{A} = \mathfrak{A}^\dagger$, $\mathfrak{B} = \mathfrak{B}^\dagger$ folgt:

$$(\mathfrak{A}+\mathfrak{B})^\dagger = \mathfrak{A}+\mathfrak{B}, \quad (F(\mathfrak{A}))^\dagger = F(\mathfrak{A}) \quad [F(a) \text{ ein beliebiges Polynom}],$$

$$(\mathfrak{A}^{-1})^\dagger = \mathfrak{A}^{-1}, \quad \text{falls } \det\mathfrak{A} \neq 0 \text{ ist},$$

aber nur

$$(\mathfrak{A}\mathfrak{B})^\dagger = \mathfrak{B}\mathfrak{A},$$

d. h. das Produkt hermitischer Matrizen ist *nur dann* hermitisch, wenn die Faktoren vertauschbar sind.

[1] Die symbolische Bezeichnung in der Literatur ist sehr verschieden. Die hier angegebenen Zeichen sind in diesem Buch durchgängig dieselben.

Die Eigenwerte hermitischer Matrizen (vgl. 6b) sind alle reell, ebenso der Wert einer *hermitischen Form* $\sum_{i,k} a_{ik} x_i x_k^*$, $(a_{ik}) = (a_{ki}^*)$ für beliebige Werte von x_i. Hat eine hermitische Form für beliebige Werte der Variablen x_i stets einen positiven (bzw. nichtnegativen) Wert, so heißt sie *positiv definit* (bzw. *semidefinit*). Die Eigenwerte ihrer Matrix sind dann sämtlich positiv (bzw. nichtnegativ).

Eine Matrix $\mathfrak{A}$ mit $\mathfrak{A}^\dagger = -\mathfrak{A}$ heißt *alternierend*; sie ist das i-fache einer hermitischen Matrix. Eine reelle alternierende Matrix heißt *schiefsymmetrisch* oder *antimetrisch*, $\tilde{\mathfrak{A}} = -\mathfrak{A}$. Die Diagonalelemente a_{ii} einer alternierenden Matrix sind rein imaginär, die einer schiefsymmetrischen alle $= 0$. Die Determinante einer alternierenden Matrix ist bei gerader Ordnung reell, bei ungerader rein imaginär; der Rang einer schiefsymmetrischen Matrix ist stets gerade.

Jede beliebige Matrix $\mathfrak{A}$ ist eindeutig darstellbar als Summe

einer hermitischen und einer alternierenden Matrix,
einer symmetrischen und einer schiefsymmetrischen Matrix.

d) Unitäre, orthogonale Matrizen. Eine Matrix $\mathfrak{U}$, für die $\mathfrak{U}\mathfrak{U}^\dagger = \mathfrak{U}^\dagger\mathfrak{U} = \mathfrak{E}$, also $\mathfrak{U}^\dagger = \mathfrak{U}^{-1}$ ist, heißt *unitär* (auch hermitisch orthogonal). Ist $\mathfrak{U}$ unitär, so ist auch $\mathfrak{U}^{-1}$, $\tilde{\mathfrak{U}}$, $\mathfrak{U}^*$ $\mathfrak{U}^\dagger$, unitär; mit $\mathfrak{U}_1$ und $\mathfrak{U}_2$ sind auch $\mathfrak{U}_1\mathfrak{U}_2$ und $\mathfrak{U}_2\mathfrak{U}_1$ unitär. Für unitäre endliche Matrizen ist $|\det \mathfrak{U}| = 1$, d. h. $\det \mathfrak{U} = e^{i\varphi}$. Mit $\mathfrak{A}$ ist stets jede *unitär Transformierte* $\mathfrak{U}^{-1}\mathfrak{A}\mathfrak{U}$ hermitisch.

Eine Matrix $\mathfrak{O}$ heißt *orthogonal*, wenn $\mathfrak{O}\tilde{\mathfrak{O}} = \mathfrak{E}$ gilt. Jede reelle unitäre Matrix ist orthogonal. Es übertragen sich alle Regeln für unitäre Matrizen. Für endliche orthogonale Matrizen ist $\det \mathfrak{O} = \pm 1$ (vgl. auch S. 154).

6. Transformation der Matrizen.

a) Allgemeines. Die Transformierte einer beliebigen quadratischen (oder unendlichen) Matrix $\mathfrak{A}$ mit der *umkehrbaren* Matrix $\mathfrak{S}$ ist $\mathfrak{C} = \mathfrak{S}^{-1}\mathfrak{A}\mathfrak{S}$; umgekehrt ist $\mathfrak{A} = \mathfrak{S}\mathfrak{C}\mathfrak{S}^{-1}$ die mit $\mathfrak{S}^{-1}$ transformierte Matrix zu $\mathfrak{C}$. $\mathfrak{A}$ und $\mathfrak{S}^{-1}\mathfrak{A}\mathfrak{S}$ heißen *äquivalent*. Äquivalente Matrizen haben denselben Rang; sie stellen dieselbe lineare Abbildung dar (vgl. S. 153). Summe bzw. Produkt äquivalenter Matrizen sind äquivalent:

$$\mathfrak{S}^{-1}(\mathfrak{A}+\mathfrak{B})\,\mathfrak{S} = \mathfrak{S}^{-1}\mathfrak{A}\,\mathfrak{S} + \mathfrak{S}^{-1}\mathfrak{B}\,\mathfrak{S};$$
$$\mathfrak{S}^{-1}\mathfrak{A}\mathfrak{B}\,\mathfrak{S} = (\mathfrak{S}^{-1}\mathfrak{A}\,\mathfrak{S})\,(\mathfrak{S}^{-1}\mathfrak{B}\,\mathfrak{S}).$$

Weiter ist:

$$\mathfrak{S}^{-1}\mathfrak{A}^{-1}\mathfrak{S} = (\mathfrak{S}^{-1}\mathfrak{A}\,\mathfrak{S})^{-1} \quad \text{und} \quad \mathfrak{S}^{-1}F(\mathfrak{A})\,\mathfrak{S} = F(\mathfrak{S}^{-1}\mathfrak{A}\,\mathfrak{S}),$$

wenn $F(\mathfrak{A})$ ein Polynom der Matrix $\mathfrak{A}$ ist. Summe, Produkt, Reziproke und beliebige Polynome transformieren sich also *kongredient* zu den Matrizen selbst.

b) Invarianten (vgl. auch S. 152, das dort Gesagte gilt hier entsprechend). Die wichtigsten Invarianten liefert das invariante *charakteristische* oder *Säkularpolynom* der Matrix:

$$\det(\mathfrak{A}-\lambda\mathfrak{E}) = \begin{vmatrix} a_{11}-\lambda & a_{12} & \dots & a_{1n} \\ a_{21} & a_{22}-\lambda & \dots & a_{2n} \\ \dots\dots & \dots\dots & \dots & \dots\dots \\ a_{n1} & a_{n2} & \dots & a_{nn}-\lambda \end{vmatrix} =$$

$$= (-1)^n \lambda^n + (-1)^{n-1} \sum a_{ii} \lambda^{n-1} + \dots - \sum A_{ii} \lambda + \det \mathfrak{A}.$$

Die Koeffizienten dieses Polynoms sind Invarianten, darunter die *Spur*

$$\sum a_{ii} = \operatorname{spur} \mathfrak{A} = \operatorname{spur}(\mathfrak{S}^{-1} \mathfrak{A} \mathfrak{S})$$

und die *Determinante*

$$\det \mathfrak{A} = \det(\mathfrak{S}^{-1} \mathfrak{A} \mathfrak{S}).$$

Wichtige Invarianten sind die n Wurzeln der *charakteristischen Gleichung* zu $\mathfrak{A}$, $\det(\mathfrak{A}-\lambda\mathfrak{E}) = 0$, die *Eigenwerte* $\lambda_1, \dots, \lambda_n$. Ihre Gesamtheit (jede Wurzel in ihrer Vielfachheit gerechnet) bildet das *Spektrum* zu $\mathfrak{A}$; es besteht gerade aus den Werten λ, für welche die *Resolvente* zu $\mathfrak{A}$, $\det(\mathfrak{A}-\lambda\mathfrak{E})^{-1}$ nicht existiert. Es gilt:

$$\operatorname{spur} \mathfrak{A} = \lambda_1 + \dots + \lambda_n, \qquad \det \mathfrak{A} = \lambda_1 \cdot \dots \cdot \lambda_n.$$

Der Rang ist gleich der Anzahl der nichtverschwindenden Eigenwerte, $\mathfrak{A}$ ist dann und nur dann entartet, wenn mindestens ein Eigenwert verschwindet. Zur Potenz $\mathfrak{A}^h$ $(h = 0, \pm 1, \pm 2, \dots)$ gehören die Eigenwerte $(\lambda_i)^h$, $(i = 1, \dots, n)$, zum Polynom $F(\mathfrak{A})$ (s. 4d) die Eigenwerte $F(\lambda_i)$.

Beispiel: Für die 2×2 reihige Matrix:

$$\begin{pmatrix} a & b \\ c & d \end{pmatrix} \quad \text{wird:} \quad \lambda_{1,2} = \frac{a+d}{2} \pm \sqrt{\frac{(a-d)^2}{4} + bc}.$$

c) Normalform. Wichtig ist, zu einer gegebenenen Matrix $\mathfrak{A}$ eine äquivalente $\mathfrak{S}^{-1}\mathfrak{A}\mathfrak{S}$ von möglichst einfacher Gestalt (Normalform) zu finden. Aus ihr lassen sich die bei Transformationen invarianten Eigenschaften leichter ablesen; außerdem sind genau die Matrizen zueinander äquivalent, die sich in die gleiche Normalform transformieren lassen. Ist die Normalform eine Diagonalmatrix, so gilt $\mathfrak{D} = (\lambda_i \delta_{ik})$, in der Diagonale stehen die Eigenwerte.

$\mathfrak{A}$ läßt sich in eine Diagonalmatrix transformieren:

α) wenn alle Eigenwerte voneinander verschieden sind. Die k-te Spalte $\mathfrak{s}_k$ von $\mathfrak{S}$ ergibt sich aus dem linearen Gleichungssystem $(\mathfrak{A}-\lambda_k\mathfrak{E})\,\mathfrak{s}_k = 0$ und ist bis auf einen Faktor bestimmt.

β) wenn $\mathfrak{A}$ hermitisch, unitär oder symmetrisch ist (vgl. d). In diesen Fällen ist das Spektrum ein *vollständiges Invariantensystem* (s. S. 152). In den übrigen Fällen existieren im allgemeinen noch weitere Invarianten, die durch die Elementarteilertheorie gegeben werden. Transformation auf Diagonalgestalt ist im allgemeinen nicht möglich.

d) Unitäre Transformation. Zu jeder hermitischen oder unitären Matrix $\mathfrak{H}$ gibt es stets eine *unitäre* Matrix $\mathfrak{U}$, so daß

$$\mathfrak{U}^{-1}\,\mathfrak{H}\,\mathfrak{U} = \mathfrak{D} = (\lambda_i\,\delta_{ik}) = \sum_{j=1}^{l} \Lambda_j\,\mathfrak{F}^{(j)} \tag{8}$$

eine Diagonalmatrix ist. Dabei sind $\Lambda_1, \Lambda_2, \ldots, \Lambda_l$ die verschiedenen der n Eigenwerte zu $\mathfrak{H}$, und zwar habe Λ_j als Wurzel von $\det(\mathfrak{H} - \lambda\,\mathfrak{E}) = 0$ die Vielfachheit ϱ_j; $\mathfrak{F}^{(j)} = \left(f_{ik}^{(j)}\right)$ sei eine Diagonalmatrix mit $f_{ii}^{(j)} = 1$, wenn $\lambda_i = \Lambda_j$ gilt, dagegen $f_{ii}^{(j)} = 0$, wenn $\lambda_i \neq \Lambda_j$ ist.

Das homogene lineare Gleichungssystem

$$(\mathfrak{H} - \Lambda_j\,\mathfrak{E})\,\mathfrak{l}_j = 0, \qquad \mathfrak{H}^{\dagger} = \mathfrak{H},$$

besitzt ϱ_j linear unabhängige Lösungen $\mathfrak{l}_j^{(1)}, \mathfrak{l}_j^{(2)}, \ldots, \mathfrak{l}_j^{(\varrho_j)}$, die *Eigenlösungen* von $\mathfrak{H}$ zu Λ_j, die normiert und zueinander orthogonal angenommen werden können:

$$\left(\mathfrak{l}_j^{(h)}, \mathfrak{l}_j^{(h)}\right) = 1, \qquad \left(\mathfrak{l}_j^{(h)}, \mathfrak{l}_j^{(k)}\right) = 0, \qquad h \neq k.$$

Die insgesamt $n = \sum_{j=1}^{l} \varrho_j$ verschiedenen solchen Eigenlösungen $\mathfrak{l}_j^{(h)}$ ($h = 1, \ldots, \varrho_j$, $j = 1, \ldots, l$) sind dann untereinander orthogonal und ergeben die n Spalten der unitären Matrix $\mathfrak{U}$ in (8). Das analoge gilt für orthogonale Transformation symmetrischer Matrizen (vgl. S. 133).

Ist auch $\mathfrak{U}_1^{-1}\,\mathfrak{H}\,\mathfrak{U}_1 = \vartheta$, so ist $\mathfrak{U}_1\,\mathfrak{U}^{-1}$ eine Stufenmatrix von l unitären Matrizen mit den Reihenzahlen $\varrho_1, \ldots, \varrho_n$; sind alle λ_i voneinander verschieden, so ist $\mathfrak{U}_1\,\mathfrak{U}^{-1}$ eine Phasenmatrix.

Jede *unitäre* Matrix läßt sich unitär in eine Diagonalmatrix, und zwar in eine Phasenmatrix, transformieren.

e) Simultane Transformation mehrerer Matrizen. Sind die *hermitischen* oder *unitären* Matrizen $\mathfrak{B}_1, \mathfrak{B}_2, \ldots, \mathfrak{B}_m$ alle miteinander vertauschbar, so gibt es unitäre Matrizen $\mathfrak{U}$, so daß die Transformierten $\mathfrak{U}^{-1}\,\mathfrak{B}_1\,\mathfrak{U}$, $\mathfrak{U}^{-1}\,\mathfrak{B}_2\,\mathfrak{U}, \ldots$, $\mathfrak{U}^{-1}\,\mathfrak{B}_m\,\mathfrak{U}$ sämtlich Diagonalmatrizen sind.

7. Unendliche Matrizen.

a) Wächst bei einer quadratischen Matrix die Reihenzahl $n \to \infty$, so erhält man eine *unendliche Matrix*:

$$\mathfrak{A} = \begin{pmatrix} a_{11} & a_{12} & \dots \\ a_{21} & a_{22} & \dots \\ \dots & \dots & \dots \\ \dots & \dots & \dots \\ \dots & \dots & \dots \end{pmatrix} = (a_{ik}).$$

Die quadratische Teilmatrix, bei der beide Indizes höchstens $= q$ sind, heißt q-ter *Abschnitt* $(a_{ik})_{[q]}$ der unendlichen Matrix.

Die Definitionen und Regeln von S. 135ff. für das Rechnen mit endlichen quadratischen Matrizen übertragen sich nur mit Einschränkungen. Damit nach (3) das Produkt gebildet werden kann, ist die Konvergenz aller vorkommenden Summen erforderlich. (4), (5), (6) sind nicht ohne weiteres gültig. Für die sog. beschränkten Matrizen überträgt sich 2a und b (S. 135). Dabei heißt eine Matrix *beschränkt*, wenn für jedes Wertsystem $x_1, x_2, \dots$ und $y_1, y_2, \dots$ mit

$$\sum_{i=1}^{\infty} |x_i|^2 \leq 1, \quad \sum_{i=1}^{\infty} |y_i|^2 \leq 1 \quad \text{gilt} \quad \left| \sum_{i,k=1}^{\infty} a_{ik} x_i x_k \right| \leq M$$

(M von x_i und y_i unabhängig).

Die Spur ist nach (7) definiert, wenn die Summe konvergiert. Trotz der Existenz von $\mathfrak{A}\mathfrak{B}$, spur $\mathfrak{A}$ und spur $\mathfrak{B}$ kann spur $\mathfrak{A}\mathfrak{B}$ und spur $\mathfrak{B}\mathfrak{A}$ divergieren, jedoch spur $[\mathfrak{A}, \mathfrak{B}]$ [vgl. (4)] existieren und $\neq 0$ sein.

Determinante vgl. unendliche Determinanten S. 147. Der Rang ist im allgemeinen unendlich, der Defekt, die Anzahl linear unabhängiger Lösungen des zur Matrix gehörenden linearen Gleichungssystems, im allgemeinen endlich.

b) Nullmatrix, Einheitsmatrix sind entsprechend 4a und 4b definiert. Bezüglich der Reziproken zu einer unendlichen Matrix hat man zu unterscheiden:

Ist $\mathfrak{X}\mathfrak{A} = \mathfrak{E}$, so heißt $\mathfrak{X}$ *vordere* Reziproke *(Linksinverse)* zu $\mathfrak{A}$,
ist $\mathfrak{A}\mathfrak{Y} = \mathfrak{E}$, so heißt $\mathfrak{Y}$ *hintere* Reziproke *(Rechtsinverse)* zu $\mathfrak{A}$.

Es ist gleichbedeutend (vgl. A 1b, S. 130) die Bestimmung von

$\mathfrak{X}$ mit der Auflösung des linearen Gleichungssystems $\mathfrak{y} = \mathfrak{A}\mathfrak{x}$ nach $\mathfrak{x}$,
$\mathfrak{Y}$ mit der Auflösung des linearen Gleichungssystems $\mathfrak{y} = \tilde{\mathfrak{A}}\mathfrak{x}$ nach $\mathfrak{x}$.

In jedem System, in dem sich nach 2 uneingeschränkt rechnen läßt (z. B. bei beschränkten Matrizen), gelten die Sätze:

α) Besitzt $\mathfrak{A}$ sowohl eine vordere als auch eine hintere Reziproke, so sind beide gleich und eindeutig bestimmt.

β) Besitzt $\mathfrak{A}$ eine und nur eine hintere Reziproke, so ist diese auch vordere Reziproke und eindeutig bestimmt.

Speziell gilt für eine hermitische Matrix $\mathfrak{H}$: Entweder existiert weder vordere noch hintere Reziproke oder genau eine zugleich vordere und hintere (hermitische) Reziproke.

c) Für die Transformation der unendlichen Matrizen gilt das in 6a Gesagte. Die Eigenwerte werden als die Werte von λ definiert, für die die Resolvente nicht existiert. Wesentlich ist, daß im allgemeinen die so definierten Eigenwerte auch einen kontinuierlichen Wertbereich erfüllen können *(Streckenspektrum)*. Die Normalform (8) S. 142 enthält in diesem Falle noch einen Summanden in der Form eines Integrals.

C. Determinanten.

1. Definitionen.

Die *Determinante* einer quadratischen Matrix aus $n \cdot n$ Elementen a_{ik} $(i, k = 1, 2, \ldots, n)$ ist die Summe aller Produkte

$$\varepsilon(r_1, r_2, \ldots, r_n)\, a_{1r_1} a_{2r_2} \ldots a_{nr_n},$$

bei denen $(r_1, r_2, \ldots, r_n)$ eine Permutation der Zahlen $1, 2, \ldots, n$ ist; $\varepsilon(r_1, r_2, \ldots, r_n)$ ist dabei $= +1$, wenn die Permutation $(r_1, r_2, \ldots, r_n)$ gerade, $= -1$, wenn sie ungerade ist (vgl. D 1, S. 148).

Die zur n-reihigen quadratischen Matrix $\mathfrak{A} = (a_{ik})$ gehörende *Determinante n-ter Ordnung* (auch n-ten Grades) wird geschrieben

$$\begin{vmatrix} a_{11} & a_{12} & \cdots & a_{1n} \\ a_{21} & a_{22} & \cdots & a_{2n} \\ \cdots & \cdots & \cdots & \cdots \\ a_{n1} & a_{n2} & \cdots & a_{nn} \end{vmatrix} = \det(a_{ik}) = \det \mathfrak{A} = |a_{ik}| \qquad (i, k = 1, \ldots, n).$$

Unterdeterminanten. Die Determinante der quadratischen r-reihigen Matrix, die man aus einer (m, n)-reihigen Matrix $\mathfrak{B}$ durch Streichen der $m - r$ Zeilen $i_1, i_2, \ldots, i_{m-r}$ und der $n - r$ Spalten $k_1, k_2, \ldots, k_{n-r}$ erhält, heißt *Unterdeterminante r-ten Grades* der Matrix $\mathfrak{B}$. Das Produkt dieser Unterdeterminante mit $(-1)^{i_1 + \cdots + i_{m-r} + k_1 + \cdots + k_{m-r}}$ (der Exponent heißt Index der Unterdeterminante) heißt *Minor* r-ten Grades von $\mathfrak{B}$. Zu $\mathfrak{B}$ gibt es $\binom{m}{r} \cdot \binom{n}{r}$ r-reihige Minoren bzw. Unterdeterminanten. Ist $\mathfrak{B}$ quadratisch, so heißt die Unterdeterminante (der Minor $(n-r)$-ten Grades), die durch Streichen gerade der eben stehengebliebenen r Zeilen und r Spalten entsteht, die dazu *konjugierte Unterdeterminante* (bzw. Minor). Streicht man insbesondere aus der quadratischen Matrix (a_{ik}) die i-te Zeile und die k-te Spalte und multipliziert die entstehende Unterdeterminante mit $(-1)^{i+k}$, so heißt das Produkt der Minor zum Element a_{ik} (geschrieben A_{ik}).

2. Determinantensätze.

a) *Entwicklungssatz* (Laplace).

$$\det \mathfrak{A} = |a_{ik}| = \sum_{\nu=1}^{n} a_{\nu h} A_{\nu h} = \sum_{\nu=1}^{n} a_{h\nu} A_{h\nu} \qquad (h = 1, 2, \ldots, n);$$

dagegen ist

$$\sum_{\nu=1}^{n} a_{\nu h} A_{\nu j} = \sum_{\nu=1}^{n} a_{h\nu} A_{j\nu} = 0, \qquad h \neq j.$$

b) Den Wert *Null* hat eine Determinante, wenn

1. alle Elemente einer Reihe (Spalte oder Zeile) $= 0$ sind, oder

2. alle Elemente einer Reihe dieselben Vielfachen der entsprechenden Elemente einer Parallelreihe sind, oder

3. alle Elemente einer Reihe dieselben linearen Kombinationen der entsprechenden Elemente von Parallelreihen sind, allgemeiner: wenn zwei oder mehr Reihen linear abhängig sind.

c) *Ungeändert* bleibt eine Determinante, wenn

1. man sie *transponiert*, d. h: alle a_{ik} durch a_{ki} ersetzt,

2. man zu den Elementen einer Reihe die entsprechenden einer Parallelreihe, bzw. ein bestimmtes Vielfaches derselben addiert.

d) Nur *ihr Vorzeichen ändert* eine Determinante, wenn man zwei ihrer Reihen miteinander vertauscht.

e) *Mit einem Faktor multipliziert* wird der Wert einer Determinante, wenn alle Elemente einer Reihe mit diesem Faktor multipliziert werden.

3. Multiplikation, Differentiation.

Das Produkt $\det(a_{ik}) \cdot \det(b_{ik})$ ist gleich der Determinante $\det(c_{ik})$, deren Elemente auf eine bestimmte der folgenden vier verschiedenen Weisen gebildet sind ($\nu = 1, 2, \ldots, n$) (rechts die entsprechende Matrixgleichung):

1. $c_{ik} = \sum_{\nu} a_{i\nu} b_{\nu k} = a_{i1} b_{1k} + a_{i2} b_{2k} + \cdots + a_{in} b_{nk}; \qquad \mathfrak{C} = \mathfrak{A}\mathfrak{B}$

2. $c_{ik} = \sum_{\nu} a_{i\nu} b_{k\nu} = a_{i1} b_{k1} + a_{i2} b_{k2} + \cdots + a_{in} b_{kn}; \qquad \mathfrak{C} = \mathfrak{A}\tilde{\mathfrak{B}}$

3. $c_{ik} = \sum_{\nu} a_{\nu i} b_{k\nu} = a_{1i} b_{k1} + a_{2i} b_{k2} + \cdots + a_{ni} b_{kn}; \qquad \mathfrak{C} = \tilde{\mathfrak{A}}\tilde{\mathfrak{B}}$

4. $c_{ik} = \sum_{\nu} a_{\nu i} b_{\nu k} = a_{1i} b_{1k} + a_{2i} b_{2k} + \cdots + a_{ni} b_{nk}; \qquad \mathfrak{C} = \tilde{\mathfrak{A}}\mathfrak{B}.$

Für die *Differentiation* einer Determinante gilt:

$$\frac{\partial |a_{ik}|}{\partial a_{hj}} = A_{hj} \quad \text{(vgl. 1 Schluß)},$$

$$\frac{\partial^2 |a_{ik}|}{\partial a_{hj}\, \partial a_{lm}} = -\frac{\partial^2 |a_{ik}|}{\partial a_{hm}\, \partial a_{lj}},$$

wenn alle a_{ik} voneinander unabhängige Veränderliche sind.

4. Abschätzung und Ränderung von Determinanten.

a) Es gilt nach HADAMARD für eine n-reihige Matrix:

$$|\det(a_{ik})|^2 \leq \prod_{i=1}^{n} (|a_{i1}|^2 + |a_{i2}|^2 + \cdots + |a_{in}|^2).$$

b) Es ist

$$\begin{vmatrix} a_{11} & a_{12} & \dots & a_{1n} & u_1 \\ a_{21} & a_{22} & \dots & a_{2n} & u_2 \\ \dots & \dots & \dots & \dots & \dots \\ a_{n1} & a_{n2} & \dots & a_{nn} & u_n \\ v_1 & v_2 & \dots & v_n & w \end{vmatrix} = w \cdot |a_{ik}| - \sum_i \sum_k A_{ik} \cdot u_i \cdot v_k .$$

Ist speziell $w = 1$ und sämtliche $u_i = 0$ *oder* sämtliche $v_i = 0$, so ist der Wert $= |a_{ik}|$, d. h. gleich dem Wert der ursprünglichen Determinante.

5. Spezielle Determinanten.

a) Für die sog. VANDERMONDEsche Determinante mit $a_{ik} = (a_i)^{k-1}$ gilt:

$$\begin{vmatrix} 1 & 1 & \dots & 1 \\ a_1 & a_2 & \dots & a_n \\ a_1^2 & a_2^2 & \dots & a_n^2 \\ \dots & \dots & \dots & \dots \\ a_1^{n-1} & a_2^{n-1} & \dots & a_n^{n-1} \end{vmatrix} = \prod_{\substack{k,l \\ k>l}} (a_k - a_l), \qquad (k, l = 1, 2, \dots, n)$$

$a_1, a_2, \dots, a_n$ sind beliebige Zahlen.

b) Eine symmetrische Determinante mit $a_{i,k} = a_{i+k-1}$ und $a_{i \pm n} \equiv a_i$, d. h. der Form:

$$\begin{vmatrix} a_1 & a_2 & \dots & a_n \\ a_2 & a_3 & \dots & a_1 \\ a_3 & a_4 & \dots & a_2 \\ \dots & \dots & \dots & \dots \\ a_n & a_1 & \dots & a_{n-1} \end{vmatrix} = Z_n \text{ heißt } \textit{Zirkulante} \text{ oder } \textit{zyklische} \text{ Determinante.}$$

Ihr Wert ist gleich

$$Z_n = (-1)^{\frac{1}{2}(n-1)(n-2)} \prod_{k=0}^{n-1} (a_1 + a_2\omega^k + a_3\omega^{2k} + \cdots + a_n\omega^{(n-1)k}),$$

wobei $\omega = e^{\frac{2\pi i}{n}}$ ist (oder eine andere *primitive* n-te Einheitswurzel)

c) GRAMsche Determinante: Notwendig und hinreichend für die lineare Abhängigkeit der m Zahlen-n-tupel (Vektoren) $\mathfrak{a}_i = (a_{i1}, \ldots, a_{in})$ (vgl. S. 13) ist das Verschwinden der GRAMschen *Determinante*

$$\det(\mathfrak{a}_i \mathfrak{a}_k) = \det\left(\sum_{\nu=1}^{n} a_{i\nu} a_{k\nu}^*\right) = \begin{vmatrix} \mathfrak{a}_1^2 & (\mathfrak{a}_1 \mathfrak{a}_2) & \ldots & (\mathfrak{a}_1 \mathfrak{a}_n) \\ (\mathfrak{a}_2 \mathfrak{a}_1) & \mathfrak{a}_2^2 & \ldots & (\mathfrak{a}_2 \mathfrak{a}_n) \\ \cdots & \cdots & \cdots & \cdots \\ (\mathfrak{a}_n \mathfrak{a}_1) & (\mathfrak{a}_n \mathfrak{a}_2) & \ldots & \mathfrak{a}_n^2 \end{vmatrix} = \det(\mathfrak{A}\mathfrak{A}^\dagger)$$

wenn $\mathfrak{A} = (a_{ik})$ ist. Sie ist gleich dem Quadrat des Volumens des von den Vektoren $\mathfrak{a}_i$ aufgespannten Parallelepipeds.

d) WRONSKIsche Determinante: Notwendig und hinreichend für die lineare Abhängigkeit von n Funktionen $f_n(x)$ einer Variablen x ist das Verschwinden der Determinante:

$$\det\left|\frac{d^{n-i}}{dx^{n-i}} f_k(x)\right| = \begin{vmatrix} \frac{d^{n-1}}{dx^{n-1}} f_1(x) & \frac{d^{n-1}}{dx^{n-1}} f_2(x) & \ldots & \frac{d^{n-1}}{dx^{n-1}} f_n(x) \\ \frac{d^{n-2}}{dx^{n-2}} f_1(x) & \frac{d^{n-2}}{dx^{n-2}} f_2(x) & \ldots & \frac{d^{n-2}}{dx^{n-2}} f_n(x) \\ \cdots & \cdots & \cdots & \cdots \\ \frac{df_1(x)}{dx} & \frac{df_2(x)}{dx} & \ldots & \frac{df_n(x)}{dx} \\ f_1(x) & f_2(x) & \ldots & f_n(x) \end{vmatrix}.$$

6. Unendliche Determinanten.

Existiert der Grenzwert der Determinanten der q-ten Abschnitte einer unendlichen Matrix

$$\lim_{q\to\infty} \det(a_{ik})_{[q]} = D,$$

so heißt D die Determinante der unendlichen Matrix (a_{ik}); D ist dann eine ***konvergente unendliche Determinante.*** Sind dabei

$$\sum_{\substack{i,k=1 \\ i \neq k}}^{\infty} a_{ik} \quad \text{und} \quad \prod_{i=1}^{\infty} a_{ii} \quad \text{beide konvergent,}$$

so heißt die Determinante ***normal.*** Die Unterdeterminanten normaler Determinanten sind normal. Für normale Determinanten gelten die entsprechenden Sätze wie für endliche (vgl. 2 und 3).

7. Praktische Berechnung.

Man subtrahiere von den Elementen der i-ten Zeile der Determinante $\det(a_{ik})$ die mit a_{i1}/a_{11} multiplizierten entsprechenden Elemente der ersten. Hierdurch wird der Wert von $\det(a_{ik})$ nicht geändert. Führt man dies an allen Zeilen (außer der ersten) durch, so erhält man eine Determinante der Form:

$$\det(a_{ik}) = \begin{vmatrix} a_{11} & a_{12} & a_{13} & \dots & a_{1n} \\ 0 & b_{22} & b_{23} & \dots & b_{2n} \\ 0 & b_{32} & b_{33} & \dots & b_{3n} \\ \dots & \dots & \dots & \dots & \dots \\ 0 & b_{n2} & b_{n3} & \dots & b_{nn} \end{vmatrix} = a_{11} \cdot \begin{vmatrix} b_{22} & b_{23} & \dots & b_{2n} \\ b_{32} & b_{33} & \dots & b_{3n} \\ \dots & \dots & \dots & \dots \\ b_{n1} & b_{n2} & \dots & b_{nn} \end{vmatrix}.$$

In derselben Weise reduziert man die Determinante der b usw. Man erhält schließlich ein einfaches Produkt von n Zahlen als Wert von $\det(a_{ik})$. Hierbei ist es meist vorteilhaft, Vertauschungen von Reihen vorzunehmen (unter Beachtung der dabei auftretenden Vorzeichenwechsel) und jeweils möglichst große Faktoren abzusondern.

Man kann den Wert von $\det(a_{ik})$ auch aus den Lösungen von linearen Gleichungssystemen finden. Man löse nacheinander folgende Systeme:

1. $a_{11} x_1 = 1$

2. $\begin{cases} a_{11} x_2 + a_{12} y_2 = 0 \\ a_{21} x_2 + a_{22} y_2 = 1 \end{cases}$

3. $\begin{cases} a_{11} x_3 + a_{12} y_3 + a_{13} z_3 = 0 \\ a_{21} x_3 + a_{22} y_3 + a_{23} z_3 = 0 \\ a_{31} x_3 + a_{32} y_3 + a_{33} z_3 = 1 \end{cases}$ usw.

Dann ist

$$\det(a_{ik}) = \frac{1}{x_1 y_2 z_3 \dots w_n}.$$

Die Berechnung von Determinanten und die Lösung von linearen Gleichungssystemen sind praktisch die gleichen Probleme.

D. Kombinatorik.

1. Permutationen.

a) *n verschiedene* Elemente lassen $1 \cdot 2 \cdot 3 \cdot \dots \cdot n = n!$ (n-Fakultät) verschiedene Anordnungen (in einer Reihe) zu *(Permutationen)*. Eine *Permutation* heißt *gerade (ungerade)*, wenn sie sich durch eine gerade (ungerade) Anzahl von Vertauschungen von je zwei Elementen *(Transpositionen)* in die Ausgangsreihenfolge bringen läßt. Bei gerader (ungerader) Permutation der Zahlen $1, 2, \dots, n$ ist auch die Gesamtzahl der auf jede Zahl in der Permutation noch folgenden kleineren Zahlen (Anzahl aller *Fehlstände*) gerade (ungerade).

b) n Elemente, darunter α, β, γ usw. *je unter sich gleiche*, lassen $\frac{n!}{\alpha!\beta!\gamma!\dots}$ verschiedene Anordnungen zu *(Permutationen mit Wiederholungen)*.

2. Kombinationen, Variationen.

a) Aus n verschiedenen Elementen lassen sich r *verschiedene* Elemente **herausgreifen** (ohne Rücksicht auf Anordnung) auf $\frac{n!}{r!(n-r)!} = \binom{n}{r}$ verschiedene Weisen *(Kombinationen)*,

herausgreifen und anordnen auf $\binom{n}{r} r! = \frac{n!}{(n-r)!}$ verschiedene Weisen *(Variationen)*.

b) Darf von n verschiedenen Elementen jedes beliebig oft vorkommen, so lassen sich r Elemente

herausnehmen auf $\binom{n+r-1}{r} = \frac{n(n+1)(n+2)\ldots(n+r-1)}{r!}$ verschiedene Weisen *(Kombinationen mit Wiederholung)*,

herausnehmen und anordnen auf n^r verschiedene Weisen *(Variationen mit Wiederholung)*.

3. Binomialkoeffizienten.

Hier bedeuten: k eine natürliche Zahl $\leq n$, m, n beliebige natürliche Zahlen, x, y beliebige reelle oder komplexe Zahlen.

$$\binom{x}{m} = \frac{x(x-1)\ldots(x-m+1)}{1\cdot 2\cdot \cdots \cdot m} = \binom{x}{m-1}\frac{x-m+1}{m};$$

$$\binom{n}{k} = \frac{n!}{k!(n-k)!} = \binom{n}{n-k}.$$

Speziell ist:

$$\binom{x}{0} = 1; \quad \binom{x}{1} = x; \quad \binom{n}{n-1} = n; \quad \binom{n}{n} = 1; \quad \binom{n}{m} = 0 \quad \text{für } m > n.$$

Es gelten die Regeln (Vorauss. $m \leq x$, $m \leq y$):

$$\binom{x+y}{m} = \binom{x}{m}\binom{y}{0} + \binom{x}{m-1}\binom{y}{1} + \cdots + \binom{x}{0}\binom{y}{m} \quad \textit{(Additionstheorem)},$$

Hieraus folgen:

$$\binom{x+1}{m} = \binom{x}{m} + \binom{x}{m-1}$$

$$\binom{2n}{n} = 1 + \binom{n}{1}^2 + \binom{n}{2}^2 + \cdots + \binom{n}{n}^2$$

$$\binom{n+1}{k+1} = \binom{n}{k} + \binom{n-1}{k} + \cdots + \binom{k}{k}$$

$$\binom{-\frac{1}{2}}{n} = \frac{1\cdot 3\cdot 5\cdot \cdots \cdot(2n-1)}{2\cdot 4\cdot 6\cdot \cdots \cdot 2n}\cdot(-1)^n$$

$$\binom{-x}{n} = (-1)^n \cdot \binom{x+n-1}{n}$$

$$\binom{n-x}{n} = (-1)^n \cdot \binom{x-n}{n}.$$

Ferner gilt für $n \neq 0$:

$$\binom{n}{0} \pm \binom{n}{1} + \binom{n}{2} \pm \cdots + (\pm 1)^n \binom{n}{n} = (1 \pm 1)^n = \begin{cases} 2^n \\ 0 \end{cases}.$$

Das Verhalten von $\binom{n}{k}$, besonders für große n und k, zeigt:

$$\binom{n}{k} = e^{-\frac{n-1}{2} z^2} \cdot \frac{2^{n+1}}{\sqrt{2\pi n}} \cdot F_n; \qquad z = \frac{\left|\frac{n}{2} - k\right|}{\frac{n}{2}}; \qquad z \ll \sqrt[3]{\frac{1}{n}}$$

mit $$F_n = e^{\Theta \frac{n z^3}{1-z}} = 1 + \Theta \frac{n z^3}{1-z} + \cdots; \quad -\frac{1}{2} < \Theta < \frac{1}{2}.$$

Die Annäherung ist um so besser, je näher k an $n/2$ liegt. Ist $k \ll n$, so gilt:

$$\binom{n}{k} = \frac{n^k}{k!} \cdot e^{-\Theta \frac{k^2}{n-k}}; \quad 0 < \Theta < \frac{1}{2}.$$

Sind k, n und $n - k$ groß gegen 1, so erhält man mit der STIRLINGschen Formel (s. S. 124): $k/n = \alpha$

$$\binom{n}{k} = \frac{1}{\sqrt{2\pi n \alpha(1-\alpha)}} \left\{\frac{1}{\alpha^\alpha (1-\alpha)^{1-\alpha}}\right\}^n.$$

Sechster Abschnitt.

Transformationen.

A. Allgemeine Transformationen.

1. Allgemeines.

a) Eine Transformation ordnet einem Wertsystem $x_1, x_2, \ldots, x_n$ ein anderes zu: $x'_1, x'_2, \ldots, x'_n$ durch ein System von Gleichungen der Form:

$$x'_1 = f_1(x_1, \ldots, x_n), \quad x'_2 = f_2(x_1, \ldots, x_n), \ldots, x'_n = f_n(x_1, \ldots, x_n). \qquad (1)$$

Umkehrung. Im folgenden sollen die Funktionen f_i stetige, differenzierbare Funktionen sein, deren Funktionaldeterminante, die *Transformationsdeterminante*,

$$\frac{\partial(f_1, \ldots, f_n)}{\partial(x_1, \ldots, x_n)} = \begin{vmatrix} \frac{\partial f_1}{\partial x_1} & \cdots & \frac{\partial f_1}{\partial x_n} \\ \cdots & \cdots & \cdots \\ \frac{\partial f_n}{\partial x_1} & \cdots & \frac{\partial f_n}{\partial x_n} \end{vmatrix} = \det\left(\frac{\partial f_i}{\partial x_k}\right)$$

für die zu transformierenden Wertsysteme von Null verschieden sei. Dann ist das Gleichungssystem (1) nach den x_i auflösbar; die Gleichungen

$$x_i = F_i(x_1', \ldots, x_n') \qquad (i = 1, \ldots, n) \tag{2}$$

stellen die *inverse* Transformation dar, die (1) rückgängig macht. Die Transformation (1) ist dann *umkehrbar*.

b) Gruppeneigenschaft. Die umkehrbaren Transformationen einer Mannigfaltigkeit bilden eine Gruppe (vgl. S. 246): Zwei nacheinander ausgeführte Transformationen S und T sind einer einzigen, TS, gleichwertig. Im allgemeinen ist $TS \neq ST$. Das Einheitselement der Gruppe ist die identische Transformation E:

$$x_i = x_i' \qquad (i = 1, \ldots, n).$$

Das reziproke Element zu S ist die inverse Transformation S^{-1} (2), mit $SS^{-1} = S^{-1}S = E$.

2. Geometrische Bedeutung.

Eine Transformation kann geometrisch gedeutet werden als:

a) Eine *Koordinatenänderung*, d. h. der Übergang von der Beschreibung durch die Koordinaten $x_1, \ldots, x_n$ zur Beschreibung durch $x_1', \ldots, x_n'$. Die x_i und die x_i' sind die Koordinaten *desselben Punktes in verschiedenen Koordinatensystemen*. Sind die f_i beliebige differenzierbare Funktionen, so erhält man, ausgehend von einem kartesischen Koordinatensystem, im allgemeinen ein krummliniges Koordinatensystem.

b) Eine *Verzerrung* der Mannigfaltigkeit, d. h. eine *Abbildung* der Mannigfaltigkeit *auf sich*, eine *Verschiebung* des Punktes x_i in einen anderen x_i' *desselben Koordinatensystems*. Im allgemeinen gehen gerade Linien in krumme über.

c) Eine *Abbildung* der $x_1, \ldots, x_n$-Mannigfaltigkeit auf eine andere, durch $x_1', \ldots, x_n'$ bezeichnete Mannigfaltigkeit. Bei beliebigen (differenzierbaren) Funktionen f_i braucht die Abbildung *im Großen* nicht eindeutig zu sein, dem System $x_1, \ldots, x_n$ können mehrere verschiedene Systeme $x_1', \ldots, x_n'$ entsprechen und umgekehrt. Im Kleinen ist die Abbildung stets eindeutig (wenn die Transformationsdeterminante $\neq 0$), d. h. eine *kleine Umgebung* eines Punktes x_i wird stets umkehrbar eindeutig auf eine kleine Umgebung des Punktes x_i' abgebildet.

Die *Transformationsdeterminante* gibt stets das infinitesimale Volumvergrößerungsverhältnis, das Verhältnis ineinander transformierter Volumelemente an (vgl. S. 44)

$$\frac{dV'}{dV} = \frac{\partial(x_1', \ldots, x_n')}{\partial(x_1, \ldots, x_n)}.$$

3. Invarianten.

Der Charakter einer Transformation T: $x'_i = f_i(x_1, \ldots, x_n)$ ergibt sich aus denjenigen Eigenschaften des Transformierten, die der Transformation T gegenüber *invariant* sind, d. h. durch T nicht geändert werden. Für die Funktionen, welche diese Eigenschaften beschreiben, gilt:

$$K(x_1, \ldots, x_n) = \varkappa \cdot K(x'_1, \ldots, x'_n),$$

d. h. setzt man an Stelle der ursprünglichen Koordinaten $x_1, \ldots, x_n$ die transformierten $x'_1, \ldots, x'_n$ ein, so bleiben die Funktionen ihrem Wert nach, bis auf einen nur von den Parametern der Transformation abhängigen Faktor $\varkappa$ erhalten. Die Funktionen $K(x_1, \ldots, x_n)$ heißen *Invarianten.* Gleichungen und Gleichungssysteme, welche bei Transformation ungeändert bleiben, heißen *kovariant.*

Nach den zugehörigen Invarianten teilt man die Transformationen einer Mannigfaltigkeit in Klassen ein. Die Transformationen einer Klasse bilden eine Gruppe. *Vollständig* heißt ein System von unabhängigen Invarianten, das zur Kennzeichnung einer Klasse von Transformationen ausreicht; jede weitere Invariante der Transformationen dieser Klasse läßt sich aus den Invarianten eines vollständigen Systems herleiten. Zur spezielleren Klasse gehören mehr unabhängige Invarianten.

Mit Hilfe der Invarianten entscheidet man ferner, wann zwei gegebene Mannigfaltigkeiten durch Transformationen einer gegebenen Klasse ineinander transformiert werden können. Das ist dann und nur dann der Fall, wenn die Werte der Invarianten eines vollständigen Invariantensystems dieser Klasse bei beiden Mannigfaltigkeiten übereinstimmen.

Die Invarianten bei *Koordinatentransformation* heißen auch *Skalare,* wie z. B. der Abstand zweier Punkte, der Inhalt einer Fläche; besonders wichtig ist das Linien- oder Bogenelement, $ds = \sqrt{\sum_{i,k} g_{ik}\, dx_i\, dx_k} = \sqrt{\sum_{i,k} g'_{ik}\, dx'_i\, dx'_k}$. Kennt man die Abhängigkeit der g_{ik} von den x_i, so sind dadurch auch alle Maßverhältnisse innerhalb der durch die x_i beschriebenen Mannigfaltigkeit festgelegt.

Beispiele s. S. 215.

B. Lineare Transformationen.

1. Lineare Räume.

a) Ein n-dimensionaler *linearer* oder *affiner* Raum umfaßt alle durch n Koordinaten $x_1, x_2, \ldots, x_n$ in bezug auf ein festes Koordinatensystem gegebenen Punkte *(Punktraum)* oder alle Vektoren $\mathfrak{x} = (x_1, \ldots, x_n)$ *(Vektorraum).* Durch eine lineare Transformation

$$x'_i = \sum_{k=1}^{n} a_{ik} x_k, \qquad \mathfrak{x}' = \mathfrak{A}\,\mathfrak{x}, \tag{3}$$

geht er in sich über, wird er auf sich abgebildet. Jedem Punkt (bzw. Vektor) wird ein anderer Punkt (bzw. Vektor) zugeordnet, und zwar umkehrbar eindeutig. Die Matrix $\mathfrak{A} = (a_{ik})$ stellt den Operator dar, der diese Abbildung erzeugt.

b) Unitärer Raum. Sind $x_1, x_2, \ldots, x_n$ beliebige komplexe Zahlen und wird die Länge $|\mathfrak{x}|$ eines Vektors $\mathfrak{x}$ durch die hermitische Einheitsform

$$|\mathfrak{x}|^2 = \sum_{i=1}^{n} x_i x_i^* \qquad (x_i^* \text{ konj. komplex zu } x_i) \tag{4}$$

gegeben, so heißt der lineare Raum *unitärer Raum*, da (4) gegen unitäre Transformationen invariant ist.

Der unitäre Raum mit abzählbar unendlich vielen Dimensionen, der aus allen Punkten bzw. Vektoren $(x_1, x_2, \ldots)$ besteht, für die $\sum_{i=1}^{\infty} x_i x_i^*$ konvergiert, heißt HILBERTscher (unitärer) Raum.

2. Allgemeine lineare Transformationen.

a) Darstellung. Die allgemeine (inhomogene) lineare Transformation des Wertsystems $x_1, \ldots, x_n$ wird dargestellt durch

$$\left.\begin{array}{l} x_1' = a_{11} x_1 + \cdots + a_{1n} x_n + t_1 \\ x_2' = a_{21} x_1 + \cdots + a_{2n} x_n + t_2 \\ \cdots\cdots\cdots\cdots\cdots\cdots \\ x_n' = a_{n1} x_1 + \cdots + a_{nn} x_n + t_n \end{array}\right\} \mathfrak{x}' = \mathfrak{A}\mathfrak{x} + \mathfrak{t}, \quad (a_{ik}) = \mathfrak{A}. \tag{5}$$

Sie heißt *homogen*, wenn $\mathfrak{t} = 0$ ist. Sie heißt *unimodular*, wenn ihre Transformationsdeterminante $\det(a_{ik}) = 1$ ist.

b) Normalform. Die durch (3) gegebene lineare Abbildung wird in einem anderen Koordinatensystem der y_i durch

$$y_i' = \sum_{\nu} b_{i\nu} y_\nu \qquad \text{mit} \qquad (b_{ik}) = \mathfrak{B} = \mathfrak{S}^{-1}\mathfrak{A}\mathfrak{S}$$

gegeben, wenn $x_i = \sum_{\nu} s_{i\nu} y_\nu$ ist. *Äquivalente* Matrizen stellen also die gleiche lineare Abbildung, nur in verschiedenen Koordinatensystemen dar. Ist $\mathfrak{A}$ symmetrisch oder hermitisch, so läßt sich das Koordinatensystem y_i (d. h. $\mathfrak{S}$) so wählen, daß die Abbildung durch die einfachen Gleichungen

$$y_i' = \lambda_i y_i \qquad \textit{(Normalform der linearen Abbildung)}$$

gegeben ist. Die neuen Koordinatenachsen sind die Fixgeraden der Abbildung. In den anderen Fällen ist die Normalform nicht ganz so einfach (vgl. S. 141).

c) Projektive Abbildung. Führt man im n-dimensionalen Raum „*homogene*" *Koordinaten* $\xi_1, \xi_2, \ldots, \xi_{n+1}$ ein durch: $x_k = \frac{\xi_k}{\xi_{n+1}}$, dann bedeutet eine lineare Transformation: $\xi'_k = \sum_l a_{kl}\xi_l$ eine „*kollineare*" Transformation des Raumes, darstellbar durch:

$$x'_1 = \frac{a_{11}x_1 + a_{12}x_2 + \cdots + a_{1,n+1}}{a_{n+1,1}x_1 + a_{n+1,2}x_2 + \cdots + a_{n+1,n+1}} \quad \text{usw.}$$

Bei *kollinearer* Abbildung sind *invariant*:

das Doppelverhältnis von vier Elementen (Geraden, Punkten),

der Grad algebraischer Kurven und Flächen.

Es gilt also:

Gerade, Ebenen, Strahlenbüschel usw., ferner Kegelschnitte, überhaupt Kurven und Flächen zweiter Ordnung bleiben solche.

Die unendlichfernen Elemente gehen im allgemeinen in endliche über, Systeme paralleler Geraden in Strahlenbüschel.

Ein kartesisches Koordinatensystem geht in ein projektives, bestehend aus $n-1$ Strahlen- (bzw. Ebenen-) Büscheln über.

Reduzieren sich die Nenner auf Konstanten, so heißt die Transformation „*affin*". Bei ihr bleiben im Endlichen gelegene Punkte im Endlichen (Parallele Geraden bleiben parallel).

3. Unitäre und orthogonale Transformationen.

Eine lineare *homogene* Transformation, für die:

$$\sum_k a^*_{ik} a_{lk} = \sum_k a^*_{ki} a_{kl} = \delta_{il} \qquad i, k = 1, 2, \ldots n$$

ist, heißt *unitär*. Für reelle a_{ik} heißt sie meist *orthogonal*. Sie läßt $\sum_i x_i^* x_i$ bzw. $\sum_i x_i^2$ invariant. Ihre Determinante: $\det(a_{ik})$ ist $+1$ oder -1. Sie hat $\frac{n}{2}(n-1)$ unabhängige Koeffizienten. Schreibt man sie symbolisch: $\mathfrak{r}' = \mathfrak{O}\mathfrak{r}$, indem man die x_i als kartesische Koordinaten (Vektorkomponenten eines Ortsvektors $\mathfrak{r}$) betrachtet, so gilt:

$$\mathfrak{O}^* \tilde{\mathfrak{O}} = \tilde{\mathfrak{O}}^* \mathfrak{O} = \mathfrak{E} \quad \text{oder} \quad \mathfrak{O}^\dagger = \mathfrak{O}^{-1}.$$

$n = 2$. Die allgemeinste unitäre Transformation im Zweidimensionalen lautet:

$$x'_1 = x_1 \cos\varphi\, e^{i\alpha} - x_2 \sin\varphi\, e^{i\beta}$$
$$x'_2 = x_1 \sin\varphi\, e^{i\gamma} + x_2 \cos\varphi\, e^{i\delta}$$

mit $\alpha - \beta - \gamma + \delta = 0$.

Die *reelle* orthogonale Transformation mit $\det(a_{ik}) = +1$ bedeutet eine *Drehung* um den Nullpunkt mit dem Winkel φ in einem kartesischen System x, y:

$$\left.\begin{aligned} x' &= x\cos\varphi - y\sin\varphi \\ y' &= x\sin\varphi + y\cos\varphi \end{aligned}\right\} \quad \text{oder: } x' + iy' = (x+iy)\,e^{i\varphi}.$$

Die Transformation mit $\det(a_{ik}) = -1$:

$$\left.\begin{aligned} x' &= x\cos\varphi + y\sin\varphi \\ y' &= x\sin\varphi - y\cos\varphi \end{aligned}\right\} \quad \text{oder: } x' + iy' = (x-iy)\,e^{i\varphi}$$

bedeutet eine *Spiegelung* an der Geraden: $\frac{y}{x} = \operatorname{tg}\frac{\varphi}{2}$.

$n = 3$. Eine reelle orthogonale Transformation mit positiver Determinante bedeutet im dreidimensionalen Raum eine *Drehung* $\mathfrak{C}$ um eine feste Achse $\mathfrak{a}$ durch den Nullpunkt mit dem Drehwinkel δ. Sie ist darstellbar durch:

$$\mathfrak{C}\mathfrak{r} = \mathfrak{r}' = \mathfrak{r}\cos\delta + \mathfrak{a}(\mathfrak{a}\mathfrak{r})(1-\cos\delta) + [\mathfrak{a}\mathfrak{r}]\sin\delta \qquad (a^2 = 1)$$

oder mit

$$\mathfrak{c} = \mathfrak{a}\operatorname{tg}\frac{\delta}{2} \quad \left(\mathfrak{a} = \frac{\mathfrak{c}}{c}\right)$$

durch:

$$\mathfrak{C}\mathfrak{r} = \mathfrak{r}' = \frac{1}{1+c^2}\left\{\mathfrak{r}(1-c^2) + 2\mathfrak{c}(\mathfrak{c}\mathfrak{r}) + 2[\mathfrak{c}\mathfrak{r}]\right\}.$$

In Komponenten wird mit $a_x = \cos\alpha_1$, $a_y = \cos\alpha_2$, $a_z = \cos\alpha_3$:

$$\begin{aligned} x' &= x\left(1 - \sin^2\alpha_1(1-\cos\delta)\right) + y\left(\cos\alpha_1\cos\alpha_2(1-\cos\delta) - \cos\alpha_3\sin\delta\right) + \\ &\quad + z\left(\cos\alpha_1\cos\alpha_3(1-\cos\delta) + \cos\alpha_2\sin\delta\right) \\ y' &= x\left(\cos\alpha_2\cos\alpha_1(1-\cos\delta) + \cos\alpha_3\sin\delta\right) + y\left(1 - \sin^2\alpha_2(1-\cos\delta)\right) + \\ &\quad + z\left(\cos\alpha_2\cos\alpha_3(1-\cos\delta) - \cos\alpha_1\sin\delta\right) \\ z' &= x\left(\cos\alpha_3\cos\alpha_1(1-\cos\delta) - \cos\alpha_2\sin\delta\right) + \\ &\quad + y\left(\cos\alpha_3\cos\alpha_2(1-\cos\delta) + \cos\alpha_1\sin\delta\right) + z\left(1 - \sin^2\alpha_3(1-\cos\delta)\right), \end{aligned}$$

und es ist:

$$\cos\delta = \tfrac{1}{2}(a_{11} + a_{22} + a_{33} - 1)$$

$$\cos\alpha_i = \sqrt{\frac{a_{ii} - \cos\delta}{1 - \cos\delta}} \qquad (i = 1, 2, 3).$$

Sonderfälle:

1. Für sehr kleine δ (*infinitesimale* orthogonale Transformation) wird:

$$\mathfrak{C}\mathfrak{r} = \mathfrak{r}' = \mathfrak{r} + \delta[\mathfrak{a}\mathfrak{r}].$$

2. Ist $\delta = \pi$, bzw. $|\mathfrak{c}| = \pm\infty$, so spricht man von einer *Umwendung*:

$$\mathfrak{U}\mathfrak{r} = \mathfrak{r}' = -\mathfrak{r} + 2\mathfrak{a}(\mathfrak{a}\mathfrak{r}).$$

3. Ist $\delta = 2\pi/n$, so verwenden wir das Symbol $\mathfrak{C}_n$, also:

$$\mathfrak{U} = \mathfrak{C}_2.$$

Die Drehung bzw. Achse heißen dann „n-zählig“.

$$\mathfrak{C}_1 = \mathfrak{E} = \text{Identität}$$

$$\mathfrak{C}_n^n = \mathfrak{E}.$$

4. Eine reelle orthogonale Transformation im Dreidimensionalen mit *negativer Determinante* heißt eine *Drehinversion* $\mathfrak{J}$, darstellbar durch

$$\mathfrak{J}\mathfrak{r} = \mathfrak{r}' = -\mathfrak{C}\mathfrak{r}, \quad \text{also} \quad \mathfrak{J} = -\mathfrak{C}, \quad \mathfrak{J}_n = -\mathfrak{C}_n.$$

$\mathfrak{J}_1$ heißt *Inversion*: $\mathfrak{J}_1\mathfrak{r} = \mathfrak{r}' = -\mathfrak{r}$

$\mathfrak{J}_1\mathfrak{U} = \mathfrak{J}_1\mathfrak{C}_2 = \mathfrak{C}_2\mathfrak{J}_1 = -\mathfrak{C}_2 = \mathfrak{S}_1$ ist eine *Spiegelung* $\mathfrak{S}_1$:

$\mathfrak{S}_1\mathfrak{r} = \mathfrak{r}' = \mathfrak{r} - 2\mathfrak{a}(\mathfrak{a}\mathfrak{r})$, $a^2 = 1$, an der zu $\mathfrak{a}$ senkrechten Ebene durch $\mathfrak{r} = 0$.

$\mathfrak{S}_n = \mathfrak{S}_1\mathfrak{C}_n = -\mathfrak{C}_2\mathfrak{C}_n$ heißt eine *Drehspiegelung*.

Es ist: $\mathfrak{J}_n^n = (-1)^n\mathfrak{E}$, $\mathfrak{S}_n^n = (-\mathfrak{C}_2)^n$, d. h. $= \mathfrak{E}$ für gerade n und $= \mathfrak{S}_1$ für ungerade n.

Ferner gilt für Spiegelungen $\mathfrak{S}_1'$, $\mathfrak{S}_1''$ mit verschiedenen $\mathfrak{a}'$, $\mathfrak{a}''$:

$$\mathfrak{S}_1'\mathfrak{S}_1''\mathfrak{r} = \mathfrak{C}\mathfrak{r} \quad \text{mit} \quad \mathfrak{c} = -\frac{[\mathfrak{a}'\mathfrak{a}'']}{a'a''}.$$

5. Verschiebt man den Nullpunkt der Transformation in den Punkt $\mathfrak{r} = \mathfrak{r}_0$, so lautet sie:

$$\mathfrak{r}' = \mathfrak{r}_0 + \mathfrak{D}(\mathfrak{r} - \mathfrak{r}_0) = \mathfrak{D}\mathfrak{r} + \mathfrak{r}_0 - \mathfrak{D}\mathfrak{r}_0.$$

Es folgt also die *inhomogene* Transformation: $\mathfrak{r}' = \mathfrak{D}\mathfrak{r} + \mathfrak{t}$. $\mathfrak{t} = \mathfrak{r}_0 - \mathfrak{D}\mathfrak{r}_0$ ist eine *Translation*.

6. Kombination von Drehung und Translation parallel zur Drehachse heißt *Schraubung* $\overline{\mathfrak{C}}$. Durch geeignete Wahl des Nullpunktes in $\mathfrak{r}_0 = \frac{1}{2}\left(\mathfrak{t} - \frac{[\mathfrak{c}\mathfrak{t}]}{c}\right)$ ist jede inhomogene orthogonale Transformation mit positiver Determinante als Schraubung darstellbar.

Kombination von Spiegelung und Translation parallel zur Spiegelebene heißt *Gleitspiegelung* $\overline{\mathfrak{S}}$.

Kombiniert man zwei Transformationen mit verschobenen Nullpunkten, die unverschoben zueinander reziprok sind ($\mathfrak{D}_1\mathfrak{D}_2 = \mathfrak{C}_1$), so resultiert eine reine Translation, z. B. bei zwei Inversionen zu verschiedenen Zentren, zwei Spiegelungen an parallelen Ebenen, zwei Umwendungen um parallele Achsen u. dgl.

7. Kombinationen zweier Drehungen ergeben wieder eine solche, im allgemeinen verschiedene je nach der Reihenfolge. Es wird:

$$\mathfrak{C}' \mathfrak{C}'' \mathfrak{r} = \mathfrak{C}''' \mathfrak{r}$$

mit $$\mathfrak{c}''' = \frac{\mathfrak{c}' + \mathfrak{c}'' + [\mathfrak{c}' \mathfrak{c}'']}{1 - (\mathfrak{c}' \mathfrak{c}'')}.$$

Vertauschbar sind nur Drehungen um die gleiche Achse und infinitesimale Drehungen.

8. Man kann eine Drehung mit dem Drehvektor $\mathfrak{c}$ aus zwei zueinander senkrechten Drehungen $\mathfrak{c}_1$ und $\mathfrak{c}_2$ $((\mathfrak{c}_1 \mathfrak{c}_2) = 0)$ erzeugen und mit Hilfe der EULERschen *Winkel* φ, ψ, ϑ darstellen, indem man setzt (s. Abb. 25):

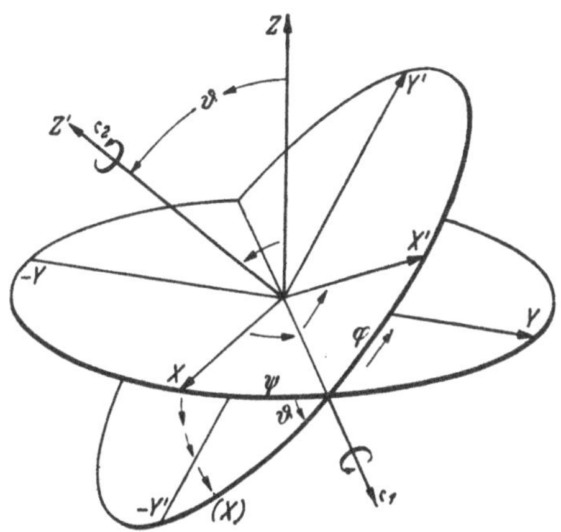

Abb. 25. EULERsche Winkel.

1. $c_{1x} = \cos\psi \operatorname{tg}\frac{\vartheta}{2}$ d. h. Drehung um eine in der xy-Ebene liegende „Knotenlinie" mit dem Drehwinkel ϑ $(0 \leq \vartheta \leq \pi)$.

$c_{1y} = \sin\psi \operatorname{tg}\frac{\vartheta}{2}$

$c_{1z} = 0$ ψ = Winkel zwischen $\mathfrak{c}_1$ und der x-Achse $(0 \leq \psi \leq 2\pi)$.

2. $c_{2x} = \sin\vartheta \sin\psi \operatorname{tg}\frac{\varphi + \psi}{2}$ d. h. Drehung um die neue z'-Achse mit dem Drehwinkel $\varphi + \psi$.

$c_{2y} = -\sin\vartheta \cos\psi \operatorname{tg}\frac{\varphi + \psi}{2}$

$c_{2z} = \cos\vartheta \operatorname{tg}\frac{\varphi + \psi}{2}$ φ = Winkel zwischen $\mathfrak{c}_1$ und der x'-Achse $(0 \leq \varphi \leq 2\pi)$.

ϑ = Winkel zwischen der z- und der z'-Achse.

Dann wird:

$$c_x = \frac{\operatorname{tg}\frac{\vartheta}{2} \cos\frac{\psi - \varphi}{2}}{\cos\frac{\psi + \varphi}{2}} \qquad 1 + c^2 = \frac{1}{\cos^2\frac{\vartheta}{2} \cos^2\frac{\psi + \varphi}{2}};$$

$$c_y = \frac{\operatorname{tg}\frac{\vartheta}{2} \sin\frac{\psi - \varphi}{2}}{\cos\frac{\psi + \varphi}{2}} \qquad c = \operatorname{tg}\frac{\delta}{2};$$

$$c_z = \operatorname{tg}\frac{\psi + \varphi}{2} \qquad \cos\frac{\delta}{2} = \cos\frac{\vartheta}{2} \cos\frac{\psi + \varphi}{2}.$$

Explizit wird damit:

$$x' = x(\cos\varphi\cos\psi - \sin\varphi\sin\psi\cos\vartheta) + \\ + y(\cos\varphi\sin\psi + \sin\varphi\cos\psi\cos\vartheta) + z\sin\varphi\sin\vartheta$$

$$y' = -x(\sin\varphi\cos\psi + \cos\varphi\sin\psi\cos\vartheta) + \\ + y(-\sin\varphi\sin\psi + \cos\varphi\cos\psi\cos\vartheta) + z\cos\varphi\sin\vartheta$$

$$z' = x\sin\psi\sin\vartheta - y\cos\psi\sin\vartheta + z\cos\vartheta.$$

$n = 4$. Orthogonale Transformationen im Vierdimensionalen stellt man am einfachsten mittels Quaternionen dar (s. S. 199).

$n = N$. Eine spezielle N-dimensionale unitäre Transformation ist

$$\left.\begin{aligned} y_l &= \frac{1}{\sqrt{N}} \sum_k \eta_k e^{\frac{2\pi i k l}{N}} \\ \eta_k &= \frac{1}{\sqrt{N}} \sum_l y_l e^{-\frac{2\pi i l k}{N}} \end{aligned}\right\} \quad \text{(FOURIER-Transformation)}.$$

Von ihr gelangt man durch den Grenzübergang: $N \to \infty$, $l/N = x/L$ (kontinuierlich) zu FOURIER-Summen:

$$y(x) = \sum_k C_k e^{\frac{2\pi i k x}{L}}; \qquad C_k = \frac{\eta_k}{\sqrt{N}} = \frac{1}{L}\int_0^L y(x)\, e^{-\frac{2\pi i k x}{L}}\, dx,$$

sowie durch $N \to \infty$, $l/\sqrt{N} = x$, $k/\sqrt{N} = s$ (kontinuierlich) zu FOURIER-Integralen:

$$y(x) = \int_{-\infty}^{+\infty} \eta(s)\, e^{2\pi i x s}\, ds; \qquad \eta(s) = \int_{-\infty}^{+\infty} y(x)\, e^{-2\pi i x s}\, dx.$$

4. Transformation quadratischer und hermitescher Formen.

Bei der linearen Transformation $x_i = \sum_\nu b_{i\nu} x'_\nu$, $(b_{ik}) = \mathfrak{B}$, geht die *quadratische Form* $Q = \sum_{i,k} q_{ik} x_i x_k$ mit der symmetrischen Matrix $\mathfrak{Q} = (q_{ik})$ über in $Q' = \sum_{i,k} q'_{ik} x'_i x'_k$ mit $\mathfrak{Q}' = \tilde{\mathfrak{B}}\mathfrak{Q}\mathfrak{B}$. $\mathfrak{Q}$ und $\mathfrak{Q}'$ haben (wenn $\det\mathfrak{B} \neq 0$) stets den gleichen Rang r (Rang der quadratischen Form). Analog für hermitische Formen $H = \sum_{i,k} h_{ik} x_i x_k^*$, $\mathfrak{H}' = \mathfrak{B}^\dagger \mathfrak{H} \mathfrak{B}$.

In Tensorsymbolik ist:

$$\mathfrak{r} = \mathfrak{B}\mathfrak{r}', \qquad \mathfrak{Q} = \tilde{\mathfrak{Q}}$$

$$Q = (\mathfrak{r}\,\mathfrak{Q}\,\mathfrak{r}) = (\mathfrak{B}\mathfrak{r}'\,\mathfrak{Q}\,\mathfrak{B}\mathfrak{r}') = (\mathfrak{r}'\,\tilde{\mathfrak{Q}}\mathfrak{B}\mathfrak{B}\,\mathfrak{r}') = (\mathfrak{r}'\,\tilde{\mathfrak{B}}\mathfrak{Q}\mathfrak{B}\,\mathfrak{r}') = (\mathfrak{r}'\,\mathfrak{Q}'\,\mathfrak{r}')$$

mit $$\mathfrak{Q}' = \tilde{\mathfrak{B}}\mathfrak{Q}\mathfrak{B}.$$

Jede quadratische Form vom Rang r läßt sich linear in die *Einheitsform* $x_1^2 + \cdots + x_r^2$ transformieren. Alle quadratischen Formen gleichen Ranges lassen sich linear ineinander transformieren.

Reelle quadratische Formen (alle q_{ik} reell) lassen sich *reell* (alle b_{ik} reell) in $x_1^2 + \cdots + x_p^2 - x_{p+1}^2 - \cdots - x_r^2$ transformieren. Hermitische Formen lassen sich stets in $x_1 x_1^* + \cdots + x_p x_p^* - x_{p+1} x_{p+1}^* - \cdots - x_r x_r^*$ transformieren. Der *Trägheitsindex* p ist dabei für die Ausgangsform fest bestimmt und bei reellen (bei $\mathfrak{H}$ bei allen) Transformationen invariant (Trägheitsgesetz der quadratischen Formen). Ist $p = r$, so nimmt die Form für beliebige $x_1, x_2, \ldots, x_n$ (nicht alle $x_i = 0$) nur positive (bei $p = 0$ nur negative) Werte an; sie heißt dann *positiv (negativ) definit*.

Orthogonal lassen sich quadratische Formen in $\sum\limits_i \lambda_i x_i^2$ transformieren, wobei $\lambda_1, \ldots, \lambda_n$ die Eigenwerte der Matrix der Form sind. *Unitär* lassen sich hermitische Formen in $\sum\limits_i \lambda_i x_i x_i^*$ transformieren. Die Matrix der orthogonal (unitär) transformierten Form ist die transformierte Matrix der Ausgangsform (vgl. S. 142).

C. Berührungstransformation (Kontakttransformation).

1. Im Zweidimensionalen.

a) Allgemeines.

Durch eine Gleichung der Form:

$$W(x, y, X, Y) = 0 \qquad \text{(aequatio directrix)}$$

wird jedem Punkt der xy-Ebene eine Kurve in der XY-Ebene zugeordnet und umgekehrt, sowie einer Kurve $\varphi(x, y) = 0$ bzw. $x = x(t)$, $y = y(t)$ eine Kurvenschar: $F(X, Y, t) = 0$, deren Enveloppe als Abbild der Kurve $\varphi = 0$ aufgefaßt werden kann.

Der Name „Berührungstransformation" stammt daher, daß die Abbilder zweier sich berührender Kurven wieder zwei solche sind.

Die Gleichung des Abbildes der Kurve $\varphi = 0$ findet man durch Elimination von t aus den Gleichungen $F = 0$ und $\partial F/\partial t = 0$ oder durch Elimination von x und y aus $W = 0$ und

$$\frac{\partial W}{\partial x} \cdot \frac{\partial \varphi}{\partial y} - \frac{\partial W}{\partial y} \cdot \frac{\partial \varphi}{\partial x} = 0.$$

Während sich hierbei die Punkte der xy-Ebene und der XY-Ebene nicht eindeutig entsprechen, tun dies die Punkte einer gegebenen Kurve $\varphi = 0$ und die ihres Abbildes (so daß man letztere mit dem gleichen Parameter t darstellen kann).

Schreibt man $dy/dx = p$, $dY/dX = P$, so findet man aus den drei Gleichungen:

$$W = 0, \qquad \frac{\partial W}{\partial x} + p \cdot \frac{\partial W}{\partial y} = 0, \qquad \frac{\partial W}{\partial X} + P \cdot \frac{\partial W}{\partial Y} = 0,$$

die obige Transformation auch in der Form:

$$X = X(x, y, p), \quad Y = Y(x, y, p), \quad P = P(x, y, p),$$

wobei der Ausdruck:

$$\frac{\partial X}{\partial p}\left(\frac{\partial Y}{\partial x} + p \cdot \frac{\partial Y}{\partial y}\right) - \frac{\partial Y}{\partial p}\left(\frac{\partial X}{\partial x} + p \cdot \frac{\partial X}{\partial y}\right) = 0$$

sein muß.

b) Die LEGENDREsche Transformation

ist ein einfaches Beispiel:

$dy = p\,dx$. Man definiert Y durch:

$dY = x\,dp = P\,dX; \quad x = P, \quad p = X,$ also

$y + Y = xp + \text{const}$, und man erhält

$y + Y - xX = \text{const}$ als aequatio directrix.

Diese Transformation findet Anwendung zur Umformung von Differentialgleichungen $f(x, y, p) = 0$ in eine eventuell leichter lösbare Form:

$$f(P, (XP - Y), X) = 0,$$

d. h. es wird hier der Differentialquotient p zur unabhängigen Variablen X gemacht (vgl. S. 271).

c) Die kanonische Transformation

ist eine für die Mechanik wichtige Berührungstransformation, definiert durch:

$$z - Z = \Phi(q, Q),$$

wo Φ eine beliebige Funktion sei. Sie heißt „*erzeugende Funktion*". Setzen wir

$$p = \frac{dz}{dq}, \qquad P = \frac{dZ}{dQ},$$

so folgt:

$$p\,dq - P\,dQ = d\Phi \quad \text{bzw.} \quad p = \frac{\partial \Phi}{\partial q}, \qquad P = -\frac{\partial \Phi}{\partial Q}. \tag{1}$$

Aus diesen Gleichungen sind Q und P als Funktionen von q und p algebraisch berechenbar.

Diese Transformation heißt ***kanonisch***, weil sie die sog. kanonischen Differentialgleichungen der Mechanik (vgl. S. 363):

$$\dot{q} = \frac{dq}{dt} = \frac{\partial H(q, p)}{\partial p}, \qquad \dot{p} = \frac{dp}{dt} = -\frac{\partial H(q, p)}{\partial q} \tag{2}$$

(wo der Parameter t die Zeit bedeutet und H die HAMILTONsche Funktion der Lagenkoordinate q und der Impulskoordinate p ist) in ein analoges System in Q und P überführt.

Zum Beweis bilde man die Variation der durch dt dividierten Gl. (1), welche lautet:

$$p\,\delta\dot{q}+\dot{q}\,\delta p-P\,\delta\dot{Q}-\dot{Q}\,\delta P-\delta\dot{\Phi}=0,$$

und die man wegen $\frac{d}{dt}(\delta\Phi)=\delta\dot{\Phi}$ auch in der Form schreiben kann:

$$\frac{d}{dt}(p\,\delta q-P\,\delta Q-\delta\Phi)-\dot{p}\,\delta q+\dot{P}\,\delta Q+\dot{q}\,\delta p-\dot{Q}\,\delta P=0. \tag{3}$$

Hierin verschwindet der Klammerausdruck wegen (1).

Setzt man ferner

$$H(q,p)=K(Q,P),$$

so wird

$$\frac{\partial H}{\partial q}\delta q+\frac{\partial H}{\partial p}\delta p-\frac{\partial K}{\partial Q}\delta Q-\frac{\partial K}{\partial P}\delta P=0,$$

und Subtraktion von (3) unter Berücksichtigung von (2) ergibt unmittelbar:

$$\dot{Q}=\frac{\partial K}{\partial P};\qquad \dot{P}=-\frac{\partial K}{\partial Q},$$

also wieder ein kanonisches System in den neuen Variablen mit der transformierten HAMILTON-Funktion K.

Äquivalent zu den Definitionsgleichungen (1) sind auch folgende:

$$\left.\begin{aligned}p\,dq+Q\,dP&=dX(q,P)\\ q\,dp+P\,dQ&=d\Psi(p,Q)\\ q\,dp-Q\,dP&=d\Omega(p,P).\end{aligned}\right\} \tag{4}$$

Die Transformation wird identisch, d.h. $p=P, q=Q$, wenn $X=q\cdot P$ oder $\Psi=p\cdot Q$.

Setzt man die Transformation an in der Form:

$$p=p(P,Q),\qquad q=q(P,Q),$$

so folgt aus (1) bzw. (4), daß

$$\frac{\partial p}{\partial P}=\frac{\partial Q}{\partial q},\quad \frac{\partial p}{\partial Q}=-\frac{\partial P}{\partial q},\quad \frac{\partial q}{\partial Q}=\frac{\partial P}{\partial p},\quad \frac{\partial q}{\partial P}=-\frac{\partial Q}{\partial p}, \tag{5}$$

also auch

$$\frac{\partial p}{\partial P}\cdot\frac{\partial q}{\partial Q}-\frac{\partial p}{\partial Q}\cdot\frac{\partial q}{\partial P}=1, \tag{6}$$

d.h. die Transformationsdeterminante $\frac{\partial(q,p)}{\partial(Q,P)}$ ist $=1$; die Abbildung der pq-Ebene auf die PQ-Ebene ist flächentreu.

Sonderfälle: 1. Kanonisch ist die Transformation:

$$Q=f(q),\qquad P=\frac{p}{f'(q)}.$$

2. Eine *lineare* Transformation:

$$Q = \alpha q + \beta p, \qquad P = \gamma q + \delta p$$

ist kanonisch, wenn $\alpha\delta - \beta\gamma = 1$ ist. Setzt man speziell $\alpha = \delta = 1/\sqrt{2}$, $\beta = \gamma = i/\sqrt{2}$, so erhält man:

$$Q = \frac{1}{\sqrt{2}}(q + ip) = iP^*, \qquad P = \frac{i}{\sqrt{2}}(q - ip) = iQ^*,$$

also *komplexe* Variable Q, P aus *reellen* q, p, und es ist:

$$q = \frac{1}{\sqrt{2}}(Q - iP) = \frac{1}{\sqrt{2}}(Q + Q^*);$$

$$p = \frac{-i}{\sqrt{2}}(Q + iP) = \frac{1}{i\sqrt{2}}(Q - Q^*).$$

3. Eine *infinitesimale kanonische Transformation* ist gegeben durch

$$Q = q + \lambda \frac{\partial F(q, p)}{\partial p}, \qquad P = p - \lambda \cdot \frac{\partial F(q, p)}{\partial q},$$

wo λ eine sehr kleine Konstante sei.

Zum Beispiel ist auch

$$Q = q + \dot{q}\, dt = q + \frac{\partial H(q, p)}{\partial p} \cdot dt$$

$$P = p + \dot{p}\, dt = p - \frac{\partial H}{\partial q} \cdot dt$$

eine kanonische Transformation und wegen der Gruppeneigenschaft (vgl. S. 246) der Transformation auch

$$q = q_0 + \int_{t_0}^{t} \dot{q}\, dt, \qquad p = p_0 + \int_{t_0}^{t} \dot{p}\, dt$$

eine solche der q_0, p_0 in die q, p.

Es gilt daher

$$p = \frac{\partial S(q_0, q)}{\partial q}, \qquad p_0 = -\frac{\partial S(q_0, q)}{\partial q_0}.$$

S heißt in der Mechanik „*Wirkungsfunktion*" (vgl. S. 364). Dort wird sie in der Regel definiert durch:

$$S = \int_{t_0}^{t} (p\dot{q} - H)\, dt = \int_{t_0}^{t} L\, dt.$$

$L = p\dot{q} - H$ heißt „LAGRANGE*sche Funktion*".

In der Tat findet man auch hieraus mit Benutzung von (2):

$$\delta S = p\,\delta q - p_0\,\delta q_0.$$

4. Von besonderem Interesse ist eine kanonische Transformation, welche $K(Q, P)$ nur von P abhängig macht, z. B. $K(Q, P) = \omega P$.

Dann wird

$$\dot{Q} = \frac{\partial K}{\partial P} = \omega. \qquad Q = \omega t + \alpha$$

$$\dot{P} = -\frac{\partial K}{\partial Q} = 0, \qquad P = \beta,$$

wo ω, α, β Konstanten sind.

Man erhält hier also eine sehr einfache Lösung der transformierten HAMILTONschen Gleichung und somit durch Rücktransformation die Lösung der ursprünglichen.

Wenn bei der mechanischen Anwendung Q eine reine (dimensionslose) Zahl bzw. ein Winkel ist, derart daß q und p als Funktionen von Q mit 2π periodisch sind, heißt Q eine *Winkelvariable* (Beispiel vgl. Anhang 5).

d) Eine Verallgemeinerung

kann die Theorie noch in der Richtung erfahren, daß die kanonische Transformation von t selbst abhänge, d.h. daß die Formeln $p = p(Q, P, t)$, $q = q(Q, P, t)$ lauten, also t explizite enthalten.

Die einfachste Form ist hierfür:

$$p = P + At, \qquad q = Q + Bt,$$

wo A und B beliebige Konstante sind.

Diese Transformation ist kanonisch, wenn man setzt:

$$K(P, Q) = H(p, q) + (Aq - Bp).$$

Sie liefert mit einer zeitunabhängigen Transformation auf neue Variable P', Q' kombiniert die allgemeinere:

$$p = P(P', Q') + At, \qquad q = Q(P', Q') + Bt$$

mit

$$K'(P', Q') = K(P, Q) = H(p, q) + (Aq - Bp).$$

Man erhält so Transformationen auf bewegte Koordinatensysteme.

Dies kann man benutzen, wenn die Reduktion des vorigen Paragraphen nur bis zu einer Form $K(P, Q) = K_0(P) + K_1(P, Q)$ zu führen ist, wo K_1 klein gegen K_0 sei.

Dann hat man:

$$\dot{Q} = \frac{\partial K_0}{\partial P} + \frac{\partial K_1}{\partial P}, \quad \dot{P} = -\frac{\partial K_1}{\partial Q}, \quad P = \beta_0 - \int_{t_0}^{t} \frac{\partial K_1}{\partial Q}\, dt.$$

Wenn nun $\int\limits_{t_0}^{t} \frac{\partial K_1}{\partial Q} dt$ klein gegen β_0 ist, kann man durch die Transformation:

$$Q = \omega t + \alpha, \qquad P = \beta_0 + \beta$$

α und β als neue Variable einführen, die dann selbst als kleine Größen zu behandeln sind.

Das führt nach obigem auf die Form:

$$K(P, Q) = \Omega(\alpha, \beta) - \omega(\beta_0 + \beta)$$

und

$$\dot{\alpha} = \frac{\partial \Omega}{\partial \beta}, \qquad \dot{\beta} = -\frac{\partial \Omega}{\partial \alpha}.$$

Die Größen α und β sind also wieder kanonische Variable mit der HAMILTONschen Funktion Ω.

Ω heißt „*Störungsfunktion*".

Die Methode heißt die der „*Variation der Konstanten*".

2. Im Mehrdimensionalen.

Hier lautet die aequatio directrix:

$$W(x_1 x_2 \ldots x_n, X_1 X_2 \ldots X_n) = 0$$

Die allgemeine LEGENDRE*sche Transformation*: Zu einer Funktion $f(x_1 x_2 \ldots x_k, y_1 y_2 \ldots y_l)$;

$$df = \sum_i X_i dx_i + Y_i dy_i; \qquad X_i = \frac{\partial f}{\partial x_i}, \qquad Y_i = \frac{\partial f}{\partial y_i}$$

konstruiert man eine andere:

$$F(X_1 X_2 \ldots X_k, y_1 y_2 \ldots y_l),$$

so daß

$$dF = \sum_i x_i dX_i - Y_i dy_i$$

wird. Also:

$$f + F - \sum_i x_i X_i = \text{const}.$$

Nennt man $f = x_{k+1}$, $F = X_{k+1}$, so ist das eine aequatio directrix.

Es wird also:

$$\frac{\partial F}{\partial X_i} = x_i; \qquad \frac{\partial f}{\partial y_i} = -\frac{\partial F}{\partial y_i} = Y_i.$$

Diese Transformation findet Anwendung in der Variationsrechnung zur Uniformisierung allgemeiner Probleme sowie zur Herleitung der kanonischen Gleichungen (s. S. 334), speziell in der Mechanik beim Übergang von der LAGRANGEschen Funktion $L(\dot{x}, x)$ zur HAMILTONschen Funktion $H(p, x)$ (s. S. 363). Man benutzt sie auch in der Thermodynamik (s. S. 472).

Die *kanonische Transformation* kann ohne Schwierigkeiten auf mehr Dimensionen verallgemeinert werden (vgl. Anhang, 5.); (1) geht über in:

$$\sum_i p_i dq_i - \sum_i P_i dQ_i = d\Phi(q_1, q_2, \ldots, q_n, Q_1, Q_2, \ldots, Q_n \text{ , wo } i = 1, 2, \ldots, n,$$

also

$$p_i = \frac{\partial \Phi}{\partial q_i}, \qquad P_i = -\frac{\partial \Phi}{\partial Q_i}.$$

Bis auf die zu setzenden Summenzeichen bleibt alles ungeändert; Gl. (5) und (6) sind in folgender Weise zu erweitern:

$$\frac{\partial p_i}{\partial P_k} = \frac{\partial Q_k}{\partial q_i}, \qquad \frac{\partial p_i}{\partial Q_k} = -\frac{\partial P_k}{\partial q_i}, \qquad \frac{\partial q_i}{\partial Q_k} = \frac{\partial P_k}{\partial p_i}, \qquad \frac{\partial q_i}{\partial P_k} = -\frac{\partial Q_k}{\partial p_i}.$$

Daher wird

$$\sum_i \left(\frac{\partial p_i}{\partial P_k} \cdot \frac{\partial q_i}{\partial x} - \frac{\partial p_i}{\partial x} \cdot \frac{\partial q_i}{\partial P_k}\right) = \sum_i \left(\frac{\partial Q_k}{\partial q_i} \cdot \frac{\partial q_i}{\partial x} + \frac{\partial Q_k}{\partial p_i} \cdot \frac{\partial p_i}{\partial x}\right) = \frac{\partial Q_k}{\partial x}$$

$= 1$ für $x = Q_k$ und sonst $= 0$, wenn man für x andere P oder Q außer Q_k einsetzt.

Der Ausdruck

$$(x, y) = \sum_i \left(\frac{\partial q_i}{\partial x} \cdot \frac{\partial p_i}{\partial y} - \frac{\partial p_i}{\partial x} \cdot \frac{\partial q_i}{\partial y}\right)$$

heißt „LAGRANGE*sche Klammer*". Es ist also

$$(Q_k, P_j) = -(P_j, Q_k) = \delta_{jk} \qquad (Q_k, Q_j) = (P_k, P_j) = 0.$$

Sonderfälle: 1. Faßt man die Variablen zu Vektoren zusammen:

$$\mathfrak{q} = \{q_i\}, \quad \mathfrak{p} = \{p_i\}, \quad \mathfrak{Q} = \{Q_i\}, \quad \mathfrak{P} = \{P_i\},$$

so ist eine lineare Transformation mit den Tensoren $\mathfrak{A}$, $\mathfrak{B}$, $\mathfrak{C}$, $\mathfrak{D}$ darstellbar:

$$\mathfrak{Q} = \mathfrak{A}\,\mathfrak{q} + \mathfrak{B}\,\mathfrak{p}, \qquad \mathfrak{P} = \mathfrak{C}\,\mathfrak{q} + \mathfrak{D}\,\mathfrak{p}.$$

Sie ist kanonisch, wenn:

$$\tilde{\mathfrak{A}}\mathfrak{D} - \tilde{\mathfrak{B}}\mathfrak{C} = \mathfrak{E} = \tilde{\mathfrak{D}}\mathfrak{A} - \tilde{\mathfrak{C}}\mathfrak{B}.$$

In Komponenten ist $A_{ik} = \frac{\partial Q_i}{\partial q_k}$, usw.

2. *Komplexe Variable*: Durch die kanonische Transformation:

$$p_1 dq_1 + p_2 dq_2 + Q\,dP + Q^*\,dP^* = d\Phi(q_1, q_2, P, P^*)$$

mit

$$\Phi = k(P(q_1 + i q_2) + P^*(q_1 - i q_2)) \equiv k(q_1(P + P^*) + i q_2(P - P^*))$$

erhält man:

$$Q = \frac{\partial \Phi}{\partial P} = k(q_1 + i q_2); \qquad Q^* = \frac{\partial \Phi}{\partial P^*} = k(q_1 - i q_2)$$

$$p_1 = \frac{\partial \Phi}{\partial q_1} = k(P + P^*); \qquad p_2 = \frac{\partial \Phi}{\partial q_2} = i k(P - P^*)$$

$$P = \frac{1}{2k}(p_1 - i p_2); \qquad P^* = \frac{1}{2k}(p_1 + i p_2).$$

Die reellen Koordinaten q_1, q_2 sind hier in eine komplexe Größe Q zusammengefaßt mit dem zugeordneten (komplexen) Impuls $P(\neq p_1 + i p_2!)$. Zum Beispiel:

$$H = \frac{\alpha}{2}(q_1^2 + q_2^2) + \frac{\beta}{2}(p_1^2 + p_2^2) = \frac{\alpha}{2k^2} Q Q^* + 2\beta k^2 P P^*.$$

Siebenter Abschnitt.

Vektoranalysis.

A. Vektoren im dreidimensionalen euklidischen Raum.

1. Definitionen.

Die Vektoranalysis vereinigt geometrische und algebraische Begriffe und formuliert die für sie geltenden Beziehungen in einer ihren Zwecken angepaßten Symbolik.

Ihre Grundbegriffe sind: Skalare, Vektoren und Tensoren.

1. Ein *Skalar* ist eine Funktion des Ortes, die jedem Punkt einen Betrag (Zahlwert) zuordnet.

2. Ein *Vektor* ist eine Funktion des Ortes, die jedem Punkt einen Betrag und eine Richtung zuordnet. Man veranschaulicht Vektoren oft durch gerichtete Längen (Vektorpfeile).

3. Ein *Tensor* (zweiten Grades) ist eine Funktion des Ortes, die in jedem Punkt einem dort gegebenenen Vektor einen anderen Vektor linear zuordnet. Ein Tensor höheren Grades ordnet ebenso jedem Vektor einen Tensor nächstniederen Grades zu (Vektor = Tensor ersten Grades).

Diese Funktionen können neben ihrer Abhängigkeit vom Ort noch andere Parameter, wie z. B. die Zeit, enthalten.

Sind die Funktionen für jeden Punkt des Raumes definiert, so spricht man von *Skalarfeldern, Vektorfeldern, Tensorfeldern* bzw. *Feldvektoren* usw.

Sind die Funktionen nur in Punkten, Linien, Flächen definiert, so hat man *Punkt-, Linien-, Flächenvektoren* usw.

Sind die Funktionen vom Ort unabhängig definiert, so werden die Skalare, Vektoren, Tensoren im folgenden als „*frei*" bezeichnet.

Ein in einem Punkt definierter Vektor kann in einen anderen unter Erhaltung von Betrag und Richtung *verpflanzt* werden. Analoges gilt für Tensoren.

Vektoren, deren Betrag überall $= 1$ ist, heißen *Einheitsvektoren*. Der Betrag eines Vektors ist ein Skalar.

Bezeichnung: Im folgenden sind meistens bezeichnet:

Skalare durch griechische Buchstaben, z. B. φ,
Vektoren durch deutsche Buchstaben†, z. B. $\mathfrak{a}$,
Tensoren durch große deutsche Buchstaben, z. B. $\mathfrak{T}$.

Der Betrag eines Vektors $\mathfrak{a}$ wird durch den gleichlautenden lateinischen Buchstaben a bezeichnet. Auch die Bezeichnungsweise $|\mathfrak{a}|$ ist gebräuchlich.

Um einen Skalar als Funktion des Ortes zu bezeichnen, ist die Schreibweise: $\varphi(\mathfrak{r})$ üblich ($\mathfrak{r} =$ Ortsvektor s. S. 173). Hängt er außerdem von der Zeit t ab, so schreibt man $\varphi(\mathfrak{r}, t)$. Analoges gilt für Vektoren und Tensoren.

2. Vektoralgebra.

Unter der *Summe zweier Vektoren* $\mathfrak{a}$ und $\mathfrak{b}$ versteht man den Vektor

$$\mathfrak{c} = \mathfrak{a} + \mathfrak{b},$$

dessen Richtung und Betrag an jeder Stelle von den Summanden in derselben Weise abhängt, wie die Richtung und Länge der Diagonale eines Parallelogramms von den Seiten, die mit ihr von derselben Ecke auslaufen. Hiernach gilt für die Summation von Vektoren das *kommutative* Gesetz:

$$\mathfrak{a} + \mathfrak{b} = \mathfrak{b} + \mathfrak{a},$$

sowie das *assoziative Gesetz*:

$$(\mathfrak{a} + \mathfrak{b}) + \mathfrak{c} = \mathfrak{a} + (\mathfrak{b} + \mathfrak{c}).$$

Der Begriff der Subtraktion folgt durch Umkehrung

$$\mathfrak{a} = \mathfrak{c} - \mathfrak{b}; \qquad \mathfrak{b} = \mathfrak{c} - \mathfrak{a}.$$

Unter dem *Produkt* $\mathfrak{a}\varphi$ eines Vektors $\mathfrak{a}$ und eines Skalars φ versteht man den Vektor mit dem Betrage $|\mathfrak{a}|\varphi = a\varphi$ und der Richtung von $\mathfrak{a}$. Es ist also $\mathfrak{a} = a\,\mathfrak{a}_1$, wobei $\mathfrak{a}_1$ ein Einheitsvektor parallel $\mathfrak{a}$ ist.

Als *Produkt zweier Vektoren* $\mathfrak{a}$ und $\mathfrak{b}$ bezeichnet man zwei verschiedene Größen:

a) das *innere Produkt* $(\mathfrak{a}\mathfrak{b})$ (auch skalares Produkt genannt). Dies ist ein Skalar, dessen Betrag

$$(\mathfrak{a}\mathfrak{b}) = a \cdot b \cdot \cos\varphi$$

† Viel gebraucht wird auch die Schreibung: $\vec{a} \equiv \mathfrak{a}$.

ist, d. h. gleich dem Produkt der Beträge der Vektoren $\mathfrak{a}$ und $\mathfrak{b}$, multipliziert mit dem Kosinus des Winkels zwischen ihren Richtungen. Daher ist $(\mathfrak{a}\,\mathfrak{b}) = (\mathfrak{b}\,\mathfrak{a})$ (kommutatives Gesetz).

Der Betrag eines Vektors $\mathfrak{a}$ ist

$$a = \sqrt{(\mathfrak{a}\,\mathfrak{a})} = |\mathfrak{a}|.$$

Er ist immer positiv zu rechnen.

b) das *äußere Produkt* $[\mathfrak{a}\,\mathfrak{b}]$ (auch Vektorprodukt genannt). Dies ist ein Vektor, dessen Richtung senkrecht steht auf der durch $\mathfrak{a}$ und $\mathfrak{b}$ gelegten Ebene und dessen Betrag gleich

$$|[\mathfrak{a}\,\mathfrak{b}]| = a \cdot b \cdot \sin\varphi$$

ist, d. h. gleich dem Flächeninhalt des von $\mathfrak{a}$ und $\mathfrak{b}$ aufgespannten Parallelogramms. Der Richtungssinn ergibt sich durch die Festsetzung, daß die Richtungen $\mathfrak{a}$, $\mathfrak{b}$, $[\mathfrak{a}\,\mathfrak{b}]$ hintereinander gesetzt eine Rechtsschraube bilden.

Daher ist

$$[\mathfrak{a}\,\mathfrak{b}] = -[\mathfrak{b}\,\mathfrak{a}].$$

Es gelten folgende Regeln:

$$[\mathfrak{a}\,\mathfrak{a}] = 0 \qquad (\mathfrak{a}\,[\mathfrak{a}\,\mathfrak{b}]) = 0,$$

$$\left.\begin{array}{l}(\mathfrak{a}\,\mathfrak{b}) + (\mathfrak{a}\,\mathfrak{c}) = (\mathfrak{a}\,(\mathfrak{b} + \mathfrak{c}))\\ [\mathfrak{a}\,\mathfrak{b}] + [\mathfrak{a}\,\mathfrak{c}] = [\mathfrak{a}\,(\mathfrak{b} + \mathfrak{c})]\end{array}\right\}\ \textit{distributives Gesetz,}$$

$$(\mathfrak{a}\,[\mathfrak{b}\,\mathfrak{c}]) = (\mathfrak{b}\,[\mathfrak{c}\,\mathfrak{a}]) = (\mathfrak{c}\,[\mathfrak{a}\,\mathfrak{b}])$$

$$[\mathfrak{a}\,[\mathfrak{b}\,\mathfrak{c}]] = \mathfrak{b}\,(\mathfrak{a}\,\mathfrak{c}) - \mathfrak{c}\,(\mathfrak{a}\,\mathfrak{b})$$

$$([\mathfrak{a}\,\mathfrak{b}]\,[\mathfrak{c}\,\mathfrak{d}]) = (\mathfrak{a}\,[\mathfrak{b}\,[\mathfrak{c}\,\mathfrak{d}]]) = (\mathfrak{a}\,\mathfrak{c})\,(\mathfrak{b}\,\mathfrak{d}) - (\mathfrak{b}\,\mathfrak{c})\,(\mathfrak{a}\,\mathfrak{d})$$

$$|[\mathfrak{a}\,\mathfrak{b}]|^2 = a^2 b^2 - (\mathfrak{a}\,\mathfrak{b})^2,$$

$$[\mathfrak{a}\,[\mathfrak{b}\,\mathfrak{c}]] + [\mathfrak{b}\,[\mathfrak{c}\,\mathfrak{a}]] + [\mathfrak{c}\,[\mathfrak{a}\,\mathfrak{b}]] = 0$$

$$\mathfrak{a}\,(\mathfrak{d}\,[\mathfrak{b}\,\mathfrak{c}]) + \mathfrak{b}\,(\mathfrak{d}\,[\mathfrak{c}\,\mathfrak{a}]) + \mathfrak{c}\,(\mathfrak{d}\,[\mathfrak{a}\,\mathfrak{b}]) = \mathfrak{d}\,(\mathfrak{a}\,[\mathfrak{b}\,\mathfrak{c}]).$$

$(\mathfrak{a}\,[\mathfrak{b}\,\mathfrak{c}])$ ist das Volumen des von den drei Vektoren $\mathfrak{a}$, $\mathfrak{b}$, $\mathfrak{c}$ aufgespannten Parallelepipeds. Sind sie komplanar, so wird $(\mathfrak{a}\,[\mathfrak{b}\,\mathfrak{c}]) = 0$.

Es ist ferner

$$(\mathfrak{a}\,[\mathfrak{b}\,\mathfrak{c}])\,(\mathfrak{e}\,[\mathfrak{f}\,\mathfrak{g}]) = \begin{vmatrix} (\mathfrak{a}\,\mathfrak{e}) & (\mathfrak{a}\,\mathfrak{f}) & (\mathfrak{a}\,\mathfrak{g}) \\ (\mathfrak{b}\,\mathfrak{e}) & (\mathfrak{b}\,\mathfrak{f}) & (\mathfrak{b}\,\mathfrak{g}) \\ (\mathfrak{c}\,\mathfrak{e}) & (\mathfrak{c}\,\mathfrak{f}) & (\mathfrak{c}\,\mathfrak{g}) \end{vmatrix}$$

und daher

$$(\mathfrak{a}\,[\mathfrak{b}\,\mathfrak{c}])^2 = \begin{vmatrix} a^2 & (\mathfrak{a}\,\mathfrak{b}) & (\mathfrak{a}\,\mathfrak{c}) \\ (\mathfrak{a}\,\mathfrak{b}) & b^2 & (\mathfrak{b}\,\mathfrak{c}) \\ (\mathfrak{a}\,\mathfrak{c}) & (\mathfrak{b}\,\mathfrak{c}) & c^2 \end{vmatrix} =$$

$$= a^2 b^2 c^2 - a^2 (\mathfrak{b}\,\mathfrak{c})^2 - b^2 (\mathfrak{a}\,\mathfrak{c})^2 - c^2 (\mathfrak{a}\,\mathfrak{b})^2 + 2\,(\mathfrak{a}\,\mathfrak{b})\,(\mathfrak{b}\,\mathfrak{c})\,(\mathfrak{a}\,\mathfrak{c}).$$

3. Algebraische Vektorgleichungen.

$\mathfrak{x}$ sei ein unbekannter Vektor, x, y, z unbekannte Faktoren, die zu ermitteln sind; $\mathfrak{a}$, $\mathfrak{b}$, $\mathfrak{c}$, $\mathfrak{p}$, $\mathfrak{q}$, $\mathfrak{r}$ seien gegeben.

1. $\mathfrak{x} + \mathfrak{a} = \mathfrak{b}$, Lösung: $\mathfrak{x} = \mathfrak{b} - \mathfrak{a}$.

2. $\begin{cases} (\mathfrak{x}\,\mathfrak{a}) = p, \\ [\mathfrak{x}\,\mathfrak{a}] = \mathfrak{b}, \end{cases}$ Lösung: $\mathfrak{x} = \dfrac{\mathfrak{a}\,p}{a^2} + \dfrac{[\mathfrak{a}\,\mathfrak{b}]}{a^2}$.

3. $\begin{cases} (\mathfrak{x}\,\mathfrak{a}) = p, \\ (\mathfrak{x}\,\mathfrak{b}) = q, \\ (\mathfrak{x}\,\mathfrak{c}) = r, \end{cases}$ Lösung: $\mathfrak{x} = \dfrac{p\,[\mathfrak{b}\,\mathfrak{c}] + q\,[\mathfrak{c}\,\mathfrak{a}] + r\,[\mathfrak{a}\,\mathfrak{b}]}{(\mathfrak{a}\,[\mathfrak{b}\,\mathfrak{c}])}$.

4. $\mathfrak{p} = x\,\mathfrak{a} + y\,\mathfrak{b} + z\,\mathfrak{c}$ (Zerlegung von $\mathfrak{p}$ in drei Vektoren parallel $\mathfrak{a}$, $\mathfrak{b}$, $\mathfrak{c}$),

Lösung: $x = \dfrac{(\mathfrak{p}\,[\mathfrak{b}\,\mathfrak{c}])}{(\mathfrak{a}\,[\mathfrak{b}\,\mathfrak{c}])}$, $y = \dfrac{(\mathfrak{p}\,[\mathfrak{c}\,\mathfrak{a}])}{(\mathfrak{a}\,[\mathfrak{b}\,\mathfrak{c}])}$, $z = \dfrac{(\mathfrak{p}\,[\mathfrak{a}\,\mathfrak{b}])}{(\mathfrak{a}\,[\mathfrak{b}\,\mathfrak{c}])}$.

5. $\mathfrak{p} = x\,[\mathfrak{b}\,\mathfrak{c}] + y\,[\mathfrak{c}\,\mathfrak{a}] + z\,[\mathfrak{a}\,\mathfrak{b}]$,

Lösung: $x = \dfrac{(\mathfrak{p}\,\mathfrak{a})}{(\mathfrak{a}\,[\mathfrak{b}\,\mathfrak{c}])}$, $y = \dfrac{(\mathfrak{p}\,\mathfrak{b})}{(\mathfrak{a}\,[\mathfrak{b}\,\mathfrak{c}])}$, $z = \dfrac{(\mathfrak{p}\,\mathfrak{c})}{(\mathfrak{a}\,[\mathfrak{b}\,\mathfrak{c}])}$.

6. $\mathfrak{p} = x\,\mathfrak{a} + [\mathfrak{x}\,\mathfrak{a}]$ (Zerlegung von $\mathfrak{p}$ in zwei Vektoren parallel und senkrecht zu $\mathfrak{a}$),

Lösung: $x = \dfrac{(\mathfrak{a}\,\mathfrak{p})}{a^2}$, $\mathfrak{x} = \dfrac{[\mathfrak{a}\,\mathfrak{p}]}{a^2}$.

Es ist zu beachten, daß eine Gleichung, die zwei Vektoren einander gleichsetzt, drei algebraischen Gleichungen äquivalent ist. Andererseits ist ein unbekannter Vektor äquivalent drei algebraischen Unbekannten.

Ist ein Vektor derartig als Summe dargestellt, so bezeichnen wir die Summanden als „komponierende Vektoren“, eventuelle Faktoren als „Komponenten“.

4. Integral- und Differentialausdrücke.

Integrale können erstreckt werden über gewisse räumliche Bereiche: Kurven: $\int ds$, Flächen: $\int df$ oder Volumina: $\int dv$[1]. Der Integrand ist entweder ein Skalar oder ein Feldvektor. Das Integral hat den gleichen Charakter.

Das Integrationsgebiet G schreibt man häufig als Suffix unter das Integralzeichen: $\int\limits_G$. Wird über den Rand eines geschlossenen Gebietes integriert, so deuten wir das durch Klammern um das Suffix an: $\int\limits_{(G)}$.

[1] Statt $\int dv$ findet man auch gelegentlich die Schreibung $\int d\tau$.

a) Skalare Integrale.

Als *Linienintegral* eines Vektors $\mathfrak{a}$ längs einer Kurve bezeichnet man die Größe

$$\int (\mathfrak{a}\, d\mathfrak{s}) = \int (\mathfrak{a}\, \mathfrak{s}_1)\, ds,$$

wo $\mathfrak{s}_1$ ein Einheitsvektor ist, dessen Richtung gleich der des Kurvenelementes $d\mathfrak{s} = \mathfrak{s}_1 ds$ ist. $(\mathfrak{a}\,\mathfrak{s}_1)$ wird auch in der Form a_s geschrieben, also das Linienintegral: $\int a_s\, ds$.

Als *Flächenintegral* bezeichnet man die Größe

$$\int (\mathfrak{a}\, \mathfrak{n})\, df,$$

wo $\mathfrak{n}$ ein Einheitsvektor ist, dessen Richtung senkrecht zu dem Flächenelement df steht. Statt $(\mathfrak{a}\,\mathfrak{n})$ schreibt man auch a_n, also für das Flächenintegral: $\int a_n\, df$.

b) Vektorielle Integrale.

Im Gegensatz zu der ungerichteten (skalaren) Größe $\int a_s\, ds$ kann man auch $\int \mathfrak{a}\, ds$ bilden.

Unter $\int \mathfrak{a}\, ds$ versteht man den Vektor, der durch Summation der Vektordifferentiale $\mathfrak{a}\, ds$ längs einer Kurve entsteht (nachdem sie alle durch Parallelverschiebung in einen Punkt „verpflanzt" sind). Analog bildet man $\int \mathfrak{a}\, df$ und $\int \mathfrak{a}\, dv$. Diese Vektoren sind keinem bestimmten Orte zugeordnet, also freie Vektoren.

c) Abgeleitete Vektoren und Skalare.

Die Abhängigkeit eines Feldes vom Ort bestimmt, in Analogie zum Differentialquotienten einer Funktion, neue Felder, die durch Differentiationen aus dem ersteren entstehen. In Analogie zu

$$a\, \frac{df(x)}{dx} \equiv \lim_{\varepsilon \to 0} \left(\frac{f(x + \varepsilon a) - f(x)}{\varepsilon} \right)$$

erhält man:

1. **grad** φ als einen Vektor *(Gradient)*, definiert durch:

$$(\mathfrak{a}\, \mathrm{grad}\, \varphi) \equiv \lim_{\varepsilon \to 0} \left(\frac{\varphi(\mathfrak{r} + \varepsilon\, \mathfrak{a}) - \varphi(\mathfrak{r})}{\varepsilon} \right) \dagger$$

oder mit $d\mathfrak{s} = \varepsilon\, \mathfrak{a}$

$$(d\mathfrak{s}\, \mathrm{grad}\, \varphi) = d\varphi.$$

Die Forderung, daß die Gleichung identisch in $\mathfrak{a}$ bzw. $d\mathfrak{s}$ gelten soll, definiert $\mathrm{grad}\, \varphi$ eindeutig als einen aus φ abgeleiteten Feldvektor. Er steht senkrecht auf den Flächen $\varphi = \mathrm{const}$ und weist in die Richtung, in der φ zunimmt. Sein Betrag ist gleich dem Maximalbetrag, den $d\varphi/ds$ beim Fortschreiten um ds annehmen kann. Eine äquivalente Definition ist auch:

$$\mathrm{grad}\, \varphi = \lim_{V \to 0} \left(\frac{1}{V} \int_{(V)} df\, \mathfrak{n}\, \varphi \right).$$

---

† Man findet daher gelegentlich auch die Schreibung: $\mathrm{grad}\, \varphi \equiv d\varphi/d\mathfrak{r}$.

Hier ist das vektorielle Flächenintegral über die geschlossene Fläche um das Volumen V zu erstrecken. Der Normaleneinheitsvektor $\mathfrak{n}$ ($n^2 = 1$) weist dabei nach außen. Bei derartigen Definitionen (s. auch 3 und 4) ist die betreffende Größe für die Stelle definiert, wo das infinitesimale V bzw. F liegt, und wird damit eine Funktion des Ortes.

2. **($\mathfrak{a}$ grad) $\mathfrak{b}$** ist ein Vektor *(Vektorgradient)*, definiert durch:

$$(\mathfrak{a}\,\mathrm{grad})\,\mathfrak{b} = \lim_{\varepsilon \to 0}\left(\frac{\mathfrak{b}(\mathfrak{r} + \varepsilon\,\mathfrak{a}) - \mathfrak{b}(\mathfrak{r})}{\varepsilon}\right)$$

oder

$$(d\,\mathfrak{s}\,\mathrm{grad})\,\mathfrak{b} = d\,\mathfrak{b}.$$

$d\mathfrak{b}$ ist dabei die Änderung von $\mathfrak{b}$ beim Fortschreiten um $d\mathfrak{s}$.

3. **div $\mathfrak{a}$** ist ein Skalar *(Divergenz)*, definiert durch:

$$\mathrm{div}\,\mathfrak{a} = \lim_{V \to 0}\left(\frac{1}{V}\int\limits_{(V)} d\mathfrak{f}\,(\mathfrak{n}\,\mathfrak{a})\right).$$

4. **rot $\mathfrak{a}$** ist ein Vektor *(Rotation)*, definiert durch:

$$\mathrm{rot}\,\mathfrak{a} = \lim_{V \to 0}\left(\frac{1}{V}\int\limits_{(V)} d\mathfrak{f}\,[\mathfrak{n}\,\mathfrak{a}]\right)$$

oder auch durch:

$$(\mathfrak{n}\,\mathrm{rot}\,\mathfrak{a}) = \lim_{F \to 0}\left(\frac{1}{F}\int\limits_{(F)} (\mathfrak{a}\,d\mathfrak{s})\right).$$

Hier ist das Linienintegral über die geschlossene Berandung um die Fläche F zu erstrecken. $\mathfrak{n}$ ist der Normaleneinheitsvektor zu ihr.

Die Symbole: grad, div, rot stellen lineare Differentialoperatoren dar, die gegebenen Feldern andre zuordnen.

5. Umformung von abgeleiteten Größen.

Anwendung der obigen Differentialoperatoren auf Produkte ergibt unter anderem:

$$\begin{aligned}
\mathrm{grad}\,(\varphi\,\psi) &= \varphi\,\mathrm{grad}\,\psi + \psi\,\mathrm{grad}\,\varphi \\
\mathrm{div}\,(\mathfrak{a}\,\varphi) &= \varphi\,\mathrm{div}\,\mathfrak{a} + (\mathfrak{a}\,\mathrm{grad}\,\varphi) \\
\mathrm{rot}\,(\mathfrak{a}\,\varphi) &= \varphi\,\mathrm{rot}\,\mathfrak{a} - [\mathfrak{a}\,\mathrm{grad}\,\varphi] \\
\mathrm{div}\,[\mathfrak{a}\,\mathfrak{b}] &= (\mathfrak{b}\,\mathrm{rot}\,\mathfrak{a}) - (\mathfrak{a}\,\mathrm{rot}\,\mathfrak{b}) \\
\mathrm{rot}\,[\mathfrak{a}\,\mathfrak{b}] &= (\mathfrak{b}\,\mathrm{grad})\,\mathfrak{a} - (\mathfrak{a}\,\mathrm{grad})\,\mathfrak{b} + \mathfrak{a}\,\mathrm{div}\,\mathfrak{b} - \mathfrak{b}\,\mathrm{div}\,\mathfrak{a} \\
\mathrm{grad}\,(\mathfrak{a}\,\mathfrak{b}) &= (\mathfrak{b}\,\mathrm{grad})\,\mathfrak{a} + (\mathfrak{a}\,\mathrm{grad})\,\mathfrak{b} + [\mathfrak{a}\,\mathrm{rot}\,\mathfrak{b}] + [\mathfrak{b}\,\mathrm{rot}\,\mathfrak{a}].
\end{aligned}$$

Zweifache Anwendung der Operatoren ergibt unter anderem:

$$\begin{aligned}
\mathrm{rot}\,\mathrm{grad}\,\varphi &= 0 \\
\mathrm{div}\,\mathrm{rot}\,\mathfrak{a} &= 0.
\end{aligned}$$

Die Kombination:

$$\operatorname{div}\operatorname{grad}\varphi \text{ wird üblicherweise mit } \Delta\varphi$$

$$\operatorname{grad}\operatorname{div}\mathfrak{a}-\operatorname{rot}\operatorname{rot}\mathfrak{a} \qquad \text{mit } \Delta\mathfrak{a}$$

bezeichnet.

Ist $\mathfrak{f}$ ein freier (ortsunabhängiger) Vektor, so wird:

$$\operatorname{div}\mathfrak{f}=\operatorname{rot}\mathfrak{f}=(\mathfrak{a}\operatorname{grad})\mathfrak{f}=\Delta\mathfrak{f}=0$$

$$(\mathfrak{a}\operatorname{grad}(\mathfrak{f}\mathfrak{b}))=(\mathfrak{f}(\mathfrak{a}\operatorname{grad})\mathfrak{b})$$

$$\Delta(\mathfrak{f}\mathfrak{a})=(\mathfrak{f}\Delta\mathfrak{a})$$

$$\Delta[\mathfrak{f}\mathfrak{a}]=[\mathfrak{f}\Delta\mathfrak{a}].$$

Man kommt oft in die Lage, Differentialausdrücke für die Funktion $f(\varphi)$ eines Skalars φ bilden zu müssen. Hier gilt unter anderem:

$$\operatorname{grad}f(\varphi)=\frac{df}{d\varphi}\operatorname{grad}\varphi$$

$$\Delta f(\varphi)=\frac{df}{d\varphi}\Delta\varphi+\frac{d^2f}{d\varphi^2}(\operatorname{grad}\varphi)^2$$

und speziell:

$$\Delta(\varphi\psi)=\varphi\Delta\psi+\psi\Delta\varphi+2(\operatorname{grad}\varphi\operatorname{grad}\psi)$$

$$\Delta\varphi^\alpha=\alpha\varphi^{\alpha-2}(\varphi\Delta\varphi+(\alpha-1)(\operatorname{grad}\varphi)^2)$$

$$\Delta\ln\varphi=\frac{\Delta\varphi}{\varphi}-\left(\frac{\operatorname{grad}\varphi}{\varphi}\right)^2$$

$$\Delta e^\varphi=e^\varphi(\Delta\varphi+(\operatorname{grad}\varphi)^2).$$

Vektoroperatoren.

Man kann den Differentialoperator grad formal wie einen Vektor $\mathfrak{g}$ (oft auch ∇ „Nabla" geschrieben) behandeln und schreiben:

$$\operatorname{grad}\varphi=\mathfrak{g}\varphi,\qquad \operatorname{div}\mathfrak{a}=(\mathfrak{g}\mathfrak{a}),\qquad \operatorname{rot}\mathfrak{a}=[\mathfrak{g}\mathfrak{a}]$$

also

$$\Delta\varphi=(\mathfrak{g}\mathfrak{g})\varphi$$

$$\Delta\mathfrak{a}=\mathfrak{g}(\mathfrak{g}\mathfrak{a})-[\mathfrak{g}[\mathfrak{g}\mathfrak{a}]]=(\mathfrak{g}\mathfrak{g})\mathfrak{a}.$$

Hierbei muß aber die Reihenfolge von Faktoren gewahrt bleiben, z. B. $(\mathfrak{a}[\mathfrak{g}\mathfrak{b}])=([\mathfrak{a}\mathfrak{g}]\mathfrak{b})$, d. h. es bedeute $([\mathfrak{a}\operatorname{grad}]\mathfrak{b})=(\mathfrak{a}\operatorname{rot}\mathfrak{b})$. Andernfalls sind Vertauschungsregeln zu beachten, z. B.

$$(\mathfrak{g}[\mathfrak{a}\mathfrak{b}])=(\mathfrak{b}[\mathfrak{g}\mathfrak{a}])-(\mathfrak{a}[\mathfrak{g}\mathfrak{b}])$$

$$\mathfrak{g}(\mathfrak{a}\mathfrak{b})=(\mathfrak{a}\mathfrak{g})\mathfrak{b}+(\mathfrak{b}\mathfrak{g})\mathfrak{a}+[\mathfrak{a}[\mathfrak{g}\mathfrak{b}]]+[\mathfrak{b}[\mathfrak{g}\mathfrak{a}]] \quad \text{u. dgl.}$$

Man kann auch den Vektor $[\mathfrak{r}\,\text{grad}] = \mathfrak{m}$ einführen, d. h. $\mathfrak{m}\,\varphi = [\mathfrak{r}\,\text{grad}\,\varphi]$; $(\mathfrak{m}\,\mathfrak{a}) = (\mathfrak{r}\,\text{rot}\,\mathfrak{a})$. Für ihn gelten unter anderen die Operatorgleichungen:

$$[\mathfrak{m}\,\mathfrak{m}] = -\mathfrak{m}$$

und für konstantes $\mathfrak{a}$ und $\mathfrak{b}$:

$$(\mathfrak{a}\,\mathfrak{g})\,\mathfrak{m} - \mathfrak{m}\,(\mathfrak{a}\,\mathfrak{g}) = [\mathfrak{a}\,\mathfrak{g}]$$

$$(\mathfrak{a}\,\mathfrak{m})\,(\mathfrak{b}\,\mathfrak{m}) - (\mathfrak{b}\,\mathfrak{m})\,(\mathfrak{a}\,\mathfrak{m}) = -([\mathfrak{a}\,\mathfrak{b}]\,\mathfrak{m})$$

$$[\mathfrak{r}\,\text{grad}]^2 = (\mathfrak{m}\,\mathfrak{m}) = r^2(\mathfrak{g}\,\mathfrak{g}) - (\mathfrak{r}\,\mathfrak{g})^2 - (\mathfrak{r}\,\mathfrak{g}) = r^2\Delta - (\mathfrak{r}\,\text{grad})^2 - (\mathfrak{r}\,\text{grad}).$$

6. Der Ortsvektor $\mathfrak{r}$.

Ein wichtiger Vektor ist der *Ortsvektor* $\mathfrak{r}$, welcher die Lage eines Punktes in bezug auf einen festen Punkt $\mathfrak{r} = 0$ darstellt. Er bildet ein Vektorfeld, indem jedem Punkte des Raumes ein Vektor $\mathfrak{r}$ zugeordnet werden kann, dessen Richtung vom Nullpunkt zu dem Punkt zeigt und dessen Betrag r die Entfernung vom Nullpunkt ist.

Man kann auch den Nullpunkt durch den Ortsvektor $\mathfrak{r}_0$ bezeichnen. Dann ist $\mathfrak{r} - \mathfrak{r}_0$ der Vektor der *relativen* Lage zum Nullpunkt.

Der Vektor $\mathfrak{r} - \mathfrak{r}'$ der relativen Lage zweier Punkte $\mathfrak{r}$ und $\mathfrak{r}'$ ist von der Wahl des Nullpunkts unabhängig. Bildet man Funktionen von $\mathfrak{r} - \mathfrak{r}'$, so sind diese sowohl von $\mathfrak{r}$ wie von $\mathfrak{r}'$ abhängig. Differentiationen sowie Integrationen können daher nach beiden vorgenommen werden und sind in der Schreibung z. B. durch Akzente am Operationszeichen zu unterscheiden.

$(\mathfrak{a}\,\mathfrak{r}) = p$ ist die Gleichung einer Ebene senkrecht zu $\mathfrak{a}$ mit dem Abstand $p/|\mathfrak{a}|$ vom Nullpunkt.

Ist eine Kurve gegeben, s die auf ihr gemessene Kurvenlänge, und ist $\mathfrak{r}$ der Ortsvektor ihrer Punkte, so ist

$$\frac{d\mathfrak{r}}{ds} = \mathfrak{t}$$

ein Einheitsvektor parallel zur Tangente im Punkte $\mathfrak{r}$.

Ferner ist

$$\frac{d^2\mathfrak{r}}{ds^2} = \frac{\mathfrak{R}}{R^2}.$$

Hierin ist $\mathfrak{R}$ ein Vektor, welcher Richtung und Länge des Krümmungsradius der Kurve im Punkte $\mathfrak{r}$ angibt.

$\mathfrak{R}$ und $\mathfrak{t}$ bestimmen die Schmiegungsebene der Kurve im Punkte $\mathfrak{r}$.

Differentiationsoperationen lassen sich an Skalaren und Vektoren, die aus $\mathfrak{r}$ und ortsunabhängigen Vektoren $\mathfrak{a}, \mathfrak{b}, \ldots, \mathfrak{f}$ gebildet sind, leicht ausführen. In den Tabellen auf S. 175—177 sind für die wichtigsten Typen die betreffenden Resultate gegeben.

Führt man in diesen und den folgenden Formeln $\mathfrak{r} - \mathfrak{r}'$ an Stelle von $\mathfrak{r}$ ein, so gelten sie ungeändert, solange die Differentiationen nach $\mathfrak{r}$ erfolgen. Dagegen ist z. B. $\operatorname{grad}(\mathfrak{a}, \mathfrak{r} - \mathfrak{r}') = -\operatorname{grad}'(\mathfrak{a}, \mathfrak{r} - \mathfrak{r}')$.

Man beachte besonders:

$$\begin{aligned} \operatorname{rot} \mathfrak{r} &= 0 \\ \operatorname{div} \mathfrak{r} &= 3 \\ \operatorname{grad}(\mathfrak{a}\,\mathfrak{r}) &= \mathfrak{a} \\ \operatorname{rot}[\mathfrak{a}\,\mathfrak{r}] &= 2\mathfrak{a} \\ \operatorname{div}[\mathfrak{a}\,\mathfrak{r}] &= 0 \end{aligned}$$

sowie:

$$\operatorname{grad}\left(\frac{(\mathfrak{a}\,\mathfrak{r})}{r^3}\right) = -\operatorname{rot}\left(\frac{[\mathfrak{a}\,\mathfrak{r}]}{r^3}\right) \qquad (\mathfrak{r} \neq 0)\,.$$

Ferner gilt für einen ***beliebigen*** Skalar φ bzw. Vektor $\mathfrak{v}$:

$$\begin{aligned} (\mathfrak{v} \operatorname{grad})\, \mathfrak{r} &= \mathfrak{v} \\ \Delta(\mathfrak{r}\,\mathfrak{v}) &= (\mathfrak{r} \Delta \mathfrak{v}) + 2 \operatorname{div} \mathfrak{v} \\ \Delta(\mathfrak{r}\varphi) &= \mathfrak{r} \Delta \varphi + 2 \operatorname{grad} \varphi \\ \operatorname{rot}[\mathfrak{r}\,\mathfrak{v}] + \operatorname{grad}(\mathfrak{r}\,\mathfrak{v}) &= -\mathfrak{v} + \mathfrak{r} \operatorname{div} \mathfrak{v} + [\mathfrak{r} \operatorname{rot} \mathfrak{v}]\,. \end{aligned}$$

Für ein nur von $r = |\mathfrak{r}|$ abhängiges $\varphi(r)$ (Kugelsymmetrie) gilt:

$$\begin{aligned} \Delta \varphi &= \varphi'' + \frac{2}{r} \varphi' \\ \Delta\left(\frac{\varphi}{r}\right) &= \frac{\varphi''}{r}\,. \end{aligned}$$

Potenzreihen in Vektorform.

Beliebige Skalare φ bzw. Vektorfelder $\mathfrak{v}$, die im Nullpunkt keine Singularität haben, kann man als Entwicklungen nach $\mathfrak{r}$ darstellen unter Benutzung von Konstanten $\alpha, \beta, \ldots$ sowie von konstanten Vektoren $\mathfrak{a}, \mathfrak{b}, \mathfrak{c}, \ldots$ als Entwicklungsparametern in den Formen:

$$\begin{aligned} \varphi = \alpha &+ (\mathfrak{a}\,\mathfrak{r}) + \{\beta r^2 + (\mathfrak{b}\,\mathfrak{r})(\mathfrak{c}\,\mathfrak{r})\} + \{r^2(\mathfrak{d}\,\mathfrak{r}) + (\mathfrak{e}\,\mathfrak{r})(\mathfrak{f}\,\mathfrak{r})(\mathfrak{g}\,\mathfrak{r})\} + \\ &+ \{\gamma r^4 + r^2(\mathfrak{h}\,\mathfrak{r})(\mathfrak{i}\,\mathfrak{r}) + (\mathfrak{k}\,\mathfrak{r})(\mathfrak{l}\,\mathfrak{r})(\mathfrak{m}\,\mathfrak{r})(\mathfrak{n}\,\mathfrak{r})\} + \cdots \\ \mathfrak{v} = \mathfrak{a} &+ \{\alpha\,\mathfrak{r} + [\mathfrak{b}\,\mathfrak{r}] + \mathfrak{c}(\mathfrak{d}\,\mathfrak{r})\} + \{\mathfrak{e} r^2 + \mathfrak{r}(\mathfrak{f}\,\mathfrak{r}) + [\mathfrak{g}\,\mathfrak{r}](\mathfrak{h}\,\mathfrak{r}) + \mathfrak{i}(\mathfrak{k}\,\mathfrak{r})(\mathfrak{l}\,\mathfrak{r})\} + \\ &+ \{\beta\,\mathfrak{r} r^2 + [\mathfrak{m}\,\mathfrak{r}] r^2 + \mathfrak{r}(\mathfrak{n}\,\mathfrak{r})(\mathfrak{o}\,\mathfrak{r}) + \mathfrak{p} r^2(\mathfrak{q}\,\mathfrak{r}) + [\mathfrak{s}\,\mathfrak{r}](\mathfrak{t}\,\mathfrak{r})(\mathfrak{u}\,\mathfrak{r}) + \\ &+ \mathfrak{v}(\mathfrak{w}\,\mathfrak{r})(\mathfrak{x}\,\mathfrak{r})(\mathfrak{y}\,\mathfrak{r})\} + \cdots. \end{aligned}$$

Liegen die Felder derart entwickelt vor, so ist die Anwendung der Differentialoperatoren auf sie leicht durchführbar.

Bei skalaren oder Vektordifferentialgleichungen kann man von solchen Darstellungen als Ansatz ausgehen und algebraische Beziehungen zwischen den Entwicklungsparametern ableiten.

$\mathfrak{v}$	$\operatorname{div}\mathfrak{v}$	$\operatorname{rot}\mathfrak{v}$	$\operatorname{grad}\operatorname{div}\mathfrak{v}$	$\Delta\mathfrak{v}$	$(\mathfrak{f}\cdot\operatorname{grad})\,\mathfrak{v}$
$\mathfrak{a}r^n$	$n\,(\mathfrak{a}\mathfrak{r})\,r^{n-2}$	$n\,r^{n-2}\,[\mathfrak{r}\mathfrak{a}]$	$\mathfrak{a}\,n\,r^{n-2}$ $+\mathfrak{r}\,n(n-2)\,(\mathfrak{a}\mathfrak{r})\,r^{n-4}$	$\mathfrak{a}\,n(n+1)\,r^{n-2}$	$\mathfrak{a}\,(\mathfrak{r}\mathfrak{f})\,n\,r^{n-2}$
$\mathfrak{r}r^n$	$(n+3)\,r^n$	0	$\mathfrak{r}\,n(n+3)\,r^{n-2}$	$\mathfrak{r}\,n(n+3)\,r^{n-2}$	$\mathfrak{f}\,r^n+\mathfrak{r}\,(\mathfrak{f}\mathfrak{r})\,n\,r^{n-2}$
$\mathfrak{a}(\mathfrak{b}\mathfrak{r})\,r^n$	$(\mathfrak{a}\mathfrak{b})\,r^n$ $+(\mathfrak{a}\mathfrak{r})\,(\mathfrak{b}\mathfrak{r})\,n\,r^{n-2}$	$[\mathfrak{b}\mathfrak{a}]\,r^n$ $+[\mathfrak{r}\mathfrak{a}]\,(\mathfrak{b}\mathfrak{r})\,n\,r^{n-2}$	$\mathfrak{a}(\mathfrak{b}\mathfrak{r})\,n\,r^{n-2}$ $+\mathfrak{b}(\mathfrak{a}\mathfrak{r})\,n\,r^{n-2}$ $+\mathfrak{r}(\mathfrak{a}\mathfrak{b})\,n\,r^{n-2}$ $+\mathfrak{r}(\mathfrak{a}\mathfrak{r})(\mathfrak{b}\mathfrak{r})\,n\,(n-2)\,r^{n-4}$	$\mathfrak{a}\,n(n+3)\,(\mathfrak{b}\mathfrak{r})\,r^{n-2}$	$\mathfrak{a}(\mathfrak{f}\mathfrak{b})\,r^n$ $+\mathfrak{a}\,(\mathfrak{r}\mathfrak{f})\,(\mathfrak{r}\mathfrak{b})\,n\,r^{n-2}$
$\mathfrak{r}(\mathfrak{a}\mathfrak{r})\,r^n$	$(n+4)\,(\mathfrak{a}\mathfrak{r})\,r^n$	$[\mathfrak{a}\mathfrak{r}]\,r^n$	$\mathfrak{a}\,(n+4)\,r^n$ $+\mathfrak{r}(n+4)\,n\,(\mathfrak{a}\mathfrak{r})\,r^{n-2}$	$\mathfrak{r}(\mathfrak{a}\mathfrak{r})\,n(n+5)\,r^{n-2}$ $+2\mathfrak{a}\,r^n$	$\mathfrak{f}(\mathfrak{a}\mathfrak{r})\,r^n$ $+\mathfrak{r}(\mathfrak{a}\mathfrak{f})\,r^n$ $+\mathfrak{r}(\mathfrak{a}\mathfrak{r})\,(\mathfrak{f}\mathfrak{r})\,n\,r^{n-2}$
$\mathfrak{r}(\mathfrak{a}\mathfrak{r})(\mathfrak{b}\mathfrak{r})\,r^n$	$(n+5)\,(\mathfrak{a}\mathfrak{r})\,(\mathfrak{b}\mathfrak{r})\,r^n$	$[\mathfrak{a}\mathfrak{r}]\,(\mathfrak{b}\mathfrak{r})\,r^n+[\mathfrak{b}\mathfrak{r}]\,(\mathfrak{a}\mathfrak{r})\,r^n$	$(n+5)\left\{\mathfrak{a}(\mathfrak{b}\mathfrak{r})+\mathfrak{b}(\mathfrak{a}\mathfrak{r})+\right.$ $\left.+\,\mathfrak{r}\,n\,\frac{(\mathfrak{a}\mathfrak{r})\,(\mathfrak{b}\mathfrak{r})}{r^2}\right\}r^n$	$2\{\mathfrak{a}(\mathfrak{b}\mathfrak{r})+\mathfrak{b}(\mathfrak{a}\mathfrak{r})+\mathfrak{r}(\mathfrak{a}\mathfrak{b})\}\,r^n$ $+\mathfrak{r}(\mathfrak{a}\mathfrak{r})\,(\mathfrak{b}\mathfrak{r})\,n\,(n+7)\,r^{n-2}$	$\mathfrak{f}(\mathfrak{a}\mathfrak{r})\,(\mathfrak{b}\mathfrak{r})\,r^n$ $+\mathfrak{r}\{(\mathfrak{a}\mathfrak{f})(\mathfrak{b}\mathfrak{r})+(\mathfrak{a}\mathfrak{r})(\mathfrak{b}\mathfrak{f})\}\,r^n$ $+\mathfrak{r}(\;\;\mathfrak{r})\,(\mathfrak{b}\mathfrak{r})\,(\mathfrak{f}\mathfrak{r})\,n\,r^{n-2}$
$[\mathfrak{a}\mathfrak{r}]\,r^n$	0	$\mathfrak{a}(n+2)\,r^n$ $-\mathfrak{r}(\mathfrak{a}\mathfrak{r})\,n\,r^{n-2}$	0	$[\mathfrak{a}\mathfrak{r}]\,n(n+3)\,r^{n-2}$	$[\mathfrak{a}\mathfrak{f}]\,r^n$ $+[\mathfrak{a}\mathfrak{r}]\,(\mathfrak{f}\mathfrak{r})\,n\,r^{n-2}$
$[\mathfrak{a}\mathfrak{r}](\mathfrak{b}\mathfrak{r})\,r^n$	$(\mathfrak{r}\,[\mathfrak{b}\mathfrak{a}])\,r^n$	$\mathfrak{a}(n+3)\,(\mathfrak{b}\mathfrak{r})\,r^n$ $-\mathfrak{r}\left\{(\mathfrak{a}\mathfrak{b})+n\,\frac{(\mathfrak{b}\mathfrak{r})\,(\mathfrak{a}\mathfrak{r})}{r^2}\right\}r^n$	$[\mathfrak{b}\mathfrak{a}]\,r^n$ $+\mathfrak{r}(\mathfrak{r}\,[\mathfrak{b}\mathfrak{a}])\,n\,r^{n-2}$	$[\mathfrak{a}\mathfrak{r}]\,(\mathfrak{b}\mathfrak{r})\,n(n+5)\,r^{n-2}$ $+2\,[\mathfrak{a}\mathfrak{b}]\,r^n$	$[\mathfrak{a}\mathfrak{f}]\,(\mathfrak{b}\mathfrak{r})\,r^n$ $+[\mathfrak{a}\mathfrak{r}]\,(\mathfrak{b}\mathfrak{r})\,(\mathfrak{f}\mathfrak{r})\,n\,r^{n-2}$ $+[\mathfrak{a}\mathfrak{r}]\,(\mathfrak{b}\mathfrak{f})\,r^n$
$\mathfrak{a}\ln r$	$\frac{(\mathfrak{a}\mathfrak{r})}{r^2}$	$\frac{[\mathfrak{r}\mathfrak{a}]}{r^2}$	$\frac{\mathfrak{a}}{r^2}-\frac{2\mathfrak{r}\,(\mathfrak{a}\mathfrak{r})}{r^4}$	$\frac{\mathfrak{a}}{r^2}$	$\mathfrak{a}\,\frac{(\mathfrak{f}\mathfrak{r})}{r^2}$

φ	$\operatorname{grad}\varphi$	$\Delta\varphi$
r^n	$\mathfrak{r}\, n\, r^{n-2}$	$n(n+1)\, r^{n-2}$
$\ln r$	$\frac{\mathfrak{r}}{r^2}$	$\frac{1}{r^2}$
$(\mathfrak{a}\mathfrak{r})\, r^n$	$\mathfrak{a}\, r^n$ $+ \mathfrak{r}(\mathfrak{a}\mathfrak{r})\, n\, r^{n-2}$	$(\mathfrak{a}\mathfrak{r})\, n(n+3)\, r^{n-2}$
$(\mathfrak{a}\mathfrak{r})(\mathfrak{b}\mathfrak{r})\, r^n$	$\mathfrak{a}(\mathfrak{b}\mathfrak{r})\, r^n$ $+ \mathfrak{b}(\mathfrak{a}\mathfrak{r})\, r^n$ $+ \mathfrak{r}(\mathfrak{a}\mathfrak{r})(\mathfrak{b}\mathfrak{r})\, n\, r^{n-2}$	$2(\mathfrak{a}\mathfrak{b})\, r^n$ $+ n(n+5)(\mathfrak{a}\mathfrak{r})(\mathfrak{b}\mathfrak{r})\, r^{n-2}$

7. Umformungen von Integralgrößen.

a) Skalare Integrale.

GAUSSscher Satz:

$$\int_{(V)} df\, a_n = \int_V dv \operatorname{div} \mathfrak{a}.$$

Das erste Integral ist über eine geschlossene Fläche, das zweite über das von ihr umschlossene Volumen zu erstrecken. Der Vektor $\mathfrak{n}$ in $a_n = (\mathfrak{a}\mathfrak{n})$ ist nach außen gerichtet.

STOKESscher Satz:

$$\int_{(F)} ds\, a_s = \int_F df \operatorname{rot}_n \mathfrak{a}, \qquad [\operatorname{rot}_n \mathfrak{a} = (\mathfrak{n} \operatorname{rot} \mathfrak{a})].$$

Das erste Integral ist über eine geschlossene Kurve, das zweite über *irgendeine* durch die Kurve umschlossene Fläche zu erstrecken.

GREENscher Satz: Wendet man den GAUSSschen Satz auf den Vektor $\psi \operatorname{grad} \varphi$ an, so erhält man

$$\int_{(V)} df\, \psi \operatorname{grad}_n \varphi = \int_V dv\, [\psi \Delta\varphi + (\operatorname{grad}\psi \operatorname{grad}\varphi)].$$

Hieraus folgt die weitere nützliche Formel:

$$\int_{(V)} df\, (\psi \operatorname{grad}_n \varphi - \varphi \operatorname{grad}_n \psi) = \int_V dv\, (\psi\Delta\varphi - \varphi\Delta\psi).$$

Folgende *Spezialfälle* sind von Bedeutung:

1. $\psi = 1$.

$$\int df \operatorname{grad}_n \varphi = \int dv\, \Delta\varphi.$$

2. $\psi = \frac{1}{r}$. Dann ist $\Delta\psi = 0$, außer für $r = 0$. Man erhält:

$$\int df \left(\frac{1}{r} \operatorname{grad}_n \varphi - \varphi \operatorname{grad}_n \frac{1}{r}\right) = \int dv \left(\frac{1}{r} \Delta\varphi\right) - \int dv \left(\varphi \Delta \frac{1}{r}\right).$$

grad $\Delta\varphi$	$\Delta\Delta\varphi$
$\mathfrak{r}\, n(n+1)(n-2)\, r^{n-4}$	$n(n+1)(n-2)(n-1)\, r^{n-4}$
$-\frac{2}{r^4}\mathfrak{r}$	$\frac{2}{r^4}$
$\mathfrak{a}\, n(n+3)\, r^{n-2}$ $+\mathfrak{r}\, n(n-2)(n+3)(\mathfrak{a}\mathfrak{r})\, r^{n-4}$	$n(n+1)(n-2)(n+3)(\mathfrak{a}\mathfrak{r})\, r^{n-4}$
$n(n+5)\Big\{\mathfrak{a}(\mathfrak{b}\mathfrak{r})$ $+\mathfrak{b}(\mathfrak{a}\mathfrak{r}) + \mathfrak{r}(n-2)\frac{(\mathfrak{a}\mathfrak{r})(\mathfrak{b}\mathfrak{r})}{r^2}\Big\}\, r^{n-2}$ $+2\,\mathfrak{r}(\mathfrak{a}\mathfrak{b})\, n\, r^{n-2}$	$n\Big\{4(n+3)(\mathfrak{a}\mathfrak{b})$ $+(n+5)(n-2)(n+3)\frac{(\mathfrak{a}\mathfrak{r})(\mathfrak{b}\mathfrak{r})}{r^2}\Big\}\, r^{n-2}$

Das letzte Integral ist $=0$, wenn die begrenzende Fläche den Punkt $r=0$ ausschließt. Umfaßt sie ihn, so wird

$$\int dv\left(\varphi\Delta\frac{1}{r}\right) = -4\pi\varphi_0,$$

wo φ_0 den Wert von φ im Nullpunkt bedeutet. $-\frac{1}{4\pi}\Delta\frac{1}{r}$ ist also die auf das Dreidimensionale verallgemeinerte Deltafunktion (s. S. 18), geschrieben:

$$\Delta\frac{1}{r} = \Delta\frac{1}{|\mathfrak{r}-\mathfrak{r}_0|} = -4\pi\,\delta(\mathfrak{r}-\mathfrak{r}_0).$$

Man erhält, wenn die Fläche den Nullpunkt umschließt,

$$4\pi\varphi_0 = -\int dv\,\frac{\Delta\varphi}{r} + \int df\left(\frac{1}{r}\,\mathrm{grad}_n\,\varphi - \varphi\,\mathrm{grad}_n\frac{1}{r}\right).$$

2a. $\varphi = 1$ ergibt:

$$\int dv\,\Delta\left(\frac{1}{r}\right) = \int df\,\mathrm{grad}_n\left(\frac{1}{r}\right) = 0 \quad \text{bzw.} \quad = -4\pi,$$

je nachdem das Volumen und die Fläche den Nullpunkt ausschließt oder einschließt.

3. $\psi = \frac{e^{ikr}}{r}$, dann ist $\Delta\psi = -k^2\psi$ außer für $r=0$. Gilt für φ überall die Gleichung $\Delta\varphi + k^2\varphi = 0$, so wird

$$\int df\left(\frac{e^{ikr}}{r}\,\mathrm{grad}_n\,\varphi - \varphi\cdot\mathrm{grad}_n\left(\frac{e^{ikr}}{r}\right)\right) = 4\pi\varphi_0 \quad \text{bzw.} \quad = 0,$$

je nachdem der Punkt $r=0$ von der Fläche umschlossen wird oder nicht.

Poissonscher Satz:

$$\Delta\int\frac{dv\,\varphi}{r}=\int dv\,\varphi\,\Delta\frac{1}{r}=\int dv\,\frac{\Delta\varphi}{r}=-4\pi\,\varphi_0$$

oder genauer geschrieben

$$\Delta\int\frac{dv'\,\varphi(\mathfrak{r}')}{|\mathfrak{r}-\mathfrak{r}'|}=-4\pi\,\varphi(\mathfrak{r})\,.$$

Dieser Satz gilt auch für Vektoren:

$$\Delta\int dv\,\frac{\mathfrak{a}}{r}=\int\frac{dv}{r}\,\Delta\,\mathfrak{a}=-4\pi\,\mathfrak{a}_0\,.$$

Aus $\Delta\varphi=-4\pi\varrho$ folgt daher: $\varphi=\int dv\,\frac{\varrho}{r}$,

aus $\Delta\,\mathfrak{a}=-4\pi\,\mathfrak{b}$ folgt: $\mathfrak{a}=\int dv\,\frac{\mathfrak{b}}{r}$.

In Erweiterung davon gilt auch:

Aus $\Delta\varphi+k^2\varphi=-4\pi\varrho$ folgt: $\varphi=\int dv\,\frac{\varrho\,e^{ikr}}{r}$.

b) Vektorielle Integrale.

Für eine *geschlossene* Kurve ist

$$\int_{(F)} d\mathfrak{s}\,\varphi=\int_F df\,[\mathfrak{n}\operatorname{grad}\varphi]\,,$$

zu erstrecken über die von ihr umschlossene Fläche.

Spezielle Fälle.

1. Begrenzte Integrale.

$$\int df\,\varphi\,\mathfrak{n}=\int dv\operatorname{grad}\varphi$$

$$\int df\,[\mathfrak{n}\,\mathfrak{a}]=\int dv\operatorname{rot}\mathfrak{a}$$

$$\int df\,(\mathfrak{n}\operatorname{rot}\mathfrak{a})=0$$

$$\int df\,\mathfrak{a}\,(\mathfrak{b}\,\mathfrak{n})=\int dv\,(\mathfrak{a}\operatorname{div}\mathfrak{b}+(\mathfrak{b}\operatorname{grad})\,\mathfrak{a})$$

$$\begin{aligned}\int df\,\mathfrak{n}\,(\mathfrak{a}\,\mathfrak{b})&=\int dv\operatorname{grad}(\mathfrak{a}\,\mathfrak{b})\\&=\int dv\,((\mathfrak{a}\operatorname{grad})\,\mathfrak{b}+(\mathfrak{b}\operatorname{grad})\,\mathfrak{a}+[\mathfrak{a}\operatorname{rot}\mathfrak{b}]+[\mathfrak{b}\operatorname{rot}\mathfrak{a}])\end{aligned}$$

$$\int df\,(\mathfrak{n}\,(\mathfrak{a}\,\mathfrak{b})-\mathfrak{a}\,(\mathfrak{b}\,\mathfrak{n})-\mathfrak{b}\,(\mathfrak{a}\,\mathfrak{n}))=\int dv\,([\mathfrak{a}\operatorname{rot}\mathfrak{b}]+[\mathfrak{b}\operatorname{rot}\mathfrak{a}]-\mathfrak{a}\operatorname{div}\mathfrak{b}-\mathfrak{b}\operatorname{div}\mathfrak{a})$$

$$\int df\left(\frac{\mathfrak{n}}{2}\,a^2-\mathfrak{a}\,(\mathfrak{a}\,\mathfrak{n})\right)=\int dv\,([\mathfrak{a}\operatorname{rot}\mathfrak{a}]-\mathfrak{a}\operatorname{div}\mathfrak{a})\,.$$

2. Unbegrenzte Integrale.

Die folgenden Integrale sind über den ganzen Raum (bis $r=\infty$) zu erstrecken. Der Integrand soll stetig sein und für sehr große r *stärker* als $1/r^2$ verschwinden.

Skalare Integrale:

$$\int dv \operatorname{div} \mathfrak{a} = 0$$
$$\int dv\, \varphi \operatorname{div} \mathfrak{a} = -\int dv (\mathfrak{a} \operatorname{grad} \varphi)$$
$$\int dv (\mathfrak{a} \operatorname{rot} \mathfrak{b}) = \int dv (\mathfrak{b} \operatorname{rot} \mathfrak{a})$$

Speziell für den Ortsvektor $\mathfrak{r}$:

$$\int dv \frac{\operatorname{div} \mathfrak{a}}{r} = -\int dv \left(\mathfrak{a} \operatorname{grad} \frac{1}{r}\right) = \int dv \frac{(\mathfrak{a}\mathfrak{r})}{r^3}$$
$$\int dv (\mathfrak{r} \operatorname{grad} \varphi) = -3 \int dv\, \varphi$$
$$\int dv (\mathfrak{r} \operatorname{rot} \mathfrak{a}) = 0.$$

Vektorielle Integrale:

$$\int dv \operatorname{grad} \varphi = 0$$
$$\int dv \operatorname{rot} \mathfrak{a} = 0$$
$$\int dv\, \mathfrak{a} \operatorname{div} \mathfrak{b} = -\int dv (\mathfrak{b} \operatorname{grad})\, \mathfrak{a}$$
$$\int dv\, \varphi \operatorname{rot} \mathfrak{a} = \int dv\, [\mathfrak{a} \operatorname{grad} \varphi]$$
$$\int dv\, \varphi \operatorname{grad} \psi = -\int dv\, \psi \operatorname{grad} \varphi$$
$$\int dv (\mathfrak{a} \operatorname{div} \mathfrak{b} + \mathfrak{b} \operatorname{div} \mathfrak{a}) = \int dv ([\mathfrak{a} \operatorname{rot} \mathfrak{b}] + [\mathfrak{b} \operatorname{rot} \mathfrak{a}]).$$

Speziell für den Ortsvektor $\mathfrak{r}$:

$$\int dv \frac{\operatorname{rot} \mathfrak{a}}{r} = \int dv \left[\mathfrak{a} \operatorname{grad} \frac{1}{r}\right] = -\int dv \frac{[\mathfrak{a}\mathfrak{r}]}{r^3}$$
$$\int dv\, [\mathfrak{r} \operatorname{grad} \varphi] = 0$$
$$\int dv\, \mathfrak{r} \operatorname{div} \mathfrak{a} = -\int dv\, \mathfrak{a}$$
$$\int dv\, [\mathfrak{r} \operatorname{rot} \mathfrak{a}] = 2 \int dv\, \mathfrak{a}$$
$$\int dv \frac{\operatorname{grad} \varphi}{r} = \int dv \frac{\varphi \mathfrak{r}}{r^3}.$$

Bildet man ein Integral z. B. von der Form:

$$\psi(\mathfrak{r}') = \int \frac{dv\, \varphi(\mathfrak{r})}{|\mathfrak{r} - \mathfrak{r}'|},$$

so ist dieses eine Funktion von $\mathfrak{r}'$. Es wird dann:

$$\operatorname{grad}' \psi(\mathfrak{r}') = \int dv\, \varphi(\mathfrak{r}) \operatorname{grad}' \frac{1}{|\mathfrak{r} - \mathfrak{r}'|} = -\int dv\, \varphi(\mathfrak{r}) \operatorname{grad} \frac{1}{|\mathfrak{r} - \mathfrak{r}'|}$$
$$= -\int dv \operatorname{grad} \frac{\varphi(\mathfrak{r})}{|\mathfrak{r} - \mathfrak{r}'|} + \int dv \frac{\operatorname{grad} \varphi(\mathfrak{r})}{|\mathfrak{r} - \mathfrak{r}'|}.$$

Ist die Integration über den ganzen Raum zu erstrecken, so verschwindet das erste Integral, falls für $\mathfrak{r}\to\infty$ φ stärker als $1/r$ abfällt.

Man schreibt hierfür einfacher:

$$\psi=\int\frac{dv\,\varphi}{r}\quad\text{und}\quad\operatorname{grad}\int\frac{dv\,\varphi}{r}=\int dv\,\frac{\operatorname{grad}\varphi}{r}.$$

8. Spezielle Vektorfelder.

1. Ein Vektorfeld $\mathfrak{a}$, in dem $\operatorname{rot}\mathfrak{a}$ überall verschwindet, heißt ein *„wirbelfreies Feld"*.

Ein wirbelfreier Vektor $\mathfrak{a}$ ist darstellbar als (negativer) Gradient eines Skalars φ,

$$\mathfrak{a}=-\operatorname{grad}\varphi,$$

welcher *„Potential"* oder auch *„skalares Potential"* genannt wird. Es gilt dann

$$\int_1^2 a_s\,ds=\varphi_1-\varphi_2.$$

Der Wert des Integrals ist nur abhängig von den Grenzen, unabhängig vom Integrationsweg und verschwindet für einen geschlossenen Integrationsweg. Umgekehrt kann man auch sagen: Das Feld des Gradienten eines Skalars ist stets ein wirbelfreies.

Setzt man

$$\operatorname{div}\mathfrak{a}=-\operatorname{div}\operatorname{grad}\varphi=-\Delta\varphi=4\pi\varrho,$$

so wird $\varphi=\int\frac{dv\,\varrho}{r}$, wo r die Entfernung des Volumendifferentials vom Aufpunkt, in dem φ berechnet werden soll, angibt. Das Integral ist, falls nichts anderes bemerkt ist, über den ganzen Raum zu erstrecken. Es ist natürlich zu prüfen, ob es konvergiert.

Ist also $\operatorname{div}\mathfrak{a}$ überall gegeben und $\operatorname{rot}\mathfrak{a}=0$, so gestattet diese Formel die Berechnung von φ, also auch die von $\mathfrak{a}$ selbst.

2. Ein Vektorfeld $\mathfrak{a}$, in dem $\operatorname{div}\mathfrak{a}$ überall verschwindet, heißt ein *„quellenfreies Feld"*. Ein quellenfreier Vektor $\mathfrak{a}$ ist darstellbar als Rotation eines quellenfreien Vektors $\mathfrak{A}$:

$$\mathfrak{a}=\operatorname{rot}\mathfrak{A},\qquad\operatorname{div}\mathfrak{A}=0,$$

welcher *„Vektorpotential"* genannt wird.

Setzt man

$$\operatorname{rot}\mathfrak{a}=\operatorname{rot}(\operatorname{rot}\mathfrak{A})=-\Delta\mathfrak{A}=4\pi\mathfrak{c},$$

so wird

$$\mathfrak{A}=\int\frac{dv\,\mathfrak{c}}{r}.$$

Ist also rot $\mathfrak{a}$ überall gegeben und div $\mathfrak{a} = 0$, so gestattet diese Formel die Berechnung von $\mathfrak{A}$, also auch die von $\mathfrak{a}$ selbst.

3. Jedes überall stetige und im Unendlichen hinreichend stark verschwindende Vektorfeld läßt sich eindeutig als Summe (Superposition) eines wirbelfreien und eines quellenfreien Feldes darstellen.

$$\mathfrak{a} = \mathfrak{a}' + \mathfrak{a}'',$$

wo rot $\mathfrak{a}' = 0$, div $\mathfrak{a}'' = 0$.

$$\mathfrak{a}' = -\operatorname{grad} \int \frac{dv \operatorname{div} \mathfrak{a}}{4\pi r}, \qquad \mathfrak{a}'' = \operatorname{rot} \int \frac{dv \operatorname{rot} \mathfrak{a}}{4\pi r},$$

wobei die durch die Symbole vorgeschriebenen Operationen *unter* dem Integral an der Stelle des Volumendifferentials dv, die Operationen *vor* dem Integral an der Stelle des zu bestimmenden Vektors $\mathfrak{a}'$ bzw. $\mathfrak{a}''$ vorzunehmen sind.

9. Unstetige Vektorfelder.

1. Es sei $\qquad \operatorname{rot} \mathfrak{a} = 0$

und $\qquad \operatorname{div} \mathfrak{a} = 0, \quad$ außer für $\mathfrak{r} = 0$.

Dann ist

$$\int a_n \, df = \text{const} = 4\pi e$$

für jede die Stelle $\mathfrak{r} = 0$ umschließende Fläche,

$$\int a_n \, df = 0$$

für jede die Stelle $\mathfrak{r} = 0$ nicht umschließende Fläche (vgl. S. 179).

e heißt die „*Ergiebigkeit*" der „*Quelle*" in $\mathfrak{r} = 0$.

Dann ist das Feld $\mathfrak{a}$ aus einem Potential φ ableitbar:

$$\mathfrak{a} = -\operatorname{grad} \varphi, \qquad \varphi = \frac{e}{r}.$$

φ ist singulär in $\mathfrak{r} = 0$.

Man kann dasselbe Feld auch aus einem Vektorpotential $\mathfrak{A}$ ableiten:

$$\mathfrak{a} = \operatorname{rot} \mathfrak{A};$$

$$\begin{aligned} \mathfrak{A} = e \frac{[\mathfrak{n}\mathfrak{r}]}{r(r + (\mathfrak{n}\mathfrak{r}))} &= e[\mathfrak{n}, \operatorname{grad} \ln (r + (\mathfrak{n}\mathfrak{r}))] \\ &= -e \operatorname{rot} (\mathfrak{n} \ln (r + (\mathfrak{n}\mathfrak{r}))); \quad \text{mit } n^2 = 1. \end{aligned}$$

$\mathfrak{A}$ ist hier singulär für $r = -(\mathfrak{n}\mathfrak{r})$, d. h. auf der Halbachse $\mathfrak{r} = -\alpha\mathfrak{n}$.

1a. Es sei div $\mathfrak{a} = 0$ außer in $\mathfrak{r} = 0$ und in $\mathfrak{r} = \mathfrak{l}$, und zwar sei die Ergiebigkeit der beiden Quellen $= -e$ bzw. $+e$. Läßt man dann $\mathfrak{l}$ zur Grenze 0 übergehen, wobei $\mathfrak{l}e = \mathfrak{m}$ endlich bleibe, so spricht man von einer „*Doppelquelle*" oder einem „*Dipol*" vom „*Moment*" $\mathfrak{m}$.

Es wird

$$\mathfrak{a} = -\operatorname{grad}\varphi, \quad -\varphi = \left(\mathfrak{m}\operatorname{grad}\frac{1}{r}\right) = -\frac{(\mathfrak{m}\mathfrak{r})}{r^3} = \operatorname{div}\left(\frac{\mathfrak{m}}{r}\right),$$

bzw.:

$$\mathfrak{a} = \operatorname{rot}\mathfrak{A}, \quad \mathfrak{A} = \frac{[\mathfrak{m}\mathfrak{r}]}{r^3} = -\left[\mathfrak{m}\operatorname{grad}\frac{1}{r}\right] = \operatorname{rot}\left(\frac{\mathfrak{m}}{r}\right)$$

$$\operatorname{div}\mathfrak{A} = 0.$$

2. Es sei $\operatorname{rot}\mathfrak{a} = 0$

und $\operatorname{div}\mathfrak{a} = 0$.

$\mathfrak{a}$ ändere sich unstetig an einer Fläche, so daß $a_n = (\mathfrak{a}\mathfrak{n})$ beim Übergang von einer Seite der Fläche zur anderen von $\mathfrak{a}_{n1}$ auf $-\mathfrak{a}_{n2}$ springt.

Wir definieren die Größe

$$\omega = -\frac{1}{4\pi}(a_{n1} + a_{n2}),$$

wo $\mathfrak{n}$ der nach der Fläche hin gerichtete Normalvektor ist.

$4\pi\omega = \operatorname{div}\mathfrak{a}$ heißt „*Flächendivergenz*".

ω ist die auf die Flächeneinheit bezogene Ergiebigkeit der über die Fläche verteilt gedachten Quellen.

Springt auch φ an der Fläche, so definieren wir die Größe

$$\tau = \frac{1}{4\pi}(\varphi_2 - \varphi_1).$$

In diesem Falle spricht man von einer „*Doppelfläche*" oder „*Doppelschicht*" mit dem „Moment" τ.

Dann ist $\mathfrak{a} = -\operatorname{grad}\varphi$

$$\varphi = \int df\left(\frac{\omega}{r} + \tau\left(\mathfrak{n}_1\operatorname{grad}\frac{1}{r}\right)\right),$$

erstreckt über die Fläche.

Ist τ eine Konstante längs der Fläche und $\omega = 0$, so wird

$$\varphi = \tau\Omega,$$

wo Ω der räumliche Winkel ist, unter dem die Berandung der Fläche vom Aufpunkt aus erscheint.

3. Es sei $\operatorname{div}\mathfrak{a} = 0$

und *außer auf einer Linie L* („*Wirbellinie*") $\operatorname{rot}\mathfrak{a} = 0$.

Dann ist für jede die Linie umfassende Kurve

$$\int ds\, a_s = \int df \operatorname{rot}_n\mathfrak{a} = \text{const} = 4\pi\tau \quad \text{(vgl. S. 176)},$$

wobei die Fläche $\int df$ beliebig verzerrt werden kann. Daraus folgt, daß τ längs L konstant und daß die Wirbellinie L geschlossen sein oder bis ins Unendliche verlaufen muß.

τ heißt das *Moment der Wirbellinie.*

Wegen $dv = ds\,df$ ist dann das Vektorpotential der Wirbellinie gegeben durch

$$\mathfrak{A} = \frac{1}{4\pi}\int\int \frac{ds\,df\,\mathrm{rot}\,\mathfrak{a}}{r} = \tau \int_L \frac{d\mathfrak{s}}{r},$$

daraus folgt

$$\mathfrak{a} = \mathrm{rot}\,\mathfrak{A} = \tau \int_L \frac{1}{r^3}\,[d\mathfrak{s}\,\mathfrak{r}].$$

Da $\mathfrak{a}$ außer auf L *wirbelfrei* ist, läßt sich $\mathfrak{a}$ auch aus einem skalaren Potential φ ableiten $\mathfrak{a} = -\mathrm{grad}\,\varphi$, wobei jedoch für jede die geschlossene Wirbellinie umfassende Kurve (s. o.)

$$\int_2^1 ds\,a_s = \varphi_2 - \varphi_1 = 4\pi\tau$$

ist, falls 1 und 2 zwei zusammengehörige Vorder- und Rückseitenpunkte auf einer über L ausgespannten Fläche F sind. Die Wirbellinie L vom Moment τ ist also äquivalent einer Doppelfläche F vom Moment τ, welche über L beliebig ausgespannt ist. Das skalare Potential ist wie oben $\varphi = \tau\Omega$.

4. Es sei $\mathrm{rot}\,\mathfrak{a} = 0$ *außer auf einer Fläche* und $\mathrm{div}\,\mathfrak{a} = 0$, d. h. $\mathfrak{a}$ ändere sich unstetig an einer Fläche, so daß $[\mathfrak{n}\,\mathfrak{a}]$ (eine Parallelkomponente zur Fläche) beim Übergang von einer Seite der Fläche zur anderen von $[\mathfrak{n}\,\mathfrak{a}_1]$ zu $[\mathfrak{n}\,\mathfrak{a}_2]$ springt.

Wir definieren den Vektor

$$\mathfrak{g} = \frac{1}{4\pi}\,[\mathfrak{n}\,(\mathfrak{a}_1 - \mathfrak{a}_2)].$$

$4\pi\mathfrak{g} = \mathrm{rot}\,\mathfrak{a}$ heißt „*Flächenwirbel*" oder „*Flächenrotation*". Es ist dann

$$\mathfrak{A} = \int df\,\frac{\mathfrak{g}}{r}, \qquad \mathfrak{a} = \mathrm{rot}\,\mathfrak{A}.$$

10. Vektorgesamtheiten.

Der geometrische Raum wird von der Gesamtheit der möglichen Werte des Ortsvektors $\mathfrak{r}$ erfüllt bzw. durch sie erst geschaffen. In Analogie dazu erzeugt die Gesamtheit der Werte eines andersartigen Vektors $\mathfrak{k}$ einen $\mathfrak{k}$-Raum mit den Koordinaten k_x, k_y, k_z. In diesen können alle üblichen Begriffsbildungen wie Skalare und Vektoren übernommen werden sowie auch die Differential- und Integralbegriffe wie grad, div, $\int dv$ usw. Man pflegt die entsprechenden Größen und Operatoren durch ein Suffix k zu kennzeichnen: grad_k, div_k, $\int dv_k$, $\varrho_k = \varrho(\mathfrak{k}) = \varrho(k_x, k_y, k_z) =$ Dichte im $\mathfrak{k}$-Raum.

Es ist weiterhin möglich, den geometrischen $\mathfrak{r}$-Raum mit einem $\mathfrak{k}$-Raum zu kombinieren. In dieser 2×3 dimensionalen Mannigfaltigkeit ist jedem Ort $\mathfrak{r}$ ein ganzer $\mathfrak{k}$-Raum zugeordnet.

Ein Punkt im $(\mathfrak{r}, \mathfrak{k})$-Raum bezeichnet dann ein Element, das durch seinen Ort $\mathfrak{r}$ und zugleich durch einen Vektor $\mathfrak{k}$ gekennzeichnet ist. Eine Menge solcher Punkte hat hier eine Dichte, die durch eine „*Verteilungsfunktion*" $F(\mathfrak{r}, \mathfrak{k})$ dargestellt wird. Die räumliche Dichte (im $\mathfrak{r}$-Raum) dieser Elemente ist $\varrho = \int dv_k F(\mathfrak{r}, \mathfrak{k})$. $\varrho_k = \int dv\, F(\mathfrak{r}, \mathfrak{k})$ ist ihre Dichte im $\mathfrak{k}$-Raum, $M = \int \varrho\, dv = \int \varrho_k\, dv_k = \int\int dv\, dv_k F(\mathfrak{r}, \mathfrak{k})$ ihre Gesamtmenge.

Durch Integration über $\mathfrak{k}$ bildet man aus Funktionen von $\mathfrak{r}$ und $\mathfrak{k}$ deren lokale Mittelwerte:

$$\bar{\varphi} = \frac{\int dv_k \varphi(\mathfrak{r}, \mathfrak{k}) F(\mathfrak{r}, \mathfrak{k})}{\int dv_k F(\mathfrak{r}, \mathfrak{k})} = \frac{1}{\varrho}\int dv_k \ldots$$

also gewöhnliche Skalare oder auch Vektoren, z. B.

$$\bar{\mathfrak{k}} = \frac{\int dv_k \mathfrak{k} F(\mathfrak{r}, \mathfrak{k})}{\int dv_k F(\mathfrak{r}, \mathfrak{k})} = \frac{1}{\varrho}\int dv_k \ldots .$$

$F(\mathfrak{r}, \mathfrak{k})$ spielt dabei die Rolle einer Gewichtsfunktion.

Anwendung: Diese Begriffsbildung dient unter anderem zur Beschreibung von Systemen bestehend aus quasidicht verteilten Elementen, deren jedes eine durch einen Vektor $\mathfrak{k}$ dargestellte Qualität besitzt (Geschwindigkeit, Impuls, Moment od. dgl.). Auch auf komplizierte Strahlungsfelder [$\mathfrak{k}$ = Wellenvektor (s. S. 188)] kann diese Form angewandt werden.

Eine durch $F(\mathfrak{r}, \mathfrak{k})$ dargestellte Verteilung kann zeitabhängig sein: $F(\mathfrak{r}, \mathfrak{k}, t)$. Eine Änderung: $F(\mathfrak{r}, \mathfrak{k}, t_2) - F(\mathfrak{r}, \mathfrak{k}, t_1)$ in der Zeit $t_2 - t_1$ kann dann auf verschiedene Weisen zustande kommen:

1. durch Wegnehmen oder Einführen von Elementen:

$$\frac{\partial F(\mathfrak{r}, \mathfrak{k}, t)}{\partial t} = \varphi(\mathfrak{r}, \mathfrak{k}),$$

2. durch Versetzen von Elementen aus $\mathfrak{r}$ nach $\mathfrak{r}'$ bei festem $\mathfrak{k}$:

$$\frac{\partial F(\mathfrak{r}, \mathfrak{k}, t)}{\partial t} = \int dv' \{F(\mathfrak{r}', \mathfrak{k})\, V(\mathfrak{r}', \mathfrak{r}) - F(\mathfrak{r}, \mathfrak{k})\, V(\mathfrak{r}, \mathfrak{r}')\},$$

3. durch Ändern von Elementen von $\mathfrak{k}$ zu $\mathfrak{k}'$ bei festem $\mathfrak{r}$:

$$\frac{\partial F(\mathfrak{r}, \mathfrak{k}, t)}{\partial t} = \int dv_k' \{F(\mathfrak{r}, \mathfrak{k}')\, W(\mathfrak{k}', \mathfrak{k}) - F(\mathfrak{r}, \mathfrak{k})\, W(\mathfrak{k}, \mathfrak{k}')\}.$$

Hier bedeutet φ eine Funktion, die durch den Eingriff bedingt ist. V bzw. W sind Funktionen, die die Übergänge von $\mathfrak{r}$ nach $\mathfrak{r}'$ bzw. $\mathfrak{k}$ nach $\mathfrak{k}'$ darstellen. Sie heißen *Übergangsfunktionen*. Bei 2. und 3. bleibt ϱ_k bzw. ϱ und daher auch M ungeändert.

Erfolgen endliche Ortsänderungen nur in endlichen Zeiten, dann existiert $V(\mathfrak{r}, \mathfrak{r}')$ nur für kleine $\mathfrak{r} - \mathfrak{r}'$. Man kann dann 2. ersetzen durch:

2'. $\frac{\partial F(\mathfrak{r}, \mathfrak{k}, t)}{\partial t} = -\operatorname{div}(\mathfrak{v} F(\mathfrak{r}, \mathfrak{k}))$ mit einem *Strömungsvektor* $\mathfrak{v}$.

Das analoge gilt für 3.:

3'. $\frac{\partial F(\mathfrak{r}, \mathfrak{k}, t)}{\partial t} = -\operatorname{div}_k(\mathfrak{K} F(\mathfrak{r}, \mathfrak{k}))$ mit einem *Störungsvektor* $\mathfrak{K}$.

Alle diese Funktionen können von $\mathfrak{r}$, $\mathfrak{k}$ und t abhängen.

11. Punktgitter und reziprokes Gitter.

Als elementares räumliches Punktgitter oder BRAVAISsches *Raumgitter* bezeichnet man ein System von unendlich vielen Punkten, deren Ortsvektor $\mathfrak{r}$ aus drei nicht-komplanaren *Grundvektoren* $\mathfrak{e}_1$, $\mathfrak{e}_2$, $\mathfrak{e}_3$ darstellbar ist durch:

$$\mathfrak{r}_g = \mathfrak{r}_0 + n_1 \mathfrak{e}_1 + n_2 \mathfrak{e}_2 + n_3 \mathfrak{e}_3 = \mathfrak{r}_0 + \sum_{i=1}^{3} n_i \mathfrak{e}_i \tag{1}$$

mit drei ganzen (positiven und negativen) Zahlen n_1, n_2, n_3. Jeder Gitterpunkt ist durch diese drei Zahlen indiziert. (Wir setzen im weiteren $\mathfrak{r}_0 = 0$.)

Dasselbe Gitter läßt sich auch aus anderen Grundvektoren $\mathfrak{e}_i'$ darstellen, die aus den $\mathfrak{e}_i$ durch die Transformation: $\mathfrak{e}_i' = \sum_k a_{ik} \mathfrak{e}_k$ entstehen, wo die Matrix a_{ik} aus ganzen Zahlen besteht und die Determinante $\det(a_{ik}) = 1$ hat.

Das Volumen einer *Gitterzelle* (Elementarzelle), die von den drei Grundvektoren aufgespannt wird, ist:

$$V_g = (\mathfrak{e}_1 [\mathfrak{e}_2 \mathfrak{e}_3]) = \frac{1}{\varrho},$$

wo ϱ die mittlere räumliche Dichte der Gitterpunkte bedeutet.

Eine Gerade, die zwei Gitterpunkte enthält, enthält dann unendlich viele in äquidistanten Abständen.

Eine Ebene, die drei Gitterpunkte enthält, enthält ein Flächengitter aus unendlich vielen Gitterpunkten. Sie heißt *Gitterebene* oder *Netzebene*. Es gibt unendlich viele zu einer ersten parallele äquidistante Gitterebenen, die dann zusammen alle Gitterpunkte enthalten.

Definiert man durch: $(\mathfrak{e}_i \mathfrak{e}^k) = \delta_{ik}$ die zu den $\mathfrak{e}_i$ *reziproken Vektoren* $\mathfrak{e}^1$, $\mathfrak{e}^2$, $\mathfrak{e}^3$, also $\mathfrak{e}^1 = \frac{[\mathfrak{e}_2 \mathfrak{e}_3]}{(\mathfrak{e}_1 [\mathfrak{e}_2 \mathfrak{e}_3])}$ usw., so gilt:

$$(\mathfrak{r}_g \mathfrak{e}^i) = n_i. \tag{2}$$

Mit den $\mathfrak{e}^i$ kann man das zum Raumgitter $\mathfrak{r}_g$ *reziproke Gitter* $\tilde{\mathfrak{r}}_g$ aufbauen:

$$\tilde{\mathfrak{r}}_g = \sum_i l_i \mathfrak{e}^i, \qquad (\tilde{\mathfrak{r}}_g \mathfrak{e}_i) = l_i \quad \text{mit den ganzen Zahlen } l_i. \tag{3}$$

Das Volumen der Gitterzelle im reziproken Gitter, die von den drei $\mathfrak{e}^i$ aufgespannt wird, ist

$$\widetilde{V}_g = (\mathfrak{e}^1 [\mathfrak{e}^2 \mathfrak{e}^3]) = \frac{1}{(\mathfrak{e}_1 [\mathfrak{e}_2 \mathfrak{e}_3])} = \frac{1}{V_g},$$

die mittlere räumliche Dichte der Gitterpunkte im Raumgitter also $\varrho = \widetilde{V}_g$.

Jede Gitterebene ist darstellbar in der Form:

$$(\mathfrak{r}\tilde{\mathfrak{r}}_{g0}) = n \qquad (n = 0, \pm 1, \pm 2, \ldots), \tag{4}$$

d.h. als Normalebene zu einem

$$\tilde{\mathfrak{r}}_{g0} = \sum_i l_i \mathfrak{e}^i \text{ mit ganzzahligen } l_i, \tag{5}$$

die [anders als in (3)] keinen gemeinsamen Teiler haben. $\tilde{\mathfrak{r}}_{g0}$ ist der kürzeste Gittervektor im reziproken Gitter für die betreffende Normalenrichtung.

Zu einer Schar paralleler Gitterebenen gehört in der Darstellung (4) das gleiche $\tilde{\mathfrak{r}}_{g0}$. Die einzelnen Ebenen der Schar unterscheiden sich durch die verschiedenen n. Die dem Koordinatenanfang nächstliegende Gitterebene wird durch $n = 1$ gegeben. Die Orientierung der Gitterebenenscharen des Raumgitters wird durch (4) den (nächstliegenden) Gitterpunkten $\tilde{\mathfrak{r}}_{g0}$ des reziproken Gitters zugeordnet.

Auf einer durch den Koordinatenanfang und durch $\tilde{\mathfrak{r}}_{g0}$ gehenden Geraden liegen die Gitterpunkte des reziproken Gitters äquidistant, daher kann man die Gitterpunkte des reziproken Gitters einzeln den in (4) gegebenen n zuordnen: $\tilde{\mathfrak{r}}_g = n\tilde{\mathfrak{r}}_{g0}$. Dann entspricht jede einzelne Gitterebene des Raumgitters einem einzelnen Gitterpunkt des reziproken Gitters. Diese Zuordnung ist dual umkehrbar.

Die teilerfremden l_i in (5) heißen MILLERsche *Indizes* und kennzeichnen die Orientierung der zu $\tilde{\mathfrak{r}}_{g0}$ senkrechten Gitterebenenschar eines Raumgitters.

Die in Einheiten $|\mathfrak{e}_i|$ gemessenen Achsenabschnitte a_i der Gitterebene (4) ergeben sich aus:

$$a_i l_i = n \qquad (i = 1, 2, 3).$$

Die a_i können auch nichtganze positive oder negative rationale Zahlen sein.

Für eine Gitterebene durch drei Gitterpunkte $\mathfrak{r}_i = \sum_{j=1} n_{ij} \mathfrak{e}_j$ gilt:

$$a_i = \frac{\Delta}{\sum_{i=1}^{3} A_{ji}},$$

wobei $\Delta = \det(n_{ij})$ und A_{ji} den zu n_{ji} gehörenden Minor von $\det(n_{ij})$ bedeutet. Ferner ist $l_i = \frac{1}{m}\sum_{j=1}^{3} A_{ji}$ und $n = \frac{\Delta}{m}$, wenn m den größten gemeinsamen Teiler der drei Summen $\sum_j A_{ji}$ bezeichnet.

Der Abstand einer Gitterebene vom Koordinatenanfang ist: $nd = \frac{n}{|\tilde{\mathfrak{r}}_{g0}|}$.

$d = \frac{1}{|\tilde{\mathfrak{r}}_{g0}|}$ ist der Abstand der dem Koordinatenanfang nächsten Gitterebene ($n = 1$) und zugleich der gegenseitige Abstand zweier benachbarter paralleler Gitterebenen.

Die Besetzungsdichte einer Gitterebene mit Gitterpunkten ist im Mittel:

$$\sigma = \frac{d}{V_g} = \tilde{V}_g d = \varrho d.$$

Weitere Eigenschaften der reziproken Vektoren, wie z. B. die [aus (1) und (2) speziell für Gittervektoren folgende] Identität:

$$\mathfrak{r} = \sum_i \mathfrak{e}_i(\mathfrak{r}\,\mathfrak{e}^i) = \sum_i \mathfrak{e}^i(\mathfrak{r}\,\mathfrak{e}_i)$$

(s. S. 213).

12. Wellenfelder.

a) Skalare Wellen.

Einen *zeitlich periodischen* Vorgang nennt man eine *Schwingung*. Sie ist darstellbar durch eine oder mehrere Funktionen der Zeit t, für die: $s(t) = s(t + T)$ gilt. Man spricht von einer *harmonischen* Schwingung, wenn sie durch Real- oder Imaginärteil von

$$s(t) = A\,e^{2\pi i \frac{t}{T}} = A\,e^{i\omega t}$$

gegeben ist. Hierbei kann der (eventuell komplexe) Amplitudenfaktor A eine Funktion des Ortes oder anderer Parameter sein.

Einen *räumlich einfach periodischen* Vorgang nennen wir eine *Wellung*: $s(\mathfrak{r}) = s(\mathfrak{r} + \lambda\mathfrak{n})$, im speziellen auch eine *sinoidale ebene Wellung*, wenn

$$s(\mathfrak{r}) = A\,e^{2\pi i \frac{(\mathfrak{n}\,\mathfrak{r})}{\lambda}} = A\,e^{i(\mathfrak{k}\,\mathfrak{r})} \qquad (\mathfrak{n}^2 = 1)$$

ist. A kann von der Zeit und anderen Parametern abhängen.

Einen sowohl zeitlich wie räumlich periodischen Vorgang nennt man eine *Welle*, im speziellen eine *ebene Elementarwelle*, wie sie durch folgende Normalformen darstellbar ist:

$$s(\mathfrak{r}, t) = A\,e^{2\pi i\left(\frac{t}{T} - \frac{(\mathfrak{n}\,\mathfrak{r})}{\lambda}\right)} = A\,e^{i(\omega t - (\mathfrak{k}\,\mathfrak{r}))} = A\,e^{i\omega\left(t - \frac{(\mathfrak{n}\,\mathfrak{r})}{V}\right)} = A\,e^{ik(Vt - (\mathfrak{n}\,\mathfrak{r}))}.$$

Es gilt dabei:

$$\mathfrak{k} = \mathfrak{n}\frac{\omega}{V}, \qquad k = \frac{\omega}{V} = \frac{2\pi}{\lambda}, \qquad T = \frac{2\pi}{\omega}, \qquad V = \frac{\omega}{k},$$

$$\lambda = \frac{2\pi}{k} = \frac{2\pi V}{\omega}, \qquad \mathfrak{n} = \frac{\mathfrak{k}}{k}.$$

Mit $A = |A|e^{i\alpha}$ heißen die reellen Größen:

$|A|$: *Amplitude,*
α: *Phasenkonstante,*
ω: *Kreisfrequenz,*
$\mathfrak{k}$: *Wellen-* oder *Ausbreitungsvektor,*
$\mathfrak{n}$: *Wellennormale* ($n^2 = 1$),
V: *Fortpflanzungs-* oder *Phasengeschwindigkeit,*
T: *Schwingungsdauer* ($1/T = \nu =$ *Frequenz*; $\omega = 2\pi\nu$),
λ: *Wellenlänge* ($\lambda\nu = V$),
$k = |\mathfrak{k}|$ heißt auch *Wellenzahl,*
$\omega t - (\mathfrak{k}\,\mathfrak{r}) + \alpha$: die *Phase* der Welle.

$I = |A|^2$ ist ein Maß für die (mathematische) *Intensität* einer Welle. Als physikalische Intensitäten werden ihr proportionale, jeweils besonders zu definierende Größen bezeichnet.

Eine solche Elementarwelle ist durch sechs Zahlenparameter festgelegt.

In der Physik ist im allgemeinen V eine Funktion von ω *(Dispersion)* und $\mathfrak{n}$ *(Anisotropie)*: $V = f(\omega, \mathfrak{n})$, also $\omega/k = f(\omega, \mathfrak{k}/k)$ oder $\omega = F(\mathfrak{k})$, $V = \frac{1}{k}F(\mathfrak{k})$. ω und V sind daher für ein homogenes, die Welle tragendes Medium skalare Funktionen im $\mathfrak{k}$-Raum.

Eine Elementarwelle heißt *monochromatisch* und *monotrop* im Gegensatz zu allgemeineren Wellenformen, die man als lineare Kombinationen aus solchen erhält. Für die Elementarwellen gilt die *Wellengleichung*:

$$\Delta s = \frac{1}{V^2}\frac{\partial^2 s}{\partial t^2} \qquad \text{bzw.} \qquad \Delta s + k^2 s = 0,$$

ebenso für alle Kombinationen mit gleichem V bzw. k, also auch gleichem ω. Definiert man eine Welle als allgemeine Lösung der Wellengleichung, so sind darin die Kombinationen mit verschiedenem V und k nicht enthalten.

Es gibt hier viele charakteristische Spezialfälle, z. B.:

1. Kombination von zwei Elementarwellen gleicher Amplitude:

$$s(\mathfrak{r}, t) = 2|A|\cos\left\{\frac{(\omega_1 - \omega_2)}{2}t - \frac{(\mathfrak{k}_1 - \mathfrak{k}_2, \mathfrak{r})}{2} + \frac{\alpha_1 - \alpha_2}{2}\right\} e^{i\left\{\frac{(\omega_1 + \omega_2)}{2}t - \frac{(\mathfrak{k}_1 + \mathfrak{k}_2, \mathfrak{r})}{2} + \frac{\alpha_1 + \alpha_2}{2}\right\}}$$

$$= f(t, \mathfrak{r})\, e^{i(\overline{\omega} t - (\overline{\mathfrak{k}}\,\mathfrak{r}) + \overline{\alpha})}.$$

Dies ist eine spezielle Form einer „*modulierten*" Welle, d. h. des Produkts eines zeit- und ortsabhängigen Amplitudenfaktors $f(t, \mathfrak{r})$ und eines Phasenfaktors mit mittleren Parameterwerten. Die Gestalt des ersteren ist typisch für die *Interferenz*. Sie hat hier selbst die Form einer Welle, einer „stehenden", wenn $\omega_1 = \omega_2$ ist. Sind $\omega_1 - \omega_2$ und $\mathfrak{k}_1 - \mathfrak{k}_2$ klein gegen $\frac{\omega_1 + \omega_2}{2}$ bzw. $\frac{\mathfrak{k}_1 + \mathfrak{k}_2}{2}$, so ist der Amplitudenfaktor $f(t, \mathfrak{r})$ „langsam veränderlich" im Gegensatz zum Phasenfaktor.

$|f(t, \mathfrak{r})|^2$ stellt dann die orts- und zeitabhängige Intensität dieser Kombination dar.

2. *Wellengruppe*, d. h. Kombination von unendlich vielen Elementarwellen annähernd gleichen Wellenvektors: $\mathfrak{k} \simeq \bar{\mathfrak{k}}$

$$s = \int dv_k A(\mathfrak{k})\, e^{i(\omega t - (\mathfrak{k}\mathfrak{r}))}.$$

Die Integration ist über den kleinen Teil Δv_k bei $\bar{\mathfrak{k}}$ des $\mathfrak{k}$-Raumes zu erstrecken, in dem die komplexe Funktion $A(\mathfrak{k})$ von Null verschieden ist. Sie führt mit $\omega = F(\mathfrak{k})$ zu einer Form:

$$s = f(\mathfrak{r} - t\,\mathfrak{u})\, e^{i(\bar{\omega} t - (\bar{\mathfrak{k}}\mathfrak{r}))},$$

$$\bar{\omega} = F(\bar{\mathfrak{k}}), \qquad \mathfrak{u} = \overline{\operatorname{grad}_k \omega}, \qquad \text{d. h. } u_x = \left(\frac{\partial \omega}{\partial k_x}\right)_{\mathfrak{k} = \bar{\mathfrak{k}}}, \qquad \text{usw.}$$

Das ist wieder eine modulierte Welle, deren Amplitudenfaktor $f(\mathfrak{r} - t\mathfrak{u})$ sich mit der *Gruppengeschwindigkeit* $\mathfrak{u}$ „bewegt". Es gilt auch:

$$\mathfrak{u} = (\mathfrak{n} V + k \operatorname{grad}_k V)_{\mathfrak{k} = \bar{\mathfrak{k}}}.$$

Durch geeignete Wahl von $A(\mathfrak{k})$ kann man die Gruppe auf einen Raumteil Δv konzentrieren, dessen Mindestausdehnung dem Integrationsbereich reziprok ist: $\Delta v \Delta v_k \simeq 1$. Man spricht dann von einem *Wellenpaket.*

Ist $\Delta v_k = \Delta f_k$ flächenhaft, d. h. auf *zwei* Dimensionen beschränkt (z. B. $|\mathfrak{k}| = |\bar{\mathfrak{k}}|$), so erhält man einen *Wellenstrahl* mit einem Querschnitt $\Delta f \simeq 1/\Delta f_k$. Ist $\Delta v_k = \Delta l_k$ linienhaft, d. h. auf *eine* Dimension beschränkt (z. B. $\mathfrak{k}/k = \mathfrak{n} = \text{const}$), so erhält man eine *Wellenfront* mit einer Tiefe $\Delta l \simeq 1/\Delta l_k$.

Ist in $A(\mathfrak{k}) = |A(\mathfrak{k})|\, e^{i\alpha(\mathfrak{k})}$ die Phasenfunktion $\alpha(\mathfrak{k})$ vollständig unstetig derartig, daß $\alpha(\mathfrak{k})$ innerhalb beliebig kleiner Bereiche des $\mathfrak{k}$-Raumes alle Werte zwischen 0 und 2π annimmt, so wird der Amplitudenfaktor und damit die Intensität von Ort und Zeit unabhängig. Zwischen diesem Extremfall und den obigen Fällen gibt es viele Zwischenfälle.

Erstreckt man hier die Integration über den ganzen $\mathfrak{k}$-Raum, so erhält man eine diffuse Wellengesamtheit mit kontinuierlichem Spektrum, wie man sie in der Akustik als Geräusch, in der Optik als natürliche Strahlung kennt. Ihre Gesamtintensität wird durch $I = \int dv_k \, |A(\mathfrak{k})|^2$ gegeben. Zwei solche Gesamtheiten heißen *inkohärent,* wenn ihre Intensitäten sich additiv kombinieren. Bedingung dafür ist die Orthogonalität ihrer Spektralfunktionen:

$$\int dv_k A_1^*(\mathfrak{k}) \, A_2(\mathfrak{k}) = 0 \, .$$

Weitere typische Wellenformen sind:

3. *Gedämpfte Wellen.* Man erhält sie, wenn man die Parameter ω und $\mathfrak{k}$ einer Elementarwelle als komplexe Größen nimmt. Die allgemeine Form ist mit $\omega = \omega_0 + i\beta$, $\mathfrak{k} = \mathfrak{k}_0 - i\mathfrak{a}$

$$s = A \, e^{-\beta t - (\mathfrak{a}\mathfrak{r})} \cdot e^{i(\omega_0 t - (\mathfrak{k}_0 \mathfrak{r}))} \, .$$

Solche Wellen sind nur in Teilräumen als Integrale über ungedämpfte Elementarwellen mit reellem ω und $\mathfrak{k}$ darstellbar, z. B. für $t > 0$, $(\mathfrak{a}\mathfrak{r}) > 0$, mit Hilfe der Identität:

$$\int\limits_{-\infty}^{+\infty} \frac{e^{i\omega t}}{2\pi(\beta + i\omega)} d\omega = \begin{cases} e^{-\beta t} & \text{für } t > 0 \quad (\beta > 0) \\ 0 & \text{für } t < 0 \, . \end{cases}$$

4. *Kugelwellen* [in isotropen Medien $\omega = F(k)$].

$$s = A \cdot \frac{e^{i(\omega t - kr)}}{r} = A \, \frac{e^{i\omega\left(t - \frac{r}{V}\right)}}{r} = A \, \frac{e^{ik(Vt - r)}}{r} \, .$$

Diese sind nur in Teilräumen, die den *Quellpunkt* $r = 0$ nicht enthalten, aus ebenen Elementarwellen aufzubauen (s. S. 299).

Auch aus Kugelwellen lassen sich allgemeinere Wellen kombinieren, besonders auch durch Integration über linienhaft oder flächenhaft verteilte Quellen.

Die mathematische Formulierung des HUYGENS*schen Prinzips* (Aufbau eines Wellenfeldes aus Kugelwellen) wird durch die Identität gegeben (s. S. 177):

$$s|_{r=0} = \frac{1}{4\pi} \int df \left\{ \frac{e^{ikr}}{r} \frac{\partial s}{\partial n} - s \cdot \frac{\partial}{\partial n} \left(\frac{e^{ikr}}{r} \right) \right\}; \qquad \frac{\partial}{\partial n} = (\mathfrak{n} \, \text{grad}) \, ,$$

wenn im Inneren der $r = 0$ umschließenden Integrationsfläche überall $\Delta s + k^2 s = 0$ ist.

Durch Differentiation erhält man Wellen aus *Doppelquellen*:

$$s = A \left(\mathfrak{a} \, \text{grad} \left(\frac{e^{i(\omega t - kr)}}{r} \right) \right) = -A \, (\mathfrak{a}\mathfrak{r}) \left(\frac{ik}{r^2} + \frac{1}{r^3} \right) e^{i(\omega t - kr)} \, .$$

Es ist wichtig, daß diese für großes r nur wie k/r abfallen (nicht wie Dipolfelder wie $1/r^2$).

Für das Volumenintegral $s = \int dv\, \varrho \frac{e^{ikr}}{r}$ gilt:

$$\Delta s + k^2 s = -4\pi\varrho.$$

Es ist das keine Welle im üblichen Sinne.

5. *Zylinderwellen* haben die Form (s. S. 297):

$$s = A\, e^{i\omega t} I_0(kr)$$

I_0 = BESSELsche Funktion 0-ter Ordnung (s. S. 116),
r = senkrechter Abstand von der Zylinderachse.

b) Vektorielle Wellen.

Als vektorielle Elementarwelle bezeichnen wir ein Vektorfeld der Form:

$$\mathfrak{f}(\mathfrak{r}, t) = \mathfrak{A}\, e^{i(\omega t - (\mathfrak{k}\mathfrak{r}))}.$$

Der Amplitudenvektor $\mathfrak{A}$ sei von Ort $\mathfrak{r}$ und Zeit t unabhängig. Diese Welle heißt „*longitudinal*", wenn $\mathfrak{A} \| \mathfrak{k}$ ist, also $\operatorname{rot} \mathfrak{f} = 0$; sie heißt „*transversal*", wenn $\mathfrak{A} \perp \mathfrak{k}$, also $(\mathfrak{A}\mathfrak{k}) = 0$ und daher $\operatorname{div} \mathfrak{f} = 0$ ist.

Die Richtung von $\mathfrak{A}$ heißt die „*Polarisationsrichtung*", die Ebene durch $\mathfrak{A}$ und $\mathfrak{k}$ die „*Polarisationsebene*" der Welle. Ist $(\mathfrak{A}\mathfrak{k}) = 0$ und ist $\mathfrak{A}$ ein komplexer Vektor, so heißt die Welle „*elliptisch polarisiert*".

Eine vektorielle Elementarwelle ist mit ihren Komponenten durch drei skalare Wellen darstellbar.

Kombinationen von vektoriellen Wellen sind daher durch drei skalare Formen vollständig beschreibbar. Man beachte aber, daß die Beziehung: $\omega = F(\mathfrak{k})$ durch $\omega = F(\mathfrak{k}, \mathfrak{A})$ zu ersetzen ist und daher die drei skalaren Wellen im allgemeinen voneinander abhängen.

13. FOURIER-Darstellung periodischer und unperiodischer Felder.

a) Eine raumgitterartig *periodische* Funktion (s. S. 185):

$$\varphi(\mathfrak{r}) = \varphi\left(\mathfrak{r} - \sum_{i=1}^{3} n_i\, \mathfrak{e}_i\right) = \varphi(\mathfrak{r} - \mathfrak{r}_g)$$

mit beliebigen ganzzahligen n_i ist durch eine FOURIER-Summe darstellbar (Aufbau aus ebenen Wellungen):

$$\varphi(\mathfrak{r}) = \frac{1}{V_g} \sum_{\lambda} F(\mathfrak{k}_\lambda)\, e^{2\pi i(\mathfrak{r}\mathfrak{k}_\lambda)} \qquad \text{mit} \qquad \mathfrak{k}_\lambda = \sum_i l_i\, \mathfrak{e}^i,$$

d.h. jedes $\mathfrak{k}_\lambda$ ist gleich einem $\tilde{\mathfrak{r}}_g$ des reziproken Gitters[1]. Die λ-Summe ist über alle Punkte desselben zu erstrecken. Die Koeffizienten bestimmen sich durch:

$$F(\mathfrak{k}_\lambda) = \int\limits_{V_g} dv\, \varphi(\mathfrak{r})\, e^{-2\pi i (\mathfrak{r}\mathfrak{k}_\lambda)},$$

wo das Integral über eine Gitterzelle V_g zu erstrecken ist.

b) *Nichtperiodische* Funktionen können in einem Bereich, der ganz in einer Gitterzelle liegt, ebenso dargestellt werden. Geht man für solche zu einer Darstellung mit unendlich großer Zelle über, so gelangt man zu FOURIER-Integralen, da dann $\mathfrak{k}_\lambda$ alle Werte annimmt:

$$\varphi(\mathfrak{r}) = \int dv_k F(\mathfrak{k})\, e^{2\pi i (\mathfrak{r}\mathfrak{k})} \quad \text{mit} \quad F(\mathfrak{k}) = \int dv\, \varphi(\mathfrak{r})\, e^{-2\pi i (\mathfrak{r}\mathfrak{k})},$$

$$\int dv_k = \iiint\limits_{-\infty}^{+\infty} dk_x\, dk_y\, dk_z.$$

In analoger Weise sind Vektorfelder mit vektoriellen Koeffizienten darstellbar:

$$\mathfrak{v}(\mathfrak{r}) = \frac{1}{V_g} \sum_\lambda \mathfrak{F}(\mathfrak{k}_\lambda)\, e^{2\pi i (\mathfrak{r}\mathfrak{k}_\lambda)} \quad \text{bzw.} \quad \int dv_k\, \mathfrak{F}(\mathfrak{k})\, e^{2\pi i (\mathfrak{r}\mathfrak{k})}.$$

Sollen die Felder reell sein, so muß:

$$F^*(\mathfrak{k}_\lambda) = F(-\mathfrak{k}_\lambda) \quad \text{bzw.} \quad \mathfrak{F}^*(\mathfrak{k}_\lambda) = \mathfrak{F}(-\mathfrak{k}_\lambda)$$

sein.

Man kann diese Darstellungen durch Einführung eines Maßstabsfaktors β zu $\mathfrak{k}$ verallgemeinern zu:

$$\varphi(\mathfrak{r}) = \frac{1}{\sqrt{\beta^3}} \int dv_k\, F(\mathfrak{k})\, e^{2\pi i \frac{(\mathfrak{r}\mathfrak{k})}{\beta}} \quad \text{mit} \quad F(\mathfrak{k}) = \frac{1}{\sqrt{\beta^3}} \int dv\, \varphi(\mathfrak{r})\, e^{-2\pi i \frac{(\mathfrak{r}\mathfrak{k})}{\beta}}$$

und ebenso für $\mathfrak{v}(\mathfrak{r})$. Hier wird z. B. die Wahl $\beta = 2\pi$ oft benutzt.

Wichtig ist der Spezialfall:

$$\delta(\mathfrak{r} - \mathfrak{r}') = \int dv_k\, e^{\pm 2\pi i (\mathfrak{r} - \mathfrak{r}', \mathfrak{k})} \quad \text{(s. S. 19).}$$

c) Ist $\varphi(\mathfrak{r})$ *kugelsymmetrisch*, d.h. nur Funktion von $r > 0$, so wird auch $F(\mathfrak{k})$ kugelsymmetrisch, d. h. nur Funktion von $k = |\mathfrak{k}| \geq 0$. Man hat dann die Beziehungen:

$$\varphi(r) = \frac{2}{r} \int\limits_0^\infty dk \cdot k F(k) \sin 2\pi k r \quad \text{und} \quad F(k) = \frac{2}{k} \int\limits_0^\infty dr \cdot r \varphi(r) \sin 2\pi k r.$$

[1] In diesem Absatz 13 ist der Wellenvektor als $2\pi\mathfrak{k}$ geschrieben.

Das ergibt unter anderen folgende Spezialfälle:

$\varphi(r)$	$F(k)$
$\frac{1}{r}$	$\frac{1}{\pi k^2}$
$\frac{1}{r^2}$	$\frac{\pi}{k}$
$\delta(r - r_0)$	$\frac{2 r_0}{k} \sin 2\pi k r_0$
$\frac{\sin 2\pi \alpha r}{r}$	$\frac{\delta(k-\alpha)}{2\alpha} = \frac{\delta(k-\alpha)}{k+\alpha}, \qquad (\alpha > 0)$
$\frac{\cos 2\pi \alpha r}{r}$	$\frac{1}{\pi(k^2 - \alpha^2)}$
$\frac{e^{-2\pi\alpha r}}{r}$	$\frac{1}{\pi(k^2+\alpha^2)}, \qquad (\alpha \geq 0)$
$\frac{e^{2\pi i \alpha r}}{r}$	$\frac{1}{\pi(k+\alpha)} \left\{ \frac{1}{k-\alpha} + i\pi\,\delta(k-\alpha) \right\} = \frac{2i}{k+\alpha}\,\delta_-(k-a), \; (\alpha > 0)$ (s. S. 19)
$\frac{e^{2\pi i \alpha r} \cdot e^{-\beta r}}{r}$	$\frac{1}{k} \left\{ \frac{2\pi(k-\alpha)+i\beta}{4\pi^2(k-\alpha)^2+\beta^2} + \frac{2\pi(k+\alpha)-i\beta}{4\pi^2(k+\alpha)^2+\beta^2} \right\}, \qquad (\beta > 0)$
$e^{-2\pi\alpha r}$	$\frac{\alpha}{\pi^2(k^2+\alpha^2)^2}, \qquad (\alpha > 0)$
$e^{-\frac{r^2}{\alpha}}$	$\alpha^{\frac{3}{2}} \pi^{\frac{3}{2}} e^{-\pi^2 k^2 \alpha}, \qquad (\alpha > 0)$

sowie die analogen Formeln bei Vertauschung von r und k. Es folgt z. B. aus

$$\frac{1}{r} = \frac{1}{\pi} \int \frac{e^{2\pi i (\mathfrak{r}\mathfrak{k})}}{k^2}\, d v_k:$$

$$\frac{1}{\pi k^2} = \int \frac{e^{-2\pi i (\mathfrak{r}\mathfrak{k})}}{r}\, d v.$$

Hierher gehören auch die folgenden in der relativistischen Wellentheorie benutzten FOURIER-Integrale:

$$U(r,t) = \frac{1}{(2\pi)^3} \int d v_k \frac{\cos c t k}{k^2} e^{i(\mathfrak{k}\mathfrak{r})} = \begin{cases} \frac{1}{4\pi r} & \text{für} \quad r > c|t| \\ 0 & \text{für} \quad r < c|t| \end{cases}$$

$$D(r,t) = -\frac{1}{c^2}\frac{\partial U}{\partial t} = \frac{1}{(2\pi)^3} \int d v_k \frac{\sin c t k}{c k} e^{i(\mathfrak{k}\mathfrak{r})} = \frac{1}{2\pi c}\frac{t}{|t|}\,\delta(r^2 - c^2 t^2)$$

$$D^{(1)}(r,t) = \frac{1}{(2\pi)^3} \int d v_k \frac{\cos c t k}{c k} e^{i(\mathfrak{k}\mathfrak{r})} = \frac{1}{2\pi^2 c (r^2 - c^2 t^2)}$$

$$D_\mu(r,t) = \frac{1}{(2\pi)^3}\int d v_k \frac{\sin c t \sqrt{k^2+\mu^2}}{c\sqrt{k^2+\mu^2}} e^{i(\mathfrak{k}\mathfrak{r})} =$$
$$= \frac{1}{2\pi c}\frac{t}{|t|}\delta(r^2 - c^2 t^2) - \frac{\mu}{4\pi c}\frac{t}{|t|} Re\left(\frac{H_1^{(1)}(\mu\sqrt{c^2t^2-r^2})}{\sqrt{c^2t^2-r^2}}\right)$$

$$D_\mu^{(1)}(r,t) = \frac{1}{(2\pi)^3}\int d v_k \frac{\cos c t \sqrt{k^2+\mu^2}}{c\sqrt{k^2+\mu^2}} e^{i(\mathfrak{k}\mathfrak{r})} = \frac{\mu}{4\pi c} Im\left(\frac{H_1^{(1)}(\mu\sqrt{c^2t^2-r^2})}{\sqrt{c^2t^2-r^2}}\right)$$

($H_1^{(1)} = I_1 + i N_1$, Zylinderfunktionen).

d) Baut man eine gitterperiodische Funktion $\varphi(\mathfrak{r})$ aus einer unperiodischen Funktion $\psi(\mathfrak{r}) = \int d v_k F(\mathfrak{k})\, e^{2\pi i(\mathfrak{r}\mathfrak{k})}$ auf durch:

$$\varphi(\mathfrak{r}) = \sum_g \psi(\mathfrak{r} - \mathfrak{r}_g),$$

die Summe erstreckt über alle Gitterpunkte, so wird $\varphi(\mathfrak{r})$ darstellbar in der Form:

$$\varphi(\mathfrak{r}) = \frac{1}{V_g}\sum_\lambda F(\mathfrak{k}_\lambda)\, e^{2\pi i(\mathfrak{r}\mathfrak{k}_\lambda)}$$

oder:

$$\sum_g \psi(\mathfrak{r} - \mathfrak{r}_g) = \frac{1}{V_g}\sum_\lambda e^{2\pi i(\mathfrak{r}\mathfrak{k}_\lambda)} \int \psi(\mathfrak{r}')e^{-2\pi i(\mathfrak{r}'\mathfrak{k}_\lambda)}\, d v'.$$

1. Beispiel: $\psi(\mathfrak{r}) = \delta(\mathfrak{r})$

$$\varphi(\mathfrak{r}) = \sum_g \delta(\mathfrak{r} - \mathfrak{r}_g) = \frac{1}{V_g}\sum_\lambda e^{2\pi i(\mathfrak{r}\mathfrak{k}_\lambda)} \int \delta(\mathfrak{r}')e^{-2\pi i(\mathfrak{r}'\mathfrak{k}_\lambda)}\, d v' =$$
$$= \frac{1}{V_g}\sum_\lambda e^{2\pi i(\mathfrak{r}\mathfrak{k}_\lambda)}.$$

2. Beispiel: $\psi(\mathfrak{r}) = e^{-\frac{r^2}{\alpha}}$

$$\left.\begin{aligned} \varphi(\mathfrak{r}) &= \sum_g e^{-\frac{(\mathfrak{r}-\mathfrak{r}_g)^2}{\alpha}} = \frac{1}{V_g}\sum_\lambda e^{2\pi i\,\mathfrak{r}\mathfrak{k}_\lambda)} \int e^{-\frac{r'^2}{\alpha} - 2\pi i(\mathfrak{r}'\mathfrak{k}_\lambda)}\, d v' = \\ &= \frac{\pi^{\frac{3}{2}}\alpha^{\frac{3}{2}}}{V_g}\sum_\lambda e^{2\pi i(\mathfrak{r}\mathfrak{k}_\lambda) - \alpha\pi^2 k_\lambda^2}. \end{aligned}\right\} \quad (6)$$

(Sogenannte Ewaldsche dreifache Theta-Transformationsformel.)

3. Beispiel: $\psi(\mathfrak{r}) = \frac{1}{r}$

$$\varphi(\mathfrak{r}) = \sum_g \frac{1}{|\mathfrak{r} - \mathfrak{r}_g|} = \frac{1}{\pi V_g}\sum_\lambda{}' \frac{e^{2\pi i(\mathfrak{r}\mathfrak{k}_\lambda)}}{k_\lambda^2} + \frac{1}{V_g}\int \frac{d v'}{|\mathfrak{r} - \mathfrak{r}'|}.$$

Die $\sum\limits_g$ und $\int \frac{dv'}{|\mathfrak{r}-\mathfrak{r}'|}$ divergieren beide wie $\lim\limits_{R\to\infty}\left(\frac{2\pi R^2}{V_g}\right)$. Ihre Differenz $\frac{1}{\pi V_g}\sum\limits_\lambda{}'$ bleibt endlich ($\lambda \neq 0$).

Durch Integration von (6) über α von 0 bis $1/\varepsilon^2$ erhält man mit der Funktion:

$$G(x) = 1 - \frac{2}{\sqrt{\pi}}\int\limits_0^x e^{-t^2}\,dt; \qquad G(0) = 1; \qquad G(\infty) = 0 \qquad \text{(s. S. 46)}$$

$$\sum_g \frac{G(\varepsilon|\mathfrak{r}-\mathfrak{r}_g|)}{|\mathfrak{r}-\mathfrak{r}_g|} = \frac{1}{\pi V_g}\sum_\lambda{}' \frac{e^{2\pi i(\mathfrak{r}\mathfrak{k}_\lambda)}}{k_\lambda^2}\left(1 - e^{-\frac{\pi^2 k_\lambda^2}{\varepsilon^2}}\right) + \frac{\pi}{\varepsilon^2 V_g}$$

und daher:

$$\sum_g \frac{1}{|\mathfrak{r}-\mathfrak{r}_g|} - \lim_{R\to\infty}\left(\frac{2\pi R^2}{V_g}\right) = \sum_g \frac{G(\varepsilon|\mathfrak{r}-\mathfrak{r}_g|)}{|\mathfrak{r}-\mathfrak{r}_g|} - \frac{\pi}{\varepsilon^2 V_g} + \frac{1}{\pi V_g}\sum_\lambda{}' \frac{e^{2\pi i(\mathfrak{r}\mathfrak{k}_\lambda) - \frac{\pi^2 k_\lambda^2}{\varepsilon^2}}}{k_\lambda^2}.$$

Durch geeignete Wahl von ε erreicht man, daß die Summen $\sum\limits_g$ und $\sum\limits_\lambda{}'$ *beide* schnell konvergieren. Für $\mathfrak{r}\to 0$ wird das Glied mit $\mathfrak{r}_g = 0$ gleich $\frac{1}{r} - \frac{2\varepsilon}{\sqrt{\pi}}$.

Diese Formel dient zur Berechnung von Gitterpotentialen nach Ewald.

e) Es ist oft nützlich, zur Vereinfachung zu setzen:

$$\alpha_\lambda(\mathfrak{r}) = \frac{1}{\sqrt{V_g}}\, e^{2\pi i(\mathfrak{r}\mathfrak{k}_\lambda)}.$$

Diese α_λ bilden ein vollständiges normiertes Orthogonalsystem:

$$\int dv\,\alpha_\lambda^*\alpha_{\lambda'} = \delta_{\lambda\lambda'}; \qquad \sum_\lambda \alpha_\lambda^*(\mathfrak{r})\,\alpha_\lambda(\mathfrak{r}') = \delta(\mathfrak{r}-\mathfrak{r}').$$

Für sie gilt:

$$\operatorname{grad}\alpha_\lambda = 2\pi i\,\mathfrak{k}_\lambda\alpha_\lambda; \qquad \Delta\alpha_\lambda = -4\pi^2 k_\lambda^2\alpha_\lambda.$$

Setzt man ferner:

$$\varphi_\lambda = \frac{1}{\sqrt{V_g}}F(\mathfrak{k}_\lambda); \qquad \mathfrak{v}_\lambda = \frac{1}{\sqrt{V_g}}\mathfrak{F}(\mathfrak{k}_\lambda),$$

so wird:

$$\varphi(\mathfrak{r}) = \sum_\lambda \varphi_\lambda\alpha_\lambda(\mathfrak{r}) \quad \text{mit} \quad \varphi_\lambda = \int dv\,\varphi(\mathfrak{r})\,\alpha_\lambda^*(\mathfrak{r})$$

$$\mathfrak{v}(\mathfrak{r}) = \sum_\lambda \mathfrak{v}_\lambda\alpha_\lambda(\mathfrak{r}) \quad \text{mit} \quad \mathfrak{v}_\lambda = \int dv\,\mathfrak{v}(\mathfrak{r})\,\alpha_\lambda^*(\mathfrak{r}).$$

Weiterhin kann man die $\mathfrak{v}_\lambda$ in Komponenten darstellen, eine (longitudinale) v_λ in Richtung von $\mathfrak{k}_\lambda$ und die beiden anderen senkrecht dazu. Man indiziert diese letzteren (transversalen) besser: v_{τ_1} und v_{τ_2} und vereinigt die zugehörigen Richtungsvektoren mit α_λ zu $\mathfrak{a}_\lambda(\mathfrak{r})$, $\mathfrak{a}_{\tau_1}(\mathfrak{r})$ und $\mathfrak{a}_{\tau_2}(\mathfrak{r})$. Man erhält dann die Darstellung:

$$\mathfrak{v}(\mathfrak{r}) = \sum_\lambda v_\lambda \mathfrak{a}_\lambda(\mathfrak{r}) + \sum_{\tau_1} v_{\tau_1} \mathfrak{a}_{\tau_1}(r) + \sum_{\tau_2} v_{\tau_2} \mathfrak{a}_{\tau_2}(\mathfrak{r}).$$

Für diese $\mathfrak{a}(\mathfrak{r})$ gilt:

$$(\mathfrak{a}_\lambda \mathfrak{a}_{\tau_i}) = 0; \qquad (\mathfrak{k}_\lambda \mathfrak{a}_\lambda) = k_\lambda \alpha_\lambda; \qquad (\mathfrak{k}_\lambda \mathfrak{a}_{\tau_i}) = 0 \qquad (i = 1, 2)$$

$$\operatorname{div} \mathfrak{a}_\lambda = 2\pi i\, k_\lambda \alpha_\lambda; \qquad \operatorname{rot} \mathfrak{a}_\lambda = 0$$

$$\operatorname{div} \mathfrak{a}_{\tau_i} = 0; \qquad \operatorname{rot} \mathfrak{a}_{\tau_i} = 2\pi i\, [\mathfrak{k}_\lambda \mathfrak{a}_{\tau_i}]$$

$$\int dv\, (\mathfrak{a}_\lambda^* \mathfrak{a}_{\lambda'}) = \delta_{\lambda\lambda'}; \qquad \int dv \left(\mathfrak{a}_{\tau_i}^* \mathfrak{a}_{\tau_i'}\right) = \delta_{\tau_i \tau_i'}$$

und es wird:

$$v_\lambda = \int dv\, (\mathfrak{v}(\mathfrak{r})\, \mathfrak{a}_\lambda^*(\mathfrak{r})); \qquad v_{\tau_i} = \int dv\, (\mathfrak{v}(\mathfrak{r})\, \mathfrak{a}_{\tau_i}^*).$$

Mit dieser Darstellung ist also auch eine Zerlegung des Vektorfeldes in einen wirbelfreien (longitudinalen) und einen quellenfreien (transversalen) Anteil verbunden. Sie ist nur rationell zur Formulierung linearer Beziehungen.

Es gilt:

$$\Delta \mathfrak{v}(\mathfrak{r}) = -4\pi^2 \left\{ \sum_\lambda k_\lambda^2 v_\lambda \mathfrak{a}_\lambda(\mathfrak{r}) + \sum_{\tau_1} k_{\tau_1}^2 v_{\tau_1} \mathfrak{a}_{\tau_1}(\mathfrak{r}) + \sum_{\tau_2} k_{\tau_2}^2 v_{\tau_2} \mathfrak{a}_{\tau_2}(\mathfrak{r}) \right\}.$$

Statt nach den komplexen $e^{2\pi i (\mathfrak{r}\mathfrak{k}_\lambda)}$ kann man auch nach den reellen $\cos 2\pi(\mathfrak{r}\mathfrak{k}_\lambda)$ und $\sin 2\pi(\mathfrak{r}\mathfrak{k}_\lambda)$ entwickeln. Man beachte, daß die Zahl der Summanden dabei ungeändert bleibt, d. h. man hat nur über die Hälfte der Punkte des reziproken Gitters zu summieren und jeder (außer dem Nullpunkt) liefert zwei Entwicklungsglieder.

Die $\sum\limits_\lambda$, $\sum\limits_{\tau_i}$ sind dann in diesem Sinne zu verstehen. Man kann hier die Größen $\sqrt{\frac{2}{V_g}} \cos 2\pi(\mathfrak{r}\mathfrak{k}_\lambda)$ und $\sqrt{\frac{2}{V_g}} \sin 2\pi(\mathfrak{r}\mathfrak{k}_\lambda)$ usw. als verschiedene α_λ usw. einführen, die als Paar dem Paar $\mathfrak{k}_\lambda$ und $-\mathfrak{k}_\lambda = \mathfrak{k}_{-\lambda}$ zugeordnet sind und deren Gesamtheit ein vollständiges normiertes Orthogonalsystem bildet. Die Entwicklungsformeln bleiben dann im wesentlichen ungeändert, doch gehen hierbei, z. B. bei der Bildung von grad, div und rot, einige Vorteile der komplexen Darstellung verloren.

Man kann auch α_λ^* neben α_λ als unabhängige Entwicklungsfunktionen benutzen und bei reellen Feldern

$$\varphi(\mathfrak{r}) = \sum_\lambda \varphi_\lambda \alpha_\lambda + \varphi_\lambda^* \alpha_\lambda^*$$

[und analog $\mathfrak{v}(\mathfrak{r})$] schreiben, wenn man sich wieder wie oben auf die Hälfte der reziproken Gitterpunkte beschränkt, oder man schreibt

$$\varphi(\mathfrak{r}) = \tfrac{1}{2}\sum_{\lambda} \varphi_\lambda \alpha_\lambda + \varphi_\lambda^* \alpha_\lambda^*$$

bei Summation über *alle* Gitterpunkte.

f) Ist das Feld außer vom Ort $\mathfrak{r}$ auch von der Zeit t abhängig, so werden F, $\mathfrak{F}$ bzw. φ_λ, v_λ, $v_{\mathfrak{r}_i}$ auch Funktionen von t.

Man kann das Feld dann auch in bezug auf t in FOURIER-Reihen bzw. Integrale entwickeln und erhält z. B. die Darstellung:

$$\varphi(\mathfrak{r}, t) = \int d v_k \int_{-\infty}^{+\infty} d\nu F(\mathfrak{k}, \nu)\, e^{2\pi i(\nu t + (\mathfrak{r}, \mathfrak{k}))}$$

mit:

$$F(\mathfrak{k}, \nu) = \int d v \int_{-\infty}^{+\infty} d t\, \varphi(\mathfrak{r}, t)\, e^{-2\pi i(\nu t + (\mathfrak{r}, \mathfrak{k}))}.$$

Das Feld ist dann aus ebenen Wellen aufgebaut dargestellt, die bei negativem ν in Richtung von $\mathfrak{k}$ laufen, dagegen bei positivem ν gegen $\mathfrak{k}$. Man kann entsprechend schreiben:

$$\varphi(\mathfrak{r}, t) = \int d v_k \int_0^\infty d\nu \left\{F(\mathfrak{k}, \nu)\, e^{2\pi i(\nu t + (\mathfrak{r}, \mathfrak{k}))} - F(\mathfrak{k}, -\nu)\, e^{-2\pi i(\nu t - (\mathfrak{r}, \mathfrak{k}))}\right\}.$$

Hier tritt oft der Fall ein, daß φ eine Differentialgleichung erfüllt, aus der $\nu = \pm \nu(\mathfrak{k})$ folgt. Dann wird:

$$\varphi(\mathfrak{r}, t) = \int d v_k \int_0^\infty d\nu\, \delta(\nu - \nu(\mathfrak{k})) \left\{F_1(\mathfrak{k})\, e^{2\pi i(\nu t + (\mathfrak{r}, \mathfrak{k}))} - F_2(\mathfrak{k})\, e^{-2\pi i(\nu t - (\mathfrak{r}, \mathfrak{k}))}\right\}.$$

14. Komplexe Vektoren.

Durch die formale Summe: $\mathfrak{a} = \mathfrak{a}' + i\mathfrak{a}''$, $\mathfrak{a}^* = \mathfrak{a}' - i\mathfrak{a}''$ mit den reellen Vektoren $\mathfrak{a}'$ und $\mathfrak{a}''$ läßt sich der Begriff eines komplexen Vektors definieren. Als komplexen Betrag von $\mathfrak{a}$ bezeichnen wir: $a = \sqrt{(\mathfrak{a}\mathfrak{a})} = \sqrt{a'^2 - a''^2 + 2i(\mathfrak{a}'\mathfrak{a}'')}$, und als „Norm" die reelle Zahl:

$$(\mathfrak{a}\mathfrak{a}^*) = a'^2 + a''^2 \qquad (\neq a a^* = |a|^2!).$$

Das Produkt $\alpha\mathfrak{a} = \mathfrak{b}$ mit einer komplexen Zahl $\alpha = \alpha' + i\alpha''$ ist

$$\alpha\,\mathfrak{a} = (\alpha'\mathfrak{a}' - \alpha''\mathfrak{a}'') + i(\alpha''\mathfrak{a}' + \alpha'\mathfrak{a}'') = \mathfrak{b}' + i\mathfrak{b}'' = \mathfrak{b}.$$

Sowohl $\mathfrak{b}'$ wie $\mathfrak{b}''$ stellen alle möglichen linearen Kombinationen von $\mathfrak{a}'$ und $\mathfrak{a}''$ als Funktionen von α dar. Bei der Transformation: $\mathfrak{a} \to \alpha\mathfrak{a}$ bleibt hier nicht eine Richtung, sondern eine Ebene bzw. ihre Normalenrichtung invariant.

Ist $\alpha = e^{i\varphi}$, so beschreiben $\mathfrak{b}'$ sowie $\mathfrak{b}''$, als Ortsvektoren betrachtet, eine Ellipse mit φ als Kurvenparameter. Diese kann als geometrische

Darstellung von $\mathfrak{a}$ dienen; $\mathfrak{a}'$ und $\mathfrak{a}''$ sind konjugierte Radienvektoren in ihr. Ihr Flächeninhalt ist $I = \pi |[\mathfrak{a}' \mathfrak{a}'']|$.

Die Transformation: $\mathfrak{a} \to \mathfrak{a} e^{i\varphi}$ läßt diese Ellipse, sowie: $a a^*$, $(\mathfrak{a}\mathfrak{a}^*)$ und $[\mathfrak{a}\mathfrak{a}^*] = -2i [\mathfrak{a}'\mathfrak{a}'']$ invariant.

Für $\alpha = e^{i\varphi} = \pm \sqrt{\pm \frac{a^*}{a}}$ wird:

$$\mathfrak{a}\sqrt{\frac{a^*}{a}} = \mathfrak{b}' + i\,\mathfrak{b}'' \quad \text{mit} \quad (\mathfrak{b}'\mathfrak{b}'') = 0. \qquad \text{(Transformation auf Hauptachsen.)}$$

$$\mathfrak{b}' = \frac{1}{\sqrt{a a^*}}\left(\frac{\mathfrak{a} a^* + \mathfrak{a}^* a}{2}\right); \qquad \mathfrak{b}'' = \frac{1}{\sqrt{a a^*}}\left(\frac{\mathfrak{a} a^* - \mathfrak{a}^* a}{2i}\right).$$

Ein wichtiger Spezialfall für komplexe Vektoren ist ein Vektor mit dem komplexen Betrag Null, ein „*Nullvektor*" mit: $a = a^* = 0$ und daher $a' = a''$, $(\mathfrak{a}'\mathfrak{a}'') = 0$.

Wir normieren ihn durch: $(\mathfrak{a}\mathfrak{a}^*) = 1$, d.h. $a' = a'' = 1/\sqrt{2}$. Seine darstellende Ellipse ist ein Kreis mit dem Radius 1.

Der zu ihm senkrechte reelle Einheitsvektor ist $\mathfrak{a}_1 = 2[\mathfrak{a}'\mathfrak{a}'']$.

Also gilt:

$$\begin{array}{lll} \mathfrak{a}_1 = i\,[\mathfrak{a}^*\mathfrak{a}] & a_1 = 1 & (\mathfrak{a}\mathfrak{a}^*) = 1 \\ \mathfrak{a} = -i\,[\mathfrak{a}_1\mathfrak{a}] & a = 0 & (\mathfrak{a}_1\mathfrak{a}) = 0 \\ \mathfrak{a}^* = +i\,[\mathfrak{a}_1\mathfrak{a}^*] & a^* = 0 & (\mathfrak{a}_1\mathfrak{a}^*) = 0. \end{array}$$

Damit ist folgende Darstellung eines beliebigen, reellen oder komplexen Vektors $\mathfrak{v}$ möglich:

$$\mathfrak{v} = c_1\mathfrak{a}_1 + c_2\mathfrak{a} + c_3\mathfrak{a}^*$$

mit

$$c_1 = (\mathfrak{a}_1\mathfrak{v}); \quad c_2 = (\mathfrak{a}^*\mathfrak{v}); \quad c_3 = (\mathfrak{a}\mathfrak{v}).$$

Anwendung. Man kann diese komplexen Vektoren verwenden, besonders in der Form: $\mathfrak{a} e^{i\omega t}$, zur Darstellung von räumlichen Schwingungen, Präzessionsbewegungen, Rotationen und vektoriellen Wellen.

Die Lösung der Vektordifferentialgleichung:

$$\frac{d\mathfrak{a}}{dt} = [\mathfrak{u}\mathfrak{a}] \qquad (\mathfrak{u} = \text{konstanter Vektor})$$

ist der komplexe Vektor

$$\mathfrak{a} = \alpha\,\mathfrak{u} + \mathfrak{a}_0 e^{i\omega t} \qquad \omega = |\mathfrak{u}| \qquad a_0^2 = 0$$

mit beliebigem konstantem α und dem Nullvektor $\mathfrak{a}_0 \perp \mathfrak{u}$. $\mathfrak{a}$ ist ein Vektor, der um $\mathfrak{u}$ mit der Winkelgeschwindigkeit ω „präzessiert".

Sowohl der Realteil wie der Imaginärteil der definitiven Lösung, sowie auch eine beliebige Linearkombination von beiden ist eine Lösung.

15. Quaternionen in Vektorsymbolik.

Man kann eine Quaternion A (s. S. 10) auffassen als Zusammenfassung eines Vektors $\mathfrak{a}$ und eines Skalars α zu *einer* Größe, geschrieben: $A = (\mathfrak{a}, \alpha)$ oder auch $= (\mathfrak{a} + \alpha)$. Für das Rechnen mit solchen Größen sollen folgende Regeln gelten:

1. Addition: $(\mathfrak{a}, \alpha) + (\mathfrak{b}, \beta) = (\mathfrak{a} + \mathfrak{b}, \alpha + \beta)$,
2. Multiplikation: $(\mathfrak{a}, \alpha) \times (\mathfrak{b}, \beta) = (\mathfrak{c}, \gamma) =$
$$= ([\mathfrak{a}\,\mathfrak{b}] + \alpha\,\mathfrak{b} + \beta\,\mathfrak{a}, \alpha\beta - (\mathfrak{a}\,\mathfrak{b})).$$

Damit wird:

$$c^2 + \gamma^2 = (a^2 + \alpha^2)(b^2 + \beta^2);$$

$$(\mathfrak{a}, \alpha) \times (-\mathfrak{a}, \alpha) = (0, a^2 + \alpha^2) = (a^2 + \alpha^2)(0, 1),$$

$(0, 1)$ ist die Einheit $=$ Einheitsquaternion E.

$\frac{(-\mathfrak{a}, \alpha)}{a^2 + \alpha^2}$ ist die zu $(\mathfrak{a}, \alpha)$ reziproke Quaternion A^{-1}.

Faßt man eine Quaternion $R = (\mathfrak{r}, \varrho)$ auf als Darstellung eines Vektors im vierdimensionalen Raum, in dem der Skalar ϱ die vierte Komponente, „senkrecht" zu $\mathfrak{r}$ bedeuten soll, dann bedeutet die Multiplikation mit einer anderen Quaternion eine Tensoroperation:

$$(\mathfrak{r}', \varrho') = (\mathfrak{a}, \alpha) \times (\mathfrak{r}, \varrho); \qquad R' = A \times R.$$

Mit $a^2 + \alpha^2 = 1$ ist das eine spezielle orthogonale Transformation im vierdimensionalen Raum: $\mathfrak{r}'^2 + \varrho'^2 = \mathfrak{r}^2 + \varrho^2$. Die *allgemeine* orthogonale Transformation lautet:

$$(\mathfrak{r}', \varrho') = (\mathfrak{a}, \alpha)(\mathfrak{r}, \varrho)(\mathfrak{b}, \beta); \qquad R' = A \times R \times B;$$

mit
$$(a^2 + \alpha^2)(b^2 + \beta^2) = 1.$$

Ist hier $\mathfrak{a} = \mathfrak{b}$, $\alpha = \beta$, $(A = B)$, so ist das eine solche vom Typus einer LORENTZ-Transformation (s. S. 415), ist $\mathfrak{a} = -\mathfrak{b}$, $\alpha = \beta$, $(B = A^{-1})$, so wird $\varrho' = \varrho$, und es bleibt nur die Drehung im dreidimensionalen Raum mit $|\mathfrak{r}'| = |\mathfrak{r}|$ (s. S. 155).

16. Hyperkomplexe Vektoren.

Man kann aus einer Pentade von fünf hyperkomplexen Zahlen (s. S. 11), die die Forderung: $\gamma_i\gamma_k + \gamma_k\gamma_i = 2\delta_{ik}$ erfüllen, drei auswählen und zu einem Vektor $\mathfrak{h}$ zusammenfassen, z. B. mit: $h_x = \gamma_1$, $h_y = \gamma_2$, $h_z = \gamma_3$. Dann gilt:

$$(\mathfrak{h}\,\mathfrak{h}) = 3.$$

$[\mathfrak{h}\,\mathfrak{h}]$ verschwindet hier nicht, sondern definiert den Vektor:

$$[\mathfrak{h}\,\mathfrak{h}] = 2i\,\mathfrak{s}$$

mit:
$$i\,s_x = \gamma_2\gamma_3, \quad i\,s_y = \gamma_3\gamma_1, \quad i\,s_z = \gamma_1\gamma_2.$$

Es gilt dann:

$$(\mathfrak{s}\,\mathfrak{s}) = 3, \qquad [\mathfrak{s}\,\mathfrak{s}] = 2i\,\mathfrak{s}$$

$$[\mathfrak{s}\,\mathfrak{h}] = [\mathfrak{h}\,\mathfrak{s}] = -\,2i\,\mathfrak{h}$$

$$(\mathfrak{h}\,\mathfrak{s}) = (\mathfrak{s}\,\mathfrak{h}) = -3i\,\tau \text{ definiert den Skalar } \tau = \gamma_1\gamma_2\gamma_3.$$

$$\tau^2 = -1$$

$$\mathfrak{h}\,\tau = \tau\,\mathfrak{h} = i\,\mathfrak{s}, \qquad \mathfrak{s}\,\tau = \tau\,\mathfrak{s} = i\,\mathfrak{h}.$$

In Verbindung mit gewöhnlichen Vektoren $\mathfrak{a}$, $\mathfrak{b}$, ... gilt dann:

$$\mathfrak{h}(\mathfrak{a}\,\mathfrak{h}) + (\mathfrak{a}\,\mathfrak{h})\,\mathfrak{h} = 2\,\mathfrak{a}$$

$$\mathfrak{h}(\mathfrak{a}\,\mathfrak{h}) - (\mathfrak{a}\,\mathfrak{h})\,\mathfrak{h} = 2i\,[\mathfrak{a}\,\mathfrak{s}]$$

$$(\mathfrak{a}\,\mathfrak{h})(\mathfrak{b}\,\mathfrak{h}) + (\mathfrak{b}\,\mathfrak{h})(\mathfrak{a}\,\mathfrak{h}) = 2(\mathfrak{a}\,\mathfrak{b}); \qquad (\mathfrak{a}\,\mathfrak{h})^2 = a^2$$

$$(\mathfrak{a}\,\mathfrak{h})(\mathfrak{b}\,\mathfrak{h}) - (\mathfrak{b}\,\mathfrak{h})(\mathfrak{a}\,\mathfrak{h}) = 2i(\mathfrak{s}\,[\mathfrak{a}\,\mathfrak{b}])$$

$$(\mathfrak{h}\,[\mathfrak{a}\,\mathfrak{h}]) = -(\mathfrak{a}\,[\mathfrak{h}\,\mathfrak{h}]) = -([\mathfrak{a}\,\mathfrak{h}]\,\mathfrak{h}) = -2i(\mathfrak{a}\,\mathfrak{s})$$

$$[\mathfrak{h}\,[\mathfrak{a}\,\mathfrak{h}]] = 3\,\mathfrak{a} - (\mathfrak{a}\,\mathfrak{h})\,\mathfrak{h} = 2\,\mathfrak{a} + i\,[\mathfrak{a}\,\mathfrak{s}]$$

$$([\mathfrak{a}\,\mathfrak{h}]\,[\mathfrak{b}\,\mathfrak{h}]) + ([\mathfrak{b}\,\mathfrak{h}]\,[\mathfrak{a}\,\mathfrak{h}]) = 4(\mathfrak{a}\,\mathfrak{b}); \qquad ([\mathfrak{a}\,\mathfrak{h}])^2 = 2a^2$$

$$([\mathfrak{a}\,\mathfrak{h}]\,[\mathfrak{b}\,\mathfrak{h}]) - ([\mathfrak{b}\,\mathfrak{h}]\,[\mathfrak{a}\,\mathfrak{h}]) = 2i(\mathfrak{s}\,[\mathfrak{a}\,\mathfrak{b}]).$$

Durch Multiplikation mit $-i\tau$ bzw. $-\tau^2$ erhält man unter anderem:

$$\mathfrak{s}(\mathfrak{a}\,\mathfrak{h}) = \mathfrak{h}(\mathfrak{a}\,\mathfrak{s}); \qquad \mathfrak{s}(\mathfrak{a}\,\mathfrak{s}) = \mathfrak{h}(\mathfrak{a}\,\mathfrak{h}); \qquad (\mathfrak{a}\,\mathfrak{h})\,\mathfrak{s} = (\mathfrak{a}\,\mathfrak{s})\,\mathfrak{h};$$

$$(\mathfrak{a}\,\mathfrak{s})\,\mathfrak{s} = (\mathfrak{a}\,\mathfrak{h})\,\mathfrak{h}; \qquad \mathfrak{s}(\mathfrak{a}\,\mathfrak{h}) + (\mathfrak{a}\,\mathfrak{h})\,\mathfrak{s} = -2i\tau\,\mathfrak{a} \quad \text{usw.}$$

Bei Multiplikation mit einem vierten γ_4 der Pentade gilt:

$$\gamma_4\mathfrak{h} = -\mathfrak{h}\gamma_4; \qquad \gamma_4\mathfrak{s} = \mathfrak{s}\gamma_4; \qquad \gamma_4\tau = -\tau\gamma_4.$$

Man kann diese Größen auch mit Differentialoperatoren wie grad und [$\mathfrak{r}$ grad] kombinieren, die sich auch wie nicht allgemein kommutierende Vektoren behandeln lassen (s. S. 172). Man erhält dann unter anderen folgende Operatorgleichungen:

$$(\mathfrak{h}\,\mathrm{grad})\,[\mathfrak{r}\,\mathrm{grad}] - [\mathfrak{r}\,\mathrm{grad}]\,(\mathfrak{h}\,\mathrm{grad}) = [\mathfrak{h}\,\mathrm{grad}]$$

$$(\mathfrak{h}\,\mathrm{grad})\,\mathfrak{s} - \mathfrak{s}\,(\mathfrak{h}\,\mathrm{grad}) = 2i\,[\mathfrak{h}\,\mathrm{grad}]$$

$$(\mathfrak{h}\,\mathrm{grad})\,(\mathfrak{s}\,[\mathfrak{r}\,\mathrm{grad}]) + (\mathfrak{s}\,[\mathfrak{r}\,\mathrm{grad}])\,(\mathfrak{h}\,\mathrm{grad}) = -2i(\mathfrak{h}\,\mathrm{grad})$$

$$(\mathfrak{h}\,\mathrm{grad})\,\gamma_4 - \gamma_4(\mathfrak{h}\,\mathrm{grad}) = 2(\mathfrak{h}\,\mathrm{grad})\,\gamma_4.$$

Daher sind:

$$[\mathfrak{r}\,\mathrm{grad}] + i\,\frac{\mathfrak{s}}{2} \qquad \text{und} \qquad \{(\mathfrak{s}\,[\mathfrak{r}\,\mathrm{grad}]) + i\}\,\gamma_4$$

mit ($\mathfrak{h}$ grad) vertauschbare Operatoren.

17. Duale Vektoren.

Unter dualen Zahlen versteht man (in Analogie zu den komplexen) die Zusammenfassung zweier Zahlen a_1 und a_2 zu einer Größe A. Schreibt man: $A = a_1 + \varepsilon a_2$, so hat man mit solchen Zahlen zu rechnen unter Beachtung der Rechenregel: $\varepsilon^2 = 0$; also z. B. $AB = BA = a_1 b_1 + \varepsilon(a_1 b_2 + a_2 b_1)$;

$$A^n = a_1^n\left(1 + \varepsilon n \frac{a_2}{a_1}\right);$$

$$A^{-1} = \frac{1}{a_1}\left(1 - \varepsilon \frac{a_2}{a_1}\right) \text{ usw.}$$

Duale Vektoren bildet man analog: $\mathfrak{A} = \mathfrak{a}_1 + \varepsilon \mathfrak{a}_2$.

$$(\mathfrak{A}\mathfrak{B}) = (\mathfrak{a}_1 \mathfrak{b}_1) + \varepsilon\{(\mathfrak{a}_1 \mathfrak{b}_2) + (\mathfrak{a}_2 \mathfrak{b}_1)\}; \quad [\mathfrak{A}\mathfrak{B}] = [\mathfrak{a}_1 \mathfrak{b}_1] + \varepsilon\{[\mathfrak{a}_1 \mathfrak{b}_2] + [\mathfrak{a}_2 \mathfrak{b}_1]\},$$

$$\mathfrak{A}^2 = a_1^2 + \varepsilon \cdot 2(\mathfrak{a}_1 \mathfrak{a}_2); \qquad \sqrt{\mathfrak{A}^2} = a_1 + \varepsilon \frac{(\mathfrak{a}_1 \mathfrak{a}_2)}{a_1} \text{ usw.}$$

Sie sind Einheitsvektoren ($\mathfrak{A}^2 = 1$) für $a_1^2 = 1$, $(\mathfrak{a}_1 \mathfrak{a}_2) = 0$.

Man normiert sie durch: $\dfrac{\mathfrak{A}}{\sqrt{\mathfrak{a}^2}} = \dfrac{\mathfrak{a}_1}{a_1} - \dfrac{\varepsilon[\mathfrak{a}_1[\mathfrak{a}_1 \mathfrak{a}_2]]}{\mathfrak{a}_1^3}$.

Anwendung. Die Lage einer Geraden $\mathfrak{A}$ im Raum ist beschreibbar durch einen Einheitsvektor $\mathfrak{a}$ ($a^2 = 1$) in Richtung der Geraden und einen Vektor $\underline{\mathfrak{a}}$ mit Richtung und Länge ihres Lotes vom Nullpunkt: $(\mathfrak{a}\underline{\mathfrak{a}}) = 0$.

Ihre Gleichung wird damit: $\mathfrak{r} = \underline{\mathfrak{a}} + \alpha \mathfrak{a}$ (α = Kurvenparameter)

oder $[\mathfrak{r}\mathfrak{a}] = \bar{\mathfrak{a}}$ mit $\bar{\mathfrak{a}} = [\underline{\mathfrak{a}}\mathfrak{a}]$ (Moment um den Nullpunkt).

Es ist $\underline{\mathfrak{a}} = [\mathfrak{a}\bar{\mathfrak{a}}]$

und $(\mathfrak{a}\bar{\mathfrak{a}}) = 0$.

Der kürzeste Abstand zwischen zwei Geraden $\mathfrak{A}$ und $\mathfrak{B}$ wird:

$$d = \frac{((\underline{\mathfrak{b}} - \underline{\mathfrak{a}})[\mathfrak{a}\mathfrak{b}])}{|[\mathfrak{a}\mathfrak{b}]|} = -\frac{(\mathfrak{b}\bar{\mathfrak{a}}) + (\mathfrak{a}\bar{\mathfrak{b}})}{|[\mathfrak{a}\mathfrak{b}]|}\left(= \sqrt{\frac{(\bar{\mathfrak{a}}\bar{\mathfrak{b}})}{(\mathfrak{a}\mathfrak{b})}}\right).$$

Führt man den normierten dualen Vektor: $\mathfrak{A} = \mathfrak{a} + \varepsilon\bar{\mathfrak{a}}$ ein, so ist durch ihn eine Gerade ebenfalls vollständig dargestellt. Für zwei Gerade wird:

$$(\mathfrak{A}\mathfrak{B}) = (\mathfrak{a}\mathfrak{b}) + \varepsilon\{(\mathfrak{a}\bar{\mathfrak{b}}) + (\mathfrak{b}\bar{\mathfrak{a}})\} = \cos\varphi - \varepsilon d \sin\varphi,$$

wo φ der Winkel zwischen $\mathfrak{a}$ und $\mathfrak{b}$ ist.

Schreibt man $\Phi = \varphi + \varepsilon d$, so wird

$$\cos\Phi = \cos\varphi - \varepsilon d \sin\varphi = (\mathfrak{A}\mathfrak{B}).$$

Durch dieses duale Produkt $(\mathfrak{A}\mathfrak{B})$ bzw. den dualen Winkel Φ ist also die relative Lage der beiden Geraden gegeben. Sie schneiden sich, wenn $(\mathfrak{A}\mathfrak{B})$ „reell" ist, im Punkte:

$$\mathfrak{r}_{ab} = \frac{[\bar{\mathfrak{b}}\,\bar{\mathfrak{a}}]}{(\mathfrak{a}\,\bar{\mathfrak{b}})} = \frac{[\bar{\mathfrak{a}}\,\bar{\mathfrak{b}}]}{(\mathfrak{b}\,\bar{\mathfrak{a}})} = \underline{\mathfrak{a}} + \mathfrak{a}\frac{(\underline{\mathfrak{a}}\,\bar{\mathfrak{b}})}{(\mathfrak{a}\,\bar{\mathfrak{b}})} = \underline{\mathfrak{b}} + \mathfrak{b}\frac{(\bar{\mathfrak{a}}\,\underline{\mathfrak{b}})}{(\bar{\mathfrak{a}}\,\mathfrak{b})}.$$

Ist $(\mathfrak{A}\mathfrak{B}) = 0$, so schneiden sich die Geraden senkrecht. Die Gerade $\mathfrak{C} = \frac{[\mathfrak{A}\,\mathfrak{B}]}{\sqrt{[\mathfrak{A}\,\mathfrak{B}]^2}} = \mathfrak{c} + \varepsilon\,\bar{\mathfrak{c}}$ $(\mathfrak{C}^2 = 1)$ schneidet $\mathfrak{A}$ und $\mathfrak{B}$ senkrecht. Für sie wird:

$$\mathfrak{c} = \frac{[\mathfrak{a}\,\mathfrak{b}]}{|[\mathfrak{a}\,\mathfrak{b}]|}, \qquad \underline{\mathfrak{c}} = \frac{[\mathfrak{c},\,[\mathfrak{a}\,\bar{\mathfrak{b}}] + [\bar{\mathfrak{a}}\,\mathfrak{b}]]}{|[\mathfrak{a}\,\mathfrak{b}]|} = \frac{\mathfrak{a}\,(\mathfrak{a}\,\underline{\mathfrak{b}}) + \mathfrak{b}\,(\mathfrak{b}\,\underline{\mathfrak{a}})}{[\mathfrak{a}\,\mathfrak{b}]^2},$$

$$\bar{\mathfrak{c}} = -[\mathfrak{c}\,\underline{\mathfrak{c}}] = \frac{[\mathfrak{a}\,\bar{\mathfrak{b}}] + [\bar{\mathfrak{a}}\,\mathfrak{b}]}{|[\mathfrak{a}\,\mathfrak{b}]|} + \mathfrak{c}\,d\,\mathrm{ctg}\,\varphi.$$

Die Schnittpunkte von $\mathfrak{C}$ mit $\mathfrak{A}$ und $\mathfrak{B}$ sind:

$$\mathfrak{r}_{ac} = \underline{\mathfrak{c}} + \frac{[\mathfrak{a}\,\mathfrak{b}]\,(\bar{\mathfrak{a}}\,\mathfrak{b})}{[\mathfrak{a}\,\mathfrak{b}]^2}; \qquad \mathfrak{r}_{bc} = \underline{\mathfrak{c}} - \frac{[\mathfrak{a}\,\mathfrak{b}]\,(\mathfrak{a}\,\bar{\mathfrak{b}})}{[\mathfrak{a}\,\mathfrak{b}]^2}.$$

Sind die Geraden $\mathfrak{A}$ und $\mathfrak{B}$ infinitesimal benachbart, d.h. setzen wir: $\mathfrak{b} = \mathfrak{a} + \mathfrak{u}$, $\underline{\mathfrak{b}} = \underline{\mathfrak{a}} + \mathfrak{v}$ und gehen zu $\mathfrak{u} \to 0$, $\mathfrak{v} \to 0$ über, so wird:

$$d = \frac{(\mathfrak{a}\,[\mathfrak{u}\,\mathfrak{v}])}{u} \to 0; \quad (\mathfrak{a}\,\mathfrak{u}) = -\frac{u^2}{2} \to 0 \text{ d.h. klein von zweiter Ordnung;}$$

$$(\mathfrak{a}\,\mathfrak{v}) + (\underline{\mathfrak{a}}\,\mathfrak{u}) = -(\mathfrak{u}\,\mathfrak{v}) \to 0$$

$$\mathfrak{c} = \frac{[\mathfrak{a}\,\mathfrak{u}]}{u}; \qquad \underline{\mathfrak{c}} = \frac{-\mathfrak{a}\,(\mathfrak{u}\,\mathfrak{v}) - \mathfrak{u}\,(\mathfrak{a}\,\mathfrak{v})}{u^2}; \qquad \bar{\mathfrak{c}} = \frac{\mathfrak{u}\,(\mathfrak{u}\,\mathfrak{v})}{u^2} - \frac{\mathfrak{a}\,(\mathfrak{a}\,\mathfrak{v})}{u}$$

und ihr kürzester Abstand d liegt bei $\mathfrak{r} = \underline{\mathfrak{a}} - \frac{\mathfrak{a}\,(\mathfrak{u}\,\mathfrak{v})}{u^2}$.

18. Transformation auf bewegtes Bezugssystem.

Ist ein Feldskalar oder -vektor gegeben als Funktion eines Ortsvektors $\mathfrak{r}(t)$, der von einem Parameter, z. B. der Zeit t abhängt, so bedeutet das eine Darstellung in einem „bewegten" Bezugssystem. Ist $d\mathfrak{r}/dt = \mathfrak{v}$ die Geschwindigkeit seiner Bewegung, so ist die Änderung eines an sich konstanten Skalars φ in einem im Bezugssystem festen Punkt gegeben durch:

$$\delta\varphi = (\mathfrak{v}\,\mathrm{grad}\,\varphi)\,\delta t$$

sowie eines Vektors durch:

$$\delta\mathfrak{a} = \{(\mathfrak{v}\,\mathrm{grad})\,\mathfrak{a} - (\mathfrak{a}\,\mathrm{grad})\,\mathfrak{v}\}\,\delta t.$$

$\mathfrak{v} = \text{const}$ bedeutet ein starr parallel bewegtes System, $\mathfrak{v} = [\mathfrak{u}\mathfrak{r}]$ mit $\mathfrak{u} = \text{const}$ ein starr rotierendes. In diesem gilt dann:

$$\delta\mathfrak{a} = \{([\mathfrak{u}\mathfrak{r}]\,\text{grad})\,\mathfrak{a} - [\mathfrak{u}\mathfrak{a}]\}\,\delta t.$$

Ein Feld $\mathfrak{a} = \mathfrak{r} f(\mathfrak{r})$ bleibt hier ungeändert.

Eine eventuelle explizite Zeitabhängigkeit kombiniert sich additiv zu dieser impliziten.

19. Zeitabhängiger Integrationsbereich.

Für ein Linienintegral $\int\limits_1^2 (\mathfrak{a}\,d\mathfrak{s})$, das längs einer sich mit der Geschwindigkeit $\mathfrak{v}$ bewegenden Kurve gebildet ist, gilt:

$$\frac{d}{dt}\int\limits_1^2 ds\,a_s = \int\limits_1^2 ds\left(\frac{\partial\mathfrak{a}}{\partial t} + \text{grad}\,(\mathfrak{v}\mathfrak{a}) - [\mathfrak{v}\,\text{rot}\,\mathfrak{a}]\right)_s$$

und für ein Oberflächenintegral $\int df\,\mathfrak{a}_n$:

$$\frac{d}{dt}\int df\,\mathfrak{a}_n = \int df\left(\frac{\partial\mathfrak{a}}{\partial t} + \text{rot}\,[\mathfrak{a}\mathfrak{v}] + \mathfrak{v}\,\text{div}\,\mathfrak{a}\right)_n$$

sowie für ein Volumenintegral $\int dv\varphi$:

$$\frac{d}{dt}\int dv\,\varphi = \int dv\left\{\frac{\partial\varphi}{\partial t} + \varphi\,\text{div}\,\mathfrak{v} + (\mathfrak{v}\,\text{grad}\,\varphi)\right\} = \int dv\,\frac{\partial\varphi}{\partial t} + \int df\,\varphi(\mathfrak{v}\mathfrak{n}).$$

B. Tensoren im Dreidimensionalen.

1. Lineare Feldfunktionen.

Schreitet man in einem Vektorfelde $\mathfrak{a}$ längs einer beliebigen Geraden fort und ist hierbei der Vektor $\mathfrak{a}$ eine lineare Funktion der auf der Geraden gemessenen Länge, also darstellbar in der Form $\mathfrak{a}_1 - \mathfrak{a}_2 = \mathfrak{b}\,d$, wo $\mathfrak{b}$ einen konstanten nur durch die Richtung der Geraden bestimmten Vektor bedeutet und d den Abstand zwischen den Punkten der Vektoren $\mathfrak{a}_1$ und $\mathfrak{a}_2$, so heißt das Vektorfeld $\mathfrak{a}$ eine lineare Vektorfunktion des Orts.

Eine solche Funktion läßt sich aufbauen aus einer Anzahl von Größen der Form:

$$\mathfrak{a} = \mathfrak{a}_0 + k\,\mathfrak{r} + \sum_n ([\mathfrak{u}_n\mathfrak{r}] + \mathfrak{p}_n(\mathfrak{q}_n\mathfrak{r}) + [\mathfrak{d}_n[\mathfrak{e}_n\mathfrak{r}]] + \cdots),$$

d. h. aus einer Summe von *Vektoren*, die von $\mathfrak{r}$ linear abhängen. Die Größen $\mathfrak{a}_0$ k $\mathfrak{u}_n$ $\mathfrak{p}_n$ $\mathfrak{q}_n$ $\mathfrak{d}_n$ $\mathfrak{e}_n$ seien hierbei Konstanten bzw. ortsunabhängige Vektoren.

Der Ausdruck läßt sich aber, ohne seine Allgemeinheit zu beschränken, auch in der einfacheren Form schreiben:

$$\mathfrak{a} = \mathfrak{a}_0 + \sum_n \mathfrak{p}_n(\mathfrak{q}_n\mathfrak{r}) \qquad (n = 1, 2, 3),$$

wo die $\mathfrak{p}_n$ und $\mathfrak{q}_n$ freie Vektoren seien.

Es ist dann

$$\operatorname{div}\mathfrak{a} = \sum_n (\mathfrak{p}_n\,\mathfrak{q}_n).$$

$$\operatorname{rot}\mathfrak{a} = \sum_n [\mathfrak{p}_n\,\mathfrak{q}_n].$$

Zerlegt man $\mathfrak{a} - \mathfrak{a}_0$ in zwei Felder $\mathfrak{a}'$ und $\mathfrak{a}''$, so daß $\operatorname{div}\mathfrak{a}' = 0$ und $\operatorname{rot}\mathfrak{a}'' = 0$ wird (vgl. S. 181), d. h. in einen quellenfreien und einen wirbelfreien Teil, so ist

$$\mathfrak{a} - \mathfrak{a}_0 = \mathfrak{a}' + \mathfrak{a}''$$

$$\mathfrak{a}' = [\mathfrak{u}\,\mathfrak{r}], \qquad \operatorname{rot}\mathfrak{a}' + 2\mathfrak{u}, \qquad \mathfrak{u} = \tfrac{1}{2}\sum [\mathfrak{p}_n\,\mathfrak{q}_n].$$

$$\mathfrak{a}'' = \tfrac{1}{2}\sum (\mathfrak{p}_n(\mathfrak{q}_n\,\mathfrak{r}) + \mathfrak{q}_n(\mathfrak{p}_n\,\mathfrak{r})), \qquad \operatorname{div}\mathfrak{a}'' = \sum (\mathfrak{p}_n\,\mathfrak{q}_n).$$

2. Der Tensorbegriff.

Die lineare Abhängigkeit des letzten Paragraphen, die jedem $\mathfrak{r}$ ein $\mathfrak{a}$ zuordnet, schreiben wir symbolisch:

$$\mathfrak{a} - \mathfrak{a}_0 = \mathfrak{T}\,\mathfrak{r}$$

oder allgemein die lineare Abhängigkeit zweier Vektoren $\mathfrak{a}$ und $\mathfrak{b}$:

$$\mathfrak{a} = \mathfrak{T}\,\mathfrak{b} = \sum_{n=1}^{3} \mathfrak{p}_n(\mathfrak{q}_n\,\mathfrak{b}).$$

Den Operator $\mathfrak{T}$ bezeichnet man als einen *Tensor*[1].

Die Linearität fordert, daß

$$k\,\mathfrak{a} = k\,\mathfrak{T}\,\mathfrak{b} = \mathfrak{T}\,k\,\mathfrak{b},$$

ferner, wenn $\mathfrak{a}' = \mathfrak{T}\,\mathfrak{b}'$:

$$\mathfrak{a} + \mathfrak{a}' = \mathfrak{T}\,\mathfrak{b} + \mathfrak{T}\,\mathfrak{b}' = \mathfrak{T}(\mathfrak{b} + \mathfrak{b}').$$

Definieren wir ferner die Summe zweier Tensoren $\mathfrak{T}_1$ und $\mathfrak{T}_2$ aus:

$$(\mathfrak{T}_1 + \mathfrak{T}_2)\,\mathfrak{b} = \mathfrak{T}_1\,\mathfrak{b} + \mathfrak{T}_2\,\mathfrak{b},$$

so sieht man, daß der Operator $\mathfrak{T}$ wie eine algebraische Größe additiv im Sinne der obigen Formeln behandelt werden darf.

Ein Tensor heißt *symmetrisch*, wenn für *beliebige* Vektoren $\mathfrak{a}$ und $\mathfrak{b}$:

$$(\mathfrak{a}\,\mathfrak{T}\,\mathfrak{b}) = (\mathfrak{b}\,\mathfrak{T}\,\mathfrak{a})$$

ist, *antimetrisch* (oder *schiefsymmetrisch*), wenn:

$$(\mathfrak{a}\,\mathfrak{T}\,\mathfrak{b}) = -(\mathfrak{b}\,\mathfrak{T}\,\mathfrak{a})$$

[1] Speziell als Tensor 2. Grades. Ein Skalar kann aus später ersichtlichen Gründen (vgl. S. 215) als ein Tensor 0. Grades, ein Vektor als ein solcher 1. Grades bezeichnet werden.

ist. Jeder Tensor $\mathfrak{T}$ kann eindeutig in die Summe von einem symmetrischen und einem antimetrischen Teil $\mathfrak{T}_1$ und $\mathfrak{T}_2$ zerlegt werden:

$$\mathfrak{T} = \mathfrak{T}_1 + \mathfrak{T}_2 .$$

Der Tensor $\tilde{\mathfrak{T}} = \mathfrak{T}_1 - \mathfrak{T}_2$ heißt der zu $\mathfrak{T}$ *adjungierte* oder *transponierte* Tensor. Ein symmetrischer Tensor ist also zu sich selbst adjungiert. Es gilt ganz allgemein $(\mathfrak{a}\,\mathfrak{T}\,\mathfrak{b}) = (\mathfrak{b}\,\tilde{\mathfrak{T}}\,\mathfrak{a})$.

Infolge der linearen Beziehung zwischen $\mathfrak{a}$ und $\mathfrak{b}$ kann im allgemeinen auch $\mathfrak{b}$ durch einen neuen Tensor aus $\mathfrak{a}$ abgeleitet werden. Er wird als der zu $\mathfrak{T}$ *reziproke* Tensor $\mathfrak{T}^{-1}$ bezeichnet:

$$\mathfrak{b} = \mathfrak{T}^{-1}\,\mathfrak{a} .$$

Gibt es einen Vektor $\mathfrak{e}$, so daß $\mathfrak{T}\,\mathfrak{e} = 0$ ist, so heißt $\mathfrak{T}$ *singulär*. $\mathfrak{T}^{-1}\mathfrak{a}$ ist dann um ein beliebiges Vielfaches von $\mathfrak{e}$ unbestimmt.

Haben wir außer der Abhängigkeit:

$$\mathfrak{a} = \mathfrak{T}\,\mathfrak{b}$$

die zweite:

$$\mathfrak{b} = \mathfrak{S}\,\mathfrak{c}$$

also:

$$\mathfrak{a} = \mathfrak{T}\,\mathfrak{S}\,\mathfrak{c},$$

so vermittelt auch diese Formel eine lineare Abhängigkeit zwischen $\mathfrak{a}$ und $\mathfrak{c}$, d. h. $\mathfrak{T}\,\mathfrak{S}$ repräsentiert einen neuen Tensor, der als das *tensorielle Produkt* von $\mathfrak{T}$ und $\mathfrak{S}$ bezeichnet wird. Im allgemeinen ist:

$$\mathfrak{T}\,\mathfrak{S} \neq \mathfrak{S}\,\mathfrak{T} .$$

Das tensorielle Produkt eines Tensors mit sich selbst $\mathfrak{T}\,\mathfrak{T} = \mathfrak{T}^2$ heißt *iterierter* Tensor. Diese Produktbildung kann beliebig oft wiederholt werden:

$$\mathfrak{T}\,\mathfrak{T}\,\mathfrak{T} = \mathfrak{T}^3, \ldots .$$

Man beachte $\widetilde{\mathfrak{T}\,\mathfrak{S}} = \tilde{\mathfrak{S}}\tilde{\mathfrak{T}}$, also $(\mathfrak{a}\,\mathfrak{T}\,\mathfrak{S}\,\mathfrak{b}) = (\mathfrak{b}\,\tilde{\mathfrak{S}}\tilde{\mathfrak{T}}\,\mathfrak{a})$.

3. Spezielle Tensoren.

Als *Einheitstensor* $\mathfrak{E}$ bezeichnen wir einen Tensor, der jeden beliebigen Vektor $\mathfrak{a}$ in sich selber überführt:

$$\mathfrak{E}\,\mathfrak{a} = \mathfrak{a} .$$

Für jeden beliebigen Tensor ist: $\mathfrak{T}\,\mathfrak{T}^{-1} = \mathfrak{E} = \mathfrak{E}^{-1} = \tilde{\mathfrak{E}}$.

Als *orthogonalen* Tensor $\mathfrak{D}$ bezeichnen wir einen Tensor, für den

$$\tilde{\mathfrak{D}} = \mathfrak{D}^{-1}$$

ist. Daraus folgt für beliebige Vektoren $\mathfrak{a}$ und $\mathfrak{b}$:

$$(\mathfrak{D}\,\mathfrak{a}\,\mathfrak{D}\,\mathfrak{b}) = (\mathfrak{a}\,\mathfrak{b}) .$$

Die durch einen solchen Tensor festgelegte Zuordnung kann für ein beliebiges System von Vektoren durch eine vom Tensor allein bedingte bloße Drehung beschrieben werden, d. h. es bleibt der Betrag aller Vektoren erhalten $(\mathfrak{D}\,\mathfrak{a})^2 = \mathfrak{a}^2$, wie auch die Winkel zwischen ihnen.

4. Abgeleitete Skalare.

Bildet man den Ausdruck:

$$\frac{(\mathfrak{T}\mathfrak{a}\,[\mathfrak{T}\mathfrak{b}\,\mathfrak{T}\mathfrak{c}])}{(\mathfrak{a}\,[\mathfrak{b}\mathfrak{c}])} = |T|,$$

so erkennt man leicht, daß für irgend drei nichtkomplanare Vektoren $\mathfrak{a}$, $\mathfrak{b}$, $\mathfrak{c}$ dieser Ausdruck von $\mathfrak{a}$, $\mathfrak{b}$ und $\mathfrak{c}$ unabhängig ist. Er ist also ein von $\mathfrak{T}$ allein abhängiger Skalar. Man bezeichnet ihn als die *Determinante* des Tensors (vgl. S. 141). Bei singulären Tensoren ist $|T| = 0$. Es gibt dann sicher einen Vektor $\mathfrak{e}$, so daß $\mathfrak{T}\,\mathfrak{e} = 0$ ist.

Bildet man die Determinante für den Tensor:

$$\mathfrak{S} = \mathfrak{T} - \lambda\,\mathfrak{E}$$

und entwickelt diese nach den Potenzen von λ, so erhält man einen Ausdruck der Form:

$$|S| = -\lambda^3 + \lambda^2 T_{(1)} - \lambda T_{(2)} + |T| = -\varphi(\lambda).$$

$\varphi(\lambda)$ heißt *charakteristische* Funktion zu $\mathfrak{T}$.

Die hier auftretenden Größen $T_{(1)}$ und $T_{(2)}$ sind zwei weitere Skalare, die aus dem Tensor $\mathfrak{T}$ abzuleiten sind. Wir schreiben im weiteren statt $T_{(1)}$: $|\mathfrak{T}|$ und bezeichnen diese Größe als *Spur* des Tensors. Es ist ferner:

$$T_{(2)} = |T|\,|\mathfrak{T}^{-1}|.$$

Als *skalares Produkt* von $\mathfrak{T}$ und $\mathfrak{S}$ bezeichnet man die Spur des tensoriellen Produktes $\mathfrak{T}\tilde{\mathfrak{S}}$:

$$(\mathfrak{T}\,\mathfrak{S}) = |\mathfrak{T}\,\tilde{\mathfrak{S}}|$$

Es gilt:

$$(\mathfrak{T}\,\mathfrak{S}) = (\mathfrak{S}\,\mathfrak{T}).$$

Das so gebildete Produkt eines Tensors mit sich selbst ergibt einen neuen Skalar $(\mathfrak{T}^2) = (\mathfrak{T}\,\mathfrak{T}) = |\mathfrak{T}\tilde{\mathfrak{T}}| = T_{(1)}^2 - 2\,T_{(2)}$, den man als *Quadrat* des Tensors bezeichnen kann.

5. Eigenwerte und Eigenvektoren.

Wenn die Determinante $|S| = \varphi(\lambda)$ des Tensors $\mathfrak{S} = \mathfrak{T} - \lambda\,\mathfrak{E}$ verschwindet, also $\varphi(\lambda) = 0$ ist, gibt es sicher einen Vektor $\mathfrak{e}$, so daß $\mathfrak{S}\,\mathfrak{e} = 0$ wird. Die drei Wurzeln λ_1, λ_2, λ_3 von $\varphi(\lambda) = 0$ heißen die *Eigenwerte* des Tensors $\mathfrak{T}$, die zugehörigen $\mathfrak{e}_1$, $\mathfrak{e}_2$, $\mathfrak{e}_3$, auf $|\mathfrak{e}_n| = 1$ normiert, seine *Eigenvektoren*. Für sie gilt: $\mathfrak{S}_n \mathfrak{e}_n = 0$, mit $\mathfrak{S}_n = \mathfrak{T} - \lambda_n \mathfrak{E}$, d.h.

$$\mathfrak{T} \mathfrak{e}_n = \lambda_n \mathfrak{e}_n .$$

Offenbar wird: $\mathfrak{S}_1 \mathfrak{S}_2 \mathfrak{S}_3 \mathfrak{e}_n = 0$ für jedes der $\mathfrak{e}_n$ und somit für beliebige Vektoren. Wegen $\varphi(\lambda) = -(\lambda - \lambda_1)(\lambda - \lambda_2)(\lambda - \lambda_3)$ kann man daher schreiben:

$$\varphi(\mathfrak{T}) = -(\mathfrak{T} - \lambda_1 \mathfrak{E})(\mathfrak{T} - \lambda_2 \mathfrak{E})(\mathfrak{T} - \lambda_3 \mathfrak{E}) = -\mathfrak{S}_1 \mathfrak{S}_2 \mathfrak{S}_3 \equiv 0,$$

d. h.

$$\mathfrak{T}^3 - T_{(1)} \mathfrak{T}^2 + T_{(2)} \mathfrak{T} - |T| \mathfrak{E} \equiv 0 \quad \text{(Hamilton-Cayley}\textit{sche Gleichung})$$

oder allgemeiner:

$$\mathfrak{T}^m - T_{(1)} \mathfrak{T}^{m-1} + T_{(2)} \mathfrak{T}^{m-2} - |T| \mathfrak{T}^{m-3} \equiv 0 .$$

Das ist eine lineare Relation zwischen je vier iterierten Tensoren.

Mit den Eigenwerten sind die Invarianten darstellbar:

$$T_{(1)} = |\mathfrak{T}| = \lambda_1 + \lambda_2 + \lambda_3, \qquad T_2 = \lambda_2 \lambda_3 + \lambda_3 \lambda_1 + \lambda_1 \lambda_2, \qquad |T| = \lambda_1 \lambda_2 \lambda_3 .$$

Iterierte Tensoren $\mathfrak{T}^m$ haben dieselben Eigenvektoren wie $\mathfrak{T}$; ihre Eigenwerte sind λ_n^m. Das gilt auch für $m < 0$.

Für einen singulären Tensor ist wenigstens ein $\lambda_n = 0$. Er hat dann kein eindeutig definierbares $\mathfrak{T}^{-1}$.

6. Geometrische Veranschaulichung eines Tensors.

Durch die Gleichung:

$$(\mathfrak{r} \mathfrak{T} \mathfrak{r}) = C$$

wird eine Fläche 2. Grades definiert. Sie kann als Veranschaulichung des symmetrischen Teils $\mathfrak{T}_1$ des Tensors $\mathfrak{T}$ dienen, während für den antimetrischen Teil $(\mathfrak{r} \mathfrak{T}_2 \mathfrak{r})$ verschwindet.

Durch Variation von $\mathfrak{r}$ folgt: $\delta(\mathfrak{r} \mathfrak{T} \mathfrak{r}) = 2(\delta\mathfrak{r} \mathfrak{T}_1 \mathfrak{r}) = 0$. $\delta\mathfrak{r}$ liegt an der Stelle $\mathfrak{r}$ in der Tangentialebene zu dieser Fläche. $\mathfrak{T}_1 \mathfrak{r}$ steht also auf dieser senkrecht. Ihr Abstand h vom Nullpunkt bestimmt durch $|\mathfrak{T}_1 \mathfrak{r}| = C/h$ den Betrag von $\mathfrak{T}_1 \mathfrak{r}$, so daß durch diese Konstruktion die Beziehung zwischen $\mathfrak{T}_1 \mathfrak{r}$ und $\mathfrak{r}$ zu erkennen ist. $|\mathfrak{r}|$ ist stationär an Stellen, wo $\delta(r^2) = 2(\mathfrak{r}\,\delta\mathfrak{r}) = 0$ ist. Nur in ihnen, den Scheitelpunkten der Fläche, ist also $\mathfrak{r}$ parallel $\mathfrak{T}_1 \mathfrak{r}$. Hier gilt somit: $\mathfrak{T}_1 \mathfrak{r} = \lambda \mathfrak{r}$ mit $\lambda = C/r^2$. Die Einheitsvektoren $\mathfrak{e} = \mathfrak{r}/|\mathfrak{r}|$ in den zugehörigen Richtungen, den Hauptachsen der Fläche, sind die *Eigenvektoren* des Tensors $\mathfrak{T}_1$. Für sie gilt also: $\mathfrak{T}_1 \mathfrak{e}_n = \lambda_n \mathfrak{e}_n$ $(n = 1, 2, 3)$. Die Zahlen λ_n sind die *Eigenwerte*. Die $\mathfrak{e}_n$ stehen aufeinander senkrecht, wie aus $(\mathfrak{e}_n \mathfrak{T}_1 \mathfrak{e}_{n'}) = \lambda_n (\mathfrak{e}_n \mathfrak{e}_{n'}) = \lambda'_n (\mathfrak{e}_n \mathfrak{e}_{n'})$ folgt, sofern $\lambda_n \neq \lambda_{n'}$ gilt, also keine Rotationssymmetrie die Achsenrichtungen unbestimmt macht.

In vielen praktisch wichtigen Fällen ist $(\mathfrak{r}\,\mathfrak{T}\,\mathfrak{r})$ für beliebiges $\mathfrak{r}$ positiv. Hier wählt man $C = 1$. Die Fläche ist dann ein Ellipsoid, das sog. „*Tensorellipsoid*". Die Fläche $(\mathfrak{r}\,\mathfrak{T}^{-1}\,\mathfrak{r}) = 1$ wird gelegentlich auch als 2. Tensorellipsoid bezeichnet.

Der antimetrische Teil $\mathfrak{T}_2$ ist als Operator äquivalent einer äußeren Multiplikation mit einem Vektor $\mathfrak{u}$: $\mathfrak{T}_2\,\mathfrak{r} = [\mathfrak{u}\,\mathfrak{r}]$, also durch diesen Vektor zu veranschaulichen oder besser durch die Ebene: $(\mathfrak{u}\,\mathfrak{T}_2\,\mathfrak{r}) = 0$, die von allen $\mathfrak{T}_2\,\mathfrak{r}$ gebildet wird.

7. Vektordarstellung von Tensoren.

Für einen *symmetrischen* Tensor ist die allgemeine Darstellung (s. S. 203):

$$\mathfrak{T}\,\mathfrak{a} = \sum_n \mathfrak{p}_n(\mathfrak{q}_n\,\mathfrak{a}) \qquad \text{mit sechs Vektoren } \mathfrak{p}_n,\ \mathfrak{q}_n$$

zu vereinfachen zu:

$$\mathfrak{T}\,\mathfrak{a} = \sum_n \alpha_n\,\mathfrak{p}_n(\mathfrak{p}_n\,\mathfrak{a}); \quad |\mathfrak{p}_n| = 1 \text{ mit drei Einheitsvektoren und drei Zahlen}$$

und weiter durch Benutzung der Eigenvektoren und Eigenwerte zu

$$\mathfrak{T}\,\mathfrak{a} = \sum_n \lambda_n\,\mathfrak{e}_n(\mathfrak{e}_n\,\mathfrak{a}).$$

Eine andere gelegentlich vorteilhaftere Darstellung ist:

$$\mathfrak{T}\,\mathfrak{a} = \alpha\,\mathfrak{a} + \mathfrak{p}(\mathfrak{q}\,\mathfrak{a}) + \mathfrak{q}(\mathfrak{p}\,\mathfrak{a}); \qquad |\mathfrak{p}| = |\mathfrak{q}|$$

mit zwei gleich großen Vektoren und einer Zahl. Hier liegen die Hauptachsen in den Richtungen: $\mathfrak{p} + \mathfrak{q}$, $\mathfrak{p} - \mathfrak{q}$ und $[\mathfrak{p}\mathfrak{q}]$. Die zugehörigen Eigenwerte sind: $\alpha + (\mathfrak{p}\mathfrak{q}) + |\mathfrak{p}|\,|\mathfrak{q}|$, $\alpha + (\mathfrak{p}\mathfrak{q}) - |\mathfrak{p}|\,|\mathfrak{q}|$ und α.

Diese Vektoren $\mathfrak{p}$ und $\mathfrak{q}$ entsprechen den „*optischen Achsen*" der Kristalloptik. Wenn zwei Achsen gleich sind, ist die noch einfachere Darstellung:

$$\mathfrak{T}\,\mathfrak{a} = \alpha\,\mathfrak{a} + \beta\,\mathfrak{p}(\mathfrak{a}\,\mathfrak{p}); \qquad |\mathfrak{p}| = 1$$

möglich mit einem Einheitsvektor und zwei Zahlen.

$\mathfrak{p}$ ist hier Eigenvektor; die Lage der beiden anderen senkrecht zu $\mathfrak{p}$ und zueinander ist beliebig. Die Eigenwerte sind: $\alpha + \beta$, α, α.

Für einen *antimetrischen* Tensor gilt die Darstellung:

$$\mathfrak{T}\,\mathfrak{a} = [\mathfrak{u}\,\mathfrak{a}].$$

Dieser Tensor hat die Eigenwerte: 0 und $\pm i\,|\mathfrak{u}|$, sowie die Eigenvektoren:

$$\frac{\mathfrak{u}}{|\mathfrak{u}|}, \qquad \text{sowie} \qquad \mathfrak{b}' \pm i\,\mathfrak{b}'',$$

mit $\quad (\mathfrak{b}'\,\mathfrak{u}) = (\mathfrak{b}''\,\mathfrak{u}) = (\mathfrak{b}'\,\mathfrak{b}'') = 0, \qquad |\mathfrak{b}'| = |\mathfrak{b}''| = \sqrt{\tfrac{1}{2}}.$

Der *orthogonale Tensor* $\mathfrak{D}$ ist darstellbar durch:

$$\mathfrak{D}\mathfrak{r} = \mathfrak{r}\cos\delta + \mathfrak{a}(\mathfrak{a}\,\mathfrak{r})(1-\cos\delta) + [\mathfrak{a}\,\mathfrak{r}]\sin\delta, \quad |\mathfrak{a}| = 1 \quad \text{(s. S. 155).}$$

Er hat die Eigenwerte 1 und $e^{\pm i\delta}$, sowie dieselben Eigenvektoren $\mathfrak{a}$ und $\mathfrak{b}' + i\,\mathfrak{b}''$ wie $[\mathfrak{a}\,\mathfrak{r}]$.

8. Tensorfelder.

Ist der Tensor als eine Funktion des Ortes gegeben, so spricht man von einem *Tensorfeld*. Aus einem solchen können wir ein *Vektorfeld* ableiten, das aus der Ortsabhängigkeit des Tensors entspringt:

$$\operatorname{div}\mathfrak{T} = \lim_{V\to 0}\frac{1}{V}\int\limits_{(V)} df\,\mathfrak{T}\,\mathfrak{n},$$

$\mathfrak{n}$ bedeutet, wie früher, die Normale der das Volumen V umschließenden Oberfläche.

Ist $\mathfrak{T}$ antimetrisch, so wird wegen $\mathfrak{T}\,\mathfrak{n} = [\mathfrak{u}\,\mathfrak{n}]$:

$$\operatorname{div}\mathfrak{T} = \lim_{V\to 0}\frac{1}{V}\int\limits_{(V)} df\,[\mathfrak{u}\,\mathfrak{n}] = -\operatorname{rot}\mathfrak{u} \qquad \text{(s. S. 171).}$$

Dem GAUSSschen Satz entspricht die Gleichung:

$$\int df\,\mathfrak{T}\,\mathfrak{n} = \int dv \operatorname{div}\mathfrak{T}.$$

Ferner gilt:

$$\operatorname{div}(\varphi\,\mathfrak{T}) = \varphi\operatorname{div}\mathfrak{T} + \mathfrak{T}\operatorname{grad}\varphi;$$

speziell für den Einheitstensor:

$$\operatorname{div}(\varphi\,\mathfrak{E}) = \operatorname{grad}\varphi.$$

Die Anwendung des GAUSSschen Satzes auf den Vektor $\mathfrak{T}\,\mathfrak{a}$ ergibt:

$$\int dv \operatorname{div}\mathfrak{T}\,\mathfrak{a} = \int df\,(\mathfrak{n}\,\mathfrak{T}\,\mathfrak{a}) = \int df\,(\mathfrak{a}\,\tilde{\mathfrak{T}}\,\mathfrak{n}).$$

9. Zeitabhängige Tensoren.

$$\frac{\partial}{\partial t}(\mathfrak{T}\,\mathfrak{a}) = \mathfrak{T}\frac{\partial\mathfrak{a}}{\partial t} + \mathfrak{T}'\,\mathfrak{a}, \qquad \text{wo } \mathfrak{T}' = \frac{\partial\mathfrak{T}}{\partial t}.$$

Für den orthogonalen Tensor $\mathfrak{D}$ ergibt sich:

$$\frac{\partial}{\partial t}(\mathfrak{D}\,\mathfrak{a}) = \mathfrak{D}\frac{\partial\mathfrak{a}}{\partial t} + [\mathfrak{u}\,\mathfrak{a}],$$

wo $\mathfrak{u}$ der Vektor der Drehgeschwindigkeit ist, d.h. ein Vektor, dessen Richtung in die Drehachse fällt und dessen Betrag gleich der Drehgeschwindigkeit ist. Durch Verwendung eines von der Zeit abhängigen orthogonalen Tensors ist es daher möglich, ein beliebig bewegtes starres System auf Ruhe zu transformieren (vgl. S. 202).

10. Aus Vektorfeldern abgeleitete Tensorfelder.

Wie man durch Gradientenbildung aus einem skalaren Feld φ ein Vektorfeld grad φ ableiten kann, so kann man ebenfalls durch Ableitung aus einem Vektorfeld $\mathfrak{a}$ ein Tensorfeld $\mathfrak{A}$ bilden. Dabei sind mehr Möglichkeiten gegeben als im ersten Falle, die man mit einem beliebigen Hilfsvektor $\mathfrak{f}$ in allgemeiner Form schreiben kann:

$$\mathfrak{A}\mathfrak{f} = \alpha\,\mathfrak{f}\,\mathrm{div}\,\mathfrak{a} + \beta(\mathfrak{f}\,\mathrm{grad})\,\mathfrak{a} + \gamma\,[\mathfrak{f}\,\mathrm{rot}\,\mathfrak{a}]\,.$$

Je nach der Wahl der Zahlen α, β, γ erhält man verschiedene $\mathfrak{A}(\alpha, \beta, \gamma)$.

Die Spur wird: $\quad |\mathfrak{A}| = (3\alpha + \beta)\,\mathrm{div}\,\mathfrak{a}\,,$

das Quadrat:

$$(\mathfrak{A}^2) = (3\alpha^2 + 2\alpha\beta)\,(\mathrm{div}\,\mathfrak{a})^2 + \beta^2\left(\Delta\frac{\mathfrak{a}^2}{2} - (\mathfrak{a}\Delta\,\mathfrak{a})\right) + \\ + (2\gamma^2 - 2\gamma\beta)\,(\mathrm{rot}\,\mathfrak{a})^2,$$

ferner:

$$\mathrm{div}\,\mathfrak{A} = \gamma\Delta\,\mathfrak{a} + (\alpha + \beta - \gamma)\,\mathrm{grad}\,\mathrm{div}\,\mathfrak{a}\,.$$

Man kann $\mathfrak{A}$ zerlegen in einem symmetrischen Teil:

$$\mathfrak{A}_s = \mathfrak{A}\left(\alpha,\ \beta,\ \frac{\beta}{2}\right)$$

d. h. für $\gamma = \beta/2$ ist $\mathfrak{A}$ symmetrisch, und einen antimetrischen Teil:

$$\mathfrak{A}_3 = \mathfrak{A}\left(0,\ 0,\ \gamma - \frac{\beta}{2}\right); \qquad |\mathfrak{A}_3| = 0\,.$$

$\mathfrak{A}_s$ kann weiter in zwei Teile zerlegt werden:

$$\mathfrak{A}_1 = \mathfrak{A}\left(\alpha + \frac{\beta}{3},\ 0,\ 0\right); \qquad |\mathfrak{A}_1| = |\mathfrak{A}|$$

$$\mathfrak{A}_2 = \mathfrak{A}\left(-\frac{\beta}{3},\ \beta,\ \frac{\beta}{2}\right),$$

so daß $\quad \mathfrak{A}_1 = \left(\alpha + \frac{\beta}{3}\right)\mathrm{div}\,\mathfrak{a}\cdot\mathfrak{E}$

und $\quad |\mathfrak{A}_2| = 0$ wird.

Es wird dann:

$$(\mathfrak{A}_1^2) = 3\left(\alpha + \frac{\beta}{3}\right)^2(\mathrm{div}\,\mathfrak{a})^2$$

$$(\mathfrak{A}_2^2) = \beta^2\left[\Delta\frac{\mathfrak{a}^2}{2} - (\mathfrak{a}\Delta\,\mathfrak{a}) - \frac{1}{3}\,(\mathrm{div}\,\mathfrak{a})^2 - \frac{1}{2}\,(\mathrm{rot}\,\mathfrak{a})^2\right]$$

$$(\mathfrak{A}_3^2) = 2\left(\gamma - \frac{\beta}{2}\right)^2(\mathrm{rot}\,\mathfrak{a})^2,$$

so daß $\quad (\mathfrak{A}^2) = (\mathfrak{A}_1^2) + (\mathfrak{A}_2^2) + (\mathfrak{A}_3^2)\,.$

Man kann daher diese Teile als zueinander orthogonal bezeichnen

Man hat ferner: $\operatorname{div}\mathfrak{A} = \operatorname{div}\mathfrak{A}_1 + \operatorname{div}\mathfrak{A}_2 + \operatorname{div}\mathfrak{A}_3$

$$\operatorname{div}\mathfrak{A}_1 = \left(\alpha + \frac{\beta}{3}\right)\operatorname{grad}\operatorname{div}\mathfrak{a}$$

$$\operatorname{div}\mathfrak{A}_2 = \frac{\beta}{2}\left(\Delta\,\mathfrak{a} + \frac{1}{3}\operatorname{grad}\operatorname{div}\mathfrak{a}\right)$$

$$\operatorname{div}\mathfrak{A}_3 = \left(\frac{\beta}{2} - \gamma\right)\operatorname{rot}\operatorname{rot}\mathfrak{a}.$$

Wie man einen Skalar φ in der Nähe eines Punktes entwickeln kann:

$$\varphi = \varphi_0 + (\mathfrak{r}\operatorname{grad}_0\varphi) + \cdots \qquad (\operatorname{grad}_0\varphi \text{ bedeutet: } (\operatorname{grad}\varphi)_{\mathfrak{r}=0})$$

so einen Vektor $\mathfrak{a}$ in der Form:

$$\mathfrak{a} = \mathfrak{a}_0 + \mathfrak{A}(\alpha, \beta, \gamma)\,\mathfrak{r} + \cdots \qquad \text{mit } \alpha = 0, \beta = 1, \gamma = 0.$$

Hier kann man wieder $\mathfrak{A}$ zerlegen in:

1. $\mathfrak{A}_1\mathfrak{r} = \frac{1}{3}\mathfrak{r}\operatorname{div}_0\mathfrak{a}$ $\quad$ ($\operatorname{div}_0\mathfrak{a}$ bedeutet: $(\operatorname{div}\mathfrak{a})_{\mathfrak{r}=0}$ usw.),
2. $\mathfrak{A}_2\mathfrak{r} = -\frac{1}{3}\mathfrak{r}\operatorname{div}_0\mathfrak{a} + (\mathfrak{r}\operatorname{grad})_0\mathfrak{a} + \frac{1}{2}[\mathfrak{r}\operatorname{rot}_0\mathfrak{a}]$,
3. $\mathfrak{A}_3\mathfrak{r} = -\frac{1}{2}[\mathfrak{r}\operatorname{rot}_0\mathfrak{a}]$.

Diese Zerlegung ist oft nützlich, weil 1. und 2. wirbelfrei, 2. und 3. quellenfrei sind. 1. Gibt die Divergenz, 3. die Rotation und 2. die quellenfreie und wirbelfreie sog. *Deformation* des Feldes.

11. Tensoren höheren Grades.

Ein Tensor 3. Grades $\mathfrak{T}^{(3)}$ ordnet einem Vektor $\mathfrak{a}$ einen gewöhnlichen Tensor (2. Grades) linear zu: $\mathfrak{T}^{(3)}\mathfrak{a} = \mathfrak{T}^{(2)}$. Man hat also:

$$(\mathfrak{T}^{(3)}\mathfrak{a})\,\mathfrak{b} = \mathfrak{T}^{(2)}\mathfrak{b} = \mathfrak{c},$$

d. h. $\mathfrak{T}^{(3)}$ beschreibt die lineare Abhängigkeit eines Vektors $\mathfrak{c}$ von zwei Vektoren $\mathfrak{a}$ und $\mathfrak{b}$. [Spezielles Beispiel: $\mathfrak{c} = \mathfrak{p}(\mathfrak{q}\,\mathfrak{a})\,(\mathfrak{o}\,\mathfrak{b})$.]

Allgemein hat man Formen der Art:

$$\mathfrak{T}^{(n+1)}\mathfrak{a} = \mathfrak{T}^{(n)}.$$

Ein Tensor 1. Grades ist ein Vektor; ein solcher 0. Grades ein Skalar. Tensoren höheren als 2. Grades werden praktisch selten gebraucht. Es existiert für sie keine gebräuchliche Symbolik.

Ein Tensor 4. Grades kann auch zur Beschreibung der linearen Abhängigkeit zweier Tensoren 2. Grades benutzt werden.

C. Vektoren und Tensoren in beliebig-dimensionalen Räumen.

1. Vektorsysteme.

Auf Räume der Dimension $n \neq 3$ sind alle Begriffe der dreidimensionalen Vektorrechnung sinngemäß fast unverändert übertragbar, mit Ausnahme der Begriffe des äußeren Produktes zweier Vektoren und der Rotation, die den Tensoren zuzuordnen und nur im Dreidimensionalen wie Vektoren zu behandeln sind.

Die Bildung: $(\mathfrak{a}[\mathfrak{b}\,\mathfrak{c}])$ kann in der Form $(\mathfrak{a}[\mathfrak{b}\,\mathfrak{c}\,\mathfrak{d}\,\mathfrak{e}\ldots])$ verallgemeinert werden als das n-dimensionale Volumen V_n des von den n Vektoren $\mathfrak{a}, \mathfrak{b}, \mathfrak{c}, \mathfrak{d}, \mathfrak{e}\ldots$ aufgespannten Parallelepipeds, wobei je drei aufeinander folgende Vektoren ein Rechtssystem bilden sollen. Es gelten die Vertauschungsregeln:

$$V_n = (\mathfrak{a}[\mathfrak{b}\,\mathfrak{c}\,\mathfrak{d}\,\mathfrak{e}\ldots]) = (-1)^{n-1}(\mathfrak{b}[\mathfrak{c}\,\mathfrak{d}\,\mathfrak{e}\,\mathfrak{f}\ldots\mathfrak{a}]) = (\mathfrak{c}[\mathfrak{d}\,\mathfrak{e}\,\mathfrak{f}\,\mathfrak{g}\ldots\mathfrak{a}\,\mathfrak{b}]) = \cdots$$

$$[\mathfrak{b}\,\mathfrak{c}\,\mathfrak{d}\ldots] = \bar{\mathfrak{a}} V_n$$

bedeute dabei einen Vektor, senkrecht zu $\mathfrak{b}\,\mathfrak{c}\,\mathfrak{d}\ldots$, dessen Betrag durch $(\mathfrak{a}\,\bar{\mathfrak{a}}) = 1$ gegeben ist. Es gilt also: $(\bar{\mathfrak{a}}\,\mathfrak{b}) = (\bar{\mathfrak{a}}\,\mathfrak{c}) = \cdots = 0$. Hierdurch ist $\bar{\mathfrak{a}}$ eindeutig bestimmt. Der Vektor $[\mathfrak{b}\,\mathfrak{c}\,\mathfrak{d}\ldots]$ ist ein Analogon zum äußeren Produkt[1]: Es ändert sein Vorzeichen bei Vertauschung zweier seiner Vektorfaktoren und verschwindet bei deren Gleichheit sowie allgemein, wenn die $\mathfrak{b}\,\mathfrak{c}\,\mathfrak{d}\ldots$ nicht linear unabhängig sind.

V_n ist auch darstellbar durch die Determinante

$$V_n^2 = \begin{vmatrix} a^2 & (\mathfrak{a}\,\mathfrak{b}) & (\mathfrak{a}\,\mathfrak{c}) & \ldots \\ (\mathfrak{a}\,\mathfrak{b}) & b^2 & (\mathfrak{b}\,\mathfrak{c}) & \ldots \\ (\mathfrak{a}\,\mathfrak{c}) & (\mathfrak{b}\,\mathfrak{c}) & c^2 & \ldots \\ \ldots & \ldots & \ldots & \ldots \end{vmatrix}.$$

Das System der $\bar{\mathfrak{a}}\,\bar{\mathfrak{b}}\,\bar{\mathfrak{c}}\,\bar{\mathfrak{d}}\ldots$, die wie oben definiert sind, ist zu dem der $\mathfrak{a}\,\mathfrak{b}\,\mathfrak{c}\,\mathfrak{d}\ldots$ reziprok. Es ist: $(\bar{\mathfrak{a}}[\bar{\mathfrak{b}}\,\bar{\mathfrak{c}}\,\bar{\mathfrak{d}}\,\bar{\mathfrak{e}}\ldots]) = 1/V_n$.

$$\frac{\mathfrak{a}}{V_n} = [\bar{\mathfrak{b}}\,\bar{\mathfrak{c}}\,\bar{\mathfrak{d}}\,\bar{\mathfrak{e}}\ldots] \text{ usw.}$$

Ändert man $\mathfrak{a}$ um $d\mathfrak{a}$, so ist $dV_n = (\bar{\mathfrak{a}}\,d\mathfrak{a})V_n$; ändert man alle $\mathfrak{a}, \mathfrak{b}, \mathfrak{c}\ldots$, so ist $dV_n/V_n = (\bar{\mathfrak{a}}\,d\mathfrak{a}) + (\bar{\mathfrak{b}}\,d\mathfrak{b}) + (\bar{\mathfrak{c}}\,d\mathfrak{c}) + \cdots$.

Wegen $(\bar{\mathfrak{a}}\,d\mathfrak{a}) + (\mathfrak{a}\,d\bar{\mathfrak{a}}) = 0$ ist:

$$(\mathfrak{a}\,d\bar{\mathfrak{a}}) + (\mathfrak{b}\,d\bar{\mathfrak{b}}) + (\mathfrak{c}\,d\bar{\mathfrak{c}}) + \cdots = -\frac{dV_n}{V_n} = V_n\,d\left(\frac{1}{V_n}\right).$$

[1] Mit dieser Schreibung ist im Zweidimensionalen: $V_2 = (\mathfrak{a}[\mathfrak{b}])$. $[\mathfrak{b}]$ ist ein Vektor senkrecht zu $\mathfrak{b}$ vom gleichen Betrag und $\bar{\mathfrak{a}} = \dfrac{[\mathfrak{b}]}{(\mathfrak{a}[\mathfrak{b}])}$.

Benutzt man ein solches Vektorgerüst um einen n-dimensionalen Raum aufzuspannen, so ist es vorteilhafter, die $\mathfrak{a}\,\mathfrak{b}\,\mathfrak{c}\ldots$ durch einen Index zu unterscheiden, d. h. $\mathfrak{e}_1\,\mathfrak{e}_2\,\mathfrak{e}_3\,\mathfrak{e}_4\ldots$ statt $\mathfrak{a}\,\mathfrak{b}\,\mathfrak{c}\,\mathfrak{d}\ldots$ sowie $\mathfrak{e}^1\,\mathfrak{e}^2\,\mathfrak{e}^3\,\mathfrak{e}^4\ldots$ statt $\bar{\mathfrak{a}}\,\bar{\mathfrak{b}}\,\bar{\mathfrak{c}}\,\bar{\mathfrak{d}}\ldots$ zu schreiben. Es gilt also: $(\mathfrak{e}_i\,\mathfrak{e}^k)=\delta_{ik}$. Ferner ist es üblich: $(\mathfrak{e}_i\,\mathfrak{e}_k)=g_{ik}$ und $(\mathfrak{e}^i\,\mathfrak{e}^k)=g^{ik}$ zu schreiben. Dann ist $V_n^2=|g_{ik}|=g$ die Determinante der g_{ik}. Es besteht sodann wegen $\mathfrak{e}^i=\sum_k g^{ik}\,\mathfrak{e}_k$ die Beziehung:

$$\sum_k g_{ik}\,g^{kl}=\delta_{il}.$$

Aus dem Entwicklungssatz der Determinanten (s. S. 145)

$$\sum_k g_{ik}\,G_{kl}=g\,\delta_{il} \quad \text{folgt:} \quad g^{kl}=\frac{G_{kl}}{g} \quad \text{und} \quad |g^{ik}|=\frac{1}{g}.$$

Ferner ist

$$\frac{d\,V_n}{V_n}=\frac{d\sqrt{g}}{\sqrt{g}}=\sum_i(\mathfrak{e}^i\,d\,\mathfrak{e}_i)=-\sum_i(\mathfrak{e}_i\,d\,\mathfrak{e}^i).$$

2. Koordinatensysteme.

Ist im n-dimensionalen Raum ein Koordinatensystem $x^1\,x^2\,x^3\ldots x^n$ gegeben, so kann man jedem Punkt ein System von *Grundvektoren* $\mathfrak{e}_i$ so zuordnen, daß $d\mathfrak{s}=\sum_i\mathfrak{e}_i\,d\,x^i$ oder $\mathfrak{e}_i=\partial\mathfrak{s}/\partial x^i$ ist. Hier bedeutet $d\mathfrak{s}$ einen Vektor, dessen Richtung und Betrag der Strecke vom Punkt $x^1\,x^2\,x^3\ldots$ zum Punkt $x^1+d\,x^1,\ x^2+d\,x^2,\ldots$ entspricht. $\mathfrak{e}_i$ hat die Richtung des Zuwachses von x^i allein und einen Betrag gleich dem metrischen Gefälle von x^i in dieser Richtung. Die $\mathfrak{e}^i$ andrerseits stehen auf den Flächen $x^i=\text{const}$ senkrecht. Es ist $(\mathfrak{e}^i\,d\mathfrak{s})=d\,x^i$, also $\mathfrak{e}^i=\operatorname{grad}x^i$.

Diese $\mathfrak{e}_i$ und $\mathfrak{e}^i$ sind Feldvektoren. Es gilt für ihre Ortsabhängigkeit:

$$\frac{\partial\mathfrak{e}_i}{\partial x^k}=\frac{\partial\mathfrak{e}_k}{\partial x^i}.$$

Als *Linienelement* des Koordinatensystems bezeichnet man $d\,s=|d\mathfrak{s}|$. Es ist also:

$$d\,s^2=\sum_{ik}g_{ik}\,d\,x^i\,d\,x^k.$$

Die g_{ik} sind Funktionen der Koordinaten. Als *skalare* Größen sind sie für praktische Rechnungen bequemer zu benutzen als die $\mathfrak{e}_i$ und $\mathfrak{e}^i$.

Rechenregeln. 1. Es treten Summenbildungen über Indizes *immer dann* und *nur dann* auf, wenn ein Index in einem Glied *zweimal* erscheint und zwar *einmal hoch* und *einmal tief*. Zur Vereinfachung der Schreibung pflegt man (in der physikalischen Literatur) die Summenzeichen dann (als selbstverständlich) nicht zu schreiben, sondern gedanklich zu ergänzen. Unklarheiten sind bei Befolgung dieser Regel nicht zu befürchten.

2. Indizes, die in einem Glied nur *einmal* und daher unsummiert auftreten, müssen in *allen* Gliedern einer Gleichung in *derselben* Stellung (hoch oder tief) erscheinen.

3. Vektorkomponenten.

Ein System $\mathfrak{a}, \mathfrak{b}, \mathfrak{c}, \mathfrak{d} \ldots$ von n linear unabhängigen Vektoren kann zur Darstellung eines beliebigen Vektors $\mathfrak{v}$ dienen in der Form:

$$\mathfrak{v} = \alpha\,\mathfrak{a} + \beta\,\mathfrak{b} + \gamma\,\mathfrak{c} + \cdots.$$

Die Zahlen $\alpha, \beta, \gamma \ldots$ heißen die *Komponenten* von $\mathfrak{v}$ in dieser Darstellung. Mit Benutzung der $\mathfrak{e}_i$ schreibt man:

$$\mathfrak{a} = a^1\,\mathfrak{e}_1 + a^2\,\mathfrak{e}_2 + a^3\,\mathfrak{e}_3 + \cdots = \sum_i a^i\,\mathfrak{e}_i$$

bzw. unter Fortlassung des selbstverständlichen Summenzeichens:

$$\mathfrak{a} = a^i\,\mathfrak{e}_i \quad \text{bzw.} \quad \mathfrak{a} = a_i\,\mathfrak{e}^i.$$

Die a^i heißen die *kontravarianten*, die a_i die *kovarianten* Komponenten von $\mathfrak{a}$ im benutzten Koordinatensystem. Es gilt: $a^i = (\mathfrak{a}\,\mathfrak{e}^i)$ und $a_i = (\mathfrak{a}\,\mathfrak{e}_i)$, d. h. die Identität: $\mathfrak{a} = \mathfrak{e}_i(\mathfrak{a}\,\mathfrak{e}^i) = \mathfrak{e}^i(\mathfrak{a}\,\mathfrak{e}_i)$. (Zerlegung eines Vektors in Richtungen parallel zu Koordinatenlinien bzw. senkrecht zu Koordinatenflächen.) Ferner ist:

$$a^i = a_k\,(\mathfrak{e}^k\mathfrak{e}^i) = g^{ik}\,a_k, \qquad a_i = g_{ik}\,a^k$$

$$a^2 = (\mathfrak{a}\,\mathfrak{a}) = a^i\,a^k\,g_{ik} = a^i\,a_i = a_i\,a_k\,g^{ik}.$$

Für zwei Vektoren $\mathfrak{a}$ und $\mathfrak{b}$ wird:

$$(\mathfrak{a} + \mathfrak{b})^i = a^i + b^i, \qquad (\mathfrak{a} + \mathfrak{b})_i = a_i + b_i$$

$$(\mathfrak{a}\,\mathfrak{b}) = a^i\,b^k\,g_{ik} = a_i\,b_k\,g^{ik} = a_i\,b^i = a^i\,b_i = (\mathfrak{a}\,\mathfrak{e}^i)\,(\mathfrak{b}\,\mathfrak{e}_i) \text{ usw.}$$

Das n-dimensionale Volumen $V_n = (\mathfrak{a}\,[\mathfrak{b}\,\mathfrak{c}\,\mathfrak{d} \ldots])$ wird:

$$V_n = \sqrt{g} \begin{vmatrix} a^1 & a^2 & a^3 & \ldots \\ b^1 & b^2 & b^3 & \ldots \\ c^1 & c^2 & c^3 & \ldots \\ \ldots & \ldots & \ldots & \ldots \end{vmatrix}.$$

4. Tensorkomponenten.

Für eine Beziehung: $\mathfrak{a} = \mathfrak{T}\,\mathfrak{b}$ kann man schreiben:

$$a^i = (\mathfrak{a}\,\mathfrak{e}^i) = (\mathfrak{e}^i\,\mathfrak{T}\,\mathfrak{b}) = (\mathfrak{e}^i\,\mathfrak{T}\,\mathfrak{e}^k)\,b_k = T^{ik}\,b_k.$$

Die $T^{ik} = (\mathfrak{e}^i\,\mathfrak{T}\,\mathfrak{e}^k)$ heißen die kontravarianten Komponenten von $\mathfrak{T}$. Analog hat man $T_{ik} = (\mathfrak{e}_i\,\mathfrak{T}\,\mathfrak{e}_k)$ die kovarianten Komponenten von $\mathfrak{T}$, sowie $T_i{}^k = (\mathfrak{e}_i \mathfrak{T} \mathfrak{e}^k)$ und $T^i{}_k = (\mathfrak{e}^i \mathfrak{T} \mathfrak{e}_k)$ die gemischten Komponenten von $\mathfrak{T}$.

Hiermit ist also: $a^i = T^{ik} b_k = T^i{}_k b^k$, $a_i = T_{ik} b^k = T_i{}^k b_k$. Auch die $g_{ik} = g^{ik}$, sowie $g_i{}^k = g^k{}_i = \delta_{ik}$ sind solche Tensorkomponenten und zwar des Einheitstensors $\mathfrak{E}$, der hier als *„metrischer Fundamentaltensor"* bezeichnet wird, weil mit den g_{ik} das Linienelement folgt, auf dem alle Maßbeziehungen beruhen.

Die Komponenten des transponierten Tensors $\tilde{\mathfrak{T}}$ findet man einfach durch Vertauschung der Indizes (ohne Änderung der Stellung)

$$\tilde{T}_{ik} = T_{ki}, \qquad \tilde{T}^{ik} = T^{ki}, \qquad \tilde{T}^i{}_k = T_k{}^i.$$

Das tensorielle Produkt $\mathfrak{S}\mathfrak{T}$ hat die Komponenten: $(\mathfrak{S}\mathfrak{T})_{ik} = S_{il} T^l{}_k$ usw. Das skalare Produkt ist $(\mathfrak{S}\mathfrak{T}) = S_{ik} T^{ik}$ usw. Die Spur ist $|\mathfrak{T}| = T_i^i = T_{ik} g^{ik} = T^{ik} g_{ik}$ usw.

Die Komponenten von Tensoren höheren Grades bildet man analog. Sie haben so viel Indizes, wie ihr Grad ist. Man kann daher Vektoren auch als Tensoren 1. Grades und Skalare als solche 0. Grades bezeichnen.

Die Komponenten eines Tensors 3. Grades $\mathfrak{T}^{(3)}$ sind entsprechende Bildungen:

$$T^{(3)}_{ikl} = (\mathfrak{e}_i (\mathfrak{T}^{(3)} \mathfrak{e}_l) \mathfrak{e}_k) = (\mathfrak{T}^{(3)} \mathfrak{e}_l \mathfrak{e}_k \mathfrak{e}_i) \qquad \text{usw.}$$

Für Tensoren noch höheren Grades ist das Bildungsgesetz leicht zu übersehen.

5. Transformationen.

Geht man durch eine Transformation:

$$x'^r = f_r(x^1, x^2, x^3, \ldots, x^n) = f_r(x^i)$$

von einem Koordinatensystem x^i zu einem neuen x'^r über, so ändern sich alle $\mathfrak{e}_i$, $\mathfrak{e}^i$, g_{ik} usw. und somit auch alle Komponenten von Vektoren und Tensoren, während diese selbst und alle zwischen ihnen geltenden Beziehungen unberührt bleiben. Es muß also in der neuen Darstellung, gleichlautend wie in der ursprünglichen, z. B.:

$$\mathfrak{a} = a^i \mathfrak{e}_i = a'^r \mathfrak{e}'_r, \qquad \mathfrak{a}^2 = a^i a_i = a'^r a'_r, \qquad (\mathfrak{a}\mathfrak{b}) = a^i b_i = a'^r b'_r$$

sein; aus $\mathfrak{a} = \mathfrak{b}$, $a^i = b^i$ folgt $a'^r = b'^r$.

Skalare Größen wie $\mathfrak{a}^2$, $(\mathfrak{a}\mathfrak{b})$, $(\mathfrak{a}\mathfrak{T}\mathfrak{b})$, $|\mathfrak{T}|$, $(\mathfrak{S}\mathfrak{T})$ u. dgl. sind also, in Komponenten dargestellt, *Invarianten* der Transformation.

Schreiben wir: $\dfrac{\partial x'^r}{\partial x^i} = \alpha_i^r, \qquad \dfrac{\partial x^i}{\partial x'^r} = \beta_r^i$

so ist: $\alpha_i^r \beta_s^i = \delta_{rs}.$

Aus $d\mathfrak{s} = \mathfrak{e}_i\, d x^i = \mathfrak{e}'_r\, d x'^r = \mathfrak{e}'_r \frac{\partial x'^r}{\partial x^i} d x^i = \mathfrak{e}_i \frac{\partial x^i}{\partial x'^r} d x'^r$ folgt:

$$\mathfrak{e}'_r = \mathfrak{e}_i \beta^i_r, \qquad \mathfrak{e}_i = \mathfrak{e}'_r \alpha^r_i$$

$a'_r = a_i \beta^i_r, \qquad a_i = a'_r \alpha^r_i$ für *kovariante* Vektorkomponenten,

$a'^r = a^i \alpha^r_i, \qquad a^i = a'^r \beta^i_r$ für *kontravariante* Vektorkomponenten.

Das Transformationsgesetz ist also aus der Stellung des Index zu entnehmen. Diese Regel gilt auch für Tensorkomponenten, z. B. wird:

$$T'^{rs} = T^{ik} \alpha^r_i \alpha^s_k \text{ usw.}$$

Umgekehrt kann man aus anderweitig bekannten Transformationseigenschaften von Zahlengrößen erkennen, ob man sie als Vektor- bzw. Tensorkomponenten auffassen darf.

Man beachte ferner die evidenten Regeln:

$$\frac{\partial}{\partial x'^r} = \beta^i_r \frac{\partial}{\partial x^i}, \qquad \frac{\partial}{\partial x^i} = \alpha^r_i \frac{\partial}{\partial x'^r}.$$

Diese Differentialoperatoren transformieren sich also wie kovariante Vektorkomponenten.

6. Erweiterung und Verjüngung.

a) Durch räumliche Differentiation, sog. „*Erweiterung*“ (verallgemeinerte Gradientenbildung) entsteht:

aus einem Skalar φ der Vektor grad φ: $d\varphi = (\operatorname{grad}\varphi\, d\mathfrak{r})$,
aus einem Vektor $\mathfrak{a}$ der Tensor $\mathfrak{A}$: $d\mathfrak{a} = \mathfrak{A}\, d\mathfrak{r}$,
aus einem Tensor $\mathfrak{T}^{(2)}$ ein Tensor $\mathfrak{T}^{(3)}$: $d\mathfrak{T}^{(2)} = \mathfrak{T}^{(3)}\, d\mathfrak{r}$.

Bei der Aufstellung der diese Erweiterungen darstellenden Komponentengleichungen treten Ausdrücke auf von den Formen:

$$\Gamma_{ikl} = \left(\mathfrak{e}_i \frac{\partial \mathfrak{e}_k}{\partial x^l}\right) \quad \text{und} \quad \Gamma^i_{kl} = \left(\mathfrak{e}^i \frac{\partial \mathfrak{e}_k}{\partial x^l}\right) = -\left(\mathfrak{e}_k \frac{\partial \mathfrak{e}^i}{\partial x^l}\right),$$

die sog. „CHRISTOFFEL*schen Drei-Indizes-Symbole*“.

Man kann sie auch durch die g_{ik} ausdrücken:

$$\Gamma_{ikl} = \frac{1}{2}\left\{\frac{\partial g_{ik}}{\partial x^l} + \frac{\partial g_{il}}{\partial x^k} - \frac{\partial g_{kl}}{\partial x^i}\right\}; \qquad \Gamma^i_{kl} = g^{ir}\Gamma_{rkl}.$$

Sie sind symmetrisch in k, l: $\Gamma^i_{kl} = \Gamma^i_{lk}$.

Speziell gilt:

$$\Gamma^i_{ik} = \frac{1}{\sqrt{g}} \frac{\partial \sqrt{g}}{\partial x^k} = \left(\mathfrak{e}^i \frac{\partial \mathfrak{e}_i}{\partial x^k}\right) = -\left(\mathfrak{e}_k \frac{\partial \mathfrak{e}^i}{\partial x^i}\right) = \operatorname{div} \mathfrak{e}_k.$$

Mit Benutzung dieser Symbole erhält man:

$$d\varphi = \frac{\partial \varphi}{\partial x^i} d x^i = (\mathfrak{e}_i \operatorname{grad} \varphi)\, d x^i \quad \text{also:} \quad (\operatorname{grad} \varphi)_i = \frac{\partial \varphi}{\partial x^i}$$

$$d\mathfrak{a} = \frac{\partial \mathfrak{a}}{\partial x^k} d x^k = \mathfrak{e}^i A_{ik} d x^k,$$

also: $$A_{ik} = \left(\mathfrak{e}_i \frac{\partial \mathfrak{a}}{\partial x^k}\right) = \frac{\partial}{\partial x^k} (\mathfrak{e}_i \mathfrak{a}) - \left(\mathfrak{a} \frac{\partial \mathfrak{e}_i}{\partial x^k}\right) = \frac{\partial a_i}{\partial x^k} - a_l \Gamma^l_{ik}$$

bzw. $$A^i_k = \frac{\partial a^i}{\partial x^k} + a^l \Gamma^i_{lk}$$

$$d\mathfrak{T}^{(2)} = \frac{\partial \mathfrak{T}^{(2)}}{\partial x^k} dx^k = \mathfrak{T}^{(3)} \mathfrak{e}_k d x^k,$$

also: $$T^{(3)}_{ilk} = \left(\mathfrak{e}_i \frac{\partial \mathfrak{T}^{(2)}}{\partial x^k} \mathfrak{e}_l\right) = \frac{\partial}{\partial x^k} (\mathfrak{e}_i \mathfrak{T}^{(2)} \mathfrak{e}_l) - \left(\frac{\partial \mathfrak{e}_i}{\partial x^k} \mathfrak{T}^{(2)} \mathfrak{e}_l\right) - \left(\mathfrak{e}_i \mathfrak{T}^{(2)} \frac{\partial \mathfrak{e}_l}{\partial x^k}\right)$$

$$T^{(3)}_{ilk} = \frac{\partial T^{(2)}_{il}}{\partial x^k} - T^{(2)}_{rl} \Gamma^r_{ik} - T^{(2)}_{ir} \Gamma^r_{lk}$$

bzw. $$T^{(3)i}_{lk} = \frac{\partial T^{(2)i}_l}{\partial x^k} + T^{(2)r}_l \Gamma^i_{rk} - T^{(2)i}_r \Gamma^r_{lk}$$

$$T^{(3)il}_k = \frac{\partial T^{(2)il}}{\partial x^k} + T^{(2)rl} \Gamma^i_{rk} + T^{(2)ir} \Gamma^l_{rk}$$

Γ-freie Bildungen sind unter anderen:

$$C_{ik} = \frac{\partial a_i}{\partial x^k} - \frac{\partial a_k}{\partial x^i}.$$

(Eine Gleichung $c_i = C_{ik} b^k$ bedeutet im Dreidimensionalen

$$\mathfrak{c} = \mathfrak{C}\, \mathfrak{b} = [\operatorname{rot} \mathfrak{a}, \mathfrak{b}].)$$

$$S_{ikl} = \frac{\partial T_{ik}}{\partial x^l} + \frac{\partial T_{kl}}{\partial x^i} + \frac{\partial T_{li}}{\partial x^k}, \qquad \text{wenn } T_{ik} = -T_{ki} \text{ ist.}$$

b) Unter „*Verjüngung*" versteht man eine verallgemeinerte Spurbildung. Hierbei entsteht

aus einem Tensor (2. Grades) $\mathfrak{T}$ der Skalar $|\mathfrak{T}|$

aus einem Tensor (3. Grades) $\mathfrak{T}^{(3)}$ der Vektor $\mathfrak{t}$.

In Komponenten bildet man die Verjüngung durch Gleichsetzen eines hoch- und eines tiefstehenden Index (und doppelte Summation!) bzw. durch Multiplikation mit g_{ik} oder g^{ik}.

$$|\mathfrak{T}| = T^i_i = g_{ik} T^{ik} = g^{ik} T_{ik} = (\mathfrak{e}^i \mathfrak{T} \mathfrak{e}_i) = (\mathfrak{e}_i \mathfrak{T} \mathfrak{e}^i)$$

$$t_k = T^{(3)}_{ikl} g^{il} = T^{(3)i}_{ki}; \qquad \mathfrak{t} = (\mathfrak{T}^{(3)} \mathfrak{e}_i)\, \mathfrak{e}^i.$$

c) Durch Kombination von Erweiterung und Verjüngung ergeben sich verallgemeinerte Divergenzbildungen. Sie machen

aus dem Vektor $\mathfrak{a}$ den Skalar $\operatorname{div}\mathfrak{a}$

aus dem Tensor $\mathfrak{T}$ den Vektor $\operatorname{div}\mathfrak{T}$.

$$\operatorname{div}\mathfrak{a} = \frac{\partial a^i}{\partial x^i} + \Gamma^r_{ri}\, a^i = \frac{1}{\sqrt{g}}\frac{\partial(\sqrt{g}\, a^i)}{\partial x^i} = \left(\mathfrak{e}^i \frac{\partial \mathfrak{a}}{\partial x^i}\right)$$

$$(\operatorname{div}\mathfrak{T})_i = \frac{1}{\sqrt{g}}\frac{\partial\left(\sqrt{g}\, T^k_i\right)}{\partial x^k} - \Gamma^s_{ir} T^r_s\,; \qquad (\operatorname{div}\mathfrak{T})^i = \frac{1}{\sqrt{g}}\frac{\partial\left(\sqrt{g}\, T^k_i\right)}{\partial x^k} + \Gamma^i_{rs} T^{rs}$$

$$\Delta\psi = \operatorname{div}\operatorname{grad}\psi = \frac{1}{\sqrt{g}}\frac{\partial}{\partial x^i}\left(\sqrt{g}\, g^{ik}\frac{\partial\psi}{\partial x^k}\right).$$

d) Die Anwendung dieser Begriffe auf den metrischen Fundamentaltensor g_{ik} ergibt die Identitäten:

$$\frac{1}{\sqrt{g}}\frac{\partial(\sqrt{g}\, g^{ik})}{\partial x^k} + \Gamma^i_{rs} g^{rs} = (\operatorname{div}\mathfrak{G})^i = 0$$

$$\frac{\partial g^{ik}}{\partial x^l} + \Gamma^i_{lr} g^{rk} + \Gamma^k_{lr} g^{ir} = \frac{\partial g_{ik}}{\partial x^l} - \Gamma^r_{lk} g_{ir} - \Gamma^r_{li} g_{rk} = 0.$$

Man kann aus ihm den Tensor 4. Grades ableiten:

$$R^i_{jhk} = \frac{\partial}{\partial x^h}\Gamma^i_{jk} - \frac{\partial}{\partial x^k}\Gamma^i_{jh} + \Gamma^i_{rh}\Gamma^r_{jk} - \Gamma^i_{rk}\Gamma^r_{jh} = \left(\mathfrak{e}^i\left\{\frac{\partial}{\partial x^h}\left(\frac{\partial \mathfrak{e}_j}{\partial x^k}\right) - \frac{\partial}{\partial x^k}\left(\frac{\partial \mathfrak{e}_j}{\partial x^h}\right)\right\}\right).$$

Er heißt der „RIEMANN-CHRISTOFFEL*sche Krümmungstensor*". Er hat $\frac{n^2(n^2-1)}{12}$ unabhängige Komponenten. Durch Verjüngung entsteht daraus der symmetrische Tensor $\mathfrak{R}$ 2. Grades mit den Komponenten:

$$R_{ik} = \frac{\partial}{\partial x^r}\Gamma^r_{ik} - \frac{\partial}{\partial x^k}\Gamma^r_{ir} + \Gamma^s_{rs}\Gamma^r_{ik} - \Gamma^s_{ri}\Gamma^r_{ks} = \left(\mathfrak{e}^r\left\{\frac{\partial}{\partial x^r}\left(\frac{\partial \mathfrak{e}_i}{\partial x^k}\right) - \frac{\partial}{\partial x^k}\left(\frac{\partial \mathfrak{e}_r}{\partial x^i}\right)\right\}\right)$$

sowie weiter der Skalar: $|\mathfrak{R}| = R = g^{ik} R_{ik}$.

Zwischen ihnen besteht die Beziehung:

$$\operatorname{div}\mathfrak{R} = \tfrac{1}{2}\operatorname{grad} R.$$

7. Nichteuklidische Räume.

Verschiebt man einen Vektor $\mathfrak{a}$ ungeändert und parallel um $d\mathfrak{s}$, so wird $d\mathfrak{a} = 0$:

$$da^i = -\Gamma^i_{kr}\, a^k\, dx^r.$$

Nimmt man diese Gleichung als allgemeine Definition der parallelen „*Verpflanzung*" eines Vektors um infinitesimale Strecken in beliebigen Räumen, so ist zu beachten, daß sie nur dann integrabel ist und damit die Parallelität und Gleichheit auch für endliche Abstände unabhängig vom Integrationsweg definiert, wenn der Krümmungstensor

$$R^i_{jhk} = 0$$

ist. Ist dies der Fall, so nennt man den Raum (besser die Metrik des Raumes) „*euklidisch*", andernfalls „*nichteuklidisch*" oder „*gekrümmt*". Das Verschwinden aller Komponenten dieses Tensors R^i_{jhk} ist die Bedingung dafür, daß bei der Ausmessung mit dem Linienelement $ds = \sqrt{g_{ik}\,dx^i\,dx^k}$, die Maßbeziehungen der euklidischen Geometrie gelten. Nur in diesem Fall kann man durch eine geeignete Transformation zu $g'_{ik} = \delta_{ik}$ gelangen, d. h. ein kartesisches Koordinatensystem einführen. Nichteuklidische Räume gibt es schon im Zweidimensionalen, z. B. die Kugelfläche.

Eine Kurve heißt *geodätisch* oder im euklidischen Raum „gerade", wenn sie mit konstanter Tangentenrichtung fortschreitet. Ihr Tangentenvektor $\mathfrak{t}$ hat die Komponenten $t^i = \partial x^i/\partial s$. Es muß für sie also: $\partial \mathfrak{t}/\partial s = 0$ sein und somit

$$\frac{d^2 x^i}{ds^2} = -\Gamma^i_{kr}\frac{dx^k}{ds}\frac{dx^r}{ds}.$$

8. Zeitabhängige (bewegte) Koordinatensysteme.

Die zeitliche Veränderung eines Koordinatensystems kann man durch ein Vektorfeld $\mathfrak{u}$ darstellen, das die Geschwindigkeit $\mathfrak{u}$ der Punkte $x^i = \text{const}$ beschreibt. Mit $\mathfrak{u} = \mathfrak{e}_i u^i$ wird dann:

$$\frac{\partial \mathfrak{e}_i}{\partial t} = \frac{\partial \mathfrak{u}}{\partial x^i} - u^l \frac{\partial \mathfrak{e}_i}{\partial x^l} = \mathfrak{e}_l \frac{\partial u^l}{\partial x^i}; \qquad \frac{\partial \mathfrak{e}^i}{\partial t} = -\mathfrak{e}^l \frac{\partial u^i}{\partial x^l}$$

$$\frac{\partial g_{ik}}{\partial t} = g_{kl}\frac{\partial u^l}{\partial x^i} + g_{il}\frac{\partial u^l}{\partial x^k}; \qquad \frac{\partial g^{ik}}{\partial t} = -g^{il}\frac{\partial u^k}{\partial x^l} - g^{kl}\frac{\partial u^i}{\partial x^l}$$

$$\frac{\partial}{\partial t}\Gamma^k_{ir} = \frac{\partial^2 u^k}{\partial x^i\,\partial x^r} + \Gamma^k_{lr}\frac{\partial u^l}{\partial x^i} - \Gamma^l_{ir}\frac{\partial u^k}{\partial x^l}.$$

Die Komponenten eines an sich konstanten Vektors $\mathfrak{a}$ ändern sich dabei um:

$$\delta a_i = a_l \frac{\partial u^l}{\partial x^i}\,\delta t; \qquad \delta a^i = -a^l \frac{\partial u^i}{\partial x^l}\,\delta t.$$

Diese Zeitableitungen beziehen sich auf einen festen Ort. Bezogen auf einen mit der Geschwindigkeit $\mathfrak{v}$ bewegten Punkt: $v^i = u^i + \dfrac{dx^i}{dt}$ wird für einen beliebigen Skalar bzw. Vektor:

$$\frac{d\varphi}{dt} = \frac{\partial \varphi}{\partial t} + v^l \frac{\partial \varphi}{\partial x^l}; \qquad \frac{d\mathfrak{a}}{dt} = \frac{\partial \mathfrak{a}}{\partial t} + v^l \frac{\partial \mathfrak{a}}{\partial x^l}.$$

Ist $dx^i/dt = 0$, so wird $v^l = u^l$ und speziell:

$$\frac{d\mathfrak{e}_i}{dt} = \frac{\partial \mathfrak{u}}{\partial x^i} \qquad \text{(Zeitableitung bei festem } x^i\text{)}.$$

Hier wird: $$\delta a^i = \left(u^l \frac{\partial a^i}{\partial x^l} - a^l \frac{\partial u^i}{\partial x^l}\right)\delta t \qquad (\neq (\delta \mathfrak{a})^i).$$

Starre Drehung eines kartesischen Koordinatensystems ist darstellbar durch:

$$u_i = \varepsilon_{ik} x^k \quad \text{mit} \quad \varepsilon_{ik} = -\varepsilon_{ki}$$

und ergibt:

$$\delta a^i = \left(\varepsilon_{lk} x^k \frac{\partial a^i}{\partial x^l} - a^r \varepsilon_{ir}\right)\delta t = \varepsilon_{lk}\left(x^k \frac{\partial a^i}{\partial x^l} - \delta_{il}\,\delta_{kr}\,a^r\right)\delta t =$$

$$= \frac{1}{2}\varepsilon_{lk}\left(x^k \frac{\partial a^i}{\partial x^l} - x^l \frac{\partial a^i}{\partial x^k} - (\delta_{il}\delta_{kr} - \delta_{ik}\delta_{lr})\,a^r\right)\delta t.$$

9. Orthogonale Koordinaten[1].

Ein orthogonales Koordinatensystem ist definiert durch das Linienelement

$$(ds)^2 = \sum_i g_{ii}(dx^i)^2,$$

wobei $$g_{ii} = |\mathfrak{e}_i|^2 = e_i^2 \quad \text{und} \quad g^{ii} = |\mathfrak{e}^i|^2 = e^{i2},$$

also $$g_{ii} = \frac{1}{g^{ii}} \quad \text{und} \quad e_i = \frac{1}{e^i}.$$

Es ist hier oft zweckmäßig außer den ko- und kontravarianten Komponenten, zwischen denen der Zusammenhang

$$a^i e_i = a_i e^i \quad \text{oder} \quad a^i = a_i g^{ii} = \frac{a_i}{g_{ii}}$$

besteht, noch ihr geometrisches Mittel einzuführen

$$\bar{a}_i = \sqrt{a_i a^i} = a^i e_i = a_i e^i = \frac{a_i}{e_i}.$$

Wir bezeichnen die $\bar{a}_i$ als *natürliche Komponenten*; sie sind die Beträge der komponierenden Vektoren.

Wir führen nun an Stelle der Grundvektoren $\mathfrak{e}_k$ Einheitsvektoren $\mathfrak{i}_k$ in den gleichen Richtungen ein; dann ist

$$\mathfrak{a} = \sum_k a_k \mathfrak{e}^k = \sum_k (a_k e^k)\,\mathfrak{i}^k = \sum_k \bar{a}_k \mathfrak{i}^k$$

$$\mathfrak{a} = \sum_k a^k \mathfrak{e}_k = \sum_k (a^k e_k)\,\mathfrak{i}_k = \sum_k \bar{a}^k \mathfrak{i}_k$$

und daher also auch $\mathfrak{i}^k = \mathfrak{i}_k$.

dx^i ist keine natürliche Vektorkomponente, sondern

$$e_i\,dx^i = \overline{ds_i}.$$

Analog kann man die natürlichen Komponenten eines Tensors $\mathfrak{T}$ definieren; die Tensorrelation $\mathfrak{a} = \mathfrak{T}\cdot\mathfrak{b}$ schreibt sich

$$\bar{a}_i = \sum_k \bar{T}_{ik}\bar{b}_k,$$

---

[1] In diesem Teil 9. sind alle Summationen ausgeschrieben.

wobei die natürlichen Komponenten des Tensors gegeben sind durch

$$\overline{T}_{ik} = \frac{T_{ik}}{e_i e_k} = T^{ik} e_i e_k = T^i_k \frac{e_i}{e_k} = T^k_i \frac{e_k}{e_i} = (\mathfrak{i}_i \mathfrak{T} \mathfrak{i}_k).$$

Metrischer Fundamentaltensor. Er hat Diagonalform

$$g_{ik} = g_{ii}\delta_{ik} = e_i^2 \delta_{ik} \quad \text{mit} \quad \delta_{ik} = \begin{cases} 0 & \text{für } i \neq k \\ 1 & \text{für } i = k \end{cases}$$

$$g_{ii} = \frac{1}{g^{ii}}.$$

Determinante:

$$g = g_{11} g_{22} g_{33} \cdots \qquad \sqrt{g} = e_1 e_2 e_3 \ldots.$$

Drei-Indizes-Symbole:

$$\Gamma_{l,ik} = 0, \qquad \text{wenn } i \neq k \neq l \neq i$$

$$\Gamma_{l,ii} = -\frac{1}{2}\frac{\partial g_{ii}}{\partial x^l} \qquad (l \neq i)$$

$$\Gamma_{i,ki} = \Gamma_{i,ik} = +\frac{1}{2}\frac{\partial g_{ii}}{\partial x^k} \qquad (k \neq i)$$

$$\Gamma_{i,ii} = +\frac{1}{2}\frac{\partial g_{ii}}{\partial x^i}$$

$$\Gamma^l_{ik} = 0, \qquad \text{wenn } i \neq k \neq l \neq i$$

$$\Gamma^l_{ii} = -\frac{1}{2g_{ll}}\frac{\partial g_{ii}}{\partial x^l} \qquad (l \neq i)$$

$$\Gamma^i_{ki} = \Gamma^i_{ik} = +\frac{1}{2g_{ii}}\frac{\partial g_{ii}}{\partial x^k} = \frac{1}{2}\frac{\partial \ln g_{ii}}{\partial x^k} \qquad (k \neq i)$$

$$\Gamma^i_{ii} = \frac{1}{2g_{ii}}\frac{\partial g_{ii}}{\partial x^i} = \frac{1}{2}\frac{\partial \ln g_{ii}}{\partial x^i}.$$

Durch diese Beziehungen transformieren sich die Formeln von S. 217 folgendermaßen in natürliche Komponenten:

$$\bar{a}_i = \frac{1}{e_i}\cdot\frac{\partial\varphi}{\partial x^i} \qquad (\mathfrak{a} = \operatorname{grad}\varphi)$$

$$\overline{A}_{ik} = \frac{1}{e_k}\left(\frac{\partial \bar{a}_i}{\partial x^k} - \frac{\bar{a}_k}{e_i}\cdot\frac{\partial e_k}{\partial x^i} + \delta_{ik}\sum_r \frac{\bar{a}_r}{e_r}\cdot\frac{\partial e_k}{\partial x^r}\right) \qquad (\mathfrak{A} = \operatorname{grad}\mathfrak{a}) \text{ d.h. } \mathfrak{A}\mathfrak{b} = (\mathfrak{b}\operatorname{grad})\,\mathfrak{a}$$

$$\psi = \frac{1}{\sqrt{g}}\sum_i \frac{\partial}{\partial x^i}\left(\sqrt{g}\cdot\frac{\bar{a}_i}{e_i}\right) \qquad (\psi = \operatorname{div}\mathfrak{a}),$$

$$\psi = \frac{1}{\sqrt{g}}\sum_i \frac{\partial}{\partial x^i}\left(\sqrt{g}\cdot\frac{1}{e_i^2}\cdot\frac{\partial\varphi}{\partial x^i}\right) \qquad (\psi = \Delta\varphi)$$

$$\bar{a}_i = \frac{e_i}{\sqrt{g}}\sum_r \frac{\partial}{\partial x^r}\left(\sqrt{g}\cdot\frac{\overline{T}_{ir}}{e_i e_r}\right) + \sum_r \frac{(\overline{T}_{ri} + \overline{T}_{ir})}{e_i e_r}\cdot\frac{\partial e_i}{\partial x^r} - \sum_r \frac{\overline{T}_{rr}}{e_i e_r}\cdot\frac{\partial e_r}{\partial x^i}$$

$$(\mathfrak{a} = \operatorname{div}\mathfrak{T}).$$

Ist hierin $\overline{T}_{ik}$ ein antimetrischer Tensor ($\overline{T}_{ik} = -\overline{T}_{ki}$), so verschwinden die beiden letzten Glieder.

Ist speziell

$$\overline{T}_{ik} = \overline{a}_{ik} - \overline{a}_{ki} = \frac{1}{e_i e_k}\left(\frac{\partial(\overline{b}_i e_i)}{\partial x^k} - \frac{\partial(\overline{b}_k e_k)}{\partial x^i}\right),$$

so wird

$$\overline{a}_i = \frac{e_i}{\sqrt{g}} \cdot \sum_r \frac{\partial}{\partial x^r}\left(\sqrt{g}\,\frac{\left(\frac{\partial(\overline{b}_i e_i)}{\partial x^r} - \frac{\partial(\overline{b}_r e_r)}{\partial x^i}\right)}{e_i^2 e_r^2}\right) \qquad (\mathfrak{a} = -\operatorname{rot}\operatorname{rot}\mathfrak{b}).$$

Dieser Ausdruck ist in zwei Teile zerlegbar:

$$-\overline{a}_i = \frac{1}{e_i} \cdot \frac{\partial}{\partial x^i}\left(\frac{1}{\sqrt{g}} \cdot \sum_r \frac{\partial}{\partial x^r}\left(\sqrt{g}\,\frac{\overline{b}_r}{e_r}\right)\right) - \overline{c}_i,$$

wo der erste Teil $\operatorname{grad}\operatorname{div}\mathfrak{b}$ der zweite Teil $\mathfrak{c} = \Delta\mathfrak{b}$ bedeutet. Der symmetrische Anteil des Tensors $\overline{a}_{ik}$ schreibt sich:

$$\overline{S}_{ik} = \frac{\overline{a}_{ik} + \overline{a}_{ki}}{2} = \frac{1}{2}\left(\frac{e_i}{e_k} \cdot \frac{\partial}{\partial x^k}\left(\frac{\overline{b}_i}{e_i}\right) + \frac{e_k}{e_i} \cdot \frac{\partial}{\partial x^i}\left(\frac{\overline{b}_k}{e_k}\right)\right) + \frac{\delta_{ik}}{e_k} \sum_r \frac{\overline{b}_r}{e_r} \cdot \frac{\partial e_k}{\partial x^r}.$$

Antimetrische Tensoren haben im Dreidimensionalen nur drei Komponenten. Deutet man diese als die Komponenten eines Vektors, so ist dieser hierdurch in einer vom Koordinatensystem unabhängigen Weise definiert, indem man setzt

$$\overline{T}_{12} = \overline{a}_3, \qquad \overline{T}_{23} = \overline{a}_1, \qquad \overline{T}_{31} = \overline{a}_2.$$

Zum Beispiel liefert der Tensor $\overline{a}_i \overline{b}_k - \overline{a}_k \overline{b}_i = \overline{c}_l$ die Definition des Vektors $\mathfrak{c} = [\mathfrak{a}\,\mathfrak{b}]$, ferner der Tensor

$$\overline{a}_{ik} - \overline{a}_{ki} = \frac{1}{e_i e_k} \cdot \left(\frac{\partial(\overline{b}_i e_i)}{\partial x^k} - \frac{\partial(\overline{b}_k e_k)}{\partial x^i}\right) = -\overline{c}_l$$

die Definition des Vektors $\mathfrak{c} = \operatorname{rot}\mathfrak{b}$.

Diese Vektoren heißen *axiale* im Gegensatz zu den anderen, die als *polar* bezeichnet werden.

Die Operation rot, angewandt auf einen axialen Vektor, ist identisch mit der Operation div, angewandt auf einen antimetrischen Tensor (vgl. rot rot $\mathfrak{b}$).

Geht man von einem orthogonalen Koordinatensystem zu einem anderen solchen über, so gelten folgende Transformationsformeln:

$$(e_i')^2 = \sum_k e_k^2 \left(\frac{\partial x^k}{\partial x^{i'}}\right)^2$$

$$\bar{a}_i' = \sum_k \alpha_{ik} \bar{a}_k$$

mit der orthogonalen Matrix:

$$\alpha_{ik} = \frac{e_i'}{e_k} \frac{\partial x^{i'}}{\partial x^k} = \frac{e_k}{e_i'} \frac{\partial x^k}{\partial x^{i'}} = \sqrt{\frac{\partial x^{i'}}{\partial x^k} \cdot \frac{\partial x^k}{\partial x^{i'}}}.$$

Achter Abschnitt.

Spezielle Koordinatensysteme.

Spezielle Koordinatensysteme werden angewandt zur Behandlung spezieller Probleme. Sie können dabei gegenüber der koordinatenfreien Formulierung zu einer methodischen Vereinfachung führen. Man wählt sie möglichst so, daß sie sich dem Problem anpassen. Das Erkennen weiterer Zusammenhänge wird aber oft dabei sehr gefährdet. Man sollte diese speziellen Systeme daher nicht zu früh einführen.

Praktische Verwendung finden fast ausschließlich *orthogonale* Systeme und in ihnen fast nur die *natürlichen* Vektor- und Tensorkomponenten (s. S. 220).

Die Koordinaten werden dann in praxi nicht durch Zahlenindizes unterschieden, sondern durch verschiedene Buchstaben. Die Vektor- und Tensorkomponenten werden dann durch entsprechende Buchstaben-Suffixe bezeichnet.

Alle Formeln der *Vektor- und Tensoralgebra* gelten in allen orthogonalen Systemen in der *gleichen* einfachen Form wie bei den kartesischen Koordinaten. Erst die durch Differentiation gebildeten abgeleiteten Größen haben für jedes Koordinatensystem charakteristische Formen.

A. Zweidimensionale Systeme.

Das äußere Produkt und die Rotation haben hier nur eine Komponente. Sie sind sog. „*Pseudoskalare*".

1. Kartesisches Koordinatensystem x, y.

(Äquidistante Geraden.)

$$ds^2 = dx^2 + dy^2$$

$$g_{ik} = \delta_{ik}; \quad g = 1; \quad e_i = 1; \quad \Gamma_{l,ik} = 0$$

$$(\mathfrak{a}\,\mathfrak{b}) = a_x b_x + a_y b_y$$

$$[\mathfrak{a}\,\mathfrak{b}] = a_x b_y - a_y b_x \quad \text{(Pseudoskalar).}$$

Die allgemeinen Formeln von S. 221 ff. sind in einfachster Form anwendbar:

$$\operatorname{grad}_x \varphi = \frac{\partial \varphi}{\partial x}, \qquad \operatorname{grad}_y \varphi = \frac{\partial \varphi}{\partial y}$$

$$\operatorname{div} \mathfrak{a} = \frac{\partial a_x}{\partial x} + \frac{\partial a_y}{\partial y}$$

$$\Delta \varphi = \frac{\partial^2 \varphi}{\partial x^2} + \frac{\partial^2 \varphi}{\partial y^2}$$

$$\operatorname{rot} \mathfrak{a} = \frac{\partial a_y}{\partial x} - \frac{\partial a_x}{\partial y} \qquad \text{(Pseudoskalar).}$$

2. Allgemeine (im allgemeinen nichtorthogonale) Koordinatensysteme ξ, η.

$$x^1 = \xi(x, y), \qquad x^2 = \eta(x, y)$$

$$ds^2 = \left(\left(\frac{\partial x}{\partial \xi}\right)^2 + \left(\frac{\partial y}{\partial \xi}\right)^2\right) d\xi^2 + 2\left(\frac{\partial x}{\partial \xi}\frac{\partial x}{\partial \eta} + \frac{\partial y}{\partial \xi}\frac{\partial y}{\partial \eta}\right) d\xi\, d\eta + \left(\left(\frac{\partial x}{\partial \eta}\right)^2 + \left(\frac{\partial y}{\partial \eta}\right)^2\right) d\eta^2$$

$$= \frac{\left(\left(\frac{\partial \eta}{\partial x}\right)^2 + \left(\frac{\partial \eta}{\partial y}\right)^2\right)}{g} d\xi^2 - 2\frac{\left(\frac{\partial \xi}{\partial x}\frac{\partial \eta}{\partial x} + \frac{\partial \xi}{\partial y}\frac{\partial \eta}{\partial y}\right)}{g} d\xi\, d\eta + \frac{\left(\left(\frac{\partial \xi}{\partial x}\right)^2 + \left(\frac{\partial \xi}{\partial y}\right)^2\right)}{g} d\eta^2$$

$$g = \left(\frac{\partial(\xi, \eta)}{\partial(x, y)}\right)^2.$$

Daraus entnimmt man die g_{ik}, sowie:

$$g^{11} = \left(\frac{\partial \xi}{\partial x}\right)^2 + \left(\frac{\partial \xi}{\partial y}\right)^2 = \left(\left(\frac{\partial x}{\partial \eta}\right)^2 + \left(\frac{\partial y}{\partial \eta}\right)^2\right) g$$

$$g^{12} = \frac{\partial \xi}{\partial x}\frac{\partial \eta}{\partial x} + \frac{\partial \xi}{\partial y}\frac{\partial \eta}{\partial y} = -\left(\frac{\partial x}{\partial \xi}\frac{\partial x}{\partial \eta} + \frac{\partial y}{\partial \xi}\frac{\partial y}{\partial \eta}\right) g$$

$$g^{22} = \left(\frac{\partial \eta}{\partial x}\right)^2 + \left(\frac{\partial \eta}{\partial y}\right)^2 = \left(\left(\frac{\partial x}{\partial \xi}\right)^2 + \left(\frac{\partial y}{\partial \xi}\right)^2\right) g.$$

Die kontravarianten Komponenten eines Vektors $\mathfrak{a}$ werden:

$$a^1 = \frac{\partial \xi}{\partial x} a_x + \frac{\partial \xi}{\partial y} a_y = \frac{\frac{\partial y}{\partial \eta} a_x - \frac{\partial x}{\partial \eta} a_y}{\sqrt{g}}$$

$$a^2 = \frac{\partial \eta}{\partial x} a_x + \frac{\partial \eta}{\partial y} a_y = \frac{-\frac{\partial y}{\partial \xi} a_x + \frac{\partial x}{\partial \xi} a_y}{\sqrt{g}}$$

sowie die kovarianten:

$$a_1 = \frac{\partial x}{\partial \xi} a_x + \frac{\partial y}{\partial \xi} a_y = \frac{\frac{\partial \eta}{\partial y} a_x - \frac{\partial \eta}{\partial x} a_y}{\sqrt{g}}$$

$$a_2 = \frac{\partial x}{\partial \eta} a_x + \frac{\partial y}{\partial \eta} a_y = \frac{-\frac{\partial \xi}{\partial y} a_x + \frac{\partial \xi}{\partial x} a_y}{\sqrt{g}}.$$

3. Allgemeine orthogonale Koordinatensysteme u, v (ξ, η).

Man erhält solche ausgehend von den kartesischen x, y durch:

$$u + i v = f(x + i y),$$

wobei f eine beliebige analytische Funktion (s. S. 73) ist, und eventuell allgemeinere ξ, η durch:

$$\xi = \xi(u), \quad \eta = \eta(v) \quad \text{bzw.} \quad u = u(\xi), \quad v = v(\eta).$$

Das *Linienelement* wird dann:

$$ds^2 = \frac{1}{D}(du^2 + dv^2) = \frac{1}{D}\left\{d\xi^2\left(\frac{du}{d\xi}\right)^2 + d\eta^2\left(\frac{dv}{d\eta}\right)^2\right\}$$

mit

$$D = \left(\frac{\partial u}{\partial x}\right)^2 + \left(\frac{\partial u}{\partial y}\right)^2 = \left(\frac{\partial v}{\partial x}\right)^2 + \left(\frac{\partial v}{\partial y}\right)^2 = \frac{\partial(u, v)}{\partial(x, y)} = \frac{1}{e_1^2} = \frac{1}{e_2^2} = \frac{1}{\sqrt{g}}$$

und das *Flächenelement* ist:

$$df = \sqrt{g}\, du\, dv = \frac{1}{D}\, du\, dv.$$

Als Vektor- bzw. Tensorkomponenten verwenden wir die natürlichen Komponenten $\bar{a}_i = \sqrt{a^i a_i}$ (s. S. 220). Für einen Vektor $\mathfrak{a}$ mit den kartesischen Komponenten a_x und a_y wird dann $\left(\text{wegen } \frac{1}{\sqrt{D}}\frac{\partial u}{\partial x} = \sqrt{D}\frac{\partial x}{\partial u} \text{ usw.}\right)$:

$$a_u = \left(a_x \frac{\partial u}{\partial x} + a_y \frac{\partial u}{\partial y}\right) \cdot \frac{1}{\sqrt{D}} \qquad a_x = \left(a_u \frac{\partial x}{\partial u} + a_v \frac{\partial x}{\partial v}\right) \cdot \sqrt{D}$$

$$a_v = \left(a_x \frac{\partial v}{\partial x} + a_y \frac{\partial v}{\partial y}\right) \cdot \frac{1}{\sqrt{D}} \qquad a_y = \left(a_u \frac{\partial y}{\partial u} + a_v \frac{\partial y}{\partial v}\right) \cdot \sqrt{D}.$$

$\mathfrak{a} = \operatorname{grad} \psi$ hat die Komponenten:

$$\operatorname{grad}_u \psi = \frac{\partial \psi}{\partial u} \cdot \sqrt{D} \qquad \operatorname{grad}_v \psi = \frac{\partial \psi}{\partial v} \sqrt{D}$$

$$\operatorname{div} \mathfrak{a} = D\left\{\frac{\partial}{\partial u}\left(\frac{a_u}{\sqrt{D}}\right) + \frac{\partial}{\partial v}\left(\frac{a_v}{\sqrt{D}}\right)\right\}$$

$$\Delta \psi = D\left\{\frac{\partial^2 \psi}{\partial u^2} + \frac{\partial^2 \psi}{\partial v^2}\right\}$$

$$\operatorname{rot} \mathfrak{u} = D\left\{\frac{\partial}{\partial u}\left(\frac{a_v}{\sqrt{D}}\right) - \frac{\partial}{\partial v}\left(\frac{a_u}{\sqrt{D}}\right)\right\}.$$

Um zu dem allgemeineren System ξ, η überzugehen, setze man:

$$a_u = a_\xi, \quad a_v = a_\eta, \quad \frac{\partial}{\partial u} = \frac{1}{du/d\xi}\frac{\partial}{\partial \xi}, \quad \frac{\partial}{\partial v} = \frac{1}{dv/\partial \eta} \cdot \frac{\partial}{\partial \eta}.$$

$$a_\xi = \frac{1}{\sqrt{D}}\frac{du}{d\xi}\left\{a_x \frac{\partial \xi}{\partial x} + a_y \frac{\partial \xi}{\partial y}\right\} \qquad a_x = \sqrt{D}\left\{a_\xi \frac{d\xi}{du}\frac{\partial x}{\partial \xi} + a_\eta \frac{\partial \eta}{\partial v}\frac{\partial x}{\partial \eta}\right\}$$

$$a_\eta = \frac{1}{\sqrt{D}}\frac{dv}{d\eta}\left\{a_x \frac{\partial \eta}{\partial x} + a_y \frac{\partial \eta}{\partial y}\right\} \qquad a_y = \sqrt{D}\left\{a_\xi \frac{d\xi}{du}\frac{\partial y}{\partial \xi} + a_\eta \frac{d\eta}{dv}\frac{\partial y}{\partial \eta}\right\}.$$

4. Ebene Polarkoordinaten

(Konzentrische u-Kreise und radiale v-Geraden).

$$u + i v = \ln(x + i y)$$

$$u = \ln\sqrt{x^2 + y^2} \qquad x = e^u \cos v \qquad -\infty < u < +\infty$$

$$v = \operatorname{arc\,tg}\frac{y}{x} \qquad y = e^u \sin v \qquad 0 \leq v \leq 2\pi$$

Linienelement: $ds^2 = e^{2u}(du^2 + dv^2)$

$$D = e^{-2u} = \frac{1}{x^2 + y^2}$$

Flächenelement: $df = e^{2u}\, du\, dv$.

Es ist hier üblich, durch $r = e^u$, $\varphi = v$ andere Koordinaten r, φ einzuführen. Das ergibt $\frac{\partial}{\partial u} = r\frac{\partial}{\partial r}$, $\frac{\partial}{\partial v} = \frac{\partial}{\partial \varphi}$ und:

$$r = \sqrt{x^2 + y^2} \qquad x = r\cos\varphi \qquad 0 \leq r < \infty$$

$$\varphi = \operatorname{arc\,tg}\frac{y}{x} \qquad y = r\sin\varphi \qquad 0 \leq \varphi \leq 2\pi$$

Linienelement: $ds^2 = dr^2 + r^2 d\varphi^2$

$$D = \frac{1}{r^2}$$

Flächenelement: $df = r\, dr\, d\varphi$.

Natürliche Vektorkomponenten:

$$a_r = a_u = \frac{a_x x + a_y y}{\sqrt{x^2 + y^2}} \qquad a_x = a_r \cos\varphi - a_\varphi \sin\varphi$$

$$a_\varphi = a_v = \frac{-a_x y + a_y x}{\sqrt{x^2 + y^2}} \qquad a_y = a_r \sin\varphi + a_\varphi \cos\varphi$$

Vektoroperationen:

$$\operatorname{grad}_r \psi = \frac{\partial\psi}{\partial r} \qquad \operatorname{grad}_\varphi \psi = \frac{1}{r}\frac{\partial\psi}{\partial\varphi}$$

$$\operatorname{div}\mathfrak{a} = \frac{1}{r}\frac{\partial}{\partial r}(r a_r) + \frac{1}{r}\frac{\partial a_\varphi}{\partial\varphi}$$

$$\Delta\psi = \frac{1}{r}\frac{\partial}{\partial r}\left(r\frac{\partial\psi}{\partial r}\right) + \frac{1}{r^2}\frac{\partial^2\psi}{\partial\varphi^2} = \frac{\partial^2\psi}{\partial r^2} + \frac{1}{r}\frac{\partial\psi}{\partial r} + \frac{1}{r^2}\frac{\partial^2\psi}{\partial\varphi^2}$$

$$\operatorname{rot}\mathfrak{a} = \frac{1}{r}\frac{\partial}{\partial r}(r a_\varphi) - \frac{1}{r}\frac{\partial a_r}{\partial\varphi}.$$

5. Ebene parabolische Koordinaten

(Konfokale u- und v-Parabeln gleicher Achse).

$$\frac{u+iv}{\sqrt{2}}=\sqrt{x+iy}$$

$u=\sqrt{r+x}$ mit $r=\sqrt{x^2+y^2}$ (Abstand vom Brennpunkt $x=0$, $y=0$)

$v=\sqrt{r-x}$

$$\left.\begin{array}{ll} x=\dfrac{u^2-v^2}{2} & 0\leq u<\infty \\ y=\pm uv & 0\leq v<\infty \end{array}\right\}$$ (Bei gegebenen Werten u, v erhält man zwei Werte y!)

Linienelement: $ds^2=(u^2+v^2)(du^2+dv^2)$

$$D=\frac{1}{2r}=\frac{1}{u^2+v^2}$$

Flächenelement: $df=(u^2+v^2)\,du\,dv$.

Natürliche Vektorkomponenten:

$$a_u=\frac{a_x\sqrt{r+x}+a_y\sqrt{r-x}}{\sqrt{2r}} \qquad a_x=\frac{a_u u-a_v v}{\sqrt{u^2+v^2}}$$

$$a_v=\frac{-a_x\sqrt{r-x}+a_y\sqrt{r+x}}{\sqrt{2r}} \qquad a_y=\frac{a_u v+a_v u}{\sqrt{u^2+v^2}}.$$

Im übrigen Verwendung der Formeln S. 225. Es ist möglich, z.B. $u^2=\xi$, $v^2=\eta$ einzuführen, doch bedeutet das selten einen Gewinn.

6. Ebene elliptische Koordinaten

(Konfokale u-Hyperbeln und v-Ellipsen).

$$u+iv=\arcsin\frac{x+iy}{\alpha}$$

$$\sin u=\frac{s_1-s_2}{2\alpha}, \qquad \mathfrak{Cos}\,v=\frac{s_1+s_2}{2\alpha},$$

wobei $s_1=\sqrt{(x+\alpha)^2+y^2}$, $s_2=\sqrt{(x-\alpha)^2+y^2}$ die Abstände des Punktes $x\,y$ von den auf der x-Achse bei $x_1=-\alpha$ und $x_2=+\alpha$ gelegenen Brennpunkten sind.

$\left(\frac{\pi}{2}-u=\varepsilon\right.$ ist die exzentrische Anomalie der Ellipsen, s. Anhang 9, $\frac{1}{\mathfrak{Cos}\,v}$ ist ihre numerische Exzentrizität$\left.\right)$.

$$\left.\begin{array}{ll} x=\alpha\sin u\,\mathfrak{Cos}\,v & 0\leq u\leq 2\pi \\ y=\pm\alpha\cos u\,\mathfrak{Sin}\,v & 0\leq v<\infty \end{array}\right\}$$ (Bei gegebenen u, v erhält man zwei Werte y!)

Daraus folgt:

$$\frac{x^2}{\alpha^2 \mathfrak{Cos}^2 v} + \frac{y^2}{\alpha^2 \mathfrak{Sin}^2 v} = 1 \qquad (v\text{-Ellipsen})$$

$$\frac{x^2}{\alpha^2 \sin^2 u} - \frac{y^2}{\alpha^2 \cos^2 u} = 1 \qquad (u\text{-Hyperbeln})$$

Linienelement: $ds^2 = \alpha^2(\mathfrak{Cos}^2 v - \sin^2 u)(du^2 + dv^2) = s_1 s_2 (du^2 + dv^2)$

$$D = \frac{1}{\alpha^2(\mathfrak{Cos}^2 v - \sin^2 u)} = \frac{1}{s_1 s_2}$$

Flächenelement: $df = \alpha^2(\mathfrak{Cos}^2 v - \sin^2 u) du\, dv = s_1 s_2\, du\, dv$.

Natürliche Vektorkomponenten:

$a_u = a_x \cos\delta - a_y \sin\delta$, wobei für den Hilfswinkel δ gilt:

$a_v = a_x \sin\delta + a_y \cos\delta$ $\qquad \operatorname{tg}\delta = \operatorname{tg} u\, \mathfrak{Tg}\, v$

$$a_x = \frac{a_u \cos u\, \mathfrak{Cos}\, v + a_v \sin u\, \mathfrak{Sin}\, v}{\sqrt{\mathfrak{Cos}^2 v - \sin^2 u}},$$

$$a_y = \frac{-a_u \sin u\, \mathfrak{Sin}\, v + a_v \cos u\, \mathfrak{Cos}\, v}{\sqrt{\mathfrak{Cos}^2 v - \sin^2 u}}.$$

In der Literatur ist z. B. auch gebräuchlich:

$$\xi = \sin u, \qquad \eta = \mathfrak{Cos}\, v.$$

Im Grenzfall $\alpha \to 0$ wird $\alpha\, \mathfrak{Cos}\, v = r$. Man erhält dann Polarkoordinaten r, φ mit $\varphi = \frac{\pi}{2} - u$.

Im Grenzfall $\alpha \to \infty$ erhält man kartesische Koordinaten mit $x = \alpha \sin u$, $y = \alpha\, \mathfrak{Sin}\, v$.

7. Ebene Bipolarkoordinaten

(u-Kreisbündel und v-Kreisbüschel um bzw. durch zwei Pole, die auf der x-Achse bei $x_1 = +\alpha$ und $x_2 = -\alpha$ liegen):

$$u + iv = \ln\frac{\alpha + x + iy}{\alpha - x - iy} = 2\,\mathfrak{Ar}\,\mathfrak{Tg}\,\frac{x + iy}{\alpha}; \qquad x + iy = \alpha\,\mathfrak{Tg}\,\frac{u + iv}{2}.$$

$$\mathfrak{Tg}\, u = \frac{2\alpha x}{\alpha^2 + x^2 + y^2}, \qquad \operatorname{tg} v = \frac{2\alpha y}{\alpha^2 - x^2 - y^2}.$$

(e^u ist das Verhältnis s_1/s_2 der Abstände s_1 und s_2 des Punktes x, y von den Polen; $\pi - v$ ist der Winkel, unter dem die Pole, vom Punkte x, y aus gesehen, erscheinen.)

$$x = \frac{\alpha\, \mathfrak{Sin}\, u}{\mathfrak{Cos}\, u + \cos v} \qquad -\infty < u < +\infty$$

$$y = \frac{\alpha \sin v}{\mathfrak{Cos}\, u + \cos v} \qquad 0 \leq v \leq 2\pi$$

$u = \text{const}$: Kreise mit $R_u = \dfrac{\alpha}{|\mathfrak{Sin}\, u|}$

um $x = \dfrac{\alpha}{\mathfrak{Tg}\, u}$, $y = 0$ (APOLLONische Kreise)

$v = \text{const}$: Kreise mit $R_v = \dfrac{\alpha}{|\sin v|}$

um $x = 0$, $y = \dfrac{-\alpha}{\operatorname{tg} v}$ (Büschel durch die Pole)

Linienelement: $$ds^2 = \frac{\alpha^2 (du^2 + dv^2)}{(\mathfrak{Cof}\, u + \cos v)^2}$$

$$D = \frac{(\mathfrak{Cof}\, u + \cos v)^2}{\alpha^2} = \frac{4\alpha^2}{(\alpha^2 - x^2 + y^2)^2 + 4x^2 y^2}$$

Flächenelement: $$df = \frac{\alpha^2\, du\, dv}{(\mathfrak{Cof}\, u + \cos v)^2}.$$

Natürliche Vektorkomponenten:

$$a_u = \{a_x(\alpha^2 - x^2 + y^2) - a_y \cdot 2xy\} \frac{\sqrt{D}}{2\alpha}; \quad a_v = \{a_x \cdot 2xy + a_y(\alpha^2 - x^2 + y^2)\} \frac{\sqrt{D}}{2\alpha}$$

$$a_x = \frac{a_u(1 + \mathfrak{Cof}\, u \cos v) + a_v\, \mathfrak{Sin}\, u \sin v}{\mathfrak{Cof}\, u + \cos v}; \quad a_y = \frac{-a_u\, \mathfrak{Sin}\, u \sin v + a_v(1 + \mathfrak{Cof}\, u \cos v)}{\mathfrak{Cof}\, u + \cos v}.$$

In der Literatur wird auch die Substitution gebraucht:

$$\xi = e^{-u}, \qquad \eta = \pi - v.$$

B. Dreidimensionale Systeme.

1. Kartesisches Koordinatensystem x, y, z.

Es entsteht durch Hinzunahme einer kartesischen Koordinate z aus dem zweidimensionalen. Es gilt hier alles zu jenem Gesagte. Die Formeln von S. 221 ff. sind mit allen $\varrho_i = 1$ in einfachster Form anwendbar.

Im einzelnen ist hier:

$$(\mathfrak{a}\,\mathfrak{b}) = a_x b_x + a_y b_y + a_z b_z$$

$$[\mathfrak{a}\,\mathfrak{b}]_x = a_y b_z - a_z b_y, \quad [\mathfrak{a}\,\mathfrak{b}]_y = a_z b_x - a_x b_z, \quad [\mathfrak{a}\,\mathfrak{b}]_z = a_x b_y - a_y b_x.$$

$$\operatorname{grad}_x \varphi = \frac{\partial \varphi}{\partial x}, \quad \operatorname{grad}_y \varphi = \frac{\partial \varphi}{\partial y}, \quad \operatorname{grad}_z \varphi = \frac{\partial \varphi}{\partial z}$$

$$\operatorname{div} \mathfrak{a} = \frac{\partial a_x}{\partial x} + \frac{\partial a_y}{\partial y} + \frac{\partial a_z}{\partial z}$$

$$\operatorname{rot}_x \mathfrak{a} = \frac{\partial a_z}{\partial y} - \frac{\partial a_y}{\partial z}, \quad \operatorname{rot}_y \mathfrak{a} = \frac{\partial a_x}{\partial z} - \frac{\partial a_z}{\partial x}, \quad \operatorname{rot}_z \mathfrak{a} = \frac{\partial a_y}{\partial x} - \frac{\partial a_x}{\partial y}$$

$$\Delta \varphi = \frac{\partial^2 \varphi}{\partial x^2} + \frac{\partial^2 \varphi}{\partial y^2} + \frac{\partial^2 \varphi}{\partial z^2}$$

$$(\mathfrak{a}\operatorname{grad})_x \mathfrak{b} = a_x \frac{\partial b_x}{\partial x} + a_y \frac{\partial b_x}{\partial y} + a_z \frac{\partial b_x}{\partial z}, \text{ usw.}$$

$$\Delta_x \mathfrak{a} = \Delta a_x, \text{ usw.}$$

Tensoren haben die Komponenten T_{xx}, T_{xy}, usw. Damit wird:

$$(\mathfrak{T}\mathfrak{a})_x = T_{xx} a_x + T_{xy} a_y + T_{xz} a_z, \text{ usw.}$$

$$(\operatorname{div}\mathfrak{T})_x = \frac{\partial T_{xx}}{\partial x} + \frac{\partial T_{xy}}{\partial y} + \frac{\partial T_{xz}}{\partial z}, \text{ usw.}$$

$$|\mathfrak{T}| = T_{xx} + T_{yy} + T_{zz}, \qquad |T| = \det(T_{ik})$$

$$(\mathfrak{T}\mathfrak{T}) = T_{xx}^2 + T_{yy}^2 + T_{zz}^2 + T_{xy}^2 + T_{xz}^2 + T_{yz}^2 + T_{yx}^2 + T_{zx}^2 + T_{zy}^2$$

$$(\mathfrak{S}\mathfrak{T}) = (S_{xx}T_{xx} + S_{xy}T_{xy} + S_{xz}T_{xz}) + (S_{yx}T_{yx} + S_{yy}T_{yy} + S_{yz}T_{yz}) + (\cdots).$$

2. Allgemeine Zylinderkoordinaten.

Sie entstehen aus zweidimensionalen ebenen Koordinaten u, v durch Hinzunahme einer kartesischen Koordinate z senkrecht zur u, v-Ebene. Sie sind orthogonal, wenn das ebene System u, v (bzw. ξ, η) es ist und haben dann das Linienelement:

$$ds^2 = \frac{du^2 + dv^2}{D} + dz^2 \qquad \text{(s. S. 225)} \qquad e_3 = 1$$

sowie das Volumenelement: $dV = \sqrt{g}\, du\, dv\, dz = \frac{1}{D}\, du\, dv\, dz.$

Die natürlichen Vektorkomponenten a_u, a_v, a_x, a_y lauten ebenso wie bei den entsprechenden ebenen Koordinaten. Unabhängig davon kommt die dritte Komponente a_z hinzu.

$\operatorname{grad}\psi$ ist zu ergänzen durch die z-Komponente: $\operatorname{grad}_z\psi = \frac{\partial\psi}{\partial z}$

$\operatorname{div}\mathfrak{a}$ ist zu ergänzen durch das additive Glied $\frac{\partial a_z}{\partial z}$: $\cdots + \frac{\partial a_z}{\partial z}$

$\Delta\psi$ ist zu ergänzen durch das additive Glied $\frac{\partial^2\psi}{\partial z^2}$: $\cdots + \frac{\partial^2\psi}{\partial z^2}$.

$\operatorname{rot}\mathfrak{a}$ hat die Komponenten:

$$\operatorname{rot}_u \mathfrak{a} = \sqrt{D}\,\frac{\partial a_z}{\partial v} - \frac{\partial a_v}{\partial z}$$

$$\operatorname{rot}_v \mathfrak{a} = \frac{\partial a_u}{\partial z} - \sqrt{D}\,\frac{\partial a_z}{\partial u}$$

$$\operatorname{rot}_z \mathfrak{a} = D\left\{\frac{\partial}{\partial u}\left(\frac{a_v}{\sqrt{D}}\right) - \frac{\partial}{\partial v}\left(\frac{a_u}{\sqrt{D}}\right)\right\}.$$

Beispiele:

α) *Kreiszylinderkoordinaten* u, v, z.

$u = \ln\sqrt{x^2 + y^2}$	$x = e^u \cos v$	$-\infty < u < +\infty$
$v = \operatorname{arc\,tg}\frac{y}{x}$	$y = e^u \sin v$	$0 \leq v \leq 2\pi$
z	z	$-\infty < z < +\infty$

Linienelement: $ds^2 = e^{2u}(du^2 + dv^2) + dz^2$

$$D = \frac{1}{x^2 + y^2} = e^{-2u}$$

Volumenelement: $dV = e^{2u}\,du\,dv\,dz$

oder mit $\varrho = e^u, \quad \varphi = v; \quad \frac{\partial}{\partial u} = \varrho\frac{\partial}{\partial\varrho}, \quad \frac{\partial}{\partial v} = \frac{\partial}{\partial\varphi}$

$$\varrho = \sqrt{x^2 + y^2} \qquad x = \varrho\cos\varphi \qquad 0 \leq \varrho < \infty$$

$$\varphi = \operatorname{arc\,tg}\frac{y}{x} \qquad y = \varrho\sin\varphi \qquad 0 \leq \varphi \leq 2\pi$$

$$z \qquad z \qquad -\infty < z < +\infty$$

Linienelement: $ds^2 = d\varrho^2 + \varrho^2 d\varphi^2 + dz^2$

$$D = \frac{1}{\varrho^2}$$

Volumenelement: $dV = \varrho\,d\varrho\,d\varphi\,dz.$

Natürliche Vektorkomponenten: $a_\varrho, a_\varphi, a_x, a_y$ wie bei ebenen Polarkoordinaten (s. S. 226). Dazu kommt als dritte Komponente a_z, unabhängig von den übrigen.

Vektoroperationen:

$$\operatorname{grad}_\varrho\psi = \frac{\partial\psi}{\partial\varrho}, \quad \operatorname{grad}_\varphi\psi = \frac{1}{\varrho}\frac{\partial\psi}{\partial\varphi}, \quad \operatorname{grad}_z\psi = \frac{\partial\psi}{\partial z}$$

$$\operatorname{div}\mathfrak{a} = \frac{1}{\varrho}\frac{\partial}{\partial\varrho}(\varrho a_\varrho) + \frac{1}{\varrho}\frac{\partial a_\varphi}{\partial\varphi} + \frac{\partial a_z}{\partial z}$$

$$\Delta\psi = \frac{1}{\varrho}\frac{\partial}{\partial\varrho}\left(\varrho\frac{\partial\psi}{\partial\varrho}\right) + \frac{1}{\varrho^2}\frac{\partial^2\psi}{\partial\varphi^2} + \frac{\partial^2\psi}{\partial z^2} = \frac{\partial^2\psi}{\partial\varrho^2} + \frac{1}{\varrho}\frac{\partial\psi}{\partial\varrho} + \frac{1}{\varrho^2}\frac{\partial^2\psi}{\partial\varphi^2} + \frac{\partial^2\psi}{\partial z^2}$$

$$\operatorname{rot}_\varrho\mathfrak{a} = \frac{1}{\varrho}\frac{\partial a_z}{\partial\varphi} - \frac{\partial a_\varphi}{\partial z}, \quad \operatorname{rot}_\varphi\mathfrak{a} = \frac{\partial a_\varrho}{\partial z} - \frac{\partial a_z}{\partial\varrho},$$

$$\operatorname{rot}_z\mathfrak{a} = \frac{1}{\varrho}\frac{\partial}{\partial\varrho}(\varrho a_\varphi) - \frac{1}{\varrho}\frac{\partial a_\varrho}{\partial\varphi}.$$

β) *Parabolische Zylinderkoordinaten*: u, v wie bei ebenen parabolischen Koordinaten (s. S. 227) und Hinzunahme der davon unabhängigen dritten Koordinate z. Linienelement, Volumenelement, natürliche Vektorkomponenten und Vektoroperationen s. oben.

γ) *Elliptische Zylinderkoordinaten*: u, v wie bei ebenen elliptischen Koordinaten (s. S. 227) und Hinzunahme der davon unabhängigen dritten Koordinate z. Linienelement, Volumenelement, natürliche Vektorkomponenten und Vektoroperationen s. oben.

3. Rotationssymmetrische Koordinaten u, v, φ.

Sie entstehen aus geeigneten ebenen Koordinaten u, v durch Rotation um eine Symmetrieachse $v = 0$ mit dem Drehwinkel φ. Es ist $0 \leq \varphi \leq 2\pi$, während u, v nur auf die Halbebene begrenzt sind. Sie sind orthogonal, wenn das ebene System u, v es ist. Zur Konstruktion allgemeiner rotationssymmetrischer Koordinaten mit der Drehachse z setze man:

$$u = u(z, \varrho), \quad v = v(z, \varrho), \quad x = \varrho \cos\varphi, \quad y = \varrho \sin\varphi,$$

d. h.

$$\varrho = \sqrt{x^2 + y^2}, \quad \varphi = \operatorname{arc\,tg} \frac{y}{x}.$$

Zur Konstruktion orthogonaler rotationssymmetrischer Koordinaten setze man:

$$u + i\,v = f(z + i\,\varrho),$$

wo f eine beliebige analytische Funktion (s. S. 225) ist. Dann gelten folgende allgemeine Formeln:

Linienelement:
$$ds^2 = \frac{1}{D}\{du^2 + dv^2\} + \varrho^2 d\varphi^2$$
$$D = \left(\frac{\partial u}{\partial z}\right)^2 + \left(\frac{\partial v}{\partial z}\right)^2$$

Volumenelement: $$dV = \varrho\sqrt{g}\, du\, dv\, d\varphi = \frac{\varrho}{D}\, du\, dv\, d\varphi.$$

Natürliche Vektorkomponenten:

$$a_u = \frac{1}{\sqrt{D}}\left\{a_x \frac{\partial u}{\partial \varrho}\frac{x}{\varrho} + a_y \frac{\partial u}{\partial \varrho}\frac{y}{\varrho} + a_z \frac{\partial u}{\partial z}\right\}$$

$$a_v = \frac{1}{\sqrt{D}}\left\{a_x \frac{\partial v}{\partial \varrho}\frac{x}{\varrho} + a_y \frac{\partial v}{\partial \varrho}\frac{y}{\varrho} + a_z \frac{\partial v}{\partial z}\right\}$$

$$a_\varphi = -a_x \frac{y}{\varrho} + a_y \frac{x}{\varrho}$$

$$a_x = \left\{a_u \frac{\partial \varrho}{\partial u} + a_v \frac{\partial \varrho}{\partial v}\right\}\sqrt{D}\cos\varphi - a_\varphi \sin\varphi$$

$$a_y = \left\{a_u \frac{\partial \varrho}{\partial u} + a_v \frac{\partial \varrho}{\partial v}\right\}\sqrt{D}\sin\varphi + a_\varphi \cos\varphi$$

$$a_z = \left\{a_u \frac{\partial z}{\partial u} + a_v \frac{\partial z}{\partial v}\right\}\sqrt{D}.$$

Vektoroperationen:

$$\operatorname{grad}_u \psi = \sqrt{D}\frac{\partial \psi}{\partial u}; \quad \operatorname{grad}_v \psi = \sqrt{D}\frac{\partial \psi}{\partial v}; \quad \operatorname{grad}_\varphi \psi = \frac{1}{\varrho}\frac{\partial \psi}{\partial \varphi}$$

$$\operatorname{div} \mathfrak{a} = \frac{D}{\varrho}\left\{\frac{\partial}{\partial u}\left(\frac{\varrho}{\sqrt{D}} a_u\right) + \frac{\partial}{\partial v}\left(\frac{\varrho}{\sqrt{D}} a_v\right)\right\} + \frac{1}{\varrho}\frac{\partial a_\varphi}{\partial \varphi}$$

$$\Delta\psi = \frac{D}{\varrho}\left\{\frac{\partial}{\partial u}\left(\varrho\frac{\partial \psi}{\partial u}\right) + \frac{\partial}{\partial v}\left(\varrho\frac{\partial \psi}{\partial v}\right)\right\} + \frac{1}{\varrho^2}\frac{\partial^2 \psi}{\partial \varphi^2}$$

oder $$\Delta\psi = \frac{D}{\sqrt{\varrho}}\left\{\frac{\partial^2}{\partial u^2} + \frac{\partial^2}{\partial v^2} + \frac{1}{\varrho^2 D}\left(\frac{\partial^2}{\partial \varphi^2} + \frac{1}{4}\right)\right\}(\psi\sqrt{\varrho})$$

$$\mathrm{rot}_u\,\mathfrak{a} = \frac{\sqrt{D}}{\varrho}\frac{\partial}{\partial v}(\varrho\, a_\varphi) - \frac{1}{\varrho}\frac{\partial a_v}{\partial \varphi}$$

$$\mathrm{rot}_v\,\mathfrak{a} = \frac{1}{\varrho}\frac{\partial a_u}{\partial \varphi} - \frac{\sqrt{D}}{\varrho}\frac{\partial}{\partial u}(\varrho\, a_\varphi)$$

$$\mathrm{rot}_\varphi\,\mathfrak{a} = D\left\{\frac{\partial}{\partial u}\left(\frac{a_v}{\sqrt{D}}\right) - \frac{\partial}{\partial v}\left(\frac{a_u}{\sqrt{D}}\right)\right\}.$$

Beispiele:

α) *Kugelkoordinaten* (s. ebene Polarkoordinaten).

$$u + i v = \ln(z + i\varrho)$$

$$u = \ln\sqrt{z^2+\varrho^2}\ \left(\varrho = \sqrt{x^2+y^2}\right) \qquad x = e^u \sin v \cos\varphi \qquad -\infty < u < +\infty$$

$$v = \mathrm{arc\,tg}\frac{\varrho}{z} \qquad y = e^u \sin v \sin\varphi \qquad 0 \leq v \leq \pi$$

$$\varphi = \mathrm{arc\,tg}\frac{y}{x} \qquad z = e^u \cos v \qquad 0 \leq \varphi \leq 2\pi$$

$$\varrho = e^u \sin v$$

Linienelement: $$ds^2 = e^{2u}(du^2 + dv^2 + d\varphi^2 \sin^2 v)$$

$$D = e^{-2u} = \frac{1}{z^2+\varrho^2}$$

Volumenelement: $$dV = e^{3u} \sin v\, du\, dv\, d\varphi.$$

Es ist üblich, andere Koordinaten r, ϑ durch $r = e^u$, $\vartheta = v$ einzuführen:

$$\varrho = r\sin\vartheta, \qquad \frac{\partial}{\partial u} = r\frac{\partial}{\partial r}$$

$$r = \sqrt{x^2+y^2+z^2} \qquad x = r\sin\vartheta\cos\varphi \qquad 0 \leq r < \infty$$

$$\vartheta = \mathrm{arc\,tg}\frac{\sqrt{x^2+y^2}}{z} \qquad y = r\sin\vartheta\sin\varphi \qquad 0 \leq \vartheta \leq \pi$$

$$\varphi = \mathrm{arc\,tg}\frac{y}{x} \qquad z = r\cos\vartheta \qquad 0 \leq \varphi \leq 2\pi$$

Linienelement: $$ds^2 = dr^2 + r^2 d\vartheta^2 + r^2\sin^2\vartheta\, d\varphi^2$$

$$D = \frac{1}{r^2}$$

Volumenelement: $$dV = r^2 \sin\vartheta\, dr\, d\vartheta\, d\varphi.$$

Natürliche Vektorkomponenten:

$$a_r = a_x\frac{x}{r} + a_y\frac{y}{r} + a_z\frac{z}{r} \qquad a_x = a_r\sin\vartheta\cos\varphi + a_\vartheta\cos\vartheta\cos\varphi - a_\varphi\sin\varphi$$

$$a_\vartheta = \frac{a_x x z}{r\sqrt{x^2+y^2}} + \frac{a_y y z}{r\sqrt{x^2+y^2}} - \frac{a_z\sqrt{x^2+y^2}}{r} \qquad a_y = a_r\sin\vartheta\sin\varphi + a_\vartheta\cos\vartheta\sin\varphi + a_\varphi\cos\varphi$$

$$a_\varphi = \frac{-a_x y}{\sqrt{x^2+y^2}} + \frac{a_y x}{\sqrt{x^2+y^2}} \qquad a_z = a_r\cos\vartheta - a_\vartheta\sin\vartheta.$$

Vektoroperationen:

$$\operatorname{grad}_r \psi = \frac{\partial \psi}{\partial r}, \quad \operatorname{grad}_\vartheta \psi = \frac{1}{r}\frac{\partial \psi}{\partial \vartheta}, \quad \operatorname{grad}_\varphi \psi = \frac{1}{r\sin\vartheta}\frac{\partial \psi}{\partial \varphi}$$

$$\operatorname{div}\mathfrak{a} = \frac{1}{r^2}\frac{\partial}{\partial r}(r^2 a_r) + \frac{1}{r\sin\vartheta}\frac{\partial}{\partial\vartheta}(\sin\vartheta\, a_\vartheta) + \frac{1}{r\sin\vartheta}\frac{\partial a_\varphi}{\partial\varphi}$$

$$\Delta\psi = \frac{1}{r^2}\frac{\partial}{\partial r}\left(r^2\frac{\partial\psi}{\partial r}\right) + \frac{1}{r^2\sin\vartheta}\frac{\partial}{\partial\vartheta}\left(\sin\vartheta\frac{\partial\psi}{\partial\vartheta}\right) + \frac{1}{r^2\sin^2\vartheta}\frac{\partial^2\psi}{\partial\varphi^2}$$

$$\operatorname{rot}_r\mathfrak{a} = \frac{1}{r\sin\vartheta}\left\{\frac{\partial}{\partial\vartheta}(\sin\vartheta\, a_\varphi) - \frac{\partial a_\vartheta}{\partial\varphi}\right\}$$

$$\operatorname{rot}_\vartheta\mathfrak{a} = \frac{1}{r}\left\{\frac{1}{\sin\vartheta}\frac{\partial a_r}{\partial\varphi} - \frac{\partial}{\partial r}(r\, a_\varphi)\right\}$$

$$\operatorname{rot}_\varphi\mathfrak{a} = \frac{1}{r}\left\{\frac{\partial}{\partial r}(r\, a_\vartheta) - \frac{\partial a_r}{\partial\vartheta}\right\}$$

$$(\Delta\mathfrak{a})_r = \frac{1}{r}\Delta(r\, a_r) - \frac{2}{r}\operatorname{div}\mathfrak{a}$$

$$(\mathfrak{r}\operatorname{grad}\psi) = r\frac{\partial\psi}{\partial r}$$

$$[\mathfrak{r}\operatorname{grad}\psi]_r = 0$$

$$[\mathfrak{r}\operatorname{grad}\psi]_\vartheta = -\frac{1}{\sin\vartheta}\frac{\partial\psi}{\partial\varphi}$$

$$[\mathfrak{r}\operatorname{grad}\psi]_\varphi = \frac{\partial\psi}{\partial\vartheta}$$

$$[\mathfrak{r}\operatorname{grad}\psi]_z = \frac{\partial\psi}{\partial\varphi}$$

$$[\mathfrak{r}\operatorname{grad}]^2\psi = (\mathfrak{r}\operatorname{rot}[\mathfrak{r}\operatorname{grad}\psi]) = \frac{1}{\sin\vartheta}\frac{\partial}{\partial\vartheta}\left(\sin\vartheta\frac{\partial\psi}{\partial\vartheta}\right) + \frac{1}{\sin^2\vartheta}\frac{\partial^2\psi}{\partial\varphi^2}.$$

β) *Rotationsparabolische Koordinaten.*

$$\frac{u+iv}{\sqrt{2}} = \sqrt{z+i\varrho} \qquad \left(\varrho = \sqrt{x^2+y^2}\right)$$

$$u^2 = r + z \quad \text{mit} \quad r = \sqrt{z^2+\varrho^2} \qquad x = uv\cos\varphi \qquad 0 \leq u < \infty$$

$$v^2 = r - z \qquad\qquad y = uv\sin\varphi \qquad 0 \leq v < \infty$$

$$\varphi = \operatorname{arc\,tg}\frac{y}{x} \qquad\qquad z = \frac{u^2-v^2}{2} \qquad 0 \leq \varphi \leq 2\pi$$

$$\varrho = uv, \qquad r = \frac{u^2+v^2}{2}$$

$$\frac{\partial u}{\partial\varrho} = \frac{1}{2u}\frac{\varrho}{r}, \qquad \frac{\partial v}{\partial\varrho} = \frac{1}{2v}\frac{\varrho}{r}, \qquad \frac{\partial u}{\partial z} = \frac{\partial v}{\partial\varrho}$$

Linienelement: $ds^2 = (u^2+v^2)(du^2+dv^2) + u^2v^2\,d\varphi^2$

$$D = \frac{1}{u^2+v^2} = \frac{1}{2r}$$

Volumenelement: $dV = uv\,(u^2+v^2)\,du\,dv\,d\varphi.$

Natürliche Vektorkomponenten:

$$a_u = \frac{(a_x x + a_y y)}{\sqrt{2r(r+z)}} + a_z\sqrt{\frac{r+z}{2r}} \qquad a_x = \frac{(a_u v + a_v u)}{\sqrt{u^2+v^2}}\cos\varphi - a_\varphi \sin\varphi$$

$$a_v = \frac{(a_x x + a_y y)}{\sqrt{2r(r-z)}} - a_z\sqrt{\frac{r-z}{2r}} \qquad a_y = \frac{(a_u v + a_v u)}{\sqrt{u^2+v^2}}\sin\varphi + a_\varphi \cos\varphi$$

$$a_\varphi = \frac{-a_x y + a_y x}{\sqrt{x^2+y^2}} \qquad a_z = \frac{(a_u u - a_v v)}{\sqrt{u^2+v^2}}.$$

Vektoroperationen:

$$\operatorname{grad}_u \psi = \frac{1}{\sqrt{u^2+v^2}}\frac{\partial\psi}{\partial u}, \quad \operatorname{grad}_v \psi = \frac{1}{\sqrt{u^2+v^2}}\frac{\partial\psi}{\partial v}, \quad \operatorname{grad}_\varphi \psi = \frac{1}{u\,v}\frac{\partial\psi}{\partial\varphi}$$

$$\operatorname{div}\mathfrak{a} = \frac{1}{\sqrt{u^2+v^2}}\left\{\frac{1}{u}\frac{\partial}{\partial u}(u a_u) + \frac{1}{v}\frac{\partial}{\partial v}(v a_v) + \sqrt{\frac{1}{u^2}+\frac{1}{v^2}}\frac{\partial a_\varphi}{\partial\varphi} + \frac{u a_u + v a_v}{u^2+v^2}\right\}$$

$$\Delta\psi = \frac{1}{u^2+v^2}\left\{\frac{1}{u}\frac{\partial}{\partial u}\left(u\frac{\partial\psi}{\partial u}\right) + \frac{1}{v}\frac{\partial}{\partial v}\left(v\frac{\partial\psi}{\partial v}\right) + \left(\frac{1}{u^2}+\frac{1}{v^2}\right)\frac{\partial^2\psi}{\partial\varphi^2}\right\}$$

$$\operatorname{rot}_u\mathfrak{a} = \frac{1}{v\sqrt{u^2+v^2}}\frac{\partial}{\partial v}(v a_\varphi) - \frac{1}{u\,v}\frac{\partial a_v}{\partial\varphi}$$

$$\operatorname{rot}_v\mathfrak{a} = \frac{1}{u\,v}\frac{\partial a_u}{\partial\varphi} - \frac{1}{u\sqrt{u^2+v^2}}\frac{\partial}{\partial u}(u a_\varphi)$$

$$\operatorname{rot}_\varphi\mathfrak{a} = \frac{1}{\sqrt{u^2+v^2}}\left\{\left(\frac{\partial a_v}{\partial u} - \frac{\partial a_u}{\partial v}\right) + \frac{u a_v - v a_u}{u^2+v^2}\right\}.$$

γ) *Koordinaten des verlängerten Rotationsellipsoids.* (Konfokale zweischalige u-Rotationshyperboloide und verlängerte v-Rotationsellipsoide.)

$$u + i v = \arcsin\frac{z + i\varrho}{\alpha},$$

$$\sin u = \frac{s_1 - s_2}{2\alpha}, \qquad \operatorname{Cof} v = \frac{s_1 + s_2}{2\alpha}, \qquad \varphi = \operatorname{arctg}\frac{y}{x},$$

wobei $s_1 = \sqrt{x^2 + y^2 + (z+\alpha)^2}$, $s_2 = \sqrt{x^2 + y^2 + (z-\alpha)^2}$ die Abstände des Punktes x, y, z von den auf der z-Achse bei $z_1 = -\alpha$ und $z_2 = +\alpha$ gelegenen Brennpunkten sind.

$$x = \alpha\cos u \operatorname{Sin} v \cos\varphi \qquad -\frac{\pi}{2} \leq u \leq +\frac{\pi}{2}$$

$$y = \alpha\cos u \operatorname{Sin} v \sin\varphi \qquad 0 \leq v < \infty$$

$$z = \alpha\sin u \operatorname{Cof} v \qquad 0 \leq \varphi \leq 2\pi$$

$$\varrho = \sqrt{x^2 + y^2} = \alpha\cos u \operatorname{Sin} v$$

Linienelement: $ds^2 = \alpha^2(\operatorname{Cof}^2 v - \sin^2 u)(du^2 + dv^2) + \alpha^2\cos^2 u \operatorname{Sin}^2 v\, d\varphi^2$

$$D = \frac{1}{\alpha^2(\operatorname{Cof}^2 v - \sin^2 u)} = \frac{1}{s_1 s_2}$$

Volumenelement: $dV = \alpha^3(\operatorname{Cof}^2 v - \sin^2 u)\cos u \operatorname{Sin} v\, du\, dv\, d\varphi.$

Natürliche Vektorkomponenten:

$$\left.\begin{aligned} a_u &= \left(a_x \frac{x}{\varrho} + a_y \frac{y}{\varrho}\right) \sin\delta + a_z \cos\delta \\ a_v &= \left(a_x \frac{x}{\varrho} + a_y \frac{y}{\varrho}\right) \cos\delta - a_z \sin\delta \end{aligned}\right\} \quad \begin{gathered}\text{mit dem Hilfswinkel } \delta\text{:}\\ \operatorname{tg}\delta = \operatorname{tg} u \,\mathfrak{Tg}\, v\end{gathered}$$

$$a_\varphi = -a_x \frac{y}{\varrho} + a_y \frac{x}{\varrho}$$

$$a_x = \left(\frac{-a_u \sin u \,\mathfrak{Sin}\, v + a_v \cos u \,\mathfrak{Cos}\, v}{\sqrt{\mathfrak{Cos}^2 v - \sin^2 u}}\right) \cos\varphi - a_\varphi \sin\varphi$$

$$a_y = \left(\frac{-a_u \sin u \,\mathfrak{Sin}\, v + a_v \cos u \,\mathfrak{Cos}\, v}{\sqrt{\mathfrak{Cos}^2 v - \sin^2 u}}\right) \sin\varphi + a_\varphi \cos\varphi$$

$$a_z = \frac{a_u \cos u \,\mathfrak{Cos}\, v + a_v \sin u \,\mathfrak{Sin}\, v}{\sqrt{\mathfrak{Cos}^2 v - \sin^2 u}}.$$

Vektoroperationen:

$$\operatorname{grad}_u \psi = \frac{1}{\alpha \sqrt{\mathfrak{Cos}^2 v - \sin^2 u}} \frac{\partial \psi}{\partial u}, \qquad \operatorname{grad}_v \psi = \frac{1}{\alpha \sqrt{\mathfrak{Cos}^2 v - \sin^2 u}} \frac{\partial \psi}{\partial v},$$

$$\operatorname{grad}_\varphi \psi = \frac{1}{\alpha \cos u \,\mathfrak{Sin}\, v} \frac{\partial \psi}{\partial \varphi},$$

$$\Delta\psi = \frac{1}{\alpha^2 (\mathfrak{Cos}^2 v - \sin^2 u)} \left\{\frac{1}{\cos u} \frac{\partial}{\partial u} \left(\cos u \frac{\partial \psi}{\partial u}\right) + \frac{1}{\mathfrak{Sin}\, v} \frac{\partial}{\partial v} \left(\mathfrak{Sin}\, v \frac{\partial \psi}{\partial v}\right)\right\} + \\ + \frac{1}{\alpha^2 \cos^2 u \,\mathfrak{Sin}^2 v} \frac{\partial^2 \psi}{\partial \varphi^2}.$$

In der Literatur wird häufig die Substitution $\xi = \sin u$, $\eta = \mathfrak{Cos}\, v$ benutzt.

Im Grenzfall $\alpha \to 0$ setzt man $\alpha \,\mathfrak{Cos}\, v = r$ und erhält dann Kugelkoordinaten r, ϑ, φ mit $\vartheta = \frac{\pi}{2} - u$.

Im Grenzfall $\alpha \to \infty$ erhält man mit $z = \alpha \sin u$, $\varrho = \alpha \,\mathfrak{Sin}\, v$ Kreiszylinderkoordinaten ϱ, φ, z.

δ) *Koordinaten des abgeplatteten Rotationsellipsoids.* (Konfokale einschalige u-Rotationshyperboloide und abgeplattete v-Rotationsellipsoide.)

$$u + i v = \arcsin \frac{\varrho + i z}{\alpha}$$

$$\sin u = \frac{s_1 - s_2}{2\alpha}, \qquad \mathfrak{Cos}\, v = \frac{s_1 + s_2}{2\alpha}, \qquad \varphi = \operatorname{arc\,tg} \frac{y}{x},$$

wobei $s_1 = \sqrt{z^2 + (\varrho + \alpha)^2}$, $s_2 = \sqrt{z^2 + (\varrho - \alpha)^2}$ den größten bzw. kleinsten Abstand des Punktes x, y, z von der Peripherie des Kreises mit dem Radius α um den Nullpunkt und in der x, y-Ebene bedeuten. (Bei negativem z rechnet man s_1 und s_2 negativ!)

$$x = \alpha \sin u \,\mathrm{Cos}\, v \cos\varphi \qquad 0 \leq u \leq \pi$$
$$y = \alpha \sin u \,\mathrm{Cos}\, v \sin\varphi \qquad 0 \leq v < \infty$$
$$z = \alpha \cos u \,\mathrm{Sin}\, v \qquad 0 \leq \varphi \leq 2\pi$$
$$\varrho = \sqrt{x^2 + y^2} = \alpha \sin u \,\mathrm{Cos}\, v$$

Linienelement: $ds^2 = \alpha^2 (\mathrm{Cos}^2 v - \sin^2 u)(du^2 + dv^2) + \alpha^2 \sin^2 u \,\mathrm{Cos}^2 v \, d\varphi^2$

$$D = \frac{1}{\alpha^2 (\mathrm{Cos}^2 v - \sin^2 u)}$$

Volumenelement: $dV = \alpha^3 (\mathrm{Cos}^2 v - \sin^2 u) \sin u \,\mathrm{Cos}\, v \, du\, dv\, d\varphi$.

Natürliche Vektorkomponenten:

$$\left.\begin{aligned} a_u &= \left(a_x \frac{x}{\varrho} + a_y \frac{y}{\varrho}\right) \cos\delta - a_z \sin\delta \\ a_v &= \left(a_x \frac{x}{\varrho} + a_y \frac{y}{\varrho}\right) \sin\delta + a_z \cos\delta \end{aligned}\right\} \quad \begin{gathered}\text{mit dem Hilfswinkel } \delta\text{:} \\ \operatorname{tg}\delta = \operatorname{tg} u \,\mathrm{Tg}\, v\end{gathered}$$

$$a_\varphi = -a_x \frac{y}{\varrho} + a_y \frac{x}{\varrho}$$

$$a_x = \left(\frac{a_u \cos u \,\mathrm{Cos}\, v + a_v \sin u \,\mathrm{Sin}\, v}{\sqrt{\mathrm{Cos}^2 v - \sin^2 u}}\right) \cos\varphi - a_\varphi \sin\varphi$$

$$a_y = \left(\frac{a_u \cos u \,\mathrm{Cos}\, v + a_v \sin u \,\mathrm{Sin}\, v}{\sqrt{\mathrm{Cos}^2 v - \sin^2 u}}\right) \sin\varphi + a_\varphi \cos\varphi$$

$$a_z = \frac{-a_u \sin u \,\mathrm{Sin}\, v + a_v \cos u \,\mathrm{Cos}\, v}{\sqrt{\mathrm{Cos}^2 v - \sin^2 u}}.$$

Vektoroperationen:

$$\Delta\psi = \frac{1}{\alpha^2 (\mathrm{Cos}^2 v - \sin^2 u)} \left\{ \frac{1}{\sin u} \frac{\partial}{\partial u} \sin u \frac{\partial\psi}{\partial u} + \frac{1}{\mathrm{Cos}\, v} \frac{\partial}{\partial v} \mathrm{Cos}\, v \frac{\partial\psi}{\partial v} \right\} + \\ + \frac{1}{\alpha^2 \sin^2 u \,\mathrm{Cos}^2 v} \frac{\partial^2\psi}{\partial\varphi^2}.$$

In der Literatur setzt man häufig $\xi = \cos u$, $\eta = \mathrm{Sin}\, v$.

Im Grenzfall $\alpha \to 0$ setzt man $\alpha \,\mathrm{Cos}\, v = r$ und erhält dann Kugelkoordinaten r, ϑ, φ mit $\vartheta = u$.

Im Grenzfall $\alpha \to \infty$ erhält man mit $\varrho = \alpha \sin u$, $z = \alpha \,\mathrm{Sin}\, v$ Kreiszylinderkoordinaten ϱ, φ, z.

ε) *Ringkoordinaten.* (u-Torus-Schar bzw. u-Ringe und v-Kugelkalotten um bzw. durch einen Kreis in der xy-Ebene mit dem *Radius* α um den Nullpunkt.)

$$u + iv = \ln \frac{\alpha + \varrho + iz}{\alpha - \varrho - iz} = 2\,\mathrm{Ar}\,\mathrm{Tg} \frac{\varrho + iz}{\alpha}$$

$$\mathrm{Tg}\, u = \frac{2\alpha\varrho}{\alpha^2 + \varrho^2 + z^2}, \qquad \operatorname{tg} v = \frac{2\alpha z}{a^2 - \varrho^2 - z^2}, \qquad \varphi = \operatorname{arc\,tg} \frac{y}{x}$$

(e^u ist das Verhältnis s_1/s_2 des größten Abstands s_1 zum kleinsten s_2 des Punktes x, y, z von der Peripherie des „Basiskreises". $\pi - v$ ist der kleinste Winkel unter dem der Durchmesser des Basiskreises erscheint.)

$$x = \frac{\alpha \operatorname{Sin} u}{\operatorname{Cof} u + \cos v} \cos \varphi \qquad 0 \leq u < \infty$$

$$y = \frac{\alpha \operatorname{Sin} u}{\operatorname{Cof} u + \cos v} \sin \varphi \qquad 0 \leq v \leq 2\pi$$

$$z = \frac{\alpha \sin v}{\operatorname{Cof} u + \cos v} \qquad 0 \leq \varphi \leq 2\pi$$

$$\varrho = \frac{\alpha \operatorname{Sin} u}{\operatorname{Cof} u + \cos v}.$$

$u = \text{const}$ sind Ringe, deren erzeugende Kreise bei ebenen Bipolarkoordinaten angegeben sind. $v = \text{const}$ sind Kugelkalotten über dem Basiskreis (s. S. 228).

Linienelement: $$ds^2 = \frac{\alpha^2}{(\operatorname{Cof} u + \cos v)^2} \{du^2 + dv^2 + d\varphi^2 \operatorname{Sin}^2 u\}$$

$$D = \frac{(\operatorname{Cof} u + \cos v)^2}{\alpha^2}$$

Volumenelement: $$dV = \frac{\alpha^3 \operatorname{Sin} u}{(\operatorname{Cof} u + \cos v)^3} \, du \, dv \, d\varphi.$$

Natürliche Vektorkomponenten:

$$\left.\begin{aligned} a_u &= \left(a_x \frac{x}{\varrho} + a_y \frac{y}{\varrho}\right) \cos\delta - a_z \sin\delta \\ a_v &= \left(a_x \frac{x}{\varrho} + a_y \frac{y}{\varrho}\right) \sin\delta + a_z \cos\delta \end{aligned}\right\} \quad \text{mit dem Hilfswinkel } \delta\text{:} \quad \operatorname{tg}\delta = \frac{2xy}{(\alpha^2 - x^2 + y^2)}$$

$$a_\varphi = -a_x \frac{y}{\varrho} + a_y \frac{x}{\varrho}$$

$$a_x = \left\{\frac{a_u (1 + \operatorname{Cof} u \cos v) + a_v \operatorname{Sin} u \sin v}{\operatorname{Cof} u + \cos v}\right\} \cos\varphi - a_\varphi \sin\varphi$$

$$a_y = \left\{\frac{a_u (1 + \operatorname{Cof} u \cos v) + a_v \operatorname{Sin} u \sin v}{\operatorname{Cof} u + \cos v}\right\} \sin\varphi + a_\varphi \cos\varphi$$

$$a_z = \frac{-a_u \operatorname{Sin} u \sin v + a_v (1 + \operatorname{Cof} u \cos v)}{\operatorname{Cof} u + \cos v}.$$

Vektoroperationen:

$$\Delta\psi = \frac{(\operatorname{Cof} u + \cos v)^3}{\alpha^2 \operatorname{Sin} u} \left\{\frac{\partial}{\partial u}\left(\frac{\operatorname{Sin} u}{\operatorname{Cof} u + \cos v} \frac{\partial \psi}{\partial u}\right) + \frac{\partial}{\partial v}\left(\frac{\operatorname{Sin} u}{\operatorname{Cof} u + \cos v} \frac{\partial \psi}{\partial v}\right)\right\} +$$

$$+ \frac{(\operatorname{Cof} u + \cos v)^2}{\alpha^2 \operatorname{Sin}^3 u} \frac{\partial^2 \psi}{\partial \varphi^2} = \frac{D}{\sqrt{\varrho}} \left\{\frac{\partial^2}{\partial u^2} + \frac{\partial^2}{\partial v^2} + \frac{1}{\operatorname{Sin}^2 u}\left(\frac{\partial^2}{\partial \varphi^2} + \frac{1}{4}\right)\right\} \psi \sqrt{\varrho}.$$

In der Literatur findet man auch die Substitution $\xi = e^{-u}$, $\eta = \pi - v$.

ζ) *Räumliche Bipolarkoordinaten.*

$$u + iv = \ln \frac{\alpha + z + i\varrho}{\alpha - z - i\varrho} = 2 \operatorname{Ar} \operatorname{Tg} \frac{z + i\varrho}{\alpha}$$

$$\operatorname{Tg} u = \frac{2az}{\alpha^2 + \varrho^2 + z^2}, \qquad \operatorname{tg} v = \frac{2\alpha\varrho}{\alpha^2 + \varrho^2 + z^2}, \qquad \varphi = \operatorname{arc\,tg} \frac{y}{x}.$$

(e^u ist das Verhältnis s_1/s_2 der Abstände des Punktes x, y, z von den auf der z-Achse bei $z_1 = -\alpha$ und $z_2 = +\alpha$ gelegenen Polen; $\pi - v$ ist der Winkel unter dem die Verbindungsstrecke 2α der Pole, vom Punkte x, y, z aus gesehen, erscheint.)

$$x = \frac{\alpha \sin v}{\mathfrak{Cof}\, u + \cos v} \cos\varphi \qquad -\infty < u < +\infty$$

$$y = \frac{\alpha \sin v}{\mathfrak{Cof}\, u + \cos v} \sin\varphi \qquad 0 \leq v \leq \pi$$

$$z = \frac{\alpha\, \mathfrak{Sin}\, u}{\mathfrak{Cof}\, u + \cos v} \qquad 0 \leq \varphi \leq 2\pi$$

$$\varrho = \frac{\alpha \sin v}{\mathfrak{Cof}\, u + \cos v}$$

$u = \text{const}$: Kugeln mit $R_u = \left|\frac{\alpha}{\mathfrak{Sin}\, u}\right|$ um $x = y = 0$, $z = \frac{\alpha}{\mathfrak{Tg}\, u}$.

$v = \text{const}$: Rotationsflächen mit Kreisbögen durch die Pole als Erzeugenden, deren Radius $R_v = \frac{\alpha}{\sin v}$ ist und deren Mittelpunkt bei $\varrho = \left|\frac{\alpha}{\operatorname{tg} v}\right|$, $z = 0$ liegt.

Linienelement: $$ds^2 = \frac{\alpha^2}{(\mathfrak{Cof}\, u + \cos v)^2}\{du^2 + dv^2 + d\varphi^2 \sin^2 v\}$$

$$D = \frac{(\mathfrak{Cof}\, u + \cos v)^2}{\alpha^2}$$

Volumenelement: $$dV = \frac{\alpha^3 \sin v}{(\mathfrak{Cof}\, u + \cos v)^3}\, du\, dv\, d\varphi.$$

Natürliche Vektorkomponenten:

$$\left.\begin{aligned} a_u &= -\left(a_x \frac{x}{\varrho} + a_y \frac{y}{\varrho}\right)\sin\delta + a_z \cos\delta \\ a_v &= \left(a_x \frac{x}{\varrho} + a_y \frac{y}{\varrho}\right)\cos\delta + a_z \sin\delta \end{aligned}\right\} \quad \text{mit dem Hilfswinkel } \delta\text{:} \quad \operatorname{tg}\delta = \frac{2\varrho z}{(\alpha^2 - z^2 + \varrho^2)}$$

$$a_\varphi = -a_x \frac{v}{\varrho} + a_y \frac{x}{\varrho}$$

$$a_x = \left\{\frac{-a_u\, \mathfrak{Sin}\, u \sin v + a_v (1 + \mathfrak{Cof}\, u \cos v)}{\mathfrak{Cof}\, u + \cos v}\right\}\cos\varphi - a_\varphi \sin\varphi$$

$$a_y = \left\{\frac{-a_u\, \mathfrak{Sin}\, u \sin v + a_v (1 + \mathfrak{Cof}\, u \cos v)}{\mathfrak{Cof}\, u + \cos v}\right\}\sin\varphi + a_\varphi \cos\varphi$$

$$a_z = \frac{a_u (1 + \mathfrak{Cof}\, u \cos v) + a_v\, \mathfrak{Sin}\, u \sin v}{\mathfrak{Cof}\, u + \cos v}.$$

Vektoroperationen:

$$\Delta\psi = \frac{(\mathfrak{Cof}\, u + \cos v)^3}{\alpha^2 \sin v}\left\{\frac{\partial}{\partial u}\left(\frac{\sin v}{\mathfrak{Cof}\, u + \cos v}\frac{\partial\psi}{\partial u}\right) + \frac{\partial}{\partial v}\left(\frac{\sin v}{\mathfrak{Cof}\, u + \cos v}\frac{\partial\psi}{\partial v}\right)\right\} + $$
$$+ \frac{(\mathfrak{Cof}\, u + \cos v)^2}{\alpha^2 \sin^2 v}\frac{\partial^2\psi}{\partial\varphi^2}$$

oder bequemer geschrieben:

$$\Delta\psi = \frac{D}{\sqrt{\varrho}}\left\{\frac{\partial^2}{\partial u^2} + \frac{\partial^2}{\partial v^2} + \frac{1}{\sin^2 v}\left(\frac{\partial^2}{\partial \varphi^2} + \frac{1}{4}\right)\right\}\psi\sqrt{\varrho}\,.$$

Analog zu Ringkoordinaten kann man auch substituieren:

$$\xi = e^{-u}, \qquad \eta = \pi - v\,.$$

4. Kegelkoordinaten (r, u, v).

Man erhält solche durch die stereographische Projektion eines zweidimensionalen orthogonalen Koordinatensystems u, v auf eine Kugel vom Radius 1 und Hinzunahme einer radialen Koordinate r, also durch den Ansatz:

$$\frac{x + i\,y}{r + z} = f(u + i\,v)\,, \qquad r = \sqrt{x^2 + y^2 + z^2}$$

oder explicite:

$$x + i\,y = \frac{2r}{1 + |f|^2}\cdot f(u + i\,v)$$

$$z = r\cdot\frac{1 - |f|^2}{1 + |f|^2}\,.$$

Damit wird

$$d s^2 = d r^2 + \frac{4 r^2\,|f'|^2}{(1 + |f|^2)^2}\,(d u^2 + d v^2)\,.$$

Man erhält z. B. Kugelkoordinaten (r, ϑ, φ) mit $f(u + i\,v) = e^{u + i v}$, $\sin\vartheta = \frac{1}{\mathfrak{Cos}\,u}$, $\varphi = v$.

Das spezielle System der *elliptischen Kegelkoordinaten* ergibt sich, wenn man für f ein geeignetes elliptisches Integral nimmt. Bequemer folgt es aus einem Entartungsfall der allgemeinen elliptischen Koordinaten (s. S. 243) in der Form:

$$x = r\,\frac{\mu\nu}{k}\,; \qquad y = \frac{z}{k\sqrt{1 - k^2}}\sqrt{(k^2 - \mu^2)(\nu^2 - k^2)}\,;$$

$$z = \frac{r}{\sqrt{1 - k^2}}\sqrt{(1 - \mu^2)(1 - \nu^2)}$$

$$d s^2 = d r^2 + r^2(\nu^2 - \mu^2)\left(\frac{d\mu^2}{(1 - \mu^2)(k^2 - \mu^2)} + \frac{d\nu^2}{(1 - \nu^2)(\nu^2 - k^2)}\right).$$

5. Allgemeine elliptische Koordinaten.

Nimmt man statt der zweidimensionalen elliptischen Koordinaten u, v (S. 227) die Größen $\lambda_1 = \alpha\sin u$ und $\lambda_2 = \alpha\,\mathfrak{Cos}\,v$, wobei $\lambda_2 > \alpha > \lambda_1 > 0$, so erfüllen beide λ dieselbe Gleichung: $\frac{x^2}{\lambda^2} + \frac{y^2}{\lambda^2 - \alpha^2} = 1$. Man kann daher auch von dieser Gleichung ausgehen, um die elliptischen

Koordinaten zu definieren. Zu den vorteilhafteren u, v kommt man durch:

$$u = \arcsin\frac{\lambda_1}{\alpha} = \int_0^{\lambda_1} \frac{d\lambda}{\sqrt{\alpha^2 - \lambda^2}}; \qquad v = \mathfrak{Ar}\,\mathfrak{Cof}\,\frac{\lambda_2}{\alpha} = \int_0^{\lambda_1} \frac{d\lambda}{\sqrt{\lambda^2 - \alpha^2}}.$$

Im Dreidimensionalen geht man analog vor:

Durch die Gleichung: $\frac{x^2}{\lambda^2 - a^2} + \frac{y^2}{\lambda^2 - b^2} + \frac{z^2}{\lambda^2 - c^2} = 1$ wird eine Fläche zweiten Grades definiert. Ohne die Allgemeinheit zu beschränken, kann hier $a = 0$ und $c > b$ gesetzt werden. Läßt man λ zwischen ∞ und c variieren, so erhält man eine Schar konfokaler Ellipsoide, die den ganzen Raum dicht erfüllen. Analog erhält man für $c > \lambda > b$ bzw. $b > \lambda > 0$ analoge Scharen einschaliger bzw. zweischaliger Hyperboloide. Die drei Flächenscharen sind zueinander orthogonal.

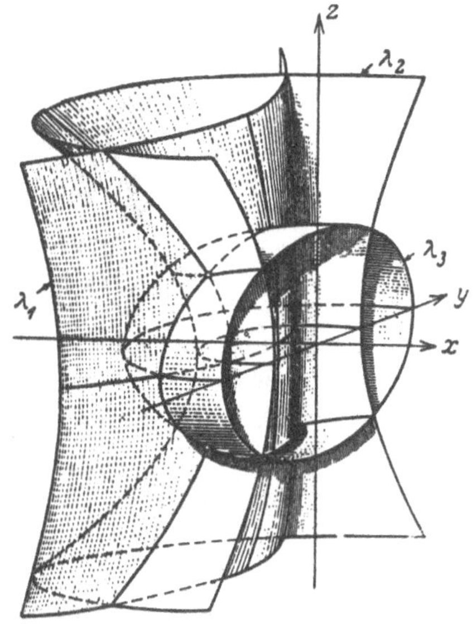

Abb. 26. Elliptische Koordinaten.

Wählt man drei verschiedene λ mit $\lambda_3 > c > \lambda_2 > b > \lambda_1 > 0$ und schreibt:

$$\frac{\lambda_1}{c} = \mu, \qquad \frac{\lambda_2}{c} = \nu,$$

$$\frac{\lambda_3}{c} = \lambda \quad \text{sowie} \quad k = \frac{b}{c} < 1,$$

also $\lambda > 1 > \nu > k > \mu > 0$,

so sind die kartesischen Koordinaten x, y, z des Schnittpunktes der durch μ, ν, λ bestimmten Flächen (Abb. 26):

$$x = \pm \frac{c}{k}\,\mu\nu\lambda$$

$$y = \pm \frac{c}{k}\cdot\frac{1}{\sqrt{1-k^2}}\cdot\sqrt{(k^2-\mu^2)(\nu^2-k^2)(\lambda^2-k^2)}$$

$$z = \pm c\cdot\frac{1}{\sqrt{1-k^2}}\sqrt{(1-\mu^2)(1-\nu^2)(\lambda^2-1)},$$

d.h. die μ, ν, λ bestimmen x, y, z bis auf die Vorzeichen. Sie heißen *allgemeine elliptische Koordinaten* mit den Parametern k und c.

Mit ihnen wird das Linienelement:

$$ds^2 = \frac{c^2\,d\mu^2(\lambda^2-\mu^2)(\nu^2-\mu^2)}{(1-\mu^2)(k^2-\mu^2)} + \frac{c^2\,d\nu^2(\lambda^2-\nu^2)(\nu^2-\mu^2)}{(1-\nu^2)(\nu^2-k^2)} + \frac{c^2\,d\lambda^2(\lambda^2-\mu^2)(\lambda^2-\nu^2)}{(\lambda^2-1)(\lambda^2-k^2)}.$$

Hieraus entnimmt man die $g_{ii} = e_i^2$. Man findet unter anderem:

$$\Delta\psi = \frac{1}{c^2}\frac{1}{(\lambda^2-\nu^2)(\lambda^2-\mu^2)(\nu^2-\mu^2)}\Big\{(\lambda^2-\nu^2)A\frac{\partial}{\partial\mu}\Big(A\frac{\partial\psi}{\partial\mu}\Big)+$$
$$+(\lambda^2-\mu^2)B\frac{\partial}{\partial\nu}\Big(B\frac{\partial\psi}{\partial\nu}\Big)+(\nu^2-\mu^2)C\frac{\partial}{\partial\lambda}\Big(C\frac{\partial\psi}{\partial\lambda}\Big)\Big\}$$

mit

$$A^2 = (1-\mu^2)(k^2-\mu^2), \quad B^2 = (1-\nu^2)(\nu^2-k^2), \quad C^2 = (\lambda^2-1)(\lambda^2-k^2).$$

Die Gleichung $\Delta\psi + \varkappa^2\psi = 0$ läßt sich durch den Ansatz:

$$\psi = M(\mu)N(\nu)\Lambda(\lambda)$$

in drei gewöhnliche Differentialgleichungen separieren:

$$A\frac{d}{d\mu}\Big(A\frac{dM}{d\mu}\Big)+c^2(\varkappa^2\mu^4+\alpha\mu^2+\beta)M=0$$
$$B\frac{d}{d\nu}\Big(B\frac{dN}{d\nu}\Big)+c^2(\varkappa^2\nu^4+\alpha\nu^2+\beta)N=0$$
$$C\frac{d}{d\lambda}\Big(C\frac{d\Lambda}{d\lambda}\Big)+c^2(\varkappa^2\lambda^4+\alpha\lambda^2+\beta)\Lambda=0$$

mit den Separationskonstanten α und β. Das sind drei sog. „LAMÉ*sche Differentialgleichungen*".

Offenbar führt die Einführung neuer unabhängiger Variabeln:

$$d\alpha = \frac{d\mu}{A(\mu)}, \quad d\beta = \frac{d\nu}{B(\nu)}, \quad d\gamma = \frac{d\lambda}{C(\lambda)}$$

hier zu Vorteilen. Sie sind elliptische Integrale der ursprünglichen.

An Stelle der μ, ν, λ benutzt man daher auch folgende Koordinaten ϑ, φ, ψ bzw. α, β, γ definiert durch:

$$\mu = k\sin\vartheta, \quad \nu = \sqrt{\sin^2\varphi + k^2\cos^2\varphi}, \quad \lambda = \frac{1}{\cos\psi}$$

$$\alpha = \int_0^\vartheta \frac{d\vartheta}{\sqrt{1-k^2\sin^2\vartheta}} = \int_0^\mu \frac{d\mu}{\sqrt{(1-\mu^2)(k^2-\mu^2)}}$$

$$\beta = \int_0^\varphi \frac{d\varphi}{\sqrt{1-(1-k^2)\cos^2\varphi}} = \int_k^\nu \frac{d\nu}{\sqrt{(1-\nu^2)(\nu^2-k^2)}}$$

$$\gamma = \int_0^\psi \frac{d\psi}{\sqrt{1-k^2\cos^2\psi}} = \int_1^\lambda \frac{d\lambda}{\sqrt{(\lambda^2-1)(\lambda^2-k^2)}}.$$

Eine wesentliche Eigenschaft dieser α, β, γ ist, daß jede in jeder von ihnen lineare Funktion $F(\alpha,\beta,\gamma) = c_0 + c_1\alpha + \cdots + c_{12}\alpha\beta + \cdots + c_{123}\alpha\beta\gamma$ die Gleichung $\Delta F = 0$ erfüllt.

Die allgemeinen elliptischen Koordinatensysteme entarten zu den einfacheren (oben behandelten) Systemen, wenn c oder k oder beide ihren Grenzwerten ∞ und 0, bzw. 1 und 0 zustreben. Die Koordinaten sind dann bedarfsweise so zu transformieren, daß sie einen geeigneten Variabilitätsbereich erhalten. Es gibt folgende *Entartungsfälle*:

1. $c \to \infty$. Dann wird: $\mu \to 0$, $\nu \to k$, $\lambda \to 1$.
   Transformation: $c\mu = x$, $c\sqrt{\nu^2 - k^2} = y$, $c\sqrt{\lambda^2 - 1} = z$
   ergibt ein kartesisches System x, y, z.
2. $c \to 0$. Dann wird: $\lambda \to \infty$.
   Transformation: $c\lambda = r$
   ergibt ein elliptisches Kegelkoordinatensystem r, μ, ν.
3. $k \to 1$. Dann wird: $\nu \to 1$.
   Transformation: $\sqrt{\dfrac{1-\nu^2}{1-k^2}} = \cos\varphi$
   ergibt ein rotationssymmetrisches elliptisches Koordinatensystem μ, λ, φ um die x-Achse.
4. $k = 0$. Dann wird: $\mu \to 0$.
   Transformation: $\mu/k = \sin\varphi$
   ergibt dasselbe wie 3. mit ν, λ, φ um die z-Achse.
5. $c \to \infty$ und $k \to 1$. Dann wird: $\mu \to 0$, $\nu \to 1$, $\lambda \to 1$.
   Transformation: $c\mu = x$, $\sqrt{\dfrac{1-\nu^2}{1-k^2}} = \sigma$, $\sqrt{\dfrac{\lambda^2-1}{1-k^2}} = \tau$
   ergibt ein elliptisches Zylinderkoordinatensystem x, σ, τ um die x-Achse.
6. $c \to \infty$ und $k \to 0$. Dann wird $\mu \to 0$, $\nu \to 0$, $\lambda \to 1$.
   Transformation: $\mu/k = \sigma$, $\nu/k = \tau$, $c\sqrt{\lambda^2 - 1} = z$
   ergibt dasselbe wie 5. mit z, σ, τ um die z-Achse.

6*. wie 6. mit $kc \to 0$.
   Transformation: $\mu/k = \sin\varphi$, $c\nu = \varrho$, $c\sqrt{\lambda^2 - 1} = z$
   ergibt ein Kreiszylinder-Koordinatensystem (z, ϱ, φ).

7. $c \to 0$ und $k \to 1$. Dann wird $\nu \to \lambda$, $\lambda \to \infty$.
   Transformation: $\mu = \sin\vartheta$, $\sqrt{\dfrac{1-\nu^2}{1-k^2}} = \cos\varphi$, $c\lambda = r$
   ergibt Kugelkoordinaten (r, ϑ, φ) um die x-Achse.

C. N-dimensionale Polarkoordinaten:

$$r, \vartheta_1, \vartheta_2, \ldots, \vartheta_{N-1}.$$

Diese Koordinaten sind orthogonal und hängen mit den kartesischen x_i zusammen durch:

$$x_1 = r\cos\vartheta_1$$

$$x_i = r\cos\vartheta_i \cdot \prod_{j=1}^{i-1} \sin\vartheta_j \qquad \text{für } i = 2, 3, \ldots, N-1,$$

und

$$x_N = r\prod_{j=1}^{N-1} \sin\vartheta_j.$$

Der Variabilitätsbereich ist: $0 \leq r < \infty$; $0 \leq \vartheta_i \leq \pi$ für $i = 1, 2, \ldots, N-2$; $0 \leq \vartheta_{N-1} < 2\pi$.

Es gilt $\sum_{i=1}^{N} x_i^2 = r^2$. Für $N = 2$ bzw. 3 erhält man ebene Polarkoordinaten bzw. Kugelkoordinaten.

Das *Linienelement* ist:

$$ds^2 = dr^2 + r^2 d\vartheta_1^2 + r^2 \sum_{j=2}^{N-1} \prod_{k=1}^{j-1} \sin^2\vartheta_k \, d\vartheta_j^2,$$

also

$$e_1 = 1, \quad e_2 = r, \quad e_i = r \prod_{j=1}^{i-2} \sin\vartheta_j \quad \text{für } i = 3, 4, \ldots, N,$$

und das *Volumenelement*:

$$dV = r^{N-1} dr \cdot \prod_{j=1}^{N-1} (\sin\vartheta_j)^{N-1-j} d\vartheta_j.$$

Der LAPLACEsche Differentialoperator ist:

$$\begin{aligned}\Delta\Phi = \sum_{i=1}^{N} \frac{\partial^2\Phi}{\partial x_i^2} &= \frac{\partial^2\Phi}{\partial r^2} + \frac{(N-1)}{r} \frac{\partial\Phi}{\partial r} + \frac{1}{r^2}\left\{\frac{\partial^2\Phi}{\partial\vartheta_1^2} + (N-2)\operatorname{ctg}\vartheta_1 \cdot \frac{\partial\Phi}{\partial\vartheta_1}\right\} + \\ &+ \frac{1}{r^2 \sin^2\vartheta_1}\left\{\frac{\partial^2\Phi}{\partial\vartheta_2^2} + (N-3)\operatorname{ctg}\vartheta_2 \frac{\partial\Phi}{\partial\vartheta_2}\right\} + \cdots + \\ &+ \frac{1}{r^2 \prod_{j=1}^{i-1} \sin^2\vartheta_j}\left\{\frac{\partial^2\Phi}{\partial\vartheta_i^2} + (N-1-i)\operatorname{ctg}\vartheta_i \frac{\partial\Phi}{\partial\vartheta_i}\right\} + \cdots + \\ &+ \frac{1}{r^2 \prod_{i=1}^{N-2} \sin^2\vartheta_i} \frac{\partial^2\Phi}{\partial\vartheta_{N-1}^2}.\end{aligned}$$

So ist z.B. für $N = 5$ mit $\vartheta_1 = \alpha$, $\vartheta_2 = \beta$, $\vartheta_3 = \gamma$, $\vartheta_4 = \delta$:

$$\begin{aligned} x_1 &= r\cos\alpha \\ x_2 &= r\sin\alpha\cos\beta \\ x_3 &= r\sin\alpha\sin\beta\cos\gamma \\ x_4 &= r\sin\alpha\sin\beta\sin\gamma\cos\delta \\ x_5 &= r\sin\alpha\sin\beta\sin\gamma\sin\delta \end{aligned}$$

mit $\quad 0 \leq \alpha, \beta, \gamma \leq \pi \quad$ und $\quad 0 \leq \delta < 2\pi$.

Ferner:

$$ds^2 = dr^2 + r^2 d\alpha^2 + r^2 (\sin^2\alpha \, d\beta^2 + \sin^2\alpha \sin^2\beta \, d\gamma^2 + \sin^2\alpha \sin^2\beta \sin^2\gamma \, d\delta^2)$$

$$e_1 = 1, \quad e_2 = r, \quad e_3 = r\sin\alpha, \quad e_4 = r\sin\alpha\sin\beta, \quad e_5 = r\sin\alpha\sin\beta\sin\gamma$$

$$dV = e_1 e_2 e_3 e_4 e_5 \, dr \, d\alpha \, d\beta \, d\gamma \, d\delta = r^4 dr \sin^3\alpha \, d\alpha \sin^2\beta \, d\beta \sin\gamma \, d\gamma \, d\delta.$$

und:

$$\Delta\Phi = \frac{\partial^2\Phi}{\partial r^2} + \frac{4}{r}\frac{\partial\Phi}{\partial r} + \frac{1}{r^2}\left\{\frac{\partial^2\Phi}{\partial\alpha^2} + 3\,\mathrm{ctg}\,\alpha\,\frac{\partial\Phi}{\partial\alpha}\right\} + \frac{1}{r^2\sin^2\alpha}\left\{\frac{\partial^2\Phi}{\partial\beta^2} + 2\,\mathrm{ctg}\,\beta\,\frac{\partial\Phi}{\partial\beta}\right\} + \frac{1}{r^2\sin^2\alpha\sin^2\beta}\left\{\frac{\partial^2\Phi}{\partial\gamma^2} + \mathrm{ctg}\,\gamma\,\frac{\partial\Phi}{\partial\gamma}\right\} + \frac{1}{r^2\sin^2\alpha\sin^2\beta\sin^2\gamma}\,\frac{\partial^2\Phi}{\partial\delta^2}\,.$$

Für das *Volumen einer N-dimensionalen Kugel* vom Radius R erhält man:

$$V_{(N)} = \int dV = \frac{2\pi}{N} R^N S_{(1)} S_{(2)} \ldots S_{(N-2)} \quad \text{mit} \quad S_{(k)} = \int_0^\pi \sin^k\vartheta\, d\vartheta,$$

d.h.

$$V_{(N)} = \frac{\pi^{N/2} R^N}{(N/2)!} = \begin{cases} \dfrac{\pi^\nu R^N}{\nu!} & \text{für } N = 2\nu \quad (\nu = 1, 2, 3, \ldots) \\[2ex] \dfrac{\pi^\nu \nu!\, 2^N R^N}{N!} & \text{für } N = 2\nu + 1\,. \end{cases}$$

Die *Oberfläche* dieser Kugel ist $O_{(N)} = \frac{N}{R} V_{(N)}$. Zahlenwerte gibt die folgende Tabelle:

N	$O_{(N)}$	$V_{(N)}$	
2	$2\pi R$	πR^2	
3	$4\pi R^2$	$\frac{4\pi}{3} R^3$	
4	$2\pi^2 R^3$	$\frac{\pi^2}{2} R^4$	
5	$\frac{8\pi^2}{3} R^4$	$\frac{8\pi^2}{15} R^5$	
6	$\pi^3 R^5$	$\frac{\pi^3}{6} R^6$	
7	$\frac{16}{15}\pi^3 R^6$	$\frac{16}{105}\pi^3 R^7$	
8	$\frac{\pi^4}{3} R^7$	$\frac{\pi^4}{24} R^8$	
9	$\frac{32}{105}\pi^4 R^8$	$\frac{32}{945}\pi^4 R^9$	
10	$\frac{\pi^5}{12} R^9$	$\frac{\pi^5}{120} R^{10}$	
(10)	$\left(\frac{\pi^5}{11{,}802} R^9\right)$	$\left(\frac{\pi^5}{118{,}02} R^{10}\right)$	(Aus der Näherungsformel für $N \gg 1$ berechnet)
....	....	....	
$N \gg 1$	$\sqrt{\frac{N}{\pi}}\left(\frac{2\pi e}{N}\right)^{N/2} R^{N-1}$	$\frac{1}{\sqrt{\pi N}}\left(\frac{2\pi e}{N}\right)^{N/2} R^N$	(Asymptotische Formel)

Neunter Abschnitt.

Gruppentheorie.

A. Allgemeine Definitionen und Sätze.

1. Gruppen.

a) Eine Gesamtheit (Menge) $\mathfrak{G}$ von endlich oder unendlich vielen unterschiedenen mathematischen Gegenständen (s. S. 3), den *Elementen*, heißt endliche bzw. unendliche *Gruppe*, wenn die folgenden sog. *Gruppenpostulate* erfüllt sind:

I. Es existiert eine *Verknüpfung*, die jedem (geordneten) Paar von Elementen A, B aus $\mathfrak{G}$ eindeutig ein Element $C = AB$ aus $\mathfrak{G}$ zuordnet; im allgemeinen ist AB von BA verschieden.

II. Für die in I genannte Verknüpfung gilt das *assoziative Gesetz*: Es ist: $(AB)C = A(BC) = ABC$ für beliebige A, B, C aus $\mathfrak{G}$.

III. Zu zwei beliebigen Elementen A, B aus $\mathfrak{G}$ existieren stets eindeutig bestimmte Elemente X und Y in $\mathfrak{G}$ mit $AX = B$ und $YA = B$ (Gesetz der eindeutigen und unbeschränkten, *vorderen* und *hinteren* Division); X ist der *vordere*, Y der *hintere Quotient* von A und B.

Das Postulat III ist gleichwertig mit:

III'. Es existiert 1. ein *Einheitselement* E in $\mathfrak{G}$, so daß $EA = A$ ist für jedes A aus $\mathfrak{G}$, 2. zu jedem A aus $\mathfrak{G}$ ein *Reziprokes (Inverses)* A^{-1} in $\mathfrak{G}$, so daß $A^{-1}A = E$ ist (vgl. c).

b) Die (endliche oder unendliche) Anzahl g der Elemente heißt *Ordnung* der Gruppe; die Verknüpfung wird gewöhnlich Multiplikation genannt, obwohl die Gruppenmultiplikation auch jede andere passende Verknüpfung, z. B. Addition, sein kann. Gilt das kommutative Gesetz: $AB = BA$ für beliebige A, B aus $\mathfrak{G}$, so heißt $\mathfrak{G}$ eine *abelsche Gruppe*.

Beispiele. Eine Gruppe bilden z. B. die Permutationen von n Dingen [zu jeder endlichen Gruppe gibt es eine isomorphe (s. 1 e) Permutationsgruppe]. Alle ganzen Zahlen [ebenso alle (m, n)-reihigen Zahlmatrizen] bilden hinsichtlich der Addition als Gruppenverknüpfung eine abelsche Gruppe, die positiven rationalen Zahlen hinsichtlich der Multiplikation. Die Drehungen, die reguläre Körper in sich überführen, bilden eine Gruppe, ebenso wie die linearen (oder nur die orthogonalen) Transformationen des n-dimensionalen Raumes in sich (Verknüpfung: Nacheinanderausführen). Eine Gruppe kann auch durch rein formale Rechenregeln definiert werden (vgl. Beispiel Anhang 7).

c) Es ist stets $AB \neq AC$ und $BA \neq CA$, wenn $B \neq C$ ist. Durchläuft B alle Elemente von $\mathfrak{G}$, so durchlaufen bei festem A auch AB, ebenso BA und B^{-1} alle Elemente von $\mathfrak{G}$, jedes genau je einmal.

d) Mittelwert. Die Funktion $F(A)$ sei für jedes A in der Gruppe $\mathfrak{G}$ erklärt (Funktion *auf der* Gruppe), d. h. jedem Element A sei ein Zahlenwert $F(A)$ zugeordnet. Ist $\mathfrak{G}$ endlich und besteht $\mathfrak{G}$ aus den Elementen $A_1, \ldots, A_g$, so heißt

$$\frac{1}{g}\sum_{\nu=1}^{g} F(A_\nu) \equiv \frac{1}{g}\sum_{A} F(A) = \underset{A}{\boldsymbol{M}}(F(A))$$

der Mittelwert von $F(A)$ in $\mathfrak{G}$. Es gilt:

$$\underset{A}{\boldsymbol{M}}(F(A)) = \underset{A}{\boldsymbol{M}}(F(SA)) = \underset{A}{\boldsymbol{M}}(F(AS)) = \underset{A}{\boldsymbol{M}}(F(A^{-1}))$$

für jedes S in $\mathfrak{G}$.

e) Isomorphie. Eine Gruppe $\mathfrak{G}$ ist auf die Gruppe $\mathfrak{G}'$ *homomorph* abgebildet, wenn jedem Element von $\mathfrak{G}$ eindeutig ein Element von $\mathfrak{G}'$ so zugeordnet ist, daß dem Produkt zweier Elemente aus $\mathfrak{G}$ das Produkt der entsprechenden Elemente in $\mathfrak{G}'$ entspricht. Ist die Zuordnung *umkehrbar eindeutig*, d. h. ist auch $\mathfrak{G}'$ homomorph zu $\mathfrak{G}$, so heißen $\mathfrak{G}$ und $\mathfrak{G}'$ *isomorph* (zueinander) (vgl. 3c).

2. Untergruppen.

a) Jede Teilmenge $\mathfrak{H}$ von Elementen einer Gruppe $\mathfrak{G}$, die schon für sich allein eine Gruppe bildet, heißt *Untergruppe* zu $\mathfrak{G}$.

Ist $\mathfrak{G}$ eine endliche Gruppe der Ordnung g, so ist die Ordnung h jeder Untergruppe $\mathfrak{H}$ ein Teiler von g: $g = hj$; j heißt Index von $\mathfrak{H}$ bezüglich $\mathfrak{G}$ (s. Beispiel Anhang 7).

Jede Gruppe enthält als *(uneigentliche)* Untergruppen sich selbst und die *identische* Untergruppe, die nur aus E besteht. Die übrigen Untergruppen heißen *echt* oder *eigentlich*.

b) Sind zwei der „Potenzen" $A^0 = E$, $A^1 = A$, $A^2 = AA$, $A^3 = AAA, \ldots$ eines Elements A von $\mathfrak{G}$ gleich, so gibt es eine kleinste natürliche Zahl k mit $A^k = E$; k heißt die *Ordnung von A* und ist ein Teiler von g.

Eine Gruppe, deren Elemente sämtlich Potenzen eines einzigen Elements sind, heißt *zyklisch* und ist eine abelsche Gruppe.

c) Zerlegung nach einer Untergruppe. Sind $A_1 = E, A_2, \ldots, A_h$ die Elemente einer Untergruppe $\mathfrak{H}$ von $\mathfrak{G}$, B ein beliebiges Element von $\mathfrak{G}$, so bilden die Elemente

$BA_l (l = 1, 2, \ldots, h)$ die vordere *Rest-* oder *Nebenklasse* $B\mathfrak{H}$,
$A_l B (l = 1, 2, \ldots, h)$ die hintere *Rest-* oder *Nebenklasse* $\mathfrak{H}B$

nach $\mathfrak{H}$ in $\mathfrak{G}$. $\mathfrak{H}$ ist selbst eine Restklasse. Die von $\mathfrak{H}$ verschiedenen Restklassen sind keine Gruppen[1].

[1] Die Bezeichnung „Nebengruppe" statt „Restklasse" oder „Nebenklasse" ist daher irreführend.

d) Direktes Produkt. Eine Gruppe $\mathfrak{G}$ heißt *direktes Produkt* zweier Untergruppen $\mathfrak{G}_1$ und $\mathfrak{G}_2$: $\mathfrak{G} = \mathfrak{G}_1 \times \mathfrak{G}_2$, wenn jedes Element von $\mathfrak{G}_1$ mit jedem Element von $\mathfrak{G}_2$ vertauschbar ist, und jedes Element von $\mathfrak{G}$ sich eindeutig als Produkt je eines Elementes von $\mathfrak{G}_1$ und eines von $\mathfrak{G}_2$ darstellen läßt; das Produkt der Ordnungen von $\mathfrak{G}_1$ und $\mathfrak{G}_2$ ist also gleich der Ordnung von $\mathfrak{G}$. *Beispiel*: Die dreidimensionale Drehspiegelungsgruppe $\mathfrak{D}_3'$ (vgl. C 4) ist das direkte Produkt der Drehungsgruppe $\mathfrak{D}_3$ und der Gruppe aus Ruhe (Identität) E und Spiegelung am Nullpunkt S. Es läßt sich stets eine Gruppe (abstrakt) konstruieren, welche das direkte Produkt beliebig vorgegebener Gruppen ist.

3. Transformation, Normalteiler.

a) Konjugierte Elemente. Sind T und A Elemente von $\mathfrak{G}$, so heißt $B = T^{-1} A T$ das mit T transformierte Element zu A. B heißt zu A *konjugiert*; es gilt $A = T B T^{-1}$, also ist auch A zu B konjugiert. Ist A zu B und A zu C konjugiert, so auch B zu C. Zueinander konjugierte Elemente und nur solche gehören zur selben *Klasse*. Durchläuft T alle Elemente von $\mathfrak{G}$, so stellt $T^{-1} A T$ alle Elemente der Klasse von A (gleichoft) dar. $\mathfrak{G}$ zerfällt vollständig in Klassen konjugierter Elemente, jedes Element von $\mathfrak{G}$ gehört genau einer Klasse an. Die Klasse von E enthält nur E selbst. Bei abelschen Gruppen ist jedes Element eine Klasse für sich.

Elemente derselben Klasse haben dieselbe Ordnung. Das Reziproke eines zu A konjugierten Elements ist konjugiert zu A^{-1}.

b) Konjugierte Untergruppen, Normalteiler. Die mit einem festen Elemente T aus $\mathfrak{G}$ transformierten Elemente einer Untergruppe $\mathfrak{H}$ bilden auch eine Gruppe: $T^{-1} \mathfrak{H} T$, eine zu $\mathfrak{H}$ *konjugierte Untergruppe*. Konjugierte Untergruppen sind isomorph. Ist $\mathfrak{H}$ mit allen seinen Konjugierten identisch, d.h. enthält $\mathfrak{H}$ alle Transformierten seiner Elemente, so heißt $\mathfrak{H}$ *invariante Untergruppe* oder *Normalteiler* (s. Beispiel Anhang 7). Eine Untergruppe ist dann und nur dann Normalteiler, wenn sie mit jedem Element dessen ganze Klasse enthält. Eine Untergruppe vom Index 2 ist stets Normalteiler. Bei abelschen Gruppen ist jede Gruppe Normalteiler.

c) Faktorgruppe. Jede rechtsseitige Restklasse $\mathfrak{H} B$ eines Normalteilers $\mathfrak{H}$ ist zugleich eine linksseitige Restklasse $C \mathfrak{H}$. Die Restklassen nach einem Normalteiler $\mathfrak{H}$ bilden mit ihm die *Faktorgruppe* $\mathfrak{G}/\mathfrak{H}$, wenn als Produkt der Restklassen $A \mathfrak{H}$ und $B \mathfrak{H}$ die Restklasse $A B \mathfrak{H}$ erklärt wird. Die Elemente einer Faktorgruppe sind also ein Normalteiler und seine Restklassen (s. Beispiel Anhang 7). Die Ordnung der Faktorgruppe ist gleich dem Index des Normalteilers. Ist $\mathfrak{G}$ abelsch, so ist auch jede Faktorgruppe zu $\mathfrak{G}$ abelsch.

Ordnet man jedem Element von $\mathfrak{G}$ seine Restklasse nach einem Normalteiler zu, so ist $\mathfrak{G}$ auf dessen Faktorgruppe homomorph abgebildet. Umgekehrt ist jede Gruppe $\mathfrak{G}'$, auf die sich $\mathfrak{G}$ homomorph abbilden läßt, isomorph zu einer Faktorgruppe von $\mathfrak{G}$.

B. Kontinuierliche Gruppen.

a) Lassen sich die Elemente A einer Gruppe $\mathfrak{G}$ durch n Parameter a_1, $a_2, \ldots, a_n$, welche in gewissen Bereichen stetig variieren, eindeutig so kennzeichnen:

$$A = A(a_1, \ldots, a_n) = \{a_1, \ldots, a_n\},$$

daß die Parameter von Produkt und Reziprokem irgendwelcher Elemente von $\mathfrak{G}$ stetig differenzierbar von den Parametern dieser Elemente abhängen, so ist $\mathfrak{G}$ eine *kontinuierliche Gruppe*. Die Parameterwerte einer Verknüpfung BA von A mit $B = \{b_1, b_2, \ldots, b_n\}$ seien dabei in der Form:

$$BA = \{p_1, p_2, \ldots, p_n\} \quad \text{durch:} \quad p_k = p_k(b_1, b_2, \ldots, b_n;\ a_1, a_2, \ldots, a_n)$$

erklärt. Je nach der endlichen (n) oder abzählbar unendlichen Anzahl der Parameter heißt $\mathfrak{G}$ *endlich kontinuierlich (n-parametrig)* oder *unendlich kontinuierlich*. Weiter heißt $\mathfrak{G}$ *einfach kontinuierlich*, wenn das gesamte Variabilitätsgebiet der Parameter, das Grundgebiet G, zusammenhängend ist, *gemischt kontinuierlich*, wenn G aus mehreren (eventuell abzählbar unendlich vielen) getrennten Teilbereichen G_1, $G_2, \ldots$ besteht.

B e i s p i e l e: Die reellen orthogonalen Transformationen des n-dimensionalen Raumes mit $\det \mathfrak{O} = +1$ bilden eine einfach kontinuierliche, die mit $\det \mathfrak{O} = \pm 1$ eine gemischt kontinuierliche $[\frac{1}{2} n(n-1)$-parametrige$]$ Gruppe. Die orthogonalen Matrizen, deren Elemente rationale Zahlen sind, bilden eine unendliche Gruppe, aber keine kontinuierliche Gruppe.

b) Elemente, deren Parameter wenig voneinander verschiedene Werte haben, heißen *benachbart*. Ein Element *„ändert sich stetig"*, wenn sich die zugehörigen Parameter stetig ändern.

Diejenigen Elemente einer gemischt kontinuierlichen Gruppe $\mathfrak{G}$, die zu *dem* Teilbereich (er heiße G_1) des Grundgebietes G gehören, der das Einheitselement enthält, bilden eine einfachkontinuierliche Untergruppe von $\mathfrak{G}$, einen Normalteiler. Die Elemente irgendeines der Teilbereiche G_ν von G stellen eine Restklasse nach diesem Normalteiler dar, der Index desselben ist gleich der Anzahl der getrennten Teilbereiche G_ν des Grundgebietes G.

c) Mittelwert. Man bilde die Funktionaldeterminante:

$$g(A) = g(a_1, \ldots, a_n) = \frac{\partial(p_1(BA), \ldots, p_n(BA))}{\partial(a_1, \ldots, a_n)},$$

worin (nach der Differentiation) $B = A^{-1}$ gesetzt ist, und $dA = g(a_1, \ldots, a_n)\, da_1 \cdot \cdots \cdot da_n$. Dem Mittelwert $\frac{1}{g}\sum_A F(A)$ bei endlichen Gruppen entsprechend ist dann der *Mittelwert* von $F(A)$ *in der kontinuierlichen* Gruppe $\mathfrak{G}$

$$\underset{A}{\boldsymbol{M}_{\mathfrak{G}}}(F(A)) = \int_{\mathfrak{G}} F(A)\, dA : \int_{\mathfrak{G}} dA\,.$$

Das hat man im folgenden stets für $\frac{1}{g}\sum_A F(A)$ einzusetzen, wenn es sich um eine kontinuierliche Gruppe handelt. $g(a_1, a_2, \ldots, a_n)$ spielt also bei der Mittelwertbildung über $a_1, a_2, \ldots, a_n$ die Rolle einer Gewichtsfunktion (s. S. 343).

Für die Gruppe der reellen Drehungen im dreidimensionalen (s. S. 155) ist:

$$A = \{u_x u_y u_z\}, \qquad B = \{v_x v_y v_z\}, \qquad AB = \{w_x w_y w_z\}.$$

Hierbei wird $g(u_x u_y u_z) = \frac{1}{(1+u^2)^2}$.

C. Darstellungstheorie.

1. Allgemeines über die Darstellungen einer Gruppe.

a) Jede Gruppe $\mathfrak{M}$ *endlicher* quadratischer Matrizen (oder linearer Substitutionen) mit *nichtverschwindender* Determinante, auf die eine gegebene abstrakte Gruppe $\mathfrak{G}$ homomorph (s. A 1 e) abgebildet werden kann, heißt eine *Darstellung* der Gruppe $\mathfrak{G}$. Jedem der Elemente A von $\mathfrak{G}$ wird dann eindeutig eine Matrix $\mathfrak{M}(A) = (m_{ik}(A))$ von $\mathfrak{M}$ so zugeordnet, daß dem Produkte AB zweier Elemente A und B von $\mathfrak{G}$ das Produkt der zugeordneten Matrizen entspricht: $\mathfrak{M}(A)\,\mathfrak{M}(B) = \mathfrak{M}(AB)$. Die Reihenzahl h der Matrizen von $\mathfrak{M}$ (Variablenzahl der linearen Substitutionen) heißt *Grad* oder *Dimension* der Darstellung. Ist die Zuordnung eineindeutig, d. h. sind die Gruppen $\mathfrak{G}$ und $\mathfrak{M}$ isomorph, so heißt die Darstellung $\mathfrak{M}$ *treu*. Jede Darstellung von $\mathfrak{G}$ ist eine treue Darstellung einer Faktorgruppe von $\mathfrak{G}$; die dem Einheitselement der Darstellung (das ist stets die Einheitsmatrix) zugeordneten Elemente von $\mathfrak{G}$ bilden den zugehörigen Normalteiler.

b) Äquivalenz, Charakter. Transformiert man jede Matrix einer Darstellung $\mathfrak{M}$ mit derselben Matrix T (vgl. S. 248), d. h. übt man auf den Raum der den Matrizen von $\mathfrak{M}$ entsprechenden linearen Substitutionen eine affine Transformation T aus, so erhält man eine zu $\mathfrak{M}$

äquivalente Darstellung $\mathfrak{M}_T = T^{-1}\mathfrak{M}T$. Äquivalente Darstellungen werden als nicht wesentlich verschieden betrachtet.

Charakter der Darstellung $\mathfrak{M}$ heißt die Funktion

$$\chi(A) = \chi_{\mathfrak{M}}(A) = \operatorname{spur}(\mathfrak{M}(A)) = \sum_{k=1}^{h} m_{kk}(A)$$

der Matrizen $\mathfrak{M}(A)$. Der Charakter hat für konjugierte Gruppenelemente denselben Wert:

$$\chi(A) = \chi(B^{-1}AB),$$

er hängt nur von der Klasse von A ab, ist eine Klassenfunktion.

Bei linearer Transformation der Darstellung $\mathfrak{M}$ ändert sich der Charakter nicht. Es gilt:

Zwei Darstellungen sind dann und nur dann äquivalent, wenn die zugehörigen Charaktere für alle Gruppenelemente übereinstimmen.

c) Reduzibilität. Aus zwei beliebigen Darstellungen $\mathfrak{M}_1$ und $\mathfrak{M}_2$ derselben Gruppe $\mathfrak{G}$ (Dimensionen h_1 und h_2) erhält man eine weitere Darstellung, indem man jeweils die Matrizen $\mathfrak{M}_1(A)$ und $\mathfrak{M}_2(A)$, welche dem Element A von $\mathfrak{G}$ entsprechen, in der durch die Übermatrix:

$$\begin{pmatrix} \mathfrak{M}_1(A) & 0 \\ 0 & \mathfrak{M}_2(A) \end{pmatrix}$$

gekennzeichneten Art zu einer $(h_1 + h_2)$-reihigen Matrix zusammensetzt.

Jede Darstellung von $\mathfrak{G}$, welche zu einer Darstellung dieser Form äquivalent ist, also aus zwei anderen Darstellungen von $\mathfrak{G}$ durch Zusammensetzung und lineare Transformation erhältlich ist, heißt *reduzibel*. Eine Darstellung, die nicht reduzibel ist, heißt *irreduzibel*. Die Zerlegung einer reduziblen Darstellung in irreduzible Darstellungen ist, abgesehen von Reihenfolge und Äquivalenz, eindeutig bestimmt.

Kriterien: α) Ist eine Matrix $\mathfrak{B}$ nicht ein Vielfaches der Einheitsmatrix: $\mathfrak{B} \neq \lambda\,\mathfrak{E}$ für jedes λ, und ist $\mathfrak{B}$ mit allen Matrizen einer Darstellung $\mathfrak{M}$ vertauschbar;

$$\mathfrak{B}\,\mathfrak{M}(A_\nu) = \mathfrak{M}(A_\nu)\,\mathfrak{B}, \qquad \nu = 1, \ldots, g,$$

so ist $\mathfrak{M}$ reduzibel.

β) Gilt für die (h', h)-Matrix $\mathfrak{W}$ und alle Matrizen der *irreduziblen* Darstellungen $\mathfrak{M}$ und $\mathfrak{M}'$:

$$\mathfrak{W}\,\mathfrak{M}(A_\nu) = \mathfrak{M}'(A_\nu)\,\mathfrak{W}, \qquad \nu = 1, \ldots, g,$$

so sind entweder $\mathfrak{M}$ und $\mathfrak{M}'$ äquivalent, oder es ist $\mathfrak{W} = 0$ die Nullmatrix (SCHUR*sches Lemma*).

γ) Es gilt für den Charakter einer Darstellung $\mathfrak{M}$:

$$\boldsymbol{M}(|\chi(A)|^2)\begin{cases} = 1, & \text{wenn } \mathfrak{M} \text{ irreduzibel ist,} \\ > 1, & \text{wenn } \mathfrak{M} \text{ reduzibel ist.}\end{cases}$$

d) Unitäre Darstellungen. Es gibt zu jeder Darstellung einer Gruppe $\mathfrak{G}$ eine äquivalente, die nur aus unitären Matrizen (s. S. 140) besteht *(unitäre Darstellung)*. Äquivalente unitäre Darstellungen sind stets unitär ineinander transformierbar. Es genügt daher die Übersicht über die unitären irreduziblen Darstellungen einer Gruppe, um ihre sämtlichen Darstellungen zu übersehen.

2. Hauptsätze über die Darstellungen

α) endlicher Gruppen (s. Beispiel Anhang 7).

a) Zu einer endlichen Gruppe $\mathfrak{G}$ der Ordnung g, deren Elemente c verschiedene Klassen konjugierter Elemente bilden, gibt es genau c nicht äquivalente irreduzible Darstellungen mit den Dimensionen $h_1, \ldots, h_c$. Die Dimensionen h_c sind Teiler von g, und es ist:

$$h_1^2 + h_2^2 + \cdots + h_c^2 = g.$$

b) Sind diese Darstellungen $\mathfrak{M}^{(l)}$ $(l = 1, 2, \ldots, c)$ der Elemente A_r $(r = 1, 2, \ldots, g)$ unitär (was stets durch Transformation erreichbar ist), so gelten die folgenden Orthogonalitätsrelationen:

Es sei $\left(m_{ik}^{(l)}(A)\right)$ eine Matrix der unitären irreduziblen Darstellung $\mathfrak{M}^{(l)}$; dann gilt:

$$\frac{1}{g}\sum_A m_{ik}^{(l)}(A)\left(m_{i'k'}^{(l')}(A)\right)^* = \frac{1}{h_l}\,\delta_{ll'}\,\delta_{ii'}\,\delta_{kk'},$$

d. h. dieser Mittelwert ist nur von Null verschieden, wenn $l = l'$, $i = i'$, $k = k'$ ist. Die g Vektoren $\mathfrak{v}_{ik}^{(l)}$ $(l = 1, 2, \ldots, c)$ mit den Komponenten

$$\left(\mathfrak{v}_{ik}^{(l)}\right)_r = m_{ik}^{(l)}(A_r)\cdot\sqrt{\frac{h_l}{g}}$$

bilden ein vollständiges, hermitisch orthogonales normiertes Vektorsystem eines g-dimensionalen Raumes, (das allerdings beim Übergang zu äquivalenten Darstellungen geändert wird).

c) Wählt man aus jeder der c Klassen von $\mathfrak{G}$ ein Element aus: $B_1, \ldots, B_c$ und ist h_k die Anzahl der Elemente von B_k, so gilt für die Charaktere der irreduziblen Darstellungen $\mathfrak{M}^{(1)}, \ldots, \mathfrak{M}^{(c)}$:

$$\frac{1}{g}\sum_A \chi^{(l)}(A)\left(\chi^{(l')}(A)\right)^* = \sum_{k=1}^{c}\sqrt{\frac{h_k}{g}}\,\chi^{(l)}(B_k)\left\{\sqrt{\frac{h_k}{g}}\,\chi^{(l')}(B_k)\right\}^* = \delta_{ll'},$$

d. h. die Vektoren $\mathfrak{w}^{(l)}$ mit den Komponenten

$$(\mathfrak{w}^{(l)})_k = \chi^{(l)}(B_k) \cdot \sqrt{\frac{h_k}{g}}$$

bilden ein vollständiges, hermitisch orthogonales normiertes Vektorsystem eines c-dimensionalen Raumes.

d) Für den Charakter χ einer beliebigen (reduziblen) Darstellung $\mathfrak{M}$ von $\mathfrak{G}$, bei deren Aufbau [durch Zusammensetzung und lineare Transformation (vgl. 1 c)] q_l mal die irreduzible Darstellung $\mathfrak{M}^{(l)}$ verwandt wurde, gilt:

$$\chi(B_k) = \sum_{l=1}^{c} q_l \chi^{(l)}(B_k) \qquad (k = 1, \ldots, c).$$

Die Zahlen q_l (und damit im wesentlichen die Zerlegung von $\mathfrak{M}$) sind also eindeutig bestimmt. Es ist:

$$q_l = \frac{1}{g} \sum_A \chi(A) (\chi^{(l)}(A))^*$$

und ferner

$$\frac{1}{g} \sum_A |\chi(A)|^2 = \sum_{l=1}^{c} q_l^2.$$

e) Ist $\mathfrak{M}_1^{(1)}, \ldots, \mathfrak{M}_1^{(c_1)}$ bzw. $\mathfrak{M}_2^{(1)}, \ldots, \mathfrak{M}_2^{(c_2)}$ ein vollständiges System irreduzibler Darstellungen der Gruppe $\mathfrak{G}_1$ bzw. $\mathfrak{G}_2$, so bilden die $c_1 c_2$ Matrixgruppen $\mathfrak{M}^{(k,l)} = \mathfrak{M}_1^{(k)} \times \mathfrak{M}_2^{(l)}$, $k = 1, \ldots, c_1$; $l = 1, \ldots, c_2$, welche aus sämtlichen Matrizen

$$\mathfrak{M}^{(k,l)}(A) = \mathfrak{M}_1^{(k)}(A) \times \mathfrak{M}_2^{(l)}(A)$$

bestehen, ein vollständiges System irreduzibler Darstellungen des direkten Produktes

$$\mathfrak{G} = \mathfrak{G}_1 \times \mathfrak{G}_2.$$

β) beliebiger Gruppen.

Die für Darstellungen beliebiger Gruppen geltenden Formeln erhält man aus den in α) angegebenen, indem man jeweils $\frac{1}{g}\sum_A$ durch den Mittelwert $\boldsymbol{M}$ ersetzt. Allgemeiner gelten für zwei irreduzible Darstellungen $\mathfrak{M}'$ und $\mathfrak{M}''$ einer beliebigen Gruppe $\mathfrak{G}$ mit den Dimensionen h' und h'', wenn B ein festes Element aus $\mathfrak{G}$ ist, die Relationen

$$\underset{A}{\boldsymbol{M}}(m'_{ik}(A)\, m''_{i'k'}(A^{-1}B)) = \begin{cases} 0, \text{ wenn } \mathfrak{M}' \text{ inäquivalent } \mathfrak{M}'', \\ \frac{1}{h}\, \delta_{ki'}\, m_{ik'}(B), \text{ wenn } \mathfrak{M}' = \mathfrak{M}'' \text{ ist.} \end{cases}$$

Entsprechend gilt allgemein, wenn χ' bzw χ'' die Charaktere zu $\mathfrak{M}'$ bzw. $\mathfrak{M}''$ sind,

$$\underset{A}{\boldsymbol{M}}(\chi'(A)\chi''(A^{-1}B)) = \begin{cases} 0, \text{ wenn } \mathfrak{M}' \text{ inäquivalent } \mathfrak{M}'', \\ \frac{1}{h}\chi'(B), \text{ wenn } \mathfrak{M}' = \mathfrak{M}'', \text{ also } \chi' = \chi'' \text{ ist}, \end{cases}$$

und wenn die (reduzible) Darstellung $\mathfrak{M}$ die irreduzible Darstellung $\mathfrak{M}'$ q'-mal enthält,

$$q' = \boldsymbol{M}(\chi(A)\chi'(A^{-1})),$$

sowie ferner, wenn in $\mathfrak{M}$ nur endlich viel verschiedene irreduzible Darstellungen $\mathfrak{M}^{(1)}, \ldots, \mathfrak{M}^{(r)}$ auftreten,

$$\boldsymbol{M}(\chi(A)\chi(A^{-1})) = \boldsymbol{M}(|\chi(A)|^2) = \sum_{\nu=1}^{r} q_\nu^2.$$

D. Spezielle Gruppen.

1. Drehungsgruppen und ihre Darstellungen.

a) Die *n-dimensionale Drehspiegelungsgruppe* $\mathfrak{D}'_n$ umfaßt alle Drehungen und Drehspiegelungen (alle reellen orthogonalen Transformationen mit der Determinante $d = 1$ bzw. $d = -1$) des n-dimensionalen Raumes (s. S. 154). $\mathfrak{D}'_n$ ist eine gemischtkontinuierliche $\frac{1}{2}(n-1)\,n$-parametrige Gruppe. Das Grundgebiet G besteht aus zwei nichtzusammenhängenden Teilen, entsprechend $d = 1$ und $d = -1$. Die Untergruppe der Drehungen ($d = +1$), *die n-dimensionale reine Drehungsgruppe* $\mathfrak{D}_n$ ist Normalteiler vom Index $[\mathfrak{D}'_n : \mathfrak{D}_n] = 2$ in $\mathfrak{D}'_n$.

b) $n = 2$. Die Elemente $A_d(\varphi)$ von $\mathfrak{D}'_2$ werden durch $A_d(\varphi)$:

$$A_d(\varphi): \left\{\begin{array}{l} x' = x d \cos\varphi - y d \sin\varphi \\ y' = x \sin\varphi + y \cos\varphi \end{array}\right\} 0 \leq \varphi < 2\pi,\; d = \pm 1$$

gegeben; φ ist der Drehwinkel. Es ist

$$A_d(\varphi).A_t(\psi) = A_{td}(t\varphi + \psi);$$

daher ist $\mathfrak{D}'_2$ nicht abelsch, die aus allen $A_1(\varphi)$ bestehende $\mathfrak{D}_2$ als einparametrige einfachkontinuierliche Gruppe dagegen abelsch. Eine Klasse konjugierter Elemente aus $\mathfrak{D}'_2$ besteht jeweils aus $A_1(\varphi)$ und $A_1(-\varphi)$, ferner aus allen $A_{-1}(\varphi)$.

Die Gewichtsfunktion der Mittelwertbildung (s. S. 250) ist $g(\varphi) = 1$:

$$\int_{\mathfrak{D}'_2} F(A)\,dA = \sum_{d=1,-1} \int_0^{2\pi} F(A_d(\varphi))\,d\varphi = \sum_{d=1,-1} \int_0^{2\pi} F(A_d(\varphi)\,A_t(\varphi))\,d\varphi$$

für jedes feste $A_t(\varphi)$ aus $\mathfrak{D}'_2$,

$$\int_{\mathfrak{D}_2} F(A)\,dA = \int_0^{2\pi} F(A(\varphi))\,d\varphi = \int_0^{2\pi} F(A(\varphi + \psi))\,d\varphi \qquad \text{für jedes } \psi.$$

Die sämtlichen *irreduziblen Darstellungen* der reinen zweidimensionalen Drehgruppe $\mathfrak{D}_2$ sind eindimensional und durch

$$\mathfrak{M}^{(m)}(A_1(\varphi)) = (e^{im\varphi}) \qquad \text{für } m = 0, \pm 1, \pm 2, \ldots$$

gegeben. Die entsprechenden Orthogonalitätsrelationen sind die der FOURIER-Entwicklung (s. S. 68).

Ein volles System irreduzibler Darstellungen der zweidimensionalen Drehspiegelungsgruppe $\mathfrak{D}_2'$ wird gegeben durch

$$\mathfrak{M}(A_d(\varphi)) = (1) \qquad \text{(identische Darstellung)}$$

$$\mathfrak{M}^{(0)}(A_d(\varphi)) = (d)$$

und

$$\mathfrak{M}^{(m)}(A_1(\varphi)) = \begin{pmatrix} e^{im\varphi} & 0 \\ 0 & e^{-im\varphi} \end{pmatrix}, \qquad \mathfrak{M}^{(m)}(A_{-1}(\varphi)) = \begin{pmatrix} 0 & e^{-im\varphi} \\ e^{im\varphi} & 0 \end{pmatrix},$$

$$m = 1, 2, \ldots .$$

c) $n = 3$. Jede Drehung A aus $\mathfrak{D}_3$ läßt sich zusammensetzen aus einer Drehung $A(0, 0, \gamma)$ um die z-Achse (Drehwinkel γ), einer Drehung $A(0, \beta, 0)$ um die x-Achse (Drehwinkel β) und einer weiteren Drehung $A(0, 0, \alpha) = A(\alpha, 0, 0)$ um die (neue) z-Achse (Drehwinkel α):

$$A(\alpha, \beta, \gamma) = A(\alpha, 0, 0)\, A(0, \beta, 0)\, A(0, 0, \gamma);$$

α, β, γ sind die sog. drei EULERschen Winkel. Es genügt daher, die Matrixelemente der irreduziblen Darstellungen für die Drehungen $A(\alpha, 0, 0)$ und $A(0, \beta, 0)$ anzugeben: $l = 0, 1, 2, \ldots$

$$m_{rs}^{(l)}(A(\alpha, 0, 0)) = e^{ir\alpha}\,\delta_{rs}; \qquad r, s = -l, -l+1, \ldots, l-1, l$$

$$m_{rs}^{(l)}(A(0, \beta, 0)) = \sum_k (-1)^k \frac{\sqrt{(l+r)!\,(l-r)!\,(l+s)!\,(l-s)!}}{(l-r-k)!\,(l+s-k)!\,k!\,(k-r-s)!} \times$$

$$\times \left(\cos\frac{\beta}{2}\right)^{2l+s-r-2k} \left(\sin\frac{\beta}{2}\right)^{2k+r-s}, \qquad r, s \text{ wie oben.}$$

Drehungen um denselben Drehwinkel δ (s. S. 155) gehören zur gleichen Klasse.

2. Darstellungen und Charaktere der Permutationsgruppen.

a) die $n!$ Permutationen von n Dingen bilden die sog. *symmetrische Gruppe* $\mathfrak{P}_n$ von n Elementen.

Mit $(r_1, r_2, \ldots, r_k)$ bezeichnet man die Permutation der k Elemente $r_1, \ldots, r_k$, die r_i in r_{i+1} $(i = 1, \ldots, k-1)$ und r_k in r_1 überführt *(Zyklus)*. Jede Permutation läßt sich in solche Zyklen zerlegen:

$P = \begin{pmatrix} 1, & 2, & \ldots, & n \\ i_1, & i_2, & \ldots, & i_n \end{pmatrix}$ etwa in $(1\, i_1\, i_{i_1} \ldots j_1)$, $(k\, i_k \ldots j_k)$, $(l \ldots$, $\ldots$, wenn j_1 in 1, j_k in k, ... übergeht und k im ersten Zyklus, l in den beiden ersten Zyklen usw. nicht vorkommt. Zum Beispiel zerlegt sich die Permutation, die von (24351) zu (42513) führt, in $P = (135)\,(24)$. Dieselbe führt von (12345) zu (34521). Zerfällt bei dieser Zerlegung die Permutation P in λ_k Zyklen aus je k Ziffern ($k = 1, \ldots, n$), so stellt $(\lambda_1, \lambda_2, \ldots, \lambda_n)$ den *Typus* der Permutation P dar. In einer Permutationsgruppe sind alle und nur die Permutationen mit demselben Typus zueinander konjugiert. In der symmetrischen Gruppe $\mathfrak{P}_n$ entspricht daher jeder Zerlegung von n in positive Summanden (partitio numerorum), d. h. jedem Lösungssystem $z_1, \ldots, z_n$ von $z_1 + 2z_2 + \cdots + n\,z_n = n$ mit $z_i \geqq 0$ genau eine Klasse von $\mathfrak{P}_n$ und auch genau eine irreduzible Darstellung von $\mathfrak{P}_n$ (und umgekehrt).

b) Die wichtigsten irreduziblen Darstellungen, die zu den Zerlegungen $\nu + (n - \nu) = n$ und $1 + 1 + \cdots + 1 + 2 + \cdots + 2 = n$ gehören, gewinnt man etwa so: Seien $x_1, \ldots, x_n$ Variable, welche nur die beiden Werte $+1$ und -1 annehmen können. Ein vollständiges Orthogonalsystem in dem aus 2^n Punkten bestehenden Raum der x_i wird durch die 2^n Funktionen

$$\begin{array}{l} 1; \\ x_1, x_2, \ldots, x_n; \\ x_1 x_2, x_1 x_3, \ldots, x_{n-1} x_n; \\ \cdots\cdots\cdots\cdots\cdots\cdots\cdots \\ x_1 x_2 \ldots x_n \end{array}$$

gegeben. Multipliziert man jede der $\binom{n}{\nu - 1}$ Funktionen der $(\nu - 1)$-ten Reihe $\left(\nu = 0, 1, \ldots, \frac{n}{2}\right.$ bzw. $\left.\frac{n-1}{2}\right)$ mit der Summe der nicht in ihr auftretenden der Variablen $x_1, \ldots, x_n$, so erhält man $\binom{n}{\nu - 1}$ voneinander linear unabhängige Linearkombinationen der Funktionen in der ν-ten Reihe $f_1, \ldots, f_{\binom{n}{\nu - 1}}$. Man kann dann noch $l_\nu = \binom{n}{\nu} - \binom{n}{\nu - 1}$ weitere Linearkombinationen dieser Funktionen bestimmen, die untereinander und von den f_i linear unabhängig sind. Bedeutet $\Lambda_P\, g(x_1, \ldots, x_n)$ die Funktion, welche aus g durch Permutation der Variablen nach P hervorgeht. so gilt

$$\Lambda_P\, g_k(x_1, \ldots, x_n) = \sum_{i=1}^{l_\nu} m_{ik}^{(\nu)}(P)\, g_i(x_1, \ldots, x_n)$$

für $k = 1, \ldots, l_\nu$. Die Matrizen $(m_{ik}^{(\nu)}(P)) = \mathfrak{M}^{(\nu)}(P)$ bilden die irreduzible Darstellung $\mathfrak{M}^{(\nu)}$ von $\mathfrak{P}_n$, die der Zerlegung $\nu + (n - \nu) = n$ entspricht; die Dimension von $\mathfrak{M}^{(\nu)}$ ist $l_\nu = \binom{n}{\nu} - \binom{n}{\nu - 1}$.

Die zur Zerlegung von n in ν Zweien und $n - 2\nu$ Einsen gehörige irreduzible Darstellung ergibt sich, wenn in $\mathfrak{M}^{(\nu)}$ die den ungeraden Permutationen entsprechenden Matrizen mit -1 multipliziert werden.

Der Charakter $\chi^{(\nu)}(P)$ von $\mathfrak{M}^{(\nu)}(P)$ wird für $\nu = 0, 1, \ldots, \frac{n}{2}$ bzw. $\frac{n-1}{2}$ durch

$$(1-x)(1+x)^{\lambda_1}(1+x^2)^{\lambda_2}\ldots(1+x^n)^{\lambda_n} = \sum_{\nu=0}^{n+1} \chi^{(\nu)}(P)\, x^\nu$$

gegeben, wenn $(\lambda_1, \ldots, \lambda_n)$ der Typus von P ist.

c) Allgemein erhält man den Charakter $\chi^{(\mu_1 \cdots \mu_n)}$ der irreduziblen Darstellung, welche der Zerlegung $\mu_1 + \mu_2 + \cdots + \mu_n = n$, alle $\mu_i \geq 0$, entspricht, indem man zunächst die Determinante

$$\Phi^{(\mu_1 \cdots \mu_n)} = \det(p_{\mu_i - i + k}(Y_1, \ldots, Y_n))$$

bildet; dabei ist für $\nu = 1, 2, \ldots, p_\nu(Y_1, \ldots, Y_n)$ die Summe aller möglichen Potenzprodukte ν-ter Dimension aus n Variablen $Y_1, \ldots, Y_n$

$$p_\nu = \sum Y_1^{\beta_1} Y_2^{\beta_2} \ldots Y_n^{\beta_n} \text{ über alle } \beta_1 + \cdots + \beta_n = \nu,\ \beta_i \geq 0,$$

und $p_0 = 1$, $p_{-1} = p_{-2} = \cdots = 0$. Als symmetrische Funktion der $Y_1, \ldots, Y_n$ läßt sich $\Phi^{(\mu_1 \cdots \mu_n)}$ nach Potenzen der Potenzsummen $s_h = Y_1^h + \cdots + Y_n^h$ entwickeln; dabei ergibt sich

$$\Phi^{(\mu_1 \ldots \mu_n)} = \sum_{\text{über alle } P \text{ in } \mathfrak{P}_n} \frac{\chi^{(\mu_1 \ldots \mu_n)}(P)\, s_1^{\lambda_1} s_2^{\lambda_2} \ldots s_n^{\lambda_n}}{1^{\lambda_1} \lambda_1!\, 2^{\lambda_2} \lambda_2! \ldots n^{\lambda_n} \lambda_n!},$$

wenn P den Typus $(\lambda_1, \ldots, \lambda_n)$ hat.

3. Symmetriegruppen (Kristalle).

Die Gesamtheit aller *Deckoperationen* oder Kongruenzen, d. h. der Transformationen: $\mathfrak{r} \to \mathfrak{r}'$, die ein aus Punkten, Linien, Flächen u dgl. bestehendes geometrisches Gebilde oder allgemeiner eine Funktion $f(\mathfrak{r})$ im n-Dimensionalen unter Erhaltung aller Abstände und Winkel in sich überführen: $f(\mathfrak{r}) \to f(\mathfrak{r}')$ bilden eine Gruppe $\mathfrak{K}$, die als *Symmetriegruppe* bezeichnet wird.

Das Gebilde heißt k-fach *periodisch*, wenn in $\mathfrak{K}$ k linear unabhängige Translationen: $\mathfrak{r}' = \mathfrak{r} + \mathfrak{t}_i$ enthalten sind. $\mathfrak{K}$ ist dann eine unendliche Gruppe. Die Gesamtheit aller in $\mathfrak{K}$ enthaltenen Translationen bilden eine *invariante* Untergruppe $\mathfrak{G}$. Die Operationen von $\mathfrak{G}$ führen einen beliebigen Punkt für $k = 1$ in eine *Punktkette*, für $k = 2$ in ein *Punktnetz*, für $k = 3$ in ein *Punktgitter* (BRAVAIS-Gitter) über. Die Symmetriegruppen heißen dementsprechend *Kettengruppen*, *Netzgruppen* bzw. *Raumgruppen*. $\mathfrak{G}$ und seine Restklassen bilden die Faktorgruppe $\mathfrak{F} = \mathfrak{K}|\mathfrak{G}$, die der Symmetriegruppe isomorphe *Punktgruppe*.

Im *nichtperiodischen* Fall ($k = 0$) ist $\mathfrak{F}$ mit $\mathfrak{K}$ identisch. $\mathfrak{F}$ ist dann aus Drehungen $\mathfrak{C}_n$ und Drehinversionen $\mathfrak{J}_n$ bzw. Drehspiegelungen $\mathfrak{S}_n$ (s. S. 156) aufbaubar. Die Drehachsen und Spiegelebenen heißen *Symmetrieelemente*. Sie gehen alle durch ein gemeinsames Zentrum. Damit $\mathfrak{F}$ eine endliche Gruppe sei, müssen die Elemente ganzzählig sein und gewisse relative Lagen haben.

Man charakterisiert $\mathfrak{F}$ durch die für ihren Aufbau hinreichenden Elemente, die in verschiedener Weise aus der Gesamtheit der vorhandenen Elemente ausgewählt werden können[1].

Im *periodischen* Fall ($k \neq 0$) sind zum Aufbau von $\mathfrak{F}$ auch Schraubungen $\overline{\mathfrak{C}}_n$ und Gleitspiegelungen $\overline{\mathfrak{S}}$ möglich. Als Aufbauelemente der Faktorgruppe $\mathfrak{F}$ sind sie zyklisch. Sie brauchen nicht ein gemeinsames Zentrum zu haben. Ihre möglichen Translationsanteile und relativen Lagen sind durch die Translationsgruppe $\mathfrak{G}$ bestimmt. Für ihre Zähligkeiten kommen für $k = 2$ oder 3 nur $n = 1, 2, 3, 4, 6$ in Frage.

Dieser Fall hat ein besonderes Interesse, weil dreifach periodische Funktionen als Massen- und Ladungsverteilungen im Innern von Kristallen in der Natur realisiert sind. Ihre Symmetrie macht sich durch die relativen Lagen ihrer natürlichen Grenzflächen sowie durch viele physikalischen Qualitäten bemerkbar. Ihre Periodizität wird schon durch die bei ihnen allein vorkommenden $n = 1, 2, 3, 4, 6$ nahe gelegt. Das spezielle ihnen zugehörige BRAVAIS-Gitter (d. h. die Translationsgruppe $\mathfrak{G}$) sowie die Unterscheidung von Dreh- und Schraubungsachsen $\mathfrak{C}$ und $\overline{\mathfrak{C}}$, bzw. von Spiegel- und Gleitspiegelebenen $\mathfrak{S}$ und $\overline{\mathfrak{S}}$ ist aber makroskopisch nicht festzustellen. Man klassifiziert daher die verschiedenen Kristalle zunächst ohne solche Unterscheidung in 32 *Kristallklassen*. Jede solche Klasse bedeutet eine „*Punktgruppe*", die so gebildet ist, als ob nur gewisse $\mathfrak{C}_n$ und $\mathfrak{S}_n$ mit gemeinsamem Zentrum existierten. Die Klassen werden durch Namen und Symbole bezeichnet, die auf die Symmetrieelemente verweisen, bzw. auf die bekannter symmetrischer Formen: $D_n = n$-zähliges Dieder ($D_2 = V$), $T =$ Tetraeder, $O =$ Oktaeder.

Die Kristallklassen werden nach der Symmetrie der mit ihnen verträglichen BRAVAIS-Gitter zu sieben *Kristallsystemen* zusammengefaßt. Dabei wird eine Kristallklasse, die die volle Symmetrie eines BRAVAIS-Gitters besitzt, als holoedrisch bezeichnet, eine solche, deren Ordnung nur halb oder ein Viertel so hoch ist, als hemiedrisch, bzw. tetartoedrisch.

[1] In der Tabelle S. 259ff. sind verschiedene Nomenklatursysteme dieser Art angegeben. Die die Gruppe kennzeichnenden Elemente sind bezeichnet: für das System von SCHOENFLIES mit S, von WYCKOFF mit W, von HERMANN und MAUGUIN mit H, von NIGGLI, soweit es von SCHOENFLIES abweicht, mit N. Eingeklammertes H, ebenso wie eingeklammerte Symbolbestandteile bezeichnen solche Elemente, die man zur Ableitung der Punktgruppen entbehren kann, die aber zur vollständigen Übersicht über die Raumgruppen nützlich sind.

Übersicht über die 32 Kristallklassen.

Ordnung der Punktgruppe	Name (nach Groth)	Symbole			Symmetrieelemente				Bemerkungen
		Schoenflies (Niggli)	Wyckoff	Hermann Mauguin	Zentrum	x-Richtung	y-Richtung	z-Richtung	
				Triklines System					
Hemiedrie, 1	1. triklin pedial	C_1	$1\,C$	1	—	—	—	—	
Holoedrie, 2	2. triklin pinakoidal	$S_2(C_i)$	$1\,C\,i$	$\bar{1}$	$\mathfrak{J}^{SWH}$	—	—	—	
				Monoklines System					
Hemiedrien: 2	3. Monoklin domatisch	$C_{1\cdot h}\,(C_s)$	$2\,c$	m	—	—	—	$\mathfrak{S}^{SWH}$	
2	4. Monoklin sphenoidisch	C_2	$2\,C$	2	—	—	—	$\mathfrak{S}_2^{SWH}$	
Holoedrie: 4	5. Monoklin prismatisch	C_{2h}	$2\,C\,i$	$2/m$	$\mathfrak{J}^{W}$	—	—	$\mathfrak{S}_2^{SWH}$, $\mathfrak{S}^{SH}$	
				Rhombisches System					
Hemiedrien: 4	6. rhombisch pyramidal	C_{2v}	$2\,e$	$m\,m$	—	$\mathfrak{S}^{SWH}$	$\mathfrak{S}^{H}$	$\mathfrak{S}_2^{SW}$	
4	7. rhombisch disphenoidisch	$D_2(V)$	$2\,D$	22(2)	—	$\mathfrak{S}_2^{SWH}$	$\mathfrak{S}_2^{(H)}$	$\mathfrak{S}_2^{SWH}$	je eine x-, y-, und z-Richtung, alle Winkel 90°
Holoedrie: 8	8. rhombisch dipyramidal	$D_{2h}(V_h)$	$2\,D\,i$	$m\,m\,m$	$\mathfrak{J}^{W}$	$\mathfrak{S}_2^{SW}$, $\mathfrak{S}^{H}$	$\mathfrak{S}_2^{SW}$, $\mathfrak{S}^{H}$	$\mathfrak{S}_2^{SW}$, $\mathfrak{S}^{H}$	

Ordnung der Punktgruppe	Name (nach GROTH)	Symbole: SCHOENFLIES (NIGGLI)	Symbole: WYCKOFF	Symbole: HERMANN MAUGUIN	Symmetrieelemente: Zentrum	Symmetrieelemente: x-Richtung	Symmetrieelemente: y-Richtung	Symmetrieelemente: z-Richtung	Bemerkungen
	Tetragonales System								
Tetartoedrien: 4	9. tetragonal disphenoidisch	S_4	$4c$	$\bar{4}$	—	—	—	$\mathfrak{J}_4^{WH} = \mathfrak{S}_4^S$	
4	10. tetragonal pyramidal	C_4	$4C$	4	—	—	—	$\mathfrak{C}_4^{SWH}$	
Hemiedrien: 8	11. tetragonal dipyramidal	C_{4h}	$4Ci$	$4/m$	$\mathfrak{J}^W$	—	—	$\mathfrak{C}_4^{SWH}$, $\mathfrak{S}^{SH}$	
8	12. tetragonal skalenoedrisch	$S_{4u}(D_{2d}, V_d)$	$4d$	$\bar{4}m(2)$	—	$\mathfrak{C}_2^{SW(H)}$	$\mathfrak{S}^{NH}$	$\mathfrak{J}_4^{WH} = \mathfrak{S}_4^S$, darin $\mathfrak{C}_2^N$	Zwei x-Richtungen unter 90°, ebenso zwei y-Richtungen, $\sphericalangle\, x\, y = 45°$, eine z-Richtung senkrecht auf x und y
8	13. ditetragonal pyramidal	C_{4v}	$4e$	$4m(m)$	—	$\mathfrak{S}^{SWH}$	$\mathfrak{S}^{(H)}$	$\mathfrak{C}_4^{SWH}$	
8	14. tetragonal trapezoedrisch	D_4	$4D$	$42(2)$	—	$\mathfrak{C}_2^{SWH}$	$\mathfrak{C}_2^{(H)}$	$\mathfrak{C}_4^{SWH}$	
Holoedrie: 16	15. ditetragonal dipyramidal	D_{4h}	$4Di$	$4/m\, m(m)$	$\mathfrak{J}^W$	$\mathfrak{C}_2^{SW}$, $\mathfrak{S}^H$	$\mathfrak{C}_2\, \mathfrak{S}^{(H)}$	$\mathfrak{C}_4^{SWH}$, $\mathfrak{S}^H$	
	Rhomboedrisches (oder trigonales) System								
Tetartoedrien: 3	16. trigonal pyramidal	C_3	$3C$	3	—	—	—	$\mathfrak{C}_3^{SWH}$	
Hemiedrien: 6	17. rhomboedrisch	$S_6(C_{3i})$	$3Ci$	$\bar{3}$	$\mathfrak{J}^W$	—	—	$\mathfrak{J}_3^H = \mathfrak{S}_6^S$, darin $\mathfrak{C}_3^{NW}$	
6	18. ditrigonal pyramidal	C_{3v}	$3e$	$3m$	—	$\mathfrak{S}^{SWH}$	—	$\mathfrak{C}_3^{SWH}$	Drei x-Richtungen unter 60°, eine z-Richtung senkrecht auf ihnen
6	19. trigonal trapezoedrisch	D_3	$3D$	32	—	$\mathfrak{C}_2^{SWH}$	—	$\mathfrak{C}_3^{SWH}$	
Holoedrie: 12	20. ditrigonal skalenoedrisch	$S_{6u}(D_{3d})$	$3Di$	$\bar{3}m$	$\mathfrak{J}^W$	$\mathfrak{C}_2^{SW}$, $\mathfrak{S}^{NH}$	—	$\mathfrak{J}_3^H = \mathfrak{S}_6^S$, darin $\mathfrak{C}_3^{NW}$	

Hexagonales System

Tetartoedrien: 6	21. trigonal dipyramidal	C_{3h}	$6c$	$\bar{6}$	—	—	—	$\mathfrak{J}_6^{WH} = \mathfrak{C}_3^S, \mathfrak{S}^S$	
6	22. hexagonal pyramidal	C_6	$6C$	6	—	—	—	$\mathfrak{C}_6^{SWH}$	
Hemiedrien: 12	23. hexagonal dipyramidal	C_{6h}	$6Ci$	$6/m$	$\mathfrak{J}^W$	—	—	$\mathfrak{C}_6^{SWH}, \mathfrak{S}^{SH}$	Drei x-Richtungen unter 60°, ebenso drei y-Richtungen, $\sphericalangle (x\,y) = 30°$, eine z-Richtung senkrecht auf allen x, y.
12	24. ditrigonal dipyramidal	D_{3h}	$6d$	$\bar{6}m\,(2)$	—	$\mathfrak{C}_2^{SW(H)}$	$\mathfrak{S}^H$	$\mathfrak{J}_6^{WH} = \mathfrak{C}_3^S, \mathfrak{S}^S$	
12	25. dihexagonal pyramidal	C_{6v}	$6e$	$6m\,(m)$	—	$\mathfrak{S}^{SWH}$	$\mathfrak{S}^{(H)}$	$\mathfrak{C}_6^{SWH}$	
12	26. hexagonal trapezoedrisch	D_6	$6D$	$6\,2\,(2)$	—	$\mathfrak{C}_2^{SWH}$	$\mathfrak{C}_2^{(H)}$	$\mathfrak{C}_6^{SWH}$	
Holoedrie: 24	27. dihexagonal dipyramidal	D_{6h}	$6Di$	$6/m\ m\,(m)$	$\mathfrak{J}^W$	$\mathfrak{C}_2^{SW}, \mathfrak{S}^H$	$\mathfrak{C}_2, \mathfrak{S}^{(H)}$	$\mathfrak{C}_6^{SWH}, \mathfrak{S}^{SH}$	

Kubisches (oder reguläres) System

Tetartoedrie: 12	28. tetraedrisch-dodekaedrisch	T	T	23	—	$\mathfrak{C}_2^{SWH}$	—	$\mathfrak{C}_3^{SWH}$	Drei x-Richtungen (Würfelkanten), sechs y-Richtungen (Flächendiagonalen), vier z-Richtungen (Raumdiagonalen). Winkel: xx': 90°, yy': 60°; 90°, zz': $\tau \sim 109{,}5°$ mit $\cos\tau = -\frac{1}{3}$ xy: 45°; 90°, xz: $\frac{1}{2}\tau$, yz: $90° - \frac{1}{2}\tau$; 90°.
Hemiedrien: 24	29. dyakis-dodekaedrisch	T_h	Ti	$m\,3$	$\mathfrak{J}^W$	$\mathfrak{C}_2^{SWH}, \mathfrak{S}^{SH}$	—	$\mathfrak{J}_3$, darin $\mathfrak{C}_3^{SWH}$	
24	30. hexakis-tetraedrisch	T_d	Te	$\bar{4}3\,(m)$	—	$\mathfrak{J}_4^H$, darin $\mathfrak{C}_2^{SW}$	$\mathfrak{S}^{SW(H)}$	$\mathfrak{C}_3^{SWH}$	
24	31. pentagon-ikositetraedrisch	O	O	$43\,(2)$	—	$\mathfrak{C}_4^{SWH}$	$\mathfrak{C}_2^{(H)}$	$\mathfrak{C}_3^{SWH}$	
Holoedrie: 48	32. hexakis-oktaedrisch	O_h	Oi	$m\,3\,m$	$\mathfrak{J}^W$	$\mathfrak{C}_4^{SW}, \mathfrak{S}^H$	$\mathfrak{C}_2, \mathfrak{S}^H$	$\mathfrak{J}_3$, darin $\mathfrak{C}_3^{SWH}$	

BRAVAIS-Gitter.

Bezeichnung und Symbol		$\mathfrak{a}^2$	$\mathfrak{b}^2$	$\mathfrak{c}^2$	$(\mathfrak{b}\,\mathfrak{c})$	$(\mathfrak{c}\,\mathfrak{a})$	$(\mathfrak{a}\,\mathfrak{b})$	Symmetrie	Kristallachsen
1. Kubisch primitiv	Γ_c	α	α	α	—	—	—	O_h	$\mathfrak{a}, \mathfrak{b}, \mathfrak{c}$
2. Kubisch flächenzentriert	Γ_c'	α	α	α	$\alpha/2$	$\alpha/2$	$\alpha/2$	O_h	$-\mathfrak{a}+\mathfrak{b}+\mathfrak{c},\ \mathfrak{a}-\mathfrak{b}+\mathfrak{c},\ \mathfrak{a}+\mathfrak{b}-\mathfrak{c}$
3. Kubisch innenzentriert	Γ_c''	α	α	α	$-\alpha/3$	$-\alpha/3$	$-\alpha/3$	O_h	$\mathfrak{b}+\mathfrak{c},\ \mathfrak{c}+\mathfrak{a},\ \mathfrak{a}+\mathfrak{b}$
4. Hexagonal	Γ_h	α	α	β	—	—	$-\alpha/2$	D_{6h}	$\mathfrak{a}, \mathfrak{b}, \mathfrak{c}\ (-(\mathfrak{a}+\mathfrak{b}))$*
5. Rhomboedrisch	Γ_{rh}	α	α	α	β	β	β	D_{3d}	$\mathfrak{b}-\mathfrak{c},\ \mathfrak{c}-\mathfrak{a},\ \mathfrak{a}+\mathfrak{b}+\mathfrak{c}$
6. Tetragonal (primitiv)	Γ_t	α	α	β	—	—	—	D_{4h}	$\mathfrak{a}, \mathfrak{b}, \mathfrak{c}$
7. Tetragonal innenzentriert	Γ_t'	α	α	α	β	β	$-\alpha-2\beta$	D_{4h}	$\mathfrak{b}+\mathfrak{c},\ \mathfrak{c}+\mathfrak{a},\ \mathfrak{a}+\mathfrak{b}$
8. Rhombisch	Γ_0	α	β	γ	—	—	—	D_{2h}	$\mathfrak{a}, \mathfrak{b}, \mathfrak{c}$
9. Rhombisch einseitig flächenzentriert	Γ_0'	α	α	β	—	—	γ	D_{2h}	$\mathfrak{a}-\mathfrak{b},\ \mathfrak{a}+\mathfrak{b},\ \mathfrak{c}$
10. Rhombisch allseitig flächenzentriert	Γ_0''	$\beta+\gamma$	$\gamma+\alpha$	$\alpha+\beta$	α	β	γ	D_{2h}	$-\mathfrak{a}+\mathfrak{b}+\mathfrak{c},\ \mathfrak{a}-\mathfrak{b}+\mathfrak{c},\ \mathfrak{a}+\mathfrak{b}-\mathfrak{c}$
11. Rhombisch innenzentriert	Γ_0'''	α	α	α	β	γ	$-(\alpha+\beta+\gamma)$	D_{2h}	$\mathfrak{b}+\mathfrak{c},\ \mathfrak{c}+\mathfrak{a},\ \mathfrak{a}+\mathfrak{b}$
12. Monoklin	Γ_m	α	β	γ	—	δ	—	C_{2h}	$\mathfrak{a}, \mathfrak{b}, \mathfrak{c}$
13. Monoklin innenzentriert	Γ_m'	α	α	β	γ	γ	δ	C_{2h}	$\mathfrak{a}+\mathfrak{b},\ \mathfrak{a}-\mathfrak{b},\ \mathfrak{c}$
14. Triklin	Γ_{tr}	α	β	γ	δ	ε	ζ	C_i	$\mathfrak{a}, \mathfrak{b}, \mathfrak{c}$

* Im hexagonalen System lassen sich keine 3 Vektoren auswählen, die eine einfache Darstellung der vollen Symmetrie erlauben. Fügt man einen vierten, überzähligen Vektor $\mathfrak{b}' = -(\mathfrak{a}+\mathfrak{b})$ hinzu, so stellen sich sämtliche Symmetrieoperationen bequem dar als Permutationen von $\mathfrak{a}, \mathfrak{b}, \mathfrak{b}'$ untereinander und Vorzeichenumkehrungen bei $\mathfrak{a}, \mathfrak{b}, \mathfrak{b}'$ gleichzeitig und, unabhängig davon, bei $\mathfrak{c}$.

Die BRAVAIS-*Gitter* sind durch drei Vektoren $\mathfrak{t}_1 = \mathfrak{a}$, $\mathfrak{t}_2 = \mathfrak{b}$, $\mathfrak{t}_3 = \mathfrak{c}$ gegeben: $\mathfrak{r}_G = l\,\mathfrak{a} + m\,\mathfrak{b} + n\,\mathfrak{c}$ mit ganzzahligen l, m, n.

Sie sind in 14 Klassen (s. Tabelle S. 262) nach ihren Symmetrien zu ordnen.

Auf Grund feinerer Beobachtung ist eine weitergehende Klassifizierung möglich, die jede Kristallklasse in eine Anzahl verschiedener *Strukturen* aufteilt. Sie unterscheiden sich durch die zugehörigen BRAVAIS-Gitter, sowie Unterscheidung zwischen den $\mathfrak{C}$ und $\overline{\mathfrak{C}}$, bzw. $\mathfrak{S}$ und $\overline{\mathfrak{S}}$ und ihrer Lagen. Das ergibt im ganzen 230 mögliche Strukturen (sog. Raumgruppen), die sich in folgenden Zahlen auf die Klassen verteilen:

1. Kubisches System:

	O_h	O	T_d	T_h	T
Γ_c	4	4	2	3	2
Γ_c'	4	2	2	2	1
Γ_c''	2	2	2	2	2

Zusammen 36

2. Tetragonales System:

	D_{4h}	D_4	C_{4v}	V_d	C_{4h}	C_4	S_4
Γ_t	16	8	8	8	4	4	1
Γ_t'	4	2	4	4	2	2	1

Zusammen 68

3. Hexagonales System:

	D_{6h}	D_6	C_{6v}	D_{3h}	C_{6h}	C_6	C_{3h}
Γ_h	4	6	4	4	2	6	1

Zusammen 27

4. Rhomboedrisches System:

	D_{3d}	D_3	C_{3v}	C_{3i}	C_3
Γ_h	4	6	4	1	3
Γ_{rh}	2	1	2	1	1

Zusammen 25

5. Rhombisches System:

	D_{2h}	V	C_{2v}
Γ_0	16	4	10
Γ_0'	6	2	7
Γ_0''	2	1	2
Γ_0'''	4	2	3

Zusammen 59

6. Monoklines System:

	C_{2h}	C_s	C_2
Γ_m	4	2	2
Γ_m'	2	2	1

Zusammen 13

7. Triklines System:

	C_i	C_1
Γ_{tr}	1	1

Zusammen 2

Gesamtzahl: 230

Zehnter Abschnitt.

Differentialgleichungen.

A. Allgemeines über Differentialgleichungen.

1. Einteilung der Differentialgleichungen.

Eine Gleichung heißt eine Differentialgleichung, wenn sie neben einer oder mehreren unabhängigen oder abhängigen Variablen Differentialquotienten der letzteren nach der bzw. den ersteren enthält.

Man unterscheidet *partielle* und *gewöhnliche* Differentialgleichungen, je nachdem, ob die Gleichung partielle Differentialquotienten enthält oder nicht.

Gewöhnliche Differentialgleichungen enthalten daher nur *eine* unabhängige Variable, partielle dagegen zwei oder mehr.

Man klassifiziert die Differentialgleichungen

1. nach der *Ordnung* n ihres höchsten Differentialquotienten

$$\frac{d^n y}{d x^n} \text{ bzw. } \frac{\partial^n z}{\partial x^n} \quad \text{oder} \quad \frac{\partial^n z}{\partial x^a \partial y^{n-a}} \text{ usw.;}$$

2. gelegentlich nach dem *Grade* p der höchsten Potenz der in ihr enthaltenen Differentialquotienten, z. B.

$$\left(\frac{d y}{d x}\right)^p,$$

wenn die Gleichung rational in y und seinen Ableitungen ist oder auf algebraischem Wege dazu gemacht werden kann.

Im besonderen heißt eine Differentialgleichung *linear*, wenn die abhängigen Variablen und ihre Ableitungen nur in der ersten Potenz und nicht miteinander multipliziert auftreten.

Ferner spricht man von *homogenen* Differentialgleichungen. Diese Bezeichnung wird in verschiedenem Sinne gebraucht.

1. Eine Differentialgleichung $F\left(x, y, \frac{d y}{d x}, \frac{d^2 y}{d x^2}, \ldots\right) = 0$ wird *homogen* genannt, wenn F eine ganze rationale homogene Funktion von $y, \frac{d y}{d x}, \ldots, \frac{d^n y}{d x^n}$ ist. So ist z. B.

$$X_0 \frac{d^n y}{d x^n} + X_1 \frac{d^{n-1} y}{d x^{n-1}} + \cdots + X_n y = 0$$

eine *homogene lineare* Differentialgleichung. Die $X_0 \ldots X_n$ sind beliebige Funktionen von x.

2. Eine Differentialgleichung erster Ordnung $d y / d x = f(x, y)$ heißt vielfach auch *homogen*, wenn $f(x, y)$ eine Funktion von y/x allein ist, und sie sich also in der Form schreiben läßt:

$$\frac{d y}{d x} = f\left(\frac{y}{x}\right).$$

In diesem Sinne homogen ist z B. die Gleichung:

$$M \frac{dy}{dx} = N,$$

in der $M(x, y)$ und $N(x, y)$ homogene Funktionen desselben Grades von x und y sind.

3. Als *„gleichdimensional“* wird eine (auch zuweilen „homogen“ genannte) Gattung von Differentialgleichungen folgender Art bezeichnet.

Man betrachtet y als Größe von n Dimensionen, wo n willkürlich ist. x^m habe die Dimension m, dy/dx die Dimension $n - 1$ usw.

Haben dann sämtliche Glieder der Gleichung im angegebenen Sinne die gleiche Dimension, so heißt sie *„gleichdimensional“*. Zum Beispiel:

$$x^n \frac{d^n y}{dx^n} + A_1 x^{n-1} \frac{d^{n-1} y}{dx^{n-1}} + \cdots + A_n y = V,$$

wo $V = f(x)$ oder konstant ist und die A_i Konstanten bedeuten.

2. Lösungen von Differentialgleichungen.

Als *Lösung* einer Differentialgleichung bezeichnet man eine Funktion der unabhängigen Variablen, welche für die abhängige Variable (y) in die Gleichung eingesetzt, diese identisch in den unabhängigen Variablen erfüllt.

Als *Integral* bezeichnet man eine Funktion der unabhängigen und abhängigen Variablen, sowie eventuell willkürlicher Konstanten, welche gleich einer willkürlichen Konstanten gesetzt, bei jedem Wert dieser Konstanten eine Gleichung liefert, die von Lösungen der Differentialgleichung befriedigt wird.

Intermediäres Integral einer Differentialgleichung n-ter Ordnung heißt eine Funktion der unabhängigen und abhängigen Variablen und Konstanten, sowie deren Ableitungen bis höchstens zur $(n - 1)$-ten Ordnung, welche gleich einer Konstanten gesetzt, eine Differentialgleichung niederer Ordnung liefert, die von Lösungen der ursprünglichen befriedigt wird.

Man nennt eine Differentialgleichung *in endlicher Form integrierbar*, wenn sich die Lösung explizit durch elementare Funktionen (algebraische, Logarithmen, Exponentialfunktionen) und endlich viele *Quadraturen*, d. h. bestimmte Integrale, darstellen läßt.

a) Gewöhnliche Differentialgleichungen.

Die *vollständige* oder *allgemeine Lösung* (auch *Stammgleichung* genannt) einer gewöhnlichen Differentialgleichung n-ter Ordnung enthält n willkürliche Konstanten. Indem man diesen Konstanten spezielle Werte beilegt, erhält man *partikuläre* Lösungen.

Außerdem kann eine Differentialgleichung *erster Ordnung*, falls sie nicht linear ist, Lösungen haben, die sich nicht durch spezielle Wahl der Konstanten der vollständigen Lösung zu ergeben brauchen. Diese Lösungen heißen *singuläre Lösungen.*

Existiert eine singuläre Lösung der Differentialgleichung

$$\varphi\left(x, y, \frac{dy}{dx}\right) = 0,$$

so muß sie gleichzeitig folgende Bedingungen erfüllen:

$$\varphi = 0, \qquad \frac{\partial \varphi}{\partial p} = 0, \qquad \frac{\partial \varphi}{\partial x} + p \cdot \frac{\partial \varphi}{\partial y} = 0,$$

wo $p = dy/dx$ bedeutet.

Geometrische Deutung der Lösung. Eine partikuläre Lösung einer Differentialgleichung zwischen einer abhängigen y und einer unabhängigen Variablen x repräsentiert eine Kurve in der x, y-Ebene. Die vollständige Lösung einer Differentialgleichung n-ter Ordnung repräsentiert eine von n Parametern abhängige Kurvenschar. Hat für $n = 1$ diese Kurvenschar eine *Enveloppe*, so ist deren Gleichung eine *singuläre Lösung.*

Die einzelne Kurve (partikuläre Lösung) ist festgelegt durch n Bedingungen, die zur Bestimmung der n Parameter dienen können (Anfangs- oder Randbedingungen).

b) Partielle Differentialgleichungen.

Die *allgemeine Lösung* (Integral) einer partiellen Differentialgleichung n-ter Ordnung mit p unabhängigen Variablen ist eine Lösung, welche n willkürliche *Funktionen* von $p - 1$ Variablen enthält. Diese können gewisse der *unabhängigen* Variablen oder auch Kombinationen von ihnen sein.

Bei Differentialgleichungen *erster Ordnung* spielt daneben der Begriff der *vollständigen* Lösung eine Rolle. Als solche bezeichnet man eine Lösung in Form einer Funktion der unabhängigen Variablen, welche p willkürliche *Konstanten* enthält.

Aus einer vollständigen Lösung erhält man die *allgemeine* Lösung der Differentialgleichung *erster Ordnung* wie folgt: Es sei $\varphi(x_1, x_2, \ldots, x_p; a_1, a_2, \ldots, a_p)$ eine vollständige Lösung (wo die a_i willkürliche Konstante seien). Aus dieser p-fachen Schar von Funktionen greift man eine $(p - 1)$-fache heraus, indem man z. B. $a_p = \vartheta(a_1, a_2, \ldots, a_{p-1})$ setzt und berechnet hieraus und aus den Gleichungen

$$\frac{\partial \varphi}{\partial a_i} + \frac{\partial \varphi}{\partial a_p} \cdot \frac{\partial \vartheta}{\partial a_i} = 0 \qquad (i = 1, 2, \ldots, p - 1),$$

die a_i als Funktionen der x_i und setzt diese Ausdrücke in φ ein. Dann entsteht eine Funktion, welche die Differentialgleichung befriedigt und von der willkürlichen Funktion ϑ von $p-1$ Variablen abhängt, also die allgemeine Lösung.

Um die *singuläre* Lösung aus der vollständigen zu erhalten, berechne man aus den Gleichungen $\partial\varphi/\partial a_i = 0$ die Größen a_i als Funktionen der x_i und setze sie in φ ein. Wenn die so entstehende Funktion Lösung der Differentialgleichung ist, so ist sie die singuläre Lösung.

Geometrische Deutung der Lösung einer Gleichung erster Ordnung. Sind nur zwei unabhängige (x und y) und eine abhängige (u) Variable vorhanden, so können den Lösungen im $x\,y\,u$-Raum geometrische Deutungen gegeben werden.

1. Das *vollständige Integral* repräsentiert ein zweifach unendliches Flächensystem von der Form:

$$\varphi(x, y, u, a, b) = 0$$

mit den beiden willkürlichen Parametern a und b.

2. Dadurch, daß man den einen Parameter zu einer willkürlichen Funktion des anderen macht und aus den drei Gleichungen

$$\left.\begin{aligned} \varphi(x, y, u, a, b) &= 0 \\ b &= \vartheta(a) \\ \frac{\partial\varphi}{\partial a} + \frac{\partial\varphi}{\partial b}\vartheta'(a) &= 0 \end{aligned}\right\}$$

a eliminiert, also aus dem vollständigen Integral das *allgemeine Integral* ableitet, wählt man aus dem zweiparametrigen Flächensystem *eine* Flächenschar aus und bestimmt deren Enveloppe.

Es bedeutet dann das allgemeine Integral die Enveloppe dieser Flächenschar.

3. Das *singuläre Integral* bedeutet die gemeinsame Enveloppe aller in dem vollständigen Integral enthaltenen Flächen.

3. Lineare Probleme.

Ein *bestimmtes Problem* wird im Anschluß an eine vorgegebene Differentialgleichung erst dadurch charakterisiert, daß der Lösung der Differentialgleichung bestimmte *Bedingungen* auferlegt werden. Ist z. B. die Lösung nur in einem gewissen Variablenbereich *(„Grundgebiet“)* gesucht, so kann man ihr auf dem Rande dieses Grundgebiets gewisse Bedingungen vorschreiben *(Randbedingungen)*. Handelt es sich um

Vorgabe von Bedingungen für die Lösung längs einer Anfangsmannigfaltigkeit, so spricht man von *Anfangsbedingungen*. Andere häufig auftretende Forderungen sind z. B. Periodizität, Normierbarkeit, Regularität, Beschränktheit (Endlichkeit) u. a.

Das Problem heißt *linear*, wenn die zugehörige Differentialgleichung linear ist. Löst mit u auch $k \cdot u$ (k = beliebige Konstante) das Problem, so heißt es ein *homogenes*, andernfalls ein *inhomognes*.

Ein homogenes Problem heißt ein *Eigenwertproblem*, wenn in der Differentialgleichung linear ein Parameter auftritt, der so zu bestimmen ist, daß das Problem eine nichttriviale Lösung besitzt („trivial" heißt $u \equiv 0$). Ein so bestimmter Wert des Parameters heißt ein *Eigenwert*, die zugehörige Lösung eine *Eigenlösung* oder *Eigenfunktion*. Gehören zum gleichen Eigenwert r linear unabhängige Eigenfunktionen, so heißt der Eigenwert $(r-1)$-fach *entartet*.

B. Gewöhnliche Differentialgleichungen.

1. Differentialgleichungen erster Ordnung.

Die Differentialgleichung erster Ordnung hat die allgemeine Form

$$F\left(x, y, \frac{dy}{dx}\right) = 0.$$

a) Einige leicht lösbare Typen sind auf der folgenden Seite 269 zusammengestellt. In der Tabelle bedeutet stets $p = dy/dx$. Einige Resultate sind in Parameterdarstellung angegeben. Der unter Umständen noch zu eliminierende Parameter (v, p) ist in Spalte 5 genannt. In Spalte 3 stehen jeweils die wichtigsten Normalformen, auf die die Gleichungen des in Spalte 2 genannten Typs sich reduzieren lassen.

b) RICCATIsche Differentialgleichung. Die *allgemeine* RICCATIsche Differentialgleichung lautet:

$$y' = P(x) + y\,Q(x) + y^2 R(x). \tag{1}$$

Für vier spezielle Lösungen dieser Gleichung y_1, y_2, y_3, y_4 gilt:

$$\frac{(y_1 - y_2)(y_3 - y_4)}{(y_1 - y_3)(y_2 - y_4)} = \text{const, d. h. unabhängig von } x.$$

Sind daher drei spezielle Lösungen y_1, y_2, y_3 bekannt, so ist die allgemeine:

$$y = \frac{y_1(y_2 - y_3) + C\,y_2(y_1 - y_3)}{y_2 - y_3 + C(y_1 - y_3)} \text{ mit willkürlichem } C.$$

Sind nur zwei y_1 und y_2 bekannt, so wird:

$$y = y_1 + \frac{(y_2 - y_1)}{1 + C\,e^{\int R \cdot (y_2 - y_1)\,dx}}.$$

1	2	3	4	5
	Typ	Gleichung	Lösung	Elim.
a	Separierbarer Typ $p = f_2(x)/f_1(y)$	$f_1(y)\,dy = f_2(x)\,dx$	$\int f_1(y)\,dy = \int f_2(x)\,dx + C$	—
b	Lineare Gleichung	1. $p + y f_1(x) + f_2(x) = 0$ 2. Verallgemeinerung: $p + y f_1(x) +$ $+ y^{(1-\alpha)} f_2(x) = 0$	$y = e^{-\int f_1 dx}\left(C - \int f_2 e^{\int f_1 dx} dx\right)$ $y^\alpha = e^{-\alpha \int f_1 dx} \times$ $\times \left(C - \alpha \int f_2 e^{\alpha \int f_1 dx} dx\right)$	—
c	Homogene Gleichung $F\left(\frac{y}{x}, p\right) = 0$	1. $p = f\left(\frac{y}{x}\right)$	$y = v\,x$ $\ln x + \int \frac{dv}{v - f(v)} = C$	v
		2. $\frac{y}{x} = f(p)$	$\ln x = C + \int \frac{f'(p)\,dp}{p - f(p)}$	p
d	Die unabhängige Variable fehlt $\psi(y, p) = 0$	1. $p = f(y)$	$\int \frac{dy}{f(y)} = x + C$	—
		2. $y = f(p)$	$x = \int \frac{f'(p)\,dp}{p} + C$	p
		3. Parameterdarstellung $y = f(u),\quad p = g(u)$	$x = \int \frac{f'(u)\,du}{g(u)} + C$	u
e	Die abhängige Variable fehlt $\varphi(x, p) = 0$		1. Umformen in $\Phi\left(x, \frac{dx}{dy}\right) = 0$. (Fall d)	—
		2. $p = F(x)$	$y = \int F(x)\,dx + C$	—
		3. $x = F(p)$	$y = \int p\,F'(p)\,dp + C$	p
f	CLAIRAUTsche Gleichung	$y = xp + f(p)$	$(x + f'(p))\,\frac{dp}{dx} = 0;$ also *entweder* $\frac{dp}{dx} = 0$: $y = Cx + f(C)$ (1) mit $C = p =$ constans	—
			oder $x + f'(p) = 0$ (2) (Singuläre Lösung) = Enveloppe der Geraden (1)	p

Erklärung s. S. 268.

Ist nur y_1 bekannt, so wird

$$y = y_1 + \frac{1}{v},$$

wo v Lösung der linearen Gleichung (s. S. 269):

$$v' + (2R y_1 + Q) v - R = 0$$

ist. Setzt man $y = -\frac{1}{R}\frac{z'}{z}$, so ist z Lösung der homogenen linearen Differentialgleichung zweiter Ordnung (s. S. 278).

$$z'' - \left(\frac{R'}{R} + Q\right) z' + PRz = 0.$$

Setzt man: $y = 1/z$, so folgt für z:

$$z' = -R - Qz + Pz^2.$$

Diese Gleichung ist möglicherweise leichter lösbar als (1).

Die *spezielle* RICCATIsche Differentialgleichung lautet:

1. Form: $a\frac{dy}{dx} + by^2 = cx^r$	(a, b, r, s sind Konstante.
2. Form: $x\frac{dy}{dx} - ay + by^2 = cx^s$	$a \neq 0$).

Durch $x^a = X$, $y = XY$ geht die 2. Form in die 1. Form mit $r = \frac{s}{a} - 2$ über.

Die Gleichungen sind nur in folgenden Fällen in endlicher Form integrierbar:

Fall 1: $r = 0$ bzw. $s = 2a$ ergibt Fall d (S. 269).

Fall 2: $r = \frac{-4k}{2k \pm 1}$, $k = 1, 2, \ldots$ bzw. $s = \frac{2a}{1 - 2h}$, $h = 0, \pm 1, \ldots$

α) Ist $h = \frac{s - 2a}{2s} > 0$, so führen die h Transformationen:

$$y_{2l-1} = \frac{(2l-1)n + a}{c} + \frac{x^n}{y_{2l}};\quad y_{2l} = \frac{2ln + a}{b} + \frac{x^n}{y_{2l+1}},\quad l = 0, 1, \ldots$$

die Gleichung der Form 2 mit $y = y_0$ über in

$$x y_h' - (a + hs) y_h + b y_h^2 = c x^s, \quad \text{wenn } h \text{ gerade ist,}$$

$$x y_h' - (a + hs) y_h + c y_h^2 = b x^s, \quad \text{wenn } h \text{ ungerade ist.}$$

Diese Gleichungen fallen dann unter Fall 1.

β) Ist $h = \frac{s - 2a}{2s} < 0$, so führt $y = \frac{x^n}{y_0}$ auf α.

c) Häufig führt die LEGENDREsche oder *duale Transformation* (s. S. 160) zum Ziel. Man führt eine neue abhängige Veränderliche Y ein:

$$Y = px - y = \frac{dy}{dx}x - y, \quad \text{also} \quad dY = p\,dx + x\,dp - dy = x\,dp.$$

Ferner führt man p als neue unabhängige Veränderliche ein:

$$X = p = \frac{dy}{dx},$$

dann wird

$$x = \frac{dY}{dp} = \frac{dY}{dX} = P$$

und man kann die Gleichung $F\left(x, y, \frac{dy}{dx}\right) = 0$ überführen in die Form

$$F(P, PX - Y, X) = 0.$$

Ist das Integral dieser Gleichung bekannt, so kann das der ursprünglichen durch eine algebraische Elimination gefunden werden.

Ist z. B. ein Integral der neuen Gleichung:

$$f(X, Y) = 0,$$

dann gilt

$$0 = \frac{df}{dX} = \frac{\partial f}{\partial X} + \frac{\partial f}{\partial Y}\frac{dY}{dX} = \frac{\partial f}{\partial X} + x\frac{\partial f}{\partial Y}$$

und

$$-y\frac{\partial f}{\partial Y} = (Y - px)\frac{\partial f}{\partial Y} = Y\frac{\partial f}{\partial Y} + X\frac{\partial f}{\partial X}.$$

Elimination von X und Y aus diesen drei Gleichungen ergibt ein Integral (Gleichung zwischen x und y).

2. Besondere Formen von Differentialgleichungen höherer Ordnung.

a)

$$\boxed{\frac{d^n y}{dx^n} = \varphi(y).}$$

Diese Gleichung ist nur für $n = 1$ und $n = 2$ durch Quadratur lösbar (für $n = 1$ vgl. S. 269, Fall d).

Für $n = 2$ ergibt Multiplikation mit $2\frac{dy}{dx}$ und Integration:

$$\left(\frac{dy}{dx}\right)^2 = 2\int \varphi(y)\,dy + A$$

und daraus (vgl. S. 269, Fall d)

$$x = \int \frac{dy}{\sqrt{2\int \varphi(y)\,dy + A}} + B.$$

b₁) Jede Gleichung der Form:

$$\boxed{\frac{d^n y}{d x^n} = F\left(\frac{d^{n-1} y}{d x^{n-1}}\right)}$$

ist durch Quadratur integrierbar. Man setzt:

$$\frac{d^{n-1} y}{d x^{n-1}} = z, \qquad \frac{dz}{dx} = F(z)$$

und erhält

$$\int \frac{dz}{F(z)} = x + C.$$

Auflösung dieser Gleichung nach z ergibt das intermediäre Integral:

$$z = \varphi(x + C) = \frac{d^{n-1} y}{d x^{n-1}}.$$

Zur Lösung dieser Gleichung vgl. Fall 5, S. 269.

b₂) Zur Lösung der Gleichung von der Form

$$\boxed{\frac{d^n y}{d x^n} = F\left(\frac{a^{n-2} y}{d x^{n-2}}\right)}$$

setzt man:

$$z = \frac{d^{n-2} y}{d x^{n-2}}$$

und erhält

$$\frac{d^2 z}{d x^2} = F(z).$$

Die Lösung hiervon ist nach a) (s. o.)

$$x = \int \frac{dz}{\sqrt{2 \int F(z)\, dz + A}} + B.$$

Die Auflösung nach $z = f(x) = \frac{d^{n-2} y}{d x^{n-2}}$ ergibt durch Integration die endgültige Lösung (vgl. S. 269, Fall 5).

c) Erniedrigung der Ordnung. Eine Differentialgleichung *zweiter* Ordnung, in der eine der Veränderlichen nicht explizit auftritt, kann durch Substitution in eine Differentialgleichung *erster* Ordnung verwandelt werden:

1. $$\boxed{\psi\left(y, \frac{dy}{dx}, \frac{d^2 y}{d x^2}\right) = 0.}$$ Es fehlt x.

Man setzt: $\frac{dy}{dx} = p$ und $\frac{d^2y}{dx^2} = p\frac{dp}{dy}$ und betrachtet p als Funktion von y. Dann erhält man die Gleichung erster Ordnung:

$$\psi\left(y, p, p\frac{dp}{dy}\right) = 0,$$

mit der Lösung $p(y) = \frac{dy}{dx}$, daher $x = \int \frac{dy}{p(y)} + A$.

2. $$\boxed{\psi\left(x, \frac{dy}{dx}, \frac{d^2y}{dx^2}\right) = 0.}$$ Es fehlt y.

Setzt man $\frac{dy}{dx} = p$ und $\frac{d^2y}{dx^2} = \frac{dp}{dx}$ und betrachtet p als Funktion von x, so erhält man die Gleichung erster Ordnung:

$$\psi\left(x, p, \frac{dp}{dx}\right) = 0.$$

d) Gleichdimensionale Differentialgleichungen (vgl. S. 265). Ist [bei Betrachtung von y (ebenso wie x) als Größe von der ersten Dimension] die Differentialgleichung gleichdimensional, so setzt man:

$$y = xz \quad \text{und} \quad x = e^{\vartheta};$$

wegen

$$\frac{d\vartheta}{dx} = \frac{1}{x}$$

wird dann

$$\frac{dy}{dx} = \frac{dz}{d\vartheta} + z, \qquad \frac{d^2y}{dx^2} = \left(\frac{d^2z}{d\vartheta^2} + \frac{dz}{d\vartheta}\right)e^{-\vartheta}.$$

Bei Ausführung der Substitution zeigt sich, daß die neue unabhängige Variable ϑ nicht explizit in der Gleichung vorkommt. Die gleichdimensionale Gleichung läßt also wie unter c) eine Erniedrigung der Ordnung zu. Dasselbe gilt, wenn die vorgelegte Differentialgleichung gleichdimensional ist bei Betrachtung von y als Größe der m-ten Dimension. In diesem Fall setzt man

$$y = x^m z, \qquad x = e^{\vartheta},$$

also

$$y = z e^{m\vartheta}$$

und

$$\frac{dy}{dx} = \left(\frac{dz}{d\vartheta} + mz\right)e^{(m-1)\vartheta},$$

$$\frac{d^2y}{dx^2} = \left\{\frac{d^2z}{d\vartheta^2} + (2m-1)\frac{dz}{d\vartheta} + m(m-1)z\right\}e^{(m-2)\vartheta} \text{ usw.}$$

e) Exakte Differentialgleichungen. Eine exakte Differentialgleichung ist eine Gleichung von der Form

$$F \equiv f\left(\frac{d^n y}{dx^n}, \frac{d^{n-1}y}{dx^{n-1}}, \ldots, \frac{dy}{dx}, y, x\right) = 0,$$

wenn $F\,dx$ das exakte (vollständige) Differential einer Funktion U ist, wobei U eine Funktion von $\frac{d^{n-1}y}{dx^{n-1}}$ bis y und x ist. $U = \text{const}$ ist dann ein intermediäres Integral. Eventuell läßt sich $F\,dx$ durch Multiplikation mit einer Funktion von $\frac{d^{n-1}y}{dx^{n-1}}, \ldots, \frac{dy}{dx}$, y und x zum exakten Differential machen *(Integrierender Faktor.)*

3. Lineare Differentialgleichungen.

a) Allgemeines.

1. Die allgemeine Form dieser Gleichungen n-ter Ordnung schreiben wir:

$$X_0(x)\frac{d^n y}{dx^n} + X_1(x)\frac{d^{n-1}y}{dx^{n-1}} + \cdots + X_n(x)\,y = V(x),$$

wo die X_i und V Funktionen von x seien. Sie heißen „homogen", wenn $V = 0$ ist, und „inhomogen" für $V \neq 0$. Dafür kann man in einfacher Symbolik auch schreiben:

$$L(y) = V(x) \text{ und für den linearen Differentialoperator } L:$$

$$L = \Phi(D) = X_0 D^n + X_1 D^{n-1} + \cdots + X_n = \text{Polynom } n\text{-ten Grades in } D.$$

Hier bedeutet $D = d/dx$, $D^2 = d^2/dx^2$, ..., $D^{-1} = \int dx = 1/D$, ... (s. S. 34). Der Wert dieser Schreibweise liegt darin, daß man D unter Umständen wie eine algebraische Größe behandeln darf (s. S. 22). Man beachte aber seine Nichtvertauschbarkeit mit nichtkonstantem X_i.

$$L^\dagger = (-1)^n \{D^n X_0 - D^{n-1} X_1 + D^{n-2} X_2 - \cdots (-1)^n X_n\}$$

heißt der zu L *adjungierte* Differentialoperator.

$g(x)\,L\,f(x) - f(x)\,L^\dagger\,g(x)$ ist mit beliebigem f und g ein totaler Differentialquotient. Ist $L = L^\dagger$, so heißt L *selbstadjungiert.*

2. Aus der Linearität des Differentialoperators L ergibt sich:

Mit $L(y_i) = V_i$ (für $i = 1, 2, 3, \ldots$) gilt $L\left(\sum_i a_i y_i\right) = \sum_i a_i V_i$.

Hieraus folgen einige wichtige Theoreme:

a) Mit $L(y_i) = 0$ gilt $L(\sum a_i y_i) = 0$, d.h. eine lineare Kombination von Lösungen einer homogenen Gleichung ist wieder Lösung derselben. Ihre allgemeine Lösung ist eine solche Kombination.

b) Mit $L(y_1) = V$ und $L(y_2) = V$ gilt $L(y_1 - y_2) = 0$, d. h. verschiedene Lösungen einer inhomogenen Gleichung unterscheiden sich nur um eine Lösung der zugehörigen homogenen. Ihre allgemeine Lösung ist eine beliebige Lösung plus der allgemeinen Lösung der zugehörigen homogenen.

c) Kennt man Lösungen y_i zu $L(y) = V_i$, so kennt man die Lösung $y = \sum_i a_i y_i$ zu $L(y) = \sum_i a_i V_i = V$. Kann man daher V in Summanden zerlegen, für die je eine Lösung bekannt ist, so kann man für V eine Lösung wieder aufbauen.

3. Damit k Gleichungen der Form $L(y_i) = 0$ $(i = 1, 2, \ldots, k)$ mit verschiedenen linear unabhängigen y_i verträglich sind, darf k nicht größer als n sein; denn für $k = n + 1$ müßte die WRONSKIsche Determinante (s. S. 147):

$$\begin{vmatrix} \frac{d^n y_1}{dx^n} & \frac{d^{n-1} y_1}{dx^{n-1}} & \ldots & \frac{dy_1}{dx} & y_1 \\ \frac{d^n y_2}{dx^n} & \frac{d^{n-1} y_2}{dx^{n-1}} & \ldots & \frac{dy_2}{dx} & y_2 \\ \ldots & \ldots & \ldots & \ldots & \ldots \\ \frac{d^n y_{n+1}}{dx^n} & \ldots & \ldots & \ldots & y^{n+1} \end{vmatrix} = 0$$

sein, was wegen der vorausgesetzten linearen Unabhängigkeit unmöglich ist. Diese Determinantengleichung muß aber erfüllt sein, wenn man eines der $n + 1$ y_i durch die allgemeine Lösung: $y = \sum_{i=1}^{n} a_i y_i$, gebildet mit den n anderen, ersetzt. So erhält man die homogene Differentialgleichung zurück, in der die Koeffizienten X_i als die Minoren der entsprechenden Ableitungen von y erscheinen. Zum Beispiel wird für $n = 2$:

$$\begin{vmatrix} y'' & y' & y \\ y_1'' & y_1' & y_1 \\ y_2'' & y_2' & y_2 \end{vmatrix} = 0 = X_0 y'' + X_1 y' + X_2 y = 0$$

$$\text{mit:}\quad \begin{aligned} X_0 &= y_1' y_2 - y_2' y_1 \\ X_1 &= y_1 y_2'' - y_2 y_1'' = -\frac{d}{dx} X_0 \\ X_2 &= y_1'' y_2' - y_2'' y_1'. \end{aligned}$$

Man hat hier die Beziehung: $\frac{X_1}{X_0} = -\frac{d}{dx} \ln (y_1' y_2 - y_2' y_1)$ und allgemein weniger einfache Beziehungen zwischen allen Koeffizienten der Differentialgleichung und ihren Lösungen. (Für eine analoge Darstellung der inhomogenen Gleichung hat man die Determinante durch eine Zeile mit Ableitungen von y_{n+2} und eine Spalte mit nur 1 zu erweitern.)

4. Für die Auffindung einer Lösung der *inhomogenen* Gleichung $L(y) = V$ kann man den Ansatz:

$$y = \int_{-\infty}^{\infty} G(x, \xi)\, V(\xi)\, d\xi$$

machen. $G(x, \xi)$ ist eine GREENsche Funktion (s. S. 29). Um sie zu bestimmen, geht man mit dem Ansatz in die Gleichung ein und erhält die Forderung:

$$\int_{-\infty}^{\infty} L(G(x, \xi))\, V(\xi)\, d\xi = V(x); \quad \text{also} \quad L(G(x, \xi)) = \delta(x-\xi).$$

G muß somit, als Funktion von x betrachtet (für jedes ξ), die homogene Gleichung überall außer in $x = \xi$ erfüllen. Wir können es als aus zwei verschiedenen Lösungen von $L(y) = 0$ zusammengesetzt ansehen, die in $x = \xi$ aneinander grenzen. Ferner muß: $\int_{x-\varepsilon}^{x+\varepsilon} L(G(x, \xi))\, d\xi = 1$ sein. Wir erreichen das, wenn wir $\frac{\partial^{n-1}}{\partial x^{n-1}} G(x, \xi)$ in $x = \xi$ um $1/X_0$ springen lassen, während G selbst und seine niederen Ableitungen überall stetig bleiben.

$G(x, \xi)$ ist damit noch nicht eindeutig definiert, weil keine Randbedingungen vorgeschrieben sind. Wir brauchen es aber auch nur so genau, daß *irgendeine* Lösung zu $L(y) = V$ aus ihm folgt. Für die vorliegende Aufgabe ist es am einfachsten, $G(x, \xi)$ für $\xi > x$ gleich Null zu setzen. Wir machen also den engeren Ansatz: $y = \int_{-\infty}^{x} G(x, \xi)\, V(\xi)\, d\xi$ und verlangen:

$$L(G(x, \xi)) = 0$$

sowie

$$G = \frac{\partial G}{\partial x} = \cdots = \frac{\partial^{n-2}}{\partial x^{n-2}} G = 0 \quad \text{und} \quad \frac{\partial^{n-1}}{\partial x^{n-1}} G = \frac{1}{X_0} \quad \text{für } x = \xi.$$

Kennt man die allgemeine Lösung $y = \sum_{i=1}^{n} a_i y_i$ zu $L(y) = 0$, so setzt man: $G(x, \xi) = \sum_{i=1}^{n} \varphi_i(\xi)\, y_i(x)$ und findet die Funktionen $\varphi_i(\xi)$ aus einem linearen Gleichungssystem als Funktionen der bekannten $y_i(\xi)$ und deren Ableitungen

$$\sum_i \varphi_i(\xi) \frac{d^k}{d\xi^k} y_i(\xi) = \begin{cases} 0 & \text{für } k < n-1 \\ \frac{1}{X_0(\xi)} & \text{für } k = n-1. \end{cases}$$

Die gefundene Lösung kann auch in der Form:

$$y = \sum_{i=1}^{n} y_i(x) \int_{-\infty}^{x} \varphi_i(\xi)\, V(\xi)\, d\xi$$

geschrieben werden.

Sie ist also eine lineare Kombination der $y_i(x)$ mit von x abhängigen Koeffizienten (sog. Variation der Konstanten).

b) Lineare Differentialgleichungen mit konstanten Koeffizienten.

Das allgemeine Verfahren vereinfacht sich, wenn die Koeffizienten X_i Konstanten: $X_i = A_i$ sind.

Man bildet die auch als „charakteristische" bezeichnete Gleichung:

$$\Phi(\alpha) = A_0 \alpha^n + A_1 \alpha^{n-1} + A_2 \alpha^{n-2} + \cdots + A_n = 0.$$

Ihre n Wurzeln α_i seien alle verschieden. Dann ist $y = \sum_{i=1}^{n} a_i e^{\alpha_i x}$ mit beliebigen a_i die allgemeine Lösung der *homogenen* Gleichung.

Sind ν Wurzeln α_i gleich, $\alpha_l = \alpha_{l+1} = \alpha_{l+2} = \cdots = \alpha_{l+\nu-1}$, so ist für deren Beitrag: $(a_l + x\, a_{l+1} + x^2 a_{l+2} + \cdots + x^{\nu-1} a_{l+\nu-1})\, e^{\alpha_l x}$ zu setzen.

Eine spezielle Lösung der *inhomogenen* Gleichung findet man mit Hilfe einer GREENschen Funktion, die hier die Form:

$$G(x, \xi) = G(x - \xi)$$

hat.

Methodisch kann man dabei folgendermaßen vorgehen:

1. Man behandele $D = \partial/\partial x$ wie eine algebraische Größe und entwickele $1/\Phi(D)$ nach *fallenden* Potenzen von D. Dann kann man eine Lösung in der Form:

$$y = \frac{1}{\Phi(D)} V(x) = \sum_k c_k \frac{1}{D^k} V(x)$$

darstellen. Es ist aber, wie leicht zu verifizieren (s. S. 34):

$$\frac{1}{D^k} V(x) = \int^x \frac{(x-\xi)^{k-1}}{(k-1)!} V(\xi)\, d\xi.$$

Man erhält daher:

$$y = \int^x \sum_k C_k \frac{(x-\xi)^{k-1}}{(k-1)!} V(\xi)\, d\xi.$$

Die Summe ist ersichtlich die gesuchte GREENsche Funktion. Der Unbestimmtheit der unteren Integrationsgrenze entspricht die freie Wählbarkeit der Konstanten in der Lösung der homogenen Gleichung.

Die Gleichung: $\frac{d^n}{dx^n} y = V(x)$ gestattet die Lösung:

$$y = \frac{1}{(n-1)!} \int_0^x V(t)\,(x-t)^{n-1} dt + \text{beliebiges Polynom } (n-1)\text{-ten Grades.}$$

2. Statt obiger Entwicklung kann man $1/\Phi(D)$ auch in Partialbrüche (s. S. 41) zerlegen:

$$\frac{1}{\Phi(D)} = \sum_{k\nu} \frac{C_k}{(D-\alpha_k)^{\nu_k}} \qquad (\nu_k = \text{Vielfachheit der Wurzel } \alpha_k).$$

Wegen

$$\frac{1}{(D-\alpha_k)^\nu} V(x) = \int^x \frac{(x-\xi)^{\nu-1}}{(\nu-1)!} e^{\alpha_k(x-\xi)} V(\xi)\, d\xi$$

erhalten wir:

$$y = \int^x \sum_{k\nu} C_k \frac{(x-\xi)^{\nu_k - 1}}{(\nu_k - 1)!} e^{+\alpha_k(x-\xi)} V(\xi)\, d\xi .$$

3. Man kann auch $V(x)$ durch

$$V(x) = \sum_k C_k e^{\omega_k x}$$

wo ω_k und C_k im allgemeinen komplex zu nehmen sind, darstellen. Dann erhält man eine Lösung in der Form

$$y = \sum_k \frac{C_k \cdot e^{\omega_k x}}{\Phi(\omega_k)} .$$

4. Entwickelt man $1/\Phi(D)$ nach *steigenden* Potenzen von D, dann hat man:

$$y = \sum_k C_k D^k V(x) .$$

Diese Reihe bricht ab, wenn $V(x)$ eine ganze rationale Funktion ist.

Welche dieser Formen 1. bis 4. man mit Vorteil wählt, richtet sich nach der Gestalt der vorgegebenen Φ und V, sowie nach den Anfangsbedingungen. Die Konvergenz der verschiedenen Entwicklungen muß natürlich geklärt sein.

Diese Lösungen sind durch die allgemeine Lösung der homogenen Gleichung zu ergänzen.

c) Lineare Differentialgleichungen zweiter Ordnung.

Als allgemeine Form haben wir hier:

$$L(y) = X_0(x) \frac{d^2 y}{dx^2} + X_1(x) \frac{dy}{dx} + X_2(x)\, y = V(x) .$$

L ist selbstadjungiert, wenn $X_1 = \frac{d}{dx} X_0$ ist, so daß $L = D X_0 D + X_2$ wird. Man kann das immer erreichen, entweder durch beiderseitige Multiplikation der Gleichung mit $\frac{1}{X_0} e^{\int \frac{X_1}{X_0} dx}$ oder durch Einführung einer neuen abhängigen Variablen: $z = \frac{y}{X_0} e^{\int \frac{X_1}{X_0} dx}$.

Die Lösungen der Differentialgleichung suchen wir in Gestalt von:

1. bekannten oder aus solchen berechenbaren Funktionen, durch Transformation,
2. Reihenentwicklungen,
3. Integralen

oder durch

4. Reduktion der Ordnung

oder auch durch

5. numerische Verfahren (z. B. nach RUNGE-KUTTA).

Im weiteren benutzen wir die für das Folgende bequemere Form mit $X_0(x) = 1$, die wir durch Division mit $X_0(x)$ und entsprechende Umbenennung erhalten.

Man geht in der Regel so vor, daß man zunächst wenigstens eine *Lösung der homogenen Gleichung*:

$$\frac{d^2 y}{d x^2} + X_1(x) \frac{d y}{d x} + X_2(x)\, y = 0$$

zu finden sucht. Zwischen zwei Lösungen y_1 und y_2 dieser Gleichung besteht die Beziehung:

$$y_1 \frac{d y_2}{d x} - y_2 \frac{d y_1}{d x} = B \cdot e^{-\int X_1 dx} \quad \text{mit unbestimmtem konstantem } B,$$

also

$$\frac{d}{d x}\left(\frac{y_2}{y_1}\right) = \frac{B}{y_1^2} e^{-\int X_1 dx}.$$

Ist daher ein y_1 bekannt, so folgt y_2 durch Quadraturen in der Form:

$$y_2 = y_1\left(A + B \int \frac{d x\, e^{-\int X_1 dx}}{y_1^2}\right).$$

Die allgemeine Lösung der homogenen Gleichung ist eine beliebige lineare Kombination:

$$y = C_1 y_1 + C_2 y_2.$$ [1]

1. Transformationsmethode.

Ist keine Lösung y_1 als bekannte Funktion zu finden, so versucht man die Gleichung so zu transformieren, daß man auf eine solche mit bekannter Lösung kommt. Hierfür kommt vor allem in Betracht:

α) *Transformation der abhängigen Variablen y.* Hier empfiehlt sich der Ansatz: $z = y\, e^{\int f dx}$. Er führt auf:

$$z'' + (X_1 - 2f)\, z' + (X_2 - f X_1 - f' + f^2)\, z = 0.$$

[1] Eine häufig verwendbare Lösungsform siehe S. 536.

Durch geeignete Wahl von $f(x)$ gelangt man (möglicherweise) zu einer Gleichung, von der eine Lösung $z(x)$ bekannt ist.

Spezialfälle:

$f(x) = \frac{\alpha}{x}$; $\quad z = y\,x^{\alpha}$; $\quad z'' + \left(X_1 - 2\frac{\alpha}{x}\right)z' + \left(X_2 - \frac{\alpha}{x}X_1 + \frac{\alpha(\alpha+1)}{x^2}\right)z = 0.$

$f(x) = \beta$; $\quad z = y\,e^{\beta x}$; $\quad z'' + (X_1 - 2\beta)\,z' + (X_2 - \beta X_1 + \beta^2)\,z = 0.$

$f(x) = \gamma x$; $\quad z = y\,e^{\gamma \frac{x^2}{2}}$; $\quad z'' + (X_1 - 2\gamma x)\,z' + (X_2 - \gamma x X_1 - \gamma + \gamma^2 x^2)\,z = 0.$

$f(x) = \frac{1}{2}X_1$; $\quad z = y \cdot e^{\frac{1}{2}\int X_1 dx}$; $\quad z'' + (X_2 - \frac{1}{2}X_1' - \frac{1}{4}X_1^2)\,z = 0.$

Die letzte Form: $z'' + I(x)\,z = 0$ wird auch als „Normalform" bezeichnet.

β) *Transformation der unabhängigen Variabeln x.* Man macht den Ansatz: $z(x) = y(u(x))$. Er führt auf:

$$z'' + \left(u' X_1(u(x)) - \frac{u''}{u'}\right)z' + u'^2 X_2(u(x))\,z = 0,$$

d.h. in den vorgegebenen $X_1(x)$ und $X_2(x)$ ist x durch u zu ersetzen. $u(x)$ ist geeignet zu wählen.

Spezialfälle:

$u = a x$; $\quad z(x) = y(a x)$; $\quad z'' + a X_1(a x)\,z' + a^2 X_2(a x)\,z = 0.$

$u = x^b$; $\quad z(x) = y(x^b)$; $\quad z'' + \left(b x^{b-1} X_1(x^b) + \frac{1-b}{x}\right)z' + (b x^{b-1})^2 X_2(x^b)\,z = 0.$

Ist $u(x)$ definiert durch: $x = \int^{u} ds\, e^{-\int^{s} X_1(t)\,dt}$,

also $\quad u' = e^{\int^{u} X_1(t)\,dt}, \quad u'' = X_1(u) \cdot u'^2,$

dann folgt: $\quad z'' + u'^2 X_2(u) \cdot z = 0,$

so daß man wieder auf die Normalform: $z'' + I\,z = 0$ kommt. Man kann auch mehrere dieser Transformationen kombinieren.

Kann man die Differentialgleichung auf die Form:

$$X_0\,y'' + X_1\,y' + X_2\,y = \lambda\,y$$

bringen, mit dem (von x unabhängigen) Parameter λ, so wird sie durch die Transformation: $y = z\,f(x)$ in die selbstadjungierte Form:

$$\frac{d}{dx}(X_0 z') + \left(\frac{f''}{f'} X_0 + \frac{f'}{f} X_1 + X_2\right)z = \lambda\,z$$

übergeführt, wenn $f = \sqrt{X_0}\,e^{-\frac{1}{2}\int \frac{X_1}{X_0}dx}$ gesetzt wird.

Kennt man zwei Lösungen z_1 und z_2 zu zwei verschiedenen λ_1 und λ_2, so gilt:

$$X_0(z_2 z_1' - z_1 z_2')\Big|_\alpha^\beta = (\lambda_1 - \lambda_2)\int_\alpha^\beta z_1 z_2\,dx.$$

Verschwindet für geeignete α und β die linke Seite, so sind z_1 und z_2 für diesen Bereich orthogonal:

$$\int_\alpha^\beta z_1 z_2\,dx = \int_\alpha^\beta \frac{y_1 y_2}{f^2}\,dx = \int_\alpha^\beta \frac{y_1 y_2}{X_0}\,e^{\int \frac{X_1}{X_0}dx}\,dx = 0.$$

Die Funktion $1/f^2$ heißt *Belegungs-* oder *Gewichtsfunktion* der Orthogonalitätsrelationen.

Hat man die allgemeine Lösung der homogenen Gleichung gefunden, so erhält man die allgemeine

Lösung der inhomogenen Gleichung ($V(x) \neq 0$) nach der Methode von S. 276 oder durch die Methode der „*Variation der Konstanten*" in der symmetrischen Form

$$y = C_1 y_1(x) + C_2 y_2(x) + \frac{1}{B}\int^x V(\xi)\,e^{\int^\xi X_1 dx}\,[y_1(\xi)\,y_2(x) - y_1(x)\,y_2(\xi)]\,d\xi.$$

C_1 und C_2 sind verfügbare Konstanten. B ist durch die Wahl von y_1 und y_2 festgelegt (s. S. 279).

Ist also *eine* Lösung der homogenen Gleichung bekannt, so kann man die allgemeine der inhomogenen Gleichung allein durch Quadraturen finden. Dies Verfahren ist in praxi freilich oft ohne großen Wert.

2. Lösung durch Reihenentwicklung.

Diese Methode ist nur anwendbar, wenn die Gleichung eventuell durch Entwicklung auf die Form

$$\frac{d^2y}{dx^2}(a_{00} + a_{01}x + a_{02}x^2 + \cdots) + \frac{dy}{dx}(a_{10} + a_{11}x + a_{12}x^2 + \cdots) +$$
$$+ y(a_{20} + a_{21}x + a_{22}x^2 + \cdots) = b_0 + b_1 x + b_2 x^2 + \cdots$$

gebracht werden kann.

Man macht dann den Ansatz:

$$y = c_0 + c_1 x + c_2 x^2 + \cdots = \sum_{k=0}^{\infty} c_k x^k \qquad (1)$$

und geht mit diesem Ansatz in die Gleichung ein. Durch Koeffizientenvergleich erhält man dann ein im allgemeinen unendliches System von linearen Gleichungen $\sum\limits_{k=0}^{\infty} A_{ik} c_k = b_i$ zur Bestimmung der c_k, beginnend mit:

$$c_0 a_{20} + c_1 a_{10} + c_2 \cdot 2 a_{00} = b_0$$

$$c_0 a_{21} + c_1 (a_{11} + a_{20}) + c_2 (2 a_{01} + 2 a_{10}) + c_3 2 \cdot 3 a_{00} = b_1.$$

. . . .

Dieses System ist im allgemeinen leicht zu lösen. Jede neue Gleichung enthält eine Unbekannte c_k mehr als die vorhergehenden. Wenn keine der a_{ik} verschwinden, bleiben zwei c_k unbestimmt und werden zu Integrationskonstanten.

Auch hier suchen wir zunächst die Lösungen der homogenen Gleichung mit $b_i = 0$.

Um das Gleichungssystem besser zu übersehen, schreiben wir das Schema seiner Koeffizienten A_{ik} in folgender Form:

$i \setminus k$	0	1	2	3	4	5
0	a_{20}	a_{10}	$2a_{00}$	—	—	—
1	a_{21}	$a_{11} + a_{20}$	$2a_{01} + 2a_{10}$	$2 \cdot 3 a_{00}$	—	—
2	a_{22}	$a_{12} + a_{21}$	$2a_{02} + 2a_{11} + a_{20}$	$2 \cdot 3 a_{01} + 3 a_{10}$	$3 \cdot 4 a_{00}$	—
3	a_{23}	$a_{13} + a_{22}$	$2a_{03} + 2a_{12} + a_{21}$	$2 \cdot 3 a_{02} + 3 a_{11} + a_{20}$	$3 \cdot 4 a_{01} + 4 a_{10}$	$4 \cdot 5 a_{00}$
4	a_{24}	$a_{14} + a_{23}$	$2a_{04} + 2a_{13} + a_{22}$	$2 \cdot 3 a_{03} + 3 a_{12} + a_{21}$	$3 \cdot 4 a_{02} + 4 a_{11} + a_{20}$	$4 \cdot 5 a_{01} + 5 a_{10}$

$$A_{ik} = k(k-1) a_{0,i-k+2} + k \cdot a_{1,i-k+1} + a_{2,i-k}. \tag{2}$$

Man erkennt, daß nur Kombinationen immer derselben drei a_{lk} in den A_{ik} auftreten, und daß daher das System sich in eine Folge von zweigliedrigen Rekursionen auflöst, wenn nur solche a_{lk} von Null verschieden sind, die nur in zwei Koeffizienten jeder Reihe auftreten. Solche Fälle sind unter anderen folgende:

Nichtverschwindende a_{ik}	Differentialgleichungstypus
(a_{02}, a_{11}, a_{20}) (a_{01}, a_{10})	Hypergeometrische Differentialgleichung
(a_{02}, a_{11}, a_{20}) a_{00}	TSCHEBYSCHEFFsche und LEGENDREsche Differentialgleichung
(a_{11}, a_{20}) (a_{01}, a_{10})	LAGUERREsche Differentialgleichung
(a_{11}, a_{20}) a_{00}	HERMITEsche Differentialgleichung
(a_{02}, a_{11}, a_{20}) a_{22}	BESSELsche Differentialgleichung
a_{00}, a_{20}	Schwingungsgleichung

Treten a_{ik} aus jeweils drei Koeffizienten einer Reihe auf, so erhält man dreigliedrige Rekursionen usw.

Es kommt aber oft vor, daß dabei kein oder nur ein c_k frei verfügbar bleibt oder sich Widersprüche ergeben, nämlich wenn X_1 oder X_2 für

$x = 0$ unendlich werden. Wir erhalten dann keine oder keine allgemeine Lösung. Der Ansatz (1) ist zu eng. Hier kann folgendes Verfahren zum Ziel führen: Man setze:

$$y = x^\alpha (c_0 + c_1 x + c_2 x^2 + \cdots) = x^\alpha u(x, \alpha)$$

und bestimme α aus der „charakteristischen Gleichung":

$$\alpha(\alpha - 1) + \alpha x \frac{a_{10} + a_{11} x + a_{12} x^2 + \cdots}{a_{00} + a_{01} x + a_{02} x^2 + \cdots} + x^2 \frac{a_{20} + a_{21} x + a_{22} x^2 + \cdots}{a_{00} + a_{01} x + a_{02} x^2 + \cdots} = 0$$

$$\text{für } x = 0,$$

d. h. in der früheren Form:

$$(\alpha(\alpha - 1) + \alpha x X_1 + x^2 X_2)_{x \to 0} = 0.$$

Das geht nur, wenn X_1 höchstens vom ersten und X_2 höchstens vom zweiten Grade bei $x = 0$ unendlich werden. Man erhält dann zwei Wurzeln $\alpha_1 = \sigma$ und $\alpha_2 = \tau$, die sog. *Exponenten* der Singularität bei $x = 0$, und zwei zugehörige Lösungen. Das Koeffizientenschema (2) ist dann durch:

$$A_{ik} = (k + \alpha)(k + \alpha - 1) a_{0, i-k+2} + (k + \alpha) a_{1, i-k+1} + a_{2, i-k}$$

zu ersetzen.

Hat die charakteristische Gleichung für α eine Doppelwurzel bei $\alpha = \sigma$ oder zwei Wurzeln σ und τ $(\sigma > \tau)$, deren Differenz ganzzahlig ist, so geht hierbei wieder eine Lösung verloren, d. h. die zwei Lösungen:

$$y_1 = x^\sigma u(x, \sigma) \qquad \text{und} \qquad y_2 = x^\tau u(x, \tau)$$

werden dann identisch.

Hier hat man als zweite Lösung:

$$y_2 = \frac{\partial}{\partial \alpha} (x^\alpha u(x, \alpha))\big|_{\alpha = \sigma} = y_1 \cdot \ln x + x^\sigma \frac{\partial}{\partial \alpha} u(x, \alpha)\big|_{\alpha = \sigma}$$

bzw.

$$y_2 = \frac{\partial}{\partial \alpha} (x^\alpha u(x, \alpha))\big|_{\alpha = \tau} = x^\tau u(x, \tau) \ln x + x^\tau \frac{\partial}{\partial \alpha} u(x, \alpha)\big|_{\alpha = \tau}.$$

Hat man so die allgemeine Lösung der homogenen Gleichung gefunden, so ist eine beliebige Lösung der inhomogenen hinzuzufügen, um deren allgemeine Lösung zu erhalten.

Der Konvergenzbereich der Entwicklungen ist der Kreis um $x = 0$ durch die nächste Singularität von X_1 oder X_2.

Man kann natürlich nach entsprechender Transformation: $x' = x - c$ die Entwicklung auch von der Stelle $x = c$ aus vornehmen. Solche Stellen, wo die charakteristische Gleichung zwei endliche Wurzeln hat, heißen *„reguläre Punkte der Differentialgleichung"* oder *„Stellen der Bestimmtheit"*. Wenn unendliche Wurzeln auftreten, heißt die Stelle irregulär. Hier ist das Entwicklungsverfahren nicht anwendbar.

3. Lösung durch bestimmte Integrale.

Folgende Methode ist anwendbar auf homogene Differentialgleichungen der Form:

$$(a+\alpha x)\,y''+(b+\beta x)\,y'+(c+\gamma x)\,y=0$$

mit konstanten $a, \alpha, b, \beta, c, \gamma$.

Man bilde die Funktionen:

$$\varphi(t)=a t^2+b t+c, \qquad \psi(t)=\alpha t^2+\beta t+\gamma$$

und mit ihnen:

$$f(t)=e^{\int\frac{\varphi-\psi'}{\psi}dt}=\frac{1}{\psi}\,e^{\int\frac{\varphi}{\psi}dt}.$$

Dann ist:

$$y=\int\limits_A^B e^{tx} f(t)\,dt$$

eine Lösung der gegebenen Differentialgleichung, falls die Grenzen des eventuell komplexen Integrals so gewählt werden, daß:

$$e^{tx}\psi(t)\,f(t)\Big|_A^B=0$$

wird.

Im allgemeinen existieren zwei verschiedene solche Integrationswege, die zu zwei linear unabhängigen Lösungen führen. Oft sind sie geschlossen und umschlingen eine Singularität von $f(t)$, oder sie entspringen und endigen im Unendlichen.

Die Lösungen sind spezielle Fälle der Form:

$$y=e^{\beta\xi}F(\alpha,\gamma,\xi) \quad \text{mit} \quad \xi=a+\alpha x \quad \text{(s. S. 110)}.$$

Die Methode ist auch auf Differentialgleichungen anwendbar, die nicht genau die obige Form haben. Doch ist dann keine derart einfache Anweisung zu geben.

4. Lösung durch Reduktion der Ordnung.

Führt man $z=y'/y$ als neue abhängige Variable ein, aus der y durch:

$$y=A\,e^{\int z\,dx}$$

folgt, so gilt für z die Riccatische Differentialgleichung (s. S. 268):

$$z'+X_2+X_1 z+z^2=0.$$

Diese Gleichung kann man durch den Ansatz:

$$z=z_0+z_1+z_2+\cdots$$

lösen, indem man die hiermit resultierende Gleichung in eine Folge von Gleichungen zerteilt, aus deren jeder ein z_k als Funktion der vorhergehenden und ihrer Ableitungen gefunden wird.

Im Falle der Normalform: $y'' + I y = 0$, auf die jede lineare Differentialgleichung zweiter Ordnung gebracht werden kann (s. S. 280), erhält man:

$$
\begin{aligned}
z_0^2 + I &= 0 & z_0 &= \pm\sqrt{-I} \\
2 z_0 z_1 + z_0' &= 0 & z_1 &= -\frac{1}{2}\frac{z_0'}{z_0} = -\frac{1}{2}\frac{d}{dx}\ln z_0 \\
2 z_0 z_2 + z_1^2 + z_1' &= 0 & z_2 &= -\frac{1}{2 z_0}\left(z_1^2 + z_1'\right) \\
2 z_0 z_3 + 2 z_1 z_2 + z_2' &= 0 & z_3 &= -\frac{1}{2 z_0}\left(2 z_1 z_2 + z_2'\right) = -\frac{1}{2}\frac{d}{dx}\left(\frac{z_2}{z_0}\right) \\
2 z_0 z_4 + 2 z_1 z_3 + z_2^2 + z_3' &= 0 & z_4 &= -\frac{1}{2 z_0}\left(2 z_1 z_3 + z_2^2 + z_3'\right). \\
\dots\dots\dots & & \dots\dots\dots &
\end{aligned}
$$

Die ungeraden Glieder sind immer reell mit eindeutigem Vorzeichen und als Differentialquotienten integrierbar. Die geraden Glieder werden bei positivem I imaginär. Je nach dem Vorzeichen von z_0 erhält man zwei Systeme gerader Glieder und damit die beiden unabhängigen Partikularlösungen der Differentialgleichung zweiter Ordnung.

Die ungeraden Glieder bestimmen einen reellen Amplitudenfaktor, die geraden einen Phasenfaktor der Darstellung:

$$
y = A\, e^{-\frac{1}{2}\left(\ln z_0 + \frac{z_2}{z_0} + \frac{z_4}{z_0} - \frac{1}{2}\left(\frac{z_2}{z_0}\right)^2 + \cdots\right)} \cdot e^{\pm i \int dx \sqrt{I}\left(1 + \frac{z_2}{z_0} + \frac{z_4}{z_0} + \cdots\right)}
$$

mit der ersten Approximation:

$$
y = A\, I^{-\frac{1}{4}}\, e^{\pm i \int I^{\frac{1}{2}} dx}.
$$

Die Methode versagt in der Nähe von Nullstellen von I sowie, wo dessen Ableitungen zu groß sind. Die Konvergenz ist im allgemeinen schwer zu beurteilen.

Es ist aber möglich, beiderseits einfacher Nullstellen von I Approximationen anzugeben, die sich an die gleiche exakte Partikularlösung der Differentialgleichung anschließen. Ist z. B. $I(x_0) = 0$ und $I(x) < 0$ für $x < x_0$, $I(x) > 0$ für $x > x_0$, so erhält man

$$
y(x) = \frac{A}{i}\left|I^{-\frac{1}{4}}\right| e^{\int_x^{x_0} \left|I^{\frac{1}{2}}\right| dx} + \frac{A}{2}\left|I^{-\frac{1}{4}}\right| e^{-\int_x^{x_0} \left|I^{\frac{1}{2}}\right| dx} \qquad \text{für } x < x_0
$$

$$
y(x) = A\, I^{-\frac{1}{4}}\, e^{i\left[\int_{x_0}^{x} I^{\frac{1}{2}} dx - \frac{\pi}{4}\right]} \qquad \text{für } x > x_0.
$$

Reeller bzw. imaginärer Teil dieser Darstellung ergeben zwei unabhängige Partikularlösungen. Nahe der Nullstelle $x = x_0$ werden die gleichen Partikularlösungen durch die Reihenentwicklung dargestellt[1]:

$$y(x) = \frac{A}{\sqrt{\pi}} e^{-\frac{i\pi}{3}} (I'(x_0))^{-\frac{1}{6}} \Big\{ 3^{-\frac{1}{6}} \Gamma(\tfrac{1}{3}) + 3^{\frac{1}{6}} e^{\frac{2\pi i}{3}} \Gamma(\tfrac{2}{3}) (I'(x_0))^{\frac{1}{3}} (x - x_0) -$$

$$- 3^{-\frac{1}{6}} \Gamma(\tfrac{1}{3}) \frac{I'(x_0)}{6} (x - x_0)^3 + \cdots \Big\}.$$

4. Systeme von Differentialgleichungen (simultane Differentialgleichungen).

Sind die Gleichungen, nach den Differentialquotienten aufgelöst, *von erster Ordnung*, und kommt neben den n abhängigen Variablen y der n Gleichungen nur *eine* unabhängige Variable x vor, so hat das System die Form:

$$\frac{dy_1}{dx} = f_1(x, y_1, y_2, \ldots, y_n)$$

$$\frac{dy_2}{dx} = f_2(x, y_1, y_2, \ldots, y_n)$$

$$\ldots\ldots\ldots\ldots\ldots\ldots\ldots\ldots$$

$$\frac{dy_n}{dx} = f_n(x, y_1, y_2, \ldots, y_n).$$

Jedes System von n Differentialgleichungen mit n abhängigen Variabeln einer unabhängigen Variabeln kann auf diese Form gebracht werden. Kommt nämlich z. B. auch die zweite Ableitung vor, z. B. $\frac{d^2 y_1}{dx^2}$, so führt man eine neue abhängige Variable y_{n+1} ein durch die weitere Gleichung $\frac{dy_1}{dx} = y_{n+1}$ und ersetzt $\frac{d^2 y_1}{dx^2}$ durch $\frac{dy_{n+1}}{dx}$. Analog verfährt man beim Auftreten höherer Ableitungen.

Die vollständigen Lösungen stellen ein System von n Gleichungen dar von der Form:

$$\varphi_i(x, y_1, y_2, \ldots, y_n, C_1, C_2, \ldots, C_n) = 0 \qquad (i = 1, 2, \ldots, n),$$

wo die C_i willkürliche Konstanten sind. Außerdem können singuläre Lösungen bestehen.

Die Differentialgleichungen können auch in der Form geschrieben werden:

$$\frac{dy_1}{dx} = \frac{X_1}{X}$$

$$\frac{dy_2}{dx} = \frac{X_2}{X} \text{ usw.},$$

[1] Weiteres über diese Methode (in der Quantenmechanik als WENTZEL-KRAMERS-BRILLOUIN-Verfahren bezeichnet) siehe bei H. A. KRAMERS, Z. f. Phys. **39**, 828 (1926) und bei A. SOMMERFELD, Atombau und Spektrallinien II.

wo X, X_1 usw. Funktionen von $x, y_1, y_2, \ldots, y_n$ sind, also

$$\frac{dx}{X} = \frac{dy_1}{X_1} = \frac{dy_2}{X_2} = \cdots = \frac{dy_n}{X_n}.$$

Ferner können die Lösungen auch in der Form geschrieben werden:

$$\Psi_1(x, y_1, y_2, \ldots, y_n) = C_1$$
$$\Psi_2(x, y_1, y_2, \ldots, y_n) = C_2 \text{ usw.},$$

wo die Ψ_i voneinander unabhängig sind (d. h. ihre Funktionaldeterminante nicht verschwindet).

Jede Funktion $\Pi(\Psi_1, \Psi_2, \ldots, \Psi_n)$ ist, konstant gesetzt, gleichfalls eine Lösung, und es besteht dann die Gleichung:

$$X\frac{\partial \Pi}{\partial x} + X_1\frac{\partial \Pi}{\partial y_1} + X_2\frac{\partial \Pi}{d y_2} + \cdots = 0.$$

a) Systeme linearer Differentialgleichungen mit konstanten Koeffizienten.

Die Zahl der Gleichungen sei gleich der Zahl der abhängigen Variablen.

Hat man nur zwei abhängige Variable x und y und eine unabhängige Variable t, so lautet das System in der symbolischen Schreibweise von S. 274:

$$f_1(D)\,x + \varphi_1(D)\,y = T_1$$
$$f_2(D)\,x + \varphi_2(D)\,y = T_2$$

T_1 und T_2 sind Funktionen von t allein.

Berechnet man nun $\lambda_1, \lambda_2, \ldots, \lambda_m$ als Wurzeln der Gleichung

$$\varphi_2(\lambda)\,f_1(\lambda) - \varphi_1(\lambda)\,f_2(\lambda) = 0,$$

so ist die *vollständige* Lösung

$$x = A_1 e^{\lambda_1 t} + A_2 e^{\lambda_2 t} + \cdots + A_m e^{\lambda_m t} + P(t)$$
$$y = B_1 e^{\lambda_1 t} + B_2 e^{\lambda_2 t} + \cdots + B_m e^{\lambda_m t} + Q(t),$$

worin die A_i willkürliche Konstanten sind.

Die B_i folgen aus den Relationen

$$A_i f_1(\lambda_i) + B_i \varphi_1(\lambda_i) = 0.$$

$P(t)$ ist dabei ein *partikuläres* Integral der Gleichung

$$\{\varphi_2(D)\,f_1(D) - \varphi_1(D)\,f_2(D)\}\,x = \varphi_2(D)\,T_1 - \varphi_1(D)\,T_2.$$

$Q(t)$ ist ein *partikuläres* Integral der Gleichung

$$\{\varphi_2(D)\,f_1(D) - \varphi_1(D)\,f_2(D)\}\,y = f_1(D)\,T_2 - f_2(D)\,T_1.$$

Sind zwei λ, z. B. λ_1 und λ_2, komplex und konjugiert, also

$$\lambda_1 = \alpha + i\beta, \quad \lambda_2 = \alpha - i\beta,$$

so heißt der entsprechende Teil von x

$$e^{\alpha t}(L_1 \cos\beta t + L_2 \sin\beta t),$$

und von y

$$e^{\alpha t}(M_1 \cos\beta t + M_2 \sin\beta t).$$

Die Relation zwischen den L und M findet man am besten durch Einsetzen in die Differentialgleichung.

Sind zwei λ gleich, z. B. λ_1 und λ_2, so heißt der entsprechende Teil von x

$$e^{\lambda_1 t}(A + A' t),$$

der von y

$$e^{\lambda_1 t}(B + B' t).$$

Dabei gelten die Relationen:

$$A' f_1(\lambda) + B' \varphi_1(\lambda) = 0,$$

$$A f_1(\lambda) + B \varphi_1(\lambda) + A' \frac{d f_1(\lambda)}{d\lambda} + B' \frac{d\varphi_1(\lambda)}{d\lambda} = 0.$$

Führt man entsprechend S. 287 neue Variable y_i ein, so kommt man zu dem allgemeinen Fall:

b) System homogener linearer Differentialgleichungen erster Ordnung[1].

$$\frac{dy_1}{dx} = c_{11} y_1 + c_{12} y_2 + \cdots + c_{1n} y_n$$

$$\frac{dy_2}{dx} = c_{21} y_1 + c_{22} y_2 + \cdots + c_{2n} y_n$$

$$\cdots\cdots\cdots\cdots\cdots\cdots\cdots\cdots$$

$$\frac{dy_n}{dx} = c_{n1} y_1 + c_{n2} y_2 + \cdots + c_{nn} y_n.$$

Die c_{ik} seien Konstanten. Man setzt $y_1 = a_1 e^{\lambda x}$, $y_2 = a_2 e^{\lambda x}$ usw. Dann erhält man λ als Wurzel der Gleichung

$$L(\lambda) = \begin{vmatrix} c_{11} - \lambda, & c_{12} & \dots & c_{1n} \\ c_{21}, & c_{22} - \lambda & \dots & c_{2n} \\ \dots & \dots & \dots & \dots \\ c_{n1}, & c_{n2} & \dots & c_{nn} - \lambda \end{vmatrix} = 0.$$

[1] In tensorieller Schreibweise lautet das System: $d\mathfrak{y}/dt = \mathfrak{T}\mathfrak{y}$ und der Lösungsvektor $\mathfrak{y} = \mathfrak{y}_0 \cdot e^{\lambda x}$, wobei λ aus dem Eigenwertproblem $\mathfrak{T}\mathfrak{y} = \lambda \cdot \mathfrak{y}$ bestimmt wird. Das ist der Sinn der Determinantengleichung.

Ihre n Wurzeln seien $\lambda_1, \lambda_2, \ldots, \lambda_n$. Dann wird

$$\begin{aligned} y_1 &= h_1 a_{11} e^{\lambda_1 x} + h_2 a_{12} e^{\lambda_2 x} + \cdots + h_n a_{1n} e^{\lambda_n x} \\ y_2 &= h_1 a_{21} c^{\lambda_1 x} + h_2 a_{22} e^{\lambda_2 x} + \cdots + h_n a_{2n} e^{\lambda_n x} \\ &\cdots\cdots\cdots\cdots\cdots\cdots\cdots\cdots \\ y_n &= h_1 a_{n1} e^{\lambda_1 x} + h_2 a_{n2} e^{\lambda_2 x} + \cdots + h_n a_{nn} e^{\lambda_n x}, \end{aligned}$$

wo die h willkürliche Konstanten sind. Die a_{ik} sind die Lösungen des Gleichungssystems:

$$\begin{aligned} (c_{11} - \lambda_k) a_{1k} + c_{12} a_{2k} + \cdots + c_{1n} a_{nk} &= 0 \\ c_{21} a_{1k} + (c_{22} - \lambda_k) a_{2k} + \cdots + c_{2n} a_{nk} &= 0 \\ \cdots\cdots\cdots\cdots\cdots\cdots\cdots\cdots & \\ c_{n1} a_{1k} + c_{n2} a_{2k} + \cdots + (c_{nn} - \lambda_k) a_{nk} &= 0. \end{aligned}$$

Die Lösung ist nur dann vollständig, d. h. man erhält n linear unabhängige Systeme von Funktionen nur dann, wenn alle λ_i verschieden sind. Treten m-fache Wurzeln auf, so erhält man die noch fehlenden Lösungen durch den Ansatz:

$$y_i = (a_i + b_i x + \cdots + f_i x^m) e^{\lambda_i x}.$$

5. Totale Differentialgleichungen (PFAFFsche Gleichungen).

Eine totale Differentialgleichung in drei Veränderlichen, homogen und linear in den Differentialen, hat die Form

$$\boxed{P\,dx + Q\,dy + R\,dz = 0},$$

worin P, Q, R Funktionen von x, y, z sind. Durch diese Gleichung wird jedem Punkte des Raumes ein Flächenelement zugeordnet[1].

a) Die Beziehung

$$K = P\left(\frac{\partial Q}{\partial z} - \frac{\partial R}{\partial y}\right) + Q\left(\frac{\partial R}{\partial x} - \frac{\partial P}{\partial z}\right) + R\left(\frac{\partial P}{\partial y} - \frac{\partial Q}{\partial x}\right) = 0,$$

die sog. „*Integrabilitätsbedingung*", ist notwendige und hinreichende Bedingung für die Existenz einer Lösung von der Form

$$\Phi(x, y, z) = C.$$

Geometrisch bedeutet die Lösung eine Flächenschar. Eine Gleichung, die die Integrabilitätsbedingung erfüllt, heißt auch eine „eigentliche" totale Differentialgleichung.

[1] Faßt man P, Q, R zu einem Vektor $\mathfrak{R}$ zusammen, so heißt die Differentialgleichung $(\mathfrak{R}\,d\mathfrak{r}) = 0$; die Integrabilitätsbedingung nimmt die Form an: $(\mathfrak{R}\,\mathrm{rot}\,\mathfrak{R}) = 0$.

b) Ist $K \neq 0$, so bildet man eine willkürliche Beziehung

$$\psi(x, y, z) = 0$$

und ihr Differential

$$\frac{\partial \psi}{\partial x} dx + \frac{\partial \psi}{\partial y} dy + \frac{\partial \psi}{\partial z} dz = 0.$$

Bestimmt man aus diesen zwei Gleichungen z und dz als Funktion von x, y, dx, dy und setzt man die Werte für z und dz in die totale Differentialgleichung ein, so erhält man aus ihr eine Gleichung der Form

$$M dx + N dy = 0,$$

wo M und N Funktionen von x und y sind. Das Integral dieser Gleichung sei

$$\varphi(x, y) = C.$$

Dann besteht die *Lösung* der ursprünglichen Gleichung aus den beiden simultanen Gleichungen

$$\psi(x, y, z) = 0$$
$$\varphi(x, y) = C.$$

Die Lösung bedeutet also gewisse Kurvenscharen auf beliebigen Flächen. Derartige Gleichungen, für die $K \neq 0$ ist, heißen auch „uneigentliche" totale Differentialgleichungen.

c) Im Falle $K = 0$ wird die Lösung $\Phi(x, y, z) = \text{const}$ folgendermaßen gefunden. Man bildet die Hilfsgleichung

$$P dx + Q dy = 0$$

mit z als Konstante und sucht ihr Integral $u(x, y, z) = \text{const}$, also

$$\frac{\partial u}{\partial x} dx + \frac{\partial u}{\partial y} dy = 0;$$

dann bestimmt sich ein „integrierender" Faktor λ durch

$$\lambda = \frac{1}{P} \frac{\partial u}{\partial x} = \frac{1}{Q} \cdot \frac{\partial u}{\partial y},$$

welcher die Gleichung

$$\lambda(P dx + Q dy + R dz) = 0$$

auf die Form bringt:

$$du + S dz = 0,$$

worin

$$\lambda R - \frac{\partial u}{\partial z} = S$$

bedeutet. Führt man schließlich in S statt x, y, z die Variablen x, u, z mit Hilfe von $u(x, y, z) = u$ ein

$$S(x, y, z) = \overline{S}(x, u, z),$$

so wird in dieser neuen Form $\overline{S}$ von x unabhängig. Das vollständige Integral $\psi(u, z) = \text{const}$ der Gleichung

$$du + \overline{S}\, dz = 0$$

gibt dann eine vollständige Lösung der ursprünglichen Differentialgleichung, wenn man in $\psi(u, z)$ noch u durch $u(x, y, z)$ ersetzt:

$$\psi(u, z) = \Phi(x, y, z) = \text{const.}$$

Statt des oben bestimmten Wertes λ ist auch $\lambda \cdot F(\Phi)$ ein integrierender Faktor, wo F eine willkürliche Funktion der Lösung Φ bedeutet. Die Integrabilität, d. h. die Existenz eines integrierenden Faktors hat die geometrische Bedeutung, daß, wenn man x, y, z als Koordinaten im Raum auffaßt, man von einem gegebenen Punkt aus, längs solcher Kurvenstücke, die Lösung der Differentialgleichung sind, nicht jeden Punkt seiner Umgebung erreichen kann.

Für mehr als drei Variabeln gelten analoge Aussagen im Mehrdimensionalen; für nur zwei Variable existiert immer ein integrierender Faktor.

C. Partielle Differentialgleichungen.

Im folgenden sind stets u, v abhängige, x, y unabhängige Veränderliche. Ferner ist

$$p = \frac{\partial u}{\partial x} = u_x, \qquad q = \frac{\partial u}{\partial y} = u_y$$

$$r = u_{xx} \qquad s = u_{xy} \qquad t = u_{yy}.$$

1. Partielle Differentialgleichungen erster Ordnung.

a) In den Ableitungen lineare Gleichungen.

Im Falle zweier unabhängiger Variablen lautet die Gleichung

$$P(x, y, u)\, p + Q(x, y, u)\, q = R(x, y, u).$$

Man bildet das System gewöhnlicher Differentialgleichungen (vgl. S. 286)

$$\frac{\partial x}{P} = \frac{\partial y}{Q} = \frac{du}{R}$$

(*„charakteristisches System“*), für das man zwei voneinander unabhängige Integrale

$$\varphi(x, y, u) = a \qquad \text{und} \qquad \psi(x, y, u) = b$$

bestimmt. Dann ist

$$f(\varphi, \psi) = 0 \qquad (f = \text{beliebige Funktion})$$

eine Lösung der Differentialgleichung, die alle Lösungen mit Ausnahme der singulären enthält.

Das Verfahren läßt sich auf mehr als zwei unabhängige Variable übertragen.

b) Wichtige besondere Fälle.

1. Fall: $\psi(p, q) = 0$ oder $q = f(p)$.

Die Variablen treten nicht explizit auf.

Das vollständige Integral ist

$$u = ax + by + c, \quad \text{wo} \quad \psi(a, b) = 0 \quad \text{oder} \quad b = f(a),$$

also

$$u = ax + yf(a) + c.$$

2. Fall: $\chi(u, p, q) = 0$.

Die unabhängigen Variablen treten nicht explizit auf.

Man setzt $u = u(x + ay) = u(\xi)$. Es wird dann

$$p = \frac{du}{d\xi}\frac{\partial\xi}{\partial x} = \frac{du}{d\xi}, \qquad q = \frac{du}{d\xi}\frac{\partial\xi}{\partial y} = a\frac{du}{d\xi}.$$

Das führt auf $\chi\left(u, \frac{du}{d\xi}, a\frac{du}{d\xi}\right) = 0$, also auf eine gewöhnliche Differentialgleichung und es wird

$$\frac{du}{d\xi} = \varphi(u, a),$$

also

$$x + ay + b = \int \frac{du}{\varphi(u, a)} = F(u, a).$$

3. Fall: $\varphi(x, p) = \psi(y, q)$. (Separation der Variabeln.)

Man setzt beide Seiten gleich einer Konstanten a und erhält

$$p = \vartheta_1(x, a), \qquad q = \vartheta_2(y, a).$$

Die Integrale dieser beiden Gleichungen

$$u = f_1(x, a) + \text{einer von } x \text{ unabhängigen Größe}$$
$$u = f_2(y, a) + \text{einer von } y \text{ unabhängigen Größe}$$

sind enthalten in

$$u = f_1(x, a) + f_2(y, a) + b,$$

der vollständigen Lösung der ursprünglichen Gleichung.

4. Fall: $u = px + qy + \varphi(p, q)$.

Die vollständige Lösung dieser Gleichung ist

$$u = ax + by + \varphi(a, b).$$

2. Partielle Differentialgleichungen zweiter Ordnung, die in den zweiten Ableitungen linear sind.

a) Normalform der Gleichung mit zwei unbhängigen Veränderlichen.

Es sei die reelle Differentialgleichung vorgelegt

$$R(x, y)r + 2S(x, y)s + T(x, y)t = V(x, y, p, q, u). \tag{1}$$

Je nachdem, ob an einer Stelle x, y die Determinante

$$\Delta = \begin{vmatrix} R & S \\ S & T \end{vmatrix} > 0, \ = 0, \ < 0$$

ist, heißt die Differentialgleichung dort von *elliptischem* bzw. *parabolischem* bzw. *hyperbolischem* Typ.

Die gewöhnliche Differentialgleichung erster Ordnung

$$R\left(\frac{dy}{dx}\right)^2 - 2S\frac{dy}{dx} + T = 0,$$

die sich in zwei lineare Differentialgleichungen aufspalten läßt, hat zwei einparametrige Kurvenscharen in der x, y-Ebene zur Lösung:

$$f_1(x, y) = a$$
$$f_2(x, y) = b.$$

Für $\Delta < 0$ sind diese Kurven reell („*Charakteristiken*"), für $\Delta > 0$ komplex. Für $\Delta = 0$ fallen beide Scharen zusammen.

Führt man die Parameter a und b als neue Variable ein, so geht (1) über in

$$u_{ab} = F(a, b, u, u_a, u_b). \tag{2}$$

Diese Gleichung ist reell im hyperbolischen Fall (1. Normalform). Sie kann durch die Substitution

$$a = \xi + \eta, \qquad b = \xi - \eta$$

übergeführt werden in die ebenfalls für $\Delta < 0$ reelle (2. Normalform):

$$u_{\xi\xi} - u_{\eta\eta} = F(\xi, \eta, u, u_\xi, u_\eta).$$

Im elliptischen Falle ($\Delta > 0$) erhält man aus (2) durch die Substitution

$$a = \xi + i\eta, \qquad b = \xi - i\eta$$

die reelle Normalform

$$u_{\xi\xi} + u_{\eta\eta} = F(\xi, \eta, u, u_\xi, u_\eta).$$

Im parabolischen Falle ($\Delta = 0$) wird endlich $a \equiv b$. Man setzt

$$a = b = \xi, \qquad \eta = \text{beliebige Funktion von } x, y.$$

Dann wird die Normalform

$$u_{\xi\xi} = F(\xi, \eta, u, u_\xi, u_\eta).$$

b) Methode der Separation der Variablen.

Zur Zurückführung linearer homogener partieller Differentialgleichungen in zwei oder mehr unabhängigen Variablen $(x_1, x_2, \ldots, x_n)$ auf gewöhnliche Differentialgleichungen erweist sich oft der Ansatz als geeignet:

$$u = f_1(x_1) \cdot f_2(x_2) \cdot \cdots \cdot f_n(x_n) . \qquad (3)$$

In vielen Fällen ist es auch erforderlich, von den Variablen x_i zunächst zu einem anderen Variablensystem $x_i' = x_i'(x_1, x_2, \ldots, x_n)$ überzugehen, und in diesen Variablen den Ansatz (3) zu versuchen. Durch lineare Kombination der Partikularlösungen der Form (3) findet man dann die vollständige Lösung.

Dies Verfahren führt zum Ziele, wenn es möglich ist, die Differentialgleichung durch Einsetzen von (3) auf die Form zu bringen (z. B. durch Division mit $f_2 f_3 \ldots f_n$):

$$\Phi_1\left(x_1, \frac{d f_1}{d x_1}, \frac{d^2 f_1}{d x_1^2}\right) + \Phi_2\left(x_2, x_3, \ldots, x_n, \frac{d f_2}{d x_2}, \ldots\right) = 0 ,$$

d. h. auf eine solche, daß die Gleichung in zwei Summanden zerfällt, von denen der eine Φ_1 die eine unabhängige Variable, z. B. x_1, allein enthält, während im anderen x_1 nicht vorkommt. Da diese Gleichung für beliebige Werte von x_1 gelten soll, muß Φ_1 gleich einer Konstanten sein.

Wir setzen daher $\Phi_1 = k_1 = -\Phi_2$. Die erste Gleichung ist eine gewöhnliche Differentialgleichung, die zweite sucht man analog wie die ursprüngliche weiter zu zerlegen.

Gelingt dies bis zur letzten Variabeln, so erhält man eine Lösung der Form (3), die $n-1$ willkürliche Separationskonstanten $k_1, k_2, k_3, \ldots, k_{n-1}$ enthält. Diese werden häufig durch Zusatzforderungen (Eindeutigkeit, Randbedingungen u. dgl.) auf gewisse, z. B. diskrete Werte beschränkt.

Mit Hilfe dieser Methode findet man unter anderen folgende

c) Spezielle Partikularlösungen für wichtige Differentialgleichungen der Physik.

1. Grundgleichung der Funktionentheorie (LAPLACEsche Gleichung):

$$\boxed{\Delta V = 0 \textit{ in der Ebene}}\,[1]$$

a) $x_1 = x, \quad x_2 = y; \quad \Delta V = \frac{\partial^2 V}{\partial x^2} + \frac{\partial^2 V}{\partial y^2} = 0 .$

[1] Die inhomogene Gleichung $\Delta V = a$ wird gelöst durch $V = V_1 + V_2$, wo $\Delta V_1 = 0$, $\Delta V_2 = a$ bei z. B. $V_2 = \frac{a}{2} x^2$ oder $\frac{a}{2} y^2$ oder $\frac{a r^2}{4} = \frac{a}{4}(x^2 + y^2)$.

Partikuläre Lösung: $V_k = e^{\pm k(x \pm iy)}$

$$V_0 = (a_1 x + a_2)(b_1 y + b_2)$$

bzw. $$V = f_1(x + iy) + f_2(x - iy).$$

b) $x_1 = \varrho, \quad x_2 = \varphi; \quad \Delta V = \frac{\partial^2 V}{\partial \varrho^2} + \frac{1}{\varrho}\frac{\partial V}{\partial \varrho} + \frac{1}{\varrho^2}\frac{\partial^2 V}{\partial \varphi^2} = 0.$

Partikuläre Lösung: $V_k = \varrho^{\pm k} e^{ik\varphi}$

$$V_0 = a_1 + a_2 \ln \varrho.$$

2. Grundgleichung der Potentialtheorie:

$$\boxed{\Delta V = 0 \text{ im Raume}}.$$

a) $x_1 = x, \quad x_2 = y, \quad x_3 = z; \quad \Delta V = \frac{\partial^2 V}{\partial x^2} + \frac{\partial^2 V}{\partial y^2} + \frac{\partial^2 V}{\partial z^2} = 0.$

Partikuläre Lösung: $V_{klm} = e^{(kx + ly + mz)}$, wo $k^2 + l^2 + m^2 = 0.$

b) $x_1 = \varrho, \quad x_2 = \varphi, \quad x_3 = z; \quad \Delta V = \frac{\partial^2 V}{\partial \varrho^2} + \frac{1}{\varrho}\frac{\partial V}{\partial \varrho} + \frac{1}{\varrho^2}\frac{\partial^2 V}{\partial \varphi^2} + \frac{\partial^2 V}{\partial z^2} = 0.$

Partikuläre Lösung[1]: $V_{km} = e^{\pm i(kz \pm m\varphi)} Z_m(ik\varrho)$

$$V_{m} = (a_1 z + a_2)\, \varrho^m e^{\pm im\varphi}$$

$$V_{k0} = e^{\pm ikz}(b_1\varphi + b_2)\, Z_0(ik\varrho)$$

$$V_{00} = (a_1 z + a_2)(b_1\varphi + b_2)(c_1 + c_2 \ln \varrho).$$

c) $x_1 = r, \quad x_2 = \varphi, \quad x_3 = \vartheta;$

$$r^2 \Delta V = \frac{\partial}{\partial r}\left(r^2 \frac{\partial V}{\partial r}\right) + \frac{1}{\sin\vartheta}\frac{\partial}{\partial \vartheta}\left(\sin\vartheta \frac{\partial V}{\partial \vartheta}\right) + \frac{1}{\sin^2\vartheta}\frac{\partial^2 V}{\partial \varphi^2} = 0.$$

Partikuläre Lösung[2; 3].

$$V_n = (a_1 r^n + a_2 r^{-(n+1)})\, Y_n(\vartheta, \varphi)$$

bzw. $$V_{nk} = (a_1 r^n + a_2 r^{-(n+1)})\, e^{\pm ik\varphi} P_n^k(\cos\vartheta).$$

Wenn $V(r, \vartheta, \varphi)$ eine Lösung ist, ist auch $\frac{1}{r} V\left(\frac{1}{r}, \vartheta, \varphi\right)$ eine solche.

3. Gleichung eindimensionaler Diffusions- und Wärmeleitvorgänge (t = Zeit):

$$\boxed{\frac{\partial V}{\partial t} = a^2 \frac{\partial^2 V}{\partial x^2}},$$

$V_k = e^{\pm ikx - k^2 a^2 t}$ (Thermische Welle)

$$V_0 = a_1 x + a_2.$$

[1] Z_m bedeutet eine Zylinderfunktion m-ter Ordnung (vgl. S. 116).

[2] Y_n bedeutet eine Kugelfunktion n-ter Ordnung (vgl. S. 102).

[3] P_n^k bedeutet eine zugeordnete Kugelfunktion (vgl. S. 106).

4. Eindimensionale Wellengleichung (t = Zeit, a = Fortpflanzungsgeschwindigkeit):

$$\boxed{\frac{\partial^2 V}{\partial t^2} = a^2 \frac{\partial^2 V}{\partial x^2}} \quad \text{(vgl. 1a)},$$

$$V_k = e^{\pm i k (x \pm a t)}$$
$$V_0 = (a_1 x + a_2)(b_1 t + b_2),$$

bzw. allgemeine Lösung:

$$V = f_1(x + at) + f_2(x - at) \text{ mit beliebigen } f_1, f_2.$$

5. Gleichung der eindimensionalen gedämpften Welle:

$$\boxed{\frac{\partial^2 V}{\partial t^2} = a^2 \frac{\partial^2 V}{\partial x^2} + b \frac{\partial V}{\partial x}},$$

$$V_k = e^{\pm i k \left(a t \pm \sqrt{1 - \frac{b^2}{4 a^4 k^2}} \cdot x\right)} \cdot e^{-\frac{b x}{2 a^2}}$$
$$V_0 = \left(a_1 + a_2 e^{-\frac{b}{a^2} x}\right)(b_1 t + b_2).$$

6. Gleichung der Wärmeleitung in drei Dimensionen:

$$\boxed{\partial V / \partial t = a^2 \Delta V};$$

$$V_{\alpha,\beta,\gamma} = e^{\pm i(\alpha x + \beta y + \gamma z) - a^2(\alpha^2 + \beta^2 + \gamma^2) t} = e^{\pm i(\mathfrak{k}\mathfrak{r}) - k^2 a^2}$$

mit $\alpha = k_x$, $\beta = k_y$, $\gamma = k_z$.

7. Gleichung stehender Wellen (Schwingungsgleichung) in der Ebene:

$$\boxed{\Delta V + \lambda^2 V = 0}.$$

a) $x_1 = x$, $x_2 = y$; $\Delta V + \lambda^2 V = \dfrac{\partial^2 V}{\partial x^2} + \dfrac{\partial^2 V}{\partial y^2} + \lambda^2 V = 0$.

$V_\alpha = e^{\pm i(\alpha x \pm \beta y)}$ mit $\alpha^2 + \beta^2 = \lambda^2$ (Gerade Wellung)

$= e^{\pm i \lambda (x \cos\vartheta \pm y \sin\vartheta)}$ mit $\cos\vartheta = \alpha/\lambda$

$V_0 = (a_1 x + a_2)\, e^{i \lambda y}$.

b) $x_1 = \varrho$, $x_2 = \varphi$

$V_k = e^{i k \varphi} Z_k(\lambda \varrho)$ (Kreiswellung)

$V_0 = (a_1 \varphi + a_2) Z_0(\lambda \varrho)$.

8. Schwingungsgleichung im Raume:

$$\boxed{\Delta V + \lambda^2 V = 0}.$$

a) $x_1 = x$, $x_2 = y$, $x_3 = z$;

$V_{lm} = e^{i(k x + l y + m z)}$, wo $\lambda^2 = k^2 + l^2 + m^2$ (Ebene Wellung).

b) $x_1 = \varrho, \quad x_2 = \varphi, \quad x_3 = z;$

$V_{km} = e^{\pm i(kz + m\varphi)} Z_m\left(\varrho\sqrt{\lambda^2 - k^2}\right)$ (Modulierte Zylinderwellung)

$V_{00} = (a_1\varphi + a_2)(b_1 z + b_2) Z_0(\lambda\varrho)$.

c) $x_1 = r, \quad x_2 = \varphi, \quad x_3 = \vartheta;$

$V_n = \frac{1}{\sqrt{r}} Z_{n+\frac{1}{2}}(\lambda r) Y_n(\vartheta, \varphi)$ (vgl. 2) (Modulierte Kugelwellung)

$V_0 = \frac{e^{i\lambda r}}{r}$.

9. KEPLER-Problem der Quantentheorie:

$$\boxed{\Delta V + \left(\lambda^2 + \frac{2\beta}{r}\right) V = 0}.$$

a) In *Kugelkoordinaten* (r, ϑ, φ) (s. S. 233):

Mit den Bezeichnungen: $\varepsilon^2 = -\lambda^2$, $F_a(\alpha, \gamma, x)$ = allgemeine konfluente hypergeometrische Funktion (s. S. 109) bzw. $L_n^k(x)$ = verallgemeinerte LAGUERREsche Funktion (s. S. 113) ist:

$$V = R(r)\, P_l^m(\cos\vartheta)\, e^{im\varphi} \qquad (l = 0, 1, 2, \ldots; \quad m = 0, \pm 1, \pm 2, \ldots \pm l),$$

mit:

$$R^{(1)}(r) = r^l e^{-\varepsilon r} F_a\left(1 - \frac{\beta}{\varepsilon} + l,\ 2l + 2,\ 2\varepsilon r\right) = C r^l e^{-\varepsilon r} L_{\frac{\beta}{\varepsilon}+l}^{2l+1}(2\varepsilon r)$$

oder:

$$R^{(2)}(r) = r^{-(l+1)} e^{-\varepsilon r} F_a\left(-\frac{\beta}{\varepsilon} - l,\ -2l,\ 2\varepsilon r\right) = C r^{-(l+1)} e^{-\varepsilon r} L_{\frac{\beta}{\varepsilon}-l-1}^{-2l-1}(2\varepsilon r).$$

Für $\beta = 0$ wird hieraus: $R^{(1)}(r) = C r^{-\frac{1}{2}} Z_{l+\frac{1}{2}}(-i\varepsilon r)$ (vgl. 8).

b) In *Rotations-Parabolischen Koordinaten* (u, v, φ) (s. S. 234):

Mit dem Separationsparameter p und sonst den gleichen Bezeichnungen ist:

$$V = M(u)\, N(v)\, e^{im\varphi}$$

mit:

$$M(u) = u^{\pm m} e^{-\frac{\varepsilon}{2}u^2} F_a\left(-\frac{\beta + p}{2\varepsilon} + \frac{1}{2} \pm \frac{m}{2},\ 1 \pm m,\ \varepsilon u^2\right) =$$

$$= C u^{\pm m} e^{-\frac{\varepsilon}{2}u^2} L^{\pm m}_{\frac{\beta+p}{2\varepsilon} - \frac{1}{2} \pm \frac{m}{2}}(\varepsilon u^2)$$

$$N(v) = v^{\pm m} e^{-\frac{\varepsilon}{2}v^2} F_a\left(-\frac{\beta - p}{2\varepsilon} + \frac{1}{2} \pm \frac{m}{2},\ 1 \pm m,\ \varepsilon v^2\right) =$$

$$= C v^{\pm m} e^{-\frac{\varepsilon}{2}v^2} L^{\pm m}_{\frac{\beta-p}{2\varepsilon} - \frac{1}{2} \pm \frac{m}{2}}(\varepsilon v^2).$$

10. Relativistische Wellengleichung (KLEIN-GORDONsche Gleichung):

$$\boxed{\Delta\Phi - \frac{1}{c^2}\frac{\partial^2\Phi}{\partial t^2} + \mu^2\Phi = 0},$$

$$\Phi = e^{\pm i\omega t} V(x, y, z), \qquad \text{wobei} \quad \Delta V + \lambda^2 V = 0$$

mit $\lambda^2 = \frac{\omega^2}{c^2} + \mu^2$ (vgl. 8).

Für $\omega = 0$ hat man die spezielle Lösung: $\Phi = \frac{e^{\pm\mu r}}{r}$.

d) Kombinierte Lösungen.

Weitere partikuläre Lösungen findet man aus den obigen als spezielle lineare Kombinationen von ihnen, im besonderen auch als:

1. Differentialquotienten nach den verfügbaren Parametern $k, m, \ldots,$

z. B.: $\frac{\partial V_k}{\partial k}$, $\frac{\partial^2 V_k}{\partial k^2}$, $\frac{\partial^2 V_{km}}{\partial k\,\partial m}$ usw.

2. Integrale über Parameter mit von diesen abhängigen Gewichtsfunktionen,

z. B.: $\int \psi(k) V_k\, dk$ usw.

Wenn die Differentialgleichung die Koordinaten x, y, z und t nicht explizite enthält, sind Lösungen auch:

3. Differentialquotienten nach x, y, z und t,

z. B. $\frac{\partial V_k}{\partial x}$, $\frac{\partial^2 V_k}{\partial x^2}$, $\frac{\partial^2 V_k}{\partial x\,\partial y}$, $\frac{\partial V_k}{\partial t}$, $(\mathfrak{a}\,\mathrm{grad}\, V_k)$ usw.,

4. unbestimmte Integrale über x, y, z und t.

Man erhält so unter anderen folgende

Typische Lösungen.

1. Zu: $\Delta V = 0$ (im Raume)

α) $V = \int^x dx \frac{1}{r} = \ln(r + x)$, singulär auf der Halbgeraden: $x = -r$.

β) $V(\varrho, z) = i\pi \sum_n \mu_n H_0^{(1)}\left(i\frac{2\pi n \varrho}{a}\right) e^{2\pi i \frac{n}{a}}$, Potential einer linearen periodischen Ladungsverteilung in $\varrho = 0$ mit der Dichte $\mu(z) = \sum_n \mu_n e^{2\pi i \frac{nz}{a}}$.

γ) $V(x, y, z) = 2\pi \sum_n \frac{\mu_n}{k_n} e^{i(\mathfrak{r}\,\mathfrak{k}_n)} \cdot e^{-k_n|z|}$, Potential einer ebenen gitterperiodischen Ladungsverteilung in $z = 0$ mit der Dichte $\mu(x, y) = \sum_n \mu_n e^{i(\mathfrak{r}\,\mathfrak{k}_n)}$

2. Zu: $$\frac{\partial V}{\partial t} = a^2 \frac{\partial^2 V}{\partial x^2}$$

$$V = \frac{a}{\sqrt{\pi}} \int_{-\infty}^{+\infty} dk\, e^{\pm ikx - k^2 a^2 t} = \frac{e^{-\frac{x^2}{4a^2 t}}}{\sqrt{t}} \quad \text{für } t \gtrless 0.$$

Thermischer Stoß im Eindimensionalen, singulär bei $t=0$ in $x=0$.

3. Zu: $$\frac{\partial V}{\partial t} = a^2 \Delta V \text{ (im Raume)}$$

$$V = \left(\frac{a}{\sqrt{\pi}}\right)^3 \iiint_{-\infty}^{+\infty} dk_x\, dk_y\, dk_z\, e^{\pm i(\mathfrak{k}\mathfrak{r}) - k^2 a^2 t} = \frac{e^{-\frac{r^2}{4a^2 t}}}{\sqrt{t^3}} \quad \text{für } t \gtrless 0.$$

Thermischer Stoß im Raume, singulär bei $t=0$ in $\mathfrak{r}=0$.

4. Zu: $\Delta V + \lambda^2 V = 0$ (im Zweidimensionalen)

α) $V = \int_{-\infty}^{+\infty} \frac{d\alpha}{\beta} e^{i(\alpha x + |\beta y|)}$, wo $\beta = \sqrt{\lambda^2 - \alpha^2}$ ist, oder mit $\alpha = \lambda \sin\vartheta$

$$V = \lambda \int_{-\frac{\pi}{2}+i\infty}^{\frac{\pi}{2}-i\infty} d\vartheta\, e^{i\lambda(x\sin\vartheta + |y\cos\vartheta|)} \quad \text{(Komplexe Integration)}$$

$= \pi H_0^{(1)}(\lambda\varrho)$ mit $\varrho = \sqrt{x^2+y^2}$. (Vorzeichenwechsel bei $y=0$!)

Aufbau einer Kreiswellung aus geraden Wellungen.

β) $V = \sum_{n=-\infty}^{+\infty} i^n I_n(\lambda\varrho)\, e^{in\varphi} = e^{i\lambda\varrho\cos\varphi} = e^{i\lambda x}$ mit $x = \varrho\cos\varphi$.

Aufbau einer geraden Wellung (als FOURIER-Summe) aus modulierten Kreiswellungen.

5. Zu: $\Delta V + \lambda^2 V = 0$ (im Raume)

α) $V = \iint_{-\infty}^{+\infty} \frac{d\alpha\, d\beta}{\gamma} e^{i(\alpha x + \beta y + |\gamma z|)}$ mit $\gamma = \sqrt{\lambda^2 - (\alpha^2 + \beta^2)}$

oder mit: $\alpha = \lambda \sin\vartheta \cos\varphi$, $\beta = \lambda \sin\vartheta \sin\varphi$

$$V = \frac{i\lambda}{2\pi} \int_0^{\frac{\pi}{2}-i\infty} d\vartheta \sin\vartheta \int_0^{2\pi} d\varphi\, e^{i\lambda(x\sin\vartheta\cos\varphi + y\sin\vartheta\sin\varphi + |z\cos\vartheta|)} = \frac{e^{i\lambda r}}{r} \quad \text{(vgl. 4α).}$$

Aufbau einer Kugelwellung aus ebenen Wellungen.

$$\beta)\quad V=\frac{i\lambda}{2}\int\limits_{-\frac{\pi}{2}+i\infty}^{\frac{\pi}{2}+i\infty} H_0^{(1)}(\varrho\lambda\sin\vartheta)\, e^{i\lambda|z\cos\vartheta|}\sin\vartheta\, d\vartheta=\frac{e^{i\lambda r}}{r}$$

mit $\varrho=\sqrt{r^2-z^2}$.

Aufbau einer Kugelwellung aus modulierten Zylinderwellungen.

$$\gamma)\quad V=\sqrt{\frac{2\pi}{\lambda r}}\sum_{n=0}^{\infty}\frac{2n+1}{2}\, i^n J_{n+\frac{1}{2}}(\lambda r)\, P_n(\cos\vartheta)=e^{i\lambda r\cos\vartheta}=e^{i\lambda z}$$

Aufbau einer ebenen Wellung (als Entwicklung nach Kugelfunktionen) aus modulierten Kugelwellungen.

e) Ellipsoidisches Potential.

Spezielle partikuläre Lösungen der Gleichung $\Delta V=0$, die sich ellipsoidischen Randbedingungen anpassen lassen, erhält man mit dem Ansatz:

$$V=\varphi=x^2 A(\lambda)+y^2 B(\lambda)+z^2 C(\lambda)+F(\lambda), \tag{1}$$

in dem der Parameter λ als Funktion von x, y, z durch:

$$x^2\alpha(\lambda)+y^2\beta(\lambda)+z^2\gamma(\lambda)=1 \tag{1'}$$

definiert sei. Man bestimme die sieben Funktionen A bis γ so, daß eine einfache Lösung gelingt.

$$\frac{\partial\varphi}{\partial x}=2xA+(x^2A'+y^2B'+z^2C'+F')\frac{\partial\lambda}{\partial x}$$

wird wegen (1')

$$\frac{\partial\varphi}{\partial x}=2xA,$$

wenn: $A'=-\alpha F'$, $B'=-\beta F'$, $C'=-\gamma F'$ gesetzt wird.

$$\frac{\partial^2\varphi}{\partial x^2}=2A+2xA'\frac{\partial\lambda}{\partial x}=2A-2\alpha x F'\frac{\partial\lambda}{\partial x}=2A+\frac{4\alpha^2x^2F'}{x^2\alpha'+y^2\beta'+z^2\gamma'}$$

wegen $2\alpha x+(x^2\alpha'+y^2\beta'+z^2\gamma')\frac{\partial\lambda}{\partial x}=0$ aus (1'); also:

$$\Delta\varphi=2(A+B+C)-4kF',$$

d. h. Funktionen von λ allein, wenn:

$$\alpha^2=-k\alpha',\quad \beta^2=-k\beta',\quad \gamma^2=-k\gamma'$$

mit beliebigem k gesetzt wird. Damit wird:

$$\alpha=\frac{k}{a+\lambda},\quad \beta=\frac{k}{b+\lambda},\quad \gamma=\frac{k}{c+\lambda}$$

mit beliebigen a, b, c und

$$A = k\int_\lambda^\infty \frac{ds\,F'(s)}{a+s}, \qquad B = k\int_\lambda^\infty \frac{ds\,F'(s)}{b+s}, \qquad C = k\int_\lambda^\infty \frac{ds\,F'(s)}{c+s}$$

$(A_{(\infty)} = B_{(\infty)} = C_{(\infty)} = 0)$, also

$$\varphi = k\int_\lambda^\infty ds\,F'(s)\left\{\frac{x^2}{a+s} + \frac{y^2}{b+s} + \frac{z^2}{c+s} - \frac{1}{k}\right\},$$

falls $F_{\infty)} = 0$, und

$$\Delta\varphi = 2k\int_\lambda^\infty ds\left\{F'(s)\left(\frac{1}{a+s} + \frac{1}{b+s} + \frac{1}{c+s}\right) + 2F''(s)\right\},$$

falls $F'_{\infty)} = 0$.

Es wird daher $\Delta\varphi = 0$, wenn:

$$\frac{F''(s)}{F'(s)} = -\frac{1}{2}\left(\frac{1}{a+s} + \frac{1}{b+s} + \frac{1}{c+s}\right)$$

ist, d. h. mit der Konstanten G:

$$F'(s) = \frac{G}{k\sqrt{(a+s)(b+s)(c+s)}}; \qquad F(\lambda) = -\frac{G}{k}\int_\lambda^\infty \frac{ds}{\sqrt{(a+s)(b+s)(c+s)}}.$$

Man erhält somit Lösungen zu $\Delta V = 0$ in der Form:

$$V = \varphi = G\int_\lambda^\infty ds\left(\frac{x^2}{a+s} + \frac{y^2}{b+s} + \frac{z^2}{c+s} - \frac{1}{k}\right)\frac{1}{\sqrt{(a+s)(b+s)(c+s)}} \tag{2}$$

mit

$$\frac{x^2}{a+\lambda} + \frac{y^2}{b+\lambda} + \frac{z^2}{c+\lambda} = \frac{1}{k}. \tag{2'}$$

Der Parameter k kann ohne Verringerung der Allgemeinheit der Lösungen hierin gleich 1 gesetzt werden.

Weitere Lösungen findet man hieraus durch Differentiation nach x, y, z, z. B.

$$\varphi_x = \frac{\partial\varphi}{\partial x} = 2xA = 2xG\int_\lambda^\infty \frac{ds}{a+s}\,\frac{1}{\sqrt{(a+s)(b+s)(c+s)}}$$

sowie nach einem Parameter, z. B.

$$\varphi_k = \frac{\partial\varphi}{\partial k} = \frac{G}{k^2}\int_\lambda^\infty \frac{ds}{\sqrt{(a+s)(b+s)(c+s)}} = -\frac{F(\lambda)}{k}.$$

(Das Glied $\frac{\partial\varphi}{\partial\lambda}\frac{\partial\lambda}{\partial k}$ verschwindet wegen (2').)

Lösungen der Gleichung

$$\Delta V = \text{const}$$

sind unter anderen

$$V = \psi = x^2 A_{(0)} + y^2 B_{(0)} + z^2 C_{(0)} + F_{(0)}$$

mit

$$\Delta\psi = 2(A_{(0)} + B_{(0)} + C_{(0)}) = 4kF'_{(0)} = \frac{4G}{\sqrt{abc}} = -4\pi\varrho$$

für $G = -\pi\varrho\sqrt{abc}$.

Diese Funktion ψ wird gleich φ für $\lambda = 0$, d. h. auf dem Ellipsoid: $\frac{x^2}{a^2} + \frac{y^2}{b^2} + \frac{z^2}{c^2} = 1$. Man kann daher φ als das Potential im Außenraum, ψ als das zugehörige im Innenraum dieses mit der Dichte ϱ homogen erfüllten Ellipsoides auffassen. Die Gesamtladung ist $-\frac{4}{3}G$.

φ_k ist das Potential eines mit einer Oberflächenladung bedeckten ellipsoidischen Leiters. Deren Dichte wird:

$$4\pi\sigma = |\operatorname{grad}\varphi|_{\lambda=0} = \frac{G}{\sqrt{abc}} \cdot \frac{2}{\sqrt{\frac{x^2}{a^2} + \frac{y^2}{b^2} + \frac{z^2}{c^2}}}$$

und die Gesamtladung $2G$.

φ_x ist das Potential eines in der x-Richtung homogen polarisierten Ellipsoides mit dem Moment $\frac{4}{3}G$.

D. Lineare Probleme[1].

1. Allgemeines.

a) Homogene und inhomogene Probleme.

Ist L ein linearer Differentialoperator, so möge die vorgelegte Gleichung lauten

$$L(u) + \lambda\varrho u = V(x_1, x_2, \ldots, x_n),$$

wo λ ein Parameter ist und ϱ und V vorgegebene Funktionen sind.

Die Randbedingungen heißen homogen, wenn für $V = 0$ das zugehörige Problem homogen ist (vgl. S. 267). In allen anderen Fällen heißen sie inhomogen. Ein inhomogenes Problem liegt also vor, 1. wenn $V = 0$ und die Randbedingungen inhomogen sind, 2. wenn V nicht verschwindet und die Randbedingungen beliebig (homogen oder inhomogen) sind. Die inhomogenen Probleme der verschiedenen Typen lassen sich oft ineinander überführen.

Besonders wichtige Typen *homogener* Randbedingungen sind solche, bei denen gefordert wird, daß $\bar{u} = 0$ ($\bar{u}$ bedeutet: u am Rande des Grundgebietes), oder daß erste oder höhere Ableitungen von u auf dem Rande

[1] Vgl. Vorbemerkung zu C, S. 291.

verschwinden, oder daß Linearkombinationen von u und seinen Ableitungen auf dem Rande verschwinden.

Die wichtigsten *inhomogenen* Fälle liegen vor, wenn solche Ausdrücke als Funktionen f_i des Ortes auf dem Rande vorgegeben sind. Jedem inhomogenen Problem kann eindeutig ein homogenes Problem zugeordnet werden, nämlich $V = 0$, $f_i = 0$.

b) Alternativsatz

(vgl. S. 130f., lineare Gleichungen und S. 326, Integralgleichungen).

Ein inhomogenes Problem besitzt *entweder* eine und nur eine Lösung, wenn das zugehörige homogene Problem nur die triviale Lösung $u = 0$ hat. *Oder* aber das homogene Problem besitzt eine oder mehrere nichttriviale Lösungen (Eigenlösungen), dann ist das inhomogene nur bedingt lösbar. Im Falle einer inhomogenen Gleichung mit homogenen Randbedingungen ist die Lösbarkeitsbedingung

$$\int_{(G)}\!\!\cdots\!\int V(x_1, x_2, \ldots, x_n)\,\overset{\circ}{u}_i(x_1, x_2, \ldots, x_n)\,dx_1\,dx_2\ldots dx_n = 0, \quad i = 1, 2, \ldots, r,$$

wobei $\overset{\circ}{u}_i$ $(i = 1, 2, \ldots\ r)$ alle Lösungen der homogenen Gleichung für die gleichen Randbedingungen bedeutet. Solche Eigenlösungen existieren im allgemeinen nur für bestimmte Werte von λ (*Eigenwerte* $\lambda = \lambda_n$ mit $n = 1, 2, 3, \ldots$). Die Bestimmung der Lösung des homogenen Problems ist daher unzertrennlich mit dem Aufsuchen der Eigenwerte verknüpft.

c) Allgemeine Methodik.

Um die Behandlung eines Problems vorzubereiten, ist oft eine geeignete Transformation der unabhängigen Variablen *(Koordinatenwahl)* erforderlich. Allgemeine Regeln hierfür lassen sich nicht angeben. Zum Ziele führen häufig die beiden Gesichtspunkte:

1. Die Differentialgleichung *separierbar* zu machen.
2. Auf dem Rande des Grundgebietes eine unabhängige Variable konstant werden zu lassen, d. h. den *Rand als Koordinatenfläche* zu wählen.

d) GREENsche Formel.

Es sei

$$L(u) = A u_{xx} + 2B u_{xy} + C u_{yy} + D u_x + E u_y + F u \tag{1}$$

ein linearer Differentialausdruck, dessen Koeffizienten gegebene Funktionen von x, y seien. Der adjungierte Ausdruck lautet:

$$M(v) = (Av)_{xx} + 2(Bv)_{xy} + (Cv)_{yy} - (Dv)_x - (Ev)_y + Fv. \tag{2}$$

Ferner sei ein Grundgebiet G in der x, y-Ebene gegeben mit der Randkurve Γ, s sei die Bogenlänge auf Γ, n die Normale auf Γ nach innen.

Wir definieren eine Richtung n' (*„Konormale"*) durch

$$\left.\begin{aligned} A\cos(n,x)+B\cos(n,y)&=P\cos(n',x)\\ B\cos(n,x)+C\cos(n,y)&=P\cos(n',y)\end{aligned}\right\}, \tag{3}$$

woraus man P bestimmt mit Hilfe von

$$\cos^2(n',x)+\cos^2(n',y)=1.$$

Ferner definieren wir auf dem Rande Γ die *„adjungierte Funktion"*:

$$Q=(A_x+B_y-D)\cos(n,x)+(B_x+C_y-E)\cos(n,y), \tag{4}$$

die für selbstadjungierte Differentialausdrücke verschwindet. Dann gilt die GREENsche *Formel*:

$$\iint\limits_G\{vL(u)-uM(v)\}\,dx\,dy=\int\limits_\Gamma\left\{P\left(u\frac{\partial v}{\partial n'}-v\frac{\partial u}{\partial n'}\right)+Quv\right\}ds. \tag{5}$$

Die Formel läßt sich leicht auf mehr als zwei unabhängige Variable verallgemeinern. An Stelle der Gl. (1) bis (5) treten dann die folgenden:

$$L(u)=\sum_i\sum_k A_{ik}u_{x_ix_k}+\sum_i B_iu_{x_i}+Fu \qquad (A_{ik}=A_{ki}) \tag{1'}$$

$$M(v)=\sum_i\sum_k(A_{ik}v)_{x_ix_k}-\sum_i(B_iv)_{x_i}+Fv. \tag{2'}$$

$$\sum_k A_{ik}\cos(n,x_k)=P\cos(n',x_i) \tag{3'}$$

$$Q=\sum_k\cos(n,x_k)\left[\sum_i(A_{ik})_{x_i}-B_k\right] \tag{4'}$$

$$\left.\begin{aligned}&\int\limits_G\cdots\int\{vL(u)-uM(v)\}\,dx_1\,dx_2\ldots dx_n\\ &\quad=\int\limits_\Gamma\cdots\int\left\{P\left(u\frac{\partial v}{\partial n'}-v\frac{\partial u}{\partial n'}\right)+Quv\right\}dS\end{aligned}\right\} \tag{5'}$$

(dS = Oberflächenelement der Begrenzung Γ des Grundgebietes G).

2. Homogene Probleme zweiter Ordnung.

a) Eindimensionaler Fall.

Es sei die Differentialgleichung vorgelegt

$$L(u)+\lambda u=0. \tag{6}$$

Ist $L(u)$ ein linearer Differentialoperator zweiter Ordnung, so kann man ihn stets selbstadjungiert machen (vgl. S. 278). Die Gleichung nimmt dann die etwas allgemeinere Gestalt an:

$$L(u)+\lambda\varrho(x)u=0, \quad L(u)=(Pu')'-Qu. \tag{7}$$

Ein zu (7) gehöriges homogenes Problem mit *endlichem* Grundgebiet G und in G und auf dem Rande von G regulären Koeffizientenfunktionen besitzt stets eine abzählbar unendliche Menge diskreter Eigenwerte $\lambda_1, \lambda_2, \ldots$ mit Eigenfunktionen $u_1, u_2, \ldots$, die ein *vollständiges Orthogonalsystem* bilden, das wir stets als auf 1 *normiert* annehmen können:

$$\int \varrho u_i u_k \, dx = \delta_{ik}.$$

Daher läßt sich jede den Randbedingungen des Problems genügende Funktion nach den Eigenfunktionen entwickeln (vgl. S. 59).

Das Problem heißt ein STURM-LIOUVILLEsches, wenn außer den bisher gemachten Voraussetzungen folgende Randbedingungen befriedigt werden sollen (Grundgebiet $a \leq x \leq b$):

1. $u(a) = 0$ und $u(b) = 0$, oder
2. $u'(a) = 0$ und $u'(b) = 0$, oder
3. $\alpha \cdot u(a) = u'(a)$ und $-\beta \cdot u(b) = u'(b)$ $(\alpha > 0,\ \beta > 0)$.

Hierbei sollen auch P und ϱ positiv sein im Grundgebiet. Bei den so formulierten Problemen sind alle Eigenwerte einfach (nichtentartet) und positiv.

Wird das *Grundgebiet unendlich groß* oder haben die Koeffizienten der Differentialgleichung auf dem Rande des Grundgebietes *Singularitäten*, so können außer diskreten *(Punktspektren)* auch dichte Verteilungen der Eigenwerte *(Streckenspektren)* auftreten.

Zur Bestimmung der Eigenwerte und Eigenfunktionen empfiehlt sich oft folgende Methode. Man setzt an

$$u = \varphi(x) F(x), \tag{8}$$

wobei man die Funktion $\varphi(x)$ so zu bestimmen sucht, daß $F(x)$ ein Polynom oder eine ganze Transzendente (für $n \to \infty$)

$$F(x) = 1 + \alpha_1 x + \alpha_2 x^2 + \cdots + \alpha_n x^n \tag{9}$$

mit konstanten α_i wird *(Polynommethode)*. Die Funktion $\varphi(x)$ muß also insbesondere das Verhalten von u in der Umgebung seiner Singularitäten richtig wiedergeben. Verschwinden von u für $x = \pm\infty$ erreicht man oft durch geeignete Exponentialfaktoren. Einsetzen von (8) in (6) gibt eine Differentialgleichung für $F(x)$, in die man dann mit dem Ansatz (9) eingeht. Erhält man auf diese Weise eine *zweigliedrige Rekursionsformel* für die α_i, so führt das Verfahren unmittelbar zum Ziele. Man erhält ein Polynom n-ten Grades durch die Forderung $\alpha_{n+1} = 0$; diese Forderung dient (für jeden Wert von n) als Bestimmungsgleichung für den betreffenden Eigenwert $\lambda = \lambda_n$. Erhält man eine *mehrgliedrige* Rekursion, so hat man im Falle eines Polynoms n-ten Grades ein lineares Gleichungssystem mit den n Unbekannten α_i aufzulösen.

Beispiel:
$$u'' + (1 - x^2)\,u + \lambda u = 0.$$

Randbedingungen: $u = 0$ für $x = \pm\infty$.

Die Randbedingungen legen den Ansatz nahe
$$\varphi(x) = e^{-\beta x^2} F(x).$$

Er erfüllt asymptotisch für große $|x|$ die Differentialgleichung, wenn $\beta = \frac{1}{2}$ gewählt wird. Damit wird
$$F'' - 2xF' + \lambda F = 0.$$

Hierin den Ausdruck (9) eingesetzt, ergibt als Faktor von jedem x^i:
$$(i+2)(i+1)\,\alpha_{i+2} - 2i\alpha_i + \lambda\alpha_i = 0 \qquad (i = 0, 1, 2, \ldots, n)$$
oder
$$\alpha_{i+2} = \alpha_i \frac{2i - \lambda}{(i+1)(i+2)}. \tag{10}$$

Aus $\alpha_{n+2} = 0$ folgt $2n = \lambda_n$ für den n-ten Eigenwert mit $n = 0, 1, 2, \ldots$. Die Eigenfunktionen können aus (10) abgelesen werden. Es sind die HERMITEschen Orthogonalfunktionen (vgl. S. 114)
$$u_n = e^{-\frac{x^2}{2}} H_n(x).$$

b) Mehrdimensionaler Fall.

Die Gl. (6) kann auch dann noch stets in selbstadjungierte Form gebracht werden, wenn
$$L(u) = \sum_i \sum_k A_{ik} u_{x_i x_k} + \sum_i B_i u_{x_i} + C u$$
mit zweimal differenzierbaren Koeffizientenfunktionen A_{ik}, B_i, C. Die Gleichung besitzt dann die Form
$$L(u) + \lambda \varrho u = 0$$
mit
$$\sum_k (A_{ik})_{x_k} = B_i.$$

Die Eigenfunktionen bilden ebenfalls ein vollständiges Orthogonalsystem:
$$\int\int_G \cdots \int \varrho(x_1, x_2, \ldots, x_n)\, u_i u_k\, dx_1\, dx_2 \ldots dx_n = \delta_{ik}.$$

c) Formelschatz.

	Gleichung	Grundgebiet	Randbedingungen	Eigenwerte λ_n	Eigenfunktionen u_n
1.	$[(1-x^2)u']' + \lambda u = 0$ $(1-x^2)u'' - 2xu' + \lambda u = 0$	$-1 \leq x \leq +1$	$u(\pm 1)$ endl.	$n(n+1)$	$P_n(x)$ (Kugelfunktionen, vgl. S. 102)
2.	$[(1-x^2)u']' - \frac{m^2 u}{1-x^2} + \lambda u = 0$	$-1 \leq x \leq +1$	$u(\pm 1)$ endl.	$n(n+1)$ $n \geq m$	$P_n^m(x)$ (zugeordn. Kugelfunktionen, vgl. S. 106)
3.	$(\sqrt{1-x^2}\,u')' + \frac{\lambda}{\sqrt{1-x^2}}u = 0$ $(1-x^2)u'' - xu' + \lambda u = 0$	$-1 \leq x \leq +1$	$u(\pm 1)$ endl.	n^2	$T_n(x)$ (TSCHEBYSCHEFF-Polynome, S. 108)
4.	$[x^q(1-x)^{p-q+1}u']' + \lambda(1-x)^{p-q}x^{q-1} = 0$ $x(1-x)u'' + [q-(p+1)x]u' + \lambda u = 0$	$-1 \leq x \leq +1$	$u(\pm 1)$ endl.	$(p+n)n$	$F(p+n, -n, q, x)$ (JACOBIsche Polynome, d. h. abbrechende hypergeometrische Reihen, vgl. S. 100)
5.	$(xe^{-x}u')' + \lambda e^{-x}u = 0$ $xu'' + (1-x)u' + \lambda u = 0$	$0 \leq x \leq +\infty$	$u(0)$ endl. Normierbarkeit	n	$L_n(x)$ (LAGUERRE-Polynome, S. 112)
6.	$(xu')' + \left(\frac{1}{2} - \frac{x}{4}\right)u + \lambda u = 0$	$0 \leq x \leq +\infty$	$u(0)$ endl. Normierbarkeit	n	$e^{-\frac{x}{2}} L_n(x)$
7.	$(x^{m+1}e^{-x}u')' + x^m e^{-x}(\lambda - m)u = 0$ $xu'' + (m+1-x)u' + (\lambda - m)u = 0$	$0 \leq x \leq +\infty$	$u(0)$ endl. Normierbarkeit	n $n \geq m$	$L_n^m(x)$ (LAGUERRE-Polynome m-ter Ordnung, vgl. S. 113)
8.	$(xu')' + \left(\frac{1-m}{2} - \frac{x}{4} - \frac{m^2}{4x}\right)u + \lambda u = 0$	$0 \leq x \leq +\infty$	$u(0)$ endl. Normierbarkeit	n	$x^{-\frac{m}{2}} e^{-\frac{x}{2}} L_n^m(x)$
9.	$(e^{-x^2}u')' + \lambda e^{-x^2}u = 0$ $u'' - 2xu' + \lambda u = 0$	$-\infty \leq x \leq +\infty$	Normierbarkeit	$2n$	$H_n(x)$ HERMITE-Polynome, S. 114)
10.	$u'' + (1-x^2)u + \lambda u = 0$	$-\infty \leq x \leq +\infty$	Normierbarkeit	$2n$	$e^{-\frac{x^2}{2}} H_n(x)$

$m, n = 0, 1, 2, \ldots$. Von den angegebenen Differentialgleichungen hat jeweils die erste selbstadjungierte Form; der Vermerk „Normierbarkeit" bedeutet, daß

$$\int \varrho \cdot u_n^2 \, dx,$$

erstreckt über das Grundgebiet, existiert. Die Funktionen $v_n = \sqrt{\varrho} \cdot u_n$ bilden ein vollständiges Orthogonalsystem mit

$$\int v_n v_m \, dx = \delta_{nm} \cdot \int v_n^2 \, dx.$$

3. Randwertprobleme elliptischer Gleichungen.

a) Inhomogene Gleichung mit homogenen Randbedingungen.

$$L(u) + \lambda \varrho u = V.$$

Man bestimme zunächst die Eigenfunktionen u_l und Eigenwerte λ_l des homogenen Problems $V=0$ mit denselben Randbedingungen. Sie bilden ein vollständiges Orthogonalsystem, wenn der Ausdruck $L(u)$ selbstadjungiert ist. Man setzt die Lösung der inhomogenen Gleichung als Reihenentwicklung nach diesem Orthogonalsystem an:

$$u = \sum_l c_l u_l,$$

und bestimmt die Koeffizienten c_l. Dies kann z. B. geschehen, indem man V/ϱ auch nach dem Orthogonalsystem $\{u_l\}$ entwickelt:

$$V = \sum k_l \varrho \cdot u_l, \qquad k_l = \int V u_l \, d x_1 \, d x_2 \ldots d x_n.$$

Dann gilt wegen

$$\sum_l c_l \varrho (\lambda - \lambda_l) u_l = V$$

die Beziehung

$$c_l = \frac{k_l}{\lambda - \lambda_l}.$$

Das Verfahren versagt, wenn λ ein Eigenwert ist; vgl. hierzu Alternativsatz (S. 303).

b) Homogene Gleichung mit inhomogenen Randbedingungen.

Man unterscheidet folgende Standardaufgaben:

1. Randwertaufgabe: Auf dem Rande des Gebietes sei $u = \bar{u} = f$ eine vorgegebene Funktion.

2. Randwertaufgabe: Es sei $\frac{\partial u}{\partial n} = f$ auf dem Rande vorgegeben.

3. Randwertaufgabe: Die Linearkombination $\alpha \bar{u} + \beta \frac{\overline{\partial u}}{\partial n} = f$ sei auf dem Rande vorgegeben.

Methode der Greenschen Funktion. Zur Lösung der 1. Randwertaufgabe für die Gleichung

$$L(u) + \lambda u = u_{xx} + u_{yy} + a u_x + b u_y + (c + \lambda) u = 0$$

benutzen wir die Greensche Formel (S. 304). Für v wählen wir eine „Green*sche Funktion*", die durch folgende Eigenschaft definiert ist: Sie besitzt an der Stelle $x = \xi$, $y = \eta$ im Innern des Gebiets eine logarithmische Singularität, und zwar wird dort

$$v(x, y, \xi, \eta) = -\ln \sqrt{(x-\xi)^2 + (y-\eta)^2} + \text{reguläre Glieder}.$$

Sie genügt an jeder anderen Stelle der adjungierten Differentialgleichung $M(v) = 0$. Sie genügt schließlich der homogenen Randbedingung $v=0$. Eine solche Funktion existiert stets (HILBERT). Die Lösung lautet dann:

$$2\pi u(\xi, \eta) = \oint ds\left(\bar{u}\frac{\overline{\partial v}}{\partial n}\right).$$

Das Verfahren läßt sich auch auf mehr als zwei unabhängige Variable verallgemeinern. Statt der logarithmischen Singularität besitzt die GREENsche Funktion dann einen Pol $(n-2)$-ter Ordnung $(n > 2)$ an der Stelle $(\xi_1, \xi_2, \ldots, \xi_n)$.

Reduktion auf Integralgleichungen. Wir erläutern die Methode an der *Potentialgleichung*

$$\Delta u = u_{xx} + u_{yy} + u_{zz} = 0.$$

Es sei F eine geschlossene, einfach zusammenhängende Fläche. „Aufpunkt" P heißt der Punkt, in welchem u gesucht ist; Q („Quellpunkt") sei ein Punkt auf F. Oberflächenelement von F in Q: dF_Q. Nähert sich P dem Punkte Q von außen, so geht $u \to (u_Q)_a$, von innen, so geht $u \to (u_Q)_i$.

Lautet die Randbedingung

$$\alpha(u_Q)_i + \beta(u_Q)_a = f(Q) \qquad (\textit{1. Randwertaufgabe}),$$

so verteilen wir eine *Doppelbelegung* vom Momente $\mu(Q)$ (vgl. S. 182) auf F, d. h. wir setzen an:

$$u(P) = \int\limits_F \frac{\partial}{\partial n_Q}\left(\frac{1}{r_{PQ}}\right) \cdot \mu(Q)\, dF_Q. \tag{11}$$

Legen wir speziell $P \to Q'$ auf F, so wird

$$u(Q') = (u_{Q'})_i - 2\pi\mu(Q') = (u_{Q'})_a + 2\pi\mu(Q'),$$

so daß entsteht

$$f(Q') = 2\pi(\alpha-\beta)\,\mu(Q') + (\alpha+\beta)\int\limits_F \frac{\partial}{\partial n_Q}\left(\frac{1}{r_{QQ'}}\right)\mu(Q)\,dF_Q.$$

Das ist eine Integralgleichung zweiter Art für das Moment $\mu(Q)$:

$$\frac{f(Q')}{2\pi(\alpha-\beta)} = g(Q') = \mu(Q') - \lambda\int\limits_F K(Q', Q)\,\mu(Q)\,dF_Q$$

mit dem unsymmetrischen Kern

$$K(Q', Q) = \frac{1}{2\pi}\frac{\partial}{\partial n_Q}\left(\frac{1}{r_{QQ'}}\right) \quad \text{und} \quad \lambda = -\frac{\alpha+\beta}{\alpha-\beta}. \tag{12}$$

$\lambda = -1$ $(\beta=0)$ ist kein Eigenwert; d. h. im Innenraum hat die 1. Randwertaufgabe stets eine eindeutige Lösung. $\lambda = +1$ $(\alpha = 0)$ ist Eigenwert des Kerns; eine Lösung im Außenraum besteht daher nur unter einschränkenden Bedingungen.

Analog erhält man bei der Randbedingung

$$\alpha\left(\frac{\partial u_Q}{\partial n}\right)_i + \beta\left(\frac{\partial u_Q}{\partial n}\right)_a = f(Q) \qquad (2.\ \textit{Randwertaufgabe})$$

mit dem Lösungsansatz

$$u(P) = \int_F \frac{1}{r_{PQ}}\,\varrho(Q)\,dF_Q \tag{13}$$

(*einfache Belegung* der Fläche F) die Integralgleichung

$$f(Q') = -2\pi(\alpha-\beta)\,\varrho(Q') + (\alpha+\beta)\int_F \frac{\partial}{\partial n_Q}\left(\frac{1}{r_{QQ'}}\right)\varrho(Q)\,dF_Q$$

oder

$$-\frac{f(Q')}{2\pi(\alpha-\beta)} = g(Q') = \varrho(Q') - \lambda\int_F K(Q,Q')\,\varrho(Q)\,dF_Q,$$

wobei

$$\lambda = \frac{\alpha+\beta}{\alpha-\beta}$$

und K derselbe Kern wie in (12) ist mit vertauschten Argumenten. Auch hier ist $\lambda = -1$ ($\alpha = 0$) kein Eigenwert, d. h. im Außenraum hat die 2. Randwertaufgabe stets eine Lösung; $\lambda = +1$ ($\beta = 0$) ist Eigenwert, also besteht im Innenraum nur unter einschränkenden Bedingungen eine Lösung $\left(\int_F f(Q)\,dF_Q = 0\right)$.

Die 3. Randwertaufgabe läßt sich mit Hilfe einer Linearkombination der Ansätze (11) und (13) behandeln.

Für die *zweidimensionale* LAPLACE*sche Gleichung*

$$\Delta u = u_{xx} + u_{yy} = 0$$

gilt das entsprechende, nur hat man in (11) und (13) statt $1/r$ (NEWTONsches Potential) $\ln r$ (logarithmisches Potential) einzuführen, und den Faktor 2π überall durch π zu ersetzen. Der Ausdruck $\frac{\partial}{\partial n_Q}(\ln r_{PQ})\,ds_Q$ (wobei s die Bogenlänge auf der Randkurve ist) kann geometrisch gedeutet werden als der Gesichtswinkel, unter dem ds von P aus gesehen erscheint.

Zwei wichtige Spezielfälle (POISSONsche Integralformeln):

1. $\Delta u = 0$ in der Ebene; auf dem Kreis $r = R$ soll $u(R,\varphi) = F(\varphi)$ werden. Lösung:

$$u(r,\varphi) = \frac{1}{2\pi}\int_{-\pi}^{+\pi} F(\Phi)\,\frac{R^2 - r^2}{R^2 - 2rR\cos(\varphi-\Phi) + r^2}\,d\Phi.$$

2. $\Delta u = 0$ im Raume; auf der Kugel $r = R$ soll $u(R, \varphi, \vartheta) = F(\varphi, \vartheta)$ werden. Lösung:

$$u(r, \varphi, \vartheta) = \frac{R}{4\pi} \int\limits_0^{\pi} \int\limits_0^{2\pi} F(\Phi, \Theta) \frac{R^2 - r^2}{(R^2 - 2rR\cos\gamma + r^2)^{\frac{3}{2}}} \sin\Theta \, d\Theta \, d\Phi,$$

wobei

$$\cos\gamma = \cos\Theta\cos\vartheta + \sin\Theta\sin\vartheta\cos(\Phi - \varphi)$$

ist.

4. Anfangswertprobleme hyperbolischer Gleichungen.

$$R u_{xx} + 2 S u_{xy} + T u_{yy} = V(x, y, u, u_x, u_y). \tag{14}$$

Längs einer Kurve $x = x(\tau)$, $y = y(\tau)$ in der x, y-Ebene, die jede Charakteristik (s. S. 293) von (14) nur einmal trifft[1] (Parameter τ, etwa die Bogenlänge; $du/d\tau = u'$ usw.) seien vorgegeben:

$$u(\tau) = F(\tau) \quad \text{und} \quad \frac{\partial u}{\partial n} = G(\tau) \quad (\text{„}\textit{Anfangsstreifen}\text{“}).$$

Man berechnet der Reihe nach die sämtlichen ersten und höheren Ableitungen von u nach x und y im Streifen wie folgt:

1. Ableitungen:

$$u_x x' + u_y y' = F'$$

$$\frac{\partial u}{\partial n} = -u_x \frac{y'}{\sqrt{x'^2 + y'^2}} + u_y \frac{x'}{\sqrt{x'^2 + y'^2}} = G.$$

Aus diesen Gleichungen können $u_x = p(\tau)$ und $u_y = q(\tau)$ bestimmt werden, da die Determinante $= 1$ ist.

2. Ableitungen:

$$\begin{aligned} p' &= u_{xx} x' + u_{xy} y' \\ q' &= \phantom{u_{xx} x' + {}} u_{xy} x' + u_{yy} y' \\ V &= u_{xx} R + u_{xy} 2S + u_{yy} T. \end{aligned}$$

Hieraus findet man $u_{xx} = r(\tau)$, $u_{xy} = s(\tau)$, $u_{yy} = t(\tau)$, wenn die Determinante

$$\Delta = \begin{vmatrix} x' & y' & 0 \\ 0 & x' & y' \\ R & 2S & T \end{vmatrix} = T x'^2 - 2 S x' y' + R y'^2$$

nicht verschwindet[1]. Für $\Delta \neq 0$ lassen sich auch die höheren Ableitungen durch Fortsetzen des Verfahrens sukzessive bestimmen, z. B. erhält man die 3. Ableitungen aus den entsprechenden Gleichungen für r', s', t', V_x oder V_y. Es tritt dann immer wieder dieselbe Determinante Δ auf.

[1] Insbesondere darf also z. B. die Anfangskurve nicht geschlossen sein, eine Charakteristik berühren oder selbst Charakteristik sein.

Aus der Kenntnis sämtlicher Ableitungen längs des Anfangsstreifens folgt die Möglichkeit, die Lösung u in Form einer TAYLOR-Entwicklung aufzubauen.

RIEMANNsche Integrationsmethode. Die Differentialgleichung sei auf die Normalform gebracht

$$L(u) = u_{xy} + a u_x + b u_y + c u = 0;$$

sie hat dann die Charakteristiken $x = \text{constans}$, $y = \text{constans}$. Es sei Γ die Anfangskurve, die jede Charakteristik nur *einmal* trifft in dem Gebiet, in dem die Lösung gesucht wird. Sie ist also insbesondere keine geschlossene Kurve. Längs Γ seien u und $\partial u/\partial n$ (und damit auch $\partial u/\partial n'$) vorgegeben. Um $u(\xi, \eta)$ zu finden, ziehe man durch den Punkt $Q(\xi, \eta)$ die Charakteristiken $y = \eta$ und $x = \xi$, die Γ in A und B treffen mögen.

Ferner suche man eine GREENsche Funktion $G(x, y; \xi, \eta)$ derart, daß

1. sie in x, y überall im Gebiet ABQ und auf seinen Rändern der adjungierten Differentialgleichung $M(G) = 0$ genügt,
2. auf $y = \eta$ wird: $G_x - bG = 0$,
3. auf $x = \xi$ wird: $G_y - aG = 0$,
4. $G(\xi, \eta; \xi, \eta) = 1$ wird.

Dann gewinnt man die Lösung von $L(u) = 0$ durch Anwendung der GREENschen Formel auf den Bereich ABQ und partielle Integration längs der Wege AQ und BQ:

$$u(\xi, \eta) = \frac{1}{2}[(uG)_A + (uG)_B] + \\ + \int\limits_A^B \left[\frac{1}{2}\left(u\frac{\partial G}{\partial n'} - G\frac{\partial u}{\partial n'}\right) - (a\cos(n, x) + b\cos(n, y))\,uG\right] ds.$$

Damit ist u durch die Werte von u und $\partial u/\partial n'$ auf Γ ausgedrückt.

Sind speziell $a = b = c = 0$, so kann man $G(x, y; \xi, \eta) = 1$ wählen.

Explizit dargestellt ergibt diese RIEMANNsche Methode folgenden Weg zur Lösung der speziellen Differentialgleichungen:

1. $\dfrac{\partial^2 u}{\partial x^2} - \dfrac{\partial^2 u}{\partial y^2} = 0.$

$u(x, y)$ sei mit seinen Ableitungen $\partial u/\partial x$ und $\partial u/\partial y$ auf einer Kurve: $y = f(x)$ gegeben, d. h. $u(x, f(x)) = F(x)$ und $\dfrac{\partial u}{\partial x} = f'(x)\dfrac{\partial u}{\partial y} = G(x)$ seien als Funktionen von x bekannt. Man bestimme Punkte $x = \alpha$ und $x = \beta$ der Kurve durch:

$$\alpha - f(\alpha) = x - y, \quad \beta + f(\beta) = x + y.$$

Dann ist:

$$2u(x, y) = F(\alpha) + F(\beta) + \int_{\alpha}^{\beta} G(s)\left(f'(s) + \frac{1}{f'(s)}\right) ds.$$

Die Methode versagt, wenn die Bestimmungsgleichungen für α und β mehr als eine Lösung haben.

2. $\frac{\partial^2 u}{\partial x^2} - \frac{\partial^2 u}{\partial y^2} + u = 0$.

Die Voraussetzungen seien wie in 1. Hier wird

$$2u(x, y) = F(\alpha) + F(\beta) + \int_{\alpha}^{\beta} \left(G(s)\, v(s) - F(s)\frac{dv}{ds}\right)\left(f'(s) + \frac{1}{f'(s)}\right) ds$$

mit

$$v(s) = J_0\left(i\sqrt{(y - f(s))^2 - (x - s)^2}\right),$$

wo J_0 die Besselsche Funktion nullter Ordnung ist.

Die Abhängigkeit der rechten Seiten von x und y steckt in den α, β und $v(s)$.

E. Störungstheorie.

Ist ein Differentialoperator T einer noch ungelösten Differentialgleichung zerlegbar in

$$T = T^{(0)} + \varepsilon S,$$

wobei $T^{(0)}$ zu einem bereits gelösten Problem, dem „ungestörten" Problem, gehört, während die Störung εS mit dem Störungsparameter ε klein gegen $T^{(0)}$ ist, dann läßt sich oft ein sukzessives Rechenverfahren angeben, um das zu T gehörende „gestörte" Problem, anschließend an die Lösung des ungestörten Problems, exakt oder wenigstens angenähert zu lösen.

Dazu entwickelt man häufig nach Potenzen von ε. Je nach der Potenz ε^m, die noch berücksichtigt wird, spricht man von der „m-ten Näherung". Die Lösung des ungestörten Ausgangsproblems ist also die „nullte Näherung".

Bei komplizierteren Störungsproblemen läßt sich gelegentlich die ursprüngliche Differentialgleichung in eine einfachere transformieren und die Störungsrechnung dann auf diese anwenden.

Treten mehrere Störungsparameter auf, so ist es praktisch, zunächst nur mit dem Parameter zu rechnen, der zu den genaueren und einfacheren Lösungen führt, und dann diese gestörten Lösungen als ungestörte für das weitere Störungsverfahren mit den übrigen Störungsparametern zu benutzen. Durch die richtige Reihenfolge der Störungsrechnung kann diese manchmal erheblich genauer und einfacher werden.

1. Eigenwertprobleme.

Ungestörtes Problem sei

$$T^{(0)}\varphi_l^{(0)} - \lambda_l^{(0)}\varphi_l^{(0)} = 0 \tag{1}$$

mit bekannten Eigenwerten $\lambda^{(0)}$ und Eigenfunktionen $\varphi_l^{(0)}$. Gesucht werden Eigenwerte λ und Eigenfunktionen φ des *gestörten Eigenwertproblems*

$$T\varphi - \lambda\varphi = 0 \tag{2}$$

mit

$$T = T^{(0)} + \varepsilon S$$

bei gleichen homogenen Randbedingungen, d. h. es wird gefragt, wie sich die ungestörten Eigenwerte und Eigenfunktionen durch die Störung εS verändern.

a) Einfache Eigenwerte.

Allgemeines Schema: Der ungestörte Eigenwert von (1) sei einfach und zwar $\lambda_k^{(0)}$ mit $\varphi_k^{(0)}$ als ungestörter Eigenfunktion. Dann macht man den Ansatz

$$\left.\begin{aligned} \lambda_k &= \lambda_k^{(0)} + \sum_{m=1}^{\infty} \varepsilon^m \lambda_k^{(m)} \\ \varphi_k &= \varphi_k^{(0)} + \sum_{m=1}^{\infty} \varepsilon^m \varphi_k^{(m)} \end{aligned}\right\} \tag{3}$$

mit den noch zu bestimmenden Eigenwert- und Eigenfunktionsstörungen m-ter Ordnung: $\lambda_k^{(m)}, \varphi_k^{(m)}$. Der obere eingeklammerte Index kennzeichnet die Ordnung der Näherung, der untere die ungestörten Ausgangswerte $\lambda_k^{(0)}\varphi_k^{(0)}$, an die sich die Störung stetig anschließt. Die Konvergenz der Reihen (3) ist natürlich noch besonders zu untersuchen.

Setzt man (3) in (2) ein und fordert das Verschwinden aller Koeffizienten der Entwicklung nach Potenzen von ε, so resultiert das System inhomogener Differentialgleichungen:

$$T^{(0)}\varphi_k^{(m)} - \lambda_k^{(0)}\varphi_k^{(m)} = -S\varphi_k^{(m-1)} + \sum_{n=1}^{m} \lambda_k^{(n)}\varphi_k^{(m-n)} \quad (m = 1, 2, 3, \ldots). \tag{4}$$

Hieraus lassen sich $\lambda_k^{(m)}$ und $\varphi_k^{(m)}$ (wenigstens prinzipiell) aus den niedrigeren Näherungen $\lambda_k^{(0)} \ldots \lambda_k^{(m-1)}$; $\varphi_k^{(0)} \ldots \varphi_k^{(m-1)}$ sukzessive berechnen. Dabei bleibt $\varphi_k^{(m)}$ zunächst bis auf ein beliebiges Vielfaches von $\varphi_k^{0)}$ unbestimmt. Es ist praktisch, dieses so festzusetzen, daß

$$\Phi_{kk}^{(m)} \equiv \left(\varphi_k^{(0)*}, \varphi_k^{(m)}\right) = \int \varphi_k^{(0)*}\varphi_k^{(m)}\,d\tau = 0 \quad \text{für} \quad m = 1, 2, 3, \ldots \tag{5}$$

wird.

Allgemeines über die Eigenwertstörungen.

Die inhomogenen Gl. (4) sind nur lösbar, wenn ihre rechten Seiten orthogonal zur Lösung $\varphi_k^{0)}$ der homogenen Gl. (1) sind, d. h.

$$\left(\varphi_k^{(0)*}, \sum_{n=1}^{m} \lambda_k^{(n)}\varphi_k^{(m-n)} - S\varphi_k^{(m-1)}\right) = 0,$$

oder mit (5) und bei normiertem $\varphi_k^{(0)}$:

$$\lambda_k^{(m)} = \left(\varphi_k^{(0)*},\ S\varphi_k^{(m-1)}\right). \tag{6}$$

Wenn man also die Eigenfunktion $(m-1)$-ter Näherung kennt, erhält man damit durch Quadratur die Eigenwertstörung m-ter Näherung. Die drei ersten Näherungen sind:

$$\left.\begin{aligned} \lambda_k^{(1)} &= \left(\varphi_k^{(0)*},\ S\varphi_k^{(0)}\right) \equiv S_{kk} \quad \text{(vgl. (11))}\\ \lambda_k^{(2)} &= \left(\varphi_k^{(0)*},\ S\varphi_k^{(1)}\right)\\ \lambda_k^{(3)} &= \left(\varphi_k^{(0)*},\ S\varphi_k^{(2)}\right)\\ &\dots\dots\dots\dots\dots\dots \end{aligned}\right\} \tag{7}$$

Bei selbstadjungierten Operatoren T kann man an Stelle von (6) eine Form finden, die gelegentlich einfacher ist. Dann gilt nämlich:

$$\left.\begin{aligned} \left(\varphi_k^{(i)*},\ T^{(0)}\varphi_k^{(j)}\right) &= \left(\varphi_k^{(j)},\ T^{(0)*}\varphi_k^{(i)*}\right)\\ \left(\varphi_k^{(i)*},\ S\varphi_k^{(j)}\right) &= \left(\varphi_k^{(j)},\ S^*\varphi_k^{(i)*}\right)\\ \lambda_k^{(i)} &= \lambda_k^{(i)*} \end{aligned}\right\} \tag{8}$$

und man kann die Gl. (4) und (1) derart mit Faktoren $\varphi_k^{(n)*}$ multiplizieren und dann über die Variablen integrieren, daß sich eine große Zahl der Matrixelemente (8) eliminieren läßt. So findet man:

für *gerade* $m = 2n$ $\quad (n = 1, 2, 3, \dots)$

$$\lambda_k^{(m)} = \left(\varphi_k^{(n)*},\ S\varphi_k^{(n-1)}\right) - \sum_{i=1}^{n}\sum_{j=1}^{n-1}\lambda_k^{(m-i-j)}\left(\varphi_k^{(i)*},\ \varphi_k^{(j)}\right)$$

und für *ungerade* $m = 2n + 1$ $\quad (n = 0, 1, 2, 3, \dots)$

$$\lambda_k^{(m)} = \left(\varphi_k^{(n)*},\ S\varphi_k^{(n)}\right) - \sum_{i=1}^{n}\sum_{j=1}^{n}\lambda_k^{(m-i-j)}\left(\varphi_k^{(i)*},\ \varphi_k^{(j)}\right).$$

Wenn man die Eigenfunktion n-ter Näherung kennt, z. B. numerisch oder als Reihenentwicklung (s. folgende Abschnitte) oder auch in analytischer Form, so kann man damit bei selbstadjungierten Problemen durch endlich viele Quadraturen die Eigenwertstörung gleich bis zur $(2n+1)$-ten Näherung berechnen. Speziell für die ersten drei Näherungen ist:

$$\left.\begin{aligned} \lambda_k^{(1)} &= \left(\varphi_k^{(0)*},\ S\varphi_k^{(0)}\right) \quad \text{[wie (7)]}\\ \lambda_k^{(2)} &= -\left(\varphi_k^{(1)*},\ T^{(0)}\varphi_k^{(1)}\right) + \lambda_k^{(0)}\left(\varphi_k^{(1)*},\ \varphi_k^{(1)}\right) = \left(\varphi_k^{(1)*},\ S\varphi_k^{(0)}\right)\\ \lambda_k^{(3)} &= \left(\varphi_k^{(1)*},\ S\varphi_k^{(1)}\right) - \left(\varphi_k^{(0)*},\ S\varphi_k^{(0)}\right)\cdot\left(\varphi_k^{(1)*},\ \varphi_k^{(1)}\right)\\ &\dots\dots\dots\dots\dots\dots\dots\dots\dots\dots\dots\dots \end{aligned}\right\} \tag{9}$$

Reihenentwicklung nach ungestörten Eigenfunktionen (Verfahren von SCHRÖDINGER).

Die noch unbekannten Näherungen der Eigenfunktionen $\varphi_k^{(m)}$ setzt man als Entwicklungen nach den Eigenfunktionen der ungestörten Gl. (1) $\varphi_l^{(0)}$ an, die ein normiertes Orthogonalsystem bilden sollen:

$$\varphi_k^{(m)} = \sum_l \Phi_{kl}^{(m)} \varphi_l^{(0)} \quad \text{mit} \quad \Phi_{kl}^{(m)} = \left(\varphi_l^{(0)*}, \varphi_k^{(m)}\right). \tag{10}$$

Wegen (5) ist $\Phi_{kk}^{(m)} = 0$, so daß in den Summen (10) kein Summand ($l = k$) mit der ungestörten Ausgangsfunktion $\varphi_k^{(0)}$ vorkommt.

Weiter ist dann wegen (1)

$$T^{(0)} \varphi_k^{(m)} = \sum_l \Phi_{kl}^{(m)} \lambda_l^{(0)} \varphi_l^{(0)}$$

und

$$\left(\varphi_l^{(0)*}, T^{(0)} \varphi_k^{(m)} - \lambda_k^{(0)} \varphi_k^{(m)}\right) = \left(\lambda_l^{(0)} - \lambda_k^{(0)}\right) \Phi_{kl}^{(m)}.$$

Bezeichnet man zur Abkürzung noch

$$\left(\varphi_i^{(0)*}, S\varphi_j^{(0)}\right) = S_{ij}^{(0)} \equiv S_{ij}, \tag{11}$$

multipliziert die erste der Gl. (4) mit $\varphi_l^{(0)*}$ und integriert über die Variablen, so ergibt sich

$$\left(\varphi_l^{(0)*}, T^{(0)}\varphi_k^{(1)} - \lambda_k^{(0)}\varphi_k^{(1)}\right) = \left(\lambda_l^{(0)} - \lambda_k^{(0)}\right)\Phi_{kl}^{(1)} = \left(\varphi_l^{(0)*}, \lambda_k^{(1)}\varphi_k^{(0)} - S\varphi_k^{(0)}\right) = -S_{lk},$$

also

$$\Phi_{kl}^{(1)} = \frac{S_{lk}}{\lambda_k^{(0)} - \lambda_l^{(0)}} \tag{12a}$$

und mit (10)

$$\varphi_k^{(1)} = \sum_{l \neq k} \frac{S_{lk}}{\lambda_k^{(0)} - \lambda_l^{(0)}} \varphi_l^{(0)}. \tag{12b}$$

Setzt man (12b) in (7) ein, so wird

$$\lambda_k^{(2)} = \sum_{l \neq k} \frac{S_{lk} S_{kl}}{\lambda_k^{(0)} - \lambda_l^{(0)}}. \tag{12c}$$

Multipliziert man die zweite der Gl. (4) mit $\varphi_l^{(0)*}$ und integriert über die Variablen, so findet man

$$\left(\varphi_l^{(0)*}, T^{(0)}\varphi_k^{(2)} - \lambda_k^{(0)}\varphi_k^{(2)}\right) = \left(\lambda_l^{(0)} - \lambda_k^{(0)}\right)\Phi_{kl}^{(2)} =$$

$$= \left(\varphi_l^{(0)*}, \lambda_k^{(1)}\varphi_k^{(1)} + \lambda_k^{(2)}\varphi_k^{(0)} - S\varphi_k^{(1)}\right) = \lambda_k^{(1)}\Phi_{kl}^{(1)} - \sum_{i \neq k} \frac{S_{li} S_{ik}}{\lambda_k^{(0)} - \lambda_i^{(0)}}.$$

Mit (7) und (12a) ist dann

$$\Phi_{kl}^{(2)} = \frac{1}{\lambda_k^{(0)} - \lambda_l^{(0)}} \left\{ \sum_{i \neq k} \frac{S_{li} S_{ik}}{\lambda_k^{(0)} - \lambda_i^{(0)}} - \frac{S_{kk} S_{lk}}{\lambda_k^{(0)} - \lambda_l^{(0)}} \right\} \tag{13a}$$

also mit (10)

$$\varphi_k^{(2)} = \sum_{l \neq k} \frac{\varphi_l^{(0)}}{\lambda_k^{(0)} - \lambda_l^{(0)}} \left\{ \sum_{i \neq k} \frac{S_{li} S_{ik}}{\lambda_k^{(0)} - \lambda_i^{(0)}} - \frac{S_{kk} S_{lk}}{\lambda_k^{(0)} - \lambda_l^{(0)}} \right\} \tag{13b}$$

und mit (6)

$$\lambda_k^{(3)} = \sum_{l \neq k} \sum_{i \neq k} \frac{S_{kl} S_{li} S_{ik}}{\left(\lambda_k^{(0)} - \lambda_l^{(0)}\right)\left(\lambda_k^{(0)} - \lambda_i^{(0)}\right)} - \sum_{l \neq k} \frac{S_{kk} S_{kl} S_{lk}}{\left(\lambda_k^{(0)} - \lambda_l^{(0)}\right)^2}. \tag{13c}$$

Bei selbstadjungierten Problemen hätte man mit (9) die gleiche Formel (13c) bereits aus (12b) erhalten, ohne erst $\varphi_k^{(2)}$ aus (13b) berechnen zu müssen.

In analoger Weise kann man die dritte der Gl. (4) usw. benutzen, um die höheren Näherungen der Eigenwerte und Eigenfunktionen sukzessive zu berechnen.

b) Mehrfache Eigenwerte.

Anpassung der Eigenfunktionen an die Störung; Eigenwerte erster Näherung.

Gehören n verschiedene orthogonalisierte $\varphi_{k(\alpha)}^{(0)}$ $(\alpha = 1, 2, \ldots n)$ zum gleichen ungestörten Eigenwert $\lambda_k^{(0)}$, so hat man zunächst die nullte Näherung der Eigenfunktionen an die Störung anzupassen. Dazu setzt man in den Ansatz (3) allgemeiner

$$\varphi_k^{(0)} = \sum_{\alpha=1}^{n} c_\alpha \varphi_{k(\alpha)}^{(0)} \tag{14}$$

ein und erhält für die erste $(m = 1)$ der Gl. (4)

$$T^{(0)} \varphi_k^{(1)} - \lambda_k^{(0)} \varphi_k^{(1)} = - \sum_{\alpha=1}^{n} c_\alpha \left(S - \lambda_k^{(1)}\right) \varphi_{k(\alpha)}^{(0)}.$$

Hier muß die rechte Seite zu sämtlichen $\varphi_{k(\alpha')}^{(0)}$ orthogonal sein, also

$$\sum_{\alpha=1}^{n} c_\alpha \left(\varphi_{k(\alpha')}^{(0)*}, S\varphi_{k(\alpha)}^{(0)} - \lambda_k^{(1)} \varphi_{k(\alpha)}^{(0)}\right) = 0 \qquad \alpha' = 1, 2, 3, \ldots, n.$$

Das sind n Gleichungen zur Bestimmung der c_α, die wir mit den Abkürzungen

$$S_{k\alpha', k\alpha} = \left(\varphi_{k(\alpha')}^{(0)*}, S\varphi_{k(\alpha)}^{(0)}\right)$$

und bei normierten $\varphi_{k(\alpha)}^{(0)}$ schreiben:

$$\sum_{\alpha=1}^{n} c_\alpha \left(S_{k\alpha', k\alpha} - \lambda_k^{(1)} \delta_{\alpha', \alpha}\right) = 0. \tag{15}$$

Lösbarkeitsbedingung ist die Säkulargleichung:

$$\det \left| S_{k\alpha', k\alpha} - \lambda_k^{(1)} \delta_{\alpha', \alpha} \right| = 0, \qquad \alpha', \alpha = 1, 2, 3. \ldots. n.$$

Sie hat n Wurzeln $\lambda_k^{(1)} = \lambda_{k(j)}^{(1)}$ $(j = 1, 2, 3, \ldots, n)$, zu denen nach (15) je ein Koeffizientensystem $c_\alpha = c_{\alpha j}$ gehört. Der in (15) noch unbestimmte Faktor der $c_{\alpha j}$ kann durch die Normierungsbedingung festgelegt werden:

$$\sum_{\alpha=1}^{n} |c_{\alpha j}|^2 = 1 .$$

Damit sind die normierten angepaßten Eigenfunktionen nullter Näherung (14) völlig bestimmt, die wir zum Unterschied von den nichtangepaßten $\varphi_{k(\alpha)}^{(0)}$ fortan mit $\chi_{kj}^{(0)}$ bezeichnen wollen, also

$$\chi_{kj}^{(0)} = \sum_{\alpha=1}^{n} c_{\alpha j} \varphi_{k(\alpha)}^{(0)} .$$

Für diese gilt

$$\left(\chi_{k'j'}^{(0)*}, \chi_{kj}^{(0)}\right) = \delta_{kk'} \delta_{jj'}$$

und

$$\left(\chi_{kj'}^{(0)*}, S\chi_{kj}^{(0)}\right) = \lambda_{kj}^{(1)} \delta_{jj'} .$$[1]

Beispiel:

$n = 2$, wobei $S_{k1,k1} = S_{k2,k2}$, $S_{k1,k2} = S_{k2,k1} \neq 0$ sei (*symmetrische Störung*).

Dann ist

$$\lambda_{k(1)}^{(1)} = S_{k1,k1} + S_{k1,k2} \quad \text{mit} \quad \chi_{k1}^{(0)} = \frac{1}{\sqrt{2}}\left(\varphi_{k(1)}^{(0)} + \varphi_{k(2)}^{(0)}\right)$$

(*symmetrische Lösung*)

und

$$\lambda_{k(2)}^{(1)} = S_{k1,k1} - S_{k1,k2} \quad \text{mit} \quad \chi_{k2}^{(0)} = \frac{1}{\sqrt{2}}\left(\varphi_{k(1)}^{(0)} - \varphi_{k(2)}^{(0)}\right)$$

(*antimetrische Lösung*).

Höhere Näherungen.

Sind die $\lambda_{k(j)}^{(1)}$ sämtlich voneinander verschieden, so ist die Entartung durch die Störung bereits in erster Näherung aufgehoben. Der n-fache Eigenwert $\lambda_k^{(0)}$ spaltet in n verschiedene $\lambda_{kj} = \lambda_k^{(0)} + \varepsilon\lambda_{k(j)}^{(1)}$ $(j = 1, 2, \ldots, n)$ auf. Dann können die höheren Näherungen wie bei einfachen Eigenwerten berechnet werden:

Man macht statt (3) den allgemeineren Ansatz:

$$\left.\begin{aligned} \lambda_{kj} &= \lambda_k^{(0)} + \sum_{m=1}^{\infty} \varepsilon^m \lambda_{k(j)}^{(m)} \\ \varphi_{kj} &= \chi_{kj}^{(0)} + \sum_{m=1}^{\infty} \varepsilon^m \chi_{kj}^{(m)} \end{aligned}\right\} \quad (j = 1, 2, 3, \ldots, n)$$

und erhält analog (4) das System:

$$T^{(0)}\chi_{kj}^{(m)} - \lambda_k^{(0)}\chi_{kj}^{(m)} = -S\chi_{kj}^{(m-1)} + \sum_{n=1}^{m} \lambda_{k(j)}^{(n)}\chi_{kj}^{(m-n)} \quad (m = 1, 2, 3, \ldots) \tag{16}$$

[1] Die „Anpassung" der Eigenfunktionen bedeutet also die Auffindung eines Orthogonalsystems $\chi_{kj}^{(0)}$, in dem die Störung S eine Diagonalmatrix (im Unterraum k) wird. Die Eigenwertstörungen 1. Ordn. $\lambda^{(1)}$ sind die Eigenwerte der Störungsmatrix S bzw. $S_{kj,kj'}$.

zur sukzessiven Berechnung der $\chi_{kj}^{(m)}$. Diese bleiben zunächst bis auf beliebige Vielfache der n verschiedenen $\chi_{kj}^{(0)}$ unbestimmt. Die noch unbestimmten n Koeffizienten werden dann dadurch bestimmt, daß die rechte Seite der jeweils nächsthöheren der Gl. (16), die $\chi_{kj}^{(m)}$ enthält, orthogonal zu sämtlichen n $\chi_{kj'}^{(0)}$ sein muß.

Das sind n Bedingungen. Die erste davon ($j' = j$) ergibt die nächsthöhere Näherung des Eigenwerts $\lambda_{k(j)}^{(m+1)}$ und die anderen $n-1$ bestimmen $n-1$ der noch unbestimmten Koeffizienten. Nur der zu $j' = j$ gehörende ist dadurch noch nicht bestimmt. Er kann durch eine (5) analoge Festsetzung oder durch die Normierungsforderung willkürlich bestimmt werden. Diese endgültige Bestimmung von $\chi_{kj}^{(m)}$ erfolgt zugleich mit der Berechnung von $\lambda_{k(j)}^{(m+1)}$, ebenso wie die angepaßten Eigenfunktionen nullter Näherung $\chi_{kj}^{(0)}$ sich zugleich mit $\lambda_{k(j)}^{(1)}$ ergaben.

Die weitere Berechnung höherer Näherungen bei völlig aufgespaltenem n-fachen Eigenwert ist im übrigen analog der bei einfachen Eigenwerten, insbesondere sind die entsprechenden Reihenentwicklungen nach Eigenfunktionen des ungestörten Problems oder nach den angepaßten Eigenfunktionen möglich. In erster Näherung gilt dann mit den Abkürzungen:

$$X_{kj,k'j'} = \left(\chi_{k'j'}^{(0)*}, \chi_{kj}^{(0)}\right); \qquad U_{k'j',kj} = \left(\chi_{k'j'}^{(0)*}, S\chi_{kj}^{(0)}\right),$$

für Eigenwert- und Eigenfunktionsstörung:

$$\lambda_{k(j)}^{(1)} = U_{kj,kj},$$

$$\chi_{kj}^{(1)} = \sum_{k',j'} X_{kj,k'j'}\, \chi_{k'j'}^{(0)}$$

mit

$$X_{kj,k'j'} = \frac{U_{k'j',kj}}{\lambda_k^{(0)} - \lambda_{k'}^{(0)}} \qquad \text{für} \quad k' \neq k,$$

$$X_{kj,k'j'} = \frac{1}{\lambda_{kj}^{(1)} - \lambda_{kj'}^{(1)}} \cdot \sum_{l \neq k} \sum_{m} \frac{U_{kj',lm}\, U_{lm,kj}}{\lambda_k^{(0)} - \lambda_l^{(0)}} \qquad \text{für} \quad j' \neq j$$

und für die Eigenwertstörung zweiter Näherung:

$$\lambda_{k(j)}^{(2)} = \sum_{l \neq k} \sum_{m} \frac{U_{kj,lm}\, U_{lm,kj}}{\lambda_k^{(0)} - \lambda_l^{(0)}}.$$

Sind die $\lambda_{k(j)}^{(1)}$ nicht sämtlich voneinander verschieden, so ist die Entartung in erster Näherung noch nicht völlig aufgehoben. Dann bleiben auch die $c_{\alpha j}$ bzw. die angepaßten Eigenfunktionen nullter Näherung entsprechend unbestimmt. In diesem Falle müssen die Eigenfunktionen der Störung zweiter bzw. höherer Ordnung angepaßt werden. Ob in den höheren Näherungen die Entartung weiter bzw. ganz aufgehoben wird, muß die Untersuchung der dabei vorkommenden Säkulargleichungen ergeben.

Oft läßt sich aus den Transformationseigenschaften (Symmetrien) von $T^{(0)}$ und S allgemein herleiten, ob Entartungen aufgehoben werden (s. Anhang 13).

c) Kontinuierliche Eigenwerte.

Bilden die ungestörten Eigenwerte eine teilweise dichte Folge, d. h. ist $\lambda_k^{(0)} = \lambda^{(0)}(k)$ mit teilweise stetig veränderlichem Index k, gehört aber der Ausgangseigenwert, an den sich die Störung stetig anschließt, nicht zum Kontinuum, so ist das Störungsverfahren der beiden vorherigen Abschnitte a) und b) anwendbar. Man hat nur bei den Reihenentwicklungen nach dem ungestörten Orthogonalsystem noch die Eigenwerte und Eigenfunktionen des Kontinuums zu berücksichtigen und zu den Summen über die diskreten Eigenwerte kommen noch Integrale über die kontinuierlichen Eigenwerte hinzu.

So wird z. B. aus (10) jetzt:

$$\varphi_k^{(m)} = \sum \Phi_{kl}^{(m)} \varphi_l^{(0)} + \int \Phi^{(m)}(k, l)\, \varphi^{(0)}(l)\, dl,$$

wenn man für kontinuierliche Indizes $\varphi^{(m)}(l)$ an Stelle des früheren $\varphi_l^{(m)}$ schreibt, oder aus (12b):

$$\varphi_k^{(1)} = \sum_{l \neq k} \frac{S_{lk}}{\lambda_k^{(0)} - \lambda_l^{(0)}} \varphi_l^{(0)} + \int \frac{S(l, k)}{\lambda_k^{(0)} - \lambda^{(0)}(l)} \varphi^{(0)}(l)\, dl,$$

mit $\quad S(l, k) = (\varphi^{(0)*}(l), S\varphi^{(0)}(k))$,

aus (12c): $\quad \lambda_k^{(2)} = \sum_{l \neq k} \frac{S_{lk} S_{kl}}{\lambda_k^{(0)} - \lambda_l^{(0)}} + \int \frac{S(l, k)\, S(k, l)}{\lambda_k^{(0)} - \lambda^{(0)}(l)}\, dl$

usw.

Liegt der ungestörte Ausgangseigenwert, dessen Störung zu untersuchen ist, selbst im Kontinuum, oder gibt es nur kontinuierliche Eigenwerte $\lambda^{(0)}(k)$, so macht man statt (3) den Ansatz:

$$\varphi(k) = \varphi^{(0)}(k) + \sum_{m=1}^{\infty} \varepsilon^m \varphi^{(m)}(k),$$

ohne einen gestörten Eigenwert explizit zu definieren wie bei diskreten Eigenwerten. $\varphi^{(0)}(k)$ genügt der ungestörten Gleichung

$$T^{(0)} \varphi^{(0)}(k) - \lambda(k)\, \varphi^{(0)}(k) = 0.$$

Analog zu Abschnitt a) erhält man so die inhomogenen Differentialgleichungen:

$$T^{(0)}\varphi^{(m)}(k) - \lambda(k)\varphi^{(m)}(k) = -S\varphi^{(m-1)}(k), \qquad m = 1, 2, 3, \ldots,$$

aus denen die verschiedenen Näherungen $\varphi^{(m)}$ sukzessive berechnet werden können.

Neben anderen Methoden (z. B. mit einer GREENschen Funktion) kann man das analog zum Vorherigen mittels Entwicklung der $\varphi^{(m)}(k)$ nach dem Orthogonalsystem $\varphi^{(0)}(k)$ durchführen. Zum Beispiel für die *erste Näherung* mit dem Ansatz:

$$\varphi^{(1)}(k) = \int c^{(1)}(k, k')\,\varphi^{(0)}(k')\,dk', \tag{17}$$

wobei also

$$(\varphi^{(0)*}(k), \varphi^{(0)}(k')) = \delta(k - k')$$

ist. Dann erhält man:

$$c^{(1)}(k, k') = \frac{S(k, k')}{\lambda(k) - \lambda(k')}$$

mit $\quad S(k, k') = (\varphi^{(0)*}(k'), S\varphi^{(0)}(k))$.

Da $c(k, k')$ für $k = k'$ singulär wird, muß die Konvergenz von (17) durch Grenzwertbetrachtungen noch geprüft werden.

In analoger Weise ergibt sich für die *zweite Näherung*:

$$\varphi^{(2)}(k) = \int c^{(2)}(k, k')\,\varphi^{(0)}(k')\,dk'$$

mit $\quad c^{(2)}(k, k') = \dfrac{1}{\lambda(k) - \lambda(k')} \displaystyle\int \frac{S(k, k'')\,S(k'', k')}{\lambda(k) - \lambda(k'')}\,dk''$ usw.

Gibt es neben kontinuierlichen Eigenwerten auch diskrete, so entarten die Integrale sinngemäß teilweise zu Summen.

2. Methode der Variation der Konstanten.

Sie ist anwendbar auf Differentialgleichungen der Form

$$\frac{\partial}{\partial t}\,y(x_1, x_2, \ldots, x_n, t) = T\,y(x_1, x_2, \ldots, x_n, t),$$

wenn

1. $T = T^{(0)} + \varepsilon S$ und

2. $T^{(0)}$ von t unabhängig ist und die Eigenwerte λ_k und Eigenfunktionen $\varphi_k^{(0)}(x_1, x_2, \ldots, x_n)$ des ungestörten Problems $T^{(0)}\varphi_k^{(0)} - \lambda_k\varphi_k^{(0)} = 0$ bekannt sind.

Der Störungsoperator S kann von $x = x_1, x_2, \ldots, x_n$ und t abhängig sein.

Man macht den Ansatz

$$y = \sum_k c_k(t)\,\varphi_k^{(0)}(x)\,e^{\lambda_k t}$$

mit den noch zu bestimmenden Funktionen $c_k(t)$ und erhält so das System von linearen Differentialgleichungen erster Ordnung:

$$\frac{d}{dt}c_k(t) = \varepsilon \sum_l S_{kl}\,c_l(t)\,e^{(\lambda_l - \lambda_k)t} \quad \text{mit} \quad S_{kl} = \left(\varphi_k^{(0)*},\, S\varphi_l^{(0)}\right).$$

Man löst es durch eine Folge von Näherungen $c_k^{(n)}(t)$, d. h.

$$c_k(t) = \lim_{n\to\infty} c_k^{(n)}(t) \quad \text{mit}$$

$$c_k^{(0)}(t) = c_k(0) \equiv c_k$$

$$c_k^{(1)}(t) = c_k^{(0)}(t) + \varepsilon \sum_l \int_0^t S_{kl}\,c_l^{(0)}(t)\,e^{(\lambda_l - \lambda_k)t}\,dt$$

$$c_k^{(2)}(t) = c_k^{(0)}(t) + \varepsilon \sum_l \int_0^t S_{kl}\,c_l^{(1)}(t)\,e^{(\lambda_l - \lambda_k)t}\,dt$$

....

$$c_k^{(n)}(t) = c_k^{(0)}(t) + \varepsilon \sum_l \int_0^t S_{kl}\,c_l^{(n-1)}(t)\,e^{(\lambda_l - \lambda_k)t}\,dt.$$

Für $\varepsilon = 0$ werden alle c_k konstant.

Ist S von t unabhängig, so erhält man damit die Reihenentwicklung nach ε^n:

$$c_k(t) = c_k(0) + \varepsilon \sum_l S_{kl}\left\{\frac{e^{(\lambda_l - \lambda_k)t} - 1}{\lambda_l - \lambda_k}\right\} c_l(0) +$$

$$+ \varepsilon^2 \sum_l \sum_m \frac{S_{kl}\,S_{lm}}{\lambda_m - \lambda_l}\left\{\frac{e^{(\lambda_m - \lambda_k)t} - 1}{\lambda_m - \lambda_k} - \frac{e^{(\lambda_l - \lambda_k)t} - 1}{\lambda_l - \lambda_k}\right\} c_m(0) + \cdots,$$

wobei für $k = l$ zu setzen ist: $\dfrac{e^{(\lambda_l - \lambda_k)t} - 1}{\lambda_l - \lambda_k} = t$ und bei kontinuierlichen Eigenwerten die Summen sinngemäß durch Integrale zu ersetzen sind.

3. Weitere Methoden.

a) Verallgemeinerte Störungsrechnung für Eigenwertprobleme ohne Störungsparameter.

Es gibt Eigenwertprobleme $T\varphi - \lambda\varphi = 0$ ohne eigentlichen Störungsparameter ε, bei denen sich T nicht eindeutig in einen ungestörten Teil und eine Störung εS zerlegen läßt. Trotzdem kann man oft Eigenfunktionen angeben, die das Problem genähert lösen, aber selbst nicht Eigenfunktionen eines zu T benachbarten „ungestörten" Operators sind.

Ist T hermitisch, so setzt man dann

$$\varphi = \varphi^{(0)} + \varphi^{(1)} \quad \text{mit} \quad \varphi^{(1)} \ll \varphi^{(0)}$$

an. Die Eigenfunktion nullter Näherung $\varphi^{(0)}$ wird aufgebaut aus im allgemeinen nicht zueinander orthogonalen Funktionen $\varphi_\alpha^{(0)}$:

$$\varphi^{(0)} = \sum_{\alpha=1}^{n} c_\alpha \varphi_\alpha^{(0)}. \tag{18}$$

Man wählt die $\varphi_\alpha^{(0)}$ als Eigenfunktionen von $T_\alpha^{(0)} \varphi_\alpha^{(0)} - \lambda_\alpha^{(0)} \varphi_\alpha^{(0)} = 0$ mit solchen $T_\alpha^{(0)}$ und $\lambda_\alpha^{(0)}$, so daß überall

$$T \varphi_\alpha^{(0)} - \lambda \varphi_\alpha^{(0)} \simeq \varphi^{(1)} \ll \varphi_\alpha^{(0)} \tag{19}$$

ist. Die $\lambda_\alpha^{(0)}$ können für die verschiedenen α verschieden oder auch gleich sein. Sind mehrere $\lambda_\alpha^{(0)}$ einander gleich oder genähert gleich, so ist das Problem in nullter Näherung entartet oder fast entartet.

Man erhält so

$$\{T - \lambda\} \Big\{\sum_\alpha c_\alpha \varphi_\alpha^{(0)} + \varphi^{(1)}\Big\} = 0$$

und daraus die n Gleichungen

$$\sum_\alpha c_\alpha \left\{\left(\varphi_{\alpha'}^{(0)*}, T \varphi_\alpha^{(0)}\right) - \lambda \left(\varphi_{\alpha'}^{(0)*}, \varphi_\alpha^{(0)}\right)\right\} + \left(\varphi_{\alpha'}^{(0)*}, T \varphi^{(1)}\right) - \lambda \left(\varphi_{\alpha'}^{(0)*}, \varphi^{(1)}\right) = 0$$
$$\alpha' = 1, 2, 3, \ldots, n.$$

Hierin ist die Summe über α wegen (19) von der Größenordnung $\varphi^{(1)}$. Die beiden letzten Summanden haben die Größenordnung $(\varphi^{(1)})^2$ und können gegen die Summe über α fortgelassen werden, denn für hermitische T ist [mit (19)]:

$$\left(\varphi_{\alpha'}^{(0)*}, T \varphi^{(1)}\right) - \lambda \left(\varphi_{\alpha'}^{(0)*}, \varphi^{(1)}\right) = \left(\varphi^{(1)}, T^* \varphi_{\alpha'}^{(0)*}\right) - \lambda \left(\varphi^{(1)}, \varphi_{\alpha'}^{(0)*}\right) \simeq \left(\varphi^{(1)*}, \varphi^{(1)}\right).$$

Mit den Abkürzungen

$$\left(\varphi_{\alpha'}^{(0)*}, T \varphi_\alpha^{(0)}\right) = T_{\alpha\alpha'}, \qquad \left(\varphi_{\alpha'}^{(0)*}, \varphi_\alpha^{(0)}\right) = \Phi_{\alpha\alpha'}$$

erhält man so das lineare Gleichungssystem:

$$\sum_{\alpha=1}^{n} c_\alpha \{T_{\alpha\alpha'} - \lambda \Phi_{\alpha\alpha'}\} = 0 \qquad \alpha' = 1, 2, 3, \ldots, n. \tag{20}$$

Lösbarkeitsbedingung ist die Determinantengleichung

$$\det |T_{\alpha\alpha'} - \lambda \Phi_{\alpha\alpha'}| = 0 \qquad \alpha, \alpha' = 1, 2, \ldots, n, \tag{21}$$

aus der sich n Eigenwerte erster Näherung $\lambda = \lambda_{\alpha'}$ ergeben.

Fallen einige davon zusammen, so ist das Problem auch in erster Näherung entartet.

Mit den aus (20) folgenden zugehörigen Systemen $c_\alpha = c_{\alpha,\alpha'}$, sind dann die Eigenfunktionen nullter Näherung bis auf den Normierungsfaktor bestimmt.

Die Güte der Näherung ergibt sich daraus, wie gut (19) durch die gefundenen $\lambda = \lambda_\alpha$, erfüllt wird. Es ist wesentlich, daß die $\varphi_\alpha^{(0)}$ geeignet gewählt sind. Diejenigen $\varphi_\alpha^{(0)}$, für die $\lambda - \lambda_\alpha^{(0)}$ am kleinsten ist, haben in (18) die größten $|c_\alpha|$, während die $\varphi_\alpha^{(0)}$ mit größeren $\lambda - \lambda_\alpha^{(0)}$ mit entsprechend kleineren $|c_\alpha|$ auftreten. Man muß also die $\varphi_\alpha^{(0)}$ mit gleichem oder fast gleichem $\lambda_\alpha^{(0)}$, die den Bedingungen (19) in gleicher Näherung genügen, im Ansatz (18) sämtlich berücksichtigen.

Man erhält höhere Näherungen (d. h. da kein Störungsparameter ε existiert, genauere), wenn man im Ansatz (18) auch solche $\varphi_\alpha^{(0)}$ mitnimmt, für die $\lambda - \lambda_\alpha^{(0)}$ größere Werte hat als bei den in der ersten Näherung benutzten $\varphi_\alpha^{(0)}$.

Die in 1. beschriebene Störungsrechnung läßt sich als Spezialfall dieses verallgemeinerten Verfahrens auffassen. Dort wurde die gestörte Eigenfunktion nach $\varphi_\alpha^{(0)}$ entwickelt, die das vollständige Orthogonalsystem der Eigenfunktionen des ungestörten Operators $T^{(0)}$ bilden, während im verallgemeinerten Verfahren nach allgemeineren nichtorthogonalen $\varphi_\alpha^{(0)}$, die aber auch möglichst vollständig sein müssen, entwickelt wird.

Beispiel: Das Problem sei in nullter Näherung einfach entartet, derart daß zwei ungestörte Lösungen $\varphi_1^{(0)}, \varphi_2^{(0)}$ mit gleichen $\lambda_1^{(0)} = \lambda_2^{(0)}$ zu berücksichtigen sind, die das Problem mit gleicher Genauigkeit genähert lösen. Ferner seien $T, \varphi_1^{(0)}, \varphi_2^{(0)}$ so symmetrisch, daß:

$$T_{11} = T_{22} = C; \quad T_{12} = T_{21} = A; \quad \Phi_{11} = \Phi_{22} = 1 \text{ (Normierung)};$$

$$\Phi_{12} = \Phi_{21} = S \text{ (Nicht-Orthogonalität von } \varphi_1^{(0)} \text{ und } \varphi_2^{(0)}).$$

Dann erhält man aus (20) und (21) die beiden Eigenwerte erster Näherung (Aufspaltung in λ_+ und λ_-):

$$\lambda_+ = \frac{C+A}{1+S} \quad \text{mit} \quad \varphi_+^{(0)} = \frac{1}{\sqrt{2(1+S)}} \left\{\varphi_1^{(0)} + \varphi_2^{(0)}\right\}$$

(*symmetrische Lösung*)

und

$$\lambda_- = \frac{C-A}{1-S} \quad \text{mit} \quad \varphi_-^{(0)} = \frac{1}{\sqrt{2(1-S)}} \left\{\varphi_1^{(0)} - \varphi_2^{(0)}\right\}$$

(*antimetrische Lösung*).

(Vgl. dazu auch das Beispiel S. 318, das für ähnlich symmetrische T bei orthogonalen Eigenfunktionen nullter Näherung gilt.)

b) Anwendung von Variationsrechnung.

Liegt ein beliebiges Eigenwertproblem $T\varphi - \lambda\varphi = 0$ vor, das z. B. auch ohne eigentlichen Störungsparameter sein kann, wie es im vorhergehenden Abschnitt beschrieben ist, so wird für beliebiges $\lambda^{(0)}$ und $\varphi^{(0)}$ der Ausdruck

$$D = T\varphi^{(0)} - \lambda^{(0)}\varphi^{(0)},$$

die „Abweichung", im allgemeinen nicht verschwinden. Man kann aber versuchen, durch Variation von $\lambda^{(0)}$ und von Parametern in geschickt gewählten $\varphi^{(0)}$ das stets positive „Abweichungsquadrat"

$$\overline{D^2} = \int |D|^2 d\tau \tag{22}$$

zum Minimum zu machen.

Könnte man $\lambda^{(0)}$ und $\varphi^{(0)}$ so bestimmen, daß $\overline{D^2} = 0$ wird, so müßte überall $D = 0$ sein, d.h. $\lambda^{(0)}$ und $\varphi^{(0)}$ wären exakte Lösungen des Problems. Der Vorteil dieses Verfahrens besteht also darin, daß man ein genaues Kriterium für seine Güte hat.

Ist T hermitisch, so wird

$$\overline{D^2} = \int (T - \lambda^{(0)})\varphi^{(0)} \cdot (T^* - \lambda^{(0)})\varphi^{(0)*} d\tau = \int \varphi^{(0)*} (T - \lambda^{(0)})^2 \varphi^{(0)} d\tau. \tag{23}$$

Wird dann $\varphi^{(0)}$ ohne Parameter und normiert angesetzt, so ist nur $\lambda^{(0)}$ zu variieren und man erhält durch Differentiation nach $\lambda^{(0)}$ aus der Minimumsforderung als besten Eigenwert:

$$\lambda^{(0)} = \int \varphi^{(0)*} T \varphi^{(0)} d\tau. \tag{24}$$

Er unterscheidet sich vom exakten Wert λ nur in Größen zweiter Ordnung in $\frac{\varphi - \varphi^{(0)}}{\varphi^{(0)}}$.

Hängt $\varphi^{(0)}$ noch von Parametern ab, so wird $\lambda^{(0)}$ in (24) Funktion dieser Parameter. Man bestimmt sie so, daß $\overline{D^2}$ ein Minimum wird. Der zugehörige Eigenwert ist dann durch (22) bestimmt.

Anders als in den bisher beschriebenen Störungsverfahren ist es bei den Methoden der Variationsrechnung nicht möglich, eine niedrigere Näherung schrittweise zu verbessern, sondern man muß mit jedem verbesserten Ansatz für $\varphi^{(0)}$ unter anderen alle Parameter neu bestimmen. Dabei kommt es wesentlich auf die geschickte Wahl von $\varphi^{(0)}$ an, um mit möglichst wenig Parametern und Rechenaufwand schon gute Näherungen zu erhalten. Ein Nachteil des Verfahrens besteht darin, daß T in (22) bzw. (23) quadratisch vorkommt.

Bei hermitischen Operatoren T ist es häufig einfacher, das dem Eigenwertproblem $T\varphi - \lambda\varphi = 0$ äquivalente Variationsprinzip:

$$\delta \int \varphi^* T \varphi \, d\tau = 0 \text{ mit der Nebenbedingung } \int \varphi^* \varphi \, d\tau = 1$$

direkt zu benutzen. Dabei wird der Extremwert des variierten Integrals gleich dem zugehörigen Eigenwert:

$$\lambda = \int \varphi^* T \varphi \, d\tau,$$

so daß also λ zu variieren ist.

Der Vorteil ist, daß T nur linear vorkommt.

Für den niedrigsten Eigenwert ist also das absolute Minimum von λ durch Variation von Parametern in geeignet gewählten φ zu suchen.

Genaueste Lösung ist die mit absolut niedrigstem λ. Dies ist das einzige Kriterium für die Güte der Näherung. Für höhere Eigenwerte ist dagegen bisher noch kein allgemeines praktisch brauchbares Verfahren bekannt, mit dem man den Fehler der Näherung abschätzen kann. Hierin liegt der Nachteil dieser Methode. Daher ist es auch möglich daß das absolute Minimum von λ zwar gut getroffen wird, und trotzdem der zugehörige Ansatz für φ sich von der exakten Eigenfunktion um einen nicht abzuschätzenden Fehler unterscheidet.

Macht man für die Eigenfunktion den Ansatz $\varphi = \sum c_\alpha \varphi_\alpha^{(0)}$ und variiert nur die c_α, so ergeben beide Variationsmethoden das Gleichungssystem (21) des im vorigen Abschnitt beschriebenen verallgemeinerten Störungsverfahrens.

Elfter Abschnitt.

Integralgleichungen.

Vorbemerkung.

Die Theorie der Integralgleichungen kann man auffassen als die Erweiterung der Theorie der linearen Gleichungssysteme (s. S. 130) in n Variablen auf $n \to \infty$. Die für endliches n mögliche Tensordarstellung kann dabei zur Veranschaulichung dienen. Die analogen Formeln der Tensorrechnung sind im folgenden soweit möglich in Klammern beigefügt. Es sind aber aus dieser Analogie nicht alle Einzelheiten ablesbar. Wesentlich bleibt überall die Frage nach der Konvergenz der formalen Bildungen.

Die in der Theorie der Integralgleichungen als Eigenwerte bezeichneten λ entsprechen den *reziproken* Eigenwerten der Tensor- und Operatorenrechnung. Dies ist bei dem Vergleich der entsprechenden Formeln zu beachten; in ihnen ist überall λ durch $1/\lambda$ ersetzt.

A. Integralgleichungen zweiter Art.

1. Allgemeiner Sachverhalt.

a) Die Funktionalgleichung:

$$U(x) - \lambda \int_a^b K(x, t)\, U(t)\, dt = f(x) \qquad (\mathfrak{K}\mathfrak{u} - \lambda \mathfrak{u} = \mathfrak{f}) \tag{J}$$

heißt bei gegebenem $K(x, y)$ und $f(x)$ *Integralgleichung zweiter Art* für $U(x)$; $K(x, y)$ heißt *Kern* der Integralgleichung, λ ist Parameter; die Variablen x, y seien beschränkt auf das reelle (endliche oder unendliche) Intervall $(a \ldots b)$, das *Grundgebiet*, über das alle Integrale erstreckt werden. Die vorkommenden Funktionen seien alle reell.

Die folgenden Überlegungen gelten auch bei Integralgleichungen für Funktionen mehrerer Veränderlichen. x faßt dann die Variablen $x_1, \ldots, x_m$ zusammen, die im Grundgebiet G variieren; entsprechend y, t, s.

Homogene bzw. *transponierte* Integralgleichung zu (J) heißen:

$$U(x) - \lambda \int K(x, t)\, U(t)\, dt = 0 \qquad (\mathfrak{K}\mathfrak{u} - \lambda\,\mathfrak{u} = 0), \qquad (\mathrm{J}_h)$$

bzw.

$$\tilde{U}(x) - \lambda \int K(t, x)\, \tilde{U}(t)\, dt = f(x) \qquad (\tilde{\mathfrak{K}}\mathfrak{u}' - \lambda\,\mathfrak{u}' = \mathfrak{f}). \qquad (\tilde{\mathrm{J}})$$

b) Ist $f(x)$ stetig, existieren die Integrale

$$W = \int\int K^2(s, t)\, ds\, dt \quad \text{und} \quad \int f^2(t)\, dt \qquad (W = (\mathfrak{K}^2) \text{ und } (\mathfrak{f}\mathfrak{f}))$$

und ist entweder $K(x, y)$ stückweise stetig (s. S. 71) oder hat $K(x, y)$ für $x = \text{const}$ und $y = \text{const}$ je höchstens abzählbar unendlich viele Unstetigkeiten und existieren $\int K^2(x, t)\, dt$ und $\int K^2(t, x)\, dt$ und sind als Funktionen von x im Grundgebiet beschränkt[1], so gelten bei festem λ die folgenden Sätze:

I. Die Anzahl ϱ der linear unabhängigen Lösungen $u^{(1)}(x), \ldots, u^{(\varrho)}(x)$ von (J_h) ist endlich und gleich der Anzahl der linear unabhängigen Lösungen $\tilde{u}^{(1)}(x), \ldots, \tilde{u}^{(\varrho)}(x)$ von $(\tilde{\mathrm{J}}_h)$; ϱ heißt der *Defekt* des Kerns $K(x, y)$ für den Wert λ. Die *allgemeine* Lösung von (J_h) ist $c_1 u^{(1)}(x) + \cdots + c_\varrho u^{(\varrho)}(x)$ mit beliebigen reellen c_i.

II. Ist $\varrho = 0$, so sind (J) und $(\tilde{\mathrm{J}})$ bei beliebigem stetigem $f(x)$ stets eindeutig lösbar. Es existiert ein „*lösender Kern*“ $L(x, y)$, derart, daß die Lösungen gegeben sind durch

$$U(x) = f(x) + \lambda \int L(x, t)\, f(t)\, dt, \qquad \tilde{U}(x) = f(x) + \lambda \int L(t, x)\, f(t)\, dt. \quad (1)$$

III. Ist $\varrho > 0$, so hat (J) dann und nur dann eine Lösung, wenn

$$\int \tilde{u}^{(i)}(t)\, f(t)\, dt = 0 \qquad (i = 1, \ldots, \varrho) \qquad ((\mathfrak{u}'^{(i)}\mathfrak{f}) = 0) \quad (2)$$

gilt. Die *allgemeine* Lösung von (J) ergibt sich aus *einer* Lösung von (J) durch Addition der allgemeinen Lösung von (J_h).

c) Die Auflösung der Integralgleichung (J) ist gleichwertig mit der Lösung des folgenden unendlichen Gleichungssystems (vgl. S. 134):

$$x_i - \lambda \sum_k K_{ik} x_k = f_i, \qquad i = 1, 2, \ldots,$$

wobei gesetzt ist: $(i, k = 1, 2, \ldots)$

$$x_i = \int u(t)\, \omega_i(t)\, dt, \qquad \text{also} \qquad \sum_i x_i^2 = \int u^2(t)\, dt,$$

$$f_i = \int f(t)\, \omega_i(t)\, dt, \qquad \text{also} \qquad \sum_i f_i^2 = \int f^2(t)\, dt,$$

$$K_{ik} = \int\int K(s, t)\, \omega_i(s)\, \omega_k(t)\, ds\, dt, \qquad \sum_{i,k} K_{ik}^2 \leq W,$$

---

[1] Der Einheitskern $E(x, t) = \delta(x - t)$ ist also hier nicht zugelassen!

und $\omega_1(x)$, $\omega_2(x)$, ... ein *vollständiges System normierter orthogonaler* Funktionen für das Intervall $(a \ldots b)$ sind. (Dem entspricht die Ersetzung der Tensorsymbolik durch Komponentengleichungen in kartesischen Koordinaten.)

2. Symmetrischer Kern, homogene Gleichung.

Der Kern $K(x, y)$ heißt *symmetrisch*, wenn $K(x, y) = K(y, x)$ ist. $(\tilde{\mathfrak{K}} = \mathfrak{K})$.

a) Unter den in 1 b genannten Voraussetzungen ist (J_h) nur für bestimmte diskrete Werte von λ, $(\lambda_1, \lambda_2, \ldots, \lambda_n, \ldots)$, nichttrivial lösbar (d. h. ist der zugehörige Defekt $\varrho > 0$). Diese Werte λ_i heißen die *Eigenwerte*, die zugehörigen Lösungen $u_i(x)$ die *Eigenfunktionen (Nulllösungen)* zum Kern $K(x, y)$. Für den Defekt ϱ gilt $\varrho \leq \lambda^2 \cdot W$. $(\mathfrak{K}\,\mathfrak{u}_n = \lambda_n\,\mathfrak{u}_n)$.

b) Jeder symmetrische nichtverschwindende Kern besitzt mindestens einen, höchst abzählbar unendlich viele Eigenwerte, die sich im Endlichen nicht häufen. Die Eigenwerte eines reellen symmetrischen Kerns sind reell. Im Intervall $-A \leq \lambda \leq +A$ liegen höchstens $A^2 \cdot W$ Eigenwerte; es gilt daher

$$\lambda_n^2 \geq \frac{1}{W}.$$

Die zum Eigenwert λ_n gehörenden ϱ_n linear unabhängigen Eigenfunktionen $u_n^{(1)}(x), \ldots, u_n^{(\varrho_n)}(x)$ lassen sich normiert und zueinander orthogonal annehmen:

$$\int u_n^{(h)}(t)\, u_n^{(h)}(t)\, dt = 1, \qquad \int u_n^{(h)}(t)\, u_n^{(j)}(t)\, dt = 0, \qquad h \neq j.$$

Die Eigenfunktionen können stets reell gewählt werden. Zu verschiedenen Eigenwerten $\lambda_m \neq \lambda_n$ gehörende Eigenfunktionen sind stets orthogonal:

$$\int u_m(t)\, u_n(t)\, dt = 0.$$

Die Eigenfunktionen $u_n^{(h)}(x)$ bilden ein vollständiges Orthogonalsystem (vgl. auch S. 63).

Sind $\lambda_1, \lambda_2, \ldots$ die *verschiedenen* Eigenwerte und ist ϱ_i der Defekt des Kerns zum Eigenwert λ_i, so ist

$$\sum_{n=1}^{\infty} \frac{\varrho_n}{\lambda_n^2} < W$$

stets konvergent.

c) Sukzessive Approximation von Eigenwerten und -funktionen. Ausgehend von einer normierten willkürlichen Funktion $q_0(x)$ bildet man $q_n(x) = \lambda_n' \int K(x, t)\, q_{n-1}(t)\, dt$, wobei man λ_n' so bestimmt, daß auch q_n normiert ist. Dann konvergiert $q_n(x)$ gegen eine Eigenfunktion, λ_n' gegen einen Eigenwert (E. Schmidt).

d) Bilinearreihe. Der Kern $K(x, y)$ wird durch die Reihe

$$K(x, y) = \sum_{n=1}^{\infty} \sum_{\nu=1}^{\varrho_n} \frac{u_n^{(\nu)}(x)\, u_n^{(\nu)}(y)}{\lambda_n} \qquad (\mathfrak{K}\mathfrak{x} = \sum_n \lambda_n \mathfrak{u}_n (\mathfrak{u}_n \mathfrak{x}) \text{ für beliebiges } \mathfrak{x}) \quad (3)$$

dargestellt, wenn diese gleichmäßig in x und y im Grundgebiet konvergiert. Das ist der Fall, wenn

α) $K(x, y)$ nur endliche viele Eigenwerte hat *(ausgearteter Kern, Kern endlichen Ranges)*,

β) für beliebige x, y im Grundgebiet die LIPSCHITZ-Bedingung gilt:

$$|K(x, t) - K(y, t)| < M \cdot |x - y|, \qquad M \text{ unabhängig von } x, y. \quad (4)$$

Es genügt, daß das Integral über das Quadrat des (4) entsprechenden Differenzenquotienten beschränkt ist (HAMMERSTEIN).

γ) $K(x, y)$ im *endlichen* Grundgebiet stetig ist und wenigstens von einem der beiden Vorzeichen nur endlich viele Eigenwerte hat (z. B. keine: *definite* Kerne) (MERCER).

Positiv (negativ) definit heißt ein Kern, der nur positive (bzw. negative) Eigenwerte besitzt. Die sog. *quadratische Integralform*

$$\int\int K(s, t)\, q(s)\, q(t)\, ds\, dt$$

hat dann für jedes im Grundgebiet stückweise stetige $q(x)$ nur positive (bzw. negative) Werte.

3. Symmetrischer Kern, inhomogene Gleichung.

a) E. SCHMIDTsche Auflösungsformel. Stets wenn (J) lösbar ist, wird die Lösung durch

$$\left.\begin{aligned} U(x) &= f(x) + \lambda \cdot \sum_{n,\nu} \lambda_n^{(\nu)} \frac{u_n^{(\nu)}(x)}{\lambda_n - \lambda}, \\ \text{mit} \qquad \lambda_n^{(\nu)} &= \int f(t)\, u_n^{(\nu)}(t)\, dt \qquad \left(\mathfrak{u} = \sum_n \frac{\mathfrak{u}_n (\mathfrak{u}_n \mathfrak{f})}{\lambda_n - \lambda}\right) \end{aligned}\right\} \quad (5)$$

gegeben. Die Reihe konvergiert gleichmäßig in x; λ_n und $u_n^{(\nu)}(x)$ sind die Eigenwerte und Eigenfunktionen des Kerns (vgl. 2). Ist (J) für den Eigenwert λ_n lösbar, so treten wegen (2) die λ_n enthaltenden Glieder in (5) nicht auf.

b) Sukzessive Approximation. Die Funktionsfolge

$$p_1(x) = f(x), \qquad p_n(x) = f(x) + \lambda \int K(x, t)\, p_{n-1}(t)\, dt, \qquad n = 2, 3, \ldots$$

konvergiert gleichmäßig gegen die Lösung $U(x)$ von (J), wenn gilt:

$$\lambda^2 \leq \frac{1}{W} \qquad (\text{bzw. } \lambda^2 \leq \Lambda < \frac{1}{W}, \quad (6)$$

wenn nur *ein* Eigenwert existiert) (vgl. c). Diese Methode ist gleichbedeutend mit der Entwicklung in die

c) NEUMANNsche Reihe. Die Lösung von (J) ist durch

$$U(x) = f(x) + \sum_\nu \lambda^\nu \int K^{(\nu)}(x, t) f(t)\,dt$$

$$\left(\mathfrak{u} = \sum_n \frac{\mathfrak{K}^n \mathfrak{f}}{\lambda^{n+1}} \qquad (\mathfrak{K}^n\ n\text{-fach iterierter Tensor } \mathfrak{K})\right)$$

gegeben, wenn (6) gilt. Dann gilt für den lösenden Kern [vgl. (1)]:

$$L(x, y) = \sum_\nu \lambda^{\nu-1} K^{(\nu)}(x, y). \tag{7}$$

Dabei ist

$$K^{(1)}(x, y) = K(x, y), \quad K^{(n)}(x, y) = \int K^{(n-1)}(x, t)\, K(t, y)\,dt, \quad n = 2, 3, \ldots$$

$K^n(x, y)$ heißt *n-ter iterierter Kern* zu $K(x, y)$.

Um die Anwendbarkeit der sukzessiven Approximation auf gegebenes λ zu erweitern, approximiert man $K(x, y)$ durch eine möglichst einfache Summe der Form $\sum_{n=1}^{q} a_n(x)\, b_n(y) = A(x, y)$ so, daß für den Rest $K - A = R(x, y)$ das Doppelintegral $\lambda^2 W_R = \lambda^2 \int\int R^2(s, t)\,ds\,dt < 1$ wird. Dann läßt sich nach (7) der lösende Kern $S(x, y)$ zu $R(x, y)$ bestimmen und damit die Funktionen

$$\bar{a}_n(x) = a_n(x) + \lambda \int S(x, t)\, a_n(t)\,dt \qquad (n = 1, \ldots, q)$$

und

$$\bar{f}(x) = f(x) + \lambda \int S(x, t) f(t)\,dt.$$

Für $U(x)$ gilt dann die Integralgleichung mit *ausgeartetem* Kern:

$$U(x) - \lambda \int \sum_{n-1}^{q} \bar{a}_n(x)\, b_n(t)\, U(t)\,dt = \bar{f}(x).$$

d) Die Lösung einer Gleichung (J) *mit ausgeartetem Kern* ist äquivalent (vgl. 1c) mit einem linearen Gleichungssystem mit endlichvielen Unbekannten, da ein ausgearteter Kern durch endlich viele Orthogonalfunktionen darstellbar ist.

e) Iterierte Kerne. Genügt der reelle symmetrische Kern $K(x, y)$ den Voraussetzungen in 1b, so ist der n-te iterierte Kern $K^{(n)}(x, y)$ $(n = 2, 3, \ldots)$ reell, symmetrisch und außerdem stetig. Die Eigenwerte von $K^{(n)}$ sind $\Lambda_i = \lambda_i^n$, die n-ten Potenzen der Eigenwerte zu K; die Eigenfunktionen zu Λ_i sind genau die bei K zu λ_i und gegebenenfalls $-\lambda_i$ gehörenden. Es gilt analog zu (3)

$$K^{(n)}(x, y) = \sum_\nu \sum_\mu \frac{u_\nu^{(\mu)}(x) \cdot u_\nu^{(\mu)}(y)}{\lambda_\nu^n} \qquad (n = 2, 3, \ldots)$$

und diese Reihen konvergieren im Grundgebiet im Gegensatz zu (3) *stets* gleichmäßig und absolut.

f) Die Integralgleichung $(J^{(n)})$

$$\left.\begin{aligned} &U(x) - \lambda^n \int K^{(n)}(x,t)\, U(t)\, dt = f_n(x) \quad \text{mit} \quad f_n(x) = f(x) + \\ &+ \lambda \int K(x,t) f(t)\, dt + \lambda^2 \int K^{(2)}(x,t) f(t) + \cdots \lambda^{n-1} \int K^{(n-1)}(x,t) f(t)\, dt \end{aligned}\right\} (J^{(n)})$$

besitzt genau dieselben Lösungen wie (J); statt (J) kann man $(J^{(n)})$ lösen und umgekehrt. Wenn $K(x, y)$ nicht mehr den Voraussetzungen in 1 b genügt, diese aber für $K^{(n)}(x, y)$ gelten, kann man in den Lösungen von $(J^{(n)})$ Lösungen von (J) erhalten.

4. Unsymmetrischer Kern.

a) die Lösungen der *homogenen* Gleichung (J_h) bilden im allgemeinen kein Orthogonalsystem. (J_h) ist nicht für jeden Kern lösbar, es gibt Kerne ohne Eigenwert. Jedem Kern $K(x, y)$ lassen sich jedoch stets die beiden Orthogonalsysteme zuordnen, die aus den Eigenfunktionen $v_n(x)$ und $w_n(x)$ der beiden symmetrischen positiv definiten Hilfskerne

$$K_1(x, y) = \int K(x, t)\, K(y, t)\, dt, \qquad K_2(x, y) = \int K(t, x)\, K(t, y)\, dt$$

mit den (bei beiden gleichen) Eigenwerten $\mu_n = \lambda_n^2$ bestehen. Das System

$$v_n(x) = \lambda \int K(x, t)\, w_n(t)\, dt, \qquad w_n(x) = \lambda \int K(t, x)\, v_n(t)\, dt$$

ist nur für $\lambda = \lambda_n (n = 1, 2, \ldots)$ und nur durch Eigenfunktionen zu K_1 und K_2 lösbar. Jede in der Form $\int K(x, t)\, \chi(t)\, dt$ bzw. in der Form $\int K(t, x)\, \chi(t)\, dt$ darstellbare Funktion $\varphi(t)$ läßt sich in eine gleichmäßig und absolut konvergente Reihe nach den $v_n(x)$ bzw. $w_n(x)$ entwickeln.

b) Für die Lösung von (J) gilt das in 3 b, c, d, f Gesagte. (J) hat dieselbe Lösung wie die Gleichung

$$u(x) = \lambda \int \overline{K}(x, t)\, u(t)\, dt = \overline{f}(x)$$

mit dem symmetrischen Kern

$$\overline{K}(x, y) = K(x, y) + K(y, x) - \lambda \int K(t, x)\, K(t, y)\, dt$$

und

$$\overline{f}(x) = f(x) - \lambda \int K(t, x)\, f(t)\, dt.$$

B. Integralgleichungen erster Art.

1. Eine Gleichung der Form

$$f(x) = \int_a^b K(x, t)\, \varphi(t)\, dt \qquad (\mathfrak{K}\mathfrak{u} = \mathfrak{f}) \tag{8}$$

bezeichnet man als Integralgleichung erster Art für die Funktion $\varphi(x)$. Ist (8) lösbar, so heißt $f(x)$ *quellenmäßig darstellbar* mit Hilfe des Kerns $K(x, y)$.

2. Bei symmetrischem Kern, d. h. wenn $K(x, y) = K(y, x)$ ist im Grundgebiet $a \leq x \leq b$ bzw. $a \leq y \leq b$, gilt der

Entwicklungssatz: Jede Funktion $f(x)$, welche sich mit Hilfe eines symmetrischen Kerns nach (8) darstellen läßt, kann nach den Eigenfunktionen $u_n(x)$ des Kerns $K(x, y)$ in eine gleichmäßig und absolut konvergente Reihe entwickelt werden:

$$f(x) = \sum_{n=1}^{\infty} \gamma_n u_n(x) \quad \text{mit} \quad \gamma_n = \int_a^b u_n(t) f(t)\, dt, \qquad \left(\mathfrak{f} = \sum_n \mathfrak{u}_n (\mathfrak{u}_n \mathfrak{f})\right),$$

wobei $u_n(x)$ alle zueinander orthogonalen normierten Eigenfunktionen durchläuft. Die Lösung von (8) wird durch

$$\varphi(x) = \sum_{n=1}^{\infty} \gamma_n \lambda_n u_n(x) \qquad \left(\mathfrak{u} = \sum_n \frac{\mathfrak{u}_n(\mathfrak{u}_n \mathfrak{f})}{\lambda_n}\right)$$

gegeben.

3. Unsymmetrischer Kern. Jede durch (8) quellenmäßig darstellbare Funktion $f(x)$ läßt sich in die gleichmäßig und absolut konvergente Reihe

$$f(x) = \sum_{n=1}^{\infty} \alpha_n v_n(x) \quad \text{mit} \quad \alpha_n = \int_a^b v_n(t) f(t)\, dt$$

entwickeln [$v_n(x)$ vgl. A4a]. Analog folgt aus der Darstellung

$$f(x) = \int_a^b K(t, x)\, \psi(t)\, dt$$

die Entwicklung:

$$f(x) = \sum_{n=1}^{\infty} \beta_n w_n(x) \quad \text{mit} \quad \beta_n = \int_a^b w_n(t) f(t)\, dt.$$

Zwölfter Abschnitt.

Variationsrechnung.

Die Variationsrechnung stellt sich die Aufgabe, Funktionen $x, y, z, \ldots$ von $s, t, \ldots$ zu ermitteln, welche ein Integral

$$S = \int_{s_1}^{s_2}\int_{t_1}^{t_2} \ldots V(s, t, \ldots, x, y, \ldots, x_s, x_t, \ldots)\, ds\, dt \ldots \qquad \left(x_t = \frac{\partial x}{\partial t}, \ldots\right)$$

zu einem Minimum oder Maximum (Extremum) machen. Dabei können die Grenzen fest oder auch variabel mit gewissen einschränkenden Bedingungen vorausgesetzt werden. Jedoch läßt sich der Fall variabler Grenzen auf den mit festen Grenzen zurückführen. Die lösenden Funktionen unter den zur Konkurrenz zugelassenen Funktionen heißen *Extremalen.*

Variationsprobleme können *direkt* (z. B. durch Approximation) oder *indirekt* durch Zurückführung auf Differentialgleichungen gelöst werden. Umgekehrt empfiehlt sich oft die Zurückführung einer Differentialgleichung auf ein Variationsproblem und dessen Lösung mit Hilfe der direkten Methoden der Variationsrechnung.

A. Zurückführung auf Differentialgleichungen.

1. Variation ohne Nebenbedingungen.

α) EULER-LAGRANGEsche Gleichungen.

Die wichtigsten Fälle sind im folgenden zusammengestellt:

a) $V(x, \dot{x}, t)$ mit *einer* abhängigen Funktion $x(t)$ von *einer* unabhängigen t und deren Ableitung $\dot{x}(t) = dx/dt$. *Variieren* wir die Funktion $x(t)$, indem wir statt ihrer setzen

$$x(t) + \varepsilon \cdot \xi(t) \equiv x(t) + \delta x,$$

so wird die zugehörige Variation von S definiert durch:

$$\delta S = \varepsilon \cdot \frac{\partial S(x + \varepsilon\xi)}{\partial \varepsilon} = \varepsilon \int_{t_1}^{t_2} \left(\frac{\partial V}{\partial \dot{x}} \dot{\xi} + \frac{\partial V}{\partial x} \xi \right) dt$$

oder durch partielle Integration des mit $\dot{\xi}$ behafteten Teils:

$$\delta S = \varepsilon \cdot \left[\frac{\partial V}{\partial \dot{x}} \xi \right]_{t_1}^{t_2} + \varepsilon \int_{t_1}^{t_2} \xi \cdot \left[\frac{\partial V}{\partial x} - \frac{d}{dt} \left(\frac{\partial V}{\partial \dot{x}} \right) \right] dt.$$

Ist $x(t)$ für t_1 und t_2 vorgeschrieben, also dort $\xi = 0$, so fällt der erste Teil fort. Die erste notwendige Bedingung für ein Extremum von S, daß $\delta S = 0$ ist für alle zulässigen Funktionen ξ, hat die EULER-LAGRANGE*sche Differentialgleichung*

$$\frac{\partial V}{\partial x} - \frac{d}{dt} \left(\frac{\partial V}{\partial \dot{x}} \right) = 0$$

zur Folge. Sie bestimmt $x(t)$ bis auf zwei Integrationskonstanten, welche durch die Randbedingungen festgelegt sein müssen.

b) $V(x, y, \dot{x}, \dot{y}, \ldots, t)$ von *mehreren* (n) abhängigen Funktionen einer unabhängigen t. Hier wird $\delta S = 0$, wenn $x(t), y(t), \ldots$ die Gleichungen

$$\frac{\partial V}{\partial x} - \frac{d}{dt} \left(\frac{\partial V}{\partial \dot{x}} \right) = 0, \quad \frac{\partial V}{\partial y} - \frac{d}{dt} \left(\frac{\partial V}{\partial \dot{y}} \right) = 0, \ldots$$

erfüllen. Das sind n Differentialgleichungen zweiter Ordnung. Sie bestimmen $x(t), y(t), \ldots$ bis auf $2n$ Integrationskonstanten, die durch die Randbedingungen festgelegt sein müssen.

c) $V(x, \dot{x}, \ddot{x}, \dddot{x}, t)$ von *einer* abhängigen Funktion und ihren Ableitungen bis zur dritten Ordnung. Hier wird

$$\delta S = \varepsilon\left[\xi\left(\frac{\partial V}{\partial \dot{x}} - \frac{d}{dt}\frac{\partial V}{\partial \ddot{x}} + \frac{d^2}{dt^2}\frac{\partial V}{\partial \dddot{x}}\right) + \dot{\xi}\left(\frac{\partial V}{\partial \ddot{x}} - \frac{d}{dt}\frac{\partial V}{\partial \dddot{x}}\right) + \ddot{\xi}\frac{\partial V}{\partial \dddot{x}}\right]_{t_1}^{t_2} +$$

$$+ \varepsilon\int_{t_1}^{t_2}\xi\left(\frac{\partial V}{\partial x} - \frac{d}{dt}\frac{\partial V}{\partial \dot{x}} + \frac{d^2}{dt^2}\frac{\partial V}{\partial \ddot{x}} - \frac{d^3}{dt^3}\frac{\partial V}{\partial \dddot{x}}\right)dt.$$

δS wird also gleich Null, wenn außer $x(t)$ auch $\dot{x}$ und $\ddot{x}$ für t_1 und t_2 vorgeschrieben sind und die Gleichung

$$\frac{\partial V}{\partial x} - \frac{d}{dt}\frac{\partial V}{\partial \dot{x}} + \frac{d^2}{dt^2}\frac{\partial V}{\partial \ddot{x}} - \frac{d^3}{dt^3}\frac{\partial V}{\partial \dddot{x}} = 0$$

erfüllt ist.

d) $V(s, t, \ldots, x, y, \ldots, x_s, x_t, \ldots, y_s, y_t, \ldots)$. *Mehrere* unabhängige: $s, t, \ldots$, mehrere abhängige: $x, y, \ldots$, und deren Ableitungen: $x_s, y_s, \ldots$. δS wird gleich Null, wenn $x(s, t, \ldots)$ usw. bestimmt werden aus den LAGRANGEschen Gleichungen:

$$\frac{\partial V}{\partial x} - \frac{\partial}{\partial s}\left(\frac{\partial V}{\partial x_s}\right) - \frac{\partial}{\partial t}\left(\frac{\partial V}{\partial x_t}\right) - \cdots = 0$$

$$\frac{\partial V}{\partial y} - \frac{\partial}{\partial s}\left(\frac{\partial V}{\partial y_s}\right) - \frac{\partial}{\partial t}\left(\frac{\partial V}{\partial y_t}\right) - \cdots = 0 \text{ usw.}$$

Die bei solchen Variationsproblemen als linke Seite in den EULER-LAGRANGEschen Gleichungen auftretenden Ausdrücke werden auch als „*funktionale Ableitungen*" (auch Variations- oder EULERsche Ableitungen) von V bezeichnet und $\delta V/\delta x$, $\delta V/\delta y$ usw. geschrieben.

β) Kanonische Gleichungen.

a) $V = V(x, \dot{x}, t)$ mit $\delta x = 0$ für $t = t_1$ und $t = t_2$. Man führe durch eine LEGENDREsche Transformation $\partial V/\partial \dot{x} = p(x, \dot{x}, t)$ als neue Variable ein, so daß $\dot{x} = \dot{x}(x, p, t)$ darstellbar ist und konstruiere die neue Funktion (HAMILTON*sche Funktion*): $H(x, p, t) = p\dot{x} - V$.

Dann ist:

$$\delta\int_{t_1}^{t_2} V\,dt = \delta\int_{t_1}^{t_2}(p\dot{x} - H)\,dt = \int_{t_1}^{t_2}\left\{\delta p\left(\dot{x} - \frac{\partial H}{\partial p}\right) + p\frac{d}{dt}\delta x - \delta x\frac{\partial H}{\partial x}\right\}dt =$$

$$= \int_{t_1}^{t_2}\left\{\delta p\left(\dot{x} - \frac{\partial H}{\partial p}\right) - \delta x\left(\dot{p} + \frac{\partial H}{\partial x}\right)\right\}dt = 0$$

auflösbar in die *kanonischen Differentialgleichungen*:

$$\dot{x} = \frac{\partial H}{\partial p} \quad \text{und} \quad \dot{p} = -\frac{\partial H}{\partial x}.$$

b) $V = V(x, \dot{x}, \ddot{x}, t)$ mit $\delta x = 0$, $\delta \dot{x} = 0$ für $t = t_1$ und $t = t_2$. Man führt $\partial V/\partial \ddot{x} = r(x, \dot{x}, \ddot{x}, t)$ ein, so daß $\ddot{x} = \ddot{x}(x, \dot{x}, r, t)$ ist, und konstruiere: $H_1(x, \dot{x}, r, t) = r\ddot{x} - V$.

Dann ist:

$$\delta\int_{t_1}^{t_2} V\,dt = \delta\int_{t_1}^{t_2} (r\ddot{x} - H_1)\,dt = -\delta\int_{t_1}^{t_2} (\dot{r}\dot{x} + H_1)\,dt = 0.$$

Man definiere $V_1(x, \dot{x}, r, \dot{r}, t) = \dot{r}\dot{x} + H_1(x, \dot{x}, r, t)$, $\partial V_1/\partial \dot{x} = p(x, \dot{x}, r, \dot{r}, t)$, $\partial V_1/\partial \dot{r} = s(x, \dot{x}, r, \dot{r}, t)$ und konstruiere die HAMILTON*sche Funktion*:

$$H_2(x, r, p, s, t) = p\dot{x} + s\dot{r} - V_1.$$

Das Problem

$$\delta\int_{t_1}^{t_2} V\,dt = -\delta\int_{t_1}^{t_2} V_1\,dt = -\delta\int_{t_1}^{t_2} \{p\dot{x} + s\dot{r} - H_2\}\,dt = 0$$

wird in die *kanonischen Gleichungen* aufgelöst:

$$\dot{x} = \frac{\partial H_2}{\partial p}, \qquad \dot{p} = -\frac{\partial H_2}{\partial x}, \qquad \dot{r} = \frac{\partial H_2}{\partial s}, \qquad \dot{s} = -\frac{\partial H_2}{\partial r}.$$

Dieses System von vier Differentialgleichungen erster Ordnung ist der einen EULER-LAGRANGEschen Differentialgleichung (vierter Ordnung):

$$\frac{d^2}{dt^2}\left(\frac{\partial V}{\partial \ddot{x}}\right) - \frac{d}{dt}\frac{\partial V}{\partial \dot{x}} + \frac{\partial V}{\partial x} = 0$$

äquivalent.

In analoger Weise kann man Variationsprobleme mit noch höheren Ableitungen auf solche mit nur ersten Ableitungen und entsprechend mehr abhängigen Variablen zurückführen (Uniformisierung) bzw. zu jedem Variationsproblem das zugehörige System der kanonischen Differentialgleichungen finden. Ebenso werden Aufgaben mit mehreren abhängigen Variablen $x_k(t)$, $\dot{x}_k(t)$, ... $x_k^{(n)}(t)$ behandelt.

γ) Allgemeinere Grenzbedingungen.

Die Lösungen der obigen Differentialgleichungen hat man den vorgegebenen Werten von $s, t, x, y, \ldots$ an den Grenzen anzupassen.

Setzt man sie in V ein und bildet das Integral S, so findet man den Extremalwert als eine Funktion der Grenzwerte:

$$S = S(s_1 t_1 x_1 y_1 \ldots, s_2 t_2 x_2 y_2 \ldots).$$

Es ist dann z. B. für den einfachsten Fall a):

$$V = \frac{dS}{dt_2} = \frac{\partial S}{\partial t_2} + \dot{x}\frac{\partial S}{\partial x_2}; \qquad \frac{\partial V}{\partial \dot{x}} = \frac{\partial S}{\partial x}\bigg|_{x = x_2}$$

$$\frac{\partial S}{\partial x_1} = -\frac{\partial V}{\partial \dot{x}}\bigg|_{x = x_1}, \qquad \frac{\partial S}{\partial x_2} = \frac{\partial V}{\partial \dot{x}}\bigg|_{x = x_2}$$

$$\frac{\partial S}{\partial t_1} = -\left(V - \dot{x}\frac{\partial V}{\partial \dot{x}}\right)_{x = x_1}, \qquad \frac{\partial S}{\partial t_2} = \left(V - \dot{x}\frac{\partial V}{\partial \dot{x}}\right)_{x = x_2}.$$

Sind die Werte an den Grenzen nicht vorgeschrieben, sondern nur gefordert, daß $f_1(x_1 t_1) = 0$, $f_2(x_2 t_2) = 0$ sei, dann muß an den Grenzen:

$$\frac{\partial S}{\partial x} + \lambda \frac{\partial f}{\partial x} = 0 \quad \text{und} \quad \frac{\partial S}{\partial t} + \lambda \frac{\partial f}{\partial t} = 0 \text{ sein; also}$$

$$\frac{\partial S}{\partial x}\frac{\partial f}{\partial t} - \frac{\partial S}{\partial t}\frac{\partial f}{\partial x} = 0.$$

Das führt auf die dort zu erfüllenden *Transversalitätsbedingungen*:

$$\frac{\partial V}{\partial \dot{x}}\frac{\partial f}{\partial t} - \left(V - \dot{x}\frac{\partial V}{\partial \dot{x}}\right)\frac{\partial f}{\partial x} = 0.$$

2. Variation mit Nebenbedingungen.

Die Variationsaufgabe. Sind zur Lösung des Problems

$$\delta \int \ldots \int V\, ds\, dt \ldots = 0$$

nur solche Funktionen zur Konkurrenz zugelassen, die irgendwelche *Nebenbedingungen* erfüllen in der Form

$$\int \ldots \int G\, ds\, dt \ldots = \text{constans}, \qquad \int \ldots \int H\, ds\, dt \ldots = \text{constans}, \ldots$$

oder auch in der Form

$$G = 0, \qquad H = 0, \ldots,$$

so hat man in den LAGRANGEschen Gleichungen V zu ersetzen durch

$$V + \lambda G + \mu H + \cdots.$$

Hierin sind die LAGRANGEschen Multiplikatoren λ, μ, ... nachträglich aus den Rand- und Nebenbedingungen zu bestimmen[1].

Äquivalenz mit Eigenwertproblemen (vgl. S. 304). Lautet das Variationsproblem speziell

$$\delta \int_a^b \left\{ A \left(\frac{du}{dx}\right)^2 - B u^2 \right\} dx = 0, \tag{1}$$

wo A und B vorgegebene Funktionen von x sind, mit der Nebenbedingung

$$\int_a^b \varrho u^2\, dx = \text{constans}, \tag{2}$$

sowie den Randbedingungen $x(a) = x(b) = 0$, so nehmen die LAGRANGEschen Gleichungen die Form an

$$\frac{d}{dx}\left(A \frac{du}{dx}\right) + B x + \lambda \varrho x = 0. \tag{3}$$

---

[1] Die Methode ist noch näher erläutert am physikalischen Beispiel der Zwangskräfte, S. 361.

Umgekehrt kann also das Eigenwertproblem (3) stets zurückgeführt werden auf das Variationsproblem (1), (2).

Ganz entsprechend läßt sich das mehrdimensionale Eigenwertproblem

$$\sum_i \sum_k \frac{\partial}{\partial x_i}\left(A_{ik}\frac{\partial u}{\partial x_k}\right) + Bu + \lambda \varrho u = 0$$

zurückführen auf

$$\delta \int_G \cdots \int \left\{\sum_k \sum_i A_{ik}\frac{\partial u}{\partial x_i}\frac{\partial u}{\partial x_k} - Bu^2\right\} d x_1 d x_2 \ldots d x_n = 0$$

mit der Nebenbedingung

$$\int_G \cdots \int \varrho u^2 d x_1 d x_2 \ldots d x_n = \text{constans}.$$

Äquivalenz mit Integralgleichungen.
$\int\int K(x, y)\,\varphi(x)\,\varphi(y)\,dx\,dy =$ Extremum, $\int \varphi^2(t)\,dt = 1, \varphi = 0$ am Rand hat dieselben Eigenwerte λ und Lösungen $\varphi(t)$ als Eigenfunktionen wie die homogene Integralgleichung

$$\varphi(x) - \lambda \int K(x, y)\,\varphi(y)\,dy = 0.$$

B. Direkte Lösungsmethoden.

1. Das Ritzsche Verfahren.

Der Grundgedanke des Ritzschen Verfahrens ist folgender: Man wählt ein geeignetes vollständiges Funktionensystem $\{f_p(t)\}$ zum Grundgebiet derart, daß jede dieser Funktionen den Randbedingungen des Problems genügt. Dann sucht man die Extremale aufzubauen in der Form

$$x(t) = \sum_{p=1}^{\infty} c_p f_p(t).$$

Die Lösung des Variationsproblems $\delta S = 0$ läuft also auf die direkte Bestimmung der unendlich vielen Konstanten c_p hinaus. Diese geschieht auf folgendem Wege: Man bildet die *endlichen* Summen

$$x_n(t) = \sum_{p=1}^{n} c_p f_p(t),$$

und bestimmt die n Koeffizienten $c_1, c_2, \ldots, c_n$ aus den n Gleichungen

$$\frac{\partial S_n}{\partial c_p} = 0 \quad (p = 1, 2, \ldots, n),$$

wobei $S_n = S_n(c_1, c_2, \ldots, c_n)$ diejenige Funktion der c_p ist, die sich ergibt, wenn man in das zu extremierende Integral S für $x(t)$ die Funktion

$x_n(t)$ einsetzt. Konvergiert die auf diesem Wege erhaltene Funktionenfolge $x_n(t)$ mit wachsendem n gegen eine zulässige Funktion, so stellen die $x_n(t)$ Näherungslösungen des Problems dar.

Der Erfolg des Verfahrens hängt sehr von der geschickten Wahl des Funktionensystems $\{f_p(t)\}$ ab. (Beispiel s. Anhang 8.)

2. Zurückführung auf ein Problem von unendlich vielen Veränderlichen.

Man setzt die Lösung des Problems als Reihenentwicklung nach geeigneten Orthogonalfunktionen an und bestimmt die FOURIER-Koeffizienten so, daß die entwickelte Funktion Extremale des Problems wird. Als Beispiel geben wir die HURWITZsche Lösung des *isoperimetrischen Problems*: Eine geschlossene ebene und differenzierbare Kurve der Länge L soll so gewählt werden, daß der von ihr umschlossene Flächeninhalt möglichst groß wird.

Es sei statt der Bogenlänge s längs der Kurve der Parameter $t = 2\pi s/L$ eingeführt, der von 0 bis 2π läuft. Dann kann das Problem formuliert werden:

$$F = \frac{1}{2}\int_0^{2\pi}\left(x\frac{dy}{dt} - y\frac{dx}{dt}\right)dt = \text{Extremum}$$

mit der Nebenbedingung:

$$L^2 = \int_0^{2\pi}\frac{L^2\,dt}{2\pi} = 2\pi\int_0^{2\pi}\left(\frac{ds}{dt}\right)^2 dt = 2\pi\int_0^{2\pi}\left[\left(\frac{dx}{dt}\right)^2 + \left(\frac{dy}{dt}\right)^2\right]dt = \text{constans}.$$

Wir machen den FOURIER-Ansatz

$$x = \tfrac{1}{2}a_0 + \sum_{n=1}^{\infty}(a_n\cos nt + b_n\sin nt)$$

$$y = \tfrac{1}{2}c_0 + \sum_{n=1}^{\infty}(c_n\cos nt + d_n\sin nt),$$

dann ergibt sich nach einfacher Rechnung unter Benutzung der Orthogonalitätseigenschaften von $\sin nt$ und $\cos nt$:

$$F = \pi\sum_{n=1}^{\infty} n(a_n d_n - b_n c_n),$$

$$L^2 = 2\pi^2\sum_{n=1}^{\infty} n^2(a_n^2 + b_n^2 + c_n^2 + d_n^2).$$

Hieraus kann man den Ausdruck bilden

$$L^2 - 4\pi F = 2\pi^2\sum_{n=1}^{\infty}\left[(n a_n - d_n)^2 + (n b_n + c_n)^2 + (c_n^2 + d_n^2)(n^2 - 1)\right].$$

in dem jeder der Summanden positiv ist; also ist $L^2 - 4\pi F \geq 0$ und Gleichheit (d.h. $F =$ Maximum) tritt nur ein, wenn alle Summanden verschwinden, d.h. für

$$x = \tfrac{1}{2} a_0 + a_1 \cos t + b_1 \sin t$$
$$y = \tfrac{1}{2} c_0 - b_1 \cos t + a_1 \sin t,$$

und das ist die Parameterdarstellung des Kreises.

3. Approximation durch gebrochene Linienzüge.

Man ersetzt das zu extremierende Integral näherungsweise durch eine Summe

$$S = \int_a^b V(t, x, \dot{x})\, dt = \sum_{i=0}^{n} V\left(t_i, x_i, \frac{x_{i+1} - x_i}{\Delta t}\right) \Delta t = \sum_{i=0}^{n} V_i \Delta t,$$

d. h. man teilt das Intervall $a \leq t \leq b$ in n gleiche Teile der Breite Δt. Die Werte x_i der Funktion $x(t)$ an den Stellen t_i bestimmt man dann aus den $(n + 1)$ Gleichungen

$$\frac{\partial S}{\partial x_i} = 0.$$

Die so entstehenden Gleichungen können auch aufgefaßt werden als ein System von Differenzengleichungen, welches die EULER-LAGRANGEsche Differentialgleichung ersetzt. Es lautet:

$$\frac{\partial V_i}{\partial x_i} - \frac{1}{\Delta t}\left(\frac{\partial V_i}{\partial \dot{x}_i} - \frac{\partial V_{i-1}}{\partial \dot{x}_{i-1}}\right) = 0.$$

Dreizehnter Abschnitt.

Statistik (Wahrscheinlichkeitsrechnung).

A. Grundbegriffe.

1. Die Darstellungsform.

Einen Sachverhalt, d. h. eine Situation oder ein Geschehen quantitativ beschreiben, heißt, die Zahlenwerte für eine Anzahl von Parametern $\alpha, \beta, \gamma, \ldots$ angeben, die als maßgebend ausgewählt und durch Beobachtung festgestellt sind.

Als *vergleichbar* wollen wir zwei Sachverhalte bezeichnen, wenn für sie die gleichen Parameter maßgebend erscheinen. *Gleichwertig* nennen wir zwei Beschreibungen, die sich derselben Parameter bedienen.

Liegen eine Anzahl N gleichwertiger Beschreibungen vergleichbarer Sachverhalte vor (ein sog. Kollektiv), so können wir jede durch einen Punkt im n-dimensionalen *Darstellungsraum* mit den n Parametern $\alpha, \beta, \gamma, \ldots$ als Koordinaten darstellen. Die *Verteilung* dieser N Punkte ist eine Darstellung des gesamten Erfahrungsmaterials. Sie läßt sich, wenn eine hinreichende Menge von Punkten bekannt ist, durch eine Dichtefunktion $\varrho(\alpha, \beta, \gamma, \ldots)$ ausdrücken. Konzentriert sich die Menge der Punkte auf einen Raum geringerer Dimension $k < n$, dann existieren $n - k$ *„gesetzmäßige"* Beziehungen zwischen den Parametern, die aufzufinden eine der Hauptaufgaben der Physik ist. Andernfalls kennen wir nur *statistische* Beziehungen, die durch die Funktion $\varrho(\alpha, \beta, \ldots)$ darstellbar sind. Sind die Parameter nur diskreter Werte fähig, so ist ihre Verteilung durch ganze positive Zahlen $n(\alpha, \beta, \gamma, \ldots)$ gegeben, die angeben, wie oft Sachverhalte mit einem bestimmten System von Parameterwerten auftreten. Wir halten uns zunächst an diesen Fall. Durch Grenzübergang kann man zum kontinuierlichen übergehen. Es ist:

$$N = \sum_{\alpha, \beta, \ldots} n(\alpha, \beta, \ldots) = \int\int d\alpha\, d\beta \ldots \varrho(\alpha, \beta, \ldots).$$

2. Relative Häufigkeiten.

An Stelle der ganzen Zahlen $n(\alpha, \beta, \ldots)$ führt man besser die *relativen Häufigkeiten* $w(\alpha, \beta \ldots) = \frac{n(\alpha, \beta, \ldots)}{N}$ ein, mit $\sum_{\alpha, \beta, \gamma, \ldots} w(\alpha, \beta, \gamma, \ldots) = 1$, bzw. man normiert ϱ so, daß: $\int\int d\alpha\, d\beta \ldots \varrho(\alpha, \beta, \ldots) = 1$ wird.

Wir teilen jetzt die Parameter in drei Gruppen ein:

1. die *echten* Parameter, deren Werteverteilung uns interessiert,

2. die *festen* Parameter, deren Werte fest angenommen werden, d. h. in allen betrachteten Fällen gleich sind,

3. die *freien* Parameter, die frei, d. h. unberücksichtigt bleiben sollen, und schreiben: $w(\alpha, \beta, \gamma \mid \delta, \varepsilon)$, wenn α, β, γ echte, δ, ε feste Parameter sind, während freie Parameter $\zeta, \eta, \vartheta, \ldots$ unbezeichnet bleiben. Offenbar ist dann z. B.:

$$w(\alpha, \beta, \gamma \mid \delta, \varepsilon) = \frac{\sum_{\zeta, \eta, \vartheta, \ldots} n(\alpha, \beta, \gamma, \delta, \varepsilon, \zeta, \eta, \vartheta, \ldots)}{\sum_{\alpha, \beta, \gamma, \zeta, \eta, \vartheta, \ldots} n(\ldots)},$$

d. h. im Zähler ist über die freien Parameter $\zeta, \eta, \vartheta, \ldots$ summiert, weil die ihnen entsprechenden Möglichkeiten alle als eine einzige gerechnet werden, während im Nenner über alle Parameter mit Ausnahme der festen δ, ε summiert ist.

Es ist also $\sum_{\alpha, \beta, \gamma} w(\alpha, \beta, \gamma \mid \delta, \varepsilon) = 1$.

Sind nur zwei Parameter in Betracht gezogen, so haben wir folgende verschiedenen Begriffe:

$$w(\alpha\beta) = \frac{n(\alpha\beta)}{\sum\limits_{\alpha\beta} n}, \qquad w(\alpha|\beta) = \frac{n}{\sum\limits_{\alpha} n}, \qquad w(\beta|\alpha) = \frac{n}{\sum\limits_{\beta} n},$$

$$w(\alpha) = \frac{\sum\limits_{\beta} n}{\sum\limits_{\alpha\beta} n}, \qquad w(\beta) = \frac{\sum\limits_{\alpha} n}{\sum\limits_{\alpha\beta} n}.$$

Daraus folgt: $\sum\limits_{\alpha,\beta} w(\alpha\beta) = \sum\limits_{\alpha} w(\alpha|\beta) = \sum\limits_{\alpha} w(\alpha) = 1$

$$w(\alpha\beta) = w(\alpha|\beta)\, w(\beta) = w(\beta|\alpha)\, w(\alpha) \qquad \text{(Multiplikationssatz)}$$

$$\sum_{\alpha} w(\alpha\beta) = w(\beta); \qquad \sum_{\beta} w(\alpha\beta) = w(\alpha) \qquad \text{(Additionssätze)}$$

$$\left.\begin{aligned} w(\alpha) &= \sum_{\beta} w(\alpha|\beta)\, w(\beta) \\ w(\beta) &= \sum_{\alpha} w(\beta|\alpha)\, w(\alpha) \end{aligned}\right\} \qquad \text{(Entwicklungssätze)}$$

sowie weiter:

$$w(\beta|\alpha) = \frac{w(\beta)\, w(\alpha|\beta)}{\sum\limits_{\beta} w(\beta)\, w(\alpha|\beta)} = \frac{w(\beta)}{w(\alpha)}\, w(\alpha|\beta) \quad \text{(Bayessche Formel)}.$$

Die beiden Parameter α und β heißen *unabhängig*, wenn $w(\alpha|\beta)$ nicht von β abhängt. Dann ist $w(\alpha|\beta) = w(\alpha)$ und es gilt:

$$w(\beta|\alpha) = w(\beta)$$

sowie:

$$w(\alpha\beta) = w(\alpha)\, w(\beta) \quad \text{(Spezieller Multiplikationssatz)}.$$

Sind drei Parameter in Betrachtung gezogen, so sind folgende Typen zu unterscheiden:

$$w(\alpha) = \frac{\sum\limits_{\beta\gamma} n}{\sum\limits_{\alpha\beta\gamma} n}; \qquad w(\alpha\beta) = \frac{\sum\limits_{\gamma} n}{\sum\limits_{\alpha\beta\gamma} n}; \qquad w(\alpha\beta\gamma) = \frac{n}{\sum\limits_{\alpha\beta\gamma} n};$$

$$w(\alpha|\beta) = \frac{\sum\limits_{\gamma} n}{\sum\limits_{\alpha\gamma} n}; \quad w(\alpha\beta|\gamma) = \frac{n}{\sum\limits_{\alpha\beta} n}; \quad w(\alpha|\beta\gamma) = \frac{n}{\sum\limits_{\alpha} n}.$$

Hier bestehen unter anderen folgende Relationen:

$$\begin{aligned} w(\alpha\beta\gamma) &= w(\gamma)\, w(\alpha\beta|\gamma) \\ &= w(\gamma|\alpha\beta)\, w(\alpha\beta) \\ &= w(\alpha)\, w(\beta|\alpha)\, w(\gamma|\alpha\beta) \\ w(\alpha\beta) &= w(\alpha)\, w(\beta|\alpha) \\ w(\alpha|\beta) &= \sum_{\gamma} w(\alpha\gamma|\beta) \end{aligned}$$

$$w(\alpha\beta\,|\,\gamma) = w(\beta\,|\,\gamma)\,w(\alpha\,|\,\beta\gamma) = \frac{w(\beta)\,w(\alpha\,|\,\beta)\,w(\alpha\,|\,\beta\gamma)}{\sum\limits_{\beta} w(\beta)\,w(\alpha\,|\,\beta)}$$

$$w(\beta\,|\,\alpha) = \frac{w(\beta)\,w(\alpha\,|\,\beta)}{\sum\limits_{\beta} w(\beta)\,w(\alpha\,|\,\beta)}$$

$$w(\gamma\,|\,\alpha) = \frac{\sum\limits_{\beta} w(\beta)\,w(\alpha\,|\,\beta)\,w(\gamma\,|\,\alpha\beta)}{\sum\limits_{\beta} w(\beta)\,w(\alpha\,|\,\beta)}.$$

Bei noch mehr Parametern sind analoge Formeln leicht zu bilden.

3. Die Wahrscheinlichkeit.

Je größer die Anzahl N der bekannten Sachverhalte ist, um so reicher ist unsere Erfahrung. In der Idee kann man zur Grenze $N \to \infty$ übergehen, indem man als *Axiom* annimmt, daß ein Grenzwert: $W = \lim\limits_{N\to\infty} \frac{n(\alpha,\beta,\ldots)}{N}$ existiert, dem man sich mit unbegrenzt wachsendem N beliebig nähert. Diese idealen Zahlen $W(\alpha, \beta, \ldots)$ können wir als den Ausdruck einer ideal vollständigen Erfahrung auffassen, gewonnen aus der Beobachtung einer unbegrenzten Menge von *Präzedenzfällen* In Anwendung solcher Erfahrung auf einen *aktuellen* Fall, der mit den Präzedenzfällen gleichartig ist, nennen wir dann $W(\alpha, \beta, \ldots)$ die *Wahrscheinlichkeit* dafür, daß seine uns noch unbekannten Parameter die Werte $\alpha, \beta, \ldots$ haben. Jedes solches Wertesystem bezeichnet eine *Möglichkeit*. Sind gewisse Parameter $\delta, \varepsilon, \ldots$ für den aktuellen Fall bekannt, so ist die Wahrscheinlichkeit für die übrigen, durch $W(\alpha, \beta, \ldots\,|\,\delta, \varepsilon, \ldots)$ gegeben. Nicht berücksichtigte Parameter werden als freie behandelt.

Die *Wahrscheinlichkeitsrechnung* hat das Ziel, das System der idealen Zahlen $W(\alpha, \beta, \ldots)$ zu berechnen. Ihre Methode ist es, die sehr begrenzte Menge von tatsächlicher Erfahrung durch allgemeine Erwägungen zu ergänzen, die teils auf der Anschauung beruhen, teils hypothetischer Natur sind. Mit Hilfe der oben gegebenen Theoreme, die für die W wie für die w gelten, kann man dann aus fundamentalen als richtig angenommenen „*Wahrscheinlichkeiten a priori*" weitere Wahrscheinlichkeiten ableiten.

Der historische Ausgangspunkt, das Glücksspiel, mit seinen für den Physiker belanglosen Fragestellungen, hat seine Spuren in der üblichen Nomenklatur hinterlassen. Man spricht von „*Ereignissen*" und „*Proben*" die in Hinsicht auf bestimmte Erwartungen „*günstig*" oder „*ungünstig*" verlaufen, auch wenn diese Worte falsche Vorstellungen erwecken können.

4. Die elementaren Grundregeln.

Durch einen Wechsel in der Indizierung der Möglichkeiten, d. h. durch eine Transformation, kann man zu neuen Parametern übergehen. Läßt man einige von diesen frei, so hat man über diese zu summieren. Das führt auf die

Regel: Die Wahrscheinlichkeit für den Eintritt eines beliebigen Ereignisses aus einer Gruppe solcher ist gleich der Summe der Wahrscheinlichkeiten für die einzelnen. Sind diese untereinander gleich, so ist die Wahrscheinlichkeit gleich dem Quotienten aus der Zahl der Elemente der Gruppe, der sog. „günstigen", zu der aller möglichen Fälle.

Ein Spezialfall ist die Zweiteilung aller Möglichkeiten in zwei Gruppen, charakterisiert durch einen Parameter α, der nur zweier Werte α_1 und α_2 fähig ist. Lassen wir alle andern Parameter frei, so ist $W(\alpha_1) = 1 - W(\alpha_2)$. Hier wird die Bezeichnung: $W(\alpha_1) = p$, $W(\alpha_2) = q = 1 - p$ oft angewandt.

Das spezielle Multiplikationstheorem führt auf die

Regel: Die Wahrscheinlichkeit für den Eintritt eines Ereignisses, das durch zwei *unabhängige* Parameter charakterisiert ist, ist gleich dem Produkt der Wahrscheinlichkeiten, die man erhält, wenn jeweils einer der Parameter frei gelassen ist.

Die beiden Regeln sind die Grundlage der elementaren Wahrscheinlichkeitsrechnung.

5. Mittelwerte.

Der mit den $W(\alpha, \beta, \ldots)$ als Gewichtsfunktionen gebildete *Mittelwert* einer Funktion $f(\alpha, \beta, \ldots)$ der Parameter $\alpha, \beta, \ldots$:

$$\bar{f} = \frac{\sum\limits_{\alpha, \beta, \ldots} W(\alpha, \beta, \ldots) f(\alpha, \beta, \ldots)}{\sum\limits_{\alpha, \beta} W(\alpha, \beta, \ldots)}$$

hat besonderes Interesse. Er heißt auch „mathematische Hoffnung" oder *Erwartungswert* von f.

Der Nenner $\sum\limits_{\alpha, \beta, \ldots} W(\alpha, \beta, \ldots)$ ist gleich 1 und kann daher fortbleiben. Wir schreiben ihn in Hinsicht auf die Möglichkeit, daß die W nur bis auf einen Faktor (unnormiert) vorliegen.

Die analoge Form

$$\bar{f} = \frac{\int\int \ldots d\alpha\, d\beta \ldots \varrho(\alpha, \beta, \ldots) f(\alpha, \beta, \ldots)}{\int\int \ldots d\alpha\, d\beta \ldots \varrho(\alpha, \beta, \ldots)}$$

ist im Fall kontinuierlich veränderlicher Parameter anzuwenden.

Sind einige der Parameter fest, so ist über diese nicht zu summieren bzw. zu integrieren. $\bar{f}$ wird dann eine Funktion von ihnen.

B. Statistik der Serien.

1. Allgemeine Regeln.

Ein praktisch besonders wichtiger Fall liegt vor, wenn von den Sachverhalten, deren statistische Verteilung untersucht werden soll, jede aus einer ganzen „*Serie*" von N unabhängigen, gleichartigen Ereignissen, sog. „Proben" besteht. Jede dieser Proben sei nur durch *einen* echten Parameter α ihres Ausfalls („Erfolges") charakterisiert, der mit $W(\alpha_i)$ der Werte $\alpha_1, \alpha_2, \ldots, \alpha_j$ fähig sei. Die Nummern der Proben bleiben als frei unberücksichtigt.

Wir fragen dann nach der Wahrscheinlichkeit dafür, daß in der Serie je n_i-mal der Wert α_i auftritt. Sie ist:

$$W(n_1, n_2, \ldots, n_j) = \frac{N!}{n_1!\, n_2! \ldots n_j!} W(\alpha_1)^{n_1} W(\alpha_2)^{n_2} \ldots W(\alpha_j)^{n_j}$$

mit

$$N = \sum_{i=1}^{j} n_i .$$

Interessieren wir uns nur für einen Parameter α_1 als „günstig" (oder eine ausgewählte Gruppe der α_i) mit $W(\alpha_1) = p = 1 - q$; $q = \sum_{i=2}^{j} W(\alpha_i)$ und schreiben $n_1 = n$, so ist formal $j = 2$ zu setzen und man erhält die Newton*sche Formel*:

$$W(n) = \binom{N}{n} p^n q^{N-n}; \quad \sum_{n=0}^{N} W(n) = (p+q)^N = 1,$$

die für $N \gg 1$ in die Laplace*sche Formel*:

$$W(n) = \frac{e^{-z^2}}{\sqrt{2\pi N p q}} \qquad \text{mit} \qquad z = \frac{n - Np}{\sqrt{2Npq}}$$

übergeht und für $p \ll 1$, $N \gg Np$ in die Poisson*sche Formel*:

$$W(n) = \frac{e^{-Np} (Np)^n}{n!} .$$

Es ist dann

$$\bar{n} = \sum_{n=0}^{N} n\, W(n) = Np \qquad \text{(Bernoulli)}.$$

2. Schwankungen.

$W(n)$ hat im allgemeinen bei $n = \bar{n}$ ein Maximum, um das die n streuen oder „schwanken".

Man bezeichnet die Größen

$$s = n - \bar{n}, \qquad \delta = \frac{n - \bar{n}}{\bar{n}}$$

als absolute bzw. relative *Schwankung*.

Die „durchschnittliche absolute Schwankung“ ist

$$|\bar{s}| = 2W(\nu)\cdot\left(\bar{n} - \frac{\nu\bar{n}}{N}\right),$$

worin ν die größte ganze Zahl $\leq \bar{n}$ ist; die „durchschnittliche *relative* Schwankung“ wird daher

$$|\bar{\delta}| = \frac{|\bar{s}|}{\bar{n}} = 2W(\nu)\cdot\left(1 - \frac{\nu}{N}\right).$$

Die „mittlere absolute Schwankung“ $\sqrt{\overline{s^2}}$ wird gegeben durch

$$\overline{s^2} = \overline{n^2} - \bar{n}^2 = Npq = \bar{n}q,$$

die „mittlere *relative* Schwankung“ $\sqrt{\overline{\delta^2}}$ daher

$$\overline{\delta^2} = \frac{1}{\bar{n}} - \frac{1}{N} = \frac{q}{\bar{n}}.$$

Die durchschnittliche Abweichung der verschiedenen Werte n von einem bestimmt vorgegebenen n_1 ist

$$\overline{n_1 - n} = n_1 - \bar{n}.$$

Die „mittlere Abweichung“ zweier aufeinanderfolgender Proben ist gegeben durch

$$\overline{(n_1 - n_2)^2} = 2\overline{s^2} = 2\bar{n}^2\,\overline{\delta^2} = 2\bar{n}\,q.$$

Grenzfälle. a) Ist $p \ll 1$, $N \gg 1$, $p\cdot N = \bar{n}$ endlich, so gilt die POISSON*sche Formel*:

$$W(n) = \frac{e^{-\bar{n}}\cdot\bar{n}^n}{n!}.$$

In diesem Falle ist die mittlere absolute bzw. relative Schwankung bestimmt durch

$$\overline{s^2} = \bar{n}$$

$$\overline{\delta^2} = \frac{1}{\bar{n}}.$$

b) Sowohl N als auch $\bar{n}$ seien so groß, daß man δ als kontinuierlich veränderlich ansehen kann, ohne daß $p \ll 1$ ist. Dann gilt das GAUSS*sche Fehlergesetz*: Es ist die Wahrscheinlichkeit, daß für δ ein Wert zwischen δ und $\delta + d\delta$ gefunden wird

$$W(\delta)\,d\delta = \sqrt{\frac{\bar{n}}{2\pi q}}\cdot e^{-\frac{\bar{n}}{2q}\delta^2}\,d\delta.$$

In diesem Falle ist die durchschnittliche Schwankung:

$$|\bar{\delta}| = 2\int_0^\infty \delta\cdot W(\delta)\,d\delta = \sqrt{\frac{2\cdot q}{\pi\bar{n}}},$$

und die mittlere Schwankung $\sqrt{\overline{\delta^2}}$ bestimmt durch:

$$\overline{\delta^2} = \int_{-\infty}^{+\infty} \delta^2 \cdot W(\delta)\, d\delta = \frac{q}{\overline{n}}.$$

Das Fehlergesetz läßt sich also auch schreiben:

$$W(\delta)\, d\delta = \frac{1}{\sqrt{2\pi\,\overline{\delta^2}}} \cdot e^{-\frac{\delta^2}{2\overline{\delta^2}}} \cdot d\delta.$$

Es wird ferner der Quotient

$$\frac{|\overline{\delta}|}{\sqrt{\overline{\delta^2}}} = \sqrt{\frac{2}{\pi}};$$

für das Verhältnis der „absoluten" Schwankungen gilt dasselbe.

c) Ist außerdem $p \ll 1$, so ist in den Formeln überall $q = 1$ zu setzen. Speziell wird dann

$$|\overline{\delta}| = \sqrt{\frac{2}{\pi\,\overline{n}}}$$

$$\overline{\delta^2} = \frac{1}{\overline{n}}.$$

3. Besonderheiten.

a) Zeigt sich bei Versuchen, Statistiken usw., daß tatsächlich $\overline{s^2} = \overline{n}$ ist, so sagt man: es liegt *„normale Dispersion"* vor,

ist $\overline{s^2} > \overline{n}$, so hat man *„übernormale"*,

ist $\overline{s^2} < \overline{n}$, so hat man *„unternormale"* Dispersion.

Die Ursachen für solche Abweichungen liegen in der nichterfüllten Unabhängigkeit der Proben.

b) Folgen Serien von Proben im Zeitabstand τ aufeinander, so sind in vielen praktischen Fällen die Zahlen n der günstig ausfallenden Proben in einer Serie nicht unabhängig von dem Ausfall der Proben der vorhergehenden Serie.

Besonders einfach und wichtig ist der Fall:

$$N \gg 1, \quad p \ll 1, \quad pN = n \text{ endlich.}$$

Dann wird:

$$\overline{n_i - n_{i+1}} = P(n_i - \overline{n}) \quad \text{und} \quad \overline{(n_i - n_{i+1})^2} = 2P\overline{n}.$$

Hierbei bedeuten n_i und n_{i+1} die n für zwei einander folgende Serien und P eine Konstante < 1, die von den Bedingungen des Versuches und dem Zeitabstand τ der Serien abhängt, und mit steigendem τ von 0 bis 1 anwächst.

Alle anderen Schwankungsformeln bleiben ungeändert.

4. Korrelation.

Ist der Erfolg einer Probe charakterisiert durch *mehrere* (k) Zahlen $(n_1, n_2, \ldots, n_k)$, so läßt sich eine *mehrparametrige Wahrscheinlichkeit* $W(n_1, n_2, \ldots, n_k)$ definieren, für die

$$\sum_{n_1}\sum_{n_2}\cdots\sum_{n_k} W(n_1, n_2, \ldots, n_k) = 1$$

ist.

Die Mittelwerte (Erwartungswerte) sind definiert durch:

$$\bar{n}_i = \sum_{n_1}\sum_{n_2}\cdots\sum_{n_k} n_i W(n_1, n_2, \ldots, n_k).$$

Sind die k Parameter voneinander unabhängig, so wird

$$W(n_1, n_2, \ldots, n_k) = \prod_i W_i(n_i). \tag{1}$$

gilt *speziell* das GAUSSsche Fehlergesetz, so wird mit

$$x_i = \frac{n_i - \bar{n}_i}{\bar{n}_i}$$

die Wahrscheinlichkeit

$$W(x_1, x_2, \ldots, x_k) = C \cdot e^{-\sum\limits_{ij=1}^{k} a_{ij} x_i x_j},$$

und dieser Ausdruck zerfällt in ein Produkt der Form (1), wenn im Exponenten die a_{ij} eine Diagonalmatrix bilden ($a_{ij} = 0$ für $i \neq j$), d. h. wenn das Koordinatensystem der x_j das Hauptachsensystem des „Streuellipsoids" $\sum\limits_i \sum\limits_j \alpha_{ij} x_i x_j = 1$ ist. Die α_{ij} werden bis auf einen allen gemeinsamen Faktor gleich

$$r_{ij} = \frac{\overline{x_i x_j}}{\sqrt{\overline{x_i^2}\,\overline{x_j^2}}} \qquad (\textit{Korrelationskoeffizient}).$$

Diese Größe stellt ein Maß für die Abhängigkeit der Parameter x_i und x_j (bzw. n_i und n_j) voneinander dar. Für $r_{ij} = 0$ besteht keinerlei Korrelation, für $r_{ij} = 1$ besteht strenge Proportionalität der Schwankungen $x_i = \sum\limits_j c_{ij} x_j$ (funktionale Abhängigkeit). Für $r_{ij} < 1$ ist der Faktor c_{ij} unscharf definiert. Bildet man ein $\tilde{c}_{ij} = \operatorname{tg} \varphi_{ij}$ mit

$$\operatorname{tg} 2\varphi_{ij} = \frac{2\overline{x_i x_j}}{\overline{x_i^2} - \overline{x_j^2}},$$

so macht dies den Ausdruck

$$\overline{\left(\frac{(x_i - \tilde{c}_{ij} x_j)^2}{1 + c_{ij}^2}\right)}$$

(mittleres Quadrat des Abstandes aller Meßpunkte von der Hyperebene $x_i = \sum \tilde{c}_{ij} x_j$) zu einem Minimum.

C. Ausgleichungsrechnung.

1. Fehlertheorie.

Eine physikalische Größe mit dem wahren Wert x sei bei n-fach wiederholter Messung mit den fehlerhaften Werten l_i gefunden. $\varepsilon_i = x - l$ heißen die (unbekannten) *wahren Fehler* der Messungen.

Für diese ε_i wird angenommen, daß bei hinreichend großer Zahl n:

$$\bar{\varepsilon} = \frac{1}{n} \sum_{i=1}^{n} \varepsilon_i \simeq 0$$

sei, d. h. klein gegen

$$\overline{|\varepsilon|} = \frac{1}{n} \sum_{i=1}^{n} |\varepsilon_i| = d,$$

den *durchschnittlichen* Fehler. Diese Beziehung soll gültig sein, auch wenn man die Zahl der Messungen vermehrt oder vermindert oder sie bei der Mittelwertbildung durch positive Gewichtsfaktoren p_i willkürlich (unabhängig von den l_i) verschieden bewertet:

$$\bar{\varepsilon} = \frac{\sum p_i \varepsilon_i}{\sum p_i} \simeq 0.$$

Hieraus folgt:

$$\bar{\varepsilon}^2 \simeq \frac{\overline{\varepsilon^2}}{n} \qquad \left(= \frac{\sum p_i \varepsilon_i^2}{\sum p_i}\right).$$

$m = \sqrt{\overline{\varepsilon^2}}$ heißt *mittlerer Fehler*. Er ist ein Maß für die Genauigkeit (nicht für die Richtigkeit!) einer Messung vom Gewicht $p = 1$.

Die Verteilung der Fehler kann auf Grund wahrscheinlichkeitstheoretischer Betrachtungen und experimenteller Erfahrung durch: $W(\varepsilon) = \frac{h}{\sqrt{\pi}} e^{-h^2 \varepsilon^2}$ dargestellt werden $\left(\int\limits_{-\infty}^{+\infty} W(\varepsilon)\, d\varepsilon = 1\right)$.

Damit wird:

$$\overline{\varepsilon^2} = \int\limits_{-\infty}^{+\infty} W(\varepsilon) \cdot \varepsilon^2\, d\varepsilon = \frac{1}{2h^2} = m^2,$$

also

$$h = \frac{1}{m\sqrt{2}}, \qquad m = \frac{1}{h\sqrt{2}},$$

$$|\bar{\varepsilon}| = 2 \int\limits_0^{\infty} W(\varepsilon)\, \varepsilon\, d\varepsilon = \frac{1}{h\sqrt{\pi}} = d = m\sqrt{\frac{2}{\pi}} \simeq \frac{4}{5} m.$$

Der *wahrscheinliche Fehler* w ist definiert durch:

$$\int\limits_{-w}^{+w} W(\varepsilon)\, d\varepsilon = \tfrac{1}{2}; \qquad w \simeq \tfrac{2}{3} m.$$

Es ist
$$\int_{-m}^{+m} W(\varepsilon)\,d\varepsilon \simeq \tfrac{2}{3}.$$

Ist $x = f(x_1, x_2, \ldots, x_l)$ eine Funktion von l Größen x_k, die bei der i-ten Messung mit den Fehlern ε_{ki} gefunden wurden, so wird:
$$\varepsilon_i = \sum_k f_k \varepsilon_{ki}; \quad \sum_i \varepsilon_i^2 = \sum_k f_k^2 \sum_i \varepsilon_{ik}^2, \quad \text{mit} \quad f_k = \frac{\partial f}{\partial x_k},$$
$$m = \sqrt{f_k^2 m_k^2} \quad \text{mit} \quad m_k = \sqrt{\sum_i \varepsilon_{ik}^2}.$$

2. Ausgleichung.

Den wahrscheinlichsten Wert L zu x findet man nach der „Methode der kleinsten Quadrate" auf Grund der Forderung:
$$\sum_i p_i (L - l_i)^2 = \min$$
oder mit $L - l_i = v_i$ aus
$$\sum_i p_i (L - l_i) = \sum_i p_i v_i = 0; \qquad \bar{v} = 0$$
zu
$$L = \frac{\sum_i p_i l_i}{\sum_i p_i} = \bar{l}.$$

Wegen $\varepsilon_i = v_i + (x - L)$ wird $\bar{\varepsilon} = (x - L)$ und
$$\overline{\varepsilon^2} = \overline{v^2} + \bar{\varepsilon}^2 \simeq \overline{v^2} + \frac{\overline{\varepsilon^2}}{n},$$
also
$$m = \sqrt{\overline{\varepsilon^2}} = \sqrt{\frac{\overline{v^2}}{1 - \frac{1}{n}}}.$$

Doch ist der Faktor $\sqrt{1 - \frac{1}{n}}$ praktisch bedeutungslos, weil die Rechnung nur für größere n sinnvoll ist.

3. Ausgleichung vermittelnder Beobachtungen.

Zur Festlegung von l Größen x_k seien n *Bestimmungsgleichungen* der Form $f_i(x_1, x_2, \ldots, x_l) = 0$ gegeben. Diese seien gebildet auf Grund von Gesetzen oder Hypothesen mit Parameterwerten, die Beobachtungen entnommen sind. Wären die Grundannahmen streng gültig und die Beobachtungen fehlerfrei, so müßten die Gleichungen ohne Widersprüche miteinander verträglich sein und für $n \geq l$ wären die wahren Werte x_k exakt berechenbar.

Ist z.B. die Parabel: $y = a\,x^2 + b\,x + c$ festzulegen, so sind a, b, c die gesuchten x_k, und jedes beobachtete Zahlenpaar x, y liefert eine

Bestimmungsgleichung. Die Grundannahme ist hier, daß fehlerfreie Meßpunkte exakt auf einer Parabel liegen würden.

Tatsächlich ergeben sich für $n > l$ immer Widersprüche, die auszugleichen sind, um die wahrscheinlichsten Werte $\bar{x}_k$ für x_k zu finden.

Um hier die Methode der kleinsten Quadrate anzuwenden, wählt man Näherungswerte x_{0k} so, daß $f_i(x_{01}, x_{02}, \ldots, x_{0l}) = l_i$ kleine (bekannte) Größen sind, und sucht Verbesserungen ξ_k so, daß:

$$\sum_i p_i (f_i(x_{0k} + \xi_k))^2 = \sum_i p_i \left(l_i + \sum_k \frac{\partial f_i}{\partial x_k} \xi_k\right)^2 = \min \qquad \text{für} \qquad \xi_k = \bar{\xi}_k .$$

Mit $\left(\frac{\partial f_i}{\partial x_k}\right)_{x_k = x_{0k}} = a_{ik}$ erhält man die *Normalgleichungen*:

$$\sum_i p_i a_{ir} \left(l_i + \sum_k a_{ik} \bar{\xi}_k\right) = 0$$

oder

$$\sum_k \bar{\xi}_k \sum_i p_i a_{ir} a_{ik} = - \sum_i p_i a_{ir} l_i ; \qquad (r = 1, 2, \ldots, l) .$$

Diese l linearen Gleichungen der Form:

$$\sum_k \bar{\xi}_k A_{rk} = \sum_i l_i B_{ir}$$

kann man lösen zu:

$$\bar{\xi}_k = \sum_i \alpha_{ik} l_i ; \qquad \left(\sum_k \alpha_{ik} A_{rk} = B_{ir}\right)$$

und erhält

$$\bar{x}_k = x_{0k} + \bar{\xi}_k .$$

Zweiter Teil.

Physik.

Das Begriffssystem der theoretischen Physik.

Die theoretische Physik bedient sich der *mathematischen Form* zur Darstellung der *erfahrungsmäßigen Regelmäßigkeiten* im Verlaufe der Naturerscheinungen. Dazu ist eine *Abbildung* des mit den Sinnen erfaßten Wahrnehmungsmaterials auf ein mathematisches Schema notwendig. Das anschauliche Schema der (dreidimensionalen euklidischen) *Geometrie*, das wohl am nächsten liegt, hat sich vielfach als zu eng erwiesen; das der *Analysis* scheint bisher auszureichen und wird heute in überwiegendem Maße verwendet. Da dieses letzten Endes nur aus Zahlen besteht, handelt es sich also in der theoretischen Physik um eine Abbildung der Welt auf ein System von Zahlen. Die beobachteten Regelmäßigkeiten stellen sich dann dar als Relationen zwischen Zahlen, die, mathematisch formuliert, *Gesetze* genannt werden.

Voraussetzung für die Durchführung dieses Programms ist die Fixierung eines *Zuordnungsverfahrens* des sinnlich Wahrgenommenen zu den Zahlen des Schemas. Dies Verfahren ausüben, heißt *Messen*. Es erfolgt nach einer *Meßvorschrift*, die festgelegt sein muß als eine mit natürlichen Mitteln durchführbare Tätigkeit, die zur Gewinnung einer Zahl, der *Maßzahl*, führt. Man pflegt bei ihrer Nennung durch ein hinzugefügtes Symbol (Namen oder Zeichen, z. B. cm Länge, ° Celsius) das Meßverfahren (mehr oder weniger eindeutig) zu bezeichnen, das sie lieferte. Dieses Symbol bezeichnet die, in der Physik allein *durch das Meßverfahren definierte*, hier gemessene *Qualität*, während die Maßzahl die *Quantität* angibt. Der Inbegriff von Qualität und Quantität heißt *physikalische Größe*.

Der Wortlaut einer Meßvorschrift muß alle für die Messung nötigen Angaben enthalten, nämlich Nennung der erforderlichen *Meßwerkzeuge* (Sinnesorgane und Geräte), der mit ihnen an einem Meßobjekt auszuführenden Tätigkeit, und der Auswertung des sinnlich Wahrgenommenen in Form einer (abgelesenen oder gezählten) Zahl, eventuell auch mit Hilfe von *Rechenvorschriften* (Formeln). Die Meßwerkzeuge müssen entweder als verfügbare individuelle oder als gegebenenfalls beschaffbare reelle Objekte hinreichend beschrieben sein. Die exakt eindeutige Formulierung einer Meßvorschrift wie auch ihre exakte Befolgung ist unmöglich. Es gibt nur ein anzustrebendes Ideal.

Unter den unendlich vielen ersinnbaren Meßverfahren wählt die physikalische *Metronomie* eine beschränkte Anzahl aus nach dem Gesichtspunkt, daß die mit ihnen gewonnenen Zahlen *möglichst einfache Relationen* erfüllen sollen. Dies Suchen nach immer „besseren" Verfahren führt zur Aufstellung eines *Ideals* in Gestalt von *ideal einfachen Relationen* für die mit idealen Verfahren gewonnenen Zahlen. Diese gelten dann als die Gesetze im eigentlichen Sinne.

Häufig liefern an sich verschiedene Verfahren am selben Objekt ausgeführt regelmäßig dieselben Zahlen. Das ist die einfachste Form $a = a'$ einer auffindbaren Relation und daher Ausdruck eines Gesetzes. Man pflegt dann aber zumeist zu sagen: Die verschiedenen Verfahren messen *dieselbe* physikalische Größe. Auch im Falle einer Relation $a = F(a')$ spricht man oft nur vom Unterschied in der *Skala* für dieselbe Größe, speziell, wenn $a = \alpha a'$ gilt, d.h. wenn sich die Zahlen nur um einen konstanten Faktor α unterscheiden.

Besonders ausgezeichnet sind solche Meßverfahren, die für gewisse verschiedene Objekte regelmäßig auf Relationen der Form: $a = b + c + \cdots$ führen. Man kann in diesem Falle eine Quantität als Summe von Teilquantitäten gleicher Qualität auffassen. Sind letztere gleichgroß, dann kann die Quantität als Mehrfaches einer *Einheit* bezeichnet werden: $a = n\, a_0$ und die reine Zahl $n = a/a_0$ als *Maßzahl* relativ zur Einheit. Die üblichen Verfahren zur Messung von Längen, Zeiten, Massen und vielen anderen physikalischen Größen erfüllen die erforderliche Bedingung. Die Einheiten müssen für die Praxis durch reproduzierbare Objekte festgelegt sein. Damit entsteht ein *Maßsystem*, in dem den Einheiten die Maßzahl 1 zukommt. Es ist jetzt möglich einen Sachverhalt durch eine Maßzahlgleichung 1.: $s = f(a, b, c, \ldots)$ zu formulieren oder durch eine reine Zahlengleichung 2.: $\frac{s}{s_0} = f\left(\frac{a}{a_0}, \frac{b}{b_0}, \frac{c}{c_0}, \ldots\right)$. Im Gegensatz zu 1. bleibt 2. gültig, wenn man zu neuen Einheiten übergeht: $a = \alpha a'$, $a_0 = \alpha a_0'$ usw. Soll auch die einfachere Form 1. die wertvolle Eigenschaft der *Kovarianz gegen Maßstabstransformationen* haben, dann müssen zwischen den für jede Größe zunächst willkürlich wählbaren Einheiten solche Beziehungen bestehen, daß 1. aus 2. folgt.

Beispiel: 1. $x = a + bt + ct^2$, 2. $\frac{x}{x_0} = \frac{a}{a_0} + \frac{bt}{b_0 t_0} + \frac{ct^2}{c_0 t_0^2}$; also muß sein: $x_0 = a_0$, $b_0 = \frac{x_0}{t_0}$, $c_0 = \frac{x_0}{t_0^2}$, d.h. die Einheit zu a sei dieselbe wie die zu x, die zu b dieselbe wie zu x/t usw. Man schreibt dies meist in der Form: $[a] = [x]$, $[b] = [x/t]$ usw. Führt man so alle Einheiten auf die von Längen l, Zeiten t und Massen m zurück, dann wird das Maßsystem „*absolut*" genannt. Die Symbole $[l^\alpha t^\beta m^\gamma]$ heißen „*Dimensionen*".

Die Physik kann sich nicht damit begnügen nur zahlenmäßig fixierte Erfahrungen in mathematischer Form zu kodifizieren. Sie muß durch Verallgemeinerung, d. h. Anwendung auf als analog erachtete Fälle, aus dem Erfahrungsbereich heraustreten und Teilerfahrungen, auch über Erfahrungslücken hinweg, zu einem größeren System vereinigen. Dazu dienen allgemeinere *Theorien*, die einen Rahmen bilden, in den spezielle Erfahrungen einzutragen sind, und die um so größeren Wert haben, je mehr sie aufnehmen können und je einfacher sie in ihrer Struktur sind. Diese Struktur wird durch *Axiome* festgelegt, die ein widerspruchsfreies System bilden müssen. Wenn man von der Richtigkeit einer solchen Theorie spricht, meint man nur ihre möglichst umfassende Anwendbarkeit und Zweckmäßigkeit.

Man findet in der heutigen Physik folgende Arten von Theorien, klassifiziert nach ihren Darstellungsmitteln:

1. *Punkttheorien* (Fernwirkungstheorien), z. B. Punktmechanik.

Die physikalischen Größen sind nur in *diskreten* Punkten des dreidimensionalen Raumes definiert. Jeder Punkt ist durch Koordinaten bezeichnet, die Funktionen der Zeit sind (Bewegung). Die physikalischen Größen sind explizite und, soweit sie von den Koordinaten abhängen, implizite Funktionen der Zeit allein. Es existiert also nur eine unabhängige Variable t. Felder treten nur als mathematische Hilfsgrößen auf (Potentielle Felder).

2. *Kontinuumstheorien* (Feldtheorien, Nahewirkungstheorien), z. B. Elektrodynamik im Vakuum.

Die physikalischen Größen sind in *jedem* Punkt des Raumes definiert. Sie sind Funktionen der Zeit und des Ortes. Die Koordinaten sind unabhängige Variable. Felder haben hier physikalische Bedeutung (Aktuelle Felder) und werden durch mathematische abgebildet. Der Begriff „Bewegung" exisitiert nur formal (Welle).

3. *Kombination von Kontinuums- und Punkttheorie*, z. B. Elektronentheorie.

Hier werden nebeneinander Feldgrößen und Punktgrößen verwendet, mit funktioneller Verknüpfung in den Punkten. Die letzteren können auch als Feldsingularitäten aufgefaßt werden, für die besondere Gesetze gelten sollen.

4. *Systemtheorien*, z. B. Thermodynamik.

Bei ihnen werden physikalische Größen nicht Punkten, sondern räumlich ausgedehnten Systemen zugeordnet. (Indizes statt Koordinaten!) Solche Systemgrößen sind nur Funktionen der Zeit.

Durch Grenzübergänge und Abstraktionen kann man von einer Theorieform zu einer anderen gelangen z. B. von einer Vielpunkttheorie zur Kontinuumstheorie und umgekehrt.

Führt man den Grenzübergang nur im mathematischen Bild, nicht in der physikalischen Idee wirklich durch, so erhält man Theorien von approximativem Charakter.

5. *Quasipunkttheorien*, z. B. Mechanik ausgedehnter Körper.

Hier werden durch räumliche Mittelwertsbildung Größen für Systeme von kontinuierlicher oder diskreter Art als Punktgrößen dargestellt. Als charakteristische Größe in dieser Theorie tritt z. B. der „Wirkungsquerschnitt" auf.

6. *Quasikontinuumstheorien* (Vielpunkttheorien), z. B. Hydrodynamik.

In Vielpunktsystemen werden durch „Glättung" kontinuierliche Größen definiert und durch Felder dargestellt. Hier treten die Begriffe: Punktdichte und mittlere Geschwindigkeit als charakteristische Feldgrößen auf, die den reinen Kontinuumstheorien fremd sind.

7. *Statistische Theorien.*

Zugrunde gelegt wird eine endliche oder unendliche Zahl von wohldefinierten *Möglichkeiten.* Die Beschreibung eines Sachverhalts geschieht durch *Besetzungszahlen* für diese Möglichkeiten.

Diese Theorien können durch Benutzung eines geeigneten *Darstellungsraumes* auf die Form von Punkt- oder Quasikontinuumstheorien gebracht werden.

Als methodische Varianten zu betrachten sind folgende Formen:

Einpunkttheorie im Konfigurations- bzw. Phasenraum zur Darstellung von Mehrpunktsystemen im dreidimensionalen.

Vielpunkttheorie ebendort zur Darstellung von System-„Gesamtheiten".

Punkt- und Feldtheorie im vierdimensionalen Zeit—Raum—Kontinuum (Relativitätstheorie).

Erster Abschnitt.

Mechanik.

A. Die Grundlagen der Punktmechanik.

Die klassische Mechanik wählt zur Darstellung natürlichen Geschehens folgende mathematische Gebilde:

1. einen homogenen, isotropen, unbegrenzten dreidimensionalen Raum,

2. Punkte in ihm zur Darstellung der Lage von Materieelementen,

3. einen Zeitparameter zur Ordnung der Folge von Lagezuständen.

Sie setzt voraus (postuliert):

1. daß durch Benutzung von Maßstäben (und eventuell als gerade angenommenen Lichtstrahlen) eine euklidische Metrik in den Raum eintragbar ist, so daß jeder Lagezustand durch Abstands- und Winkelmessung exakt erfaßbar und in einem Koordinatensystem bzw. Vektorraum beschreibbar ist. Jeder Zustand hat zunächst sein eigenes Koordinatensystem;

2. daß durch Benutzung von Uhren eine Metrik in die Folge der Lagezustände eintragbar ist, so daß jeder Zustand einem Punkt einer linearen Zeitskala exakt zugeordnet werden kann;

3. daß die Zustände sich kontinuierlich aneinander schließen, so daß jedes Element seine Individualität bewahrt. Fordert man das gleiche für die Koordinatensysteme, so werden die Koordinaten der *Elemente* stetige Funktionen des Zeitparameters;

4. daß die räumliche Metrik unverändert in der Zeit bewahrt werden kann, d. h. daß die benutzten Maßstäbe als unveränderlich zu betrachten sind;

5. daß die Materieelemente sich gegenseitig in ihren Lageänderungen bedingen, und daß es möglich ist (z. B. durch hinreichend weite Abstände) einzelne Elemente oder Gruppen von solchen von der Beeinflussung durch die übrigen frei zu machen, d. h. „freie" Elemente oder „abgeschlossene" Systeme von solchen zu schaffen bzw. solche zu finden.

Auf Grund idealisierter und verallgemeinerter Erfahrung werden dann folgende Hauptsätze (Thesen, Axiome) als gültig angenommen:

1. Es ist möglich durch geeignete Wahl der Koordinatensysteme in den Folgezuständen und Identifizierung derselben als ein gemeinsames, zeitunabhängiges System *(Inertialsystem)* sowie durch geeignete Wahl der Zeitskala die Bewegung *aller* freien Elemente als geradlinig und gleichförmig zu beschreiben: $\mathfrak{r} = \mathfrak{a} + t\,\mathfrak{v}, \quad \dot{\mathfrak{r}} = \mathfrak{v} = \text{const}, \quad \ddot{\mathfrak{r}} = \mathfrak{b} = 0.$

2. Es ist möglich den Elementen α eines abgeschlossenen Systems zeitunabhängige (positive) Massenzahlen m_α so zuzuordnen, daß der (mathematische) Punkt

$$\bar{\mathfrak{r}} = \frac{\sum\limits_{\alpha} m_\alpha \mathfrak{r}_\alpha}{\sum\limits_{\alpha} m_\alpha} \qquad (\text{„Schwerpunkt"})$$

sich in einem Inertialsystem geradlinig und gleichförmig bewegt:

$$\bar{\mathfrak{r}} = \bar{\mathfrak{a}} + t\,\bar{\mathfrak{v}}, \qquad \dot{\bar{\mathfrak{r}}} = \bar{\mathfrak{v}} = \text{const}, \qquad \ddot{\bar{\mathfrak{r}}} = 0.$$

3. Es ist möglich solche Vektorgrößen: $\mathfrak{K}_{\alpha\beta} = -\,\mathfrak{K}_{\beta\alpha}$ einzuführen, daß die aus 2. folgende Gleichung: $\sum\limits_{\alpha} m_\alpha \ddot{\mathfrak{r}}_\alpha = 0 = \sum\limits_{\alpha\beta} \mathfrak{K}_{\alpha\beta}$ sich aufspalten läßt in die Bewegungsgleichungen:

$$m_\alpha \ddot{\mathfrak{r}}_\alpha = \sum_{\beta} \mathfrak{K}_{\alpha\beta}$$

derart, daß die $\mathfrak{K}_{\alpha\beta}$ nur von den Bestimmungsstücken der Elemente α und β abhängen.

$\mathfrak{K}_{\alpha\beta}$ heißt „*Einzelkraft*" von β auf α, $\sum_{\beta}\mathfrak{K}_{\alpha\beta}$ „*Gesamtkraft*" auf α.

4. Die möglichen gleichwertigen Inertialsysteme unterscheiden sich durch ihre Orientierung, Nullpunkt, Maßstab und gleichförmige gegenseitige Translationsgeschwindigkeit (ohne Drehung), die Zeitskalen durch Nullpunkt und Maßstab, die Massenzahlen durch ihre Einheit.

5. Bei festgelegten Maßeinheiten sind die $\mathfrak{K}_{\alpha\beta}$ von der spezielleren Wahl des Inertialsystems und des Zeitnullpunktes unabhängig.

Diese Darstellungsmittel, Postulate und Hauptsätze charakterisieren die klassische Punktmechanik (im Gegensatz zu anderen Theorien). In den Hauptsätzen sind die drei NEWTONschen Axiome in etwas modifizierter Form enthalten, außerdem die Sätze der vektoriellen Additivität (Parallelogramm) der Kräfte und ihre Zerlegbarkeit in Einzelkräfte zwischen Paaren, der Homogenität und Isotropie des physikalischen Raumes, sowie das sog. GALILEIsche Relativitätsprinzip.

Die Anwendbarkeit dieser Mechanik ist beschränkt, weil die Darstellungsmittel in vielen Fällen nicht ausreichen, weil die Postulate vielfach undurchführbar oder unzweckmäßige Annahmen sind und, weil die Hauptsätze auf nur in Grenzfällen gültigen Idealisierungen beruhen und nicht beliebig verallgemeinert werden dürfen.

B. Problemstellungen.

Die Probleme der Punktmechanik sind sehr mannigfaltig, je nachdem, was vorgegeben und was gesucht ist. Wir klassifizieren sie wie folgt:

1. Gegeben: die Massen m_α und die Kräfte $\mathfrak{K}_{\alpha\beta}$ als Funktionen der $\mathfrak{r}$, $\dot{\mathfrak{r}}$ und eventuell weiterer Parameter σ_α.

Gesucht: die $\mathfrak{r}_\alpha(t)$, Lagen als Funktionen der Zeit.

Methode: Lösung eines Systems von Differentialgleichungen zweiter Ordnung und Festlegung der Integrationskonstanten aus Zusatzforderungen.

Spezialfall: Aufsuchen von Gleichgewichtslagen, d. h. solchen Lösungen, bei denen alle $\dot{\mathfrak{r}}_\alpha = 0$ sind.

2. Gegeben: die $\mathfrak{r}_\alpha(t)$ und die Massen m_α.

Gesucht: die Kräfte $\mathfrak{K}_{\alpha\beta}$.

Methode: Differentiation. Die Gleichungen reichen zur eindeutigen Zerlegung in Einzelkräfte nicht aus. Diese müssen teilweise gegeben sein.

Spezialfall: alle $\mathfrak{r}_\alpha = 0$ (Statik).

3. Gegeben: ein Teil der Kräfte, Bewegungen und Massen.

Gesucht: die noch unbekannten Größen.

Da hier ein Teil der $\mathfrak{r}_\alpha$ als Funktionen der Zeit vorliegt, kann man den von ihnen ausgehenden Teil der Kräfte als „äußere" Kräfte abtrennen, die die Zeit t als Parameter explizite enthalten (zeitabhängige Kräfte).

In allen Fällen ist zu prüfen, ob die gegebenen Größen zur eindeutigen Lösung ausreichen oder eine solche überhaupt möglich ist.

C. Mechanik eines einzelnen Massenpunktes.

1. Allgemeines.

Wir betrachten nur einen Massenpunkt. Die übrigen seien in ihrer Lage und Bewegung gegeben. Wir berücksichtigen sie durch Einführung von dann im allgemeinen zeitabhängigen Kräften:

$$\mathfrak{K} = \mathfrak{K}(\mathfrak{r}, \mathfrak{v}, t).$$

Die Bewegungsgleichung lautet dann:

$$m\,\ddot{\mathfrak{r}} = \mathfrak{K} \qquad (\text{Newton}).$$

Die folgenden Begriffe sind für die Methodik der Problemlösungen nützlich:

a) $\mathfrak{v} = \dot{\mathfrak{r}} \qquad \left(v^i = \frac{d x^i}{dt}\right)$: Geschwindigkeit.

$\mathfrak{b} = \dot{\mathfrak{v}} = \ddot{\mathfrak{r}} \qquad \left(b^i = \frac{d^2 x^i}{dt^2} + \Gamma^i_{kl}\frac{d x^k}{dt}\frac{d x^l}{dt}\right)$: Beschleunigung.

Zerlegt man die Beschleunigung in Radial- und Tangentialbeschleunigung $\mathfrak{b} = \mathfrak{b}_r + \mathfrak{b}_t$, so wird (s. S. 137)

$$\mathfrak{b}_r = \frac{\mathfrak{R}}{R^2} v^2 = \frac{[\mathfrak{v}[\mathfrak{b}\mathfrak{v}]]}{v^2}, \qquad \mathfrak{b}_t = \frac{\mathfrak{v}(\mathfrak{b}\mathfrak{v})}{v^2} = \frac{\mathfrak{v}}{v}\frac{dv}{dt}.$$

Dabei bedeutet $\mathfrak{R}$ einen Vektor von Richtung und Betrag des Krümmungsradius der Bahn.

$-m\,\mathfrak{b}_r$ heißt *Zentrifugalkraft* (s. S. 362).

b) $\mathfrak{p} = m\,\mathfrak{v}$ heißt *Impuls* oder *Bewegungsgröße*. Wegen der Zeitunabhängigkeit von m gilt auch

$$\mathfrak{K} = \frac{d\mathfrak{p}}{dt} \qquad \left(K^i = \frac{dp^i}{dt} + \Gamma^i_{hl}\frac{p^h p^l}{m}\right).$$

c) $dA = (\mathfrak{K}\mathfrak{v})\,dt = (\mathfrak{K}\,d\mathfrak{r}) \qquad (dA = (K_i v^i)\,dt = K_i\,dx^i)$

heißt die (von der Kraft $\mathfrak{K}$) bei der Verschiebung $d\mathfrak{r}$ geleistete *Arbeit*.

Es ist

$$dA = m\left(\frac{d\mathfrak{v}}{dt}\mathfrak{v}\right)dt = \frac{d}{dt}\left(\frac{m v^2}{2}\right)dt = dT,$$

$$dT = (\mathfrak{p}\,d\mathfrak{v}), \qquad \left(p_i = \frac{\partial T}{\partial v^i}, \quad dT = p_i\,dv^i\right).$$

$$T = \frac{m v^2}{2} = \frac{1}{2}(\mathfrak{p}\,\mathfrak{v}) = \frac{p^2}{2m} \text{ heißt } \textit{kinetische Energie}$$

$$T = \frac{m}{2}(v^i v_i) = \frac{m}{2}(v^i v^k g_{ik}) = \frac{1}{2}(p_i v^i) = \frac{1}{2m}(p_i p^i),$$

d.h. die von $\mathfrak{K}$ geleistete Arbeit ist gleich der Zunahme der kinetischen Energie T.

d) $dA/dt = (\mathfrak{K}\,\mathfrak{v})$ heißt *Leistung* der Kraft.

Dimensionen: $[\mathfrak{v}] = \frac{l}{t}$; $[\mathfrak{K}] = \frac{ml}{t^2}$; $[\mathfrak{p}] = \frac{ml}{t}$; $[T] = [A] = \frac{ml^2}{t^2}$.

2. Sonderfälle.

a) Zentralkraft. Ist $\mathfrak{K} \| \mathfrak{r}$, also $[\mathfrak{K}\,\mathfrak{r}] = 0$, so folgt der *Flächensatz:*

$$\frac{d}{dt}[\mathfrak{r}\,\dot{\mathfrak{r}}] = [\mathfrak{r}\,\ddot{\mathfrak{r}}] = 0.$$

Es ist also

$$[\mathfrak{r}\,\dot{\mathfrak{r}}] = \mathfrak{k}$$

ein konstanter freier Vektor und $(\mathfrak{r}\,\mathfrak{k}) = 0$, d.h. die Bewegung erfolgt in einer festen Ebene. (Beispiel hierzu im Anhang, 9.)

b) Massenpunkt im Potentialfelde. Ist die Kraft als Funktion des Ortes ihres Angriffspunktes und (eventuell) der Zeit gegeben, dann kann man den Begriff eines (potentiellen) Kraftfeldes $\mathfrak{K} = \mathfrak{K}(\mathfrak{r}, t)$ bilden, das in jedem Punkte definiert ist. Läßt sich dieses Feld als negativer Gradient eines skalaren Feldes V darstellen:

$$\mathfrak{K} = -\operatorname{grad} V,$$

dann heißt V das *Potential* der Kraft (oder eine *Kräftefunktion*) und sein Wert am Ort des Massenpunktes $W(t) = V(\mathfrak{r}(t), t)$ die *potentielle Energie.* Ist V explizite unabhängig von der Zeit, so heißt $\mathfrak{K}$ eine *konservative Kraft* (dA ist dann ein totales Differential der Koordinaten) und es wird:

$$\frac{d}{dt}(T + W) = 0 \quad \textit{(Energiesatz)}.$$

$T + W = E$ heißt *Gesamtenergie.*

c) Zwangskräfte. Soll sich ein Massenpunkt unter dem Einfluß der Kraft $\mathfrak{K}$ so bewegen, daß er in jedem Augenblicke k Bedingungsgleichungen

$$f_\alpha(x^1, x^2, x^3, t) = 0 \qquad (\alpha = 1, \ldots, k)$$

erfüllt[1], d.h. zwingt man ihn durch geeignete reibungsfreie Führung zu

[1] Bedingungsgleichungen, die in der Form $f_\alpha(x^1, x^2, x^3) = 0$ gegeben sind, heißen *holonom.* Sind sie durch eine nichtintegrable totale Differentialgleichung $L\,dx^1 + M\,dx^2 + N\,dx^3 = 0$ gegeben, so heißen sie *nichtholonom.*

einer durch $f_\alpha = 0$ eingeschränkten Bewegung, so muß man zu der „äußeren" Kraft $\mathfrak{K}$ eine *Zwangskraft* $\mathfrak{Z}$ hinzufügen in der Form:

$$\mathfrak{Z} = \sum_{\alpha=1}^{k} \lambda_\alpha \operatorname{grad} f_\alpha \qquad \left(Z_i = \sum_{\alpha=1}^{k} \lambda_\alpha \frac{\partial f_\alpha}{\partial x^i} \right),$$

wo die λ_α zunächst unbestimmte Funktionen von Ort und Zeit sind. $k = 1$ bedeutet Bindung an die Fläche $f_1 = 0$, $k = 2$ an die Kurve $f_1 = 0$, $f_2 = 0$. $k > 2$ hat für *einen* Massenpunkt keinen geometrischen Sinn. Die Zwangskräfte stehen senkrecht auf der Fläche (Kurve) und leisten daher keine Arbeit an dem Massenpunkte:

$$(\mathfrak{Z}_\alpha d\mathfrak{r}) = 0 \qquad \left(\sum_i \frac{\partial f_\alpha}{\partial x^i} dx^i = 0 \right).$$

Bei der Anwendung des Energiesatzes braucht man daher die Zwangskräfte nicht zu berücksichtigen.

Die Bewegungsgleichungen lauten dann (LAGRANGE*sche Gleichungen erster Art*):

$$m\ddot{\mathfrak{r}} = \mathfrak{K} + \sum_{\alpha=1}^{k} \lambda_\alpha \operatorname{grad} f_\alpha \qquad \left(m\ddot{x}^i = K^i + \sum_{\alpha=1}^{k} \lambda_\alpha \frac{\partial f_\alpha}{\partial x^i} \right) \qquad \text{(3 Gleichungen)}$$

mit den *Nebenbedingungen*

$$f_\alpha(x^1, x^2, x^3) = 0 \qquad (k \text{ Gleichungen}).$$

Das sind $(3 + k)$ Gleichungen für die $(3 + k)$ Funktionen $\mathfrak{r}(t)$ und $\lambda_\alpha(x^1, x^2, x^3, t)$. Man löst sie, indem man aus den Bewegungsgleichungen die λ_α *algebraisch* eliminiert; aus den so entstehenden $(3 - k)$ Gleichungen zusammen mit den k Nebenbedingungen bestimmt man $\mathfrak{r}(t)$.

Die Zwangskräfte selbst kann man aus der so gefundenen Lösung durch reine Differentiationen bestimmen.

d) Scheinkräfte. Die im obigen gegebenen Formulierungen der Gesetze der Mechanik gelten in beliebigen Inertialsystemen. Transformiert man die Gleichungen aber auf andere Bezugssysteme, so treten Zusatzglieder auf, die man als „*Scheinkräfte*" bezeichnet.

Die wichtigsten Spezialfälle sind:

1. *Beschleunigtes Bezugssystem*: $\mathfrak{r} = \mathfrak{r}' + \frac{\mathfrak{a}}{2} t^2$

$$m\ddot{\mathfrak{r}}' = \mathfrak{K} - m\mathfrak{a}.$$

Allgemeiner: $\mathfrak{r} = \mathfrak{r}' + \mathfrak{a}(t)$

$$m\ddot{\mathfrak{r}}' = \mathfrak{K} - m\ddot{\mathfrak{a}}.$$

Das nach rechts geworfene Zusatzglied heißt „*Trägheitskraft*".

2. *Rotierendes Bezugssystem:*

$$\mathfrak{r} = \mathfrak{r}' \cos\omega t + \mathfrak{a}(\mathfrak{a}\mathfrak{r}')(1 - \cos\omega t) - [\mathfrak{a}\mathfrak{r}'] \sin\omega t \quad \text{(s. S. 155)}$$

$$m\ddot{\mathfrak{r}}' = \mathfrak{K} - 2m\omega[\mathfrak{a}\dot{\mathfrak{r}}'] - m\omega^2[\mathfrak{a}[\mathfrak{a}\mathfrak{r}']] \qquad (a^2 = 1)$$

$-2m\omega[\mathfrak{a}\dot{\mathfrak{r}}']$ heißt „*Corioliskraft*",

$-m\omega^2[\mathfrak{a}[\mathfrak{a}\mathfrak{r}']] = m\omega^2(\mathfrak{r}' - \mathfrak{a}(\mathfrak{a}\mathfrak{r}'))$ heißt „*Zentrifugalkraft*".

Das wichtigste Beispiel für dieses Nicht-Inertialsystem und das Auftreten von Scheinkräften ist das Bezugssystem: Erde. Hier ist

$$\omega = \frac{2\pi}{86\,164{,}1}\,\sec^{-1} = 0{,}729 \cdot 10^{-4}\,\sec^{-1}.$$

3. Bewegungsgleichungen in beliebigen Koordinaten.

Es ist oft vorteilhaft, die Bewegungsgleichungen in beliebigen krummlinigen Koordinaten x^i zu formulieren, wenn sich die Kräfte mit diesen einfacher darstellen und besonders, wenn bei Zwangskräften die Bedingungsgleichungen sich dann in der einfachen Form: $x^k = \text{const}$ schreiben lassen. Gilt außerdem $\mathfrak{K} = -\operatorname{grad} V$, so wird in kovarianter Schreibweise mit Benutzung der Fundamentalvektoren (s. S. 213):

$$d\mathfrak{r} = \mathfrak{e}_i\,dx^i, \qquad \mathfrak{v} = \mathfrak{e}_i v^i, \qquad \mathfrak{p} = m\mathfrak{v} = m v^i \mathfrak{e}_i$$

$$\mathfrak{K} = K^i \mathfrak{e}_i, \qquad -dV = (\mathfrak{K}\,d\mathfrak{r}) = K^k\,dx^i(\mathfrak{e}_k\mathfrak{e}_i),$$

also

$$-\frac{\partial V}{\partial x^i} = K^k(\mathfrak{e}_i\mathfrak{e}_k) = K_i.$$

a) LAGRANGEsche Gleichungen zweiter Art: Die Bewegungsgleichung

$$m\frac{d\mathfrak{v}}{dt} = \mathfrak{K} = -\operatorname{grad} V$$

schreibt sich nach Multiplikation mit $\mathfrak{e}_k$:

$$\left(\mathfrak{e}_k \frac{d}{dt}(m\mathfrak{v})\right) = \frac{d}{dt}(m v_k) - m\left(\mathfrak{v}\frac{d\mathfrak{e}_k}{dt}\right) = K_k = -\frac{\partial V}{\partial x^k}.$$

Wegen $\frac{d\mathfrak{e}_k}{dt} = v^i\frac{\partial\mathfrak{e}_k}{\partial x^i} = v^i\frac{\partial\mathfrak{e}_i}{\partial x^k} = \frac{\partial\mathfrak{v}}{\partial x^k}$ erhält man:

$$\frac{d}{dt}(m v_k) - \frac{\partial}{\partial x^k}\left(\frac{m}{2}v^2\right) = -\frac{\partial V}{\partial x^k}.$$

Führt man die kinetische Energie in der Form

$$T = \frac{m}{2}v^i v_i = \frac{m}{2}(v^i v^k(\mathfrak{e}_i\mathfrak{e}_k))$$

ein und betrachtet T als Funktion von x^i und v^i, die beide natürlich von t abhängen, so wird daraus:

$$\frac{d}{dt}\left(\frac{\partial T}{\partial v^k}\right) - \frac{\partial T}{\partial x^k} = -\frac{\partial V}{\partial x^k}.$$

In einem zeitlich unveränderlichen Koordinatensystem ist $v^i = \frac{dx^i}{dt} = \dot{x}^i$. Mit $T = T(x^i, \dot{x}^i)$, d.h. als Funktion der Koordinaten und ihrer Ableitungen nach der Zeit, erhält man so die LAGRANGE*schen Gleichungen zweiter Art*:

$$\frac{d}{dt}\left(\frac{\partial T}{\partial \dot{x}^k}\right) - \frac{\partial T}{\partial x^k} = -\frac{\partial V}{\partial x^k} = K_k.$$

Diese Form bleibt aber auch erhalten, wenn man ein zeitlich veränderliches Koordinatensystem benutzt: $v^i = \dot{x}^i + u^i$, wo u in beliebiger Weise von Ort und Zeit abhängt.

Führt man die LAGRANGE*sche Funktion* $L(x^k, \dot{x}^k, t)$ ein: $L = T - V$, so gilt auch die einfachere Form:

$$\frac{d}{dt}\left(\frac{\partial L}{\partial \dot{x}^k}\right) - \frac{\partial L}{\partial x^k} = 0.$$

Das sind drei Differentialgleichungen zweiter Ordnung, die sich auf weniger reduzieren, wenn ein oder zwei x^k durch Bedingungsgleichungen als konstant zu setzen sind.

Ein x^k heißt *zyklische Koordinate*, wenn $\frac{\partial L}{\partial x^k} = 0$ ist. Dann wird $\frac{\partial L}{\partial \dot{x}^k} = \text{const}$ ein intermediäres Integral.

b) HAMILTONsche Gleichungen: Wegen[1]

$$\left.\frac{\partial T}{\partial x^l}\right|_{\dot{x}^r} = \left.\frac{\partial T}{\partial x^l}\right|_{v^r} + p_i \frac{\partial u^i}{\partial x^l}, \quad \left.\frac{\partial T}{\partial x^l}\right|_{v^r} = -\left.\frac{\partial T}{\partial x^l}\right|_{v_r}, \quad \left.\frac{\partial V}{\partial x^l}\right|_{v^r} = \left.\frac{\partial V}{\partial x^l}\right|_{v_r},$$

entsteht aus der LAGRANGEschen Form bei Einführung der HAMILTON*schen Funktion*

$$H(x^i, p_i, t) = T + V - p_i u^i = p_i \dot{x}^i - (T - V)$$

das System von sechs Differentialgleichungen erster Ordnung:

$$\boxed{\begin{aligned} \frac{dp_l}{dt} &= -\left.\frac{\partial H}{\partial x^l}\right|_{p_r} \\ \frac{dx^l}{dt} &= \left.\frac{\partial H}{\partial p_l}\right|_{x^r} \end{aligned}} \quad \text{(HAMILTONsche \textit{kanonische} Gleichungen)},$$

---

[1]
$$\left.\frac{\partial T}{\partial x^l}\right|_{v^r} = m v^i v^k \left(\mathfrak{e}_i \frac{\partial \mathfrak{e}_k}{\partial x^l}\right) = m v_i v^k \left(\mathfrak{e}^i \frac{\partial \mathfrak{e}_k}{\partial x^l}\right),$$
$$\left.\frac{\partial T}{\partial x^l}\right|_{v_r} = m v_i v_k \left(\mathfrak{e}^k \frac{\partial \mathfrak{e}^i}{\partial x^l}\right) = m v_i v^k \left(\mathfrak{e}_k \frac{\partial \mathfrak{e}^i}{\partial x^l}\right),$$

wobei wegen $(\mathfrak{e}^i \mathfrak{e}_k) = \delta_{ik}$, gilt

$$\mathfrak{e}^i \frac{\partial \mathfrak{e}_k}{\partial x^l} = -\mathfrak{e}_k \frac{\partial \mathfrak{e}^i}{\partial x^l}.$$

wobei die letzte Gleichung folgt aus

$$2T = p_i v^i, \qquad v^i - u^i = \frac{dx^i}{dt} = \frac{\partial T}{\partial p_i}\bigg|_{x^r} - u^i = \frac{\partial(T + V - u^i p_i)}{\partial p_i}\bigg|_{x^r}.$$

Die Größen x^i und p_i $\left(\text{nicht } p^i = m\frac{dx^i}{dt}\right)$ heißen *generalisierte* Lagen- und Impulskoordinaten. (Meist findet man statt x^i die Schreibweise q_i.)

Für $u^i = 0$ ist $H = T + V = T + W$ die Energie E und, wenn $\partial H/\partial t = 0$ ist, gilt wegen:

$$\frac{dH}{dt} = \frac{\partial H}{\partial t} + \frac{\partial H}{\partial x^i}\dot{x}^i + \frac{\partial H}{\partial p_i}\dot{p}_i$$

der Energiesatz $\dfrac{dH}{dt} = \dfrac{dE}{dt} = 0$.

c) **HAMILTON-JACOBIsche Gleichung:**

Setzt man $S = \int\limits_{t_0}^{t} L\,dt$ *(Wirkungsfunktion)*, wo das Integral längs einer Bahn erstreckt und S als eine Funktion der x^i, der Zeit t und von Parametern betrachtet sei, so wird:

$$\begin{aligned}
\delta S &= \int\limits_{t_0}^{t}\left(\frac{\partial L}{\partial x^i}\delta x^i + \frac{\partial L}{\partial \dot{x}^i}\delta \dot{x}^i\right)dt + \frac{\partial S}{\partial t}\delta t \\
&= \int\limits_{t_0}^{t}\left\{\left[\frac{\partial L}{\partial x^i} - \frac{d}{dt}\left(\frac{\partial L}{\partial \dot{x}^i}\right)\right]\delta x^i + \frac{d}{dt}\left(\frac{\partial L}{\partial \dot{x}^i}\delta x^i\right)\right\}dt + \frac{\partial S}{\partial t}\delta t \\
&= \frac{\partial L}{\partial \dot{x}^i}\delta x^i + \frac{\partial S}{\partial t}\delta t = p_i\,\delta x^i + \frac{\partial S}{\partial t}\delta t,
\end{aligned}$$

also:

$$\frac{\partial S}{\partial x^i}\bigg|_t = p_i,$$

ferner

$$\begin{aligned}
\frac{dS}{dt} = L &= \frac{\partial S}{\partial t} + \frac{\partial S}{\partial x^i}\frac{dx^i}{dt} = \frac{\partial S}{\partial t} + p_i(v^i - u) \\
&= \frac{\partial S}{\partial t} + 2T - p_i u^i = \frac{\partial S}{\partial t} + H + L,
\end{aligned}$$

also:

$$\boxed{\frac{\partial S}{\partial t} + H\left(t, x^i, \frac{\partial S}{\partial x^i}\right) = 0} \qquad \text{(Hamilton-Jacobische Gleichung).}$$

Es sei aus dieser Differentialgleichung S bestimmt als Funktion von t, x^i und Integrationskonstanten α_i, unter denen sich, falls H explizite von t unabhängig ist, die Energiekonstante $E = -\dfrac{\partial S}{\partial t}$

befindet. Setzt man $A = S + E(t - t_0)$, so werden die $\frac{\partial A}{\partial \alpha_i} = \beta_i$ neue Konstanten. Wählt man diese so, daß die Anfangsbedingungen erfüllt sind, so liefert die letzte Gleichung die Bahnkurven in der Form:

$$x^i = f^i(t, \alpha_1, \alpha_2, \alpha_3, \ldots).$$

Zur praktischen Lösung von Problemen sind die LAGRANGEschen Gleichungen und die HAMILTONschen gleich geeignet. Die letzteren sind gelegentlich durch eine kanonische Transformation (s. S. 160) mit Vorteil umzuformen. Die Methode der HAMILTON-JACOBIschen Gleichung kommt hierbei kaum in Frage.

Für allgemeine Betrachtungen (statistische Mechanik u. a.) sind die kanonischen Gleichungen besonders wertvoll.

Dimensionen: $[T] = [V] = [L] = [H] = \frac{m\,l^2}{t^2}$; $\quad [S] = \frac{m\,l^2}{t}$.

d) Kräfte ohne Potential. Läßt sich nur ein Teil der Kräfte aus einem Potential ableiten: $\mathfrak{K} = -\operatorname{grad} V + \mathfrak{K}'$, so erhält man als LAGRANGEsche Gleichungen zweiter Art mit $L = T - V$:

$$\frac{d}{dt}\left(\frac{\partial L}{\partial \dot{x}^k}\right) - \frac{\partial L}{\partial x^k} = K'_k.$$

In dem Falle, daß es eine Funktion $M(x^k, \dot{x}^k, t)$ gibt, für die

$$\frac{d}{dt}\left(\frac{\partial M}{\partial \dot{x}^k}\right) - \frac{\partial M}{\partial x^k} = K'_k$$

gilt, erhält man mit der erweiterten LAGRANGE-Funktion $L' = L - M = T - V - M$:

$$\frac{d}{dt}\left(\frac{\partial L'}{\partial \dot{x}^k}\right) - \frac{\partial L'}{\partial x^k} = 0$$

als LAGRANGEsche Gleichungen zweiter Art.

Die HAMILTONschen Gleichungen ergeben sich dann analog mit der HAMILTON-Funktion:

$$H'(x^k, p_k, t) = p_k\,\dot{x}^k - L'$$

zu:

$$\frac{dp_k}{dt} = -\left.\frac{\partial H'}{\partial x^k}\right|_{p_l}; \qquad \frac{dx^k}{dt} = \left.\frac{\partial H'}{\partial p_k}\right|_{x^l}.$$

In diesem Falle ist wieder im allgemeinen $p^k \neq m\,\dot{x}^k$.

Mit $S' = \int_{t_0}^{t_1} L'\,dt$ und H' läßt sich entsprechend eine HAMILTON-JACOBIsche Gleichung ableiten.

4. Sogenannte Prinzipien der Punktmechanik.

Für die Bewegungsgesetze eines Massenpunktes gibt es außer den bereits erwähnten Formen: NEWTONsche Bewegungsgleichungen, LAGRANGEsche Gleichungen erster oder zweiter Art, HAMILTONsche kanonische Gleichungen, HAMILTON-JACOBIsche Gleichung noch andere Formulierungen, die mit jenen äquivalent sind und gelegentlich Vorteile bieten, namentlich bei Systemen von Massenpunkten (s. S. 367):

1. Das (GAUSSsche) **Prinzip des kleinsten Zwanges:**

Man bezeichnet die Größe

$$\frac{1}{m}(m\ddot{\mathfrak{r}} - \mathfrak{K})^2 = \sum_{i=1}^{3} \frac{1}{m}(m\ddot{x}^i - K^i)^2$$

als Zwang.

Die Bewegung erfolgt so, daß der Zwang in jedem Augenblick ein Minimum ist.

2. Das **Prinzip der virtuellen Verrückungen (der Statik):**

Ein Massenpunkt ist im Gleichgewicht, wenn die Gesamtarbeit der äußeren Kräfte bei beliebiger „virtueller", d.h. mit den Bedingungen des Systems verträglicher, Verrückung verschwindet:

$$(\mathfrak{K}\,\delta\mathfrak{r}) = \sum_{i=1}^{3} K_i\,\delta x^i = 0.$$

3. Das **D'ALEMBERTsche Prinzip:**

Rechnet man $-m\ddot{\mathfrak{r}}$ als Trägheitskraft zu den äußeren Kräften, so erhält man aus dem Prinzip der virtuellen Verrückungen das D'ALEMBERTsche Prinzip, das die Dynamik als „dynamisches Gleichgewicht" formal auf die Statik zurückführt:

$$(\mathfrak{K} - m\ddot{\mathfrak{r}},\ \delta\mathfrak{r}) = \sum_{i=1}^{3} (K^i - m\ddot{x}^i)\,\delta x^i = 0.$$

4. **Variationsprinzipien:**

a) HAMILTONsches Prinzip.

Von allen Bewegungen, die mit den Rand- und Nebenbedingungen eines mechanischen Systems verträglich sind, erfolgt zwischen zwei Zeitpunkten t_1, t_2 diejenige, für die

$$\delta\int_{t_1}^{t_2} T\,dt + \int_{t_1}^{t_2} \delta A\,dt = 0 \qquad \left(A = \int (\mathfrak{K}\,d\mathfrak{r})\right)$$

wird. Die Variation bezieht sich nicht auf die Zeit, sondern auf die Bahn, derart, daß $\delta\mathfrak{r} = 0$ für $t = t_1$ und $t = t_2$ gilt, d.h. Anfangs- und Endpunkt der Bahn werden nicht variiert.

Dies Prinzip ist das umfassendste Prinzip der Mechanik. Es gilt in dieser Form für beliebig viele Massenpunkte und beliebig viele Freiheitsgrade. Die Zeit kann in den Nebenbedingungen explizit vorkommen.

Folgen die Kräfte aus einem Potential, so ist

$$\int \delta A\, dt = -\int \delta V\, dt = -\delta \int V\, dt$$

(da die Zeit nicht zu variieren ist) und man erhält das HAMILTONsche Prinzip für konservative Systeme in der Form:

$$\delta \int_{t_1}^{t_2} (T - V)\, dt = \delta \int_{t_1}^{t_2} L\, dt = 0.$$

b) Prinzip der kleinsten Wirkung (EULER-MAUPERTUIS).

In konservativen Systemen wird bei der wirklich stattfindenden Bewegung in jedem Augenblick t:

$$\delta \int_{t_1}^{t} T\, dt = 0,$$

wobei die Variation sich auf alle mit den Bedingungen verträglichen Bewegungen gleicher Energie $E = T + V$ bezieht. Dabei sind Anfangszeit t_1 sowie Anfangs- und Endpunkt der Bahn festzuhalten; dagegen nicht die Endzeit.

c) Prinzip von JACOBI.

Bei konservativen Systemen gilt für die wirklich durchlaufene Bahn:

$$\delta \int_{\mathfrak{r}_1}^{\mathfrak{r}_2} \sqrt{E - V(\mathfrak{r})}\, ds = 0,$$

wobei $\mathfrak{r}_1$, $\mathfrak{r}_2$ feste Punkte sind und die Integration längs einer virtuellen Bahn durch $\mathfrak{r}_1$, $\mathfrak{r}_2$ zu erstrecken ist. Der zeitliche Ablauf wird aus $E = T + V$ bestimmt.

Bezeichnet man

$$n(\mathfrak{r}) = \sqrt{E - V(\mathfrak{r})}$$

als Brechungsindex, so ist dies Prinzip formal identisch mit dem FERMATschen Prinzip der geometrischen Optik.

D. Systeme von Massenpunkten.

1. Allgemeines.

Das System bestehe aus N Massenpunkten. Wir unterscheiden sie durch Indizes: α, β, ...

Die Zerlegung der Kräfte in Einzelkräfte liefert die eventuell explizite zeitabhängigen „äußeren" Kräfte $\mathfrak{K}_\alpha$ und die „inneren" Kräfte $\mathfrak{K}_{\alpha\beta}$ zwischen je zwei Massen des Systems. Sind alle $\mathfrak{K}_\alpha = 0$, so heißt das System *abgeschlossen*.

Dies Prinzip ist das umfassendste Prinzip der Mechanik. Es gilt in dieser Form für beliebig viele Massenpunkte und beliebig viele Freiheitsgrade. Die Zeit kann in den Nebenbedingungen explizit vorkommen.

Folgen die Kräfte aus einem Potential, so ist

$$\int \delta A\, dt = -\int \delta V\, dt = -\delta \int V\, dt$$

(da die Zeit nicht zu variieren ist) und man erhält das HAMILTONsche Prinzip für konservative Systeme in der Form:

$$\delta \int_{t_1}^{t_2} (T - V)\, dt = \delta \int_{t_1}^{t_2} L\, dt = 0.$$

b) Prinzip der kleinsten Wirkung (EULER-MAUPERTUIS).

In konservativen Systemen wird bei der wirklich stattfindenden Bewegung in jedem Augenblick t:

$$\delta \int_{t_1}^{t} T\, dt = 0,$$

wobei die Variation sich auf alle mit den Bedingungen verträglichen Bewegungen gleicher Energie $E = T + V$ bezieht. Dabei sind Anfangszeit t_1 sowie Anfangs- und Endpunkt der Bahn festzuhalten; dagegen nicht die Endzeit.

c) Prinzip von JACOBI.

Bei konservativen Systemen gilt für die wirklich durchlaufene Bahn:

$$\delta \int_{\mathfrak{r}_1}^{\mathfrak{r}_2} \sqrt{E - V(\mathfrak{r})}\, ds = 0,$$

wobei $\mathfrak{r}_1$, $\mathfrak{r}_2$ feste Punkte sind und die Integration längs einer virtuellen Bahn durch $\mathfrak{r}_1$, $\mathfrak{r}_2$ zu erstrecken ist. Der zeitliche Ablauf wird aus $E = T + V$ bestimmt.

Bezeichnet man

$$n(\mathfrak{r}) = \sqrt{E - V(\mathfrak{r})}$$

als Brechungsindex, so ist dies Prinzip formal identisch mit dem FERMATschen Prinzip der geometrischen Optik.

D. Systeme von Massenpunkten.

1. Allgemeines.

Das System bestehe aus N Massenpunkten. Wir unterscheiden sie durch Indizes: $\alpha, \beta, \ldots$.

Die Zerlegung der Kräfte in Einzelkräfte liefert die eventuell explizite zeitabhängigen „äußeren" Kräfte $\mathfrak{K}_\alpha$ und die „inneren" Kräfte $\mathfrak{K}_{\alpha\beta}$ zwischen je zwei Massen des Systems. Sind alle $\mathfrak{K}_\alpha = 0$, so heißt das System *abgeschlossen*.

Im Gegensatz zu T ist W nicht lokalisierbar, sondern nur zerlegbar in:

$$W = \sum_{\alpha} W_{\alpha} + \sum_{\alpha,\beta} W_{\alpha\beta}.$$

2. Formale Zurückführung auf die Dynamik eines Massenpunktes.

Die Dynamik eines Systems von N Massenpunkten im dreidimensionalen Raum kann formal auf die eines einzelnen im $3N$-dimensionalen zurückgeführt werden.

Die LAGRANGEschen und die HAMILTONschen Gleichungen bleiben ungeändert, nur geht der Laufindex von x und p über alle $3N$ Koordinaten und die Größen T, V bzw. L und H werden Funktionen aller Koordinaten und ihrer Ableitungen nach der Zeit, bzw. der zugeordneten Impulse.

Wählt man zunächst kartesische Koordinaten: $x_{\alpha}, y_{\alpha}, z_{\alpha}$ und vereinigt sie zu einer $3N$-dimensionalen kartesischen Mannigfaltigkeit, so erhält man den „*Konfigurationsraum*", in dem die Bewegung eines darstellenden Punktes die des Systems beschreibt.

Man kann hier jetzt neue beliebige Koordinaten:

$$x^i = f\,(x_1, y_1, z_1, x_2, y_2, z_2, \ldots, x_N, y_N, z_N) \qquad (i = 1, 2, \ldots\ N)$$

einführen, für die die obigen Gleichungen unverändert gelten. Sind Zwangskräfte durch α Bedingungsgleichungen einzuführen, so wählt man die f so, daß α von ihnen in der Form: $f_i = 0$ diese Gleichungen darstellen. Es bleiben dann nur $3N-\alpha$ Bewegungsgleichungen zu lösen und die Rücktransformationen auszuführen. $3N-\alpha$ heißt die Zahl der *Freiheitsgrade* des Systems.

Führt man als weitere kartesische Koordinaten die zu den $x_{\alpha}, y_{\alpha}, z_{\alpha}$ konjugierten Impulse ein, so erhält man den $6N$-dimensionalen „*Phasenraum*". Ein Punkt in ihm bezeichnet Lage und Bewegungszustand des ganzen Systems. In ihm sind nur kanonische Transformationen zulässig (s. S. 160), wenn die HAMILTONschen Gleichungen unverändert gelten sollen.

3. Schwingungen um Gleichgewichtslagen.

Ist die potentielle Energie eines Systems von n Freiheitsgraden in der Form darstellbar: $V = V_0 + \frac{1}{2}\sum_i \sum_k A_{ik}(x^i - x^i_0)(x^k - x^k_0) + \cdots$, mit symmetrischer Matrix A_{ik} und konstantem x^i_0, so hat das System eine *Gleichgewichtslage* x^i_0, d. h. es existiert die zeitunabhängige Lösung $x^i = x^i_0$. Um Bewegungen in der Nähe der Gleichgewichtslage zu behandeln, wählt man diese zweckmäßig als Nullpunkt des Koordinatensystems x_i. Kann man sich auf Bewegungen beschränken, bei denen höhere Entwicklungsglieder für V gegen die ersten vernachlässigt werden dürfen, so ist $V = V_0 + \frac{1}{2}\sum_i \sum_k A_{ik} x_i x_k$ und man hat die n Bewegungsgleichungen:

$$m_i \ddot{x}_i = -\sum_{k=1}^{n} A_{ik} x_k \qquad (i = 1, 2, \ldots, n).$$

Man erhält mit dem Ansatz: $x_i = \frac{a_i}{\sqrt{m_i}} e^{i\omega t}$ das homogene Gleichungssystem für die a_k:

$$\sum_{k=1}^{n} \left(\frac{A_{ik}}{\sqrt{m_i m_k}} - \omega^2 \delta_{ik}\right) a_k = 0 \qquad (i = 1, 2, \ldots, n),$$

das nach S. 132 zu lösen ist. Seine n reellen Eigenwerte ω_j^2 bestimmen die *Eigenfrequenzen* ω_j mit den zugehörigen *Amplituden* $a_{ij}/\sqrt{m_i}$, bis auf einen konstanten Faktor C_j. Die allgemeine Lösung lautet dann (in reeller Form):

$$x_i = \sum_j C_j \frac{a_{ij}}{\sqrt{m_i}} \cos(\omega_j t + \alpha_j)$$

mit den beliebigen *Phasenkonstanten* α_j. $\left(\text{Es gilt } \sum_i a_{ij} a_{ik} = \delta_{jk}.\right)$

Statt der x_i kann man die „*Normalkoordinaten*" $x'_j = \sum_i a_{ij} x_i \sqrt{m_i}$ einführen. In ihnen lauten kinetische und potentielle Energie:

$$T = \tfrac{1}{2}\sum_j \dot{x}_j'^2 \qquad \text{und} \qquad V = V_0 + \tfrac{1}{2}\sum_j \omega_j^2 x'^2.$$

Das System führt n voneinander unabhängige *Normalschwingungen*: $x'_j = C_j \cos(\omega_j t + \alpha_j)$ aus.

Die Bewegung ist (n-fach) periodisch, wenn alle $\omega_j^2 > 0$, also alle ω_j reell sind. Dann heißt die Gleichgewichtslage *stabil*, andernfalls *labil*. Die Massenpunkte des Systems führen um ihre Gleichgewichtslagen Schwingungen aus, die miteinander *gekoppelt* sind. Die Theorie ist erweiterungsfähig durch:

1. Berücksichtigung linearer *Reibungskräfte* durch eine „*Zerstreuungsfunktion*" $F = \frac{1}{2}\sum_{i,k} B_{ik} \dot{x}^i \dot{x}^k$ $(B_{ik} = B_{ki})$, mit der die LAGRANGEschen Gleichungen zu

$$\frac{d}{dt}\left(\frac{\partial T}{\partial \dot{x}^i}\right) - \frac{\partial T}{\partial x^i} = -\frac{\partial V}{\partial x^i} - \frac{\partial F}{\partial \dot{x}^i}$$

erweitert werden. In kartesischen Koordinaten führt das auf

$$m_i \ddot{x}_i = -\sum_k A_{ik} x_k - \sum_k B_{ik} \dot{x}_k.$$

Die Lösung findet man mit prinzipiell derselben Methode wie oben als *gedämpfte* Schwingungen. Die Eigenfrequenzen werden komplex.

2. Äußere *zeitabhängige* Kräfte. Man zerlege diese in sinoidal-periodische Anteile der Form $K_i = C_i e^{i\omega t}$. Die resultierende Bewegung ist die Superposition der dann entstehenden *erzwungenen* Schwingungsanteile und der obigen freien mit den Frequenzen ω_j. Für erstere hat man:

$$m_i \ddot{x}_i + \sum_k A_{ik} x_k = C_i e^{i\omega t}$$

Hier macht man den Ansatz:

$$x_i = \frac{a_i}{\sqrt{m_i}} e^{i\omega t}$$

und erhält das System inhomogener Gleichungen für die a_k:

$$\sum_{k=1}^{n} \left(\frac{A_{ik}}{\sqrt{m_i m_k}} - \omega^2 \delta_{ik} \right) a_k = \frac{C_i}{\sqrt{m_i}} \qquad (i = 1, 2, \ldots, n),$$

das nach S. 132 zu lösen ist. Die Möglichkeit, daß eine Eigenfrequenz ω_j mit einer erzwungenen ω zusammenfallen kann, gibt Anlaß zu *Resonanzerscheinungen.*

Die beiden Erweiterungen können auch kombiniert werden.

4. Mechanik des starren Körpers.

Ein Massenpunktsystem bestehend aus starr miteinander durch Zwangskräfte verbundenen Massen m_α heißt ein *starrer Körper.*

Es empfiehlt sich, einen Punkt des Körpers als Nullpunkt $\mathfrak{r}_0$ eines bewegten Bezugssystems zu nehmen und die Lagen aller anderen relativ zu ihm durch $\mathfrak{r}_\alpha$ zu bezeichnen. Es wird dann:

$\dot{\mathfrak{r}}_\alpha = [\mathfrak{u}\,\mathfrak{r}_\alpha]$ mit einem für alle Punkte gemeinsamen *Drehvektor* $\mathfrak{u}$, der mit seiner Richtung die der Drehachse und mit seinem Betrag die Winkelgeschwindigkeit der Drehung darstellt.

Der Bewegungszustand des ganzen Körpers ist durch:

$$\mathfrak{v}_\alpha = \dot{\mathfrak{r}}_0 + \dot{\mathfrak{r}}_\alpha = \mathfrak{v}_0 + [\mathfrak{u}\,\mathfrak{r}_\alpha]$$

mit den zeitabhängigen Vektoren $\mathfrak{v}_0$ und $\mathfrak{u}$ dargestellt.

$\mathfrak{u}$ ist von der Wahl des Nullpunkts $\mathfrak{r}_0$ unabhängig. Durch dessen geeignete Wahl kann man erreichen, daß $\mathfrak{v}_0$ parallel zu $\mathfrak{u}$ wird. Die Achse $\mathfrak{u}$ durch $\mathfrak{r}_0$ heißt dann *instantane Schraubungs-* bzw. *Drehachse.*

Man bildet ferner folgende Größen:

$M = \sum m_\alpha$, die *Gesamtmasse,*

$\bar{\mathfrak{r}} = \mathfrak{r}_0 + \bar{\mathfrak{r}}_0 = \mathfrak{r}_0 + \frac{\sum m_\alpha \mathfrak{r}_\alpha}{M}$, die *Lage des Schwerpunkts,*

$\bar{\mathfrak{v}} = \dot{\bar{\mathfrak{r}}} = \mathfrak{v}_0 + [\mathfrak{u}\,\bar{\mathfrak{r}}_0]$, die *Geschwindigkeit des Schwerpunkts,*

$\mathfrak{p} = \sum m_\alpha \mathfrak{v}_\alpha = M\bar{\mathfrak{v}}$, den *Gesamtimpuls,*

$\mathfrak{q} = \sum m_\alpha [\mathfrak{r}_0 + \mathfrak{r}_\alpha, \mathfrak{v}_\alpha] = [\mathfrak{r}_0\,\mathfrak{p}] + \mathfrak{q}_0$, den *Gesamtdrehimpuls,*

$\mathfrak{q}_0 = \sum m_\alpha [\mathfrak{r}_\alpha \mathfrak{v}_\alpha] = M[\bar{\mathfrak{r}}_0 \mathfrak{v}_0] + \sum m_\alpha [\mathfrak{r}_\alpha [\mathfrak{u}\,\mathfrak{r}_\alpha]]$, den *relativen Drehimpuls,*

$\mathfrak{K} = \sum \mathfrak{K}_\alpha$, die *Gesamtkraft,*

$\mathfrak{L} = \sum [\mathfrak{r}_0 + \mathfrak{r}_\alpha, \mathfrak{K}_\alpha] = [\mathfrak{r}_0\,\mathfrak{K}] + \mathfrak{L}_0$, das *Gesamtdrehmoment,*

$\mathfrak{L}_0 = \sum [\mathfrak{r}_\alpha \mathfrak{K}_\alpha]$, das *relative Drehmoment.*

Mit diesen Größen dargestellt lauten die Bewegungsgleichungen:

$$\dot{\mathfrak{p}} = \mathfrak{K}; \qquad \dot{\mathfrak{q}} = \mathfrak{L}, \qquad \dot{\mathfrak{q}}_0 = \mathfrak{L}_0 - [\mathfrak{v}_0\,\mathfrak{p}].$$

Sie dienen zur Bestimmung von $\mathfrak{v}_0$ und $\mathfrak{u}$ als Funktionen der Zeit. Die kinetische Energie ist darstellbar durch:

$$T = \frac{1}{2}(\mathfrak{v}_0\,\mathfrak{p}) + \frac{1}{2}(\mathfrak{u}\,\mathfrak{q}_0) = \frac{M}{2} v_0^2 + M(\mathfrak{u}[\bar{\mathfrak{r}}_0 \mathfrak{v}]) + \frac{1}{2}\sum m_\alpha [\mathfrak{u}\,\mathfrak{r}_\alpha]^2.$$

Diese Formeln vereinfachen sich, wenn man den Schwerpunkt $\bar{\mathfrak{r}}$ als Nullpunkt $\mathfrak{r}_0$ wählt. Dann wird $\bar{\mathfrak{r}}_0 = 0$.

Ist ein Punkt durch eine Zwangskraft festgehalten *(Kreisel),* so wählt man besser diesen als Nullpunkt. Es ist dann $\mathfrak{r}_0 = \mathfrak{v}_0 = 0$ und $\mathfrak{L} = \mathfrak{L}_0$.

Sind die äußeren Kräfte $\mathfrak{K}_\alpha = m_\alpha\,\mathfrak{g}$, mit gemeinsamem ortsunabhängigem $\mathfrak{g}$ (Gravitation), so wird:

$$\dot{\mathfrak{v}}_0 = \mathfrak{g} \quad \text{und} \quad \mathfrak{L} = M[\mathfrak{r}_0\,\mathfrak{g}] + \mathfrak{L}_0, \quad \mathfrak{L}_0 = M[\bar{\mathfrak{r}}_0\,\mathfrak{g}].$$

Durch eine zeitabhängige orthogonale Transformation: $\mathfrak{r} = \mathfrak{D}\,\mathfrak{r}'$ kann man zu einem *körperfesten* Bezugssystem übergehen, in dem nunmehr die $\mathfrak{r}'_\alpha$ zeitunabhängig sind. Es ist:

$$\dot{\mathfrak{r}}_\alpha = \dot{\mathfrak{D}}\,\mathfrak{r}'_\alpha = [\mathfrak{u}\,\mathfrak{r}_\alpha] = \mathfrak{D}[\mathfrak{u}'\,\mathfrak{r}'_\alpha].$$

Für einen beliebigen Vektor $\mathfrak{a}$ wird:

$$\dot{\mathfrak{a}} = \mathfrak{D}(\dot{\mathfrak{a}}' + [\mathfrak{u}'\,\mathfrak{a}']).$$

Die Gleichung: $\dot{\mathfrak{q}} = \mathfrak{L}$ transformiert sich somit zu:

$$\dot{\mathfrak{q}}' + [\mathfrak{u}'\,\mathfrak{q}'] = \mathfrak{L}' \qquad (\text{E}\textsc{uler}\textit{sche Gleichung}).$$

Der Vektor $\mathfrak{q}_0 - M[\mathfrak{r}_0 \mathfrak{v}_0] = \sum m_\alpha [\mathfrak{r}_\alpha [\mathfrak{u}\, \mathfrak{r}_\alpha]]$ kann als lineare Funktion von $\mathfrak{u}$ durch $\mathfrak{T}\,\mathfrak{u}$ dargestellt werden mit dem symmetrischen *Trägheitstensor* $\mathfrak{T}$. Im körperfesten Bezugssystem ist $\mathfrak{T}$ zeitunabhängig. Das Trägheitsellipsoid: $(\mathfrak{r}\,\mathfrak{T}\,\mathfrak{r}) = 1$ liegt im Körper fest und bewegt sich mit ihm.

$\frac{(\mathfrak{u}\,\mathfrak{T}\,\mathfrak{u})}{u^2} = I_u$ heißt das *Trägheitsmoment* des Körpers in bezug auf die Drehachse $\mathfrak{u}$. Liegt $\mathfrak{u}$ in einer der drei Achsenrichtungen des Trägheitsellipsoids, so erhält man die *Hauptträgheitsmomente*.

Die kinetische Energie ist: $\frac{I_u u^2}{2} = (\mathfrak{u}\,\mathfrak{T}\,\mathfrak{u}) + \frac{M v_0^2}{2}$.

Dimensionen: $[\mathfrak{L}] = \frac{m l^2}{t^2}$, $[\mathfrak{q}] = \frac{m l^2}{t}$, $[I] = m l^2$, $[\mathfrak{u}] = \frac{1}{t}$

Der kräftefreie Kreisel.

$$\mathfrak{K} = 0, \quad \mathfrak{L} = \mathfrak{L}_0 = 0, \quad \mathfrak{r}_0 = 0, \quad \mathfrak{q} = \mathfrak{T}\,\mathfrak{u}, \quad \dot{\mathfrak{q}} = 0.$$

Es gilt dann: $2T = (\mathfrak{u}\,\mathfrak{q}) = (\mathfrak{u}\,\mathfrak{T}\,\mathfrak{u}) = C_1$

$$q^2 = (\mathfrak{T}\,\mathfrak{u},\, \mathfrak{T}\,\mathfrak{u}) = (\mathfrak{u}\,\mathfrak{T}^2\,\mathfrak{u}) = C_2.$$

Die Schnittlinie dieser zwei Ellipsoide im $\mathfrak{u}$-Raum beschreibt die Bahn der Bewegung der Drehachse im Körper *(Polhodiekurve)*.

Die Gleichungen: $(\mathfrak{u}\,\mathfrak{q}) = C_1$, $(\dot{\mathfrak{u}}\,\mathfrak{q}) = 0$ lassen sich deuten als Bewegung des Vektors $\mathfrak{u}$ auf einer zum konstanten $\mathfrak{q}$ senkrechten Ebene. Diese ist gleichzeitig Tangentialebene zum Ellipsoid $(\mathfrak{u}\,\mathfrak{T}\,\mathfrak{u}) = C_1$. Die Bewegung des Körpers ist damit beschreibbar als eine Abrollung dieses Ellipsoids mit festem Zentrum auf einer festen Ebene im Abstand $C_1/\sqrt{C_2}$ mit Berührung im Punkte $\mathfrak{u}$. $\mathfrak{u}$ beschreibt hierbei die ebene *Herpolhodiekurve*.

Der symmetrische Kreisel.

Im Falle einer *Rotationssymmetrie* des Körpers oder allgemeiner bei Gleichheit zweier seiner Hauptträgheitsmomente ist die Benutzung eines Tensors unnötig. Hier genügt an Stelle von $\mathfrak{q} = \mathfrak{T}\,\mathfrak{u}$ der Ansatz:

$$\mathfrak{q} = \alpha\,\mathfrak{u} + \beta\,\mathfrak{f}(\mathfrak{u}\,\mathfrak{f}) \qquad (\mathfrak{f}^2 = 1),$$

wo $\mathfrak{f}$ ein Einheitsvektor in Richtung der Figurenachse ist und α und β zwei Konstanten sind, die die Massenverteilung bzw. die Hauptträgheitsmomente berücksichtigen. Nehmen wir an, daß alle äußeren Kräfte zusammengefaßt werden können in eine Kraft $\mathfrak{K}$, die in einem Punkt der Figurenachse im Abstand 1 vom Drehpunkt angreift, so gelten folgende Gleichungen:

$$\frac{d\mathfrak{q}}{dt} = [\mathfrak{f}\,\mathfrak{K}], \qquad \frac{d\mathfrak{f}}{dt} = [\mathfrak{u}\,\mathfrak{f}],$$

Diese Gleichungen genügen zur Berechnung der unbekannten Vektoren $\mathfrak{u}$ und $\mathfrak{f}$ bei gegebenen Anfangsbedingungen und gegebenem $\mathfrak{K}$.

Es folgt zunächst, daß $(\mathfrak{u}\,\mathfrak{f}) = D$ zeitlich konstant ist. Ist $\mathfrak{K}$ konstant und gehen wir aus von einem Zustand, wo $\mathfrak{K}$, $\mathfrak{f}$ und $\mathfrak{u}$ und daher auch $\mathfrak{q}$ konplanar sind, und besteht die Relation

$$\mathfrak{K} = \tau\,\mathfrak{q} + \alpha\,\tau^2\,\mathfrak{f},$$

wo τ ein beliebiger Faktor ist, so folgt, daß das System dieser Vektoren in sich unverändert mit der Geschwindigkeit $\omega = \frac{K}{\alpha\,\tau}$ um $\mathfrak{K}$ rotiert. (*„Reguläre Präzession".*) Hierbei wird: $(\mathfrak{K}\,\mathfrak{f}) = \tau(\alpha + \beta)\,D + \alpha\,\tau^2 = \text{const.}$

Für die allgemeine Lösung der Gleichungen geht man üblicherweise in ein geeignetes Koordinatensystem über. Die weitere Rechnung führt dann auf elliptische Funktionen.

Beschränkt man sich auf die Untersuchung solcher Bewegungen, die der regulären Präzession nahe benachbart sind, so kann man das Problem wie folgt linearisieren:

Man transformiere zunächst auf ein mit der Geschwindigkeit ω um $\mathfrak{K}$ rotierendes Bezugssystem. In diesem sind die bei der regulären Präzession gefundenen $\mathfrak{f}$, $\mathfrak{u}$ und $\mathfrak{q}$ konstant $= \mathfrak{f}_0$, $\mathfrak{u}_0$ und $\mathfrak{q}_0$. Eine benachbarte Bewegungsform wird dann gegeben durch:

$$\mathfrak{f} = \mathfrak{f}_0 + \delta\mathfrak{f}, \qquad \mathfrak{u} = \mathfrak{u}_0 + \delta\mathfrak{u}, \qquad \mathfrak{q} = \mathfrak{q}_0 + \delta\mathfrak{q},$$

wo wir die $\delta\mathfrak{f}$, $\delta\mathfrak{u}$ und $\delta\mathfrak{q}$ als so kleine Größen auffassen, daß ihre Produkte vernachlässigt werden können. Zu ihrer Bestimmung findet man dann die Gleichungen:

$$\frac{d}{dt}\,\delta\mathfrak{f} = -\frac{K}{\alpha\,\omega}\left[\mathfrak{f}_0\left(\delta\mathfrak{f} + \frac{\omega}{K}\,\delta\mathfrak{q}\right)\right],$$

$$\frac{d}{dt}\,\delta\mathfrak{q} = -\left[\mathfrak{K}\left(\delta\mathfrak{f} + \frac{\omega}{K}\,\delta\mathfrak{q}\right)\right].$$

Diese linearen Gleichungen sind leicht zu lösen, auch in Vektorform (vgl. S. 198). Die Bewegung ergibt sich wieder als Präzessionsbewegung z. B. von $\mathfrak{f}$ um $\mathfrak{f}_0$, die sich der regulären Präzession überlagert. Sie wird als *„Nutation"* bezeichnet.

E. Mechanik der Kontinua.

Vorbemerkung.

Die sog. Mechanik der Kontinua ist eine Quasikontinuumstheorie, d.h. eine Erweiterung der Mechanik der Massenpunkte auf Vielpunktprobleme. Das Objekt der Betrachtung ist ein Substrat bestehend aus sehr vielen quasidicht im Raum verteilten Massenpunkten. Als methodische Hilfsmittel werden mathematische Feldgrößen eingeführt, durch die eine angenäherte Beschreibung der im einzelnen unübersehbaren

Systeme ermöglicht wird. Diese Felder sind als Mittelwertsbildungen anzusehen. Kontinuierlich ist also nur das mathematische Bild, nicht das abgebildete System.

Die Theorie ist somit als Näherungstheorie zu bewerten. Sie ist nur anwendbar auf Probleme, bei denen die relativen Feldänderungen auf Stücken gleich dem mittleren Abstand a der Massenpunkte als klein angesehen werden dürfen, d. h. wo Bedingungen der Form: $|\operatorname{grad}\varphi| \ll \frac{\varphi}{a}$ erfüllt sind.

1. Grundbegriffe und Kinematik.

Die grundlegenden durch Felder dargestellten Begriffsbildungen sind die „*Massendichte*" $\varrho(\mathfrak{r}, t)$ und die „*Strömungsgeschwindigkeit*" $\mathfrak{v}(\mathfrak{r}, t)$. Sie lassen sich definieren durch:

$$\varrho(\mathfrak{r}, t) = \sum_\alpha m_\alpha f(|\mathfrak{r} - \mathfrak{r}_\alpha(t)|)$$

$$\varrho\,\mathfrak{v}(\mathfrak{r}, t) = \sum_\alpha m_\alpha \mathfrak{v}_\alpha(t) f(|\mathfrak{r} - \mathfrak{r}_\alpha(t)|).$$

Die eingeführte „*Glättungsfunktion*" f soll folgende Eigenschaften haben: Sie sei stetig und differenzierbar und erfülle die Bedingungen:

1. $\int\limits_\infty f(r)\,dv = 1$, also $\int\limits_\infty \varrho\,dv = \sum\limits_\alpha m_\alpha$,

2. $f(r)\,r^3 \ll 1$ für $r > k\,a$, wo k von der Größenordnung $\sim 5 - 10$ sei.

Im übrigen ist ihre Form ohne wesentliche Bedeutung. Man kann sie etwa durch eine „Glockenkurve" $f(r) = \left(\frac{\alpha}{\pi}\right)^{\frac{3}{2}} e^{-\alpha r^2}$ mit $\alpha > \frac{1}{a^2}$ darstellen.

Aus obiger Definition folgt, wegen $dm_\alpha/dt = 0$, die „*Kontinuitätsgleichung*":

$$\frac{\partial\varrho}{\partial t} + \operatorname{div}(\varrho\,\mathfrak{v}) = 0.$$

Bei einer von $\mathfrak{r}$ und t als unabhängigen Variablen abhängigen Größe bedeutet $\partial/\partial t$ die Differentiation bei festem $\mathfrak{r}$ (*lokaler* Differentialquotient). Daneben interessiert oft auch die zeitliche Änderung einer Größe in einem mit der Strömung mitgeführten Punkt. Wir bezeichnen sie durch das Symbol d/dt (*substantieller* Differentialquotient). Es gilt dann für eine skalare Größe: $\frac{d\alpha}{dt} = \frac{\partial\alpha}{\partial t} + (\mathfrak{v}\operatorname{grad}\alpha)$ und für eine vektorielle: $\frac{d\mathfrak{a}}{dt} = \frac{\partial\mathfrak{a}}{\partial t} + (\mathfrak{v}\operatorname{grad})\,\mathfrak{a}$.

Somit gilt auch

$$\frac{d\varrho}{dt} + \varrho\operatorname{div}\mathfrak{v} = 0.$$

„*Inkompressibel*" heißt ein Substrat, für das $d\varrho/dt = 0$ (nicht $\partial\varrho/\partial t$) und daher $\operatorname{div}\mathfrak{v} = 0$ ist.

Verschiebungen $\delta\mathfrak{r}_\alpha$ der Massenpunkte aus einer Anfangslage lassen sich gemittelt durch ein Vektorfeld $\mathfrak{s}$ beschreiben. Man kann es definieren durch: $\mathfrak{s}(\mathfrak{r}, t) = \frac{1}{\varrho}\sum_\alpha m_\alpha\,\delta\mathfrak{r}_\alpha f(|\mathfrak{r}-\mathfrak{r}_\alpha|)$. Dieses Feld $\mathfrak{s}$ ist in der Umgebung eines Punktes $\mathfrak{r}_0$ als lineare Funktion des Ortes $\mathfrak{r} = \mathfrak{r}_0 + \delta\mathfrak{r}$ zu beschreiben in der Form:

$$\mathfrak{s} = \mathfrak{s}_0 + \tfrac{1}{2}[\delta\mathfrak{r}\operatorname{rot}\mathfrak{s}] + \mathfrak{S}\,\delta\mathfrak{r}$$

mit der kovarianten Komponentendarstellung:

$$s^i = s_0^i + \delta x^k R_k^{\,i} + \delta x^k S_k^{\,i},$$

wobei

$$R_{ik} = \frac{1}{2}\left(\frac{\partial s_i}{\partial x^k} - \frac{\partial s_k}{\partial x^i}\right)$$

und

$$S_{ik} = \frac{1}{2}\left(\frac{\partial s_i}{\partial x^k} + \frac{\partial s_k}{\partial x^i}\right) - s_l\,\Gamma^l_{ik}.$$

$\mathfrak{s}_0$ ist die Verschiebung des Punktes $\mathfrak{r}_0$.

$\frac{1}{2}[\delta\mathfrak{r}\operatorname{rot}\mathfrak{s}]$ ist eine starre Rotation.

$\mathfrak{S}\,\delta\mathfrak{r}$ heißt die *Deformation*. $\mathfrak{S}$ ist ein symmetrischer Tensor *(Deformationstensor)*.

$\mathfrak{S}\,\delta\mathfrak{r}$ läßt sich weiter zerlegen in

$$\mathfrak{S}\,\delta\mathfrak{r} = \delta\mathfrak{r}\cdot\frac{\operatorname{div}\mathfrak{s}}{3} + \mathfrak{S}'\,\delta\mathfrak{r},$$

so daß $\operatorname{div}(\mathfrak{S}'\delta\mathfrak{r}) = 0$ ist, oder in kovarianten Komponenten[1]:

$$S_{ik} = \frac{|\mathfrak{S}|}{3}\cdot g_{ik} + S'_{ik}, \qquad \text{also} \qquad |\mathfrak{S}'| = 0.$$

Der erste Teil entspricht einer homogenen *Dilatation*.

Der zweite Teil entspricht einer *Scherung*, d. h. Formänderung bei konstantem Volumen (s. S. 210).

In analoger Weise läßt sich das Geschwindigkeitsfeld $\mathfrak{v} = d\mathfrak{s}/dt$ in der Umgebung des Punktes $\mathfrak{r}_0$ darstellen:

$$\mathfrak{v} = \mathfrak{v}_0 + \tfrac{1}{2}[\delta\mathfrak{r}\operatorname{rot}\mathfrak{v}] + \mathfrak{V}\,\delta\mathfrak{r}$$

und

$$\mathfrak{V}\,\delta\mathfrak{r} = \delta\mathfrak{r}\,\frac{\operatorname{div}\mathfrak{v}}{3} + \mathfrak{V}'\,\delta\mathfrak{r}.$$

[1] $|\mathfrak{S}|$ bedeutet $\sum S_i^i$ (vgl. S. 217).

2. Kräfte.

Die in einem quasikontinuierlichen räumlich begrenzten Substrat auf seine Massenpunkte wirkenden Kräfte sind aus methodischen Gründen einzuteilen in:

1. innere und äußere Kräfte,
2. nahewirkende und fernwirkende Kräfte.

Unter nahewirkenden Kräften verstehen wir solche, deren Reichweite sich nur bis zu den nächsten Nachbarn erstreckt (Molekularkräfte). Als äußere Kräfte spielen sie nur in den begrenzenden Oberflächen eine Rolle. Sie heißen dann *Oberflächenkräfte* und werden gemittelt durch Vektoren der Flächenkraftdichte $\mathfrak{p}$ beschrieben (Berührung, Reibung).

Fernwirkende Kräfte werden demgegenüber als *Volumkräfte* bezeichnet und gemittelt durch Vektoren der räumlichen Kraftdichte $\mathfrak{f}$ beschrieben (Gravitation u. a.). Auch Scheinkräfte, sog. Massenkräfte (Zentrifugalkraft), sind so darstellbar.

Kräfte, die eine kurze Reichweite haben, die aber doch über mehrere Abstände a reicht, spielen für manche Erscheinungen besonders in Flüssigkeiten eine Rolle (Binnendruck, Kapillarität, Kohäsion). Sie sind als Volumenkräfte zu behandeln, obwohl sie vornehmlich an den Oberflächen sich bemerkbar machen.

Um die inneren nahewirkenden Kräfte in die Rechnung einzuführen, verfährt man wie folgt: Man denkt sich den Körper durch einen Schnitt in zwei Teile zerlegt und fragt nach den Oberflächenkräften $\mathfrak{p}'$, die man an den zwei so neugebildeten Oberflächen anzusetzen hat, um den ursprünglichen durch den Schnitt aufgehobenen atomaren Zusammenhang wieder herzustellen. Diese Kräfte $\mathfrak{p}'$ sind an den zwei Flächen entgegengesetzt gleich. Sie sind an jeder Stelle im allgemeinen abhängig von der Orientierung der Schnittfläche. Diese Abhängigkeit wird als linear angenommen und dargestellt durch:

$$\mathfrak{p}' = \mathfrak{P}\,\mathfrak{n}, \qquad p'^{i} = P^{ik} n_k,$$

wo $\mathfrak{n}$ der nach außen gerichtete Einheitsnormalvektor zur Schnittfläche ist.

$\mathfrak{P}$ heißt der *Spannungstensor*.

$\mathfrak{P}\,\mathfrak{n}$ läßt sich zerlegen in

$$\mathfrak{P}\,\mathfrak{n} = -\,\mathfrak{n}\cdot p + \mathfrak{P}'\,\mathfrak{n}, \qquad P_{ik} = \frac{|\mathfrak{P}|}{3}\, g_{ik} + P'_{ik},$$

$$\text{wo} \quad |\mathfrak{P}'| = 0,$$

so daß div $\mathfrak{P}'\,\mathfrak{r} = 0$ ist.

$$-\frac{|\mathfrak{P}|}{3} = p \text{ heißt } \textit{Druck}.$$

Die Gesamtkraft auf ein Volumen V ist

$$\mathfrak{K} = \int \mathfrak{f}\, \delta v + \int \mathfrak{p}\, df.$$

Das Drehmoment ist

$$\mathfrak{L} = \int dv\, [\mathfrak{r}\mathfrak{f}] + \int df\, [\mathfrak{r}\,\mathfrak{p}].$$

Die Kraft, die durch die auf die Oberfläche der Volumenelemente wirkenden Oberflächenkräfte ausgeübt wird, ist durch einen Feldvektor $\mathfrak{f}'$ zu ersetzen:

$$\mathfrak{f}' = \operatorname{div} \mathfrak{P}.$$

Dimensionen:

$$[\mathfrak{f}] = \frac{m}{l^2 t^2}, \qquad [\mathfrak{p}] = [\mathfrak{P}] = [p] = \frac{m}{l\, t^2}, \qquad [\mathfrak{S}] = 1, \qquad [\mathfrak{B}] = \frac{1}{t}.$$

3. Elastizitätstheorie.

Die statische Elastizitätstheorie fragt nach dem Gleichgewicht eines unter der Einwirkung von Kräften $\mathfrak{f}$ und $\mathfrak{p}$ deformierten Körpers. Es kann nur bestehen für $\mathfrak{f} = -\operatorname{div} \mathfrak{P}$ im Innern und $\mathfrak{p} = \mathfrak{P}\,\mathfrak{n}$ an der Außenfläche. Ferner muß der Tensor $\mathfrak{P}$ symmetrisch sein, damit keine Drehmomente übrig bleiben.

Nach dem Hooke*schen Gesetz* sind die Verschiebungen $\mathfrak{s}$ lineare Funktionen der Kräfte $\mathfrak{p}$, $\mathfrak{f}$. Doch ist das eine Idealisierung, die je nach dem Substrat nur für kleine Kräfte bzw. Verschiebungen gilt.

Daher wird die Arbeit der äußeren Kräfte für eine statische Deformation:

$$\begin{aligned} A &= \tfrac{1}{2} \int dv\, (\mathfrak{s}\,\mathfrak{f}) + \tfrac{1}{2} \int df\, (\mathfrak{s}\,\mathfrak{p}) \\ &= -\tfrac{1}{2} \int dv\, (\mathfrak{s} \operatorname{div} \mathfrak{P}) + \tfrac{1}{2} \int df\, (\mathfrak{s}\, \mathfrak{P}\, \mathfrak{n}) \\ &= \tfrac{1}{2} \int dv\, (\mathfrak{S}\, \mathfrak{P}). \end{aligned}$$

Es ist also

$$\omega = \tfrac{1}{2} (\mathfrak{P}\, \mathfrak{S}) = \tfrac{1}{2} P_{ik} S^{ik}$$

die in der Volumeneinheit enthaltene *potentielle Energie*, d. h. die Energiedichte. ω ist eine homogene Funktion zweiten Grades der Deformation bzw. der Spannungskomponenten.

Daraus folgt:

$$P_{ik} = \frac{\partial \omega}{\partial S^{ik}}.$$

Schreiben wir das Hookesche Gesetz als lineare Beziehung zwischen den Tensoren $\mathfrak{P}$ und $\mathfrak{S}$ in der Form $P_{ik} = a_{ik}^{lm} S_{lm}$, so treten wegen der Symmetrie von $\mathfrak{P}$ und $\mathfrak{S}$ 21 Konstanten auf, indem

$$a_{ik}^{lm} = a_{ki}^{ml} = a_{ki}^{lm} = a_{ik}^{ml}$$

wird.

Für *isotrope Medien* vereinfacht sich die Abhängigkeit. Hier müssen aus Symmetriegründen die Hauptachsenrichtungen der Tensoren $\mathfrak{P}$ und $\mathfrak{S}$ zusammenfallen. Man sieht leicht, daß der allgemeinste Ansatz für die lineare Abhängigkeit dann lautet:

$$\frac{\operatorname{div} \mathfrak{f}}{3} = -\alpha \cdot p, \qquad \mathfrak{S}' = \beta\, \mathfrak{P}'$$

$$S_i^i = \alpha P_i^i, \qquad S'_{ik} = \beta P'_{ik}.$$

Die anschaulich physikalische Bedeutung der Konstanten α und β folgt aus Anwendungen auf spezielle Probleme. Es ist

$$\alpha = \frac{1-2\mu}{E} = \frac{\varkappa}{3}, \qquad \beta = \frac{1+\mu}{E},$$

$$E = \frac{3}{\alpha + 2\beta}, \qquad \mu = \frac{\beta - \alpha}{\alpha + 2\beta},$$

wo E der Elastizitätsmodul,

μ der Querkontraktionskoeffizient (POISSONsche Zahl) $(0 \leq \mu < \frac{1}{2})$,

$\varkappa$ die Kompressibilität ist.

$\frac{1}{2\beta} = \frac{E}{2(1+\mu)}$ heißt „Torsions- oder Scherungsmodul".

Der Zusammenhang zwischen $\mathfrak{P}$ und $\mathfrak{S}$ ist also formulierbar durch:

$$\mathfrak{S} = \frac{1}{3}\,|\mathfrak{S}|\,\mathfrak{E} + \mathfrak{S}' = \frac{\alpha-\beta}{3}\,|\mathfrak{P}|\,\mathfrak{E} + \beta\,\mathfrak{P} = \frac{1}{E}\left\{-\mu\,|\mathfrak{P}|\,\mathfrak{E} + (\mu+1)\,\mathfrak{P}\right\},$$

$$\mathfrak{P} = \frac{1}{3}\,|\mathfrak{P}|\,\mathfrak{E} + \mathfrak{P}' = \frac{1}{3}\left(\frac{1}{\alpha} - \frac{1}{\beta}\right)|\mathfrak{S}|\,\mathfrak{E} + \frac{1}{\beta}\,\mathfrak{S} = \frac{E}{1+\mu}\left\{\frac{\mu}{1-2\mu}\,|\mathfrak{S}|\,\mathfrak{E} + \mathfrak{S}\right\},$$

($\mathfrak{E}$ = Einheitstensor)

bzw. in kovarianter Form:

$$|\mathfrak{S}| = \alpha\,|\mathfrak{P}|, \qquad S'_{ik} = \beta P'_{ik} \qquad (|\mathfrak{S}| = S^{ik} g_{ik}),$$

$$S_{ik} = \frac{1}{3}\,|\mathfrak{S}|\,g_{ik} + S'_{ik} = \frac{\alpha-\beta}{3}\,|\mathfrak{P}|\,g_{ik} + \beta P_{ik} =$$

$$= -\frac{\mu}{E}\,|\mathfrak{P}|\,g_{ik} + \frac{\mu+1}{E}\,P_{ik},$$

$$P_{ik} = \frac{1}{3}\,|\mathfrak{P}|\,g_{ik} + P'_{ik} = \frac{1}{3}\left(\frac{1}{\alpha} - \frac{1}{\beta}\right)|\mathfrak{S}|\,g_{ik} + \frac{1}{\beta}\,S_{ik} =$$

$$= \frac{E\mu}{(1+\mu)(1-2\mu)} \cdot |\mathfrak{S}|\,g_{ik} + \frac{E}{1+\mu} \cdot S_{ik}.$$

Für die Energiedichte folgt[1]:

$$2\omega = S_{ik} P^{ik} = \frac{1}{\beta}(S^2) + \frac{1}{3}\left(\frac{1}{\alpha} - \frac{1}{\beta}\right)|\mathfrak{S}|^2 = \frac{E}{1+\mu}\left\{(S^2) + \frac{\mu}{1-2\mu}|\mathfrak{S}|^2\right\} =$$

$$= \beta(P^2) + \frac{\alpha-\beta}{3}|\mathfrak{P}|^2 = \frac{1+\mu}{E}\left\{(P^2) - \frac{\mu}{1+\mu}|\mathfrak{P}|^2\right\}.$$

$$((S^2) = S_{ik} S^{ik} = \tfrac{1}{2}\Delta\mathfrak{s}^2 - (\mathfrak{s}\Delta\mathfrak{s}) - \tfrac{1}{2}(\operatorname{rot}\mathfrak{s})^2).$$

Dimensionen:

$$[E] = [p] = [\mathfrak{P}] = \frac{m}{l\,t^2}, \qquad [\alpha] = [\beta] = [\varkappa] = \frac{l\,t^2}{m}, \qquad [\mathfrak{S}] = 1.$$

a) Statische Elastizitätsprobleme.

Entweder sind die $\mathfrak{f}$ und $\mathfrak{p}$ gegeben und $\mathfrak{s}$ gesucht oder umgekehrt. Zwischen diesen Größen bestehen nach obiger Theorie die Beziehungen:

$$\mathfrak{f} = -\frac{1}{2\beta}\Delta\mathfrak{s} - \frac{1}{6}\left(\frac{2}{\alpha} + \frac{1}{\beta}\right)\operatorname{grad}\operatorname{div}\mathfrak{s} = -\frac{E}{2(1+\mu)}\left\{\Delta\mathfrak{s} + \frac{1}{1-2\mu}\operatorname{grad}\operatorname{div}\mathfrak{s}\right\},$$

$$\mathfrak{p} = \frac{1}{3}\left(\frac{1}{\alpha} - \frac{1}{\beta}\right)\mathfrak{n}\operatorname{div}\mathfrak{s} + \frac{1}{2\beta}[\mathfrak{n}\operatorname{rot}\mathfrak{s}] + \frac{1}{\beta}(\mathfrak{n}\operatorname{grad})\,\mathfrak{s} =$$

$$= \frac{E}{1+\mu}\left\{\frac{\mu}{1-2\mu}\mathfrak{n}\operatorname{div}\mathfrak{s} + \frac{1}{2}[\mathfrak{n}\operatorname{rot}\mathfrak{s}] + (\mathfrak{n}\operatorname{grad})\,\mathfrak{s}\right\}.$$

Bei gegebenen Deformationen findet man also die Kräfte durch Differentiation. Bei gegebenen Kräften ist aber die Deformation nur durch das viel schwierigere Problem der Lösung einer Differentialgleichung zu ermitteln. Für die einfachsten Fälle genügt es, nach der Differentiationsmethode eine größere Anzahl von speziellen Lösungen aufzustellen und unter diesen die gewünschte Lösung herauszusuchen. Besonders wichtig sind dabei die Fälle, wo die Volumenkräfte $\mathfrak{f}$ verschwinden, da in der Regel nur Oberflächenkräfte in Frage kommen. In diesem Falle wird div $\mathfrak{P} = 0$, also:

$$\Delta\mathfrak{s} + \frac{1}{1-2\mu}\operatorname{grad}\operatorname{div}\mathfrak{s} = 0$$

oder:

$$\operatorname{rot}\operatorname{rot}\mathfrak{s} - 2\cdot\frac{1-\mu}{1-2\mu}\operatorname{grad}\operatorname{div}\mathfrak{s} = 0.$$

Für diese Differentialgleichung kann man partikuläre Lösungen finden, aus denen die gesuchte Lösung aufzubauen ist.

[1] Es ist meist üblich von dieser Gleichung auszugehen, weil (S^2) und $|\mathfrak{S}|^2$ die beiden einzigen unabhängigen quadratischen Invarianten der Verschiebung sind. Setzt man $2\omega = A(S^2) + B|\mathfrak{S}|^2$, so ist $A = \frac{1}{\beta} = \frac{E}{1+\mu}$ und

$$B = \frac{1}{3}\left(\frac{1}{\alpha} - \frac{1}{\beta}\right) = \frac{E\mu}{(1-2\mu)(1+\mu)}.$$

Spezielle Lösungen sind:

1. Kugelsymmetrische Lösungen:

$\mathfrak{f} = \mathfrak{r}$ (homogene Dilatation)

$\mathfrak{f} = \frac{\mathfrak{r}}{r^3}$ (Dilatation mit Singularität bei $r = 0$: „Dilatationskern").

2. Drehungen um den Vektor $\mathfrak{a}$ als Achse:

$\mathfrak{f} = [\mathfrak{a}\,\mathfrak{r}]$ (Drehung als starrer Körper)

$\mathfrak{f} = \frac{[\mathfrak{a}\,\mathfrak{r}]}{r^3}$ (Drehungskern: äußeres Kräftepaar greift bei $r = 0$ an, dort Singularität).

3. $\mathfrak{f} = (\mathfrak{a}\,\mathfrak{r})\,[\mathfrak{a}\,\mathfrak{r}]$ (Torsion).

4. Andere Lösungen:

a) Singularitätenfrei (Biegung):

$$\mathfrak{f} = -\frac{3 - 2\mu}{4 - 6\mu} r^2 \mathfrak{a} + (\mathfrak{a}\,\mathfrak{r})\,\mathfrak{r}.$$

b) Lösungen mit Singularität $r = 0$, z. B.:

$$\mathfrak{f} = (3 - 4\mu)\frac{\mathfrak{a}}{r} + \frac{(\mathfrak{a}\,\mathfrak{r})}{r^3}\mathfrak{r}.$$

Mit jedem $\mathfrak{f} = \mathfrak{f}_0$ ist auch

$$\mathfrak{f}_1 = (\mathfrak{a}\,\mathrm{grad})\,\mathfrak{f}_0, \quad \mathfrak{f}_2 = (\mathfrak{b}\,\mathrm{grad})\,((\mathfrak{a}\,\mathrm{grad})\,\mathfrak{f}_0),$$
$$\mathfrak{f}_3 = (\mathfrak{c}\,\mathrm{grad})\,((\mathfrak{b}\,\mathrm{grad})\,((\mathfrak{a}\,\mathrm{grad})\,\mathfrak{f}_0)) \text{ usw.}$$

mit beliebigen konstanten Vektoren $\mathfrak{a}$, $\mathfrak{b}$, $\mathfrak{c}$, ... eine Partikularlösung. Auf diese Weise kann man aus jeder Lösung solche von beliebig hohen Singularitäten konstruieren.

b) Bewegungsgleichungen isotroper elastischer Körper.

$$\varrho \frac{d^2\mathfrak{f}}{dt^2} = \mathfrak{f} + \frac{1}{2\beta}\Delta\mathfrak{f} + \frac{1}{6}\left(\frac{2}{\alpha} + \frac{1}{\beta}\right)\mathrm{grad\,div}\,\mathfrak{f} =$$
$$= \mathfrak{f} + \frac{1}{3}\left(\frac{1}{\alpha} + \frac{2}{\beta}\right)\mathrm{grad\,div}\,\mathfrak{f} - \frac{1}{2\beta}\cdot\mathrm{rot\,rot}\,\mathfrak{f}.$$

Zerlegt man $\mathfrak{f}$ in $\mathfrak{f}_1$ und $\mathfrak{f}_2$, so daß

$\mathrm{div}\,\mathfrak{f}_1 = 0$, $\mathrm{rot}\,\mathfrak{f}_2 = 0$, also $\mathfrak{f}_2 = -\mathrm{grad}\,\varphi$ und ist $\mathfrak{f} = 0$,

so wird:

$$\varrho \frac{d^2\mathfrak{f}_1}{dt^2} = \frac{1}{2\beta}\cdot\Delta\mathfrak{f}_1 \quad \textit{(Transversal- oder Scherungswelle)}$$

und

$$\varrho \frac{d^2\varphi}{dt^2} = \frac{1}{3}\left(\frac{1}{\alpha} + \frac{2}{\beta}\right)\Delta\varphi \quad \textit{(Longitudinal- oder Verdichtungswelle).}$$

Die Fortpflanzungsgeschwindigkeiten sind

für die transversale Welle: $V_t = \sqrt{\frac{1}{2\beta\varrho}} \quad = \sqrt{\frac{E}{2\varrho(1+\mu)}}$,

für die longitudinale Welle: $V_l = \sqrt{\frac{1}{3\varrho}\left(\frac{1}{\alpha}+\frac{2}{\beta}\right)} = \sqrt{\frac{E}{\varrho}\frac{(1-\mu)}{(1-2\mu)(1+\mu)}}$.

Für ideal flüssige Substanzen wird $E = 0$, $\mu = \frac{1}{2}$, $\beta = \infty$ und damit:

$$V_t = 0, \quad V_l = \sqrt{\frac{1}{\varrho\varkappa}}.$$

4. Übergang zur Hydrodynamik.

In nicht vollkommen elastischen Körpern verschwinden bei konstanter Deformation die Spannungen $\mathfrak{P}'$ mit der Zeit. Dies führt auf folgenden möglichst einfachen, aber speziellen Ansatz:

$$\frac{\partial\mathfrak{P}'}{\partial t} = \frac{1}{\beta}\cdot\frac{\partial\mathfrak{S}'}{\partial t} - \frac{1}{\tau}\mathfrak{P}'.$$

Ist $\quad \frac{\partial\mathfrak{S}'}{\partial t} = 0$, so folgt daraus

$$\mathfrak{P}' = \mathfrak{P}'_0 e^{-\frac{t}{\tau}} \quad (\tau = \textit{Relaxationszeit}).$$

Schreiben wir $\partial\mathfrak{s}/\partial t = \mathfrak{v}$ und stellen $\mathfrak{v}$ (ebenso wie $\mathfrak{s}$) dar durch

$$\mathfrak{v} = \mathfrak{v}_0 + \frac{1}{2}[\delta\mathfrak{r}\cdot\operatorname{rot}\mathfrak{v}] + \mathfrak{B}\,\delta\mathfrak{r} \qquad \left(V_{ik} = \frac{1}{2}\left(\frac{\partial v_i}{\partial x^k} + \frac{\partial v_k}{\partial x^i}\right)\right)$$

und

$$\mathfrak{B}\,\delta\mathfrak{r} = \delta\mathfrak{r}\frac{\operatorname{div}\mathfrak{v}}{3} + \mathfrak{B}'\,\delta\mathfrak{r}, \qquad \left(V'_{ik} = V_{ik} - \frac{1}{3}\operatorname{div}\mathfrak{v}\cdot\delta_{ik}\right),$$

so wird

$$\mathfrak{B}' = \frac{\partial\mathfrak{S}'}{\partial t}, \qquad \frac{\partial\mathfrak{P}'}{\partial t} = \frac{1}{\beta}\mathfrak{B}' - \frac{1}{\tau}\mathfrak{P}'.$$

Für langsam veränderliches $\mathfrak{B}'$ bzw. kleines τ, d. h. Flüssigkeiten, erhalten wir damit

$$\mathfrak{P}' = \frac{\tau}{\beta}\mathfrak{B}' = 2\eta\,\mathfrak{B}'.$$

$$\eta = \frac{\tau}{2\beta} \text{ heißt } \textit{Reibungskoeffizient} \text{ (Zähigkeit).}$$

$\mathfrak{P}'$ wird also jetzt durch die Geschwindigkeitsverteilung bestimmt. Die Beziehung $|\mathfrak{S}| = \alpha\,|\mathfrak{P}|$ bleibt erfahrungsgemäß bestehen. Somit wird:

$$\mathfrak{P} = -p\,\mathfrak{E} + 2\eta\,\mathfrak{B}'.$$

An einer Oberfläche wird:

$$\mathfrak{p} = \mathfrak{P}\mathfrak{n} = -\mathfrak{n}\left(p + \tfrac{2}{3}\eta\operatorname{div}\mathfrak{v}\right) + 2\eta(\mathfrak{n}\operatorname{grad})\,\mathfrak{v} + \eta\,[\mathfrak{n}\operatorname{rot}\mathfrak{v}].$$

Dimensionen:

$$[\mathfrak{B}] = \frac{1}{t}, \qquad [\eta] = \frac{m}{l\,t}.$$

5. Hydrodynamik.

Die Bewegungsgleichungen einer Flüssigkeit mit innerer Reibung werden dann

$$\varrho \frac{d\mathfrak{v}}{dt} = \mathfrak{f} + \operatorname{div} \mathfrak{P} = \mathfrak{f} + \operatorname{div}\left(\mathfrak{E}\frac{|\mathfrak{P}|}{3} + \frac{\tau}{\beta}\mathfrak{V}'\right)$$

$$= \mathfrak{f} - \operatorname{grad} p + \eta\,(\Delta\,\mathfrak{v} + \tfrac{1}{3}\operatorname{grad}\operatorname{div}\mathfrak{v})$$ (Navier-Stokessche Gleichung)

zusammen mit der Kontinuitätsgleichung:

$$\frac{d\varrho}{dt} + \varrho \operatorname{div} \mathfrak{v} = 0$$

und einer Materialgleichung: $p = p(\varrho)$.

Energiebilanz: Die äußere Arbeit δA auf ein Stück der *Masse* $M = \int \varrho\, dv$ wird: $\left(\frac{dM}{dt} = 0\right)$

$$\delta A = \delta t \int (\mathfrak{v}\,\mathfrak{P}\,\mathfrak{n})\, df = \delta t \int \operatorname{div}(\mathfrak{P}\,\mathfrak{v})\, dv = \delta t \int \{(\mathfrak{v} \operatorname{div} \mathfrak{P}) + (\mathfrak{P}\,\mathfrak{V})\}\, dv =$$

$$= \delta t \int \left\{\left(\mathfrak{v}\,\varrho\,\frac{d\mathfrak{v}}{dt}\right) - p \operatorname{div}\mathfrak{v} + 2\eta\,(\mathfrak{V}'^2)\right\} dv.$$

Die Glieder bedeuten:

1. Zuwachs der kinetischen Energie $T = \int dv \cdot \varrho \frac{v^2}{2}$,

2. Zuwachs der potentiellen Energie $W = \int dv\, \varrho \int^{\varrho} \frac{p}{\varrho^2}\, d\varrho$,

3. Reibungswärme $\delta Q = \delta t \cdot 2\eta \int dv\, (\mathfrak{V}'^2)$

$$2(\mathfrak{V}'^2) = \Delta\, v^2 - 2(\mathfrak{v}\,\Delta\,\mathfrak{v}) - (\operatorname{rot}\mathfrak{v})^2 - \tfrac{2}{3}(\operatorname{div}\mathfrak{v})^2.$$

Die Dichte der inneren potentiellen Energie ist $w = \varrho \int^{\varrho} \frac{p}{\varrho^2}\, d\varrho$

$$\frac{dw}{d\varrho} = \frac{w + p}{\varrho} = P = \int^{p} \frac{dp}{\varrho}; \qquad dP = \frac{dp}{\varrho}.$$

Mit $p = p_0 + (\varrho - \varrho_0)\frac{dp}{d\varrho} + \cdots$ wird für eine Flüssigkeitsmasse von konstanter Gesamtmasse und konstantem Gesamtvolumen:

$$W = W_0 + \int dv\, \frac{(\varrho - \varrho_0)^2}{2\varkappa\,\varrho_0^2} + \cdots \qquad \left(\varkappa = \frac{1}{\varrho_0}\frac{d\varrho}{dp}\right).$$

Die Probleme der Hydrodynamik

sind sehr mannigfaltig. Um sie zu lösen beschränkt man sich meist auf Spezialfälle durch Kombination folgender Annahmen:

1. $\eta = 0$ Reibungsfreiheit.
2. $\frac{\partial \mathfrak{v}}{\partial t} = 0, \quad \frac{\partial \varrho}{\partial t} = 0$ Stationärität.
3. $\operatorname{rot} \mathfrak{v} = 0$ Wirbelfreiheit.
4. $\operatorname{div} \mathfrak{v} = 0, \quad \operatorname{grad} \varrho = 0$ Inkompressibilität und Homogenität.
5. $\mathfrak{f} = -\varrho \operatorname{grad} \varphi$ Potentialkraft.

Damit hat man unter anderen folgende Möglichkeiten:

Mit 1.:
$$\varrho \frac{d\mathfrak{v}}{dt} = \mathfrak{f} - \operatorname{grad} p$$
oder
$$\frac{d\mathfrak{v}}{dt} = \frac{\mathfrak{f}}{\varrho} - \operatorname{grad} P,$$
bzw. wegen
$$\frac{\partial \mathfrak{v}}{\partial t} = \frac{d\mathfrak{v}}{dt} - (\mathfrak{v} \operatorname{grad})\, \mathfrak{v} = \frac{d\mathfrak{v}}{dt} - \frac{1}{2} \operatorname{grad} v^2 + [\mathfrak{v} \operatorname{rot} \mathfrak{v}]$$
$$\frac{\partial \mathfrak{v}}{\partial t} = \frac{\mathfrak{f}}{\varrho} - \operatorname{grad}\left(\frac{v^2}{2} + P\right) + [\mathfrak{v} \operatorname{rot} \mathfrak{v}]$$
(EULERsche Bewegungsgleichungen).

Mit 1., 2., 3.:
$$\frac{\mathfrak{f}}{\varrho} - \operatorname{grad}\left(\frac{v^2}{2} + P\right) = 0,$$
bzw. bei konstantem ϱ

mit 1., 2., 3., 4.:
$$\mathfrak{f} - \operatorname{grad}\left(\varrho \frac{v^2}{2} + p\right) = 0,$$
$\left(\varrho \frac{v^2}{2} + p\right)$ heißt *hydrodynamischer* Druck.

Mit 1., 5.:
$$\frac{\partial \operatorname{rot} \mathfrak{v}}{\partial t} = \operatorname{rot}\, [\mathfrak{v} \operatorname{rot} \mathfrak{v}]$$
und daher
$$\frac{d}{dt}\int df \operatorname{rot}_n \mathfrak{v} = \frac{d}{dt}\oint (\mathfrak{v}\, d\mathfrak{s}) = 0$$
(vgl. S. 203), d.h. das Wirbelmoment einer mit der Flüssigkeit mitbewegten Fläche bleibt konstant (HELMHOLTZ).

Mit 3. ist $\mathfrak{v}$ darstellbar als $\mathfrak{v} = \operatorname{grad} \Phi$ (Geschwindigkeitspotential).

Dann gilt

mit 1., 3:
$$\frac{\partial \Phi}{\partial t} + \varphi + P + \frac{1}{2} \operatorname{grad}^2 \Phi = \text{const}.$$
Mit 1., 3., 4. wird:
$$\Delta \Phi = 0.$$

Die meisten Probleme der Hydrodynamik laufen auf die Lösung dieser Differentialgleichungen mit Berücksichtigung der durch die Begrenzung der Strömung gegebenen Randbedingungen $\partial\Phi/\partial n = 0$ bzw. $\partial\Phi/\partial n = v_n$ heraus, wo v_n die Normalkomponente der Geschwindigkeiten der Begrenzung ist.

Bei strengerer Annäherung an die Wirklichkeit ist die Flüssigkeit als an der Begrenzung haftend zu betrachten. Dann ist aber im allgemeinen die Forderung $\operatorname{rot}\mathfrak{v} = 0$ nicht zu erfüllen.

Für kleine Geschwindigkeit kann man $d\mathfrak{v}/dt$ durch $\partial\mathfrak{v}/\partial t$ ohne Zusatzglieder ersetzen und erhält:

mit 4.
$$\varrho\frac{\partial\mathfrak{v}}{\partial t} = \mathfrak{f} - \operatorname{grad} p + \eta\Delta\mathfrak{v}$$
und

mit 4. und 2.:
$$\eta\Delta\mathfrak{v} = \operatorname{grad} p - \mathfrak{f}.$$

Ist schließlich $\mathfrak{v} = 0$ *(Hydrostatik)*, so bleibt nur:

$$\mathfrak{f} = \operatorname{grad} p \quad \text{als Gleichgewichtsbedingung}$$

und

mit 5.:
$$-\operatorname{grad}\varphi = \frac{\operatorname{grad} p}{\varrho} = \operatorname{grad} P; \qquad \varphi + P = \text{const}.$$

Zweiter Abschnitt.

Elektrodynamik

(einschließlich Optik).

A. Allgemeine Theorie.

Vorbemerkung.

Die als Elektrodynamik bezeichnete Disziplin benutzt verschiedene Theorieformen.

Man kann sie als eine echte Kontinuumstheorie aufbauen mit den Grundbegriffen der Ladungs- und Stromdichten, die mit elektrischen und magnetischen Feldern verbunden sind. Da in einer solchen Theorie der Begriff der Geschwindigkeit nicht existiert, wird hier der Strom nicht als bewegte Ladung aufgefaßt und eine Theorie der „Elektrodynamik in bewegten Medien" muß als Ergänzung hinzugefügt werden.

Legt man die Erkenntnis zugrunde, daß elektrische Ladung und Magnetismus immer an Materie gebunden ist, deren atomistische Natur sichergestellt ist, so ist es natürlicher, von dem Begriff der Punktladungen, d. h. ladungstragender Massenpunkte auszugehen und zunächst die Punkttheorien der Elektrostatik und des Magnetismus zu entwickeln und von ihr zur Quasikontinuumstheorie der Ladungs-, Dipol- und Stromdichten überzugehen. Die benutzten Felder sind hier zunächst wie in der Mechanik nur potentielle, d. h. methodische Hilfsgrößen zur Berechnung von mechanisch meßbaren Kräften. Erst die Erkenntnis, daß das elektromagnetische Feld auch selbständig als Strahlungsfeld existieren kann, führt dazu, es als ein aktuelles, d. h. als eine echte physikalische Größe aufzufassen.

Damit wird ein kontinuitätstheoretisches Element eingeführt und die Elektrodynamik wird zu einer Kombinationstheorie, bei der punkttheoretische und kontinuitätstheoretische Begriffe nebeneinander benutzt werden. Die Heterogenität der Methode führt zu einigen Schwierigkeiten.

Die sog. Elektronentheorie führt diese Auffassung mit statistischen Methoden im einzelnen durch, wobei die Verknüpfung mit der Mechanik besonders deutlich hervortritt.

1. Elektrostatik.

Der Elektrostatik liegen folgende idealisierte Erfahrungen zugrunde:

1. Das Coulombsche Gesetz: Von einer ruhenden elektrischen *Punktladung* der Größe e_1 am Ort $\mathfrak{r}_1$ wird auf eine zweite e_2 am Ort $\mathfrak{r}_2$ eine Kraft $\mathfrak{K}_{21}$ ausgeübt

$$\mathfrak{K}_{21} = \frac{e_1 e_2 (\mathfrak{r}_2 - \mathfrak{r}_1)}{|\mathfrak{r}_2 - \mathfrak{r}_1|^3}\,;$$

2. Die Ladungen e sind unveränderliche und additiv kombinierbare Größen (Satz von der *Erhaltung der Ladung* oder *Elektrizitätsmenge*).

3. Die elektrischen Kräfte superponieren sich (nach der Parallelogrammregel).

Mit diesen Sätzen sind die Größen e eindeutig aus Messungen von Kräften feststellbar (aus drei Gleichungen bei Verwendung von mindestens drei Ladungen).

Die Kraft $\mathfrak{K}_{21}$ ist auch zu schreiben:

$$\mathfrak{K}_{21} = -e_2 \operatorname{grad}\left(\frac{e_1}{|\mathfrak{r}_2 - \mathfrak{r}_1|}\right) = -e_2 \operatorname{grad}\varphi_2 = e_2 \mathfrak{E}_2,$$

wo der Gradient an der Stelle $\mathfrak{r}_2$ zu bilden ist, d. h. $\varphi_2 = \frac{e_1}{|\mathfrak{r}_1 - \mathfrak{r}_2|}$ ist als Funktion des Ortes $\mathfrak{r}_2$ zu betrachten. Man schreibt im allgemeinen einfacher für die Kraft auf eine Ladung e

$$\boxed{\mathfrak{K} = e\,\mathfrak{E}, \qquad \mathfrak{E} = -\operatorname{grad}\varphi}$$

φ heißt das *Potential* am Ort der Ladung e, und $\mathfrak{E}$ heißt die elektrische *Feldstärke* daselbst. φ und $\mathfrak{E}$ bilden ein skalares bzw. vektorielles Feld.

Bei mehreren wirkenden Ladungen e_i wird

$$\mathfrak{K} = \sum_i \mathfrak{K}_i, \quad \varphi = \sum_i \varphi_i, \quad \mathfrak{E} = \sum_i \mathfrak{E}_i = -\operatorname{grad}\Big(\sum_i \varphi_i\Big).$$

$$\varphi = \sum_i \frac{e_i}{r_i} \quad \text{mit} \quad r_i = |\mathfrak{r} - \mathfrak{r}_i|,$$

$$\Delta\varphi = 0 \quad \text{außer für} \quad \mathfrak{r} = \mathfrak{r}_i \quad \text{(Laplacesche Gleichung).}$$

Den Begriff einer *Raumladung* und ihrer Dichte ϱ findet man aus dem Bilde sehr vieler, kleiner, dicht gedrängt im Raum verteilter Punktladungen e_α durch: $\varrho(\mathfrak{r}) = \sum_\alpha e_\alpha f(|\mathfrak{r} - \mathfrak{r}_\alpha|)$ mit einer Glättungsfunktion f (s. S. 375). Analog bildet man den Begriff einer *Flächenladung* und ihrer Dichte σ. Die erzeugten Potentiale werden

$$\varphi(\mathfrak{r}) = \int dv' \frac{\varrho(\mathfrak{r}')}{|\mathfrak{r} - \mathfrak{r}'|} = \int dv \frac{\varrho}{r} \quad \text{bzw.} \quad \varphi = \int df \frac{\sigma}{r}.$$

Hieraus folgt (vgl. S. 178)

$$4\pi\varrho = -\Delta\varphi = \operatorname{div}\mathfrak{E} \quad \text{(Poissonsche Gleichung)}$$

$$\operatorname{rot}\mathfrak{E} = -\operatorname{rot}\operatorname{grad}\varphi = 0.$$

Als elektrischen *Dipol* bezeichnet man die Kombination zweier entgegengesetzt gleicher Ladungen $\pm e$ im infinitesimal kleinen Abstand $\delta\mathfrak{r}$. $e\,\delta\mathfrak{r} = \mathfrak{m}$ heißt sein *Moment* (vgl. S. 181). Liegt er an der Stelle $\mathfrak{r}'$, so wird sein Potential:

$$\varphi(\mathfrak{r}) = \frac{e}{|\mathfrak{r}' + \delta\mathfrak{r} - \mathfrak{r}|} - \frac{e}{|\mathfrak{r}' - \mathfrak{r}|} = \left(\mathfrak{m}\operatorname{grad}' \frac{1}{|\mathfrak{r}' - \mathfrak{r}|}\right) = -\left(\mathfrak{m}\operatorname{grad}\frac{1}{|\mathfrak{r}' - \mathfrak{r}|}\right).$$

Den Begriff *Dipoldichte* oder *Polarisation* $\mathfrak{P}$ findet man wie oben. Er liefert das Potential

$$\varphi = \int dv \left(\mathfrak{P}\operatorname{grad}\frac{1}{r}\right) = -\int dv \frac{\operatorname{div}\mathfrak{P}}{r} + \int dv \operatorname{div}\left(\frac{\mathfrak{P}}{r}\right).$$

Das letzte Integral verschwindet, wenn die Integration über den ganzen Raum erstreckt wird und $\mathfrak{P}$ im Unendlichen genügend stark verschwindet, bzw. über einen endlichen Raum, an dessen Oberfläche $\mathfrak{P} = 0$ ist.

Besteht gleichzeitig Ladungsdichte und Polarisation, so wird:

$$\varphi = \int dv \frac{\varrho - \operatorname{div}\mathfrak{P}}{r}$$

$$-\Delta\varphi = \operatorname{div}\mathfrak{E} = 4\pi(\varrho - \operatorname{div}\mathfrak{P}),$$

also

$$4\pi\varrho = \operatorname{div}(\mathfrak{E} + 4\pi\mathfrak{P}).$$

In der reinen Kontinuumstheorie heißen:

$$\varrho = \frac{1}{4\pi}\,\mathrm{div}\,(\mathfrak{E} + 4\pi\,\mathfrak{P})$$ Dichte der *wahren* Ladung,

$$\bar{\varrho} = \frac{1}{4\pi}\,\mathrm{div}\,\mathfrak{E} = \varrho - \mathrm{div}\,\mathfrak{P}$$ Dichte der *freien* Ladung,

$$\bar{\varrho} - \varrho = -\mathrm{div}\,\mathfrak{P}$$ Dichte der *Polarisationsladung*.

In der Elektronentheorie ist $\bar{\varrho} = \varrho - \mathrm{div}\,\mathfrak{P}$ die von geladenen Partikeln getragene *echte* Ladungsdichte.

In einem isotropen Medium *(Dielektrikum)* tritt unter der Wirkung von $\mathfrak{E}$ eine Ausbildung von Dipolen, d. h. eine Polarisation ein. Im allgemeinen wird dann $\mathfrak{P}$ parallel und proportional $\mathfrak{E}$. Man hat daher:

$$\boxed{\mathfrak{D} = \mathfrak{E} + 4\pi\,\mathfrak{P} = \varepsilon\,\mathfrak{E}}\,, \qquad \mathfrak{P} = \frac{\varepsilon - 1}{4\pi}\,\mathfrak{E}.$$

ε heißt *Dielektrizitätskonstante.* Sie ist niemals kleiner als 1. Im Vakuum ist $\mathfrak{P} = 0$, d. h. $\varepsilon = 1$. Die Kombination $\mathfrak{D}$ heißt aus historischen Gründen *dielektrische Verschiebung* oder *elektrische Induktion.* Die Gleichungen

$$\boxed{\mathrm{div}\,\mathfrak{D} = 4\pi\varrho, \quad \mathfrak{D} = \varepsilon\,\mathfrak{E}, \quad \mathrm{rot}\,\mathfrak{E} = 0}$$

sind die Hauptgleichungen der Elektrostatik.

Durch die (nicht unmittelbar beobachtbare) Polarisation werden die Veränderungen des elektrischen Feldes gedeutet, wenn ein an sich ungeladenes Dielektrikum in ein elektrisches Feld gebracht wird. In ihm bleibt dann $4\pi\varrho = \mathrm{div}\,\mathfrak{D} = 0$, aber es wird

$$4\pi\bar{\varrho} = \mathrm{div}\,\mathfrak{E} = -\frac{1}{\varepsilon}\,(\mathfrak{E}\,\mathrm{grad}\,\varepsilon).$$

An einer Fläche, wo ε von ε_1 auf ε_2 springt, bleibt die Flächendivergenz $\sigma = 0$, d. h. die *Normalkomponente von $\mathfrak{D}$ geht stetig durch die Fläche.* Wegen $\mathrm{rot}\,\mathfrak{E} = 0$ bleibt andererseits die *Parallelkomponente von $\mathfrak{E}$ an ler Fläche stetig.* Daraus folgt das Brechungsgesetz der Kraftlinien $\mathrm{g}\,\alpha_1 : \mathrm{tg}\,\alpha_2 = \varepsilon_1/\varepsilon_2$, wo α den Winkel der Feldlinien $\mathfrak{E}$ bzw. $\mathfrak{D}$ gegen die Flächennormale bedeutet. Die echte Flächenladungsdichte $\bar{\sigma}$ wird

$$4\pi\bar{\sigma} = E_{n_2} - E_{n_1} = \left(\frac{\varepsilon_1}{\varepsilon_2} - 1\right) E_{n_1}.$$

Weder $\mathfrak{E}$ noch $\mathfrak{D}$ sind im Innern eines Körpers direkt meßbar. Führt man aber einen Schnitt durch den Körper *senkrecht* zu den Kraftlinien, so ist in dem so gebildeten materiefreien Spaltraum ein $\mathfrak{E}'$ (als Kraft auf die Einheitsladung) meßbar, das gleich dem $\mathfrak{D}$ im angrenzenden Körper ist. Schneidet (oder „bohrt") man andererseits *parallel* zu den

Kraftlinien, so mißt[1] $\mathfrak{E}'$ hier das angrenzende $\mathfrak{E}$. In einem kugelförmigen Hohlraum im Innern des Körpers findet man

$$\mathfrak{E}' = \frac{3\varepsilon}{1+2\varepsilon}\,\mathfrak{E} = \frac{3}{1+2\varepsilon}\,\mathfrak{D}\,.$$

Als „*Zahl*" der durch einen Querschnitt q gehenden Feldlinien von $\mathfrak{E}$ bzw. $\mathfrak{D}$ bezeichnet man (FARADAY) das Flächenintegral

$$Z_E = \int_q df\, E_n \quad \text{bzw} \quad Z_D = \int_q df\, D_n\,.$$

Die Zahl Z_D der in einer Ladung e entspringenden Induktionslinien $\mathfrak{D}$ ist gleich $4\pi\, e$. Sie endigen nur an negativen wahren Ladungen oder im Unendlichen.

Leiter der Elektrizität heißen Körper, in denen bei statischen Verhältnissen $\varphi = \text{constans}$, d. h. $\mathfrak{E} = 0$ und $\varrho = 0$ ist. Sie können nur Oberflächenladungen σ tragen. Ein Leiter verhält sich statisch wie ein Körper mit unendlich großem ε. Die Polarisationsladungen auf Leitern heißen *Influenzladungen*. Sie sind abtrennbar und wie wahre Ladungen zu behandeln.

Das sog. *elektrostatische Problem* besteht in der Aufgabe, bei gegebener Lage und Form von Leitern und Nichtleitern und ihren Ladungen e_i die Feldverteilung zu finden. Dazu sind folgende Gleichungen zu lösen:

$\operatorname{div}\mathfrak{D} = 4\pi\varrho$ außerhalb der Leiter,

$4\pi\, e_i = \int_{F_i} df\, D_n$ erstreckt über die Oberflächen der Leiter (F_i) mit

$\mathfrak{D} = \varepsilon\,\mathfrak{E}$, $\operatorname{rot}\mathfrak{E} = 0$ und $\varphi = \text{constans} = \varphi_i$ auf den F_i.

2. Magnetostatik.

Der Magnetostatik liegen ganz analoge Erfahrungen zugrunde wie der Elektrostatik, d. h. wenn man die *Polstärke* m eines permanenten Magneten an die Stelle der elektrischen Ladung e setzt, so gilt für die Kraft zwischen Magnetpolen ein dem COULOMBschen entsprechendes Gesetz. Es gelten daher auch alle Formeln der Elektrostatik in entsprechender Umdeutung mit den Größen:

m = *Polstärke* entsprechend e,

$\mathfrak{H}$ = *magnetische Feldstärke* entsprechend $\mathfrak{E}$,

$\mathfrak{M}$ = *Magnetisierung* entsprechend $\mathfrak{P}$,

$\mathfrak{B}$ = *magnetische Induktion* entsprechend $\mathfrak{D}$,

μ = *Permeabilität* entsprechend ε.

[1] Dies kann auch zur Definition von $\mathfrak{D}$ und $\mathfrak{E}$ in Körpern benutzt werden.

Es bestehen aber folgende Unterschiede:

1. Es gibt keine *wahre* magnetische Ladungsdichte. Die Hauptgleichungen lauten also:

$$\boxed{\operatorname{div}\mathfrak{B} = 0, \qquad \mathfrak{B} = \mu\,\mathfrak{H}, \qquad \operatorname{rot}\mathfrak{H} = 0}\,.$$

2. μ ist für viele Stoffe keine Konstante *(Ferromagnetika)*, sondern in komplizierter Weise von $\mathfrak{H}$ abhängig *(Hysteresis)*. Daher kann $\mathfrak{M}$ auch bei verschwindendem $\mathfrak{H}$ bestehen (z. B. in permanenten Magneten).

3. Es gibt keine Leiter des Magnetismus, wohl aber Stoffe mit sehr großem μ, die sich annähernd wie magnetische Leiter verhalten (z. B. weiches Eisen).

4. $\mathfrak{B}$ kann, weil es quellenfrei ist, dargestellt werden in der Form

$$\mathfrak{B} = \operatorname{rot}\mathfrak{A}$$

mit

$$\mathfrak{A} = \int dv\,\frac{\operatorname{rot}\mathfrak{M}}{r} \qquad \textit{(Vektorpotential)},$$

also

$$\Delta\mathfrak{A} = -4\pi\operatorname{rot}\mathfrak{M}.$$

Die Polstärke m ist eine *freie* magnetische Ladung, d. h.

$$m = \frac{1}{4\pi}\int dv\operatorname{div}\mathfrak{H} = -\int\limits_V dv\operatorname{div}\mathfrak{M} = -\int\limits_{(V)} df\,(\mathfrak{M}\,\mathfrak{n}),$$

das Integral über einen nur *einen* Magnetpol enthaltenden Raum V erstreckt.

3. Elektrokinetik.

Jeder Transport von Ladung heißt elektrischer Strom. *Stromstärke* I heißt die durch eine Fläche F in der Zeiteinheit transportierte Elektrizitätsmenge

$$I = \frac{\delta e}{\delta t},$$

Die *Stromdichte* $\mathfrak{i}$ ist durch

$$I = \int\limits_F df\,i_n$$

nur dann eindeutig definiert, wenn $\operatorname{rot}\mathfrak{i} = 0$ angenommen werden darf.

Die Elektronentheorie erfaßt sie allgemeiner durch:

$$\mathfrak{i} = \sum_\alpha e_\alpha\,\mathfrak{v}_\alpha\,f(|\mathfrak{r} - \mathfrak{r}_\alpha|).$$

Wegen des Satzes von der Erhaltung der Ladung $de_\alpha/dt = 0$ gilt

$$\operatorname{div}\mathfrak{i} = -\frac{\partial\varrho}{\partial t} \qquad \textit{(Kontinuitätsgleichung)}.$$

Elektrischer Strom tritt phänomenologisch in verschiedener Form auf:

1. Als *Konvektionsstrom*: Ladung ϱ wird von mit $\mathfrak{v}$ bewegter Substanz getragen: $\mathfrak{i}_K = \varrho\,\mathfrak{v}$.

2. Als *Leitungsstrom*: Ladung bewegt sich in Leitern unter der Kraftwirkung eines elektrischen Feldes $\mathfrak{E}$, ohne daß die Bewegung als solche beobachtbar ist: $\mathfrak{i} = \sigma\,\mathfrak{E}$. σ heißt *Leitfähigkeit*.

3. Auch der sog. *Verschiebungsstrom* $\frac{1}{4\pi}\frac{\partial\mathfrak{D}}{\partial t}$ kann als Strom bezeichnet werden. Es gilt nämlich

$$\operatorname{div}\frac{1}{4\pi}\frac{\partial\mathfrak{D}}{\partial t} = \frac{\partial}{\partial t}\left(\frac{1}{4\pi}\operatorname{div}\mathfrak{D}\right) = \frac{\partial\varrho}{\partial t}.$$

Als *wahren Strom* $\mathfrak{c}$ bezeichnet man

$$\mathfrak{c} = \mathfrak{i} + \frac{1}{4\pi}\frac{\partial\mathfrak{D}}{\partial t}.$$

Für ihn gilt die Formel $\operatorname{div}\mathfrak{c} = 0$.

Im Sinne der Elektronentheorie ist

$$\bar{\mathfrak{i}} = \mathfrak{i} + \frac{\partial\mathfrak{P}}{\partial t} + c\operatorname{rot}\mathfrak{M}$$

die gesamte von Partikeln getragene *echte* Stromdichte (s. S. 388). (Betreffs des hier noch unbegründeten Anteils $c\operatorname{rot}\mathfrak{M}$ s. S. 392.)

Für sie gilt:

$$\operatorname{div}\bar{\mathfrak{i}} = -\frac{\partial\bar{\varrho}}{\partial t} \quad \text{mit} \quad \bar{\varrho} = \varrho - \operatorname{div}\mathfrak{P}.$$

Stationär nennt man Ströme, wenn $\frac{\partial\mathfrak{i}}{\partial t} = 0$ und $\operatorname{div}\mathfrak{i} = -\frac{\partial\varrho}{\partial t} = 0$ ist.

Läuft ein solcher Strom längs eines dünnen Leiters vom Querschnitt q, so ist $I = \int_q df\, i_n$ längs des Leiters konstant und $i_n = \frac{I}{q} = |\mathfrak{i}|$. Die Potentialdifferenz zwischen zwei Punkten des Leiters

$$\varphi_1 - \varphi_2 = \int_1^2 ds\, E_s = \int_1^2 ds\,\frac{i_s}{\sigma} = \int_1^2 \frac{ds}{\sigma q}\cdot I = W I$$

wird also, falls σ von $\mathfrak{i}$ unabhängig ist, proportional I mit einem Faktor W, genannt OHM*scher Widerstand*, der nur durch die geometrischen Dimensionen des Leiters und dessen Leitfähigkeit bestimmt ist (OHM*sches Gesetz*).

In einem in sich geschlossenen Leiter (wie oben) wird $\oint ds\, E_s = 0$, d. h. $I = 0$. Ist aber in ihm irgendwo die Beziehung $\mathfrak{i} = \sigma\,\mathfrak{E}$ nicht gültig, wie z. B. in galvanischen Elementen, Thermoelementen u. dgl., so heißt

$$\int ds\left(\frac{\mathfrak{i}}{\sigma} - \mathfrak{E}\right)_s = E$$

die *lektromotorische Kraft* (EMK), und es gilt

$$E = IW.$$

Auch diese Formel heißt OHMsches Gesetz, obgleich sie nicht dasselbe aussagt wie die gleichbenannte frühere.

$\frac{\mathfrak{i}}{\sigma} - \mathfrak{E} = \mathfrak{E}'$ spielt die Rolle eines „Scheinfeldes", denn es gilt

$$\mathfrak{i} = \sigma(\mathfrak{E} + \mathfrak{E}').$$

4. Elektromagnetik.

Folgende Erfahrungen liegen zugrunde:

Konstante elektrische Ströme sind von Magnetfeldern begleitet (ÖRSTED). Das Feld $\mathfrak{H}$ eines kleinen Kreisstromes von der Stärke I um die Fläche df ist gleich dem eines magnetischen Dipols vom Moment $\frac{I}{c}\,df$ senkrecht zur Fläche (AMPÈRE). Hierin ist c eine Konstante von der Dimension einer Geschwindigkeit, und zwar gleich der Lichtgeschwindigkeit (WEBER):

$$c = 3 \cdot 10^{10}\,\text{cm}\,\text{sec}^{-1}.$$

Das Feld eines beliebigen in sich geschlossenen Stromes I ist daher gleich dem einer magnetischen Doppelschicht vom Moment I/c (vgl. S. 182) und darstellbar aus dem Vektorpotential

$$\mathfrak{A} = \frac{I}{c}\oint\frac{d\mathfrak{s}}{r}, \qquad \mathfrak{H} = \operatorname{rot}\mathfrak{A} = -\frac{I}{c}\oint\frac{[d\mathfrak{s}\,\mathfrak{r}]}{r^3} \quad \text{(BIOT-SAVART}\textit{sches Gesetz}\text{)}.$$

Das Integral ist dabei zu erstrecken über die Strombahn. Bei beliebig quellenfrei verteilter Strömung ($\operatorname{div}\mathfrak{i} = 0$) wird daher

$$\mathfrak{A} = \frac{1}{c}\int dv\,\frac{\mathfrak{i}}{r},$$

mithin

$$\operatorname{rot}\mathfrak{H} = \frac{4\pi\mathfrak{i}}{c} \quad \text{und} \quad \operatorname{div}\mathfrak{A} = 0.$$

Existiert neben dem Feld des Stromes auch das einer Magnetisierung, so wird

$$\mathfrak{A} = \int\frac{dv}{r}\left(\frac{\mathfrak{i}}{c} + \operatorname{rot}\mathfrak{M}\right), \qquad \operatorname{div}\mathfrak{A} = 0.$$

$$-\Delta\mathfrak{A} = \operatorname{rot}\operatorname{rot}\mathfrak{A} = 4\pi\left(\frac{\mathfrak{i}}{c} + \operatorname{rot}\mathfrak{M}\right) = \operatorname{rot}(\mathfrak{H} + 4\pi\mathfrak{M}) = \operatorname{rot}\mathfrak{B},$$

d. h.

$$\operatorname{rot}\mathfrak{A} = \mathfrak{B}, \qquad \operatorname{div}\mathfrak{B} = 0.$$

Diese Form des Vektorpotentials legt es nahe, $c\operatorname{rot}\mathfrak{M}$ als eine Stromdichte zu deuten und als Beitrag zum echten Strom $\bar{\mathfrak{i}}$ hinzuzufügen (s. S. 391). Das ist die Theorie der „AMPÈREschen Molekularströme".

Die *Hauptgleichungen der Elektromagnetik* lauten

$$\boxed{\operatorname{div}\mathfrak{B} = 0, \qquad \mathfrak{B} = \mu\,\mathfrak{H}, \qquad \operatorname{rot}\mathfrak{H} = \frac{4\pi\mathfrak{i}}{c}}$$

5. Elektrodynamik.

Die Elektrodynamik erweitert die Gesetze der Elektromagnetik durch Einbeziehung zeitlicher Änderungen.

Es liegen folgende Erfahrungen zugrunde:

1. Das *Induktionsgesetz* (Faraday, F. Neumann) in der Formulierung

$$\oint ds\,E_s = -\frac{1}{c}\frac{d}{dt}\int df\,B_n = \int df\,\operatorname{rot}_n\mathfrak{E} \quad \text{(vgl. S. 176, Stokesscher Satz)},$$

d. h. das Linienintegral der elektrischen Feldstärke längs einer geschlossenen Kurve, physikalisch: die elektromotorische Kraft in einem geschlossenen Drahte, ist proportional der Änderungsgeschwindigkeit des Induktionsflusses durch die umschlossene Fläche.

2. Das Magnetfeld wird nicht nur durch den Leitungs- (bzw. Konvektions-)Strom $\mathfrak{i}$ erzeugt, sondern durch den „wahren" Strom

$$\mathfrak{c} = \mathfrak{i} + \frac{1}{4\pi}\frac{\partial\mathfrak{D}}{\partial t} \quad \text{(Maxwell)}.$$

Das führt zu den folgenden *Hauptgleichungen der Elektrodynamik* oder **MAXWELLschen Gleichungen**

$$\boxed{\begin{aligned} \operatorname{rot}\mathfrak{H} &= \frac{4\pi\mathfrak{i}}{c} + \frac{1}{c}\frac{\partial\mathfrak{D}}{\partial t} \\ \operatorname{rot}\mathfrak{E} &= -\frac{1}{c}\frac{\partial\mathfrak{B}}{\partial t} \\ \operatorname{div}\mathfrak{B} &= 0 \\ \operatorname{div}\mathfrak{D} &= 4\pi\varrho \end{aligned}}$$

Man kann sie unter Benutzung der *echten* Strom- und Ladungsdichten auch schreiben:

$$\begin{aligned} \operatorname{rot}\mathfrak{B} &= \frac{4\pi\bar{\mathfrak{i}}}{c} + \frac{1}{c}\frac{\partial\mathfrak{E}}{\partial t} \\ \operatorname{rot}\mathfrak{E} &= -\frac{1}{c}\frac{\partial\mathfrak{B}}{\partial t} \\ \operatorname{div}\mathfrak{B} &= 0 \\ \operatorname{div}\mathfrak{E} &= 4\pi\bar{\varrho}, \end{aligned}$$

so daß hier nur $\mathfrak{E}$ und $\mathfrak{B}$ als Feldvektoren auftreten.

Dazu treten die *Materialgleichungen*

$$\boxed{\begin{aligned} \mathfrak{B} &= \mu\,\mathfrak{H} \\ \mathfrak{D} &= \varepsilon\,\mathfrak{E} \\ \mathfrak{i} &= \sigma\,\mathfrak{E} \end{aligned}}$$

Diese Gleichungen enthalten die bisherigen als Spezialfälle.

Dimensionen elektromagnetischer Größen: $m^{\xi}\, l^{\eta}\, t^{\zeta}$.

	ξ	η	ζ
$\mathfrak{E}$, $\mathfrak{D}$, $\mathfrak{H}$, $\mathfrak{B}$, $\mathfrak{P}$, $\mathfrak{M}$	$\frac{1}{2}$	$-\frac{1}{2}$	-1
φ, $\mathfrak{A}$, elektromotorische Kraft E . . .	$\frac{1}{2}$	$\frac{1}{2}$	-1
ε, μ	0	0	0
e, magnetische Polstärke m	$\frac{1}{2}$	$\frac{3}{2}$	-1
Elektrische Ladungsdichte ϱ	$\frac{1}{2}$	$-\frac{3}{2}$	-1
Elektrische Flächenladungsdichte σ . .	$\frac{1}{2}$	$-\frac{1}{2}$	-1
Stromdichte $\mathfrak{i}$	$\frac{1}{2}$	$-\frac{1}{2}$	-2
Stromstärke I	$\frac{1}{2}$	$\frac{3}{2}$	-2
Elektrische Leitfähigkeit σ	0	0	-1
Widerstand W	0	-1	1
Webersche Konstante c	0	1	-1

6. Kräfte.

Als *ponderomotorische* Kräfte in elektromagnetischen Systemen bezeichnet man die mechanisch nachweisbaren Kräfte auf die Ladung, Polarisation und Strom tragenden materiellen Bestandteile des Systems.

a) Ruhendes Substrat.

1. Elektrostatik. Die Kraft auf einen ruhenden mit e geladenen Massenpunkt ist $\mathfrak{K} = e\,\mathfrak{E}$; die Gesamtkraft auf ein System solcher $\mathfrak{K} = \sum\limits_i e_i\,\mathfrak{E}_i$ bzw. bei kontinuierlicher Ladungsverteilung $\mathfrak{K} = \int dv\,\varrho\,\mathfrak{E}$.

Das Feld $\mathfrak{E}$ besteht hierbei aus zwei Teilen, dem „äußeren" von fremden Ladungen erzeugten Teil $\mathfrak{E}^0$ und dem „inneren" Feld

$$\sum_{i,k}{}' \frac{e_k}{r_{ik}^3}(\mathfrak{r}_i - \mathfrak{r}_k)\,.$$

Letzteres trägt zur Gesamtkraft nichts bei, so daß auch

$$\mathfrak{K} = \sum e_i\,\mathfrak{E}_i^0 \quad \text{mit} \quad \mathfrak{E}_i^0 = \mathfrak{E}^0(\mathfrak{r}_i) \quad \text{bzw.} \quad \mathfrak{K} = \int dv\,\varrho\,\mathfrak{E}^0$$

gilt.

Kraftdichte heißt die Größe $\mathfrak{k} = \varrho\,\mathfrak{E}$ oder $\varrho\,\mathfrak{E}^0$, *je nach Definition.* Bei der Frage nach der Kraft auf System*teile* ist entsprechend zu unterscheiden.

Die Kraft auf einen Dipol ist $\mathfrak{K} = (\mathfrak{m}\,\mathrm{grad})\,\mathfrak{E}$, daher die auf ein nur Polarisationen enthaltendes System

$$\begin{aligned}\mathfrak{K} &= \int dv\,(\mathfrak{P}\,\mathrm{grad})\,\mathfrak{E} = \int dv\,(\mathfrak{P}\,\mathrm{grad})\,\mathfrak{E}^0 \\ &= -\int dv\,\mathfrak{E}\,\mathrm{div}\,\mathfrak{P} = -\int dv\,\mathfrak{E}^0\,\mathrm{div}\,\mathfrak{P}\,.\end{aligned}$$

Die Umformung gilt, falls $\mathfrak{P}$ außerhalb des Integrationsbereiches verschwindet, also für die *Teile* des Systems nur bei entsprechender Fragestellung.

Für ein allgemeines, Ladung und Polarisation enthaltendes System ist

$$\mathfrak{K} = \int dv\,\mathfrak{E}\,(\varrho - \mathrm{div}\,\mathfrak{P}) = \frac{1}{4\pi}\int dv\,\mathfrak{E}\,\mathrm{div}\,\mathfrak{E} = \frac{1}{4\pi}\int dv\,\mathfrak{E}^0\,\mathrm{div}\,\mathfrak{E}\,.$$

Das Volumintegral kann in ein Flächenintegral umgeformt werden (s. S. 178)

$$\mathfrak{K} = \frac{1}{4\pi}\int df\left(\mathfrak{E}\,(\mathfrak{E}\,\mathfrak{n}) - \frac{\mathfrak{n}}{2}\,\mathfrak{E}^2\right),$$

wobei das Integral über eine beliebige, das System umschließende, vollständig im leeren Raum liegende Fläche mit dem dort vorhandenen $\mathfrak{E}$ (nicht $\mathfrak{E}^0$) zu bilden ist. Der Integrand kann in der Form $\mathfrak{T}\,\mathfrak{n}$ geschrieben werden. Hierin heißt $\mathfrak{T}$ der MAXWELL*sche Spannungstensor.*

$$\mathrm{div}\,\mathfrak{T} = \mathfrak{E}\,\mathrm{div}\,\mathfrak{E}\,.$$

Da auf der Integrationsfläche (Vakuum!) $\mathfrak{E} = \mathfrak{D}$ ist, kann $\mathfrak{D}$ beliebig für $\mathfrak{E}$ gesetzt werden, z. B.

$$\mathfrak{K} = \frac{1}{4\pi}\int df\left(\mathfrak{D}\,(\mathfrak{D}\,\mathfrak{n}) - \frac{\mathfrak{n}}{2}\,\mathfrak{D}^2\right),$$

oder auch

$$\mathfrak{K} = \frac{1}{4\pi}\int df\left(\mathfrak{E}\,(\mathfrak{D}\,\mathfrak{n}) - \frac{\mathfrak{n}}{2}\,(\mathfrak{E}\,\mathfrak{D})\right).$$

Letztere Form ist nur bei konstantem ε in ein einfaches Volumintegral überzuführen[1]. Man kann $\mathfrak{K}$ in folgenden Formen als Volumintegral darstellen (wegen $\mathrm{rot}\,\mathfrak{E} = 0$, $\mathrm{div}\,\mathfrak{D} = 4\pi\,\varrho$, $\mathrm{div}\,\mathfrak{E} = 4\pi(\varrho - \mathrm{div}\,\mathfrak{P})$ und $\mathrm{rot}\,\mathfrak{D} = 4\pi\,\mathrm{rot}\,\mathfrak{P}$) ·

$$\begin{aligned}\mathfrak{K} &= \frac{1}{4\pi}\int dv\,\mathfrak{E}\,\mathrm{div}\,\mathfrak{E} = \int dv\,(\varrho\,\mathfrak{E} - \mathfrak{E}\,\mathrm{div}\,\mathfrak{P}) = \int dv\,\bar{\varrho}\,\mathfrak{E} = \\ &= \frac{1}{4\pi}\int dv\,((\mathfrak{D}\,\mathrm{div}\,\mathfrak{D}) - [\mathfrak{D}\,\mathrm{rot}\,\mathfrak{D}]) = \int dv\,(\varrho\,\mathfrak{D} - [\mathfrak{D}\,\mathrm{rot}\,\mathfrak{P}])\,.\end{aligned}$$

Man bevorzugt den Integranden $\bar{\varrho}\,\mathfrak{E}$ (nicht $\varrho\,\mathfrak{E}$) zur Definition der Kraftdichte auf den Ladung bzw. Polarisation tragenden Teil des Substrats.

[1] Trotzdem wird zumeist diese Form für die Definition des MAXWELLschen Spannungstensors gewählt und der Integrand des Volumintegrals als Kraftdichte gedeutet.

Das *Drehmoment* auf ein elektrostatisches System ist

$$\mathfrak{L} = \int dv([\mathfrak{r}\,\mathfrak{E}]\,\varrho + [\mathfrak{r}\,(\mathfrak{P}\,\mathrm{grad})\,\mathfrak{E}] + [\mathfrak{E}\,\mathfrak{P}]) =$$
$$= \frac{1}{4\pi}\int dv\,[\mathfrak{r}\,\mathfrak{E}]\,\mathrm{div}\,\mathfrak{E} = \int dv\,\bar{\varrho}\,[\mathfrak{r}\,\mathfrak{E}] =$$
$$= \frac{1}{4\pi}\int df\left[\mathfrak{r}\left(\mathfrak{E}\,(\mathfrak{E}\,\mathfrak{n}) - \frac{\mathfrak{n}}{2}\,\mathfrak{E}^2\right)\right].$$

2. Elektromagnetik. In der Magnetostatik sind alle obigen Formeln mit $\mathfrak{H}$ statt $\mathfrak{E}$ usw. zu übernehmen. Wegen der Äquivalenz von Strömen mit magnetischen Doppelflächen bei der Felderzeugung schließt man auch auf Äquivalenz für die Kräfte (AMPÈRE) und betrachtet

$$\mathfrak{K} = \frac{1}{4\pi}\int df\left(\mathfrak{H}\,(\mathfrak{H}\,\mathfrak{n}) - \frac{\mathfrak{n}}{2}\,\mathfrak{H}^2\right)$$

als allgemein gültig.

Das ergibt $\left(\text{wegen } \mathrm{rot}\,\mathfrak{H} = \frac{4\pi\,\mathfrak{i}}{c},\quad \mathrm{div}\,\mathfrak{H} = -4\pi\,\mathrm{div}\,\mathfrak{M},\quad \mathrm{div}\,\mathfrak{B} = 0\right)$

$$\mathfrak{K} = \frac{1}{4\pi}\int dv\,(\mathfrak{H}\,\mathrm{div}\,\mathfrak{H} - [\mathfrak{H}\,\mathrm{rot}\,\mathfrak{H}]) = \int dv\left(\frac{[\mathfrak{i}\,\mathfrak{H}]}{c} - \mathfrak{H}\,\mathrm{div}\,\mathfrak{M}\right) =$$
$$= -\frac{1}{4\pi}\int dv\,[\mathfrak{B}\,\mathrm{rot}\,\mathfrak{B}] = \int dv\left(\frac{[\mathfrak{i}\mathfrak{B}]}{c} - [\mathfrak{B}\,\mathrm{rot}\,\mathfrak{M}]\right) = \int dv\left[\frac{\bar{\mathfrak{i}}}{c}\,\mathfrak{B}\right].$$

Die Integranden sind je nach Definition als Kraftdichte zu bezeichnen. Üblich ist es, $[\mathfrak{i}\,\mathfrak{B}]/c$ als Kraftdichte auf den stromführenden und $-[\mathfrak{B}\,\mathrm{rot}\,\mathfrak{M}]$ auf den magnetisierten Teil des Substrats zu definieren.

Das Drehmoment auf ein magnetisches System wird:

$$\mathfrak{L} = \int dv\left[\mathfrak{r}\left[\frac{\bar{\mathfrak{i}}}{c}\,\mathfrak{B}\right]\right].$$

3. Elektrodynamik. Bei zeitlich veränderlichen Systemen gelten dieselben Formeln für die Oberflächenintegrale, wenn am Rande die Zeitableitungen verschwinden. Für die Umformung auf Volumintegrale beachte man die MAXWELLschen Gleichungen. So findet man

$$\mathfrak{K} = \int dv\left\{\bar{\varrho}\,\mathfrak{E} + \left[\frac{\bar{\mathfrak{i}}}{c}\,\mathfrak{B}\right] + \frac{1}{4\pi c}\,\frac{\partial}{\partial t}\,[\mathfrak{E}\,\mathfrak{B}]\right\},$$

d.h. es treten noch zwei Zusatzglieder zur statischen Kraft auf, die man schreiben kann

$$\frac{\partial}{\partial t}\left(\frac{1}{4\pi c}\,[\mathfrak{E}\,\mathfrak{B}]\right) \quad \text{und} \quad -\frac{1}{c}\left[\mathfrak{B}\,\frac{\partial\mathfrak{P}}{\partial t}\right].$$

Das zweite Glied ist die Kraftdichte auf den mit Veränderungen der Polarisation verbundenen Strom; das erste wird gedeutet als Ausdruck der zeitlichen Änderung $\partial\mathfrak{p}/\partial t$ einer *elektromagnetischen Impulsdichte*

$$\mathfrak{p} = \frac{1}{4\pi c}\,[\mathfrak{E}\,\mathfrak{B}] = \frac{\mu}{c^2}\,\mathfrak{S}.$$

Wichtig ist, daß $\mathfrak{p}$ auch im leeren Raum bestehen bleibt.

b) Bewegtes Substrat.

Ein mit der Geschwindigkeit $\mathfrak{v}$ bewegter, mit e geladener Massenpunkt erfährt im elektromagnetischen Feld eine Kraft, die aus obigem zu berechnen ist. Man erhält in erster Näherung, d. h. für kleine v/c:

$$\mathfrak{K} = e\left(\mathfrak{E} + \frac{1}{c}[\mathfrak{v}\,\mathfrak{H}]\right) \quad \text{(Lorentz-}\textit{Kraft}\text{)}.$$

Dies ist so zu deuten: Die Wirkung der Bewegung ist äquivalent der eines „Scheinfeldes" $\mathfrak{E}' = \frac{1}{c}[\mathfrak{v}\,\mathfrak{H}]$. In zweiter Näherung folgt ein weiteres Scheinfeld $\mathfrak{H}' = -\frac{1}{c}[\mathfrak{v}\,\mathfrak{E}]$.

Das gleiche gilt für die Wirkung der Bewegung auf ein Ladungen, Polarisationen und Ströme tragendes Substrat. Die Scheinfelder erzeugen in ihm Zusatzpolarisationen und Ströme.

Eine vollständigere Theorie der Elektrodynamik in bewegten Medien liefert erst die Relativitätstheorie (s. S. 420).

7. Energie.

Unter dem Energiezuwachs δW eines elektromagnetischen Systems versteht man die äußere Arbeit δA, die aufzuwenden ist, um das System zu ändern, abzüglich der aus dem System abfließenden Energiemengen. Da man Arbeit leistende äußere Kräfte nur an Ladungen angreifen lassen kann, wird

$$\delta A = -\int dv\,(\mathfrak{E}\,\mathfrak{i}_K)\,\delta t,$$

wo $\mathfrak{i}_K$ die durch äußere Kräfte bei der Änderung während δt erzeugte Stromdichte des Konvektionsstromes $\mathfrak{i}_K = -\mathfrak{i} + \frac{c}{4\pi}\operatorname{rot}\mathfrak{H} - \frac{1}{4\pi}\frac{\partial\mathfrak{D}}{\partial t}$ bedeutet; also wird (mit $\mathfrak{i} = \sigma\,\mathfrak{E}$ = Leitungsstrom)

$$\begin{aligned}
\delta A &= \int dv\,(\mathfrak{E}\,\mathfrak{i})\,\delta t - \frac{c}{4\pi}\int dv\,(\mathfrak{E}\operatorname{rot}\mathfrak{H})\,\delta t + \frac{1}{4\pi}\int dv\,(\mathfrak{E}\,\delta\mathfrak{D}) = \\
&= \delta t\left\{\int dv\,(\mathfrak{E}\,\mathfrak{i}) + \frac{c}{4\pi}\int dv\operatorname{div}[\mathfrak{E}\,\mathfrak{H}]\right\} + \frac{1}{4\pi}\int dv\,((\mathfrak{E}\,\delta\mathfrak{D}) + (\mathfrak{H}\,\delta\mathfrak{B})) = \\
&= \delta t\left\{\int dv\,(\mathfrak{E}\,\mathfrak{i}) + \frac{c}{4\pi}\int df\,[\mathfrak{E}\,\mathfrak{H}]_n\right\} + \frac{1}{4\pi}\int dv\,((\mathfrak{E}\,\delta\mathfrak{D}) + (\mathfrak{H}\,\delta\mathfrak{B})).
\end{aligned}$$

Diese Formel wird so gedeutet: $\int dv\,(\mathfrak{E}\,\mathfrak{i})$ ist die je Zeiteinheit auftretende Joule*sche Wärme.* $\frac{c}{4\pi}[\mathfrak{E}\,\mathfrak{H}] = \mathfrak{S}$ (Poynting*scher Vektor*) ist die Dichte eines durch die Oberfläche tretenden Energiestromes. Schließlich ist

$$\delta W = \frac{1}{4\pi}\int dv\,((\mathfrak{E}\,\delta\mathfrak{D}) + (\mathfrak{H}\,\delta\mathfrak{B}))$$

der Zuwachs der inneren Feldenergie. Ist $\mathfrak{D} = \varepsilon\,\mathfrak{E}$, $\mathfrak{B} = \mu\,\mathfrak{H}$ mit feldunabhängigem ε und μ, so wird

$$W = \frac{1}{8\pi}\int dv\left((\mathfrak{E}\,\mathfrak{D}) + (\mathfrak{H}\,\mathfrak{B})\right).$$

Dies Integral läßt sich, wenn man die Grenzen ins Unendliche legt, umformen in

$$W = \frac{1}{2}\int dv\left\{\varrho\varphi + \left(\frac{\mathfrak{i}}{c}\,\mathfrak{A}\right)\right\}.$$

Systemtheoretische Darstellung (s. S. 355):

1. Die Energie eines Systems, bestehend aus mit den Ladungen e_i geladenen Leitern, ist

$$W = \frac{1}{2}\sum_i e_i\,\varphi_i.$$

Die Potentiale φ_i sind lineare Funktionen der e_i. Daher ist W darstellbar in der Form

$$W = \frac{1}{2}\sum_{i,k}\frac{e_i\,e_k}{C_{ik}}.$$

Die Koeffizienten $C_{ik} = C_{ki}$ heißen gegenseitige *Kapazitäten*; C_{ii} auch *Selbstkapazität des i-ten* Leiters. Es folgt

$$\varphi_i = \frac{\partial W}{\partial e_i} = \sum_k \frac{e_k}{C_{ik}}.$$

Für nur zwei Leiter mit den Ladungen $e_1 = -e_2 = e$ *(Kondensator)* wird

$$W = \frac{e^2}{2}\left(\frac{1}{C_{11}} - \frac{2}{C_{12}} + \frac{1}{C_{22}}\right) = \frac{e}{2}\,(\varphi_1 - \varphi_2).$$

$$C = \frac{1}{\frac{1}{C_{11}} - \frac{2}{C_{12}} + \frac{1}{C_{22}}} = \frac{e}{\varphi_1 - \varphi_2}$$

heißt hier die *Kapazität* des Systems.

2. Die Energie eines Systems, bestehend aus Strömen I_i in geschlossenen Drähten, ist

$$W = \tfrac{1}{2}\sum_i I_i \oint (\mathfrak{A}\,d\mathfrak{s}).$$

Die Linienintegrale sind lineare Funktionen der I_i. Daher ist W darstellbar in der Form

$$W = \tfrac{1}{2}\sum_{i,k} I_i\,I_k\,L_{ik}.$$

Die Koeffizienten $L_{ik} = L_{ki}$ heißen gegenseitige *Induktionen*, L_{ii} die *Selbstinduktion* des i-ten Drahtes. Es folgt:

$$\oint (\mathfrak{A}\, d\mathfrak{s}) = \frac{\partial W}{\partial I_i} = \sum_k I_k L_{ik}.$$

Dimensionen: $[C] = l; \qquad [L] = \frac{t^2}{l}.$

8. Elektrische Maßsysteme.

Ausgehend von dem oben benützten Gaussschen *Maßsystem* kann man zu anderen durch Maßstabstransformationen übergehen. Hiermit kann man anders definierte Einheiten einführen. Die Grundgleichungen sind dann durch entsprechende Zusatzkoeffizienten zu modifizieren.

Eine in diesem Sinne verallgemeinerte Darstellung erhält man mit:

$$e' = \alpha e, \quad \varphi' = \beta \varphi, \quad \mathfrak{H}' = \gamma \mathfrak{H}, \quad \varepsilon' = \varepsilon_0 \varepsilon, \quad \mu' = \mu_0 \mu.$$

Daraus folgt:

$$\mathfrak{E}' = \beta \mathfrak{E} \quad (\mathfrak{E}' = -\operatorname{grad} \varphi'), \qquad \mathfrak{D}' = \varepsilon_0 \beta \mathfrak{D} \quad (\mathfrak{D}' = \varepsilon' \mathfrak{E}'),$$

$$\mathfrak{B}' = \mu_0 \gamma \mathfrak{B} \quad (\mathfrak{B}' = \mu' \mathfrak{H}'), \qquad \mathfrak{A}' = \mu_0 \gamma \mathfrak{A} \quad (\mathfrak{B}' = \operatorname{rot} \mathfrak{A}'),$$

$$\varrho' = \alpha \varrho, \qquad \mathfrak{i}' = \alpha \mathfrak{i}, \qquad I' = \alpha I,$$

$$W' = \alpha \beta W, \qquad \mathfrak{K}' = \alpha \beta \mathfrak{K} \quad \text{usw.}$$

Die modifizierten Feldgleichungen lauten dann:

$$\operatorname{rot} \mathfrak{H}' - \frac{\gamma}{\varepsilon_0 \beta} \cdot \frac{1}{c} \frac{\partial \mathfrak{D}'}{\partial t} = \frac{\gamma}{\alpha} \cdot \frac{4\pi}{c} \mathfrak{i}'$$

$$\operatorname{rot} \mathfrak{E}' + \frac{\beta}{\mu_0 \gamma} \cdot \frac{1}{c} \frac{\partial \mathfrak{B}'}{\partial t} = 0$$

$$\operatorname{div} \mathfrak{D}' = \frac{\varepsilon_0 \beta}{\alpha} \cdot 4\pi \varrho'$$

$$\operatorname{div} \mathfrak{B}' = 0$$

und die Materialgleichungen:

$$\mathfrak{D}' = \varepsilon' \mathfrak{E}', \quad \mathfrak{B}' = \mu' \mathfrak{H}' \quad \mathfrak{i}' = \sigma' \mathfrak{E}' \quad \text{mit} \quad \sigma' = \frac{\alpha}{\beta} \sigma.$$

Die Gesetze von Coulomb und Biot-Savart haben die Form:

$$\mathfrak{K}'_{\text{elektr}} = \frac{\beta}{\alpha} \frac{\varepsilon_0}{\varepsilon'} \cdot \frac{e_1' e_2'}{r_{12}^2} \cdot \frac{\mathfrak{r}_{12}}{r_{12}}, \qquad \mathfrak{K}'_{\text{magnet}} = \frac{\gamma^2}{\alpha \beta} \frac{\mu_0}{\mu'} \frac{m_1' m_2'}{r_{12}^2} \frac{\mathfrak{r}_{12}}{r_{12}}$$

$$d\mathfrak{H}' = \frac{\gamma}{\alpha} \frac{I'}{c} \frac{[\mathfrak{r}\, d\mathfrak{s}]}{r^3}.$$

Ferner gilt:

$$\frac{\partial \varrho'}{\partial t} + \operatorname{div} \mathfrak{i}' = 0,$$

$$\mathfrak{S}' = \frac{\alpha}{\gamma} \frac{c}{4\pi} [\mathfrak{E}' \mathfrak{H}']$$

$$W' = \frac{1}{8\pi} \int \left\{ \frac{1}{\varepsilon_0 \beta^2} (\mathfrak{E}' \mathfrak{D}') + \frac{1}{\mu_0 \gamma^2} (\mathfrak{H}' \mathfrak{B}') \right\} dv = \frac{1}{2} \int \left\{ \frac{1}{\alpha \beta} \varrho' \varphi' + \frac{1}{\mu_0 \alpha \gamma} \left(\frac{\mathfrak{i}'}{c}, \mathfrak{A}' \right) \right\} dv$$

Man erhält hier symmetrische Formen mit $\varepsilon_0 \beta^2 = \mu_0 \gamma^2$ und $\beta = \mu_0 \gamma$. Den Koeffizienten $\alpha \ldots \mu_0$ kann man weitgehend beliebige Dimensionen zuschreiben, auch dann, wenn sie zahlenmäßig als 1 angenommen wurden. Derartige willkürliche Festsetzungen bestimmen gleichzeitig die Dimensionen der physikalischen Größen.

Beispiele für öfter gebrauchte Maßsysteme sind:

Maßsysteme	α	β	γ	ε_0	μ_0
Absolutes elektrostatisches (GAUSSsches) M. S. (auch *c-g-s*-System genannt).	1	1	1	1	1
Absolutes elektromagnetisches M. S. (auch *C-G-S*-System genannt).	$\frac{1}{c}$	c	1	1	1
Technisches M. S.	$\frac{10}{c}$	$c \cdot 10^{-8}$	1	1	1
Sogenanntes „rationelles" LORENTZsches M. S.	$\sqrt{4\pi}$	$\frac{1}{\sqrt{4\pi}}$	$\frac{1}{\sqrt{4\pi}}$	1	1
Sogenanntes „praktisches" (MIEsches) M. S. (auch als COULOMB-Volt-cm-sec-System zu bezeichnen).	$\frac{10}{c}$ Amp · sec	$c \cdot 10^{-8}$ Volt	$\frac{10}{4\pi}$ $\frac{\text{Amp}}{\text{cm}}$	$\frac{10^9}{4\pi c^2}$ $\frac{\text{Amp sec}}{\text{Volt cm}}$	$4\pi \cdot 10^{-9}$ $\frac{\text{Volt sec}}{\text{Amp cm}}$

Im sog. „praktischen GIORGIschen Maßsystem" wird als Längeneinheit das Meter an Stelle des Zentimeter benutzt, während für die elektrischen Größen die gleichen Einheiten wie im MIEschen System gebraucht werden: Amp sec und Volt (Coulomb-Volt-Meter-sec-System). Schreibt man also die Maßstabstransformation der Längen: $l' = \lambda l$ mit $\lambda = 10^{-2}$, so ist zu setzen:

$$\operatorname{grad}' = \frac{1}{\lambda} \operatorname{grad} \text{ usw.}, \qquad c' = \lambda c$$

und

$$e' = \alpha e, \qquad \varphi' = \beta \varphi, \qquad \mathfrak{H}' = \frac{\gamma}{\lambda} \mathfrak{H}, \qquad \varepsilon' = \varepsilon_0 \varepsilon, \qquad \mu' = \mu_0 \mu,$$

woraus z. B. folgt:

$$\varrho' = \frac{1}{\lambda^3} \varrho, \quad \mathfrak{E}' = \frac{\beta}{\lambda} \mathfrak{E}, \quad \mathfrak{D}' = \varepsilon_0 \frac{\beta}{\lambda} \mathfrak{D}, \quad \mathfrak{B}' = \mu_0 \frac{\gamma}{\lambda} \mathfrak{B}, \quad \mathfrak{i}' = \frac{\alpha}{\lambda^2} \mathfrak{i} \quad \text{usw.}$$

Dies Maßsystem setzt α, β, γ wie im MIEschen M. S. und

$$\varepsilon_0 = \frac{10^{11}}{4\pi c^2} \frac{\text{Amp sec}}{\text{Volt Meter}}, \qquad \mu_0 = 4\pi \cdot 10^{-7} \frac{\text{Volt sec}}{\text{Amp Meter}}.$$

Im GIORGIschen System nimmt man als Masseneinheit das Kilogramm an Stelle des Gramm, daher auch die Bezeichnung: MKS-System. Dann wird die mechanische Energieeinheit gleich der elektrischen: 1 Joule = 1 Watt sec = 10^7 erg. Die Krafteinheit wird als „Dyn" oder „Newton" bezeichnet.

B. Spezielle Fälle.

1. Elektrodynamik quasistationärer Ströme.

Kann der Verschiebungsstrom $\frac{1}{4\pi}\frac{\partial \mathfrak{D}}{\partial t}$ neben dem Leitungsstrom vernachlässigt werden, so treten Vereinfachungen ein. Es wird in einem geschlossenen Draht

$$\oint (\mathfrak{E}\, d\mathfrak{s}) = -\frac{1}{c}\frac{d}{dt}\int df\, B_n = -\frac{1}{c}\frac{d}{dt}\oint (\mathfrak{A}\, d\mathfrak{s}) = IW = -L\frac{dI}{dt},$$

wo L die Selbstinduktion des Drahtes und W den Widerstand bedeutet. Mit den Größen I, W, L, C läßt sich die weitere Problembehandlung rein systemtheoretisch führen. Handelt es sich um ein System von Drähten *(Transformator)*, so hat man das Gleichungssystem

$$I_i W_i + \sum_k L_{ik} \frac{dI_k}{dt} = 0.$$

Liegen in den Drähten noch elektromotorische Kräfte E_i (vgl. S. 392), so wird

$$I_i W_i + \sum_k L_{ik} \frac{dI_k}{dt} = E_i.$$

Sind außerdem noch Kondensatoren mit den Kapazitäten C_i eingeschaltet, so tritt zu $\oint (\mathfrak{E}\, d\mathfrak{s})$ noch e_i/C_i, und wegen $I = de/dt$ erhält man

$$\frac{1}{C_i} I_i + W_i \frac{dI_i}{dt} + \sum_k L_{ik} \frac{d^2 I_k}{dt^2} = \frac{dE_i}{dt}. \tag{1}$$

Dieses Gleichungssystem ist der Ausgangspunkt für die Behandlung der induktiv gekoppelten Stromkreise.

Existiert nur *ein* Stromkreis, so wird aus (1) einfach

$$\frac{1}{C} I + W \frac{dI}{dt} + L \frac{d^2 I}{dt^2} = \frac{dE}{dt}.$$

Dies ist die Gleichung einer gedämpften, von der Änderung der „elektromotorischen Kraft" E erzwungenen Schwingung. Ist E konstant, so erfolgt die Schwingung frei *(Schwingungskreis)* mit der komplexen Kreisfrequenz:

$$\omega = \frac{i W}{2L} \pm \sqrt{\frac{1}{LC} - \frac{W^2}{4L^2}}$$

und speziell für $W = 0$:

$$\omega = \frac{1}{\sqrt{LC}} \quad (\text{THOMSON}\textit{sche Formel}).$$

2. Elektrodynamik im homogenen Material.

Sind ε, μ und σ orts- und feldunabhängig, so werden vereinfachende Umformungen möglich. Man findet durch Elimination:

$$\frac{\varepsilon\mu}{c^2}\frac{\partial^2 \mathfrak{E}}{\partial t^2} + \frac{4\pi\sigma\mu}{c^2}\frac{\partial \mathfrak{E}}{\partial t} = -\operatorname{rot}\operatorname{rot}\mathfrak{E}.$$

Die gleiche Formel gilt für $\mathfrak{H}$, $\mathfrak{D}$, $\mathfrak{B}$ und $\mathfrak{i}$.

Im Falle $\sigma = 0$ führt man an Stelle der statischen Potentiale φ und $\mathfrak{A}$ ($\operatorname{div}\mathfrak{A} = 0$) die ***kinetischen Potentiale*** Φ und $\mathfrak{A}$ ein durch die mit den MAXWELLschen Gleichungen verträglichen Forderungen:

$$\mathfrak{B} = \operatorname{rot}\mathfrak{A}, \qquad \mathfrak{E} = -\operatorname{grad}\Phi - \frac{1}{c}\frac{\partial \mathfrak{A}}{\partial t}$$

und

$$\operatorname{div}\mathfrak{A} = -\frac{\varepsilon\mu}{c}\frac{\partial \Phi}{\partial t} \quad (\text{LORENTZ-}\textit{Konvention}).$$

Es gilt dann:

$$\frac{\varepsilon\mu}{c^2}\frac{\partial^2 \mathfrak{A}}{\partial t^2} - \Delta\mathfrak{A} = \frac{4\pi\mathfrak{i}}{c}\mu$$

$$\frac{\varepsilon\mu}{c^2}\frac{\partial^2 \Phi}{\partial t^2} - \Delta\Phi = 4\pi\varrho\frac{1}{\varepsilon}.$$

Diese Potentiale werden meist nur für $\varepsilon = \mu = 1$ definiert. $\mathfrak{A}$ und Φ sind unbestimmt um additive Glieder *(Eichinvarianz)*:

$$\mathfrak{A} = \mathfrak{A}_0 - \frac{\varepsilon\mu}{c}\operatorname{grad}\frac{\partial\chi}{\partial t}$$

$$\Phi = \Phi_0 + \Delta\chi$$

mit beliebigem χ, für das $\Delta\chi - \frac{\varepsilon\mu}{c^2}\frac{\partial^2\chi}{\partial t^2} = 0$ gilt.

Definiert man einen Vektor $\mathfrak{Z}$ (HERTZ*scher Vektor*) durch

$$\mathfrak{A} = \frac{\mu}{c}\frac{\partial \mathfrak{Z}}{\partial t}, \qquad \Phi = -\frac{1}{\varepsilon}\operatorname{div}\mathfrak{Z},$$

so gilt

$$\frac{\varepsilon\mu}{c^2}\frac{\partial^2\mathfrak{Z}}{\partial t^2} - \Delta\mathfrak{Z} = 4\pi\mathfrak{q}, \quad \text{wo } \mathfrak{q} = \int^t \mathfrak{i}\,dt, \quad \text{d.h. } \mathfrak{i} = \frac{\partial\mathfrak{q}}{\partial t}, \quad \varrho = -\operatorname{div}\mathfrak{q} + \varrho_0$$

($\mathfrak{q}$ = Ladungsverschiebung).

Die Lösung dieser Gleichungen lautet in Integralform:

$$\Phi(\mathfrak{r}, t) = \frac{1}{\varepsilon} \int \frac{dv'}{|\mathfrak{r} - \mathfrak{r}'|} \varrho(\mathfrak{r}', t')$$

$$\mathfrak{A}(\mathfrak{r}, t) = \frac{\mu}{c} \int \frac{dv'}{|\mathfrak{r} - \mathfrak{r}'|} \mathfrak{i}(\mathfrak{r}', t')$$

$$\mathfrak{Z}(\mathfrak{r}, t) = \int \frac{dv'}{|\mathfrak{r} - \mathfrak{r}'|} \mathfrak{q}(\mathfrak{r}', t')$$

mit $$t' = t - \frac{|\mathfrak{r} - \mathfrak{r}'|}{V} \quad \text{und} \quad V = \frac{c}{\sqrt{\varepsilon \mu}},$$

d.h. man berechnet Φ, $\mathfrak{A}$, $\mathfrak{Z}$ für einen Ort $\mathfrak{r}$ zur Zeit t aus den Werten von ϱ, $\mathfrak{i}$, $\mathfrak{q}$ an den um $r = |\mathfrak{r} - \mathfrak{r}'|$ entfernten Orten zur Zeit t'. Die ϱ, $\mathfrak{i}$, $\mathfrak{q}$ brauchen also die Zeitdifferenz r/V, bis sie in der Entfernung r wirksam werden; ihre Wirkung erscheint *„retardiert"*.

Diese Form der Lösung bringt es mit sich, daß nur für sehr kleines r, bzw. bei langsam wechselndem ϱ, $\mathfrak{i}$, $\mathfrak{q}$ die statischen Beziehungen gelten.

Methodisch vorteilhaft ist die daraus folgende Vorschrift: Man denke sich zur Zeit t eine Kugelwelle mit der formalen Geschwindigkeit $-V$ vom Aufpunkt ausgehen. Alle Ladungen wirken dann für t mit dem Betrag, den sie beim Hinüberstreichen dieser Welle haben.

Mit Hilfe dieser Formeln lassen sich die Felder bewegter Ladungen berechnen.

$$\mathfrak{B} = \frac{\mu}{c} \frac{\partial}{\partial t} \operatorname{rot} \mathfrak{Z}$$

$$\mathfrak{E} = \frac{1}{\varepsilon} \operatorname{grad} \operatorname{div} \mathfrak{Z} - \frac{\mu}{c^2} \frac{\partial^2 \mathfrak{Z}}{\partial t^2} = \frac{1}{\varepsilon} \operatorname{rot} \operatorname{rot} \mathfrak{Z} - \frac{4\pi}{\varepsilon} \mathfrak{q}.$$

a) Für eine im Vakuum ($\varepsilon = 1, \mu = 1, \sigma = 0$) *mit* $\mathfrak{v}$ *sich bewegende Punktladung* e findet man:

$$\Phi(\mathfrak{r}, t) = \left. \frac{e}{r - \frac{(\mathfrak{r}\mathfrak{v})}{c}} \right|_{t - \frac{r}{c}}$$

und

$$\mathfrak{A}(\mathfrak{r}, t) = \left. \frac{e\mathfrak{v}}{c\left(r - \frac{(\mathfrak{r}\mathfrak{v})}{c}\right)} \right|_{t - \frac{r}{c}}.$$

Speziell für $\mathfrak{v} = \text{const}$ ergibt sich:

$$\Phi = \frac{e}{\sqrt{r^2(1 - \beta^2) + \frac{(\mathfrak{r}\mathfrak{v})^2}{c^2}}},$$

$$\mathfrak{A} = \frac{e\mathfrak{v}}{c\sqrt{r^2(1 - \beta^2) + \frac{(\mathfrak{r}\mathfrak{v})^2}{c^2}}}, \quad \text{wo } \beta = \frac{v}{c} \text{ ist,}$$

und daraus

$$\mathfrak{E} = \frac{(1 - \beta^2)\, e\, \mathfrak{r}}{V^3}$$

$$\mathfrak{H} = \frac{(1 - \beta^2)\, e\, [\mathfrak{v}\mathfrak{r}]}{c V^3}.$$

$\Phi = \text{const}$ stellt ein abgeplattetes Rotationsellipsoid dar mit dem Achsenverhältnis $\sqrt{1-\beta^2}$ *(Heaviside-Ellipsoid)*.

Die Kraft auf eine zweite gleichfalls mit der Geschwindigkeit $\mathfrak{v}$ bewegte Ladung e_2 wird dann gleich

$$\mathfrak{K} = e_2\left(\mathfrak{E} + \frac{1}{c}[\mathfrak{v}\,\mathfrak{H}]\right) = -(1-\beta^2)\,\mathrm{grad}\,\Phi$$

$$\Psi = (1-\beta^2)\,\Phi \quad \text{heißt } \textit{Konvektionspotential.}$$

b) Dipolstrahlung. Das Moment $\mathfrak{m}$ eines Dipols sei als Funktion der Zeit gegeben. Die Geschwindigkeit seiner Bestandteile sei klein gegen $V = c/\sqrt{\varepsilon\mu}$. Dann ist für einen Punkt $\mathfrak{r}$, wenn r groß gegen die Dimension des an der Stelle $\mathfrak{r} = 0$ befindlichen Dipols ist, und $\sigma = 0$ ist:

$$\mathfrak{Z} = \frac{\mathfrak{m}}{r}$$

$$\varepsilon\mathfrak{E} = \mathfrak{D} = \frac{3\mathfrak{r}(\mathfrak{m}\,\mathfrak{r}) - r^2\mathfrak{m}}{r^5} + \frac{3\mathfrak{r}(\dot{\mathfrak{m}}\,\mathfrak{r}) - r^2\dot{\mathfrak{m}}}{V r^4} + \frac{1}{V^2 r^3}[\mathfrak{r}[\mathfrak{r}\,\ddot{\mathfrak{m}}]]$$

$$\frac{\mathfrak{B}}{\mu} = \mathfrak{H} = -\frac{[\mathfrak{r}\,\dot{\mathfrak{m}}]}{c\,r^3} - \frac{[\mathfrak{r}\,\ddot{\mathfrak{m}}]}{c\,V r^2},$$

wobei $\mathfrak{m}$ das Moment zur Zeit $\left(t - \frac{r}{V}\right)$ bedeuten soll und

$$\dot{\mathfrak{m}} = \frac{d\mathfrak{m}}{dt}, \qquad \ddot{\mathfrak{m}} = \frac{d^2\mathfrak{m}}{dt^2}.$$

Für großes r wird hiernach $\mathfrak{S} = \frac{c}{4\pi}[\mathfrak{E}\,\mathfrak{H}] = \frac{1}{4\pi\,\varepsilon\,V^3}\,\frac{\mathfrak{r}}{r^5}\,[\mathfrak{r}\,\ddot{\mathfrak{m}}]^2$.

Die gesamte in der Zeit dt ausgestrahlte Energie wird dann

$$-dW = \int S_n\,df\,dt = \frac{2}{3\varepsilon V^3}\,|\ddot{\mathfrak{m}}|^2\,dt.$$

Ist $\mathfrak{m} = \mathfrak{m}_0 \cdot \sin\omega t = \mathfrak{m}_0 \cdot \sin\frac{2\pi}{\lambda}Vt$ (λ = Wellenlänge), so wird die über einer Periode gemittelte Strahlungsleistung:

$$-\frac{dW}{dt} = \frac{16\pi^4}{3}\,\frac{c}{\varepsilon\lambda^4}\,|\mathfrak{m}_0|^2.$$

3. Elektrodynamik periodischer Felder im homogenen Material.

Es sei

$$\mathfrak{E} = \mathfrak{E}_0 e^{i\omega t}, \qquad \mathfrak{H} = \mathfrak{H}_0 e^{i\omega t} \quad \text{usw.} \qquad \omega = 2\pi\nu = \frac{2\pi}{T}.$$

$\mathfrak{E}_0$, $\mathfrak{H}_0$ und ω seien konstante Größen, die auch komplex sein können. Zu verwenden sind Realteil und Imaginärteil unabhängig voneinander als Partikularlösungen.

1. Fall: Ströme und Ladungen sind vorgegeben (Realteile!):

$$\mathfrak{i} = \mathfrak{i}_0 e^{i\omega t}, \quad \varrho = \frac{i}{\omega} \operatorname{div} \mathfrak{i}, \quad \mathfrak{q} = \frac{-i}{\omega} \mathfrak{i}, \quad \varrho = -\operatorname{div} \mathfrak{q}$$

$$\mathfrak{Z} = \int \frac{dv}{r} \mathfrak{q} e^{-\frac{i\omega r}{V}}, \quad V = \frac{c}{\sqrt{\varepsilon\mu}}$$

$$\mathfrak{H} = \frac{i\omega}{c} \operatorname{rot} \mathfrak{Z}, \quad \mathfrak{E} = \frac{1}{\varepsilon} \operatorname{grad} \operatorname{div} \mathfrak{Z} + \frac{\omega^2\mu}{c^2} \mathfrak{Z} - \operatorname{grad} \dot{\varphi}_0.$$

2. Fall: $\varrho = 0$, $\mathfrak{i} = \sigma \mathfrak{E}$ nicht vorgegeben: Man setzt

$$p = \sqrt{\varepsilon\mu - i\frac{4\pi\sigma\mu}{\omega}} \quad \textit{(komplexer Brechungsindex)}$$

$$k = \frac{\omega p}{c} \quad \textit{(komplexe Wellenzahl)}$$

und führt einen neuen Vektor $\mathfrak{P} = \mathfrak{P}_0 e^{i\omega t}$ ein, für den man fordert:

$$\Delta \mathfrak{P} + k^2 \mathfrak{P} = 0.$$

Dann wird:

I. $$\mathfrak{H} = \frac{ip}{\mu k} \operatorname{rot} \mathfrak{P}, \quad \mathfrak{E} = \frac{1}{k^2} \operatorname{rot} \operatorname{rot} \mathfrak{P}$$

und:

II. $$\mathfrak{H} = \frac{ip}{\mu k^2} \operatorname{rot} \operatorname{rot} \mathfrak{P}, \quad \mathfrak{E} = \frac{1}{k} \operatorname{rot} \mathfrak{P}$$

je eine partikuläre Lösung des Problems.

Grenzen zwei homogene Medien aneinander, so sind die „Übergangsbedingungen" zu erfüllen: Stetigkeit der Tangentialkomponenten von $\mathfrak{E}$ und $\mathfrak{B}$.

Ist eins der Medien ein idealer Leiter ($\sigma \to \infty$), so muß im andern an der Grenzfläche die Tangentialkomponente von $\mathfrak{E}$ und die Normalkomponente von $\mathfrak{B}$ verschwinden. An der Grenzfläche treten periodische Flächenladungen und Ströme auf, die das Eindringen des Feldes verhindern.

Besondere Fälle.

1. *Ebene Welle*: $\mathfrak{P}_0 = \mathfrak{P}_{00} e^{ik(\mathfrak{r}\mathfrak{n})}$, $\mathfrak{P}_{00} = \text{constans}$,

$\mathfrak{n} =$ konstanter Einheitsvektor.

$$\mathfrak{H} = \frac{p}{\mu} [\mathfrak{P}_{00} \mathfrak{n}] e^{i(\omega t + k(\mathfrak{r}\mathfrak{n}))}$$

$$\mathfrak{E} = [\mathfrak{n} [\mathfrak{P}_{00} \mathfrak{n}]] e^{i(\omega t + k(\mathfrak{r}\mathfrak{n}))}.$$

Daher ist $(\mathfrak{E}\mathfrak{n}) = (\mathfrak{H}\mathfrak{n}) = (\mathfrak{E}\mathfrak{H}) = 0$, also liegt eine *ebene Transversalwelle* vor mit $\mathfrak{n}$ als *Wellennormale*. $k\mathfrak{n} = \mathfrak{k}$ ist der *Wellenvektor*, $\omega/k = c/p$ die *Phasengeschwindigkeit*.

Komplexes $\mathfrak{H}$ und $\mathfrak{E}$ bedeutet elliptische Polarisation,
komplexes ω bedeutet zeitliches Abklingen (Dämpfung),
komplexes k bedeutet longitudinales Abfallen (Absorption),
komplexes $\mathfrak{n}$ bedeutet transversales Abfallen ($|\mathfrak{n}|^2 = 1$).

2. *Zylinderwelle*: $\mathfrak{P}_0 = \mathfrak{P}_{00} e^{i(n\varphi + mz)} Z_m\left(\varrho\sqrt{k^2 - m^2}\right)$.

ϱ, φ, z sind hier Zylinderkoordinaten, Z_m eine Zylinderfunktion m-ter Ordnung, n und m (meist ganze) Zahlen mit $\mathfrak{P}_{00}$ parallel zur Achse.

Eine andere spezielle Lösung ist:

$$P_\varrho = P_{00} \frac{e^{ikz}}{\varrho}, \qquad P_\vartheta = P_\varphi = 0.$$

3. *Kugelwelle*: $\mathfrak{P}_0 = \mathfrak{P}_{00} \frac{1}{\sqrt{r}} Z_{n+\frac{1}{2}}(kr)\, Y_n(\vartheta, \varphi)$.

r, ϑ, φ sind Kugelkoordinaten, Y_n ist eine beliebige allgemeine Kugelfunktion n-ten Grades. $\mathfrak{P}_{00}$ liege in Richtung der Polarachse ($\vartheta = 0$).

Meist zerlegt man die hier auftretende Zylinderfunktion in zwei Hankelsche $H^{(1)}_{n+\frac{1}{2}}$ und $H^{(2)}_{n+\frac{1}{2}}$. Ihre Darstellung S. 117 zeigt, daß die Lösung mit $H^{(1)}_{n+\frac{1}{2}}$ eine nach dem Punkte $r = 0$ zusammenlaufende *(einlaufende)*, die mit $H^{(2)}_{n+\frac{1}{2}}$ eine von dort *auslaufende* Kugelwelle bedeutet.

4. *Eine allgemeinere Form* der Lösung ist

$$\mathfrak{P}_0 = r^{n+\frac{1}{2}} Z_{n+\frac{1}{2}}(kr) \operatorname{grad} V_n,$$

wo $V_n = r^{-(n+1)} Y_n(\vartheta, \varphi)$ die Gleichung $\Delta V_n = 0$ erfüllt und

$$(\mathfrak{r} \operatorname{grad} V_n) = -(n+1) V_n.$$

Dies ergibt in Kugelkoordinaten das Lösungssystem:

$$E_{0r} = \frac{1}{r^{\frac{3}{2}}} Z_{n+\frac{1}{2}}(kr)\, Y_n(\vartheta, \varphi)$$

$$E_{0\varphi} = \frac{1}{n(n+1)\sqrt{r}\sin\vartheta} \left(\frac{d}{dr} Z_{n+\frac{1}{2}}(kr) + \frac{1}{2r} Z_{n+\frac{1}{2}}(kr)\right) \frac{\partial Y_n(\vartheta, \varphi)}{\partial \varphi}$$

$$E_{0\vartheta} = \frac{1}{n(n+1)\sqrt{r}} \left(\frac{d}{dr} Z_{n+\frac{1}{2}}(kr) + \frac{1}{2r} Z_{n+\frac{1}{2}}(kr)\right) \frac{\partial Y_n(\vartheta, \varphi)}{\partial \vartheta}$$

$$H_{0r} = 0$$

$$H_{0\varphi} = \frac{ip}{\mu} \frac{-k}{n(n+1)\sqrt{r}} Z_{n+\frac{1}{2}}(kr) \frac{\partial Y_n(\vartheta, \varphi)}{\partial \vartheta}$$

$$H_{0\vartheta} = \frac{ip}{\mu} \frac{k}{n(n+1)\sqrt{r}\sin\vartheta} Z_{n+\frac{1}{2}}(kr) \frac{\partial Y_n(\vartheta, \varphi)}{\partial \varphi}.$$

Hieraus gewinnt man das zweite Lösungssystem $\mathfrak{E}'$, $\mathfrak{H}'$ mit

$$\mathfrak{E}' = \frac{\mu}{ip} \mathfrak{H} \quad \text{und} \quad \mathfrak{H}' = \frac{ip}{\mu} \mathfrak{E}.$$

4. Mechanik der Massenpunktladungen.

a) Einkörperproblem.

Gegeben sei das äußere Feld. Dann lautet die Bewegungsgleichung:

$$m \frac{d\mathfrak{v}}{dt} = e\mathfrak{E} + \frac{e}{c} [\mathfrak{v}\, \mathfrak{H}]$$

oder mit Benutzung der kinetischen Potentiale:

$$\frac{d}{dt}\left(m\mathfrak{v}+\frac{e}{c}\mathfrak{A}\right)=\operatorname{grad}\left(-e\Phi+\frac{e}{c}(\mathfrak{A}\mathfrak{v})\right).$$

In diesen Formeln sind die Felder $\mathfrak{E}$, $\mathfrak{H}$ bzw. Φ, $\mathfrak{A}$ mit ihren Werten am Ort der Ladung einzusetzen. Bei der Gradientenbildung ist $\mathfrak{v}$ als Konstante zu behandeln, so daß: $\operatorname{grad}(\mathfrak{A}\mathfrak{v})=(\mathfrak{v}\operatorname{grad})\mathfrak{A}+[\mathfrak{v}\operatorname{rot}\mathfrak{A}]$ wird. Ferner ist: $\frac{d\mathfrak{A}}{dt}=\frac{\partial\mathfrak{A}}{\partial t}+(\mathfrak{v}\operatorname{grad})\mathfrak{A}$ zu nehmen. Wir werden damit auf die Form einer LAGRANGEschen Gleichung zweiter Art geführt mit der LAGRANGEschen Funktion:

$$L=\frac{m}{2}v^2+\frac{e}{c}(\mathfrak{A}\mathfrak{v})-e\Phi.$$

Die zugehörige HAMILTONsche Funktion wird wegen:

$$\mathfrak{p}=\operatorname{grad}_{\mathfrak{v}}L=m\mathfrak{v}+\frac{e}{c}\mathfrak{A};\qquad \mathfrak{v}=\frac{1}{m}\left(\mathfrak{p}-\frac{e}{c}\mathfrak{A}\right);\qquad H=(\mathfrak{v}\mathfrak{p})-L:$$

$$H=\frac{1}{2m}\left(\mathfrak{p}-\frac{e}{c}\mathfrak{A}\right)^2+e\Phi.$$

Der kanonische Impuls $\mathfrak{p}$ setzt sich zusammen aus dem „kinetischen" Impuls $m\mathfrak{v}$ (Bewegungsgröße) und dem „potentiellen" Impuls $\frac{e\mathfrak{A}}{c}$.

Teilt man $\mathfrak{A}$ in $\mathfrak{A}_1+\mathfrak{A}_2$, mit $\operatorname{div}\mathfrak{A}_1=0$, $\operatorname{rot}\mathfrak{A}_1=\mathfrak{H}$, $\operatorname{div}\mathfrak{A}_2=-\frac{1}{c}\frac{\partial\Phi}{\partial t}$, $\operatorname{rot}\mathfrak{A}_2=0$, so wird:

$$\begin{aligned} m\frac{d\mathfrak{v}}{dt} &= \underbrace{-\frac{e}{c}\frac{\partial\mathfrak{A}_1}{\partial t}+\frac{e}{c}[\mathfrak{v}\operatorname{rot}\mathfrak{A}_1]}_{\mathfrak{K}_1}\;\underbrace{-\frac{e}{c}\frac{\partial\mathfrak{A}_2}{\partial t}-e\operatorname{grad}\Phi}_{\mathfrak{K}_2}\\ &= \mathfrak{K}_1+\mathfrak{K}_2\end{aligned}$$

Für $\mathfrak{K}_2$ gilt: $\operatorname{rot}\mathfrak{K}_2=0$, $\operatorname{div}\mathfrak{K}_2=\frac{e}{c^2}\frac{\partial^2\Phi}{\partial t^2}-e\Delta\Phi=4\pi\varrho_a=-e\Delta\varphi_{\text{stat}}$,

also: $\mathfrak{K}_2=-e\operatorname{grad}\varphi_{\text{stat}}$, $\mathfrak{E}=-\operatorname{grad}\varphi-\frac{1}{c}\frac{\partial\mathfrak{A}_1}{\partial t}$.

Dieser Anteil $\mathfrak{K}_2$ berechnet sich also aus dem *nicht retardierten* statischen Potential φ_{stat} der das äußere Feld erzeugenden Ladungsdichte ϱ_a. Man kann ihn als Kraftwirkung „longitudinaler Wellen" auffassen (s. S. 381), die sich „mit unendlicher Geschwindigkeit" ausbreiten. Mit Benutzung von deren Potential φ kann man der HAMILTONschen Funktion auch die Form geben:

$$H=\frac{1}{2m}\left(\mathfrak{p}_1-\frac{e}{c}\mathfrak{A}_1\right)^2+e\varphi\quad\text{mit}\quad \mathfrak{p}_1=m\mathfrak{v}+\frac{e}{c}\mathfrak{A}_1.$$

b) Mehrkörperproblem.

Gegeben sei das äußere Feld: $\mathfrak{A}^a$, Φ^a bzw. $\mathfrak{A}_1^a$, φ^a. Zu den Bewegungsgleichungen der Punkte $\mathfrak{r}_n$, e_n, m_n kommen die Gleichungen für das innere Feld: $\mathfrak{A}$, Φ bzw. $\mathfrak{A}_1$, φ (s. oben).

Um auch hier auf kanonische Gleichungen zu kommen, stellen wir das innere Feld in FOURIER-Entwicklung dar (s. S. 195):

$$\mathfrak{A} = \sum_{\lambda} A_\lambda(t)\,\mathfrak{a}_\lambda(\mathfrak{r}) + \sum_{\tau_1,\tau_2} A_\tau(t)\,\mathfrak{a}_\tau(\mathfrak{r})\,; \qquad \Phi = \sum_{\lambda} \Phi_\lambda(t)\,\alpha_\lambda(\mathfrak{r})$$

und nehmen die Komponenten: A_λ, A_τ, Φ_λ als allgemeine Koordinaten.

Besonders einfach wird die Darstellung mit $\mathfrak{A}_1 = \sum\limits_{\tau} A_\tau\,\mathfrak{a}_\tau$ und $\varphi = \sum\limits_{n} \frac{e_n}{|\mathfrak{r} - \mathfrak{r}_n|}$.

In der komplexen Schreibweise (S. 195) mit $\mathfrak{a}_\tau = \frac{\mathfrak{e}_\tau}{\sqrt{V_g}}\,e^{2\pi i(\mathfrak{r}\mathfrak{k}_\tau)}$ ist die $\sum\limits_{\tau}$ über alle Punkte des reziproken Gitters (und natürlich über beide Polarisationsrichtungen τ_1, τ_2) zu erstrecken. Da $\mathfrak{A}_1$ reell ist, gilt: $A_{-\tau} = A_\tau^*$, wenn der zu $\mathfrak{k}_\tau$ inverse reziproke Vektor $-\mathfrak{k}_\tau$ mit $-\tau$ indiziert wird.

Die FOURIER-Zerlegung der Feldgleichungen ergibt dann:

$$\frac{1}{c^2}\ddot{A}_\tau + 4\pi^2 k_\tau^2 A_\tau = \frac{4\pi}{c}\int_{V_g} dv\,(\mathfrak{i}\,\mathfrak{a}_\tau^*) = \frac{4\pi}{c}\sum_{n} e_n\,(\mathfrak{v}_n\,\mathfrak{a}_\tau^*(\mathfrak{r}_n))\,.$$

Nehmen wir: $C_\tau = \frac{1}{4\pi c^2}\dot{A}_\tau^*$ als zu den (komplexen) A_τ kanonisch konjugierte (ebenfalls komplexe) Impulse, wobei $C_{-\tau} = C_\tau^*$ ist, so erhält man die HAMILTONsche Funktion für das Gesamtsystem:

$$H(\mathfrak{r}_n, \mathfrak{p}_n, A_\tau, C_\tau) = \sum_{n} H_n + \sum_{\tau} H_\tau + \frac{1}{2}\sum_{\substack{n,n'\\(n \neq n')}} \frac{e_n e_{n'}}{|\mathfrak{r}_n - \mathfrak{r}_{n'}|}$$

mit:

$$H_n = \frac{1}{2m_n}\Big(\mathfrak{p}_n - \frac{e_n}{c}\sum_{\tau} A_\tau\,\mathfrak{a}_\tau(\mathfrak{r}_n) - \frac{e_n}{c}\,\mathfrak{A}^a(\mathfrak{r}_n)\Big)^2 + e_n\,\Phi^a(\mathfrak{r}_n)$$

$$H_\tau(A_\tau, C_\tau) = 2\pi c^2 C_\tau C_\tau^* + \frac{\pi}{2} k_\tau^2 A_\tau A_\tau^* \quad \text{mit} \quad A_\tau^* = A_{-\tau},\ C^* = C_{-\tau}.$$

Damit gilt:

$$\mathfrak{v}_n = \operatorname{grad}_{p_n} H = \frac{1}{m_n}\Big\{\mathfrak{p}_n - \frac{e_n}{c}\sum_{\tau} A_\tau\,\mathfrak{a}_\tau(\mathfrak{r}_n) - \frac{e_n}{c}\,\mathfrak{A}^a(\mathfrak{r}_n)\Big\} =$$

$$= \frac{1}{m_n}\Big\{\mathfrak{p}_n - \frac{e_n}{c}\,\mathfrak{A}_1(\mathfrak{r}_n) - \frac{e_n}{c}\,\mathfrak{A}^a(\mathfrak{r}_n)\Big\}$$

und:

$$\frac{\partial H}{\partial C_\tau} = 4\pi c^2 C_\tau^* = \dot{A}_\tau$$

$$\frac{\partial H}{\partial A_\tau} = \pi k_\tau^2 A_\tau^* - \frac{1}{c}\sum_{n} e_n\,(\mathfrak{v}_n,\,\mathfrak{a}_\tau(\mathfrak{r}_n)) = -\frac{\ddot{A}_\tau^*}{4\pi c^2} = -\dot{C}.$$

als (komplexe) kanonische Gleichungen. Hier ist zu beachten, daß jedes A_τ, C_τ in der $\sum\limits_\tau H_\tau$ zweimal vorkommt, nämlich als A_τ, C_τ und als $A^*_{-\tau}$, $C^*_{-\tau}$.

Im ladungsfreien Feld wird A_τ periodisch mit der (Kreis-) Frequenz $\omega_\tau = 2\pi\nu_\tau = 2\pi c\, k_\tau$ und daher $C_\tau = i\frac{\omega_\tau}{4\pi c^2} A^*_\tau$. Führt man mit der kanonischen Transformation:

$$Q_\tau = \frac{1}{\sqrt{2}}\left(\sqrt{\frac{\omega_\tau}{4\pi c^2}}\, A_\tau + i\sqrt{\frac{4\pi c^2}{\omega_\tau}}\, C_\tau\right); \quad P_\tau = \frac{i}{\sqrt{2}}\left(\sqrt{\frac{\omega_\tau}{4\pi c^2}}\, A_\tau - i\sqrt{\frac{4\pi c^2}{\omega_\tau}}\, C_\tau\right)$$

reelle Q_τ, P_τ ein, so wird: $H_\tau = \frac{\omega_\tau}{2}(P_\tau^2 + Q_\tau^2)$.

c) Strahlung eines endlich ausgedehnten Systems.

Ladungs- und Stromdichte seien innerhalb eines Raumes $|\mathfrak{r}'| < R$ gegeben durch:

$$\varrho(\mathfrak{r}, t) = \sum_k \varrho_k(\mathfrak{r})\, e^{i\omega_k t}, \qquad \mathfrak{i}(\mathfrak{r}, t) = \sum_k \mathfrak{i}_k(\mathfrak{r})\, e^{i\omega_k t}.$$

Dann wird in einem Punkte $\mathfrak{r}$, für den $|\mathfrak{r}| \gg R$ ist: $|\mathfrak{r} - \mathfrak{r}'| = r - (\mathfrak{n}\,\mathfrak{r}')$ mit $\mathfrak{n} = \mathfrak{r}/r$ und

$$\Phi(\mathfrak{r}, t) = \sum_k \frac{e^{i\omega_k\left(t - \frac{r}{c}\right)}}{r} \int \varrho_k(\mathfrak{r}')\, e^{i\omega_k \frac{(\mathfrak{n}\,\mathfrak{r}')}{c}}\, dv' = \sum_k \Phi_k(\mathfrak{r}, t)$$

$$\mathfrak{A}(\mathfrak{r}, t) = \sum_k \frac{e^{i\omega_k\left(t - \frac{r}{c}\right)}}{c\, r} \int \mathfrak{i}(\mathfrak{r}')\, e^{i\omega_k \frac{(\mathfrak{n}\,\mathfrak{r}')}{c}}\, dv' = \sum_k \mathfrak{A}_k(\mathfrak{r}, t).$$

Die zeit- und ortsunabhängigen Integrale heißen *Formfaktoren*. Sie sind Funktionen der Richtung $\mathfrak{n}$ und der Frequenzen ω_k.

Ist außerdem $|\mathfrak{r}| \gg \lambda_k = \frac{2\pi c}{\omega_k}$, so lautet die LORENTZ-Konvention: $\Phi_k = (\mathfrak{n}\,\mathfrak{A}_k)$ und man erhält:

$$\mathfrak{E} = \sum_k \frac{i\omega_k}{c}\, [\mathfrak{n}\,[\mathfrak{n}\,\mathfrak{A}_k]] = [\mathfrak{H}\,\mathfrak{n}]$$

$$\mathfrak{H} = \sum_k \frac{i\omega_k}{c}\, [\mathfrak{A}_k\,\mathfrak{n}] = [\mathfrak{n}\,\mathfrak{E}]$$

$$\mathfrak{S} = \frac{c}{4\pi}\,\mathfrak{n}\,(\mathfrak{E}^2) = \frac{c}{4\pi}\,\mathfrak{n}\,(\mathfrak{H}^2).$$

Entwickelt man die Formfaktoren nach Potenzen von ω_k/c, so ergibt das erste Glied die *„elektrische" Dipolstrahlung*, die weiteren sog. *„Multipolstrahlungen"* steigender Ordnung. Das zweite Glied des vektoriellen

Formfaktors: $\frac{i\omega_k}{c}\int \mathfrak{i}_k(\mathfrak{n}\,\mathfrak{r}')\,dv'$ kann man in:

$$\frac{i\omega_k}{2c}\int\{\mathfrak{i}_k(\mathfrak{n}\,\mathfrak{r}')+\mathfrak{r}'(\mathfrak{n}\,\mathfrak{i}_k)\}\,dv'$$

und

$$\frac{i\omega_k}{2c}\int\{\mathfrak{i}_k(\mathfrak{n}\,\mathfrak{r}')-\mathfrak{r}'(\mathfrak{n}\,\mathfrak{i}_k)\}\,dv'=\frac{i\omega_k}{2c}\left[\mathfrak{n}\int[\mathfrak{i}_k\mathfrak{r}']\,dv'\right]$$

zerlegen. Die zugehörigen Beiträge zur Strahlung heißen: *elektrische Quadrupolstrahlung*" bzw. „*magnetische Dipolstrahlung*". Die Multipolstrahlungen treten um so mehr zurück, je kleiner die lineare Ausdehnung R des Systems gegenüber den Wellenlängen $\lambda_k=\frac{2\pi c}{\omega_k}$ ist.

5. Grundlagen der Optik.

a) Wellenoptik.

Das Hauptproblem der Wellenoptik besteht darin, aus zeitlich periodischen Partikularlösungen der MAXWELLschen Gleichungen solche zusammenzusetzen, die bestimmte Rand- und Übergangsbedingungen erfüllen (Probleme der Brechung, Reflexion und Beugung). Schreibt man die Lösungen in der Form

$$\mathfrak{E}=\mathfrak{a}(x,y,z)\cdot e^{i\omega(S+t)},$$

so heißt die vektorielle Ortsfunktion $\mathfrak{a}(x,y,z)$ die *Amplitude* und

$$\varphi=\omega\cdot S(x,y,z)$$

die *Phase* der Welle. Flächen konstanter Phase heißen *Wellenflächen*. Die *Wellenlänge* ist

$$\lambda=\frac{2\pi}{|\operatorname{grad}\varphi|}.$$

b) Geometrische Optik.

Läßt man $\omega\to\infty$, d.h. $\lambda\to 0$ gehen, so erhält man den Grenzfall der geometrischen Optik. Es wird dann:

$$(\operatorname{grad} S)^2=p^2 \qquad \textit{(Eikonalgleichung)}.$$

Die Funktion $S(x,y,z)$ heißt das *Eikonal*.

Die Eikonalgleichung gestattet die Bestimmung der Wellenflächen für ein vorgelegtes Problem. Es ist

$$S_2-S_1=\int_1^2(d\mathfrak{s}\operatorname{grad} S),$$

wobei $d\mathfrak{s}$ längs einer beliebigen Integrationskurve genommen ist. Durchsetzt insbesondere die Integrationskurve die Wellenflächen überall senkrecht, so heißt sie ein *Strahl*. Es wird dann

$$S_2-S_1=\int_1^2 p\,ds,$$

d. h. der längs eines Strahles gemessene „Lichtweg" $\int p\,ds$ ist identisch mit dem Eikonal. Die Strahlen können gefunden werden als Extremalen des Variationsprinzips von FERMAT:

$$\delta S = \delta \int_1^2 p\,ds = 0.$$

Die EULERsche Gleichung dieses Variationsproblems läßt sich in der vektoriellen Form darstellen:

$$\frac{d^2\mathfrak{r}}{ds^2} = \left[\frac{d\mathfrak{r}}{ds}\left[\operatorname{grad}\ln n,\ \frac{d\mathfrak{r}}{ds}\right]\right] = \frac{\mathfrak{R}}{R^2},$$

(s. S. 173). Aus diesen Grundgleichungen folgen die drei Grundgesetze der geometrischen Optik: 1. In homogenen Medien sind die Strahlen gerade Linien (Vernachlässigung der Beugungserscheinungen), 2. die einzelnen Strahlen sind voneinander unabhängig (Vernachlässigung der Interferenzerscheinungen), 3. jeder Strahl kann auch im umgekehrten Sinne vom Lichte durchlaufen werden.

Der Vektor $\mathfrak{f}$ in Richtung des Strahls vom Betrage p heißt *Strahlvektor*. Er ist

$$\mathfrak{f} = \operatorname{grad} S.$$

Die letzte Gleichung bringt zum Ausdruck, daß sich die zu einem Strahlsystem senkrechten Flächenelemente stets zu Orthogonalflächen (Wellenflächen) zusammenfügen lassen, wenn sie es an irgendeiner Stelle tun (*Satz von* MALUS).

6. Wellen in anisotropen Medien (Kristalloptik).

Wir setzen

$$\mathfrak{D} = \mathfrak{A}\,\mathfrak{E} \quad \text{bzw.} \quad \mathfrak{E} = \mathfrak{A}^{-1}\mathfrak{D}, \qquad \mu = 1.$$

Hier sei $\mathfrak{A}$ ein symmetrischer Tensor ($\mathfrak{A}^{-1}$ der entsprechende reziproke), der an die Stelle des Skalars ε tritt.

Der Ansatz für eine ebene Welle für reelles p ($\sigma = 0$, $V = c/p$)

$$\mathfrak{D} = \mathfrak{D}_0 e^{i\omega\left(t - \frac{(\mathfrak{r}\mathfrak{n})}{V}\right)}$$

usw. in die Wellengleichung

$$\begin{aligned}\frac{1}{c^2}\frac{\partial^2\mathfrak{D}}{\partial t^2} &= -\operatorname{rot}\operatorname{rot}\mathfrak{E}\\ &= \Delta\,\mathfrak{E} - \operatorname{grad}\operatorname{div}\mathfrak{E}\end{aligned}$$

eingesetzt, ergibt dann

$$\frac{V^2}{c^2}\cdot\mathfrak{D} - \mathfrak{E} + \mathfrak{n}(\mathfrak{n}\,\mathfrak{E}) = 0. \tag{2}$$

Hieraus folgt $(\mathfrak{D}\,\mathfrak{n}) = 0$. Aus der ersten MAXWELLschen Gleichung folgt:

$$-\frac{V}{c}\cdot\mathfrak{D} = [\mathfrak{n}\,\mathfrak{H}] \quad\text{und}\quad \frac{V}{c}\cdot\mathfrak{H} = [\mathfrak{n}\,\mathfrak{E}],$$

also

$$(\mathfrak{H}\,\mathfrak{n}) = 0, \quad (\mathfrak{H}\,\mathfrak{D}) = 0 \quad\text{und}\quad H^2 = (\mathfrak{E}\,\mathfrak{D}).$$

$\mathfrak{D}$, $\mathfrak{H}$ und $\mathfrak{n}$ bilden demnach ein orthogonales Achsenkreuz; $\mathfrak{E}$ liegt in der von $\mathfrak{D}$ und $\mathfrak{n}$ aufgespannten Ebene. Da durch $\mathfrak{D}$ auch $\mathfrak{E}$ bestimmt ist, so sind auch $\mathfrak{n}$ und $\mathfrak{H}$ bestimmt, und damit auch V durch

$$\frac{V^2}{c^2} = \frac{(\mathfrak{E}\,\mathfrak{D})}{D^2}.$$

Ferner ist

$$\frac{V^2}{c^2}(\mathfrak{E}\,\mathfrak{D}) - E^2 + (\mathfrak{n}\,\mathfrak{E})^2 = 0, \qquad (\mathfrak{n}\,\mathfrak{E}) = \sqrt{E^2 - D^2\frac{V^4}{c^4}},$$

also nach (2)

$$\mathfrak{n} = \frac{\mathfrak{E} - \mathfrak{D}\dfrac{V^2}{c^2}}{\sqrt{E^2 - D^2\dfrac{V^4}{c^4}}} = \frac{\mathfrak{E}D^2 - \mathfrak{D}(\mathfrak{E}\,\mathfrak{D})}{D\sqrt{E^2D^2 - (\mathfrak{E}\,\mathfrak{D})^2}} \quad\text{und}\quad V = \pm\frac{c}{D}\sqrt{\mathfrak{E}\,\mathfrak{D}}.$$

Die Wellennormale und die Geschwindigkeit sind daher vollständig durch die Schwingungsrichtung $\mathfrak{D}$ bestimmt.

Ist $\mathfrak{n}$ gegeben, so ist (2) ein homogenes lineares Gleichungssystem der drei Komponenten von $\mathfrak{D}$. Es ist nur lösbar, falls die Determinante der Koeffizienten verschwindet. Das ergibt eine Gleichung dritten Grades für V^2 (Säkulargleichung), die sich wegen des Verschwindens ihres absoluten Gliedes auf eine zweiten Grades reduziert[1]. Für ein gegebenes $\mathfrak{n}$ gibt es daher zwei Geschwindigkeiten V_1 und V_2 und zwei Schwingungsrichtungen $\mathfrak{D}_1$ und $\mathfrak{D}_2$. Da für beide $\mathfrak{D}$ $(\mathfrak{D}\,\mathfrak{n}) = 0$ ist, findet man

$$\frac{V_1^2}{c^2}(\mathfrak{D}_1\,\mathfrak{D}_2) - (\mathfrak{E}_1\,\mathfrak{D}_2) = 0 = \frac{V_2^2}{c^2}(\mathfrak{D}_2\,\mathfrak{D}_1) - (\mathfrak{E}_2\,\mathfrak{D}_1).$$

Da aber $(\mathfrak{E}_1\,\mathfrak{D}_2) = (\mathfrak{E}_2\,\mathfrak{D}_1)$ ist [wegen $\mathfrak{E}_1\,\mathfrak{A}\,\mathfrak{E}_2 = \mathfrak{E}_2\,\mathfrak{A}\,\mathfrak{E}_1$ (s. S. 204)], so wird $(\mathfrak{D}_1\,\mathfrak{D}_2)(V_1^2 - V_2^2) = 0$.

[1] Man kann aus (2) $\mathfrak{E}$ und $\mathfrak{D}$ eliminieren durch Anwendung der Formel (s. S. 207)

$$(\mathfrak{T}\,\mathfrak{a}\,\mathfrak{b}) - |\mathfrak{T}|(\mathfrak{a}\,\mathfrak{b}) = |T|\{(\mathfrak{T}^{-1}\mathfrak{a}\,\mathfrak{T}^{-1}\mathfrak{b}) - |\mathfrak{T}^{-1}|(\mathfrak{T}^{-1}\mathfrak{a}\,\mathfrak{b})\},$$

indem man $\mathfrak{a} = \mathfrak{D}$, $\mathfrak{b} = \mathfrak{n}$, $\mathfrak{T} = \mathfrak{A}$ setzt. Dies ergibt

$$(\mathfrak{A}\,\mathfrak{D}\,\mathfrak{n}) = |A|\{(\mathfrak{A}^{-1}\mathfrak{E}\,\mathfrak{n}) - |\mathfrak{A}^{-1}|(\mathfrak{E}\,\mathfrak{n})\}.$$

Setzt man aus (2) $\mathfrak{D} = \frac{c^2}{V^2}(\mathfrak{E} - \mathfrak{n}(\mathfrak{E}\,\mathfrak{n}))$ und $\mathfrak{E} = \mathfrak{D}\frac{V^2}{c^2} + \mathfrak{n}(\mathfrak{E}\,\mathfrak{n})$, so erhält man

$$\frac{V^4}{c^4} + \frac{V^2}{c^2}\{(\mathfrak{A}^{-1}\mathfrak{n}\,\mathfrak{n}) - |\mathfrak{A}^{-1}|\} + \frac{(\mathfrak{A}\,\mathfrak{n}\,\mathfrak{n})}{|A|} = 0.$$

Aus dieser Gleichung kann man die zwei Werte von V als Funktion von $\mathfrak{n}$ berechnen.

Zu den zwei verschiedenen V gehören also zwei orthogonale $\mathfrak{D}$ ($\mathfrak{D}_1 \perp \mathfrak{D}_2$).

Die Säkulargleichung für V^2 führt bei solcher Wahl des Koordinatensystems, daß die $\mathfrak{A}_{ik}^{-1}$ für $i \neq k$ verschwinden (Transformation auf Hauptachsen), auf die FRESNEL*sche Gleichung*; wenn $\mathfrak{A}_{ii}^{-1} = c^2/a_i^2$ gesetzt wird, gilt $\sum_i \frac{n_i^2}{a_i^2 - V^2} = 0$. n_i sind hierbei die Komponenten (Richtungskosinus) von $\mathfrak{n}$ gegen die Hauptachsen.

Trägt man V als Radiusvektor in allen möglichen Richtungen $\mathfrak{n}$ auf, so erhält man eine Fläche, die *Normalenfläche.*

Es gibt im allgemeinen zwei Richtungen $\mathfrak{n}$, für die $V_1 = V_2$ wird, die *optischen Achsen.*

Geometrisch kann die Gl. (2) wie folgt gelöst werden:

Man beschreibt das Ellipsoid $(\mathfrak{r}\,\mathfrak{A}^{-1}\,\mathfrak{r}) = 1$, schneidet es mit der Ebene $(\mathfrak{n}\,\mathfrak{r}) = 0$ (die senkrecht zu $\mathfrak{n}$ durch $\mathfrak{r} = 0$ geht), und sucht Richtungen und Längen der Halbachsen der Schnittellipse. Für diese gilt $\delta(r^2) = 0$. Man erhält

$$(\mathfrak{r}\,\delta\mathfrak{r}) = 0$$

und die Nebenbedingungen

$$(\mathfrak{A}^{-1}\,\mathfrak{r}\,\delta\mathfrak{r}) = 0$$

$$(\mathfrak{n}\,\delta\mathfrak{r}) = 0,$$

also

$$\mathfrak{A}^{-1}\,\mathfrak{r} + \sigma_1\,\mathfrak{r} + \sigma_2\,\mathfrak{n} = 0.$$

Durch Multiplikation mit $\mathfrak{n}$ bzw. $\mathfrak{r}$ folgt

$$\sigma_1 = -\frac{1}{r^2}, \qquad \sigma_2 = -(\mathfrak{n}\,\mathfrak{A}^{-1}\,\mathfrak{r}),$$

also

$$\mathfrak{A}^{-1}\,\mathfrak{r} - \frac{\mathfrak{r}}{r^2} - \mathfrak{n}\,(\mathfrak{A}^{-1}\,\mathfrak{r}\,\mathfrak{n}) = 0.$$

Wenn wir in letzterer Gleichung $\mathfrak{r}$ mit $\frac{c}{V}\frac{\mathfrak{D}}{|\mathfrak{D}|}$ identifizieren, so geht sie über in unsere Gl. (2). Die Längen der Halbachsen der Schnittellipse sind demnach gleich c/V_1 bzw. c/V_2 und ihre Richtungen die von $\mathfrak{D}_1$ und $\mathfrak{D}_2$.

Die Fortpflanzung der Energie erfolgt senkrecht zu $\mathfrak{E}$ und $\mathfrak{H}$ in Richtung von $\mathfrak{s}$.

$\mathfrak{s}$ sei ein Einheitsvektor $(s^2 = 1)$, $\qquad (\mathfrak{E}\,\mathfrak{s}) = 0, \qquad (\mathfrak{H}\,\mathfrak{s}) = 0.$

$\mathfrak{s}$ ist komplanar mit $\mathfrak{D}$, $\mathfrak{E}$ und $\mathfrak{n}$.

Wir setzen $\mathfrak{D} + \alpha\,\mathfrak{E} + \beta\,\mathfrak{s} = 0$. Multiplikation mit $\mathfrak{s}$ bzw. $\mathfrak{n}$ ergibt

$$\beta = -(\mathfrak{D}\,\mathfrak{s}), \qquad \alpha = \frac{(\mathfrak{D}\,\mathfrak{s})\,(\mathfrak{n}\,\mathfrak{s})}{(\mathfrak{E}\,\mathfrak{n})}.$$

Aus Gl. (2) folgt

$$\frac{(\mathfrak{D}\,\mathfrak{s})}{(\mathfrak{E}\,\mathfrak{n})} = -(\mathfrak{n}\,\mathfrak{s})\frac{c^2}{V^2}.$$

Wir erhalten also

$$\frac{c^2}{V^2}(\mathfrak{n}\,\mathfrak{s})^2\,\mathfrak{E} - \mathfrak{D} + \mathfrak{s}(\mathfrak{D}\,\mathfrak{s}) = 0.$$

Es ist aber $(\mathfrak{n}\,\mathfrak{s}) = \cos\zeta$, wo ζ der Winkel zwischen $\mathfrak{n}$ und $\mathfrak{s}$ ist. Nennen wir S die Geschwindigkeit der Welle in Richtung von $\mathfrak{s}$, so ist $V/S = \cos\zeta = (\mathfrak{n}\,\mathfrak{s})$. Es wird also

$$\frac{c^2}{S^2}\,\mathfrak{E} - \mathfrak{D} + \mathfrak{s}(\mathfrak{D}\,\mathfrak{s}) = 0. \tag{3}$$

Diese Gleichung hat genau denselben Typus wie die ursprüngliche (2).

Die geometrische Lösung ist hier so zu benutzen, daß das Ellipsoid $(\mathfrak{r}\,\mathfrak{A}\,\mathfrak{r}) = 1$ und die Fläche $(\mathfrak{r}\,\mathfrak{s}) = 0$ zu beschreiben ist. Die Halbachsen der Schnittellipse liefern dann $r_1 = S_1/c$, $r_2 = S_2/c$ und ihre Richtungen sind diejenigen von $\mathfrak{E}_1$ und $\mathfrak{E}_2$.

Die Fläche mit dem Radiusvektor S in Richtung $\mathfrak{s}$ heißt *Strahlenfläche.*

Schreiben wir $\mathfrak{S} = S\,\mathfrak{s}$, so wird aus (3)

$$c^2\,\mathfrak{E} - \mathfrak{D}\,S^2 + \mathfrak{S}(\mathfrak{D}\,\mathfrak{S}) = 0.$$

Multiplikation mit $\mathfrak{D}$ und Variation führt wegen $(\mathfrak{D}\,\delta\mathfrak{E}) = (\mathfrak{E}\,\delta\mathfrak{D})$ zu

$$2\delta\,\mathfrak{D}(c^2\,\mathfrak{E} - \mathfrak{D}\,S^2 + \mathfrak{S}(\mathfrak{D}\,\mathfrak{S})) - 2\delta\,\mathfrak{S}(\mathfrak{S}\,D^2 - \mathfrak{D}(\mathfrak{D}\,\mathfrak{S})) = 0.$$

Der Faktor von $\delta\mathfrak{D}$ ist gleich Null, der von $\delta\mathfrak{S}$ ist ein Vektor parallel zu $\mathfrak{n}$.

Also gilt $(\mathfrak{n}\,\delta\mathfrak{S}) = 0$, d. h. $\mathfrak{n}$ steht senkrecht zur Tangentialebene an die Strahlenfläche im Punkte $\mathfrak{r} = \mathfrak{S}$. Dies bedeutet: Eine zu $\mathfrak{n}$ senkrechte ebene Wellenfläche, die zur Zeit $t = 0$ den Nullpunkt überschreitet, tangiert zur Zeit $t = 1$ die Strahlenfläche. Letztere ist die Enveloppe aller solcher Wellenflächen für $t = 1$.

Dritter Abschnitt.

Relativitätstheorie.

A. Spezielle Relativitätstheorie.

1. Zeit-räumliche Bezugssysteme.

Alles Geschehen kann als eine diskrete oder dichte Menge von Ereignissen betrachtet werden. Jedes dieser Ereignisse findet an einem Ort zu einer Zeit statt.

Der Ort wird durch Messung mit materiellen Maßstäben gegen ein materielles Bezugssystem durch Koordinaten festgelegt. Hierbei wird vorausgesetzt, daß die Maßstäbe bei beliebigem Transport (Verschiebung oder Drehung) ungeändert bleiben. Als Bezugssystem wählen wir zunächst ein beliebiges Inertialsystem.

Der Zeitparameter ist für jedes Ereignis durch eine an seinem Ort im Bezugssystem ruhende materielle Uhr zu messen. Um einen einheitlichen Zeitbegriff zu haben, muß die Gesamtheit der erforderlichen Uhren synchronisiert werden. Wir fordern hierzu, daß Uhren, die sich auf einer im Bezugssystem ruhenden Kugelfläche befinden, die gleiche Zeit anzeigen, wenn sie von einem aus dem Mittelpunkt ausgehenden Lichtsignal getroffen werden. (Es wird hierbei außerdem stillschweigend vorausgesetzt, daß gegeneinander ruhende gleichartige Uhren unter allen Umständen gleichen Gang haben, unabhängig von ihrer Richtungsorientierung. Daß das für sog. Lichtuhren gilt, beweist der MICHELSON-Versuch.) Bei einer so definierten Gleichzeitigkeit erscheint die Lichtausbreitung per definitionem als isotrop mit dem konstanten Betrag c.

Geht man zu einem anderen Inertialsystem als Bezugssystem über, so erhält man nicht nur andere Koordinaten, sondern auch andere Zeiten für jedes Ereignis. Der Übergang für die Beschreibung der gleichen Ereignisse in verschiedenen Bezugssystemen, d. h. die Berechnung der Koordinaten und des Zeitparameters für ein Bezugssystem K', wenn diese Größen in einem anderen K bekannt sind, wird durch eine Transformation gegeben.

Diese Transformation läßt sich aufbauen aus den trivialen Transformationen der Verschiebung und Drehung sowie einer sog. LORENTZ-*Transformation*, welche die folgende Form annimmt, wenn man die Koordinaten durch den Ortsvektor $\mathfrak{r}$ zusammenfaßt:

$$\mathfrak{r}' = \mathfrak{r} - \mathfrak{v}\left\{\frac{(\mathfrak{r}\,\mathfrak{v})}{v^2}\left(1 - \frac{1}{\sqrt{1-\beta^2}}\right) + \frac{t}{\sqrt{1-\beta^2}}\right\}$$

$$t' = \frac{t - (\mathfrak{r}\,\mathfrak{v})/c^2}{\sqrt{1-\beta^2}} \quad \text{mit} \quad \beta = \frac{v}{c}.$$

Hierin bedeutet $\mathfrak{v}$ die Geschwindigkeit mit der sich das System K' gegen K parallel bewegt.

Wählt man kartesische Koordinaten x, y, z und legt die x-Achse in die Richtung $\mathfrak{v}$, so erhält man die einfache Form (spezielle LORENTZ-Transformation):

$$x' = \frac{x - v\,t}{\sqrt{1-\beta^2}}, \qquad y' = y, \qquad z' = z, \qquad t' = \frac{t - v\,x/c^2}{\sqrt{1-\beta^2}}.$$

Bei diesen Transformationen bleibt $(\mathfrak{r}_1 - \mathfrak{r}_2)^2 - c^2\,(t_1 - t_2)^2$ für zwei Ereignisse invariant.

Die spezielle Relativitätstheorie sagt aus, daß die obige Definition der Zeit rationell ist, weil in so konstruierten verschiedenen zeit-räumlichen Bezugssystemen alle physikalischen Grundgesetze in der gleichen Form darstellbar seien. Das gilt unmittelbar für die Vakuumelektrodynamik, in anderen Fällen erst nach gewissen Korrekturen an der überkommenen Form, die sich durchweg bewährt haben. Damit werden alle diese Bezugssysteme gleichwertig und man kann keines von ihnen als ruhend auszeichnen, in dem die Naturgesetze besonders einfach lauteten.

2. Der vierdimensionale Darstellungsraum.

Zur Darstellung der Relativitätstheorie in geeigneter mathematischer Form bedient man sich mit Vorteil eines vierdimensionalen Darstellungsraumes mit einem affinen Koordinatensystem x^1, x^2, x^3, x^4. Ein Wertsystem $\{x\}$ läßt sich als kontravariante Komponenten des vierdimensionalen Ortsvektors eines „*Weltpunktes*" auffassen. Es sind dann zwei Darstellungen gebräuchlich:

a) Man identifiziert die x^i mit den Größen x, y, z, $c\,t$: $x^i = \{\mathfrak{r}, c\,t\}$.

b) Man identifiziert die x^i mit den Größen $x, y, z, l = i\,c\,t$: $x^i = \{\mathfrak{r}, i\,c\,t\}$.

In der Darstellung b) entspricht einem *Ereignis* ein imaginärer Weltpunkt. Obwohl diese Darstellung den Vorteil größerer mathematischer Symmetrie bietet, gebrauchen wir im folgenden, außer in Nr. 9, die reelle Darstellung a). Bei Übergang zur Darstellung b) ist in allen Formeln jede Vektorkomponente bei hochstehendem Index 4 durch den Faktor $-i$, bei tiefstehendem Index 4 durch $+i$ zu ergänzen, z. B. $c\,t = -i\,x^4$.

Das zeit-räumliche Geschehen ist in diesem vierdimensionalen Darstellungsraum geometrisch beschreibbar. Im Speziellen wird in ihm die Abhängigkeit der Lage eines Punktes $\mathfrak{r}$ im Raum von der Zeit t durch eine „*Weltlinie*" dargestellt. Im Sinne einer Punkttheorie ist alles Geschehen durch Weltlinien abzubilden.

Der Übergang auf ein anderes Bezugssystem bedeutet dann eine Transformation auf andere Achsen. Bei solchen Transformationen bleibt das Linienelement: $ds = \sqrt{g_{ik}\,d x^i\,d x^k}$ invariant, wenn man die Matrix (g_{ik}) als Diagonalmatrix mit $g_{11} = g_{22} = g_{33} = 1$; $g_{44} = -1$ wählt.

Man kann in diesen Raum auch vierdimensionale Vektoren und Tensoren eintragen, deren Komponenten in bezug auf die verwendeten Achsen physikalisch meßbaren Größen entsprechen. Da die benutzten Koordinatensysteme nicht vollkommen orthogonal sind, ist zwischen kontra- und kovarianten Komponenten zu unterscheiden. Doch gilt die einfache Regel, daß nur die vierte Komponente ihr Vorzeichen ändert, wenn man den Index 4 herauf- oder heruntersetzt.

3. Spezielle LORENTZ-Transformation von Vektoren und Tensoren.

Die kontravarianten Komponenten vierdimensionalen Vektoren a^i transformieren sich wie x^i, d. h.

$$a'^1 = \frac{a^1 - \beta a^4}{\sqrt{1-\beta^2}}, \qquad a'^2 = a^2, \quad a'^3 = a^3, \quad a'^4 = \frac{-\beta a^1 + a^4}{\sqrt{1-\beta^2}}.$$

Die kontravarianten Komponenten eines antimetrischen Tensors $F^{ik} = -F^{ki}$ transformieren sich wie:

$$F'^{14} = F^{14}, \quad F'^{24} = \frac{1}{\sqrt{1-\beta^2}}(F^{24} + \beta F^{12}), \quad F'^{34} = \frac{1}{\sqrt{1-\beta^2}}(F^{34} - \beta F^{31})$$

$$F'^{23} = F^{23}, \quad F'^{31} = \frac{1}{\sqrt{1-\beta^2}}(F^{31} - \beta F^{34}), \quad F'^{12} = \frac{1}{\sqrt{1-\beta^2}}(F^{12} + \beta F^{24}),$$

die eines symmetrischen Tensors $T^{ik} = T^{ki}$ wie:

$$T'^{11} = \frac{1}{1-\beta^2}(T^{11} - 2\beta T^{14} + \beta^2 T^{44}), \qquad T'^{22} = T^{22}, \qquad T'^{33} = T^{33}$$

$$T'^{12} = \frac{1}{\sqrt{1-\beta^2}}(T^{12} - \beta T^{24}), \qquad T'^{23} = T^{23},$$

$$T'^{31} = \frac{1}{\sqrt{1-\beta^2}}(T^{31} - \beta T^{34})$$

$$T'^{14} = \frac{T^{14}(1+\beta^2) - \beta(T^{11} + T^{44})}{1-\beta^2}, \qquad T'^{24} = \frac{1}{\sqrt{1-\beta^2}}(T^{24} - \beta T^{12}),$$

$$T'^{34} = \frac{1}{\sqrt{1-\beta^2}}(T^{34} - \beta T^{13}), \qquad T'^{44} = \frac{1}{1-\beta^2}(T^{44} - 2\beta T^{14} + \beta^2 T^{11}).$$

Alle diese Transformationen lassen sich umkehren, indem man β durch $-\beta$ ersetzt und die gestrichenen Größen mit den ungestrichenen vertauscht.

Invariant sind:

$$a_i a^i = (a^1)^2 + (a^2)^2 + (a^3)^2 - (a^4)^2$$

$$\tfrac{1}{2} F_{ik} F^{ik} = (F^{12})^2 + (F^{23})^2 + (F^{31})^2 - (F^{14})^2 - (F^{24})^2 - (F^{34})^2$$

$$T_i^i = T^{11} + T^{22} + T^{33} - T^{44}$$

$$T^{ik} T_{ik} = (T^{11})^2 + (T^{22})^2 + (T^{33})^2 + (T^{44})^2 + 2(T^{12})^2 + 2(T^{23})^2 + \\ + 2(T^{31})^2 - 2(T^{14})^2 - 2(T^{24})^2 - 2(T^{34})^2.$$

4. Kinematik.

Punktmäßig kinematisches Geschehen wird durch Weltlinien in der Form:

$$x^i = x^i(\lambda)$$

mit einem Kurvenparameter λ dargestellt. Als solchen wählt man mit Vorteil die durch das Linienelement ds definierte Bogenlänge s. In diesem Zusammenhang heißt ds/ic das Differential der *Eigenzeit* des Punktes.

Hat der Punkt die Geschwindigkeit $\mathfrak{u}$ im gewählten Bezugssystem, so wird $ds = \sqrt{dr^2 - c^2\,dt^2} = i\,c\,dt\sqrt{1 - u^2/c^2}$.

Bildet man den Einheitsvektor in Richtung der Tangente an die Weltlinie mit den Komponenten dx^i/ds und daraus den Vektor $u^i = i\,c\,dx^i/ds$, so bedeutet:

$$u^1 = \frac{u_x}{\sqrt{1 - u^2/c^2}}, \quad u^2 = \frac{u_y}{\sqrt{1 - u^2/c^2}}, \quad u^3 = \frac{u_z}{\sqrt{1 - u^2/c^2}}, \quad u^4 = \frac{c}{\sqrt{1 - u^2/c^2}},$$

was wir durch:

$$u^i = \left\{\frac{\mathfrak{u}}{\sqrt{1 - u^2/c^2}}, \quad \frac{c}{\sqrt{1 - u^2/c^2}}\right\}$$

als *Vierergeschwindigkeit* schreiben.

Die Transformation $u^i \to u'^i$ läßt sich in Vektorform durch:

$$\mathfrak{u}' = \frac{\mathfrak{u}\sqrt{1-\beta^2} - \mathfrak{v}\left\{\frac{(\mathfrak{u}\,\mathfrak{v})}{v^2}\left(\sqrt{1-\beta^2} - 1\right) + 1\right\}}{1 - \frac{(\mathfrak{u}\,\mathfrak{v})}{c^2}}$$

darstellen. Das besagt, daß die Geschwindigkeit $\mathfrak{u}$ relativ zum System K sich als eine andere Geschwindigkeit $\mathfrak{u}'$ relativ zu K' darbietet.

Ist $\mathfrak{u} \parallel \mathfrak{v}$, so wird

$$\mathfrak{u}' = \frac{\mathfrak{u} - \mathfrak{v}}{1 - \frac{(\mathfrak{u}\,\mathfrak{v})}{c^2}} \quad \text{(Additionstheorem der Geschwindigkeiten);}$$

ist $\mathfrak{u} \perp \mathfrak{v}$, so wird $\mathfrak{u}' = \mathfrak{u}\sqrt{1 - \beta^2} - \mathfrak{v}$. Für sehr kleines $\mathfrak{v}$ (d.h. $\beta^2 \ll 1$) wird $\mathfrak{u}' \simeq \mathfrak{u} - \mathfrak{v}$. Für $|\mathfrak{u}| = c$ wird $|\mathfrak{u}'| = |\mathfrak{u}|$, d.h. ein gegen K mit Lichtgeschwindigkeit bewegter Punkt bewegt sich in jedem K' ebenfalls mit Lichtgeschwindigkeit, aber mit veränderter Richtung. Ist $\mathfrak{u} = \mathfrak{v}$, so wird $\mathfrak{u}' = 0$ (Transformation auf Ruhe).

Zwei Punkte, die in $\mathfrak{r}_1$ und $\mathfrak{r}_2$ im Abstand $\mathfrak{a} = \mathfrak{r}_1 - \mathfrak{r}_2$ in K ruhen, deren Weltlinien also parallele Geraden zur t-Achse sind, erscheinen in K' im Abstand $\mathfrak{a}' = \mathfrak{a} - \frac{\mathfrak{v}(\mathfrak{a}\,\mathfrak{v})}{v^2}\left(1 - \sqrt{1 - \beta^2}\right)$ mit der Geschwindigkeit $-\mathfrak{v}$ bewegt. Ist $\mathfrak{a} \parallel \mathfrak{v}$, so wird $\mathfrak{a}' = \mathfrak{a}\sqrt{1 - \beta^2}$; ist $\mathfrak{a} \perp \mathfrak{v}$, so ist $\mathfrak{a}' = \mathfrak{a}$ (LORENTZ-Kontraktion).

Zwei Ereignisse, die am gleichen Ort in K im zeitlichen Abstand $\Delta t = t_1 - t_2$ beobachtet werden, erscheinen im System K' mit dem Zeitabstand $\Delta t' = \frac{\Delta t}{\sqrt{1 - \beta^2}}$ im räumlichen Abstand $\mathfrak{a} = -\frac{\mathfrak{v} \cdot \Delta t}{\sqrt{1 - \beta^2}}$ (Zeitdilatation).

5. Elektrodynamik.

Um die in der Elektrodynamik benutzten Vektoren und Skalare im vierdimensionalen Darstellungsraum abzubilden, führen wir dortselbst Vektoren und Tensoren ein, deren Komponenten wir teils mit den Komponenten der dreidimensionalen Vektoren, teils mit Skalaren identifizieren.

Im Speziellen benutzen wir folgende Zuordnungen zu Vektoren:

$s^i = \{\mathfrak{i}, c\varrho\}$ $\mathfrak{i}$ = Stromdichte, ϱ = Ladungsdichte
$\varphi^i = \{\mathfrak{A}, \Phi\}$ $\mathfrak{A}$ = Vektorpotential, Φ = Skalarpotential
$k^i = \{\mathfrak{k}, \lambda/c\}$ $\mathfrak{k}$ = Kraftdichte, λ = Leistungsdichte

sowie die antimetrischen Tensoren:

$$F^{ik}: \{F^{14}, F^{24}, F^{34}\} = -\mathfrak{E} \quad \text{und} \quad \{F^{23}, F^{31}, F^{12}\} = \mathfrak{B}$$
$$H^{ik}: \{H^{14}, H^{24}, H^{34}\} = -\mathfrak{D} \quad \text{und} \quad \{H^{23}, H^{31}, H^{12}\} = \mathfrak{H}.$$

Mit Benutzung dieser Größen schreiben sich die Grundgleichungen der Elektrodynamik in folgender Form [unter Fortlassung der Summenzeichen (s. S. 213)]:

$$\frac{\partial s^i}{\partial x^i} = 0 \quad \text{d.h.} \quad \operatorname{div}\mathfrak{i} + \frac{\partial \varrho}{\partial t} = 0$$
$$\frac{\partial \varphi^i}{\partial x^i} = 0 \quad \text{d.h.} \quad \operatorname{div}\mathfrak{A} + \frac{1}{c}\frac{\partial \Phi}{\partial t} = 0$$
$$\frac{\partial \varphi_k}{\partial x^i} - \frac{\partial \varphi_i}{\partial x^k} = F_{ik} \quad \text{d.h.} \quad \mathfrak{B} = \operatorname{rot}\mathfrak{A}, \quad \mathfrak{E} = -\operatorname{grad}\Phi - \frac{1}{c}\frac{\partial \mathfrak{A}}{\partial t}$$
$$\frac{\partial F_{kl}}{\partial x^i} + \frac{\partial F_{li}}{\partial x^k} + \frac{\partial F_{ik}}{\partial x^l} = 0 \quad \text{d.h.} \quad \operatorname{div}\mathfrak{B} = 0, \quad \operatorname{rot}\mathfrak{E} = -\frac{1}{c}\frac{\partial \mathfrak{B}}{\partial t}$$
$$\frac{\partial H^{ik}}{\partial x^k} = \frac{4\pi s^i}{c} \quad \text{d.h.} \quad \operatorname{rot}\mathfrak{H} = \frac{4\pi \mathfrak{i}}{c} + \frac{1}{c}\frac{\partial \mathfrak{D}}{\partial t}, \quad \operatorname{div}\mathfrak{D} = 4\pi\varrho$$
$$k^i = \frac{F^{ik} s_k}{c} \quad \text{d.h.} \quad \mathfrak{k} = \varrho\mathfrak{E} + \left[\mathfrak{i}, \frac{\mathfrak{B}}{c}\right], \quad \lambda = (\mathfrak{i}\,\mathfrak{E}).$$

Beim Übergang auf ein anderes Bezugssystem behalten diese Gleichungen und ihre Übersetzungen ins Dreidimensionale ihre Form, d. h. die Gesetze der Elektrodynamik lauten in allen nach unserer Vorschrift konstruierten Bezugssystemen gleich.

Als vierdimensionale Erweiterung des MAXWELLschen Spannungstensors kann man den symmetrischen elektromagnetischen Impuls-Energie-Tensor bilden, der für die Vakuumelektrodynamik definierbar ist durch:

$$S_i^k = \frac{1}{4\pi}\left\{F_{il}F^{lk} - \frac{1}{4} g_i^k F_{rl}F^{lr}\right\}; \qquad S_i^i = 0.$$

Mit ihm gilt: $k_i = \dfrac{\partial S_i^k}{\partial x^k}$, d.h.

$$\mathfrak{k} = \frac{1}{4\pi}\left\{\mathfrak{E}\,\mathrm{div}\,\mathfrak{E} - [\mathfrak{B}\,\mathrm{rot}\,\mathfrak{B}] + \frac{1}{c}\left[\mathfrak{E}\frac{\partial\mathfrak{B}}{\partial t}\right] - \frac{1}{c}\frac{\partial}{\partial t}[\mathfrak{E}\mathfrak{B}]\right\} = \bar{\varrho}\,\mathfrak{E} + \frac{1}{c}[\bar{\mathfrak{i}}\mathfrak{B}]$$

$$\lambda = -\frac{c}{4\pi}\,\mathrm{div}\,[\mathfrak{E}\mathfrak{B}] - \frac{1}{8\pi}\frac{\partial}{\partial t}\{\mathfrak{E}^2 + \mathfrak{B}^2\}.$$

Für materieerfüllte Räume bietet die Konstruktion eines entsprechenden symmetrischen Tensors Schwierigkeiten.

6. Elektrodynamik in bewegten Medien.

Die Materialgleichungen $\mathfrak{D} = \varepsilon\,\mathfrak{E}$, $\mathfrak{B} = \mu\,\mathfrak{H}$, $\mathfrak{i} = \sigma\,\mathfrak{E}$ gelten nur in dem Bezugssystem relativ zu dem das materielle polarisierbare bzw. leitende Material ruht, aber nicht in dagegen bewegten Systemen. Diese Gleichungen sind daher auch nicht so formulierbar, daß sie in allen Systemen gleich lauten. Nach der Relativitätstheorie soll aber eine invariante Form existieren. Solche Formen sind:

$$H^{ik}u_k = \varepsilon F^{ik}u_k, \quad \text{d.h.} \quad \mathfrak{D} + \frac{1}{c}[\mathfrak{u}\mathfrak{H}] = \varepsilon\left\{\mathfrak{E} + \frac{1}{c}[\mathfrak{u}\mathfrak{B}]\right\};$$

$$F^{ik}u^l + F^{kl}u^i + F^{li}u^k = \mu\{H^{ik}u^l + H^{kl}u^i + H^{li}u^k\},$$

$$\text{d.h.} \quad \mathfrak{B} - \frac{1}{c}[\mathfrak{u}\mathfrak{E}] = \mu\left\{\mathfrak{H} - \frac{1}{c}[\mathfrak{u}\mathfrak{D}]\right\}.$$

In diesen Gleichungen bedeutet $\mathfrak{u}$ die Geschwindigkeit des die Polarisation tragenden Substrates, bzw. u^i seine Vierergeschwindigkeit. Diese nach der Theorie möglichen Relationen haben sich auch experimentell bestätigen lassen.

Die dritte Materialgleichung schreiben wir in der Form:

$$s^i + \frac{1}{c^2}u^i(s^k u_k) = \frac{\sigma}{c}F^{ik}u_k \quad \text{d.h.}\ \mathfrak{i} = \varrho\,\mathfrak{u} + \frac{\sigma}{\sqrt{1-u^2/c^2}}\left\{\mathfrak{E} + \frac{1}{c}[\mathfrak{u}\mathfrak{B}] - \frac{\mathfrak{u}\,(\mathfrak{E}\,\mathfrak{u})}{c^2}\right\}$$

als Summe von Konvektions- und Leitungsstrom.

Für $\sigma = 0$ wird $\mathfrak{i} = \mathfrak{i}_K = \varrho\,\mathfrak{u}$. Es ist dann $\varrho^2 c^2 - \mathfrak{i}^2 = \varrho^2 c^2(1 - u^2/c^2)$ eine gegen Lorentz-Transformationen invariante Größe: $\varrho\sqrt{1-u^2/c^2} = \varrho_0$ heißt die *Ruhdichte der Ladung*.

7. Grundgleichungen der Kontinuumsmechanik.

Eine relativistisch invariante Form, die für Geschwindigkeiten $u \ll c$ mit der überkommenen Form übereinstimmt, lautet:

$$\frac{\partial}{\partial x^i}(\mu_0 u^i) = 0 \quad \text{d.h.} \quad \mathrm{div}\frac{\mu_0\,\mathfrak{u}}{\sqrt{1-u^2/c^2}} + \frac{\partial}{\partial t}\frac{\mu_0}{\sqrt{1-u^2/c^2}} = 0.$$

Das ist die normale Kontinuitätsgleichung, wenn man die Massendichte $\mu = \frac{\mu_0}{\sqrt{1 - u^2/c^2}}$ setzt. Die invariante Größe μ_0 heißt *Ruhdichte der Materie.* $\mu_0 u^i = \{\mu \mathfrak{u}, c\mu\}$ bilden einen Vierervektor.

Im gleichen Sinne gilt folgende Bewegungsgleichung:

$$i c \mu_0 \frac{d u^i}{d s} = k^i \quad \text{d. h.} \quad \frac{\mu_0}{\sqrt{1 - u^2/c^2}} \frac{d}{dt} \frac{\mathfrak{u}}{\sqrt{1 - u^2/c^2}} = \mathfrak{k}.$$

Wegen $u_i u^i = - c^2$ wird:

$$u_i k^i = 0 \quad \text{d. h.} \quad (\mathfrak{u}, \mathfrak{k}) = \lambda.$$

Da $\frac{d}{ds} = \frac{1}{ic} u^i \frac{\partial}{\partial x^i}$ ist, kann man auch schreiben:

$$\mu_0 u^i \frac{\partial u^l}{\partial x^i} = \frac{\partial}{\partial x^i} \mu_0 u^i u^l = k^l,$$

$\mu_0 u^i u^l = K^{il}$ heißt *kinetischer Energie-Impulstensor.*

Folgt die Kraftdichte $\mathfrak{k}$ aus einem Spannungstensor $\mathfrak{P}$, so hat man eine Darstellungsform:

$$k^l = - \frac{\partial P^{il}}{\partial x^i} \quad \text{d. h.} \quad \mathfrak{k} = - \operatorname{div} \mathfrak{P},$$

P^{il} heißt der *potentielle Energieimpulstensor.*

Die dann geltende Gleichung

$$\frac{\partial}{\partial x^i} \{K^{il} + P^{il}\} = 0$$

faßt die Erhaltungssätze für Impuls und Energie zusammen.

Die Komponenten des gesamten Tensors $K^{ik} + P^{ik} = T^{ik}$ bedeuten:

T^{ik} für $i, k = 1, 2, 3$: einen räumlichen Spannungstensor $\mathfrak{T}$

$\frac{1}{c} T^{i4}$ für $i = 1, 2, 3$: Impulsdichte

$c T^{4i}$ für $i = 1, 2, 3$: Energiestromdichte

T^{44} : Energiedichte.

8. Punktmechanik.

Von einer Kontinuumstheorie gelangt man zu einer Punkttheorie durch Integration über den Raum. Hierbei ist zu beachten, daß das dreidimensionale Volumenelement $dV = dx^1 dx^2 dx^3$ wegen der LORENTZ-Kontraktion nicht invariant ist, wohl aber $dV_0 = \frac{dV}{\sqrt{1 - u^2/c^2}}$ als das Volumenelement in einem Bezugssystem, in dem es ruhend erscheint *(Ruhvolumen)*. Damit bildet man die invarianten Größen: $m_0 = \mu\, dV = \mu_0\, dV_0$, die im Volumenelement enthaltene *Ruhmasse*, und $e = \varrho V = \varrho_0 V_0$ seine invariante elektrische Ladung.

Bildet man ferner den Kraftvektor

$$\mathfrak{K} = \mathfrak{k}\, dV \quad \text{oder} \quad K^i = k^i dV_0 = \left\{\frac{\mathfrak{K}}{\sqrt{1 - u^2/c^2}},\ \frac{(\mathfrak{K}, \mathfrak{u})}{c\sqrt{1 - u^2/c^2}}\right\}$$

sowie den Impulsvektor

$$\mathfrak{p} = \mu\, \mathfrak{u}\, dV_0 = m_0 \frac{\mathfrak{u}}{\sqrt{1 - u^2/c^2}}, \quad \text{d. h.} \quad p^i = m_0 u^i = \left\{\mathfrak{p}, \frac{E}{c}\right\},$$

so erhält man eine invariante Bewegungsgleichung in der Form:

$$i\, m_0 c \frac{du^i}{ds} = i c \frac{dp^i}{ds} = K^i, \quad \text{d.h.} \quad m_0 \frac{d}{dt} \frac{\mathfrak{u}}{\sqrt{1 - u^2/c^2}} = \frac{d\mathfrak{p}}{dt} = \mathfrak{K}$$

und

$$m_0 \frac{d}{dt}\left(\frac{c}{\sqrt{1 - u^2/c^2}}\right) = \frac{1}{c}\frac{dE}{dt} = \frac{(\mathfrak{K}\, \mathfrak{u})}{c}.$$

Wegen der letzten Gleichung bedeutet E die Energie $E = \dfrac{m_0 c^2}{\sqrt{1 - u^2/c^2}}$

Es gilt
$$E^2/c^2 = p^2 + m_0^2 c^2$$

sowie entwickelt:
$$E = m_0 c^2 + \frac{p^2}{2m} + \cdots.$$

$m_0 c^2$ heißt die *Ruhenergie* der Masse m_0. Das zweite Glied der Entwicklung ist die klassische kinetische Energie.

Die LORENTZ-Kraft auf eine Punktladung schreibt sich invariant:

$$K^i = \frac{e}{c} F^{ik} u_k, \quad \text{d. h.} \quad \mathfrak{K} = e\left\{\mathfrak{E} + \frac{1}{c}[\mathfrak{u}, \mathfrak{B}]\right\}; \quad (\mathfrak{K}\, \mathfrak{u}) = e(\mathfrak{E}\, \mathfrak{u}).$$

Die relativistische Dynamik kann, genau wie die klassische, auch auf andere Prinzipien als die NEWTONsche Grundgleichung

$$\frac{dp_i}{dt} = K_i$$

aufgebaut werden. Das HAMILTON*sche Prinzip*

$$\delta \int_{t_1}^{t_2} L\, dt = 0$$

bleibt unverändert erhalten, wenn man als LAGRANGE*sche Funktion* einführt:

$$L = m_0 c^2 \left(1 - \sqrt{1 - \beta^2}\right) - W.$$

Ist W konstant, so führt dieses Prinzip zu

$$\delta \int_{t_1}^{t_2} \sqrt{1 - \beta^2}\, dt = \delta \int_{\tau_1}^{\tau_2} d\tau = 0 \quad (\tau = \text{Eigenzeit des Massenpunktes}).$$

Die *kanonischen Gleichungen* kann man unverändert übernehmen, wenn man als HAMILTON*sche Funktion* benutzt

$$H = m_0 c^2 \left(\frac{1}{\sqrt{1-\beta^2}} - 1 \right) + W$$

oder bei Einführung der Impulse statt der Geschwindigkeiten

$$H(p_i, x^i) = c\sqrt{m_0^2 c^2 + p^2} - m_0 c^2 + W(x^i).$$

9. Allgemeine Feldtheorie.

Relativistisch invariante Feldgleichungen allgemeinerer Art kann man konstruieren, indem man, ausgehend von einer invarianten LAGRANGE-Funktion $L(\psi_\mu, \partial\psi_\mu/\partial x^k)$, die Funktion der *Feldgrößen* ψ_μ und ihrer ersten Ableitungen $\partial\psi_\mu/\partial x^k$ ist, aber nicht explizit von den x^k abhängt, die EULERschen Gleichungen des Variationsproblems

$$\delta \int L\, dw = 0 \qquad (dw = dx^1\, dx^2\, dx^3\, dx^4 = dx\, dy\, dz\, di\, ct)$$

bildet. Hierbei sei das Integral über ein beliebiges vierdimensionales Volumen erstreckt, auf dessen Oberfläche die $\delta\psi_\mu$ verschwinden sollen.

Man erhält die Feldgleichungen:

$$\frac{\partial L}{\partial \psi_\mu} - \frac{\partial}{\partial x^k} \frac{\partial L}{\partial\left(\frac{\partial \psi_\mu}{\partial x^k}\right)} = 0 \qquad (k = 1, 2, 3, 4).$$

Die ψ_μ können Größen sein, die sich wie Skalare oder Vektor- bzw. Tensorkomponenten transformieren.

Bildet man den „*kanonischen*" *Tensor:*

$$\Theta_k^l = -\frac{\partial \psi_\mu}{\partial x^k} \frac{\partial L}{\partial\left(\frac{\partial \psi_\mu}{\partial x^l}\right)} + \delta_{kl} L,$$

so wird:

$$\frac{\partial \Theta_k^l}{\partial x^l} = 0.$$

Das ist als Impuls- und Energieerhaltungssatz deutbar, wenn man $-\frac{i}{c}\Theta_4^l$ als räumliche Dichte des Impulses und $-\Theta_4^4$ der Energie auffaßt.

Um den vollständigen (symmetrischen) Impuls-Energietensor zu erhalten, muß Θ durch Zusatzglieder symmetrisiert werden. Das gelingt durch:

$$T^{kl} = \Theta^{kl} - \frac{1}{2} t_{kl,\mu\nu} \frac{\partial}{\partial x^r}\left(\psi_\nu \frac{\partial L}{\partial\left(\frac{\partial \psi_\mu}{\partial x^r}\right)}\right) + \frac{1}{2} t_{rl,\mu\nu} \frac{\partial}{\partial x^r}\left(\psi_\nu \frac{\partial L}{\partial\left(\frac{\partial \psi_\mu}{\partial x^k}\right)}\right) + \frac{1}{2} t_{rk,\mu\nu} \frac{\partial}{\partial x^r}\left(\psi_\nu \frac{\partial L}{\partial\left(\frac{\partial \psi_\mu}{\partial x^l}\right)}\right) = T^{lk}.$$

Damit wird auch

$$\frac{\partial T^{kl}}{\partial x^l} = 0 = \frac{\partial T^{lk}}{\partial x^l}$$

Die $t_{kl,\mu\nu}$ sind $= 0$ für skalare Feldgrößen. Sie sind $= \delta_{k\mu}\delta_{l\nu} - \delta_{k\nu}\delta_{l\mu}$ für Vektoren (s. S. 220).

Bildet man $M^{klr} = T^{kl}x^r - T^{kr}x^l$, so wird $\frac{\partial M^{klr}}{\partial x^k} = 0$. M^{4lr} ist als Drehimpulsdichte deutbar. Sein räumliches Integral $\frac{1}{ic}\int d\tau M^{4lr}$ ist der Gesamtdrehimpuls.

Sind die ψ_μ komplexe Größen, und ist L invariant gegen die Transformation: $\psi_\mu \rightarrow \psi_\mu e^{i\alpha}$, $\psi_\mu^* \rightarrow \psi_\mu^* e^{-i\alpha}$, so gilt für den Vektor:

$$s^k = i\left(\psi_\mu \frac{\partial L}{\partial\left(\frac{\partial \psi_\mu}{\partial x^k}\right)} - \psi_\mu^* \frac{\partial L}{\partial\left(\frac{\partial \psi_\mu^*}{\partial x^k}\right)}\right)$$

$\partial s^k/\partial x^k = 0$. s^k kann zur Aufstellung eines Vektors der Strom-Ladungsdichte gebraucht werden.

Man kann die Theorie in die kanonische Form bringen, indem man die *Impulsgrößen*:

$$\pi_\mu = \frac{\partial L}{\partial \dot{\psi}_\mu} = \frac{1}{ic} \frac{\partial L}{\partial\left(\frac{\partial \psi_\mu}{\partial x^4}\right)}$$

einführt und die HAMILTON-Funktion:

$$H\left(\pi_\mu, \psi_\mu, \frac{\partial \psi_\mu}{\partial x^k}\right) = \pi_\mu \dot{\psi}_\mu - L = -\Theta_4^4 \quad (k = 1, 2, 3)$$

(mit Elimination der $\dot{\psi}_\mu$) bildet.

$\int d\tau H = \overline{H}$ ist die Energie.

Es gelten dann die kanonischen Gleichungen:

$$\dot{\psi}_\mu = \frac{\partial H}{\partial \pi_\mu}; \quad \dot{\pi}_\mu = -\frac{\partial H}{\partial \psi_\mu} + \frac{\partial}{\partial x^k} \frac{\partial H}{\partial\left(\frac{\partial \psi_\mu}{\partial x^k}\right)}.$$

10. Praktische Anwendung der Relativitätstheorie.

Die relativistisch invarianten Formulierungen haben sich, insofern sie von den überkommenen Formen abweichen, bisher durchweg bewährt. Die Forderung nach relativistischer Invarianz hat daher für die Aufstellung oder Verschärfung empirischer Gesetze großen heuristischen Wert.

Daneben besitzt die Relativitätstheorie eine unmittelbare praktische Bedeutung zur Lösung von speziellen Problemen. Wenn man irgendwelche Lösungen invariant formulierter Gesetze besitzt, die im System K

gelten, so bleiben sie Lösungen, wenn man alle Größen, d. h. Koordinaten bzw. Vektor- und Tensorkomponenten, durch die entsprechenden gestrichenen ersetzt, d. h. die gleichen Lösungen als in K' formuliert auffaßt. Transformiert man nun von K' auf K, so erhält man dort neue Lösungen. Man kann in diesem Sinne die LORENTZ-Transformation als eine Vorschrift auffassen, mit der man von irgendeinem naturgesetzlich möglichen Geschehen auf ein anderes solches schließen kann, da es gleichgültig ist, ob das erste Geschehen als Lösung von Naturgesetzen mathematisch abgeleitet wurde oder ob es der unmittelbaren Beobachtung entnommen war.

Wichtige Beispiele für dieses Verfahren sind unter anderen:

1. Bekannt ist die Lösung $\mathfrak{E} = \frac{e\mathfrak{r}}{r^3}$ und $\mathfrak{H} = 0$ für das Feld einer in K ruhenden Punktladung e.

Dann ist auch $\mathfrak{E}' = \frac{e\mathfrak{r}'}{r'^3}$ und $\mathfrak{H}' = 0$ eine Lösung in K'.

Das ergibt:

$$E'_x = E_x = e\frac{(x-\beta c t)}{r'^3\sqrt{1-\beta^2}} \qquad H'_x = H_x = 0$$

$$E'_y = \frac{1}{\sqrt{1-\beta^2}}(E_y - \beta H_z) = \frac{e y}{r'^3} \qquad H'_y = \frac{1}{\sqrt{1-\beta^2}}(H_y + \beta E_z) = 0$$

$$E'_z = \frac{1}{\sqrt{1-\beta^2}}(E_z + \beta H_y) = \frac{e z}{r'^3} \qquad H'_z = \frac{1}{\sqrt{1-\beta^2}}(H_z - \beta E_y) = 0$$

$$\text{mit} \quad r' = \left(\frac{(x-\beta c t)^2}{1-\beta^2} + y^2 + z^2\right)^{\frac{1}{2}}.$$

Löst man diese Gleichungen nach $\mathfrak{E}$ und $\mathfrak{H}$ auf, so erhält man das Feld einer in K mit der Geschwindigkeit $v = \beta c$ in der x-Richtung bewegten Ladung e. (Für $t = 0$ s. S. 403.)

2. Eine ebene Elementarwelle in einem in K ruhenden Medium hat den Phasenfaktor $e^{i(\omega t - (\mathfrak{k}\mathfrak{r}))} = e^{-i(w_i x^i)}$ mit $w^i = \{\mathfrak{k}, \omega/c\}$.

$\mathfrak{k}$ = Wellenvektor, ω = Frequenz. Die gleiche Erscheinung in einem in K' ruhenden Medium hat dann die Phase $\omega' t' - (\mathfrak{k}'\mathfrak{r}')$. Die Transformation ergibt:

$$\mathfrak{k}' = \mathfrak{k} - \mathfrak{v}\left\{\frac{(\mathfrak{v}\mathfrak{k})}{v^2}\left(1 - \frac{1}{\sqrt{1-\beta^2}}\right) + \frac{\omega}{c^2\sqrt{1-\beta^2}}\right\}$$

$$\omega' = \frac{\omega - (\mathfrak{v}\mathfrak{k})}{\sqrt{1-\beta^2}}.$$

Diese Formeln beschreiben die Änderungen von Wellenvorgängen durch die Bewegung von Strahlungsquelle und Substrat, d. h. *Aberration* und *Dopplereffekt.*

Ist $\mathfrak{k} \perp \mathfrak{v}$, so ist

$$\mathfrak{k}' = \mathfrak{k} - \frac{\mathfrak{v}\,\omega}{c^2\sqrt{1-\beta^2}}, \quad \omega' = \frac{\omega}{\sqrt{1-\beta^2}} \quad \textit{(Transversaler Dopplereffekt).}$$

Führt man die Phasengeschwindigkeit $V = \frac{\omega}{|k|}$ bzw. $\mathfrak{k} = \frac{\omega}{V}\mathfrak{n}$ ein, so wird

$$\mathfrak{n}' = \mathfrak{n} - \frac{\mathfrak{v}\,V}{c^2\sqrt{1-\beta^2}} \quad \textit{(Aberration).}$$

Ist $\mathfrak{k} \parallel \mathfrak{v}$, so ist

$$\mathfrak{k}' = \frac{\mathfrak{k} - \mathfrak{v}\,\omega/c^2}{\sqrt{1-\beta^2}}, \quad \omega' = \frac{\omega - (\mathfrak{v}\,\mathfrak{k})}{\sqrt{1-\beta^2}} = \frac{\omega\left(1 - \frac{v}{V}\right)}{\sqrt{1-\beta^2}} \quad \textit{(Longitudinaler Dopplereffekt)}$$

und

$$V' = \frac{V - v}{1 - v\,V/c^2}.$$

Bei einer Lichtwelle setzt man $V = c/n$ (n = Brechungsexponent) und erhält

$$V' = \frac{c}{n} + v\left(1 - \frac{1}{n^2}\right) + \cdots.$$

$\left(1 - \frac{1}{n^2}\right)$ heißt hier *Mitführungskoeffizient.*

11. Relativistische Invarianten.

Neben den oben aufgeführten Invarianten, die nach den Transformationsvorschritten aus Vektor- und Tensorkomponenten gebildet werden können, haben wir:

1. Die elektrische Ladung e.
2. Das Ruhvolumen $V_0 = V/\sqrt{1-\beta^2}$.
3. Die Ruhmasse $m_0 = m\sqrt{1-\beta^2}$.

In Anwendung auf andere Gebiete der Physik erhalten wir folgende invariante Größen:

1. Der skalare Druck der Hydrodynamik $p = p_0$.
2. Die Entropie $S = S_0$.
3. Die Ruhtemperatur $T_0 = T/\sqrt{1-\beta^2}$.
4. Die Wärmemenge $Q_0 = Q/\sqrt{1-\beta^2}$.
5. Das Wirkungsintegral $\int L\,dt$.
6. Das Wirkungsquantum h.
7. Die BOLTZMANNsche Konstante k.
8. Das Verhältnis von Energie zur Frequenz E/ν eines räumlich begrenzten Wellenzuges der Geschwindigkeit c.

B. Allgemeine Relativitätstheorie.

1. Grundlagen.

Die spezielle Relativitätstheorie hat die Forderung aufgestellt, daß alle Naturgesetze Beziehungen darstellen sollen zwischen Skalaren, Vektoren oder Tensoren einer vierdimensionalen *euklidischen* Mannigfaltigkeit, deren Linienelement also immer auf die Form

$$ds^2 = (d x^1)^2 + (d x^2)^2 + (d x^3)^2 - (d x^4)^2$$

gebracht werden kann. Die Grundgesetze der Physik bleiben dann kovariant gegenüber allen LORENTZ-Transformationen.

Gehen wir aus von einer *nichteuklidischen* Mannigfaltigkeit, so müssen wir die allgemeine Form

$$ds^2 = g_{ik}\, d x^i\, d x^k$$

zugrunde legen. Die Tensorgleichungen erscheinen dann in einer Form, die *beliebigen Transformationen* der Koordinaten x^i gegenüber kovariant bleibt. Es treten jetzt in diesen Gleichungen auch die Komponenten des „*metrischen Fundamentaltensors*“ g_{ik} als Funktionen des Ortes auf. Im Gegensatz zur speziellen Theorie betrachtet die allgemeine Relativitätstheorie die Ortsabhängigkeit des Fundamentaltensors als wesentliches Bestimmungsstück des physikalischen Feldes. Das Linienelement kann dann wohl noch *in jedem Punkte* auf die obige Form (s. S. 218) gebracht werden, nicht aber in *endlichen* Bereichen.

2. Das Gravitationsfeld.

Die Abweichung der Weltmetrik von der Euklidizität macht sich nach der EINSTEINschen Theorie in den *Gravitationserscheinungen* bemerkbar. Die Bewegung eines Massenpunktes in einem Gravitationsfelde ist eine *kräftefreie Bewegung*

$$K^i = m_0 \left(\frac{d^2 x^i}{d s^2} + \Gamma^i_{rs} \frac{d x^r}{d s} \frac{d x^s}{d s} \right) = 0 ,$$

d. h. infolge des Trägheitsgesetzes ist die Weltlinie eines freien Massenpunktes eine *geodätische Linie*. Die hier auftretenden Zusatzglieder werden als „*Scheinkraft*“ gedeutet, nach Art der Zentrifugal- und Corioliskräfte, die ebenfalls dadurch zustande kommen, daß in einem rotierenden Bezugssystem auch bei der euklidischen Metrik nicht sämtliche Γ^i_{rs} verschwinden. Alle Scheinkräfte haben die charakteristische Eigenschaft, der *trägen Masse proportional* zu sein. Die experimentell mit großer Genauigkeit erwiesene *Proportionalität zwischen gravitierender und träger Masse* zeigt, daß auch die NEWTONsche Gravitationskraft diese Eigentümlichkeit besitzt.

3. Erzeugung der Gravitation durch Materie.

Die nächstliegende differentialgeometrische Charakterisierung des Linienelements kann durch den verjüngten RIEMANNschen Krümmungstensor R_{ik} (vgl. S. 218) erfolgen. In einer euklidischen Mannigfaltigkeit verschwindet derselbe identisch im ganzen Gebiet. EINSTEIN stellte die Theorie auf, daß R_{ik} nur an solchen Stellen verschwindet, wo keine Materie vorhanden ist, während es im übrigen durch den gesamten Spannungs-Energietensor der Materie bestimmt wird. Der Zusammenhang wird geregelt durch die Erhaltungssätze von Impuls und Energie. Die Dynamik lieferte als oberstes Grundgesetz, daß *die Divergenz des „Welttensors T^{ik} der Materie"* (Summe des mechanischen und elektromagnetischen Anteiles) *verschwindet* (s. S. 421):

$$\frac{\partial T_i^s}{\partial x^s} + \Gamma_{rs}^r T_i^s - \Gamma_{is}^r T_r^s = 0.$$

Auch aus dem Krümmungstensor läßt sich ein Tensor bilden, dessen Divergenz identisch verschwindet, nämlich

$$R_{ik} - \tfrac{1}{2} R g_{ik} - \lambda g_{ik},$$

worin λ eine beliebige Konstante ist *(„kosmologische Konstante")*.

Die EINSTEINsche Theorie macht nun den Ansatz

$$\boxed{R_{ik} - \tfrac{1}{2} R g_{ik} - \lambda g_{ik} = -\varkappa T_{ik}} \quad \textbf{(Feldgleichungen)}, \qquad (1)$$

wo $\varkappa$ ebenfalls eine universelle Konstante ist. Der Impuls-Energiesatz ist dann eine notwendige Folge dieser Feldgleichungen.

Der Vergleich mit der Erfahrung lehrt, daß λ sehr klein ist (höchstens $10^{-53}\,\mathrm{cm}^{-2}$) und für viele Probleme $\lambda = 0$ gesetzt werden darf. Ferner erhält man als erste Näherung die NEWTONsche Gravitationstheorie, wenn

$$\varkappa = \frac{8\pi G}{c^4} = 2{,}073 \cdot 10^{-48}\,\mathrm{cm}^{-1}\,\mathrm{g}^{-1}\,\mathrm{sec}^2$$

gesetzt wird, wo $G = (6{,}670 \pm 0{,}01) \cdot 10^{-8}\,\mathrm{cm}^3\,\mathrm{g}^{-1}\,\mathrm{sec}^{-2}$ *die Gravitationskonstante* ist.

Zwischen den zehn Differentialgleichungen (1) bestehen infolge ihres Tensorcharakters vier Bedingungsgleichungen; sie genügen daher nicht zur eindeutigen Festlegung der zehn Größen g_{ik}, sondern lassen gerade hinreichende Freiheit, um an Stelle eines Koordinatensystems x^i ein anderes $x'^i = f_i(x^1, x^2, x^3, x^4)$ zu substituieren (HILBERT).

Spezielle experimentell prüfbare Folgerungen der allgemeinen Relativitätstheorie sind die drei EINSTEIN-Effekte:

1. Periheldrehung im Zweikörperproblem.
2. Lichtablenkung im Schwerefeld.
3. Rotverschiebung von Spektrallinien bei Lichtquellen in höheren Gravitationspotentialen.

Die bisherige experimentelle Forschung reicht für eine definitive Bestätigung der Theorie noch nicht aus.

Vierter Abschnitt.

Quantentheorie.

Es hat sich gezeigt, daß die klassische Mechanik und Elektrodynamik nur bedingte Gültigkeit besitzt. Die Betrachtung der Elementarvorgänge am einzelnen Atom oder Molekül lehrt, daß hier jedenfalls die Konstruktion anschaulicher Modelle und ihre Behandlung nach den Gesetzen der klassischen Physik zu Widersprüchen mit der Erfahrung führt.

A. Ältere Theorie.

1. Mechanik.

Die Grundgesetze der Mechanik bleiben unverändert. Es sollen aber unter allen von der Mechanik als möglich betrachteten Bewegungen eines Systems nur eine beschränkte Anzahl tatsächlich vorkommen (*„Quantenzustände"*). Außerdem sollen teils unter der Wirkung äußerer Impulse, teils auch spontan, nicht durch die Mechanik beherrschte „unmechanische" Vorgänge stattfinden, die das System von einem Quantenzustand in einen anderen überführen (*Quantensprünge*). Die Übergangszeit muß als verschwindend klein angenommen werden. Die Art des Überganges entzieht sich jeder anschaulichen Darstellung.

Steht das betrachtete System unter der Wirkung von konservativen äußeren Kräften und werden diese langsam geändert, so ändert sich die Bewegungsform gleichfalls langsam. Die *Adiabatenhypothese* (EHRENFEST) behauptet, daß hierbei Quantenzustände als solche erhalten bleiben. (BOHRs *Prinzip der mechanischen Transformierbarkeit.*) „Langsam" heißt dabei eine Änderung, falls sie in einer Zeit erfolgt, die so groß ist, daß das System während derselben alle möglichen Phasen seiner Bewegung durchlaufen hat, oder ihnen wenigstens sehr nahe gekommen ist.

Das ist einfach angebbar bei einer rein periodischen Bewegung. Hier heißt es, die Änderung der äußeren Kräfte erfolge in einer Zeit, die groß ist gegen die Bewegungsperiode. Ist die Bewegung aber nicht periodisch, so durchläuft der Phasenpunkt des Systems ein gewisses Gebiet des Phasenraumes, und kommt jedem Punkt dieses Gebietes im Lauf der Zeit beliebig nahe. Hier ist also an Stelle der Periode die Zeit zu nehmen, in der der Phasenpunkt das genze Gebiet überstrichen hat, d. h. jedem Punkt desselben nahegekommen ist.

Das Prinzip gestattet aus einer ganz im Endlichen liegenden, als Quantenbahn bekannten Bahn eine neue durch Variation (oder Einführung) äußerer Kräfte zu berechnen. Das Prinzip ist jedoch nicht mehr anwendbar, wenn während der Änderung der äußeren Kräfte das vom Phasenraum bestrichene Gebiet zu einem solchen von weniger Dimensionen degeneriert (*entartete Bahnen*).

Eine Form der mathematischen Formulierung der Quantenmechanik ist folgende:

Man gehe aus von der HAMILTONschen Funktion $H(p, q)$ (S. 363) des Problems und führe durch eine kanonische Transformation (s. S. 160) zeitlineare Winkelvariable $w_k = \omega_k t + \delta_k$ mit den zeitunabhängigen kanonisch konjugierten Impulsen (Wirkungsvariablen) J_k ein. Dann fordert die Theorie:

$$J_k = \frac{n_k h}{2\pi},$$

wo n_k eine ganze Zahl („Quantenzahlen") und

$$h = 6{,}623 \cdot 10^{-27}\,\text{erg sec} \qquad \text{(PLANCKsches Wirkungsquantum)}$$

sein soll. Während also die klassische Mechanik nur fordert, daß die J_k konstant sind, legt die Quantentheorie diese Konstanten auf diskrete Werte fest.

Zum Beispiel ist für einen linearen harmonischen Oszillator (s. Anhang 4):

$$H(p, q) = \frac{p^2}{2m} + \frac{m\omega^2 q^2}{2}.$$

Es folgt:

$$J = \frac{p^2}{2m\omega} + \frac{m\omega q^2}{2} = \frac{E}{\omega}$$

$$w = \operatorname{arc\,tg}\left(\frac{p}{m\omega q}\, t + \delta\right).$$

Die Quantentheorie fordert

$$\frac{E}{\omega} = \frac{n h}{2\pi} \qquad \text{oder:} \quad E = n h \nu.$$

Eine andere Formulierung ist folgende:

Man gehe aus von der HAMILTON-JACOBIschen Differentialgleichung und suche durch eine beliebige Transformation solche Variable, daß die Gleichung durch „Separation der Variablen" gelöst werden kann, d. h. in einer Form:

$$S = \sum S_k(q_k, \alpha_1, \ldots),$$

wo die α_i zunächst willkürliche Integrationskonstanten sind und

$$S_k = \int p_k(q_k, \alpha_1, \ldots)\, d q_k.$$

Führt man diese Integration über den ganzen Variabilitätsbereich von q_k aus, so ist

$$J_k = \frac{1}{2\pi} \oint p_k\, d q_k = \frac{n_k h}{2\pi}.$$

Hierdurch sind dann auch die α_k festgelegt.

Entartung tritt ein, sobald die ω_k kommensurable Größen sind, bzw. teilweise $= 0$ werden. Dann sind nämlich die J_k und w_k nicht mehr *eindeutig* zu bestimmen. Es werden also auch die Quantenbahnen nicht mehr eindeutig festgelegt. Die Energie bleibt aber trotzdem bestimmt. Zum Beispiel ist die im Anhang 5 behandelte Planetenbewegung ein entarteter Fall, weil zwei von den ω gleich Null werden. Nur P_1 ist festgelegt (große Achse). Besteht aber eine wenn auch kleine Abweichung von COULOMBschen Gesetz (Bewegung eines Elektrons um einen Atomrumpf), oder beachten wir die relativistische Abhängigkeit der Masse von der Geschwindigkeit, so ist auch P_2, also die Exzentrizität, nicht mehr frei wählbar. Besteht schließlich noch ein gerichtetes äußeres elektrisches oder magnetisches Feld, so ist auch P_3, die Neigung der Bahn, auf bestimmte Winkel beschränkt *(Richtungsquantelung)*.

2. Elektrodynamik.

Während die klassische Elektrodynamik eine kontinuierliche Ausstrahlung einer periodisch bewegten Ladung ergibt, gilt nach BOHR:

1. Elektronen in Quantenbahnen strahlen nicht.

2. Bei Übergang aus einer Quantenbahn in eine andere geringerer Energie tritt Emission einer monochromatischen Strahlung in Energiequanten ΔE von der Schwingungszahl

$$\nu = \frac{\Delta E}{h}$$

auf, wo ΔE die Energiedifferenz der beiden Quantenzustände bedeutet. Dieser Vorgang ist umkehrbar (Quantenabsorption).

Da die Quantenmechanik die Quantenbahnen und deren Energie liefert, so werden hiermit auch die möglichen Schwingungszahlen der Emission und Absorption festgelegt als Differenzen der möglichen E/h (RITZsches Kombinationsprinzip der Spektroskopie). Die Größen E/h heißen *„Spektralterme"*.

Für große Quantenzahlen geht die BOHRsche Theorie in die klassische Theorie über, wenn man durch ein *Auswahlprinzip* gewisse Forderungen über die *Übergangswahrscheinlichkeiten* aufstellt. Diese werden durch die *Korrespondenzhypothese* auch auf kleine Quantenzahlen verallgemeinert.

Beschreibt man die Bewegung eines Elektrons durch eine FOURIER-Darstellung von der Form

$$\mathfrak{r} = \sum_{\varkappa} \mathfrak{a}_{\varkappa} e^{i \varkappa \omega t},$$

so setzt man in Korrespondenz:

die $\varkappa$ zu den Differenzen Δn der Quantenzahlen
die $\varkappa\omega$ zu den Frequenzen $2\pi\nu$.

Die Grundperiode ($\varkappa = 1$) entspricht einem Übergang mit $\Delta n = 1$; die nächste Oberschwingung ($\varkappa = 2$) entspricht einem Übergang mit $\Delta n = 2$ usw.

Die Vektoren $\mathfrak{a}_\varkappa$ der FOURIER-Reihe sollen dann die Intensität und Polarisation der ausgesandten Welle liefern, gerade so, wie sie es für die klassische Strahlung tun würden.

Mit den Intensitäten sind dann auch die zugeordneten Übergangswahrscheinlichkeiten festgelegt.

Diese vorläufige Formulierung befriedigt quantitativ nur in einfachen Fällen; sie versagt vor allem gänzlich beim Mehrkörperproblem (Heliumatom) und bei der Berechnung der Intensitäten der Spektrallinien. Sie ist anzusehen als ein Versuch, die Experimente wiederzugeben unter möglichst weitgehender Beibehaltung der klassischen Physik. In diesem Sinne kann sie auch heute noch als Näherungstheorie oft mit Vorteil benutzt werden.

Mit ihrer Hilfe gelang es, aus den Spektren qualitativ den Atomaufbau zu erkennen. Wesentlich ergänzt wurde die Theorie durch die Entdeckung des Elektronenspins (GOUTSMITH-UHLENBECK) und des Ausschließungsprinzips (PAULI) (s. S. 451), das die Besetzung einer Quantenbahn mit höchstens zwei Elektronen entgegengesetzten Spins zuläßt.

B. Neuere Theorie (Wellenmechanik).

Die Erkenntnis, daß wir weder die Lage- und Bewegungszustände noch die für ihre Folgen geltenden Gesetze beliebig genau erfassen und durch anschaulich deutbare mathematische Formen abbilden können, zwingt uns, eine unvermeidliche Unschärfe aller Aussagen in Kauf zu nehmen und uns mit Formulierungen von statistischem Charakter zu begnügen, die im „Mittel" zu den bewährten klassischen Gesetzen führen müssen, aber nur in Grenzfällen zu scharfen Aussagen konvergieren.

Einen Tatbestand „ungenau" beschreiben, heißt eine endliche oder unendliche diskrete oder dichte Menge von gleichwertigen Möglichkeiten nennen, ohne eine von ihnen auszuzeichnen. Damit ergibt sich folgende mathematische Darstellungsform:

Man bezeichne in einem geeigneten mehrdimensionalen Darstellungsraum jede Möglichkeit durch einen Punkt (s. S. 340). Die Verteilung dieser Punkte liefert die gewünschte Beschreibung, die um so genauer heißt, je mehr sich die Punkte an einer Stelle häufen.

Man kann dann Mittelwerte, die aus solcher Verteilung folgen, als Ersatz für die Parameter einer genauen Beschreibung nehmen.

I. Unrelativistische Punktmechanik.

1. Die Darstellungsmittel.

Die Quantentheorie der *N-Körpermechanik* bedient sich der Form einer Quasikontinuumstheorie (s. S. 356) im $3N$-dimensionalen Konfigurationsraum. Für eine solche sind die Begriffe: $\varrho(\mathfrak{r}, t)$ und $\mathfrak{v}(\mathfrak{r}, t)$ charakteristisch. ϱ bedeutet die *Dichte* von darstellenden Punkten, deren jeder eine mögliche Lage des Systems bezeichnet, $\mathfrak{v}$ bedeutet deren lokal gemittelte *Geschwindigkeit* im Darstellungsraum. Weil keine Punkte im Darstellungsraum verschwinden können, muß die *Kontinuitätsgleichung*:

$$\frac{\partial \varrho}{\partial t} + \operatorname{div} \varrho\, \mathfrak{v} = 0$$

gelten.

Die hier und im folgenden auftretenden Vektoren $\mathfrak{r}$, $\mathfrak{v}$, $\mathfrak{p}$ usw. und Differentialoperatoren div, grad, Δ usw. sowie alle Integrationen sind $3N$-dimensional zu verstehen. $\mathfrak{r}$ bedeutet den Inbegriff des Vektors $\{\mathfrak{r}_1, \mathfrak{r}_2, \ldots, \mathfrak{r}_N\}$. Sind die Teile durch verschiedene Parameter m_k oder e_k charakterisiert, so bedeutet z.B. $m\mathfrak{r} = \{m_1\mathfrak{r}_1, m_2\mathfrak{r}_2, \ldots, m_N\mathfrak{r}_N\}$ oder $e\mathfrak{r} = \{e_1\mathfrak{r}_1, e_2\mathfrak{r}_2, \ldots, e_N\mathfrak{r}_N\}$ usw.

ϱ ist im allgemeinen durch $\int \varrho\, dv = 1$ zu normieren. Die Integration ist hier und, wenn nicht ausdrücklich anders bemerkt, allgemein über den ganzen Raum zu erstrecken. Die bei Umformungen auftretenden Oberflächenintegrale im Unendlichen sollen verschwinden.

Durch räumliche *Mittelwertbildung* mit ϱ als Gewichtsfunktion bildet man in der Form: $\bar{\varphi} = \int \varrho \varphi\, dv$ den nur zeitabhängigen Mittelwert $\bar{\varphi}(t)$ einer Funktion $\varphi(\mathfrak{r}, t)$. Im Sinne einer statistischen Betrachtungsweise wird $\bar{\varphi}$ auch als *Erwartungswert* von φ bezeichnet.

Für beliebige $\varphi(\mathfrak{r}, t)$ gilt:

$$\frac{d}{dt}\bar{\varphi} = \frac{d}{dt}\int \varrho\varphi\, dv = \int \frac{\partial}{\partial t}(\varrho\varphi)\, dv = \int \left(\varrho\frac{\partial\varphi}{\partial t} + \varphi\frac{\partial\varrho}{\partial t}\right) dv =$$

$$= \int \left\{\varrho\frac{d\varphi}{dt} - (\mathfrak{v}\operatorname{grad}\varphi)\,\varrho - \varphi\operatorname{div}\varrho\,\mathfrak{v}\right\} dv = \int \varrho\frac{d\varphi}{dt}\, dv = \overline{\frac{d\varphi}{dt}}.$$

Spezielle Beispiele solcher Mittelwerte sind:

$\bar{\mathfrak{r}} = \int \varrho\,\mathfrak{r}\, dv =$ Schwerpunkt der Verteilung $=$ Erwartungswert der Lage des einzelnen Punktes,

$\frac{d\bar{\mathfrak{r}}}{dt} = \frac{d}{dt}\int \varrho\,\mathfrak{r}\, dv = \int \varrho\,\mathfrak{v}\, dv = \overline{\frac{d\mathfrak{r}}{dt}} = \bar{\mathfrak{v}} =$ Geschwindigkeit des Schwerpunkts $=$ Erwartungswert der Geschwindigkeit des einzelnen Punktes,

$\frac{d\bar{\mathfrak{v}}}{dt} = \frac{d}{dt}\int \varrho\,\mathfrak{v}\, dv = \overline{\frac{d\mathfrak{v}}{dt}} = \int \varrho\frac{d\mathfrak{v}}{dt}\, dv =$ mittlere Beschleunigung $=$ usw.

Haben die Systemteile verschiedene Massen m_k oder Ladungen e_k, so sind als Erwartungswerte von Impuls und Ladungsschwerpunkt die Mittelwerte

$$\bar{\mathfrak{p}} = \sum_k m_k \bar{\mathfrak{v}}_k \qquad \bar{\mathfrak{P}} = \sum_k e_k \bar{\mathfrak{r}}_k \qquad \text{usw.}$$

zu verstehen.

Man kommt durch solche Mittelungen zu der Form einer Quasipunkttheorie (s. S. 356), als Einkörpertheorie im Konfigurationsraum dargestellt, als Ersatz für die entsprechende Punkttheorie der klassischen Mechanik.

2. Die SCHRÖDINGER-Gleichung.

Charakteristisch für die Quantenmechanik ist die Aufstellung von homogenen linearen Differentialgleichungen, aus deren Lösungen die Größen ϱ und $\mathfrak{v}$ und damit Mittelwerte von anschaulicher Bedeutung gewonnen werden können. Man gelangt zu solchen z. B. auf folgendem Wege:

1. Man linearisiere die Kontinuitätsgleichung durch die Substitution:

$$\varrho = \alpha\beta, \qquad \mathfrak{v} = C \operatorname{grad} \ln \frac{\alpha}{\beta} = C\left(\frac{\operatorname{grad}\alpha}{\alpha} - \frac{\operatorname{grad}\beta}{\beta}\right),$$

$$\varrho\,\mathfrak{v} = C(\beta \operatorname{grad}\alpha - \alpha \operatorname{grad}\beta)\,.$$

Das ergibt (mit der Schreibweise $\dot{\alpha} = \partial\alpha/\partial t$ usw.):

$$\alpha(\dot{\beta} - C\Delta\beta) + \beta(\dot{\alpha} + C\Delta\alpha) = 0 \qquad \text{oder} \qquad \frac{\dot{\alpha} + C\Delta\alpha}{\dot{\beta} - C\Delta\beta} = -\frac{\alpha}{\beta},$$

aufspaltbar in

$$\dot{\alpha} + C\Delta\alpha + \alpha f = 0 \qquad \text{und} \qquad \dot{\beta} - C\Delta\beta - \beta f = 0$$

mit einem $f(\mathfrak{r}, t)$ von zunächst noch unbestimmter Bedeutung.

2. Man forme um (s. S. 179):

$$\frac{d^2\bar{\mathfrak{r}}}{dt^2} = \frac{d\bar{\mathfrak{v}}}{dt} = \frac{d}{dt}\int \varrho\,\mathfrak{v}\,dv =$$

$$= C\int(\dot{\beta}\operatorname{grad}\alpha + \beta\operatorname{grad}\dot{\alpha} - \dot{\alpha}\operatorname{grad}\beta - \alpha\operatorname{grad}\dot{\beta})\,dv =$$

$$= 2C\int(\dot{\beta}\operatorname{grad}\alpha - \dot{\alpha}\operatorname{grad}\beta)\,dv =$$

$$= 2C\int\{(\beta f + C\Delta\beta)\operatorname{grad}\alpha + (\alpha f + C\Delta\alpha)\operatorname{grad}\beta\}\,dv =$$

$$= 2C\int f\operatorname{grad}(\alpha\beta)\,dv = -2C\int\alpha\beta\operatorname{grad}f\,dv =$$

$$= -2C\int\varrho\operatorname{grad}f\,dv = -2C\,\overline{\operatorname{grad}f}.$$

Wir deuten diese Beziehung im Sinne der klassischen Mechanik als gemittelte *Kraftgleichung*: $m\dfrac{d^2\bar{\mathfrak{r}}}{dt^2} = \bar{\mathfrak{K}}$. Leiten sich die Kräfte aus einem Potential V ab, so ist $\bar{\mathfrak{K}} = -\overline{\operatorname{grad}V} = -2mC\,\overline{\operatorname{grad}f}$. Wir deuten also $2mCf = V$ als Potential einer wirkenden Kraft. Als

Erwartungswert der potentiellen Energie ist dann der Mittelwert zu bezeichnen:

$$\overline{V} = \int \varrho V dv = 2mC \int \alpha \beta f\, dv.$$

3. Man ersetze α und β durch ψ und ψ^*, d. h. durch *eine* komplexe Funktion. Dann muß C imaginär sein. Schreibt man:

$$2mC = \frac{\hbar}{i}, \quad \text{also} \quad f = \frac{i}{\hbar} V,$$

so erhält man die SCHRÖDINGER-*Gleichung* für den Fall eines (eventuell zeitabhängigen) Kräftepotentials:

$$\boxed{\frac{\hbar}{i}\dot{\psi} - \frac{\hbar^2}{2m}\Delta\psi + V\psi = 0} \quad \text{und} \quad -\frac{\hbar}{i}\dot{\psi}^* - \frac{\hbar^2}{2m}\Delta\psi^* + V\psi^* = 0,$$

mit der noch verfügbaren Konstanten $\hbar$, die sich durch Vergleich mit der Erfahrung zu $\hbar = h/2\pi = 1{,}054 \cdot 10^{-27}$ erg·sec ergibt, wo h das PLANCKsche Wirkungsquantum ist.

4. Ähnlich lassen sich andere Beziehungen gewinnen, z. B. forme man um:

$$\begin{aligned}
\frac{d}{dt}\int \beta\dot{\alpha}\, dv &= \frac{1}{2}\frac{d}{dt}\int (\beta\dot{\alpha} - \alpha\dot{\beta})\, dv = \\
&= -\frac{1}{2}\frac{d}{dt}\int \{C(\beta\Delta\alpha + \alpha\Delta\beta) + 2\alpha\beta f\}\, dv = \\
&= \frac{d}{dt}\int \{C(\operatorname{grad}\alpha \operatorname{grad}\beta) - \alpha\beta f\}\, dv = \\
&= -\int \{C(\dot{\alpha}\Delta\beta + \dot{\beta}\Delta\alpha) + \dot{\alpha}\beta f + \alpha\dot{\beta} f + \alpha\beta\dot{f}\}\, dv = \\
&= -\int \alpha\beta\dot{f}\, dv = -\int \varrho\dot{f}\, dv = -\overline{\dot{f}}.
\end{aligned}$$

Wir deuten dies als gemittelte *Energiegleichung*:

$$\frac{dE}{dt} = \frac{dV}{dt} - (\mathfrak{v} \operatorname{grad}) V = \frac{\partial V}{\partial t}.$$

Damit wird die *Energie* $\overline{E} = -2mC\int \beta\dot{\alpha}\, dv = 2mC\int \alpha\dot{\beta}\, dv$ und die kinetische Energie $\overline{T} = \overline{E} - \overline{V} = 2mC^2 \int \beta\Delta\alpha\, dv = 2mC^2\int \alpha\Delta\beta\, dv$.

5. Im Falle, daß die N Körper verschiedene Massen m_k ($k = 1, 2, \ldots, N$) haben, setzt man die Geschwindigkeitsvektoren in den N dreidimensionalen Unterräumen des $3N$-dimensionalen Konfigurationsraumes an:

$$\mathfrak{v}_k = C_k \operatorname{grad}_k \ln\frac{\alpha}{\beta}$$

und erhält als linearisierte Gleichungen für die α, β:

$$\dot{\alpha} + \sum_k C_k \Delta_k \alpha + \alpha f = 0, \quad \dot{\beta} - \sum_k C_k \Delta_k \beta - \beta f = 0,$$

wo $\Delta_k = \frac{\partial^2}{\partial x_k^2} + \frac{\partial^2}{\partial y_k^2} + \frac{\partial^2}{\partial z_k^2}$ den LAPLACEschen Operator im k-ten Unterraum bedeutet.

Die Forderung der Gültigkeit der klassischen Mechanik im Mittel führt dann analog zu $2m_k C_k f = V$. Setzt man wieder $\alpha = \psi$, $\beta = \psi^*$ und (für alle k) $2m_k C_k = \hbar/i$, so ergibt sich die SCHRÖDINGER-Gleichung für den Fall eines Kräftepotentials bei verschiedenen Massen der Systemteile:

$$\frac{\hbar}{i}\dot{\psi} - \sum_k \frac{\hbar^2}{2m_k}\Delta_k\psi + V\psi = 0$$

und die konjugierte Komplexe.

6. Im Falle äußerer elektromagnetischer Kräfte $\mathfrak{K} = e\,\mathfrak{E} + \frac{e}{c}[\mathfrak{v}\mathfrak{H}]$ mit $\mathfrak{E} = -\operatorname{grad}\Phi - \frac{1}{c}\dot{\mathfrak{A}}$, $\mathfrak{H} = \operatorname{rot}\mathfrak{A}$, $\operatorname{div}\mathfrak{A} = -\frac{1}{c}\dot{\Phi}$, setzt man $\varrho = \alpha\beta$, $\mathfrak{v}_k = C_k \operatorname{grad}_k \ln\frac{\alpha}{\beta} - \mathfrak{a}_k$ und erhält analog aus der Kontinuitätsgleichung:

$$\dot{\alpha} + \sum_k C_k\Delta_k\alpha - \sum_k(\mathfrak{a}_k, \operatorname{grad}_k\alpha) - \frac{\alpha}{2}\sum_k \operatorname{div}_k\mathfrak{a}_k + \alpha f = 0 \text{ usw.}$$

Ferner ist:

$$m_k\frac{d\bar{\mathfrak{v}}_k}{dt} = -\overline{\operatorname{grad}_k\left(2m_k C_k f - \frac{m_k}{2}(\mathfrak{a}_k)^2\right)} - m_k\bar{\dot{\mathfrak{a}}}_k + m_k\overline{[\mathfrak{v}_k \operatorname{rot}_k \mathfrak{a}_k]}.$$

Damit diese Gleichung der gemittelten klassischen Bewegungsgleichung entspricht, ist zu setzen:

$$2m_k C_k f = \sum_k e_k\Phi + \frac{e_k^2}{2m_k c^2}\mathfrak{A}^2 \quad \text{und} \quad \mathfrak{a}_k = \frac{e_k}{m_k c}\mathfrak{A}.$$

Mit $2m_k C_k = \hbar/i$ und $\alpha = \psi$, $\beta = \psi^*$ folgt dann die SCHRÖDINGER-Gleichung für den Fall eines äußeren elektromagnetischen Feldes:

$$\boxed{\begin{aligned}&\frac{\hbar}{i}\dot{\psi} - \sum_k\frac{\hbar^2}{2m_k}\Delta_k\psi - \sum_k\frac{e_k\hbar}{i m_k c}(\mathfrak{A}, \operatorname{grad}_k\psi) + \\ &\qquad + \sum_k\left(e_k\Phi + \frac{e_k^2}{2m_k c^2}\mathfrak{A}^2 + \frac{e_k\hbar}{2i m_k c^2}\dot{\Phi}\right)\psi = 0\end{aligned}}$$

Hier werden die Glieder mit $\dot{\Phi}$ und $\mathfrak{A}^2$ wegen ihrer Kleinheit gegen $e_k\Phi_k$ meist fortgelassen.

7. Die wichtigsten, den klassischen Größen entsprechenden *Erwartungswerte*, die man aus den gefundenen α, β, bzw. ψ erhält, sind:

$$\overline{\mathfrak{r}} = \int \psi^* \mathfrak{r} \psi \, dv \quad \text{(Ortsvektor)}$$

$$\overline{\mathfrak{p}} = \frac{\hbar}{i} \int \psi^* \operatorname{grad} \psi \, dv \quad \text{(kanonischer Impuls)} \quad \text{(s. S. 407)}$$

$$\overline{\mathfrak{p}} = m \overline{\mathfrak{v}} + \frac{e}{c} \overline{\mathfrak{A}} \quad \text{(Gesamtimpuls)}$$

$$\overline{\mathfrak{L}} = \overline{[\mathfrak{r}\,\mathfrak{p}]} = \frac{\hbar}{i} \int \psi^* [\mathfrak{r}, \operatorname{grad} \psi] \, dv \quad \text{(Drehimpuls)}$$

$$\overline{\mathfrak{K}} = \frac{d\overline{\mathfrak{p}}}{dt} = -\overline{\operatorname{grad} V} = -\int \psi^* \psi \operatorname{grad} V \, dv \quad \text{(Kraft)}$$

$$\overline{\mathfrak{D}} = \frac{d\overline{\mathfrak{L}}}{dt} = \overline{[\mathfrak{r}\,\mathfrak{K}]} = -\overline{[\mathfrak{r}, \operatorname{grad} V]} = -\int \psi^* \psi [\mathfrak{r}, \operatorname{grad} V] \, dv$$

(Drehmoment, $= 0$ für Zentralkraft)

$$\overline{\mathfrak{P}} = e \overline{\mathfrak{r}} \quad \text{bzw.} \quad = \sum_k e_k \overline{\mathfrak{r}}_k \quad \text{(elektrisches Moment)}$$

$$\overline{\mathfrak{M}} = \frac{e}{2mc} \overline{\mathfrak{L}} \quad \text{bzw.} \quad = \sum_k \frac{e_k}{2m_k c} \overline{\mathfrak{L}}_k \quad \text{(magnetisches Moment)}$$

$$\overline{E} = -\frac{\hbar}{i} \int \psi^* \frac{\partial \psi}{\partial t} \, dv \quad \text{(Gesamtenergie)}$$

$$\overline{V} = \int \psi^* V \psi \, dv \quad \text{(potentielle Energie)}$$

$$\overline{T} = -\frac{\hbar^2}{2m} \int \psi^* \Delta \psi \, dv = +\frac{\hbar^2}{2m} \int |\operatorname{grad} \psi|^2 \, dv \quad \text{(kinetische Energie)}.$$

Alle diese Größen sind allein Funktionen der Zeit, wie in einer echten Punkttheorie.

3. Darstellung durch Operatoren.

Man kann die SCHRÖDINGER-Gleichung auch in der Form:

$$-\frac{\hbar}{i} \dot{\psi} = H \psi$$

schreiben. Hier bedeutet H einen selbstadjungierten Operator, den HAMILTON-*Operator*, der im Falle konservativer Kräfte die Form:

$$H = -\frac{\hbar^2}{2m} \Delta + V$$

annimmt.

Die mit ψ und ψ^* dargestellten Mittel- und Erwartungswerte haben alle die Form: $\int \psi^* T \psi \, dv$, wo T einen selbstadjungierten Operator bedeutet, welcher der zu mittelnden Größe zugeordnet ist. T muß selbstadjungiert sein, wenn die Erwartungswerte reell sein sollen. Beispiele sind:

$$\overline{\mathfrak{p}} = m \overline{\mathfrak{v}} = \frac{\hbar}{i} \int \psi^* \operatorname{grad} \psi \, dv, \qquad \overline{E} = -\frac{\hbar}{i} \int \psi^* \frac{\partial \psi}{\partial t} \, dv \quad \text{u. a.}$$

Es ist meist üblich, den Operator mit dem gleichen Buchstaben zu bezeichnen, wie die ihm zugeordnete Größe. Deutlicher ist es, den gleichen großen Buchstaben zu verwenden (soweit möglich), also:

$$\bar{a} = \int \psi^* A \psi \, dv \equiv (\psi^* A \psi)$$

zu schreiben, außer bei gewöhnlichen Multiplikationsoperatoren wie:

$$\bar{\mathfrak{r}} = \int \psi^* \mathfrak{r} \psi \, dv, \quad \bar{x}_k = \int \psi^* x_k \psi \, dv, \quad \bar{V} = \int \psi^* V \psi \, dv \text{ u. dgl.} \quad (1 = \int \psi^* \psi \, dv).$$

Wenn $\mathfrak{P}$, P_k, E usw. die Operatoren zu $\mathfrak{p}$, p_k, E bedeuten, ist also:

$$\mathfrak{P} \equiv \frac{\hbar}{i} \operatorname{grad}, \quad P_k \equiv \frac{\hbar}{i} \frac{\partial}{\partial x_k}, \quad E \equiv -\frac{\hbar}{i} \frac{\partial}{\partial t} \quad \text{usw.}$$

zu verstehen.

Im Sinne der Operatorenalgebra ist damit:

$$P_k^2 \equiv -\hbar^2 \frac{\partial^2}{\partial x_k^2}, \quad \text{also} \quad P^2 = \sum_{k=1}^{3N} P_k^2 = -\hbar^2 \sum_{k=1}^{3N} \frac{\partial^2}{\partial x_k^2} = -\hbar^2 \Delta \quad \text{usw.}$$

Die Definition des HAMILTON-Operators:

$$H = \frac{1}{2} \sum_k \frac{P_k^2}{m_k} + V(\mathfrak{r}_k)$$

ist daher explizite als Operatorgleichung geschrieben in formaler Übereinstimmung mit der Definition der HAMILTON-Funktion der klassischen Mechanik.

Wenn man andere klassische Gleichungen in Operatorengleichungen übersetzen will, ist folgendes zu beachten:

1. Produkte nicht vertauschbarer Operatoren dürfen nur in selbstadjungierter (hermitescher) Form auftreten, z. B. $ab + ba$, $i(ab - ba)$, aba u. dgl.

2. Algebraische Umformungen setzen die Kenntnis von *Vertauschungsrelationen* voraus. Benutzt man für den Kommutator von a und b das Symbol:

$$[a, b] = ab - ba,$$

so hat man folgende leicht verifizierbare Grundregeln:

$$[P_k, x_{k'}] = \frac{\hbar}{i} \delta_{kk'}, \quad [E, t] = -\frac{\hbar}{i}.$$

Man verallgemeinert dies zu:

$$[a, b] = \pm \frac{\hbar}{i},$$

wenn a, b kanonisch konjugierte Größen sind.

3. Baut man aus den Operatoren P_k und x_k andere Operatoren algebraisch auf (s. S. 22), so kann man diese Bildungen wie Zahlenfunktionen nach Operatoren differenzieren unter Beachtung der Regeln:

$$\frac{\partial A}{\partial P_k} = \frac{i}{\hbar}[A, x_k], \qquad \frac{\partial A}{\partial x_k} = -\frac{i}{\hbar}[A, P_k].$$

4. Es ist leicht verifizierbar:

$$\frac{d\bar{a}}{dt} = \frac{d\bar{a}}{dt} = \frac{d}{dt}\int \psi^* A \psi \, dv = \int (\dot{\psi}^* A \psi + \psi^* A \dot{\psi}) \, dv = \frac{i}{\hbar}\int \psi^* [H, A] \psi \, dv,$$

wenn A selbst nicht explizit von der Zeit abhängt. Daher entspricht der Operator $i/\hbar\,[H, A]$ der zeitlichen Ableitung $d a/dt$. Man kann ihn auch mit dA/dt bezeichnen:

$$\frac{dA}{dt} = \frac{i}{\hbar}[H, A].$$

Ein Mittelwert $\bar{a}$ wird nur zeitunabhängig, wenn A und H vertauschbar, also $[H, A] = 0$ ist (und $\partial A/\partial t = 0$).

Die aus 3. und 4. folgenden Gleichungen:

$$\frac{\partial H}{\partial P_k} = \frac{i}{\hbar}[H, x_k] = \frac{d x_k}{dt}, \qquad \frac{\partial H}{\partial x_k} = -\frac{i}{\hbar}[H, P_k] = -\frac{dP_k}{dt}$$

entsprechen den formal gleichen kanonischen Gleichungen der klassischen Mechanik.

Damit ist ein im wesentlichen eindeutiger Übergang von der klassischen Mechanik in die Quantenmechanik für solche Probleme erreicht, bei denen die Kräfte aus Potentialen folgen. Die Nutzbarmachung dieses Operatorenformalismus für spezielle Probleme setzt voraus, daß die Lösungen ψ, ψ^* der SCHRÖDINGER-Gleichung bekannt sind. Aber auch bereits ohne diese Kenntnis kann man mit ihm Beziehungen zwischen verschiedenartigen Erwartungswerten oft einfacher ableiten als durch die normale Umformung der entsprechenden Integrale.

4. Problemstellungen.

Die Lösung der SCHRÖDINGER-Gleichung zur Beantwortung spezieller Fragestellungen verlangt vor allem eine Festlegung der Funktion $V(\mathfrak{r}, t)$. Hierfür müssen wir uns allgemein an die klassischen Formen halten.

Für die Lösung ψ ist zu verlangen, daß sie *normierbar* sei. Sie muß daher im Unendlichen hinreichend verschwinden.

Setzt man die Lösung aus Teillösungen in Teilräumen zusammen, so muß, damit an deren Grenzen die Oberflächenintegrale sich aufheben, Stetigkeit von ψ und $\operatorname{grad}\psi$ an diesen verlangt werden *(Übergangsbedingungen)*.

Eine undurchdringliche Wand betrachtet man als einen Teilraum, in dem $V = \infty$, also $\psi = 0$ ist. *Randbedingung* an begrenzenden Flächen ist daher $\psi = 0$.

An singulären Stellen des Feldes (Punktladungen) ist die Anwendung bekannter Gesetze in Frage gestellt. Bestimmte Randbedingungen sind dort nicht angebbar.

Die gefundene Lösung enthält dann noch Integrationskonstanten, die entweder durch weitere Forderungen festzulegen sind, z. B. durch die der Stationarität (Quantenzustände) oder durch Anfangsbedingungen, die aus einer Beobachtung entnommen sein können. Bei Mehrkörperproblemen ununterscheidbarer Elemente sind gewisse Symmetrieforderungen zu erfüllen (PAULI-Prinzip u. a.).

5. Allgemeine Lösungsformen der SCHRÖDINGER-Gleichung.

Wenn V die Zeit nicht explizite enthält (konservative Systeme, $dE/dt = 0$), so ist die SCHRÖDINGER-Gleichung lösbar durch den Ansatz:

$$\psi = \sum_n f_n(t)\,\varphi_n(\mathfrak{r}).$$

Wir wählen die Entwicklungsfunktionen φ_n als die normierten orthogonalen Eigenlösungen eines zunächst beliebigen selbstadjungierten Operators T mit den gleichen Randbedingungen, wie sie durch die Problemstellung für ψ gefordert sind:

$$T\varphi_n = \lambda_n \varphi_n.$$

Die $f_n(t)$ sind dann festgelegt durch das Gleichungssystem:

$$-\frac{\hbar}{i}\frac{df_n}{dt} = \sum_l f_l \int \varphi_n^* H \varphi_l \, dv = \sum_l f_l H_{nl} \quad \text{und ihre Anfangswerte } f_n(0).$$

Hier ist

$$\bar{E} = \sum_{n,l} f_n^*(t)\, f_l(t)\, H_{nl}.$$

1. Wählt man speziell $T = H$, so wird die Matrix H_{nl} diagonal: $H_{ln} = \delta_{ln} E_n$. Das Gleichungssystem zerfällt dann in unabhängige Gleichungen:

$$-\frac{\hbar}{i}\frac{df_n}{dt} = f_n E_n, \qquad \text{also} \qquad f_n(t) = C_n e^{-\frac{iE_n t}{\hbar}} \qquad \text{mit} \qquad C_n = f_n(0).$$

Nennen wir die speziellen Entwicklungsfunktionen ψ_n, für die die „zeitunabhängige SCHRÖDINGER-Gleichung" $H\psi_n = E_n\psi_n$ gilt, so erhalten wir die Lösung:

$$\psi = \sum_n C_n \psi_n(\mathfrak{r})\, e^{-\frac{iE_n t}{\hbar}} \qquad \text{mit konstanten } C_n.$$

Sie erscheint als lineare Kombination von zeitlich periodischen Partikularlösungen der Frequenz $\omega_n = 2\pi\nu_n = E_n/\hbar$. Das ist die Form der PLANCKschen Energie-Frequenzbeziehung: $E = h\nu$. Da ψ aber nur eine mathematische Hilfsgröße ohne unmittelbare physikalische Bedeutung ist, hat die Beziehung hier noch keinen physikalischen Inhalt.

Die Normierung fordert $\sum_n |C_n|^2 = 1$ und es ist:

$$\varrho = \sum_{n,l} C_n^* C_l \psi_n^* \psi_l e^{i(\omega_n - \omega_l)t},$$

$$\varrho \mathfrak{v} = \frac{\hbar}{2mi} \sum_{n,l} C_n^* C_l (\psi_n^* \operatorname{grad}\psi_l - \psi_l \operatorname{grad}\psi_n^*) e^{i(\omega_n - \omega_l)t},$$

$$\bar{E} = \hbar \sum_{n,l} C_n^* C_l \omega_l \int \psi_n^* \psi_l dv\, e^{i(\omega_n - \omega_l)t} = \hbar \sum_n |C_n|^2 \omega_n = \sum_n |C_n|^2 E_n.$$

Ist nur ein C_n von Null verschieden ($|C_n| = 1$), so erhält man eine *stationäre* Lösung mit $\partial\varrho/\partial t = 0$ und $\partial\mathfrak{v}/\partial t = 0$, einen sog. „*Quantenzustand*" der Energie $\bar{E} = \hbar\omega_n$. Der Zustand kleinster Energie heißt „*Grundzustand*".

Andere stationäre Lösungen hat man, wenn zu einem Eigenwert E_n mehrere Eigenlösungen ψ_{nl} existieren (Entartung), in der Form:

$$\psi = \sum_l C_{nl} \psi_{nl} e^{-i\omega_n t} \quad \text{mit} \quad \sum_l |C_{nl}|^2 = 1.$$

Auch hier ist $\bar{E} = \sum_l \bar{E}_{nl} = \hbar\omega_n$.

Im allgemeinen, nichtstationären Fall sind ϱ und $\varrho\mathfrak{v}$ zeitabhängige Größen und darstellbar als Superposition von Schwingungen mit den Frequenzen: $\omega_{nl} = \omega_n - \omega_l$ (FOURIER-Synthese), denen man eine physikalische Bedeutung beizumessen hat (s. S. 446).

Ist $V = V_0 = \text{const}$, so wird $\psi_n = e^{i(\mathfrak{k}_n \mathfrak{r})}$ mit $k_n^2 = \frac{2m}{\hbar^2}(\hbar\omega_n + V_0)$ und $\psi = \sum_n C_n e^{-i(\omega_n t - (\mathfrak{k}_n \mathfrak{r}))}$. Im unbegrenzten Raum sind hier alle beliebigen ω_n möglich. Ferner wird dort die übliche Normierung der ψ_n undurchführbar. Die Summen sind in diesem Falle durch Integrale über die C_n zu ersetzen, so daß dann Normierung möglich wird. Dies entspricht der Konstruktion von „*Wellenpaketen*" (s. S. 189).

Existiert nur ein $C \neq 0$: $\psi = C e^{-i(\omega t - (\mathfrak{k}\mathfrak{r}))}$, so hat ψ die Form einer ebenen Welle (s. S. 187). Dann wird $\varrho \sim C^2 = \text{const}$ und $\mathfrak{v} = \frac{\hbar}{m}\mathfrak{k}$. Das bedeutet eine homogene stationäre Strömung. Erst die Kombination zweier ψ-Wellen mit verschiedenen ω würde zu einer physikalischen Welle mit beobachtbarer Periodizität führen.

2. Wenn T und H sich nur wenig unterscheiden, setzt man an:

$$\psi = \sum_n g_n(t)\,\varphi_n(\mathfrak{r})\,e^{-\frac{i\lambda_n t}{\hbar}}$$

und erhält:

$$-\frac{\hbar}{i}\frac{dg_n(t)}{dt} = \sum_l g_l(t)\,(H_{nl}-T_{nl})\,e^{-\frac{i}{\hbar}(\lambda_l-\lambda_n)t}$$

Da nach Voraussetzung $H_{nl} - T_{nl}$ klein ist, sind die $g_n(t)$ langsam veränderlich und daher in erster Näherung:

$$g_n(t) = g_n(0) + \sum_l g_l(0)\,\frac{(H_{nl}-T_{nl})}{\lambda_l-\lambda_n}\left(e^{-\frac{i}{\hbar}(\lambda_l-\lambda_n)t} - 1\right) + \cdots.$$

$$\varrho = \sum_{n,l} g_n^*(t)\,g_l(t)\,\varphi_n^*\varphi_l\,e^{-\frac{i}{\hbar}(\lambda_l-\lambda_n)t}$$

$$\varrho\,\mathfrak{v} = \frac{\hbar}{2mi}\sum_{n,l} g_n^*(t)\,g_l(t)\,(\psi_n^*\operatorname{grad}\psi_l - \psi_l\operatorname{grad}\psi_n^*)\,e^{-\frac{i}{\hbar}(\lambda_l-\lambda_n)t}$$

$$\bar{E} = -\frac{\hbar}{i}\sum_n g_n^*(t)\left(\frac{dg_n(t)}{dt} - \frac{i}{\hbar}\lambda_n g_n(t)\right) = \sum_{n,l} g_n^*(t)\,g_l(t)\,H_{nl}\,e^{-\frac{i}{\hbar}(\lambda_l-\lambda_n)t}$$

$$\frac{d\bar{E}}{dt} = 0, \qquad (\varphi_n^* H\varphi_l) = H_{nl}, \qquad \sum_n |(g_n(t))|^2 = 1.$$

Dieser Fall ist von besonderer Bedeutung, wenn die Eigenlösungen zu H nicht bekannt sind, wohl aber die für ein wenig davon verschiedenes T.

6. Klassifikation der Eigenlösungen.

Löst man die SCHRÖDINGER-Gleichung durch Separation der Variablen, so ergibt sich eine Indizierung der Lösungen durch die Werte der Separationskonstanten. Um die Forderung der Stetigkeit und Eindeutigkeit von ψ, sowie die Randbedingungen zu erfüllen, müssen die Separationskonstanten meist diskrete, oft auch ganzzahlige Werte annehmen. Sie werden dann als *Quantenzahlen* bezeichnet und führen zu einer Klassifikation der Eigenlösungen.

Allgemeiner ist die Methode, solche Operatoren L zu suchen, die mit H vertauschbar sind. Die in deren Eigenräume fallenden Eigenlösungen zu H bilden dann Klassen, charakterisiert durch die Eigenwerte zu L. Diese, als Erwartungswerte aufgefaßt, sind bei zeitunabhängigem H auch zeitunabhängige Größen, die ein allen Gliedern der Klasse gemeinsames Merkmal darstellen. Sie haben oft unmittelbare Bedeutung.

Ein wichtiges Beispiel hierfür ist der Drehimpulsoperator: $\mathfrak{L} = \frac{\hbar}{i}\,[\mathfrak{r}\,\mathrm{grad}]$. Er ist im kugelsymmetrischen Fall mit H vertauschbar. Jede seiner Komponenten hat die Eigenwerte $m\hbar$ mit ganzzahligem m. Man klassifiziert z.B. nach der z-Komponente L_z.

Auch $L^2 = -\hbar^2\,[\mathfrak{r}\,\mathrm{grad}]^2$ ist dann mit H (und L_z) vertauschbar. Seine Eigenwerte sind: $l(l+1)\,\hbar^2$ mit ganzzahligem positivem l.

7. Matrizenmethode.

Stellt man die Operatoren durch Matrizen (A) in irgend einem Orthogonalsystem φ_k dar: $A_{ik} = \int \varphi_i^* A\,\varphi_k\,dv$, so erhält man den Operatorgleichungen äquivalente Gleichungen in Matrizenform (s. S. 30).

Wie die Operatoren müssen die Matrizen reeller Größen hermitisch sein und den Vertauschungsrelationen genügen. Es lassen sich solche in mannigfacher Weise leicht konstruieren, z. B.:

$$(x) = \frac{a}{\sqrt{2}}\begin{pmatrix} 0 & \sqrt{1} & 0 & 0 & \cdots \\ \sqrt{1} & 0 & \sqrt{2} & 0 & \cdots \\ 0 & \sqrt{2} & 0 & \sqrt{3} & \cdots \\ 0 & 0 & \sqrt{3} & 0 & \cdots \\ \vdots & \vdots & \vdots & \vdots & \ddots \end{pmatrix} \qquad (P) = \frac{\hbar}{i\,a\sqrt{2}}\begin{pmatrix} 0 & \sqrt{1} & 0 & 0 & \cdots \\ -\sqrt{1} & 0 & \sqrt{2} & 0 & \cdots \\ 0 & -\sqrt{2} & 0 & \sqrt{3} & \cdots \\ 0 & 0 & -\sqrt{3} & 0 & \cdots \\ \vdots & \vdots & \vdots & \vdots & \ddots \end{pmatrix},$$

d. h.

$$(x)_{nl} = \frac{a}{\sqrt{2}}\left(\delta_{n,l+1}\sqrt{n} + \delta_{l,n+1}\sqrt{l}\right), \qquad (P)_{nl} = \frac{i\hbar}{a\sqrt{2}}\left(\delta_{n,l+1}\sqrt{n} - \delta_{l,n+1}\sqrt{l}\right)$$

mit

$$n, l = 0, 1, 2, \ldots.$$

Mit solchen speziellen kann man dann die Matrizen zu anderen Operatoren aufbauen, die Funktionen der x und P sind, z. B. (x_k^2), (P_k^2):

$$(x^2) = \frac{a^2}{2}\begin{pmatrix} 1 & 0 & \sqrt{2} & 0 & \cdots \\ 0 & 3 & 0 & \sqrt{6} & \cdots \\ \sqrt{2} & 0 & 5 & 0 & \cdots \\ 0 & \sqrt{6} & 0 & 7 & \cdots \\ \vdots & \vdots & \vdots & \vdots & \ddots \end{pmatrix} \qquad (P^2) = \frac{\hbar^2}{2a^2}\begin{pmatrix} 1 & 0 & -\sqrt{2} & 0 & \cdots \\ 0 & 3 & 0 & -\sqrt{6} & \cdots \\ -\sqrt{2} & 0 & 5 & 0 & \cdots \\ 0 & -\sqrt{6} & 0 & 7 & \cdots \\ \vdots & \vdots & \vdots & \vdots & \ddots \end{pmatrix},$$

d. h.

$$(x^2)_{n,l} = \frac{a^2}{2}\left(\delta_{n,l}(n+l+1) + \delta_{n,l+2}\sqrt{n(l+1)} + \delta_{l,n+2}\sqrt{l(n+1)}\right)$$

und

$$(P^2)_{n,l} = \frac{\hbar^2}{2a^2}\left(\delta_{n,l}(n+l+1) - \delta_{n,l+2}\sqrt{n(l+1)} - \delta_{l,n+2}\sqrt{l(n+1)}\right)$$

mit

$$n, l = 0, 1, 2, \ldots.$$

Durch eine unitäre Transformation $\varphi_i' = S\varphi_i$ gelangt man zu anderen äquivalenten Darstellungen.

Wählt man zur Darstellung das Orthogonalsystem der Lösungen ψ_n, ψ_n^* der (zeitunabhängigen) SCHRÖDINGER-Gleichung, dann wird der HAMILTON-Operator H zur Diagonalmatrix und die Diagonalelemente sind seine Eigenwerte $(H)_{nn} = \hbar\omega_n = E_n$.

Man kann daher die mathematische Aufgabe statt in der Lösung der SCHRÖDINGER-Gleichung auch darin sehen, eine solche Transformationsmatrix S zu finden, daß $(S H S^\dagger)_{nl} = H'_{nl}$ diagonal wird, und alle anderen Operatoren gleichartig zu transformieren. Diese Aufgabe hat sich allerdings bisher nur in wenigen einfachen Fällen als praktisch lösbar erwiesen.

Die oben angeführten speziellen Matrizen gehören zu einer Darstellung, bei der $H = \frac{1}{2m}(P_k^2 + m^2\omega^2 x_k^2)$ mit $a^2 = \frac{\hbar}{m\omega}$ in Diagonalform: $(H)_{nn} = (n + \frac{1}{2})\hbar\omega$ erscheint (Theorie des harmonischen Oszillators).

Operatoren, die zu komplexen Größen gehören, und daher nichthermitisch sind, werden durch nichthermitische Matrizen dargestellt.

Eine solche Konstruktion ist z. B.:

$$(A) = a\begin{pmatrix} \bullet & \sqrt{1} & \cdot & \cdot & \cdot \\ \cdot & \bullet & \sqrt{2} & \cdot & \cdot \\ \cdot & \cdot & \bullet & \sqrt{3} & \cdot \\ \cdot & \cdot & \cdot & \bullet & \sqrt{4} \\ \cdot & \cdot & \cdot & \cdot & \bullet \end{pmatrix} \qquad (C) = \frac{\hbar}{i a}\begin{pmatrix} \bullet & \cdot & \cdot & \cdot & \cdot \\ -\sqrt{1} & \bullet & \cdot & \cdot & \cdot \\ \cdot & -\sqrt{2} & \bullet & \cdot & \cdot \\ \cdot & \cdot & -\sqrt{3} & \bullet & \cdot \\ \cdot & \cdot & \cdot & -\sqrt{4} & \bullet \end{pmatrix}$$

d. h. $$(A)_{nl} = a\sqrt{l}\,\delta_{l,n+1}, \qquad (C)_{nl} = \frac{i\hbar}{a}\sqrt{n}\,\delta_{n,l+1}$$

mit $$l, n = 0, 1, 2, 3, \ldots.$$

Diese genügen der Vertauschungsrelation $CA - AC = \frac{\hbar}{i}E$, gehören also zu kanonisch konjugierten Größen. Sie gehen aus den vorher erwähnten x, P durch die kanonische Transformation:

$$A = \frac{1}{\sqrt{2}}\left\{x + \frac{i a^2}{\hbar}P\right\}, \qquad C = \frac{i}{\sqrt{2}}\left\{\frac{\hbar}{a^2}x - iP\right\}$$

hervor.

Die zu den konjugiert komplexen Größen gehörenden Operatoren werden durch die Matrizen:

$$(A^*) = a\begin{pmatrix} \bullet & & & & \\ \sqrt{1} & \bullet & & & \\ & \sqrt{2} & \bullet & & \\ & & \sqrt{3} & \bullet & \\ & & & \sqrt{4} & \bullet \end{pmatrix} \qquad (C^*) = -\frac{\hbar}{i a}\begin{pmatrix} \bullet & -\sqrt{1} & & & \\ & \bullet & -\sqrt{2} & & \\ & & \bullet & -\sqrt{3} & \\ & & & \bullet & -\sqrt{4} \\ & & & & \bullet \end{pmatrix}$$

dargestellt, d. h.

$$(A^*)_{n,l} = a\sqrt{n}\,\delta_{n,l+1}; \qquad (C^*)_{n,l} = -\frac{i\hbar}{a}\sqrt{l}\,\delta_{l,n+1}$$

und es gilt:

$$(A^*) = -\frac{i a^2}{\hbar}(C); \qquad (C^*) = -\frac{i\hbar}{a^2}(A).$$

Folgende Funktionen werden Diagonalmatrizen:

1. $$-i\{AC+CA\} = i\{A^*C^* + C^*A^*\} = \frac{a^2}{\hbar}\frac{CC^*+C^*C}{2} + \frac{\hbar}{a^2}\frac{AA^*+A^*A}{2} =$$
$$= \frac{a^2}{\hbar}CC^* + \frac{\hbar}{a^2}AA^* = \frac{a^2}{\hbar}C^*C + \frac{\hbar}{a^2}A^*A = \frac{a^2}{\hbar}P^2 + \frac{\hbar}{a^2}x^2$$
mit den Elementen: $\hbar(n+l+1)\,\delta_{nl}$ oder

2. $$-2iCA = 2iA^*C^* = -i(CA - A^*C^*) = \frac{2a^2}{\hbar}CC^* = \frac{2\hbar}{a^2}A^*A =$$
$$= \frac{a^2}{\hbar}CC^* + \frac{\hbar}{a^2}A^*A$$ mit den Elementen: $\hbar(n+l)\,\delta_{nl}$ oder

3. $$-2iAC = 2iC^*A^* = -i(AC - C^*A^*) = \frac{2a^2}{\hbar}C^*C = \frac{2\hbar}{a^2}AA^* =$$
$$= \frac{a^2}{\hbar}C^*C + \frac{\hbar}{a^2}AA^*$$ mit den Elementen: $\hbar(n+l+2)\,\delta_{nl}$.

Die Paare A und $\frac{i\hbar}{a^2}A^*$ bzw. $\frac{i a^2}{\hbar}C^*$ und C stellen, ebenso wie A und C, Operatoren dar, die zu *komplexen* kanonisch konjugierten Größen gehören.

Die Matrizen:

$$\frac{1}{\sqrt{2}}(A+A^*) = -\frac{i}{\sqrt{2}}\frac{a^2}{\hbar}(C-C^*) = \frac{1}{\sqrt{2}}\left(A - \frac{i a^2}{\hbar}C\right) = x$$

und

$$-\frac{i}{\sqrt{2}}\frac{\hbar}{a^2}(A-A^*) = \frac{1}{\sqrt{2}}(C+C^*) = -\frac{i}{\sqrt{2}}\left(\frac{\hbar}{a^2}A + iC\right) = P$$

sind hermitisch und erfüllen die Vertauschungsrelationen, d. h. sie stellen selbstadjungierte Operatoren x und P dar, die zu *reellen* kanonisch konjugierten Größen gehören. (Beispiel: Komplexe Form der Strahlungstheorie s. S. 461.)

8. Begriffliche Auswertung der Lösungsformen.

Aus den gefundenen Lösungen können wir anschauliche und experimentell nachprüfbare Aussagen von statistischem Charakter ableiten. Während die bisher gegebene Methode nur die Berechnung von Erwartungswerten als Funktionen der Zeit (oder auch der Energie im Falle $\partial V/\partial t = 0$) gestattet, kann man folgende weitergehende Axiome aufstellen, die als Verallgemeinerungen durch die nachfolgenden Beispiele hinreichend begründet erscheinen.

1. Der Erwartungswert $\bar{a}(\beta)$ für eine beobachtbare Größe a, bei gegebenem Wert β einer anderen Größe b, ist darstellbar durch:

$$\bar{a}(\beta) = \sum_\alpha \alpha\, |w(\alpha, \beta)|^2.$$

Hierin heißt $w(\alpha, \beta)$ eine „*Wahrscheinlichkeitsamplitude*", deren Absolutquadrat die Wahrscheinlichkeit: $W(\alpha\,|\,\beta) = |w(\alpha, \beta)|^2$ angibt, den Wert α für a zu finden, wenn für b der Wert β (als fester Parameter, s. S. 340) bekannt ist.

2. Es gilt die Eigenwertgleichung:

$$A\, w(x, \alpha) = \alpha\, w(x, \alpha),$$

wo A den der Größe $a(x, p_x)$ zugeordneten Operator in der analogen Form $A\left(x, \frac{\hbar}{i} \frac{\partial}{\partial x}\right)$ bedeutet.

3. Es gilt die Kombinationsregel (Entwicklungssatz):

$$w(\alpha, \beta) = \sum_\gamma w(\alpha, \gamma)\, w(\gamma, \beta).$$

4. Es ist:

$$w(\alpha, \beta) = w^*(\beta, \alpha).$$

Sind die Eigenwerte α zu A diskret, so sind nur diese Werte α beobachtbar und $w(x, \alpha)$ ist eine diskrete Folge von Funktionen von x.

Liegen die α dicht, so ist die Summe über α sinngemäß durch ein Integral zu ersetzen.

Beispiele:

1. Benutzt man zur Berechnung des Erwartungswertes $\bar{a}(t) = (\psi^* A\, \psi)$ die Darstellung:

$$\psi(x, t) = \sum_n f_n(t)\, \varphi_n(x), \qquad \sum_n |f_n(t)|^2 = 1$$

mit

$$A\, \varphi_n(x) = \alpha_n \varphi_n(x), \qquad (\varphi_n^*, \varphi_{n'}) = \delta_{n n'},$$

so wird:

$$\bar{a}(t) = \sum_n \alpha_n\, |f_n(t)|^2 \quad \text{mit} \quad f_n(t) \equiv \int \psi(x, t)\, \varphi_n^*(x)\, dx = (\varphi_n^*\, \psi) = w(\alpha_n, t).$$

Ist speziell a der Impuls p_x mit dem zugehörigen Operator $A = \frac{\hbar}{i} \frac{\partial}{\partial x}$ und den Eigenwerten π_n, so wird:

$$\varphi_n(x) = C\, e^{\frac{i x \pi_n}{\hbar}}.$$

C bestimmt sich als Normierungsfaktor. Es wird dann:

$$\bar{p}_x(t) = \sum_n \pi_n\, |f_n(t)|^2,$$

$$\psi(x, t) = \sum_n C f_n(t)\, e^{\frac{i x \pi_n}{\hbar}}, \qquad f_n(t) = C^* \int \psi(x, t)\, e^{-\frac{i x \pi_n}{\hbar}}\, dx = w(\pi_n, t),$$

$f_n(t)$ ist der Koeffizient einer FOURIER-Entwicklung. Sein Absolutquadrat ergibt die Wahrscheinlichkeit $W(\pi_n|t)$ für den Wert π_n für p_x zur Zeit t.

Ist A der HAMILTON-Operator H (wobei $\partial V/\partial t = 0$ sei) mit den Energieeigenwerten E_n, so wird:

$$\varphi_n = \psi_n \quad \text{aus} \quad H\psi_n = E_n\psi_n, \qquad \psi(x,t) = \sum_n C_n \psi_n(x)\, e^{-\frac{iE_n t}{\hbar}},$$

$$\bar{E} = \sum_n E_n |C_n|^2, \qquad C_n e^{-\frac{iE_n t}{\hbar}} = (\psi_n^*(x), \psi(x,t)) = w(E_n, t).$$

$|C_n|^2$ bedeutet also die Wahrscheinlichkeit $W(E_n|t)$, für E den Wert E_n zur Zeit t zu finden. Hier ist die Zeitabhängigkeit verloren gegangen. Sofern H diskrete Eigenwerte hat, können nur die diskreten Werte E_n für die Energie gefunden werden.

2. Der Erwartungswert für a in einem Zustand der Energie E_n ist:

$$\bar{a}_n = (\psi_n^* A \psi_n) = \sum_l \alpha_l |c_{nl}|^2 \quad \text{mit} \quad c_{nl} \equiv (\varphi_l^*(x)\, \psi_n(x)) = w(\alpha_l E_n),$$

$$\varphi_l(x) = \sum_n c_{ln} \psi_n(x), \qquad \psi_n(x) = \sum_l c_{nl}\, \varphi_l(x),$$

$$c_{ln} = (\psi_n^* \varphi_l) = w(E_n \alpha_l) = w^*(\alpha_l E_n).$$

3. Es ist: $\bar{x}(t) = \int x |\psi(x,t)|^2 dx$, also $\psi(x,t) = w(x,t)$.

Da die Eigenwerte zum Operator x dicht liegen, ist ein Integral zu schreiben.

Analog ist: $\bar{x}_n = \int x |\psi_n(x)|^2 dx$, also $\psi_n(x) = w(x, E_n)$.

4. Aus $\psi(x,t) = \sum_n C_n e^{-\frac{iE_n t}{\hbar}} \psi_n(x)$ entnehmen wir:

$$C_n e^{\frac{iE_n t}{\hbar}} = (\psi_n^*(x)\, \psi(x,t)) = \int w^*(x, E_n)\, w(x,t)\, dx = w(E_n, t)$$

und analog:

$$C_n^* e^{\frac{ix\pi_n}{\hbar}} = \int w^*(\pi_n, t)\, w(x,t)\, dt = w^*(\pi_n, x).$$

Diese spezielle Form der Wahrscheinlichkeitsamplitude gilt für kanonisch konjugierte Größenpaare.

5. $$w(\alpha, \alpha') = \int w^*(x, \alpha)\, w(x, \alpha')\, dx = \delta_{\alpha\alpha'}.$$

Diese Orthogonalitätsrelation bedeutet die Evidenz, daß, wenn $a = \alpha'$ bekannt ist, $a = \alpha$ nur für $\alpha = \alpha'$ möglich ist.

Eine Partikularlösung der SCHRÖDINGER-Gleichung eines abgeschlossenen Systems $\psi = \psi_l e^{-\frac{iE_l t}{\hbar}}$ bzw. die mit ihr gebildeten Mittelwerte beschreiben einen *Quantenzustand* der Energie E_l. Die allgemeine

Lösung $\psi = \sum C_l \psi_l e^{-\frac{i E_l t}{\hbar}}$ erfaßt dagegen eine Situation, in der unbekannt ist, welcher Quantenzustand besteht und in der für sein Bestehen nur die Wahrscheinlichkeit $|C_l|^2$ bekannt ist. Sie beschreibt daher nicht das, was tatsächlich ist, sondern nur unser Wissen, das sich auf Wahrscheinlichkeitsaussagen beschränken muß.

Sind die C_l Funktionen der Zeit, so heißt das, daß die Wahrscheinlichkeiten sich zeitlich ändern. Das wird gedeutet durch das Bild von *Übergängen*, die das System von einem Quantenzustand in einen anderen überführen. Die Gleichungen $-\frac{\hbar}{i}\frac{dC_l}{dt} = \sum_k C_k H_{lk}$ beschreiben diesen Vorgang im einzelnen. In diesem Sinne ist H_{lk} ein Maß für die *Übergangswahrscheinlichkeit* aus dem Zustand k in den Zustand l. Im Speziellen treten keine direkten Übergänge $k \to l$ auf, wenn $H_{lk} = 0$ ist *(Übergangsverbote)*, sondern nur solche über *Zwischenzustände* $k \to r \to l$.

Der Fall zeitlich veränderlicher C_l liegt vor, wenn das System nicht vollständig abgeschlossen ist, sondern durch *äußere* Einwirkung H' gestört ist. In diesem Fall wählt man eine Beschreibung mit den Eigenfunktionen ψ_l und Eigenwerten E_l des ungestörten (abgeschlossenen) Systems H_0. Zu einer solchen Beschreibung wird man schon deshalb gezwungen, weil die Begriffe Energie und Quantenzustand nur für abgeschlossene Systeme scharf definiert sind. Es muß aber betont werden, daß immer eine gewisse Willkür bestehen bleibt, was als ungestörtes System betrachtet werden soll, d. h. wieviel von den wirkenden Kräften als Störung gerechnet wird. Für die Entscheidung hierüber sind im wesentlichen methodische Gesichtspunkte maßgebend. Das Verfahren und die Betrachtungsweise sind praktisch nur möglich bei schwacher Störung H', d. h. wenn sich die HAMILTON-Funktion $H = H_0 + H'$ des gestörten von der des ungestörten Systems nur wenig unterscheidet (s. S. 313 ff.).

9. Unschärferelation.

Der wellenmechanische Mittelwert einer Größe a in einem durch $\psi(\mathfrak{r}, t)$ charakterisierten Zustand berechnet sich mittels des zugehörigen Operators A durch: $\bar{a} = (\psi^* A \psi)$ sowie für deren Quadrat durch $\overline{a^2} = (\psi^* A^2 \psi)$. Das mittlere „Schwankungsquadrat" wird dann:

$$(\Delta a)^2 = \overline{(a - \bar{a})^2} = (\psi^* (A - \bar{a})^2 \psi).$$

Nimmt man dieses Δa als Maß für die „Unschärfe" von a, so folgt aus der erweiterten SCHWARZschen Ungleichung (s. S. 22) für zwei Größen a und b:

$$(\Delta a)^2 (\Delta b)^2 \geq \left(\psi^* \left(\frac{(A - \bar{a})(B - \bar{b}) - (B - \bar{b})(A - \bar{a})}{2i}\right)\psi\right)^2 = \left(\psi^* \frac{AB - BA}{2i}\psi\right)^2.$$

Sind a und b kanonisch konjugierte Größen, so daß $AB - BA = \hbar/i$ gilt, so wird wegen $(\psi^* \psi) = 1$:

$$|\Delta a||\Delta b| \geq \frac{\hbar}{2}.$$

Das ist die HEISENBERG*sche Unschärferelation.*

Sie sagt aus, daß zwei kanonisch konjugierte Größen nicht gleichzeitig beliebig scharf bestimmt sein können, daß vielmehr mit einer bestimmten Schärfe der einen eine bestimmte Mindestunschärfe der anderen verbunden ist. Das bezieht sich sowohl auf die Schärfe von möglichen Beobachtungen wie auch von Realisierungen durch äußere Umstände.

Beim linearen harmonischen Oszillator gilt im Grundzustand $\Delta p_x \Delta x = \hbar/2$ zu allen Zeiten. Bei allen anderen Systemen gilt das Gleichheitszeichen in der Unschärferelation für gleichzeitige Koordinaten- und Impulsmessung nur, wenn zur Zeit t_0 der Messung speziell $\psi(\mathfrak{r}, t_0) = \text{const} \cdot e^{-\left(\frac{x-\bar{x}}{2\Delta x}\right)^2 - \frac{i\bar{p}_x x}{\hbar}}$ ist. Zu anderen Zeiten $(t \neq t_0)$ wird infolge der Zeitabhängigkeit von $\psi(\mathfrak{r}, t)$ auch in diesem optimalen Fall: $\Delta p_x \Delta x > \hbar/2$ (sog. Zerfließen der Wellenpakete).

10. Teilsysteme und Wechselwirkung.

Ein abgeschlossenes System läßt sich oft aus methodischen und sachlichen Gründen als aus Teilsystemen aufgebaut auffassen, zwischen denen Wechselwirkung besteht. Der HAMILTON-Operator ist dann zusammengesetzt: $H = \sum H_k + W$, wo H_k für die isoliert gedachten Teilsysteme nur von deren Parametern abhängt, während W alle enthält.

1. Ist $W = 0$, so haben wir die Lösung $\psi = \prod_k \psi^{(k)}(\mathfrak{r}_k, t)$. Ein Quantenzustand des Gesamtsystems wird gegeben durch

$$\psi_l e^{-\frac{iE_l t}{\hbar}} = \prod_k \left(\psi^{(k)}(\mathfrak{r}_k) e^{-\frac{iE^{(k)}t}{\hbar}}\right), \quad \text{also} \quad E_l = \sum_k E^{(k)}$$

(Additivität der Energie). Die allgemeine Lösung ist eine lineare Kombination solcher partikulärer Lösungen mit konstanten Koeffizienten C_l.

Sind N Teilsysteme *gleichartig,* d. h. haben ihre HAMILTON-Funktionen die gleiche Form, so liegt Entartung vor *(Teilchenentartung* bzw. *Systementartung).* Zum Eigenwert E_l des Gesamtsystems gehören verschiedene Lösungen, die durch Vertauschung (Permutation) der Koordinaten $\mathfrak{r}_k$ der Teilsysteme auseinander hervorgehen. Man kann aus diesen Lösungen zueinander orthogonale Linearkombinationen bilden, die in bezug auf Vertauschung der $\mathfrak{r}_k$ von verschiedener Symmetrie sind. Von diesen interessieren besonders die vollständig *antimetrische,* welche die Eigenschaft hat, bei Vertauschung von irgend zwei Teilsystemen ihr Vorzeichen zu ändern. Man kann sie in der Form einer Determinante darstellen:

$$\psi = \frac{1}{\sqrt{N!}} \begin{vmatrix} \psi^{(1)}(1) & \psi^{(1)}(2) & \psi^{(1)}(3) & \ldots \\ \psi^{(2)}(1) & \psi^{(2)}(2) & \psi^{(2)}(3) & \ldots \\ \psi^{(3)}(1) & \psi^{(3)}(2) & \psi^{(3)}(3) & \ldots \\ \ldots & \ldots & \ldots & \ldots \\ \ldots & \ldots & \ldots & \ldots \end{vmatrix},$$

wobei zur Abkürzung $\psi^{(n)}(k) = \psi^{(n)}(\mathfrak{r}_k, t)$ geschrieben ist.

Ausgezeichnet ist auch die vollständig *symmetrische* Lösung, die bei Vertauschung beliebiger Teilsysteme ungeändert bleibt:

$$\psi = \frac{1}{\sqrt{N!}} \sum_P (P)\, \psi^{(1)}(1)\, \psi^{(2)}(2) \ldots \psi^{(k)}(k).$$

Hier ist über alle Permutationen P der Argumente $(k) = (\mathfrak{r}_k, t)$ bei festgehaltener Reihenfolge der $\psi^{(n)}$ zu summieren.

2. Ist $W \neq 0$, so behandelt man die Aufgabe als Störungsproblem, wobei die Wechselwirkung als Störungsoperator aufgefaßt wird. Durch die Störung kann vorhandene Entartung ganz oder teilweise aufgehoben werden.

Hierbei kommen vornehmlich zwei Behandlungsweisen in Betracht:

a) Störungsverfahren von S. 314. (Dabei darf W die Zeit nicht explizit enthalten.) Man findet so die durch die Störung veränderten Eigenwerte und Eigenfunktionen des Systems. Die Interpretation dieser Lösung lautet: Durch die Wechselwirkung werden die Energiewerte der Quantenzustände des Gesamtsystems sowie die Dichteverteilung in ihm geändert.

In erster Näherung wird die Energieänderung eines nichtentarteten Systems gegeben durch

$$\Delta E_l = W_{ll} = (\psi_l^* W \psi_l),$$

berechnet mit den Eigenfunktionen des ungestörten Systems.

b) Störungsverfahren von S. 321. (Auch bei zeitabhängigem W benutzbar.) Hier stellt sich die gestörte Eigenfunktion dar als lineare Kombination der ungestörten mit zeitabhängigen Koeffizienten: $\psi = \sum_l c_l(t)\, \psi_l$. Die Interpretation lautet hier: Durch die Wechselwirkung werden Übergänge verursacht, die die Teilsysteme aus ihren Quantenzuständen in andere überführen. Man spricht hier auch von einem Austausch der Energie zwischen den Teilsystemen, der durch die Wechselwirkung induziert wird.

Die Gesamtenergie wird dann

$$E = \sum_l |c_l|^2 E_l + \sum_{l,n} c_l^* c_n W_{nl} = \sum_l |c_l|^2 (E_l + W_{ll}) + \sum_{l,n}' c_l^* c_n W_{ln}.$$

Die W_{ll} entsprechen der klassisch berechneten Wechselwirkungsenergie der entsprechenden ungestörten Dichteverteilungen. Die W_{ln} für $l \neq n$ bezeichnet man als *Austauschenergie* (bzw. *Austauschintegrale*).

Die zwei Methoden führen also zu verschiedenen Bildern, die den gleichen Sachverhalt anschaulich beschreiben sollen.

11. PAULI-Prinzip.

Die Erfahrung zeigt, daß die meisten Elementarpartikel (Elektron, Proton, Neutron usw.) durch die Angabe von Masse und Ladung sowie ihrer Koordinaten im Dreidimensionalen nicht vollständig charakterisiert sind, daß vielmehr noch ein Freiheitsgrad zu berücksichtigen ist, der zweier Werte fähig ist und zur Erfassung des *Spins* dient. Der zugehörige Parameter tritt in erster Näherung, auf die wir uns hier zunächst beschränken, nicht in der HAMILTON-Funktion auf. Wir haben daher eine Entartung, die die ψ-Funktion für ein aus N Teilchen mit Spin bestehendes System in 2^N energetisch zusammenfallende vervielfältigt.

Die Erfahrung zeigt weiter, daß für Teilchen mit Spin das PAULI*sche Ausschließungsprinzip* gilt: In der Natur sind nur solche Lösungen der SCHRÖDINGER-Gleichung realisiert, die in bezug auf Vertauschung von Koordinaten und Spinparameter von irgend zwei Elementarteilchen antimetrisch sind.

Stellt man den Zustand eines Systems als aus Teilsystemen aufgebaut mit deren Eigenfunktionen dar, so pflegt man diese letzteren als ψ^+ und ψ^- zu unterscheiden. Für ein Gebilde aus zwei gleichen Elementarteilchen sind in diesem Sinne mögliche Eigenfunktionen:

1. $$\frac{1}{\sqrt{2}}\left\{\frac{1}{\sqrt{2}}\begin{vmatrix}\psi_l^+(1) & \psi_l^-(2)\\ \psi_n^+(1) & \psi_n^-(2)\end{vmatrix} - \frac{1}{\sqrt{2}}\begin{vmatrix}\psi_l^-(1) & \psi_l^+(2)\\ \psi_n^-(1) & \psi_n^+(2)\end{vmatrix}\right\}$$

symmetrisch in $\mathfrak{r}_k$, antimetrisch in den Spins,

2. $$\frac{1}{\sqrt{2}}\begin{vmatrix}\psi_l^+(1) & \psi_l^+(2)\\ \psi_n^+(1) & \psi_n^+(2)\end{vmatrix},$$

3. $$\frac{1}{\sqrt{2}}\left\{\frac{1}{\sqrt{2}}\begin{vmatrix}\psi_l^+(1) & \psi_l^-(2)\\ \psi_n^+(1) & \psi_n^-(2)\end{vmatrix} + \frac{1}{\sqrt{2}}\begin{vmatrix}\psi_l^-(1) & \psi_l^+(2)\\ \psi_n^-(1) & \psi_n^+(2)\end{vmatrix}\right\},$$

4. $$\frac{1}{\sqrt{2}}\begin{vmatrix}\psi_l^-(1) & \psi_l^-(2)\\ \psi_n^-(1) & \psi_n^-(2)\end{vmatrix}$$

antimetrisch in $\mathfrak{r}_k$, symmetrisch in den Spins.

Diese vier Kombinationen sind bei zwei Teilchen die einzigen, die das PAULI-*Prinzip* befriedigen.

12. Vielkörperprobleme gleichartiger Teile.

Das allgemeine Problem, wenn alle Teile $k = 1, 2, \ldots, N$ gleichartig sind, hat den HAMILTON-Operator:

$$H = \sum_k H_k(\mathfrak{r}_k) + \tfrac{1}{2}\sum_{k\,k'}{}' W(\mathfrak{r}_k \mathfrak{r}_{k'}) + \cdots .$$

Man entwickelt ψ nach den Eigenlösungen $\varphi_n(\mathfrak{r})$ zu H_k in der Form:

$$\psi(\mathfrak{r}_1, \mathfrak{r}_2, \mathfrak{r}_3, \ldots, \mathfrak{r}_N, t) = \sum_{n_1, n_2, n_3 \ldots} c(n_1, n_2, n_3, \ldots, t)\, \varphi_{n_1}(\mathfrak{r}_1)\, \varphi_{n_2}(\mathfrak{r}_2) \ldots$$

und erhält für die c ein System linearer Differentialgleichungen erster Ordnung (analog zu S. 440).

Um dieses bei großem N unübersehbare System zu bewältigen, sind folgende zwei Spezialisierungen möglich und wichtig:

1. ψ sei *symmetrisch* in den Teilen, d.h. deren Vertauschung ändere ψ nicht. Dann sind viele der $c(n_1, n_2, \ldots, t)$ einander gleich und gemeinsam durch $C(N_1, N_2, N_3, \ldots, t)$ zu bezeichnen, nämlich alle diejenigen, bei denen sich die n_k mit den Anzahlen N_r auf die möglichen Werte $r = 1, 2, \ldots$ verteilen. N_r gibt also an, wieviele n_k den Wert r haben. Es gilt $\sum_r N_r = N$.

Man führt jetzt Operatoren b_r und ihre adjungierten $b_r^\dagger$ ein, die auf Funktionen von ganzen Zahlen N_r wirken und definiert sind durch:

$$b_r f(N_1 N_2 N_3 \ldots) = \sqrt{N_r + 1}\, f(N_1 N_2 \ldots N_r + 1 \ldots)$$

sowie

$$b_r^\dagger f(N_1 N_2 N_3 \ldots) = \sqrt{N_r}\, f(N_1 N_2 \ldots N_r - 1 \ldots) .$$

Hieraus folgt:

$$b_r^\dagger b_r = N_r, \qquad b_r b_r^\dagger = N_r + 1 \quad \text{also} \quad b_r b_r^\dagger - b_r^\dagger b_r = 1 ,$$

während alle anderen b vertauschbar sind. Mit diesen b-Operatoren kann man jetzt ein einfacheres System aufstellen der Form:

$$\frac{\hbar}{i} \frac{\partial}{\partial t} C(N_1, N_2, \ldots, t) = -H(C(N_1, N_2, \ldots, t))$$

mit dem HAMILTON-Operator H, gegeben durch:

$$H = \sum_{r,s} b_r^\dagger H_{rs} b_s + \sum_{r,s,t,u} b_r^\dagger b_t^\dagger H_{rt,us} b_u b_s + \cdots .$$

Man kann mit den b als Koeffizienten die „*gequantelten Wellenfunktionen*“ im $\mathfrak{r}$-Raum bilden:

$$\psi(\mathfrak{r}) = \sum_r b_r \varphi_r(\mathfrak{r}), \qquad \psi^\dagger(\mathfrak{r}) = \sum_r b_r^\dagger \varphi_r^*(\mathfrak{r}) .$$

Sie sind Operatoren, die funktionell von $\mathfrak{r}$ abhängen. Für sie gilt:

$$\psi(\mathfrak{r}')\,\psi^\dagger(\mathfrak{r}) - \psi^\dagger(\mathfrak{r})\,\psi(\mathfrak{r}') = \delta(\mathfrak{r}-\mathfrak{r}')$$
$$\psi(\mathfrak{r}')\,\psi(\mathfrak{r}) - \psi(\mathfrak{r})\,\psi(\mathfrak{r}') = 0.$$

Mit diesen ψ-Operatoren stellt sich H dar in der Form:

$$H = \int \psi^\dagger(\mathfrak{r})\,H\,\psi(\mathfrak{r})\,dv + \tfrac{1}{2}\int\int \psi^\dagger(\mathfrak{r})\,\psi^\dagger(\mathfrak{r}')\,W\,\psi(\mathfrak{r}')\,\psi(\mathfrak{r})\,dv\,dv' + \cdots.$$

2. ψ sei *antimetrisch* in den Teilen, d. h. es ändere sein Vorzeichen bei Vertauschung von zweien. Dann können in den c keine gleichen n_k vorkommen und die N_r sind entweder 1 oder 0.

Man führt jetzt Operatoren a_r und ihre adjungierten $a_r^\dagger$ ein, die ebenso wie die b_r und $b_r^\dagger$ definiert sind. Doch ist zu beachten, daß alle $c = 0$ sind, wenn ein $N_r > 1$ wird. Daraus folgt:

$$a_r^\dagger a_r = N_r, \qquad a_r a_r^\dagger = 1 - N_r, \qquad a_r a_r = 0, \qquad a_r^\dagger a_r^\dagger = 0.$$

Weiter ist eine Vorzeichenregel nötig, die dem Vorzeichenwechsel von ψ bei Vertauschung von zwei Teilchen Rechnung trägt. Sie läßt sich formulieren durch: $a_r a_s = -a_s a_r$ und $a_r a_s^\dagger = -a_s^\dagger a_r$ für $s \neq r$. Zusammengefaßt gibt das:

$$a_r^\dagger a_s + a_s a_r^\dagger = \delta_{rs} \qquad \text{und} \qquad a_r a_s + a_s a_r = 0.$$

Die mit den a_r gebildeten ψ-Operatoren:

$$\psi(\mathfrak{r}) = \sum_r a_r \varphi_r(\mathfrak{r}) \qquad \text{und} \qquad \psi^\dagger(\mathfrak{r}) = \sum_r a_r^\dagger \varphi_r^*(\mathfrak{r})$$

erfüllen dann die Vertauschungsrelationen:

$$\psi(\mathfrak{r}')\,\psi^\dagger(\mathfrak{r}) + \psi^\dagger(\mathfrak{r})\,\psi(\mathfrak{r}') = \delta(\mathfrak{r}-\mathfrak{r}') \qquad \text{und} \qquad \psi(\mathfrak{r}')\,\psi(\mathfrak{r}) + \psi(\mathfrak{r})\,\psi(\mathfrak{r}') = 0.$$

Der HAMILTON-Operator und die Wellengleichung sind formal dieselben wie im Fall 1.

In beiden Fällen liefert $|C_n(N_1, N_2, \ldots, t)|^2$ (bei geeigneter Normierung) die Wahrscheinlichkeit je N_r Teile in einem durch $\varphi_r(\mathfrak{r})$ dargestellten Zustand zur Zeit t zu finden, bzw. in ihrer Zeitabhängigkeit die Übergangswahrscheinlichkeiten unter der Wirkung der äußeren Kräfte H und der Wechselwirkung W. Die daraus sich ergebenden Statistiken heißen für den Fall 1. „BOSE-*Statistik*" für den Fall 2. „FERMI-*Statistik*" (s. S. 494).

13. HAMILTON-Operatoren mit Symmetrien.

Besitzt das physikalische System *Symmetrien*, d.h. ist der HAMILTON-Operator invariant gegenüber gewissen Transformationen A der Koordinaten des Konfigurationsraumes $\mathfrak{r}' = A\,\mathfrak{r}$, so ist bei gegebenem Eigenwert E_l zugleich mit $\psi_l(\mathfrak{r})$ auch $\psi_l(A\,\mathfrak{r})$ eine Eigenfunktion zu E_l. Die

A bilden die Symmetriegruppe $\mathfrak{G}$ des Operators H. Äquivalent mit $\mathfrak{G}$ ist die Gruppe der Symmetrieoperatoren Λ_A, für die gilt:

$$\Lambda_A \psi(A\mathfrak{r}) = \psi(\mathfrak{r}) \quad \text{und} \quad \Lambda_A H = H \Lambda_A \quad \text{(vgl. S. 32)}.$$

$\mathfrak{G}$ kann aus orthogonalen Transformationen der räumlichen Koordinaten (räumliche Symmetrie) und Permutationen der Teilchenkoordinaten (Äquivalenz von Teilchen) bestehen.

Ist E_l ein h-facher Eigenwert zu H und sind $\psi_\nu^{(l)}$ $(\nu = 1, 2, \ldots, h)$ zugehörige voneinander linear unabhängige Eigenfunktionen, so ist

$$\Lambda_A \psi_\mu^{(l)}(\mathfrak{r}, t) = \sum_{\nu=1}^{h} d_{\nu\mu}(A)\, \psi_\nu^{(l)}(\mathfrak{r}, t).$$

Die Matrizen $D(A) = (d_{\mu\nu}(A))$ bilden dann eine h-dimensionale Darstellung der Symmetriegruppe $\mathfrak{G}$.

Geht man von einem anderen System von h linear unabhängigen Eigenfunktionen aus:

$$\psi_\nu^{\prime(l)}(\mathfrak{r}, t) = \sum_{\mu=1}^{h} S_{\mu\nu}\, \psi_\mu^{(l)}(\mathfrak{r}, t),$$

so gilt:

$$\Lambda_A \psi_\mu^{\prime(l)}(\mathfrak{r}, t) = \sum_{\nu=1}^{h} d'_{\nu\mu}(A)\, \psi_\nu^{\prime(l)}(\mathfrak{r}, t)$$

und

$$(d'_{\mu\nu}(A)) \equiv D'(A) = S^{-1} D(A)\, S,$$

d. h. zu jedem h-fachen Eigenwert gehört eine bis auf eine Ähnlichkeitstransformation bestimmte h-dimensionale Darstellung der Symmetriegruppe.

Es ist praktisch die Darstellungen auszureduzieren, d. h. S so zu wählen, daß D in irreduzible Bestandteile zerfällt:

$$D(A) = \begin{pmatrix} D^{(1)}(A) & & & \\ & D^{(2)}(A) & & \\ & & \ddots & \\ & & & D^{(s)}(A) \end{pmatrix}.$$

(Diese irreduziblen $D^{(s)}(A)$ brauchen nicht sämtlich voneinander verschieden zu sein.)

Es gilt dann:

1. Die zu verschiedenen irreduziblen Bestandteilen $D^{(s)}(A)$ gehörenden ψ_ν sind orthogonal.

2. Bei einer Störung, die die gleiche Symmetrie hat, wie der ungestörte HAMILTON-Operator, spaltet der Eigenwert so auf, daß die zum gleichen $D^{(s)}(A)$ gehörenden Eigenfunktionen weiter entartet bleiben. Die Auf-

spaltung erfolgt in höchstens soviel Eigenwerte, als es irreduzible Bestandteile $D^{(s)}(A)$ gibt, wobei mehrfach vorkommende $D^{(s)}$ mehrfach zu zählen sind. Diese Eigenschaft ermöglicht, die Eigenwerte bereits in unaufgespaltenem Zustand in Terme bestimmter Klassen einzuteilen.

3. Hat die Störung eine andere Symmetrie, als der ungestörte HAMILTON-Operator, so gebraucht man zweckmäßig Darstellungen $D(B)$ der Symmetriegruppe $\mathfrak{S}$ des Störungsoperators, die in möglichst viele irreduzible Bestandteile $D^{(s)}(B)$ ausreduziert werden. Die zugehörigen Linearkombinationen der ungestörten Eigenfunktionen bilden die der Störung am besten angepaßten Eigenfunktionen, soweit sich diese allein aus Symmetriegründen schon ermitteln lassen.

4. Die Anzahl irreduzibler Bestandteile von $D(A)$ [bzw. $D(B)$] ergibt sich für endliche Gruppen zu (vgl. S. 253)

$$q_s = \frac{1}{h}\sum_A \chi(\mathrm{A})\,\chi^{(s)}(\mathrm{A}) \quad \text{bzw.} \quad q_s = \frac{1}{h}\sum_B \chi(B)\,\chi^{(s)}(B),$$

wobei $\chi(A) = \sum_{\nu=1}^{h} d_{\nu\nu}(A)$ usw. die Charaktere der Darstellungen $D(A)$, $D^{(s)}(A)$ bzw. $D(B)$, $D^{(s)}(B)$ bedeuten (s. Beispiel Anhang 13).

5. Für beliebige (kontinuierliche) Symmetriegruppen $\mathfrak{G}$ bzw. $\mathfrak{S}$ gelten analoge Beziehungen.

II. Relativistische Punktmechanik.

1. Grundgleichungen.

Eine relativistische Verallgemeinerung der SCHRÖDINGER-Gleichung im feldfreien Raum erhält man durch quantentheoretische Übersetzung der Gleichung: $\frac{E^2}{c^2} - p^2 - m_0^2 c^2 = 0$ (s. S. 422) in die Form der KLEIN-GORDON*schen Gleichung*:

$$\left(\frac{1}{c^2}\frac{\partial^2}{\partial t^2} - \Delta + \frac{m_0^2 c^2}{\hbar^2}\right)\psi = 0,$$

die man mit $x_\alpha = \{\mathfrak{r}, i\,c\,t\}$ und $\lambda = \frac{\hbar}{m_0 c}$ (COMPTON-Wellenlänge) auch in der Form:

$$\left(\sum_{\alpha=1}^{4} \frac{\partial^2}{\partial x_\alpha^2} - \frac{1}{\lambda^2}\right)\psi = 0 \tag{1}$$

schreiben kann. Bei Anwesenheit von Feldern, die durch die Potentiale $\Phi_\alpha = \{\mathfrak{A}, i\,\Phi\}$ dargestellt werden, sind die Operatoren $\partial/\partial x_\alpha$ zu $\frac{\partial}{\partial x_\alpha} - \frac{i\,e}{\hbar\,c}\Phi_\alpha$ zu erweitern.

Die auf dieser Grundgleichung aufzubauende Theorie hat sich für Elektronen nicht bewährt. Erfolgreicher ist die DIRACsche Theorie, die zunächst unter Verwendung von CLIFFORDschen Zahlen γ_α (s. S. 12) die Gl. (1) in die Form:

$$\left(\sum_\alpha \gamma_\alpha \frac{\partial}{\partial x_\alpha} - \frac{1}{\lambda}\right)\left(\sum_\alpha \gamma_\alpha \frac{\partial}{\partial x_\alpha} + \frac{1}{\lambda}\right)\psi = 0$$

bringt. Sie wird erfüllt, wenn die Gleichung erster Ordnung:

$$\left(\sum_\alpha \gamma_\alpha \frac{\partial}{\partial x_\alpha} + \frac{1}{\lambda}\right)\psi = 0$$

gilt. Da $\gamma_\alpha \frac{\partial}{\partial x_\alpha}$ nicht selbstadjungiert ist, wohl aber $\gamma_4 \gamma_\alpha \frac{\partial}{\partial x_\alpha}$, ist es rationeller:

$$\left(\sum_\alpha \gamma_4 \gamma_\alpha \frac{\partial}{\partial x_\alpha} + \frac{\gamma_4}{\lambda}\right)\psi = 0$$

zu schreiben, d. h. ausführlicher und nach Multiplikation mit $\hbar c$

$$\frac{\hbar}{i}\frac{\partial \psi}{\partial t} + i c \sum_{\alpha=1}^{3} \gamma_4 \gamma_\alpha \frac{\hbar}{i}\frac{\partial \psi}{\partial x_\alpha} + \gamma_4 m_0 c^2 \psi = 0 = \left(\frac{\hbar}{i}\frac{\partial}{\partial t} + H\right)\psi$$

Man kann das als Übersetzung der Gleichung:

$$E = (\mathfrak{v}\,\mathfrak{p}) + m_0 c^2 \sqrt{1 - v^2/c^2}$$

auffassen, in der wie bisher:

$$E = -\frac{\hbar}{i}\frac{\partial}{\partial t}, \qquad p_\alpha = \frac{\hbar}{i}\frac{\partial}{\partial x_\alpha}$$

gesetzt ist, aber außerdem:

$$v_\alpha = i c \gamma_4 \gamma_\alpha \quad \text{und} \quad \sqrt{1 - v^2/c^2} = \gamma_4 .$$

Bei Anwesenheit von Feldern ist wie oben zu erweitern. Man erhält so die DIRAC*sche Grundgleichung*:

$$L\psi \equiv \sum_{\alpha=1}^{4} \gamma_4 \gamma_\alpha \frac{\partial \psi}{\partial x_\alpha} - \left(\sum_\alpha \gamma_4 \gamma_\alpha \frac{i e}{\hbar c} \Phi_\alpha - \frac{\gamma_4}{\lambda}\right)\psi = 0 .$$

Faßt man die γ als Matrixoperatoren auf und benutzt für sie eine vierdimensionale Darstellung (s. S. 25), so handelt es sich um ein System von vier Differentialgleichungen für vier Funktionen ψ_s $(s = 1, 2, 3, 4)$ des Ortes und der Zeit.

Mit Benutzung der hyperkomplexen Vektoren (s. S. 199) schreibt man:

$$\frac{1}{ic}\frac{\partial\psi}{\partial t} = \left\{\frac{ie}{\hbar c}\{\gamma_4(\mathfrak{h}\mathfrak{A}) + i\Phi\} - \gamma_4\left\{(\mathfrak{h}\,\mathrm{grad}) + \frac{1}{\lambda}\right\}\right\}\psi.$$

Da L selbstadjungiert ist, gilt: $(L\psi)^* = \psi^* L = 0$, also wegen: $\psi^*\frac{\partial}{\partial x} = -\frac{\partial}{\partial x}\psi^*$:

$$-\psi^* L = \sum_{\alpha=1}^{4}\frac{\partial\psi^*}{\partial x_\alpha}\gamma_4\gamma_\alpha + \psi^*\left(\sum_\alpha \gamma_4\gamma_\alpha\frac{ie}{\hbar c}\Phi_\alpha - \frac{\gamma_4}{\lambda}\right) = 0.$$

Damit folgt:

$$\sum_\alpha\frac{\partial}{\partial x_\alpha}(\psi_s^*\gamma_4\gamma_\alpha\psi_s) = 0.$$

(Hier ist die Klammer als Summationszeichen über s zu verstehen. Ebenso ist in allen Formeln über s zu summieren, in denen ψ zweimal vorkommt, wobei häufig der Index s nicht hingeschrieben wird.) Diese Gleichung ist als Kontinuitätsgleichung deutbar:

$$e(\psi^*\psi) = \varrho\text{: Ladungsdichte},$$
$$ice(\psi^*\gamma_4\gamma_\alpha\psi) = i_\alpha\text{: Stromdichte } (\alpha = 1, 2, 3).$$

Weitere Deutungen erhält man aus der Umformung:

$$\psi = \lambda\sum_\alpha\left(-\gamma_\alpha\frac{\partial\psi}{\partial x_\alpha} + \frac{ie}{\hbar c}\gamma_\alpha\psi\Phi_\alpha\right),$$

$$\psi^*\gamma_4 = \lambda\sum_\alpha\left(\frac{\partial\psi^*}{\partial x_\alpha}\gamma_4\gamma_\alpha + \frac{ie}{\hbar c}\psi^*\gamma_4\gamma_\alpha\Phi_\alpha\right)$$

und daher:

$$\begin{aligned}(\psi^*\gamma_4\gamma_\beta\psi) &= \frac{\lambda}{2}\sum_\alpha\left\{\left(\frac{\partial\psi^*}{\partial x_\alpha}\gamma_4\gamma_\alpha\gamma_\beta\psi\right) - \left(\psi^*\gamma_4\gamma_\beta\gamma_\alpha\frac{\partial\psi}{\partial x_\alpha}\right)\right\} + \\ &+ \frac{ie}{\hbar c}\frac{\lambda}{2}\sum_\alpha\Phi_\alpha\{(\psi^*\gamma_4\gamma_\alpha\gamma_\beta\psi) + (\psi^*\gamma_4\gamma_\beta\gamma_\alpha\psi)\} = \\ &= \frac{\lambda}{2}\left\{\left(\frac{\partial\psi^*}{\partial x_\beta}\gamma_4\psi\right) - \left(\psi^*\gamma_4\frac{\partial\psi}{\partial x_\beta}\right)\right\} + \frac{ie}{\hbar c}\lambda\Phi_\beta(\psi^*\gamma_4\psi) + \\ &+ \frac{\lambda}{2}\sum_{\alpha\neq\beta}\frac{\partial}{\partial x_\alpha}(\psi^*\gamma_4\gamma_\alpha\gamma_\beta\psi)\end{aligned}$$

also:

$$\mathfrak{i} = \frac{i\hbar e}{2m_0}\{(\mathrm{grad}\,\psi^*\gamma_4\psi) - (\psi^*\gamma_4\,\mathrm{grad}\,\psi)\} - \frac{e^2}{m_0 c}\mathfrak{A}(\psi^*\gamma_4\psi) - c\,\mathrm{rot}\,\mathfrak{M} - \frac{\partial\mathfrak{P}}{\partial t},$$

$$\varrho = -\frac{i\hbar e}{2m_0 c^2}\left\{\left(\frac{\partial\psi^*}{\partial t}\gamma_4\psi\right) - \left(\psi^*\gamma_4\frac{\partial\psi}{\partial t}\right)\right\} - \frac{e^2}{m_0 c^2}\Phi(\psi^*\gamma_4\psi) + \mathrm{div}\,\mathfrak{P}$$

mit

$$\mathfrak{M}_{\beta\gamma} = i\frac{\hbar e}{2m_0 c}(\psi^*\gamma_4\gamma_\beta\gamma_\gamma\psi) \qquad (x = 23,\ y = 31,\ z = 12),$$

$$\mathfrak{P}_\alpha = -\frac{\hbar e}{2m_0 c}(\psi^*\gamma_\alpha\psi) \qquad (\alpha = 1, 2, 3).$$

Diese Formeln deuten wir als Übersetzung der klassischen:

$$\mathfrak{i} = \bar{\varrho}\,\mathfrak{v} - c \operatorname{rot} \mathfrak{M} - \frac{\partial \mathfrak{P}}{\partial t}, \qquad \varrho = \bar{\varrho} + \operatorname{div} \mathfrak{P} \quad \text{(s. S. 391)}$$

sowie:

$$\bar{\varrho}\,\mathfrak{v} = \bar{\varrho}\frac{1}{m}\left(\mathfrak{p} - \frac{e}{c}\mathfrak{A}\right) = \bar{\varrho}\frac{1}{m_0}\left(\mathfrak{p} - \frac{e}{c}\mathfrak{A}\right)\sqrt{1 - \frac{v^2}{c^2}} = \varrho_0 \frac{1}{m_0}\left(\mathfrak{p} - \frac{e}{c}\mathfrak{A}\right),$$

$$\bar{\varrho} = \frac{\varrho_0}{m_0 c^2}(E - e\Phi).$$

Es ist daher: $e(\psi^* \gamma_4 \psi) = \varrho_0 = \varrho\sqrt{1 - \frac{v^2}{c^2}}$: Ruhladungsdichte (s. S. 420)

$$i\frac{\hbar e}{2}\left\{(\operatorname{grad}\psi^* \gamma_4 \psi) - (\psi^* \gamma_4 \operatorname{grad}\psi)\right\} = \mathfrak{p}\,\varrho_0,$$

$$i\frac{\hbar e}{2}\left\{\left(\frac{\partial \psi^*}{\partial t}\gamma_4 \psi\right) - \left(\psi^* \gamma_4 \frac{\partial \psi}{\partial t}\right)\right\} = E\,\varrho_0.$$

Es ist hier zu beachten, daß ϱ_0 nicht positiv definit ist und ebenso wie $\sqrt{1 - v^2/c^2}$ auch negativ sein kann. m und E sind daher beider Vorzeichen fähig, wenn man m_0 als positiv ansieht.

Während klassisch kein Übergang von $+\sqrt{1 - v^2/c^2}$ über $v = c$ zu $-\sqrt{1 - v^2/c^2}$ möglich erscheint, läßt die Quantentheorie einen solchen zu.

Offenbar sind die mit ψ^* und ψ gebildeten Größen als statistische Mittelwerte nicht nur über gleichartige Teilchen aufzufassen, sondern über solche, die positives bzw. negatives m haben (bzw. positives und negatives e/m) und sich daher wie Positronen und Elektronen verhalten.

Von besonderem Interesse sind die Glieder mit $\mathfrak{M}$ und $\mathfrak{P}$, die man als Polarisations-Strom- bzw. -Ladungsdichte deutet. $\mathfrak{M}$ und $\mathfrak{P}$ werden als *Spindichten* bezeichnet.

In einem abgeschlossenen (ruhenden) System heißt $\int \mathfrak{M}\,dv$ der *magnetische Spin*. $\mathfrak{P}$ ist durch $\mathfrak{M}$ nach der klassischen Formel: $\mathfrak{P} = \frac{1}{c}[\mathfrak{v}\,\mathfrak{M}]$ relativistisch bedingt.

In der speziellen Darstellung der CLIFFORDschen Zahlen von S. 25 ergeben sich die DIRACschen Gleichungen:

$$-\frac{i}{c}\frac{\partial \psi_1}{\partial t} - i\frac{\partial \psi_4}{\partial x} - \frac{\partial \psi_4}{\partial y} - i\frac{\partial \psi_3}{\partial z} + \frac{1}{\lambda}\psi_1 = \frac{e}{\hbar c}\{-\Phi\psi_1 + A_x\psi_4 - iA_y\psi_4 + A_z\psi_3\},$$

$$-\frac{i}{c}\frac{\partial \psi_2}{\partial t} - i\frac{\partial \psi_3}{\partial x} + \frac{\partial \psi_3}{\partial y} + i\frac{\partial \psi_4}{\partial z} + \frac{1}{\lambda}\psi_2 = \frac{e}{\hbar c}\{-\Phi\psi_2 + A_x\psi_3 + iA_y\psi_3 - A_z\psi_4\},$$

$$-\frac{i}{c}\frac{\partial \psi_3}{\partial t} - i\frac{\partial \psi_2}{\partial x} - \frac{\partial \psi_2}{\partial y} - i\frac{\partial \psi_1}{\partial z} - \frac{1}{\lambda}\psi_3 = \frac{e}{\hbar c}\{-\Phi\psi_3 + A_x\psi_2 - iA_y\psi_2 + A_z\psi_1\},$$

$$-\frac{i}{c}\frac{\partial \psi_4}{\partial t} - i\frac{\partial \psi_1}{\partial x} + \frac{\partial \psi_1}{\partial y} + i\frac{\partial \psi_2}{\partial z} - \frac{1}{\lambda}\psi_4 = \frac{e}{\hbar c}\{-\Phi\psi_4 + A_x\psi_1 + iA_y\psi_1 - A_z\psi_2\}$$

sowie die Größen:

$$\begin{aligned}
\varrho &= e(\psi_1^* \psi_1 + \psi_2^* \psi_2 + \psi_3^* \psi_3 + \psi_4^* \psi_4),\\
i_x &= c e(\psi_1^* \psi_4 + \psi_2^* \psi_3 + \psi_3^* \psi_2 + \psi_4^* \psi_1),\\
i_y &= - i c e(\psi_1^* \psi_4 - \psi_2^* \psi_3 + \psi_3^* \psi_2 - \psi_4^* \psi_1),\\
i_z &= c e(\psi_1^* \psi_3 - \psi_2^* \psi_4 + \psi_3^* \psi_1 - \psi_4^* \psi_2),\\
\varrho_0 &= e(\psi_1^* \psi_1 + \psi_2^* \psi_2 - \psi_3^* \psi_3 - \psi_4^* \psi_4),\\
M_x &= -\frac{\hbar e}{2m_0 c}(\psi_1^* \psi_2 + \psi_2^* \psi_1 - \psi_3^* \psi_4 - \psi_4^* \psi_3),\\
M_y &= i\frac{\hbar e}{2m_0 c}(\psi_1^* \psi_2 - \psi_2^* \psi_1 - \psi_3^* \psi_4 + \psi_4^* \psi_3),\\
M_z &= -\frac{\hbar e}{2m_0 c}(\psi_1^* \psi_1 - \psi_2^* \psi_2 - \psi_3^* \psi_3 + \psi_4^* \psi_4),\\
P_x &= i\frac{\hbar e}{2m_0 c}(\psi_1^* \psi_4 + \psi_2^* \psi_3 - \psi_3^* \psi_2 - \psi_4^* \psi_1),\\
P_y &= \frac{\hbar e}{2m_0 c}(\psi_1^* \psi_4 - \psi_2^* \psi_3 - \psi_3^* \psi_2 + \psi_4^* \psi_1),\\
P_z &= i\frac{\hbar e}{2m_0 c}(\psi_1^* \psi_3 - \psi_2^* \psi_4 - \psi_3^* \psi_1 + \psi_4^* \psi_2).
\end{aligned}$$

2. Anwendung der DIRAC-Gleichungen.

Aus den Lösungen der DIRAC-Gleichungen bei vorgegebenen Potentialfunktionen und Randbedingungen gewinnt man wie in der unrelativistischen Theorie Erwartungswerte, Übergangswahrscheinlichkeiten u. dgl.

Im feldfreien Falle (Φ und $\mathfrak{A}$ konstant) sind Lösungen leicht zu gewinnen. Man suche vier Funktionen χ_i, die der KLEIN-GORDON-Gleichung genügen und vereinige sie zu einer einspaltigen Matrix χ. Dann ist

$$\psi = \left\{\sum_{\alpha=1}^{4} \gamma_\alpha \frac{\partial}{\partial x_\alpha} - \frac{1}{\lambda}\right\} \chi$$

eine Lösung der DIRAC-Gleichung. Die χ_i kann man als Potentiale oder Komponenten eines HERTZschen Vektors für ψ auffassen. Man hat auch schon eine Lösung, wenn man nur ein χ_i von Null verschieden wählt. Nimmt man sie alle gleich bis auf je einen Amplitudenfaktor, so erhält man Lösungen mit vier verfügbaren Koeffizienten, deren Wahl zu verschiedenen Spin- und Ladungsmöglichkeiten führt.

Im kugelsymmetrischen Fall ($\Phi = \Phi(r)$, $\mathfrak{A} = 0$) ist nicht $[\mathfrak{r}\,\mathrm{grad}]$ wohl aber:

$$\mathfrak{N} = \frac{\hbar}{i}\left([\mathfrak{r}\,\mathrm{grad}] + \frac{i}{2}\,\mathfrak{s}\right) \qquad (s_x = -i\gamma_2\gamma_3, \ldots, \text{ vgl. S. } 25)$$

mit L vertauschbar. Man deutet das so, daß dieses $\mathfrak{N}$ den Operator des Gesamtdrehimpulses darstellt, der sich aus dem „Bahndrehimpuls" $\frac{\hbar}{i}$ [$\mathfrak{r}$ grad] und dem Eigendrehimpuls des Elektrons, seinem „Drall" oder *mechanischem Spin* vom Betrag $\hbar/2$ zusammensetzt.

Andere dann mit L vertauschbare Operatoren sind:

$K = \frac{\hbar}{i}\{(\mathfrak{s}\,[\mathfrak{r}\,\mathrm{grad}]) + i\}\gamma_4$ mit den Eigenwerten: $k\hbar$ $(k = \pm 1, \pm 2, \ldots)$

und

$$N^2 = -\hbar^2\left\{[\mathfrak{r}\,\mathrm{grad}]^2 + i\,(\mathfrak{s}\,[\mathfrak{r}\,\mathrm{grad}]) - \frac{3}{4}\right\} = K^2 - \frac{\hbar^2}{4}$$

mit den Eigenwerten:

$$(k^2 - \tfrac{1}{4})\,\hbar^2 = (|k| - \tfrac{1}{2})(|k| + \tfrac{1}{2})\,\hbar^2 = j\,(j+1)\,\hbar^2 \qquad (j = |k| - \tfrac{1}{2}).$$

III. Strahlungstheorie.

1. Korrespondenzmäßige Theorie der Strahlung.

Tragen die punktförmigen Elemente eines Systems elektrische Ladungen e, so sind sie nicht nur der Einwirkung elektrischer Felder unterworfen, deren Potentiale in die SCHRÖDINGER-Gleichung eingehen, sondern auch der Rückwirkung ihrer eigenen Felder, die sich als retardierte Wechselwirkung zwischen den Elementen sowie als Energieverlust durch Ausstrahlung auswirkt.

Es genügt für viele Fälle, das Feld klassisch zu behandeln und als durch die quantentheoretisch berechnete Ladungsdichte $e\,\varrho$ und Stromdichte $e\,\varrho\,\mathfrak{v}$ erzeugt zu betrachten. Die Methode der retardierten Potentiale (s. S. 402) ist dann unmittelbar anwendbar.

Wenn alle Dichten linear aus Gliedern der Form $A_{lk}\,e^{i\frac{(E_l - E_k)}{\hbar}t}$ aufgebaut sind, baut sich auch das erzeugte Strahlungsfeld aus Teilfeldern der Frequenzen $\omega_{lk} = \frac{E_k - E_l}{\hbar}$ auf (BOHR*sche Frequenzbedingung*). Für ihre Intensität sind entsprechend der klassischen Theorie (s. S. 404) die Matrixelemente des elektrischen Momentes $e\,\mathfrak{r}_{kl} = e\int \psi_l^*\,\mathfrak{r}\,\psi_k\,dv$ maßgebend. Der Energieverlust durch Ausstrahlung berechnet sich klassisch zu $\frac{dE}{dt} = -\frac{2e^2}{3c^3}\sum_{kl}|\ddot{\mathfrak{r}}_{kl}|^2$. Quantentheoretisch berechnet sich die gleiche Größe zu

$$\frac{dE}{dt} = -\frac{2e^2}{3c^3}\sum_{kl}|g_k(t)|^2\,|g_l(t)|^2\,\frac{\lambda_{kl}^4}{\hbar^4}\,|\mathfrak{r}_{kl}|^2.$$

Durch Gleichsetzung gewinnt man dann

$$|\ddot{\mathfrak{r}}_{kl}|^2 = \frac{\lambda_{kl}^4}{\hbar^4}\,|g_k(t)|^2\,|g_l(t)|^2\,|\mathfrak{r}_{kl}|^2.$$

Da hierbei die Erzeugung des Feldes durch die Ladungen klassisch, seine Wirkung auf die Ladungen aber über die SCHRÖDINGER-Gleichung quantentheoretisch behandelt wird, ist diese Theorie unsymmetrisch und daher nicht vollständig befriedigend.

2. Quantentheorie der Strahlung.

Eine konsequentere Theorie erhält man, wenn man das elektromagnetische Feld als ein nicht-mechanisches System von unendlich viel Freiheitsgraden auffaßt, das selbst quantentheoretisch zu behandeln ist und mit dem Ladung tragenden mechanischen System in Wechselwirkung steht.

Man geht hierzu von der Darstellung des Feldes in kanonischer Form (s. S. 408) aus, bei der die Potentiale aus einem statischen Teil φ und aus einem aus transversalen Wellen zusammengesetzten Teil $\mathfrak{A}_s$ bestehen. Nur der letztere ist als eigentliche Strahlung aufzufassen, mit den Koordinaten A_τ und den zugeordneten Impulsen C_τ.

a) Das ladungsfreie Strahlungsfeld.

Da die HAMILTON-Funktion $\sum_\tau H_\tau$ dieselbe Form hat, wie die eines Systems unabhängiger linearer Oszillatoren (in komplexer Schreibweise), ist es naheliegend, für sie eine analoge quantentheoretische Behandlung anzusetzen. Hierfür ist die Matrixmethode besonders geeignet.

Die (komplexe) Darstellung von S. 195 ist unmittelbar zu verwenden mit $a^2 = \frac{2\hbar c}{k_\tau} = \frac{4\pi c^2}{\omega_\tau}\hbar$, wobei $A_\tau A_\tau^*$ in der klassischen HAMILTON-Funktion zur quantentheoretischen Behandlung durch die symmetrische Form: $\frac{A_\tau A_\tau^* + A_\tau^* A_\tau}{2}$ (und analog $C_\tau C_\tau^*$) zu ersetzen ist. Die Matrizen (A_τ), (C_τ) entsprechen dann bis auf die zeitabhängigen Exponentialfaktoren den (A), (C) von S. 408.

Die Eigenwerte E_τ zu H_τ werden: $E_\tau = \hbar\,\omega_\tau(n_\tau + \frac{1}{2})$. Die Quantenzahl n_τ heißt die Zahl der in der betreffenden Teilwelle A_τ enthaltenen „*Photonen*" oder „*Lichtquanten*" von der Frequenz ω_τ. Diese erscheinen so als zählbare, aber weder lokalisierbare noch individualisierbare Größen, denen aber Energie $\hbar\,\omega_\tau$ und Impuls $2\pi\hbar\,\mathfrak{k}_\tau$ zukommt. Sie haben korpuskulare Natur nur, insofern sie Träger von Energie und Impuls sind und diese mit anderen Systemen austauschen können.

In den Matrizen (A_τ), (C_τ) verschwinden alle Elemente außer:

$$(A_\tau)_{n,\,n+1} = i\,\frac{4\pi c^2}{\omega_\tau}\,(C_\tau^*)_{n,\,n+1} = \sqrt{\frac{4\pi c^2}{\omega_\tau}}\sqrt{\hbar(n+1)}\,e^{-i\omega_\tau t}$$

und

$$(A_\tau^*)_{n,\,n-1} = -i\,\frac{4\pi c^2}{\omega_\tau}\,(C_\tau)_{n,\,n-1} = \sqrt{\frac{4\pi c^2}{\omega_\tau}}\sqrt{\hbar n}\,e^{i\omega_\tau t}.$$

b) Wechselwirkung von Strahlung mit Materie (allgemeiner Teil).

Man betrachtet im HAMILTON-Operator (s. S. 408) die Glieder $\sum_n \frac{1}{2m_n}\mathfrak{p}_n^2 + \sum_{n,n'} \frac{e_n e_{n'}}{|\mathfrak{r}_n - \mathfrak{r}_{n'}|}$, die dem strahlungslosen ladungtragenden System zukommen, zusammen mit $\sum_\tau H_\tau$, die dem ladungsfreien Strahlungsfeld entsprechen, als ungestörten Teil. Solange keine Wechselwirkung vorhanden ist, werden für diesen ungestörten Zustand die Eigenwerte der Energie gegeben durch:

$$E = E_a + \sum_\tau \hbar\,\omega_\tau (n_\tau + \tfrac{1}{2}),$$

wobei E_a die Energie des ladungtragenden Systems im Zustand a (unter Einschluß seiner statischen Wechselwirkung und eventuell äußerer Felder) bedeutet.

Die Wechselwirkung zwischen Strahlung und Materie wird dann durch die übrigen Glieder des HAMILTON-Operators gegeben:

$$W = -\sum_n \frac{e_n}{m_n c} \sum_\tau A_\tau (\mathfrak{p}_n, \mathfrak{a}_\tau(\mathfrak{r}_n))$$

unter Vernachlässigung quadratischer Glieder in $\mathfrak{A}$.

Die Behandlung erfolgt nach der üblichen Störungsmethode (s. S. 321). Dabei sind folgende Punkte zu beachten:

1. Die Eigenwerte der Energie des Strahlungsfeldes bilden bei großem Volumen V unabhängig von dessen Gestalt eine praktisch dichte Folge, die im Bereich zwischen ω und $\omega + d\omega$ die Zahl $dZ = \frac{8\pi}{c^3} V \nu^2 d\nu = \frac{V}{\pi^2 c^3}\omega^2 d\omega$ Eigenwerte enthält. Die über diese Frequenzen zu bildenden Summen sind daher durch Integrale darstellbar.

2. Die nach dieser Methode zu behandelnden Probleme sind wesentlich charakterisiert durch Annahmen über den Anfangs- und Endzustand des ladungtragenden Systems und des Strahlungsfeldes. Ferner ist die Zahl der bei einem Wechselwirkungsprozeß beteiligten Lichtquanten maßgebend und führt zu folgender Einteilung:

I. Wechselwirkung mit Umsetzung von nur einem Lichtquant.

Die Übergangswahrscheinlichkeit vom Anfangszustand a, n_τ in den Endzustand $a', n'_\tau = n_\tau \pm 1$ ist proportional e^2. Hier gibt es die Möglichkeiten:

a) Anfangszustand: a ist ein angeregter Zustand und das Strahlungsfeld ist leer: $n_\tau = 0$. Endzustand: $a' \neq a$ mit $E_{a'} < E_a$, $n'_\tau = 1$. Dieser Prozeß ist die *spontane Emission* des isolierten Systems. Eine merkliche

Übergangswahrscheinlichkeit ergibt sich nur für $\hbar\omega_\tau = E_a - E_{a'}$ (BOHRsche *Frequenzbedingung*). Dieser Prozeß verursacht auch die *natürliche Linienbreite.*

b) Anfangszustand: a ist ein angeregter Zustand und es sei Strahlung vorhanden: $n_\tau \neq 0$. Endzustand: $a' \neq a$ mit $E_{a'} < E_a$, $n'_\tau = n_\tau + 1$. Dieser Prozeß bedeutet *Emission im Strahlungsfeld.* Die Übergangswahrscheinlichkeit ist merklich nur für $\hbar\omega_\tau = E_a - E_{a'}$. Sie ist proportional $n_\tau + 1$. Der Anteil $\sim n_\tau$ bedeutet *erzwungene Emission*, der von n_τ unabhängige Anteil ist *spontane Emission im Strahlungsfeld.*

c) Anfangszustand: a sei ein beliebiger Zustand (angeregt oder Grundzustand) und es sei Strahlung vorhanden: $n_\tau \neq 0$. Endzustand: $a' \neq a$ mit $E_{a'} > E_a$, $n'_\tau = n_\tau - 1$. Die Übergangswahrscheinlichkeit ist merklich nur für $\hbar\omega_\tau = E_{a'} - E_a$ und ist $\sim n_\tau$. Dies bedeutet *Absorption* eines Lichtquants unter Anregung des Systems. Ist hierbei das System ein gebundenes Elektron und liegt a' im kontinuierlichen Spektrum, so heißt dieser Prozeß *Photoemission.* Dabei gilt: $\hbar\omega_\tau = \frac{m}{2}v^2 - J_a$, wobei J_a die Ionisierungsenergie vom Anfangszustand a aus bedeutet (EINSTEIN*sche photoelektrische Gleichung*). Freie Elektronen absorbieren nicht.

Besteht das System aus sehr vielen, voneinander unabhängigen Teilsystemen, die nur durch Koppelung infolge Strahlung miteinander wechselwirken, und herrscht thermodynamisches Gleichgewicht, so führen diese Prozesse zu den Gesetzen der *schwarzen Strahlung.*

II. Wechselwirkung mit Umsetzung von zwei Lichtquanten.

Die Übergangswahrscheinlichkeit dieser Prozesse ist proportional e^4. Es gibt die Möglichkeiten:

a) Anfangszustand: a sei ein beliebiger Zustand und es sei Strahlung vorhanden: $n_\tau \neq 0$. Endzustand: $a' = a$, $n'_\tau = n_\tau \pm 1$ und eine von τ' verschiedene Partialwelle τ'' mit $\omega_{\tau''} = \omega_\tau$ ist um ein Lichtquant vermindert bzw. vermehrt.

Dies bedeutet *kohärente Streuung* von Strahlung am System (RAYLEIGH-*Streuung*).

b) Anfangszustand: wie vorher. Endzustand: $a' \neq a$, $n'_\tau = n_\tau \pm 1$ und eine von τ verschiedene Partialwelle τ'' wird um ein Lichtquant vermindert bzw. vermehrt.

Die Übergangswahrscheinlichkeit wird nur merklich für $\hbar\omega_{\tau''} = \hbar\omega_\tau + (E_a - E_{a'})$. Dies ergibt *inkohärente* (RAMAN)-*Streuung.* $E_{a'} >$ bzw. $< E_a$ entspricht STOKES*scher* bzw. *Antistokesscher Frequenzänderung* der Streustrahlung.

Derartige Prozesse sind maßgebend für *Dispersion* und *Resonanzfluoreszenz.* Bei freien Elektronen bewirken sie den COMPTON-*Effekt.*

Im allgemeinen müssen bei Prozessen, bei denen zwei Lichtquanten umgesetzt werden, auch die $\mathfrak{A}^2$ porportionalen Glieder der HAMILTON-Funktion berücksichtigt werden.

III. Wechselwirkung mit Umsetzung von mehr als zwei Lichtquanten spielt gegenüber den vorher genannten Prozessen praktisch keine Rolle. Ein anderer Prozeß, dessen Wahrscheinlichkeit $\sim e^6$ (wie einer mit Beteiligung von drei Lichtquanten) ist, liegt in der *Bremsstrahlung* vor. Hier wird ein von außen kommendes Elektron in einem Feld abgelenkt und es tritt Wechselwirkung mit dem dabei emittierten Lichtquant und dem ablenkenden Felde ein.

Bei noch höheren Wechselwirkungsprozessen *(Vielfachprozessen)* ergibt diese Theorie keine ausreichende Darstellung des experimentellen Materials.

3. Die höheren Näherungen der Störungsrechnung divergieren, während die erste Näherung die experimentellen Tatsachen befriedigend darstellt. Dabei ist die Gültigkeit der Theorie auf Strahlung mit Wellenlängen $\lambda > \frac{\hbar}{m_0 c}$ (COMPTON-*Wellenlänge*) beschränkt. Für kleinere λ hat auch die Berücksichtigung von Paarerzeugung und relativistischer Forderungen bisher keine Beseitigung der Schwierigkeiten gebracht.

c) Einfache Wechselwirkungsprozesse.

Die Übergangswahrscheinlichkeiten zwischen Zuständen mit verschiedenen a und n_τ werden bestimmt durch Matrixelemente:

$$(W)_{a,n_\tau;a',n'_\tau} = \int \psi^*_{a,n_\tau} W \psi_{a',n'_\tau} dv.$$

Solche existieren nur für $n'_\tau = n_\tau + 1$ bzw. $n_\tau - 1$. Im ersten Falle geht Energie aus dem System ins Strahlungsfeld über als Emission eines Photons der Frequenz ω_τ, im zweiten Fall verschwindet Strahlungsenergie durch Absorption eines Photons dieser Frequenz. Die zugehörigen Matrixelemente sind

$$(W)_{a,n_\tau;a',n_\tau+1} = -\sum_n \frac{e_n}{m_n c} \sqrt{\frac{4\pi c^2}{\omega_\tau}} \sqrt{\hbar(n_\tau+1)} \int \psi^*_a (\mathfrak{p}_n \mathfrak{a}_\tau(\mathfrak{r}_n)) \psi_{a'} dv,$$

$$(W)_{a,n_\tau;a',n_\tau-1} = -\sum_n \frac{e_n}{m_n c} \sqrt{\frac{4\pi c^2}{\omega_\tau}} \sqrt{\hbar n_\tau} \int \psi^*_a (\mathfrak{p}_n \mathfrak{a}^*_\tau(\mathfrak{r}_n)) \psi_{a'} dv,$$

wobei $\mathfrak{p}_n$ den Impulsoperator des Systems $\frac{\hbar}{i}\operatorname{grad}_n$ bedeutet und die Zeitfaktoren $e^{\pm i\omega_\tau t}$ fortgelassen sind.

Für Frequenzen ω_τ, deren Wellenlänge $\lambda_\tau = 1/k_\tau$ groß gegen die Ausdehnung des Systems ist, kann man in $\mathfrak{a}_\tau$ den Faktor $e^{2\pi i (\mathfrak{r}\,\mathfrak{k}_\tau)} \approx 1$ setzen und erhält mit $\mathfrak{p}_n = m_n \dot{\mathfrak{r}}_n$ einfacher:

$$\int \psi_a^* (\mathfrak{p}_n\, \mathfrak{a}_\tau(\mathfrak{r}_n))\, \psi_{a'}\, dv = \frac{m_n}{\sqrt{V_g}} \left(\mathfrak{e}_\tau, \int \psi_a^*\, \dot{\mathfrak{r}}_n \psi_{a'}\, dv\right) = \frac{m_n}{\sqrt{V_g}} (\mathfrak{e}_\tau, (\dot{\mathfrak{r}}_n)_{a a'})$$

und

$$(W)_{a, n_\tau; a', n_\tau + 1} = -\sum_n e_n \sqrt{\frac{4\pi}{\omega_\tau V_g}} \sqrt{\hbar (n_\tau + 1)}\, (\mathfrak{e}_\tau, (\dot{\mathfrak{r}}_n)_{a a'}),$$

$$(W)_{a, n_\tau; a', n_\tau - 1} = -\sum_n e_n \sqrt{\frac{4\pi}{\omega_\tau V_g}} \sqrt{\hbar\, n_\tau}\, (\mathfrak{e}_\tau, (\dot{\mathfrak{r}}_n)_{a a'}).$$

Die Störungsrechnung (s. S. 321) ergibt für die Übergangswahrscheinlichkeit aus dem Anfangszustand a, n_τ in den Endzustand a', n'_τ bei direktem Übergang $\left((W)_{a, n_\tau; a', n'_\tau} \neq 0\right)$:

$$w_{a, n_\tau; a', n'_\tau} = \left|c(t)_{a, n_\tau; a', n'_\tau}\right|^2 = 2 \left|(W)_{a, n_\tau; a', n'_\tau}\right|^2 \cdot \frac{1 - \cos \dfrac{E_{a, n_\tau} - E_{a', n'_\tau}}{\hbar}\, t}{(E_{a, n_\tau} - E_{a', n'_\tau})^2}.$$

Für einen Emissionsprozeß ist dabei: $n'_\tau = n_\tau + 1$; $E_{a, n_\tau} - E_{a', n'_\tau} = E_a - E_{a'} - \hbar\omega_\tau$, für einen Absorptionsprozeß: $n'_\tau = n_\tau - 1$; $E_{a, n_\tau} - E_{a', n'_\tau} = E_a - E_{a'} + \hbar\omega_\tau$.

Die Wahrscheinlichkeit für die *Emission* einer einzigen Spektrallinie ω ergibt sich als Summe über alle Emissionsprozesse mit $\omega_\tau = \omega$. Da die ω_τ dicht liegen, läßt sich die Summation durch Integration über $\omega \leq \omega_\tau \leq \omega + d\omega$ ersetzen, so daß

$$w_{\text{Emission}} = \int_\omega^{\omega + d\omega} \sum_{a'} w_{a, n_\tau; a', n_\tau + 1}\, dZ$$

ist.

Für ein System, das nur aus einem Elektron besteht und dessen Ausdehnung klein gegen die Wellenlänge ist, folgt dann nach Mittelung über alle Polarisationsrichtungen $\mathfrak{e}_\tau$:

$$w_{\text{Emission}} = \frac{8 e^2}{3\pi c^3} \sum_{a'} \int \hbar\omega (n_\tau + 1) \left|(\dot{\mathfrak{r}})_{a a'}\right|^2 \cdot \frac{1 - \cos (E_a - E_{a'} - \hbar\omega) \dfrac{t}{\hbar}}{(E_a - E_{a'} - \hbar\omega)^2}\, d\omega.$$

Wir definieren:

$$U(\omega) = \frac{\hbar\omega^3}{\pi^2 c^3} \bar{n}_\tau, \qquad u(\omega) = \frac{\hbar\omega^3}{\pi^2 c^3}.$$

Dann gilt: $V_g\, U(\omega)\, d\omega = \hbar\omega\, \bar{n}_\tau\, dZ$, d. h. $U(\omega)$ ist die spezifische „Strahlungsdichte" im Frequenzintervall ω bis $\omega + d\omega$.

Ersetzt man im Integral $n_\mathfrak{r}$ durch seinen Mittelwert $\overline{n}_\mathfrak{r}$, so ist:

$$w_{\text{Emission}} = \frac{8\pi}{3} e^2 \sum_{a'} \int\limits_{\omega}^{\omega + d\omega} \frac{U(\omega) + u(\omega)}{\omega^2} \left|(\dot{\mathfrak{r}})_{a a'}\right|^2 \frac{1 - \cos(E_a - E_{a'} - \hbar\omega)\frac{t}{\hbar}}{(E_a - E_{a'} - \hbar\omega)^2} d\omega.$$

Innerhalb von Zeiten $t \gg \hbar/E_a$ gibt nur die Resonanzstelle

$$E_a - E_{a'} - \hbar\omega = 0$$

einen Beitrag (d.h. nur Prozesse, bei denen der Energiesatz erfüllt ist), so daß:

$$w_{\text{Emission}} = \frac{8\pi^2 e^2}{3\hbar^2} t \sum_{a'} \left|(\dot{\mathfrak{r}})_{a a'}\right|^2 \frac{U(\omega) + u(\omega)}{\omega^2} = \frac{8\pi^2 e^2}{3\hbar^2} t \left(U(\omega) + u(\omega)\right) \sum_{a'} \left|(\mathfrak{r})_{a a'}\right|^2.$$

Die Wahrscheinlichkeit des Emissionsvorgangs je Zeiteinheit: $B = w_{\text{Emission}}/t$ besteht aus zwei Teilen: der *erzwungenen* Emission (1. Term) und der *spontanen* Emission (2. Term, unabhängig von der Intensität des Strahlungsfeldes).

Analog findet man für die *Absorption*:

$$w_{\text{Absorption}} = \frac{8\pi^2 e}{3\hbar^2} t\, U(\omega) \sum_{a'} \left|(\mathfrak{r})_{a a'}\right|^2$$

und daraus die Wahrscheinlichkeit des Absorptionsvorgangs je Zeiteinheit: $A = w_{\text{Absorption}}/t$. Intensität, d.h. Energiedichte der zugehörigen durch das Strahlungsfeld $U(\omega)$ erzwungenen Absorptionslinie ist $A\,\hbar\omega$.

Die für die Linienintensitäten maßgebenden Größen $e(\mathfrak{r})_{a a'} = e \int \psi_a^* \mathfrak{r} \psi_{a'} dv$ sind die Matrixelemente des elektrischen Moments.

Breite der Spektrallinien: Zu den Resonanzintegralen trägt nur die Umgebung der Resonanzstelle merklich bei, d.h. das Energieintervall $\Delta E = h\Delta\nu$, für das $2\pi\Delta\nu \cdot t = 1$. Dabei ist $t = \Delta t$ der Zeitraum zwischen $t = 0$, wo der Zustand des Systems bekannt war, und $t = t$, wo die Linie emittiert wird. Die Linie ist nur mit einer gewissen Unschärfe definiert entsprechend

$$\Delta E \Delta t = h/2\pi,$$

welche um so größer wird, je länger der Zeitraum Δt (HEISENBERG*sche Unschärferelation*).

Thermodynamisches Gleichgewicht: Sei N die Anzahl der Atome im Zustande n, N' dieselbe in n'. Dann ist im Gleichgewicht

$$N A = N' E \quad \text{(EINSTEINsche Gleichung)},$$

außerdem muß sein

$$N/N' = e^{h\nu/kT} \quad \text{(BOLTZMANNsche Verteilung, vgl. S. 488)}.$$

Daraus folgt für die Energiedichte der Strahlung (bei Vorhandensein des „Kohlestäubchens"!)

$$U(\nu) = \frac{8\pi h}{c^3} \nu^3 \frac{1}{e^{h\nu/kT} - 1} \quad \text{(PLANCKsche Formel)}.$$

Abgeleitete Beziehungen:

1. *Das Intensitätsmaximum* ν_0 liegt bei $h\nu_0/kT \approx 5$, oder bei der Wellenlänge $\lambda_0 = 0{,}2897/T$ cm $= 0{,}2897 \cdot 10^8/T$ Å (WIENsches Verschiebungsgesetz).

2. Asymptotische Formel für kleine Frequenzen *(langwelliges Licht)*

$$U(\nu) = \frac{8\pi k T}{c^3} \nu^2 \quad \text{(Formel von RAYLEIGH und JEANS)}.$$

3. Asymptotische Formel für große Frequenzen *(kurzwelliges Licht)*

$$U(\nu) = \frac{8\pi h}{c^3} \nu^3 e^{-h\nu/kT} \quad \text{(WIENsche Formel)}.$$

4. Energiedichte der Strahlung (Integral über alle Frequenzen)

$$\int_0^\infty U(\nu)\, d\nu = \sigma T^4 = \frac{8}{15} \frac{\pi^5 k^4}{c^3 h^3} T^4 = 7{,}562 \cdot 10^{-15} T^4 \,\text{erg cm}^3$$

(Gesetz von STEFAN und BOLTZMANN).

Gesamtemission einer leuchtenden Oberfläche

$$\sigma c T^4 = 2{,}267 \cdot 10^{-4} T^4 \,\text{erg/cm}^2\,\text{sec}.$$

Fünfter Abschnitt.

Thermodynamik.

1. Grundlegende Begriffe.

Die Thermodynamik ist eine Systemtheorie (s. S. 355), d. h. sie betrachtet den Teil der Welt, mit dem sie sich befaßt, als ein System bestehend aus einer Anzahl von homogenen Teilsystemen, deren jedes durch gewisse Parameter charakterisiert ist. Gegenstand der Theorie sind die Änderungen dieser Parameter durch äußere Einwirkung sowie durch Wechselwirkung der Teilsysteme untereinander. Parameter, die Form, Lage und Geschwindigkeit der Systeme betreffen, werden im allgemeinen nicht benutzt, d. h. die Thermodynamik beschränkt sich auf die Beantwortung von Fragestellungen, bei denen diese Parameter nicht maßgebend sind.

Auch der Parameter der Zeit wird nur zur Ordnung von Zustandsfolgen benutzt, ohne von seinen metrischen Qualitäten Gebrauch zu machen, d. h. bei Differentialquotienten nach der Zeit interessiert in der Thermodynamik nur das Vorzeichen. Im Speziellen interessieren die Fälle, in denen diese Differentialquotienten verschwinden, als sog. *Gleichgewichte*.

Wir benutzen zwei Arten von Parametern:

1. *Quantitätsparameter*, die die Größe der Systeme oder ihren Inhalt angeben, z. B. Volumen, Masse, Energie u. dgl.

2. *Zustandsparameter*, die, an sich als Funktionen des Orts definiert und meßbar, innerhalb eines Teilsystems ortsunabhängig sein sollen. Sie definieren den *Zustand* der *homogenen* Teilsysteme.

Die physikalisch-chemische Natur des Systeminhalts ist durch Zahlenparameter schwer faßbar und im allgemeinen nicht kontinuierlich veränderlich. Sie wird daher als Zustandscharakteristikum besonders genannt. Doch kann man z. B. Konzentrationen von Gemischen als Zustandsparameter bezeichnen.

Die Erfahrung zeigt, daß zwischen den Zustandsparametern vielerlei Beziehungen bestehen (Zustandsgleichungen). Die meisten derselben sind schon wesentlich bestimmt, wenn nur zwei von ihnen und die physikalisch-chemische Natur bekannt sind. Es genügt daher für viele Zwecke, die Systeme allein durch ihr Volumen V oder ihre Masse M, die Natur ihres Inhalts und zwei beliebige sog. *Zustandsvariabeln* zu beschreiben, z. B. durch *spezifisches Volumen* $v = V/M$ und *inneren Druck* p (als Ausdruck des inneren Spannungszustands). Statt dessen können natürlich auch beliebige Funktionen von v und p benutzt werden.

In den meisten Fällen werden die homogenen Systeme als nebeneinander befindlich, einander ausschließend angenommen. Ihre Wechselwirkung erfolge durch Kontakt, d. h. über gemeinsame Grenzflächen, die als „Wände" bezeichnet werden, und die Fähigkeit haben sollen, Wechselwirkungen zu verhindern oder zu ermöglichen.

Es wird ferner angenommen, daß es möglich sei, die Qualitäten solcher Wände willkürlich zu ändern. In dieser Form schematisiert man Eingriffe wie Lösen und Schließen von Sperrungen, Ventilen, Kontakten u. dgl., die keine nennenswerte Kraftleistungen erfordern.

2. Prozesse und Gleichgewichte.

Zustandsänderungen oder sog. „*Prozesse*" kommen zustande:

a) *erzwungen* durch (positive oder negative) Arbeitsleistung äußerer mechanischer oder elektrodynamischer Kräfte;

b) *spontan* durch Ausgleichsvorgänge zwischen wechselwirkenden Teilsystemen. Solche Prozesse verlaufen in einer durch die Zustände bestimmten Richtung und führen schließlich zu Gleichgewichten.

Die Wände ermöglichen bzw. verhindern (oder verzögern) die obigen Prozesse, je nach ihren Eigenschaften. Wände können sein (oder nicht sein):

a) *starr*, widerstehend gegen mechanische Oberflächenkräfte,

b) *abschirmend* gegen alle oder gewisse Feldkräfte,

c) *undurchlässig* für alle oder gewisse Substanzen.

Diese Eigenschaften zusammen genügen aber im allgemeinen noch nicht, um das System von seiner Umgebung unabhängig zu machen. Eine Wand, die auch das noch leistet und damit ein System zu einem „unabhängigen" macht, hat außerdem die (hieran allein erkennbare) Eigenschaft:

d) „*adiatherman*", d. h. „wärmeundurchlässig" zu sein. Andernfalls heißt sie *diatherman*.

Ein von adiathermanen undurchlässigen abschirmenden Wänden begrenztes System heißt „*adiabatisch*" abgeschlossen.

Durch eine diathermane Wand zwischen zwei Systemen (1) und (2) findet ein Ausgleichsvorgang statt, der schließlich zu einem „*thermischen*" *Gleichgewicht* führt, das erfahrungsgemäß dadurch charakterisiert ist, daß eine durch die physikalisch-chemische Natur des homogenen Systems (1) bestimmte Funktion: $\vartheta_1(p_1, v_1)$ seiner Zustandsvarabeln gleich einer analogen Funktion: $\vartheta_2(p_2, v_2)$ des Systems (2) wird: $\vartheta_1 = \vartheta_2$. Diese Größe ϑ [oder irgendeine Funktion $F(\vartheta)$ von ihr] kann in einem homogenen System als zweite Zustandsvariable neben p oder v gewählt werden. Sie heißt „*empirische Temperatur*" (mit willkürlicher Skala). Sich diatherman berührende Systeme haben also im „thermischen" Gleichgewicht per definitionem die gleiche Temperatur.

Bei nicht starrer Wand findet ein Druckausgleich statt, der zum Druckgleichgewicht: $p_1 = p_2$ führt. Ist die Wand der Angriffspunkt äußerer Kräfte, so setzen sich diese mit der Druckdifferenz $p_1 - p_2$ ins Gleichgewicht.

Bei durchlässiger Wand findet Substanzausgleich statt (Diffusion), doch braucht dieser nicht bis zur Homogenität zu führen.

Die Thermodynamik befaßt sich nicht mit der Geschwindigkeit solcher Ausgleichsvorgänge, sondern nur mit den erreichten Gleichgewichten, bzw. einer Folge von solchen, die nach Einwirkungen, Bewegen von Wänden und Ändern ihrer Eigenschaften, eintreten. Wenn ein Geschehen in eine quasidichte Folge von Gleichgewichten zerlegbar ist, spricht man von *quasistatischen* Prozessen.

3. Energie.

Leistet man auf ein homogenes, adiabatisch abgeschlossenes System im Zustand (1) eine Arbeit A, so ist der resultierende Zustand (2) dadurch noch nicht eindeutig bestimmt. Es gibt aber eine durch die Natur des Systems bestimmte Funktion u der Zustandsvariablen, so daß ganz allgemein, unabhängig vom Ausgangszustand und von der Art und Größe der verwandten Kräfte, gilt:

$$A = M\{u(2) - u(1)\} = U_{(2)} - U_{(1)} \qquad \text{(1. Hauptsatz)}.$$

$U = M u$ heißt die *innere Energie*, u die *spezifische Energie*. Die geleistete Arbeit bleibt als Zuwachs der inneren Energie „erhalten".

Für ein adiabatisch abgeschlossenes heterogenes d. h. aus mehreren homogenen Teilsystemen bestehendes System gilt ein gleicher Satz mit einer Energiefunktion: $U = \sum_i U_i = \sum_i M_i u_i$, d. h. die innere Energie ist *additiv* und in den Teilsystemen *lokalisiert*.

Bei nicht adiabatisch abgeschlossenem System gilt kein solcher Erhaltungssatz für die Arbeit allein.

$Q = U_{(2)} - U_{(1)} - A$ heißt die dem System zugeführte *Wärmemenge*. Bei thermischem Ausgleich (ohne äußere Arbeit) innerhalb eines adiabatisch abgeschlossenen heterogenen Systems bleibt U ungeändert. Daher wird $\sum_i Q_i = 0$, d. h. hier bleibt der Wärmeinhalt ungeändert erhalten.

Analog ist die *äußere Energie* durch Arbeitsleistung ohne Zustandsänderungen definiert. Sie ist im allgemeinen nicht eindeutig auf die Teilsysteme lokalisierbar.

Für die Summe von innerer und äußerer Energie gilt der allgemeine Satz von der Erhaltung der Energie eines vollständigen abgeschlossenen Systems.

4. Temperatur und Entropie.

Beschränken wir die in Betracht kommenden Arten von Arbeitsleistungen auf Kompressionsarbeit in infinitesimalen Schritten (quasistatischer Prozeß): $dA = -p\,dV$, so haben wir:

$$dQ = dU + p\,dV = \sum_i M_i(du_i + p_i\,dv_i) = \sum_i dQ_i$$

zu setzen.

dQ sowie die dQ_i sind keine vollständigen Differentiale von Funktionen der Zustandsvariabeln. In einem homogenen System (i) gibt es aber sicher, weil hier nur zwei Variabeln existieren, einen integrierenden Nenner λ_i derart, daß $dQ_i/\lambda_i = M_i\,d\varphi_i$ vollständiges Differential wird. φ_i kann dann als eine Zustandsvariable des i-ten Systems gewählt werden. λ_i ist unbestimmt um eine Funktion von φ_i als Faktor.

Wir beschreiben jetzt ein heterogenes System im Gleichgewicht seiner n Teile mit den $n + 1$ Variabeln φ_i und ϑ. Dann wird:

$$dQ = \sum_i M_i\left\{\left(\frac{\partial u_i}{\partial \vartheta} + p_i\frac{\partial v_i}{\partial \vartheta}\right)d\vartheta + \left(\frac{\partial u_i}{\partial \varphi_i} + p_i\frac{\partial v_i}{\partial \varphi_i}\right)d\varphi_i\right\}.$$

Ist das System adiabatisch abgeschlossen, so ist: $dQ = 0$. Das führt auf eine PFAFFsche Gleichung (s. S. 289). Sie ist integrabel, d.h. dQ hat einen integrierenden Nennen Λ auch für $n > 1$. Um das zu wissen genügt die Erfahrung, daß es im allgemeinen nicht möglich ist, allein durch äußere Arbeit von einem Zustand zu *jedem* benachbarten zu gelangen (Teilaussage des 2. Hauptsatzes nach CARATHEODORY). So entsteht das vollständige Differential:

$$\frac{dQ}{\Lambda} = d\Phi = \sum_i M_i \frac{\lambda_i}{\Lambda} d\varphi_i .$$

Daraus folgt: Sowohl Φ wie λ_i/Λ sind von ϑ unabhängig; daher gelten die Darstellungen: $\lambda_i = T(\vartheta) f_i(\varphi_i)$, $\Lambda = T(\vartheta) F(\varphi_1, \varphi_2, \varphi_3, \ldots)$, somit auch $dQ/T = F\, d\Phi = \sum_i M_i f_i\, d\varphi_i$. Die rechte Seite ist ein vollständiges Differential, daher auch die linke. F ist also eine Funktion von Φ: $\Lambda = T(\vartheta) F(\Phi)$. Da mit λ_i auch $\lambda_i/f_i(\varphi_i)$ und mit Λ auch $\Lambda/F(\Phi)$ integrierende Nenner sein müssen, ist auch $T(\vartheta)$ ein solcher, sowohl für die dQ_i als auch für $dQ = \sum_i dQ_i$.

$T(\vartheta) = T$ heißt *thermodynamische Temperatur.*

Man findet diese spezielle Funktionen von ϑ eindeutig bis auf einen Maßstabsfaktor aus den Gleichungen

$$\frac{1}{T}\frac{dT}{d\vartheta} = \frac{1}{\lambda_i}\frac{\partial \lambda_i}{\partial \vartheta} = \frac{1}{\Lambda}\frac{\partial \Lambda}{\partial \vartheta} \qquad \text{oder} \qquad T = e^{\int^{\vartheta} \frac{\partial \ln \lambda_i}{\partial \vartheta} d\vartheta} = e^{\int^{\vartheta} \frac{\partial \ln \Lambda}{\partial \vartheta} d\vartheta} .$$

Man definiert jetzt eine Funktion s_i durch das vollständige Differential:

$$d s_i = f_i\, d\varphi_i = \frac{dQ_i}{M_i T},$$

ferner: $$S_i = M_i s_i$$

und: $$S = \sum_i S_i \quad \text{mit} \quad dS = F\, d\Phi = \frac{dQ}{T}.$$

S heißt dann die *Entropie* des Gesamtsystems, S_i die des homogenen Teilsystems (i) und s_i dessen *spezifische Entropie.*

Die S_i sind additive, lokalisierte Größen.

s und T sind als Zustandsvariabeln brauchbar, doch ist s zunächst nur bis auf eine additive Konstante definiert (s. S. 480).

5. Primäre und sekundäre Zustandsvariable.

Als primäre Zustandsvariable bezeichnen wir die Größen: p, v, T, s. p und v sind mechanische, T und s thermische Parameter. v und s sind *spezifische Größen,* zu denen die *Quantitätsgrößen*: $V = Mv$ und $S = Ms$ gehören. p und T sind im Gegensatz dazu *Intensitätsgrößen.*

Aus den primären können sekundäre Zustandsvariable oder „Potentiale" abgeleitet werden durch (LEGENDREsche Transformation):

$du = T\,ds - p\,dv$ $\quad u =$ spezifische *Energie*,

$df = -s\,dT - p\,dv$ $\quad f = u - Ts =$ spezifische *freie Energie*,

$d\psi = -s\,dT + v\,dp$ $\quad \psi = f + pv = u - Ts + pv =$ spezifisches *Potential*,

$dw = T\,ds + v\,dp$ $\quad w = u + pv =$ spezifische *Enthalpie*.

Sie sind spezifische Größen, zu denen die Quantitätsgrößen $U = Mu$, $F = Mf$, $\Psi = M\psi$, $W = Mw$ gehören[1]. Alle sekundären Zustandsvariablen sind nur bis auf eine additive Konstante definiert. Solange das Gleiche auch für s gilt, bleibt bei f und ψ sogar eine lineare Funktion von T unbestimmt.

Die Masse M einer chemisch einheitlichen Substanz vom Molekulargewicht m enthält $n = M/m$ „Mole". Wir können damit auch die Quantitätsgrößen „je mol" gerechnet einführen, z. B.

$$[U] = \frac{U}{n} = mu \text{ usw.}$$

6. Koeffizienten und Differentialquotienten.

Folgende partielle Differentialquotienten sind begrifflich und experimentell leicht faßbar und haben daher besondere Bedeutung und Namen:

$$(dq = du + p\,dv).$$

$c_v = \left.\frac{\partial u}{\partial T}\right|_v = \left.\frac{\partial q}{\partial T}\right|_v$ Koeffizient der *spezifischen Wärme* bei konstantem Volumen,

$c_p = \left.\frac{\partial u}{\partial T}\right|_p + p \left.\frac{\partial v}{\partial T}\right|_p = \left.\frac{\partial q}{\partial T}\right|_p$ Koeffizient der *spezifischen Wärme* bei konstantem Druck,

$\alpha = \frac{1}{v_0} \left.\frac{\partial v}{\partial T}\right|_p$ *Ausdehnungskoeffizient*,

$\varepsilon = -v_0 \left.\frac{\partial p}{\partial v}\right|_T$ *Elastizitätskoeffizient* $\left(\frac{1}{\varepsilon} = \textit{Kompressibilität}\right)$,

$\sigma = \frac{1}{p_0} \left.\frac{\partial p}{\partial T}\right|_v$ *Spannungskoeffizient* = thermischer Druckkoeffizient.

Die Größen v_0 und p_0 sind beliebig wählbare Normalgrößen.

Zwischen diesen Koeffizienten bestehen die identischen Beziehungen:

$$\sigma p_0 = \varepsilon\alpha$$

$$c_p - c_v = T \cdot p_0\sigma \cdot v_0\alpha = T\varepsilon\alpha^2 v_0.$$

---

[1] In der neueren physikochemischen Literatur wird häufig G statt Ψ und I statt W geschrieben.

Identische Beziehungen zwischen den Differentialquotienten der primären Zustandsvariablen untereinander sind (s. auch S. 37):

$$\left.\frac{\partial T}{\partial v}\right|_s = -\left.\frac{\partial p}{\partial s}\right|_v; \quad \left.\frac{\partial s}{\partial v}\right|_T = \left.\frac{\partial p}{\partial T}\right|_v; \quad \left.\frac{\partial s}{\partial p}\right|_T = -\left.\frac{\partial v}{\partial T}\right|_p; \quad \left.\frac{\partial T}{\partial p}\right|_s = \left.\frac{\partial v}{\partial s}\right|_p$$

$$\frac{\partial(s,T)}{\partial(v,p)} = \left.\frac{\partial s}{\partial v}\right|_p \cdot \left.\frac{\partial T}{\partial p}\right|_v - \left.\frac{\partial s}{\partial p}\right|_v \cdot \left.\frac{\partial T}{\partial v}\right|_p = 1$$

$$\left.\frac{\partial p}{\partial v}\right|_T \cdot \left.\frac{\partial v}{\partial T}\right|_p \cdot \left.\frac{\partial T}{\partial p}\right|_v = -1 .$$

Sie lassen sich alle durch die obigen Koeffizienten darstellen entsprechend folgender Übersicht:

		p	v	T	s
$\frac{\partial}{\partial p}$	$\vert_v$	1	0	$\frac{1}{\varepsilon\alpha}$	$\frac{c_v}{\varepsilon\alpha T}$
	$\vert_T$	1	$-\frac{v_0}{\varepsilon}$	0	$-\alpha v_0$
	$\vert_s$	1	$-\frac{c_v}{c_p}\frac{v_0}{\varepsilon}$	$\frac{\alpha T v_0}{c_p}$	0
$\frac{\partial}{\partial v}$	$\vert_p$	0	1	$\frac{1}{\alpha v_0}$	$\frac{c_p}{\alpha T v_0}$
	$\vert_T$	$-\frac{\varepsilon}{v_0}$	1	0	$\varepsilon\alpha$
	$\vert_s$	$-\frac{c_p}{c_v}\frac{\varepsilon}{v_0}$	1	$-\frac{\varepsilon\alpha T}{c_v}$	0
$\frac{\partial}{\partial T}$	$\vert_p$	0	αv_0	1	$\frac{c_p}{T}$
	$\vert_v$	$\varepsilon\alpha$	0	1	$\frac{c_v}{T}$
	$\vert_s$	$\frac{c_p}{\alpha T v_0}$	$-\frac{c_v}{\varepsilon\alpha T}$	1	0
$\frac{\partial}{\partial s}$	$\vert_p$	0	$\frac{\alpha T v_0}{c_p}$	$\frac{T}{c_p}$	1
	$\vert_v$	$\frac{\varepsilon\alpha T}{c_v}$	0	$\frac{T}{c_v}$	1
	$\vert_T$	$-\frac{1}{\alpha v_0}$	$\frac{1}{\varepsilon\alpha}$	0	1

Die möglichen ersten Differentialquotienten der sekundären Zustandsvariablen nach den primären findet man entsprechend den Formeln:

$$\left.\frac{\partial u}{\partial \alpha}\right|_\beta = T \left.\frac{\partial s}{\partial \alpha}\right|_\beta - p \left.\frac{\partial v}{\partial \alpha}\right|_\beta$$

$$\left.\frac{\partial f}{\partial \alpha}\right|_\beta = -s \left.\frac{\partial T}{\partial \alpha}\right|_\beta - p \left.\frac{\partial v}{\partial \alpha}\right|_\beta$$

$$\left.\frac{\partial \psi}{\partial \alpha}\right|_\beta = -s \left.\frac{\partial T}{\partial \alpha}\right|_\beta + v \left.\frac{\partial p}{\partial \alpha}\right|_\beta$$

$$\left.\frac{\partial w}{\partial \alpha}\right|_\beta = T \left.\frac{\partial s}{\partial \alpha}\right|_\beta + v \left.\frac{\partial p}{\partial \alpha}\right|_\beta ,$$

indem man für α, β zwei der Variablen p, v, T, s einsetzt.

7. Zustandsgleichungen und ideale Gase.

Jede Gleichung, die eine primäre Zustandsvariable als Funktion von (mindestens) zwei andern solchen darstellt, heißt eine *Zustandsgleichung*. Die Gleichung: $T = T(p, v)$ ist hierfür ein Spezialfall. Sie genügt aber noch nicht, um eine Substanz bekannter Natur hinreichend zu charakterisieren, da aus ihr z. B. die spezifischen Wärmen c_p und c_v nicht folgen. Hierfür ist noch eine zweite Gleichung z. B. $u = u(p, v)$ erforderlich.

Dagegen genügt die Kenntnis *einer* Beziehung der vier Formen:

$$u = u(s, v); \quad f = f(T, v); \quad \psi = \psi(T, p); \quad w = w(s, p).$$

Man erhält aus ihnen je zwei Zustandsgleichungen durch Differentiationen, z. B. in der Form:

$$\left.\frac{\partial u}{\partial s}\right|_v = T(s, v); \quad \left.\frac{\partial u}{\partial v}\right|_s = -p(s, v)$$

und analog für die andern.

Eine besonders einfache Form, die Zustandsgleichung eines sog. *idealen Gases*, kann zur angenäherten Beschreibung des Verhaltens gasförmiger Substanzen benutzt werden. Sie lautet: $pv = rT$ und ist durch: $u = u_0 + a p v = u_0 + a r T$ zu ergänzen. Hier können wir die zwei Gleichungen durch die eine:

$$u = u_0 + C v^{-\frac{1}{a}} e^{\frac{s}{ar}}$$

zusammenfassen, denn es wird dann:

$$T = \frac{1}{ar}(u - u_0), \quad p = \frac{u - u_0}{a v} = \frac{rT}{v},$$

sowie weiterhin:

$$s = a\,r \ln\left((u-u_0)\,v^{1/a}\right) = s_0 + r\ln v + a\,r\ln T = \\ = s_0' + a\,r\ln p + r(a+1)\ln v = s_0'' + r(a+1)\ln T - r\ln p$$

$$c_p = T\left.\frac{\partial s}{\partial T}\right|_p = (a+1)\,r, \qquad c_v = T\left.\frac{\partial s}{\partial T}\right|_v = a\,r, \qquad c_p - c_v = r$$

$$\alpha = \frac{1}{v_0}\left.\frac{\partial v}{\partial T}\right|_p = \frac{r}{v_0 p} = \frac{v}{v_0}\cdot\frac{1}{T}$$

$$\varepsilon = -v_0\left.\frac{\partial p}{\partial v}\right|_T = \frac{v_0 p}{v}$$

$$\sigma = \frac{1}{p_0}\left.\frac{\partial p}{\partial T}\right|_v = \frac{r}{p_0 v}.$$

Ein ideales Gas ist also durch die Konstanten a und r, sowie eine Entropiekonstante s_0 charakterisiert.

In Anwendung auf ein reelles Gas hat man $r = R/m$ zu setzen, wo m das Molekulargewicht und R eine universelle Konstante, die Gaskonstante: $R = 1{,}98\,\frac{\text{cal}}{\text{mol Grad}} = 8{,}315\,\frac{\text{erg}}{\text{mol Grad}}$ bedeutet.

Für einatomige Gase fordert die statistische Gastheorie $a = \frac{3}{2}$,
für zweiatomige Gase: $a = \frac{5}{2}$,
für drei- und mehratomige Gase: $a = 3$.

Hierbei sind die Moleküle als starre Gebilde angenommen. Gibt man ihnen noch f innere quasielastische Freiheitsgrade je Molekül, so ist a um f zu vergrößern.

Die Entropiekonstante wird in der Form: $i = m(c_p - s_0'')$ als sog. *chemische Konstante* eingeführt.

8. Prozesse in homogenen Systemen.

Zustände eines homogenen Systems lassen sich graphisch durch Punkte in einem *Zustandsdiagramm* darstellen, d. h. in einem Kartesischen Koordinatensystem, in dem zwei Zustandsvariable als Koordinaten gewählt sind. Die Werte anderer Zustandsvariablen kann man im Diagramm als Kurvenscharen eintragen. Prozesse werden durch Kurvenstücke beschrieben.

Ein Prozeß heißt *isotherm*, *adiabatisch* (isentropisch), *isochor* (isopyknisch), *isobar* (isopiestisch), wenn er mit konstantem T, s, v, oder p verläuft.

Man spricht von einem *Kreisprozeß*, wenn er zum Ausgangszustand zurückführt. Beim Durchlaufen eines solchen wird von dem System eine Arbeit A abgegeben und von ihm die gleiche Wärmemenge $Q = A$ aufgewandt. Die Größe von $A = M\oint p\,dv = M\oint T\,ds = Q$ wird in einem p, v oder T, s Diagramm durch den Inhalt des umlaufenen Flächenstückes dargestellt.

Besonders wichtig ist der sog. CARNOT*sche Kreisprozeß*. Er bewegt sich auf vier Kurvenstücken, auf zwei Isothermen mit T_1 und T_2 und zwei Adiabaten mit s_1 und s_2. (Rechteck im T, s Diagramm). Längs der Isothermen werden die Wärmemengen $Q_1 = T_1 \Delta S$ aufgenommen bzw. $Q_2 = T_2 \Delta S$ abgegeben, mit $\Delta S = M(s_1 - s_2)$, entsprechend dem Schema:

Q_1 → □ → Q_2, ↓ A

Daher wird:

$$\frac{Q_1}{T_1} = \frac{Q_2}{T_2} \quad \text{und} \quad Q = Q_1 - Q_2 = A = Q_1 \frac{(T_1 - T_2)}{T_1} = Q_2 \frac{(T_1 - T_2)}{T_2}$$

$\eta = A/Q_1$ heißt der *Nutzeffekt* der Umwandlung von aufgenommener Wärme in abgegebene Arbeit.

Die Idee des CARNOT-Prozesses als Wärmekraftmaschine ist in der *Heißluftmaschine* angenähert realisiert. In der *Dampfmaschine* liegen die Verhältnisse etwas anders. Hier wird aus einem Reservoir R_1 eine Substanzmenge M mit p_1, T_1 entnommen und adiabatisch auf p_2 eines zweiten R_2 gebracht und in dieses abgegeben. Dann ist s_1 durch p_1, T_1 bestimmt. Wegen $s_2 = s_1$ folgt T_2 aus s_2 und p_2. Hierbei wird dem R_1 die Energie $p_1 M v_1$ als Einschub-Arbeit und $M u(p_1, s_1)$ als innere Energie der Substanzmenge M entnommen, zusammen: $M(p_1 v_1 + u_1) = M w(p_1, s_1)$ (Enthalpie). Die entsprechende Energie: $M w(p_2, s_1)$ wird an R_2 abgegeben. Die gewonnene Arbeit wird also:

$$A = M(w(p_1, s_1) - w(p_2, s_2)); \qquad s_1 = s_2.$$

Zur graphischen Darstellung eignet sich hierfür besonders ein w, s Diagramm mit p und T Kurven (MOLLIER).

Man kann zeigen, daß es unmöglich ist, eine Wärmekraftmaschine von höherem Wirkungsgrad als dem einer CARNOT-Maschine zu bauen. Man könnte sonst ein „perpetuum mobile“ schaffen.

Die maximale Arbeit, die man gewinnen kann, indem man eine Substanzmenge M mit p_1, T_1 auf p_2, T_2 der Umgebung bringt, heißt ihre „technische Arbeitsfähigkeit“ $L = M(w_1 - w_2 - T_2(s_1 - s_2))$.

9. Prozesse in abgeschlossenen Systemen.

In abgeschlossenen Systemen ist $M = \sum M_i$ und $U = \sum U_i$ konstant. Bei äußeren Kräften muß durch starre Umhüllung auch $V = \sum V_i$ konstant gehalten werden.

In derartig abgeschlossenen homogenen Systemen ist kein Prozeß möglich, wohl aber in heterogenen. Man kann solche Prozesse weitgehend steuern, indem man die Teilsysteme über die Wände willkürlich aufeinander wirken läßt. So gesteuerte Prozesse heißen *reversibel*, wenn man das System zum Ausgangszustand zurückführen kann, andernfalls *irreversibel.*

Die theoretische Möglichkeit reversibler Prozeßführung zeigt folgendes spezielle Beispiel:

Zwischen zwei Teilsystemen als sog. Wärmereservoiren sei eine CARNOT-Maschine geschaltet, die ihre Arbeit einem dritten Teilsystem als einem *Energiespeicher,* z. B. als adiabatische Kompressionsarbeit zuführt. Diese Prozeßfolge kann beliebig angehalten oder umgekehrt werden. Hier kann man auch andere Energiespeicherung, z. B. rein mechanischer, elastischer, chemischer oder sonstiger Art annehmen.

Es gilt das grundlegende Theorem *(2. Hauptsatz)*: Bei einem reversiblen Prozeß eines abgeschlossenen Systems bleibt die Gesamtentropie $S = \sum S_i = \sum M_i s_i$ konstant, bei einem irreversiblen wächst sie.

Könnte die Entropie eines abgeschlossenen Systems abnehmen, so wäre die Konstruktion eines „perpetuum mobile" möglich. Dagegen gibt es viele Vorgänge, die zu Entropievermehrung führen. Die wichtigsten sind:

1. Überführung der Arbeit A durch *Reibung* in Wärme:

$$\Delta S = \frac{A}{T} > 0.$$

2. Übertragung der Wärme Q durch *Leitung* von System (1) zum System (2):

$$\Delta S = Q\left(\frac{1}{T_2} - \frac{1}{T_1}\right) > 0; \qquad T_1 > T_2.$$

3. Entspannung der Masse M um dp *ohne Arbeitsleistung*:

$$dS = M \left.\frac{\partial s}{\partial p}\right|_u dp = -M \frac{\left.\frac{\partial u}{\partial p}\right|_s}{\left.\frac{\partial u}{\partial s}\right|_p} dp = \frac{M p \left.\frac{\partial v}{\partial p}\right|_s}{T - p \left.\frac{\partial v}{\partial s}\right|_p} dp.$$

Für ein ideales Gas wird:

$$dS = -M \frac{R}{m} \frac{dp}{p} > 0; \qquad dp < 0.$$

4. *Diffusion* der Masse M bei kleiner Konzentration c:

$$dS = -\frac{MR}{m} \frac{dc}{c} > 0; \qquad dc < 0.$$

10. Gleichgewicht in abgeschlossenen Systemen.

Da Reversibilität ein praktisch nicht realisierbarer Idealfall ist, wächst die Gesamtentropie eines abgeschlossenen Systems so lange, bis ein Maximum erreicht wird, das mit den gegebenen M, U, V vereinbar ist und bei dem keine weiteren Prozesse mehr möglich sind.

Die Frage nach einem so erreichten Gleichgewicht ist also formulierbar als Variationsproblem mit Nebenbedingungen:

$$\delta \sum_i (S_i + \lambda U_i + \mu V_i + \nu M_i) = 0, \quad \sum U_i = U, \quad \sum V_i = V, \quad \sum M_i = M,$$

mithin:

$$\sum_i M_i \{\delta s_i (1 + \lambda T_i) + \delta v_i (\mu - \lambda p_i)\} + \delta M_i (s_i + \lambda u_i + \mu v_i + \nu) = 0.$$

Das ergibt: Soweit nicht durch adiathermane, starre oder undurchlässige Wände die Ausgleichsvorgänge verhindert sind, müssen im Gleichgewicht $\psi_i = u_i + p_i v_i - T_i s_i = -\frac{\nu}{\lambda}$, d. h. die T_i, p_i und ψ_i müssen in allen Teilsystemen gleich sein:

$$T_i = -\frac{1}{\lambda}, \quad p_i = \frac{\mu}{\lambda}, \quad \psi_i = -\frac{\nu}{\lambda}.$$

Ein Beispiel für die Anwendung dieses Satzes ist das Gleichgewicht $\psi_1 = \psi_2$ einer Flüssigkeit v_1, s_1 mit ihrem Dampf v_2, s_2 bei $p_1 = p_2 = p$ und $T_1 = T_2 = T$.

Bei Änderung von T zu $T + dT$ muß:

$$d(\psi_1 - \psi_2) = -(s_1 - s_2)\, dT + (v_1 - v_2)\, dp = 0$$

sein, also:

$$\frac{dp}{dT} = \frac{s_1 - s_2}{v_1 - v_2} = f(p, T); \quad p = p(T) \text{ (Dampfdruckkurve)}.$$

Wird eine Menge M der Flüssigkeit in Dampf verwandelt, so ist $M(s_2 - s_1)\, T = Q$ die erforderliche *Umwandlungswärme* Mr. Das ergibt: $r = T(v_2 - v_1)\frac{dp}{dT}$ (CLAUSIUS-CLAPEYRON*sche Gleichung*). Dasselbe Theorem gilt auch für andere Umwandlungen.

11. Gleichgewichte in nicht abgeschlossenen Systemen.

Um auch über ein nicht abgeschlossenes heterogenes System allgemeine Aussagen zu ermöglichen, betrachten wir es als Teil eines größeren abgeschlossenen, zusammen mit einer homogenen „Umgebung". Diese soll so groß sein, daß ihre spezifischen Zustandsvariablen v', p', T' usw. durch Prozesse nicht nennenswert geändert werden. Außerdem soll in der Umgebung nichts geschehen, was zu Irreversibilität führt. Dann gilt:

$$dS + dS' \geq 0, \quad dQ = -dQ' = -T'\, dS' = dU - dA,$$

also:

$$dA \geq dU - T'\, dS.$$

dA ist die von der Umgebung *auf* das System geleistete Arbeit. Die *von* ihm geleistete ist: $dA' = -dA$

$$dA' \leq -dU + T'\, dS.$$

Die rechte Seite ist also die maximale Arbeit, die das System im Idealfall leisten kann.

Sind alle Wände diatherman, dann wird überall im System $T = T' =$ const (*isotherme* Prozesse) und:

$$dA' \leq -d(U - TS) = -dF = \text{Abnahme der freien Energie.}$$

Gleichgewicht besteht, wenn die freie Energie F ihr unter den Umständen mögliches Minimum hat.

Sind alle Wände außerdem nachgiebig, so wird überall $p = p' =$ const (*isotherm-isobare* Prozesse), dann wird

$$dA' = d(pV) \quad \text{und} \quad d(U - TS + pV) = d\Psi \leq 0.$$

Das Potential Ψ kann nur abnehmen. Gleichgewicht besteht, wenn das Potential Ψ sein Minimum hat.

12. Phasentheorie.

Sind alle Wände diatherman, frei beweglich und substanzdurchlässig, dann können die vorgegebenen unveränderlichen Mengen M_k von α Substanzen (k) („*Komponenten*"), $k = 1, 2, 3, \ldots, \alpha$, sich mit den Teilmengen M_{ik} in β homogenen Teilsystemen (i) („*Phasen*"), $i = 1, 2, 3, \ldots, \beta$, als Lösungen, Gemische od. dgl. verteilen: $M_i = \sum_{k=1}^{\alpha} M_{ik}$.

Die Zustände der Teilsysteme sind durch die im Gleichgewicht allen gemeinsamen p und T sowie durch die Konzentrationen $c_{ik} = M_{ik}/M_i$ bestimmt, für die die β Gleichungen $\sum_k c_{ik} = 1$ gelten.

Im ganzen sind also $2 + \alpha\beta - \beta$ verfügbare Parameter für das Gleichgewicht maßgebend.

Die Gleichgewichtsbedingung: $\Psi = \min$ verlangt, daß bei einer Variation der M_{ik}, z. B. bei der virtuellen Verschiebung einer Menge δM_k aus einem Teilsystem (i) in ein anderes (i'), $\Psi = \sum_i \Psi_i = \sum_i M_i \psi_i(p, T, c_{ik})$ ungeändert bleiben soll. Das ergibt $\partial \Psi_i / \partial M_{ik} = \partial \Psi_{i'} / \partial M_{i'k}$, im Ganzen $\alpha(\beta - 1)$ Gleichungen. Diese Differentialquotienten sind nur Funktionen von p, T und den c_{ik} wegen:

$$\frac{\partial \Psi_i}{\partial M_{ik}} = \psi_i + M_i \frac{\partial \psi_i}{\partial c_{ik}} \cdot \frac{\partial c_{ik}}{\partial M_{ik}} = \psi_i + (1 - c_{ik}) \frac{\partial \psi_i}{\partial c_{ik}}.$$

Wir haben also $\alpha(\beta - 1)$ Gleichungen für die $2 + \beta(\alpha - 1)$ Parameter p, T, c_{ik}. Damit eine I ösung möglich ist, muß $\beta \leq \alpha + 2$ sein. Dies ist die „*Phasenregel*" von Gibbs für die Möglichkeit der Koexistenz von β Phasen aus α Komponenten. Sind p oder T oder beide vorgeschrieben, d. h. von der Umgebung bestimmt, so vermindert sich die Möglichkeit für β um 1 bzw. 2.

13. Der 3. Hauptsatz.

Die vollständige Kenntnis der Funktion $s(p, T)$ ist für viele Zwecke wesentlich. Da s nicht unmittelbar meßbar ist, ist man entsprechend $ds = -\alpha v_0 dp + \frac{c_p}{T} dT$ auf Integrationen angewiesen, nachdem α und c_p als Funktionen von Druck und Temperatur experimentell bekannt sind. s bleibt dann aber noch bis auf eine Integrationskonstante unbestimmt.

Die Erfahrung (und die Quantentheorie) führt zu der Vermutung, daß allgemein α, c_p und c_v bei $T=0$ verschwinden, d.h. daß bei $T=0$ die Entropie von p und v unabhängig ist. Man kann daher

$$s(p, T) = s_0 + \int_0^T \frac{c_p(p, T)}{T} dT; \qquad s(p, T)|_{T=0} = s_0$$

schreiben, wobei das bei konstantem p zu führende Integral konvergiert.

Der Wert dieses s_0 ist für die Berechnung von f und ψ und damit für chemische Gleichgewichte wesentlich. Die Erfahrung läßt vermuten, daß man allgemein $s_0 = 0$ zu setzen hat.

Indem man diese Vermutung zum Axiom erhebt, erhält man den sog. *3. Hauptsatz* oder das NERNST*sche Wärmetheorem* in der Fassung von PLANCK: $s(p, T)|_{T=0} = 0$.

Aus ihm folgt, daß es unmöglich ist, auf endlichem Wege den absoluten Nullpunkt der Temperatur zu erreichen.

Dieses Theorem ist auf ideale Gase nicht anwendbar. Man muß daher annehmen, daß bei hinreichend tiefer Temperatur kein Gas sich „ideal" verhalten kann oder daß es in einen flüssigen oder festen Zustand übergehen muß.

14. Ideale Gasgemische.

Das Verhalten eines Gemisches reeller Gase kann man durch das eines idealen Gases angenähert beschreiben. Für dieses wird gefordert:

$$M = \sum M_i; \quad M_i = n_i m_i \quad m_i = \text{Molekulargewicht}, \ n_i = \text{Molzahl},$$

$$p = \sum p_i; \quad p_i = \frac{RT}{V} n_i \quad p_i = \text{Partialdruck, DALTONs Gesetz},$$

$$p = \frac{RT}{V} \sum n_i; \quad p_i = p \frac{n_i}{\sum n_i} = p c_i; \quad c_i = \frac{n_i}{\sum n_i} = \text{molare Konzentration} \ \sum c_i = 1,$$

$$U = \sum U_i = \sum n_i m_i u_i(T),$$

$$S = \sum S_i = \sum n_i m_i s_i(T, p_i) \quad (\text{„GIBBSsches Paradoxon"}),$$

$$\Psi = \sum \Psi_i = \sum (U_i - T S_i + V p) = \sum n_i m_i \left(u_i - T s_i + \frac{RT}{m_i}\right),$$

$$s_i(T, p_i) = s_{i0} + c_{p\,i} \ln T - \frac{R}{m_i} \ln p c_i = s_i(T, p) - \frac{R}{m_i} \ln c_i.$$

Mischt man eine Anzahl verschiedener Gase von gleichem Druck p, so wächst dabei die Entropie S um $\Delta S = -R \sum n_i \ln c_i > 0$.

Das chemische Gleichgewicht bei konstantem p und T in Gasgemischen, die ihre Molzahlen bzw. Konzentrationen ändern können, ist durch die Bedingung: $\Psi = \min$ gegeben, bei Variation der n_i (bzw. c_i). $\sum \delta c_i = 0$.

$$\delta \Psi = \sum \delta n_i m_i \left(u_i - T s_i + \frac{RT}{m_i}\right) - \sum n_i m_i T \delta s_i = 0$$

mit $\quad \delta s_i = -\frac{R}{m_i} \delta \ln c_i;$

$$\sum n_i m_i \delta s_i = -R \sum n_i \delta \ln c_i = -R \sum \frac{n_i}{c_i} \delta c_i = -R \sum n_i \sum \delta c_i = 0.$$

Daher wird

$$\sum \delta n_i \cdot \left\{m_i\left(u_i - T s_i(T, p) + \frac{RT}{m_i}\right) - RT \ln c_i\right\} = 0.$$

Nennt man die nur von T und p abhängigen Funktionen

$$\frac{m_i u_i}{T} - m_i s_i(T, p) + \frac{R}{m_i} = \varphi_i(T, p),$$

so lautet die Gleichgewichtsbedingung:

$$\sum \delta n_i (\varphi_i - R \ln c_i) = 0,$$

oder anders geschrieben:

$$c_1^{\delta n_1} \cdot c_2^{\delta n_2} \cdot \ldots = e^{\sum \frac{\varphi_i \delta n_i}{R}}$$

Bei chemischen Reaktionen stehen die δn_i in rationalen Verhältnissen, sog. „multiplen Proportionen“, zueinander:

$$\delta n_i = \nu_i z, \qquad \nu_i = \text{ganze Zahlen.}$$

$$c_1^{\nu_1} \cdot c_2^{\nu_2} \cdot \ldots = e^{\sum \frac{\varphi_i \nu_i}{R}} = K(T, p) \approx a\, e^{-\frac{b}{T}} \left(\frac{T}{p}\right)^{\Sigma \nu_i}$$

mit konstanten a und b heißt *Massenwirkungsgesetz*.

15. Reelle Gase.

Die Zustandsgleichung der idealen Gase ist eine erste Approximation für die der reellen Gase. Sie gilt asymptotisch für hohe Temperaturen und kleine Dichten (großes v). Eine wesentlich bessere Approximation ist die VAN DER WAALS*sche Gleichung*:

$$\left(p + \frac{a}{v^2}\right)(v - b) = \frac{RT}{m}$$

mit den für jedes Gas charakteristischen Parametern a und b. Führt man die *„reduzierten Zustandsvariablen"*

$$\nu = \frac{v}{3b}, \qquad \pi = \frac{p}{a} \cdot 27\, b^2, \qquad \tau = T \cdot \frac{27}{8}\,\frac{b}{a}\,\frac{R}{m}$$

ein, so erhält man als universelle Form die *„reduzierte Zustandsgleichung"*:

$$\left(\pi + \frac{3}{\nu^2}\right)(3\nu - 1) = 8\tau .$$

Bei gegebenem p und T ist diese Gleichung vom dritten Grade in v bzw. ν und ergibt drei mögliche Zustände. Welcher von ihnen im Gleichgewicht realisiert ist, ergibt sich aus $\Psi = \min$. Nur ein Zustand existiert für $\tau \geq 1$ und für $\pi \geq 1$.

Kritischer Punkt heißt der Zustand, in dem $\left.\frac{\partial p}{\partial v}\right|_T = 0$ und $\left.\frac{\partial^2 p}{\partial v^2}\right|_T = 0$ ist. In ihm ist $\nu = 1$, $\pi = 1$, $\tau = 1$. (Kritischer Druck und kritische Temperatur.)

Inversionspunkt heißt die Temperatur T_I, bei der $T \left.\frac{\partial v}{\partial T}\right|_p = v$ ist. $T_I \approx \frac{2am}{Rb}$. Ist $T > T_I$, so führt Expansion ohne Arbeitsleistung zu Erwärmung, bei $T < T_I$ zu Abkühlung.

Boyle-*Punkt* heißt die Temperatur T_B, bei der $\left.\frac{\partial (p\,v)}{\partial p}\right|_{T_B,\, p=0} = 0$ ist. Es ist angenähert $T_B \approx \frac{1}{2} T_I$.

16. Verallgemeinerungen.

Der Formalismus der Thermodynamik und ihr Anwendungsbereich kann erweitert werden auf Systeme,

1. die, obgleich homogen, doch mehr als zwei unabhängige Zustandsvariablen zur Beschreibung ihres Zustands verlangen, z. B. magnetisch oder dielektrisch polarisierte Substanzen;

2. dessen Inhalt nicht materiell ist, z. B. mit statischen oder Strahlungsfeldern erfüllte Räume;

3. die sich aus unendlich vielen homogenen Teilsystemen verschwindenden Volumens aufbauen, z. B. die Atmosphäre, bestehend aus Schichten verschwindender Dicke;

4. die sich gegenseitig nicht ausschließen sondern durchdringen, z. B. Strahlungsfelder verschiedener Frequenz. Hier muß der Begriff der Wände durch andere Wechselwirkungsmöglichkeiten ersetzt werden.

In allen Fällen müssen die Parameter, im Speziellen Temperatur und Energie der Teilsysteme exakt definierbar sein. Die Abgrenzung der inneren von der äußeren Energie ist gelegentlich willkürlich.

17. Hohlraumstrahlung.

Ein Beispiel zu 16,2 liefert die Strahlung, die im thermischen Gleichgewicht mit einem sie enthaltenden Hohlraum vom Volumen V steht. Hier führt man als spezifische Größen *räumliche* Dichten ein: $u = U/V$, $s = S/V$ usw.

Die MAXWELLsche Theorie fordert die Beziehung: $p = u/3$. Dann wird aus:

$$dU = T\,dS - p\,dV:$$

$$(u - Ts + p)\,dV + (du - T\,ds)\,V = 0$$

für beliebige V und dV, also:

$$du = T\,ds, \qquad \tfrac{4}{3}u = Ts$$

und somit:

$$u = \sigma T^4 \qquad \text{(Stefan-Boltzmannsches Gesetz)}$$

mit $\sigma = 7{,}562 \cdot 10^{-15} \dfrac{\text{erg}}{\text{cm}^3\,\text{Grad}^4}$,

$$\begin{aligned} U &= \sigma T^4 V \\ S &= \tfrac{4}{3}\sigma T^3 V \\ F &= -\tfrac{1}{3}\sigma T^4 V \\ \Psi &= 0 \\ W &= \tfrac{4}{3}\sigma T^4 V. \end{aligned}$$

18. Relativistische Thermodynamik.

Die Thermodynamik benutzt unter anderen auch Begriffe der Mechanik und muß daher ebenso wie die Mechanik den Forderungen der Relativitätstheorie angepaßt werden. Die üblichen thermodynamischen Parameter sind im allgemeinen gegenüber LORENTZ-Transformationen nicht invariant, z. B. ist $M = \dfrac{M_0}{\sqrt{1-\beta^2}}$, daher bringt die Einführung spezifischer Größen keine Vorteile. Als invarianter Quantitätsparameter kann dagegen die Anzahl Teilchen eines Gesamtsystems von Teilchen dienen oder auch die Ruhmasse M_0.

Die Form der Hauptsätze bleibt bei Berücksichtigung der Transformationseigenschaften der Parameter erhalten:

$$dQ = dU - dA$$

$$dS = \frac{dQ}{T}.$$

Die Transformationseigenschaften thermodynamischer Parameter werden gegeben

a) für *primäre Zustandsvariable* durch:

$$p = p_0, \quad V = V_0\sqrt{1-\beta^2}, \quad T = T_0\sqrt{1-\beta^2}, \quad S = S_0;$$

b) für *sekundäre Zustandsvariable* durch:

$$U = \frac{1}{\sqrt{1-\beta^2}}\{U_0 + \beta^2 p_0 V_0\}$$

$$F = \frac{1}{\sqrt{1-\beta^2}}\{F_0 + \beta^2 (T_0 S_0 + p_0 V_0)\}$$

$$\Psi = \frac{1}{\sqrt{1-\beta^2}}\{\Psi_0 + \beta^2 T_0 S_0\}$$

$$W = \frac{1}{\sqrt{1-\beta^2}} W_0 \qquad (w = w_0);$$

c) für die *Wärmemenge* durch: $Q = Q_0 \sqrt{1-\beta^2}$ und für die *Arbeit* durch: $dA = -p\,dV + (\mathfrak{v}\,\mathfrak{G})$, wobei $\mathfrak{G}$ den Impuls des Systems bedeutet: $\mathfrak{G} = \frac{v}{c^2\sqrt{1-\beta^2}}\{U_0 + p_0 V_0\}$. $\mathfrak{G}$ und $\frac{1}{c}\{U + p\,V\}$ bilden den Energie-Impuls-Vierervektor, dessen invarianter Betrag $\frac{i}{c}\{U_0 + p_0 V_0\}$ ist.

Verknüpfungen primärer Zustandsvariabler der Form: $f\left(p, \frac{V}{T}, S\right) = 0$ bleiben invariant, z. B. die Zustandsgleichung idealer Gase.

Sechster Abschnitt.

Statistische Methoden.

Im Gegensatz zur Mechanik, Elektrodynamik usw. ist die Statistik nicht so sehr ausgezeichnet durch den Gegenstand als vielmehr durch die *Methode* ihrer Betrachtungen. Sie läßt sich immer dann anwenden, wenn eine *große Anzahl gleichartiger* physikalischer Systeme vorliegt, die ihrerseits bekannte Gesetze erfüllen, um Fragen zu beantworten, die das mittlere Verhalten der Gesamtheit dieser Systeme betreffen.

A. Diskrete Zustände.

1. Allgemeines.

a) Der einzelne Zustand.

Jeder Zustand r eines quantenmechanischen Systems (z. B. Oszillators, Atoms) wird beschrieben durch seine Energie E_r und seine Eigenfunktion u_r (Lösung der SCHRÖDINGER-Gleichung). Gehören zu dem gleichen Eigenwert mehrere verschiedene Eigenfunktionen (Quantenzahlen), so heißt die Vielfachheit des Eigenwertes E_r sein *statistisches Gewicht*. Einfache Eigenwerte haben daher stets das statistische Gewicht 1.

Die Energie hängt ab von einer Reihe Parameter, die teils kontinuierlich veränderlich, teils nur diskreter Werte fähig sind.

b) Übergangswahrscheinlichkeit.

Zwischen zwei Zuständen r und s kann ein Übergang stattfinden. Die Wahrscheinlichkeit, daß das System aus dem Zustand r in der Zeiteinheit in den Zustand s übergeht, heißt die *Elementarwahrscheinlichkeit des Überganges*. Es ist

$$w_{sr} = w_{rs}.$$

c) LIOUVILLEscher Satz.

Zur Zeit t_0 sei der Zustand des Systems r_0. Dann mögen die von r_0 aus direkt oder auf Umwegen erreichbaren Zustände s, die unerreichbaren σ heißen. Es ist also $w_{s\sigma} = 0$. Zu einer späteren Zeit t besteht dann für einen beliebigen Zustand s eine gewisse Wahrscheinlichkeit $w(s, t)$ und im Limes gilt für sehr lange Zeiträume

$$\lim_{t\to\infty} w(s, t) = \frac{1}{n},$$

wenn n die Anzahl der von r_0 aus erreichbaren Zustände ist. Der Satz kann auch in der Form ausgesprochen werden: Die Aufenthaltsdauer des Systems in einem Zustand ist im Mittel über sehr lange Zeiträume für alle Zustände die gleiche.

d) Ergodisches System.

Die Energie eines quantenmechanischen Systems ist nur definiert bis auf eine Unschärfe ΔE mit $\Delta E\,\Delta t \geq \hbar/2$. In einem „abgeschlossenen" System gilt der Energiesatz also nur bis auf diese Unschärfe[1]; alle erreichbaren Zustände müssen innerhalb ΔE liegen. Das System heißt *ergodisch*, wenn in ΔE *nur* erreichbare Zustände liegen.

e) Phasenvolumen J.

$J = J(E; a_1, a_2, \ldots)$ ist die Anzahl der Energieeigenwerte $E_r \leq E$, jeder multipliziert mit seinem statistischen Gewicht. Es hängt ebenso wie die Energie von einer Reihe äußerer Parameter a_k ab.

f) Der adiabatischen Änderung

eines Parameters a_k wirkt die Kraft entgegen

$$A_k^{(r)} = -\frac{\partial E_r}{\partial a_k}.$$

Führen wir die Änderung so langsam aus, daß selbst während einer unendlich kleinen Änderung von a_k das System noch sehr viele

[1] Der Beobachter ist hier nicht zum System gerechnet; das System ist also *strenggenommen nicht* abgeschlossen und eben daher rührt die Unschärfe.

Quantensprünge macht, also jeden erreichbaren Zustand aufsucht, so wird

$$\bar{A}_k = \frac{1}{n}\sum_s A_k^{(s)} \qquad \text{und} \qquad dE = -\sum_k \bar{A}_k\, da_k .$$

J ist gegenüber einem solchen Prozeß invariant; der Prozeß heißt *adiabatisch reversibel.*

g) Zustandsgrößen.

Bei einem Prozeß ändert sich das Phasenvolumen um

$$dJ = \frac{\partial J}{\partial E}\left(dE + \sum_k \bar{A}_k\, da_k\right) = \frac{\partial J}{\partial E}\, dQ .$$

dQ ist die Energiezufuhr und im allgemeinen kein vollständiges Differential, $\partial J/\partial E$ also integrierender Faktor. Wir bezeichnen

$$S = k \ln J \qquad (k = 1{,}380 \cdot 10^{-16}\,\text{erg/grad})$$

als *Entropie* des Systems und

$$T = \frac{J}{k}\frac{\partial E}{\partial J} = \frac{1}{k}\frac{\partial E}{\partial \ln J}$$

als eine *absolute Temperatur.*

2. Thermodynamisches Gleichgewicht.

Wir betrachten eine Gesamtheit von $N \gg 1$ Systemen. N_r sei die Anzahl der Systeme im Zustand r.

Der Übergang eines Systems in einen Zustand anderer Energie ist nur möglich unter gleichzeitiger Änderung des Zustandes mindestens *eines* zweiten Systems. Die Zahl der Prozesse $r \to r'$ und gleichzeitig $s \to s'$ ist in der Zeiteinheit

$$w_{rs}^{r's'} N_r N_s .$$

Die Zahl der inversen Prozesse $r' \to r$ und $s' \to s$ ist

$$w_{r's'}^{rs} N_{r'} N_{s'} ,$$

unter gleichzeitiger Wahrung des Energiesatzes

$$E_r + E_s = E_{r'} + E_{s'} .$$

Diese Formeln gelten mit

$$w_{rs}^{r's'} = w_{r's'}^{rs}$$

nur dann, wenn die Übergangswahrscheinlichkeit nicht auch von dem Zustande der Besetzung des Zielzustandes abhängt (vgl. dagegen C S. 494). Es ist

$$\frac{dN_r}{dt} = \sum_{r'ss'} w_{rs}^{r's'} (N_{r'} N_{s'} - N_r N_s) .$$

Stationäre Verhältnisse liegen dann und nur dann vor, wenn rechts die Klammer verschwindet *(„thermodynamisches Gleichgewicht“)*:

$$N_r N_s = N_{r'} N_{s'}.$$

Das ist der Fall, wenn $\ln N_r$ eine lineare Funktion von E_r wird:

$$N_r = e^{\alpha - \beta E_r} \qquad \textit{(kanonische Verteilung)}.$$

Die konstante Gesamtzahl der Systeme ist

$$N = \sum_r N_r = e^\alpha Z,$$

wobei

$$Z = \sum_r e^{-\beta E_r}$$

die *Zustandssumme* heißt. Also ist

$$N_r = \frac{N}{Z} e^{-\beta E_r}.$$

Aus Z folgt die Energie der Gesamtheit

$$\frac{d \ln Z}{d\beta} = -\frac{1}{N} \sum_r E_r N_r = -\frac{E}{N}.$$

Entropie: Wir definieren die Entropie durch

$$S = k \ln W,$$

wobei die Größe

$$W = \frac{N!}{N_1! \, N_2! \ldots} = \frac{N!}{\prod_r N_r!}$$

die *statistische Wahrscheinlichkeit* des durch die Gesamtheit aller N_r beschriebenen Zustandes heißt. Da alle $N_r \gg 1$ sind kann man nach der STIRLINGschen Formel schreiben

$$S = k N \ln N - k \sum_r N_r \ln N_r$$

oder

$$S = k N \ln Z + k \beta E.$$

Es ist

$$\frac{dS}{dt} = -k \sum_r \frac{dN_r}{dt} (\ln N_r + 1) =$$

$$= \frac{k}{4} \sum_{rr'} \sum_{ss'} w_{s'r'}^{sr} (N_{r'} N_{s'} - N_r N_s) \ln \frac{N_{r'} N_{s'}}{N_r N_s} \geq 0,$$

in Übereinstimmung mit der thermodynamischen Definition der Entropie (vgl. S. 477).

Temperatur: Um aus S und E die Temperatur zu definieren, benutzen wir die thermodynamische Relation

$$\left. \frac{\partial S}{\partial E} \right|_V = \frac{1}{T}.$$

Es ist bei konstantem N:

$$\frac{dS}{dE} = \frac{\partial S}{\partial E} + \left(\frac{\partial S}{\partial \beta} + \frac{\partial S}{\partial Z}\frac{dZ}{d\beta}\right)\frac{\partial \beta}{\partial E} = k\beta + \left(kE + k\frac{N}{Z}\frac{dZ}{d\beta}\right)\frac{\partial \beta}{\partial E}.$$

Wegen $d \ln Z/d\beta = -E/N$ verschwindet die Klammer und es wird

$$k\beta = \frac{1}{T} \quad \text{oder} \quad \beta = \frac{1}{kT}.$$

Das zugehörige Verteilungsgesetz

$$N_r = \frac{N}{Z} e^{-E_r/kT}$$

heißt das BOLTZMANN*sche Verteilungsgesetz.*

Die Kenntnis der Zustandssumme genügt zur Berechnung aller thermodynamischer Grundfunktionen:

freie Energie: $F = -kT \ln Z$

innere Energie: $U = -\frac{d \ln Z}{d\beta}$ usw.

B. Statistische Mechanik.

1. Klassische Mechanik.

Die $6N$ Koordinaten x^i und Impulse p_i definieren den Zustand eines aus N Massenpunkten zusammengesetzten Systems. Benutzt man diese Größen als kartesische Koordinaten, so veranschaulichen sie den Lage- und Bewegungszustand des Systems zur Zeit t durch einen Punkt *(„Phasenpunkt")* in einem $6N$-dimensionalen Raum *(„Phasenraum")*. Dem System kommt eine gewisse HAMILTON-Funktion $H(x^i, p_i)$ zu, welche die kanonischen Gleichungen befriedigt:

$$\frac{dx^i}{dt} = \frac{\partial H}{\partial p_i} \qquad \frac{dp_i}{dt} = -\frac{\partial H}{\partial x^i}.$$

Eine Gesamtheit aus solchen Systemen heißt eine *mikrokanonische Gesamtheit.* Die zeitliche Änderung des Systems wird dann durch eine Kurve im Phasenraum beschrieben. Die Kurve geht durch jeden Punkt des Phasenraumes in *einer* Richtung, kann sich also nicht selbst schneiden.

In der statistischen Mechanik betrachtet man eine große Zahl solcher Systeme, die durch die gleiche Funktion H beschrieben werden. Die Gesamtheit der betrachteten Systeme wird im Phasenraume also dargestellt durch eine (sehr große) Anzahl von Phasenpunkten. Man kann diese dann als ein strömendes Kontinuum auffassen, für dessen $6N$-dimensionale Geschwindigkeit $\mathfrak{v}$ mit den Komponenten $(\dot{x}^i, \dot{p}_i)$ gilt: $\operatorname{div} \mathfrak{v} = 0$. Erfüllt eine Anzahl Punkte also zur Zeit $t = 0$ ein gewisses Volumen des Phasenraumes, so erfüllt sie zu einer beliebigen anderen Zeit t ein ebenso großes. (LIOUVILLEscher Satz der klassischen Statistik).

Ist die Verteilungsdichte ϱ der Phasenpunkte eine Funktion von H allein, so wird $\partial\varrho/\partial t = 0$ und die Strömungsrichtung fällt überall in die Hyperflächen $H =$ constans $(= E)$. *(Statistisches Gleichgewicht.)* Analog zu A 2 kann man zeigen, daß dann

$$\varrho = N \cdot e^{\frac{F-E}{kT}}$$

ist, wo $N = \int \varrho\, d\omega\, dV$ die Zahl der die Gesamtheit bildenden Systeme ($d\omega\, dV$ = Volumelement des Phasenraumes), T die gemeinsame Temperatur, $k = 1{,}380 \cdot 10^{-16}$ erg/grad die BOLTZMANNsche Konstante und F die freie Energie bedeutet. Definiert man analog zu oben

$$Z = \int e^{-E/kT}\, d\omega\, dV$$

als *Zustandsintegral*, so gilt ebenfalls

$$F = -kT \ln Z \quad \text{usw.}$$

Besteht die Gesamtheit speziell aus *abgeschlossenen Systemen*, so ist die Bewegung der Phasenpunkte auf die Hyperfläche $H(x^i, p_i) = E =$ constans beschränkt. Man kann dann neben der konstanten „räumlichen" Dichte ϱ die „Flächendichte"

$$\sigma = \frac{\text{const}}{|\operatorname{grad} H|_{H=E}}$$

definieren. Ein abgeschlossenes System heißt *ergodisch*, wenn in einer beliebig langen Zeit der Phasenpunkt jedem Punkt der Hyperfläche beliebig nahe kommt. In diesem Falle verlangt der LIOUVILLEsche Satz, daß die Aufenthaltsdauer der Phasenpunkte im Mittel über lange Zeiträume in gleich großen Flächenteilen proportional der Flächendichte wird.

2. Zelleneinteilung des Phasenraumes

a) Zustand.

Wir bezeichnen ein System als *im Zustand* (p_i, x^i) *befindlich*, wenn seine Koordinaten zwischen den Werten x^i und $x^i + dx^i$ und seine Impulse zwischen p_i und $p_i + dp_i$ liegen, d.h. wenn das System in das Volumelement $dV\, d\omega = dx^1 dx^2 \ldots dp_1 dp_2 \ldots$ des Phasenraumes fällt. Wir setzen über die Größe des Volumelementes zunächst nichts voraus.

b) Das statistische Gewicht

des Zustandes ist proportional dem zugehörigen Volumelement des Phasenraumes

$$g_r = \frac{1}{h^{3N}}\, dx^1 dp_1 dx^2 dp_2 \ldots dx^{3N} dp_{3N}.$$

Dabei bedeutet h eine zunächst willkürliche Konstante von der Dimension einer Wirkung (erg sec).

c) Die Übergangswahrscheinlichkeit

aus der Phasenraumzelle $d\omega\, dV$ nach der Zelle $d\omega'\, dV'$ ist proportional deren Volumen

$$w = W(x^i, p_i;\ x'^i, p_i')\, d\omega'\, dV'.$$

Für den inversen Prozeß gilt

$$w = W(x'^i, p_i',\ x^i, p_i)\, d\omega\, dV.$$

d) Die Quantentheorie

fordert eine *endliche bestimmte Größe* für die hier eingeführten Volumelemente. Sie sollen das Volumen h^{3N} haben und sodann alle das gleiche statistische Gewicht besitzen. h hat dabei den Wert $h = 6{,}623 \cdot 10^{-27}$ erg sec. Die *Gestalt* der Zellen ist beliebig. Man erhält in diesem Falle wieder die in Abschnitt A dargestellte Theorie, aus der die in Abschnitt B 1 behandelte als Grenzfall für $h = 0$ folgt. Der Zustand eines Systems ist in der Quantentheorie nicht mehr exakt beschrieben, sondern nur bis auf eine *Unsicherheit*

$$\Delta p_i \Delta x^i \geq \frac{h}{4\pi} \qquad \text{(Heisenbergsche Unschärferelation).}$$

3. Das kinetische Modell des idealen Gases.

a) Das Modell.

Ein Gas besteht aus einer großen Zahl von Systemen (*„Molekülen"*). Es ist keine mikrokanonische Gesamtheit, da zwei Moleküle sich gegenseitig beeinflussen, sobald sie einander sehr nahe kommen (*„Stöße"*). Vernachlässigt man diejenigen, sehr seltenen, Stöße, bei denen mehr als zwei Moleküle gleichzeitig beteiligt sind, so kann man das Gas auffassen als bestehend aus zwei Gesamtheiten von Systemen, die mit einander im thermodynamischen Gleichgewicht stehen. Wir ersetzen die sehr komplizierten Kräfte zwischen den Molekülen durch das einfache *Modell stoßender elastischer Kugeln* vom Durchmesser σ. Gleichbedeutend damit ist es, wenn wir dem einen System den Radius σ geben, das andere als Massenpunkt behandeln.

b) Die Grundgleichung.

Es sei $F(x^i, p_i, t)\, dV\, d\omega$ die Anzahl der zur Zeit t in $dV\, d\omega$ anwesenden Teilchen. Die Anzahl der im Zeitelement dt und im Volumelement dV von $d\omega$ nach allen $d\omega'$ übergehenden, d. h. aller $d\omega$ verlassender Teilchen, ist dann also

$$b\, d\omega\, dt\, dV = dt\, dV \int\limits_{\omega'} W(\mathfrak{p}, \mathfrak{p}')\, F\, d\omega\, d\omega',$$

während umgekehrt die Anzahl der in dt und dV aus allen $d\omega'$ nach $d\omega$ übergehenden Teilchen wird

$$a\,d\omega\,dt\,dV = dt\,dV \int_{\omega'} W(\mathfrak{p}', \mathfrak{p})\,F'\,d\omega'\,d\omega,$$

wobei F' als Abkürzung steht für $F(x'^i, p_i')$. Für F gilt dann die Bestimmungsgleichung

$$\frac{dF}{dt} = a - b. \tag{1}$$

c) Der Stoßprozeß.

Es treffen sich zwei Teilchen gleicher Masse. Das erste mit den Impulskomponenten ξ, η, ζ vor, ξ', η', ζ' nach dem Stoß sei kugelförmig von Radius σ, das zweite mit ξ_1, η_1, ζ_1 vor und $\xi_1', \eta_1', \zeta_1'$ nach dem Stoß sei punktförmig. Legen wir das Koordinatensystem mit der x-Achse in die Richtung der Zentrilinie des Stoßes, so wird

$$\eta = \eta' \quad \zeta = \zeta' \quad \eta_1 = \eta_1' \quad \zeta_1 = \zeta_1'$$

und bei elastischem Stoß folgt aus Impulssatz und Energiesatz:

$$\xi = \xi_1' \quad \xi_1 = \xi'.$$

Insbesondere wird also

$$\frac{d\omega_1}{d\omega_1'} = \frac{d\xi'}{d\xi} = \frac{d\omega'}{d\omega}.$$

d) Die Übergangswahrscheinlichkeiten.

Erfolgt der Übergang aus dem Zustand $d\omega$ in den Zustand $d\omega'$ durch einen solchen elastischen Stoß, so ist offenbar $W(\mathfrak{p}, \mathfrak{p}')\,d\omega'$ die Anzahl von punktförmigen Teilchen, die insgesamt von der Partikel mit dem Impulse ξ, η, ζ *so* getroffen werden, daß diese letztere *nach* dem Stoß die Impulse ξ', η', ζ' besitzt. Es sei v die Relativgeschwindigkeit der beiden stoßenden Teilchen vor dem Stoß gegeneinander; die Zentrilinie sei um den Winkel ϑ dagegen geneigt und ihre Richtung möge innerhalb eines Raumwinkelelements $d\Omega$ fallen. Dann denken wir uns die punktförmigen Teilchen mit der Verteilungsdichte $F_1\,d\omega_1$ ruhend gegen das Koordinatensystem, während die Kugel σ den Raum abstreift. Dabei wird das Oberflächenelement $\sigma^2\,d\Omega$ in der Zeit dt speziell das Zylindervolumen

$$dt\,d\tau = \sigma^2\,d\Omega \cdot v \cos\vartheta\,dt$$

überstreichen; die Gesamtzahl der Stöße mit Teilchen im Impulsraumelement $d\omega_1$ wird also

$$dt \int_{\tau} d\tau\,F_1\,d\omega_1 = \sigma^2 \int_{\Omega} d\Omega\,v \cos\vartheta\,dt\,F_1\,d\omega_1,$$

wobei das Integral nach $d\Omega$ nur über die dem Stoßpartner *zu*gewandte Halbkugel zu erstrecken ist; erstreckt man es über die ganze, so tritt der Faktor $\frac{1}{2}$ hinzu. Es ist

$$W(\mathfrak{p}, \mathfrak{p}')\, d\omega' = \int_\tau d\tau \cdot F_1 d\omega_1 .$$

Ebenso findet man für die Umkehrung

$$W(\mathfrak{p}', \mathfrak{p})\, d\omega = \int_\tau d\tau \cdot F_1' d\omega_1' .$$

e) Die Stoßgleichung.

Die Gl. (1) geht jetzt über in

$$\frac{dF}{dt} = \int W(\mathfrak{p}', \mathfrak{p}) F' d\omega - \int W(\mathfrak{p}, \mathfrak{p}') F d\omega' =$$
$$= \int_\tau d\tau \int_{\omega'} \left(F' F_1' \frac{d\omega' d\omega_1'}{d\omega} - F F_1 \frac{d\omega' d\omega_1}{d\omega'}\right) = \int_\tau d\tau \int_{\omega_1} (F' F_1' - F F_1) d\omega_1 .$$

Das ist die MAXWELL-BOLTZMANNsche *Stoßgleichung*. Die linke Seite kann in der Form umgeschrieben werden:

$$\frac{dF}{dt} = \frac{\partial F}{\partial t} + \sum_{i=1}^{3} \left(\frac{\partial F}{\partial x^i} \dot{x}^i + \frac{\partial F}{\partial p_i} \dot{p}_i\right).$$

f) Stoßinvarianten.

Ist φ eine beliebige Funktion der Impulse, so erhält man nach einigen Umformungen

$$\frac{1}{4} \int_\tau d\tau \int_\omega \int_{\omega_1} d\omega\, d\omega_1 (\varphi + \varphi_1 - \varphi' - \varphi_1')(F' F_1' - F F_1) = \int \varphi \frac{dF}{dt} d\omega . \quad (2)$$

Ist φ eine stoßinvariante Größe, d.h. $\varphi + \varphi_1 = \varphi' + \varphi_1'$, so verschwindet die linke Seite. Es wird dann also

$$\int_\omega \varphi \left[\sum_{i=1}^{3} \left(\frac{\partial F}{\partial x^i} \dot{x}^i + \frac{\partial F}{\partial p_i} \dot{p}_i\right) + \frac{\partial F}{\partial t}\right] d\omega = 0 . \quad (3)$$

g) Makroskopische Größen.

Man definiere als *Mittelwert* einer Größe ψ den Ausdruck

$$\overline{\psi} = \frac{\int F \psi\, d\omega}{\int F\, d\omega} = \frac{1}{N} \int F \psi\, d\omega ,$$

wobei also $N = \varrho/m$ die Anzahl der Teilchen im cm^3 ist (ϱ Dichte, m Molekülmasse). Dann werden

$u_i = \overline{\dot{x}^i}$ die Komponenten der *Strömungsgeschwindigkeit* $\mathfrak{u}$,

$\frac{N}{m}\overline{\xi^2} = P_{xx}$, $\frac{N}{m}\overline{\xi\eta} = P_{xy}$ usw. die Komponenten des *Spannungstensors* $\mathfrak{P}$,

$k_x = N\overline{\dot{\xi}}$ usw. die Komponenten der *Kraftdichte* $\mathfrak{k}$,

$E = \frac{N}{2m}\overline{p^2}$ die *Energiedichte*,

$\mathfrak{S} = \frac{N}{2m^2}\overline{\mathfrak{p}p^2}$ die *Energiestromdichte*,

und wir erhalten aus (3) die Gleichungen:

mit $\varphi = m$: $\operatorname{div}(\varrho\mathfrak{u}) + \frac{\partial\varrho}{\partial t} = 0$ *(Kontinuitätsgleichung)*

mit $\varphi = \mathfrak{p}$: $\operatorname{div}\mathfrak{P} + \frac{\partial}{\partial t}(\varrho\mathfrak{u}) = \mathfrak{k}$ *(Bewegungsgleichungen)*

mit $\varphi = \frac{\mathfrak{p}^2}{2m}$: $(\mathfrak{k}\mathfrak{u}) = \operatorname{div}\mathfrak{S} + \frac{\partial E}{\partial t}$ (Arbeit der äußeren Kräfte = Energieumsatz).

h) Entropiesatz.

Es sei $\varphi = \ln F$, dann lautet (2):

$$\int d\omega \ln F \frac{dF}{dt} = \frac{1}{4}\int d\tau \iint d\omega\, d\omega_1 \ln\frac{FF_1}{F'F_1'}(F'F_1' - FF_1) \leq 0.$$

Daraus folgt leicht

$$\frac{d}{dt}\int dV \int d\omega F \ln F \leq 0.$$

Man bezeichnet $s = -k\int d\omega F\ln F$ als *Entropiedichte*, $S = \int s\, dV$ als *Gesamtentropie*. Es ist also

$$\frac{dS}{dt} \geq 0$$ (BOLTZMANNsches *H-Theorem, Entropiesatz*).

i) Verteilungsgesetz.

Im stationären Falle muß

$$F'F_1' = FF_1 \quad \text{und} \quad \frac{\partial F}{\partial t} = 0$$

werden. Aus diesen Bedingungen folgt für die Molekülverteilung unter der Wirkung eines äußeren Kraftfeldes

$$\mathfrak{K} = -\operatorname{grad} V$$

der Ausdruck

$$F(x, y, z, p_x, p_y, p_z) = A\cdot e^{-\beta E} \quad \text{mit} \quad E = \frac{p^2}{2m} + V(x, y, z).$$

Der Vergleich mit der kanonischen Verteilung zeigt, daß $\beta = 1/kT$ ist.

Ist kein äußeres Kraftfeld vorhanden, so hat man speziell die MAXWELL*sche Verteilung*:

$$F(p_x, p_y, p_z) = A \cdot e^{\frac{-p^2}{2mkT}};$$

der Normierungsfaktor A kann bestimmt werden aus der Forderung

$$N = \int F\,d\omega = 4\pi \int_0^\infty F(p)\,p^2\,dp = A\,(2\pi m k T)^{\frac{3}{2}}.$$

Wegen $N = \varrho/m$ kann man dann schreiben

$$F(p) = \frac{\varrho}{m}\,(2\pi m k T)^{-\frac{3}{2}}\,e^{\frac{-p^2}{2mkT}}.$$

k) Mittelwerte.

Der *häufigste Impuls* ist

$$p_0 = \sqrt{2mkT}$$

mit der zugehörigen Energie $E_0 = kT$. Der *mittlere Impuls* ist

$$\bar{p} = \int_0^\infty p \cdot 4\pi p^2 F(p)\,dp = \frac{2}{\sqrt{\pi}}\,p_0.$$

Ferner ist

$$\overline{p^2} = \int_0^\infty p^2\, 4\pi p^2 F(p)\,dp = \tfrac{3}{2}\,p_0^2$$

das Impulsquadrat, das zu der *mittleren Energie*

$$\bar{E} = \frac{\overline{p^2}}{2m} = \frac{3}{2}\,kT$$

gehört. Es ist

$$\overline{p^2} = \frac{3\pi}{8}\,\bar{p}^2 = \frac{3}{2}\,p_0^2.$$

Das mittlere relative *Schwankungsquadrat* des Impulses ist daher

$$\frac{\overline{p^2} - \bar{p}^2}{\bar{p}^2} = \left(\frac{3\pi}{8} - 1\right) = 0{,}1781.$$

C. FERMI- und BOSE-Statistik.

Der auf S. 486 (A, 2) gemachte Ansatz für die Anzahl der gleichzeitigen Übergänge $r \to r'$ und $s \to s'$ kann noch verallgemeinert werden. Die Anzahl der Übergänge kann auch abhängen von der anfänglichen Besetzungszahl des *Ziel*zustandes; d. h. die Zahl der Prozesse ist

$$w_{rs}^{r's'}\,N_r N_s\,f_{r'}(N_{r'})\,f_{s'}(N_{s'})$$

und in der umgekehrten Richtung

$$w_{r's'}^{rs}\,N_{r'} N_{s'}\,f_r(N_r)\,f_s(N_s),$$

wobei die f_r gewisse Funktionen sind, deren Festlegung der Annahme eines speziellen *Modells* entspricht. Es ist insbesondere:

$f_r(N_r) = g_r - N_r$ (g_r = Anzahl der Zellen von der Energie E_r), wenn die Systeme das PAULI-*Prinzip* befolgen (vgl. S. 451). Jede Zelle kann dann höchstens *ein* System aufnehmen. Man sagt: Die Systeme befolgen die FERMI-*Statistik*.

$f_r(N_r) = g_r + N_r$ für Lichtquanten und alle quantenmechanischen Systeme mit symmetrischen Eigenfunktionen (vgl. S. 453). Die Systeme haben dann das „Bestreben", sich in der gleichen Zelle anzuhäufen. Man spricht hier von der BOSE-*Statistik*.

$f_r(N_r) = 1$ in dem bereits oben behandelten Sonderfall, der als BOLTZMANN-*Statistik* bezeichnet wird.

Andere Statistiken scheinen in der Natur nicht realisiert zu sein.

Verteilungsfunktion. Man hat wie auf S. 486 (A, 2)

$$\frac{dN_r}{dt} = \sum_{r's'} w_{rs}^{r's'} (N_{r'} N_{s'} f_r f_s - N_r N_s f_{r'} f_{s'}),$$

also Stationarität für

$$\frac{N_r}{f_r} \cdot \frac{N_s}{f_s} = \frac{N_{r'}}{f_{r'}} \cdot \frac{N_{s'}}{f_{s'}},$$

d. h. $\ln(N_r/f_r)$ ist eine lineare Funktion der Energie E_r:

$$N_r = f_r(N_r)\, e^{-\alpha - \beta E_r}.$$

Zur Bestimmung der Konstanten α und β hat man erstens die Nebenbedingung $\sum_r N_r = N$, und zweitens den Anschluß an die Thermodynamik auf dem Wege über die statistische Definition der Entropie. Dieser liefert wiederum $\beta = 1/kT$ für jede Statistik. Man erhält daher als Gleichgewichtsverteilungen insbesondere für

die FERMI-Statistik: $$N_r = \frac{g_r}{e^{\alpha + \beta E_r} + 1},$$

die BOSE-Statistik: $$N_r = \frac{g_r}{e^{\alpha + \beta E_r} - 1}.$$

Hierbei ist insbesondere $\alpha = 0$, wenn kein Erhaltungssatz der Teilchenzahl gilt (PLANCKsches Verteilungsgesetz, Lichtquanten).

Entropie. Man findet analog wie auf S. 487 (A, 2)

$$S = k \sum_r \int \ln \frac{f_r}{N_r}\, dN_r + \text{constans},$$

und

$$\frac{dS}{dt} \geq 0.$$

Speziell ergibt sich bis auf eine additive Konstante für

die FERMI-Statistik: $S - S_0 = -k \sum_r (N_r \ln N_r + (g_r - N_r) \ln (g_r - N_r))$

die BOSE-Statistik: $S - S_0 = -k \sum_r (N_r \ln N_r - (g_r + N_r) \ln (g_r + N_r))$.

Statistische Wahrscheinlichkeit. Die angegebenen Ausdrücke für die Entropie stehen in Einklang mit der Beziehung

$$S = k \ln W,$$

wenn man die Wahrscheinlichkeit W definiert durch:

$$W = \prod_r \frac{g_r!}{N_r!\,(g_r - N_r)!} = \prod_r \binom{g_r}{N_r} \quad \text{für die FERMI-Statistik,}$$

$$W = \prod_r \frac{(g_r + N_r - 1)!}{N_r!\,(g_r - 1)!} \quad \text{für die BOSE-Statistik.}$$

Die erste Formel gibt die Anzahl verschiedener Besetzungsmöglichkeiten der g_r Zellen unter Berücksichtigung des PAULI-Prinzips (vgl. S. 451).

Die zweite Formel bedeutet genau diejenige Modifikation des BOLTZMANNschen Modells, welche man erhält, wenn man nur die *Ununterscheidbarkeit* gleicher (atomarer) Systeme in Rechnung stellt. Alle Zustände, die durch Vertauschung von Teilchen auseinander hervorgehen, werden nur als ein einziger Zustand angesehen, dem das Gewicht 1 zukommt.

Anhang.

1. Spezielle FOURIER-Integrale (zu S. 68).

$$f(x) = \int_{-\infty}^{+\infty} ds\, e^{2\pi i x s} \int_{-\infty}^{+\infty} dt\, f(t)\, e^{-2\pi i s t} = \frac{1}{2\pi} \int_{-\infty}^{+\infty} ds\, e^{i x s} \int_{-\infty}^{+\infty} dt\, f(t)\, e^{-i s t}.$$

a) $$e^{-a x^2} = \sqrt{\frac{\pi}{a}} \int_{-\infty}^{+\infty} ds\, e^{2\pi i x s}\, e^{-\frac{\pi^2 s^2}{a^2}}\,; \qquad \frac{1}{1+x^2} = \pi \int_{-\infty}^{+\infty} ds\, e^{2\pi i x s}\, e^{-2\pi |s|}$$

„Glockenfunktionen".

b) Bei $x = 0$ unstetige Funktionen.

(Die Integrale sind als CAUCHYsche Hauptwerte zu verstehen.)

$x<0$	$x>0$	
0	1	$= \int_{-\infty}^{+\infty} e^{i\alpha x s}\,\delta_-(s)\, ds$ (s. S. 19), α beliebig positiv
1	0	$= \int_{-\infty}^{+\infty} e^{i\alpha x s}\,\delta_+(s)\, ds$, α beliebig positiv
-1	1	$= -\frac{i}{\pi}\int_{-\infty}^{+\infty} e^{i\alpha x s}\,\frac{ds}{s} = 2\pi \int_0^{\infty} \frac{\sin \alpha x s}{s}\, ds$, α beliebig positiv
$-\cos a x$	$\cos a x$	$= \frac{1}{\pi}\int_{-\infty}^{+\infty} \sin x s \cdot \frac{ds}{s \pm a} = \frac{1}{\pi}\int_{-\infty}^{+\infty} \sin x s \cdot \frac{s\, ds}{s^2 - a^2} = \frac{2}{\pi}\int_0^{\infty} \sin x s \cdot \frac{s\, ds}{s^2 - a^2}$
$\sin a x$	$-\sin a x$	$= \mp \frac{1}{\pi}\int_{-\infty}^{+\infty} \cos x s\, \frac{ds}{s \pm a} = \frac{1}{\pi}\int_{-\infty}^{+\infty} \cos x s\, \frac{a\, ds}{s^2 - a^2} = \frac{2}{\pi}\int_0^{\infty} \cos x s \cdot \frac{a\, ds}{s^2 - a^2}$
0	$e^{i a x}$	$= \int_{-\infty}^{+\infty} e^{i x s}\,\delta_-(s-a)\, ds$
$e^{i a x}$	0	$= \int_{-\infty}^{+\infty} e^{i x s}\,\delta_+(s-a)\, ds$
$-e^{i a x}$	$e^{i a x}$	$= -\frac{i}{\pi}\int_{-\infty}^{+\infty} e^{i x s}\,\frac{ds}{s-a}$
$-e^{-i a x}$	$e^{i a x}$	$= 2i \int_{-\infty}^{+\infty} \sin x s\, \delta_-(s-a)\, ds = 4i \int_0^{\infty} \sin x s\, \delta_-(s-a) \cdot \frac{s}{s+a}\, ds \quad (a>0)$
$e^{-i a x}$	$e^{i a x}$	$= 2 \int_{-\infty}^{+\infty} \cos x s\, \delta_-(s-a)\, ds = 4i \int_0^{\infty} \cos x s\, \delta_-(s-a)\, \frac{a}{s+a}\, ds \quad (a>0)$

Eine große Tabelle von FOURIER-Integralen findet man in G. A. CAMPBELL, R. M. FOSTER "FOURIER integrals for practical applications". Bell Telephone Monograph B—584, 1931.

2. Potenzreihenentwicklung (zu S. 76).

Abb. 27 zeigt die Funktion $\frac{1}{1-z}$, dargestellt durch Kurven $u=a$, $v=b$. In Abb. 28 ist dieselbe Funktion nach steigenden Potenzen bis z^6 entwickelt dargestellt. Man erkennt, wie *außerhalb* des Konvergenzkreises mit dem Radius 1 überhaupt keine Annäherung an die Funktion $\frac{1}{1-z}$ stattfindet. In Abb. 29 ist dieselbe Funktion, nach fallenden Potenzen bis $1/z^6$ entwickelt, gezeichnet. Hier ist *innerhalb* des Konvergenzkreises keine Annäherung vorhanden.

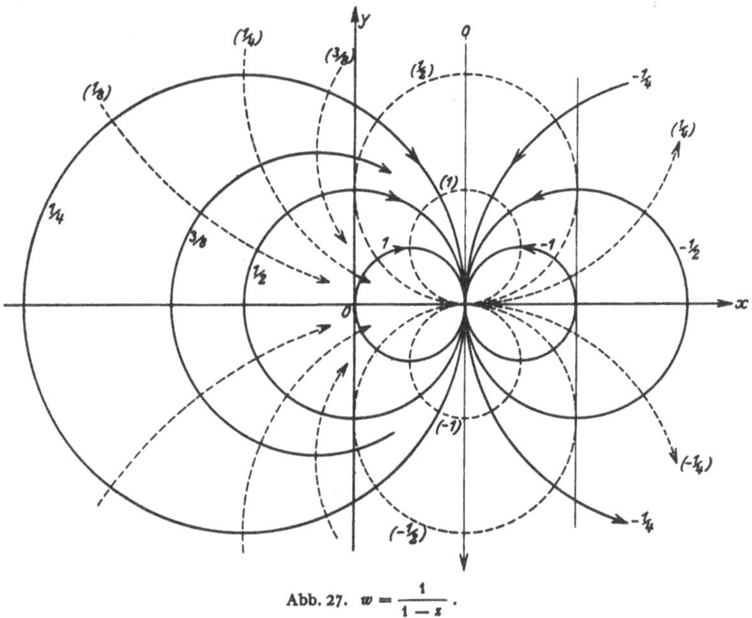

Abb. 27. $w = \frac{1}{1-z}$.

3. Fourier-Transformation (zu S. 158).

Die *Einheitswurzeln*

$$\alpha_l = e^{\frac{2\pi i l}{N}} \qquad \left(\alpha_l^N = 1\right)$$

bilden eine periodische Funktion des diskreten ganzzahligen Parameters l $(\alpha_l = \alpha_{l+N})$. Es gilt:

$$\frac{1}{N}\sum_n \alpha_l^n = 1 \quad \text{für } l = 0, \text{ und } = 0 \text{ für } l \neq 0$$

$$\left(\sum_n = \text{zyklische Summe von } n = n_0 \text{ bis } n_0 + N\right),$$

also ist:

$$\frac{1}{N}\sum_n e^{\frac{2\pi i n(l-k)}{N}} = \delta_{lk}.$$

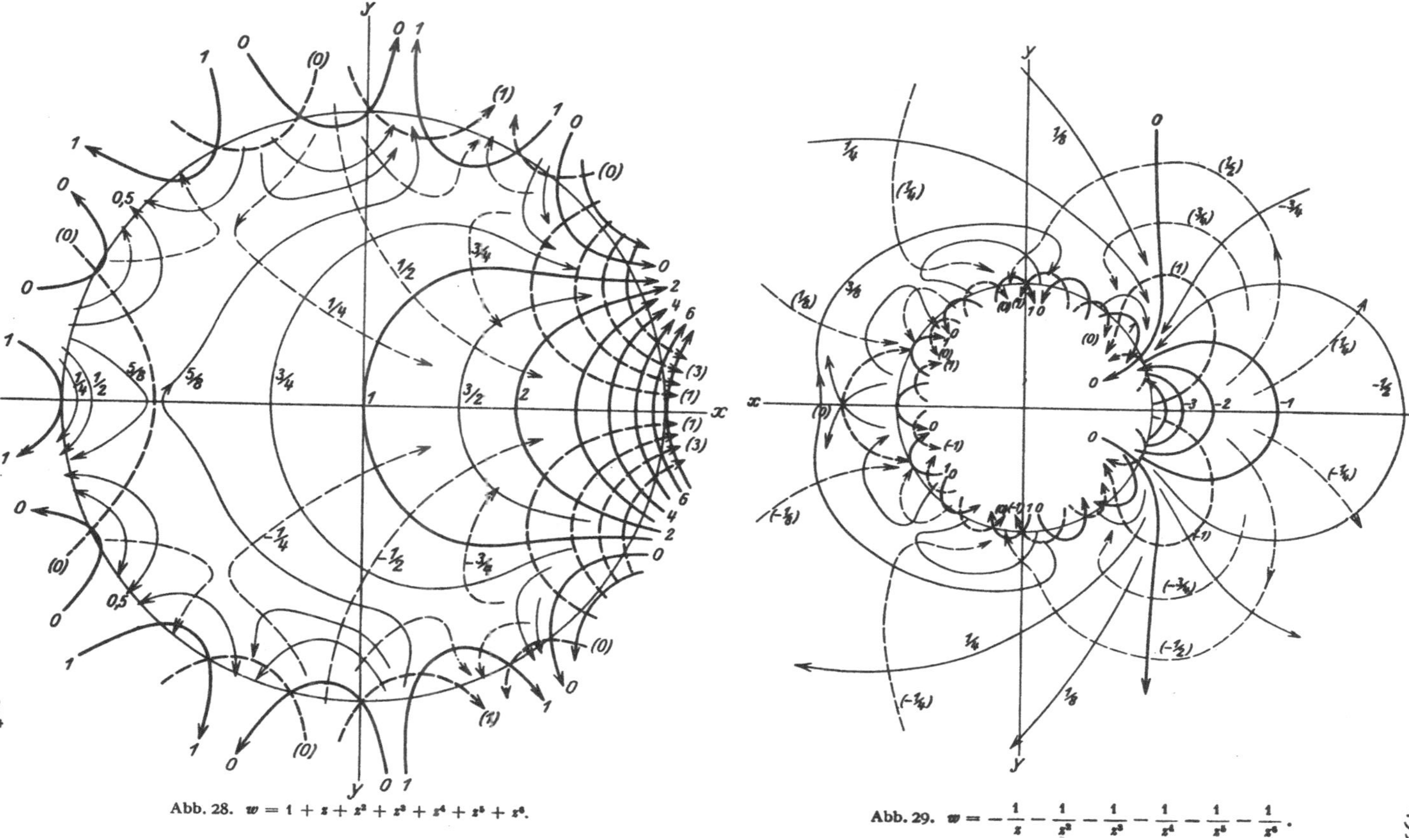

Abb. 28. $w = 1 + z + z^2 + z^3 + z^4 + z^5 + z^6$.

Abb. 29. $w = -\frac{1}{z} - \frac{1}{z^2} - \frac{1}{z^3} - \frac{1}{z^4} - \frac{1}{z^5} - \frac{1}{z^6}$.

Es sei y_k eine periodische Funktion von k, dann ist:

$$y_l = \sum_k \delta_{lk} y_k = \frac{1}{N} \sum_{kn} y_k e^{\frac{2\pi i n(l-k)}{N}},$$

oder zerlegt:

$$y_l = \frac{1}{\sqrt{N}} \sum_n \eta_n e^{\frac{2\pi i n l}{N}} \quad \text{mit} \quad \eta_n = \frac{1}{\sqrt{N}} \sum_k y_k e^{-\frac{2\pi i n k}{N}}$$

Das kann als eine lineare Transformation $y_l \to \eta_n$ aufgefaßt werden.

Es folgt:

$$\sum_l |y_l|^2 = \frac{1}{N} \sum_{lnn'} \eta_n \eta_{n'}^* e^{\frac{2\pi i l(n-n')}{N}} = \sum_{nn'} \eta_n \eta_{n'}^* \delta_{nn'} = \sum_n |\eta_n|^2,$$

d. h. die Transformation ist unitär. Weiter folgt:

$$S_r = \sum_l |y_l - y_{l-r}|^2 = 4 \sum_n |\eta_n|^2 \sin^2 \frac{\pi r n}{N}.$$

S_1 ist ein Maß für die Schwankung des Verlaufs der Folge y_l. Bei „glatter“ Folge müssen alle η_n verschwinden, für die $\sin^2 \frac{\pi n}{N}$ nicht klein ist. Es bleiben nur die η_n in der Umgebung von $n = 0$ bzw. $n = N$. Das ermöglicht es glatte Folgen y_l auch für großes N durch eine kleine Anzahl von η_n genähert darzustellen und den Grenzübergang zu $N \to \infty$ zu vollziehen.

$N \to \infty$.

1. Dichte Folge y_l: $\frac{l}{N} = \frac{x}{L}$, $\quad 0 < x < L$, $\quad dx = \frac{L}{N}$, $\quad y_l = y(x)$.

Diskrete Folge: $\frac{\eta_n}{\sqrt{N}} = C_n$, $\quad -\infty < n < \infty$.

$$\left.\begin{aligned} y(x) &= \sum_{-\infty}^{+\infty} C_n e^{\frac{2\pi i n x}{L}} \\ C_n &= \frac{1}{L} \int_0^L y(x) e^{-\frac{2\pi i n x}{L}} dx \end{aligned}\right\} \text{FOURIER-Reihendarstellung.}$$

2. Dichte Folge y_l: $\frac{l}{\sqrt{N}} = x$, $\quad L \to \infty$, $\quad -\infty < x < \infty$, $\quad dx = \frac{1}{\sqrt{N}}$.

Dichte Folge η_n: $\frac{n}{\sqrt{N}} = s$, $\quad -\infty < s < \infty$, $\quad ds = \frac{1}{\sqrt{N}}$.

$$\left.\begin{aligned} y(x) &= \int_{-\infty}^{+\infty} ds\, \eta(s)\, e^{2\pi i s x} \\ \eta(s) &= \int_{-\infty}^{+\infty} dx\, y(x)\, e^{-2\pi i s x} \end{aligned}\right\} \text{FOURIER-Integraldarstellung.}$$

4. Harmonischer Oszillator in kanonischen Variablen (zu S. 163).

Es sei

$$H(q, p) = \tfrac{1}{2}(p^2 + \omega^2 q^2) = K(Q, P) = \omega P;$$

gesucht ist $Q = Q(q, p)$.

Es ist

$$\frac{\partial X}{\partial q} = p = \omega \sqrt{\frac{2P}{\omega} - q^2}, \quad \text{also} \quad X = \omega \int \sqrt{\frac{2P}{\omega} - q^2}\, dq + f(P),$$

mithin

$$Q = \frac{\partial X}{\partial P} = \arcsin\left(q \cdot \sqrt{\frac{\omega}{2P}}\right) + f'(P).$$

Setzt man z. B. $f(P) = -\frac{\pi}{2}$, so wird

$$\cos Q = \frac{1}{\sqrt{1 + \frac{p^2}{\omega^2 q^2}}}$$

oder

$$\operatorname{tg} Q = -\frac{p}{\omega q}, \qquad P = \frac{p^2}{2\omega} + \frac{\omega q^2}{2}$$

bzw.

$$q = \sqrt{\frac{2P}{\omega}} \cdot \cos Q, \qquad p = -\sqrt{2P\omega}\,\sin Q.$$

5. Planetenbewegung in kanonischen Variablen (zu S. 165).

Ein Beispiel für eine Berührungstransformation im Dreidimensionalen, die (im Sinne der Transformation von S. 163) H auf eine einfachere Form bringt, ist die folgende:

Es sei die HAMILTON-Funktion:

$$H = \frac{1}{2m}\left(p_r^2 + \frac{p_\vartheta^2}{r^2} + \frac{p_\varphi^2}{r^2 \sin^2\vartheta}\right) - \frac{GmM}{r}.$$

Man gelangt durch die Berührungstransformation:

$$X_1 = p_1 r + p_3 \varphi + \int_{\pi/2}^{\vartheta} d\vartheta \sqrt{p_2^2 - \frac{p_3^2}{\sin^2\vartheta}}, \quad q_i = \frac{\partial X_1}{\partial p_i}, \quad p_r = \frac{\partial X_1}{\partial r} \cdot \quad \text{usw.}$$

zu der Form:

$$H = \frac{1}{2m}\left(p_1^2 + \frac{p_2^2}{q_1^2}\right) - \frac{GmM}{q_1}.$$

Eine nochmalige Transformation:

$$X_2 = \int_{q_0}^{q_1} dq_1 \sqrt{-\frac{G^2 m^4 M^2}{P_1^2} + \frac{2Gm^2 M}{q_1} - \frac{P_2^2}{q_1^2}} + P_2 q_2 + P_3 q_3,$$

$$p_i = \frac{\partial X_2}{\partial q_i}, \quad Q_i = \frac{\partial X_2}{\partial P_i}$$

führt weiter zu:

$$H = K(P, Q) = -\frac{G^2 m^3 M^2}{2P_1^2}.$$

Die Bedeutung der neuen Variablen ist:

$q_1 = r$ (Radiusvektor),

$q_2 =$ Länge des Planeten vom aufsteigenden Knoten, gemessen in der Bahnebene,

$q_3 =$ Länge des aufsteigenden Knotens, gemessen im Äquator $\vartheta = \pi/2$,

$p_1 = m\dot{r}$,

$p_2 =$ gesamtes Impulsmoment,

$p_3 =$ Impulsmoment in Richtung $\varphi = \varphi_\varphi = m r^2 \dot{\varphi}$

sowie:

$Q_1 =$ mittlere Anomalie,

$Q_2 =$ Länge des Perihels $q = q_0$ vom aufsteigenden Knoten ab,

$Q_3 = q_3$ (s. oben),

$P_1 = \sqrt{G m^2 M a}$, wo a die halbe große Achse der Bahn ist,

$P_2 = p_2 = \sqrt{G m^2 M a}\,(1 - \varepsilon^2)$, wo ε die Exzentrizität der Bahn ist,

$P_3 = p_3 = P_2 \cos i$, wo i die Neigung der Bahn gegen den Äquator ist.

$\left(\text{Die halbe kleine Achse } b \text{ wird gleich } \frac{P_1 P_2}{G m^2 M}\right)$.

In dieser Form ist Q_1 eine Winkelvariable. (Es ist dies durch die Form des Gliedes mit P_1 in dem Ausdruck für X_1 erreicht worden.) Die übrigen Q und P werden Konstanten. Die Größen $q_3 = Q_3$, Q_1, Q_2, P_1, P_2, P_3 beschreiben vollständig die Bahn des Planeten („Bahnelemente").

6. Erzwungene Schwingung (zu S. 276).

Die zu lösende Differentialgleichung ist eine homogene lineare zweiter Ordnung mit konstanten Koeffizienten. Wir benutzen eine GREENsche *Funktion*, indem wir zur Lösung der Differentialgleichung

$$\ddot{x} + a\dot{x} + b x = f(t) = \text{beliebig gegebene Funktion}^1$$

den Ansatz machen

$$x = \int_{-\infty}^{t} f(\tau)\varphi(t-\tau)\,d\tau$$

mit der später zu bestimmenden Funktion $\varphi(t)$. Er führt zu

$$\dot{x} = f(t)\varphi(0) + \int_{-\infty}^{t} f(\tau)\,\dot{\varphi}(t-\tau)\,d\tau$$

$$\ddot{x} = \dot{f}(t)\varphi(0) + f(t)\,\dot{\varphi}(0) + \int_{-\infty}^{t} f(t)\,\ddot{\varphi}(t-\tau)\,d\tau.$$

[1] Die Bezeichnung ist hier dem physikalischen Problem angepaßt. $\dot{x} = dx/dt$ usw.

Das gibt in die obige Differentialgleichung eingefügt:

$$f(t) = [\dot{f}(t) + a f(t)]\,\varphi(0) + f(t)\,\dot{\varphi}(0) + \int_{-\infty}^{t} f(\tau)\,(\ddot{\varphi} + a\dot{\varphi} + b\varphi)\,d\tau.$$

Da diese Gleichung für alle Werte von t erfüllt sein soll, ist ein naheliegender Ansatz:

$$\varphi(0) = 0, \qquad \dot{\varphi}(0) = 1, \qquad \ddot{\varphi} + a\dot{\varphi} + b\varphi = 0,$$

d. h.

$$\varphi(t) = \frac{e^{-\frac{a}{2}t}}{\sqrt{a^2 - 4b}}\left(e^{t\sqrt{\frac{a^2}{4} - b}} - e^{-t\sqrt{\frac{a^2}{4} - b}}\right) \quad \text{für positives Argument,}$$

$$= 0 \quad \text{für negatives Argument.}$$

Sonderfälle: I. $a^2 < 4b$ (schwache Dämpfung). Zur Abkürzung setzen wir

$$\sqrt{\frac{a^2}{4} - b} = i\,\omega_0, \qquad \frac{a}{2} = \delta, \qquad \varphi(t) = \frac{e^{-\delta t}}{\omega_0}\sin\omega_0 t$$

mit ω_0 als „Eigenfrequenz". Die Lösung wird dann:

$$x = \int_{-\infty}^{t} f(\tau)\cdot\frac{e^{-\delta(t-\tau)}}{\omega_0}\sin\omega_0(t-\tau)\,d\tau.$$

II. $a^2 = 4b$ (aperiodischer Grenzfall)

$$x = \int_{-\infty}^{t} f(\tau)\cdot e^{-\delta(t-\tau)}(t-\tau)\,d\tau.$$

III. $a^2 > 4b$ (starke Dämpfung). Zur Abkürzung setzen wir

$$\delta_1 = \frac{a}{2} + \sqrt{\frac{a^2}{4} - b}, \qquad \delta_2 = \frac{a}{2} - \sqrt{\frac{a^2}{4} - b}$$

$$x = \int_{-\infty}^{t} f(\tau)\cdot\frac{e^{-\delta_1(t-\tau)} - e^{-\delta_2(t-\tau)}}{\delta_2 - \delta_1}\,d\tau.$$

Beispiele für verschiedene $f(t)$:

A. $f(t) = p/\varepsilon$ im Intervall T bis $T + \varepsilon$, im übrigen $= 0$ (kurzer Impuls).

$$\left.\begin{aligned} &\text{I. } a^2 < 4b: && x = p\cdot\frac{e^{-\delta(t-T)}}{\omega_0}\sin\omega_0(t-T) \\ &\text{II. } a^2 = 4b: && x = p\cdot e^{-\delta(t-T)}(t-T) \\ &\text{III. } a^2 > 4b: && x = \frac{p}{\delta_2 - \delta_1}\left(e^{-\delta_1(t-T)} - e^{-\delta_2(t-T)}\right) \end{aligned}\right\} \text{ für } t > T.$$

B. $f(t) = A \cdot \sin \omega t$ (periodische Kraft).

$$x = B \cdot \cos(\omega t - \beta),$$

worin für

I. $a^2 < 4b$: $B = \dfrac{A}{\sqrt{(\delta^2 + \omega_0^2 - \omega^2)^2 + 4\delta^2\omega^2}}$, $\operatorname{tg}\beta = \dfrac{\delta^2 + \omega_0^2 - \omega^2}{2\delta\omega}$.

II. $a^2 = 4b$: $B = \dfrac{A}{\sqrt{(\delta^2 - \omega^2)^2 + 4\delta^2\omega^2}}$, $\operatorname{tg}\beta = \dfrac{\delta^2 - \omega^2}{2\delta\omega}$.

III. $a^2 > 4b$: $B = \dfrac{A}{\sqrt{(\delta_1\delta_2 - \omega^2)^2 + (\delta_1 + \delta_2)^2\omega^2}}$, $\operatorname{tg}\beta = \dfrac{\delta_1\delta_2 - \omega^2}{(\delta_1 + \delta_2)\omega}$.

7. Beispiel zur Gruppentheorie (zu S. 246 ff.).

Eine Gruppe sei definiert durch die formalen Festsetzungen:

$$A^4 = E, \quad B^2 = E, \quad BAB = A^3.$$

Sie enthält dann nur die acht Elemente:

$$E, A, A^2, A^3, B, AB, A^2B, A^3B.$$

Auf diese Elemente ist jede andere Kombination zurückzuführen, z. B.

$$BA = A^3B, \quad BA^2 = A^2B, \quad BA^3 = AB, \quad ABA = B \quad \text{usw.}$$

ferner $\quad A^{-1} = A^3, \quad B^{-1} = B \quad$ usw.

a) Die Gruppe hat die *Ordnung* $g = 8$.

b) Sie enthält die *Untergruppen*:

1. E, A, A^2, A^3 der Ordnung $h = 4$, Index $j = 2$ (invariant)
2. E, A^2, B, A^2B der Ordnung $h = 4$, Index $j = 2$ (invariant)
3. E, A^2, AB, A^3B der Ordnung $h = 4$, Index $j = 2$ (invariant)
4. E, A^2 der Ordnung $h = 2$, Index $j = 4$ (invariant)
5. E, B der Ordnung $h = 2$, Index $j = 4$ (nicht invariant)
6. E, AB der Ordnung $h = 2$, Index $j = 4$ (nicht invariant)
7. E, A^2B der Ordnung $h = 2$, Index $j = 4$ (nicht invariant)
8. E, A^3B der Ordnung $h = 2$, Index $j = 4$ (nicht invariant).

c) Sie enthält die fünf *Klassen*:

1. E — denn z. B.: A^2B ist konjugiert zu B wegen
2. A, A^3 — $A(A^2B)A^{-1} = B$
3. B, A^2B — $A^3(A^2B)A^{-3} = B$ usw.
4. AB, A^3B
5. A^2

d) *Faktorgruppe* ist: $E^{\mathrm{I}}=(E, A^2)$, $A^{\mathrm{I}}=(A, A^3)$, $B^{\mathrm{I}}=(B, A^2B)$, $(AB)^{\mathrm{I}}=(AB, A^3B)$, denn E^{I}, A^{I}, B^{I}, $(AB)^{\mathrm{I}}$ bilden eine Gruppe, wenn man zwischen den durch Klammern zusammengefaßten Elementen nicht unterscheidet.

Das Gleiche gilt für:

$$\begin{aligned} E^{\mathrm{II}} &= (E, A^2, B, A^2B), & A^{\mathrm{II}} &= (A, A^3, AB, A^3B) \\ E^{\mathrm{III}} &= (E, A, A^2, A^3), & A^{\mathrm{III}} &= (B, AB, A^2B, A^3B) \\ E^{\mathrm{IV}} &= (E, A^2, AB, A^3B), & A^{\mathrm{IV}} &= (A, A^3, B, A^2B). \end{aligned}$$

e) Die Gruppe gestattet folgende *irreduzible Darstellungen*

1. in *einer* Dimension ($h = 1$) in vier nicht äquivalenten Formen:

	$\mathfrak{M}^{(1)}$	$\mathfrak{M}^{(2)}$	$\mathfrak{M}^{(3)}$	$\mathfrak{M}^{(4)}$		$\mathfrak{M}^{(1)}$	$\mathfrak{M}^{(2)}$	$\mathfrak{M}^{(3)}$	$\mathfrak{M}^{(4)}$
$E=$	1	1	1	1	$B=$	1	-1	1	-1
$A=$	1	1	-1	-1	$AB=$	1	-1	-1	1
$A^2=$	1	1	1	1	$A^2B=$	1	-1	1	-1
$A^3=$	1	1	-1	-1	$A^3B=$	1	-1	-1	1

denn die Werte jeder der vier Spalten genügen den Definitionsgleichungen. Jede ist eine getreue Darstellung einer Faktorgruppe der Ordnung 2.

2. In *zwei* Dimensionen ($h = 2$) $\mathfrak{M}^{(5)}$:

$$E=\begin{vmatrix}1 & 0\\ 0 & 1\end{vmatrix} \qquad A=\begin{vmatrix}0 & -1\\ 1 & 0\end{vmatrix} \qquad A^2=\begin{vmatrix}-1 & 0\\ 0 & -1\end{vmatrix} \qquad A^3=\begin{vmatrix}0 & 1\\ -1 & 0\end{vmatrix}.$$

$$B=\begin{vmatrix}1 & 0\\ 0 & -1\end{vmatrix} \qquad AB=\begin{vmatrix}0 & 1\\ 1 & 0\end{vmatrix} \qquad A^2B=\begin{vmatrix}-1 & 0\\ 0 & 1\end{vmatrix} \qquad A^3B=\begin{vmatrix}0 & -1\\ -1 & 0\end{vmatrix}.$$

Diese Darstellung ist treu.

f) Die *Klassencharaktere* sind somit:

	$k \backslash l$	$\mathfrak{M}^{(1)}$	$\mathfrak{M}^{(2)}$	$\mathfrak{M}^{(3)}$	$\mathfrak{M}^{(4)}$	$\mathfrak{M}^{(5)}$	h_k
E	1	1	1	1	1	2	1
A, A^3	2	1	1	-1	-1	0	2
B, A^2B	3	1	-1	1	-1	0	2
AB, A^3B	4	1	-1	-1	1	0	2
A^2	5	1	1	1	1	-2	1

In jeder dieser fünf Darstellungen ist $\sum_r |\chi|^2 = 8$. Ferner gilt die Abzählung $\sum_l h_l^2 = 2^2 + 1^2 + 1^2 + 1^2 + 1^2 = 8$.

g) Die Komponenten der Vektoren $\mathfrak{v}$ und $\mathfrak{w}$ (S. 252) werden:

r \ l_{ik}	$\mathfrak{v}^{(1)}$	$\mathfrak{v}^{(2)}$	$\mathfrak{v}^{(3)}$	$\mathfrak{v}^{(4)}$	$\mathfrak{v}^{(5)}_{11}$	$\mathfrak{v}^{(5)}_{12}$	$\mathfrak{v}^{(5)}_{21}$	$\mathfrak{v}^{(5)}_{22}$
E	1	1	1	1	1	0	0	1
A	1	1	−1	−1	0	−1	1	0
A^2	1	1	1	1	−1	0	0	−1
A^3	1	1	−1	−1	0	1	−1	0
B	1	−1	1	−1	1	0	0	−1
AB	1	−1	−1	1	0	1	1	0
A^2B	1	−1	1	−1	−1	0	0	1
A^3B	1	−1	−1	1	0	−1	−1	0
	$\times \frac{1}{2}$				$\times \sqrt{\frac{1}{8}}$			

k \ l	$\mathfrak{w}^{(1)}$	$\mathfrak{w}^{(2)}$	$\mathfrak{w}^{(3)}$	$\mathfrak{w}^{(4)}$	$\mathfrak{w}^{(5)}$
1	$\sqrt{\frac{1}{8}}$	$\sqrt{\frac{1}{8}}$	$\sqrt{\frac{1}{8}}$	$\sqrt{\frac{1}{8}}$	$\sqrt{\frac{1}{8}}$
2	$\frac{1}{2}$	$\frac{1}{2}$	$-\frac{1}{2}$	$-\frac{1}{2}$	0
3	$\frac{1}{2}$	$-\frac{1}{2}$	$\frac{1}{2}$	$-\frac{1}{2}$	0
4	$\frac{1}{2}$	$-\frac{1}{2}$	$-\frac{1}{2}$	$\frac{1}{2}$	0
5	$\sqrt{\frac{1}{8}}$	$\sqrt{\frac{1}{8}}$	$\sqrt{\frac{1}{8}}$	$\sqrt{\frac{1}{8}}$	$-\sqrt{\frac{1}{8}}$

h) Die Gruppe ist isomorph der Drehungsgruppe D_4, die eine Doppelpyramide von quadratischer Basis (Dieder) in sich überführt.

Sie ist auch isomorph einer Untergruppe der Permutationsgruppe von vier Größen, z. B. mit den Elementen:

$$\begin{aligned} E &= (1\ 2\ 3\ 4) & B &= (2\ 1\ 4\ 3) \\ A &= (2\ 3\ 4\ 1) & AB &= (1\ 4\ 3\ 2) \\ A^2 &= (3\ 4\ 1\ 2) & A^2B &= (4\ 3\ 2\ 1) \\ A^3 &= (4\ 1\ 2\ 3) & A^3B &= (3\ 2\ 1\ 4). \end{aligned}$$

8. Beispiel zum Ritzschen Verfahren (zu S. 338).

Es sei das Eigenwertproblem vorgelegt

$$\ddot{x} + \lambda x = 0 \quad \text{mit} \quad x(0) = 0 \quad \text{und} \quad x(1) = 0.$$

Die Lösungen sind bekanntlich $\lambda_k = k^2 \pi^2$ und $x^{(k)} = A \cdot \sin(k \pi t)$. Eigenwerte und Eigenfunktionen können approximiert werden, indem man das Problem ersetzt durch das Variationsproblem

$$\int_0^1 \dot{x}^2 \, dt = \text{Extremum} \tag{1a}$$

mit der Nebenbedingung

$$\int_0^1 x^2 \, dt = C \tag{1b}$$

und den gleichen Randbedingungen.

Wir machen nun den Ansatz $x_n(t) = \sum_{p=1}^{n} c_p f_p(t)$ und gehen damit in (1a) und (1b) ein. Mit den Abkürzungen

$$\int_0^1 \dot f_p \dot f_q \, dt = A_{pq} \qquad \int_0^1 f_p f_q \, dt = B_{pq}$$

erhalten wir dann

$$\sum_{p=1}^{n} \sum_{q=1}^{n} c_p c_q A_{pq} = \text{Extremum}, \qquad \sum_{p=1}^{n} \sum_{q=1}^{n} c_p c_q B_{pq} = C.$$

Durch Differenzieren nach sämtlichen c_q geht hieraus das Gleichungssystem hervor:

$$\sum_{p=1}^{n} c_p (A_{pq} - \lambda B_{pq}) = 0 \qquad (q = 1, 2, \ldots, n), \tag{2}$$

worin λ ein später noch zu bestimmender LAGRANGEscher Multiplikator ist.

Um die Koeffizienten A_{pq}, B_{pq} bestimmen zu können, müssen wir jetzt nähere Angaben über das Funktionensystem $\{f_p\}$ machen. Wir fordern, daß f_p jeweils ein Polynom vom Grade $(p-1)$ wird, das für $t = 0$ und $t = 1$ verschwindet. Ferner lehrt ein Blick auf (2), daß wir zweckmäßig diese Funktionen als orthogonal und normiert annehmen:

$$\int_0^1 f_p f_q \, dt = B_{pq} = \delta_{pq} \qquad \text{wenn nicht } f_p \text{ oder } f_q = 0 \text{ ist}.$$

Auf Grund dieser Bedingungen finden wir:

$$f_1 = 0, \quad f_2 = 0, \quad f_3 = \sqrt{30}\, t(1-t), \quad f_4 = \sqrt{210}\, t(1-t)(1-2t) \ldots.$$

Begnügen wir uns mit *drei* Gliedern ($n = 3$), so bleibt von dem System (2) nur die eine Gleichung

$$c_{33}(\lambda - A_{33}) = 0, \qquad \text{d. h.} \qquad \lambda = A_{33}.$$

$$\lambda = \int_0^1 \dot f_3^2 \, dt = 30 \int_0^1 (1 - 4t + 4t^2) \, dt = 10$$

Aus der Nebenbedingung (1b) folgt ferner

$$C = \int_0^1 x^2 \, dt = c_3^2 \int_0^1 f_3^2(t) \, dt = c_3^2 \cdot 1,$$

also $c_3 = \pm \sqrt{C}$ und schließlich

$$x_3(t) = \pm \sqrt{2C}\, t(1-t) \sqrt{15} \qquad \text{und} \qquad \lambda = 10,$$

statt der exakten Lösung

$$x^{(1)}(t) = \sqrt{2C} \sin(\pi t) \qquad \text{und} \qquad \lambda_1 = \pi^2 = 9{,}86.$$

Treibt man die Näherung einen Schritt weiter und nimmt die Funktion $f_4(t)$ noch mit, so erhält man

$$A_{34} = A_{43} = 0, \qquad A_{44} = 42.$$

Das Gleichungssystem (2) besteht jetzt aus den beiden Gleichungen

$$c_3(10-\lambda) = 0 \quad \text{und} \quad c_4(42-\lambda) = 0.$$

Wir erhalten also zwei Eigenlösungen

I. $\lambda_1 = 10$ (wie oben), $c_3 = \pm\sqrt{C}$ (wegen 1b), $c_4 = 0$.

$$x_4^{(1)}(t) = \pm\sqrt{2C}\,t(1-t)\sqrt{15} \quad \text{(wie oben)}.$$

II. $\lambda_2 = 42$, $c_3 = 0$, $c_4 = \pm\sqrt{C}$ (wegen 1b).

$$x_4^{(2)}(t) = \pm\sqrt{2C}\,t(1-t)(1-2t)\sqrt{105}$$

statt der exakten Lösung

$$\lambda_2 = 4\pi^2 = 39{,}4 \quad \text{und} \quad x^{(2)}(t) = \pm\sqrt{2C}\sin(2\pi t).$$

9. KEPLER-Bewegung (zu S. 360).

Aus den drei KEPLERschen Gesetzen für die Bewegung der Planeten um die Sonne kann das sie zusammenfassende Grundgesetz von NEWTON folgendermaßen abgeleitet werden:

1. Gesetz: Ellipsenbahn.

$$r + (\mathfrak{a}\,\mathfrak{r}) = p.$$

$\mathfrak{r}$ = Vektor: Sonne—Planet; $2p$ = Parameter.

$\mathfrak{a}$ = Vektor: Sonne—Perihelrichtung; a = Exzentrizität.

Große Achse $A = \frac{p}{1-a^2}$, kleine Achse $B = \frac{p}{\sqrt{1-a^2}}$; $a = \sqrt{1-\frac{B^2}{A^2}}$.

Flächeninhalt der Bahnellipse $F = \pi A B = \frac{\pi p^2}{\sqrt{1-a^2}^3} = \pi A^{\frac{3}{2}} p^{\frac{1}{2}}$.

2. Gesetz: Flächensatz (s. S. 360).

$$[\mathfrak{r}\,\dot{\mathfrak{r}}] = \mathfrak{k}; \quad dF = \tfrac{1}{2}k\,dt, \quad F = \tfrac{1}{2}kT; \quad T = \text{Umlaufszeit}.$$

3. Gesetz: $A^3 = \frac{C}{4\pi^2}T^2$ (unabhängig von p, $\mathfrak{a}$ und $\mathfrak{k}$)

also: $F^2 = \pi^2 A^3 p = \frac{k^2 T^2}{4}$, $\frac{k^2}{p} = C$, d. h. gleich für alle Planeten.

Aus 1. folgt $\left(\text{wegen } r = \frac{(\mathfrak{r}\,\mathfrak{r})}{r};\ \frac{d}{dt}\left(\frac{\mathfrak{r}}{r}\right) = \frac{[\mathfrak{r}[\dot{\mathfrak{r}}\,\mathfrak{r}]]}{r^3} = \frac{[\mathfrak{k}\,\mathfrak{r}]}{r^3}\right)$:

$$\left(\frac{\mathfrak{r}}{r} + \mathfrak{a}, \dot{\mathfrak{r}}\right) = 0,$$

$$\left(\frac{\mathfrak{r}}{r} + \mathfrak{a}, \ddot{\mathfrak{r}}\right) = -\frac{(\dot{\mathfrak{r}}[\mathfrak{k}\,\mathfrak{r}])}{r^3} = -\frac{k^2}{r^3}.$$

Aus 2. folgt:

$$[\mathfrak{r}\,\ddot{\mathfrak{r}}]=0; \qquad \ddot{\mathfrak{r}}=\mathfrak{r}\,\varphi(\mathfrak{r}),$$

also:

$$\frac{k^2}{r^3}=-(r+(\mathfrak{a}\,\mathfrak{r}))\,\varphi=-p\varphi; \qquad \varphi=-\frac{k^2}{p\,r^3}.$$

Aus 3. folgt dann

$$\ddot{\mathfrak{r}}=-\frac{C\,\mathfrak{r}}{r^3},$$

d. h. das NEWTONsche Gravitationsgesetz mit $C = MG$, M = Sonnenmasse, G = Gravitationskonstante.

Man findet ferner:

$$\mathfrak{a}=-\frac{\mathfrak{r}}{r}+\frac{[\dot{\mathfrak{r}}\,\mathfrak{f}]}{C},$$

$$\dot{\mathfrak{r}}=\frac{1}{p}\left[\mathfrak{f},\frac{\mathfrak{r}}{r}+\mathfrak{a}\right] \quad \text{und} \quad (\dot{\mathfrak{r}})^2=v^2=\frac{k^2}{p^2}\left(1+a^2+\frac{2(\mathfrak{a}\,\mathfrak{r})}{r}\right)=C\left(\frac{2}{r}-\frac{1}{A}\right),$$

d. h. $\dot{\mathfrak{r}}$ ist die Summe aus dem konstanten Vektor $\frac{[\mathfrak{f}\,\mathfrak{a}]}{p}$ und dem Vektor vom konstanten Betrag k/p senkrecht zu $\mathfrak{r}$.

Die Energie eines Planeten der Masse m ist:

$$\varepsilon=\frac{m v^2}{2}-\frac{m C}{r}=-\frac{m C}{2A}.$$

Für $a<1$, $C>0$ ist die Bahn elliptisch.
Für $a=1$, $C>0$ ist die Bahn parabolisch.
Für $a>1$ ist die Bahn hyperbolisch.
Für $C<0$ (Abstoßung) ist nur $a>1$ möglich.

Die Richtung der Hyperbelasymptoten ist bestimmt durch: $r+(\mathfrak{a}\,\mathfrak{r})=0$.
Der Ablenkungswinkel ϑ zwischen ihnen wird damit:

$$\sin\frac{\vartheta}{2}=\frac{1}{a}, \qquad \operatorname{tg}\frac{\vartheta}{2}=\frac{1}{\sqrt{a^2-1}}.$$

Der *Stoßparameter* h, d. h. die Höhe vom Brennpunkt auf die Asymptoten wird:

$$h=\frac{k}{v_\infty}, \qquad v_\infty=\frac{k}{p}\sqrt{a^2-1};$$

also ist auch:

$$\operatorname{tg}\frac{\vartheta}{2}=\frac{C}{v_\infty^2\,h}.$$

Für eine koordinatenmäßige Behandlung von Bewegungen unter einer Zentralkraft: $\ddot{\mathfrak{r}}=-\frac{\mathfrak{r}}{r}f(r)$, wählt man ebene Polarkoordinaten r,φ

und erhält die Differentialgleichungen:

$$\ddot{r} = -f(r) + r\dot{\varphi}^2, \qquad r^2\dot{\varphi} = k$$

und mit $u = \frac{1}{r}$, $u' = \frac{du}{a\varphi}$:

$$u'' = -u + \frac{f(1/u)}{u^2 k^2}.$$

Bei Gravitation: $f(r) = C/r^2$ ergibt das:

$$u'' = -u + \frac{C}{k^2},$$

gelöst durch:

$$r = \frac{1}{u} = \frac{k^2}{C(1 + a\cos\varphi)} = \frac{A(1-a^2)}{1 + a\cos\varphi} \qquad \text{(Bahnkurve).}$$

Um auch die Zeitabhängigkeit zu finden, führt man den Hilfswinkel ε durch $\operatorname{tg} \varepsilon/2 = \sqrt{\frac{1-a}{1+a}} \operatorname{tg} \varphi/2$ ein. Dann gilt:

$$\varepsilon - a\sin\varepsilon = \frac{2\pi(t-t_0)}{T} = M; \qquad r = A(1 - a\cos\varepsilon).$$

ε heißt *exzentrische Anomalie*, M heißt *mittlere Anomalie*.

Daraus folgt die explizite Lösung:

$$\varepsilon = M + 2\sum_{n=1}^{\infty} I_n(na)\frac{\sin(nM)}{n} \qquad \text{(Bessel).}$$

10. Magnetischer Kreis (zu S. 392).

In Stoffen sehr hoher Permeabilität (Eisen) verlaufen die Induktionslinien ($\mathfrak{B}$) angenähert wie die Stromlinien in Leitern.

Hat man es mit einem geschlossenen Eisenkreis zu tun, so gelten die zum elektrischen Kreis analogen Formeln. Der Formel $\mathfrak{i} = \sigma\mathfrak{E}$ entspricht dann $\mathfrak{B} = \mu\mathfrak{H}$. $M = \oint(\mathfrak{H}\,d\mathfrak{s})$ wird hier aber nicht gleich Null, sondern $= \frac{4\pi}{c}\int\limits_F i_n\,df$, wo das Integral über die durch den Kreis begrenzte Fläche zu nehmen ist. Fließt der Strom in n Drahtwindungen mit der Stärke I durch diese Fläche, so wird

$$M = \oint(\mathfrak{H}\,d\mathfrak{s}) = \frac{4\pi n I}{c}$$

Diese Größe kann als *magnetisierende* Kraft bezeichnet werden. Es wird dann $I_m = \int_q B_n\, df$ der gesamte Induktionsfluß, oder

$$I_m = \frac{M}{W_m},$$

wo

$$W_m = \oint \frac{ds}{q\mu}$$

ist, in Analogie zu $I = E/W$.

11. Atombau (Elektronenkatalog) (zu S. 449).

Die Eigenfunktionen eines Atoms, bestehend aus Z Elektronen und Z-fach positiv geladenem Kern, lassen sich im Falle aufgehobener Entartung in erster Näherung als Produkte von Z Wasserstoffeigenfunktionen aufbauen (vgl. S. 297), die je durch vier Quantenzahlen n, l, m, s definiert sind mit $n > 0$, $n - 1 \geq l \geq 0$, $s = \pm\frac{1}{2}$, $|m| \leq l$. Nach dem PAULI-Prinzip dürfen dabei keine zwei dieser Funktionen in allen vier Quantenzahlen übereinstimmen.

Nach dem BOHRschen *Aufbauprinzip* entsteht in der Regel ein Atom mit Z Elektronen aus einem solchen mit $(Z-1)$ Elektronen durch Hinzufügen eines weiteren (und Erhöhung der Kernladung um 1) ohne Änderung der Quantenzahlen der schon vorhandenen Elektronen. Daher läßt sich ein *Katalog* aufstellen, aus dessen jeweils Z ersten Positionen das Atom im Grundzustande aufgebaut ist (vgl. die Tabelle S. 512).

Das Ordnungsprinzip dieses Katalogs ist eine lexikographische Ordnung nach den Zahlen $(n+l)$, n, $-s$, sm. Eine theoretische Begründung gerade dieser Anordnung liegt bisher nicht vor. Man liest aus ihm ab:

1. Das *periodische System* der Elemente. Homolog sind zwei Atome, wenn jeweils ihr „letztes Elektron" in den l, m, s übereinstimmt.

2. Den *spektroskopischen Charakter* des Grundterms, eingetragen in Spalte 10. Es gibt nämlich $|\sum m| = 0, 1, 2, 3, \ldots$ den Charakter S, P, D, F, G, H, I, ..., und $(2|\sum s| + 1)$ die Multiplizität.

3. Die Möglichkeiten für *angeregte* Zustände (mögliche Terme), bei denen nicht alle Z Elektronen in den *ersten* Z Positionen des Katalogs sind.

Der Katalog ist die Darstellungsform einer *empirischen* Regel. Er idealisiert die Erfahrung, da in einigen Fällen Abweichungen beobachtet sind.

Z		I $n+l$	II n	l	IV m	III s	$\lvert\sum m\rvert$	$2\lvert\sum s\rvert+1$	
1	H	1	1	0	0	$+1/2$	0	2	^2S
2	He	1	1	0	0	$-1/2$	0	1	^1S
3	Li	2	2	0	0	$+1/2$	0	2	^2S
4	Be	2	2	0	0	$-1/2$	0	1	^1S
5	B	3	2	1	-1	$+1/2$	1	2	^2P
6	C	3	2	1	0	$+1/2$	1	3	^3P
7	N	3	2	1	$+1$	$+1/2$	0	4	^4S
8	O	3	2	1	$+1$	$-1/2$	1	3	^3P
9	F	3	2	1	0	$-1/2$	1	2	^2P
10	Ne	3	2	1	-1	$-1/2$	0	1	^1S
11	Na	3	3	0	0	$+1/2$	0	2	^2S
12	Mg	3	3	0	0	$-1/2$	0	1	^1S
13	Al	4	3	1	-1	$+1/2$	1	2	^2P
14	Si	4	3	1	0	$+1/2$	1	3	^3P
15	P	4	3	1	$+1$	$+1/2$	0	4	^4S
16	S	4	3	1	$+1$	$-1/2$	1	3	^3P
17	Cl	4	3	1	0	$-1/2$	1	2	^2P
18	A	4	3	1	-1	$-1/2$	0	1	^1S
19	K	4	4	0	0	$+1/2$	0	2	^2S
20	Ca	4	4	0	0	$-1/2$	0	1	^1S
21	Sc	5	3	2	-2	$+1/2$	2	2	^2D
22	Ti	5	3	2	-1	$+1/2$	3	3	^3F
23	V	5	3	2	0	$+1/2$	3	4	^4F
24	Cr	5	3	2	$+1$	$+1/2$	2	5	^5D
25	Mn	5	3	2	$+2$	$+1/2$	0	6	^6S
26	Fe	5	3	2	$+2$	$-1/2$	2	5	^5D
27	Co	5	3	2	$+1$	$-1/2$	3	4	^4F
28	Ni	5	3	2	0	$-1/2$	3	3	^3F
29	Cu	5	3	2	-1	$-1/2$	2	2	^2D
30	Zn	5	3	2	-2	$-1/2$	0	1	^1S
31	Ga	5	4	1	-1	$+1/2$	1	2	^2P
32	Ge	5	4	1	0	$+1/2$	1	3	^3P
33	As	5	4	1	$+1$	$+1/2$	0	4	^4S
34	Se	5	4	1	$+1$	$-1/2$	1	3	^3P
35	Br	5	4	1	0	$-1/2$	1	2	^2P
36	Kr	5	4	1	-1	$-1/2$	0	1	^1S
37	Rb	5	5	0	0	$+1/2$	0	2	^2S
38	Sr	5	5	0	0	$-1/2$	0	1	^1S
39	Y	6	4	2	-2	$+1/2$	2	2	^2D
40	Zr	6	4	2	-1	$+1/2$	3	3	^3F
41	Nb	6	4	2	0	$+1/2$	3	4	^4F
42	Mo	6	4	2	$+1$	$+1/2$	2	5	^5D
43	Tc	6	4	2	$+2$	$+1/2$	0	6	^6S
44	Ru	6	4	2	$+2$	$-1/2$	2	5	^5D
45	Rh	6	4	2	$+1$	$-1/2$	3	4	^4F
46	Pd	6	4	2	0	$-1/2$	3	3	^3F
47	Ag	6	4	2	-1	$-1/2$	2	2	^2D
48	Cd	6	4	2	-2	$-1/2$	0	1	^1S
49	In	6	5	1	-1	$+1/2$	1	2	^2P
50	Sn	6	5	1	0	$+1/2$	1	3	^3P
51	Sb	6	5	1	$+1$	$+1/2$	0	4	^4S

Z		I $n+l$	II n	l	IV m	III s	$\lvert\sum m\rvert$	$2\lvert\sum s\rvert+1$	
52	Te	6	5	1	$+1$	$-1/2$	1	3	^3P
53	J	6	5	1	0	$-1/2$	1	2	^2P
54	X	6	5	1	-1	$-1/2$	0	1	^1S
55	Cs	6	6	0	0	$+1/2$	0	2	^2S
56	Ba	6	6	0	0	$-1/2$	0	1	^1S
57	La	7	4	3	-3	$+1/2$	3	2	^2F
58	Ce	7	4	3	-2	$+1/2$	5	3	^3H
59	Pr	7	4	3	-1	$+1/2$	6	4	^4I
60	Nd	7	4	3	0	$+1/2$	6	5	^5I
61	Il	7	4	3	$+1$	$+1/2$	5	6	^6H
62	Sm	7	4	3	$+2$	$+1/2$	3	7	^7F
63	Eu	7	4	3	$+3$	$+1/2$	0	8	^8S
64	Gd	7	4	3	$+3$	$-1/2$	3	7	^7F
65	Tb	7	4	3	$+2$	$-1/2$	5	6	^6H
66	Dy	7	4	3	$+1$	$-1/2$	6	5	^5I
67	Ho	7	4	3	0	$-1/2$	6	4	^4I
68	Er	7	4	3	-1	$-1/2$	5	3	^3H
69	Tm	7	4	3	-2	$-1/2$	3	2	^2F
70	Yb	7	4	3	-3	$-1/2$	0	1	^1S
71	Cp	7	5	2	-2	$+1/2$	2	2	^2D
72	Hf	7	5	2	-1	$+1/2$	3	3	^3F
73	Ta	7	5	2	0	$+1/2$	3	4	^4F
74	W	7	5	2	$+1$	$+1/2$	2	5	^5D
75	Re	7	5	2	$+2$	$+1/2$	0	6	^6S
76	Os	7	5	2	$+2$	$-1/2$	2	5	^5D
77	Ir	7	5	2	$+1$	$-1/2$	3	4	^4F
78	Pt	7	5	2	0	$-1/2$	3	3	^3F
79	Au	7	5	2	-1	$-1/2$	2	2	^2D
80	Hg	7	5	2	-2	$-1/2$	0	1	^1S
81	Tl	7	6	1	-1	$+1/2$	1	2	^2P
82	Pb	7	6	1	0	$+1/2$	1	3	^3P
83	Bi	7	6	1	$+1$	$+1/2$	0	4	^4S
84	Po	7	6	1	$+1$	$-1/2$	1	3	^3P
85	At	7	6	1	0	$-1/2$	1	2	^2P
86	Em	7	6	1	-1	$-1/2$	0	1	^1S
87	Fr	7	7	0	0	$+1/2$	0	2	^2S
88	Ra	7	7	0	0	$-1/2$	0	1	^1S
89	Ac	8	5	3	-3	$+1/2$	3	2	^2F
90	Th	8	5	3	-2	$+1/2$	5	3	^3H
91	Pa	8	5	3	-1	$+1/2$	6	4	^4I
92	U	8	5	3	0	$+1/2$	6	5	^5I
93	Np	8	5	3	$+1$	$+1/2$	5	6	^6H
94	Pu	8	5	3	$+2$	$+1/2$	3	7	^7F
95	Am	8	5	3	$+3$	$+1/2$	0	8	^8S
96	Cm	8	5	3	$+3$	$-1/2$	3	7	^7F
97	Bk	8	5	3	$+2$	$-1/2$	5	6	^6H
98	Cf	8	5	3	$+1$	$-1/2$	6	5	^5I
99	—	8	5	3	0	$-1/2$	6	4	^4I
100	—	8	5	3	-1	$-1/2$	5	3	^3H
101	—	8	5	3	-2	$-1/2$	3	2	^2F
102	—	8	5	3	-3	$-1/2$	0	1	^1S
103	—	8	6	2	-2	$+1/2$	2	2	^2D

12. Elektronengas (zu S. 494).

Elektronen gehorchen der FERMI-Statistik, daher gilt im Gleichgewicht das Verteilungsgesetz

$$N_r = \frac{g_r}{e^{\alpha + \beta E_r} + 1} \qquad \text{mit} \qquad \beta = \frac{1}{kT}.$$

Ist das Volumen V, so ist die Anzahl der zur Energie $E_r = p^2/2m$ (p = Impulsbetrag) gehörigen Zellen

$$g_r = \frac{V}{h^3} 4\pi p^2 dp.$$

Also haben wir

$$N_r = \frac{4\pi V}{h^3} \frac{p^2 dp}{e^{\alpha + \frac{p^2}{2mkT}} + 1} = dN.$$

Die Bestimmung von α kann korrekt erfolgen aus

$$\int dN = N,$$

oder, da die Berechnung dieses Integrals schwierig ist (vgl. S. 48) genähert wie folgt:

Die Bedingung $\frac{p^2}{2mkT} \gg 1$ wird nur von sehr wenigen Elektronen erfüllt; infolgedessen sind in diesem Gebiet die Zellen nahezu unbesetzt und das PAULI-Prinzip verliert seinen Einfluß. Wir müssen daher *asymptotisch* die BOLTZMANNsche Verteilung erhalten

$$N_r \to \frac{4\pi V}{h^3} p^2 dp\, e^{-\alpha} e^{\frac{-p^2}{2mkT}},$$

$$N_{\text{BOLTZMANN}} = \frac{N}{(2\pi mkT)^{\frac{3}{2}}} e^{\frac{-p^2}{2mkT}} 4\pi p^2 dp.$$

Der Vergleich ergibt

$$e^{\alpha} = \frac{V}{h^3 N} (2\pi mkT)^{\frac{3}{2}}$$

(N = Zahl der Elektronen im Volumen V, also $V/N = m/\varrho$).

13. Beispiel zur Eigenwertaufspaltung (zu S. 455).

Die HAMILTON-Funktion sei kugelsymmetrisch. Es wird gefragt, wie ein $2l + 1$-facher Eigenwert bei einer Störung von der Symmetrie D_4 (Doppelpyramide mit quadratischer Basis, Symmetriegruppe des Beispiels Anhang 7) aufspalten kann.

Dazu sind die Elemente derjenigen Kugeldrehgruppe aufzusuchen, die zur Symmetriegruppe $\mathfrak{S}$ des Störungsoperators isomorph ist:

Klasse	Elemente von $\mathfrak{S}$	Zugeordnete irreduzible Bestandteile der Drehungsgruppe	Drehwinkel φ	Charakter $\chi(\ldots)$ in einer $2l+1$-dimensionalen Darstellung der Drehgruppe für						
				$l=0$	$l=1$	$l=2$	$l=3$	$l=4$	...	l
1	E	Identität	0	1	3	5	7	9	...	$2l+1$
2	A, A^3	Drehung um die tetragonale Achse	$\pm\frac{\pi}{2}$	1	1	-1	-1	1	...	$(-1)^{[l/2]}$
3	B, A^2B	Drehung um die dazu senkrechten 2-zähligen Achsen	π	1	-1	1	-1	1	...	$(-1)^l$
4	AB, A^3B	Drehung um die Winkelhalbierenden der vorigen Achsen	π	1	-1	1	-1	1	...	$(-1)^l$
5	A^2	Drehung um die tetragonale Achse	π	1	-1	1	-1	1	...	$(-1)^l$

(Die Charaktere der irreduziblen Bestandteile in einer $2l+1$-dimensionalen Darstellung der Drehgruppe sind (nach S. 255):
$\chi = \frac{\sin(l+\frac{1}{2})\varphi}{\sin\frac{\varphi}{2}}$, woraus für die Drehwinkel der Spalte 4 die Werte von Spalte 5 folgen.)

Die Klassencharaktere der fünf irreduziblen Darstellungen von $\mathfrak{S}$ sind nach Anhang 7 Tabelle f) für die obigen acht Elemente von $\mathfrak{S}$:

Elemente	$\chi^{(1)}(\ldots)$	$\chi^{(2)}(\ldots)$	$\chi^{(3)}(\ldots)$	$\chi^{(4)}(\ldots)$	$\chi^{(5)}(\ldots)$
E	1	1	1	1	2
A, A^3	1	1	-1	-1	0
B, A^2B	1	-1	1	-1	0
AB, A^3B	1	-1	-1	1	0
A^2	1	1	1	1	-2
	eindimensional				zweidimensional

Dann erhält man als Anzahl q_s irreduzibler Bestandteile einer $(2l+1)$-dimensionalen Darstellung der Drehgruppe nach der Formel von S. 455 für

	$l=0$	$l=1$	$l=2$	$l=3$	$l=4$	$l=5$	$l=6$	
$q_1 =$	1	0	1	0	2	1	2	eindimensionale Darstellung
$q_2 =$	0	1	0	1	1	2	1	
$q_3 =$	0	0	1	1	1	1	2	
$q_4 =$	0	0	1	1	1	1	2	
$q_5 =$	0	1	1	2	2	3	3	zweidimensionale Darstellung
Maximale Anzahl der Terme	1	2	4	5	7	8	10	

Es gibt daher nur folgende Möglichkeiten für die Eigenwertaufspaltung:

$l=0$ (s-Term): 1 einfacher 0 doppelte
$l=1$ (p-Term): 1 einfacher 1 doppelter
$l=2$ (d-Term): 3 einfache 1 doppelter
$l=3$ (f-Term): 3 einfache 2 doppelte
$l=4$ (g-Term): 5 einfache 2 doppelte
$l=5$ (h-Term): 5 einfache 3 doppelte
$l=6$ (i-Term): 7 einfache 3 doppelte
usw.

14. BROWNsche Bewegung (zu S. 344).

Teilchen, die in einem Gase oder einer Flüssigkeit suspendiert sind, führen infolge der Zusammenstöße mit den Molekülen Zickzackbewegungen aus, die um so größer sind, je kleiner die Teilchen sind. Diese unregelmäßigen Bewegungen folgen den Wahrscheinlichkeitsgesetzen. Beobachten wir die Zahl n der Teilchen, die in einem Bereiche v des Gesichtsfeldes eines Mikroskopes sichtbar sind in Zeitabständen τ, so müssen die Gesetze gelten, die für die im Abschnitt 13, B 1 u. 3 (S. 344) gemachten Voraussetzungen zutreffen. Für die Wahrscheinlichkeit einer Beobachtung von n Partikeln gilt die POISSONsche Formel

$$W(n)=\frac{e^{-\bar{n}}\cdot\bar{n}^{n}}{n!}, \qquad \bar{n}=\frac{v}{V}N.$$

Die mittlere Schwankung ist $\sqrt{\bar{n}}$.

Zwei Beobachtungen, die einander folgen, sind durch Nachwirkung voneinander abhängig.

Die durchschnittliche Abweichung zweier aufeinanderfolgender Beobachtungen wird

$$\overline{(n_i-n_{i+1})}=P\cdot(n-\bar{n})$$

und die mittlere Abweichung

$$\sqrt{\overline{(n_i-n_{i+1})^2}}=\sqrt{2P\cdot\bar{n}}\,.$$

Die Wahrscheinlichkeit dafür, daß ein Teilchen innerhalb der Zeit t in einer gegebenen Richtung einen Weg zurücklegt, dessen Ende zwischen ξ und $\xi+d\xi$ liegt, ergibt sich aus kinetischen Überlegungen zu

$$W(\xi)\,d\xi=\frac{1}{2\sqrt{\pi D t}}\,e^{-\frac{\xi^2}{4Dt}}\,d\xi.$$

D ist der „*Diffusionskoeffizient*".

D bzw. $W(\xi)$ und P hängen eng miteinander zusammen, indem P hier die Wahrscheinlichkeit dafür angibt, daß ein Teilchen bei der folgenden Beobachtung nicht wieder in v angetroffen wird.

Berücksichtigt man, daß im Durchschnitt der Weg, den ein Teilchen in der Zeit t zurücklegt, gleich Null ist, da ja keine Richtung vor ihrer entgegengesetzten ausgezeichnet ist, daß also die ξ auch als die Abweichungen vom Mittel angesehen werden können, so erkennt man sofort die Übereinstimmung mit dem GAUSSschen *Fehlergesetz.* Es ist somit der mittlere Weg in der Zeit t

$$\sqrt{\overline{\xi^2}} = \sqrt{2Dt},$$

woraus wiederum die Bedeutung des Diffusionskoeffizienten D ersichtlich wird.

15. Schwankungen makroskopischer Größen (zu S. 344).

Ist ω irgendeine (makroskopische) physikalische Größe, welche vom Volumen V und der Temperatur T abhängt, so sind die Schwankungen $\Delta\omega = \omega - \overline{\omega}$ in einem Teilvolumen v des Gesamtvolumens V beherrscht durch das Gesetz (H. A. LORENTZ)

$$\overline{(\Delta\omega)^2} = k\frac{V}{v}\left[-T\frac{(\partial\omega/\partial v)^2}{\partial p/\partial v}\bigg|_T + T^2\cdot\frac{(\partial\omega/\partial T)^2}{\partial E/\partial T}\bigg|_v\right].$$

$$\left[\left(\frac{\partial E}{\partial T}\right)_v = c_v = \text{spezifische Wärme}\right].$$

1. Beispiel. $\omega = \varrho =$ Dichte $=$ Masse je Volumeinheit

$$(\Delta\varrho)^2 = \frac{k}{v}\cdot\frac{T\varrho}{\partial p/\partial\varrho}.$$

Bei einem idealen Gase, mit N Molekülen je Volumeinheit, $\overline{n} = Nv$ Molekülen in v, wo $p = kNT = \frac{k\varrho}{m}T$, wird

$$\overline{(\Delta N)^2} = \frac{N}{v}, \qquad \overline{(\Delta n)^2} = \overline{n}.$$

2. Beispiel. $\omega = E =$ Energie je Volumeinheit. In einer inkompressiblen Substanz $(\partial p/\partial\varrho = \infty)$ wird

$$\overline{(\Delta E)^2} = \frac{kT^2}{\varrho v}\cdot\left(\frac{\partial E}{\partial T}\right)_v.$$

16. Binomial-Koeffizienten $\binom{m}{n}$.

n ist hier immer eine ganze positive Zahl.
m kann beliebige positive oder negative Werte haben.

$n =$	0	1	2	3	4	5	6	7	8	9	10
$m = 1$	1	1									
2	1	2	1								
3	1	3	3	1							
4	1	4	6	4	1						
5	1	5	10	10	5	1					
6	1	6	15	20	15	6	1				
7	1	7	21	35	35	21	7	1			
8	1	8	28	56	70	56	28	8	1		
9	1	9	36	84	126	126	84	36	9	1	
10	1	10	45	120	210	252	210	120	45	10	1

$n =$	1	2	3	4	5	6	7
$m = -1$	-1	$+1$	-1	$+1$	-1	$+1$	-1
-2	-2	$+3$	-4	$+5$	-6	$+7$	-8
-3	-3	$+6$	-10	$+15$	-21	$+28$	-36
-4	-4	$+10$	-20	$+35$	-56	$+84$	-120
-5	-5	$+15$	-35	$+70$	-126	$+210$	-330

$n =$	1	2	3	4	5	6
$m = -\frac{7}{2}$	$-\frac{7}{2}$	$\frac{63}{8}$	$-\frac{231}{16}$	$\frac{3003}{128}$	$-\frac{9009}{256}$	$\frac{51051}{1024}$
$-\frac{5}{2}$	$-\frac{5}{2}$	$\frac{35}{8}$	$-\frac{105}{16}$	$\frac{1155}{128}$	$-\frac{3003}{256}$	$\frac{15015}{1024}$
$-\frac{3}{2}$	$-\frac{3}{2}$	$\frac{15}{8}$	$-\frac{35}{16}$	$\frac{315}{128}$	$-\frac{693}{256}$	$\frac{3003}{1024}$
$-\frac{1}{2}$	$-\frac{1}{2}$	$\frac{3}{8}$	$-\frac{5}{16}$	$\frac{35}{128}$	$-\frac{63}{256}$	$\frac{231}{1024}$
$\frac{1}{2}$	$\frac{1}{2}$	$-\frac{1}{8}$	$+\frac{1}{16}$	$-\frac{5}{128}$	$+\frac{7}{256}$	$-\frac{21}{1024}$
$\frac{3}{2}$	$\frac{3}{2}$	$+\frac{3}{8}$	$-\frac{1}{16}$	$+\frac{3}{128}$	$-\frac{3}{256}$	$+\frac{7}{1024}$
$\frac{5}{2}$	$\frac{5}{2}$	$+\frac{15}{8}$	$+\frac{5}{16}$	$-\frac{5}{128}$	$+\frac{3}{256}$	$-\frac{5}{1024}$
$\frac{7}{2}$	$\frac{7}{2}$	$+\frac{35}{8}$	$+\frac{35}{16}$	$+\frac{35}{128}$	$-\frac{7}{256}$	$+\frac{7}{1024}$

$n =$	1	2	3	4	5	6
$m = -\frac{4}{3}$	$-\frac{4}{3}$	$\frac{14}{9}$	$-\frac{140}{81}$	$\frac{455}{243}$	$-\frac{1456}{729}$	$\frac{13832}{6561}$
$-\frac{2}{3}$	$-\frac{2}{3}$	$\frac{5}{9}$	$-\frac{40}{81}$	$\frac{110}{243}$	$-\frac{308}{729}$	$\frac{5236}{6561}$
$-\frac{1}{3}$	$-\frac{1}{3}$	$\frac{2}{9}$	$-\frac{14}{81}$	$\frac{35}{243}$	$-\frac{91}{729}$	$\frac{728}{6561}$
$\frac{1}{3}$	$\frac{1}{3}$	$-\frac{1}{9}$	$+\frac{5}{81}$	$-\frac{10}{243}$	$+\frac{22}{729}$	$-\frac{154}{6561}$
$\frac{2}{3}$	$\frac{2}{3}$	$-\frac{1}{9}$	$+\frac{4}{81}$	$-\frac{7}{243}$	$+\frac{14}{729}$	$-\frac{91}{6561}$
$\frac{4}{3}$	$\frac{4}{3}$	$+\frac{2}{9}$	$-\frac{4}{81}$	$+\frac{5}{243}$	$-\frac{8}{729}$	$+\frac{44}{6561}$

$n =$	1	2	3	4	5	6
$m = -\frac{5}{4}$	$-\frac{5}{4}$	$\frac{45}{32}$	$-\frac{195}{128}$	$\frac{3315}{2048}$	$-\frac{13923}{8192}$	$\frac{318075}{32768}$
$-\frac{3}{4}$	$-\frac{3}{4}$	$\frac{21}{32}$	$-\frac{77}{128}$	$\frac{1155}{2048}$	$-\frac{4389}{8192}$	$\frac{100947}{32768}$
$-\frac{1}{4}$	$-\frac{1}{4}$	$\frac{5}{32}$	$-\frac{15}{128}$	$\frac{195}{2048}$	$-\frac{663}{8192}$	$\frac{13923}{32768}$
$\frac{1}{4}$	$\frac{1}{4}$	$-\frac{3}{32}$	$+\frac{7}{128}$	$-\frac{77}{2048}$	$+\frac{231}{8192}$	$-\frac{4389}{32768}$
$\frac{3}{4}$	$\frac{3}{4}$	$-\frac{3}{32}$	$+\frac{5}{128}$	$-\frac{45}{2048}$	$+\frac{117}{8192}$	$-\frac{1989}{32768}$
$\frac{5}{4}$	$\frac{5}{4}$	$+\frac{5}{32}$	$-\frac{5}{128}$	$+\frac{35}{2048}$	$-\frac{77}{8192}$	$+\frac{1155}{32768}$

17. Reihen-Koeffizienten.

n	$\frac{1}{n}$	$1+\frac{1}{2}+\frac{1}{3}+\cdots\frac{1}{n}$	$n!$	$1\cdot3\cdot5\ldots(2n-1)$	$2\cdot4\cdot6\ldots2n$
1	1,00000	1,00000	1	1	2
2	0,50000	1,50000	2	3	8
3	0,33333	1,83333	6	15	48
4	0,25000	2,08333	24	105	384
5	0,20000	2,28333	120	945	3840
6	0,16667	2,45000	720	10395	46080
7	0,14286	2,59286	5040	135135	645120
8	0,12500	2,71786	40320	2027025	10321920
9	0,11111	2,82897	362880	34459425	185794560
10	0,10000	2,92897	3628800	654729075	3715891200
		(2,87980)	(3598700)	$(6{,}5746\cdot10^{8})$	$(3{,}6851\cdot10^{9})$
..	....	....	....	....	....
∞	0	$\ln n + C$ (vgl. S. 123)	$\left(\frac{n}{e}\right)^n\sqrt{2\pi n}$	$2^{n+\frac{1}{2}}\cdot\left(\frac{n}{e}\right)^n$	$2^n\left(\frac{n}{e}\right)^n\sqrt{2\pi n}$

n	$\frac{n!}{1\cdot3\cdot5\ldots(2n-1)}$	$\frac{1\cdot3\cdot5\ldots(2n-1)}{2\cdot4\cdot6\ldots2n}$	$\frac{2\cdot4\cdot6\ldots2n}{1\cdot3\cdot5\ldots(2n+1)}$
1	1,00000	0,50000	0,66667
2	0,66667	0,37500	0,53333
3	0,40000	0,31250	0,45714
4	0,22857	0,27344	0,40635
5	0,12698	0,24609	0,36941
6	0,06926	0,22559	0,34099
7	0,03730	0,20947	0,31826
8	0,01989	0,19638	0,29954
9	0,01053	0,18547	0,28377
10	0,00554	0,17620	0,27026
	(0,00547)	(0,1776)	(0,280 oder 0,267)
..	....	....	....
∞	$\sqrt{\pi n}\cdot2^{-n}$	$\frac{1}{\sqrt{\pi n}}$	$\frac{1}{2}\sqrt{\frac{\pi}{n}},\quad\frac{\sqrt{n\pi}}{2n+1}$

Erläuterung: In der letzten Zeile sind jeweils asymptotische Ausdrücke für $n\to\infty$ angegeben. Die eingeklammerten Zahlen sind die für $n = 10$ nach diesen asymptotischen Formeln berechneten Näherungen

18. Elektrizitätsmengeneinheiten.

	CGS stat.	CGS magn.	Amp. sec (= Coulomb)	Grammäquivalent	Elektronenladung	Gramm Ag	cm^3 Knallgas
CGS stat.	1	$0{,}33 \cdot 10^{-10}$	$0{,}33 \cdot 10^{-9}$	$3{,}456 \cdot 10^{-15}$	$2{,}083 \cdot 10^{9}$	$0{,}369 \cdot 10^{-12}$	$0{,}057 \cdot 10^{-9}$
CGS magn.	$3 \cdot 10^{10}$	1	10	$1{,}036 \cdot 10^{-4}$	$6{,}242 \cdot 10^{19}$	$1{,}118 \cdot 10^{-2}$	1,74
Amp. sec (= Coulomb)	$3 \cdot 10^{9}$	0,1	1	$1{,}036 \cdot 10^{-5}$	$6{,}242 \cdot 10^{18}$	$1{,}118 \cdot 10^{-3}$	0,174
$L \cdot e$ = Grammäquivalent	$2{,}893 \cdot 10^{14}$	$9{,}652 \cdot 10^{3}$	$9{,}652 \cdot 10^{4}$	1	$6{,}025 \cdot 10^{23}$	$1{,}068 \cdot 10^{2}$	$0{,}164 \cdot 10^{5}$
Elektronenladung	$4{,}802 \cdot 10^{-10}$	$1{,}602 \cdot 10^{-20}$	$1{,}602 \cdot 10^{-19}$	$1{,}660 \cdot 10^{-24}$	1	$1{,}772 \cdot 10^{-22}$	$0{,}273 \cdot 10^{-19}$
Gramm Ag	$2{,}71 \cdot 10^{12}$	$0{,}894 \cdot 10^{2}$	$0{,}894 \cdot 10^{3}$	$9{,}37 \cdot 10^{-3}$	$5{,}64 \cdot 10^{21}$	1	$0{,}154 \cdot 10^{3}$
cm^3 Knallgas	$1{,}76 \cdot 10^{10}$	0,581	5,81	$6{,}08 \cdot 10^{-5}$	$3{,}67 \cdot 10^{19}$	$0{,}694 \cdot 10^{-2}$	1

19. Energieeinheiten.

	erg	mkg	Watt sec	kWh	Liter-at	g-cal	e-Volt	Lichtquant $h\nu = \frac{hc}{\lambda}$ für $\lambda = 1$ cm	Energie je Freiheitsgrad $\frac{1}{2} kT$ für $T = 1°$ abs.
erg	1	$1{,}02 \cdot 10^{-8}$	10^{-7}	$2{,}78 \cdot 10^{-14}$	$9{,}86 \cdot 10^{-10}$	$2{,}389 \cdot 10^{-8}$	$6{,}243 \cdot 10^{11}$	$5{,}036 \cdot 10^{15}$	$1{,}449 \cdot 10^{16}$
mkg	$9{,}81 \cdot 10^{7}$	1	9,81	$2{,}72 \cdot 10^{-6}$	$9{,}67 \cdot 10^{-2}$	2,344	$6{,}13 \cdot 10^{19}$	$4{,}94 \cdot 10^{23}$	$1{,}422 \cdot 10^{24}$
Watt sec	10^{7}	0,102	1	$2{,}78 \cdot 10^{-7}$	$9{,}86 \cdot 10^{-3}$	0,2389	$6{,}243 \cdot 10^{18}$	$5{,}036 \cdot 10^{22}$	$1{,}449 \cdot 10^{23}$
kWh	$3{,}6 \cdot 10^{13}$	$3{,}67 \cdot 10^{5}$	$3{,}6 \cdot 10^{6}$	1	$3{,}55 \cdot 10^{4}$	$8{,}602 \cdot 10^{5}$	$2{,}25 \cdot 10^{25}$	$1{,}81 \cdot 10^{29}$	$5{,}22 \cdot 10^{29}$
Liter-at	$1{,}0133 \cdot 10^{9}$	$1{,}03 \cdot 10^{1}$	$1{,}0133 \cdot 10^{2}$	$2{,}81 \cdot 10^{-5}$	1	24,21	$6{,}33 \cdot 10^{20}$	$5{,}10 \cdot 10^{24}$	$1{,}469 \cdot 10^{25}$
g-cal	$4{,}185 \cdot 10^{7}$	0,4266	4,185	$1{,}163 \cdot 10^{-6}$	$4{,}130 \cdot 10^{-2}$	1	$2{,}61 \cdot 10^{19}$	$2{,}11 \cdot 10^{23}$	$6{,}065 \cdot 10^{23}$
e-Volt	$1{,}602 \cdot 10^{-12}$	$1{,}63 \cdot 10^{-20}$	$1{,}602 \cdot 10^{-19}$	$4{,}45 \cdot 10^{-26}$	$1{,}58 \cdot 10^{-21}$	$3{,}83 \cdot 10^{-20}$	1	$8{,}067 \cdot 10^{3}$	$2{,}321 \cdot 10^{4}$
$h\nu (\lambda = 1$ cm)	$1{,}986 \cdot 10^{-16}$	$2{,}02 \cdot 10^{-24}$	$1{,}986 \cdot 10^{-23}$	$5{,}52 \cdot 10^{-30}$	$1{,}96 \cdot 10^{-25}$	$4{,}74 \cdot 10^{-24}$	$1{,}240 \cdot 10^{-4}$	1	2,878
$\frac{1}{2} kT (T = 1°)$	$6{,}90 \cdot 10^{-17}$	$7{,}03 \cdot 10^{-25}$	$6{,}90 \cdot 10^{-24}$	$1{,}917 \cdot 10^{-30}$	$6{,}809 \cdot 10^{-26}$	$1{,}649 \cdot 10^{-24}$	$4{,}308 \cdot 10^{-5}$	$3{,}475 \cdot 10^{-1}$	1

1 PS sec = 75 mkg = 736 Watt sec (Joule).

20. Längeneinheiten (in cm).

$\mu = 10^{-4}$
Å $= 10^{-8}$ (Ångström)
X.E. $= 10^{-11}$
BOHRscher Radius $= 0{,}529 \cdot 10^{-8} = \hbar^2/me^2$
Elektronenradius $= 2{,}82 \cdot 10^{-13} = e^2/mc^2$
Compton-Wellenlänge des Elektrons $= 2{,}426 \cdot 10^{-10} = h/mc$
des Protons $= 1{,}321 \cdot 10^{-13} = h/Mc$
Lichtjahr $= 0{,}95 \cdot 10^{18}$
parsec $= 3{,}08 \cdot 10^{18}$
Erdbahnradius $= 8{,}495 \cdot 10^{13}$
Erdradius $= 6{,}37 \cdot 10^{8}$
Englisches Zoll $= 2{,}54$
Englisches Fuß $= 30{,}48$.

21. Universelle Konstanten.

Wirkungsquantum	$h = 6{,}623 \cdot 10^{-27}$ erg sec $\hbar = h/2\pi = 1{,}054 \cdot 10^{-27}$ erg sec
Elektronenladung	$e = 4{,}802 \cdot 10^{-10}\, g^{\frac{1}{2}}\, cm^{\frac{3}{2}}\, sec^{-1}$ (d. h. e.-st. CGS) $= 1{,}602 \cdot 10^{-19}$ Coulomb
Lichtgeschwindigkeit	$c = 2{,}998 \cdot 10^{10}$ cm sec^{-1}
Feinstrukturkonstante	$\alpha = e^2/\hbar c = 1/137{,}0$
Masse des Protons	$M = 1{,}672 \cdot 10^{-24}$ g
Masse des Elektrons	$m = 9{,}106 \cdot 10^{-28}$ g ($mc^2 = 0{,}511 \cdot 10^6$ e Volt)
Verhältnis beider	$M/m = 1836{,}6$
RYDBERGsche Konstante	$R = 2\pi^2 m e^4/ch^3 = 109\,737{,}3$ cm^{-1} $Rc = 3{,}290 \cdot 10^{15}$ sec^{-1}
„Elektronenradius"	$a = e^2/mc^2 = 2{,}82 \cdot 10^{-13}$ cm
BOLTZMANNsche Konstante	$k = 1{,}380 \cdot 10^{-16}$ erg Grad^{-1}
LOSCHMIDTsche Zahl (AVOGADROsche Konstante)	$L = 6{,}025 \cdot 10^{23}$ Mol^{-1}
STEFANsche Konstante	$\sigma = 7{,}562 \cdot 10^{-15}$ erg cm^{-3} Grad^{-4}
Gravitationskonstante	$G = 6{,}670 \cdot 10^{-8}$ g^{-1} cm^3 sec^{-2}

Eine ausführliche Diskussion der wahrscheinlichsten Werte für die universellen Konstanten findet man bei U. STILLE: Z. Phys. **121**, 133 (1943). — J. W. M. DU MOND u. E. R. COHEN: Rev. of Modern Physics, Vol. 20, 82 (1948).

Literaturverzeichnis.

Im folgenden sind einige Bücher angegeben, aus denen man sich über Einzelheiten informieren kann, deren Darstellung den für dies Buch gezogenen Rahmen überschreiten würde. Eine Vollständigkeit in den Literaturangaben wird dabei in keiner Weise angestrebt.

Erster Teil.

Mathematik.

An zusammenfassenden Darstellungen, die den größten Teil des behandelten Stoffes umfassen, seien genannt:

COURANT, R., u. D. HILBERT: Methoden der mathematischen Physik, 2. Aufl., Bd. 1. Berlin: Springer 1931; Bd. 2 1937.

FRANK, PH., u. R. v. MISES: Die Differential- und Integralgleichungen der Mechanik und Physik (zugleich 8. Aufl. von RIEMANN-WEBERS Partiellen Differentialgleichungen der mathematischen Physik). Bd. 1: Mathematischer Teil. Braunschweig: F. Vieweg & Sohn 1930.

MAGNUS, W., u. F. OBERHETTINGER: Formeln und Sätze der mathematischen Physik, 2. Aufl. Berlin: Springer 1948.

PASCAL, E.: Repertorium der höheren Mathematik. Bd. 1: Analysis, 2. Aufl., 3 Teilbde. Berlin: B. G. Teubner 1910—29.

WHITTAKER, E. T., and G. N. WATSON: A Course of Modern Analysis. Fourth Edition. Cambridge: University Press 1927.

Zu den einzelnen Abschnitten sei auf folgende Werke hingewiesen:

2. Abschnitt: Differential- und Integralrechnung.

BIEBERBACH, L.: Differential- und Integralrechnung, 3. Aufl., 2 Bde. Berlin: B. G. Teubner 1928.

COURANT, R.: Vorlesungen über Differential- und Integralrechnung, 2. Aufl., 2 Bde. Berlin: Springer 1930/31.

MANGOLDT, H. v., u. K. KNOPP: Einführung in die höhere Mathematik, 3 Bde., 7. Aufl. Leipzig: S. Hirzel 1942.

SERRET-SCHEFFERS: Lehrbuch der Differential- und Integralrechnung, 6. und 7. Aufl., 3 Bde. Leipzig: B. G. Teubner 1914—21.

3. Abschnitt: Reihen und Reihenentwicklungen.

KNOPP, K.: Theorie und Anwendung der unendlichen Reihen, 4. Aufl. Berlin: Springer 1947.

4. Abschnitt: Funktionen.

BURKHARDT, H.: Einführung in die Theorie der analytischen Funktionen einer komplexen Veränderlichen, 5. Aufl. (besorgt von G. FABER). Berlin 1921.

HURWITZ, A. †, u. R. COURANT: Vorlesungen über allgemeine Funktionentheorie und elliptische Funktionen, 3. Aufl. Berlin: Springer 1929.

KNOPP, K.: Funktionentheorie. Sammlung GÖSCHEN Nr. 668 und 703.

Speziell zu den Kugelfunktionen.

HEINE, E.: Handbuch der Kugelfunktionen, 2. Aufl., 2 Bde. Berlin: Reimer 1878—81.

HOBSON, E. W.: Theorie of sphericol and ellipsoidal harmonics, Cambridge: University Press 1931.

Zu den Zylinderfunktionen.

NIELSEN, N.: Handbuch der Theorie der Zylinderfunktionen. Leipzig: B. G. Teubner 1904.

SCHAFHEITLIN, P: Die Theorie der BESSELschen Funktionen. Leipzig: B. G. Teubner 1908.

WATSON, G. N.: A treatise on the theory of BESSEL functions. Cambridge: University Press 1922.

WEYRICH, R.: Zylinderfunktionen und ihre Anwendungen. Leipzig: B. G. Teubner 1937.

Zu den elliptischen Funktionen.

FRICKE, R.: Die elliptischen Funktionen und ihre Anwendungen, 2 Bde. Leipzig: B. G. Teubner 1916—22.

HURWITZ, A. †, u. R. COURANT: Vorlesungen über allgemeine Funktionentheorie und elliptische Funktionen, 2. Aufl. Berlin: Springer 1929.

KRAUSE, M., u. E. NAETSCH: Theorie der elliptischen Funktionen. Leipzig: B. G. Teubner 1912.

Zu sonstigen speziellen Funktionen.

STRUTT, M. J. O.: LAMÉsche, MATHIEUsche und verwandte Funktionen in Physik und Technik. Ergebnisse der Mathematik, Bd. 1, H. 3. Berlin: Springer 1932.

Funktionentafeln.

HAYASHI, K.: Fünfstellige Tafeln der Kreis- und Hyperbelfunktionen, sowie der Funktionen e^{-x} und e^{x} mit den natürlichen Zahlen als Argument. Berlin u. Leipzig: de Gruyter & Co. 1921.

JAHNKE, E., u. F. EMDE: Funktionentafeln mit Formeln und Kurven, 4. Aufl. Leipzig u. Berlin: B. G. Teubner 1948.

5. Abschnitt: Algebra.

BORN, M., u. P. JORDAN: Elementare Quantenmechanik. Berlin: Springer 1930. 2. Kapitel: Matrizenrechnung.

KOWALEWSKI, G.: Einführung in die Determinantentheorie. Leipzig: de Gruyter & Co. 1909.

MUIR: Theory of Determinants.

NETTO, E.: Die Determinanten. Leipzig u. Berlin: B. G. Teubner 1910.

WEBER, H.: Algebra. Braunschweig: F. Vieweg 1895.

WINTNER, A.: Spektraltheorie der unendlichen Matrizen. Leipzig: S. Hirzel 1929.

7. Abschnitt: Vektoranalysis.

A. Koordinatenfreie Formulierung.

ABRAHAM, M., u. R. BECKER: Theorie der Elektrizität, 9. Aufl., Bd. 1. Leipzig: B. G. Teubner 1932.

GANS, R.: Vektoranalysis (mit Anwendungen), 6. Aufl. Leipzig u. Berlin: B. G. Teubner 1929.

LAGALLY, M.: Vorlesungen über Vektorrechnung. Leipzig: AVG 1928, 2. Aufl. 1934.

RUNGE, C.: Vektoranalysis. Leipzig: S. Hirzel 1921.

B. Koordinatenmäßige Formulierung.

LEVI-CIVITA, T.: Der absolute Differentialkalkül. Berlin: Springer 1928.

SCHOUTEN, J. A.: Der RICCI-Kalkül. Berlin: Springer 1924.

Sämtliche Lehrbücher der allgemeinen Relativitätstheorie (s. u.).

9. Abschnitt: Gruppentheorie.

SPEISER, A.: Die Theorie der Gruppen von endlicher Ordnung. Berlin: Springer 1923.

WAERDEN, B. L. VAN DER: Die gruppentheoretische Methode in der Quantenmechanik. Berlin: Springer 1932.

WEYL, H.: Gruppentheorie und Quantenmechanik, 2. Aufl. Leipzig: S. Hirzel 1931.

WIGNER, E.: Gruppentheorie und ihre Anwendung auf die Quantenmechanik der Atomspektren. Braunschweig: F. Vieweg & Sohn 1931.

ZASSENHAUS, H.: Lehrbuch der Gruppentheorie. Leipzig: B. G. Teubner 1937.

10. Abschnitt: Differentialgleichungen.

BATEMAN, H.: Partial differential equations of mathematical physics. Cambridge: University Press 1932.

HORN, J.: Gewöhnliche Differentialgleichungen (Sammlung SCHUBERT, Bd. 50) und partielle Differentialgleichungen (Sammlung SCHUBERT, Bd. 60). Leipzig: de Gruyter & Co.

JORDAN, C.: Cours d'analyse. Paris: Gauthier-Villars.

KAMKE, E.: Differentialgleichungen, Lösungsmethoden und Lösungen. Leipzig: Akad. Verl.-Ges. 1942.

VALLEE-POUSSIN, DE LA: Cours d'analyse, Tome 2. Paris: Gauthier-Villars.

WEBSTER, A. G., u. G. SZEGÖ: Partielle Differentialgleichungen der mathematischen Physik. Leipzig u. Berlin: B. G. Teubner 1930.

11. Abschnitt: Integralgleichungen.

HELLINGER, E., u. O. TOEPLITZ: Artikel in der Enzyklopädie der mathematischen Wissenschaften. Leipzig u. Berlin: B. G. Teubner.

HILBERT, D.: Grundzüge einer allgemeinen Theorie der Integralgleichungen (6 Abhandlungen). Leipzig u. Berlin: B. G. Teubner 1912.

WIARDA, G.: Integralgleichungen. Leipzig u. Berlin: B. G. Teubner 1930.

12. Abschnitt: Variationsrechnung.

BOLZA, O.: Vorlesungen über Variationsrechnung. Leipzig u. Berlin: Köhler 1909.

KNESER, A.: Lehrbuch der Variationsrechnung. Braunschweig: F. Vieweg & Sohn 1925.

13. Abschnitt: Wahrscheinlichkeitsrechnung.

CZUBER, W. R.: Wahrscheinlichkeitsrechnung. Leipzig: B. G. Teubner.

LORENTZ, H. A.: Les théories statistiques en thermodynamique. Leipzig u. Berlin: B. G. Teubner 1916.

MARKOFF: Wahrscheinlichkeitsrechnung. Leipzig: B. G. Teubner.

MISES, R. v.: Wahrscheinlichkeitsrechnung. Leipzig u. Wien: Franz Deuticke 1931.

POINCARÉ, H.: Calcul de probabilté. Paris: Gauthier-Villars.

Zweiter Teil.

Physik.

An zusammenfassenden Darstellungen seien genannt:

Enzyklopädie der mathematischen Wissenschaften, Bd. 4 (Mechanik) und Bd. 5 (Physik). Leipzig: B. G. Teubner 1901—26.

FÜRTH, R.: Einführung in die theoretische Physik. Wien: Springer 1936.

GANS, R., u. H. WEBER: Repertorium der mathematischen Physik, Bd. 1: Mechanik und Wärme, 2 Teile. Leipzig: B. G. Teubner 1915/16.

GEIGER, H., u. K. SCHEEL: Handbuch der Physik, 24 Bde, zum Teil in 2. Aufl. Berlin: Springer seit 1926.

JOOS, G.: Lehrbuch der theoretischen Physik, 6. Aufl. Leipzig: AVG 1945.

PLANCK, M.: Einführung in die theoretische Physik, 5 Bde. Leipzig: S. Hirzel 1922—30.

SOMMERFELD, A.: Vorlesungen über theoretische Physik, Bd. 1—6. Leipzig u. Wiesbaden 1947—49.

Zu den einzelnen Abschnitten seien die folgenden Werke erwähnt:

1. Abschnitt: Mechanik.

KLEIN, F., u. A. SOMMERFELD: Über die Theorie des Kreisels, 4 Hefte. Leipzig: B. G. Teubner 1910—23.

ROUTH: Dynamik der Systeme starrer Körper. Leipzig: B. G. Teubner.

LAMB, H.: Lehrbuch der Hydrodynamik, 2. Aufl. Leipzig: B. G. Teubner 1931.

LOVE, A. E. H.: Lehrbuch der Elastizität. Deutsch von A. TIMPE. Leipzig: B. G. Teubner 1907. (Neueste, englische Auflage: 1927.)

PRANDTL, L., u. O. TIETJENS: Hydro- und Aeromechanik nach Vorlesungen von L. PRANDTL, 2 Bde. Berlin: Springer 1929/31.

WHITTAKER, E. T.: Analytische Dynamik der Punkte und starren Körper. Berlin: Springer 1924.

2. Abschnitt: Elektrodynamik (einschließlich Optik).

ABRAHAM, M., u. R. BECKER: Theorie der Elektrizität. Bd. 1: Einführung in die MAXWELLsche Theorie, 9. Aufl., 1932. Bd. 2: Elektronentheorie, 6. Aufl., Leipzig: B. G. Teubner 1933.

BORN, M.: Optik. Berlin: Springer 1933.

FRENKEL, J.: Lehrbuch der Elektrodynamik. 2 Bde. Berlin: Springer 1926/28.

SCHAEFER, C.: Einführung in die MAXWELLsche Theorie der Elektrizität und des Magnetismus. Leipzig: B. G. Teubner 1929.

3. Abschnitt: Relativitätstheorie.

EDDINGTON, SIR A.: Relativitätstheorie in mathematischer Behandlung. Berlin: Springer 1925.

EINSTEIN, A.: Vier Vorlesungen über Relativitätstheorie, 2. Aufl. Braunschweig: F. Vieweg & Sohn 1923.

LAUE, M. v.: Die Relativitätstheorie, 2 Bde. Braunschweig: F. Vieweg & Sohn 1921/23.

LORENTZ, H. A., A. EINSTEIN u. H. MINKOWSKI: Das Relativitätsprinzip. Eine Sammlung von Abhandlungen, 4. Aufl. Leipzig: B. G. Teubner 1922.

PAULI, W. jr.: Relativitätstheorie. Artikel in der Enzyklopädie der mathematischen Wissenschaften, Bd. 5, Teil 2, H. 4. Leipzig: B. G. Teubner 1922.

WEYL, H.: Raum, Zeit, Materie, 5. Aufl. Berlin: Springer 1923.

4. Abschnitt: Quantentheorie.

Zur älteren Theorie:

BORN, M.: Vorlesungen über Atommechanik, Bd. 1. Berlin: Springer 1925.

SOMMERFELD, A.: Atombau und Spektrallinien, 5. Aufl. Braunschweig: F. Vieweg & Sohn 1933.

Zur neueren Theorie:

Ausführliches Sammelwerk: Handbuch der Physik, Bd. 24, 1. und 2. Aufl. Berlin: Springer 1933/34.

BORN, M., u. P. JORDAN: Elementare Quantenmechanik. Berlin: Springer 1930.

DIRAC, P. A. M.: Die Prinzipien der Quantenmechanik. Leipzig: S. Hirzel 1930.

FLÜGGE, S.: Rechenmethoden der Quantentheorie, 1. Teil. Berlin u. Göttingen: Springer 1947.

HEISENBERG, W.: Die physikalischen Prinzipien der Quantentheorie. Leipzig: S. Hirzel 1930.

HEITLER, W.: Quantum Theory of Radiation, 2. Aufl. Oxford: Clarendon pr. 1942.

KRAMERS, H. A.: Die Grundlagen der Quantentheorie, Bd. 1 des Handbuches der chemischen Physik. Leipzig: AVG 1938.

SCHRÖDINGER, E.: Abhandlungen zur Wellenmechanik, 2. Aufl. Leipzig: Johann Ambrosius Barth 1928.

SOMMERFELD, A.: Atombau und Spektrallinien, Bd. 2. Braunschweig: F. Vieweg & Sohn 1939.

WENTZEL, G.: Einführung in die Quantentheorie der Wellenfelder. Wien: Franz Deuticke 1943.

WEYL, H.: Gruppentheorie und Quantenmechanik, 2. Aufl. Leipzig: S. Hirzel 1931.

5. Abschnitt: Thermodynamik.

GIBBS, J. W.: The Collected Works, Vol. 1. London 1928.

PLANCK, M.: Thermodynamik, 9. Aufl. Berlin 1930.

SACKUR, O. †: Lehrbuch der Thermochemie und Thermodynamik, 2. Aufl. von CL. v. SIMSON. Berlin: Springer 1928.

6. Abschnitt: Statistische Methoden.

BRILLOUIN, L.: Die Quantenstatistik und ihre Anwendung auf die Elektronentheorie der Metalle. Berlin: Springer 1931.

GIBBS, J. W.: The Collected Works, Vol. 2. London 1928.

JORDAN, P.: Statistik auf quantentheoretischer Grundlage. Braunschweig: F. Vieweg & Sohn 1933.

LORENTZ, A. H.: Les théories statistiques en thermodynamique. Leipzig u. Berlin: B. G. Teubner 1916.

TOLMAN, R.: Principles of statistical mechanics. Oxford: Clarendon Press. 1938.

Sachverzeichnis.

Abbildung 74, 82, 151
ABELsche Gruppe 246
Aberration 425
Abgeschlossenheit 67, 71, 367
Abhängigkeit, lineare 16, 64, 147
Abschätzung 44, 146
Abschnitt einer Matrix 143
Absorption 405, 463
Additionstheorem der Geschw. 418
Adiabatenhypothese 429
Adiabatisch 469, 475, 485
Adiatherm 469
Adjungierte Matrix 139
Adjungierter Operator 21, 274
— Tensor 205
Aequatio directrix 159, 164
Affine Abbildung 154
Affiner Raum 152
D'ALEMBERTsches Prinzip 366
Algebraische Funktion 86, 89
Alternativsatz 303
Alternierende Matrizen 139
AMPÈREsche Molekularströme 392
Analytische Fortsetzung 77
— Funktionen 73
Anfangsstreifen 311
Anisotropie 188
Anomalie 510
Antikommutator 22
Antimetrische Matrix 140
Antimetrischer Tensor 204
Approximation 58, 66, 81, 285, 328
Äquivalente Matrizen 140, 153
Arbeit 359
Asymptotische Reihen 59
Atombau 511
Aufbauprinzip 511
Ausdehnungskoeffizient 472
Ausgeartete Kerne 329f.
Ausgleichsrechnung 348f.
Äußeres Produkt 168
Austauschintegral 451
Auswahlprinzip 431
Axiale Vektoren 222
Axiome 4, 355, 357, 446

Bahnimpuls 443, 460
Belegungsfunktion 64
BERNOULLIsche Zahlen 56
Berührungstransformation 159
Beschleunigtes Bezugssystem 361
Beschleunigung 359, 433
Beschränkte Matrix 143
BESSEL, Entwicklung nach — Fktn. 70
BESSELsche Differentialgleichung 116, 282
— Funktionen 111, 116
— Ungleichung 66
Bestimmte Integrale 43
Betafunktion 47
Betragsfläche 85
Bewegte Koordinatensysteme 163, 202, 209, 219f., 361
Bewegte Medien 420
Bewegungsgröße 359
Bezugssysteme 414
Biegung 381
Bilinearform 14
Bilinearreihe 29, 329
BIOT-SAVARTsches Gesetz 392, 399
Binomialkoeffizienten 149, 517
Binomischer Satz 60
Bipolarkoordinaten 228, 238
Biquaternionen 12
BOHRsche Frequenzbedingung 460
— Theorie 431
BOHRscher Radius 520
BOHRsches Aufbauprinzip 512
BOLTZMANNsche Konstante 489, 520
— Statistik 495
BOLTZMANNsches H-Theorem 493
— Verteilungsgesetz 488
BOSE-Statistik 453, 495
BOYLE-Punkt 482
BRAVAISsches Raumgitter 185, 257f.
Brechungsgesetz, elektr. 388
Brechungsindex, komplexer 405
Bremsstrahlung 464
BROWNsche Bewegung 515

CARNOT-Prozeß 476
CAUCHY-RIEMANNsche Gleichungen 73

CAUCHYsche Integralformel 75
CAUCHYscher Integralsatz 75
Charakter, spektroskopischer 511
Charaktere einer Darstellung 250
Charakteristiken 293
Charakteristische Gleichungen 141, 277, 283
Charakteristische Funktion 206
Charakteristisches System 291
Chemische Konstante 475
CHRISTOFFELsche Symbole 216
CLAIRAUTsche Differentialgleichungen 269
CLAUSIUS-CLAPEYRONsche Gleichung 478
CLIFFORDsche Zahlen 12, 25, 456
COMPTON-Effekt 463
COMPTON-Wellenlänge 455, 464, 520
CORIOLISkraft 362
Cosinussätze 98
COULOMBsches Gesetz 386, 399
Cyklometrische Funktionen 94

DALTONsches Gesetz 480
Dämpfung 405
Dampfmaschine 476
Darstellung von Funktionen 67
— von Gruppen 33, 250, 252f.
— von Operatoren 30
Darstellungsraum 340
Defekt 131, 143, 328
Definit 140, 159, 329
Deformationstensor 211, 376
Deltafunktion 18
Determinanten 137, 144f., 206
—, praktische Berechnung 147
Diagonalmatrix 30, 139
Diatherman 469
Dielektrische Verschiebung 388
Dielektrizitätskonstante 388
Differential, totales 36
Differentialgleichungen 29, 264f.
—, Formeln 307
—, gewöhnliche 268
—, lineare Probleme 302
—, partielle 291
—, spezielle Formen 271
Differentialoperator 27
Differentiation von Integralen 38
—, numerische 53
Differentiationsregeln 34
Differentiationstabelle 39f.
Differenzenrechnung 51
Diffusion 295
Diffusionskoeffizient 515

Dilatation 376, 381
Dimension einer Darstellung 250
Dimensionen 354, 394
Dipol 181, 387
Dipolstrahlung 404, 410
DIRACsche Gleichung 456f.
Direktes Produkt 137, 248
DIRICHLETsche Bedingung 67
— Funktion 48
Dispersion 188, 346, 463
Divergenz 171f., 218
Doppelquelle 84, 181, 190
Doppelschicht 182
Doppeltperiodische Funktionen 126
DOPPLER-Effekt 425
Drehimpuls 372, 437
Drehimpulsoperator 443
Drehinversion, -spiegelung 156
Drehmoment 372, 396, 437
Drehung 155, 220, 246, 381
Drehungsgruppe 254
Dreieck 98
Drei-Indizes-Symbole 216
Druck 377, 384
Duale Zahlen, -Vektoren 201
Dynamisches Gleichgewicht 366

Ebene Welle 187, 405
Eichinvarianz 402
Eigenfrequenz 370
Eigenfunktionen 28, 133, 268, 305, 440
Eigenraum 28
Eigenwerte 24, 28, 133, 141, 206, 268, 305
Eigenwertaufspaltung 155, 513
Eigenwertprobleme 28, 268, 305, 314, 336
Eigenwertstörungen 314
Eigenzeit 418
Eikonal 410
Einheitstensor 205
EINSTEIN-Effekte 428
EINSTEINsche Gleichung 463, 466
Elastizitätsmodul 379
Elastizitätstheorie 378
Elektrizitätsmengeneinheiten 519
Elektrodynamik 385, 419, 431
Elektrokinetik 390
Elektromagnetik 392
Elektronengas 513
Elektronenkatalog 511
Elektronenladung 520
Elektronenmasse 520

Elektronenradius 520
Elektronentheorie 355, 388, 406
Elementarzelle 185
Elektrostatik 386
Ellipsoidisches Potential 300
Elliptische Differentialgleichungen 293, 308
— Funktionen 125
— Integrale 49, 125f.
— Koordinaten 227, 240
— Polarisation 191, 405
Emission 404, 409, 462f., 465
EMK 392
Energie 397, 437, 470, 488
Energiedichte 421, 493
Energieeinheiten 519
Energie-Impuls-Tensor 421
Energiesatz 360, 364, 423
Entartung 28, 137, 429, 431, 449
Enthalpie 472, 487
Entropie 471, 486f., 495
Entropiesatz 493
Entwickeln einer Determinante 145
— von Funktionen 16, 55
Entwicklung nach Eigenfunktionen 361
— nach Orthogonalsystemen 66
— in Potenzreihen 76
Entwicklungssatz für Integralgleichungen 332
Ergiebigkeit 181
Ergodisches System 485
Erniedrigung einer Ordnung 272
Erwartungswert 343, 347, 433, 437
Erweiterung 216
Erzeugende Funktion 65, 77, 160
Erzwungene Schwingung 371, 502
EUKLIDische Metrik 357
EUKLIDischer Raum 219
EULERsche Gleichungen der Hydrodynamik 384
— — des starren Körpers 372
— — der Variationsrechnung 333, 411
— Homogenitätsrelation 38, 72
— Konstante 47, 62
— Summenformel 57
— Winkel 157
EULERsches Integral 46
EWALDsche Formel 194
Exakte Differentialgleichungen 273
Exponentialfunktion 60, 90
Exponentialintegral 62
Extremalen 332
Exzentrizität 502, 508

Faktorgruppe 248
Fakultät 121
Fallinien 83
Fehlergesetz 345
Fehlerintegral 61, 112
Fehlertheorie 348
Feinstrukturkonstante 520
Feldstärke 386, 389
Feldtheorie, allgemeine 423
FERMATsches Prinzip 367, 411
FERMI-Statistik 253, 453, 494, 513
Ferromagnetikum 390
Flächendivergenz 182
Flächenintegral 170
Flächenrotation 183
Flächensatz 360, 368, 508
Formfaktoren 409
Fortpflanzungsgeschwindigkeit 188, 382
FOURIER-Integral 68, 158, 192, 497
FOURIER-Koeffizienten 66
FOURIER-Operator 26
FOURIER-Reihe 68, 158, 191, 497
FOURIER-Synthese 441
FOURIER-Transformation 158, 408, 498
Freie Energie 472, 488
Freie Vektoren 166
Freiheitsgrad 369
Frequenz 188
FRESNELsche Gleichungen 413
— Integrale 62
Fundamentaltensor 215, 221
Funktionaldeterminante 150
Funktionale Ableitung 334
Funktionen 7, 85
Funktionenraum 13
Funktionenreihen 55, 68, 95
—, spezielle 85
Funktionentheorie 71

GALILEIsches Relativitätsprinzip 358
Gammafunktion 46, 121
Gas, ideales 474
Gaskonstante 475
Gastheorie 490
GAUSSsche Differentialgleichung 99f.
— Zahlenebene 10
GAUSSscher Satz 176, 209
GAUSSsches Fehlergesetz 345
— Fehlerintegral 61, 112
Gedämpfte Schwingung 371
— Welle 190, 296
Gekoppelte Schwingungen 370
— Stromkreise 401

Gekrümmter Raum 219
Generalisierte Koordinaten 364
Geodätische Linie 219
Geometrische Reihe 217
Geschwindigkeit 359, 433
Geschwindigkeitsfeld 376
Geschwindigkeitspotential 384
GIBBSsches Paradoxon 480
Gitter 185
Glatte Funktionen 72
Glättungsfunktion 375, 387
Gleichdimensionale Differentialgleichungen 273
Gleichgewichte 468, 477, 486
Gleitspiegelung 156
Glockenkurve 375
Grad einer Darstellung 250
— einer Differentialgleichung 264
Gradient 32, 170f., 217
Gradiententensor 210
GRAMsche Determinante 147
Gravitation 372, 428, 509
Gravitationskonstante 428, 509
GREENsche Formel 303f., 308
— Funktion 29, 276, 308, 502
GREENscher Satz 176, 303
Grenzwert 8
Grundgebiet 267, 326
Grundgleichungen 419, 455
Grundvektoren 185, 213
Grundzustand 441
Gruppe 246f., 504
Gruppengeschwindigkeit 189

HAMILTON-CAYLEYsche Gleichung 207
HAMILTON-Funktion 161, 334, 363, 407, 423f., 488
HAMILTON-JACOBIsche Gleichung 364, 430
HAMILTON-Operator 437
HAMILTONsche Gleichungen 160, 163, 334, 363, 501
HAMILTONsches Prinzip 366
HANKELsche Funktionen 117
Harmonische Schwingung 187
Hauptachsentransformation 133, 198, 470
Hauptsätze der Thermodynamik 471, 477 480
HEAVISIDE-Ellipsoid 404
HEISENBERGsche Unschärferelation 449, 466, 490
Heißluftmaschine 476
HERMITEsche Differentialgleichung und Funktionen 64, 111, 114, 282, 307
HERMITEsche Form 140, 158
— Matrix 139
— Operatoren 21
— Orthogonalfunktionen 306
— Polynome 64
— —, Entwicklung nach — Fktn. 71
Hermitisches Produkt 15
Herpolhodiekurve 373
HERTZscher Vektor 402, 459
HILBERT-Raum 13, 153
HILLsche Funktionen und Differentialgleichung 124
Hohlraumstrahlung 467, 483
Homogene Differentialgleichungen 264
— Gleichungen 131
— Integralgleichungen 327f., 337
— Koordinaten 154
— Randbedingungen 302
— Transformationen 153f
Homogenes Problem 302
Homogenität von Funktionen 72
Homomorph 247
HOOKEsches Gesetz 378
H-Theorem 493
HUYGENSsches Prinzip 190
Hydrodynamik 383
Hydrodynamischer Druck 384
Hydrostatik 385
Hyperbelfunktionen 91, 94
Hyperbolische Differentialgleichungen 293, 311
Hypergeometrische Differentialgleichung 282
— Funktionen 99, 101, 102, 103
Hyperkomplexe Zahlen 11
— Vektoren 199
Hysteresis 390

Ideales Gas 474
Idempotente Operatoren 22
Impuls 339, 359, 364, 372, 396, 407, 421, 437
Impuls-Energie-Tensor 419, 423
Impulskoordinaten 160, 364
Impulsoperator 438
Induktion 388, 393, 399, 401
Inertialsystem 357, 415
Influenz 389
Inneres Produkt 167
Instantane Achse 371
Integrabilitätsbedingung 289
Integralcosinus, sinus 62
Integrale, bestimmte 33, 43

Integrale, elliptische 49
—, skalare, vektorielle 170
Integralgleichungen 29, 326, 337
Integraloperator 18
Integration, numerische 54
Integrationsmethoden 41f.
Integrationsoperator 26, 34
Integrationstabelle 39f.
Integrierender Faktor 274, 290, 471
Intensität einer Welle 188
Interferenz 189
Intermediäres Integral 265
Interpolation 54
Invariante Untergruppe 248
Invarianten 141, 152, 154, 215, 417, 426
Inverser Operator 21
Inversionsabbildung 156
Inversionspunkt 482
Irreduzibel 251
Irreversibel 477
Isochor, isobar, isotherm 475
Isohypsen 83
Isomorphie 3, 247
Isoperimetrisches Problem 338
Iteration 21, 138, 205, 330

JACOBIsche elliptische Funktionen 126, 129
— Polynome 64, 100, 307
JACOBIsches Prinzip 367
JOULEsche Wärme 397

Kanonische Gleichungen 160, 334, 363, 423
— Matrix 138
— Transformation 160, 165, 365
— Verteilung 487
Kanonischer Impuls 437
— Tensor 423
Kapazität 398
Kartesische Koordinaten 223, 229
Kegelkoordinaten 240
KEPLER-Problem 297, 501, 508
Kern 18, 326
Kinetische Energie 360, 383, 422
— Gastheorie 490
— Potentiale 402, 407
KLEIN-GORDONsche Gleichung 298, 455
Kollineation 154
Kombinationsprinzip 431
Kombinatorik 148
Kommutator 22, 136, 438
Komplexe Vektoren 197
Komponenten 13, 214
Kompressibilität 376, 379, 472
Konfigurationsraum 369, 433
Konfluente hypergeometrische Funktionen 109, 297
Konforme Abbildung 74, 82f.
Konjugiert komplex 10, 21, 139
Konjugierte Elemente 248
— Untergruppen 248
Konormale 304
Konservative Kraft 360, 368
Kontakttransformationen 159
Kontinuierliche Gruppen 249
Kontinuitätsgleichung 375, 390, 433, 457, 493
Kontinuumsmechanik 374
Kontragrediente Matrix 139
Kontravariante Komponenten 214, 216
Konvektionspotential 404
Konvektionsstrom 391, 420
Konvergenz 55, 76
Konzentration 480
Koordinatensysteme 213, 223f.
Koordinatentransformation 151f.
Korrelation 347
Korrespondenzprinzip 431
Kosmologische Konstante 428
Kovariant 152, 214, 216
Kovariante Komponenten 214
Kräftefunktion 360
Kraft 358, 367, 377f., 394f., 422, 434, 437, 439
Kreisel 372f.
Kreisfrequenz 188
Kreisfunktionen 91, 94
Kreisprozeß 475
Kristallklassen 258f.
Kristalloptik 411
Kritischer Punkt 482
KRONECKER-Symbol 18
Krümmungsradius 173
Krümmungstensor 218, 428
Kugelflächenfunktionen 105
Kugelfunktionen 102, 107, 307
—, Entwicklung nach 69
Kugelkoordinaten 233
Kugelwelle 190, 406
Kurvenintegral 75

Ladung 386f., 419
LAGRANGEsche Funktion 162, 164, 363, 407, 423
— Gleichungen 333, 361, 362

LAGRANGEsche Klammer 165
LAGRANGEscher Multiplikator 336
LAGUERREsche Differentialgleichung und Funktionen 112f., 282, 297, 307
— Polynome 64, 112, 113
— —, Entwicklung nach 70
LAMÉsche Differentialgleichungen 242
Längeneinheiten 520
LAPLACEsche Differentialgleichung 74, 294, 310, 387
— Formel 344
LAPLACEscher Entwicklungssatz 145
LAURENTsche Reihe 78
LEGENDREsche Differentialgleichung und Funktionen 102, 282
— Polynome 64, 103
— Reihe 69
— Transformation 160, 164, 271, 334, 472
LEGENDREscher Modul 51
Leistung 360, 419
Leiter 389
Leitfähigkeit 391
Leitungsstrom 391
Lichtgeschwindigkeit 392, 520
Lichtquanten 461
Linear abhängig 16, 64, 131
Lineare Differentialgleichungen 264, 274
— Differentialoperatoren 171
— Feldfunktionen 203
— Funktionen 86
— Gleichungen 130
— Transformation 152, 162
Linearer harmonischer Oszillator 430
— Raum 152
Linienelement 213, 416
Linienintegral 170
LIOUVILLEsche Sätze 126
LIOUVILLEscher Satz der Statistik 485, 488
Logarithmische Ableitung 35
Logarithmus 92f., 97
Longitudinale Welle 191, 381
LORENTZkontraktion 418
LORENTZ-Konvention 402, 409
LORENTZ-Kraft 397, 422
LORENTZ-Transformation 199, 415f.
Lösbarkeitsbedingung 132
LOSCHMIDTsche Zahl 520

MACLAURIN-Reihe 60
Magnetische Doppelschicht 392
Magnetischer Kreis 510
Magnetisierung 389
Magnetostatik 389
MALUSscher Satz 411
Massenwirkungsgesetz 481
Maßsysteme, elektrische 399
MATHIEUsche Differentialgleichung und Funktionen 124
Matrixoperator 18, 23
Matrizen 13, 134f., 443
MAXWELLsche Gleichungen 393, 399, 419
— Verteilung 494
MAXWELLscher Spannungstensor 395, 419
MAXWELL-BOLTZMANNsche Stoßgleichung 492
Mechanik 356
Mengen 5
Meromorph 86
Messen 353
Metrischer Fundamentaltensor 215, 427
MICHELSON-Versuch 415
Mikrokanonische Gesamtheit 488
MILLERsche Indizes 186
Minor 144
Mitführungskoeffizient 426
Mittelwerte 14, 343, 347
—, gastheoretische 492, 494
— in einer Gruppe 247, 250
—, quantenmechanische 433, 437
Mittelwertsatz 76
Modulierte Welle 189, 297
MOLLIER-Diagramm 476
MOLLWEIDE, Gleichung von 98
Moment 181, 183
Monochromatisch 188
Monoton 72
Monotrop 188
Multiplikationsoperator 26
Multiplizität 511
Multipolstrahlung 409

Nabla 172
NAPIERsche Gleichung 98
Natürliche Komponenten 220f.
— Linienbreite 463
NAVIER-STOKESsche Gleichung 383
Nebenklassen 247
NERNSTsches Theorem 480
Netzebene 185
NEUMANNsche Funktionen 196
— Reihe 29, 330
NEWTONsche Axiome 358
— Bewegungsgleichungen 368
— Formel 344

Nichteuklidischer Raum 218
Norm 15, 197
Normale Determinante 147
Normalenfläche 413
Normalform linearer Transformationen 153
— von Matrizen 141
Normalintegrale, elliptische 49, 125
Normalkoordinaten 370
Normalschwingung 370
Normalteiler 248
Normiertheit 16, 63, 133
Nullmatrix 137
Nullteiler 22, 138
Nullvektor 198
Numerische Differentiation 53
— Integration 53
Nutation 374
Nutzeffekt 476

Oberfläche der N-dim. Kugel 245
OHMsches Gesetz 391, 392
Operationen 7
Operatoren 17f., 437
Optik 410
Optische Achsen 208, 413
Ordnung einer Differentialgleichung 264
— einer Gruppe 246
Orthogonale Koordinaten 220
— Matrizen 140, 249
— Transformation 27, 154, 158, 249
Orthogonaler Tensor 205, 209
Orthogonalisierung 64
Orthogonalität von Folgen 15
Orthogonalsystem 16, 63, 65
Ortsvektor 167, 173, 437

Parabolische Differentialgleichung 293
— Koordinaten 227
PARSEVALsche Gleichung 66
Partialbruchzerlegung 41
Partielle Differentialgleichungen 291
Partikuläre Lösungen 265
PAULI-Prinzip 432, 451
Periheldrehung 428
Periodenparallelogramm 126
Periodische Felder 404
Periodisches System 511
Permeabilität 389
Permutation 148, 246, 255
Permutationsoperator 26
PFAFFsche Gleichungen 289
Phasengeschwindigkeit 188
Phasenmatrix 139, 142
Phasenraum 369, 429, 488
Phasentheorie 479
Phasenvolumen 485
Photoemission 463
Photonen 461
PLANCKsche Strahlungsformel 467
PLANCKsches Wirkungsquantum 430, 435, 520
Planetenbewegung 501
POISSONsche Formel der Wahrscheinlichkeitsrechnung 344, 515
— Integralformel 310
— Summenformel 69
— Zahl 379
POISSONscher Satz 178, 387
Pol 78, 84
Polare Vektoren 222
Polarisation, elektrische 387f.
—, optische 191
Polarkoordinaten 226, 243
Polhodiekurve 373
Polstärke 390
Polynom 87, 138
Polynommethode 305
Ponderomotorische Kräfte 394
Potentiale, thermodynamische 472
Potentialfunktion 74, 180, 295f., 300, 360, 386, 402, 419
Potentialgleichung 295, 309
Potentiallinien 84
Potentialströmung 384
Potentielle Energie 360, 368, 378, 383
Potenzreihen 60, 76, 174, 281, 408, 498
POYNTINGscher Vektor 397
Präzession 198, 374
Prinzipien der Mechanik 366
Probe 344
Protonenmasse 520
Prozesse 468
Produktintegral 15
Produktmittelwert 15
Projektionsoperator 26
Projektive Abbildung 154
Pseudoskalar 223
Ψ-Funktion 123
Punktgitter 185
Punktgruppe 257, 258
Punktkette, -netz, -gitter 257
Punktladung 386, 425
Punktspektrum 305

Quadrate, kleinste 349
Quadratische Form 159
— Integralform 329
Quadrupolstrahlung 410
Quantenbahn 429
Quantensprung 429, 448
Quantenzahl 442, 430f.
Quantenzustand 441, 447
Quasistationäre Ströme 401
Quaternionen 10, 24, 158, 199
Quelle 181
Quellenfreies Feld 180
Quellenmäßige Darstellung 331
Quellsenke 84
Querkontraktionskoeffizient 379

RAMAN-Streuung 463
RAYLEIGH-JEANSsches Gesetz 467
RAYLEIGH-Streuung 463
Randbedingungen 267, 302
Rändern einer Determinante 146
Randwertprobleme 308
Rang 130, 137
Rationale Funktionen 41, 87f.
Reduzibel 251
Reduzierte Zustandsgleichung 482
Regulär 73, 283
Reibung 370, 382f.
Reihen 55f.
Reihen-Koeffizienten (Tabelle) 518
Rekursionsformeln 104, 113, 115, 118, 282
Relative Häufigkeiten 340
Relativistische Invarianten 426
— Thermodynamik 483
— Wellengleichung 298
Relativitätstheorie, allgemeine 427
—, spezielle 414
Relaxationszeit 382
Residuum 79
Resolvente 141
Resonanz 371
Resonanzfluoreszenz 463
Reversibel 476
Reziproke Eigenwerte 326
— Matrix 138
Reziproker Tensor 205
Reziprokes Gitter 185
RICCATIsche Differentialgleichungen 268, 284
Richtungsquantelung 431
RIEMANNsche Differentialgleichung 101
— Fläche 75, 83
— Integrationsmethode 312
RIEMANN-CHRISTOFFELscher Krümmungstensor 218
RITZsches Kombinationsprinzip 431
— Verfahren 337, 506
Rotation 171f., 217
Rotationssymmetrische Koordinaten 232
Rotierendes Bezugssystem 362
Rotverschiebung 428
Ruhdichte, -energie, -ladung, -masse, -volumen 420f.
RYDBERGsche Konstante 520

Säkulargleichung 133, 317
Säkularpolynom 141
Sattelpunkte 84
—, Methode der 80
Scherung 376
Scherungsmodul 379
Scherungswelle 381
Schiefsymmetrische Matrix 139
Schiefsymmetrischer Tensor 204
Schleifenintegral 82, 100
SCHMIDTsche Formel 329
Schmiegungsebene 173
Schraubung 151, 371
SCHRÖDINGER-Gleichung 434f.
SCHRÖDINGER-Verfahren 316
SCHURsches Lemma 251
Schwankungen 344, 516
SCHWARZsche Ungleichung 15, 22, 448
Schwerpunkt 357, 368, 433
Schwingungen 187, 369
Schwingungsdauer 188
Schwingungsgleichung 282, 296
Schwingungskreis 402
Selbstadjungiert 21, 139, 205, 274
Selbstinduktion 399
Semikonvergent 59
Separation der Variablen 294
SIMPSONsche Regel 45
Singuläre Lösung 266
Singulärer Operator 21
— Tensor 205
Singularitäten 8, 74, 84, 283
Sinussatz 98
Skalare 152, 166
Skalares Potential 180, 419
— Produkt 167, 206
Spannungskoeffizient 472
Spannungstensor 377, 395, 419, 493
Spektralfunktion 16
Spektrallinien, Breite der 466
Spektralterme 431

Spektrum 141
Spezifische Wärme 472
Spiegelung 155, 156
Spin 432, 451, 458, 460
Spinmatrizen 23
Spinoperatoren 23
Spinoroperatoren 25
Spinvariable 451
Spur 137, 141, 206, 217
Stabil 370
Starrer Körper 371
Statistik 339, 484
Staupunkt 84
STEFANsche Konstante 520
STEFAN-BOLTZMANNsches Gesetz 467, 483
Stehende Welle 189, 296
Stereographische Projektion 85
Stetigkeit von Funktionen 71
STIRLINGsche Formel 81, 124
STOKESscher Satz 176
Störungsfunktion 164
Störungsrechnung 313f.
Stoßgleichung 492
Strahl 189, 410
Strahlenfläche 414
Strahlungstheorie 460
Streckenspektrum 144, 305
Streuung 463
Stromstärke 390, 419
Strömungsgeschwindigkeit 375, 493
Stufenmatrix 139
STURM-LIOUVILLEsches Problem 305
Substitutionsmethode 41f.
Summation von Reihen 56
Symmetriegruppen 257
Symmetrieoperator 32, 257, 454
Symmetrische Gruppe 255
— Matrix 139
Symmetrischer Tensor 204
Symmetrisierte Produkte 22
Systeme von Differentialgleichungen 286
— von Massenpunkten 367

TAYLOR-Reihe 27, 60, 76
Temperatur 469f., 486f.
Tensoren 13, 17, 130, 166, 203f.
Tensorellipsoid 208
Tensorfelder 209
Tensorielles Produkt 205
Theorien 355f.
Thermische Welle 295
Thermodynamik 467
THOMSONsche Formel 402
Torsion 381f.
Totale Differentialgleichungen 289
Totales Differential 36
Trägheitsgesetz quadratischer Formen 159
Trägheitsindex 159
Trägheitskraft 361
Trägheitsmoment 373
Trägheitstensor 373
Transformationen 27, 36, 140, 150f., 202, 215, 415, 472, 498
Transformationsdeterminante 44, 151
Transformationsmethode 279
Transformator 401
Translation 156
Transposition 21, 131, 134, 139, 205, 327
Transversale Welle 381, 405
Transversalität 191, 336
Transzendente Funktionen 86, 90
Trapezformel 45
Treue Darstellung 250
Trigonometrie 98
Trigonometrische Funktionen 91, 97
TSCHEBYSCHEFFsche Approximation 59
— Differentialgleichung und Funktionen 64, 102, 108, 282, 307
— Polynome, Entwicklung nach 71
Typus einer Permutation 256

Übergangsfunktion 184
Übergangswahrscheinlichkeit 431, 448, 490f.
Übermatrix 135
Umwandlungswärme 478
Unendliche Matrizen 143
Unimodulare Transformationen 153
Unitäre Darstellung 252
— Matrix 140
— Operatoren 21, 26
— Transformation 27, 142, 154, 158
Unitärer Raum 158
Universelle Konstanten 520
Unschärferelation 449, 466, 490
Unterdeterminante 144
Unterraum 9

VANDERMONDEsche Determinante 146
VAN DER WAALSsche Gleichung 481
Variablensubstitution 36
Variation der Konstanten 164, 281, 321
Variationen 149
Variationsprinzipien 366
Variationsrechnung 324, 332f.
Vektoren 13, 166f.

Vektordarstellung von Tensoren 208
Vektorgradient 171f., 217
Vektorielle Integrale 170, 178
Vektorkomponenten 214
Vektoroperationen in verschiedenen Koordinaten 226f.
Vektoroperatoren 172
Vektorpotential 180, 390, 402, 419
Vektorprodukt 168
Vektorraum 152
Vektorsysteme 212
Verdichtungswelle 381
Verjüngung 216
Verschiebungsoperator 26
Verschiebungsstrom 391
Vertauschbare Operatoren 22
Vertauschungsrelationen 438
Verteilungen 340, 488, 494
Verteilungsfunktion 184, 340, 488, 495
Verzweigungspunkt 74, 79, 83
Verzweigungsschnitt 75
Vielkörperproblem gleicher Teilchen 452
Vierergeschwindigkeit 418
Viskosität 382
Vollständigkeit 59, 66, 152
Vollständigkeitsrelation 16, 66
Volumen der N-dim. Kugel 245

Wahrscheinlichkeit 339f.
Wärmeleitung 295, 296
Wärmemenge 470, 484
Wechselwirkung 449, 462
WEIERSTRASSsche $\wp$-Funktion 127, 129
Wellenfelder 187
Wellenfläche 410
Wellenfunktion 435
Wellengleichung 296, 298
Wellenlänge 188, 410
Wellenmechanik 432
Wellenvektor 188
Weltlinie 416
WIENsche Formel 467
WIENsches Verschiebungsgesetz 467
Windungspunkt 83
Winkelvariable 163
Wirbelfreies Feld 180, 183
Wirbellinie 182
Wirbelmoment 384
Wirbelsätze 314
Wirkungsfunktion 162, 364
Wirkungsgrad 476
Wirkungsprinzip 367
Wirkungsquantum 430, 435, 520
WRONSKIsche Determinante 147, 275

Zähigkeit 382
Zahlen 4f.
Zahlenraum 8
Zeitbegriff 415
Zeitdilatation 418
Zelle 185, 489
Zentralkraft 360, 508
Zentrifugalkraft 359, 362
Zerlegung nach komplexen Funktionen 72
— nach Untergruppen 247
Zeta-Funktion 48, 57
Zirkulante 146
Zugeordnete Kugelfunktionen 102, 106, 307
Zustand 468, 489
Zustandsdiagramm 475
Zustandsgleichung 474, 481
Zustandsintegral 489
Zustandssumme 487
Zustandsvariable 471
Zwangskraft 360
Zwischenzustände 448
Zyklische Determinante 146
— Größen 247
— Koordinate 363
Zylinderfunktionen 111, 116f.
Zylinderkoordinaten 230
Zylinderwelle 191, 297, 406

Ergänzung zu S. 279

1. Eine Gleichung der Form:

$$y'' + \left(A + \frac{B}{x}\right) y' + \left(C + \frac{D}{x} + \frac{E}{x^2}\right) y = 0 \qquad \text{(vgl. S. 110, Beispiel 1)}$$

hat die Lösung:

$$y = x^\delta e^{\beta x} F_a(\alpha, \gamma, \varepsilon x)$$

$$= x^\delta e^{\beta x} \left(1 + \frac{\alpha}{\gamma} \varepsilon x + \frac{\alpha(\alpha+1)}{\gamma(\gamma+1)} \frac{(\varepsilon x)^2}{2!} + \frac{\alpha(\alpha+1)(\alpha+2)}{\gamma(\gamma+1)(\gamma+2)} \frac{(\varepsilon x)^3}{3!} + \cdots\right)$$

mit

$$\varepsilon = \pm\sqrt{A^2 - 4C}; \qquad \beta = -\frac{1}{2}(A + \varepsilon);$$

$$\gamma = 1 \pm \sqrt{(B-1)^2 - 4E}; \qquad \delta = \frac{1}{2}(\gamma - B); \qquad \alpha = \frac{\gamma}{2} + \frac{1}{2\varepsilon}(AB - 2D).$$

(Die beiden Vorzeichen bei ε ergeben nur zwei verschiedene Formen der gleichen Lösung; die davon unabhängigen beiden Vorzeichen bei γ ergeben die beiden linear voneinander unabhängigen Lösungen.)

2. Eine Gleichung der Form:

$$y'' + \left(A x + \frac{B}{x}\right) y' + \left(C x^2 + D + \frac{E}{x^2}\right) y = 0 \qquad \text{(vgl. S. 111, Beispiel 2)}$$

hat die Lösung:

$$y = x^\delta e^{-\frac{\beta x^2}{2}} F_a(\alpha, \gamma, \varepsilon x^2)$$

$$= x^\delta e^{-\frac{\beta x^2}{2}} \left(1 + \frac{\alpha}{\gamma} \varepsilon x^2 + \frac{\alpha(\alpha+1)}{\gamma(\gamma+1)} \frac{(\varepsilon x^2)^2}{2!} + \cdots\right)$$

mit

$$\varepsilon = \pm\sqrt{\frac{A^2}{4} - C}; \qquad \beta = \frac{A}{2} + \varepsilon;$$

$$\gamma = 1 \pm \sqrt{\left(\frac{B-1}{2}\right)^2 - E}; \qquad \delta = \gamma - \frac{1}{2}(B+1); \qquad \alpha = \frac{\gamma}{2} + \frac{A(B+1) - 2D}{8\varepsilon}.$$

(Die beiden Vorzeichen bei ε ergeben nur zwei verschiedene Formen der gleichen Lösung; die davon unabhängigen beiden Vorzeichen bei γ ergeben die beiden voneinander linear unabhängigen Partikularlösungen.)

Zeitfracht Medien GmbH
Ferdinand-Jühlke-Straße 7
99095 Erfurt, Deutschland
produktsicherheit@kolibri360.de